Springer Collected Works in Mathematics

More information about this series at http://www.springer.com/series/11104

Carl Ludwig Siegel

Gesammelte Abhandlungen III

Editors
Komaravolu Chandrasekharan
Hans Maaß

Reprint of the 1979 Edition

Springer

Author
Carl Ludwig Siegel (1896 - 1981)
Universität Göttingen
Göttingen
Germany

Editors
Komaravolu Chandrasekharan
ETH Zürich
Zürich
Switzerland

Hans Maaß (1911 - 1992)
Universität Heidelberg
Heidelberg
Germany

ISSN 2194-9875
Springer Collected Works in Mathematics
ISBN 978-3-662-48942-0 (Softcover)
978-3-540-03658-6 (Hardcover)

Library of Congress Control Number: 2012954381

Springer Heidelberg New York Dordrecht London

Printed on acid-free paper

Springer-Verlag GmbH Berlin Heidelberg is part of Springer Science+Business Media
(www.springer.com)

CARL LUDWIG SIEGEL
GESAMMELTE ABHANDLUNGEN

BAND III

Herausgegeben von

K. Chandrasekharan und H. Maaß

SPRINGER-VERLAG
BERLIN · HEIDELBERG · NEW YORK 1966

Library of Congress Catalog Card Number 65-28289

Titel-Nr. 1311

Inhaltsverzeichnis Band III

48.

The trace of totally positive and real algebraic integers

Annals of Mathematics 46 (1945), 302—312

1. Introduction

The well known theorem of the arithmetic and geometric means states that

$$\left(\frac{x_1 + \cdots + x_n}{n}\right)^n \geqq x_1 \cdots x_n , \tag{1}$$

for all positive $x_1, \cdots, x_n$. We shall prove the following refinement which makes use of the difference product

$$\Delta = \prod_{k<l} (x_k - x_l)^2$$

and the functions

$$P(t) = P_n(t) = \frac{1}{n!} \prod_{k=0}^{n-2} \left(\frac{t+k}{n-k}\right)^{n-k-1},$$

$$Q(t) = Q_n(t) = \prod_{k=1}^{n-1} \left(1 + \frac{n-k}{t+k-1}\right).$$

Theorem I: *Let $n \geqq 2$, $\Delta \neq 0$ and denote by μ the positive root of the algebraic equation*

$$P_n(\mu) = (x_1 \cdots x_n)^{n-1} \Delta^{-1}; \tag{2}$$

then

$$\left(\frac{x_1 + \cdots + x_n}{n}\right)^n \geqq x_1 \cdots x_n Q_n(\mu). \tag{3}$$

Plainly, the polynomial $P(t)$ has only positive coefficients, and $P(0) = 0$, so μ is uniquely determined. On the other hand, the rational function $Q(t)$ is greater than 1 for all positive t. This shows that Theorem I is an improvement of the theorem of the arithmetic and geometric means, provided the numbers $x_1, \cdots, x_n$ are different.

Introducing the abbreviations

$$\frac{1}{n}(x_1 + \cdots + x_n) = s, \qquad x_1 \cdots x_n = p,$$

$$R(t) = R_n(t) = P(t)Q^{n-1}(t) = \prod_{k=1}^{n} \frac{(t+n-1)^{n-1}}{k^k (t+k-1)^{k-1}}$$

and eliminating p from (2) and (3), we obtain

$$s^{n(n-1)} \geqq \Delta R_n(\mu). \tag{4}$$

Since

$$\frac{d \log R(t)}{dt} = \sum_{k=1}^{n} \left(\frac{n-1}{t+n-1} - \frac{k-1}{t+k-1} \right)$$
$$= t \sum_{k=1}^{n} \frac{n-k}{(t+n-1)(t+k-1)} > 0,$$

for all positive t, it follows that $R_n(\mu) > R_n(0)$ and

$$s^{n(n-1)} > \Delta R_n(0). \tag{5}$$

The latter inequality was established by I. Schur[1]; obviously, Theorem I is a refinement of (5).

We apply Theorem I to the proof of the following two results.

THEOREM II: *Let the roots $x_1, \cdots, x_n$ of an algebraic equation $x^n + a_1 x^{n-1} + \cdots + a_n = 0$ with integral rational coefficients $a_1, \cdots, a_n$ be all positive and different; let ϑ be the positive root of the transcendental equation*

$$(1 + \vartheta) \log (1 + \vartheta^{-1}) - \frac{\log \vartheta}{1 + \vartheta} = 1, \tag{6}$$

and denote by λ any positive constant less than $\lambda_0 = e(1 + \vartheta^{-1})^{-\vartheta}$; then there exists a number $N = N(\lambda)$ such that

$$x_1 + \cdots + x_n > \lambda n$$

for all $n > N$.

The Theorem asserts that only a finite number of equations, of arbitrary degree, satisfy the condition $x_1 + \cdots + x_n \leqq \lambda n$, provided $\lambda < \lambda_0 = 1.7336105 \ldots$. For $\lambda < e^{\frac{1}{2}}$ this was already proved in Schur's paper; since $\lambda_0 > e^{11/20}$, our result is somewhat better. I do not know whether λ_0 is the best possible constant in the Theorem; probably this is not true. On the other hand, for every odd prime p, the number $4 \cos^2 \pi/p$ is a totally positive and real algebraic integer of degree $n = \frac{1}{2}(p - 1)$, and its trace has the value $2n - 1 < 2n$; so the best possible constant in Theorem II certainly is $\leqq 2$.

In virtue of Theorem II, the equations with $x_1 + \cdots + x_n \leqq \lambda n$ have bounded degree n; since then the integral rational coefficients $a_1, \cdots, a_n$ are also bounded, these exceptional equations could be determined, for any given $\lambda < \lambda_0$, by checking a known finite set; however, this is practically impossible. For the particular value $\lambda = \frac{3}{2}$ the answer is given by

THEOREM III: *Let the positive numbers $x_1, \cdots, x_n$ be the conjugates of an algebraic integer ξ of degree n; then the trace*

$$S(\xi) = x_1 + \cdots + x_n > \tfrac{3}{2} n,$$

except for $\xi = 1$ and $\xi = \frac{1}{2}(3 \pm \sqrt{5})$.

---

[1] I. SCHUR, *Über die Verteilung der Wurzeln bei gewissen algebraischen Gleichungen mit ganzzahligen Koeffizienten*, Math. Zeitschr. 1, pp. 377–402 (1918).

It follows immediately that $x_1 + \cdots + x_n > \frac{3}{2} n$, whenever $x_1, \cdots, x_n$ are positive numbers, different from each other and from 1, $\frac{1}{2}(3 \pm \sqrt{5})$, which satisfy an algebraic equation $x^n + a_1 x^{n-1} + \cdots + a_n = 0$ with integral rational coefficients $a_1, \cdots, a_n$. Schur had found that $N(\frac{3}{2}) = 130$ is admissible.

It is remarkable that Theorem II implies a refinement of Minkowski's discriminant inequality, in the case of a totally real algebraic number field K of sufficiently large degree. If K has the discriminant d and the degree $n > 1$, this inequality states that

$$d > (n^n/n!)^2.$$

On the other hand, there exist only finitely many K with given values of d and n. Since $n \log n - \log n! \sim n$, it follows that

$$\liminf \frac{1}{n} \log d \geqq 2,$$

if K runs over all totally real fields.

Theorem IV: *Let λ_0 denote the constant defined in Theorem II; then*

$$\liminf \frac{1}{n} \log d \geqq 1 + \log \frac{\pi\lambda_0}{2} = 2.0017889 \cdots > 2 + \frac{1}{560}.$$

As a matter of fact, this improvement of Minkowski's result is rather infinitesimal. It might be possible, for some reasons, that the lower limit of $(1/n) \log d$ is not even finite; however, I did not succeed in obtaining a better estimate.

2. Proof of Theorem I

We consider first the trivial case $n = 2$. Since $P_2(t) = t/4$, we have $\mu = 4p\Delta^{-1}$; on the other hand, $s^2/p = (x_1 + x_2)^2/4x_1x_2 = 1 + (x_1 - x_2)^2/4x_1x_2 = 1 + \mu^{-1} = Q_2(\mu)$. This proves (3), with the sign of equality.

Suppose now that $n > 2$ and choose for p and s two positive fixed values subjected to the condition $s^n > p$. We are going to determine the maximum of Δ, considered as a function of $x_1, \cdots, x_n$ under the conditions $x_1 + \cdots + x_n = ns$, $x_1 \cdots x_n = p$, $x_k > 0$ $(k = 1, \cdots, n)$. For any system of positive values $x_3, \cdots, x_n$ the two equations

$$x_1 + x_2 = ns - (x_3 + \cdots + x_n), \qquad x_1x_2 = p(x_3 \cdots x_n)^{-1}$$

determine the pair x_1, x_2 in a unique way; moreover, the values x_1, x_2 are both positive, when and only when the two conditions

$$x_3 + \cdots + x_n < ns, \qquad \{ns - (x_3 + \cdots + x_n)\}^2 \geqq 4p\,(x_3 \cdots x_n)^{-1}$$

are fulfilled, and x_1, x_2 are different, except when the last condition holds with the sign of equality. The two conditions define a closed domain D in the $(n-2)$-dimensional space of all points with positive coordinates $x_3, \cdots, x_n$. The boundary of D consists of the surface $x_1 = x_2$, and D contains inner points, e.g., the point $x_3 = \cdots = x_n = s$. Since Δ vanishes everywhere on the boundary, it attains the maximum M at an inner point P of D. Applying Lagrange's method, we get for the coordinates $x_3, \cdots, x_n$ of P and the corresponding values of x_1, x_2 the conditions $\partial\varphi/\partial x_k = 0$ $(k = 1, \cdots, n)$ with

$$\varphi = \tfrac{1}{2}\log \Delta - \lambda(x_1 + \cdots + x_n) + \mu \log (x_1 \cdots x_n),$$

where λ and μ are certain constants.

Introduce the polynomial

$$\prod_{k=1}^{n} (x - x_k) = f(x) = c_0 + c_1 x + \cdots + c_{n-1}x^{n-1} + x^n$$

with the zeros $x_1, \cdots, x_n$; then

$$\Delta = (-1)^{\frac{1}{2}n(n-1)} \prod_{k=1}^{n} f'(x_k), \tag{7}$$

$$\frac{1}{2}\frac{\partial \log \Delta}{\partial x_k} = \frac{f''(x_k)}{f'(x_k)},$$

whence

$$\frac{f''(x_k)}{f'(x_k)} - \lambda + \frac{\mu}{x_k} = 0 \qquad (k = 1, \cdots, n).$$

This proves that the polynomial $xf''(x) - (\lambda x - \mu)f'(x) = g(x)$ vanishes for $x = x_1, \cdots, x_n$; on the other hand, these roots are all different, in virtue of $M > 0$. Consequently, $g(x)$ is divisible by $f(x)$; since $g(x)$ has the degree n, we infer that $g(x) = -\lambda n f(x)$, and we obtain the differential equation

$$xf''(x) - (\lambda x - \mu)f'(x) + \lambda n f(x) = 0, \tag{8}$$

whence

$$k(k+1)c_{k+1} - \lambda k c_k + \mu(k+1)c_{k+1} + \lambda n c_k = 0 \quad (k = 0, \cdots, n),$$

with $c_{n+1} = 0$, $c_n = 1$, and

$$\lambda(n-k)c_k = -(k+1)(k+\mu)c_{k+1}, \quad \lambda c_{n-1} = -n(\mu + n - 1). \tag{9}$$

Since $x_1, \cdots, x_n$ are positive, the elementary symmetric functions $(-1)^{n-k}c_k$ are positive. By (9), the constant λ is $\neq 0$ and

$$(-1)^{n-k}c_k = \binom{n}{k}(\mu + k)(\mu + k + 1)\cdots(\mu + n - 1)\lambda^{k-n}, \tag{10}$$

$$s = -c_{n-1}/n = (\mu + n - 1)\lambda^{-1},$$

$$p = (-1)^n c_0 = \mu(\mu + 1)\cdots(\mu + n - 1)\lambda^{-n}, \tag{11}$$

$$s^n p^{-1} = (\mu + n - 1)^n/\mu(\mu + 1)\cdots(\mu + n - 1)$$

$$= \prod_{k=1}^{n-1}\left(1 + \frac{n-k}{\mu + k - 1}\right) = Q_n(\mu). \tag{12}$$

It follows that the $n+1$ numbers μ, $\mu+1, \cdots, \mu+n-1, \lambda$ have the same sign. If $\mu+n-1<0$, then (12) would lead to the contradiction $s^n<p$. Consequently, $\mu>0$ and $\lambda>0$. The rational function $Q(t)$ is monotone decreasing for $t>0$, and $Q(0)=\infty$, $Q(\infty)=1$. This proves that the equation $Q(\mu)=s^np^{-1}$ has exactly one positive solution μ, for any given positive values p and s satisfying $s^n>p$. Because of $\lambda=(\mu+n-1)s^{-1}$, the polynomial $f(x)$ with the roots $x_1, \cdots, x_n$ is unique; formula (10) leads to the expression

$$f(x)=(-\lambda)^{-n}x^{1-\mu}e^{\lambda x}\frac{d^n}{dx^n}(x^{\mu+n-1}e^{-\lambda x}).$$

It remains to compute the discriminant Δ of $f(x)$ which gives the required maximum. We denote the zeros of $f'(x)$ and $f''(x)$ by $y_1, \cdots, y_{n-1}$ and $z_1, \cdots, z_{n-2}$; then

$$f'(x)=n\prod_{k=1}^{n-1}(x-y_k),\qquad f''(x)=n(n-1)\prod_{k=1}^{n-2}(x-z_k). \tag{13}$$

By (8) and (13),

$$(\lambda x_k-\mu)f'(x_k)=x_kf''(x_k)=n(n-1)x_k\prod_{l=1}^{n-2}(x_k-z_l)\qquad(k=1,\cdots,n),$$

$$\prod_{k=1}^{n}\frac{(\lambda-\mu x_k^{-1})f'(x_k)}{n(n-1)}=\prod_{l=1}^{n-2}\prod_{k=1}^{n}(x_k-z_l)=(-1)^{n(n-2)}\prod_{l=1}^{n-2}f(z_l),$$

$$\lambda nf(z_l)=(\lambda z_l-\mu)f'(z_l)=n(\lambda z_l-\mu)\prod_{r=1}^{n-1}(z_l-y_r)\qquad(l=1,\cdots,n-2),$$

$$\prod_{l=1}^{n-2}f(z_l)=(-1)^{(n-1)(n-2)}\prod_{l=1}^{n-2}(z_l-\mu\lambda^{-1})\prod_{r=1}^{n-1}\frac{f''(y_r)}{n(n-1)};$$

moreover,

$$\prod_{k=1}^{n}(\lambda-\mu x_k^{-1})=c_0^{-1}\lambda^nf(\mu\lambda^{-1}),$$

$$(n-1)\prod_{l=1}^{n-2}(z_l-\mu\lambda^{-1})=(-1)^{n-2}\frac{1}{n}f''(\mu\lambda^{-1})=(-1)^{n-1}\lambda^2\mu^{-1}f(\mu\lambda^{-1});$$

hence

$$f(\mu\lambda^{-1})\prod_{k=1}^{n}f'(x_k)=-c_0n^n\lambda^{2-n}\mu^{-1}f(\mu\lambda^{-1})\prod_{r=1}^{n-1}\frac{f''(y_r)}{n}. \tag{14}$$

We consider μ as a variable real parameter and write more explicitly $f(x)=f_{n,\mu}(x)$, $\Delta=\Delta_{n,\mu}$. On differentiating (8) we obtain

$$xf'''(x)-(\lambda x-\mu-1)f''(x)+\lambda(n-1)f'(x)=0;$$

consequently, $(1/n)f'(x) = f_{n-1,\mu+1}(x)$. Since $f_{n,1-n}(x) = x^n$, it follows that $f_{n,\mu}(\mu\lambda^{-1})$ does not vanish identically in μ. By (7), (11), (13), (14),

$$\Delta_{n,\mu} = n^n\lambda^{2-2n}(\mu + 1)(\mu + 2) \cdots (\mu + n - 1)\Delta_{n-1,\mu+1},$$

for $n = 3, 4, \cdots$ and even for $n = 2$, if we define $\Delta_{1,\mu} = 1$. This leads to the required value

$$\Delta = \lambda^{-n(n-1)} \prod_{k=1}^{n-1} \{(k + 1)^{k+1}(\mu + k)^k\}. \tag{15}$$

By (11) and (15),

$$p^{n-1}\Delta^{-1} = \frac{1}{n!} \prod_{k=0}^{n-2} \left(\frac{\mu + k}{n - k}\right)^{n-k-1} = P_n(\mu).$$

We take now an arbitrary system of different positive numbers $x_1, \cdots, x_n$ with $x_1 + \cdots + x_n = ns$ and $x_1 \cdots x_n = p$; then

$$\Delta_0 = \prod_{k<l} (x_k - x_l)^2 \leqq \Delta.$$

Since the polynomial $P(t)$ is monotone increasing for $t > 0$, and $P(0) = 0$, $P(\infty) = \infty$, there exists a unique positive solution μ_0 of $P(\mu_0) = p^{n-1}\Delta_0^{-1}$, and μ_0 fulfills the inequality $\mu_0 \geqq \mu$. On the other hand, $Q(t)$ is monotone decreasing, so (12) gives the result

$$s^n p^{-1} \geqq Q_n(\mu_0);$$

q.e.d.

3. Proof of Theorem II

Since the product $x_1 \cdots x_n = (-1)^n a_n = p$ is a positive rational integer, formula (3) of Theorem I and its consequence (4) lead to the inequality

$$s^{n(n-1)} \geqq \text{Max } (Q^{n-1}(\mu), \Delta R(\mu)).$$

We know that $Q(t)$ is monotone decreasing and $R(t)$ is monotone increasing, for $t > 0$. If $0 < t \leqq \mu$, then $Q(t) \geqq Q(\mu)$; if $t \geqq \mu$, then $R(t) \geqq R(\mu)$. It follows that

$$\text{Max } (Q^{n-1}(\mu), \Delta R(\mu)) \geqq \text{Min } (Q^{n-1}(t), \Delta R(t)) = Q^{n-1}(t) \text{ Min } (1, \Delta P(t)),$$

for any $t > 0$. Consequently, we have the following

LEMMA 1: *If t is a positive number satisfying the condition $\Delta P_n(t) \geqq 1$, then*

$$s^n \geqq Q_n(t).$$

Let a positive number v be given and apply Euler's summation formula

$$\varphi(1) + \cdots + \varphi(n) = \frac{\varphi(n) - \varphi(0)}{2} + \int_0^n \varphi(x)\, dx + \int_0^n \varphi'(x)(x - [x] - \tfrac{1}{2})\, dx$$

to the function $\varphi(x) = (n - x) \log (x + vn - 1)$. As $n \to \infty$, it follows that

$$\sum_{k=1}^{n-1} (n - k) \log (k + vn - 1) = \int_0^n \varphi(x)\, dx + O(n \log n)$$

$$= \left[(n + vn - 1)\, x(\log x - 1) - \frac{x^2}{4} (2 \log x - 1) \right]_{vn-1}^{n+vn-1} + O(n \log n)$$

$$= \frac{1}{2} (n + vn)^2 \log (n + vn) - vn\left(n + \frac{vn}{2}\right) \log (vn) - \left(\frac{3}{4} + \frac{v}{2}\right) n^2$$

$$+ O(n \log n).$$

Furthermore,

$$\sum_{k=2}^{n} k \log k = \frac{n^2}{2} \log n - \frac{n^2}{4} + O(n \log n),$$

whence

$$\text{(16)} \quad \log P(vn) = \sum_{k=1}^{n-r} (n - k) \log (k + vn - 1) - \sum_{k=2}^{n} k \log k$$

$$= \frac{1}{2} g(v) n^2 + O(n \log n),$$

with the abbreviation

$$g(v) = (1 + v)^2 \log (1 + v^{-1}) + \log v - v - 1.$$

The derivative

$$g'(v) = 2(1 + v) \log (1 + v^{-1}) - 2$$

is positive, for all $v > 0$, and $g(0) = -1$, $g(\infty) = \infty$; consequently, the equation $g(v) = 0$ has exactly one positive root $v = \vartheta$. This is the solution of (6), and its value is 0.3144808 .... Suppose $v > \vartheta$; then $g(v) > 0$ and $P(vn) \to \infty$, as $n \to \infty$, by (16). Since the discriminant Δ of the given algebraic equation $x^n + a_1 x^{n-1} + \cdots + a_n = 0$ is a positive rational integer, the condition $\Delta P(t) \geqq 1$ of Lemma 1 is fulfilled for $t = vn$ and all sufficiently large n. Then we obtain the inequality

$$\log s \geqq \frac{1}{n} \log Q(vn) = \log (n + vn - 1) - \frac{1}{n} \log \frac{\Gamma(n + vn)}{\Gamma(vn)}$$

$$= \log (n + vn) - \{(1 + v) \log (n + vn) - v \log (vn) - 1\} + o(1)$$

$$= 1 - v \log (1 + v^{-1}) + o(1).$$

Because of

$$\lim_{v \to \vartheta} \{1 - v \log (1 + v^{-1})\} = \log \lambda_0,$$

we infer that $s > \lambda$, for any given $\lambda < \lambda_0$ and all $n > N = N(\lambda)$; q.e.d.

4. Proof of Theorem III

First we prove two lemmata.

LEMMA 2:

$$\left(\frac{n^n}{n!}\right)^2 P_n\left(\frac{n}{2}\right) > 1,$$

for all $n > 2$.

PROOF: Put $a_1 = 1$ and

$$a_n = \left(\frac{n^n}{n!}\right)^2 P_n\left(\frac{n}{2}\right) = \frac{n^n}{(n!)^2}\prod_{k=1}^{n-1}\left\{k^{-k}\left(k+\frac{n}{2}-1\right)^{n-k}\right\} \qquad (n = 2, 3, \cdots);$$

then

$$(17) \quad \frac{a_{n+2}}{a_n} = \left(n+\frac{2}{3}\right)(n+2)^n(n+1)^{-n-3}n^{-3n}2^{n-1}\cdot\prod_{k=1}^{n}\left(k+\frac{n}{2}\right)^3 \qquad (n = 1, 2, \cdots).$$

We apply Euler's summation formula

$$(18) \quad \varphi(1)+\cdots+\varphi(n) = \frac{\varphi(n)-\varphi(0)}{2} + \int_0^n \varphi(x)\,dx + \int_0^n \varphi''(x)h(x-[x])\,dx.$$

where $h(x) = \frac{1}{2}(x - x^2)$ and $\varphi(x)$ has a continuous second derivative in the interval $0 \leqq x \leqq n$. If $\varphi''(x) < 0$ in this interval, then the second integral in (18) is negative and greater than $\frac{1}{8}(\varphi'(n) - \varphi'(0))$. Choosing $\varphi(x) = \log(x + t)$ with constant $t > 0$, we obtain

$$(19) \quad \begin{aligned}\sum_{k=1}^{n}\log(k+t) &= (n+t+\tfrac{1}{2})\log(n+t)\\ &\quad - (t+\tfrac{1}{2})\log t - n - \frac{\delta}{8}\left(\frac{1}{t}-\frac{1}{n+t}\right),\end{aligned}$$

where $0 < \delta < 1$. Take $t = n/2$ and define

$$a = \frac{9}{2}\log 3 - 2\log 2 - 3 = 0.557\cdots, \qquad b = \frac{3}{2}\log 3 - \log 2 = 0.95\cdots;$$

then, by (17) and (19),

$$(20) \quad \begin{aligned}\log\frac{a_{n+2}}{a_n} &> an - 2\log n + b + n\log\left(1+\frac{2}{n}\right)\\ &\quad - (n+3)\log\left(1+\frac{1}{n}\right) + \log\left(1+\frac{2}{3n}\right) - \frac{1}{2n}.\end{aligned}$$

The function $p(x) = ax - 2 \log x$ is monotone increasing for $x \geqq 4 > 2a^{-1}$, and $p(3) = -0.52 \cdots$, $p(4) = -0.54 \cdots$; hence $p(n) > -0.6$, for all $n > 2$. On the other hand, for $y > 0$,

$$\begin{aligned} & y^{-1} \log (1 + 2y) - (y^{-1} + 3) \log (1 + y) + \log (1 + \tfrac{2}{3}y) - \tfrac{1}{2}y \\ (21) \qquad & > \left(2 - 2y + \frac{8}{3} y^2 - 4y^3\right) - (1 + 3y)(1 - \tfrac{1}{2}y + \tfrac{1}{3}y^2) \\ & + \left(\tfrac{2}{3}y - \frac{2}{9} y^2\right) - \tfrac{1}{2}y = 1 - \frac{13}{3} y + \frac{65}{18} y^2 - 5y^3 = q(y), \end{aligned}$$

say. Since

$$q'(y) = -\frac{13}{3} + \frac{65}{9} y - 15y^2 < -\frac{13}{3} + \frac{65}{27} < 0,$$

in the interval $0 < y \leqq 1/3$, it follows that

$$q\left(\frac{1}{n}\right) \geqq q\left(\frac{1}{3}\right) = -\frac{37}{162} > -0.3,$$

for all $n > 2$. Because of $b > 0.9$, the inequalities (20) and (21) lead to

$$\log \frac{a_{n+2}}{a_n} > p(n) + q\left(\frac{1}{n}\right) + b > -0.6 - 0.3 + 0.9 = 0,$$

whence $a_{n+2} > a_n$, for $n = 3, 4, \cdots$. Moreover, $a_4/a_2 = 32/27 > 1$, $a_3/a_1 = 135/127 > 1$, $a_2 = a_1 = 1$, and the assertion of the lemma follows.

Lemma 3:

$$Q_n\left(\frac{n}{2}\right) > \left(\frac{3}{2}\right)^n,$$

for all $n > 3$.

Proof: Apply (19) with $n - 1$ instead of n and $t = n/2$; then we get

$$\sum_{k=0}^{n-1} \log\left(k + \frac{n}{2}\right) < \frac{3n - 1}{2} \log\left(\frac{3}{2} n - 1\right) - \frac{n-1}{2} \log \frac{n}{2} - n + 1$$

$$\begin{aligned} \frac{1}{n} \log Q_n\left(\frac{n}{2}\right) &= \log\left(\frac{3}{2} n - 1\right) - \frac{1}{n} \sum_{k=0}^{n-1} \log\left(k + \frac{n}{2}\right) \\ &> \left(1 - \frac{1}{n}\right)\left\{1 - \tfrac{1}{2} \log\left(3 - \frac{2}{n}\right)\right\} > \left(1 - \frac{1}{n}\right)\left(1 - \tfrac{1}{2} \log 3 + \frac{1}{3n} + \frac{1}{9n^2}\right) \end{aligned}$$

$$(22) \qquad \frac{1}{n} \log Q_n\left(\frac{n}{2}\right) - \log \frac{3}{2} > \alpha - \frac{1}{n}\left(\beta + \frac{2}{9n} + \frac{1}{9n^2}\right),$$

where

$\alpha = 1 + \log 2 - \frac{3}{2} \log 3 = 0.0452 \cdots > 0.045$, $\beta = \frac{2}{3} - \frac{1}{2} \log 3 = 0.11736 \cdots$.

But

$$\frac{1}{n}\left(\beta + \frac{2}{9n} + \frac{1}{9n^2}\right) \leqq 0.04496 \cdots < 0.045,$$

for all $n > 3$; consequently, the right-hand member in (22) is positive, and the assertion of the lemma follows from (22).

We proceed now to the proof of Theorem III. The assertion is trivial for $n = 1$. It is also easy to get rid of the case $n = 2$. Let x_1, x_2 be the roots of the quadratic equation $\xi^2 - a\xi + b = 0$ with integral rational a, b; then $a > 0$ and $a^2 > 4b > 0$. If the trace $x_1 + x_2 = a \leqq 3$, then necessarily $a = 3$ and $b = 1$ or $b = 2$; however, in the latter case, x_1 and x_2 are rational. Therefore the only exceptional equation is $\xi^2 - 3\xi + 1 = 0$, with the solution $\xi = \frac{1}{2}(3 \pm \sqrt{5})$.

Henceforth we shall suppose $n > 2$. Since $x_1, \cdots, x_n$ are the conjugates of a totally real algebraic integer of degree n, Minkowski's discriminant inequality gives the lower estimate

$$\Delta > c_n = \left(\frac{n^n}{n!}\right)^2. \tag{23}$$

It follows from (23) and Lemma 2 that $\Delta P_n(n/2) > 1$, whence $s^n \geqq Q_n(n/2)$, in virtue of Lemma 1. If $n > 3$, then $Q_n(n/2) > (3/2)^n$, by Lemma 3; consequently, $s > 3/2$.

It remains to consider the case $n = 3$. Since $c_3P_3(t) = (3/16)t^2(t + 1)$, the positive solution t of the cubic equation $t^2(t + 1) = 16/3$ fulfills the condition $\Delta P_3(t) > 1$, by (23). Plainly, $t > 4/3$ and

$$Q_3(t) = \frac{(t+2)^2}{t(t+1)} = \frac{3}{16}t(t+2)^2 = 1 + \frac{3}{4}t + \frac{9}{16}t^2 > 3 > \left(\frac{4}{3}\right)^3. \tag{24}$$

By Lemma 1 and (24),

$$S(\xi) = x_1 + x_2 + x_3 = 3s > 3\cdot 4/3 = 4.$$

On the other hand, the trace $S(\xi)$ is a rational integer. Therefore, $S(\xi) \geqq 5$ and $s \geqq 5/3 > 3/2$. This completes the proof.

5. Proof of Theorem IV

Let $\omega_{1l}, \cdots, \omega_{nl}$ $(l = 1, \cdots, n)$ denote the conjugates of a basis $\omega_1, \cdots, \omega_n$ of the integers in the totally real field K, and put

$$u_l = y_1\omega_{1l} + \cdots + y_n\omega_{nl},$$

with real variables $y_1, \cdots, y_n$; then the quadratic form

$$Q = Q(y_1, \cdots, y_n) = \sum_{l=1}^{n} u_l^2$$

has the determinant d. The ellipsoid $Q \leqq 1$ is a convex body in the space with the rectangular cartesian coordinates $y_1, \cdots, y_n$; its center lies in the origin, its volume is

$$V = \frac{\pi^{n/2}}{\Gamma\left(\frac{n}{2}+1\right)} d^{-\frac{1}{2}},$$

its gauge function is $Q^{1/2}$. In virtue of Minkowski's complete theorem concerning convex bodies, there exist n points with integral rational coordinates $y_1 = y_{k1}, \cdots, y_n = y_{kn}$ $(k = 1, \cdots, n)$ and non-vanishing determinant $|y_{kl}|$ such that the n values $M_k = Q^{1/2}(y_{k1}, \cdots, y_{kn})$ fulfill the inequality $M_1 \cdots M_n V \leqq 2^n$. Put

$$u_{kl} = y_{k1}\omega_{1l} + \cdots + y_{kn}\omega_{nl} \qquad (k, l = 1, \cdots, n);$$

then $u_{k1}, \cdots, u_{kn}$ are the conjugates of an algebraic integer η_k in the field K. Since $|y_{kl}| \neq 0$, it follows that the n numbers $\eta_1, \cdots, \eta_n$ are linearly independent in the field of rational numbers. If K_0 is any algebraic number field and h its degree, then certainly at most h of the numbers $\eta_1, \cdots, \eta_n$ lie in K_0.

Let λ_0 be the constant defined in Theorem II, and choose any positive number $\lambda < \lambda_0$. If n_k denotes the degree of the algebraic integer $\eta_k^2 = \xi_k$, then each of the n_k different conjugates of ξ_k appears exactly n/n_k times in the set $u_{k1}^2, \cdots, u_{kn}^2$. Now suppose

$$M_k^2 = \sum_{l=1}^{n} u_{kl}^2 \leqq \lambda n;$$

then the sum of the n_k different conjugates of ξ_k is $\leqq \lambda n_k$, and we deduce from Theorem II that ξ_k satisfies an algebraic equation of bounded degree with bounded integral rational coefficients. This proves that η_k lies in a certain algebraic number field K_0 of bounded degree h, independent of K and k; however, K_0 might depend upon the given value λ.

Consequently the inequality $M_k^2 > \lambda n$ holds for at least $n - h$ values of the index k. For the remaining values of k, we apply the inequality (1); since the norm $\prod_{l=1}^{n} u_{kl}^2 \geqq 1$, we obtain $M_k^2 \geqq n$. Hence

$$M_1^2 \cdots M_n^2 > (\lambda n)^{n-h} n^h,$$

provided $n > h$. It follows that

$$\lambda^{n-h} n^n \pi^n < 4^n \Gamma^2\left(\frac{n}{2}+1\right) d,$$

$$\liminf \frac{1}{n} \log d \geqq \log \frac{\pi\lambda}{2} + \lim_{n\to\infty} \left\{\log \frac{n}{2} - \frac{2}{n} \log \Gamma\left(\frac{n}{2}+1\right)\right\} = 1 + \log \frac{\pi\lambda}{2}.$$

But λ is any positive number $<\lambda_0$, and the passage to the limit $\lambda \to \lambda_0$ gives the desired result.

THE INSTITUTE FOR ADVANCED STUDY.

49.

Sums of mth powers of algebraic integers

Annals of Mathematics 46 (1945), 313—339

Let K be an algebraic number field of degree n with exactly r real conjugates $K^{(1)}, \cdots, K^{(r)}$; in particular, the field K is *totally real* in case $r = n$. A number ν in K is called *totally positive*, $\nu \succ 0$, whenever the r conjugates $\nu^{(1)}, \cdots, \nu^{(r)}$ are all positive. It is well known that then ν can be expressed as a sum of squares of numbers in K. Under which circumstances do *all integral* totally positive numbers ν possess a decomposition into *integral* squares? The answer is given by the following two theorems.

THEOREM I: *Let K be totally real and suppose that all totally positive integers are sums of integral squares in K; then K is either the rational number field R or the real quadratic number field $R(\sqrt{5})$.*

THEOREM II: *If K is not totally real, then all totally positive integers are sums of integral squares in K when and only when the discriminant of K is odd.*

The proofs of the two theorems require essentially different methods. The proof of Theorem I is rather elementary. It might be possible to demonstrate also Theorem II without using analytical number theory; however, we apply the generalization of the circle method to obtain the more precise result that *five* integral squares are sufficient for the decomposition, under the conditions of Theorem II. Probably even four integral squares are sufficient; but I have not been able to prove this conjecture. On the other hand, there exist infinitely many non-totally real fields K with odd discriminant d such that not all totally positive integers in K are sums of *three* squares; e.g., the equation $7 = \xi_1^2 + \xi_2^2 + \xi_3^2$ has no solution in integral or fractional numbers ξ_1, ξ_2, ξ_3 of K, whenever 2 is divisible by a prime ideal of first degree; these conditions are satisfied for all imaginary quadratic fields with discriminant $d \equiv 1 \pmod 8$, e.g., for $K = R(\sqrt{-7})$.

Consider now the more general diophantine equation

$$\nu = \xi_1^m + \xi_2^m + \cdots,$$

the decomposition of a totally positive integer ν into an arbitrary finite number of integral m^{th} powers in K, where m is a given rational integer > 1; if m is odd, then we restrict the bases $\xi_1, \xi_2, \cdots$ by the further conditions $\xi_1 \succ 0, \xi_2 \succ 0, \cdots$, so that in any case $\xi_1^m \succ 0, \xi_2^m \succ 0, \cdots$. Denote by J the order of all integers in K, by J_m the ring generated by the mth powers of all integers in K; also J_m is an order. In like manner as for Theorems I and II, we shall prove the following two assertions.

THEOREM III: *Let K be a totally real field, $m > 2$, and suppose that all totally positive integers are sums of totally positive integral m^{th} powers in K; then $K = R$.*

THEOREM IV: *If K is not a totally real field, then all totally positive integers are sums of totally positive integral m^{th} powers when and only when $J = J_m$.*

The proof of Theorem III is nearly trivial. For the proof of Theorem IV we shall again make use of the generalized circle method; we obtain the better result that all totally positive integers in J_m are sums of $(2^{m-1} + n)mn + 1$ integral m^{th} powers of totally positive numbers in K, provided that K is not totally real.

1. Totally real fields

PROOF OF THEOREM I: Let K be a totally real algebraic number field of degree n, different from R and $R(\sqrt{5})$, and suppose that *all* totally positive integers ν in K are sums of integral squares,

$$\nu = \xi_1^2 + \xi_2^2 + \cdots . \tag{1}$$

We call this sum a *decomposition* of ν.

For any number λ in K we denote by $\overline{|\lambda|}$ the maximum of the absolute values of the n conjugates $\lambda^{(1)}, \cdots, \lambda^{(n)}$ of λ; plainly this function $\overline{|\lambda|}$ attains a minimum in every given set of integers in K. Let M be the set of all integers in K which do *not* lie in $R(\sqrt{5})$; this set is not empty, and it contains also totally positive numbers. We choose in M a number $\nu \succ 0$ such that $\overline{|\nu|}$ is as small as possible; let $\overline{|\nu|} = c^2$, with $c > 0$, be this minimum. Now consider the decomposition (1). Since at least one of the numbers $\xi_1, \xi_2, \cdots$ belongs to M, we may assume that ξ_1 has this property; obviously, $\overline{|\xi_1|} \leqq c$. Moreover, we may assume that the trace $S(\xi_1) \leqq 0$; otherwise we would replace ξ_1 by $-\xi_1$. We determine the smallest rational integer $g > \overline{|\xi_1|}$, namely $g = [\overline{|\xi_1|}] + 1$, and we define $\nu_1 = \xi_1 + g$; then

$$\overline{|\nu_1|} \leqq \overline{|\xi_1|} + g \leqq 2\overline{|\xi_1|} + 1 \leqq 2c + 1.$$

On the other hand, ν_1 is a totally positive number in M; hence

$$\overline{|\nu_1|} \geqq c^2.$$

It follows that $c^2 \leqq 2c + 1$, $c \leqq 1 + \sqrt{2} < 3$. Consequently, $g \leqq 3$ and $S(\nu_1) = S(\xi_1) + gn \leqq 3n$. We have established the existence of a totally positive number in M whose trace is $\leqq 3n$.

Let ϵ be a totally positive unit in K, and consider the decomposition $\epsilon = \alpha_1^2 + \cdots + \alpha_p^2$, where $\alpha_1 \neq 0, \cdots, \alpha_p \neq 0$ and $p \geqq 1$; then the norm

$$1 = N(\epsilon) \geqq N(\alpha_1^2) + \cdots + N(\alpha_p^2) \geqq p;$$

hence $p = 1$. This proves that all totally positive units are squares. Denote by $\epsilon_1, \cdots, \epsilon_{n-1}$ a basis of the group of all units in K; then the unit $\eta = (-1)^{a_0}\epsilon_1^{a_1} \cdots \epsilon_{n-1}^{a_{n-1}}$, with integral rational exponents $a_0, a_1, \cdots, a_{n-1}$, is a square in K when and only when all exponents are even. By choosing $a_k = 0, 1$ $(k = 0, 1, \cdots, n-1)$, we obtain 2^n units $\eta = \eta_l$ $(l = 1, 2, \cdots, 2^n)$; since none of the products $\eta_l\eta_m$ $(1 \leqq l < m \leqq 2^n)$ is a square, none of them is totally positive. This shows that no two units η of the set $\eta_1, \eta_2, \cdots$ have the same system of signatures $sign\ \eta^{(1)}, \cdots, sign\ \eta^{(n)}$. On the other hand, there are only 2^n possibilities for the system of signatures of a number $\neq 0$ in K. Consequently for any given system of n numbers $\sigma_k = \pm 1$ $(k = 1, \cdots, n)$, there exists a unit η in K satisfying the n conditions $sign\ \eta^{(k)} = \sigma_k$; i.e., there exist units with arbitrarily prescribed signatures.

If α and β are two numbers of K, and $\alpha - \beta \succ 0$, then we write, more briefly, $\alpha \succ \beta$. We call a totally positive integer λ *extreme*, whenever *no* integer μ fulfils the conditions $\lambda \succ \mu \succ 0$. Plainly, for any given λ, these conditions are satisfied by only finitely many integers μ. It follows that all totally positive integers λ are sums of extreme numbers.

Consider the decomposition $\lambda = \alpha_1^2 + \cdots + \alpha_p^2$, $\alpha_1 \neq 0, \cdots, \alpha_p \neq 0$, $p \geqq 1$, of an extreme number λ. If $p > 1$, then $\lambda \succ \alpha_1^2 \succ 0$, which is a contradiction; consequently, $\lambda = \alpha_1^2$ is a square. Choose a unit ζ_1 such that $\alpha_1\zeta_1 = \lambda_1 \succ 0$; if $\lambda_1 \succ \mu_1 \succ 0$ with integral μ_1, then also $\lambda = \lambda_1^2\zeta_1^{-2} \succ \mu_1^2\zeta_1^{-2} \succ 0$, which is again a contradiction; in other words, λ_1 is extreme. Now assume that not all extreme numbers are units and determine the extreme λ such that the norm $N(\lambda)$ has its smallest value >1. Since $N^2(\lambda_1) = N(\alpha_1^2\zeta_1^2) = N(\alpha_1^2) = N(\lambda)$, it follows that the norm $N(\lambda_1)$ of the extreme number λ_1 is >1 and $<N(\lambda)$; this is impossible. Consequently all extreme numbers are squares of units; *vice versa*, the square of any unit is extreme. In particular, we have proved that all totally positive integers are sums of squares of units. Henceforth we only admit decompositions of this special type.

We introduce again the set M of all integers in K which do not lie in $R(\sqrt{5})$, and we choose a number $\lambda \succ 0$ in M such that the trace $S(\lambda) = q$ is as small as possible. In virtue of our former result we infer that $q \leqq 3n$. On the other hand, by the minimum property of q, the number λ is extreme. Therefore $\lambda = \eta^2$, where η is a unit in K; we may assume that $S(\eta) \leqq 0$. Obviously, η lies in M.

The number $\lambda + \eta + 1 = \eta^2 + \eta + 1 = \mu$ is a totally positive integer. Since $\eta \neq \pm 1$, we have the inequality $|\eta + \eta^{-1} + 1| \geqq |\eta + \eta^{-1}| - 1 > 1$, for all n conjugates of η; hence $N(\mu) = N(\eta)N(\eta + \eta^{-1} + 1) > 1$. It follows that μ is not a unit. Let $\mu = \alpha_1^2 + \cdots + \alpha_p^2$, $\alpha_1 \neq 0, \cdots, \alpha_p \neq 0$, be a decomposition of μ; then necessarily $p \geqq 2$.

Suppose that μ belongs to M; then we may assume that α_1^2 also lies in M, whence $S(\alpha_1^2) \geqq q$. Moreover, by the theorem of the arithmetic and geometric means, $S(\alpha_k^2) \geqq n$ $(k = 2, \cdots, p)$, and $S(\alpha_k^2) = n$ only in case $\alpha_k^2 = 1$. But

$$S(\lambda) + S(\eta) + n = S(\mu) = S(\alpha_1^2) + \cdots + S(\alpha_p^2);$$

hence $S(\eta) = 0$, $S(\alpha_1^2) = q$, $p = 2$, $\alpha_2^2 = 1$ and

$$\eta^2 + \eta = \alpha_1^2. \tag{2}$$

Then $S(-\eta) = 0$, and our argument applies also to the number $\eta^2 - \eta + 1 = \mu^*$ instead of μ. If also μ^* belongs to M, then we obtain, corresponding to (2),

$$\eta^2 - \eta = \beta_1^2, \tag{3}$$

with integral $\beta_1 \neq 0$ in K. By (2) and (3),

$$\lambda(\lambda - 1) = (\eta^2 + \eta)(\eta^2 - \eta) = (\alpha_1\beta_1)^2 > 0,$$
$$[\lambda > 1]$$

and this is impossible because of $N(\lambda) = 1$. We have proved that either $S(\eta) \leqq 0$ and $\eta^2 + \eta + 1$ lies in $R(\sqrt{5})$, or $S(\eta) = 0$ and $\eta^2 - \eta + 1$ lies in $R(\sqrt{5})$. In the second case we replace η by $-\eta$. Consequently, $\lambda = \eta^2$, $S(\eta) \leqq 0$, and $\eta^2 + \eta + 1 = \mu$ is a totally positive integer in $R(\sqrt{5})$; moreover, $S(\mu) \leqq q + n \leqq 4n$, and μ is not a unit. Since η does not lie in $R(\sqrt{5})$, the quadratic equation $\eta^2 + \eta = \mu - 1$ for the unit η is irreducible in $R(\sqrt{5})$; hence $\mu - 1$ is a unit.

The totally positive integer μ of $R(\sqrt{5})$ has the form $\frac{1}{2}(a + b\sqrt{5})$, with integral rational a and b, $a \equiv b \pmod 2$, $a > |b|\sqrt{5}$. On account of the automorphism $\sqrt{5} \to -\sqrt{5}$ of $R(\sqrt{5})$, we may suppose $b \geqq 0$. Moreover, $S((a + b\sqrt{5})/2) = (an)/2$, whence $a \leqq 8$. Therefore μ has one of the 10 following values 1, $(3 + \sqrt{5})/2$, 2, $(5 + \sqrt{5})/2$, 3, $3 + \sqrt{5}$, $(7 + \sqrt{5})/2$, $(7 + 3\sqrt{5})/2$, 4, $4 + \sqrt{5}$. Since μ is not a unit, we have to exclude 1, $(3 + \sqrt{5})/2$, $(7 + 3\sqrt{5})/2$; since $\mu - 1$ is a unit, we have to exclude 3, $(7 + \sqrt{5})/2$, 4, $4 + \sqrt{5}$. The remaining values of $\mu - 1$ are 1, $(3 + \sqrt{5})/2$, $2 + \sqrt{5}$. However, the two quadratic equations $\eta^2 + \eta = 1$ and $\eta^2 + \eta = 2 + \sqrt{5}$ are reducible in $R(\sqrt{5})$ and the only remaining possibility is $\eta^2 + \eta = (3 + \sqrt{5})/2$; whence $(2\eta + 1)^2 = 7 + 2\sqrt{5}$. The norm of $7 + 2\sqrt{5}$ in $R(\sqrt{5})$ is 29, and this is not the square of a rational number; consequently η is a biquadratic irrationality, and the equation $(\eta^2 + \eta - \frac{3}{2})^2 = 5/4$ is irreducible in R. It follows that $S(\eta) = -\frac{1}{2}n$, $q = S(\eta^2) = 2n$.

Put $2 - \eta = \zeta$, then $5\zeta - \zeta^2 = \frac{1}{2}(9 - \sqrt{5}) > 0$; hence $\zeta > 0$ and $S(\zeta) = \frac{1}{2}(5n)$; plainly ζ belongs to M and is not a unit. Consider the decomposition $\zeta = \gamma_1^2 + \cdots + \gamma_p^2$, where $\gamma_1, \cdots, \gamma_p$ are units; we can assume that γ_1^2 belongs to M, whence $S(\gamma_1^2) \geqq q = 2n$. If $p > 1$, then $S(\gamma_2^2 + \cdots + \gamma_p^2) \geqq S(\gamma_2^2) \geqq n$ and $S(\zeta) \geqq 3n$, which is impossible. Therefore $p = 1$ and $\zeta = \gamma_1^2$; however, γ_1 is a unit, and this is again a contradiction.

We conclude that our original assumption was false, namely the assumption that K is different from R and $R(\sqrt{5})$, and that all totally positive integers are sums of integral squares in K. The proof of Theorem I is now complete.

It is easy to show that in R and in $R(\sqrt{5})$ all totally positive integers are sums of integral squares. This is trivial for the rational field R, since every positive rational integer p is the sum of p terms 1^2. Let ν be a totally positive integer in $R(\sqrt{5})$, denote by ν' its conjugate and define the unit $\epsilon = \frac{1}{2}(3 + \sqrt{5}) = (\frac{1}{2}(1 + \sqrt{5}))^2$. There exists a uniquely determined rational integer k so that $\epsilon^{2k-1} \leqq \nu/\nu' < \epsilon^{2k+1}$. If $\nu\epsilon^{-k}$ is a sum of integral squares, then also ν itself; consequently it suffices to prove the assertion in case $\epsilon^{-1} \leqq \nu/\nu' \leqq \epsilon$. Since every totally positive integer is a sum of extreme numbers, we have only to consider the case of an extreme ν. An integer $\mu > 1$ is not extreme; therefore either $\nu \leqq 1$ or $\nu' \leqq 1$, and it suffices to investigate the case $\nu \leqq 1$. Then $\nu' \leqq \epsilon\nu \leqq \epsilon < 3$, whence $N(\nu) < 3$. Since the prime number 2 does not split in $R(\sqrt{5})$, we have $N(\nu) \neq 2$. It follows that ν is a totally positive unit; i.e., ν is a power of ϵ and a square. This proves that all integers

$\nu \succ 0$ in $R(\sqrt{5})$ are sums of integral squares. H. Maass has discovered the much deeper theorem that all totally positive integers in $R(\sqrt{5})$ are sums of three integral squares.

Proof of Theorem III: Let K be a totally real field $\neq R$, $m > 2$, and suppose that all totally positive integers ν in K are sums of totally positive m^{th} powers of integers,

$$\nu = \xi_1^m + \xi_2^m + \cdots . \tag{4}$$

Choose an irrational ν so that $\overline{|\nu|}$ is as small as possible, and let $\overline{|\nu|} = a^m$, with $a > 0$, be this minimum; because of $N(\nu) \geqq 1$ and $\nu \neq 1$, it follows that $a > 1$. In the decomposition (4) we may assume that ξ_1 is irrational. Plainly, $\overline{|\xi_1|} \leqq a < a^m$. In virtue of the minimum property of ν, we infer that ξ_1 is not totally positive; on the other hand, $\xi_1^m \succ 0$; hence m is even and $m \geqq 4$. Put $g = [\overline{|\xi_1|}] + 1$, then the number $\xi_1 + g = \nu_1$ of K is integral, irrational and totally positive, whence $\overline{|\nu_1|} \geqq a^m \geqq a^4$. But $\overline{|\nu_1|} \leqq \overline{|\xi_1|} + g \leqq 2a + 1$. It follows that $a^4 \leqq 2a + 1$. The polynomial $x^4 - 2x - 1$ is positive for $x = \sqrt{2}$ and monotone increasing for $x > 1$; hence $a < \sqrt{2} < 2$.

Let ω be a root of the quadratic equation $\omega + \omega^{-1} = \xi_1$. Since all conjugates of ξ_1 lie in the interval $-2 < x < 2$, all conjugates of the algebraic integer ω have the absolute value 1; consequently, by a theorem of Kronecker, ω is a root of unity. If ω is a primitive q^{th} root of unity, then either $q = 5$ or $q > 6$, because ξ_1 is irrational. The number $\omega_1 = e^{(2\pi i/q)}$ and, in case of an odd value of q, also the number $\omega_1^{\frac{1}{2}(1-q)} = -e^{(\pi i/q)}$ is a conjugate of ω. Therefore ξ_1 has the conjugate $2 \cos (2\pi/q)$, for even q, and $-2 \cos (\pi/q)$, for odd q. On the other hand, $\overline{|\xi_1|} < \sqrt{2}$; whence $| \cos (2\pi/q) | < 1/\sqrt{2} = \cos (\pi/4)$ (q even), and $| \cos (\pi/q) | < \cos (\pi/4)$ (q odd). It follows that either $q < 8$ and even, or $q < 4$ and odd; however, these values of q were already excluded, and we have arrived at a contradiction.

2. Fields with imaginary conjugates

Let K be an algebraic number field of degree n with r real conjugates $K^{(1)}, \cdots, K^{(r)}$ and s pairs of conjugate complex conjugates $K^{(r+l)}, K^{(r+s+l)}$ ($l = 1, \cdots, s$), so that $r + 2s = n$. We shall not suppose $s > 0$, unless it is explicitly stated.

The ring J_m generated by the mth powers of all integers in K consists of all expressions $\pm\lambda_1^m \pm \lambda_2^m \pm \cdots$, with integral $\lambda_1, \lambda_2, \cdots$; plainly, J_m contains the number 1. Since the $(m - 1)^{\text{st}}$ difference

$$\Delta^{m-1}x^m = \Delta^{m-1}0^m + m!x,$$

it follows that all numbers in the principal ideal $(m!)$ belong to J_m; this shows that J_m is an order. If $\nu = \lambda_1^m + \lambda_2^m + \cdots$ is solvable with integral totally positive $\lambda_1^m, \cdots$, then *a fortiori* ν lies in J_m. We denote by J the maximal order in K, viz., the ring of all integers.

Obviously Theorem II is contained in the following proposition.

THEOREM V: *If $s > 0$, then all totally positive numbers in J_2 are sums of five integral squares. The orders J_2 and J coincide when and only when the discriminant of K is odd.*

For the proof of Theorem V we shall use the extension of the circle method of Hardy and Littlewood to algebraic number fields, which was exposed, for the particular problem of decomposition into four squares, in my paper: *Additive Theorie der Zahlkörper*, II, Math. Ann. 88, pp. 184–210 (1923); abbreviated: *A*. In the sequel, some lemmata are taken from *A*, without new proof.

Let $\mathfrak{d}$ be the *different* of K, $N(\mathfrak{d}) = D = |\boldsymbol{d}|$ and let $\rho_1, \cdots, \rho_n$ be a basis of $\mathfrak{d}^{-1}$. We introduce the n-dimensional euclidean space X of the points x with the real cartesian coordinates $x_1, \cdots, x_n$ and the volume element $dx = dx_1 \cdots dx_n$. Corresponding to the n conjugate fields $K^{(l)}$ we have the n linear forms

$$\xi^{(l)} = \rho_1^{(l)} x_1 + \cdots + \rho_n^{(l)} x_n \qquad (l = 1, \cdots, n).$$

Let t be a positive parameter >1 and define

$$f(x) = f(x_1, \cdots, x_n) = \sum_{\lambda} e^{-\pi t^{-1} S(|\lambda|^2) + 2\pi i S(\lambda^2 \xi)},$$

where λ runs over all integers in K. If q is any positive rational integer, ν an integer in K, and E the unit cube $0 \leqq x_k \leqq 1$ $(k = 1, \cdots, n)$ in X, then

$$\int_E f^q(x) e^{-2\pi i S(\nu\xi)}\, dx = \sum e^{-\pi t^{-1} S(|\lambda_1|^2 + \cdots + |\lambda_q|^2)}, \tag{5}$$

the summation carried over all integral solutions $\lambda_1, \cdots, \lambda_q$ of $\nu = \lambda_1^2 + \cdots + \lambda_q^2$.

For any number γ in K we put $\mathfrak{a} = \mathfrak{a}_\gamma = (1, \gamma\mathfrak{d})^{-1}$; this means that $\mathfrak{a}_\gamma$ is the denominator of the ideal $\gamma\mathfrak{d}$. We denote by B_γ the domain in X defined by the n inequalities

$$|\xi^{(l)} - \gamma^{(l)}| < \tfrac{1}{2} D^{-(1/n)} t^{-(1/2)} N^{-(1/n)}(\mathfrak{a}_\gamma) \qquad (l = 1, \cdots, n). \tag{6}$$

LEMMA 1: *If $\gamma \neq \delta$ and $N(\mathfrak{a}_\gamma) \leqq t^{(n/2)}$, $N(\mathfrak{a}_\delta) \leqq t^{(n/2)}$, then $B_\gamma \cap B_\delta = 0$.*

PROOF: Suppose that x were a common point of B_γ and B_δ; then (6) holds good for δ instead of γ, and the conjugates of the difference $\gamma - \delta = \beta$ satisfy the inequalities

$$|\beta^{(l)}| < \tfrac{1}{2} D^{-(1/n)} t^{-(1/2)} (N^{-(1/n)}(\mathfrak{a}_\gamma) + N^{-(1/n)}(\mathfrak{a}_\delta)) \qquad (l = 1, \cdots, n),$$

whence

$$N(\beta\mathfrak{a}_\gamma\mathfrak{a}_\delta\mathfrak{d}) < t^{-n/2}(\tfrac{1}{2}N^{1/n}(\mathfrak{a}_\gamma) + \tfrac{1}{2}N^{1/n}(\mathfrak{a}_\delta))^n \leqq 1.$$

On the other hand, $\beta\mathfrak{a}_\gamma\mathfrak{a}_\delta\mathfrak{d}$ is an integral ideal. It follows that $\beta = 0$, $\gamma = \delta$; q.e.d.

We denote by $c_1, \cdots, c_{14}$ positive constants which depend only upon K and q. For any number γ in K we introduce the abbreviations

$$G(\gamma) = N(\mathfrak{a}_\gamma^{-1}) \sum_{\lambda \bmod \mathfrak{a}_\gamma} e^{2\pi i S(\gamma\lambda^2)},$$

where λ runs over a complete system of integral residues modulo $\mathfrak{a}_\gamma$,

$$(7)\qquad \xi - \gamma = w = w_\gamma, \qquad N\{\mathfrak{a}_\gamma^2(t^{-1} + 4t\,|\,w\,|^2)\} = P_\gamma = P_\gamma(x),$$

$$(8)\qquad D^{-\frac{1}{2}}G(\gamma)\prod_{l=1}^{r}(t^{-1} - 2iw^{(l)})^{-\frac{1}{2}}\prod_{l=r+1}^{r+s}(t^{-2} + 4\,|\,w^{(l)}\,|^2)^{-\frac{1}{2}} = \varphi_\gamma(x).$$

LEMMA 2: *For any point x in X there exists a number δ in K such that $N(\mathfrak{a}_\delta) \leqq t^{n/2}$ and*

$$(9)\qquad |f(x) - \varphi_\delta(x)| < c_1 t^{n/4} P_\delta^{-1/4} e^{-c_2 P_\delta^{-1/n}};$$

if the point lies in a domain B_γ with $N(\mathfrak{a}_\gamma) \leqq t^{n/2}$, then we may choose $\delta = \gamma$.

This lemma follows immediately from A, Hilfssatz 18; we have only to replace ν, u, w, $\vartheta(u)$ by t, 2ξ, $2w$, $f(x)$.

We choose a complete system Γ of modulo $\mathfrak{d}^{-1}$ incongruent numbers γ in K which satisfy the condition $N(\mathfrak{a}_\gamma) \leqq t^{n/2}$. If γ appears as a summation index, then it runs always over Γ.

LEMMA 3: *Let $q > 4$ and $t \to \infty$, then*

$$(10)\qquad \int_E f^q(x)e^{-2\pi i S(\nu\xi)}\,dx = \sum_\gamma \int_X \varphi_\gamma^q(x)e^{-2\pi i S(\nu\xi)}\,dx + o(t^{n((q/2)-1)}).$$

PROOF: The integrand in the left-hand member of (10) is invariant under the group of translations $\xi \to \xi + \rho$, where ρ is any number in $\mathfrak{d}^{-1}$; consequently we may replace E by any other fundamental region with respect to this group. In virtue of Lemma 1, the following domain is again a fundamental region: We take the sum of all B_γ and the set E_0 of all points in E which do not lie in any B_δ with $N(\mathfrak{a}_\delta) \leqq t^{n/2}$. Consequently,

$$(11)\qquad \left|\int_E f^q(x)e^{-2\pi i S(\nu\xi)}\,dx - \sum_\gamma \int_{B_\gamma} f^q(x)e^{-2\pi i S(\nu\xi)}\,dx\right| \leqq \int_{E_0} |f(x)|^q\,dx.$$

Let C_δ denote the open set of all points in X which satisfy the inequality (9); by Lemma 2, $B_\delta \subset C_\delta$, and the sets C_δ cover the whole space X if δ runs over all numbers with $N(\mathfrak{a}_\delta) \leqq t^{n/2}$. Put $C_\delta - B_\delta = D_\delta$; since $E_0 \cap B_\delta = 0$, it follows that the sets $E_0 \cap D_\delta$ cover E_0. Determine γ in Γ so that $\delta \equiv \gamma \pmod{\mathfrak{d}^{-1}}$, put $\gamma - \delta = \rho$ and denote by E_ρ the image of E_0 under the translation $\xi \to \xi + \rho$. On account of the invariance property of $f(x)$, it follows that

$$(12)\qquad \begin{aligned}\int_{E_0} |f(x)|^q\,dx &\leqq \sum_\delta \int_{E_0\cap D_\delta} |f(x)|^q\,dx \\ &= \sum_{\gamma,\rho}\int_{E_\rho\cap D_\gamma} |f(x)|^q\,dx \leqq \sum_\gamma \int_{D_\gamma} |f(x)|^q\,dx,\end{aligned}$$

where ρ runs over all numbers in the ideal $\mathfrak{d}^{-1}$.

Because of A, Hilfssatz 8, we have

$$(13)\qquad |G(\gamma)| < c_3 N^{-\frac{1}{2}}(\mathfrak{a}_\gamma);$$

consequently, by (7) and (8),

$$(14)\qquad |\varphi_\gamma(x)| < c_3 N^{-\frac{1}{2}}(\mathfrak{a}_\gamma) \prod_{l=1}^{n} (t^{-2} + 4\,|w^{(l)}|^2)^{-\frac{1}{4}} = c_3 t^{n/4} P_\gamma^{-\frac{1}{4}}$$

and, by (9),

$$|f(x)| < c_4 t^{n/4} P_\gamma^{-\frac{1}{4}}(x)$$

for all points in C_γ and, in particular, in D_γ. Since $D_\gamma \subset X - B_\gamma$, we obtain

$$(15)\qquad \int_{D_\gamma} |f(x)|^q\, dx < c_5 t^{(qn)/4} \int_{X-B_\gamma} P_\gamma^{-\frac{q}{4}}(x)\, dx.$$

Moreover, by Lemma 2 and (14), we have everywhere in B_γ

$$(16)\qquad |f^q(x) - \varphi_\gamma^q(x)| < c_6 t^{(qn)/4} P_\gamma^{-(q/4)} e^{-c_2 P_\gamma^{-1/n}} < c_7 t^{(qn)/4} P_\gamma^{-(3/4)},$$

because of $q > 3$. It follows from (14) and (16) that

$$(17)\qquad \left| \int_{B_\gamma} f^q(x) e^{-2\pi i S(\nu\xi)}\, dx - \int_X \varphi_\gamma^q(x) e^{-2\pi i S(\nu\xi)}\, dx \right| < c_7 t^{(qn)/4} \int_{B_\gamma} P_\gamma^{-\frac{3}{4}}\, dx + c_8 t^{(qn)/4} \int_{X-B_\gamma} P_\gamma^{-(q/4)}\, dx.$$

In view of (11), (12), (15), (17), the lemma will be established if we can prove the estimate

$$(18)\qquad \sum_\gamma \left(\int_{B_\gamma} P_\gamma^{-3/4}\, dx + \int_{X-B_\gamma} P_\gamma^{-q/4}\, dx \right) = o(t^{n((q/4)-1)}).$$

Obviously,

$$\int_{B_\gamma} P_\gamma^{-3/4}\, dx < \int_X P_\gamma^{-3/4}\, dx = c_9 t^{-(n/4)} N^{-3/2}(\mathfrak{a}_\gamma).$$

The number of γ in Γ with prescribed $\mathfrak{a}_\gamma = \mathfrak{a}$ is $\varphi(\mathfrak{a}) \leqq N(\mathfrak{a})$; hence

$$\sum_\gamma N^{-3/2}(\mathfrak{a}_\gamma) \leqq \sum_{N(\mathfrak{a}) \leqq t^{n/2}} N^{-\frac{1}{2}}(\mathfrak{a}) < c_{10} t^{n/4}$$

$$(19)\qquad \sum_\gamma \int_{B_\gamma} P_\gamma^{-3/4}\, dx = O(1) = o(t^{n((q/4)-1)}),$$

because of $q > 4$. On the other hand, in any point of $X - B_\gamma$ at least one of the n inequalities (6) is not satisfied. Putting $t^{1/2} N^{-1/n}(\mathfrak{a}_\gamma) = b$, we obtain

$$t^{-n((q/4)-1)} \int_{X-B_\gamma} P_\gamma^{-(q/4)}\, dx < c_{11} N^{-(q/2)}(\mathfrak{a}_\gamma) \int_b^\infty y^{-(q/2)}\, dy < c_{11} N^{-5/2}(\mathfrak{a}_\gamma) \int_b^\infty y^{-5/4} dy$$

$$= c_{12} N^{-5/2}(\mathfrak{a}_\gamma) t^{-1/8} N^{1/(4n)}(\mathfrak{a}_\gamma),$$

because of $q > 4$. Since $-5/2 + 1/4n < -2$, it follows that

$$(20)\qquad \sum_\gamma \int_{X-B_\gamma} P_\gamma^{-q/4}\, dx = o(t^{n((q/4)-1)}),$$

and formula (18) is a consequence of (19) and (20).

LEMMA 4: *Put*

$$\psi(u) = \frac{\pi}{\Gamma(q/2)} u^{(q/2)-1} e^{-u},$$

$$\chi(u) = \frac{\pi}{2\Gamma(q/2)} \int_0^\infty y^{(q/2)-2} e^{-y-u^2y^{-1}} dy \quad (u \geqq 0; q > 2),$$

then the integral

$$\int_X \varphi_\gamma^q(x) e^{-2\pi i S(\nu\xi)} dx = D^{-((q-1)/2)} G^q(\gamma) e^{-2\pi i S(\nu\gamma)} t^{n((q/2)-1)}$$

$$\prod_{l=1}^{r} \psi(\pi t^{-1} \nu^{(l)}) \prod_{l=r+1}^{r+s} \chi(\pi t^{-1} | \nu^{(l)} |)$$

in case $\nu \succ 0$, *and* $= 0$ *otherwise.*

PROOF: In view of the definition (8) we obtain

$$\int_X \varphi_\gamma^q(x) e^{-2\pi i S(\nu\xi)} dx = \{D^{-\frac{1}{2}} G(\gamma)\}^q e^{-2\pi i S(\nu\gamma)} J, \tag{21}$$

where

$$J = \int_X \prod_{l=1}^{r} (t^{-1} - 2i\xi^{(l)})^{-q/2} \prod_{l=r+1}^{r+s} (t^{-2} + 4 | \xi^{(l)} |^2)^{-q/2} e^{-2\pi i S(\nu\xi)} dx.$$

Instead of $x_1, \cdots, x_n$, we introduce the new variables of integration

$$y_l = 2\xi^{(l)} \quad (l = 1, \cdots, r),$$

$$y_l = \xi^{(l)} + \xi^{(l+s)}, \qquad y_{l+s} = i\xi^{(l)} - i\xi^{(l+s)} \quad (l = r+1, \cdots, r+s),$$

with the jacobian $2^{r+s} D^{-\frac{1}{2}}$, and define

$$\psi_0(\nu) = \int_{-\infty}^{\infty} (t^{-1} - iy)^{-q/2} e^{-\pi i \nu y} dy \qquad (\nu \text{ real}),$$

$$\chi_0(\nu) = \int_{-\infty}^{\infty} \int_{-\infty}^{\infty} (t^{-2} + y^2 + z^2)^{-q/2} e^{-\pi i\{(\bar\nu+\nu)y + i(\bar\nu-\nu)z\}} dy\, dz \quad (\nu \text{ complex});$$

then

$$J = 2^{-r-s} D^{\frac{1}{2}} \prod_{l=1}^{r} \psi_0(\nu^{(l)}) \prod_{l=r+1}^{r+s} \chi_0(\nu^{(l)}). \tag{22}$$

Applying Cauchy's theorem, we get $\psi_0(\nu) = 0$ whenever $\nu \leqq 0$, and

$$\psi_0(\nu) = i^{-1} e^{-\pi t^{-1}\nu} \int_L y^{-q/2} e^{\pi \nu y} dy = 2t^{(q/2)-1} \psi(\pi t^{-1} \nu) \tag{23}$$

in case $\nu > 0$, where L denotes a loop in the complex y-plane around 0 from $-\infty$ to $-\infty$ in the positive sense. Furthermore,

$$(24)\quad \Gamma\left(\frac{q}{2}\right)\chi_0(\nu) = \int_0^\infty u^{(q/2)-1}\left(\int_{-\infty}^{\infty}\int_{-\infty}^{\infty} e^{-\pi i\{(\bar\nu+\nu)y+i(\bar\nu-\nu)z\}-(t^{-2}+y^2+z^2)u}\,dy\,dz\right)du$$

$$= \pi\int_0^\infty u^{(q/2)-1}e^{-t^{-2}u-\pi^2|\nu|^2u^{-1}}\,du = 2\Gamma\left(\frac{q}{2}\right)t^{q-2}\chi(\pi t^{-1}\,|\,\nu\,|).$$

Now the assertion follows from (21), (22), (23), (24).

Proof of Theorem V: Introduce the abbreviations

$$(25)\quad Q(t^{-1}\nu) = D^{-(q-1)/2}\left\{\prod_{l=1}^{r}\frac{\pi}{\Gamma(q/2)}(\pi t^{-1}\nu^{(l)})^{(q/2)-1}\right\}\prod_{l=r+1}^{r+s}\chi(\pi t^{-1}\,|\,\nu^{(l)}\,|),$$

$$(26)\quad \sigma_t(\nu) = \sum_{\gamma} G^q(\gamma)e^{-2\pi i S(\nu\gamma)},$$

$$S_0(|\lambda_1|^2+\cdots+|\lambda_q|^2) = \sum_{l=r+1}^{r+s}(|\lambda_1^{(l)}|^2+\cdots+|\lambda_q^{(l)}|^2).$$

In virtue of Lemmata 3, 4 and formula (5), we obtain for any integral $\nu > 0$ and $q > 4$ the asymptotic relationship

$$(27)\quad t^{-n((q/2)-1)}\sum e^{-2\pi t^{-1}S_0(|\lambda_1|^2+\cdots+|\lambda_q|^2)} = \sigma_t(\nu)Q(t^{-1}\nu) + e^{-\pi t^{-1}(\nu^{(1)}+\cdots+\nu^{(r)})}o(1),$$

where the summation is carried over all integral solutions $\lambda_1, \cdots, \lambda_q$ of the diophantine equation $\nu = \lambda_1^2+\cdots+\lambda_q^2$; this holds uniformly in ν, for fixed q, as t tends to infinity.

Let $t_1, \cdots, t_{r+s}$ be arbitrary positive numbers such that

$$(28)\quad \prod_{l=1}^{r} t_l \prod_{l=r+1}^{r+s} t_l^2 \geqq 1.$$

It follows from Dirichlet's theorem that the system of $r+s$ inequalities

$$(29)\quad |\,\epsilon^{(l)}\,| < c_{13}t_l \qquad (l = 1, \cdots, r+s)$$

is fulfilled by at least one unit ϵ in K. Now we use the condition $s > 0$ of Theorem V, and we choose $t_l = t^{1/2}(l = 1, \cdots, r)$, $t_l = t^{-(r/4s)}$ $(l = r+1, \cdots, r+s)$; plainly, (28) is satisfied. Let $\epsilon = \epsilon_t$ be a solution of (29).

For any given totally positive integer ν_1 in K we define $\nu = \nu_t = \nu_1\epsilon^2$; then

$$(30)\quad \nu^{(1)}+\cdots+\nu^{(r)} = O(t),$$

$$(31)\quad \prod_{l=1}^{r}\left(\frac{t}{\nu^{(l)}}\right) = \prod_{l=1}^{r}\left(\frac{t}{\nu_1^{(l)}}\right)\prod_{l=r+1}^{r+s}|\,\epsilon^{(l)}\,|^4 = O(1),$$

$$(32)\quad \chi(\pi t^{-1}\,|\,\nu^{(l)}\,|) \sim \chi(0) = \frac{\pi}{2\Gamma\left(\frac{q}{2}\right)}\Gamma\left(\frac{q}{2}-1\right) = \frac{\pi}{q-2} > 0$$

$$(l = r+1, \cdots, r+s)$$

and $\sigma_t(\nu) = \sigma_t(\nu_1)$. By (25), (31), (32), the expression $Q(t^{-1}\nu)$ has a positive lower limit, for fixed ν_1 and $t \to \infty$. Consequently, by (30), the sum in the left-hand member of (27) is not empty, for sufficiently large values of t, provided that the condition

$$\lim_{t\to\infty} \sigma_t(\nu_1) > 0 \tag{33}$$

is satisfied. We conclude that then ν and also ν_1 is a sum of q integral squares. Obviously the first assertion of Theorem V will be proved if we prove (33) for $q = 5$ and all ν_1 in J_2.

Let β run over a complete set of modulo $\mathfrak{d}^{-1}$ incongruent numbers in K and define the *singular series*

$$\sigma = \sigma(\nu_1) = \sum_\beta G^5(\beta)e^{-2\pi i S(\nu_1\beta)};$$

by (13) and (26),

$$|\sigma(\nu_1) - \sigma_t(\nu_1)| < c_{14} \sum_{N(\mathfrak{a})>t^{n/2}} N^{-3/2}(\mathfrak{a}) = o(1);$$

so it remains to prove that $\sigma(\nu_1) > 0$ for all ν_1 in J_2.

Let β run over a complete set of modulo $\mathfrak{d}^{-1}$ incongruent numbers in K with prescribed $\mathfrak{a}_\beta = \mathfrak{a}$, and define

$$H(\mathfrak{a}) = \sum_\beta G^5(\beta)e^{-2\pi i S(\nu_1\beta)},$$

$$\sigma_\mathfrak{p} = 1 + \sum_{l=1}^{\infty} H(\mathfrak{p}^l),$$

for all prime ideals $\mathfrak{p}$ in K. One proves in the usual way, cf. A, Hilfssatz 9, that $H(\mathfrak{a}\mathfrak{b}) = H(\mathfrak{a})H(\mathfrak{b})$ whenever $(\mathfrak{a}, \mathfrak{b}) = 1$, and that

$$\sigma = \prod_\mathfrak{p} \sigma_\mathfrak{p},$$

the product extended over all prime ideals.

If $\mathfrak{p}$ is not a divisor of 2, then, cf. A, Hilfssatz 8,

$$|H(\mathfrak{p}^l)| \leqq \varphi(\mathfrak{p}^l)N(\mathfrak{p}^{-(5/2)l}) < N(\mathfrak{p}^{-(3/2)l})$$

$$\sigma_\mathfrak{p} > 1 - \sum_{l=1}^{\infty} N(\mathfrak{p}^{-(3/2)l}) = 1 - (N(\mathfrak{p}^{3/2}) - 1)^{-1};$$

whence

$$\prod_{\mathfrak{p}\nmid 2} \sigma_\mathfrak{p} > 0.$$

Suppose next that $\mathfrak{p}^k \mid 2$ and $\mathfrak{p}^{k+1} \nmid 2$, with $k > 0$. Because of A, Hilfssatz 14, we obtain

$$\left|\sum_{l=2k}^{\infty} H(\mathfrak{p}^l)\right| \leqq \sum_{l=2k}^{\infty} \varphi(\mathfrak{p}^l)N(\mathfrak{p}^{-(5(l-k)/2)}) = \frac{1 - N(\mathfrak{p}^{-1})}{1 - N(\mathfrak{p}^{-3/2})} N(\mathfrak{p}^{-k/2}) < N(\mathfrak{p}^{-k/2}), \tag{34}$$

$$\left|\sum_{l=k+1}^{2k-1} H(\mathfrak{p}^l)\right| \leqq \sum_{b=[k/2]+1}^{k-1} (1 - N(\mathfrak{p}^{-1}))N(\mathfrak{p}^{(3k/2)-2b}) = \tag{35}$$

$$\frac{1 - N(\mathfrak{p}^{-1})}{1 - N(\mathfrak{p}^{-2})} \{N(\mathfrak{p}^{3k/2-2[k/2]-2}) - N(\mathfrak{p}^{-k/2})\}$$

$$< N(\mathfrak{p}^{(3k/2)-2[k/2]-2}) - N(\mathfrak{p}^{-(k/2)}).$$

If $G(\beta) = 1$, for some $\mathfrak{a} = \mathfrak{a}_\beta$, then $S(\beta\lambda^2)$ is a rational integer for all integral λ in K; it follows that then also $S(\nu_1\beta)$ is a rational integer for all ν_1 in J_2, and we infer from A, Hilfssatz 13, that

$$(36) \qquad 1 + \sum_{l=1}^{k} H(\mathfrak{p}^l) = 1 + \sum_{b=1}^{[k/2]} (1 - N(\mathfrak{p}^{-1}))N(\mathfrak{p}^b) = N(\mathfrak{p}^{[k/2]}).$$

By (34), (35), (36),

$$\sigma_\mathfrak{p} > N(\mathfrak{p}^{[k/2]}) - N(\mathfrak{p}^{(3k/2)-2[k/2]-2}) = N(\mathfrak{p}^{[k/2]})(1 - N(\mathfrak{p}^{-a})),$$

where

$$a = 3[k/2] - (3k/2) + 2 \geqq \tfrac{1}{2} > 0.$$

Hence

$$\prod_{\mathfrak{p}|2} \sigma_\mathfrak{p} > 0,$$

and $\sigma > 0$, q.e.d.

Now we shall prove the second assertion of Theorem V, namely that $J_2 = J$, if the discriminant d of K is odd, and $J_2 \neq J$, if d is even. In this part of the proof we do not need the assumption $s > 0$.

Let d be even; then there exists a prime ideal $\mathfrak{p}$ such that 2 is divisible by $\mathfrak{p}^2$. Since $\alpha^2 \equiv -\alpha^2 \pmod 2$ and $\alpha^2 + \beta^2 \equiv (\alpha + \beta)^2 \pmod 2$, for arbitrary integers α and β, it follows that each number of J_2 is congruent to a square number modulo $\mathfrak{p}^2$. On the other hand, if $\nu \equiv \lambda^2 \pmod{\mathfrak{p}^2}$ and $\mathfrak{p} \mid \nu$, then $\mathfrak{p} \mid \lambda$, $\mathfrak{p}^2 \mid \nu$. This proves that J_2 does not contain any integer which is divisible exactly by the first power of $\mathfrak{p}$. Hence $J_2 \neq J$.

Let d be odd, and consider a basis $\omega_1, \cdots, \omega_n$ of J; then

$$d = | \omega_k^{(l)} |^2 = | S(\omega_k\omega_l) | .$$

Put $\alpha_k = \omega_k^2$ $(k = 1, \cdots, n)$. The discriminant of $\alpha_1, \cdots, \alpha_n$ has the value

$$\Delta = | \alpha_k^{(l)} |^2 = | S(\alpha_k\alpha_l) | .$$

Since

$$S(\alpha_k\alpha_l) = S(\omega_k^2\omega_l^2) \equiv S^2(\omega_k\omega_l) \equiv S(\omega_k\omega_l) \pmod 2,$$

it follows that $\Delta \equiv d \pmod 2$; hence also Δ is odd. In particular, $\Delta \neq 0$, and every number α in K can be expressed in the form $\alpha = \alpha_1 r_1 + \cdots + \alpha_n r_n$ with rational $r_1, \cdots, r_n$; plainly

$$(37) \qquad S(\alpha\alpha_l) = \sum_{k=1}^{n} r_k S(\alpha_k\alpha_l) \qquad (l = 1, \cdots, n).$$

If α is integral, then $\Delta r_1, \cdots, \Delta r_n$ are rational integers, by (37); consequently, $\Delta\alpha$ lies in J_2. On the other hand, also the number $(\alpha + 1)^2 - \alpha^2 - 1 = 2\alpha$ lies in J_2, hence also $\alpha = \Delta\alpha + \frac{1}{2}(1 - \Delta)\, 2\alpha$. This shows that $J_2 = J$, and the proof of Theorem V is complete.

Probably the assertion of Theorem V will remain true if the number 5 is replaced by 4. It is easy to prove that 3 squares are not always sufficient. Consider any field with odd discriminant and the further property that 2 is divisible by a prime ideal $\mathfrak{p}$ of first degree. Then only the first power of $\mathfrak{p}$ divides 2, and every integer in the field is modulo $\mathfrak{p}^3$ congruent to one of the 8 rational integers 1, 2, $\cdots$, 8. Let ν be a totally positive integer and $\nu \equiv -1 \pmod{\mathfrak{p}^3}$. If the diophantine equation $\nu\lambda_0^2 = \lambda_1^2 + \lambda_2^2 + \lambda_3^2$ has a non-trivial integral solution $\lambda_0, \lambda_1, \lambda_2, \lambda_3$, then it has also a solution under the condition $(\lambda_0, \lambda_1, \lambda_2, \lambda_3, \mathfrak{p}) = 1$. Now determine the rational integer $x_k \equiv \lambda_k \pmod{\mathfrak{p}^3}$, for $k = 0, 1, 2, 3$; then

$$-x_0^2 \equiv x_1^2 + x_2^2 + x_3^2 \pmod{\mathfrak{p}^3},$$

and also modulo 8; this is a contradiction because at least one of the x_k is odd. It follows that ν is not even the sum of 3 fractional squares.

Instead of Theorem IV, we shall prove the following more general proposition.

THEOREM VI: *If $s > 0$, then all totally positive numbers in J_m are sums of $(2^{m-1} + n)mn + 1$ integral m^{th} powers of totally positive numbers.*

For the solution of the analogue of Waring's problem in totally real algebraic number fields the circle method was applied in my paper: *Generalization of Waring's problem to algebraic number fields*, Amer. J. Math. 66, pp. 122–136 (1944); abbreviated: G. Our proof of Theorem VI will proceed in the same way as the proof of the corresponding theorem in G; however, it is perhaps not entirely useless to present the proof in detail, because the imaginary conjugates of the field require some estimates which did not appear in G. Only the discussion of the singular series is exactly the same as in the former case, and we take the corresponding result from G without new proof.

Instead of $e^{2\pi ix}$ we write 1^x. Henceforth a relationship containing small Greek letters without upper index has the meaning explained in G, viz., it is an abbreviation of n relationships corresponding to the conjugate fields; e.g., $|\xi| < 1$ means $|\xi^{(l)}| < 1$ $(l = 1, \cdots, n)$.

Let a basis $\omega_1, \cdots, \omega_n$ of the integers in K be given; then the inverse matrix $(\omega_k^{(l)})^{-1} = (\rho_l^{(k)})$ yields a basis $\rho_1, \cdots, \rho_n$ of $\mathfrak{d}^{-1}$. We put again $N(\mathfrak{d}) = D$, $(1, \gamma\mathfrak{d})^{-1} = \mathfrak{a}_\gamma$ for all γ in K,

$$\xi^{(l)} = \rho_1^{(l)}x_1 + \cdots + \rho_n^{(l)}x_n \qquad (l = 1, \cdots, n)$$

for any point x in the euclidean n-dimensional space X.

The statement of Theorem VI is trivially true in case $m = 1$; so we may suppose $m > 1$. We introduce the abbreviation

$$a = (2^{m-1} + n)^{-1}.$$

Let T be a positive number satisfying the condition

$$T^{2a} > 2D^{1/n} \tag{38}$$

and put

$$t = T^{1-a}, \qquad h = T^{m+a-1}.$$

In the sequel, the symbols O and o refer to the passage to the limit $T \to \infty$.

For each γ in the field K, the domain B_γ in X is now defined by the condition

$$N(\text{Max }(h \mid \xi - \gamma \mid, t^{-1})) \leqq N(\mathfrak{a}_\gamma^{-1});$$

plainly, B_γ is vacuous whenever $N(\mathfrak{a}_\gamma) > t^n = T^{n(1-a)}$.

LEMMA 5: *If* $\gamma \neq \delta$, *then* $B_\gamma \cap B_\delta = 0$.

PROOF: Suppose that B_γ and B_δ have a common point x, and put

$$\text{Max }(h \mid \xi - \gamma \mid, t^{-1}) = \sigma^{-1}, \qquad \text{Max }(h \mid \xi - \delta \mid, t^{-1}) = \tau^{-1};$$

then $\sigma \leqq t$, $\tau \leqq t$, $N(\mathfrak{a}_\gamma\mathfrak{a}_\delta) \leqq N(\sigma\tau)$, and

$$\mid \gamma - \delta \mid \leqq \mid \xi - \gamma \mid + \mid \xi - \delta \mid \leqq h^{-1}(\sigma^{-1} + \tau^{-1}) \leqq 2t(h\sigma\tau)^{-1}$$

$$N((\gamma - \delta)\mathfrak{a}_\gamma\mathfrak{a}_\delta) \leqq (2th^{-1})^n = 2^n T^{n(2-2a-m)} < D^{-1},$$

by (38). Since the norm of the integral ideal $(\gamma - \delta)\mathfrak{a}_\gamma\mathfrak{a}_\delta\mathfrak{d}$ is <1, it follows that $\gamma = \delta$, and the lemma is established.

LEMMA 6: *Let x be a point of X not lying in any B_γ; then there exist an integer α in K and a number β of $\mathfrak{d}^{-1}$ such that*

(39) $$\mid \alpha\xi - \beta \mid < h^{-1}, \qquad 0 < \mid \alpha \mid \leqq h,$$

(40) $$\text{Max }(h \mid \alpha\xi - \beta \mid, \mid \alpha \mid) \geqq D^{-1/2},$$

(41) $$\text{Max }(\mid \alpha^{(1)} \mid, \cdots, \mid \alpha^{(n)} \mid) > t,$$

(42) $$N((\alpha, \beta\mathfrak{d})) \leqq D^{1/2}.$$

PROOF: Let $u_1, \cdots, u_n$ and $v_1, \cdots, v_n$ be real variables, and define

$$\alpha^{(k)} = \sum_{l=1}^{n} \omega_l^{(k)} u_l, \quad \beta^{(k)} = \sum_{l=1}^{n} \rho_l^{(k)} v_l, \quad \delta^{(k)} = \alpha^{(k)}\xi^{(k)} - \beta^{(k)} \quad (k = 1, \cdots, n).$$

The expressions $\alpha^{(k)}$, $\delta^{(k)}$ $(k = 1, \cdots, r)$ together with the real and imaginary parts of $\alpha^{(k)}\sqrt{2}$, $\delta^{(k)}\sqrt{2}$ $(k = r + 1, \cdots, r + s)$ constitute $2n$ homogeneous linear forms of the $2n$ variables $u_1, \cdots, v_n$ with real coefficients and determinant ± 1. In view of Minkowski's theorem, there exist integral rational values of these variables, not all zero, so that $\mid \alpha \mid \leqq h$ and $\mid \delta \mid < h^{-1}$. Plainly, α is an integer in K and β lies in the ideal $\mathfrak{d}^{-1}$. If $\alpha = 0$, then $\mid \beta \mid < h^{-1}$, $\mid N(\beta) \mid < h^{-n} < D^{-1}$, by (38); hence also $\beta = 0$, which is impossible. Therefore $\alpha \neq 0$, and (39) is fulfilled. Put $\alpha^{-1}\beta = \gamma$, then $\mathfrak{a}_\gamma \mid \alpha$, $N(\mathfrak{a}_\gamma) \leqq \mid N(\alpha) \mid$. Since x is not a point of B_γ, we have

$$N(\text{Max }(h \mid \xi - \gamma \mid, t^{-1})) > N(\mathfrak{a}_\gamma^{-1}), \qquad N(\text{Max }(1, t^{-1} \mid \alpha \mid)) > 1,$$

and (41) is proved.

Consider the finite set $\mathfrak{S}$ of all pairs α, β satisfying the conditions $1 \mid \alpha$, $\mathfrak{d}^{-1} \mid \beta$ and (39). Choose α, β in $\mathfrak{S}$ so that the expression $\text{Max }(\mid \alpha^{(1)} \mid, \cdots, \mid \alpha^{(n)} \mid)$ attains its minimum b; by (41), $b > t$. Put $(\alpha, \beta\mathfrak{d})^{-1} = \mathfrak{q}$, and let κ denote a number of $\mathfrak{q}$. The pair $\kappa\alpha = \hat{\alpha}$, $\kappa\beta = \hat{\beta}$ belongs to $\mathfrak{S}$ whenever the conditions

$$(43) \qquad |\kappa||\alpha\xi - \beta| < h^{-1}, \qquad 0 < |\kappa\alpha| \leqq h$$

are fulfilled, and then, in virtue of the definition of b,

$$(44) \qquad \operatorname{Max}(|\hat{\alpha}^{(1)}|, \cdots, |\hat{\alpha}^{(n)}|) \geqq b.$$

If $N(\mathfrak{q}) < D^{-\frac{1}{2}}$, Minkowski's theorem implies the existence of a number κ in $\mathfrak{q}$ such that $0 < |\kappa| < 1$; then (43) is satisfied, by (39), and (44) leads to a contradiction, because of $|\hat{\alpha}| < |\alpha|$. It follows that $N(\mathfrak{q}^{-1}) \leqq D^{\frac{1}{2}}$, and (42) is fulfilled.

It remains to prove also (40). This assertion is trivially true whenever $|\alpha| \geqq D^{-\frac{1}{2}}$; so we have only to investigate the case where

$$(45) \qquad |\alpha^{(p)}| < D^{-\frac{1}{2}},$$

for some given index $p \leqq r + s$, and we must prove that then

$$(46) \qquad h|\alpha^{(p)}\xi^{(p)} - \beta^{(p)}| \geqq D^{-\frac{1}{2}}.$$

Since $\mathfrak{q}^{-1}$ is integral, we have $N(\mathfrak{q}) \leqq 1$. Using once more Minkowski's theorem, we determine a number κ in $\mathfrak{q}$ such that

$$(47) \qquad 0 < |\kappa^{(p)}| \leqq D^{\frac{1}{2}}; \qquad |\kappa^{(l)}| < 1 \ (l = 1, \cdots, n; l \neq p)$$

in case $p \leqq r$, and

$$(48) \qquad 0 < |\kappa^{(p)}| \leqq D^{\frac{1}{2}}; \qquad |\kappa^{(l)}| < 1 \ (l = 1, \cdots, n; l \neq p, p + s)$$

in case $p > r$. In both cases $|\hat{\alpha}^{(p)}| < 1$ and $|\hat{\alpha}^{(l)}| < |\alpha^{(l)}|$. Since $|\alpha^{(k)}| = b > t > 1$ holds for at least one index k, we obtain

$$\operatorname{Max}(|\hat{\alpha}^{(1)}|, \cdots, |\hat{\alpha}^{(n)}|) < \operatorname{Max}(1, |\alpha^{(1)}|, \cdots, |\alpha^{(n)}|) = b,$$

in contradiction to (44) if the pair $\hat{\alpha}$, $\hat{\beta}$ were in $\mathfrak{S}$; consequently the conditions (43) are not all satisfied. On the other hand, by (39, (45), (47), (48),

$$0 < |\kappa\alpha| < h, \qquad |\kappa^{(l)}||\alpha^{(l)}\xi^{(l)} - \beta^{(l)}| < h^{-1};$$

hence

$$(49) \qquad |\kappa^{(p)}||\alpha^{(p)}\xi^{(p)} - \beta^{(p)}| \geqq h^{-1}.$$

Now the assertion (46) follows from (47), (48), (49). This completes the proof of the lemma.

Let E denote the unit cube $0 \leqq x_k < 1$ $(k = 1, \cdots, n)$ in X, and let E_0 be the set of all points of E which do not lie in any B_γ. We choose a complete system Γ of modulo $\mathfrak{d}^{-1}$ incongruent numbers γ with $N(\mathfrak{a}_\gamma) \leqq t^n$; henceforth, when γ appears as a summation index, it always runs over all elements of the finite set Γ. We consider in X the group P of all translations $\xi \to \xi + \rho$, where ρ is any number in $\mathfrak{d}^{-1}$; plainly, E is a fundamental region with respect to P. In virtue of Lemma 5, the sum of all B_γ is under P equivalent to $E - E_0$.

Denote by $\mathfrak{T}$ the finite set of all integers λ in K which satisfy the $r + s$ conditions

$$0 < \lambda^{(k)} < T \qquad (k = 1, \cdots, r); \qquad |\lambda^{(k)}| < T \qquad (k = r+1, \cdots, r+s),$$

and introduce the functions

$$f(x) = \sum_{\lambda \in \mathfrak{T}} 1^{S(\lambda^m \xi)}, \qquad g(x) = f^q(x)\, 1^{-S(\nu\xi)},$$

where ν is any given integer in K and

$$q = (2^{m-1} + n)mn + 1;$$

then

$$A(\nu) = \int_E g(x)\, dx$$

is the number of solutions $\lambda_1, \cdots, \lambda_q$ of $\nu = \lambda_1^m + \cdots + \lambda_q^m$ in $\mathfrak{T}$. Since $g(x)$ is invariant under P, we obtain the estimate

$$(50) \qquad \left| A(\nu) - \sum_\gamma \int_{B_\gamma} g(x)\, dx \right| \leqq \int_{B_0} |g(x)|\, dx.$$

Besides x, we shall use another variable point y in X, with the coordinates $y_1, \cdots, y_n$. Write $\omega_1 y_1 + \cdots + \omega_n y_n = \eta$ and denote by $Y(T)$ the domain

$$0 < \eta^{(k)} < T \qquad (k = 1, \cdots, r); \qquad |\eta^{(k)}| < T \qquad (k = r+1, \cdots, r+s)$$

in X.

Lemma 7: *Let x be a point of B_γ, and put*

$$\zeta = \xi - \gamma, \qquad G(\gamma) = N(\mathfrak{a}_\gamma^{-1}) \sum_{\mu \bmod \mathfrak{a}_\gamma} 1^{S(\mu^m \gamma)};$$

then

$$f(x) = G(\gamma) \int_{Y(T)} 1^{S(\eta^m \zeta)}\, dy + O(T^{n-a}).$$

Proof: In view of the definition of B_γ, we have

$$N(\operatorname{Max}(h|\zeta|, t^{-1})) \leqq N(\mathfrak{a}_\gamma^{-1}), \qquad N(\mathfrak{a}_\gamma) \leqq T^{n(1-a)}.$$

We determine the positive numbers $\theta^{(1)}, \cdots, \theta^{(n)}$, with $\theta^{(k)} = \theta^{(k+s)}$ $(k = r+1, \cdots, r+s)$, such that

$$\theta \operatorname{Max}(h|\zeta|, t^{-1}) \leqq D^{(1/2n)}, \qquad N(\theta) = D^{(1/2)} N(\mathfrak{a}_\gamma).$$

On account of Minkowski's theorem, the ideal $\mathfrak{a} = \mathfrak{a}_\gamma$ contains a number α such that $0 < |\alpha| \leqq \theta$. Then $\alpha\mathfrak{a}^{-1} = \mathfrak{b}$ is integral and $N(\mathfrak{b}) \leqq D^{1/2}$; hence $\mathfrak{b}$ belongs to a finite set depending only upon K. Let a basis $\beta_1, \cdots, \beta_n$ of $\mathfrak{b}^{-1}$ be given; then $\mathfrak{a} = \alpha\mathfrak{b}^{-1}$ has the basis $\alpha_k = \alpha\beta_k$ $(k = 1, \cdots, n)$, and $\alpha_k = O(\theta)$. We denote by s a variable point in X with the coordinates $s_1, \cdots, s_n$, and we put $\sigma = \alpha_1 s_1 + \cdots + \alpha_n s_n$.

Let μ run over a complete system of integral residues modulo $\mathfrak{a}$, and λ over all numbers in $\mathfrak{a}$ such that $\lambda + \mu$ lies in the set $\mathfrak{T}$; then

(51) $$f(x) = \sum_{\mu \bmod \mathfrak{a}} 1^{S(\mu^m \gamma)} \sum_{\substack{\mathfrak{a} | \lambda \\ \lambda+\mu \in \mathfrak{T}}} 1^{S((\lambda+\mu)^m \zeta)}.$$

Expressing λ in terms of the basis of $\mathfrak{a}$, we obtain $\lambda = g_1\alpha_1 + \cdots + g_n\alpha_n$ with rational integers $g_1, \cdots, g_n$. If s is any point in the cube $E(\lambda)$ of X defined by the conditions $g_k \leqq s_k < g_k + 1$ $(k = 1, \cdots, n)$, then

$$\sigma - \lambda = O(\theta) = O(t)$$

$$(\sigma + \mu)^m\zeta - (\lambda + \mu)^m\zeta = (\sigma - \lambda)\zeta O(|\sigma + \mu|^{m-1} + |\lambda + \mu|^{m-1})$$
$$= \zeta\theta O(T^{m-1}) = h^{-1}O(T^{m-1}) = O(T^{-a});$$

hence

$$1^{S((\lambda+\mu)^m\zeta)} = \int_{E(\lambda)} 1^{S((\sigma+\mu)^m\zeta)}\, ds + O(T^{-a}).$$

Now consider for any given μ the set of all λ occurring in the inner sum in (51). Since the conjugates $\lambda^{(1)}, \cdots, \lambda^{(r)}$ and the real and imaginary parts of the conjugates $\lambda^{(r+1)}, \cdots, \lambda^{(r+s)}$ lie in given intervals of length $O(T)$, it follows that the number of these λ is $N(\mathfrak{a}^{-1})O(T^n)$; hence

(52) $$\sum_\lambda 1^{S((\lambda+\mu)^m\zeta)} = \sum_\lambda \int_{E(\lambda)} 1^{S((\sigma+\mu)^m\zeta)}\, ds + N(\mathfrak{a}^{-1})O(T^{n-a}).$$

On the other hand, let u be a real parameter and consider the domain $F(u)$ in the s-space defined by the inequalities

$$-\tfrac{1}{2}u\theta^{(k)} < \sigma^{(k)} + \mu^{(k)} < T + \tfrac{1}{2}u\theta^{(k)} \quad (k = 1, \cdots, r),$$
$$|\sigma^{(k)} + \mu^{(k)}| < T + u\theta^{(k)} \quad (k = r + 1, \cdots, r + s).$$

The volume of $F(u)$ is

(53) $$V(u) = (2\pi)^s D^{-\frac{1}{2}} N(\mathfrak{a}^{-1}) N(T + u\theta)$$

provided that $T + u\theta > 0$, and $V(u) = 0$ otherwise. There exists a positive $c = O(1)$ such that

$$F(-c) \subset \sum_\lambda E(\lambda) \subset F(c);$$

plainly, also

$$F(-c) \subset F(0) \subset F(c).$$

By (53),

$$V(c) - V(-c) = N(\mathfrak{a}^{-1})T^{n-1}O(t) = N(\mathfrak{a}^{-1})O(T^{n-a}),$$

and we infer from (52) that

$$\sum_{\substack{\mathfrak{a}|\lambda \\ \lambda+\mu\in\mathfrak{T}}} 1^{S((\lambda+\mu)^m\zeta)} = \int_{F(0)} 1^{S((\sigma+\mu)^m\zeta)}\, ds + N(\mathfrak{a}^{-1})\, O(T^{n-a}). \tag{54}$$

Introduce the variable point y by the substitution $\sigma + \mu = \omega_1 y_1 + \cdots + \omega_n y_n$; then the jacobian $ds/dy = N(\mathfrak{a}^{-1})$, and the assertion follows from (51), (54).

LEMMA 8: *Let x be a point of E_0; then*

$$f(x) = o(T^{n(1-(m/g))}).$$

PROOF: We define

$$\psi(\lambda) = S(\lambda^m \xi), \qquad \psi(\lambda; \lambda_1) = \psi(\lambda + \lambda_1) - \psi(\lambda),$$

$$\psi(\lambda; \lambda_1, \cdots, \lambda_k) = \psi(\lambda + \lambda_k; \lambda_1, \cdots, \lambda_{k-1}) - \psi(\lambda; \lambda_1, \cdots, \lambda_{k-1})$$

$$(k = 2, 3, \cdots),$$

and we consider for any given $k \geqq 0$ the 2^k simultaneous conditions

$$\lambda + \lambda_{p_1} + \cdots + \lambda_{p_g} \in \mathfrak{T} \qquad (1 \leqq p_1 < p_2 < \cdots < p_g \leqq k;\ g = 0, 1, \cdots, k). \tag{55}$$

Let A_k be the number of systems of integers $\lambda_1, \cdots, \lambda_k$ in K such that (55) has at least one integral solution λ in K; since (55) implies the $k + 1$ conditions $\lambda \in \mathfrak{T}$ and $\lambda + \lambda_p \in \mathfrak{T}$ $(p = 1, \cdots, k)$, it follows that

$$A_k = O(T^{kn}) \qquad (k = 1, \cdots, m - 1). \tag{56}$$

We are going to prove by induction that

$$|f(x)|^{2^k} \leqq A_1^{2^{k-2}} A_2^{2^{k-3}} \cdots A_{k-2}^2 A_{k-1} \sum_{\lambda_1,\cdots,\lambda_k} \Big| \sum_{\lambda} 1^{\psi(\lambda;\lambda_1,\cdots,\lambda_k)} \Big| \qquad (k = 1, \cdots, m-1), \tag{57}$$

where the summations are restricted by (55). This estimate holds good also for $k = 0$ and is trivial in this case, in view of the definitions of $f(x)$ and $\psi(\lambda)$. If $k > 0$ and (57) is already proved for $k - 1$ instead of k, then, by Cauchy's inequality,

$$|f(x)|^{2^k} \leqq A_1^{2^{k-2}} A_2^{2^{k-3}} \cdots A_{k-2}^2 A_{k-1} \sum_{\lambda_1,\cdots,\lambda_{k-1}} \Big| \sum_{\lambda} 1^{\psi(\lambda;\lambda_1,\cdots,\lambda_{k-1})} \Big|^2,$$

where $\lambda, \lambda_1, \cdots, \lambda_{k-1}$ satisfy the conditions (55) with $k - 1$ instead of k. Denoting the inner sum by Q, we obtain

$$Q\bar{Q} = \sum_{\lambda,\mu} 1^{\psi(\mu;\lambda_1,\cdots,\lambda_{k-1}) - \psi(\lambda;\lambda_1,\cdots,\lambda_{k-1})},$$

where μ runs over the same range as λ does. Put $\mu = \lambda + \lambda_k$, then

$$Q\bar{Q} = \sum_{\lambda,\lambda_k} 1^{\psi(\lambda;\lambda_1,\cdots,\lambda_k)} \leqq \sum_{\lambda_k} \Big| \sum_{\lambda} 1^{\psi(\lambda;\lambda_1,\cdots,\lambda_k)} \Big|,$$

and (57) follows.

Since

$$\sum_{p=1}^{k-1} p2^{k-p-1} = 2^k - k - 1$$

and

$$\psi(\lambda; \lambda_1, \cdots, \lambda_{m-1}) = m!S(\lambda\lambda_1 \cdots \lambda_{m-1}\xi) + \psi(0; \lambda_1, \cdots, \lambda_{m-1}),$$

the inequalities (57), for $k = m - 1$, and (56) lead to the appraisal

$$|f(x)|^{2^{m-1}} = O(T^{n(2^{m-1}-m)}) \sum_{\lambda_1, \cdots, \lambda_{m-1}} \left| \sum_{\lambda} 1^{m!S(\lambda\lambda_1\cdots\lambda_{m-1}\xi)} \right|. \tag{58}$$

For any system of integers $\lambda_1, \cdots, \lambda_{m-1}$ the integer λ in the inner sum runs over all solutions of the 2^{m-1} conditions

$$\begin{gathered} \lambda + \lambda_{p_1} + \cdots + \lambda_{p_g} \in \mathfrak{T} \\ (1 \leqq p_1 < p_2 < \cdots < p_g \leqq m - 1; g = 0, 1, \cdots, m - 1), \end{gathered} \tag{59}$$

and the outer summation is carried over all integers $\lambda_1, \cdots, \lambda_{m-1}$. If the inner sum is not empty, then the m conditions $\lambda \in \mathfrak{T}$, $\lambda + \lambda_p \in \mathfrak{T}$ $(p = 1, \cdots, m - 1)$ are solvable, whence $|\lambda_p| < 2T$; consequently we may restrict $\lambda_1, \cdots, \lambda_{m-1}$ by the conditions

$$|\lambda_p| < 2T \qquad (p = 1, \cdots, m - 1). \tag{60}$$

Let an integer ω in K be given and consider, instead of (59), the conditions

$$\begin{gathered} \omega + \lambda + \lambda_{p_1} + \cdots + \lambda_{p_g} \in \mathfrak{T} \\ (1 \leqq p_1 < p_2 < \cdots < p_g \leqq m - 1; g = 0, 1, \cdots, m - 1), \end{gathered} \tag{61}$$

with fixed $\lambda_1, \cdots, \lambda_{m-1}$. If an integer λ satisfies (61), but not all conditions (59), then there exists a number $\lambda_{p_1} + \cdots + \lambda_{p_g} = \lambda_0$ and an index $k \leqq r + s$ such that $\lambda^{(k)} + \lambda_0^{(k)} \leqq 0$ or $\geqq T$, in case $k \leqq r$, and $|\lambda^{(k)} + \lambda_0^{(k)}| \geqq T$, in case $k > r$. Since $\omega + \lambda + \lambda_0 \in \mathfrak{T}$, it follows that $\lambda^{(k)}$ either lies in one of two intervals of length $|\omega^{(k)}|$ or in the ring between two concentric circles with the radii T and $T + |\omega^{(k)}|$. Because of $\omega + \lambda \in \mathfrak{T}$, the number of these λ is $O(T^{n-1})$, in both cases. Replacing λ by $\lambda - \omega$, we infer that the same estimate holds good for the number of integers λ fulfilling (59) and not all conditions (61).

Put

$$m!\lambda_1 \cdots \lambda_{m-1} = \mu, \tag{62}$$

$$\sum_{\lambda} 1^{S(\lambda\mu\xi)} = u = u(\lambda_1, \cdots, \lambda_{m-1}), \tag{63}$$

the range of summation being determined by (59). For any fixed integer ω we obtain

$$u1^{S(\omega\mu\xi)} = \sum_{\lambda} 1^{S((\omega+\lambda)\mu\xi)} = u + O(T^{n-1}),$$

whence

(64) $$u = \text{Min}\,(T, |1^{S(\omega_1\mu\xi)} - 1|^{-1}, \cdots, |1^{S(\omega_n\mu\xi)} - 1|^{-1})O(T^{n-1}),$$

where $\omega_1, \cdots, \omega_n$ constitute the basis of all integers in K.

Let

$$S(\omega_k\mu\xi) = a_k + d_k, \qquad -\tfrac{1}{2} \leqq d_k < \tfrac{1}{2} \qquad (k = 1, \cdots, n),$$

with integral rational a_k, and define

$$\sum_{k=1}^{n} a_k \rho_k = \vartheta, \qquad \sum_{k=1}^{n} d_k \rho_k = \zeta;$$

then

$$\mathfrak{d}^{-1} \mid \vartheta, \quad \mu\xi = \vartheta + \zeta, \quad d_k = S(\omega_k\zeta), \quad 1^{S(\omega_k\mu\xi)} = 1^{d_k}.$$

Since x lies in E_0, we may apply Lemma 6 in order to obtain two numbers α' β in K satisfying the conditions (39), (40), (41), (42) and $1 \mid \alpha$, $\mathfrak{d}^{-1} \mid \beta$. Because of (41) there exists an index $b \leqq r + s$ so that

(65) $$|\alpha^{(b)}| > t.$$

Let v denote the number of indices p satisfying

(66) $$|\alpha^{(p)}| < D^{-\frac{1}{2}};$$

then $0 \leqq v \leqq n - 1$ and $p \neq b$, by (65). We introduce the abbreviation

(67) $$\text{Min}\,(T, |\zeta^{(b)}|^{-1}) = j(\mu).$$

Since

$$\zeta = \text{Max}\,(|d_1|, \cdots, |d_n|)O(1),$$

we infer from (64) that

(68) $$u(\lambda_1, \cdots, \lambda_{m-1}) = j(\mu)O(T^{n-1}).$$

For any given $\mu \neq 0$ the number of integral solutions $\lambda_1, \cdots, \lambda_{m-1}$ of (60) and (62) is $O(T^{\Delta})$, with arbitrarily small positive Δ; for $\mu = 0$, this number is $O(T^{n(m-2)})$. By (58), (60), (62), (63), (68), we obtain

(69) $$|f(x)|^{2^{m-1}} = O(T^{n(2^{m-1}-1)}) + O(T^{\Delta+n(2^{m-1}-m+1)-1}) \sum_{\mu} j(\mu),$$

where μ runs over all integers in K satisfying the condition

(70) $$|\mu| < 2^{m-1}m!T^{m-1}.$$

Now define

$$z_k = \zeta^{(k)} (k = 1, \cdots, r),$$

$$z_k = \frac{\zeta^{(k)} + \bar{\zeta}^{(k)}}{\sqrt{2}}, \qquad z_{k+s} = \frac{\zeta^{(k)} - \bar{\zeta}^{(k)}}{\sqrt{-2}} \qquad (k = r + 1, \cdots, r + s);$$

moreover, let $g_1, \cdots, g_n$ be rational integers, and let $W = W(g_1, \cdots, g_n)$ denote the number of integers μ fulfilling (70) and the n further conditions

$$(71)\qquad g_k \leqq 2D^{1/n} z_k \operatorname{Max}(|\alpha^{(k)}|, D^{-\frac{1}{2}}) < g_k + 1 \quad (k = 1, \cdots, n).$$

If $W > 0$, let $\hat{\mu}$ be one of these μ and $\hat{\mu}\xi = \hat{\vartheta} + \hat{\zeta}$. Setting

$$\alpha\xi - \beta = \delta, \qquad \alpha(\vartheta - \hat{\vartheta}) - \beta(\mu - \hat{\mu}) = \kappa,$$

we obtain

$$(72)\qquad \kappa = \delta(\mu - \hat{\mu}) - \alpha(\zeta - \hat{\zeta}), \quad |\alpha(\zeta - \hat{\zeta})| < \tfrac{1}{2}D^{-(1/n)},$$

by (71). On account of (39) and (70), we have

$$\delta(\mu - \hat{\mu}) = h^{-1}O(T^{m-1}) = O(T^{-a}) = o(1),$$

whence $|\kappa| < D^{-(1/n)}$, by (72), provided T is sufficiently large. Then $|N(\kappa)| < D^{-1}$; but $\mathfrak{d}^{-1} \mid \kappa$, and therefore $\kappa = 0$,

$$(73)\qquad \alpha(\vartheta - \hat{\vartheta}) = \beta(\mu - \hat{\mu}), \qquad \alpha(\zeta - \hat{\zeta}) = \delta(\mu - \hat{\mu}).$$

This proves that α is a divisor of $(\mu - \hat{\mu})\beta\mathfrak{d}$. Using (42) we infer that α is a divisor of $c_0(\mu - \hat{\mu})$, where c_0 denotes a positive rational integer depending only upon K. By (70),

$$\frac{\mu - \hat{\mu}}{\alpha} = \alpha^{-1}O(T^{m-1});$$

by (40), (66), (73),

$$\frac{\mu^{(p)} - \hat{\mu}^{(p)}}{\alpha^{(p)}} = \frac{\zeta^{(p)} - \hat{\zeta}^{(p)}}{\delta^{(p)}} = O(h);$$

this implies that the number of values of the differences $\mu - \hat{\mu}$ is

$$1 + O(h^v) \prod_{k \neq p} (|\alpha^{(k)}|^{-1} T^{m-1}).$$

Consequently,

$$(74)\qquad W = O(1) + O(T^{n(m-1)+av}) \prod_{k \neq p} |\alpha^{(k)}|^{-1}.$$

If $W > 0$, then $g_p = O(1)$ and $g_k = O(\alpha^{(k)})$ for $k \neq p$, by (66) and (71). Therefore, if the rational integer $g_b = g$ is fixed, the number of possible systems $g_1, \cdots, g_n$ in (71), with $W > 0$, is $O(\prod_{k \neq b, p} \alpha^{(k)})$. In virtue of (74), we infer that the number of integral μ in K, satisfying (70) and the single condition

$$(75)\qquad g \leqq 2D^{(1/n)} z_b |\alpha^{(b)}| < g + 1,$$

has the value

$$(76)\qquad \begin{aligned} W_g &= \sum_{g_k, k \neq b} W(g_1, \cdots, g_n) = O(1 + T^{n(m-1)+av} \prod_{k \neq p} |\alpha^{(k)}|^{-1}) \prod_{k \neq b, p} \alpha^{(k)} \\ &= O(h^{n-v-1} + T^{n(m-1)+av} |\alpha^{(b)}|^{-1}) = T^{(n-1)(m+a-1)} O(1 + T^{m-1} |\alpha^{(b)}|^{-1}), \end{aligned}$$

by (39).

If $b > r$, then

(77) $$|\zeta^{(b)}| = \{\tfrac{1}{2}(z_b^2 + z_{b+s}^2)\}^{\frac{1}{2}} \geqq 2^{-(1/2)}\,|z_b|\,.$$

Setting

$$L = \sum_{0 \leqq g < |\alpha^{(b)}|} \operatorname{Min}\,(T,\, g^{-1}\,|\alpha^{(b)}|),$$

we infer from (67), (75), (76), (77) that

(78) $$\begin{aligned}\sum_\mu j(\mu) &= \sum_g W_g O(\operatorname{Min}\,(T,\, |g|^{-1}\,|\alpha^{(b)}|,\, |g+1|^{-1}\,|\alpha^{(b)}|)) \\ &= LT^{(n-1)(m+a-1)}O(1 + T^{m-1}\,|\alpha^{(b)}|^{-1}).\end{aligned}$$

By (39), (65),

$$L = O(T + |\alpha^{(b)}| \log |\alpha^{(b)}|) = O(T + h \log h) = T^{m+a-1}O(\log T),$$

$$LT^{m-1}\,|\alpha^{(b)}|^{-1} = (t^{-1} + T^{-1}\log h)O(T^m) = O(T^{m+a-1}),$$

and (69), (78) lead to the estimate

$$|f(x)|^{2^{m-1}} = O(T^{\Delta + n(2^{m-1}+a)-1}).$$

Since

$$1 - na = \frac{2^{m-1}}{2^{m-1} + n} = 2^{m-1}\,\frac{mn}{q-1},$$

we obtain

$$f(x) = O(T^{\Delta + n(1 - m/(q-1))});$$

this implies the assertion of the lemma, Δ being arbitrarily small.

Proof of Theorem VI: The estimate

(79) $$G(\gamma) = N(\mathfrak{a}_\gamma^{-1}) \sum_{\mu \bmod \mathfrak{a}_\gamma} 1^{S(\mu^m\gamma)} = N(\mathfrak{a}_\gamma^{-(1/m)})O(1)$$

is well known in the special case of the rational number field R; in the general case of an arbitrary algebraic number field K, the proof of (79) proceeds exactly on the same lines and we omit it.

Define

$$T^{-1}\eta^{(k)} = u_k \qquad (k = 1, \cdots, r),$$

$$T^{-1}\,|\eta^{(k)}| = u_k\,,\ \arg \eta^{(k)} = \varphi_{k-s} \quad (k = r+1, \cdots, r+s),$$

and $T^m\zeta = \tau$. The jacobian of $y_1, \cdots, y_n$ with respect to the new variables

$u_1, \cdots, u_{r+s}, \varphi_1, \cdots, \varphi_s$ has the value $D^{-\frac{1}{2}}T^n \prod_{k=r+1}^{r+s} (2u_k)$;

hence

$$\int_{Y(T)} 1^{S(\eta^m\zeta)}\,dy = D^{-\frac{1}{2}}T^n \prod_{k=1}^{r}\left(\int_0^1 1^{\tau^{(k)}u^m}\,du\right) \tag{80}$$
$$\cdot \prod_{k=r+1}^{r+s}\left(2\int_0^1\int_{-\pi}^{\pi} 1^{2|\tau^{(k)}|u^m \sin\varphi} u\,du\,d\varphi\right).$$

We need estimates for the single and double integrals in the right-hand member. In case $k = 1, \cdots, r$ we have the known formula

$$\int_0^1 1^{\tau^{(k)}u^m}\,du = O(\mathrm{Min}\,(1, |\tau^{(k)}|^{-(1/m)})); \tag{81}$$

in case $k = r + 1, \cdots, r + s$ we have

$$\int_0^1\int_{-\pi}^{\pi} 1^{2|\tau^{(k)}|u^m \sin\varphi} u\,du\,d\varphi = \int_{-\pi}^{\pi} O(\mathrm{Min}\,(1, |\tau^{(k)}\sin\varphi|^{-(2/m)}))\,d\varphi \tag{82}$$
$$= O(\mathrm{Min}\,(1, |\tau^{(k)}|^{-(2/m)})),$$

for $m > 2$, and also

$$\int_0^1\int_{-\pi}^{\pi} 1^{2|\tau^{(k)}|u^2 \sin\varphi} u\,du\,d\varphi = \int_0^{\pi} \frac{\sin\,(4\pi|\tau^{(k)}|\sin\varphi)}{4\pi|\tau^{(k)}|\sin\varphi}\,d\varphi \tag{83}$$
$$= O(\mathrm{Min}\,(1, |\tau^{(k)}|^{-1})).$$

Let x be a point of B_γ. From Lemma 7 and (79), (80), (81), (82), (83) we infer that

$$f^q(x) = G^q(\gamma)\left(\int_{Y(T)} 1^{S(\eta^m\zeta)}\,dy\right)^q + O(T^{q(n-a)})$$
$$+ N(\mathfrak{a}_\gamma^{-(q-1)/m})N(\mathrm{Min}\,(1, |\tau|^{-(q-1)/m}))O(T^{qn-a}).$$

Furthermore, $a(q - 1) = mn$ and

$$\int_{B_\gamma} N(\mathrm{Min}\,(1, |\tau|^{-(q-1)/m}))\,dx < T^{-mn}\int_X N(\mathrm{Min}\,(1, |\xi|^{-(q-1)/m}))\,dx = O(T^{-mn}),$$

$$\sum_\gamma N(\mathfrak{a}_\gamma^{-(q-1)/m}) \leqq \sum_{\mathfrak{a}} N(\mathfrak{a}^{1-(q-1)/m}) = O(1),$$

because of $q - 1 > 2m$. Using the abbreviations $T^* = T^{n(q-m)}$ and

$$\phi_T(\xi) = \phi(\xi) = \left(\int_{Y(T)} 1^{S(\eta^m\xi)}\,dy\right)^q, \tag{84}$$

we obtain the estimate

$$\sum_\gamma \int_{B_\gamma} g(x)\,dx = \sum_\gamma G^q(\gamma)1^{-S(\nu\gamma)}\int_{B_\gamma} \phi(\zeta)1^{-S(\nu\zeta)}\,dx + o(T^*). \tag{85}$$

If x is a point of $X - B_\gamma$, then the inequality

$$hT^{-m} \mid \tau^{(k)} \mid > N(\mathfrak{a}_\gamma^{-(1/n)})$$

is true for at least one index k; therefore

$$\int_{X-B_\gamma} \phi(\zeta)1^{-S(\nu\zeta)}\,dx = O(T^{qn}) \int_{X-B_\gamma} N(\mathrm{Min}\,(1, |\tau|^{-(q/m)}))\,dx$$

$$= O(T^*) \int_{tN(\mathfrak{a}_\gamma^{-(1/n)})}^{\infty} x_1^{-(q/m)}\,dx_1 = \{tN(\mathfrak{a}_\gamma^{-(1/n)})\}^{1-(q/m)} O(T^*).$$

Since

$$\sum_\gamma |G(\gamma)|^q N(\mathfrak{a}_\gamma^{(1/n)((q/m)-1)}) = \sum_\gamma N(\mathfrak{a}_\gamma^{-1})O(1) = \sum_{N(\mathfrak{a}) \leq t^n} O(1) = O(t^n)$$

and $(q/m) - 1 > n$, we have

$$\sum_\gamma G^q(\gamma)1^{-S(\nu\gamma)} \int_{X-B_\gamma} \phi(\zeta)1^{-S(\nu\zeta)}\,dx = o(T^*). \tag{86}$$

Now it follows from Lemma 8 and (50), (85), (86) that

$$A(\nu) = \sum_\gamma G^q(\gamma)1^{-S(\nu\gamma)} \int_X \phi(\xi)1^{-S(\nu\xi)}\,dx + o(T^*). \tag{87}$$

Put $T^{-m}\nu = \mu$ and replace the variables ξ, η by $T^{-m}\xi$, $T\eta$; then

$$\int_X \phi_T(\xi)1^{-S(\nu\xi)}\,dx = T^* \int_X \phi_1(\xi)1^{-S(\mu\xi)}\,dx, \tag{88}$$

and it remains to compute the latter integral.

Let

$$\eta_l = y_{1l}\omega_1 + \cdots + y_{nl}\omega_n\,, \qquad dv_l = dy_{1l} \cdots dy_{nl} \qquad (l = 1, \cdots, q),$$

and consider the domain

$$\begin{aligned} &0 < \eta_1^{(k)} < \eta_2^{(k)} < \cdots < \eta_q^{(k)} < 1 \ (k = 1, \cdots, r), \\ &\qquad |\eta_1^{(k)}| < |\eta_2^{(k)}| < \cdots < |\eta_q^{(k)}| < 1 \ (k = r+1, \cdots, r+s) \end{aligned} \tag{89}$$

in the space of the qn real variables $y_{11}, \cdots, y_{nq}$; we denote it by $\mathfrak{E}$. Since the sum

$$\eta_1^m + \cdots + \eta_q^m = \omega \tag{90}$$

is symmetric in $\eta_1, \cdots, \eta_q$, we have the formula

$$\Phi_1(\xi) = (q!)^{r+s} \int_{\mathfrak{E}} 1^{S(\omega\xi)}dv_1 \cdots dv_q\,, \tag{91}$$

by (84). Put

$$\omega^{(k)} = t_1\omega_1^{(k)} + \cdots + t_n\omega_n^{(k)} \quad (k = 1, \cdots, n), \quad dt_1 \cdots dt_n = dt; \tag{92}$$

then (90) and (92) define $y_{1q}, \cdots, y_{nq}$ as functions of the new real variables $t_1, \cdots, t_n$ with the jacobian $N(m^{-1} \mid \eta_q \mid^{1-m})$. If ω is given, then the conditions (89) and (90) determine a domain $\mathfrak{E}(\omega)$ in the space of the remaining variables $y_{kl}(k = 1, \cdots, n; l = 1, \cdots, q-1)$. Plainly, $\mathfrak{E}(\omega)$ is empty whenever ω does not fulfill the condition $\mid \omega \mid \leqq q$, so that the function

$$\Psi(\omega) = \int_{\mathfrak{E}(\omega)} N(m^{-1} |\eta_q|^{1-m}) dv_1 \cdots dv_{q-1}$$

vanishes everywhere outside a bounded region in the t-space.

We shall prove that $\Psi(\omega)$ is continuous. Let a positive number c be given, and denote by $Q(c)$ the part of $\mathfrak{E}(\omega)$ defined by the inequality $\mid \eta_q \mid > c$, by $\Psi_c(\omega)$ the contribution of $Q(c)$ to the integral $\Psi(\omega)$. Since $\mid \eta_q \mid = \mid \omega - (\eta_1^m + \cdots + \eta_{q-1}^m) \mid^{1/m}$, it follows that $\Psi_c(\omega)$ is continuous. In the domain $\mathfrak{E}(\omega) - Q(c)$ the condition $\mid \eta_q^{(k)} \mid \leqq c$ holds for at least one index k, and we obtain, in view of (89),

$$(93) \qquad \mid \Psi(\omega) - \Psi_c(\omega) \mid \leqq \int_{\mathfrak{E}(\omega)-Q(c)} N(\mid \eta_{q-1} \mid^{1-m}) dv_1 \cdots dv_{q-1}$$

$$< O(1) \int_P N(\mid \eta_{q-1} \mid^{q-m-1})\, dv_{q-1},$$

where P is defined by the condition that $0 < \eta_{q-1}^{(l)} < 1$ $(l = 1, \cdots, r)$, $\mid \eta_{q-1}^{(l)} \mid < 1$ $(l = r+1, \cdots, r+s)$, and that $\mid \eta_{q-1}^{(k)} \mid \leqq c$ for at least one index k. The exponent ${}^{q-m-1}$ is positive, hence the last term in (93) is $cO(1)$, uniformly in ω; so $\Psi_c(\omega)$ tends uniformly to the limit $\Psi(\omega)$, as $c \to 0$, and it follows that $\Psi(\omega)$ also is continuous.

We have

$$\int_{\mathfrak{E}} 1^{S(\omega\xi)} dv_1 \cdots dv_q = \int_X \Psi(\omega) 1^{S(\omega\xi)} dt.$$

Since the integrals in (88) converge, we infer from Fourier's theorem that

$$\Psi(\mu) = \int_X \left\{ \int_{\mathfrak{E}} 1^{S(\omega\xi)} dv_1 \cdots dv_q \right\} 1^{-S(\mu\xi)} dx;$$

hence also, by (91),

$$(94) \qquad \int_X \Phi_1(\xi) 1^{-S(\mu\xi)} dx = \int_{\mathfrak{D}} N(m^{-1} \mid \eta_q \mid^{1-m}) dv_1 \cdots dv_{q-1},$$

where $\eta_q^m = \mu - (\eta_1^m + \cdots + \eta_{q-1}^m)$, and $\mathfrak{D}$ is the domain

$$0 < \eta_l^{(k)} < 1 (k = 1, \cdots, r; l = 1, \cdots, q),$$

$$\mid \eta_l^{(k)} \mid < 1 \qquad (k = r+1, \cdots, r+s; l = 1, \cdots, q).$$

We denote the integral in the right-hand member of (94) by $J(\mu)$.

If δ runs over a complete system of modulo $\mathfrak{d}^{-1}$ incongruent numbers in K, then

$$\sigma = \sigma(\nu) = \sum_{\delta} G^q(\delta) 1^{-S(\nu\delta)}$$

is the *singular series* and

(95) $$\sigma = \sum_{\gamma} G^q(\gamma) 1^{-S(\nu\gamma)} + o(1).$$

Consequently, by (87), (88), (94), (95),

(96) $$A(\nu) = \sigma J(\mu) T^* + o(T^*).$$

Let a totally positive integer ν_0 in K be given. We determine a totally positive unit $\epsilon = \epsilon(\nu_0, T)$ so that the number $\nu = \nu_0 \epsilon^m$ fulfils the conditions

(97) $$\nu^{(k)} < T^m (k = 1, \cdots, r), \qquad \nu^{(k)} = O(T^{-mr/2s}) \quad (k = r+1, \cdots, r+s);$$

here we use the assumption $s > 0$ of Theorem VI. It follows for $\mu = T^{-m}\nu$ that

(98) $$0 < \mu^{(k)} < 1 \qquad (k = 1, \cdots, r),$$

(99) $$\left(\prod_{k=1}^{r} \mu^{(k)}\right)^{-1} = O(1),$$

(100) $$\mu^{(k)} = o(1) \qquad (k = r+1, \cdots, r+s).$$

In order to evaluate the integral $J(\mu)$, we put

$$(\eta_l^{(k)})^m = u_{kl} (k = 1, \cdots, r),$$
$$|\eta_l^{(k)}|^{2m} = u_{kl}, \; m \arg \eta_l^{(k)} = \varphi_{kl} \qquad (k = r+1, \cdots, r+s);$$

for $l = 1, \cdots, q$. Since the jacobian of the variables y_{kl} $(k = 1, \cdots, n; l = 1, \cdots, q-1)$ with respect to the new variables

$$u_{kl}(k = 1, \cdots, r+s; l = 1, \cdots, q-1),$$
$$\varphi_{kl}(k = r+1, \cdots, r+s; l = 1, \cdots, q-1)$$

has the value $D^{\frac{1}{2}(1-q)} \prod_{l=1}^{q-1} N(m^{-1} | \eta_l |^{1-m})$, we obtain

(101) $$J(\mu) = D^{\frac{1}{2}(1-q)} \prod_{k=1}^{r} F(\mu^{(k)}) \prod_{k=r+1}^{r+s} H(\mu^{(k)}),$$

where

$$F(\mu^{(k)}) = \int \prod_{l=1}^{q} (m^{-1} u_l^{(1/m)-1}) du_1 \cdots du_{q-1}, \qquad u_q = \mu^{(k)} - (u_1 + \cdots + u_{q-1}),$$

the integral extended over the domain $0 < u_l (l = 1, \cdots, q-1)$, $u_1 + \cdots + u_{q-1} < \mu^{(k)}$, by (98), and

$$H(\mu^{(k)}) = m^{-1}\int \prod_{l=1}^{q} (m^{-1} u_l^{(1/m)-1})du_1 \cdots du_{q-1}\, d\varphi_1 \cdots d\varphi_{q-1}, \tag{102}$$
$$u_q = |\mu^{(k)} - (u_1^{\frac{1}{2}} e^{i\varphi_1} + \cdots + u_{q-1}^{\frac{1}{2}} e^{i\varphi_{q-1}})|^2,$$

the integral extended over the domain $0 < u_l < 1$ $(l = 1, \cdots, q)$, $-\pi < \varphi_l < \pi (l = 1, \cdots, q-1)$. Using a formula of Dirichlet, we have

$$F(\mu^{(k)}) = \frac{\Gamma^q(1 + (1/m))}{\Gamma(q/m)} (\mu^{(k)})^{(q/m)-1} \qquad (k = 1, \cdots, r); \tag{103}$$

moreover, in virtue of (100), (102),

$$H(\mu^{(k)}) + o(1) = H(0) > 0 \qquad (k = r + 1, \cdots, r + s). \tag{104}$$

Now it follows from (99), (101), (103), (104) that $J(\mu)$ has a positive lower bound, as $T \to \infty$. Since $\sigma(\nu) = \sigma(\nu_0)$, formula (96) implies that $A(\nu) > 0$ for all sufficiently large values of T, provided $\sigma(\nu_0) \neq 0$; this means that then ν and also ν_0 are sums of q integral m^{th} powers of totally positive numbers in K. However, it has been proved in G that the singular series $\sigma(\nu_0) \neq 0$ for all ν_0 in J_m. This completes the proof of Theorem VI.

The Institute for Advanced Study.

50.

A mean value theorem in geometry of numbers

Annals of Mathematics 46 (1945), 340—347

1. Let R be the space of the n-dimensional real vectors x, with $n > 1$, denote by $\{dx\}$ the euclidean volume element in R and consider a bounded function $f(x)$ which is integrable in the Riemann sense and vanishes everywhere outside a bounded domain in R. Recently E. Hlawka[1] proved the following remarkable proposition:

For any arbitrarily small positive ϵ *there exists a real n-rowed matrix A of determinant* $|A| = 1$ *such that*

$$\sum_{g \neq 0} f(Ag) \leqq \int_R f(x)\,\{dx\} + \epsilon, \tag{1}$$

where the summation is carried over all integral vectors $g \neq 0$.

As a consequence of his theorem Hlawka deduced an assertion of Minkowski which had remained unproved for more than fifty years:

If B is an n-dimensional star domain of volume $< \zeta(n)$, *then there exists a lattice of determinant* 1 *such that B does not contain any lattice point* $\neq 0$.

This statement had been announced by Minkowski on several occasions,[2] and he observed: "Der Nachweis dieses Satzes erfordert eine arithmetische Theorie der Gruppe aus allen linearen Transformationen." Later this arithmetical theory was created in the shape of Minkowski's method of reduction of positive quadratic forms; but he did not come back to his assertion on star domains, except for the special case connected with the closest packing of spheres.

Hlawka's proof is as simple and straightforward as one might wish; however, it does not make clear the relation to the fundamental domain of the unimodular group which was in Minkowski's mind. This relation will become obvious in the theorem which we are going to state.

2. Let Ω_1 denote the multiplicative group of all real n-rowed A with $|A| = 1$. The $(n^2 - 1)$-dimensional group space Ω_1 possesses an invariant volume element $d\omega$, unique up to a constant factor. The proper unimodular group Γ_1 is the subgroup consisting of all integral A in Ω_1. We shall define on Ω_1 a fundamental region F with respect to Γ_1, and we shall prove, as an immediate consequence of Minkowski's reduction theory, that the volume of F is finite. Now we determine the arbitrary factor in the definition of $d\omega$ by the condition that F has

---

[1] Edmund Hlawka, *Zur Geometrie der Zahlen*, Math. Zeitschr. 49 (1944), pp. 285–312.

[2] Hermann Minkowski, *Gesammelte Abhandlungen*, vol. I, p. 265, p. 270, p. 277.

the volume 1. The connection between Hlawka's theorem (1) and Minkowski's reduction theory is provided by the following

THEOREM: *Let g run over all integral vectors* $\neq 0$, *then*

$$\int_{F} \sum_{g \neq 0} f(Ag)\, d\omega = \int_{R} f(x)\, \{dx\}. \tag{2}$$

It follows immediately from (2) that (1) holds for a suitably chosen A in F, even with $\epsilon = 0$.

It is worth notice that the proof of (2) also leads to the value of the volume of F, in terms of an independently defined volume element on Ω_1. The result is closely related to Minkowski's well known formula for the volume of the domain of reduced positive quadratic forms with determinant $\leqq 1$; it seems that our method presents the most satisfactory way of proving this formula.

3. Now consider the group Ω of all non-singular real n-rowed matrices Y. The differential matrix $M = (dY)Y^{-1}$ is invariant under all mappings $Y \to YC$, $C \in \Omega$, of the group space Ω onto itself, and the positive definite quadratic differential form $\sigma(M'M)$ defines on Ω a right-invariant Riemannian metric. Plainly this metric induces on the subgroup space Ω_1 a right-invariant $(n^2 - 1)$-dimensional volume element. It is practical to define a certain constant multiple $d\omega_1$ of this volume element in the following way.

Let G be a subset of Ω_1 which is measurable in the Jordan sense, and denote by $\bar{G}$ the cone over the base G consisting of all matrices $Y = \lambda A$, where $0 < \lambda < 1$ and $A \in G$. If $\{dY\}$ is the volume element in the euclidean metric defined on Ω by $ds^2 = \sigma(dY'dY)$, then

$$V(G) = \int_{\bar{G}} \{dY\} \tag{3}$$

is the euclidean volume of $\bar{G}$. Since the linear transformation $Y \to YC$ has the jacobian $|C|^n$, it follows that $V(GC) = V(G)$, for all C in Ω_1; consequently the formula

$$V(G) = \int_{G} d\omega_1$$

defines an invariant volume element on Ω_1. If $\psi(A)$ is an integrable function on Ω_1, then we obtain

$$\int_{G} \psi(A)\, d\omega_1 = \int_{\bar{G}} \psi(|Y|^{-1/n} Y)\, \{dY\}. \tag{4}$$

Put $Y'Y = S = (s_{kl})$; this is a mapping of Ω into the space P of all positive real symmetric n-rowed matrices. On the other hand, the equation $Y_1'Y_1 = S$ has for any $S \in P$ a solution $Y_1 \in \Omega$, and the general solution is $Y = OY_1$, with an arbitrary orthogonal matrix O. We introduce in P the euclidean volume element $\{dS\} = \prod_{k \leqq l} ds_{kl}$. Let Q be a measurable set in P, and Q^* the set in Ω which is mapped into Q. If $h(S)$ is any integrable function in P, then

$$\int_{Q^*} h(Y'Y)\, \{dY\} = a_n \int_{Q} h(S)\, |S|^{-\frac{1}{2}}\, \{dS\}, \qquad a_n = \prod_{k=1}^{n} \frac{\pi^{k/2}}{\Gamma\left(\frac{k}{2}\right)}. \tag{5}$$

We denote by D and T the diagonal matrices $[t_1, \cdots, t_n]$ with positive diagonal elements $t_1, \cdots, t_n$ and the triangular matrices (t_{kl}) with $t_{kl} = 0$ $(1 \leqq l < k \leqq n)$, $t_{kk} = 1$ $(k = 1, \cdots, n)$, t_{kl} real $(1 \leqq k < l \leqq n)$. The Jacobi transformation of quadratic forms leads to the decomposition $S = D[T] = T'DT$, and this defines a one-to-one mapping of P into the product space of all D and T. Putting $\{dD\} = dt_1 \cdots dt_n$, $\{dt\} = \prod_{k<l} dt_{kl}$, we obtain

$$\{dS\} = \{dD\}\,\{dT\} \prod_{k=1}^{n} t_k^{n-k}.$$

Instead of $t_1, \cdots, t_n$ we introduce the $n - 1$ ratios $t_k/t_{k+1} = q_k$ $(k = 1, \cdots, n - 1)$ and the determinant $q_n = \prod_{k=1}^{n} t_k = |S| = |Y|^2$; then

$$\frac{t_k}{t_n} = q_k \cdots q_{n-1}, \qquad q_n = t_n^n \prod_{k=1}^{n-1} q_k^k, \qquad \frac{d(q_1, \cdots, q_n)}{d(t_1, \cdots, t_n)} = n\frac{t_1}{t_n},$$

(6) $$|S|^{-\frac{1}{2}}\{dS\} = \frac{1}{n}\{dT\}q_n^{(n/2)-1}\,dq_n \prod_{k=1}^{n-1} (q_k^{(k/2)(n-k)-1}\,dq_k).$$

We call $q_1, \cdots, q_n$ and $t_{kl}(1 \leqq k < l \leqq n)$ the normal coordinates of S. It is clear that S and λS have the same normal coordinates, with the exception of q_n, for all positive scalar factors λ.

4. The group Γ of all unimodular n-rowed matrices U has in P the discontinuous representation $S \to S[U]$; plainly, U and $-U$ define the same mapping in P. A well known result of Minkowski's reduction theory states that this representation possesses in P a fundamental region K which is a convex pyramid with the vertex in the point $S = 0$, and that the normal coordinates, with the exception of q_n, are bounded in K. Now consider the corresponding domain K^* in Ω; this is a fundamental region in Ω for the representation $Y \to \pm YU$ of the factor group of Γ obtained by identifying U and $-U$. By the additional condition $\sigma(Y) \geqq 0$ for even n and $|Y| > 0$ for odd n we define one half of K^* as a fundamental region H for Γ itself. Finally, let F be the intersection of Ω_1 with H; then F obviously is a fundamental domain on Ω_1 for the proper unimodular group Γ_1. On the cone $\overline{F}$ we have $q_n = |Y|^2 < 1$, so also q_n is bounded there. Since the exponents of $q_1, \cdots, q_n$ in (6) are > -1, it follows from (3), (5), (6) that the volume

$$V_n = V(F) = \int_F d\omega_1$$

is finite.

Let g run over all integral vectors $\neq 0$ and define

(7) $$\varphi(\lambda, A) = \lambda^n \sum_{g \neq 0} f(\lambda A g), \qquad \phi(\lambda, A) = \lambda^n \sum_{g \neq 0} \operatorname{abs} f(\lambda A g),$$

where $0 < \lambda \leqq 1$ and $A \in \Omega_1$. The function $f(x)$ has the former meaning, viz., it is bounded, integrable in the Riemann sense and 0 everywhere outside a bounded domain in R; consequently the function $\varphi(\lambda, A)$ is integrable in Ω_1.

Lemma: *There exists an integrable function* $m(A)$, *independent of* λ, *so that* $\phi(\lambda, A) < m(A)$, *everywhere in* Ω_1, *and that the integral*

$$J = \int_F m(A)\, d\omega_1$$

converges.

Proof: Since $f(x)$ is bounded and $f(x) = 0$ outside a certain sphere $x'x < r^2$, it suffices to prove the assertion for the characteristic function of this sphere, namely

$$f(x) = 1 \quad (x'x < r^2), \qquad f(x) = 0 \quad (x'x \geqq r^2).$$

Put $A'A = S = D[T]$ and consider the integral solutions g of the inequality $0 < S[g] < \rho^2$, for any given positive ρ. If $g_1, \cdots, g_n$ are the coordinates of g, then

$$S[g] = D[Tg] = \sum_{k=1}^{n} t_k \Bigl(g_k + \sum_{l=k+1}^{n} t_{kl} g_l\Bigr)^2;$$

hence g_k lies in an interval of length $2\rho t_k^{-\frac{1}{2}}$, and the number of solutions g has the value

$$\alpha(\rho, A) < \prod_{k=1}^{n} (1 + 2\rho t_k^{-\frac{1}{2}}).$$

This estimate implies that, for $0 < \lambda \leqq 1$,

$$\text{(8)} \qquad \phi(\lambda, A) = \lambda^n \alpha(\lambda^{-1} r, A) < \prod_{k=1}^{n} (\lambda + 2r t_k^{-\frac{1}{2}}) \leqq \prod_{k=1}^{n} (1 + 2r t_k^{-\frac{1}{2}}) = m(A),$$

say. Plainly the function $m(A)$ depends only upon $S = A'A$ and r.

For any A in Ω_1 there exists a uniquely determined integer $\nu = 0, 1, \cdots, n$ such that $t_k < 1 (k = 1, \cdots, \nu)$ and $t_{\nu+1} \geqq 1$; this means in case $\nu = 0$ that $t_1 \geqq 1$, and in case $\nu = n$ that $t_k < 1$ $(k = 1, \cdots, n)$. Let F_ν be the set of all A in F with given ν, and put

$$J_\nu = \int_{F_\nu} m(A)\, d\omega_1 \qquad (\nu = 0, \cdots, n);$$

then $J = J_0 + \cdots + J_n$, and it remains to prove the convergence of the integrals J_ν.

Since $S = A'A$ lies in the reduced domain K, for all A in F, it follows that the ratios $q_k = t_k/t_{k+1} (k = 1, \cdots, n-1)$ are bounded; hence $t_k^{-\frac{1}{2}}$ is bounded in F_ν, for $k = \nu + 1, \cdots, n$, and

$$\text{(9)} \qquad m(A) < c \prod_{k=1}^{\nu} t_k^{-\frac{1}{2}} = c \prod_{k=1}^{\nu} (q_k \cdots q_{n-1})^{-\frac{1}{2}} \prod_{k=1}^{n-1} q_k^{k\nu/2n} \cdot q_n^{-\nu/2n},$$

by (8), where c depends only on n and r. Now we change the notation and define $A = |Y|^{-\frac{1}{n}} Y$, $S = Y'Y$; this does not affect the coordinates $q_1, \cdots, q_{n-1}$. If Y lies in the cone $\bar{F}_\nu$, then (6) and (9) lead to the inequality

$$\text{(10)} \qquad m(|Y|^{-\frac{1}{n}} Y)\, |S|^{-\frac{1}{2}} \{dS\} < \frac{c}{n} \{dT\} q_n^{(n/2)-1}\, dq_n \prod_{k=1}^{n-1} q_k^{\alpha_k - 1}\, dq_k,$$

with $\alpha_k = \frac{k}{2}(n - k - 1 + \nu/2n) > 0$, for $1 \leqq k \leqq \min(\nu, n - 1)$, and $\alpha_k = \frac{k}{2}(n - k + \nu/2n) - \nu/2 > 0$, for $\nu < k \leqq n - 1$. Formulae (4), (5), (10) imply the convergence of J_ν; q.e.d.

Put

$$\int_R f(x)\,\{dx\} = \gamma;$$

then

$$\lim_{\lambda\to 0} \varphi(\lambda, A) = \lim_{\lambda\to 0} \lambda^n \sum_g f(\lambda A g) = \int_R f(Ax)\,\{dx\} = \gamma, \tag{11}$$

by virtue of the definition of the integral. On the other hand, we infer from the lemma that the integral

$$\psi(\lambda) = \int_F \varphi(\lambda, A)\,d\omega_1 = \int_F \lambda^n \sum_{g\neq 0} f(\lambda A g)\,d\omega_1 \tag{12}$$

converges, that

$$\psi(\lambda) = \lambda^n \sum_{g\neq 0} \int_F f(\lambda A g)\,d\omega_1 \tag{13}$$

and that, by (11),

$$\lim_{\lambda\to 0} \psi(\lambda) = \int_F \lim_{\lambda\to 0} \varphi(\lambda, A)\,d\omega_1 = \gamma V_n\,. \tag{14}$$

5. In this section we investigate the sum

$$\chi(\lambda) = \sum_g{}' \int_F f(\lambda A g)\,d\omega_1\,, \tag{15}$$

extended over all primitive g, i.e., over all integral g with the greatest common divisor $(g_1, \cdots, g_n) = 1$.

We complete the primitive g to a proper unimodular matrix $U = U_g$ with the first column g; then

$$\int_F f(Ag)\,d\omega_1 = \int_{FU} f(AU^{-1}g)\,d\omega_1 = \int_{\overline{FU}} f(|Y|^{-\frac{1}{n}}x)\,\{dY\}, \tag{16}$$

where x denotes the first column of the variable matrix Y in the cone $\overline{FU}$. The unimodular matrices of the particular form

$$U_1 = \begin{pmatrix} 1 & u' \\ 0 & \hat{U} \end{pmatrix},$$

with an arbitrary $(n - 1)$-dimensional integral vector u and an arbitrary proper unimodular $(n - 1)$-rowed matrix $\hat{U}$, constitute a subgroup Δ of Γ_1. The left cosets of Δ, relative to Γ_1, are $U_g\Delta$, where g runs exactly over all primitive n-dimensional vectors; consequently the union of all FU_g is a fundamental domain $F(\Delta)$ for Δ on Ω_1, and

$$\chi(1) = \int_{F(\Delta)} f(|Y|^{-\frac{1}{n}}x)\,\{dY\}, \tag{17}$$

by (15), (16).

Completing x to a matrix W_x in Ω_1 with the first column x, we obtain the decomposition

$$Y = W_x Y_1, \qquad Y_1 = \begin{pmatrix} 1 & y' \\ 0 & \hat{Y} \end{pmatrix}, \tag{18}$$

with a real $(n-1)$-dimensional vector y and a real non-singular $(n-1)$-rowed matrix $\hat{Y}$; plainly,

$$|Y| = |Y_1|, \qquad \{dY\} = \{dx\}\{dy\}\{d\hat{Y}\}. \tag{19}$$

The mapping $Y \to YU_1$ is the same as $\hat{Y} \to \hat{Y}\hat{U}, y \to \hat{U}'y + u$; this shows that another fundamental domain G for Δ on Ω_1 can be defined in the following way: Write the general element $Y = A$ of Ω_1 in the form (18), restrict $\hat{Y} = \hat{A}$ to the fundamental region F of the group $\hat{\Gamma}_1$ of all proper unimodular $(n-1)$-rowed matrices $\hat{U}$, in the space $\hat{\Omega}_1$ of all $(n-1)$-rowed matrices $\hat{A}$ with $|\hat{A}| = 1$, and restrict the coordinates $y_1, \cdots, y_{n-1}$ of y to the $(n-1)$-dimensional unit cube $0 \leqq y_k \leqq 1$ $(k = 1, \cdots, n-1)$. In view of (17), (19), we obtain

$$\chi(1) = \int_{\bar{\hat{F}}} \left(\int_R f(|\hat{Y}|^{-\frac{1}{n}}x)\,\{dx\} \right) \{d\hat{Y}\} = \gamma \int_{\bar{\hat{F}}} |\hat{Y}|\,\{d\hat{Y}\}.$$

If μ is any positive scalar factor, then

$$\int_{\mu\bar{\hat{F}}} \{d\hat{Y}\} = \mu^{(n-1)^2} \int_{\bar{\hat{F}}} \{d\hat{Y}\} = \mu^{(n-1)^2} V_{n-1},$$

and partial integration leads to the formula

$$\int_{\bar{\hat{F}}} |\hat{Y}|\,\{d\hat{Y}\} = (n-1) \int_0^1 u^{n-1}\,du V_{n-1} = \frac{n-1}{n} V_{n-1}.$$

This proves that

$$\chi(1) = \frac{n-1}{n} \gamma V_{n-1}. \tag{20}$$

Replacing $f(x)$ by $f(\lambda x)$, we infer that

$$\chi(\lambda) = \lambda^{-n}\chi(1). \tag{21}$$

6. If g runs over all primitive vectors and l over all natural numbers, then lg runs exactly over all integral vectors $\neq 0$. Therefore, by (13), (20), (21),

$$\psi(\lambda) = \lambda^n \sum_{l=1}^{\infty} \chi(l\lambda) = \chi(1)\zeta(n); \tag{22}$$

this shows that $\psi(\lambda)$ is independent of λ. From (14), (20), (22) we deduce the recursion formula

$$nV_n = (n-1)V_{n-1}\zeta(n). \tag{23}$$

Since $V_1 = 1$, it follows that

$$nV_n = \prod_{k=2}^{n} \zeta(k). \tag{24}$$

Minkowski's formula for the volume of the domain of all reduced positive S with $|S| \leqq 1$ is a simple consequence of (5) and (24).

On the other hand, by (12), (14),

$$\psi(1) = \int_F \sum_{g \neq 0} f(Ag)\, d\omega_1 = \gamma V_n.$$

Defining $d\omega = V_n^{-1}\, d\omega_1$, we have

$$\int_F d\omega = 1, \qquad \int_F \sum_{g\neq 0} f(Ag)\, d\omega = \int_R f(x)\, \{dx\},$$

and this is the assertion of the theorem.

From (15), (20) and (23) we deduce the additional result that

$$\zeta(n) \int_F \sum_g{}' f(Ag)\, d\omega = \int_R f(x)\, \{dx\}. \tag{25}$$

Now let B be a star domain in R, i.e., a point set which is measurable in the Jordan sense and which contains with any point x the whole segment λx, $0 < \lambda < 1$. Suppose that for each A in Ω_1 the domain $A^{-1}B$ contains an integral point $g \neq 0$; then it contains also a primitive g. If $f(x)$ denotes the characteristic function of the set B, then we obtain

$$\sum_g{}' f(Ag) = \sum_{g \in A^{-1}B}{}' 1 \geqq 1$$

and

$$\int_R f(x)\, \{dx\} \geqq \zeta(n),$$

in virtue of (25); this is Minkowski's assertion concerning star domains.

Our theorem may be generalized in various directions:

1) We may drop the restriction that the integrable function $f(x)$ vanishes everywhere outside a bounded domain and replace it, e.g., by the weaker condition that $(x'x)^s f(x)$ is bounded in R, for some fixed $s > n/2$.

2) Instead of the function $f(x)$ of a single vector we may introduce an integrable function $f(x_1, \cdots, x_m)$ of m vectors, with $1 \leqq m \leqq n - 1$. The corresponding generalization of (2) is the formula

$$\int_F \sum_{g_1, \cdots, g_m} f(Ag_1, \cdots, Ag_m)\, d\omega = \int_{R^m} f(x_1, \cdots, x_m)\, \{dx_1\} \cdots \{dx_m\},$$

where the summation is carried over all systems of linearly independent integral vectors $g_1, \cdots, g_n$.

3) We may consider certain other discrete subgroups of topological groups, instead of Ω_1 and Γ_1, e.g., the real symplectic group and the modular group of degree n. In my researches on symplectic geometry, I have already applied the method of the present paper to the determination of the volume of the fundamental domain of the modular group of degree n. Another and more general example is provided by the group of units of the simple order J_n, $n > 1$, consisting of all n-rowed matrices $A = (\alpha_{kl})$, where the elements $\alpha_{kl}(k, l = 1, \cdots, n)$ belong to a given order J_1 in a division algebra which is of finite rank in the field of rational numbers; this comprises in particular the group of n-rowed unimodular matrices in an arbitrary algebraic number field.

THE INSTITUTE FOR ADVANCED STUDY.

51.

On the zeros of the Dirichlet L-functions

Annals of Mathematics 46 (1945), 409—422

1. Let m be a positive integer, $\chi = \chi(n)$ a character modulo m and $L(s, \chi)$ the corresponding Dirichlet L-function. Landau, Littlewood and, more recently, Paley[1] observed a remarkable analogy between the behavior of Riemann's $\zeta(s)$, for variable $s = \sigma + it$ and $t \to \infty$, and that of $L(s, \chi)$, for variable χ and $m \to \infty$. Their results are concerned with estimates and averages of the absolute value of these functions. In the present paper we shall develop an analogy to some known theorems about the distribution of the zeros of $\zeta(s)$.

Suppose $m > 15$ and introduce the abbreviations

$$\log m = m_1, \qquad \log\log m = m_2, \qquad \log\log\log m = m_3,$$

so that $m_3 > 0$. The number of characters χ, for any given m, equals

$$h = \varphi(m) = m \prod_{p|m} (1 - p^{-1}).$$

It is well known that the product

$$P(s) = P_m(s) = (s - 1) \prod_{\chi} L(s, \chi) \tag{1}$$

is an entire function of s which has all its zeros in the half-plane $\sigma < 1$. Throughout the whole paper, T_0 denotes an arbitrarily large fixed positive constant; moreover, $c_1, \cdots, c_8$ are certain positive numbers which depend only upon the choice of T_0.

THEOREM I: *If $m_2^{-1} < \delta < \frac{1}{2}$, then the number of zeros of $P_m(s)$ in the rectangle $\frac{1}{2} + \delta < \sigma < 1$, $-T_0 < t < T_0$ is less than $c_1\delta^{-1}m_1^{-2\delta} h$.*

As an immediate consequence of Theorem I we have

THEOREM II: *If $m > c_2$, then at least one of the h functions $L(s, \chi)$ has no zero in the rectangle $\frac{1}{2} + \frac{1}{2}m_2^{-1}m_3 < \sigma < 1$, $-T_0 < t < T_0$.*

The two preceding propositions deal with rectangles in the half-plane $\sigma > \frac{1}{2}$. In the following results the rectangles contain a segment of the critical line $\sigma = \frac{1}{2}$.

THEOREM III: *Let $0 < T < T_0$ and denote by $A(T)$ the number of zeros of $P_m(s)$ in the rectangle $0 < \sigma < 1$, $0 \leqq t < T$; then*

$$\left| A(T) - \frac{1}{2\pi} m_1 h T \right| < c_3 m_1^{2/3} h.$$

Since $\overline{P(s)} = P(\bar{s})$, we infer from Theorems I, III and the functional equation of $L(s, \chi)$ that at least one of the h functions $L(s, \chi)$ has a zero in the rectangle

[1] R. E. A. C. PALEY, *On the k-analogues of some theorems in the theory of the Riemann ζ-function*, Proc. London Math. Soc. (2) 32, pp. 273–311 (1931).

$\frac{1}{2} \leqq \sigma \leqq \frac{1}{2} + m_2^{-1}$, $T_1 < t < T_2$, provided $T_2 - T_1 > c_4 m_1^{-\frac{1}{4}}$ and $-T_0 < T_1 < T_2 < T_0$. Consequently every point of the critical line $\sigma = \frac{1}{2}$ is a limit point for the set of the zeros of all $L(s, \chi)$, with variable m and χ.

THEOREM IV: *Let* $-T_0 < T_1 < T_2 < T_0$, $T_2 - T_1 > 4m_3^{-1}$ *and* $m > c_5$; *then each function* $L(s, \chi)$ *has a zero in the rectangle* $\frac{1}{2} \leqq \sigma < 1$, $T_1 < t < T_2$.

It follows from Theorems II and IV that there exists a subset of the functions $L(s, \chi)$, for variable m and χ, whose zeros cluster exactly towards all points of the critical line.

Our propositions estimate the number of zeros of the h functions $L(s, \chi)$, as $m \to \infty$, in certain rectangles lying in a fixed bounded domain of the s-plane; they are the counterparts of known theorems concerning the Riemann zeta-function, where $T_0 \to \infty$. In particular, Theorem I corresponds to results of Bohr and Landau, Carlson, Littlewood, and Theorem III to a formula of Riemann and von Mangoldt; Theorem IV is the analogue of a theorem of Littlewood[2] and Hoheisel.[3]

It is clear that it suffices to prove the theorems under the further assumption $T_0 > 1$.

2. Let q be a positive integer, $(m, q) = 1$ and define

$$g_k = g_k(s) = \sum_{\substack{n=1 \\ (k+nm,q)=1}}^{\infty} (k + nm)^{-s} \quad (k = 1, \cdots, m; \sigma > 1). \tag{2}$$

The Möbius function $\mu(l)$ satisfies the equations

$$\sum_{d \mid l} \mu(d) = \begin{cases} 1 & (l = 1) \\ 0 & (l > 1); \end{cases}$$

hence

$$g_k = \sum_{\substack{d \mid (k+nm, q) \\ n>0}} \mu(d)(k + nm)^{-s} = \sum_{\substack{d \mid q \\ m<dn\equiv k \pmod m}} \mu(d)(dn)^{-s} = \sum_{d \mid q} \mu(d) d^{-s} h_r,$$

where

$$h_r = \sum_{n=0}^{\infty} (r + nm)^{-s}$$

and $r = r(d)$ is determined by the conditions

$$\frac{m}{d} < r \leqq \frac{m}{d} + m, \qquad dr \equiv k \pmod m.$$

In virtue of the simplest case of Euler's summation formula we have

$$h_r - \frac{m^{-s}}{s-1} = \tfrac{1}{2} r^{-s} + m^{-1} \int_r^m x^{-s}\, dx - s \int_0^{\infty} (r + x)^{-s-1} \left(\frac{x}{m} - \left[\frac{x}{m} \right] - \tfrac{1}{2} \right) dx.$$

---

[2] J. E. LITTLEWOOD, *Two notes on the Riemann Zeta-function*, Proc. Cambridge Phil. 22, pp. 234–242 (1925).

[3] GUIDO HOHEISEL, *Der Wertevorrat der ζ-Funktion in der Nähe der kritischen Geraden*, Jahresbericht der Schlesischen Gesellschaft für vaterländische Kultur 99, pp. 1–11 (1926).

The right-hand member is regular in the half-plane $\sigma > 0$. Since $0 < r \leqq 2m$, we obtain the estimate

$$\left| h_r - \frac{m^{-s}}{s-1} \right| \leqq \tfrac{1}{2} r^{-\sigma} + m^{-1} \left| \int_r^m x^{-\sigma}\, dx \right| + \tfrac{1}{2} |s| \int_0^\infty (r+x)^{-\sigma-1}\, dx$$

$$\leqq \tfrac{1}{2} r^{-\sigma} + \frac{|m-r|}{2m}(r^{-\sigma} + m^{-\sigma}) + \tfrac{1}{2}(\sigma + |t|)\sigma^{-1} r^{-\sigma}$$

$$\leqq \tfrac{1}{2}(3 + \sigma^{-1}|t|) r^{-\sigma} + \tfrac{1}{2} m^{-\sigma} \qquad (\sigma > 0).$$

It follows that the function

$$(3) \quad f_k = g_k - \frac{m^{-s}}{s-1} \sum_{d|q} \mu(d) d^{-s} = \sum_{d|q} \mu(d) d^{-s} \left(h_r - \frac{m^{-s}}{s-1} \right) \quad (k = 1, \cdots, m)$$

is regular in the half-plane $\sigma > 0$ and satisfies there the inequality

$$(4) \quad \begin{aligned} |f_k| &\leqq \sum_{d|q} |\mu(d)|\, d^{-\sigma} \left\{ \tfrac{1}{2}(3 + \sigma^{-1}|t|) \left(\frac{m}{d} \right)^{-\sigma} + \tfrac{1}{2} m^{-\sigma} \right\} \\ &\leqq \left(2 + \frac{|t|}{2\sigma} \right) m^{-\sigma} \sum_{d|q} |\mu(d)|. \end{aligned}$$

It remains to determine a simple upper bound of the last sum considered as a function of q.

For a later purpose we investigate the more general expression

$$\lambda_q(\rho) = \sum_{d|q} |\mu(d)|\, d^{-\rho} = \prod_{p|q} (1 + p^{-\rho}) \qquad (\rho \geqq 0).$$

Let $\nu = \nu(q)$ be the number of different prime factors of q, and denote by p_1, $p_2, \cdots$ the prime numbers in their natural order. Then

$$(5) \qquad \log q \geqq \sum_{l=1}^{\nu} \log p_l = \sum_{p \leqq p_\nu} \log p \sim p_\nu \sim \nu \log \nu \qquad (\nu \to \infty)$$

and

$$\log \lambda_q(\rho) \leqq \sum_{l=1}^{\nu} \log(1 + p_l^{-\rho}) \leqq \sum_{p \leqq p_\nu} p^{-\rho};$$

hence

$$\log \lambda_q(1) \leqq \sum_{p \leqq p_\nu} p^{-1} = \log\log p_\nu + O(1) \qquad (\nu \to \infty),$$

$$(6) \qquad \lambda_q(1) = O(\log\log q) \qquad (q \to \infty)$$

and, for $\rho \geqq \frac{1}{2}$,

$$\log \lambda_q(\rho) \leqq \sum_{n=1}^{p_\nu} \frac{\pi(n) - \pi(n-1)}{n^{\frac{1}{2}}} = \nu p_\nu^{-\frac{1}{2}} + \sum_{n=1}^{p_\nu - 1} \pi(n)\{n^{-\frac{1}{2}} - (n+1)^{-\frac{1}{2}}\}$$

$$= \nu p_\nu^{-\frac{1}{2}} + O\left(\sum_{n=2}^{p_\nu} \frac{1}{\log n} n^{-\frac{1}{2}} \right) = \nu p_\nu^{-\frac{1}{2}} + O\left(\frac{p_\nu^{\frac{1}{2}}}{\log p_\nu} \right) = O\left(\frac{p_\nu^{\frac{1}{2}}}{\log p_\nu} \right) \qquad (\nu \to \infty)$$

$$(7) \qquad \log \lambda_q(\rho) = O\left(\frac{\log^{\frac{1}{2}} q}{\log\log q} \right) \qquad (q \to \infty;\ \rho \geqq \tfrac{1}{2}).$$

Furthermore,

$$\log \lambda_q(0) = \nu \log 2 \sim \frac{p_\nu}{\log p_\nu} \log 2 \qquad (\nu \to \infty)$$

(8) $$\sum_{d|q} |\mu(d)| = \lambda_q(0) = O(e^{\gamma_1 \log q/\log \log q}) \qquad (q \to \infty),$$

for any given constant $\gamma_1 > \log 2$.

In all following estimates the symbol O refers to the passage to the limit $m \to \infty$, and these estimates hold uniformly with respect to all variable parameters. We define

$$\gamma_l = \log 2 + \frac{l}{4}(1 - \log 2) \qquad (l = 1, 2, 3),$$

so that $\log 2 < \gamma_1 < \gamma_2 < \gamma_3 < 1$.

In virtue of (4), (8) we have the formula

(9) $$|f_k| = (1 + \sigma^{-1}|t|)e^{\gamma_1 \log q/\log \log q} O(m^{-\sigma}) \quad (k = 1, \cdots, m; \sigma > 0).$$

3. Let $\epsilon_k = 1$ in case $(k, q) = 1$ and $\epsilon_k = 0$ otherwise, then the functions

(10) $$G_k = \epsilon_k k^{-s} + f_k \qquad (k = 1, \cdots, m)$$

fulfill the inequality

$$\left(\sum_{k=1}^{m} |G_k|^2\right)^{\frac{1}{2}} \leqq (\sum \epsilon_k k^{-2\sigma})^{\frac{1}{2}} + (\sum |f_k|^2)^{\frac{1}{2}}$$

(11) $$= (\sum_{(k,q)=1} k^{-2\sigma})^{\frac{1}{2}} + (1 + \sigma^{-1}|t|)e^{\gamma_1 \log q/\log \log q} O(m^{\frac{1}{2}-\sigma}) \quad (\sigma > 0)$$

by (9).

On the other hand, let $\chi = \chi(n)$ be a character modulo m and

$$L(s, \chi) = \sum_{n=1}^{\infty} \chi(n)n^{-s} = \prod_p (1 - \chi(p)p^{-s})^{-1} \qquad (\sigma > 1)$$

the corresponding L-function; plainly, $L(s, \chi)$ is related to the more general function

(12) $$L_q(s, \chi) = \sum_{\substack{n=1 \\ (n,q)=1}}^{\infty} \chi(n)n^{-s} = \prod_{p \nmid q} (1 - \chi(p)p^{-s})^{-1} \qquad (\sigma > 1)$$

by the formula

(13) $$L_q(s, \chi) = L(s, \chi) \prod_{p|q} (1 - \chi(p)p^{-s}).$$

Using the abbreviations

$$\frac{m^{-s}}{s-1} \sum_{d|q} \mu(d)d^{-s} = Q, \qquad \sum_{k=1}^{m} \chi(k)G_k = \alpha(\chi),$$

we obtain, by (2), (3), (10),

$$L_q(s,\chi) = \sum_{k=1}^{m} \chi(k) \sum_{n=0}^{\infty} (k+nm)^{-s} = \sum_{k=1}^{m} \chi(k)(\epsilon_k k^{-s} + g_k)$$

$$L_q(s,\chi) = \sum_{k=1}^{m} \chi(k)(G_k + Q) = \alpha(\chi) + \beta(\chi), \tag{14}$$

say, where $\beta(\chi) = hQ$ in the case of the principal character $\chi = \chi_1$ and $\beta(\chi) = 0$ otherwise; the last formula holds in the half-plane $\sigma > 0$.

We now introduce all h characters modulo m and apply the inequality of the geometric and arithmetic means; then, by (14), in view of $\left|\frac{s-1}{s+1}\right| < 1$ for $\sigma > 0$,

$$\begin{aligned} h^{\frac{1}{2}} \left| \frac{s-1}{s+1} \prod_{\chi} L_q(s,\chi) \right|^{1/h} &\leqq \left(\left| \frac{s-1}{s+1} L_q(s,\chi_1) \right|^2 + \sum_{\chi \neq \chi_1} |L_q(s,\chi)|^2 \right)^{\frac{1}{2}} \\ &\leqq \left| \frac{s-1}{s+1} hQ \right| + \left(\sum_{\chi} |\alpha(\chi)|^2 \right)^{\frac{1}{2}} \qquad (\sigma > 0); \end{aligned} \tag{15}$$

moreover

$$\sum_{\chi} |\alpha(\chi)|^2 = \sum_{\chi} \sum_{k_1,k_2=1} \chi(k_1)\bar{\chi}(k_2) G_{k_1} \bar{G}_{k_2} = h \sum_{\substack{k=1 \\ (k,m)=1}}^{m} |G_k|^2 \leqq h \sum_{k=1}^{m} |G_k|^2. \tag{16}$$

Since

$$\left| \frac{s-1}{s+1} hQ \right| \leqq |s+1|^{-1} hm^{-\sigma} \sum_{d|q} |\mu(d)| d^{-\sigma} \leqq h^{\frac{1}{2}} m^{\frac{1}{2}-\sigma} \sum_{d|q} |\mu(d)| \quad (\sigma > 0),$$

it follows from (8), (11), (15), (16) that

$$\begin{aligned} &\log \left| \frac{s-1}{s+1} \right| + \sum_{\chi} \log |L_q(s,\chi)| \\ &\quad < h \log \left(\sum_{\substack{k=1 \\ (k,q)=1}}^{m} k^{-2\sigma} + (1 + \sigma^{-1}|t|) e^{\gamma_1 \log q / \log\log q} O(m^{\frac{1}{2}-\sigma}) \right), \end{aligned} \tag{17}$$

everywhere in the half-plane $\sigma > 0$.

In the particular case $q = 1$ we have $L_q(s,\chi) = L(s,\chi)$. Because of

$$\sum_{k=1}^{m} k^{-2\sigma} \leqq \begin{cases} \zeta(2\sigma) < \dfrac{2\sigma}{2\sigma - 1} & (\sigma > \frac{1}{2}) \\ m^{1-2\sigma} \displaystyle\sum_{k=1}^{m} k^{-1} \leqq m^{1-2\sigma}(1 + \log m) & (\sigma \leqq \frac{1}{2}), \end{cases}$$

the inequality (17) implies

$$\begin{aligned} &h^{-1}\left(\log \left| \frac{s-1}{s+1} \right| + \sum_{\chi} \log |L(s,\chi)|\right) \\ &\quad < \begin{cases} \log \dfrac{1}{2\sigma - 1} + \log(1 + |t|) + O(1) & (\frac{1}{2} < \sigma < 3) \\ (1 - 2\sigma)m_1 + \log(1 + \sigma^{-1}|t|) + O(m_2) & (0 < \sigma \leqq \frac{1}{2}). \end{cases} \end{aligned} \tag{18}$$

The other important case is

$$q = \prod_{p<m_1} p = q_1,$$

say; then

$$\log q = \sum_{p<m_1} \log p \sim m_1 \tag{19}$$

and

$$\sum_{\substack{k=1\\(k,q)=1}}^{m} k^{-2\sigma} < \sum_{\substack{k=1\\(k,q)=1}}^{\infty} k^{-2\sigma} = \prod_{p>m_1} (1 - p^{-2\sigma})^{-1} \qquad (\sigma > \tfrac{1}{2}). \tag{20}$$

Since, for $\sigma > \frac{1}{2}$,

$$\sum_{p>m_1} \log (1 - p^{-2\sigma})^{-1} = O\left(\sum_{p>m_1} p^{-2\sigma}\right) \tag{21}$$

$$\sum_{p>m_1} p^{-2\sigma} = \sum_{n>m_1} \frac{\pi(n) - \pi(n-1)}{n^{2\sigma}} \leqq \sum_{n>m_1} \pi(n)\{n^{-2\sigma} - (n+1)^{-2\sigma}\}$$

$$= O(m_2^{-1}) \sum_{n>m_1} n\{n^{-2\sigma} - (n+1)^{-2\sigma}\}$$

$$= O(m_2^{-1})(m_1^{1-2\sigma} + \sum_{n>m_1+1} n^{-2\sigma}) = \frac{\sigma}{2\sigma - 1} m_1^{1-2\sigma} O(m_2^{-1}) \tag{22}$$

and

$$\log (e^a + b) = a + \log (1 + e^{-a}b) < a + e^{-a}b < a + b \qquad (a > 0; b > 0),$$

formulas (17), (19), (20), (21), (22) lead to the estimate

$$\log \left|\frac{s-1}{s+1}\right| + \sum_{\chi} \log | L_{q_1}(s, \chi) | < \left\{\frac{\sigma}{2\sigma - 1} m_1^{1-2\sigma} m_2^{-1} + (1 + |t|)m^{\frac{1}{2}-\sigma} e^{\gamma_1(m_1/m_2)}\right\} O(h) \quad (\sigma > \tfrac{1}{2}). \tag{23}$$

4. Let $f(z)$ be regular analytic in the circle $|z| \leqq 1$ and $f(0) \neq 0$. Jensen's theorem states that

$$\frac{1}{2\pi} \int_{-\pi}^{\pi} \log |f(e^{i\varphi})| \, d\varphi = \log |f(0)| - \sum_{\alpha} \log |\alpha|,$$

where α runs over all zeros of $f(z)$ in the circle. If $B(\rho)$ denotes the number of zeros in the concentric circle $|z| \leqq \rho$, $0 < \rho < 1$, then

$$B(\rho) \log \rho^{-1} \leqq \frac{1}{2\pi} \int_{-\pi}^{\pi} \log |f(e^{i\varphi})| \, d\varphi - \log |f(0)|. \tag{24}$$

We observe, once more, that T_0 is a fixed positive constant > 1. Suppose $\epsilon > \gamma_2 m_2^{-1}$, and define

$$r = \left\{T_0^2 + \left(\frac{1-\gamma_2}{m_2}\right)^2\right\} \Big/ \frac{2(1-\gamma_3)}{m_2} \sim \frac{T_0^2}{2(1-\gamma_3)} m_2, \tag{25}$$

$$\sigma_0 = \tfrac{1}{2} + \epsilon + r, \qquad z = r^{-1}(\sigma_0 - s),$$

$$f(z) = \frac{s-1}{s+1} \prod_\chi L_{q_1}(s, \chi); \tag{26}$$

then $r > 1$, and the unit circle of the z-plane corresponds to the circle of radius r with the center σ_0 in the s-plane. This circle lies in the half-plane $\sigma \geqq \frac{1}{2} + \epsilon > \frac{1}{2} + \gamma_2 m_2^{-1}$; hence $f(z)$ is regular analytic for $|z| \leqq 1$.

By (12),

$$\log \frac{\sigma_0 + 1}{\sigma_0 - 1} + \log f(0) = \sum_\chi \sum_{\substack{l=1 \\ p \nmid q_1}}^{\infty} l^{-1} \chi(p^l) p^{-l\sigma_0} = h \sum_{\substack{p > m_1 \\ p^l \equiv 1 \,(\mathrm{mod}\, m)}} l^{-1} p^{-l\sigma_0} > 0$$

$$-\log |f(0)| < \log \frac{\sigma_0 + 1}{\sigma_0 - 1} = O(r^{-1}) = O(m_2^{-1}). \tag{27}$$

The function $(2\sigma - 1)(mm_2^{-2})^{\frac{1}{2}-\sigma}$ is monotone decreasing for $\sigma - \frac{1}{2} > (m_1 - 2m_2)^{-1}$, and for $\sigma = \frac{1}{2} + \gamma_2 m_2^{-1}$ its value equals

$$2\gamma_2 m_2^{-1} e^{\gamma_2(2-(m_1/m_2))} = e^{-\gamma_1(m_1/m_2)} O(m_2^{-2}).$$

Suppose $|z| = 1$, then $|t| \leqq r = O(m_2)$, and it follows that the first term of the sum within the braces in (23) majorizes the second term; hence

$$\log |f(z)| < \frac{\sigma}{2\sigma - 1} m_1^{1-2\sigma} m_2^{-1} O(h) = \epsilon^{-1} m_1^{1-2\sigma} m_2^{-1} O(h) \qquad (|z| = 1).$$

Set $z = e^{i\varphi}$; then

$$\sigma - \tfrac{1}{2} = \epsilon + r(1 - \cos\varphi), \qquad d\varphi = \frac{d\sigma}{r \sin\varphi}.$$

Since $m_1^{1-2\sigma}$ is a monotone decreasing function of σ, we obtain the estimate

$$\frac{1}{2\pi} \int_{-\pi}^{\pi} \log |f(e^{i\varphi})| \, d\varphi < O(h) \epsilon^{-1} m_2^{-1} \int_0^{\pi/2} m_1^{1-2\sigma} \, d\varphi. \tag{28}$$

Moreover,

$$\sin^2 \varphi = 1 - \cos^2 \varphi \geqq 1 - \cos\varphi = r^{-1}(\sigma - \tfrac{1}{2} - \epsilon) \qquad (0 \leqq \varphi \leqq \pi/2);$$

hence

$$\begin{aligned} \int_0^{\pi/2} m_1^{1-2\sigma} \, d\varphi &< r^{-\frac{1}{2}} \int_{\frac{1}{2}+\epsilon}^{\infty} m_1^{1-2\sigma} (\sigma - \tfrac{1}{2} - \epsilon)^{-\frac{1}{2}} \, d\sigma \\ &= r^{-\frac{1}{2}} m_1^{-2\epsilon} m_2^{-\frac{1}{2}} \int_0^{\infty} u^{-\frac{1}{2}} e^{-2u} \, du = m_1^{-2\epsilon} O(m_2^{-1}), \end{aligned} \tag{29}$$

and (24), (27), (28), (29) imply the formula

$$B(\rho) \log \rho^{-1} = O(m_2^{-1}) + \epsilon^{-1} m_1^{-2\epsilon} m_2^{-2} O(h) \qquad (0 < \rho < 1).$$

In view of (1), (13), (26),

$$f(z) = (s+1)^{-1}P_m(s)\prod_{\substack{p\mid q_1\\ \chi}}(1-\chi(p)p^{-s});$$

consequently, the zeros of $f(z)$ and $P_m(s)$ coincide in the half-plane $\sigma > 0$. Choose $\rho = 1 - \vartheta r^{-1}$ with $\vartheta = (\gamma_3 - \gamma_2)m_2^{-1}$, and denote by B the number of zeros of $P(s)$ in the circle of radius $r - \vartheta$ with the center $\sigma_0 = \frac{1}{2} + \epsilon + r$; then

$$1/\log\ \rho^{-1} = O(rm_2) = O(m_2^2)$$

$$B = B(\rho) = O(m_2) + \epsilon^{-1}m_1^{-2\epsilon}O(h).$$

Finally, let $m_2^{-1} < \delta < \frac{1}{2}$, $\epsilon = \delta + (\gamma_2 - 1)m_2^{-1}$. By (25),

$$2\left(\frac{1-\gamma_2}{m_2} - \vartheta\right)r + \vartheta^2 > T_0^2 + \left(\frac{1-\gamma_2}{m_2}\right)^2$$

$$(r-\vartheta)^2 > \left(r - \frac{1-\gamma_2}{m_2}\right)^2 + T_0^2 = (\delta - \epsilon - r)^2 + T_0^2\,;$$

this proves that the whole rectangle $\frac{1}{2} + \delta < \sigma < 1$, $-T_0 < t < T_0$ lies in the circle $|s - \sigma_0| < r - \vartheta$. We denote by A the number of zeros of $P(s)$ in this rectangle. Since

$$\epsilon^{-1}m_1^{-2\epsilon} = m_1^{-2\delta}O(\delta^{-1})$$

and, by (6),

$$\delta m_1^{2\delta}m_2h^{-1} < m_1m_2h^{-1} = m_1m_2m^{-1}\prod_{p\mid m}(1-p^{-1})^{-1}$$

$$< \zeta(2)m_1m_2m^{-1}\prod_{p\mid m}(1+p^{-1}) = m_1m_2m^{-1}O(m_2) = O(1),$$

it follows that

$$A \leqq B = \delta^{-1}m_1^{-2\delta}O(h).$$

This is the assertion of Theorem I.

Let $m_3 > 2$ and $m_3 > 2c_1$; then the number $\delta = \frac{1}{2}m_2^{-1}m_3$ satisfies the condition $m_2^{-1} < \delta < \frac{1}{2}$ of Theorem I. Consequently, the number of zeros of $P(s)$ in the rectangle $\frac{1}{2}(1 + m_2^{-1}m_3) < \sigma < 1$, $-T_0 < t < T_0$ is less than

$$c_1\delta^{-1}m_1^{-2\delta}h = 2c_1m_3^{-1}h < h,$$

so at least one of the h functions $L(s, \chi)$ has no zeros in this rectangle. This proves Theorem II.

5. Each character χ modulo m determines in a unique way a divisor d of m and a proper character $\hat{\chi}$ modulo d such that

$$L(s,\chi) = L(s,\hat{\chi})\prod_{p\mid m}(1-\hat{\chi}(p)p^{-s}).$$

It is well known that

$$\prod_{\chi} L(s, \hat{\chi}) = \zeta_m(s)$$

is the zeta-function of the field K of the mth roots of unity. The degree of K is $h = \varphi(m)$, the absolute value of the discriminant of K is

$$D = (m \prod_{p \mid m} p^{-1/(p-1)})^h, \tag{30}$$

and K is totally imaginary in case $m > 2$. In virtue of Hecke's theorem, the function

$$\psi(s) = (2\pi)^{-(h/2)s} D^{s/2} \Gamma^{h/2}(s) \zeta_m(s) \qquad (m > 2) \tag{31}$$

fulfills the equation

$$\psi(s) = \psi(1 - s). \tag{32}$$

Let $0 < T < T_0$ and denote by $A_0(T)$ the number of zeros of $\psi(s)$ in the rectangle $-\frac{1}{2} < \sigma < \frac{3}{2}$, $-T < t < T$. Since $\psi(s)$ is regular in the whole s-plane except for the two poles of first order at $s = 0$ and $s = 1$, we infer that $2\pi A_0(T) - 4\pi$ equals the variation of arg $\psi(s)$, if s runs through the boundary of the rectangle in positive direction and all zeros of $\psi(s)$ on the contour itself are avoided by sufficiently small half-circles in the interior. Starting from the right lower vertex $s = \frac{3}{2} - Ti$, we denote the successive variations on the four sides by Δ_1, Δ_2, Δ_3, Δ_4; moreover, let Δ be the variation on the right half of the second side, i.e., in the interval $\frac{3}{2} \geqq \sigma \geqq \frac{1}{2}$, $t = T$.

If $\mathfrak{p}$ runs over all prime ideals in K, then

$$\log \zeta_m(s) = \sum_{\mathfrak{p}} \log (1 - N\mathfrak{p}^{-s})^{-1} = \sum_{\substack{l=1 \\ \mathfrak{p}}}^{\infty} l^{-1} N\mathfrak{p}^{-ls} \qquad (\sigma > 1)$$

$$|\log \zeta_m(s)| \leqq \sum_{l,\mathfrak{p}} l^{-1} N\mathfrak{p}^{-l\sigma} \leqq h \sum_{l,p} l^{-1} p^{-l\sigma} = h \log \zeta(\sigma).$$

In particular, this holds on $\sigma = \frac{3}{2}$, and it follows, because of (31), (32), that

$$\Delta_3 = \Delta_1 = T \log D + O(h). \tag{33}$$

Furthermore, $\psi(\bar{s}) = \overline{\psi(s)}$; hence

$$\Delta_4 = \Delta_2 = 2\Delta. \tag{34}$$

It remains to deduce an upper estimate of $|\Delta|$.

Set

$$\frac{P_m(s)}{\zeta_m(s)} = (s - 1) \prod_{\substack{p \mid m \\ \chi}} (1 - \hat{\chi}(p) p^{-s}) = R(s), \qquad \tfrac{3}{2} + Ti = s_0,$$

$$\frac{1}{2}\left\{\frac{P(s)}{P(s_0)} + \frac{P(s - 2Ti)}{P(s_0 - 2Ti)}\right\} = g(s). \tag{35}$$

Plainly, $g(s_0) = 1$, and $g(s)$ is real on $t = T$, viz., equal to the real part of $P(s)/P(s_0)$. If C denotes the number of zeros of $g(s)$ on the segment $\frac{3}{2} \geqq \sigma \geqq \frac{1}{2}$, $t = T$, then the variation of $\arg P(s)$ on this segment satisfies the inequality

$$| \Delta\{P(s)\} | < \pi(C + 1),$$

whence

$$\text{(36)} \quad \Delta = \Delta\{\psi(s)\} = \Delta\left\{(2\pi)^{-(h/2)s} D^{s/2} \Gamma^{(h/2)s} \frac{P(s)}{R(s)}\right\} = -\Delta\{R(s)\} + O(h) + O(C).$$

Applying (7) and the inequality

$$| \log (1 - z)^{-1} | \leqq \log (1 - | z |)^{-1} \leqq (1 - | z |)^{-1} \log (1 + | z |) \qquad (| z | < 1),$$

we obtain

$$-\log \frac{R(s)}{s - 1} = \sum_{\substack{p \mid m \\ \chi}} \log(1 - \hat{\chi}(p)p^{-s})^{-1} = m_1^{\frac{1}{2}} m_2^{-1} O(h)$$

$$\text{(37)} \qquad -\Delta\{R(s)\} = m_1^{\frac{1}{2}} m_2^{-1} O(h) + O(1) = m_1^{\frac{1}{2}} m_2^{-1} O(h).$$

6. In order to estimate the number C, we apply Jensen's inequality (24) with

$$\text{(38)} \qquad f(z) = g(s), \qquad z = \frac{s_0 - s}{1 + \epsilon}, \qquad s_0 = \tfrac{3}{2} + Ti, \qquad \epsilon = m_1^{-\frac{2}{3}},$$

Obviously, $f(z)$ is regular for $| z | \leqq 1$, and $f(0) = g(s_0) = 1$. Since

$$\log \frac{P(s_0)}{s_0 - 1} = \sum_{\chi} \log L(s_0 , \chi) = \sum_{\chi, p, l} l^{-1} \chi(p^l) p^{-ls_0} = h \sum_{p^l \equiv 1 (\mathrm{mod}\, m)} l^{-1} p^{-ls_0}$$

$$\left| \log \frac{P(s_0)}{s_0 - 1} \right| \leqq h \sum_{p^l \equiv 1 (\mathrm{mod}\, m)} p^{-\frac{3}{2}l} < hm^{-\frac{3}{2}} \zeta(\tfrac{3}{2}) = O(1),$$

we conclude from (18), (35), (38) that

$$h^{-1} \log | f(z) | < \begin{cases} \log \dfrac{1}{2\sigma - 1} + O(1) & (\frac{1}{2} < \sigma < 3) \\ 2\epsilon m_1 + O(m_2) & (\frac{1}{2} - \epsilon \leqq \sigma \leqq \frac{1}{2}), \end{cases}$$

on the circle $| z | = 1$.

Set $z = e^{i\varphi}$, then

$$8\pi^{-2} \varphi^2 \leqq 1 - \cos \varphi = 1 + \frac{\sigma + \frac{3}{2}}{1 + \epsilon} = \frac{\sigma - \frac{1}{2} - \epsilon}{1 + \epsilon} < \epsilon$$

for $\frac{1}{2} - \epsilon \leqq \sigma \leqq \frac{1}{2}$, whence

$$\int_{\sigma \leqq \frac{1}{2}} \log | f(e^{i\varphi}) | \, d\varphi < O(h)(\epsilon^{\frac{3}{2}} m_1 + \epsilon^{\frac{1}{2}} m_2) = O(h) .$$

On the other hand, since

$$d\varphi = \frac{d\sigma}{(1+\epsilon)\sin\varphi},$$

$$\int_{\sigma>\frac{1}{2}} \log|f(e^{i\varphi})|\,d\varphi$$

$$< O(h)\left\{\int_{\frac{1}{2}}^{\frac{3}{2}}\left(\log\frac{1}{2\sigma-1} + O(1)\right)(\sigma-\tfrac{1}{2})^{-\frac{1}{2}}\,d\sigma + \int_{\pi/2}^{\pi} d\varphi\right\} = O(h).$$

Therefore

$$\frac{1}{2\pi}\int_{-\pi}^{\pi} \log|f(e^{i\varphi})|\,d\varphi < O(h).$$

If $\rho = \dfrac{1}{1+\epsilon}$, then the circle $|z| \leqq \rho$ contains the segment corresponding to $\frac{1}{2} \leqq \sigma \leqq \frac{3}{2}$, $t = T$; hence

$$C \log(1+\epsilon) = O(h), \qquad C = m_1^{2/3}O(h).$$

Because of (33), (34), (36), (37), we obtain

$$\Delta = m_1^{2/3}O(h)$$

$$2\pi A_0(T) - 4\pi = \Delta_1 + \Delta_3 + 4\Delta = 2T\log D + m_1^{2/3}O(h).$$

Furthermore, by (5), (30),

$$hm_1 - \log D = h\sum_{p|m}\frac{\log p}{p-1} = O(h)\sum_{p<m_1} p^{-1}\log p = m_2\,O(h);$$

consequently,

$$A_0(T) = \pi^{-1}m_1hT + m_1^{2/3}O(h). \tag{39}$$

On the other hand, all zeros of $\psi(s)$ lie in the critical strip $0 < \sigma < 1$; therefore $A_0(T)$ equals the number of zeros of $P(s)$ in the rectangle $0 < \sigma < 1$, $-T < t < T$. We apply (39) for $T \to 0$ and use the formula $P(\bar{s}) = \overline{P(s)}$; it follows that the number of zeros of $P(s)$ in the rectangle $0 < \sigma < 1$, $0 \leq t < T$ has the value

$$\tfrac{1}{2}A_0(T) + m_1^{2/3}O(h) = \frac{1}{2\pi}m_1hT + m_1^{2/3}O(h).$$

This is the assertion of Theorem III.

7. For the proof of Theorem IV we use the following lemma; it is somewhat simpler than a related proposition involving elliptic functions which was introduced by Littlewood and Hoheisel in their above-mentioned publications.

Lemma: *Let $\lambda > 0$, $0 < \xi < 1$, $0 < M_0 < M$, and assume that $f = f(z)$ is a regular analytic function of $z = x + iy$ in the rectangle $0 \leqq x \leqq 1$, $-\dfrac{1}{2\lambda} \leqq y \leqq \dfrac{1}{2\lambda}$,* *that the real part* $\Re\{f(z)\} \leqq M$ *in the whole rectangle and that the absolute value* $|f(z)| \leqq M_0$ *on the right side* $x = 1$; *then*

$$\log\left|\frac{2M}{f(\xi)} - 1\right| \Big/ \log\left(\frac{2M}{M_0} - 1\right) \geqq \sinh(\pi\lambda\xi) \Big/ \sinh(\pi\lambda).$$

PROOF: We consider the entire function

$$g(z) = \alpha^{\sinh(\pi\lambda z)} = \exp\{\log\alpha \sinh(\pi\lambda z)\}, \qquad \log\alpha = \frac{\log\left(\dfrac{2M}{M_0} - 1\right)}{\sinh(\pi\lambda)} > 0.$$

Since $\Re\{\sinh z\} = \sinh x \cos y$, we have $|g(z)| = 1$ on the three straight lines $x = 0$ and $y = \pm\dfrac{1}{2\lambda}$. Moreover,

$$\Re\{\sinh(\pi\lambda z)\} \leqq \sinh(\pi\lambda), \qquad |g(z)| \leqq \frac{2M}{M_0} - 1 \qquad (x = 1).$$

On the other hand, set

$$f_0(z) = (1 - 2Mf^{-1})^{-1} = \frac{(f - M) + M}{(f - M) - M};$$

then $|f_0(z)| \leqq 1$ in the whole rectangle $0 \leqq x \leqq 1$, $-\dfrac{1}{2\lambda} \leqq y \leqq \dfrac{1}{2\lambda}$, and

$$|f_0(z)|^{-1} \geqq 2M|f|^{-1} - 1 \geqq \frac{2M}{M_0} - 1 \geqq |g(z)| \qquad (x = 1).$$

It follows that the product $f_0(z)g(z) = h(z)$ satisfies the inequality $|h(z)| \leqq 1$ on the contour of the rectangle, and also in the interior, because of the regularity of $h(z)$. Hence

$$|h(\xi)| \leqq 1, \qquad |g(\xi)| \leqq |f_0(\xi)|^{-1}$$

$$\log\left|\frac{2M}{f(\xi)} - 1\right| = -\log|f_0(\xi)| \geqq \log|g(\xi)|$$

$$= \log\alpha \sinh(\pi\lambda\xi) = \frac{\sinh(\pi\lambda\xi)}{\sinh(\pi\lambda)} \log\left(\frac{2M}{M_0} - 1\right);$$

q.e.d.

It suffices to prove Theorem IV in the case of a proper character χ. Set $\frac{1}{2}\{\chi(1) - \chi(-1)\} = a$, then

(40) $$\varphi(s, \chi) = \left(\frac{m}{\pi}\right)^{s/2} \Gamma\left(\frac{s + a}{2}\right) L(s, \chi)$$

satisfies the functional equation

(41) $$\varphi(s, \chi) = \omega(\chi)\varphi(1 - s, \bar{\chi}), \qquad |\omega(\chi)| = 1;$$

furthermore, $\overline{L(s, \chi)} = L(\bar{s}, \bar{\chi})$. Let $-T_0 < T_1 < T_2 < T_0$, $T_2 - T_1 > 4m_3^{-1}$, and assume that $L(s) = L(s, \chi)$ has no zero in the rectangle $\frac{1}{2} \leqq \sigma < 1$, $T_1 < t < T_2$. On the other hand, no zero of $L(s)$ lies in the half-plane $\sigma \geqq 1$. We define

$$\sigma_0 = \frac{15}{14}, \qquad \tfrac{1}{2}(T_1 + T_2) = T, \qquad s_0 = \sigma_0 + Ti,$$

$$\epsilon = 4m_3^{-1}, \qquad \lambda = \epsilon^{-1}(\sigma_0 + 1), \qquad z = \frac{s + 1 - Ti}{\sigma_0 + 1};$$

then it follows from (40), (41) that the function

$$f(z) = \log \frac{L(s)}{(s + 1)L(s_0)}$$

is regular in the rectangle $0 \leqq x \leqq 1$, $-\dfrac{1}{2\lambda} \leqq y \leqq \dfrac{1}{2\lambda}$.

Since

$$|\log L(s)| = \Big|\sum_{p,l} l^{-1}\chi(p^l)p^{-ls}\Big| \leqq \sum_{p,l} l^{-1}p^{-l\sigma_0} = c_6 \qquad (\sigma = \sigma_0),$$

we may choose $M_0 = c_7$. Moreover, because of (9), (10), (14),

$$L(s) = \sum_{k=1}^{m} \chi(k)(k^{-s} + O(m^{-\sigma})) = O(m^{1/2}) \qquad (\sigma \geqq \tfrac{1}{2};\ T_1 < t < T_2)$$

$$\log |L(s)| < O(m_1).$$

Consequently, in virtue of (41), for $-1 \leqq \sigma \leqq \frac{1}{2}$ and $T_1 < t < T_2$,

$$\log \left|\frac{L(s, \chi)}{s + a}\right| = \log |L(1 - \bar{s}, \chi)| + \log \left|\frac{\Gamma(\frac{1}{2}(1 - \bar{s} + a))}{(s + a)\Gamma(\frac{1}{2}(s + a))}\right|$$
$$+ (\tfrac{1}{2} - \sigma) \log \frac{m}{\pi} < O(m_1).$$

We conclude that the latter estimate holds good in the whole rectangle $-1 \leqq \sigma \leqq \sigma_0$, $T_1 < t < T_2$, and we may choose $M = c_8 m_1$. Plainly,

$$\log\left(\frac{2M}{M_0} - 1\right) = \log\left(\frac{2c_8}{c_7} m_1 + 1\right) = m_2 + O(1).$$

Set

$$s_1 = 1 - \bar{s}_0 = 1 - \sigma_0 + Ti, \qquad \xi = \frac{s_1 + 1 - Ti}{\sigma_0 + 1} = \frac{2 - \sigma_0}{\sigma_0 + 1} = \frac{13}{29};$$

then

$$\Re\{f(\xi)\} = \log\left|\frac{L(s_1, \chi)}{(s_1 + a)L(s_0, \chi)}\right| = \log\left|\frac{\Gamma(\frac{1}{2}(s_0 + a))}{(s_1 + a)\Gamma(\frac{1}{2}(s_1 + a))}\right| + (\sigma_0 - \tfrac{1}{2}) \log \frac{m}{\pi}$$
$$= (\sigma_0 - \tfrac{1}{2})m_1 + O(1) = \frac{4}{7} m_1 + O(1)$$

$$\log\left|\frac{2M}{f(\xi)}-1\right| \leq \log\left|\frac{2M}{\Re\{f(\xi)\}}-1\right| = \log\left|\frac{2c_8 m_1}{4/7(m_1+O(1))}-1\right| = O(1)$$

$$\log\left|\frac{2M}{f(\xi)}-1\right| \Big/ \log\left(\frac{2M}{M_0}-1\right) < O(m_2^{-1}) \tag{42}$$

and

$$\sinh(\pi\lambda\xi)/\sinh(\pi\lambda) \sim \exp(\pi\lambda\xi - \pi\lambda) = \exp\{\pi\epsilon^{-1}(1-2\sigma_0)\} = m_2^{-2\pi/7}. \tag{43}$$

Since $2\pi/7 < 1$, formulas (42), (43) contradict the lemma, provided m is sufficiently large. This proves Theorem IV.

It is easily seen that the essential properties of the quantities σ_0 and ϵ, in the last proof, are the inequalities $\sigma_0 > 1$ and $\epsilon m_3 > (2\sigma_0 - 1)\pi$. This leads to the following slight refinement of Theorem IV: Suppose $-T_0 < T_1 < T_2 < T_0$, $\alpha > \pi$ and $T_2 - T_1 > \alpha m_3^{-1}$; if m is larger than a certain number depending only on T_0 and α, then $L(s, \chi)$ possesses a zero in the rectangle $\frac{1}{2} \leqq \sigma < 1$, $T_1 < t < T_2$.

The Institute for Advanced Study.

52.

Note on differential equations on the torus

Annals of Mathematics 46 (1945), 423—428

1. We describe the points on a given torus T by rectangular cartesian coordinates x and y, two points (x_1, y_1) and (x_2, y_2) being the same whenever both differences $x_1 - x_2$, $y_1 - y_2$ are integers. Let $f(x, y)$ be a continuous function of the independent real variables x, y which satisfies the Lipschitz condition with respect to y, and suppose that this function has the period 1 in each variable, then the differential equation

$$\frac{dy}{dx} = f(x, y) \tag{1}$$

defines a vector field on T, and every point of T lies on one and only one integral curve C of (1). There are two extreme cases for the behavior of C in the large, the case of a periodic solution and the case of an ergodic solution; in the first case C is closed, in the second case C is everywhere dense on T.

A. Denjoy[1] has discovered the following important theorem which gives the solution of a problem considered by Poincaré.

THEOREM 1: *Suppose that $f(x, y)$ has continuous derivatives of the second order and that no solution of the differential equation is periodic; then every solution is ergodic.*

Denjoy even proved this theorem under certain less restrictive conditions on the differentiability of the function. On the other hand, he also found that the proposition does not remain true, if the condition concerning the derivatives of $f(x, y)$ is completely omitted; this had been already remarked by Bohl.[2] It is worth noticing that we do not know a general method of deciding whether an arbitrarily given differential equation possesses at least one particular periodic solution.

Let $y = \varphi(x, \eta)$ denote the solution of (1) satisfying the initial condition $\eta = \varphi(0, \eta)$, and put $\varphi(1, \eta) = \eta_1$; then the formula $e^{2\pi i\eta} \rightarrow e^{2\pi i\eta_1}$ defines a topological mapping of the circumference E of a circle onto itself. If A is any such mapping, then we call a point p of E periodic, relative to A, if only finitely many of the image points $p_1 = A(p)$, $p_2 = A(p_1)$, $p_3 = A(p_2)$, $\cdots$ are distinct. The other extreme case is that these images lie everywhere dense on E, then p is

---

[1] ARNAUD DENJOY, *Sur les courbes définies par les équations différentielles à la surface du tore*, J. Math. Pures Appl. (9) 11, pp. 333–375 (1932).

[2] P. BOHL, *Über die hinsichtlich der unabhängigen und abhängigen Variabeln periodische Differentialgleichung erster Ordnung*, Acta Math. 40, pp. 321–336 (1916).

called ergodic, relative to A. In virtue of a very fruitful principle due to Poincaré, Theorem 1 is implied by the following proposition.

THEOREM 2: *Let* $\eta_1 = \varphi(\eta)$, $e^{2\pi i\eta} \to e^{2\pi i\eta_1}$ *define a topological mapping of the circle* E *onto itself, and suppose that the derivative* $\varphi'(\eta)$ $(0 \leqq \eta \leqq 1)$ *exists, that it is of bounded variation and* $\neq 0$ *everywhere. If no point of* E *is periodic, then every point is ergodic.*

Denjoy proves this theorem by introducing Poincaré's rotation number α and applying a property of the continued fraction of α. In an unsuccessful attempt to generalize Theorem 2, I found a simplification of the proof which preserves Denjoy's main idea without needing the finer details concerning the rotation number. This simplified proof is presented in Section 2. In Section 3, I use Theorem 2 in order to prove a generalization of Theorem 1.

THEOREM 3: *Suppose that* $f(x, y)$ *and* $g(x, y)$ *are two single-valued functions on the torus, without common zeros, and with continuous derivatives of the second order. If no solution of the differential equation*

$$f(x, y)\, dx = g(x, y)\, dy \tag{2}$$

is periodic, then every solution is ergodic.

The above mentioned reduction of the proof of Theorem 1 to Theorem 2 will also go through in this more general case, if we can find a simple closed curve E on T, with continuous curvature, such that every stream line of the steady motion of a fluid, defined by $dx/dt = g(x, y)$, $dy/dt = f(x, y)$, cuts E at least once within any fixed sufficiently large interval of the time t, and always in the same sense. The existence of such curve E might be deduced, e.g., from the results of Kneser;[3] however, we prefer to give a simple direct construction, provided no stream line is closed.

2. Let A be a topological mapping of the circle E onto itself. We denote by A^k and A^{-k} $(k = 1, 2, \cdots)$ the kth iterates of A and the inverse mapping A^{-1}, by A^0 the identical mapping. We shall suppose that no point p of E is periodic, relative to A, so that all image points $p_n = A^n(p)$ $(n = 0, \pm 1, \pm 2, \cdots)$ are distinct. We introduce on E a fixed orientation. Since A has no fixed points, the mapping preserves the orientation. If p and q are two different points on E, the pq designates the oriented open simple arc connecting p with q, and the formula $p \prec r \prec q$ means that the point r lies on the arc pq.

LEMMA 1: *Let a point* p *and an integer* $m \neq 0$ *be given; then there exists an integer* h *such that* $p \prec p_h \prec p_m$.

PROOF: Suppose that the conditions

$$p_1 \prec p_2 \prec \cdots \prec p_l \prec p, \qquad p_1 \prec p_{l+1} \prec p \tag{3}$$

are fulfilled for some integer $l > 1$; then either $p_l \prec p_{l+1} \prec p$ or there exists a number k in the set $1, 2, \cdots, l-1$ such that $p_k \prec p_{l+1} \prec p_{k+1}$. Applying the mapping A^{-k}, in the latter case, we infer that $p \prec p_{l-k+1} \prec p_1$, in contradiction to (3). Hence (3) implies $p_1 \prec p_2 \prec \cdots \prec p_l \prec p_{l+1} \prec p$.

---

[3] HELLMUTH KNESER, *Reguläre Kurvenscharen auf den Ringflächen*, Math. Ann. 91, pp. 135–154 (1924).

If the formula $p_1 \prec p_n \prec p$ were true for all $n = 2, 3, \cdots$, then it follows that $p_2, p_3, \cdots$ are consecutive points on the arc p_1p; so there exists $\lim_{n\to\infty} p_n = p_\infty$, say. However, $A(p_\infty) = \lim A(p_n) = \lim p_{n+1} = p_\infty$, which is impossible. Consequently we have $p \prec p_h \prec p_1$, for some $h > 1$. This proves the assertion in case $m = 1$.

The general case is reduced to the case $m = 1$ by considering A^m instead of A. This completes the proof of the lemma.

Now suppose that there exists a point r which is not ergodic, relative to A, and denote by R the derived set of the sequence $r_1, r_2, \cdots$. Plainly, R is not empty and a closed proper subset of E, so the complementary set $E - R$ is open and not empty. Choose in $E - R$ an open arc pq whose end points p, q belong to R. Since $A(R) = R$, it follows that R contains more than one point, and the points p, q are distinct. The end points p_n, q_n of all image arcs p_nq_n $(n = 0, \pm 1, \pm 2, \cdots)$ lie in R, whereas the inner points of these arcs lie in $E - R$; therefore any two image arcs are disjoint.

Lemma 2: *Let an arbitrarily large natural number N be given; then there exists an integer $n > N$ such that either the n arcs $p_{-k}q_{n-k}$ or the n arcs $p_{n-k}q_{-k}$, for $k = 1, 2, \cdots, n$, are disjoint.*

Proof: Consider the $2N$ arcs pp_j $(j = \pm 1, \cdots, \pm N)$ and suppose that pp_m is the smallest of them, so that m is a certain number of the set $j = \pm 1, \cdots, \pm N$ and $p \prec p_m \prec p_j$, for $j \neq m$. In virtue of Lemma 1, the condition $p \prec p_h \prec p_m$ is satisfied for some integer h, plainly, $|h| > N$. Taking for $|h|$ the smallest possible value, we obtain $p \prec p_m \prec p_j$, for $0 < |j| < |h|$ and $j \neq m$; hence

$$p \prec p_h \prec p_j \qquad (0 < |j| < |h|). \tag{4}$$

We are going to prove that $n = |h|$ has the required property. Otherwise, neither the n arcs $p_{-k}q_{n-k}$ nor the n arcs $p_{-k}q_{-n-k}$ $(k = 1, \cdots, n)$ are disjoint and we can determine two different numbers k, l in the set $1, 2, \cdots, n$ such that $p_{-k} \prec p_{-l} \prec q_{h-k}$. Put $k - l = j$, then $0 < |j| < |h|$ and $p \prec p_j \prec q_h$. Since p_j does not lie on the arc p_hq_h, it follows that $p \prec p_j \prec p_h$, in contradiction to (4).

The proof of Theorem 2 follows from Lemma 2 on the same lines as in Denjoy's publication:

Let $\eta_1 = \varphi(\eta)$, $e^{2\pi i\eta} \to e^{2\pi i\eta_1}$ define the mapping A, and let more generally $e^{2\pi i\eta} \to e^{2\pi i\eta_k}$ $(k = 0, \pm 1, \pm 2, \cdots)$ be the mapping A^k; then

$$\frac{d\eta_n}{d\eta} = \prod_{k=1}^{n} \varphi'(\eta_{n-k}), \qquad \frac{d\eta}{d\eta_{-n}} = \prod_{k=1}^{n} \varphi'(\eta_{-k}) \qquad (n = 1, 2, \cdots). \tag{5}$$

We shall deduce a contradiction from the assumptions that no point of E is periodic and that not every point is ergodic. If the interval $\alpha_k < \eta_k < \beta_k$ corresponds to the arc p_kq_k, then the lengths $\delta_k = \beta_k - \alpha_k$ fulfill the inequality $\sum_{k=-\infty}^{\infty} \delta_k \leqq 1$, whence $\lim_{n\to\infty} \delta_n\delta_{-n} = 0$. Applying the mean value theorem of calculus to the two ratios δ_n/δ_0, δ_0/δ_{-n} and using (5), we obtain the formula

$$\log \frac{\delta_0^2}{\delta_n \delta_{-n}} = \sum_{k=1}^{n} (\log \varphi'(\eta_{-k}) - \log \varphi'(\bar{\eta}_{n-k}))$$

(6)

$$\leqq \sum_{k=1}^{n} | \log \varphi'(\eta_{-k}) - \log \varphi'(\bar{\eta}_{n-k}) | ,$$

where the values η and $\bar{\eta}$ correspond to two suitably chosen points a and $\bar{a}$ on the arc pq. Plainly,

$$p_{-k} \prec a_{-k} \prec q_{-k} \prec \bar{a}_{n-k} \prec q_{n-k} ,$$

$$p_{n-k} \prec \bar{a}_{n-k} \prec q_{n-k} \prec a_{-k} \prec q_{-k} \quad (k = 1, \cdots, n).$$

Since $\varphi'(\eta)$ is positive and of bounded variation, also $\log \varphi'(\eta)$ has bounded variation. In virtue of Lemma 2, there exists a sequence $n \to \infty$ such that the right-hand member in (6) is bounded. However, the left-hand member tends to infinity, and this is contradictory.

3. On each integral curve C of the differential equation (2) we introduce a parameter t by setting

$$(7) \qquad \frac{dx}{dt} = g(x, y), \qquad \frac{dy}{dt} = f(x, y);$$

so we may interpret t as the time and the curves C as the stream lines in a steady motion of a fluid on the torus. We use the same interpretation for the system of orthogonal trajectories defined by

$$(8) \qquad \frac{dx}{ds} = -f(x, y), \qquad \frac{dy}{ds} = g(x, y).$$

Lemma 3: *There exists on T a simple closed curve E, with continuous curvature, such that no curve C is tangent to E.*

Proof: Choose an integral curve O of (8). If O is closed, then the assertion of the lemma is trivial; so we can assume that O is not a closed curve. Let $a(s)$ be the position of a given initial point on O at the time s and consider the sequence $a(n)$ $(n = 1, 2, \cdots)$; it has at least one limit point a on the torus. We determine a subsequence $s_1^*, s_2^*, \cdots$ of $1, 2, \cdots$ such that $a(s_n^*) = a_n$ $(n = 1, 2, \cdots)$ tends to a. Applying the fundamental theorem on differential equations we construct a neighborhood N of a with the following two properties: Each arc $a_n a_{n+1}$ of O has a point outside N; the variation of the angles of the vector field (8) in N is less than $\pi/8$. Now consider a segment L in N with the middle point a such that the angle between L and the direction of the vector field in a is $\pi/4$. For all sufficiently large values of n there exists in N an arc $a_n b_n$ of O connecting the point a_n with a point $b_n = a(s_n)$ of L; we can assume that this holds good for all $n = 1, 2, \cdots$. The sequence $s_1, s_2, \cdots$ again is monotone increasing, the points $b_1, b_2, \cdots$ are distinct, and $\lim_{n\to\infty} b_n = a$. Determine two positive integers m, n such that $m > n$ and that b_m lies between a and b_n on the segment L. We choose the first intersection point $a(s_0) = b_0$ of the arc $b_n b_m$ on O with the segment $b_n b_m$ on L; it is given by the smallest number s_0 in the interval $s_n < s \leqq s_m$ satisfying the condition that $a(s)$ lie on that segment; of course, it may happen that $s_0 = s_m$, $a(s_0) = b_m$. The arc $b_n b_0$

on O and the segment b_0b_n on L together constitute a simple closed curve E_0. The curvature is continuous on E_0, with the exception of the two points b_0, b_n; in each of these two points, there exist a lower and an upper tangent whose directions differ by an angle $<3\pi/8$. On the other hand, the vector field (7) is everywhere orthogonal to the arc b_nb_0 of O, whereas the variation of its angles on the segment b_0b_n of L is less than $\pi/8$. By smoothing the curve E_0 near b_n and b_0 in a suitable way, one obtains a curve E with the required properties.

We shall prove that the cycle E on T does not bound. Otherwise, the simple closed curve E would be the boundary of a simply connected domain D on T. The vector field (7) is continuous on D; however, its index with respect to any inner point of D is 1, in view of Lemma 3, and this is a contradiction.

Henceforth we shall suppose that no curve C is closed. If $a = a(0)$ is any given point on C, then the half-curve C_a consists of all points $a(t)$ of C with $t > 0$.

LEMMA 4: *Every half-curve cuts E.*

PROOF: Suppose that the half-curve C_a does not cut E. We proceed in a way analogous to that in our proof of Lemma 3. Consider the sequence $t = 1, 2, \cdots$ and determine a subsequence $t_1^*, t_2^*, \cdots$ such that $a(t_n^*) = a_n$ $(n = 1, 2, \cdots)$ converges to a point $\bar{a}$ on T. It follows from Lemma 3 that a certain neighborhood of E on T is completely covered by the set of all curves C; so $\bar{a}$ cannot lie on E. Now we construct a neighborhood U of $\bar{a}$ with the following two properties: The curve E lies completely outside U; the variation of the angles of the vector field (7) in U is less than $\pi/4$. Let L be an open segment in U with the middle point $\bar{a}$, orthogonal to the direction (7) at $\bar{a}$. We conclude that all intersection points of C_a and L form an infinite sequence $b_n = a(t_n)$, with $t_1 < t_2 < \cdots$ and $t_n \rightarrow \infty$, which has the limit point $\bar{a}$.

Now consider a fixed value $n \geqq 1$. The arc b_nb_{n+1} on C_a and the segment $b_{n+1}b_n$ on L together constitute a simple closed curve B which does not cut E. Since E does not bound on T, it follows that B decomposes the set $T - E - B$ into exactly two disconnected parts D_0 and D_1; let D_0 be that part which contains the points $a(t)$ of C_a for $t_{n+1} < t < t_{n+1} + \epsilon$ and sufficiently small $\epsilon > 0$. We shall prove that all points $b_m (m > n + 1)$ lie outside the segment b_nb_{n+1}. Otherwise there would exist a smallest $m > n + 1$ such that b_m lies between b_n and b_{n+1} on L; then the open arc $b_{n+1}b_m$ of C_a lies in D_0, whereas the direction of the vector field (7) at b_m points from D_1 to D_0, and this is a contradiction. In the same way one proves that also the points $b_m (m < n)$ lie outside the segment b_nb_{n+1}. Consequently the points $b_1, b_2, \cdots$ follow each other on L in the same order as they do on C_a, and their limit point $\bar{a}$ is unique.

If the half-curve $C_{\bar{a}}$ cuts E, then also C_{b_n} does, for sufficiently large n; hence C_a cuts E, which is a contradiction. Therefore we can apply the results of the two preceding paragraphs, with $C_{\bar{a}}$ instead of C_a. If $\bar{\bar{a}}$, $\bar{L}$, $\bar{b}_n$, $\bar{t}_n$ have the analogous meaning, then the sequence of intersection points $\bar{b}_n = \bar{a}(\bar{t}_n)$ of $C_{\bar{a}}$ and the segment $\bar{L}$ tends in a monotone way to the limit point $\bar{\bar{a}}$. Since $b_n = a(t_n) \rightarrow \bar{a}$, it follows that there exists an intersection point $b_{nm} = a(t_{nm})$ of C_a and $\bar{L}$, for any given positive integer m and all sufficiently large n, satisfying the condition that $\lim_{n\rightarrow\infty} (t_{nm} - t_n) = \bar{t}_m$; moreover, $\lim_{n\rightarrow\infty} b_{nm} = \bar{b}_m$. Now choose two integers k, l such that the point $\bar{b}_2$ lies between b_{k1} and b_{l3} on $\bar{L}$; this is possible, because $\bar{b}_2$ lies on the open segment $\bar{b}_1\bar{b}_3$. Then also the point b_{n2} lies between b_{k1} and b_{l3}, for all sufficiently large values of n. On the other hand, since $t_n \to \infty$, we have $t_{n2} \to \infty$; so we can determine n such that the time t_{n2} does not lie between t_{k1} and t_{l3}. However, this contradicts the result of the preceding paragraph, and the lemma is proved.

We infer from Lemmata 3 and 4 that every stream line C cuts the closed curve E at least once, within any sufficiently large fixed interval of the time t, and always in the same sense, without contact. Let σ denote the arc length on E, measured from a given point in a definite direction, and put $\eta = \sigma/\sigma_0$, where σ_0 is the whole perimeter. The half-curve C_p through any point $p = p(\eta)$ of E has a next intersection point $p_1 = p(\eta_1)$ with E; this defines a topological mapping A of E onto itself. In virtue of the existence theorems concerning differential equations, η_1 is a function of η, $\eta_1 = \varphi(\eta)$, with continuous second derivative and non-vanishing first derivative. Since no curve C is closed, it follows that no point p of E is periodic, relative to A. Now Theorem 2 implies that every point p of E is ergodic, relative to A. On the other hand, each half-curve cuts E; therefore each half-curve, and *a fortiori* each curve C, is everywhere dense on the torus. This is the assertion of Theorem 3.

THE INSTITUTE FOR ADVANCED STUDY.

53.

Some remarks on discontinuous groups

Annals of Mathematics 46 (1945), 708—718

1. If a group of real homogeneous linear substitutions of m variables is of finite order, there exists a definite quadratic form which is invariant under all substitutions of the group. On the other hand, if a given definite quadratic form is invariant under a discrete substitution group, then the order of the group is finite. This leads to the more general problem of investigating the properties of all discrete substitution groups which possess a real bilinear invariant. If B is the matrix of the bilinear form and $B + B' = S$, $B - B' = A$, then the condition $C'BC = B$ implies $C'SC = S$, $C'AC = A$; therefore it suffices to study the particular case where B is either symmetric or alternate. We shall suppose $|B| \neq 0$. Applying a suitably chosen real linear transformation of the variables, we obtain the two cases

$$B = \begin{pmatrix} E_p & 0 \\ 0 & -E_q \end{pmatrix} \quad (p + q = m), \qquad B = \begin{pmatrix} 0 & E_p \\ -E_p & 0 \end{pmatrix} \quad (2p = m),$$

where E_p denotes the p-rowed unit matrix. Plainly, $B^{-1} = B$ in the symmetric case, $B^{-1} = -B$ in the alternate case.

We shall first deal with the group Ω of all real C satisfying the condition $B[C] = C'BC = B$. In the symmetric case, Ω is the group of all real transformations of $x_1^2 + \cdots + x_p^2 - x_{p+1}^2 - \cdots - x_m^2$ into itself; in the alternate case, Ω is the real symplectic group of degree p. In both cases, the matrices B and also C' belong to Ω. It is known, for any positive symmetric m-rowed T, that one can determine a matrix R in Ω such that $T[R] = D$ is a diagonal matrix; if $d_1, \cdots, d_m$ are the diagonal elements of D, then we can suppose, in the alternate case, that $d_l = d_{p+l} (l = 1, \cdots, p)$. It follows that $(BD)^2 = \pm D^2$.

Let K be a compact subgroup of Ω. There exists a positive symmetric T satisfying $T[C] = T$ for all C in K. Consider an element C of the conjugate subgroup $R^{-1}\text{K}R$; then $B[C] = B$ and $D[C] = D$; hence $(BD)C = C(BD)$ and $D^2C = CD^2$. Since $d_1, \cdots, d_m$ are positive, we infer that $DC = CD$ and $C'C = E$. This proves that $R^{-1}\text{K}R$ is a subgroup of the intersection Ω_E of Ω and the orthogonal group, and any maximal compact subgroup of Ω is conjugate to Ω_E. Furthermore, we may choose $D = E$, then $T = (RR')^{-1}$ lies in Ω. On the other hand, if T is any positive symmetric matrix in Ω and $T[R] = D$ has its former meaning, then $B[D] = B$ implies $D = E$, $T = (RR')^{-1}$. The maximal compact subgroup $\Omega_T = R\Omega_E R^{-1}$ consists of all C in Ω fulfilling the condition $T[C] = T$. Two elements C_1 and C_2 of Ω belong to the same right coset $\Omega_T C$ of Ω_T relative to Ω, if and only if $T[C_1] = T[C_2]$. This shows that the space $\Omega_T \backslash \Omega$ is homeomorphic to the homogeneous space $\mathfrak{T}$ of all positive symmetric T in Ω. If $p = 0$ or $q = 0$ in the symmetric case, then $\mathfrak{T}$ consists of the single point E; from now on we shall exclude this particular case. It is clear that Ω remains unchanged if we replace B by $-B$; so we may suppose $0 < p \leqq q$.

2. Let $\mathfrak{P}$ be the space of all positive symmetric T. We introduce a Riemann metric by the quadratic differential form $\dot{s}^2 = \sigma(\dot{T}T^{-1}\dot{T}T^{-1})$; the dot denotes differentiation with respect to an arbitrary parameter. This metric is invariant under all mappings $T \rightarrow T[C]$, where C is any real m-rowed matrix and $|C| \neq 0$. A simple calculation shows that the geodesics satisfy the differential equation $\ddot{T} = \dot{T}T^{-1}\dot{T}$. In order to determine a geodesic connecting two given points T_0, T_1 of $\mathfrak{P}$, it suffices to consider the special case $T_0 = E$, $T_1 = [t_1, \cdots, t_m]$, where $t_1, \cdots, t_m$ are positive and not all 1. Obviously, a solution is

$$T = [t_1^\rho, \cdots, t_m^\rho], \qquad \rho = s/s_1, \qquad s_1^2 = \sum_{k=1}^m \log^2 t_k;$$

here s denotes the arc length and, in particular, s_1 is the distance between T_0 and T_1. It follows that any geodesic through E has the parametric representation $T = O'[e^{\lambda_1 s}, \cdots, e^{\lambda_m s}]\, O$ with arbitrary constant orthogonal O and arbitrary real constants $\lambda_1, \cdots, \lambda_m$ satisfying $\lambda_1^2 + \cdots + \lambda_m^2 = 1$. It is easily seen that two different geodesics intersect at most once. If again T_0, T_1 are two arbitrary points of $\mathfrak{P}$, their distance $r = r(T_0, T_1)$ is determined by the formula $r^2 = \sum_{k=1}^m \log^2 x_k$, where $x_1, \cdots, x_m$ are the roots of the equation $|xT_0 - T_1| = 0$.

The subspace $\mathfrak{T}$ of $\mathfrak{P}$ is defined by the condition $B[T] = B$. This implies $\dot{T}BT = -TB\dot{T}$, whence $\dot{T}T^{-1} = -B^{-1}T^{-1}\dot{T}B = -TB^{-1}\dot{T}B$, $\dot{T}T^{-1}\dot{T}T^{-1} = -T(B^{-1}\dot{T}B\dot{T})T^{-1}$,

$$\sigma(\dot{T}T^{-1}\dot{T}T^{-1}) = -\sigma(\dot{T}B^{-1}\dot{T}B). \tag{1}$$

If $T_1 = O'[t_1, \cdots, t_m]\, O$ lies in $\mathfrak{T}$, then $OBO' = (b_{kl})$ satisfies the equations $b_{kl}(t_k t_l - 1) = 0$ $(k, l = 1, \cdots, m)$, whence $b_{kl}(t_k^\rho t_l^\rho - 1) = 0$, for all real ρ; consequently the whole geodesic $T = O'[t_1^\rho, \cdots, t_m^\rho]\, O$ through E and T_1 lies in $\mathfrak{T}$. This proves that $\mathfrak{T}$ is a geodesic manifold in $\mathfrak{P}$.

3. Define $\epsilon = 1$ in the symmetric case, $\epsilon = -i$ in the alternate case, so that $(\epsilon B)^2 = E$. Let λ be a real parameter and T a point of $\mathfrak{T}$, then $T + \epsilon\lambda B$ is hermitian in both cases and real in the first case. Since

$$(T - \epsilon\lambda B)B(T + \epsilon\lambda B) = (1 - \lambda^2)B,$$

it follows that $T + \epsilon\lambda B$ is positive for $-1 < \lambda < 1$. Set $\frac{1}{2}(T + \epsilon B) = H$, $\frac{1}{2}(T - \epsilon B) = H_1$, then $T = H + H_1$, $\epsilon B = H - H_1$ and

$$\begin{pmatrix} H \\ H_1 \end{pmatrix} \epsilon B\,(H H_1) = \begin{pmatrix} H & 0 \\ 0 & -H_1 \end{pmatrix}.$$

The hermitian matrix ϵB has the signature p, $m - p$; consequently, the non-negative H has the rank $h \leqq p$ and the non-positive $-H_1$ has the rank $h_1 \leqq m - p$. But $H - H_1$ has the rank m, so that $h = p$ and $h_1 = m - p$. Therefore $H = G'P\bar{G}$, where P is a p-rowed positive hermitian matrix and G is a matrix with p rows, m columns and rank p; moreover, in the symmetric case, both P and G are real. Then

$$G'(\epsilon P\bar{G}BG'P - P)\bar{G} = \epsilon HBH - H = 0,$$

whence $\epsilon P\bar{G}BG'P = P$, $P^{-1} = \epsilon\bar{G}BG'$. Setting $G = (G_1G_2)$ with p-rowed G_1, we obtain

$$P^{-1} = G_1G_1' - G_2G_2', \qquad P^{-1} = i(\bar{G}_2G_1' - \bar{G}_1G_2'),$$

corresponding to the two cases. If x is any vector satisfying the condition $G_1'x = 0$, then $\bar{x}'P^{-1}x \leqq 0$, whence $x = 0$; this proves that $| G_1 | \neq 0$. We define $Z = -G_1^{-1}G_2$.

In the symmetric case we obtain $P^{-1} = (E - ZZ')[G_1']$; hence

$$H = (E - ZZ')^{-1}[E, -Z], \qquad T = 2H - B.$$

The pq elements of the real matrix Z with p rows and q columns are restricted by the condition $E - ZZ' > 0$, and we have the birational mapping

$$T = \begin{pmatrix} \dfrac{E + ZZ'}{E - ZZ'} & -2(E - ZZ')^{-1}Z \\ -2Z'(E - ZZ')^{-1} & \dfrac{E + Z'Z}{E - Z'Z} \end{pmatrix} \tag{2}$$

of the bounded region $E > ZZ'$ in the Z-space onto the space $\mathfrak{T}$. The number of dimensions is $\nu = pq$.

In the alternate case we obtain $H_1 = \bar{H} = \bar{G}'\bar{P}G$; therefore $\bar{G}'\bar{P}(GBG')P\bar{G} = H_1BH = 0$, $GBG' = 0$, so that $Z = Z'$ is symmetric. Let Y denote the imaginary part of $Z = X + iY$; then

$$P^{-1} = i\bar{G}_1(\bar{Z} - Z')G_1' = 2\bar{G}_1YG_1',$$

hence $Y > 0$ and

$$T = H + \bar{H} = G'P\bar{G} + \bar{G}'\bar{P}G = \tfrac{1}{2}(E, -Z)'Y^{-1}(E, -\bar{Z}) + \tfrac{1}{2}(E, -\bar{Z})'Y^{-1}(E, -Z).$$

Consequently we have the birational mapping

$$T = \begin{pmatrix} Y^{-1} & -Y^{-1}X \\ -XY^{-1} & Y + XY^{-1}X \end{pmatrix} \tag{3}$$

of the domain of all p-rowed complex symmetric $Z = X + iY$ with positive Y onto the space $\mathfrak{T}$. The number of dimensions is $\nu = p(p + 1)$.

Now let $C = \begin{pmatrix} C_1 & C_2 \\ C_3 & C_4 \end{pmatrix}$ be an element of Ω; then the mapping $GC \to G$ implies $T[C] \to T$ and $Z \to (C_1Z + C_2)(C_3Z + C_4)^{-1}$. It follows that Ω is represented in the Z-space by these fractional linear transformations. The transformation is the identical one, if and only if the condition $ZC_3Z + ZC_4 = C_1Z + C_2$ holds for all matrices Z with p rows and q columns, in the symmetric case, and for all symmetric p-rowed Z, in the alternate case. This implies $C_2 = C_3 = 0$ and $C_1 = aE_p$, $C_4 = aE_{m-p}$ with scalar a; hence $C = aE$ and $a = \pm 1$, in view of $B[C] = B$. Therefore two elements C, C_0 of Ω define two different transformations $T[C] \to T$, $T[C_0] \to T$ in $\mathfrak{T}$, except when $C_0 = \pm C$. In other words, the representation $T[C] \rightarrow T$ of Ω in $\mathfrak{T}$ becomes faithful, if we identify C and $-C$, for all elements C in Ω.

It is practical to introduce the new variable $(Z - iE)(Z + iE)^{-1}$ instead of Z, in the alternate case; then the condition $Y > 0$ is replaced by $E - \bar{Z}Z > 0$, and (3) becomes

$$(4) \qquad T = \begin{pmatrix} W(E - Z) + \bar{W}(E - \bar{Z}) - E & iW(E - Z) - i\bar{W}(E - \bar{Z}) \\ i(E - Z)\bar{W} - i(E - \bar{Z})W & W(E + Z) + \bar{W}(E + \bar{Z}) - E \end{pmatrix}$$

with $W = (E - Z\bar{Z})^{-1}$. This is a birational mapping of the bounded domain $E > \bar{Z}Z$ onto the space $\mathfrak{T}$.

4. Multiplying our former line element with the factor $2^{-3/2}$ and using (1), we now define $\dot{s}^2 = -\frac{1}{8}\sigma(\dot{T}B^{-1}\dot{T}B)$. We introduce the parameter Z, by (2) and (4), and we obtain

$$(5) \qquad \dot{s}^2 = \sigma(\dot{\bar{Z}}(E - Z'\bar{Z})^{-1}\dot{Z}'(E - \bar{Z}Z')^{-1})$$

in both cases; Z is real in the first case and symmetric in the second case.

Let ρ be the curvature tensor; then, by a straightforward calculation,

$$(6) \qquad \begin{aligned} \alpha\rho = {} & \sigma((\dot{\bar{Z}}_1 W \dot{Z}_2' - \dot{\bar{Z}}_2 W \dot{Z}_1') W_0 (\dot{\bar{Z}}_3 W \dot{Z}_4' - \dot{\bar{Z}}_4 W \dot{Z}_3') W_0) \\ & + \sigma((\dot{Z}_1' W_0 \dot{\bar{Z}}_2 - \dot{Z}_2' W_0 \dot{\bar{Z}}_1) W (\dot{Z}_3' W_0 \dot{\bar{Z}}_4 - \dot{Z}_4' W_0 \dot{\bar{Z}}_3) W) \\ & W = (E - Z'\bar{Z})^{-1}, \qquad W_0 = (E - \bar{Z}Z')^{-1}, \end{aligned}$$

where $\alpha = 2$ in the symmetric case and $\alpha = 8$ in the alternate case. Obviously, ρ is non-positive for $\dot{Z}_1 = \dot{Z}_3$, $\dot{Z}_2 = \dot{Z}_4$; this shows that the Gaussian curvature is nowhere positive in $\mathfrak{T}$.

We denote by $V(r)$ the volume of a geodesic sphere in $\mathfrak{T}$ with the radius r; since Ω is transitive in $\mathfrak{T}$, this volume depends only upon r and not upon the center of the sphere. On the other hand, let

$$V_0(r) = (\pi r^2)^{\nu/2} \Big/ \Gamma\left(\frac{\nu}{2} + 1\right)$$

denote the volume of the ν-dimensional euclidean sphere of radius r.

Theorem 1: *Put $c = 1$ in the symmetric case and $c = 2^{-p(p-1)/2}$ in the alternate case, then $V(r) \geqq cV_0(r)$.*

Proof: It suffices to prove the assertion for a geodesic sphere $\mathfrak{S}_r$ with the center $T = E$; then $\mathfrak{S}_r$ consists of all points $T = O'[e^{\lambda_1}, \cdots, e^{\lambda_m}]O$ in $\mathfrak{T}$ with orthogonal O and real $\lambda_1, \cdots, \lambda_m$ satisfying the condition $\lambda_1^2 + \cdots + \lambda_m^2 \leqq 8r^2$. The point E of $\mathfrak{T}$ corresponds to the value $Z = 0$ of the parameter in (2) and (4). The subgroup Ω_E of Ω consists of the mappings $Z = O_1 Z^* O_2$ with arbitrary p-rowed orthogonal O_1 and arbitrary q-rowed orthogonal O_2, in the symmetric case, and of the mappings $Z = UZ^*U'$ with arbitrary p-rowed unitary U, in the alternate case. The corresponding matrix element C of Ω_E is

$$C = \begin{pmatrix} O_1 & 0 \\ 0 & O_2' \end{pmatrix}, \qquad C = \frac{1}{2}\begin{pmatrix} U + \bar{U} & i\bar{U} - iU \\ iU - i\bar{U} & U + \bar{U} \end{pmatrix}.$$

Let Z be given, $E > \bar{Z}Z'$, and determine O_1, O_2, in the first case, such that $Z^* = O_1'ZO_2' = (D0)$, $D = [z_1, \cdots, z_p]$; in the second case, we determine U such that $Z^* = \bar{U}'Z\bar{U} = [z_1, \cdots, z_p]$; moreover, in both cases, $0 \leqq z_k < 1 (k = 1, \cdots, p)$. Then

$$| xE - T | = (x-1)^{m-2p} \prod_{k=1}^{p} \left(x - \frac{1+z_k}{1-z_k}\right)\left(x - \frac{1-z_k}{1+z_k}\right),$$

in virtue of (2) and (4); hence

$$\lambda_k = \log \frac{1+z_k}{1-z_k} = -\lambda_{k+p} \qquad (k = 1, \cdots, p), \qquad \lambda_k = 0 \qquad (k > 2p). \tag{7}$$

We define

$$Z_1 = Z \int_0^1 \frac{d\lambda}{E - \lambda^2 \bar{Z}'Z} = Z + \tfrac{1}{3} Z\bar{Z}'Z + \tfrac{1}{5} Z\bar{Z}'Z\bar{Z}'Z + \cdots; \tag{8}$$

since

$$\tfrac{1}{2} \log \frac{1+z}{1-z} = z + \tfrac{1}{3}z^3 + \tfrac{1}{5}z^5 + \cdots,$$

it follows from (7) that $\sigma(\bar{Z}_1 Z_1') = \frac{1}{8}(\lambda_1^2 + \cdots + \lambda_m^2)$; therefore $\mathfrak{S}_r$ is determined by the condition $\sigma(\bar{Z}_1 Z_1') \leqq r^2$. Obviously the quantity $cV_0(r)$ occurring in Theorem 1 equals the volume of the latter region in the Z_1-space computed in terms of the metrical ground form $\dot{s}_1^2 = \sigma(\dot{\bar{Z}}_1 \dot{Z}_1')$. Denote by $j(Z)$ the jacobian of the transformation (8); then the value of the ratio of corresponding volume elements in the spaces of Z and Z_1 is

$$\theta = | E - Z'Z |^{-m/2} / j(Z), \qquad \theta = | E - \bar{Z}Z |^{-p-1} / j(Z),$$

and it suffices to prove the inequality $\theta \geqq 1$.

Set $z_k = \tanh v_k (k = 1, \cdots, p)$. In the symmetric case we have

$$Z = O_1(D0)O_2, \qquad D = [z_1, \cdots, z_p]$$
$$Z_1 = O_1(D_1 0)O_2, \qquad D_1 = [v_1, \cdots, v_p],$$

hence

$$O_1'\dot{Z}O_2' = O_1'\dot{O}_1(D0) + (D0)\dot{O}_2O_2' + (\dot{D}0)$$
$$O_1'\dot{Z}_1O_2' = O_1'\dot{O}_1(D_10) + (D_10)\dot{O}_2O_2' + (\dot{D}_10)$$

and

$$\dot{D}_1 = (E - D^2)^{-1}\dot{D}.$$

The matrices $O_1'\dot{O}_1$ and $\dot{O}_2O_2'$ are alternate; it follows that

$$1/j(Z) = | E - D^2 | | DD_1^{-1} |^{q-p} \prod_{k<l} \frac{\tanh^2 v_k - \tanh^2 v_l}{v_k^2 - v_l^2}$$

$$\theta = \prod_k \left(\frac{\sinh v_k}{v_k}\right)^{q-p} \prod_{k<l} \frac{\sinh (v_k - v_l)}{v_k - v_l} \frac{\sinh (v_k + v_l)}{v_k + v_l} \geqq 1.$$

In the alternate case we have $Z = UDU'$, $Z_1 = UD_1U'$ and

$$\bar{U}'\dot{Z}\bar{U} = \bar{U}'\dot{U}D + D\dot{U}'\bar{U} + \dot{D}, \qquad \bar{U}'\dot{Z}_1\bar{U} = \bar{U}'\dot{U}D_1 + D_1\dot{U}'\bar{U} + \dot{D}_1,$$

with the same meaning of D, D_1. The matrix $\dot{U}'\bar{U}$ is skew-hermitian; it follows that

$$1/j(Z) = |E - D^2|\,|DD_1^{-1}| \prod_{k<l} \frac{\tanh^2 v_k - \tanh^2 v_l}{v_k^2 - v_l^2}$$

$$\theta = \prod_{k<l} \frac{\sinh(v_k - v_l)}{v_k - v_l} \prod_{k \leq l} \frac{\sinh(v_k + v_l)}{v_k + v_l} \geqq 1.$$

This proves that even $\theta > 1$, except when $Z = 0$ or $p = q = 1$; therefore $V(r) > cV_0(r)$, if $r > 0$, except for the binary symmetric case. It might be possible that Theorem 1 is a special case of a more general theorem concerning Riemannian manifolds with non-negative curvature.

5. Let Γ be a discrete subgroup of Ω. The left cosets $C\Gamma$ of Γ relative to Ω constitute the points of the homogeneous space Ω/Γ. There exists in Ω and in Ω/Γ an invariant measure, uniquely determined up to a positive constant factor; an explicit expression of the volume element in Ω can be obtained from the invariant indefinite quadratic differential form $\sigma(\dot{C}C^{-1}\dot{C}C^{-1})$, but we do not need it. The measure $v(\Omega/\Gamma)$ equals the volume of any fundamental domain of Γ in Ω. The groups Γ with finite $v(\Omega/\Gamma)$ are of particular importance; it seems that they present the simplest generalization of the groups of finite order, and they occur in different problems of number theory and function theory. Henceforth we suppose $v(\Omega/\Gamma)$ to be finite.

Let P be any closed subgroup of Ω, and denote by $\mathrm{P}\backslash\Omega$ the space of the right cosets $\mathrm{P}C$ of P relative to Ω. If G lies in Γ, then the mappings $\mathrm{P}CG \to \mathrm{P}C$ define a representation of Γ in $\mathrm{P}\backslash\Omega$; it is known that this representation is discontinuous, if and only if P is compact. In order to get a discontinuous representation in a space $\mathrm{P}\backslash\Omega$ whose dimension is as small as possible, one has to choose P as a maximal subgroup K of Ω. In virtue of the result of §1, the space $\mathrm{K}\backslash\Omega$ is homeomorphic to the space $\mathfrak{T}$ of all positive symmetric T in Ω, and the representation consists of the mappings $T[G] \to T$. This representation is faithful if $-E$ does not belong to Γ; otherwise the elements G and $-G$ of Γ define the same mapping in $\mathfrak{T}$.

Let $\mathfrak{F}$ be a measurable fundamental domain of Γ in $\mathfrak{T}$, and let $V = V(\mathfrak{F})$ be its volume computed in terms of the metric (5). Now we fix the arbitrary factor in the invariant measure on Ω by defining $v(\Omega/\Gamma) = V(\mathfrak{F})$; this choice of the factor only depends upon Ω itself.

Applying Poincaré's method, one obtains a fundamental domain in the following manner. Choose a point T_0 in $\mathfrak{T}$ which is not a fixed point for any element $\neq \pm E$ of Γ, and consider the sequence $T_1, T_2, \cdots$ of the images of T_0 under the different non-identical mappings in Γ. Let $r(T_0, T)$ denote the distance of T_0 and an arbitrary point T of $\mathfrak{T}$, in the metric (5). The points T satisfying all inequalities $r(T_0, T) \leqq r(T_n, T)(n = 1, 2, \cdots)$ constitute a fundamental domain $\mathfrak{F}$ of Γ in $\mathfrak{T}$; i.e., the images of $\mathfrak{F}$ under different mappings in Γ cover $\mathfrak{T}$ completely, and no two images have a common inner point. It is easily seen that $\mathfrak{F}$ possesses a volume V in the Riemann-Jordan sense. Moreover it is known that V is independent of the particular construction of a measurable fundamental set.

THEOREM 2: *If T_0 is any point of $\mathfrak{T}$, then there exists an image T_1 of T_0 under a non-identical mapping in Γ, such that*

$$r(T_0, T_1) \leqq 2\pi^{-\frac{1}{2}}\left\{c^{-1}\Gamma\left(\frac{\nu}{2}+1\right)v(\Omega/\Gamma)\right\}^{1/\nu}.$$

PROOF: The statement is trivial in case T_0 is a fixed point under some mapping $\neq \pm E$ in Γ. If T_0 is not a fixed point, we consider again the images $T_1, T_2, \cdots$ of T_0 under the different non-identical mappings in Γ. The distances $r(T_0, T_n)(n = 1, 2, \cdots)$ attain a minimum $\mu > 0$; suppose $r(T_0, T_1) = \mu$. If T is any point in the geodesic sphere $r(T_0, T_1) \leqq \mu/2$, then

$$r(T_n, T) - r(T_0, T) \geqq r(T_n, T_0) - 2r(T_0, T) \geqq 0;$$

this proves that the geodesic sphere is contained in a fundamental domain $\mathfrak{F}$; hence $V(\mathfrak{F}) \geqq V(\mu/2)$, and the assertion follows from Theorem 1.

Theorem 2 is an analogue of Minkowski's theorem on lattice points in euclidean ellipsoids.

We shall say that Γ has no fixed point in $\mathfrak{T}$, if no element $\neq \pm E$ of Γ has a fixed point in $\mathfrak{T}$.

THEOREM 3: *If Γ has no fixed point in $\mathfrak{T}$, then there exists in Γ a positive symmetric element $T \neq E$, such that*

$$\sigma((T-E)^2) \leqq (e^\beta - 1)^2, \qquad \beta = 8(2\pi)^{-\frac{1}{2}}\left\{c^{-1}\Gamma\left(\frac{\nu}{2}+1\right)v(\Omega/\Gamma)\right\}^{1/\nu}.$$

PROOF: We apply Theorem 2 with $T_0 = E$, and we obtain an element $G \neq \pm E$ of Γ, such that $T_1 = G'G$ satisfies the condition

$$r = r(E, T_1) \leqq \beta/\sqrt{8}.$$

Also T_1 is an element of Γ, and $T_1 \neq E$, because Γ has no fixed point in $\mathfrak{T}$. If $e^{\lambda_1}, \cdots, e^{\lambda_m}$ are the characteristic roots of T_1, then $\lambda_1^2 + \cdots + \lambda_m^2 = 8r^2 \leqq \beta^2$, and the assertion follows from the inequality

$$\sigma((T-E)^2) = \sum_{k=1}^{m} e^{\lambda_k}(e^{\lambda_k/2} - e^{-\lambda_k/2})^2 \leqq e^{r\sqrt{8}} \sum_{k=1}^{m}\sum_{n=1}^{\infty} \frac{2}{(2n)!}\lambda_k^{2n}$$

$$\leqq e^{r\sqrt{8}} \sum_{n=1}^{\infty} \frac{2}{(2n)!}\left(\sum_{k=1}^{m} \lambda_k^2\right)^n = (e^{r\sqrt{8}} - 1)^2.$$

Theorem 3 contains a quantitative refinement of the obvious fact that the volume of the fundamental domain possesses a positive lower bound, provided a given neighborhood of E in Ω contains no other point of Γ.

6. Let $\mathfrak{R}$ be a closed Riemannian manifold with an even number ν of dimensions and the metrical ground form $\sum_{k,l=1}^{\nu} g_{kl}\dot{x}_k\dot{x}_l$. In virtue of the well-known formula of Allendoerfer, Bonnet, Chern, Fenchel, Gauss, Pontrjagin and Weil, the Euler characteristic of $\mathfrak{R}$ has the value

$$\chi = \pi^{-(\nu+1)/2}\Gamma\left(\frac{\nu+1}{2}\right)\int_{\mathfrak{R}} K\,d\omega,$$

where $d\omega$ denotes the volume element and K is a scalar differential invariant. The product $|g_{kl}|K$ is a certain homogeneous polynomial of degree $\nu/2$ in the components of the curvature tensor, with rational coefficients. Suppose now that $\mathfrak{R}$ admits a transitive group of isometric mappings; then K is everywhere constant in $\mathfrak{R}$, and it follows that the volume

$$V(\mathfrak{R}) = \pi^{(\nu+1)/2}\chi K^{-1}/\Gamma\left(\frac{\nu+1}{2}\right) \geqq \pi^{(\nu+1)/2}\operatorname{abs} K^{-1}/\Gamma\left(\frac{\nu+1}{2}\right), \tag{9}$$

provided $K \neq 0$.

In particular, let $\mathfrak{R}$ be the fundamental domain $\mathfrak{F}$ of a group Γ without fixed point; moreover, we shall assume that $\mathfrak{F}$ is compact in $\mathfrak{T}$ and that ν is even. The latter assumption is always fulfilled in the alternate case; in the symmetric case, however, we have to suppose that pq be even. It follows from (6) that $K \neq 0$, in both cases, and that K is a rational number with the sign $(-1)^{\nu/2}$. This number only depends upon p and q, in the symmetric case, upon p, in the alternate case; a simple expression is not known, except in the case of constant curvature, i.e., $p = 1$. In view of (9) we have the following theorem.

THEOREM 4: *Let Γ be a group without fixed point in $\mathfrak{T}$ which possesses a compact fundamental domain. If the number ν of dimensions of $\mathfrak{T}$ is even, then the volume of the fundamental domain has a positive lower bound which depends only upon ν.*

7. The conditions in Theorem 4 are rather restrictive. In the special case $\nu = 2$, however, we can get rid of both conditions, concerning the fixed points as well as the compactness.

THEOREM 5: *Let Γ be a discontinuous group of motions in the non-euclidean plane; then the area J of the fundamental domain of Γ is at least $\pi/21$. If J is finite, then Γ possesses a set of generators whose number is not greater than $6 + 3\pi^{-1}J$.*

PROOF: It is well known that the non-euclidean plane can be mapped isometrically onto $\mathfrak{T}$, with $p = 1$ and $q = 2$ in the symmetric case, with $p = 1$ in the alternate case. The two possibilities correspond to the models of Cayley-Klein and of Poincaré; we shall consider the second case. In view of (4) the group Ω is represented by all fractional linear substitutions $z \rightarrow (\alpha z + \beta)/(\gamma z + \delta)$ which map the interior $\mathfrak{E}$ of the unit circle in the z-plane onto itself. The geodesics corresponding to the line element $\dot{s} = (1 - z\bar{z})^{-1}\operatorname{abs}\dot{z}$ are the arcs of circle in $\mathfrak{E}$ orthogonal to the unit circle $\mathfrak{e}$ itself. If z_1, z_2 are two points in $\mathfrak{E}$, then $r(z_1, z_2)$ denotes their non-euclidean distance; plainly, $r(z_1, z) \rightarrow \infty$ for any given z_1 and $\operatorname{abs} z \rightarrow 1$.

Let Γ be a discontinuous subgroup of Ω; choose a point a in $\mathfrak{E}$ which is not a fixed point for any element $\neq \pm E$ of Γ, and denote by $a_1, a_2, \cdots$ the images of a under the different non-identical mappings in Γ. The condition $r(a, z) = r(a_n, z)$ defines a geodesic line $\mathfrak{g}_n (n = 1, 2, \cdots)$. Since $2r(a_n, z) \geqq r(a_n, a)$, for any point z of $\mathfrak{g}_n$, and $r(a_n, a) \to \infty$ as $n \to \infty$, it follows that only a finite number of the lines $\mathfrak{g}_n$ enter into any given compact part of $\mathfrak{E}$. Let again $\mathfrak{F}$ be the fundamental domain for Γ, defined by the inequalities $r(a, z) \leqq r(a_n, z)$ $(n = 1, 2, \cdots)$. If the intersection of $\mathfrak{F}$ and $\mathfrak{g}_n$ is not empty or a single point, then it is a geodesic arc $\mathfrak{a}$; it can happen that $\mathfrak{a}$ has no end-point or only one end-point in $\mathfrak{E}$. The frontier of $\mathfrak{F}$ in $\mathfrak{E}$ consists of a finite or countably infinite number of sides $\mathfrak{a}$. If b is an end-point of $\mathfrak{a}$ in $\mathfrak{E}$, there exists exactly one other side of $\mathfrak{F}$ with the end-point b. Any maximal connected set of sides of $\mathfrak{F}$ constitutes a frontier component $\mathfrak{k}$; the whole frontier of $\mathfrak{F}$ is the sum of a finite or a countably infinite number of components $\mathfrak{k}_1, \mathfrak{k}_2, \cdots$.

We draw geodesic arcs from a to all points of the side $\mathfrak{a}$; this determines a geodesic triangle $\mathfrak{D}(\mathfrak{a})$ with the vertex a and the opposite side $\mathfrak{a}$. Denote the two other vertices by b and c, such that the points a, b, c follow each other in the positive sense of orientation in $\mathfrak{E}$. Let α, β, γ be the measures of the angles of $\mathfrak{D}(\mathfrak{a})$ at a, b, c; it is practical to divide the ordinary measure of the angle by π, so that the measure of an angle of 180 degrees equals 1. It can happen that one of the vertices b, c or both lie on $\mathfrak{e}$; then the corresponding angles have the measure 0. The area of $\mathfrak{D}(\mathfrak{a})$ is

$$(10) \qquad J(\mathfrak{a}) = \pi(1 - \alpha - \beta - \gamma).$$

Now consider a connected set of sides $\mathfrak{a}_h, \mathfrak{a}_{h+1}, \cdots, \mathfrak{a}_n$, where $h \leqq n$, with the end-points $b_l, c_l (l = h, \cdots, n)$, so that $b_l = c_{l+1}$ $(l = h, \cdots, n-1)$. We denote the measures of the angles in $\mathfrak{D}(\mathfrak{a}_l)$ by $\alpha_l, \beta_l, \gamma_l$; then $\omega_l = \beta_l + \gamma_{l+1}$ is the measure of the angle between the consecutive sides $\mathfrak{a}_l, \mathfrak{a}_{l+1}$ of $\mathfrak{F}$, hence $0 < \omega_l < 1$. By (10),

$$(11) \qquad \sum_{l=h}^{n} \alpha_l + \pi^{-1} \sum_{l=h}^{n} J(\mathfrak{a}_l) = (1 - \gamma_h - \beta_n) + \sum_{l=h}^{n-1} (1 - \omega_l).$$

The sides $\mathfrak{a}_h, \cdots, \mathfrak{a}_n$ lie on a frontier component $\mathfrak{k}$. If $\mathfrak{k}$ is not a closed curve on $\mathfrak{E}$, there are two possible cases: Either there exists, for given $\mathfrak{a}_h$ on $\mathfrak{k}$, a maximal value of the subscript n in $\mathfrak{a}_n$, then b_n lies on $\mathfrak{e}$ and $\beta_n = 0$; or the sequence $\mathfrak{a}_h, \mathfrak{a}_{h+1}, \cdots$ is infinite. In the latter case, $r(a, b_n) \to \infty$ as $n \to \infty$, so that $r(a, b_{n-1}) < r(a, b_n)$ and $\gamma_n > \beta_n$ for infinitely many n. *Henceforth we shall assume that the area J of $\mathfrak{F}$ is finite.* Then $\sum_{l=h}^{\infty} J(\mathfrak{a}_l)$ converges, in the second case, and $\sum_{l=h}^{\infty} \alpha_l \leqq 2$; it follows that also $\sum_{l=h}^{\infty} (1 - \omega_l)$ converges and that β_n tends to a limit β_∞ as $n \to \infty$. Since ω_{n-1} tends to 1, and $\omega_{n-1} - \beta_{n-1} = \gamma_n > \beta_n$ for infinitely many n, we infer that $\beta_\infty \leqq \frac{1}{2}$. The same reasoning applies to the passage to the limit $h \to -\infty$: Either there exists, for given $\mathfrak{a}_n$ on $\mathfrak{k}$, a minimal value of h, then b_h lies on $\mathfrak{e}$ and $\gamma_h = 0$; or $\lim_{h \to -\infty} \gamma_h = \gamma_{-\infty} \leqq \frac{1}{2}$.

Summing (11) over all components $\mathfrak{k} = \mathfrak{k}_1, \mathfrak{k}_2, \cdots$, we obtain the inequality

$$2 + \pi^{-1} J \geqq \sum_{\omega} (1 - \omega), \tag{12}$$

where the summation extends over all angles of $\mathfrak{F}$ in $\mathfrak{E}$. We are now going to prove that the number of these angles is finite; in other words, we shall prove that $\mathfrak{F}$ has only finitely many vertices in $\mathfrak{E}$. Let b be a vertex of $\mathfrak{F}$ in $\mathfrak{E}$ and suppose that exactly g different mappings in Γ possess the fixed point b; moreover, let $b^{(1)} = b, b^{(2)}, \cdots$ be the different vertices of $\mathfrak{F}$ which are equivalent to b under Γ, with the angles $\omega^{(1)}, \omega^{(2)}, \cdots$; then

$$\omega^{(1)} + \omega^{(2)} + \cdots = 2/g. \tag{13}$$

On the other hand, by (12), the angles ω have a positive minimum; this shows that the sum in (13) contains only a finite number of terms. Suppose that $\mathfrak{F}$ has infinitely many vertices in $\mathfrak{E}$. We arrange them in infinitely many disjoint sets of equivalent points $b_l^{(1)}, \cdots, b_l^{(r_l)} (l = 1, 2, \cdots)$, so that the corresponding angles satisfy the equations $\omega_l^{(1)} + \cdots + \omega_l^{(r_l)} = 2/g_l$, where g_l and r_l are positive integers. In virtue of (12) we have $\frac{2}{3} < \omega_l^{(k)} < 1 (k = 1, \cdots, r_l)$, for all sufficiently large l; then $\frac{2}{3} r_l < 2/g_l < r_l$, $2 < g_l r_l < 3$, which is a contradiction.

If $\mathfrak{F}$ is compact, there exists exactly one frontier component, which is a closed curve, and vice versa. If $\mathfrak{F}$ is not compact, then (11) holds good with $\gamma_h = \beta_n = 0$, for suitably chosen h and n, on each frontier component; it follows that the difference of the terms on both sides of (12) is an upper bound of the number of components $\mathfrak{k}_1, \mathfrak{k}_2, \cdots$, so this number s is finite. If the triangles $\mathfrak{D}(a)$ did not cover $\mathfrak{F}$ completely, the whole space between two different geodesic rays through a would belong to $\mathfrak{F}$; but this is impossible, J being finite. Therefore s also is the number of different geodesic rays through a which lie completely in $\mathfrak{F}$; in other words, s is the number of vertices of $\mathfrak{F}$ on $\mathfrak{e}$. It is easily shown, and well known, that these vertices are parabolic fixed points for Γ.

We have proved that $\mathfrak{F}$ is a polygon, with a finite number t of sides. Instead of (12), we now obtain from (11) the more precise formula

$$2 + \pi^{-1} J = s + \sum_{\omega} (1 - \omega) = t - \sum_{\omega} \omega. \tag{14}$$

The rest of the proof of Theorem 5 proceeds on the same lines as the proof of Hurwitz's theorem on the number of birational transformations of an algebraic curve onto itself; the theorems are closely related to each other, on account of the theory of uniformization.

Let $b_1, \cdots, b_h$ be a complete set of non-equivalent vertices of $\mathfrak{F}$ in $\mathfrak{E}$, let b_k be a fixed point under g_k different mappings in Γ, and let b_k be equivalent to f_k different vertices of $\mathfrak{F}$; then

$$\sum_{\omega} (1 - \omega) = \sum_{k=1}^{h} \left(f_k - \frac{2}{g_k} \right), \qquad s + \sum_{k=1}^{h} f_k = t.$$

Furthermore, $f_k > 2/g_k$, whence $f_k g_k \geqq 3$ and $f_k - 2/g_k \geqq \frac{1}{3} f_k$. It follows from (14) that

$$t \leqq s + 3 \sum_{\omega} (1 - \omega) \leqq 6 + 3\pi^{-1} J;$$

this implies the second assertion of Theorem 5.

Now we want to determine the minimum of the expression

$$\mu = \pi^{-1} J = s - 2 + \sum_{k=1}^{h} \left(f_k - \frac{2}{g_k} \right)$$

for the set of all discontinuous groups Γ. If $f_k = 1$, for some k, then the measure of the angle at the vertex b_k is $2/g_k$, and the two sides of $\mathfrak{F}$ through b_k have the same length. We may assume that $f = f_1 \geqq f_2 \geqq \cdots \geqq f_h$, and that $g_k \geqq g_{k+1}$ whenever $f_k = f_{k+1}$. We have $f_k - 2/g_k \geqq 1$ in case $f_k > 1$, $\geqq \frac{1}{2}$ in case $g_k > 3$, and $\mu > 0$. This proves that $\mu \geqq \frac{1}{6}$ for $h > 5$, for $h > 3$, $f > 1$, and for $h > 2$, $s > 0$.

Suppose $h = 5, f = 1$; then $\mu \geqq 3 - 2(\frac{3}{4} + \frac{2}{3}) = \frac{1}{6}$ for $g_3 > 3$ and $\mu = s + 1 - 2(1/g_1 + 1/g_2) \geqq 1 - 2(\frac{1}{7} + \frac{1}{3}) = \frac{1}{21}$ for $g_3 = 3$. Suppose $h = 4, f = 1$, $s = 0$; then $\mathfrak{F}$ is a rhomb, whence $g_1 = g_2$, $g_3 = g_4$, $\mu = 2 - 4(1/g_1 + 1/g_3) \geqq \frac{2}{21}$. Suppose $h = 3$, $s = 0$; if $f > 3$ or $f_2 > 1$, then $\mu \geqq \frac{1}{3}$; if $f = 2$ or 3 and $f_2 = 1$, then $\mu = a - 2(1/g_2 + 1/g_3)$ with $a = 1$ or $\frac{4}{3}$ or $\geqq \frac{3}{2}$, whence $\mu \geqq \frac{1}{21}$; if $f = 1$, then $\mathfrak{F}$ is an equilateral triangle and $\mu = 1 - 6/g_1 \geqq \frac{1}{7}$. Suppose $h = 2$; then $\mu = s + f_1 + f_2 - 2 - 2(1/g_1 + 1/g_2) \geqq \frac{1}{21}$. Finally, $\mu = s + f_1 - 2 - 2/g_1 \geqq \frac{1}{3}$ for $h = 1$, and $\mu = s - 2 \geqq 1$ for $h = 0$.

Consequently, $\mu \geqq \frac{1}{21}$; this is the first assertion of Theorem 5. It is easily seen that the minimum $\pi/21$ of J is attained for a suitably chosen group Γ, e.g., for the triangle group corresponding to the isosceles triangle with the angles $\frac{1}{3}, \frac{1}{3}, \frac{2}{7}$.

The Institute for Advanced Study.

54.

En brevveksling om et polynom som er i slekt med Riemanns zetafunksjon*

Norsk Matematisk Tidsskrift 28 (1946), 65 - 71

Viggo Brun skriver 16. februar 1946 fra Trondheim til Ernst Jacobsthal i Uppsala:

— — — — Jeg sysler med zetafunksjonen! Som jeg jo har svært liten greie på. Men nå vil jeg more mig med å skrive litt til Dem om de nærmest empiriske saker jeg er kommet til. Da de Bernoulliske tall spiller slik rolle der, vil det kanskje more Dem å lese dette, eventuelt beskjeftige Dem med det.

Bruker man Euler—Maclaurins summeformel på zetafunksjonen, får en, etter multiplikasjon med $(s-1)$:

$$(s-1)\zeta(s) = 1 + \tfrac{1}{2}(s-1) + \frac{B_2}{2!}(s-1)s + \frac{B_4}{4!}(s-1)s(s+1)(s+2)$$
$$+ \frac{B_6}{6!}(s-1)s \dots (s+3)(s+4) + \dots$$

Rekken divergerer riktignok!

I Correspondance d'Hermite et de Stieltjes I s. 151 gir for øvrig Stieltjes et restledd.

Rekken kan også «forbedres» ved først å isolere leddene $1 + \frac{1}{2^s} + \frac{1}{3^s} + \dots + \frac{1}{r^s}$ i zetafunksjonen.

Ved nå å avbryte rekken får vi etter hvert polynomene

$$Q_1(s) = 1 + \tfrac{1}{2}(s-1)$$

$$Q_2(s) = 1 + \tfrac{1}{2}(s-1) + \frac{B_2}{2!}(s-1)s$$

$$Q_4(s) = 1 + \tfrac{1}{2}(s-1) + \frac{B_2}{2!}(s-1)s$$
$$+ \frac{B_4}{4!}(s-1)s(s+1)(s+2)$$

. . . .

* gemeinsam mit VIGGO BRUN, ERNST JACOBSTHAL und ATLE SELBERG

Sammentrekning gir

$$Q_2(s) = \frac{B_2}{2!}(s+2)(s+3)$$

$$Q_4(s) = \frac{B_4}{4!}(s+2)(s+4)(s+5)(s-9)$$

$$Q_6(s) = \frac{B_6}{6!}(s+2)(s+4)(s+6)(s+7)(s^2-10s+45)$$

$$Q_8(s) = \frac{B_8}{8!}(s+2)(s+4)(s+6)(s+8)(s+9)[s^3-9s^2+55s-175]$$

$$Q_{10}(s) = \frac{B_{10}}{10!}(s+2)(s+4)(s+6)(s+8)(s+10)(s+11)\left[s^4-6s^3+\frac{232}{5}s^2 - \frac{1122}{5}s+567\right]$$

$$Q_{12}(s) = \frac{B_{12}}{12!}(s+2)(s+4)\ldots(s+12)(s+13)\left[s^5-s^4+\ldots-\frac{1091475}{691}\right]$$

Det ser ut som man kan skrive

$$Q_{2r-2}(s) = \frac{B_{2r-2}}{(2r-2)!}(s+2)(s+4)\ldots(s+2r-2)(s+2r-1)\left\{s^{r-2} + (r^2-8r+6)s^{r-3}+\ldots+\frac{(2r-2)!}{2^{r-1}(r-1)!(2r-1)B_{2r-2}}\right\}$$

Koeffisienten foran nesthøyeste ledd i polynomet

$$q_{2r-2}(s) = s^{r-2} + (r^2-8r+6)s^{r-3}+\ldots+\frac{(2r-2)!}{2^{r-1}(r-1)!(2r-1)B_{2r-2}}$$

kan det neppe være tvil om, såfremt da leddene i produktet foran $\{\ \}$ er riktige. Siste ledd i $q_r(s)$ er derimot funnet under den forutsetning at polynomene $Q_r(s)$ gir den riktige verdi $(-\frac{1}{2})$ for $\zeta(0)$ hvilket er tilfellet for de beregnede verdier av $Q_r(s)$.

Nu kommer da spørsmålet: Har nullpunktene i $q_r(s)$ noe å gjøre med nullpunktene i zetafunksjonen?

Hittil har jeg ikke kunnet oppdage det. — — —

E. Jacobsthal svarer 4. mars fra Uppsala:

— — Helt ærlig talt tror jeg at det er meget vanskelig og nesten håpløst å si noe om nullpunktene av $q_r(s)$ og deres sammenheng med ζ-funksjonens nullpunkter. At de reelle nullpunkter av $\zeta(s)$ er også nullpunkter for $Q_\lambda(s)$ hvis λ er stor nok beviser dog bare at i

$$(s - 1)\,\zeta(s) = Q_\lambda(s) + R_\lambda(s)\,,$$

restintegralet $R_\lambda(s)$ for store λ har også en del av de reelle nullpunkter $-2, -4, -6, \ldots$.

Men jeg tror neppe at man har anledning å tro at nullpunktene i $q_\lambda(s)$ betyr noe for de komplekse nullpunkter av $\zeta(s)$. Jeg kan ikke bevise at min skeptiske oppfatning er riktig; det er så å si en trossak. Hele ζ-funksjonen har omkring seg en duft av mystikk. Hun likner en ærbar jomfru som holder på sin dyd. Nullpunktene er hennes hemmelighet. Hva vet vi i grunnen om ζ-funksjonen? Meget lite. Vi kjenner meget nøyaktig andre transcendente funksjoner, men forskningen i ζ-funksjonens område likner et møysommelig arbeide i en urskog gjennom hvilken det lyktes å bane en meget smal vei som fører fram til målet. Alt hva ligger ved siden av denne veien ligger meget dypt i skyggen og er terra incognita. Dette forholdet fins så ofte i vår vitenskap, og det er — tror jeg — også grunnen at forskningen her er så tiltrekkende. På den annen side er det så vanskelig når man benytter seg bare av de første ledd i en utvikling. Hva vet man i grunnen om resultatet? Ikke engang Landaus O. — — —

Atle Selberg svarer Viggo Brun 15. mars 1946 fra Oslo på et brev av liknende innhold som Bruns brev til Jacobsthal:

Jeg har sett et par dager på det spørsmål De stiller i Deres brev, og skal prøve å svare på det så godt jeg kan, selv om det ikke er særlig meget jeg kan si om saken.

Så vidt jeg vet har spørsmålet om zeta-funksjonens nullpunkter ikke vært behandlet ut fra det synspunkt tidligere. Jeg har riktignok selv en gang vært inne på tanken å benytte approksimasjon ved polynomer, men det var ikke $(s - 1)\,\zeta(s)$, men derimot $s(1 - s)\,\pi^{-\frac{s}{2}}\Gamma\left(\frac{s}{2}\right)\zeta(s)$ jeg gikk ut fra, og polynomene var av en helt annen type. Det førte forresten ikke til noe resultat dessverre.

Med hensyn til mulighetene å oppnå nye resultater ved betraktning av polynomene $q_{2r}(s)$, vil jeg nødig uttale meg bestemt om det, men jeg er mest tilbøyelig til å dele Jacobsthal's skeptiske standpunkt. Mine grunner til dette er følgende:

1. Da den rekke man får ved å bruke Euler—Maclaurins formel på $(s - 1)\,\zeta(s)$, er divergent, er det vanskelig å se noen egentlig grunn til at nullpunktene til $Q_{2r}(s)$ eller $q_{2r}(s)$ skal ha noe med nullpunktene til $\zeta(s)$ å gjøre. At de reelle nullpunkter $s = -2, -4, \ldots, -2r$ kommer med i $Q_{2r}(s)$ er en noe annen sak, idet $Q_{2r}(s)$ er det polynom av grad høyst $2r + 1$ som interpolerer $(s - 1)\,\zeta(s)$ for verdiene $s = 1, 0, -1, \ldots, -2r$. Jeg har også sett litt på selve uttrykkene for $q_{2r}(s)$ for de første verdier av r, det synes ikke som om røttene viser noen tendens til å «akkumulere» seg omkring linjen $\sigma = \frac{1}{2}$. Den annen koeffisient i det alminnelige uttrykk:

$$q_{2r}(s) = s^{r-1} + (r^2 - 6r - 1)s^{r-2} + \ldots .$$

synes også å vise at røttene gjennomgående har en realdel som er negativ og har ganske stor tallverdi for store r. Men dette forhindrer ikke at *en del* av røttene virkelig kan nærme seg de komplekse nullpunkter til $\zeta(s)$.

2. Dersom nu det sistnevnte var tilfellet, ville det antagelig være meget vanskelig å bruke det til å få vite mer om beliggenheten av nullpunktene til $\zeta(s)$. Min personlige erfaring når det gjelder nullpunkter i polynomer er, at, bortsett fra de tilfelle hvor man kan vise f. eks. at alle nullpunkter er reelle, eller mer generelt, ligger på en rett linje, kan man som regel ikke si noe som helst utover det rent trivielle om beliggenheten av nullpunktene.

Som De ser er jeg nærmest pessimist, men jeg vil ikke helt benekte muligheten av å komme frem til nye resultater ad denne vei. Det ville vel da antagelig lønne seg å regne litt numerisk og se om man virkelig får noen av nullpunktene i polynomene q_{2r} til å falle i nærheten av de første komplekse nullpunkter i $\zeta(s)$ f. eks. $\frac{1}{2} + i\,14, \ldots$ osv.

Carl Siegel svarer Viggo Brun 11. april 1946 fra Princeton U. S. A. på et brev av liknende innhold som Bruns brev til Jacobsthal:

— — — Ihre Frage nach den Nullstellen der Abschnitte in der Eulerschen Summenentwicklung der Zetafunktion lässt sich folgendermassen angreifen:

Bedeutet $A_n(x)$ das Bernoullische Polynom n^{ten} Grades und setzt man

$$P_n = P_n(s) = \frac{B_n}{n!}(s-1)\,s\,(s+1)\ldots(s+n-2) \quad (n = 0, 1, 2, \ldots)$$

wo $B_1 = \frac{1}{2}$ und B_n für $n \neq 1$ die n^{te} Bernoullische Zahl ist, ferner

$$(1) \quad R_n(s) = \frac{1}{n!}(s-1)s(s+1)\ldots(s+n-1)\int_1^\infty A_n(x-[x])\frac{dx}{x^{s+n}}$$

für

$$\sigma > 1-n \text{ mit } s = \sigma + it, \text{ und}$$

$$(s-1)\,\zeta(s) - R_n(s) = Q_n(s)$$

so ist nach der Eulerschen Formel

$$Q_n(s) = \sum_{k=0}^{n} P_k \qquad (n = 0, 1, 2, \ldots).$$

Weiterhin sei n gerade und > 0. Zufolge (1) ist $R_n(s) = 0$ für $s = 1, 0, -1, \ldots 2-n$ und auch noch für $s = 1-n, -n$, wegen der aus der Beziehung

$$R_n(s) = P_{n+2}(s) + R_{n+2}(s)$$

folgenden analytischen Fortsetzung in die Halbebene $\sigma > -1-n$. Es gilt symbolisch

$$(1-B)^k = B^k \qquad (k = 0, 1, 2, \ldots)$$

Für jedes ganze s des Intervalls $-n \leqq s \leqq 1$ ist daher

$$(s-1)\,\zeta(s) = Q_n(s) = \sum_{k=0}^{1-s}\frac{B_k}{k!}(s-1)\,s\ldots(s+k-2) = (1-B)^{1-s} = B_{1-s}$$

insbesondere $Q_n(s) = 0$ für $s = -2, -4, \ldots, -n+2, -n$.

Für $s = -n-1$ ist ferner $R_{n+2}(s) = 0$, also dort

$$Q_n(s) = (s-1)\,\zeta(s) - R_n(s) = B_{1-s} - P_{n+2}(s) = 0.$$

Dies zeigt, dass $Q_n(s)$ die Nullstellen $-2, -4, \ldots -n+2, -n$ und $-n-1$ hat. Um etwas über die Lage der übrigen $\frac{n}{2} - 1$ Nullstellen von $Q_n(s)$ zu ermitteln, wende man den Satz von Rouché an: Sind zwei Funktionen $f = f(s)$ und $g = g(s)$ regulär im Innern und auf einer einfach geschlossenen Kurve C und gilt auf C überall die Ungleichung $|g| < |f|$, so haben f und $f + g$ gleich viele Nullstellen innerhalb C. Man wähle $f = P_n$ und $g = P_0 + P_1 + \ldots + P_{n-1}$; man hat dann Kurven C zu betrachten, längs deren die rationalen Funktionen $\varphi_k = P_k/P_n$ $(k = 0, \ldots, n-1)$ die Ungleichung $|\varphi_0 + \varphi_1 + \ldots + \varphi_{n-1}| < 1$ erfüllen.

Nun sei speciell G das von den sämtlichen $n-2$ Kreisscheiben $|s+g| < 11$ für $g = 1, 2, \ldots n-2$ gebildete Gebiet und C sein Rand. Für jedes gerade $k > 0$ ist

$$\frac{B_k}{k!} = 2\,(-1)^{\frac{k}{2}-1}\,(2\pi)^{-k}\,\zeta(k),$$

$$-\frac{B_{k+2}}{(k+2)!}\Big/\frac{Bk}{k!} = (2\pi)^{-2}\frac{\zeta(k+2)}{\zeta(k)} \geqq (2\pi)^{-2}\frac{\zeta(4)}{\zeta(2)} = \frac{1}{60};$$

also gilt ausserhalb G die Abschätzung

$$\left|\frac{P_{k+2}}{P_k}\right| \geqq \frac{1}{60}|s+k|\cdot|s+k-1| \geqq \frac{11^2}{60} > 2 \quad (k = 2, 4, \ldots n-2)$$

$$|\varphi_{2l}| < 2^{l-\frac{n}{2}} \left(l = 1, 2, \ldots, \frac{n}{2}-1\right).$$

Ferner ist dort $|s| \geqq |s+1| - 1 \geqq 10$ und $|s-1| \geqq 9$ also

$$\left|\frac{P_0+P_1}{P_2}\right| = \left|\frac{12}{3}\left(\frac{1}{s-1}+\frac{1}{2}\right)\right| \leqq \frac{6}{5}\left(\frac{1}{9}+\frac{1}{2}\right) < 1$$

$$|\varphi_0 + \varphi_1| < |\varphi_2| < 2^{1-\frac{n}{2}}.$$

Längs C ist daher

$$|\varphi_0 + \varphi_1 + \ldots + \varphi_{n-1}| < 2^{1-\frac{n}{2}} + \sum_{l=1}^{\frac{n}{2}-1} 2^{l-\frac{n}{2}} = 1.$$

Nun liegen alle Nullstellen von P_n in G, und es haben $P_n(s)$, $Q_n(s)$ den gleichen Grad. Daher liegen alle n Nullstellen von $Q_n(s)$ in G. Insbesondere liegen die imaginären Teile aller Nullstellen von $Q_n(s)$ zwischen -11 und 11.

Durch eine schärfere Abschätzung der φ_k, die ich nicht aufschreiben will kann man übrigens ein genaueres Resultat erhalten:

Ist ein beliebig kleines positives $\varepsilon < \frac{1}{2}$ gegeben so existiert eine nur von ε (und nicht von n) abhängige gerade Zahl $h = h(\varepsilon)$, sodass für $n > h$ die $\frac{n-h}{2} + 2$ Intervalle

$$g - \varepsilon < s < g + \varepsilon \qquad (g = 1, 0, -1, -3, -5, \ldots, h+1-n)$$

genau je eine Nullstelle von $Q_n(s)$ enthalten. Die restlichen $\frac{h}{2} - 3$ Nullstellen, abgesehen von der bereits bekannten bei $-2, -4, \ldots -n+2, -n, -n-1$, liegen sämtlich in einem Kreise von Radius h um den Punkt $s = -n$. Dies zeigt speziell, dass sich die Nullstellen von $Q_n(s)$ für $n \to \infty$ genau gegen die Punkte $1, 0, -1, -2, -3, \ldots$ häufen. — — —

55.

Indefinite quadratische Formen und Modulfunktionen

Courant Anniversary Volume 1948, 395—406

1. Zusammenhänge zwischen *definiten* quadratischen Formen und analytischen Funktionen sind seit langem zu Tage getreten; man denke etwa an die nachgelassenen Aufzeichnungen von Gauss zur Theorie der elliptischen Funktionen und an Riemanns Lösung des Jacobischen Umkehrproblems. Später wurde erkannt, daß gewisse *indefinite* quadratische Formen in Beziehung zu automorphen Funktionen stehen; hierher gehören insbesondere Untersuchungen von Smith, Poincaré, Picard und aus neuerer Zeit einige Arbeiten von Hecke und seinem Schüler Schoeneberg.

Vor 10 Jahren bemerkte ich, daß sich jeder indefiniten quadratischen Form Q mit rationalen Koeffizienten und *positiver* Determinante ein nach Art der Thetareihen gebildeter Ausdruck $F(z)$ zuordnen läßt, der sich als Modulform der komplexen Variabeln z erweist; dabei sind jedoch die Fälle einer ternären Nullform und einer Quaternionen-Nullform auszuschließen, in welchen sich $F(z)$ bei Modulsubstitutionen in komplizierterer Weise transformiert. Damals bestimmte ich explizit nur das Verhalten von $F(z)$ bei der speziellen Substitution $z \to \frac{-1}{z}$, und zwar ergab sich dies aus der Funktionalgleichung einer analog gebildeten Dirichletschen Reihe, der Zetafunktion von Q. Kürzlich stellte sich nun heraus, daß ein einfacherer Ansatz ohne den Umweg über die Zetafunktion zum Ziele führt, zugleich für beliebige Modulsubstitutionen $z \to \frac{az+b}{cz+d}$. Dies soll im folgenden ausgeführt werden. Es ist wohl nicht unangebracht, den vorliegenden kleinen Aufsatz meinem Freunde Courant zu widmen, da ich einst als sein Assistent bei der Herausgabe der funktionentheoretischen Vorlesungen von Hurwitz mitwirkte und dabei zuerst Interesse für die Modulfunktionen gewann.

2. Es sei $\mathfrak{S}$ die Matrix einer quadratischen Form von m Variabeln $x_1, \ldots, x_m$, welche sich durch eine umkehrbare reelle lineare Substitution in eine Summe von n positiven und ν negativen Quadraten transformieren läßt, also

$$\mathfrak{S}[\mathfrak{x}] = r - \varrho, \quad r = t_1^2 + \cdots + t_n^2, \quad \varrho = \tau_1^2 + \cdots + \tau_\nu^2, \quad n + \nu = m, \tag{1}$$

wobei $t_1, \ldots, t_n$ und $\tau_1, \ldots, \tau_\nu$ geeignete homogene lineare Funktionen von $x_1, \ldots, x_m$ mit reellen Koeffizienten sind. Für die positive quadratische Form

$$\mathfrak{H}[\mathfrak{x}] = r + \varrho\,, \tag{2}$$

die zuerst von Hermite in Hinblick auf die Reduktionstheorie eingeführt wurde, gilt dann

$$\mathfrak{H}\mathfrak{S}^{-1}\mathfrak{H} = \mathfrak{S}\,. \tag{3}$$

Ist umgekehrt $\mathfrak{H}$ eine positive symmetrische Matrix, welche der Bedingung (3) genügt, so lassen sich (1) und (2) simultan erfüllen.

Es seien z und ζ zwei unabhängige komplexe Variable, von denen z in der oberen Halbebene und ζ in der unteren Halbebene liegt. Die quadratische Form

$$\mathfrak{R}[\mathfrak{x}] = z\mathfrak{r} - \zeta\varrho$$

mit der Matrix

$$\mathfrak{R} = \frac{z+\zeta}{2}\,\mathfrak{S} + \frac{z-\zeta}{2}\,\mathfrak{H}$$

hat dann einen positiven imaginären Teil, und es wird

$$|\mathfrak{R}| = |\mathfrak{S}|\, z^n \zeta^\nu = S z^n (-\zeta)^\nu, \tag{4}$$

wobei $S = (-1)^\nu |\mathfrak{S}|$ den absoluten Betrag der Determinante von $\mathfrak{S}$ bedeutet. Zufolge (3) gilt

$$\mathfrak{R}^{-1} = \frac{z^{-1}+\zeta^{-1}}{2}\,\mathfrak{S}^{-1} + \frac{z^{-1}-\zeta^{-1}}{2}\,\mathfrak{H}^{-1}. \tag{5}$$

Man lasse $\mathfrak{g}$ alle ganzen Spalten durchlaufen und bilde die Thetareihe

$$f = f(z,\zeta) = f(z,\zeta;\mathfrak{S},\mathfrak{H}) = \sum_{\mathfrak{g}} e^{\pi i \mathfrak{R}[\mathfrak{g}]}. \tag{6}$$

Weiterhin wird dauernd vorausgesetzt, daß $\mathfrak{S}$ gerade ist, d. h. ganz und mit geraden Diagonalelementen; dann ist $\mathfrak{S}[\mathfrak{g}]$ stets eine gerade Zahl. Wir wollen das Verhalten von $f(z,\zeta)$ bei beliebigen simultanen Modulsubstitutionen

$$z \to \hat{z} = \frac{az+b}{cz+d}, \quad \zeta \to \hat{\zeta} = \frac{a\zeta+b}{c\zeta+d}$$

untersuchen. Offenbar ist

$$f(z+1, \zeta+1) = f(z,\zeta),$$

so daß wir uns auf den Fall $c > 0$ beschränken können.

3. Setzt man

$$\hat{z} - \frac{a}{c} = z_1, \quad \hat{\zeta} - \frac{a}{c} = \zeta_1,$$

so ist

$$z_1^{-1} = -c(cz+d), \quad \zeta_1^{-1} = -c(c\zeta+d)$$

und für die Matrix

$$\mathfrak{R}_1 = \frac{z_1+\zeta_1}{2}\,\mathfrak{S} + \frac{z_1-\zeta_1}{2}\,\mathfrak{H}$$

ergeben sich wegen (3), (4) und (5) die Beziehungen

$$|\mathfrak{R}_1| = S z_1^n (-\zeta_1)^\nu = S c^{-m}(-cz-d)^{-n}(c\zeta+d)^{-\nu}, \quad -c^{-2}\mathfrak{R}_1^{-1} = \frac{d}{c}\,\mathfrak{S}^{-1} + \mathfrak{R}[\mathfrak{S}^{-1}].$$

In (6) machen wir die Substitution $\mathfrak{g} \to \mathfrak{g}_0 + c\mathfrak{g}$, wobei $\mathfrak{g}_0$ ein volles Restsystem modulo c durchläuft. Es wird

$$f(\hat{z},\hat{\zeta}) = \sum_{\mathfrak{g}} e^{\pi i \frac{a}{c}\mathfrak{S}[\mathfrak{g}] + \pi i \mathfrak{R}_1[\mathfrak{g}]} = \sum_{\mathfrak{g}_0 \,(\mathrm{mod}\, c)} e^{\pi i \frac{a}{c}\mathfrak{S}[\mathfrak{g}_0]} \sum_{\mathfrak{g}} e^{\pi i c^2 \mathfrak{R}_1[\mathfrak{g} + c^{-1}\mathfrak{g}_0]}.$$

Für die innere Summe liefert die bekannte Transformationsformel aus der Theorie der Thetafunktionen

$$\sum_{\mathfrak{g}} e^{\pi i c^2 \mathfrak{R}_1[\mathfrak{g}+c^{-1}\mathfrak{g}_0]} = |-ic^2\mathfrak{R}_1|^{-\frac{1}{2}} \sum_{\mathfrak{g}} e^{-\pi i (c^2\mathfrak{R}_1)^{-1}[\mathfrak{g}] + 2\pi i c^{-1}\mathfrak{g}_0'\mathfrak{g}};$$

dabei ist das Vorzeichen der Quadratwurzel durch die Forderung

$$|-ic^2\mathfrak{R}_1|^{-\frac{1}{2}} = \varepsilon S^{-\frac{1}{2}} c^{-\frac{m}{2}} (cz+d)^{\frac{n}{2}} (c\zeta+d)^{\frac{\nu}{2}}, \quad \varepsilon = e^{\pi i \frac{\nu-n}{4}}$$

mit den Hauptwerten von $\sqrt{cz+d}$ und $\sqrt{c\zeta+d}$ festgelegt. Führt man zur Abkürzung

$$\lambda(\mathfrak{g}) = \varepsilon S^{-\frac{1}{2}} c^{-\frac{m}{2}} \sum_{\mathfrak{g}_0 (\mathrm{mod}\, c)} e^{\pi i \frac{d}{c} \mathfrak{S}^{-1}[\mathfrak{g}+a\mathfrak{S}\mathfrak{g}_0]} \tag{7}$$

ein, so erhält man

$$(cz+d)^{-\frac{n}{2}} (c\zeta+d)^{-\frac{\nu}{2}} f(\hat{z}, \hat{\zeta}) = \sum_{\mathfrak{g}} \lambda(\mathfrak{g}) e^{\pi i \mathfrak{R}[\mathfrak{S}^{-1}\mathfrak{g}]}. \tag{8}$$

4. Speziell sei nun $c\mathfrak{S}^{-1}$ gerade; diese Bedingung ist insbesondere dann erfüllt, wenn c durch $2S$ teilbar ist. Macht man in (7) die Substitution $\mathfrak{g}_0 \to \mathfrak{g}_0 + c\mathfrak{S}^{-1}\mathfrak{g}_1$ mit beliebigem ganzen $\mathfrak{g}_1$, so folgt

$$\lambda(\mathfrak{g}) = e^{2\pi i \mathfrak{g}' \mathfrak{S}^{-1} \mathfrak{g}_1} \lambda(\mathfrak{g}),$$

also $\lambda(\mathfrak{g}) = 0$, wenn nicht $\mathfrak{S}^{-1}\mathfrak{g}$ ganz ist. Im letzteren Falle ersetze man $\mathfrak{S}^{-1}\mathfrak{g}$ und $a\mathfrak{g}_0 + \mathfrak{S}^{-1}\mathfrak{g}$ durch $\mathfrak{g}$ und $\mathfrak{g}_0$; dies ergibt

$$\lambda(\mathfrak{S}\mathfrak{g}) = \varepsilon S^{-\frac{1}{2}} c^{-\frac{m}{2}} \sum_{\mathfrak{g}_0 (\mathrm{mod}\, c)} e^{\pi i \frac{d}{c} \mathfrak{S}[\mathfrak{g}_0]} = \lambda(0) = \omega,$$

wo ω bei festem $\mathfrak{S}$ nur von c und d abhängt. Daher ist

$$(cz+d)^{-\frac{n}{2}} (c\zeta+d)^{-\frac{\nu}{2}} f(\hat{z}, \hat{\zeta}) = \omega f(z, \zeta) \tag{9}$$

für jede Modulsubstitution mit geradem $c\mathfrak{S}^{-1}$.

5. Setzt man andererseits voraus, daß $a\mathfrak{S}^{-1}$ gerade sei, so ergibt die analoge Umformung wie im dritten Abschnitt für die Funktion

$$f_1(z, \zeta) = f(z, \zeta; \mathfrak{S}^{-1}, \mathfrak{H}^{-1})$$

die Transformationsformel

$$(cz+d)^{-\frac{n}{2}} (c\zeta+d)^{-\frac{\nu}{2}} f_1(\hat{z}, \hat{\zeta}) = \mu f(z, \zeta) \tag{10}$$

mit

$$\mu = \mu(a, c) = \varepsilon S^{\frac{1}{2}} c^{-\frac{m}{2}} \sum_{\mathfrak{g}_0 (\mathrm{mod}\, c)} e^{\pi i \frac{a}{c} \mathfrak{S}^{-1}[\mathfrak{g}_0]}; \tag{11}$$

speziell

$$z^{-\frac{n}{2}} \zeta^{-\frac{\nu}{2}} f_1\left(\frac{-1}{z}, \frac{-1}{\zeta}\right) = \varepsilon S^{\frac{1}{2}} f(z, \zeta). \tag{12}$$

Man mache nun in (12) die Substitution $z \to \hat{z}$, $\zeta \to \hat{\zeta}$ und benutze (10) mit $-c, -d, a, b$ statt a, b, c, d, sowie (9), und zwar wieder unter der ursprünglichen Annahme, daß $c\mathfrak{S}^{-1}$ gerade sei. Ist auch $a > 0$, so folgt

$$\omega = \varepsilon^{-1} S^{-\frac{1}{2}} \mu(-c, a) = a^{-\frac{m}{2}} \sum_{\mathfrak{g}_0 (\mathrm{mod}\, a)} e^{-\pi i \frac{c}{a} \mathfrak{S}^{-1}[\mathfrak{g}_0]}; \tag{13}$$

diese Beziehung enthält die Reziprozitätsformel der Gaussischen Summen.

Auf Grund von (13) ist $a^{\frac{m}{2}}\omega$ eine ganze Zahl des Körpers der a-ten Einheitswurzeln. In dieser Aussage läßt sich aber a durch $a + lc$, mit beliebigem natürlichen l, und speziell durch $a + c$ ersetzen. Hieraus folgt, daß ω^2 ganz rational ist. Da außerdem $\omega\bar{\omega} = 1$ ist, so gilt $\omega^4 = 1$ und für gerades m sogar $\omega^2 = 1$.

6. Nachdem wir die Transformationstheorie von $f(z, \zeta)$ bei simultanen Modulsubstitutionen der Variabeln z und ζ entwickelt haben, wollen wir im folgenden durch eine gewisse lineare Operation $L\{f\}$ die Funktion $f(z, \zeta)$ in eine Modulform $F(z)$ der einzigen Veränderlichen z verwandeln. Wir schicken einige Bemerkungen über die Einheitengruppe von $\mathfrak{S}$ voraus.

Ist $\mathfrak{S}[\mathfrak{x}]$ definit, also $\nu = 0$ oder $n = 0$, so ist (3) für positives $\mathfrak{H}$ nur mit $\mathfrak{H} = \mathfrak{S}$ oder $\mathfrak{H} = -\mathfrak{S}$ erfüllt. Weiterhin sei $\mathfrak{S}[\mathfrak{x}]$ indefinit, also $n\nu > 0$. Die sämtlichen positiven Lösungen $\mathfrak{H}$ von (3) bilden eine Mannigfaltigkeit H von $n\nu$ Dimensionen. Bedeutet $\mathfrak{T}$ die Matrix einer reellen linearen Transformation von $\mathfrak{S}[\mathfrak{x}]$ in sich, also $\mathfrak{S}[\mathfrak{T}] = \mathfrak{S}$, so führt die Abbildung $\mathfrak{H} \to \mathfrak{H}[\mathfrak{T}]$ den Raum H in sich über; dabei beachte man, daß $\mathfrak{T}$ und $-\mathfrak{T}$ dieselbe Abbildung ergeben. Bei der multiplikativen Gruppe Ω aller $\mathfrak{T}$ bleibt das durch

$$ds^2 = \frac{1}{8}\,\text{Spur}\,(\mathfrak{H}^{-1}d\mathfrak{H}\,\mathfrak{H}^{-1}d\mathfrak{H})$$

definierte Linienelement auf H invariant. Es sei dv das in dieser Metrik gebildete Volumenelement von H. Die Einheitengruppe von $\mathfrak{S}$, also die durch alle ganzen $\mathfrak{T}$ gebildete Untergruppe $\Gamma(\mathfrak{S})$ von Ω, ist in H diskontinuierlich und besitzt dort einen Fundamentalbereich $H(\mathfrak{S})$, dessen Volumen V endlich ist, außer wenn $m = 2$ und S eine Quadratzahl ist.

Die Endlichkeit von V wurde bewiesen in meiner Arbeit aus den Hamburger Mathematischen Abhandlungen vom Jahre 1940. Aus den dort hergeleiteten Resultaten ergibt sich ferner, daß das Integral

$$J\{\Phi\} = \int_{H(\mathfrak{S})} \Phi\, dv$$

für $\Phi = f(z, \zeta; \mathfrak{S}, \mathfrak{H})$ konvergiert und daß gliedweise Integration der Reihe $f(z, \zeta)$ über $H(\mathfrak{S})$ gestattet ist; siehe § 10 meiner Arbeit aus den Annals of Mathematics, Band 45, Seite 577 bis 622. Hierbei ist für $m < 4$ vorauszusetzen, daß $\mathfrak{S}[\mathfrak{x}]$ keine Nullform ist, daß also die Gleichung $\mathfrak{S}[\mathfrak{x}] = 0$ für ganzes $\mathfrak{x}$ nur die triviale Lösung $\mathfrak{x} = 0$ besitzt, und für $m = 4$, daß $\mathfrak{S}[\mathfrak{x}]$ keine Nullform mit quadratischer Determinante ist. Von nun an wird an diesen Voraussetzungen festgehalten.

Es sei $\mathfrak{x} = \mathfrak{w}$ rational $\neq 0$. Man betrachte die Einheitenuntergruppe $\Gamma(\mathfrak{S}, \mathfrak{w})$, welche aus sämtlichen Einheiten $\mathfrak{U}$ von $\mathfrak{S}$ mit dem Fixpunkte $\mathfrak{w}$ besteht, so daß also $\mathfrak{U}$ ganz, $\mathfrak{S}[\mathfrak{U}] = \mathfrak{S}$, $\mathfrak{U}\mathfrak{w} = \mathfrak{w}$ ist, und wähle in H für $\Gamma(\mathfrak{S}, \mathfrak{w})$ einen Fundamentalbereich $H(\mathfrak{S}, \mathfrak{w})$. Setzt man noch $\mathfrak{S}[\mathfrak{w}] = q$, so wird

$$\int_{H(\mathfrak{S},\mathfrak{w})} e^{\pi i \mathfrak{R}[\mathfrak{w}]} dv = \alpha(\mathfrak{S}, \mathfrak{w}) e^{\pi i q \zeta} \int_{u>0,q} e^{\pi i (z-\zeta) u}\, u^{\frac{n}{2}-1} (u-q)^{\frac{\nu}{2}-1} du\,; \tag{14}$$

dabei läuft die Integrationsvariable u über alle positiven Zahlen $>q$, und $\alpha(\mathfrak{S}, \mathfrak{w})$ ist eine von z und ζ unabhängige positive Größe, welche bezüglich $\Gamma(\mathfrak{S}, \mathfrak{w})$ eine ähnliche Bedeutung hat wie das Volumen V für die gesamte Gruppe $\Gamma(\mathfrak{S})$. Zum Beweise von (14) benutze man etwa § 5 meiner Arbeit aus der Mathematischen

Zeitschrift, Band 44, Seite 398 bis 426; das dort eingeführte Gruppenmaß $\mu(\mathfrak{S}, \mathfrak{w})$ ist im Falle $q > 0$ mit $\alpha(\mathfrak{S}, \mathfrak{w})$ durch die Formel

$$\mu(\mathfrak{S}, \mathfrak{w}) = \frac{2\varrho_{n-1}\varrho_{\nu-1}}{\varrho_{m-1}} q^{\frac{m}{2}-1} \alpha(\mathfrak{S}, \mathfrak{w}), \quad \varrho_k = \prod_{l=1}^{k} \frac{\pi^{\frac{l}{2}}}{\Gamma\left(\frac{l}{2}\right)}$$

verknüpft.

Man zerlege noch $\Gamma(\mathfrak{S})$ in linksseitige Nebengruppen von $\Gamma(\mathfrak{S}, \mathfrak{w})$. Ist dann $\mathfrak{U}_1, \mathfrak{U}_2, \ldots$ ein volles Repräsentantensystem, so sind die Spalten $\mathfrak{U}_k \mathfrak{w} = \mathfrak{w}_k$ $(k = 1, 2, \ldots)$ die sämtlichen verschiedenen Assoziierten von $\mathfrak{w}$ bezüglich $\Gamma(\mathfrak{S})$. Da nun $(-\mathfrak{U})\mathfrak{w} = -(\mathfrak{U}\mathfrak{w}) \neq \mathfrak{U}\mathfrak{w}$ ist, so wird

$$2 \int\limits_{H(\mathfrak{S}, \mathfrak{w})} e^{\pi i \Re[\mathfrak{w}]}\, dv = \int\limits_{H(\mathfrak{S})} \sum_{k=1}^{\infty} e^{\pi i \Re[\mathfrak{w}_k]}\, dv. \tag{15}$$

7. Ist $\Phi(z, \zeta)$ eine Funktion von z und ζ, so möge zur Abkürzung

$$\hat{\Phi} = (cz + d)^{-\frac{n}{2}} (c\zeta + d)^{-\frac{\nu}{2}} \Phi(\hat{z}, \hat{\zeta})$$

gesetzt werden. Es sei

$$\varphi = \varphi(z, \zeta) = \int\limits_{u > 0, q} e^{\pi i (z-\zeta) u} u^{\frac{n}{2}-1} (u - q)^{\frac{\nu}{2}-1} du$$

das Integral auf der rechten Seite von (14). Man mache für die Integrationsvariable die Substitution $u \to \frac{ui}{\hat{z} - \hat{\zeta}}$ und setze $p = 0$ im Fall $q \leqq 0$, dagegen $p = -i(\hat{z} - \hat{\zeta})q$ im Fall $q > 0$. Wegen

$$\hat{z} - \hat{\zeta} = \frac{z - \zeta}{(cz + d)(c\zeta + d)}$$

wird dann

$$\hat{\varphi} = \left(\frac{i}{z-\zeta}\right)^{\frac{m}{2}-1} \int\limits_{p}^{\infty} e^{-\pi u} ((c\zeta + d)u)^{\frac{n}{2}-1} \left((cz + d)u + \frac{z-\zeta}{c\zeta + d} qi\right)^{\frac{\nu}{2}-1} du. \tag{16}$$

Von nun an werde ν als *gerade* Zahl vorausgesetzt, so daß also die Determinante $|\mathfrak{S}| = S > 0$ ist. Wir führen die lineare Operation

$$K\{\Phi\} = (z-\zeta)^{1-\frac{n}{2}} \left(\frac{\partial}{\partial z}\right)^{\frac{\nu}{2}} \left\{(z-\zeta)^{\frac{m}{2}-1} \Phi\right\}$$

ein.

Im Falle $q \leqq 0$ ist $(z - \zeta)^{\frac{m}{2}-1} \hat{\varphi}$ als Funktion von z zufolge (16) ein Polynom des Grades $\frac{\nu}{2} - 1$, also

$$K\{\hat{\varphi}\} = 0 \qquad (q \leqq 0). \tag{17}$$

Im Falle $q > 0$ verschwindet der Integrand in (16) als Funktion von u an der unteren Grenze p des Integrales von der Ordnung $\frac{\nu}{2} - 1$ und seine Ableitung nach z von derselben Ordnung hat bei $u = p$ den Wert

$$\begin{aligned} & e^{-\pi \nu} ((c\zeta + d)p)^{\frac{n}{2}-1} \Gamma\left(\frac{\nu}{2}\right) \left(cp + \frac{qi}{c\zeta + d}\right)^{\frac{\nu}{2}-1} \\ & = \varepsilon \Gamma\left(\frac{\nu}{2}\right) (z-\zeta)^{\frac{n}{2}-1} \left(\frac{q}{cz+d}\right)^{\frac{m}{2}-2} e^{-\pi p}; \end{aligned}$$

außerdem ist

$$-\frac{\partial p}{\partial z} = qi(cz+d)^{-2}\,.$$

Demnach wird

$$K\{\phi\} = i^{\nu}\Gamma\left(\frac{\nu}{2}\right) q^{\frac{m}{2}-1}(cz+d)^{-\frac{m}{2}} e^{\pi i q(\hat{z}-\hat{\zeta})} \qquad (q>0)\,. \tag{18}$$

Für $h = 0, 1, 2, \ldots$ und konstante α, β gilt ferner

$$\left(\frac{d}{dx}\right)^h\{(x-\alpha)^{h+\beta-1}x^{-\beta}\}$$

$$= \sum_{k=0}^{h}\binom{h}{k}\frac{\Gamma(h+\beta)}{\Gamma(h+\beta-k)}(x-\alpha)^{h+\beta-1-k}\frac{\Gamma(h+\beta-k)}{\Gamma(\beta)}(-1)^{h-k}x^{-\beta-h+k}$$

$$= \frac{\Gamma(h+\beta)}{\Gamma(\beta)}(x-\alpha)^{\beta-1}x^{-\beta-h}\sum_{k=0}^{h}\binom{h}{k}x^k(\alpha-x)^{h-k} = \frac{\Gamma(h+\beta)}{\Gamma(\beta)}\alpha^h(x-\alpha)^{\beta-1}x^{-\beta-h}\,,$$

folglich

$$K\{\hat{1}\} = (z-\zeta)^{1-\frac{n}{2}}\left(\frac{\partial}{\partial z}\right)^{\frac{\nu}{2}}\left\{(z-\zeta)^{\frac{m}{2}-1}(cz+d)^{-\frac{n}{2}}(c\zeta+d)^{-\frac{\nu}{2}}\right\}$$

$$= \frac{\Gamma\left(\frac{m}{2}\right)}{\Gamma\left(\frac{n}{2}\right)}(cz+d)^{-\frac{m}{2}}\,. \tag{19}$$

8. Endlich werde

$$L\{\Phi\} = \frac{\Gamma\left(\frac{n}{2}\right)}{\Gamma\left(\frac{m}{2}\right)V}KJ\{\Phi\} = \frac{\Gamma\left(\frac{n}{2}\right)}{\Gamma\left(\frac{m}{2}\right)V}(z-\zeta)^{1-\frac{n}{2}}\left(\frac{\partial}{\partial z}\right)^{\frac{\nu}{2}}\left\{(z-\zeta)^{\frac{m}{2}-1}\int\limits_{H(\mathfrak{S})}\Phi\,dv\right\}$$

definiert. Es ist unser Ziel, von der Funktion

$$L\{f\} = F(z)$$

nachzuweisen, daß sie eine Modulform der Variabeln z ist.

In der Reihe (6) greifen wir zunächst das für $\mathfrak{g} = 0$ entstehende Glied 1 heraus und beachten, daß

$$L\{\hat{1}\} = (cz+d)^{-\frac{m}{2}} \tag{20}$$

ist, wegen (19). Von den übrigen Gliedern fassen wir alle diejenigen zusammen, für welche $\mathfrak{S}[\mathfrak{g}]$ denselben Wert q ergibt. Es sei $\mathfrak{g}^{(1)}, \ldots, \mathfrak{g}^{(t)}$ ein volles System bezüglich $\Gamma(\mathfrak{S})$ nichtassoziierter ganzer Lösungen von $\mathfrak{S}[\mathfrak{g}] = q$, $\mathfrak{g} \neq 0$. Zufolge (14) und (15) ist

$$\int\limits_{H(\mathfrak{S})}\sum_{\substack{\mathfrak{S}[\mathfrak{g}]=q\\ \mathfrak{g}\neq 0}} e^{\pi i \Re[\mathfrak{g}]}\,dv = 2\varphi(z,\zeta)\,e^{\pi i q\zeta}\sum_{k=1}^{t}\alpha(\mathfrak{S},\mathfrak{g}^{(k)})\,. \tag{21}$$

Wir setzen $c_0 = 1$ und

$$c_l = \frac{2\Gamma\left(\frac{n}{2}\right)\Gamma\left(\frac{\nu}{2}\right)}{\Gamma\left(\frac{m}{2}\right)V}i^{\nu}q^{\frac{m}{2}-1}\sum_{k=1}^{t}\alpha(\mathfrak{S},\mathfrak{g}^{(k)}) \qquad \left(l = \frac{q}{2} = 1, 2, \ldots\right).$$

Nach (17), (18), (20), (21) wird dann

$$L\{f\} = (cz+d)^{-\frac{m}{2}} \sum_{l=0}^{\infty} c_l e^{2\pi i l \hat{z}} \tag{22}$$

und speziell

$$F(z) = L\{f\} = \sum_{l=0}^{\infty} c_l e^{2\pi i l z}.$$

Auf Grund der Transformationsformel (9) ergibt sich nun

$$(cz+d)^{-\frac{m}{2}} F\left(\frac{az+b}{cz+d}\right) = \omega F(z) \tag{23}$$

für jede Modulsubstitution mit geradem $c\mathfrak{S}^{-1}$ und $c > 0$; dabei ist der Multiplikator ω eine vierte Einheitswurzel. Außerdem ist

$$F(z+1) = F(z).$$

Für eine beliebige Modulsubstitution mit $c > 0$ beachte man noch, daß sich $\lambda(\mathfrak{g})$ zufolge (7) nicht ändert, wenn $\mathfrak{S}^{-1}\mathfrak{g}$ durch eine bezüglich $\Gamma(\mathfrak{S})$ assoziierte Spalte ersetzt wird. Daher ergibt sich

$$L\{\sum_{\mathfrak{g}} \lambda(\mathfrak{g}) e^{\pi i \mathfrak{R}[\mathfrak{S}^{-1}\mathfrak{g}]}\}$$

$$= \lambda(0) + \frac{2\Gamma\left(\frac{n}{2}\right)\Gamma\left(\frac{\nu}{2}\right)}{\Gamma\left(\frac{m}{2}\right)V} i^{\nu} \sum_{\mathfrak{S}^{-1}[\mathfrak{g}]>0}' \lambda(\mathfrak{g})\, \alpha(\mathfrak{S}, \mathfrak{S}^{-1}\mathfrak{g})\, (\mathfrak{S}^{-1}[\mathfrak{g}])^{\frac{m}{2}-1} e^{\pi i \mathfrak{S}^{-1}[\mathfrak{g}] z},$$

wo die Summation rechts über ein volles System nichtassoziierter $\mathfrak{S}^{-1}\mathfrak{g}$ mit ganzem $\mathfrak{g}$ und $\mathfrak{S}^{-1}[\mathfrak{g}] > 0$ zu erstrecken ist. Dies ist wegen (22) und der Transformationsformel (8) die Fouriersche Entwicklung von $(cz+d)^{-\frac{m}{2}} F(\hat{z})$; sie setzt in Evidenz, daß jene Funktion im Fundamentalbereiche der Modulgruppe beschränkt ist. Damit ist bewiesen, daß $F(z)$ eine Modulform des Gewichtes $\frac{m}{2}$ ist. Die Modulsubstitutionen mit geradem $c\mathfrak{S}^{-1}$ bilden eine Untergruppe der Modulgruppe, von endlichem Index; wegen (23) ist $F(z)$ eine zu dem Multiplikator-System ω gehörige relative Invariante dieser Untergruppe.

In der Bezeichnung meiner oben erwähnten Arbeit aus der Mathematischen Zeitschrift ist übrigens

$$c_l\, \mu(\mathfrak{S}) = i^{\nu} M(\mathfrak{S}, 2l) \qquad (l = 1, 2, \ldots).$$

Aus der Formel von Allendoerfer, Fenchel und Weil kann man entnehmen, daß das Darstellungsmaß $M(\mathfrak{S}, 2l)$ und das Gruppenmaß $\mu(\mathfrak{S})$ rationale Zahlen sind. Es sind also sämtliche Koeffizienten der Fourierschen Reihe von $F(z)$ rational.

56.

Bemerkung zu einem Satz von Jakob Nielsen

Matematisk Tidsskrift, B, 1950, 66—70

Man verdankt *Jakob Nielsen* den folgenden Satz: *Es sei F eine nichtabelsche Gruppe aus linear gebrochenen Substitutionen* $\frac{aw+b}{cw+d}$, *welche das Innere des Einheitskreises* $|w|<1$ *in sich überführen und mit Ausnahme der Identität sämtlich hyperbolisch sind; dann ist F im Innern des Einheitskreises diskontinuierlich.*

Bisher sind zwei Beweise für diesen Satz veröffentlicht worden, nämlich der Beweis von *Jakob Nielsen* in den Mitteilungen der Mathematischen Gesellschaft in Hamburg, Band VIII (1940), und ein Beweis von *Svend Lauritzen* in Matematisk Tidsskrift B (1939). Beide Beweise benutzen Hilfsmittel aus der nichteuklidischen Geometrie. Als mir der Nielsensche Satz im Jahre 1940 bekannt wurde, bemerkte ich, dass man auch auf algebraischem Wege einen einfachen Beweis erbringen kann, indem man direkt mit den Matrizen der linearen Substitutionen operiert. Dieser Weg führt dann zu einer Verallgemeinerung des Satzes. Es stellt sich nämlich heraus, dass abgesehen von zwei naheliegenden Ausnahmefällen eine Gruppe von linear gebrochenen Abbildungen des Innern des Einheitskreises auf sich bereits dann diskontinuierlich ist, wenn sie keine infinitesimalen elliptischen Elemente enthält.[1])

Der genauen Formulierung des verallgemeinerten Satzes stellen wir noch einige vorbereitende Betrachtungen voran. Durch die Transformation $w=\frac{z-i}{z+i}$ geht das Innere des Einheitskreises $|w|<1$ in das Innere der oberen Halbebene $I(z)>0$ über. Nach dieser Transformation können die Gruppenelemente in der Form

1) Zusatz bei der Korrektur:
Freundlicherweise macht mich Svend Bundgaard darauf aufmerksam, dass diese Verallgemeinerung des Nielsenschen Satzes bereits 1948 auf geometrischem Wege in dem von *W. Fenchel* und *J. Nielsen* stammenden Beitrag zur Courant-Festschrift bewiesen worden ist und dass 1950 durch *W. T. van Est* in seiner Utrechter Dissertation eine Erweiterung des Satzes mit Hilfe der Theorie der Lieschen Gruppen gegeben wurde.

$f(z) = \dfrac{az+b}{cz+d}$ mit reellen a, b, c, d und $ad-bc=1$ geschrieben werden. Setzt man $\varphi = \begin{pmatrix} a & b \\ c & d \end{pmatrix}$, so ist zu beachten, dass den beiden Matrizen φ und $-\varphi$ dieselbe Substitution entspricht andererseits ist das Paar $\varphi, -\varphi$ durch die Substitution $f(z)$ eindeutig bestimmt. Wir bezeichnen mit Φ die multiplikative Gruppe der den Elementen von F zugeordneten Matrizen $\pm\varphi$.

Es ist klar, dass Φ notwendigerweise diskret ist, wenn F diskontinuierlich ist. Die Umkehrung dieser Aussage ist ebenfalls richtig und wohlbekannt, soll aber der Vollständigkeit halber jetzt noch kurz bewiesen werden. Wir nehmen also an, es gäbe für einen bestimmten Punkt $z = x + iy$ $(x = R(z),\ y = I(z) > 0)$ der oberen Halbebene eine unendliche Folge von Bildpunkten $f_k(z) = \dfrac{a_k z + b_k}{c_k z + d_k}$ $(k = 1, 2, \cdots)$, die gegen einen Punkt z_0 im Innern der oberen Halbebene konvergiert. Dann gilt

$$y\,|c_k z + d_k|^{-2} = I(f_k(z)) \to I(z_0) > 0,$$

so dass insbesondere der Ausdruck

$$|c_k z + d_k|^2 = (c_k x + d_k)^2 + (c_k y)^2 \qquad (k = 1, 2, \cdots)$$

beschränkt ist. Hieraus folgt die Beschränktheit von c_k und d_k, also wegen der Formel

$$a_k x + b_k + i a_k y = (c_k z + d_k) f_k(z)$$

auch die Beschränktheit von a_k und b_k. Da man nun aus den unendlich vielen beschränkten Matrizen $\varphi_k = \begin{pmatrix} a_k & b_k \\ c_k & d_k \end{pmatrix}$ eine konvergente Teilfolge auswählen kann, so ist Φ nicht diskret.

Die Fixpunkte $z = \dfrac{z_1}{z_2}$ der Substitution $f(z)$ ergeben sich aus der quadratischen Gleichung $z_1(cz_1 + dz_2) = z_2(az_1 + bz_2)$ mit der Diskriminante $(d-a)^2 + 4bc = (a+d)^2 - 4$. Man hat also den hyperbolischen, elliptischen, parabolischen Fall, je nachdem $(a+d)^2 > 4, < 4, = 4$ ist; im letzteren Fall soll die Substitution $f(z)$ nicht die identische sein, also $\pm\varphi$ von der Einheitsmatrix ε verschieden. Wir sagen, dass F keine infinitesimalen elliptischen Elemente enthält, wenn es keine gegen ε konvergierende unendliche Folge elliptischer Elemente von Φ gibt.

Wir wollen zwei spezielle Gruppen betrachten, die nachher zu den Ausnahmefällen in der Formulierung des Satzes führen werden. Die eine Gruppe besteht aus *allen* Substitutionen $f(z)$ mit dem Fixpunkte ∞; sie sind durch die Bedingung $c = 0$ charakterisiert, also die affinen Abbildungen $pz + q$ ($p > 0$, q reell). Die andere Gruppe besteht aus *allen* Substitutionen $f(z)$, welche das Punktepaar $0, \infty$ in sich überführen; für sie ist entweder $b = 0$, $c = 0$ oder $a = 0$, $d = 0$, so dass die Gruppe aus den Abbildungen pz, $-\frac{q}{z}$ ($p > 0$, $q > 0$) besteht. Beide Gruppen enthalten stetig veränderliche Parameter, aber offenbar keine infinitesimalen elliptischen Elemente.

Nach diesen Vorbereitungen sprechen wir nun unseren Satz aus: *Es mögen die Elemente von F weder sämtlich denselben reellen Fixpunkt haben noch sämtlich dasselbe reelle Punktepaar in sich überführen. Enthält dann F keine infinitesimalen elliptischen Elemente, so ist die Gruppe im Innern der oberen Halbebene diskontinuierlich.*

Wir werden einen indirekten Beweis führen. Es seien also die Voraussetzungen des Satzes sämtlich erfüllt, und es sei ausserdem F *nicht* diskontinuierlich. Dann ist auch Φ nicht diskret, d. h. es gibt eine konvergente unendliche Folge von verschiedenen Matrizen φ_k ($k = 1, 2, \cdots$) in Φ. Da mit φ_k und φ_l auch $\varphi_k \varphi_l^{-1}$ zu Φ gehört, so kann man ohne Beschränkung der Allgemeinheit annehmen, dass die Folge $\varphi_k = \begin{pmatrix} a_k & b_k \\ c_k & d_k \end{pmatrix}$ gegen die Einheitsmatrix ε konvergiert und alle $\varphi_k \neq \varepsilon$ sind.

Wir zeigen zunächst, dass Φ *hyperbolische* Elemente besitzt. Dies ist klar, wenn bereits ein φ_k hyperbolisch sein sollte. Im anderen Fall sind fast alle φ_k parabolisch, da ja F nach Voraussetzung keine infinitesimalen elliptischen Elemente enthält, und man wähle jetzt ein festes parabolisches $\varphi_k = \varphi$. Nach geeigneter linear gebrochener Transformation der oberen Halbebene in sich kann man annehmen, dass φ den Fixpunkt ∞ hat. Infolge der Voraussetzung gibt es nun ferner in Φ ein Element α, das nicht den Fixpunkt ∞ hat. Setzt man

$$\varphi = \begin{pmatrix} 1 & u \\ 0 & 1 \end{pmatrix}, \quad \alpha = \begin{pmatrix} a & b \\ c & d \end{pmatrix},$$

so ist also $uc \neq 0$. Dann hat der Kommutator

$$(1)\qquad \varphi\alpha\varphi^{-1}\alpha^{-1} = \begin{pmatrix} a+uc & b+ud \\ c & d \end{pmatrix}\begin{pmatrix} d+uc & -b-ua \\ -c & a \end{pmatrix} = \begin{pmatrix} 1+uac+u^2c^2 & u(1-a^2)-u^2ac \\ uc^2 & 1-uac \end{pmatrix}$$

die Spur $2+u^2c^2>2$, ist also hyperbolisch.

Weiterhin bedeute ϱ ein *festes* hyperbolisches Element von Φ. Wir beweisen nunmehr, dass fast alle φ_k mit ϱ mindestens einen *Fixpunkt* gemeinsam haben müssen. Ohne Beschränkung der Allgemeinheit darf man annehmen, dass ϱ die Fixpunkte 0 und ∞ besitzt, also

$$\varrho = \begin{pmatrix} r & 0 \\ 0 & r^{-1} \end{pmatrix}, \quad r \text{ reell} \neq 0, \quad r^2 \neq 1.$$

Ist α ein ***beliebiges*** Element von Φ, so hat der Kommutator

$$(2)\qquad \sigma = \varrho\alpha\varrho^{-1}\alpha^{-1} = \begin{pmatrix} ra & rb \\ r^{-1}c & r^{-1}d \end{pmatrix}\begin{pmatrix} r^{-1}d & -r^{-1}b \\ -rc & ra \end{pmatrix} = \begin{pmatrix} 1+(1-r^2)bc & (r^2-1)ab \\ (r^{-2}-1)cd & 1+(1-r^{-2})bc \end{pmatrix}$$

die Spur

$$(3)\qquad s = 2-(r-r^{-1})^2 bc.$$

Wendet man diese Formeln mit σ statt α an, so ergibt sich für den zweiten Kommutator $\tau = \varrho\sigma\varrho^{-1}\sigma^{-1}$ die Spur

$$(4)\qquad t = 2+(r-r^{-1})^4 abcd.$$

Hierin setze man speziell $\alpha = \varphi_k$ $(k = 1, 2, \cdots)$ und schreibe ausführlicher $\sigma = \sigma_k$, $\tau = \tau_k$. Wegen $\varphi_k \to \varepsilon$ gilt auch $\sigma_k \to \varepsilon$, $\tau_k \to \varepsilon$. Da nun die Gruppe keine infinitesimalen elliptischen Elemente enthält, so sind für fast alle k die beiden Ungleichungen $s^2 \geqq 4$, $t^2 \geqq 4$ erfüllt. Infolge $b_k c_k \to 0$, $a_k d_k \to 1$ ergeben sich dann aus (3) und (4) die Ungleichungen

$$b_k c_k \leqq 0, \quad b_k c_k \geqq 0$$

für fast alle k, also

$$(5)\qquad b_k c_k = 0.$$

Dies zeigt, dass fast alle φ_k einen Fixpunkt in 0 oder ∞ besitzen, also tatsächlich mit ϱ einen Fixpunkt gemeinsam haben.

Hätten nun nicht fast alle φ_k mit ϱ *denselben* Fixpunkt 0 oder ∞ gemeinsam, so könnte man

$$\varphi_k = \begin{pmatrix} a_k & b_k \\ 0 & d_k \end{pmatrix}, \quad \varphi_l = \begin{pmatrix} a_l & 0 \\ c_l & d_l \end{pmatrix}, \qquad b_k c_l \neq 0$$

annehmen, wo für k und l je unendlich viele Werte in Betracht kommen. Es wird dann aber

$$\varphi_k \varphi_l = \begin{pmatrix} a_k a_l + b_k c_l & b_k d_l \\ d_k c_l & d_k d_l \end{pmatrix}$$

und

(6) $$d_k c_l \cdot b_k d_l \neq 0.$$

Für $k \to \infty$, $l \to \infty$ gilt $\varphi_k \varphi_l \to \varepsilon$, und die Anwendung von (5) auf die Doppelfolge der $\varphi_k \varphi_l$ ergibt einen Widerspruch zu (6).

Also haben fast alle φ_k denselben Fixpunkt mit ϱ gemeinsam; ohne Beschränkung der Allgemeinheit sei es der Fixpunkt ∞. Hätten unendlich viele φ_k nicht zugleich auch den Fixpunkt 0, so wäre für diese

$$\varphi_k = \begin{pmatrix} a_k & b_k \\ 0 & d_k \end{pmatrix}, \qquad a_k b_k \neq 0,$$

und zufolge (2) der Kommutator

(7) $$\sigma_k = \varrho \varphi_k \varrho^{-1} \varphi_k^{-1} = \begin{pmatrix} 1 & (r^2-1) a_k b_k \\ 0 & 1 \end{pmatrix}$$

parabolisch. Nun wähle man wieder in Φ ein festes Element $\alpha = \begin{pmatrix} a & b \\ c & d \end{pmatrix}$, das nicht den Fixpunkt ∞ hat, sodass also $c \neq 0$ ist, und bilde den Kommutator $\omega_k = \sigma_k \alpha \sigma_k^{-1} \alpha^{-1}$, der auf Grund von (1) und (7) nicht den Fixpunkt ∞ haben kann. Für $k \to \infty$ ist aber $\omega_k \to \varepsilon$, in Widerspruch zu dem oben Bewiesenen.

Daher haben fast alle φ_k die ***beiden*** Fixpunkte 0 und ∞, d. h.

$$\varphi_k = \begin{pmatrix} r_k & 0 \\ 0 & r_k^{-1} \end{pmatrix}, \quad r_k^2 \neq 1, \quad r_k \to 1.$$

Nach Voraussetzung gibt es schliesslich in Φ ein Element α derart, dass die zugehörige Substitution nicht das Punktepaar $0, \infty$ in sich überführt. Dann gilt weder zugleich $a = 0$, $d = 0$ noch zugleich $b = 0$, $c = 0$; es sind also die Zahlen ab, cd nicht beide 0. Andererseits strebt wieder die Folge der Kommutatoren $\psi_k = \varphi_k \alpha \varphi_k^{-1} \alpha^{-1}$ gegen ε für $k \to \infty$. Es müssen also fast alle ψ_k die beiden Fixpunkte 0 und ∞ haben. Aus (2) folgt jetzt der Widerspruch $ab = 0$, $cd = 0$. Damit ist der Beweis des Satzes beendet.

57.

Über eine periodische Lösung im ebenen Dreikörperproblem

Mathematische Nachrichten 4 (1951), 28—35

(Eingegangen am 27. 3. 1950.)

1. Fragestellung.

Wir betrachten das Dreikörperproblem unter der Annahme, daß die Bewegung in einer festen Ebene stattfindet. Zu Anfang der Bewegung mögen genau zwei von den Massenpunkten P_1, P_2, P_3 nahe beieinander sein, etwa P_1 und P_3. Ferner möge in diesem Moment die Bewegungsrichtung von P_1 senkrecht auf P_1P_3 stehen, und zugleich möge die Bewegungsrichtung von P_2 senkrecht auf P_2P_0 stehen, wobei P_0 den Schwerpunkt von P_1 und P_3 bedeutet. Vernachlässigt man zunächst bei der Betrachtung der Bewegung von P_1 und P_3 die Anziehung von P_2 und denkt sich außerdem für die Bestimmung der Bewegung von P_2 die Massenpunkte P_1 und P_3 beide nach P_0 verlegt, so gestattet jedes der beiden Zweikörperprobleme eine Kreislösung. Man bezeichne mit τ die Umlaufszeit von P_1, bezogen auf ein mit P_2P_0 starr verbundenes Koordinatensystem. Es entsteht dann das Problem I: Zu entscheiden, ob die annähernde Kreislösung zu einer strengen Lösung mit derselben Periode τ ausgestaltet werden kann. Die Antwort lautet bejahend unter der Voraussetzung, daß τ genügend klein ist.

Das Problem I ist von MOULTON[1]) behandelt worden. Er gibt zunächst einen Existenzbeweis für die Lösung in Anlehnung an die Poincarésche Kontinuitätsmethode, allerdings ohne Ausführung mancher subtilen Einzelheiten, woraus dann auch die Entwickelbarkeit der Koordinaten der Körper in konvergente Potenzreihen bezüglich τ folgt, deren Koeffizienten periodische Funktionen der Zeit sind. Aus den Differentialgleichungen entnimmt dann Moulton rekursive Beziehungen für diese Koeffizienten, aus denen sie sich explizit als trigonometrische Polynome berechnen lassen.

Wird in den Differentialgleichungen für das ebene Dreikörperproblem die Masse des Punktes P_1 durch 0 ersetzt, so entsteht als Grenzfall das Problem II: Es sollen periodische Lösungen für die Mondbewegung im restringierten Dreikörperproblem aufgesucht werden. Nimmt man in geeigneter Weise einen weiteren Grenzübergang vor, indem man den Punkt P_1 ins Unendliche verlegt, so entsteht Problem III, das Hillsche Mondproblem.

---

[1]) F. R. MOULTON, A class of periodic solutions of the problem of three bodies with application to the lunar theory. Trans. Amer. math. Soc. 7 (1906), 537—577.

Die von HILL[1]) geschaffene Lösung des Problems III ist allgemein bekannt: Er entwickelt die Koordinaten in Fouriersche Reihen und erhält für die Koeffizienten ein nichtlineares unendliches Gleichungssystem, das er dann durch Potenzreihenentwicklung nach dem Parameter τ auflöst. Das Hillsche Verfahren wurde von BROWN[2]) auf das Problem II übertragen. In beiden Fällen blieb zunächst noch die Konvergenzfrage für die gefundenen Reihen offen. In seinem Buche hat dann Moulton[3]) das Problem II mit der Kontinuitätsmethode behandelt, in derselben Art wie früher das allgemeinere Problem I, und er gewinnt wieder konvergente Reihen nach Potenzen von τ mit periodischen Koeffizienten, aus denen sich durch Umordnung die von Brown bestimmte Fouriersche Reihe erhalten läßt. Der hiermit implizit gegebene Konvergenzbeweis der Hillschen Reihenentwicklung ist für praktische Anwendung unzureichend. Ein einfacher und direkter Beweis für die Konvergenz der Hillschen Reihe wurde zuerst von WINTNER[4]) durchgeführt. Das Problem II wurde ferner von HOPF[5]) gelöst, ebenfalls unter Heranziehung der Kontinuitätsmethode, doch auf kürzerem und übersichtlicherem Wege als bei Moulton.

Ich habe wiederholt in meinen Göttinger und Princetoner Vorlesungen eine etwas vereinfachte Lösung des Hillschen Mondproblems vorgetragen, welche sich mehr an die in der Analysis übliche Potenzreihenmethode anschließt und auch in naheliegender Weise zu einem Konvergenzbeweis führt. Diese Lösung soll im folgenden dargelegt werden, und zwar sogleich für das allgemeinere Problem I. Es dürfte wohl nicht schwierig sein, die Untersuchung noch auf den Fall auszudehnen, daß die Bewegung der drei Körper nicht mehr in einer festen Ebene stattfindet, wenn man dabei nur voraussetzt, daß die Neigungen genügend klein sind. Doch erscheint es zweifelhaft, ob man auch Poincarés Lösungen dritter Sorte auf dem vorliegenden Wege erhalten kann.

2. Koeffizientenberechnung.

Wir betrachten drei verschiedene Punkte P_k mit den Massen m_k $(k = 1, 2, 3)$ in der Ebene, die einander nach dem Newtonschen Gesetz anziehen. Führt man in der Ebene eine komplexe Koordinate z ein, so lassen sich die Bewegungsgleichungen in der Form

$$\frac{1}{2} m_k \ddot{z}_k = \frac{\partial V}{\partial \bar{z}_k} \qquad (k = 1, 2, 3), \tag{1}$$

$$V = f \sum_{k \neq l} m_k m_l r_{kl}^{-1}, \qquad r_{kl} = |z_k - z_l| \tag{2}$$

schreiben, wo $\bar{z}$ die zu z konjugiert komplexe Größe bedeutet und f die Gravitationskonstante ist. Die unabhängige Variable ist die Zeit t.

---

[1]) G. W. HILL, Researches in the lunar theory. Amer. J. Math. **1** (1878), 5—26, 129—147, 245—260.

[2]) E. W. BROWN, On the part of the parallactic inequalities in the moon's motion which is a function of the mean motions of the sun and moon. Amer. J. Math. **14** (1892), 141—160.

[3]) F. R. MOULTON, Periodic orbits. Washington 1920, insbesondere Kap. 11 und 12.

[4]) A. WINTNER, Zur Hillschen Theorie der Variation des Mondes. Math. Z. **24** (1925) 259—265.

[5]) E. HOPF, Über die geschlossenen Bahnen in der Mondtheorie. S.-B. Preuß. Akad. Wiss. Berlin, physik.-math. Kl. **1929**, 401—413.

Ist der an der Ecke P_2 des Dreiecks $P_1P_2P_3$ gelegene Winkel genügend klein, so wird man die Lösung anzunähern versuchen durch die Superposition des Zweikörperproblems für P_1 und P_3 mit dem Zweikörperproblem für P_2 und den Schwerpunkt P_0 von P_1 und P_3, mit der Masse $m_1 + m_3$. Beide Zweikörperprobleme gestatten kreisförmige Lösungen. Ist dabei λ die Winkelgeschwindigkeit von P_0P_2 und ϱ die Distanz, so gilt

$$\lambda^2 \varrho^3 = m_1 + m_2 + m_3 .$$

In geeigneten Maßeinheiten wird

$$\varrho = 1, \quad m_1 + m_2 + m_3 = 1, \quad f = 1;$$

dann ist auch $\lambda^2 = 1$ und

$$\lambda = 1$$

nach etwaiger Spiegelung an der reellen Achse. Man setze noch

$$m_1 + m_3 = \mu, \quad \frac{m_1}{\mu} = \delta_1 = \delta, \quad \frac{m_3}{\mu} = \delta_3,$$

also

$$m_2 = 1 - \mu, \quad \delta_3 = 1 - \delta.$$

Zu einem möglichst bequemen Ansatz für die strenge Lösung führe man ein bewegtes Koordinatensystem ein, indem man die Ebene mit konstanter Winkelgeschwindigkeit 1 um den Massenschwerpunkt rotieren läßt. Man wähle nun als neue Unbekannten die relativen komplexen Koordinaten von P_1 bezüglich P_3 und von P_2 bezüglich P_0, nämlich

$$x = (z_1 - z_3)e^{-it}, \quad 1 + y = (z_2 - \delta_1 z_1 - \delta_3 z_3)e^{-it};$$

dann wird

$$(z_2 - z_1)e^{-it} = 1 + y - \delta_3 x, \quad (z_2 - z_3)e^{-it} = 1 + y + \delta_1 x. \tag{3}$$

Zufolge (1) und (2) gilt

$$\ddot{z}_1 - \ddot{z}_3 = m_2(z_2 - z_1)r_{12}^{-3} - m_2(z_2 - z_3)r_{23}^{-3} - \mu(z_1 - z_3)r_{13}^{-3}, \tag{4}$$

$$\ddot{z}_2 - \delta_1\ddot{z}_1 - \delta_3\ddot{z}_3 = -\delta_1(z_2 - z_1)r_{12}^{-3} - \delta_3(z_2 - z_3)r_{23}^{-3}. \tag{5}$$

Hierin sind die linken Seiten die zweiten Ableitungen von xe^{it} und $(1 + y)e^{it}$ nach t. Wir multiplizieren (4) und (5) mit e^{-it} und entwickeln r_{12}^{-3} und r_{23}^{-3} unter Benutzung von (3) nach Potenzen von $x, y, \bar{x}, \bar{y}$. Das dritte Glied auf der rechten Seite von (4) liefert dann $-\mu x|x|^{-3}$, die beiden anderen Glieder ergeben eine mit $\frac{m_2}{2}(x + 3\bar{x})$ beginnende Potenzreihe, und für die rechte Seite von (5) erhält man eine mit $-1 + \frac{1}{2}(y + 3\bar{y})$ beginnende Potenzreihe. Daher lauten die Differentialgleichungen

$$\ddot{x} + 2i\dot{x} + \mu x^{-\frac{1}{2}}\bar{x}^{-\frac{3}{2}} - \left(1 + \frac{m_2}{2}\right)x - \frac{3m_2}{2}\bar{x} = p, \tag{6}$$

$$\ddot{y} + 2i\dot{y} - \tfrac{3}{2}(y + \bar{y}) = q, \tag{7}$$

wobei p und q mit quadratischen Gliedern beginnende Potenzreihen in $x, y, \bar{x}, \bar{y}$ sind, die jedenfalls für $|x| + |y| < 1$ konvergieren. Die Koeffizienten dieser Potenzreihen sind Polynome in μ und δ mit rationalen Zahlenkoeffizienten.

Da der Schwerpunkt der drei Massen im ruhenden System gleichförmig geradlinig fortschreitet, so genügt die Integration von (6) und (7). Wir machen nun folgenden Ansatz zur Lösung. Es seien ξ und η neue Variable, die den Differentialgleichungen

(8) $$\dot\xi = \omega\xi, \quad \dot\eta = -\omega\eta, \quad 4\omega = i(\xi\eta)^{-3}$$

genügen sollen. Hieraus folgt, daß das Produkt $\xi\eta$ und ω von t unabhängig sind. Wir bilden alle Potenzprodukte von ξ und η der Form

$$\zeta_{kl} = \xi^{k+2l}\eta^{k-2l}$$

mit ganzen k, l und $|2l| \leq k$; dabei gibt also $2k$ den Gesamtgrad an, und wir nennen k die Ordnung von ζ_{kl}. Für ζ_{k0} schreiben wir kürzer ζ_k. Wir setzen mit unbestimmten Koeffizienten

(9) $$X_1 = \sum_{k,l} a_{kl}\zeta_{kl}, \quad Y_1 = \sum_{k,l} b_{kl}\zeta_{kl}, \quad X_2 = \sum_{k,l} a_{k,-l}\zeta_{kl}, \quad Y_2 = \sum_{k,l} b_{k,-l}\zeta_{kl},$$

wobei aber verlangt wird, daß in X_1 und X_2 keine Glieder der Ordnung < 5 auftreten, in Y_1 und Y_2 keine Glieder der Ordnung <4. Es ist also

(10) $$a_{kl} = 0 \quad (0 \leq k < 5), \qquad b_{kl} = 0 \quad (0 \leq k < 4),$$

und wir definieren noch $a_{kl} = 0$, $b_{kl} = 0$, wenn nicht $|2l| \leq k$ ist. Nun sei

(11) $$\begin{gathered} x = \mu^{\frac{1}{3}}\xi^4(1-2\zeta_3)^{\frac{1}{3}}(1+X_1), \qquad \bar{x} = \mu^{\frac{1}{3}}\eta^4(1-2\zeta_3)^{\frac{1}{3}}(1+X_2), \\ y = \mu^{\frac{2}{3}}Y_1, \qquad \bar{y} = \mu^{\frac{2}{3}}Y_2. \end{gathered}$$

Zufolge (8) wird dann

$$\begin{aligned} \dot{x} &= i\mu^{\frac{1}{3}}\xi\eta^{-3}(1-2\zeta_3)^{\frac{1}{3}}\left(1 + \sum (l+1)a_{kl}\zeta_{kl}\right), \\ \ddot{x} &= -\mu^{\frac{1}{3}}\xi^{-2}\eta^{-6}(1-2\zeta_3)^{\frac{1}{3}}\left(1 + \sum (l+1)^2 a_{kl}\zeta_{kl}\right), \\ x^{-\frac{1}{2}}\bar{x}^{-\frac{3}{2}} &= \mu^{-\frac{2}{3}}\xi^{-2}\eta^{-6}(1-2\zeta_3)^{-\frac{2}{3}}(1+X_1)^{-\frac{1}{2}}(1+X_2)^{-\frac{3}{2}}, \\ \dot{y} &= i\mu^{\frac{2}{3}}(\xi\eta)^{-3}\sum l b_{kl}\zeta_{kl}, \\ \ddot{y} &= -\mu^{\frac{2}{3}}(\xi\eta)^{-6}\sum l^2 b_{kl}\zeta_{kl}, \end{aligned}$$

und durch Einsetzen in (6) und (7) erhalten wir die Bedingungen

(12) $$(1-2\zeta_3)\left(\sum (l+1)^2 a_{kl}\zeta_{kl} + 2\zeta_3 \sum (l+1)a_{kl}\zeta_{kl}\right) + \tfrac{1}{2}X_1 + \tfrac{3}{2}X_2 = f,$$

(13) $$\sum l^2 b_{kl}\zeta_{kl} + 2\zeta_3 \sum l b_{kl}\zeta_{kl} + \tfrac{3}{2}\zeta_6 \sum (b_{kl} + b_{k,-l})\zeta_{kl} = g$$

mit

(14) $$\begin{aligned} f = {} & 4\zeta_6 + (1+X_1)^{-\frac{1}{2}}(1+X_2)^{-\frac{3}{2}} - 1 + \frac{1}{2}X_1 + \frac{3}{2}X_2 \\ & - \mu^{-\frac{1}{3}}\zeta_{4,-1}(1-2\zeta_3)^{\frac{2}{3}}\left(\left(1+\frac{m_2}{2}\right)x + \frac{3m_2}{2}\bar{x} + p\right). \end{aligned}$$

(15) $$g = -\mu^{-\frac{2}{3}}\zeta_6 q.$$

In den Reihenentwicklungen

$$f = \sum_{k,l} f_{kl}\zeta_{kl}, \qquad g = \sum_{k,l} g_{kl}\zeta_{kl}$$

sind f_{kl} und g_{kl} Polynome in $\mu^{\frac{1}{3}}$ und δ mit rationalen Zahlenkoeffizienten, und zwar ist

$$f_{60} = \tfrac{1}{2}(5+\mu), \qquad f_{6,-2} = \tfrac{3}{2}(\mu - 1),$$

sonst $f_{kl} = 0$ für $k < 8$, ferner $g_{kl} = 0$ für $k < 10$. Bezeichnet man mit $\mathfrak{P}(m, n)$ ein Polynom in a_{kl} $(k \leqq m)$, b_{kl} $(k \leqq n)$, $\mu^{\frac{1}{3}}$, δ mit rationalen Koeffizienten, so wird

$$f_{kl} = \mathfrak{P}(k-5, k-6), \qquad g_{kl} = \mathfrak{P}(k-10, k-8). \tag{16}$$

Der Koeffizientenvergleich in (12) und (13) ergibt

$$(l+1)^2(a_{kl} - 2a_{k-3,l}) + (2l+2)(a_{k-3,l} - 2a_{k-6,l}) + \tfrac{1}{2}a_{kl} + \tfrac{3}{2}a_{k,-l} = f_{kl}, \tag{17}$$

$$l^2 b_{kl} + 2l b_{k-3,l} + \tfrac{3}{2}(b_{k-6,l} + b_{k-6,-l}) = g_{kl}. \tag{18}$$

Im Falle $l \neq 0$ folgt aus (16) und (18)

$$b_{kl} = \mathfrak{P}(k-10, k-3) \qquad (l \neq 0), \tag{19}$$

und speziell wird $b_{kl} = 0$ für $k < 10$ und $l \neq 0$. Für $l = 0$ folgt

$$b_{k0} = \tfrac{1}{3} g_{k+6,0} = \mathfrak{P}(k-4, k-2). \tag{20}$$

Außerdem gewinnt man die Abschätzungen

$$|b_{kl}| \leqq 2|b_{k-3,l}| + \tfrac{3}{2}|b_{k-6,l}| + \tfrac{3}{2}|b_{k-6,-l}| + |g_{kl}| \qquad (l \neq 0), \tag{21}$$

$$|b_{k0}| \leqq |g_{k+6,0}|. \tag{22}$$

Die Bedingung (17) ist trivialerweise für $k < 5$ erfüllt. Die Koeffizienten von a_{kl} und $a_{k,-l}$ sind $(l+1)^2 + \frac{1}{2}$ und $\frac{3}{2}$; für $l = 0$ hat a_{k0} den Koeffizienten 3. Man ersetze l durch $-l$ in (17) und eliminiere dann $a_{k,-l}$ aus den beiden Gleichungen. Wegen

$$\{(l+1)^2 + \tfrac{1}{2}\}\{(l-1)^2 + \tfrac{1}{2}\} - (\tfrac{3}{2})^2 = l^2(l^2-1)$$

wird dann

$$\begin{aligned} &l^2(l^2-1)a_{kl} + \tfrac{3}{2}\{2(l-1)^2 a_{k-3,-l} + (2l-2)(a_{k-3,-l} - 2a_{k-6,-l}) + f_{k,-l}\} \\ &\quad = \{(l-1)^2 + \tfrac{1}{2}\}\{2(l+1)^2 a_{k-3,l} - (2l+2)(a_{k-3,l} - 2a_{k-6,l}) + f_{kl}\}. \end{aligned} \tag{23}$$

Für $l \neq 0, \pm 1$ folgt hieraus vermöge (16)

$$a_{kl} = \mathfrak{P}(k-3, k-6), \tag{24}$$

und dies gilt nach (17) auch noch für $l = 0$. Für $l = 1$ ergibt (23) mit $k+3$ statt k

$$a_{k1} = -2a_{k-3,1} - \tfrac{1}{4} f_{k+3,1} + \tfrac{3}{4} f_{k+3,-1}, \tag{25}$$

und aus (17) mit $l = -1$ folgt

$$a_{k,-1} = -3a_{k1} + 2f_{k,-1}. \tag{26}$$

Da $f_{k,\pm 1} = 0$ für $k < 8$, so steht (25) in Einklang mit (10); das ist ein wesentlicher Punkt für die Koeffizientenbestimmung. Nach (16), (25) und (26) gilt

$$a_{k,\pm 1} = \mathfrak{P}(k-2, k-3). \tag{27}$$

Zufolge (17) und (23) erhält man ferner die Abschätzung

$$|a_{kl}| \leqq c_1(|a_{k-3,l}| + |a_{k-6,l}| + |a_{k-3,-l}| + |a_{k-6,-l}| + |f_{kl}| + |f_{k,-l}|) \tag{28}$$

für $l \neq \pm 1$; dabei bedeutet c_1, wie auch weiterhin $c_2, \ldots$, eine absolute positive Konstante. Nach (25) und (26) ist

$$|a_{k,\pm 1}| \leqq c_2(|a_{k-3,1}| + |f_{k,-1}| + |f_{k+3,1}| + |f_{k+3,-1}|). \tag{29}$$

Aus (19), (20), (24) und (27) ergibt sich nun zusammenfassend

$$a_{kl} = \mathfrak{P}(k-2, k-3), \qquad b_{kl} = \mathfrak{P}(k-4, k-2).$$

Also sind alle a_{kl}, b_{kl} rekursiv eindeutig bestimmt, und zwar sind es Polynome in $\mu^{\frac{1}{3}}$ und δ mit rationalen Koeffizienten. Es bleibt noch die Bedingung zu erfüllen, daß die Reihen $\bar{x}, \bar{y}$ in (11) wirklich zu x, y konjugiert komplex sind. Wählt man jetzt

$$\eta = \pm \bar{\xi},$$

so ist

$$\zeta_{kl} = (\pm 1)^k \xi^{k+2l} \bar{\xi}^{k-2l} = \bar{\zeta}_{k,-l},$$

$$\bar{X}_2 = \sum \bar{a}_{kl} \bar{\zeta}_{k,-l} = \sum a_{kl} \zeta_{kl} = X_1, \qquad \bar{Y}_2 = Y_1,$$

und jene Bedingung ist erfüllt. Aus (8) folgt schließlich

$$\xi = \sigma e^{\omega t}, \qquad \eta = \pm \sigma e^{-\omega t}, \qquad 4\omega = \pm i \sigma^{-6}, \qquad \sigma > 0$$

bei geeigneter Festlegung des Nullpunktes der Zeit. Wenn die gefundenen Reihen für genügend kleine Werte von σ konvergieren, so liefern sie also eine periodische Lösung mit der Periode

$$\tau = 2\pi\sigma^6.$$

Je nach der Wahl des noch freien Vorzeichens erfolgt der Umlauf im positiven oder negativen Sinne.

3. Konvergenzbeweis.

Um den Konvergenzbeweis auf einfache Art führen zu können, gehen wir von folgender Bemerkung aus. Es sei φ eine Potenzreihe in n komplexen Variablen $u_1, \ldots, u_n$, welche im Gebiet $|u_k| < r_k$ $(k = 1, \ldots, n)$ konvergent und absolut $\leqq M$ sei, so daß sie also durch die Funktion $M \prod_{k=1}^{n} \left(1 - \frac{u_k}{r_k}\right)^{-1}$ majorisiert wird. Es seien ψ und χ zwei Polynome in $u_1, \ldots, u_n$ mit reellen nichtnegativen Koeffizienten, χ ohne konstantes Glied, und es möge die Potenzreihe

$$\frac{\psi}{1-\chi} = \sum_{l=0}^{\infty} \psi \chi^l$$

sämtliche in φ wirklich auftretenden Potenzprodukte der Variablen enthalten. Wir wollen dann eine positive Konstante γ so bestimmen, daß φ durch die Funktion $\gamma\psi(1 - \gamma\chi)^{-1}$ majorisiert wird. Offenbar genügt es, den Fall $M = 1$, $r_k = 1$ $(k = 1, \ldots, n)$ zu betrachten. Dann braucht man aber offenbar nur γ so groß zu wählen, daß alle in $\gamma\psi$ und $\gamma\chi$ auftretenden positiven Koeffizienten $\geqq 1$ sind.

Wir setzen jetzt

$$(\xi + \eta)^2 = \zeta, \qquad X_1 + X_2 = X_0, \qquad Y_1 + Y_2 = Y_0, \qquad \zeta + X_0 + Y_0 = L.$$

Es sei φ irgendeine konvergente Potenzreihe in den 4 Variablen $x, y, \bar{x}, \bar{y}$, welche mit quadratischen Gliedern beginnt. Übt man die Substitution (11) aus und betrachtet dabei $\xi, \eta, X_1, X_2, Y_1, Y_2$ als neue Variable, so enthält jedes Glied der entstehenden Potenzreihe als Faktor eines der 10 Glieder des Polynoms $(\xi^4 + \eta^4 + Y_1 + Y_2)^2$; also ist jedenfalls

$$\varphi \prec c\,\frac{(\zeta^2 + Y_0)^2}{1 - cL},$$

wo das Symbol $\prec$ die Majorantenbeziehung ausdrücken soll und c eine gewisse Konstante bedeutet. Dies verwenden wir für die Funktionen p und q in (6) und (7). Aus den Definitionen (14) und (15) erhalten wir dann

$$\begin{aligned} f - f_{60}\zeta_6 - f_{6,-2}\zeta_{6,-2} &\prec c_3\frac{X_0^2}{1 - c_3 X_0} + c_4\zeta^6\frac{X_0 + \zeta}{1 - c_4\zeta} + c_5\zeta^4\frac{(\zeta^2 + Y_0)^2}{1 - c_5 L} \\ &\prec c_6\frac{(X_0 + Y_0)^2 + \zeta^6 L}{1 - c_6 L}, \end{aligned} \tag{30}$$

$$g \prec c_7\zeta^6\frac{(\zeta^2 + Y_0)^2}{1 - c_7 L}. \tag{31}$$

Nun ersetze man in den Reihen (9) alle Koeffizienten a_{kl}, b_{kl} durch ihre absoluten Werte und ξ, η durch $\xi + \eta = \zeta^{\frac{1}{2}}$. Es sei X die Summe der vier so entstehenden Majoranten von X_1, X_2, Y_1, Y_2. Multipliziert man dann die Ungleichungen (21), (22), (28), (29) mit ζ^k und summiert, so folgt aus (30) und (31) die Beziehung

$$\begin{aligned} X &\prec c_8(\zeta^3 + \zeta^6)X + c_9(1 + \zeta^6)\frac{(\zeta^2 + X)^2}{1 - c_9(\zeta + X)} + c_{10}(1 + \zeta^{-3})\frac{X^2 + \zeta^6(\zeta + X)}{1 - c_{10}(\zeta + X)} + c_{11}\zeta^6 \\ &\prec c_{12}\frac{\zeta^4 + \zeta X + \zeta^{-3}X^2}{1 - c_{12}(\zeta + X)} \prec c_{13}\frac{\zeta^4 + \zeta X + \zeta^{-3}X^2}{1 - c_{13}(\zeta + \zeta^{-3}X)}. \end{aligned}$$

Für

$$Z = \zeta + \zeta^{-3}X$$

gilt also

$$Z \prec c\,\frac{2\zeta + Z^2}{4 - cZ}, \qquad c = c_{14}.$$

Bestimmt man jetzt die Potenzreihe

$$W = \frac{c}{2}\zeta + \cdots$$

aus der Gleichung

$$W = c\,\frac{2\zeta + W^2}{4 - cW}, \tag{32}$$

so wird

$$Z \prec W.$$

Aus (32) folgt aber

$$cW^2 - 2W + c\zeta = 0,$$

$$(1 - cW)^2 = 1 - c^2\zeta,$$

$$2cW \prec (1 - cW)^{-2} - 1 = \frac{c^2\zeta}{1 - c^2\zeta},$$

also

$$W \prec \frac{c}{2}\,\frac{\zeta}{1 - c^2\zeta},$$

womit die Konvergenz für $|\zeta| < c^{-2}$ bewiesen ist. Dieser Beweis läßt sich leicht so ausgestalten, daß er für praktische Zwecke benutzt werden kann.

Unsere Abschätzungen gelten gleichmäßig für $0 \leqq \mu \leqq 1$, $0 \leqq \delta \leqq 1$. Für $\delta = 0$ erhält man die Lösung des Problems II, für $\delta = 0$, $\mu = 0$ die Lösung des Problems III. Hat man nur das Hillsche Mondproblem im Sinn, so vereinfachen sich Koeffizientenbestimmung und Konvergenzbeweis, da dann $a_{kl} = 0$ wird, wenn nicht zugleich k durch 3 und l durch 2 teilbar ist; es braucht also dann der Sonderfall $l = \pm 1$ gar nicht diskutiert zu werden.

Schließlich möge noch eine Bemerkung über den Unterschied unserer Lösung gegenüber den beiden Verfahren von Hill und Moulton angefügt werden. Hill macht für die gesuchte komplexe Koordinate x den Ansatz

$$x = \sum_{n=-\infty}^{\infty} a_n e^{2\pi i n \frac{t}{\tau}}$$

und erhält dann aus der Differentialgleichung und dem Jacobischen Integral ein unendliches System von Gleichungen für die unbekannten reellen Koeffizienten a_n, das er durch Potenzreihen in $\frac{\tau}{2\pi}$ befriedigt. Moulton geht andererseits mit dem Ansatz

$$x = \sum_{m=0}^{\infty} A_m(t) \left(\frac{\tau}{2\pi}\right)^m$$

in die Differentialgleichungen ein und ermittelt die unbekannten Koeffizienten $A_m(t)$ rekursiv als trigonometrische Polynome durch Auflösung von linearen Differentialgleichungen. Unser Ansatz in (9), (11) steht in der Mitte zwischen den beiden Verfahren. Wir gehen aus von einer Entwicklung von x nach Potenzen von ξ und η, wobei

$$\xi^6 = \bar{\eta}^6 = \frac{\tau}{2\pi} e^{\pm 3\pi i \frac{t}{\tau}}$$

ist, und das Weitere verläuft dann im wesentlichen nach dem seit Newtons Zeiten üblichen Schema für die Lösung von Differentialgleichungen durch Potenzreihen.

58.

Indefinite quadratische Formen und Funktionentheorie I

Mathematische Annalen 124 (1951), 17—54

1. Einleitung.

1. Es sei
$$\mathfrak{S}[\mathfrak{x}] = \mathfrak{x}'\mathfrak{S}\mathfrak{x} = \sum_{k,l=1}^{m} s_{kl}\, x_k\, x_l$$
eine quadratische Form mit m Variabeln $x_1, \ldots, x_m$ und reellen Koeffizienten $s_{kl} = s_{lk}$, deren Determinante von 0 verschieden ist. Die Signatur von $\mathfrak{S}$ sei n, $m-n$; es läßt sich also $\mathfrak{S}[\mathfrak{x}]$ durch eine reelle lineare Transformation $\mathfrak{x} = \mathfrak{C}\mathfrak{y}$ in die Differenz $q - r$ zweier Quadratsummen $q = y_1^2 + \cdots + y_n^2$ und $r = y_{n+1}^2 + \cdots + y_m^2$ von n und $m-n$ Variabeln überführen. Nach der von HERMITE in die Reduktionstheorie der indefiniten Formen eingeführten grundlegenden Idee wird $\mathfrak{S}[\mathfrak{x}]$ die positiv definite „Majorante" $\mathfrak{P}[\mathfrak{x}] = q + r$ zugeordnet [1], deren Matrix $\mathfrak{P} = (\mathfrak{C}\mathfrak{C}')^{-1}$ ist.

Setzt man
$$\mathfrak{S}[\mathfrak{C}] = \mathfrak{S}_0 = \begin{pmatrix} \mathfrak{E}_n & 0 \\ 0 & -\mathfrak{E}_{m-n} \end{pmatrix}, \tag{1}$$
so daß $\mathfrak{S}_0$ die Diagonalmatrix mit n Diagonalelementen 1 und $m-n$ Diagonalelementen -1 bedeutet, so gilt $\mathfrak{S}_0^{-1} = \mathfrak{S}_0$ und
$$\mathfrak{P}\mathfrak{S}^{-1}\mathfrak{P} = \mathfrak{S}, \quad \mathfrak{P}' = \mathfrak{P} > 0. \tag{2}$$
Ist umgekehrt $\mathfrak{P}$ eine Lösung von (2), so transformiere man $\mathfrak{P}[\mathfrak{x}]$ und $\mathfrak{S}[\mathfrak{x}]$ simultan auf Hauptachsen durch eine reelle lineare Substitution $\mathfrak{x} = \mathfrak{C}\mathfrak{y}$. Dadurch kann man erreichen, daß
$$\mathfrak{P}[\mathfrak{x}] = \sum_{k=1}^{m} y_k^2, \quad \mathfrak{S}[\mathfrak{x}] = \sum_{k=1}^{m} d_k\, y_k^2$$
wird, wobei $d_1, \ldots, d_n$ positiv und $d_{n+1}, \ldots, d_m$ negativ sind. Bezeichnet man jetzt mit $\mathfrak{S}_0$ die Diagonalmatrix mit den Diagonalelementen $d_1, \ldots, d_m$, so gilt $\mathfrak{P}[\mathfrak{C}] = \mathfrak{E}$, $\mathfrak{S}[\mathfrak{C}] = \mathfrak{S}_0$ und (2) ergibt $\mathfrak{S}_0^{-1} = \mathfrak{S}_0$, $d_k^{-1} = d_k$ $(k = 1, \ldots, m)$. Also hat $\mathfrak{S}_0$ die frühere Bedeutung und es wird $\mathfrak{P}[\mathfrak{x}] = q + r$, $\mathfrak{S}[\mathfrak{x}] = q - r$. Die Majoranten $\mathfrak{P}$ sind folglich genau die Lösungen von (2).

Um eine Parameterdarstellung von $\mathfrak{P}$ zu gewinnen, beachte man, daß $\frac{\mathfrak{P}+\mathfrak{S}}{2}[\mathfrak{x}] = q$ ist; daher ist die Matrix $\frac{\mathfrak{P}+\mathfrak{S}}{2} = \mathfrak{K}$ nicht-negativ und vom Range n. Für $n = 0$ folgt $\mathfrak{P} = -\mathfrak{S}$ als die einzige Lösung. Weiterhin sei $n > 0$; dann kann man $\mathfrak{K} = \mathfrak{W}^{-1}[\mathfrak{X}'\mathfrak{S}]$ ansetzen, mit einer unbekannten reellen Matrix $\mathfrak{X}^{(mn)}$ des Ranges n und unbekanntem positiven symmetrischen $\mathfrak{W}^{(n)}$. Aus (2) folgt nun die Bedingung $\mathfrak{S}^{-1}[2\mathfrak{K} - \mathfrak{S}] = \mathfrak{S}$, also $\mathfrak{S}^{-1}[\mathfrak{K}] = \mathfrak{K}$, $(\mathfrak{S}[\mathfrak{X}\mathfrak{W}^{-1}] - \mathfrak{W}^{-1})[\mathfrak{X}'\mathfrak{S}] = 0$, $\mathfrak{S}[\mathfrak{X}\mathfrak{W}^{-1}] = \mathfrak{W}^{-1}$ und $\mathfrak{W} = \mathfrak{S}[\mathfrak{X}]$. Wählt man umgekehrt $\mathfrak{X}^{(mn)}$ gemäß der Bedingung $\mathfrak{S}[\mathfrak{X}] > 0$ und definiert
$$\mathfrak{W} = \mathfrak{S}[\mathfrak{X}], \quad \mathfrak{K} = \mathfrak{W}^{-1}[\mathfrak{X}'\mathfrak{S}], \quad \mathfrak{P} = 2\mathfrak{K} - \mathfrak{S}, \quad \frac{\mathfrak{P}-\mathfrak{S}}{2} = \mathfrak{K} - \mathfrak{S} = \mathfrak{L},$$

so gilt

$$\mathfrak{K}\,\mathfrak{X} = \mathfrak{S}\,\mathfrak{X}, \quad \mathfrak{L}\,\mathfrak{X} = 0, \quad \mathfrak{S}^{-1}[\mathfrak{K}] = \mathfrak{K}, \quad \mathfrak{L}\,\mathfrak{S}^{-1}\,\mathfrak{K} = 0, \quad \mathfrak{S}^{-1}[\mathfrak{L}] = -\mathfrak{L},$$

also

$$\mathfrak{S}^{-1}[\mathfrak{K}, \mathfrak{L}] = \begin{pmatrix} \mathfrak{K} & 0 \\ 0 & -\mathfrak{L} \end{pmatrix}.$$

Da $\mathfrak{K}$ nicht-negativ und vom Range n ist, so folgt nach dem Trägheitsgesetz, daß auch $\mathfrak{L}$ nicht-negativ ist; dann ist aber auch die Summe $\mathfrak{K} + \mathfrak{L} = \mathfrak{P}$ nicht-negativ. Andererseits wird $\mathfrak{P}\,\mathfrak{S}^{-1}\,\mathfrak{P} = \mathfrak{K} - \mathfrak{L} = \mathfrak{S}$; also ist die Determinante $|\mathfrak{P}| \neq 0$, so daß tatsächlich $\mathfrak{P}$ positiv und (2) erfüllt ist. Im speziellen Falle $n = m$ wird übrigens $\mathfrak{K} = \mathfrak{S} = \mathfrak{P}$ die einzige Lösung. Wir betrachten weiterhin nur noch den indefiniten Fall $n\,(m - n) > 0$.

Bei unserem Ansatz $\mathfrak{K} = \mathfrak{W}^{-1}[\mathfrak{X}'\,\mathfrak{S}]$ mit unbekannten $\mathfrak{X}$ und $\mathfrak{W}$ sind diese durch $\mathfrak{K}$ nur bis auf eine simultane Transformation $\mathfrak{X} \to \mathfrak{X}\,\mathfrak{H}$, $\mathfrak{W} \to \mathfrak{W}\,[\mathfrak{H}]$ mit willkürlichem umkehrbaren reellen $\mathfrak{H}^{(n)}$ festgelegt. In der Parameterdarstellung

$$\mathfrak{P} = 2\,\mathfrak{K} - \mathfrak{S}, \quad \mathfrak{K} = \mathfrak{W}^{-1}[\mathfrak{X}'\,\mathfrak{S}], \quad \mathfrak{W} = \mathfrak{S}\,[\mathfrak{X}] > 0 \tag{3}$$

erhält man also für $\mathfrak{X} = \mathfrak{X}_1$ und $\mathfrak{X} = \mathfrak{X}_2$ dann und nur dann dasselbe $\mathfrak{P}$, wenn $\mathfrak{X}_2 = \mathfrak{X}_1\,\mathfrak{H}$ ist. Um noch $\mathfrak{H}$ festzulegen, betrachte man zunächst den speziellen Fall $\mathfrak{S} = \mathfrak{S}_0$ und zerlege $\mathfrak{X}' = (\mathfrak{Y}_1^{(n)}, \mathfrak{Y}_2^{(n,\,m-n)})$. Wegen $\mathfrak{S}_0\,[\mathfrak{X}] = \mathfrak{Y}_1\,\mathfrak{Y}_1' - \mathfrak{Y}_2\,\mathfrak{Y}_2' > 0$ folgt dann $|\mathfrak{Y}_1| \neq 0$. Setzt man nun $-\mathfrak{Y}_1^{-1}\,\mathfrak{Y}_2 = \mathfrak{Y}$ und schreibt anstatt $\mathfrak{Y}_1^{-1}\,\mathfrak{X}'$ wieder $\mathfrak{X}'$, so ergibt (3) die umkehrbar eindeutige Parameterdarstellung

$$\mathfrak{P} = 2\,\mathfrak{K} - \mathfrak{S}, \quad \mathfrak{K} = \mathfrak{W}^{-1}[\mathfrak{E}, \mathfrak{Y}], \quad \mathfrak{W} = \mathfrak{E} - \mathfrak{Y}\,\mathfrak{Y}' > 0$$

oder explizit

$$\mathfrak{P} = \begin{pmatrix} \dfrac{\mathfrak{E} + \mathfrak{Y}\,\mathfrak{Y}'}{\mathfrak{E} - \mathfrak{Y}\,\mathfrak{Y}'} & 2\,(\mathfrak{E} - \mathfrak{Y}\,\mathfrak{Y}')^{-1}\,\mathfrak{Y} \\ 2\,\mathfrak{Y}'\,(\mathfrak{E} - \mathfrak{Y}\,\mathfrak{Y}')^{-1} & \dfrac{\mathfrak{E} + \mathfrak{Y}'\,\mathfrak{Y}}{\mathfrak{E} - \mathfrak{Y}'\,\mathfrak{Y}} \end{pmatrix}, \quad \mathfrak{E} > \mathfrak{Y}\,\mathfrak{Y}'. \tag{4}$$

Dabei sind also die $n\,(m - n)$ Elemente y_{kl} $(k = 1, \ldots, n;\ l = 1, \ldots, m - n)$ von $\mathfrak{Y} = (y_{kl})$ unabhängige reelle Variable, die nur der Bedingung unterliegen, daß $\mathfrak{E} - \mathfrak{Y}\,\mathfrak{Y}'$ positiv ist; insbesondere sind dann die y_{kl} sämtlich beschränkt, nämlich von absolutem Betrage < 1. Schließlich erhält man die Parameterdarstellung für den allgemeinen Fall, indem man ein festes $\mathfrak{C} = \mathfrak{C}_0$ mit $\mathfrak{S}\,[\mathfrak{C}] = \mathfrak{S}_0$ wählt und dann $\mathfrak{P}$ in (4) durch $\mathfrak{P}\,[\mathfrak{C}_0]$ ersetzt.

Interpretiert man die Elemente $x_1, \ldots, x_m$ einer Spalte $\mathfrak{x}$ als Koordinaten im projektiven Raum R von $m - 1$ Dimensionen, so kann man das gewonnene Resultat in geometrischer Ausdrucksweise folgendermaßen aussprechen. Die Menge P aller Lösungen von (2) ist ein birationales Bild derjenigen $(m - n - 1)$-dimensionalen linearen Teilräume von R, in deren sämtlichen Punkten die Funktion $\mathfrak{S}\,[\mathfrak{x}]$ positiv ist. Wir haben also als Koordinatenraum für P den durch die Bedingung $\mathfrak{S}\,[\mathfrak{x}] > 0$ ausgeschnittenen Teil der GRASSMANNschen Mannigfaltigkeit von $n\,(m - n)$ Dimensionen.

2. Die „orthogonale" Gruppe Ω von $\mathfrak{S}$ besteht aus den reellen linearen Transformationen $\mathfrak{x} \to \mathfrak{B}\,\mathfrak{x}$, welche $\mathfrak{S}\,[\mathfrak{x}]$ in sich überführen, also der Bedingung $\mathfrak{S}\,[\mathfrak{B}] = \mathfrak{S}$ genügen. Aus (2) folgt unmittelbar die wichtige Eigenschaft des Raumes $P\,(\mathfrak{S})$ aller Lösungen $\mathfrak{P}$ von (2), daß er bei den Abbildungen $\mathfrak{P} \to \mathfrak{P}\,[\mathfrak{B}]$ in sich übergeht. Sind $\mathfrak{P}_1 = (\mathfrak{C}_1\,\mathfrak{C}_1')^{-1}$ und $\mathfrak{P}_2 = (\mathfrak{C}_2\,\mathfrak{C}_2')^{-1}$ zwei Punkte von P und $\mathfrak{S}\,[\mathfrak{C}_1] = \mathfrak{S}_0 = \mathfrak{S}\,[\mathfrak{C}_2]$, so ist $\mathfrak{C}_1\,\mathfrak{C}_2^{-1} = \mathfrak{B}$ ein Element von Ω und $\mathfrak{P}_2 = \mathfrak{P}_1\,[\mathfrak{B}]$. Daher ist die Darstellung von Ω auf P transitiv. Man

beachte dabei, daß $\mathfrak{B}$ und $-\mathfrak{B}$ dieselbe Abbildung $\mathfrak{P} \rightarrow \mathfrak{P}[\pm \mathfrak{B}]$ ergeben. Es ist auch zu bemerken, daß P symmetrisch im Sinne von E. CARTAN [2] ist, und zwar besteht die Symmetrie bezüglich eines Punktes $\mathfrak{P}_0$ von P als Zentrum in der Zuordnung $\mathfrak{P} \leftrightarrow \mathfrak{P}_0 \mathfrak{P}^{-1} \mathfrak{P}_0$. Offenbar sind $P(\mathfrak{S})$ und $P(-\mathfrak{S})$ identisch; ferner lassen sich $P(\mathfrak{S})$ und $P(\mathfrak{S}^{-1})$ vermöge $\mathfrak{P} \leftrightarrow \mathfrak{P}^{-1}$ aufeinander abbilden.

Die bei Ω invariante RIEMANNsche Metrik auf P gewinnt man am einfachsten, indem man P als Teilraum im Raume $\tilde{P}$ aller positiven symmetrischen $\mathfrak{P}^{(m)} = (p_{kl})$ auffaßt. Dieser geht bei allen Abbildungen $\mathfrak{P} \rightarrow \mathfrak{P}[\mathfrak{B}]$ mit reellem umkehrbaren $\mathfrak{B}^{(m)}$ in sich über, und dabei bleibt die Spur

$$\sigma(\mathfrak{P}^{-1} d\mathfrak{P}\, \mathfrak{P}^{-1} d\mathfrak{P}) = -d^2 \log |\mathfrak{P}|$$

ungeändert. Daß die quadratische Form der $\frac{m(m+1)}{2}$ Variabeln $d p_{kl}$ $(1 \leqq k \leqq l \leqq m)$ positiv definit ist, erkennt man sofort durch die Betrachtung an der Stelle $\mathfrak{P} = \mathfrak{E}$. Hierdurch wird auf P eine Maßbestimmung mit Isometrie bezüglich der orthogonalen Gruppe induziert. Übrigens ist es von Interesse, daß P in $\tilde{P}$ geodätisch ist. Es ist zweckmäßig, noch den Zahlfaktor $\frac{1}{8}$ hinzuzufügen, also das Linienelement auf P durch

$$d s^2 = -\tfrac{1}{8} d^2 \log |\mathfrak{P}| \tag{5}$$

zu definieren. Bei Benutzung der Parameterdarstellung (4) ergibt eine leichte Rechnung, daß dann

$$d s^2 = \sigma\left((\mathfrak{E} - \mathfrak{Y}\mathfrak{Y}')^{-1} d\mathfrak{Y}\, (\mathfrak{E} - \mathfrak{Y}'\mathfrak{Y})^{-1} d\mathfrak{Y}'\right)$$

wird mit dem Volumenelement

$$d v = |\mathfrak{E} - \mathfrak{Y}\mathfrak{Y}'|^{-\frac{m}{2}} \prod_{k=1}^{n} \prod_{l=1}^{m-n} d y_{kl}. \tag{6}$$

Da $\mathfrak{P}[\mathfrak{x}]$ definit ist, so ist jede diskrete Untergruppe von Ω auf P diskontinuierlich. Insbesondere gilt das also für die „Einheitengruppe" Γ von $\mathfrak{S}$, die aus allen Lösungen $\mathfrak{B} = \mathfrak{U}$ von $\mathfrak{S}[\mathfrak{B}] = \mathfrak{S}$ mit ganzzahligen Elementen besteht. Ohne weitere arithmetische Voraussetzungen über $\mathfrak{S}$ besteht Γ im allgemeinen nur aus $\mathfrak{E}$ und $-\mathfrak{E}$, denen auf P die identische Abbildung entspricht. Von nun an sei aber $\mathfrak{S}$ rational. Es ist eine wichtige Folgerung der Reduktionstheorie, daß dann das Volumen

$$V_0 = \int_{F_0} d v$$

eines Fundamentalbereiches F_0 von Γ auf P stets endlich ist, wenn nur der triviale Fall einer binären quadratischen Nullform ausgeschlossen wird. Hieraus folgt dann übrigens [3], daß es für weniger als $n(m-n)$ Dimensionen keinen Wirkungsraum der orthogonalen Gruppe gibt, in welchem Γ noch diskontinuierlich ist.

3. Unser Ziel ist das Studium der indefiniten quadratischen Gleichungen

$$(a x_1^2 + b x_1 x_2 + \cdots) + (c x_1 + \cdots) + d = 0$$

mit ganzen Koeffizienten und m ganzzahligen Unbekannten. Es bedeutet keine wesentliche Einschränkung der Allgemeinheit, wenn wir dabei voraussetzen, daß die von den Gliedern zweiten Grades gebildete quadratische Form $\mathfrak{S}[\mathfrak{x}]$ nicht-ausgeartet ist. Dann können wir die Gleichung in der Gestalt

$$\mathfrak{S}\,[\mathfrak{x} + \mathfrak{a}] = t \tag{7}$$

schreiben, wo der Vektor $\mathfrak{a}$ und die Zahl t gegeben und s_{kk}, $2\,s_{kl}$, $2\,\mathfrak{S}\,\mathfrak{a}$, $\mathfrak{S}\,[\mathfrak{a}] - t$ sämtlich ganz sind. Bezeichnen wir den absoluten Betrag der Determinante von $2\,\mathfrak{S}$ mit s, so sind jedenfalls $\mathfrak{a}\,s$ und $2\,s\,t$ ganz. Wir setzen noch $\mathfrak{x} + \mathfrak{a} = \mathfrak{y}$, so daß also $\mathfrak{y} \equiv \mathfrak{a} \pmod 1$ ist. Tritt $\mathfrak{y}$ als Summationsbuchstabe ohne nähere Angabe auf, so ist stets über alle ganzen Vektoren $\mathfrak{x}$ zu summieren, während bei der Angabe $\mathfrak{y} \pmod q$ über ein vollständiges Restsystem von $\mathfrak{x}$ nach einem gegebenen Modul q summiert wird.

Wir führen eine komplexe Variable $z = x + i\,y$ mit positivem Imaginärteil y ein und setzen

$$x\,\mathfrak{S} + i\,y\,\mathfrak{P} = \mathfrak{R}. \tag{8}$$

Zerlegt man wieder $\mathfrak{P}\,[\mathfrak{x}] = q + r$, $\mathfrak{S}\,[\mathfrak{x}] = q - r$, so wird

$$\mathfrak{R}\,[\mathfrak{x}] = z\,q - \bar{z}\,r.$$

Da $\mathfrak{R}$ den positiven Imaginärteil $y\,\mathfrak{P}$ hat, so konvergiert die Thetareihe

$$f(z) = f_{\mathfrak{a}}(z) = f_{\mathfrak{a}}(z, \mathfrak{P}) = \sum_{\mathfrak{y}} e^{2\pi i \mathfrak{R}[\mathfrak{y}]}. \tag{9}$$

Diese Funktion ist zuerst in etwas anderer Gestalt bei der Untersuchung [4] der Zetafunktionen indefiniter quadratischer Formen aufgetreten. Sie hat bemerkenswerte Eigenschaften. Wie sich auf dem üblichen Wege aus einer Thetaformel ergeben wird, hat $f(z)$ als Funktion von z ein einfaches Transformationsverhalten bei beliebigen Modulsubstitutionen $z \to \frac{a\,z + b}{c\,z + d}$. Dabei ist aber zu beachten, daß $f(z)$ nicht eine analytische Funktion der komplexen Variabeln z ist. Ist ferner $\mathfrak{U}$ eine Einheit von $\mathfrak{S}$ und außerdem $\mathfrak{U}\,\mathfrak{a} - \mathfrak{a}$ ganz, so zeigt die Substitution $\mathfrak{y} \to \mathfrak{U}\,\mathfrak{y}$, daß $f_{\mathfrak{a}}(z, \mathfrak{P})$ beim Übergang von $\mathfrak{P}$ zu $\mathfrak{P}\,[\mathfrak{U}]$ invariant bleibt. Jene $\mathfrak{U}$ bilden in Γ eine Untergruppe $\Gamma_{\mathfrak{a}}$ von endlichem Index. Es sei F ein zugehöriger Fundamentalbereich und V sein Volumen. Aus der Reduktionstheorie werden wir entnehmen, daß das Integral von $f_{\mathfrak{a}}(z, \mathfrak{P})$ über F existiert und durch gliedweise Integration der Reihe berechnet werden kann, wenn im Falle $m < 4$ die Nullformen ausgeschlossen werden und für $m = 4$ die Nullformen, deren Determinante eine Quadratzahl ist. Unser Hauptresultat ist dann eine Eisensteinsche Partialbruchentwicklung des Integrales für $m > 3$.

Satz 1: Es sei $\mathfrak{S}\,[\mathfrak{x}]$ indefinit, $\mathfrak{S}\,[\mathfrak{x}] + 2\,\mathfrak{a}'\,\mathfrak{S}\,\mathfrak{x}$ ganzwertig, $m > 3$ und im Falle $m = 4$ nicht zugleich $\mathfrak{S}\,[\mathfrak{x}]$ eine Nullform und $|\mathfrak{S}|$ ein Quadrat. Für jeden gekürzten Bruch $r = \frac{a}{b}$ setze man

$$\gamma(r) = e^{\pi i \frac{2n - m}{4}}\, s^{-\frac{1}{2}}\, b^{-m} \sum_{\mathfrak{y} \,(\mathrm{mod}\, b)} e^{2\pi i r \mathfrak{S}[\mathfrak{y}]}; \tag{10}$$

ferner sei $\gamma = 1$ für ganzes $\mathfrak{a}$ und sonst $\gamma = 0$. Dann ist der Mittelwert

$$V^{-1} \int_F f_{\mathfrak{a}}(z, \mathfrak{P})\, d\,v = \gamma + \sum_r \gamma(r)\,(z - r)^{-\frac{n}{2}}\,(\bar{z} - r)^{\frac{n - m}{2}}, \tag{11}$$

wo r alle rationalen Zahlen durchläuft; im Falle $m = 4$ wird dabei zuerst über alle r mit festem Nenner b summiert und sodann über alle positiven b.

Zum Beweis wird zunächst gezeigt, daß die Differenz der beiden Seiten in (11) an den parabolischen Spitzen der Modulfigur ein ähnliches Verhalten aufweist wie eine Spitzenform in der Theorie der analytischen Modulfunktionen.

Der springende Punkt ist nun aber, daß zum Unterschiede gegenüber dieser Theorie die FOURIERschen Koeffizienten der Reihenentwicklung an den parabolischen Punkten in Abhängigkeit von y gewisse konfluente hypergeometrische Funktionen sind, deren Untersuchung bei $y = 0$ im Falle $m > 4$ ihr identisches Verschwinden ergibt. Im Falle $m = 4$ hat man zu diesem Schluß noch die partielle Differentialgleichung zweiter Ordnung zu benutzen, der jene Differenz als Funktion von x und y genügt. Dabei kommt man für positive Determinante, also $n = m - n = 2$, im wesentlichen auf die Potentialgleichung, während für negative Determinante noch ein besonderer Kunstgriff erforderlich ist, um eine dem Maximumprinzip zugängliche Differentialgleichung aufzustellen.

4. Durch Koeffizientenvergleich in der FOURIERschen Entwicklung der EISENSTEINschen Reihe führt Satz 1 zu einer quantitativen Aussage über die Lösungen $\mathfrak{y} = \mathfrak{x} + \mathfrak{a}$ der diophantischen Gleichung (7). Um dies formulieren zu können, werde zunächst das Lösungsmaß erklärt. Die Existenz unendlich vieler Einheiten von $\mathfrak{S}$ hat zur Folge, daß (7) mit einer Lösung $\mathfrak{y} = \mathfrak{y}_1 \neq 0$ stets unendlich viele Lösungen besitzt. Für jede Einheit $\mathfrak{U}$ aus der Untergruppe $\Gamma_{\mathfrak{a}}$ hat man nämlich die „assoziierte" Lösung $\mathfrak{y}_2 = \mathfrak{U}\,\mathfrak{y}_1$. Es zeigt sich nun aber, daß es bei jedem $t \neq 0$ nur endlich viele Klassen assoziierter Lösungen gibt und für $t = 0$ nur endlich viele „primitive" Klassen, bei denen also der Teiler von $2\,\mathfrak{S}\,\mathfrak{y}$ möglichst klein ist. Es handelt sich jetzt darum, jeder Lösung $\mathfrak{y}$ eine Maßzahl $\mu\,(\mathfrak{S}, \mathfrak{y})$ zuzuordnen, die nur von der Lösungsklasse abhängt, und dann soll die über die einzelnen Klassen erstreckte Summe dieser Maßzahlen als Lösungsmaß der diophantischen Gleichung eingeführt werden. Bei der Erklärung von $\mu\,(\mathfrak{S}, \mathfrak{y})$ wird nun die Untergruppe $\Gamma\,(\mathfrak{y})$ derjenigen Einheiten auftreten, welche die Eigenschaft $\mathfrak{U}\,\mathfrak{y} = \mathfrak{y}$ haben, und das Volumen eines zugehörigen Fundamentalbereichs.

Es ist zweckmäßig, für die Untersuchung dieses Volumens vorläufig nicht auf den Wirkungsraum P und die dort erklärte Metrik (5) zurückzugreifen, sondern direkt den Gruppenraum Ω zu betrachten und darin den durch die Bedingung $\mathfrak{V}\,\mathfrak{y} = \mathfrak{y}$ definierten Untergruppenraum $\Omega\,(\mathfrak{y})$. Führt man noch die Gruppe M aller reellen umkehrbaren Matrizen $\mathfrak{X}^{(m)} = (x_{kl})$ ein, so wird für jedes feste reelle symmetrische $\mathfrak{W}^{(m)} = (w_{kl})$ der Signatur $n, m - n$ durch die Gleichung $\mathfrak{S}\,[\mathfrak{X}] = \mathfrak{W}$ in M eine Rechtsklasse bezüglich der Untergruppe Ω festgelegt. Wir bezeichnen diese mit $\Omega\,(\mathfrak{W})$, so daß also insbesondere $\Omega\,(\mathfrak{S}) = \Omega$ ist. Auf jedem $\Omega\,(\mathfrak{W})$ wird nun in folgender Weise ein Maßelement konstruiert, das eine zweifache Invarianz besitzen wird, nämlich bei den Abbildungen $\mathfrak{X} \to \mathfrak{V}\,\mathfrak{X}$ für alle $\mathfrak{V}$ in Ω und bei den simultanen Abbildungen $\mathfrak{X} \to \mathfrak{X}\,\mathfrak{Q}$, $\mathfrak{W} \to \mathfrak{W}\,[\mathfrak{Q}]$ für alle $\mathfrak{Q}$ in M. Ist $\mathfrak{X} = \mathfrak{X}_0$ irgendein Punkt von $\Omega\,(\mathfrak{W})$, so wähle man $\frac{m\,(m-1)}{2}$ Funktionen $u_1, u_2, \ldots$ der m^2 unabhängigen Variablen x_{kl} $(k, l = 1, \ldots, m)$, die zusammen mit den $\frac{m\,(m+1)}{2}$ Funktionen

$$w_{kl} = \sum_{p,\,q=1}^{m} s_{pq}\, x_{pk}\, x_{ql} \qquad (1 \leq k \leq l \leq m)$$

in $\mathfrak{X}_0$ eine von 0 verschiedene Funktionaldeterminante haben. Die $u_1, u_2, \ldots$ sind dann lokale Koordinaten auf $\Omega\,(\mathfrak{W})$ und man kann sie z. B. unter den x_{kl} selber wählen. Ist dann Δ der absolute Betrag jener Funktionaldeterminante, so definieren wir

(12) $$d\,\omega = |\mathfrak{S}^{-1}\mathfrak{W}|^{\frac{1}{2}}\Delta^{-1}\,d\,u_1\,d\,u_2\ldots,$$

wobei $d\,u_1\,d\,u_2\ldots$ das euklidische Volumenelement bedeutet. Nach bekannten Eigenschaften der Funktionaldeterminante ist zunächst $d\,\omega$ unabhängig von der Wahl der Ortskoordinaten. Die Abbildung $\mathfrak{X}\to\mathfrak{B}\,\mathfrak{X}$ für irgendein $\mathfrak{B}$ in Ω führt $\Omega\,(\mathfrak{W})$ in sich über, und da die Funktionaldeterminante der Elemente von $\mathfrak{B}\,\mathfrak{X}$ als Funktionen der x_{kl} den Wert $|\mathfrak{B}|^m=\pm 1$ hat, so bleiben Δ und $d\,\omega$ ungeändert. Die Abbildung $\mathfrak{X}\to\mathfrak{X}\,\mathfrak{Q}$, $\mathfrak{W}\to\mathfrak{W}\,[\mathfrak{Q}]$ für irgendein $\mathfrak{Q}$ in M führt $\Omega\,(\mathfrak{W})$ in $\Omega\,(\mathfrak{W}\,[\mathfrak{Q}])$ über. Die Funktionaldeterminanten der Elemente von $\mathfrak{X}\,\mathfrak{Q}$ als Funktionen der x_{kl} und von $\mathfrak{W}\,[\mathfrak{Q}]$ als Funktionen der w_{kl} sind $|\mathfrak{Q}|^m$ und $|\mathfrak{Q}|^{m+1}$, so daß sich Δ mit dem absoluten Werte von $|\mathfrak{Q}|$ multipliziert. Dasselbe tut aber der Faktor $|\mathfrak{S}^{-1}\mathfrak{W}|^{\frac{1}{2}}$ in (12), der übrigens so normiert wurde, daß er für $\mathfrak{W}=\mathfrak{S}$ den Wert 1 hat. Damit sind die behaupteten Invarianzeigenschaften von $d\,\omega$ erwiesen. Insbesondere ist also $d\,\omega$ ein beiderseits invariantes Maßelement im Gruppenraum Ω. Man wähle nun auf Ω einen Fundamentalbereich von der Einheitenuntergruppe $\Gamma_{\mathfrak{a}}$ und bezeichne sein Maß mit $\mu_{\mathfrak{a}}\,(\mathfrak{S})$. Später wird die Beziehung zu dem Fundamentalbereich F auf dem Wirkungsraum P hergestellt und daraus die Formel

(13) $$\mu_{\mathfrak{a}}\,(\mathfrak{S}) = \varrho_n\,\varrho_{m-n}\,S^{-\frac{m+1}{2}}\,V$$

gewonnen werden, wo S den absoluten Betrag der Determinante $|\mathfrak{S}|$ bedeutet und zur Abkürzung

$$\varrho_l = \prod_{k=1}^{l}\frac{\pi^{\frac{k}{2}}}{\Gamma\left(\frac{k}{2}\right)}\qquad (l=0,1,\ldots)$$

gesetzt ist. Für ganzes $2\,\mathfrak{a}$ muß auf der rechten Seite von (13) noch der Faktor $\frac{1}{2}$ eingefügt werden.

5. In entsprechender Weise läßt sich nun der Untergruppe $\Gamma\,(\mathfrak{y})$ eine Maßzahl zuordnen. Man beschränke $\mathfrak{X}$ auf die Matrizen mit fester erster Spalte $\mathfrak{y}$; dann ist also $\mathfrak{X}=(\mathfrak{y},\mathfrak{X}_1)$, wo $\mathfrak{X}_1=(x_{kl})$ eine variable reelle Matrix mit m Zeilen und $m-1$ Spalten bedeutet. Wir setzen in diesem Abschnitte nur voraus, daß $\mathfrak{y}$ rational und $\neq 0$ ist; es braucht also nicht $2\,\mathfrak{S}\,\mathfrak{y}$ ganz zu sein. Zerlegt man analog $\mathfrak{W}=\begin{pmatrix}t & \mathfrak{w}'\\ \mathfrak{w} & \mathfrak{W}_1\end{pmatrix}$, so ist $t=\mathfrak{S}\,[\mathfrak{y}]$, $\mathfrak{w}=\mathfrak{X}_1{}'\,\mathfrak{S}\,\mathfrak{y}$, $\mathfrak{W}_1=\mathfrak{S}\,[\mathfrak{X}_1]$, und man erhält auf diese Art alle symmetrischen reellen $\mathfrak{W}^{(m)}$ der Signatur $n, m-n$ mit dem ersten Diagonalelement t. Ist $\mathfrak{X}_1=\mathfrak{X}_0$ irgendwie fest gewählt, so ist allgemein $\mathfrak{X}=\mathfrak{M}\,(\mathfrak{y},\mathfrak{X}_0)$, wo $\mathfrak{M}$ die Elemente der durch die Bedingung $\mathfrak{M}\,\mathfrak{y}=\mathfrak{y}$ definierten Untergruppe M $(\mathfrak{y})$ von M durchläuft. Jetzt bestimmt $\mathfrak{W}$ die Rechtsklassen in M $(\mathfrak{y})$ bezüglich der Untergruppe $\Omega\,(\mathfrak{y})$, die wir mit $\Omega\,(\mathfrak{y};\mathfrak{W})$ bezeichnen wollen. Die Anzahl der unabhängigen Elemente von $\mathfrak{W}$ ist $\frac{(m+2)\,(m-1)}{2}$ und die der unabhängigen Variabeln x_{kl} ist $m\,(m-1)$. Wir wählen dann als lokale Koordinaten auf $\Omega\,(\mathfrak{y};\mathfrak{W})$ weitere $\frac{(m-1)\,(m-2)}{2}$ Funktionen $u_1, u_2, \ldots$ der x_{kl}, so daß die Funktionaldeterminante in einem gegebenen Punkte von 0 verschieden ist, und definieren in der Umgebung das Maßelement wieder durch (12). Die früheren Invarianzeigenschaften bleiben erhalten, nur daß jetzt $\mathfrak{B}$ auf $\Omega\,(\mathfrak{y})$ beschränkt wird und in $\mathfrak{Q}$ die erste Spalte aus den Elementen

1, 0, ..., 0 zu bestehen hat. Für irgendein gegebenes $\mathfrak{W}$ wähle man auf $\Omega(\mathfrak{y}; \mathfrak{W})$ einen Fundamentalbereich $B(\mathfrak{y})$ von der Einheitenuntergruppe $\Gamma(\mathfrak{y})$ und bezeichne sein Maß mit $\mu(\mathfrak{S}, \mathfrak{y})$; es hängt nicht von $\mathfrak{W}$ ab. Sind ferner $\mathfrak{y}_1$ und $\mathfrak{y}_2 = \mathfrak{U}\,\mathfrak{y}_1$ assoziiert, so führt die Abbildung $\mathfrak{X}_1 \to \mathfrak{U}\,\mathfrak{X}_1$ einen Fundamentalbereich $B(\mathfrak{y}_1)$ in einen Fundamentalbereich $B(\mathfrak{y}_2)$ über und es gilt $\mu(\mathfrak{S}, \mathfrak{y}_1) = \mu(\mathfrak{S}, \mathfrak{y}_2)$. Es stellt sich dabei heraus, daß $\mu(\mathfrak{S}, \mathfrak{y})$ endlich ist, außer in den folgenden Fällen: $m = 3$ und $-t|\mathfrak{S}|$ eine positive Quadratzahl; $m = 4$ und $t = 0$ und $|\mathfrak{S}|$ eine Quadratzahl. Wir werden auch zeigen, daß die Berechnung von $\mu(\mathfrak{S}, \mathfrak{y})$ auf die Bestimmung des Maßes der vollen Einheitengruppe einer quadratischen Form führt, welche aus $\mathfrak{S}$ und $\mathfrak{y}$ durch quadratische Ergänzung zu bilden ist.

Nun führen wir schließlich den Ausdruck

$$M(\mathfrak{S}, \mathfrak{a}, t) = \sum_{\mathfrak{S}[\mathfrak{y}] = t} \mu(\mathfrak{S}, \mathfrak{y}) \tag{14}$$

ein, wo über ein volles System bezüglich $\Gamma_{\mathfrak{a}}$ nicht-assoziierter Lösungen $\mathfrak{y} = \mathfrak{x} + \mathfrak{a}$ von $\mathfrak{S}[\mathfrak{y}] = t$ summiert wird, mit Ausnahme der etwaigen Lösung $\mathfrak{y} = 0$. Dies ist das in Aussicht genommene Lösungsmaß.

6. Es sei $\mathfrak{S}[\mathfrak{a}] - t$ ganz, und es bedeute $A_q(\mathfrak{S}, \mathfrak{a}, t)$ für jedes natürliche q die Anzahl der modulo q inkongruenten Lösungen $\mathfrak{x}$ der Kongruenz

$$\mathfrak{S}[\mathfrak{x} + \mathfrak{a}] \equiv t \pmod{q}.$$

Für jede Primzahl p werde die p-adische Lösungsdichte $\delta_p(\mathfrak{S}, \mathfrak{a}, t)$ durch die Formel

$$\delta_p(\mathfrak{S}, \mathfrak{a}, t) = \lim_{k \to \infty} \frac{A_q(\mathfrak{S}, \mathfrak{a}, t)}{q^{m-1}} \qquad (q = p^k)$$

erklärt. Mit diesen Begriffen können wir nun die arithmetische Folgerung aus Satz 1 formulieren.

Satz 2: Es sei $\mathfrak{S}[\mathfrak{x} + \mathfrak{a}] - t$ ganzwertig, und es seien die übrigen Voraussetzungen von Satz 1 erfüllt. Dann ist

$$M(\mathfrak{S}, \mathfrak{a}, t) = \mu_{\mathfrak{a}}(\mathfrak{S}) \prod_p \delta_p(\mathfrak{S}, \mathfrak{a}, t), \tag{15}$$

wo p die Primzahlen in natürlicher Reihenfolge durchläuft.

Dieser Satz enthält insbesondere für $\mathfrak{a} = 0, t = 0$ eine quantitative Verfeinerung des Meyer-Hasseschen Satzes über Nullformen und ergibt für beliebige $\mathfrak{a}, t$ eine entsprechende Aussage, indem nämlich ein Maß für die Gesamtheit der Lösungen von $\mathfrak{S}[\mathfrak{x} + \mathfrak{a}] = t$ durch die p-adischen Lösungsdichten ausgedrückt wird. Das Maß ist dann und nur dann positiv, also von 0 verschieden, wenn für jedes p die diophantische Gleichung p-adisch ganzzahlig lösbar ist, und zwar nicht-trivial im Falle $t = 0$. Durch ein einfaches Eliminationsverfahren mit Hilfe der Möbiusschen Umkehrformel werden wir aus Satz 2 ein analoges Resultat für primitive Lösungen gewinnen.

Summiert man in (15) über die verschiedenen Klassen des Geschlechtes von $\mathfrak{S}$, so erhält man eine Formel, die für den Fall $\mathfrak{a} = 0, t \neq 0$ bereits [5] auf anderem Wege bewiesen wurde, und zwar allgemeiner für die Darstellung einer beliebigen nicht-ausgearteten quadratischen Form durch $\mathfrak{S}[\mathfrak{x}]$ und ohne die bei Satz 1 ausgesprochenen einschränkenden Bedingungen. Dabei ist zu beachten, daß die Maße $\mu_{\mathfrak{a}}(\mathfrak{S})$ und $\mu(\mathfrak{S}, \mathfrak{y})$ auch für definite

Formen [6] ihren Sinn behalten; für positive $\mathfrak{S}$ und t ist nämlich

$$\mu_{\mathfrak{a}}(\mathfrak{S}) = \varrho_m S^{-\frac{m+1}{2}} \frac{1}{E_{\mathfrak{a}}(\mathfrak{S})}, \quad \mu(\mathfrak{S}, \mathfrak{y}) = \varrho_{m-1} S^{-\frac{m}{2}} t^{1-\frac{m}{2}} \frac{1}{E(\mathfrak{S}, \mathfrak{y})},$$

wobei die Ordnungen von $\Gamma_{\mathfrak{a}}$ und $\Gamma(\mathfrak{y})$ mit $E_{\mathfrak{a}}(\mathfrak{S})$ und $E(\mathfrak{S}, \mathfrak{y})$ bezeichnet sind. Bedeutet $A(\mathfrak{S}, \mathfrak{a}, t)$ die Anzahl aller Lösungen von $\mathfrak{S}[\mathfrak{x} + \mathfrak{a}] = t$, so wird dann

$$M(\mathfrak{S}, \mathfrak{a}, t) = \varrho_{m-1} S^{-\frac{m}{2}} t^{1-\frac{m}{2}} \frac{A(\mathfrak{S}, \mathfrak{a}, t)}{E_{\mathfrak{a}}(\mathfrak{S})}.$$

Es ist aber leicht einzusehen, daß (15) im definiten Fall nicht allgemein gültig ist, und zwar auch nicht bei genügend großen m, da es zu jeder Variabelnzahl $m > 1$ positive Formen gleichen Geschlechts gibt, welche nicht genau dieselben Zahlen darstellen.

7. Es ist noch zu erörtern, inwieweit die übrigen bei Satz 1 ausgesprochenen Voraussetzungen wesentlich sind. Es ist bekannt, daß für $m = 2$ die durch verschiedene Klassen eines Geschlechts dargestellten Primzahlen sämtlich voneinander verschieden sind. Für $m = 3$ betrachte man als Beispiel die indefiniten Formen $\varphi = x_1^2 - 2x_2^2 + 64x_3^2$ und $\psi = (2x_1 + x_3)^2 - 2x_2^2 + 16x_3^2$. Sie gehören demselben Geschlecht an, aber ψ stellt keine Quadratzahl dar, deren sämtliche Faktoren $\equiv \pm 1 \pmod 8$ sind. Für binäre und ternäre indefinite Formen ist also (15) nicht allgemein gültig. Für den in Satz 1 ebenfalls ausgeschlossenen Fall einer Quaternionen-Nullform stellt sich (15) noch als richtig heraus; doch werden wir darauf weiterhin nicht in allen Einzelheiten eingehen.

Da für einklassige Geschlechter und $\mathfrak{a} = 0$, $t \neq 0$ die Aussage von Satz 2 in unserem früheren Resultat aus dem Jahre 1936 enthalten ist, so ist es von Wichtigkeit festzustellen, daß es auch unter den Voraussetzungen von Satz 1 Beispiele von Geschlechtern mit mehr als einer Klasse gibt. Ein solches liefern etwa die beiden quaternären Formen $32\varphi + x_4^2$ und $32\psi + x_4^2$, mit φ und ψ in obiger Bedeutung. Nach einer freundlichen Mitteilung von M. Eichler gibt es auch Beispiele für beliebige Variabelnzahl $m > 4$.

Schließlich ist zu erwähnen, daß Satz 2 für $m > 4$ und $\mathfrak{a} = 0$ als Spezialfall enthalten ist in dem Ergebnis einer anderen früheren Arbeit [7]. Die dort benutzte Methode ist mit der jetzt anzuwendenden eng verwandt. Damals unterließ ich die Untersuchung des quaternären Falles, weil dies erhebliche Umwege erfordert hätte. Als ich dann kürzlich mit den schönen Ideen von H. Maass [8, 9] über nicht-analytische automorphe Funktionen bekannt wurde, fand ich einen direkten funktionentheoretischen Beweis von Satz 1, wie er hier dargelegt werden soll. Es ist zu beachten, daß das Beweisverfahren nur bei indefiniten Formen angewendet werden kann; doch gestattet es verschiedene Verallgemeinerungen. Die Darstellung von quadratischen Formen mehrerer Variabeln kann nach dem Vorbild meiner Arbeit aus dem Jahre 1944 ohne grundsätzliche Schwierigkeiten behandelt werden; darauf wollen wir nicht mehr besonders eingehen. Ferner kann man anstelle des Ringes der ganzen rationalen Zahlen eine Ordnung in einem algebraischen Zahlkörper und allgemeiner in einer involutorischen Algebra endlichen Ranges über dem rationalen Zahlkörper zugrunde legen. Bei der Übertragung der Methode auf komplexe Zahlkörper treten dann neue Gesichtspunkte auf. Hierüber und über die Verallgemeinerung auf Algebren soll im zweiten Teil der vorliegenden Abhandlung berichtet werden.

2. Transformation.

1. Es soll zunächst die in (9) definierte Funktion $f_{\mathfrak{a}}(z)$ in ihrer Abhängigkeit von dem Parameter $\mathfrak{a}$ betrachtet werden. Dieser Parameter unterliegt der Bedingung, daß $2\mathfrak{S}\mathfrak{a}$ ganz ist. Andererseits ist offenbar $f_{\mathfrak{a}} = f_{-\mathfrak{a}}$ und $f_{\mathfrak{a}} = f_{\mathfrak{a}+\mathfrak{g}}$ für jedes ganze $\mathfrak{g}$. Daher gibt es höchstens soviele verschiedene Funktionen $f_{\mathfrak{a}}$ bei festem $\mathfrak{S}$, wie es modulo 1 verschiedene Restklassen $\pm\mathfrak{a}$ gibt. Wir wollen nachweisen, daß diese Funktionen sogar linear unabhängig sind.

Da $\mathfrak{P} > 0$ ist, so ist $f_{\mathfrak{a}}(z)$ als Funktion von y vermöge (8) und (9) eine Dirichletsche Reihe. Eine lineare Abhängigkeit zwischen $f_{\mathfrak{a}_1}, f_{\mathfrak{a}_2}, \ldots$ mit konstanten Koeffizienten würde nun eine Gleichung $\mathfrak{R}[\mathfrak{y}_1] = \mathfrak{R}[\mathfrak{y}_2]$ zur Folge haben, identisch in z und $\mathfrak{P}$ mit gewissen konstanten $\mathfrak{y}_1 \equiv \mathfrak{a}_1 \pmod 1$, $\mathfrak{y}_2 \equiv \mathfrak{a}_2 \pmod 1$. Indem man etwa die Parameterdarstellung (4) in der Umgebung von $\mathfrak{Y} = 0$ heranzieht, folgt leicht $\mathfrak{y}_1 = \pm\mathfrak{y}_2$ und damit die Behauptung. Bei dieser Schlußweise wird benutzt, daß $\mathfrak{S}[\mathfrak{x}]$ indefinit ist.

2. Nunmehr wenden wir uns zur Untersuchung des Verhaltens der Funktionen $f_{\mathfrak{a}}(z)$ bei Modulsubstitutionen $\hat{z} = \dfrac{az+b}{cz+d}$.

Bei der Translation $\hat{z} = z+1$ geht $\mathfrak{R}$ zufolge (8) in $\mathfrak{R}+\mathfrak{S}$ über. Andererseits ist $\mathfrak{S}[\mathfrak{y}] \equiv \mathfrak{S}[\mathfrak{a}] \pmod 1$ für $\mathfrak{y} \equiv \mathfrak{a} \pmod 1$. Also ist

$$f(z+b) = e^{2\pi i b \mathfrak{S}[\mathfrak{a}]} f(z),$$

womit der Fall $c = 0$ erledigt ist.

Weiterhin werde ohne Beschränkung der Allgemeinheit $c > 0$ vorausgesetzt. Wir zerlegen

$$\hat{z} = \frac{a}{c} + c^{-2} z_1, \quad z_1 = -\frac{1}{z_2}, \quad z_2 = z + \frac{d}{c}$$

und ersetzen in (9) den Summationsbuchstaben $\mathfrak{x} = \mathfrak{y} - \mathfrak{a}$ durch $\mathfrak{x}c + \mathfrak{g}$, wo $\mathfrak{g}$ ein volles Restsystem modulo c durchläuft und $\mathfrak{x}$ wieder alle ganzen Vektoren. Mit der Bezeichnung

$$\mathfrak{R}_1 = \frac{z_1 + \bar{z}_1}{2}\mathfrak{S} + \frac{z_1 - \bar{z}_1}{2}\mathfrak{P}$$

wird dann

$$f(\hat{z}) = \sum_{\mathfrak{p} \,(\mathrm{mod}\, c)} e^{2\pi i \frac{a}{c} \mathfrak{S}[\mathfrak{p}]} \sum_{\mathfrak{x}} e^{2\pi i \mathfrak{R}_1[\mathfrak{x} + \mathfrak{p} c^{-1}]}.$$

Wegen (2) ist

$$-\mathfrak{R}_1^{-1} = \frac{z_2 + \bar{z}_2}{2}\mathfrak{S}^{-1} + \frac{z_2 - \bar{z}_2}{2}\mathfrak{P}^{-1} = \frac{d}{c}\mathfrak{S}^{-1} + \mathfrak{R}[\mathfrak{S}^{-1}].$$

Die Determinante von $\mathfrak{R}_1$ ergibt sich am einfachsten, indem man $\mathfrak{P}[\mathfrak{x}]$ und $\mathfrak{S}[\mathfrak{x}]$ simultan auf Hauptachsen transformiert. Es wird

$$|2\mathfrak{R}_1| = s\, z_1^n (-\bar{z}_1)^{m-n} = s\, c^m (-cz-d)^{-n} (c\bar{z}+d)^{n-m},$$

wo s wie früher den absoluten Betrag von $|2\mathfrak{S}|$ bedeutet. Nach der bekannten Reziprozitätsformel gilt nun

$$\sum_{\mathfrak{x}} e^{2\pi i \mathfrak{R}_1[\mathfrak{x} + \mathfrak{p}c^{-1}]} = |-2i\mathfrak{R}_1|^{-\frac{1}{2}} \sum_{\mathfrak{x}} e^{-\frac{\pi i}{2}\mathfrak{R}_1^{-1}[\mathfrak{x}] + 2\pi i \mathfrak{x}'\mathfrak{p}c^{-1}}$$

und daher

$$(cz+d)^{-\frac{n}{2}} (c\bar{z}+d)^{\frac{n-m}{2}} f(\hat{z}) = \sum_{\mathfrak{x}} \lambda(\mathfrak{x})\, e^{\frac{\pi i}{2}\mathfrak{R}[\mathfrak{S}^{-1}\mathfrak{x}]} \tag{16}$$

mit den Abkürzungen

$$(17)\quad \lambda(\mathfrak{x}) = \varepsilon\, s^{-\frac{1}{2}} c^{-\frac{m}{2}} \sum_{\mathfrak{p}\,(\mathrm{mod}\, c)} e^{\frac{2\pi i}{c}\left(a\mathfrak{S}[\mathfrak{p}] + \mathfrak{x}'\mathfrak{p} + \frac{d}{4}\mathfrak{S}^{-1}[\mathfrak{x}]\right)}, \quad \varepsilon = e^{\pi i \frac{m-2n}{4}}.$$

Dabei ist $(cz+d)^{-\frac{n}{2}} = \left(\sqrt{cz+d}\right)^{-n}$, $(c\bar{z}+d)^{\frac{n-m}{2}} = \left(\sqrt{c\bar{z}+d}\right)^{n-m}$ mit den Hauptwerten der Wurzeln.

3. Die Vektoren $\frac{1}{2}\mathfrak{S}^{-1}\mathfrak{x}$ liegen in endlich vielen Restklassen modulo 1. Dies sind genau die für den Parameter $\mathfrak{a}$ zulässigen Restklassen. Wir wählen in jeder Restklasse einen festen Vertreter $\mathfrak{b}$, und zwar in der Weise, daß mit $\mathfrak{b}$ auch $-\mathfrak{b}$ auftritt, falls nicht $2\mathfrak{b}$ ganz ist. Bei Summation über $\mathfrak{b}$ kann man dann $\mathfrak{x}$ in (16) durch $2\mathfrak{S}(\mathfrak{x}+\mathfrak{b})$ ersetzen. Wegen $ad - bc = 1$ ist außerdem $a\mathfrak{S}[\mathfrak{y}] + 2(\mathfrak{x}+\mathfrak{b})'\mathfrak{S}\mathfrak{y} + d\mathfrak{S}[\mathfrak{x}+\mathfrak{b}] \equiv a\mathfrak{S}[\mathfrak{y}+\mathfrak{x}d] + 2\mathfrak{b}'\mathfrak{S}(\mathfrak{y}+\mathfrak{x}d) + d\mathfrak{S}[\mathfrak{b}]$ $(\mathrm{mod}\ c)$, also nach (17)

$$(18)\quad \begin{aligned} &\lambda(2\mathfrak{S}(\mathfrak{x}+\mathfrak{b})) = \lambda(2\mathfrak{S}\mathfrak{b}) = \\ &= \varepsilon\, s^{-\frac{1}{2}} c^{-\frac{m}{2}} \sum_{\mathfrak{x}\,(\mathrm{mod}\, c)} e^{\frac{2\pi i}{c}\left(a\mathfrak{S}[\mathfrak{x}+\mathfrak{a}] + 2\mathfrak{b}'\mathfrak{S}(\mathfrak{x}+\mathfrak{a}) + d\mathfrak{S}[\mathfrak{b}]\right)}. \end{aligned}$$

Indem wir noch die Abhängigkeit von $\mathfrak{a}$ und der Matrix $\mathfrak{M} = \begin{pmatrix} a & b \\ c & d\end{pmatrix}$ zum Ausdruck bringen, setzen wir $\lambda(2\mathfrak{S}\mathfrak{b}) = \lambda_{\mathfrak{a}\mathfrak{b}}(\mathfrak{M})$ für ganzes $2\mathfrak{b}$ und sonst $\lambda(2\mathfrak{S}\mathfrak{b}) + \lambda(-2\mathfrak{S}\mathfrak{b}) = \lambda_{\mathfrak{a}\mathfrak{b}}(\mathfrak{M})$. Wegen $f_{\mathfrak{b}} = f_{-\mathfrak{b}}$ geht dann (16) über in

$$(cz+d)^{-\frac{n}{2}}(c\bar{z}+d)^{\frac{n-m}{2}} f_{\mathfrak{a}}(\hat{z}) = \sum_{\mathfrak{b}} \lambda_{\mathfrak{a}\mathfrak{b}}(\mathfrak{M})\, f_{\mathfrak{b}}(z),$$

wo über die Restklassen von $\pm\mathfrak{b}$ (mod 1) summiert wird.

Speziell sei $\frac{c}{4}\mathfrak{S}^{-1}$ ganz, was insbesondere für $2s\,|\,c$ eintritt. Durch die Substitution $\mathfrak{x} \to \mathfrak{x} + \mathfrak{S}^{-1}\mathfrak{g}\frac{c}{2}$ mit beliebigem ganzen $\mathfrak{g}$ folgt dann aus (18), daß die Zahl $\lambda(2\mathfrak{S}\mathfrak{b})$ bei Multiplikation mit $e^{2\pi i \mathfrak{g}'(\mathfrak{a}a+\mathfrak{b})}$ ungeändert bleibt. Also ist sie 0, wenn nicht $\mathfrak{a}a + \mathfrak{b}$ ganz ist. Im restlichen Falle wird

$$\lambda_{\mathfrak{a},\mathfrak{a}a}(\mathfrak{M}) = e^{2\pi i a b \mathfrak{S}[\mathfrak{a}]}\,\omega(a,c)$$

mit

$$(19)\quad \omega(a,c) = \varepsilon\, s^{-\frac{1}{2}} c^{-\frac{m}{2}} \sum_{\mathfrak{x}\,(\mathrm{mod}\, c)}{}' e^{2\pi i \frac{a}{c}\mathfrak{S}[\mathfrak{x}]}.$$

Wir definieren noch $\omega(1,0) = 1$ und fassen unsere Ergebnisse folgendermaßen zusammen.

Hilfssatz 1: Für die Modulsubstitution $\hat{z} = \dfrac{az+b}{cz+d}$ *gilt*

$$(cz+d)^{-\frac{n}{2}}(c\bar{z}+d)^{\frac{n-m}{2}} f_{\mathfrak{a}}(\hat{z}) = \begin{cases} \sum_{\mathfrak{b}} \lambda_{\mathfrak{a}\mathfrak{b}}(\mathfrak{M})\, f_{\mathfrak{b}}(z) & (c > 0) \\ e^{2\pi i a b \mathfrak{S}[\mathfrak{a}]}\,\omega(a,c)\, f_{\mathfrak{a}a}(z) & (2s\,|\,c \geqq 0), \end{cases}$$

wobei im Falle $c = 0$ *die Zahl* $d = 1$ *zu nehmen ist.*

4. Um noch das Vorzeichen von c zu eliminieren, setzen wir

$$\lambda_{\mathfrak{a}\mathfrak{b}}\begin{pmatrix} 1 & b \\ 0 & 1\end{pmatrix} = e^{2\pi i b \mathfrak{S}[\mathfrak{a}]}$$

für $\mathfrak{b} \equiv \pm \mathfrak{a}\, a \pmod 1$ und $= 0$ sonst, ferner

$$(20)\qquad l_{\mathfrak{a}\mathfrak{b}}(\mathfrak{M}; z) = \begin{cases} \varepsilon^{-2} \lambda_{\mathfrak{a}\mathfrak{b}}(\mathfrak{M})(c z - a)^{-\frac{n}{2}} (c \bar{z} - a)^{\frac{n-m}{2}} & (c > 0) \\ \lambda_{\mathfrak{a}\mathfrak{b}}(\mathfrak{M}) & (c = 0, d = 1) \\ l_{\mathfrak{a}\mathfrak{b}}(-\mathfrak{M}; z) & (c \leqq 0). \end{cases}$$

Dann ist stets

$$(21)\qquad f_{\mathfrak{a}}(\hat{z}) = \sum_{\mathfrak{b}} l_{\mathfrak{a}\mathfrak{b}}(\mathfrak{M}; \hat{z})\, f_{\mathfrak{b}}(z).$$

Man bezeichne die Matrizen der $l_{\mathfrak{a}\mathfrak{b}}$, $\lambda_{\mathfrak{a}\mathfrak{b}}$ mit $\mathfrak{L}(\mathfrak{M}; z)$, $\Lambda(\mathfrak{M})$. Ist nun auch $\mathfrak{M}_1 = \begin{pmatrix} a_1 & b_1 \\ c_1 & d_1 \end{pmatrix}$ eine Modulmatrix, so folgt aus (21) wegen der linearen Unabhängigkeit der $f_{\mathfrak{b}}(z)$ die Kompositionsformel

$$(22)\qquad \mathfrak{L}(\mathfrak{M}\mathfrak{M}_1; \hat{z}) = \mathfrak{L}(\mathfrak{M}; \hat{z})\, \mathfrak{L}(\mathfrak{M}_1; z)$$

und daraus

$$(23)\qquad \Lambda(\mathfrak{M})\Lambda(\mathfrak{M}_1) = \begin{cases} \Lambda(\mathfrak{M}\mathfrak{M}_1) & (c > 0, c_1 > 0, c a_1 + d c_1 > 0) \\ \varepsilon^2 \Lambda(\mathfrak{M}\mathfrak{M}_1) & (c > 0, c_1 > 0, c a_1 + d c_1 < 0), \end{cases}$$

$$\Lambda(\mathfrak{M})\Lambda(-\mathfrak{M}^{-1}) = \varepsilon^2 \Lambda(\mathfrak{E}) \qquad (c > 0),$$

wo $\Lambda(\mathfrak{E})$ die Einheitsmatrix ist. Ersetzt man in (18) rechts $\mathfrak{x}$ durch $\mathfrak{x}\, d$, so folgt andererseits

$$(24)\qquad \overline{\Lambda(\mathfrak{M})'} = \varepsilon^{-2} \Lambda(-\mathfrak{M}^{-1})\,^{1)}.$$

Also ist $\Lambda(\mathfrak{M})$ unitär, und insbesondere hat $\omega(a, c)$ den absoluten Betrag 1.

5. Wir setzen

$$(25)\qquad \lambda_{\mathfrak{a}0}(\mathfrak{M}) = \varepsilon\, s^{-\frac{1}{2}} c^{-\frac{m}{2}} \sum_{\mathfrak{x} \,(\mathrm{mod}\, c)} e^{2\pi i \frac{a}{c} \mathfrak{S}[\mathfrak{x} + \mathfrak{a}]} = \omega_{\mathfrak{a}}(a, c) \qquad (c > 0)$$

und $\omega_{\mathfrak{a}}(1, 0) = 1$ für $\mathfrak{a} \equiv 0 \pmod 1$, $= 0$ sonst. Dann ist $\omega_0(a, c) = \omega(a, c)$. In einem speziellen Fall werden wir eine Eigenschaft der $\omega_{\mathfrak{a}}(a, c)$ benötigen, die für alle geraden m gilt. Wir wollen nämlich zeigen, daß dann der Wert von $\omega_{\mathfrak{a}}(a, c)$ nur von den Restklassen von a und c modulo $2s$ abhängt. Für den Rest dieses Abschnitts sei also m gerade. Dann ist $\varepsilon^4 = 1$ und

$$(c z + d)^{-\frac{n}{2}} (c \bar{z} + d)^{\frac{n-m}{2}} = (c z + d)^{\frac{m}{2} - n} |c z + d|^{n-m}.$$

Es wird keine Verwechselung mit dem Zeichen $|\mathfrak{A}|$ für die Determinante einer mit einem großen deutschen Buchstaben geschriebenen Matrix $\mathfrak{A}$ hervorrufen, wenn wir in der vorstehenden Formel und auch weiterhin für den absoluten Betrag einer mit kleinem lateinischen Buchstaben geschriebenen Zahl die übliche Bezeichnung verwenden. Durch die Festsetzung $\omega_{\mathfrak{a}}(-a, -c) = \varepsilon^2 \omega_{\mathfrak{a}}(a, c)$ erklären wir noch das Symbol $\omega_{\mathfrak{a}}(a, c)$ für alle teilerfremden Paare a, c.

Weiterhin seien b und c durch $2s$ teilbar. Aus (23) folgt dann die ausnahmslose Gültigkeit der Formel

$$(26)\qquad \omega(a, c)\, \omega_{\mathfrak{a}a}(a_1, c_1) = \omega_{\mathfrak{a}}(a a_1 + b c_1, c a_1 + d c_1),$$

auch wenn eine der Zahlen c, c_1, $c a_1 + d c_1$ oder alle drei 0 sind. Mit $a_1 = 0$, $c_1 = 1$ wird insbesondere

$$\omega(a, c)\, \omega_{\mathfrak{a}a}(0, 1) = \omega_{\mathfrak{a}}(b, d),$$

wo $\omega_{\mathfrak{a}a}(0, 1) = \varepsilon\, s^{-\frac{1}{2}}$ von $\mathfrak{a}$ frei und $\neq 0$ ist. Also ist $\omega_{\mathfrak{a}}(b, d) = \omega_0(b, d)$ und

[1]) In (24) und der folgenden Zeile muß $\mathfrak{T}^{-1} \Lambda \mathfrak{T}$ anstelle von Λ stehen, wobei $\mathfrak{T}$ aus der Einheitsmatrix $(e_{\mathfrak{a}\mathfrak{b}})$ dadurch hervorgeht, daß man bei allen ganzen $2\mathfrak{a}$ das Diagonalelement $e_{\mathfrak{a}\mathfrak{a}}$ durch $\sqrt{2}$ ersetzt.

nach (19)

$$\omega(a, c) = d^{-\frac{m}{2}} \sum_{\mathfrak{x} \,(\mathrm{mod}\, d)} e^{2\pi i \frac{b}{d} \mathfrak{S}[\mathfrak{x}]} \qquad (d > 0).$$

Ersetzt man hierin $\mathfrak{x}$ durch $\mathfrak{x}\, c$ und beachtet $b\, c \equiv -1 \pmod d$, so erhält man die Reziprozitätsformel

$$(27) \qquad \omega(a, c) = a^{-\frac{m}{2}} \sum_{\mathfrak{x} \,(\mathrm{mod}\, a)} e^{-2\pi i \frac{c}{a} \mathfrak{S}[\mathfrak{x}]} \qquad (a > 0)$$

und speziell

$$(28) \qquad \omega(1, \pm 2\, s) = 1.$$

Nach (19) ist dann auch $\omega(a, \pm 2\, s) = 1$ für $a \equiv 1 \pmod{2\, s}$. Aus (27) folgt hieraus durch Übergang zu den algebraisch Konjugierten, daß allgemein $\omega(a, c) = 1$ ist für $a, c \equiv 1, 0 \pmod{2\, s}$, zunächst im Falle $a > 0$. Ist aber $a < 0$, so gilt nach (28) die Formel

$$\omega(-a, 2\, s) = \omega(-1, 2\, s) = \varepsilon^2 \omega(1, -2\, s) = \varepsilon^2,$$

und zufolge (27) ist dann allgemein $\omega(-a, -c) = \varepsilon^2$, also wieder $\omega(a, c) = 1$.

Es sei nun $(a_1, c_1) = 1$, $(a_2, c_2) = 1$ und $a_1, c_1 \equiv a_2, c_2 \pmod{2\, s}$. Man kann dann eine Modulmatrix $\begin{pmatrix} a & b \\ c & d \end{pmatrix} \equiv \mathfrak{E} \pmod{2\, s}$ so bestimmen, daß $a\, a_1 + b\, c_1 = a_2$, $c\, a_1 + d\, c_1 = c_2$ wird. Jetzt ist $a, c \equiv 1, 0 \pmod{2\, s}$, $\mathfrak{a}\, a \equiv \mathfrak{a} \pmod 1$ und (26) ergibt

$$\omega_{\mathfrak{a}}(a_1, c_1) = \omega_{\mathfrak{a}}(a_2, c_2),$$

wie behauptet war.

3. Integration.

1. Weiterhin werde vorausgesetzt, daß $\mathfrak{S}[\mathfrak{x}]$ im Falle $m < 4$ keine Nullform ist und im Falle $m = 4$ keine Nullform mit quadratischer Determinante. Es soll dann gezeigt werden, daß die Funktion $f_{\mathfrak{a}}(z, \mathfrak{P})$ über den Fundamentalbereich F der Einheitenuntergruppe $\Gamma_{\mathfrak{a}}$ im Raume P integrierbar ist und daß das Integral durch gliedweise Integration der Reihe berechnet werden kann. Dazu genügt es, zu beweisen, daß die Reihe der absoluten Beträge in jedem kompakten Teil von F gleichmäßig konvergiert und ihr Integral beschränkt ist.

Ein Fundamentalbereich F_0 der vollen Einheitengruppe Γ kann folgendermaßen gewonnen werden. Man nennt $\mathfrak{S}[\mathfrak{x}]$ reduziert, wenn es eine positive symmetrische Lösung $\mathfrak{P}$ von $\mathfrak{P}\mathfrak{S}^{-1}\mathfrak{P} = \mathfrak{S}$ gibt, welche im Sinne von Minkowski reduziert ist. Es ist ein wichtiges Ergebnis der Reduktionstheorie [1], daß es nur endlich viele verschiedene reduzierte und mit $\mathfrak{S}[\mathfrak{x}]$ äquivalente Formen $\mathfrak{S}_k[\mathfrak{x}]$ $(k = 1, \ldots, h)$ gibt. Ist dann $\mathfrak{S}_k = \mathfrak{S}[\mathfrak{U}_k]$ mit unimodularem $\mathfrak{U}_k$, so sei F_k die Menge aller Punkte $\mathfrak{P}$ von P, für welche $\mathfrak{P}[\mathfrak{U}_k]$ im Sinne von Minkowski reduziert ist. Die Vereinigungsmenge der F_k ist ein Fundamentalbereich F_0. Hieraus erhält man einen Fundamentalbereich F der Untergruppe $\Gamma_{\mathfrak{a}}$, indem man Einheiten $\mathfrak{V}_1, \mathfrak{V}_2, \ldots$ aus den endlich vielen linksseitigen Nebengruppen wählt und die Bilder von F_0 bei den Transformationen $\mathfrak{P} \to \mathfrak{P}[\mathfrak{V}_l]$ $(l = 1, 2, \ldots)$ zusammenfügt. Da das Linienelement (5) bei der Abbildung $\mathfrak{P} \to \mathfrak{P}[\mathfrak{U}]$ mit unimodularem $\mathfrak{U}$ invariant ist, so genügt es, die absolute Konvergenz des Integrales für den Fall $\mathfrak{U}_k = \mathfrak{V}_l = \mathfrak{E}$, $\mathfrak{S}_k = \mathfrak{S}$ zu untersuchen, wobei dann genau über das Gebiet P_0 aller im Minkowskischen Sinne reduzierten Punkte von P zu integrieren ist.

Es seien $p_1, p_2, \ldots, p_m$ die Diagonalelemente von $\mathfrak{P}$. In P_0 ist dann $p_1 \leqq p_2 \leqq \cdots \leqq p_m$ und

$$\mathfrak{P}[\mathfrak{x}] \geqq c_1 (p_1 x_1^2 + p_2 x_2^2 + \cdots + p_m x_m^2),$$

wo c_1 und weiterhin c_2, c_3, c_4, c_5 positive Zahlen bedeuten, die nicht von $\mathfrak{P}$ abhängen. Daraus folgt, daß das allgemeine Glied der Reihe $f_{\mathfrak{a}}(z, \mathfrak{P})$ durch $e^{-2\pi c_1 y (p_1(x_1+a_1)^2 + \cdots + p_m(x_m+a_m)^2)}$ majorisiert wird, und durch Summation über $\mathfrak{y} = \mathfrak{x} + \mathfrak{a}$ ergibt sich für die Majorantenreihe die obere Abschätzung $c_2 \prod_{k=1}^{m} \left(1 + p_k^{-\frac{1}{2}}\right)$. Dies beweist insbesondere die gleichmäßige Konvergenz der Reihe $f_{\mathfrak{a}}(z, \mathfrak{P})$ in jedem kompakten Teil von P_0.

Wir zeigen jetzt die Konvergenz des Integrales der Majorantenreihe. Es sei die ganze Zahl $q \geqq 0$ folgendermaßen erklärt: Es gibt eine ganze Matrix $\mathfrak{M}$ vom Range q, so daß $\mathfrak{S}[\mathfrak{M}] = 0$ ist, aber keine solche Matrix vom Range $q + 1$. Offenbar ist $q > 0$ dann und nur dann, wenn $\mathfrak{S}[\mathfrak{x}]$ eine Nullform ist. Ferner ist $q \leqq n$, $q \leqq m - n$, also $q \leqq \frac{m}{2}$. Ist speziell $q = n = m - n = \frac{m}{2}$, so wähle man $\mathfrak{M}$ mit q Spalten und fülle zu einer ganzen Matrix $\mathfrak{M}_1$ mit $|\mathfrak{M}_1| \neq 0$ auf. Da in $\mathfrak{S}[\mathfrak{M}_1] = \mathfrak{T}$ die Elemente der Indizes $k, l \leqq \frac{m}{2}$ sämtlich 0 sind, so wird $(-1)^{\frac{m}{2}} |\mathfrak{T}|$ eine Quadratzahl, also auch $(-1)^{\frac{m}{2}} |\mathfrak{S}|$. Nach Voraussetzung ist dann $m \neq 4$. Also ist stets $q \leqq \frac{m}{2}$; ferner $q \leqq 1$ für $m = 4$ und $q = 0$ für $m = 2, 3$. Nun sei l eine Zahl der Reihe $0, \ldots, q$, und es seien $g_1, \ldots, g_l$ beliebige natürliche Zahlen. Wir bezeichnen mit $P(l; g_1, \ldots, g_l)$ die Menge derjenigen reduzierten $\mathfrak{P}$, für welche die Ungleichungen

$$-g_k < \log \frac{p_k}{p_{k+1}} \leqq 1 - g_k \quad (k = 1, \ldots, l-1), \qquad -g_l < \log p_l \leqq 1 - g_l,$$
$$p_k p_{m-k} \geqq 1 \qquad (k = l+1, \ldots, m-l-1), \quad p_l p_{m-l} < 1$$

sämtlich erfüllt sind; im Falle $l = 0$ bedeuten diese

$$p_k p_{m-k} \geqq 1 \qquad (k = 1, \ldots, m-1).$$

Es ist nun bekannt [1], daß die $P(l; g_1, \ldots, g_l)$ für $g_1, \ldots, g_l = 1, 2, \ldots$ und $l = 0, \ldots, q$ ganz P_0 überdecken und daß

$$p_k^{-1} < c_3 \qquad (k = l+1, \ldots, m),$$

$$\int\limits_{P(l; g_1, \ldots, g_l)} dv < c_4 e^{-\frac{1}{2} \sum_{k=1}^{l} k(m-k-1) g_k}$$

ist. Wegen

$$\prod_{k=1}^{l} p_k \geqq e^{-\sum_{k=1}^{l} k g_k}$$

folgt dann

$$\int\limits_{P_0} \prod_{k=1}^{m} \left(1 + p_k^{-\frac{1}{2}}\right) dv < c_5 \sum_{l=0}^{q} \sum_{g_1, \ldots, g_l} e^{-\frac{1}{2} \sum_{k=1}^{l} k(m-k-2) g_k},$$

wo die innere Summe für $l = 0$ den Wert 1 bedeutet und $g_1, \ldots, g_l$ unabhängig voneinander über alle natürlichen Zahlen laufen. Es ist aber $m - k - 2 \geqq m - l - 2 \geqq m - q - 2$, also positiv für $m > 3$, und dann liegt Konvergenz vor. Letzteres gilt trivialerweise auch, wenn $q = 0$ ist, also insbesondere für $m = 2, 3$.

2. Wir setzen

$$V^{-1} \int_F f_{\mathfrak{a}}(z, \mathfrak{P})\, dv = \varphi_{\mathfrak{a}}(z).$$

Wegen der Invarianz von $f_{\mathfrak{a}}$ gegenüber $\Gamma_{\mathfrak{a}}$ erhält man denselben Mittelwert, wenn man statt $\Gamma_{\mathfrak{a}}$ eine Untergruppe von endlichem Index zugrunde legt, etwa die Gruppe der Einheiten $\equiv \mathfrak{E} \pmod{2s}$. Diese ist dann aber von $\mathfrak{a}$ unabhängig, und wir können so die Formel von Hilfssatz 1 einer Mittelbildung unterwerfen.

Hilfssatz 2: Für die Modulsubstitution $\hat{z} = \dfrac{az+b}{cz+d}$ *gilt*

$$(cz+d)^{-\frac{n}{2}} (c\hat{z}+d)^{\frac{n-m}{2}} \varphi_{\mathfrak{a}}(\hat{z}) = \begin{cases} \sum\limits_{\mathfrak{b}} \lambda_{\mathfrak{a}\mathfrak{b}}(\mathfrak{M})\, \varphi_{\mathfrak{b}}(z) & (c > 0) \\ e^{2\pi i a b \mathfrak{S}[\mathfrak{a}]}\, \omega(a, c)\, \varphi_{\mathfrak{a}a}(z) & (2s \mid c \geqq 0), \end{cases}$$

wo im Falle $c = 0$ die Zahl $d = 1$ zu nehmen ist.

3. Wir müssen jetzt die Maße $\mu_{\mathfrak{a}}(\mathfrak{S})$ und $\mu(\mathfrak{S}, \mathfrak{y})$ mit der in (5) eingeführten Metrik in Verbindung bringen. Zunächst führen wir einige abkürzende Bezeichnungen ein.

In einem Gebiete G seien $\eta_1, \ldots, \eta_q$ $(q \leqq p)$ stetig differenzierbare Funktionen der unabhängigen reellen Variabeln $\xi_1, \ldots, \xi_p$, und ihre Funktionalmatrix habe dort überall den Rang q. Es seien $\alpha_1, \ldots, \alpha_q$ Konstante aus dem von $\eta_1, \ldots, \eta_q$ in G angenommenen Wertevorrat. In Analogie zu 1. 4 führen wir dann auf der $(p-q)$-dimensionalen Fläche $\eta_1 = \alpha_1, \ldots, \eta_q = \alpha_q$ ein Volumenmaß ein, indem wir weitere $p - q$ Funktionen $\eta_{q+1}, \ldots, \eta_p$ derselben Variabeln so wählen, daß die Funktionaldeterminante von $\eta_1, \ldots, \eta_p$ in Abhängigkeit von $\xi_1, \ldots, \xi_p$ an einem vorgegebenen Flächenpunkt einen absoluten Wert $\Delta > 0$ hat, und dann $dv = \Delta^{-1} d\eta_{q+1} \ldots d\eta_p$ setzen. Wir schreiben dafür auch

$$dv = \frac{d\xi_1 \ldots d\xi_p}{d\eta_1 \ldots d\eta_q},$$

wobei aber zu beachten ist, daß dies nur auf den einzelnen Flächen $\eta_1 = \alpha_1, \ldots, \eta_q = \alpha_q$ einen von der Wahl der lokalen Koordinaten $\eta_{q+1}, \ldots, \eta_p$ unabhängigen Sinn hat. Damit ist die Volumenmessung im Falle $q < p$ erklärt. Für $q = p$ bedeutet dv die positive Zahl Δ^{-1} und das Volumen ist dann zu definieren als die Summe dieser Werte für alle zu betrachtenden Lösungen $\xi_1, \ldots, \xi_q$ von $\eta_1 = \alpha_1, \ldots, \eta_q = \alpha_q$ in G.

Ist $\mathfrak{X}^{(rs)} = (x_{kl})$ eine Matrix mit unabhängigen variabeln reellen Elementen, so bedeute $\{d\mathfrak{X}\}$ das euklidische Volumenelement in den rs rechtwinkligen kartesischen Koordinaten x_{kl}. Ist $\mathfrak{X}^{(r)}$ symmetrisch, so hat man entsprechend die $\dfrac{r(r+1)}{2}$ Koordinaten mit $k \leqq l$ zu nehmen.

Der absolute Wert der Determinante einer mit einem deutschen Buchstaben bezeichneten Matrix wird weiterhin durch den entsprechenden lateinischen Buchstaben ausgedrückt. Es sei $\mathfrak{B}^{(\varkappa)}$ eine reelle symmetrische Matrix der Signatur $\alpha, \varkappa - \alpha$ und $\mathfrak{F}^{(\varkappa\beta)}$ eine reelle Matrix, so daß $\mathfrak{B}[\mathfrak{F}] = \mathfrak{T}^{(\beta)}$ die Signatur

α, $\beta-\alpha$ besitzt. Für eine variable reelle Matrix $\mathfrak{X}^{(\varkappa\lambda)}$ setze man

$$\mathfrak{B}[\mathfrak{F},\mathfrak{X}]=\begin{pmatrix}\mathfrak{T} & \mathfrak{Q}\\ \mathfrak{Q}' & \mathfrak{R}\end{pmatrix}=\mathfrak{W}^{(\beta+\lambda)}$$

mit $\mathfrak{Q}=\mathfrak{F}'\mathfrak{B}\mathfrak{X}$, $\mathfrak{R}=\mathfrak{B}[\mathfrak{X}]$, und es sei $|\mathfrak{W}|\neq 0$. Damit ist also $\beta+\lambda\leqq\varkappa$ und $\mathfrak{W}$ von der Signatur α, $\beta+\lambda-\alpha$.

Hilfssatz 3: Es seien $\mathfrak{Q}$ und $\mathfrak{R}$ fest gewählt, und man integriere über die gesamte durch $\mathfrak{Q}=\mathfrak{F}'\mathfrak{B}\mathfrak{X}$, $\mathfrak{R}=\mathfrak{B}[\mathfrak{X}]$ im Raume der $\mathfrak{X}$ definierte Fläche B. Dann gilt

$$\int\limits_B\frac{\{d\,\mathfrak{X}\}}{\{d\,\mathfrak{Q}\}\{d\,\mathfrak{R}\}}=\frac{\varrho_{\varkappa-\beta}}{\varrho_{\varkappa-\beta-\lambda}}V^{-\frac{\lambda}{2}}T^{\frac{\beta-\varkappa+1}{2}}W^{\frac{\varkappa-\lambda-\beta-1}{2}},\tag{29}$$

wobei im Falle $\beta=0$ für T der Wert 1 zu setzen ist.

Beweis: Zunächst sei $\beta>0$. Für konstantes umkehrbares $\mathfrak{C}^{(\varkappa)}$ ist $\{d(\mathfrak{C}\mathfrak{X})\}=C^{\lambda}\{d\,\mathfrak{X}\}$ und $|\mathfrak{B}[\mathfrak{C}^{-1}]|=C^{-2}|\mathfrak{B}|$. Daher genügt es, (29) mit $\mathfrak{C}\mathfrak{F}$ statt $\mathfrak{F}$ bei geeignetem $\mathfrak{C}$ zu beweisen. Durch quadratische Ergänzung kann man nun

$$\mathfrak{B}=\begin{pmatrix}\mathfrak{T} & \\ 0 & -\mathfrak{E}_{\varkappa-\beta}\end{pmatrix},\quad \mathfrak{F}=\begin{pmatrix}\mathfrak{E}_\beta\\ 0\end{pmatrix}$$

erreichen. Setzt man noch

$$\mathfrak{R}-\mathfrak{T}^{-1}[\mathfrak{Q}]=\mathfrak{R}_1,\tag{30}$$

so wird

$$\mathfrak{W}\begin{bmatrix}\mathfrak{E}_\beta & -\mathfrak{T}^{-1}\mathfrak{Q}\\ 0 & \mathfrak{E}_\lambda\end{bmatrix}=\begin{pmatrix}\mathfrak{T} & 0\\ 0 & \mathfrak{R}_1\end{pmatrix};$$

also ist $-\mathfrak{R}_1>0$. Für die Zerlegung

$$\mathfrak{X}=\begin{pmatrix}\mathfrak{X}_1^{(\beta\lambda)}\\ \mathfrak{X}_2^{(\varkappa-\beta,\lambda)}\end{pmatrix}$$

folgt dann

$$\begin{pmatrix}\mathfrak{T} & 0\\ 0 & -\mathfrak{E}\end{pmatrix}\begin{bmatrix}\mathfrak{E} & \mathfrak{X}_1-\mathfrak{T}^{-1}\mathfrak{Q}\\ 0 & \mathfrak{X}_2\end{bmatrix}=\begin{pmatrix}\mathfrak{T} & 0\\ 0 & \mathfrak{R}_1\end{pmatrix}$$

$$\mathfrak{X}_1=\mathfrak{T}^{-1}\mathfrak{Q},\qquad -\mathfrak{X}_2'\mathfrak{X}_2=\mathfrak{R}_1$$

$$\{d\,\mathfrak{X}\}=\{d\,\mathfrak{X}_1\}\{d\,\mathfrak{X}_2\}=T^{-\lambda}\{d\,\mathfrak{Q}\}\{d\,\mathfrak{X}_2\},$$

und nach (30) ist $\{d\,\mathfrak{Q}\}\{d\,\mathfrak{R}\}=\{d\,\mathfrak{Q}\}\{d\,\mathfrak{R}_1\}$, so daß sich die Formel

$$\frac{\{d\,\mathfrak{X}\}}{\{d\,\mathfrak{Q}\}\{d\,\mathfrak{R}\}}=T^{-\lambda}\frac{\{d\,\mathfrak{X}_2\}}{\{d\,\mathfrak{R}_1\}}$$

ergibt. Wegen $W=T R_1$, $V=T$ genügt es daher, (29) für $\alpha=\beta=0$, $\mathfrak{B}=-\mathfrak{E}_\varkappa$ zu beweisen. Für konstantes $\mathfrak{C}^{(\lambda)}$ ist ferner $\{d(\mathfrak{X}\mathfrak{C})\}=C^{\varkappa}\{d\,\mathfrak{X}\}$, $\{d(\mathfrak{R}[\mathfrak{C}])\}=C^{\lambda+1}\{d\,\mathfrak{R}\}$, $|\mathfrak{R}[\mathfrak{C}]|=C^2\,\mathfrak{R}|$, und folglich kann man sich auf den Fall $\mathfrak{W}=-\mathfrak{E}_\lambda$ beschränken.

Man hat also noch zu zeigen, daß in unserer Volumenmessung die Fläche $\mathfrak{X}'\mathfrak{X}=\mathfrak{E}$ den Inhalt

$$m_{\varkappa\lambda}=\frac{\varrho_\varkappa}{\varrho_{\varkappa-\lambda}}$$

besitzt. Zunächst sei $\lambda>1$. Indem man dann $\mathfrak{X}$ in zwei Teilmatrizen $\mathfrak{X}_1^{(\varkappa\beta)}$, $\mathfrak{X}_2^{(\varkappa,\lambda-\beta)}$ zerlegt und das im vorigen Absatz gewonnene Resultat mit $\mathfrak{X}_1$, $\mathfrak{X}_2$

statt $\mathfrak{F}$, $\mathfrak{X}$ anwendet, erhält man die Rekursionsformel

$$m_{\varkappa\lambda} = m_{\varkappa\beta}\, m_{\varkappa-\beta,\,\lambda-\beta} \qquad (0 < \beta < \lambda).$$

Daher genügt es, noch den Fall $\lambda = 1$ zu behandeln, also zu zeigen, daß in unserer Volumenmessung die Kugelfläche $x_1^2 + \cdots + x_\varkappa^2 = w$ für $w = 1$ den Inhalt $\frac{\pi^{\frac{\varkappa}{2}}}{\Gamma\left(\frac{\varkappa}{2}\right)}$ besitzt. Führt man $x_1, \ldots, x_{\varkappa-1}$ als Koordinaten ein, so ist

$$m_\varkappa = \int \frac{d\,x_1 \ldots dx_{\varkappa-1}}{x_\varkappa}$$

$$\left(x_\varkappa = +\sqrt{1 - (x_1^2 + \cdots + x_{\varkappa-1}^2)},\quad x_1^2 + \cdots + x_{\varkappa-1}^2 < 1\right);$$

dabei ist zu beachten, daß $\frac{\partial w}{\partial x_\varkappa} = 2\,x_\varkappa$ ist und der Faktor $\frac{1}{2}$ durch die Beschränkung auf positive $x_\varkappa$ berücksichtigt wird. Es ist also $m_1 = 1$ und für $\varkappa > 1$ ergibt die Substitution $x_1^2 + \cdots + x_{\varkappa-1}^2 = u$ die Rekursionsformel

$$m_\varkappa = m_{\varkappa-1}\int_0^1 u^{\frac{\varkappa-3}{2}}\,(1-u)^{-\frac{1}{2}}\,d\,u = m_{\varkappa-1}\,\frac{\Gamma\left(\frac{1}{2}\right)\Gamma\left(\frac{\varkappa-1}{2}\right)}{\Gamma\left(\frac{\varkappa}{2}\right)},$$

woraus die restliche Behauptung folgt.

4. Nach diesen Vorbereitungen können wir (13) beweisen. Wir greifen zurück auf die homogene Parameterdarstellung (3), worin wir jetzt $\mathfrak{X}_1$, $\mathfrak{W}_1$ statt $\mathfrak{X}$, $\mathfrak{W}$ schreiben wollen, also

$$(31)\qquad \mathfrak{P} = 2\,\mathfrak{K} - \mathfrak{S},\quad \mathfrak{K} = \mathfrak{W}_1^{-1}\,[\mathfrak{X}_1'\,\mathfrak{S}],\quad \mathfrak{W}_1 = \mathfrak{S}\,[\mathfrak{X}_1] > 0.$$

Hieraus entsteht die umkehrbar eindeutige inhomogene Parameterdarstellung, indem man eine feste Lösung $\mathfrak{C}$ von (1) wählt und dann

$$(32)\qquad \mathfrak{X}_1 = \mathfrak{C}\begin{pmatrix}\mathfrak{E}\\ -\mathfrak{Y}'\end{pmatrix}\mathfrak{H}$$

mit variablem $\mathfrak{Y}^{(n,m-n)}$ und $\mathfrak{E} > \mathfrak{Y}\,\mathfrak{Y}'$ setzt. Zunächst halten wir die homogene Darstellung bei. Ist $\mathfrak{U}$ eine Einheit von $\mathfrak{S}$, so bleibt $\mathfrak{W}_1$ bei der Abbildung $\mathfrak{X}_1 \to \mathfrak{U}\,\mathfrak{X}_1$ ungeändert, während $\mathfrak{P}$ in $\mathfrak{P}\,[\mathfrak{U}^{-1}]$ übergeht. Da nun $\mathfrak{P}$ stetig von den Elementen von $\mathfrak{X}_1$ abhängt und Γ auf P diskontinuierlich ist, so ist auch die Darstellung durch die Abbildungen $\mathfrak{X}_1 \to \mathfrak{U}\,\mathfrak{X}_1$ auf dem durch die Gleichung $\mathfrak{S}\,[\mathfrak{X}_1] = \mathfrak{W}_1$ für festes positives $\mathfrak{W}_1$ definierten Raum diskontinuierlich. Dabei ist zu beachten, daß jetzt $\mathfrak{U}$ und $-\mathfrak{U}$ verschiedene Abbildungen ergeben. Es sei G das Gebiet aller $\mathfrak{X}_1$ auf $\mathfrak{S}\,[\mathfrak{X}_1] = \mathfrak{W}_1$, für welche der Punkt $\mathfrak{P}$ in dem Fundamentalbereich F von $\Gamma_\mathfrak{a}$ liegt. Gehört $-\mathfrak{E}$ nicht zu $\Gamma_\mathfrak{a}$, so ist auch G ein Fundamentalbereich für $\Gamma_\mathfrak{a}$; im anderen Falle erhalten wir einen solchen, indem wir G durch die Festsetzung halbieren, daß $\mathfrak{X}_1$ eine nicht-negative Spur haben möge. Der zweite Fall tritt genau dann ein, wenn $2\,\mathfrak{a}$ ganz ist. Wir setzen $j = 1$ im ersten und $j = 2$ im zweiten Falle.

Indem wir $\mathfrak{X}_1^{(mn)}$ zu einer quadratischen Matrix $\mathfrak{X} = (\mathfrak{X}_1, \mathfrak{X}_2)$ auffüllen, schreiben wir

$$\mathfrak{S}\,[\mathfrak{X}] = \begin{pmatrix}\mathfrak{W}_1 & \mathfrak{Q}\\ \mathfrak{Q}' & \mathfrak{R}\end{pmatrix} = \mathfrak{W},$$

wobei also $\mathfrak{Q} = \mathfrak{X}_1'\,\mathfrak{S}\,\mathfrak{X}_2$, $\mathfrak{R} = \mathfrak{S}\,[\mathfrak{X}_2]$ und $\mathfrak{W}_1 = \mathfrak{S}\,[\mathfrak{X}_1] > 0$ ist. Für irgendein festes $\mathfrak{W}$ der Signatur $n, m-n$ mit $\mathfrak{W}_1 > 0$ betrachten wir das Gebiet B aller

Lösungen $\mathfrak{X}$ von $\mathfrak{S}[\mathfrak{X}] = \mathfrak{W}$, für welche $\mathfrak{X}_1$ in G liegt. Im Falle $j = 1$ ist auch B ein Fundamentalbereich von $\Gamma_\mathfrak{a}$ bei den Abbildungen $\mathfrak{X} \to \mathfrak{U}\,\mathfrak{X}$, im Falle $j = 2$ das doppelte eines solchen. Wir verwenden Hilfssatz 3 mit $\mathfrak{V} = \mathfrak{S}$, $\mathfrak{F} = \mathfrak{X}_1$, $\mathfrak{T} = \mathfrak{W}_1$, $\varkappa = m$, $\alpha = n$, $\beta = n$, $\lambda = m - n$ und erhalten durch Integration über $\mathfrak{X}_1$ zufolge der in 1.4 gegebenen Definition des Gruppenmaßes

$$(33)\qquad j\,\mu_\mathfrak{a}(\mathfrak{S}) = S^{-\frac{1}{2}} W^{\frac{1}{2}} \int\limits_B \frac{\{d\,\mathfrak{X}\}}{\{d\,\mathfrak{W}\}} = \varrho_{m-n}\, S^{-\frac{m-n+1}{2}}\, W_1^{\frac{n-m+1}{2}} \int\limits_G \frac{\{d\,\mathfrak{X}_1\}}{\{d\,\mathfrak{W}_1\}}.$$

Jetzt substituieren wir (32) und setzen noch

$$\mathfrak{E} - \mathfrak{Y}\,\mathfrak{Y}' = \mathfrak{W}_0,$$

dann wird

$$\{d\,\mathfrak{X}_1\} = C^n H^{m-n} \{d\,\mathfrak{Y}\}\{d\,\mathfrak{H}\},\quad \mathfrak{S}[\mathfrak{X}_1] = \mathfrak{W}_0[\mathfrak{H}] = \mathfrak{W}_1,\quad C^2 = S^{-1},\quad W_0 H^2 = W_1,$$

also

$$\int\limits_G \frac{\{d\,\mathfrak{X}_1\}}{\{d\,\mathfrak{W}_1\}} = S^{-\frac{n}{2}}\, W_1^{\frac{m-n}{2}} \int\limits_F \left(W_0^{-\frac{m-n}{2}} \int\limits_{\mathfrak{W}_0[\mathfrak{H}] = \mathfrak{W}_1} \frac{\{d\,\mathfrak{H}\}}{\{d\,\mathfrak{W}_1\}} \right) \{d\,\mathfrak{Y}\}.$$

Für das innere Integral benutzen wir Hilfssatz 3 mit $\mathfrak{V} = -\mathfrak{W}_0$, $\mathfrak{W} = -\mathfrak{W}_1$, $\varkappa = \lambda = n$, $\alpha = \beta = 0$ und erhalten den Wert $\varrho_n\, W_0^{-\frac{n}{2}}\, W_1^{-\frac{1}{2}}$, so daß

$$(34)\qquad \int\limits_G \frac{\{d\,\mathfrak{X}_1\}}{\{d\,\mathfrak{W}_1\}} = \varrho_n\, S^{-\frac{n}{2}}\, W_1^{\frac{m-n-1}{2}} \int\limits_F W_0^{-\frac{m}{2}} \{d\,\mathfrak{Y}\}$$

wird. Zufolge (6) ist das rechte Integral das Volumen V von F in der Maßbestimmung (5), und nun folgt (13) aus (33) und (34).

5. Schließlich führen wir eine entsprechende Umformung für das Maß $\mu(\mathfrak{S}, \mathfrak{y})$ durch. Mit der bisherigen Bedeutung von $\mathfrak{X}_1^{(mn)}$ und variablem $\mathfrak{X}_2^{(m,\,m-n-1)}$ bilden wir $\mathfrak{X} = (\mathfrak{X}_1, \mathfrak{X}_2)$ und setzen

$$\mathfrak{S}[\mathfrak{y}, \mathfrak{X}] = \begin{pmatrix} t & \mathfrak{q}' \\ \mathfrak{q} & \mathfrak{R} \end{pmatrix} = \mathfrak{W},\quad t = \mathfrak{S}[\mathfrak{y}],$$

$$\mathfrak{S}[\mathfrak{y}, \mathfrak{X}_1] = \begin{pmatrix} t & \mathfrak{l}' \\ \mathfrak{l} & \mathfrak{W}_1 \end{pmatrix} = \mathfrak{W}_2.$$

Da $\mathfrak{W}_1 > 0$ ist, so hat $\mathfrak{W}_2$ die Signatur $n, 1$, falls nur $|\mathfrak{W}_2| \neq 0$ ist. Es sei $\mathfrak{U}$ ein Element der Einheitenuntergruppe $\Gamma(\mathfrak{y})$, also $\mathfrak{U}\,\mathfrak{y} = \mathfrak{y}$. Dann führt die Abbildung $\mathfrak{X}_1 \to \mathfrak{U}\,\mathfrak{X}_1$ den durch die Gleichungen $\mathfrak{X}_1'\,\mathfrak{S}\,\mathfrak{y} = \mathfrak{l}$, $\mathfrak{S}[\mathfrak{X}_1] = \mathfrak{W}_1$ bei festen $\mathfrak{l}$, $\mathfrak{W}_1$ definierten Raum in sich über. Man erhält darin einen Fundamentalbereich $H(\mathfrak{y})$, indem man alle $\mathfrak{X}_1$ zusammenfaßt, für welche der zugehörige Punkt $\mathfrak{P}$ in einem Fundamentalbereich $F(\mathfrak{y})$ von $\Gamma(\mathfrak{y})$ auf P liegt. Läßt man weiter bei jedem solchen $\mathfrak{X}_1$ für $\mathfrak{X}_2$ alle Matrizen zu, bei denen $\mathfrak{S}[\mathfrak{y}, \mathfrak{X}_1, \mathfrak{X}_2] = \mathfrak{W}$ fest bleibt, so erhält man auch einen Fundamentalbereich $B(\mathfrak{y})$ in dem durch diese Gleichung definierten Raume bezüglich der Abbildungen $\mathfrak{X} \to \mathfrak{U}\,\mathfrak{X}$. Zufolge der in 1.5 gegebenen Definition ist dann

$$(35)\qquad \mu(\mathfrak{S}, \mathfrak{y}) = S^{-\frac{1}{2}}\, W^{\frac{1}{2}} \int\limits_{B(\mathfrak{y})} \frac{\{d\mathfrak{X}\}}{\{d\,\mathfrak{q}\}\{d\,\mathfrak{R}\}}.$$

Wir benutzen Hilfssatz 3 mit $\mathfrak{V} = \mathfrak{S}$, $\mathfrak{F} = (\mathfrak{y}, \mathfrak{X}_1)$, $\mathfrak{T} = \mathfrak{W}_2$, $\varkappa = m$, $\alpha = n$,

$\beta = n + 1$, $\lambda = m - n - 1$ und erhalten durch Integration über $\mathfrak{X}_1$ die Beziehung

$$(36) \qquad \mu(\mathfrak{S}, \mathfrak{y}) = \varrho_{m-n-1} S^{-\frac{m-n}{2}} W_2^{1-\frac{m-n}{2}} \int_{H(\mathfrak{y})} \frac{\{d\,\mathfrak{X}_1\}}{\{d\,\mathfrak{l}\}\,\{d\,\mathfrak{W}_1\}}.$$

Setzt man $\mathfrak{W}_1^{-1}[\mathfrak{l}] = w$, so ergibt quadratische Ergänzung

$$\mathfrak{W}_2\begin{bmatrix} 1 & 0 \\ -\mathfrak{W}_1^{-1}\mathfrak{l} & \mathfrak{E} \end{bmatrix} = \begin{pmatrix} t - w & 0 \\ 0 & \mathfrak{W}_1 \end{pmatrix},$$

also $w \geqq 0$, $w > t$, $W_2 = (w - t)\,W_1$. Ferner folgt aus (31), daß

$$w = \mathfrak{W}_1^{-1}[\mathfrak{X}_1'\,\mathfrak{S}\,\mathfrak{y}] = \mathfrak{R}[\mathfrak{y}] = \frac{\mathfrak{P} + \mathfrak{S}}{2}[\mathfrak{y}]$$

nur von $\mathfrak{P}$ abhängt. Wir multiplizieren nun (36) mit $(w - t)^{\frac{m-n}{2}-1} g(w)\,\{d\,\mathfrak{l}\}$, wo $g(w)$ eine später festzulegende Funktion der Veränderlichen w bedeutet, und integrieren bei konstantem $\mathfrak{W}_1$ über den Raum aller zulässigen $\mathfrak{l}$, also über das Gebiet $\mathfrak{W}_1^{-1}[\mathfrak{l}] > t$. Dies Gebiet ist für negatives t der gesamte Raum von n Dimensionen und für $t \geqq 0$ das Äußere eines n-dimensionalen Ellipsoids. Es folgt

$$\mu(\mathfrak{S}, \mathfrak{y}) \int_{\mathfrak{W}_1^{-1}[\mathfrak{l}] > t} (w - t)^{\frac{m-n}{2}-1} g(w)\,\{d\,\mathfrak{l}\} =$$

$$= \varrho_{m-n-1} S^{-\frac{m-n}{2}} W_1^{1-\frac{m-n}{2}} \int_{G(\mathfrak{y})} g(w) \frac{\{d\,\mathfrak{X}_1\}}{\{d\,\mathfrak{W}_1\}};$$

dabei ist $G(\mathfrak{y})$ das Gebiet aller Lösungen $\mathfrak{X}_1$ von $\mathfrak{S}[\mathfrak{X}_1] = \mathfrak{W}_1$, für welche $\mathfrak{P}$ in $F(\mathfrak{y})$ liegt. Einerseits ergibt nun die zu (34) führende Schlußweise allgemeiner

$$\int_{G(\mathfrak{y})} g(w) \frac{\{d\,\mathfrak{X}_1\}}{\{d\,\mathfrak{W}_1\}} = \varrho_n S^{-\frac{n}{2}} W_1^{\frac{m-n-1}{2}} \int_{F(\mathfrak{y})} g(w)\,W_0^{-\frac{m}{2}} \{d\,\mathfrak{Y}\};$$

andererseits liefert Hilfssatz 3 mit $\mathfrak{B} = -\mathfrak{W}_1^{-1}$, $\mathfrak{W} = -w$, $\varkappa = n$, $\alpha = \beta = 0$, $\lambda = 1$ die Formel

$$\int_{\mathfrak{W}_1^{-1}[\mathfrak{l}] = w} \frac{\{d\,\mathfrak{l}\}}{d\,w} = \frac{\varrho_n}{\varrho_{n-1}} W_1^{\frac{1}{2}} w^{\frac{n}{2}-1}.$$

Also gilt

$$(37) \qquad \begin{aligned} \mu(\mathfrak{S}, \mathfrak{y}) \int_{w > 0, t} w^{\frac{n}{2}-1} (w - t)^{\frac{m-n}{2}-1} g(w)\,d\,w = \\ = \varrho_{n-1}\varrho_{m-n-1} S^{-\frac{m}{2}} \int_{F(\mathfrak{y})} g(w)\,d\,v \end{aligned}$$

mit dem in (6) erklärten Volumenelement $d\,v$.

6. Wir erhalten einen Fundamentalbereich $F(\mathfrak{y})$, indem wir von dem Fundamentalbereich F ausgehen und die Vereinigungsmenge seiner Bilder bei den Abbildungen $\mathfrak{P} \to \mathfrak{P}[\mathfrak{U}]$ nehmen, wobei $\mathfrak{U}$ Vertreter aller Linksklassen von $\Gamma(\mathfrak{y})$ in $\Gamma_{\mathfrak{a}}$ durchläuft. Es ist zu beachten, daß diese Vereinigungsmenge

zweifach oder einfach überdeckt wird, je nachdem $-\mathfrak{E}$ zu $\Gamma_{\mathfrak{a}}$ gehört oder nicht; wegen $\mathfrak{y} \neq -\mathfrak{y}$ ist nämlich $-\mathfrak{E}$ keinesfalls Element von $\Gamma(\mathfrak{y})$. Da nun die Vektoren $\mathfrak{U}\mathfrak{y}$ genau einmal alle Assoziierten $\mathfrak{z}$ von $\mathfrak{y}$ durchlaufen, so folgt

$$j \int_{F(\mathfrak{y})} g(w)\, d v = \sum_{\mathfrak{z}} \int_{F} g\left(\frac{\mathfrak{P}+\mathfrak{S}}{2}[\mathfrak{z}]\right) d v .$$

Endlich sei nun speziell

$$g(w) = e^{2\pi i \bar{z} t - 4\pi y w} = e^{2\pi i \mathfrak{R}[\mathfrak{y}]},$$

wo $\mathfrak{R}$ wieder seine alte Bedeutung (8) hat. Man setze noch

$$(38) \qquad h_t = h_t(z) = \int_{w>0,t} w^{\frac{n}{2}-1} (w-t)^{\frac{m-n}{2}-1} g(w)\, d w$$

und summiere (37) über ein volles System nicht-assoziierter Lösungen $\mathfrak{y} = \mathfrak{x} + \mathfrak{a} \neq 0$ von $\mathfrak{S}[\mathfrak{y}] = t$ bei festgehaltenem t. Nach der Definition des Lösungsmaßes (14) wird dann

$$(39) \qquad j\, M(\mathfrak{S}, \mathfrak{a}, t)\, h_t(z) = \varrho_{n-1}\, \varrho_{m-n-1}\, S^{-\frac{m}{2}} \int_{F} \sum_{\mathfrak{S}[\mathfrak{y}]=t} e^{2\pi i \mathfrak{R}[\mathfrak{y}]}\, d v,$$

wo rechts über sämtliche Lösungen $\neq 0$ summiert wird. Man benutze die Abkürzung

$$(40) \qquad \alpha_t = \frac{\pi^{\frac{m}{2}}}{\Gamma\left(\frac{n}{2}\right)\Gamma\left(\frac{m-n}{2}\right)} \; \frac{S^{-\frac{1}{2}} M(\mathfrak{S}, \mathfrak{a}, t)}{\mu_{\mathfrak{a}}(\mathfrak{S})}$$

und erhält dann aus (39) durch Summation über alle durch $\mathfrak{S}[\mathfrak{x} + \mathfrak{a}]$ darstellbaren t unter Benutzung von (13) die folgende Aussage, welche die linken Seiten der Behauptungen (11) und (15) miteinander verknüpft.

Hilfssatz 4: Es sei für $\mathfrak{S}[\mathfrak{x}]$ die Voraussetzung von Satz 1 erfüllt. Dann ist der Mittelwert

$$V^{-1} \int_{F} f_{\mathfrak{a}}(z, \mathfrak{P})\, d v = \gamma + \sum_{t} \alpha_t h_t(z)$$

mit $\gamma = 1$ für ganzes $\mathfrak{a}$ und $\gamma = 0$ sonst.

7. Die Eigenschaften von h_t ergeben sich aus denen der konfluenten hypergeometrischen Funktion

$$h(\varkappa, \lambda; y) = \int_0^{\infty} w^{\varkappa-1} (w+1)^{\lambda-1} e^{-yw}\, d w,$$

die der Differentialgleichung

$$y \frac{d^2 h}{d y^2} + (\varkappa + \lambda - y) \frac{d h}{d y} = \varkappa h$$

genügt; dabei seien y und die Realteile von $\varkappa$, λ positiv. Es wird

$$h_t(z) = \begin{cases} t^{\frac{m}{2}-1} e^{2\pi i t z}\, h\left(\frac{m-n}{2}, \frac{n}{2}; 4\pi t y\right) & (t>0) \\ (-t)^{\frac{m}{2}-1} e^{2\pi i t \bar{z}}\, h\left(\frac{n}{2}, \frac{m-n}{2}; -4\pi t y\right) & (t<0), \end{cases}$$

$$h_0(z) = \Gamma\left(\frac{m}{2}-1\right)(4\pi y)^{1-\frac{m}{2}}.$$

Für positive $\varkappa$, λ ist h eine monoton fallende Funktion von y mit dem Grenzverhalten

$$h(\varkappa, \lambda; y) \sim \begin{cases} \Gamma(\varkappa + \lambda - 1)\, y^{1-\varkappa-\lambda} & (y \to 0;\ \varkappa + \lambda > 1) \\ \Gamma(\varkappa)\, y^{-\varkappa} & (y \to \infty). \end{cases}$$

Für ganze $\varkappa$ und λ ist h ein Polynom in y^{-1} und insbesondere gilt

$$4\pi y\, h_t(z) = e^{2\pi i t x - 2\pi |t| y} \qquad (n = m - n = 2).$$

4. Eisensteinsche Reihen.

1. Von nun an sei $m > 3$. Wir wenden uns zur Untersuchung der Funktion auf der rechten Seite in (11), die mit $\Phi_{\mathfrak{a}}(z)$ bezeichnet werde. Zufolge der Definition von $\gamma(r)$ und $\lambda_{\mathfrak{a}0}$ in (10) und (25) ist

$$\varepsilon^2 \gamma\left(\frac{a}{c}\right) c^{\frac{m}{2}} = \lambda_{\mathfrak{a}0}\begin{pmatrix} a & b \\ c & d \end{pmatrix} \qquad (c > 0,\ (a, c) = 1),$$

also nach (20)

$$l_{\mathfrak{a}0}\left(\begin{matrix} a & b \\ c & d \end{matrix}; z\right) = \gamma\left(\frac{a}{c}\right)\left(z - \frac{a}{c}\right)^{-\frac{n}{2}}\left(\bar{z} - \frac{a}{c}\right)^{\frac{n-m}{2}} \qquad (c > 0),$$

$$l_{\mathfrak{a}0}\left(\begin{matrix} 1 & b \\ 0 & 1 \end{matrix}; z\right) = \gamma$$

und daher

(41) $$2\,\Phi_{\mathfrak{a}}(z) = \sum_{\mathfrak{M}_1} l_{\mathfrak{a}0}(\mathfrak{M}_1; z),$$

wo $\mathfrak{M}_1 = \begin{pmatrix} a & b \\ c & d \end{pmatrix}$ ein volles System von Modulmatrizen mit verschiedenen ersten Spalten durchläuft.

Zunächst behandeln wir den leichteren Fall $m > 4$, in welchem die Reihe absolut konvergiert. Ist $\hat{z} = \dfrac{az + b}{cz + d}$ eine feste Modulsubstitution mit der Matrix $\mathfrak{M}$, so kann man $\mathfrak{M}_1$ in (41) durch $\mathfrak{M}\,\mathfrak{M}_1$ ersetzen und erhält aus (22) die Transformationsformel

(42) $$\Phi_{\mathfrak{a}}(\hat{z}) = \sum_{\mathfrak{b}} l_{\mathfrak{a}\mathfrak{b}}(\mathfrak{M}; \hat{z})\, \Phi_{\mathfrak{b}}(z),$$

die zufolge (21) und der Hilfssätze 1, 2 dieselbe ist wie für $f_{\mathfrak{a}}(z, \mathfrak{P})$ und $\varphi_{\mathfrak{a}}(z)$.

2. Da der Nenner von $\mathfrak{S}[\mathfrak{a}]$ in $2s$ aufgeht, so hat $\Phi_{\mathfrak{a}}(z)$ in z die Periode $2s = q$. Um die Fourierschen Koeffizienten zu bestimmen, entwickeln wir zunächst

$$E(z) = \sum_{k=-\infty}^{\infty} (z - k)^{-\frac{n}{2}} (\bar{z} - k)^{\frac{n-m}{2}}$$

nach der Poissonschen Formel. Es ist

$$\int_{-\infty}^{\infty} (\xi + iy)^{-\frac{n}{2}} (\xi - iy)^{\frac{n-m}{2}} e^{-2\pi i k \xi}\, d\xi =$$

$$= \frac{e^{-\frac{n\pi i}{4}}}{\Gamma\left(\frac{n}{2}\right)} \int_{-\infty}^{\infty}\left(\int_0^{\infty} \eta^{\frac{n}{2}-1} e^{-(y - i\xi)\eta}\, d\eta\right)(\xi - iy)^{\frac{n-m}{2}} e^{-2\pi i k \xi}\, d\xi =$$

$$= \frac{\varepsilon}{i\,\Gamma\left(\frac{n}{2}\right)} \int_0^\infty \left(\int_{y-i\infty}^{y+i\infty} \zeta^{\frac{n-m}{2}} e^{(y-2\pi k)\zeta}\, d\zeta \right) \eta^{\frac{n}{2}-1} e^{-2y(\eta-\pi k)}\, d\eta =$$

$$= \frac{2\pi\varepsilon}{\Gamma\left(\frac{n}{2}\right)\Gamma\left(\frac{m-n}{2}\right)} \int_{\eta > 0,\, 2\pi k} \eta^{\frac{n}{2}-1} (\eta - 2\pi k)^{\frac{m-n}{2}-1} e^{-2y(\eta-\pi k)}\, d\eta =$$

$$= \frac{\varepsilon (2\pi)^{\frac{m}{2}}}{\Gamma\left(\frac{n}{2}\right)\Gamma\left(\frac{m-n}{2}\right)} e^{-2\pi i k x} h_k(z)$$

mit der in (38) gegebenen Bedeutung von $h_k(z)$ und folglich

$$E(z) = \frac{\varepsilon (2\pi)^{\frac{m}{2}}}{\Gamma\left(\frac{n}{2}\right)\Gamma\left(\frac{m-n}{2}\right)} \sum_{k=-\infty}^{\infty} h_k(z).$$

Wegen $\gamma(r) = \gamma(r_1)$ für $r \equiv r_1 \pmod q$ wird dann

$$\sum_{a \equiv a_1 \,(\mathrm{mod}\, cq)} \gamma\left(\frac{a}{c}\right)\left(z - \frac{a}{c}\right)^{-\frac{n}{2}} \left(\bar z - \frac{a}{c}\right)^{\frac{n-m}{2}} = \gamma\left(\frac{a_1}{c}\right) q^{-\frac{m}{2}} E\left(\frac{z}{q} - \frac{a}{cq}\right),$$

also

$$\Phi_{\mathfrak a}(z) = \gamma + q^{-\frac{m}{2}} \sum_{c>0} \sum_{\substack{a \,(\mathrm{mod}\, cq) \\ (a,c)=1}} \gamma\left(\frac{a}{c}\right) E\left(\frac{z}{q} - \frac{a}{cq}\right)$$

und

(43) $$\Phi_{\mathfrak a}(z) = \gamma + \sum_t \beta_t h_t(z)$$

mit

(44) $$\beta_t = \frac{\pi^{\frac{m}{2}}}{\Gamma\left(\frac{n}{2}\right)\Gamma\left(\frac{m-n}{2}\right)} S^{-\frac{1}{2}} q^{-1} \sum_{\frac{a}{c} \,(\mathrm{mod}\, q)} c^{-m} \sum_{\mathfrak x \,(\mathrm{mod}\, c)} e^{2\pi i \frac{a}{c}(\mathfrak S[\mathfrak x + \mathfrak a] - t)},$$

wo t alle Brüche mit dem ungekürzten Nenner q durchläuft und $\frac{a}{c}$ alle gekürzten Brüche modulo q. Nun ist aber in (44) für jedes feste c die Teilsumme 0, wenn nicht $\mathfrak S[\mathfrak a] - t$ ganz ist. Daher kann man in (43) die Zahl t auf die Werte $\equiv \mathfrak S[\mathfrak a] \pmod 1$ beschränken und dann in (44) die Zahl q durch 1 ersetzen.

3. Die Doppelsumme in (44) ist nun gerade das über alle Primzahlen erstreckte Produkt der p-adischen Dichten $\delta_p(\mathfrak S, \mathfrak a, t)$, wie sich folgendermaßen einsehen läßt. Wir betrachten in (44) wieder die Teilsummen mit festen c, also

$$B_c = B_c(t) = c^{-m} \sum_{a, \mathfrak x \,(\mathrm{mod}\, c)}' e^{2\pi i \frac{a}{c}(\mathfrak S[\mathfrak x + \mathfrak a] - t)},$$

wobei a nur ein reduziertes Restsystem modulo c durchläuft. Da die Matrix $\Lambda(\mathfrak M)$ in 2.4 unitär ist, so folgt aus (25) die Abschätzung

(45) $$|B_c| \leq s^{\frac{1}{2}} \varphi(c)\, c^{-\frac{m}{2}} \leq s^{\frac{1}{2}} c^{1-\frac{m}{2}}.$$

Setzt man $c^{1-m} A_c(\mathfrak S, \mathfrak a, t) = D_c(t) = D_c$, wo A_c wie früher die Anzahl der modulo c inkongruenten Lösungen $\mathfrak{x}$ von $\mathfrak{S}\,[\mathfrak{x}+\mathfrak{a}] \equiv t \pmod{c}$ bedeutet, so ist

$$\sum_{d\mid c} B_d = D_c, \tag{46}$$

also nach der MÖBIUSschen Formel

$$B_c = \sum_{d\mid c} \mu\left(\frac{c}{d}\right) D_d. \tag{47}$$

Da nun D_c eine multiplikative Funktion von c ist, so gilt das gleiche von B_c. Nach Voraussetzung ist zunächst $m > 4$, so daß (45) und (46) die gewünschten Beziehungen

$$\delta_p\,(\mathfrak{S}, \mathfrak{a}, t) = 1 + B_p\,(t) + B_{p^2}\,(t) + \cdots,$$

$$\sum_{c=1}^{\infty} B_c\,(t) = \prod_p \delta_p\,(\mathfrak{S}, \mathfrak{a}, t)$$

ergeben, bei absoluter Konvergenz der auftretenden Reihen.

4. Wir werden jetzt den Nachweis führen, daß der Koeffizient β_t in (43) für alle t gleich der in (40) definierten Zahl α_t ist. Dies liefert dann Satz 2 und wegen Hilfssatz 4 und (43) auch Satz 1.

Es ist

$$(\alpha_t - \beta_t)\, h_t\,(z)\, e^{-2\pi i t x} = \int_0^1 (\varphi_{\mathfrak{a}}\,(z) - \Phi_{\mathfrak{a}}\,(z))\, e^{-2\pi i t x}\, d\,x. \tag{48}$$

Zufolge 3.7 ist die Differenz $\varphi_{\mathfrak{a}}\,(z) - \Phi_{\mathfrak{a}}\,(z) = \Delta_{\mathfrak{a}}\,(z)$ für $y \to \infty$ von der Größenordnung von $y^{1-\frac{m}{2}}$, gleichmäßig in x. Daher ist das Produkt $y^{\frac{m}{4}}\,\Delta_{\mathfrak{a}}\,(z)$ beschränkt im Fundamentalbereich der Modulgruppe in der oberen Halbebene, also wegen Hilfssatz 2 und (42) überall in der oberen Halbebene, und das gleiche gilt dann vermöge (48) für den Ausdruck $(\alpha_t - \beta_t)\, y^{\frac{m}{4}}\, h_t\,(z)\, e^{-2\pi i t x}$. Andererseits ist

$$\lim_{y\to 0} y^{\frac{m}{2}-1}\, h_t\,(z)\, e^{-2\pi i t x} = \Gamma\left(\frac{m}{2}-1\right)(4\,\pi)^{1-\frac{m}{2}} > 0\,.$$

Wegen $m > 4$ folgt hieraus $\alpha_t = \beta_t$.

5. Quaternäre Formen.

1. Um den Beweis auch für $m = 4$ durchzuführen, kann man bei der Diskussion des Integrales in (48) die KLOOSTERMANsche Verfeinerung der Kreismethode von HARDY und LITTLEWOOD heranziehen. Wir wollen statt dessen einen funktionentheoretischen Beweis erbringen, mit dem man auch bei der Verallgemeinerung des Problems auf algebraische Zahlkörper durchkommt. Es sei hervorgehoben, daß dieses Beweisverfahren bei definiten Formen versagt, und hier dürfte die PETERSSONsche Methode unerläßlich sein. Es wäre wünschenswert, diese Methode auf total-reelle algebraische Zahlkörper zu übertragen, was wegen der bekannten Eigenschaften der HILBERTschen Modulgruppe prinzipiell möglich ist.

Um die bei der Untersuchung der Funktion $\Phi_{\mathfrak{a}}\,(z)$ jetzt eintretenden Konvergenzschwierigkeiten zu überwinden, benutzen wir eine Idee von HECKE, die mit der KRONECKERschen Grenzformel zusammenhängt. Mit einer komplexen

Variabeln ϱ setzen wir

(49) $$\Phi_{\mathfrak{a}}(z;\varrho) = \gamma + \sum_{\frac{a}{c}} \gamma\left(\frac{a}{c}\right) c^{-\varrho} \left(z - \frac{a}{c}\right)^{-\frac{n+\varrho}{2}} \left(\bar{z} - \frac{a}{c}\right)^{-\frac{m-n+\varrho}{2}},$$

wobei $\frac{a}{c}$ wieder alle rationalen Zahlen durchläuft. Der Realteil von ϱ sei zunächst positiv. Dann wird analog zu (41) und (42)

$$2\,\Phi_{\mathfrak{a}}(z;\varrho) = \sum_{(a,c)=1} l_{\mathfrak{a}0}\begin{pmatrix} a & b \\ c & d \end{pmatrix}; z\Big)\,|cz - a|^{-\varrho},$$

(50) $$|cz + d|^{-\varrho}\,\Phi_{\mathfrak{a}}(\hat{z};\varrho) = \sum_{\mathfrak{b}} l_{\mathfrak{a}\mathfrak{b}}(\mathfrak{M};\hat{z})\,\Phi_{\mathfrak{b}}(z;\varrho).$$

2. Man erhält analog zu (43) die FOURIERsche Entwicklung

(51) $$\Phi_{\mathfrak{a}}(z;\varrho) = \gamma + \sum_{t} \beta_t(\varrho)\,h_t(z;\varrho)$$

mit

$$h_t(z;\varrho) = e^{2\pi i t \bar{z}} \int_{w>0,t} w^{\frac{n+\varrho}{2}-1} (w-t)^{\frac{m-n+\varrho}{2}-1} e^{-4\pi y w}\,dw,$$

(52) $$\beta_t(\varrho) = \frac{\pi^{\frac{m}{2}}(2\pi)^{\varrho}}{\Gamma\left(\frac{n+\varrho}{2}\right)\Gamma\left(\frac{m-n+\varrho}{2}\right)} S^{-\frac{1}{2}} \sum_{c=1}^{\infty} B_c(t)\,c^{-\varrho}.$$

Für die DIRICHLETsche Reihe

(53) $$b(\varrho, t) = \sum_{c=1}^{\infty} B_c(t)\,c^{-\varrho}$$

ergibt sich nach (45) und (47) die in der rechten Halbebene absolut konvergente Produktentwicklung

$$b(\varrho,t) = \prod_p b_p(\varrho,t), \quad b_p(\varrho,t) = 1 + B_p(t)\,p^{-\varrho} + B_{p^2}(t)\,p^{-2\varrho} + \cdots,$$

wobei p die Primzahlen durchläuft, und es gilt

(54) $$b_p(0,t) = \lim_{\varrho\to 0} b_p(\varrho,t) = \delta_p(\mathfrak{S},\mathfrak{a},t).$$

Wegen $m = 4$ reicht aber (45) jetzt nicht aus, um auf die Richtigkeit der Formel

(55) $$\lim_{\varrho\to 0} b(\varrho,t) = \prod_p \delta_p(\mathfrak{S},\mathfrak{a},t)$$

schließen zu können. Nun folgt jedoch aus der Betrachtung der Kongruenz $\mathfrak{S}[\mathfrak{x} + \mathfrak{a}] \equiv t \pmod{p^k}$ oder auch direkt aus den Eigenschaften der Gaussschen Summen, daß D_{p^k} bei festem p einen von k unabhängigen Wert besitzt, wenn nur p nicht in $2s$ aufgeht und p^k nicht in $2st$. Geht insbesondere p weder in $2s$ noch in $2st$ auf, so ist [6]

(56) $$B_p = -\chi(p)\,p^{-2},$$

wo $\chi(p)$ das LEGENDREsche Symbol $\left(\frac{(-1)^n s}{p}\right)$ bedeutet, also

$$b_p(\varrho,t) = 1 - \chi(p)\,p^{-2-\varrho}$$

unabhängig von t. Wegen (54) folgt dann (55) im Falle $t \neq 0$.

Indem man zur Abschätzung der restlichen $b_p(\varrho,t)$ wieder (45) benutzt und beachtet, daß $h_t(z;\varrho)$ in Abhängigkeit von t für $|t| \to \infty$ exponentiell zu 0 abnimmt, und zwar gleichmäßig in ϱ, wenn dessen Realteil etwa zwischen $-\frac{1}{2}$

und $\frac{1}{2}$ liegt, so folgt die Regularität der Differenz $\Phi_{\mathfrak{a}}(z;\varrho) - \beta_0(\varrho)\, h_0(z;\varrho)$ bei $\varrho = 0$ und die Grenzformel

(57) $$\lim_{\varrho \to 0} (\Phi_{\mathfrak{a}}(z;\varrho) - \beta_0(\varrho)\, h_0(z;\varrho)) = \gamma + \sum_{t \neq 0} \beta_t\, h_t(z)$$

mit

$$\beta_t = \frac{\pi^{\frac{m}{2}}}{\Gamma\left(\frac{n}{2}\right)\Gamma\left(\frac{m-n}{2}\right)} S^{-\frac{1}{2}} \sum_p \delta_p(\mathfrak{S}, \mathfrak{a}, t) \qquad (t \neq 0).$$

3. Es bleibt noch das Verhalten von $\beta_0(\varrho)$ für $\varrho \to 0$ zu untersuchen. Dabei können wir $\mathfrak{S}[\mathfrak{a}]$ als ganzzahlig voraussetzen, da sonst $\beta_0(\varrho)$ identisch 0 ist. Geht p nicht in $2s$ auf, so wird

(58) $$B_q(0) = \chi(q)\,(1 - p^{-1})\, q^{-1} \qquad (q = p^k;\ k = 1, 2, \ldots),$$

also

(59) $$b_p(\varrho, 0) = (1 - \chi(p)\, p^{-2-\varrho})\,(1 - \chi(p)\, p^{-1-\varrho})^{-1}.$$

Ist nun $|\mathfrak{S}|$ keine Quadratzahl, so konvergiert bekanntlich bei natürlicher Anordnung der Primzahlen das unendliche Produkt der Faktoren $(1 - \chi(p)\, p^{-1-\varrho})^{-1}$ für $\varrho = 0$ und ist gleich dem Grenzwert für $\varrho \to 0$. Dann gilt also (55) auch für $t = 0$ und es wird

(60) $$\lim_{\varrho \to 0} \Phi_{\mathfrak{a}}(z;\varrho) = \gamma + \sum_t \beta_t\, h_t(z).$$

Jetzt sei $|\mathfrak{S}|$ ein Quadrat, also insbesondere $n = 2$. Dann ist $\chi(p) = 1$ für $p \nmid 2s$ und nach (59)

$$b(\varrho, 0) = \frac{\zeta(\varrho+1)}{\zeta(\varrho+2)} \prod_{p|2s} \left(\frac{1 - p^{-1-\varrho}}{1 - p^{-2-\varrho}}\, b_p(\varrho, 0)\right).$$

Folglich ist $\varrho\, b(\varrho, 0)$ im Punkte $\varrho = 0$ regulär und es gilt die Potenzreihenentwicklung

(61) $$b(\varrho, 0) = \frac{c_{-1}}{\varrho} + c_0 + c_1\varrho + \cdots$$

mit

$$c_{-1} = 6\,\pi^{-2} \prod_{p|2s} \frac{\delta_p(\mathfrak{S}, \mathfrak{a}, 0)}{1 + p^{-1}}.$$

Sind die endlich vielen $\delta_p(\mathfrak{S}, \mathfrak{a}, 0)$ für $p|2s$ alle $\neq 0$, so hat $b(\varrho, 0)$ bei $\varrho = 0$ einen Pol erster Ordnung mit dem positiven Residuum c_{-1}. Ist aber ein $\delta_p(\mathfrak{S}, \mathfrak{a}, 0) = 0$, etwa für $p = p_0$, so folgt aus (45) und (47) die Formel

$$b_p(\varrho, 0) = (1 - p^{-\varrho})\,(1 + D_p\, p^{-\varrho} + D_{p^2}\, p^{-2\varrho} + \cdots) \qquad (p = p_0).$$

Da die D_{p^k} $(k = 1, 2, \ldots)$ alle ≥ 0 sind, so hat diese Funktion $b_p(\varrho, 0)$ bei $\varrho = 0$ eine Nullstelle erster Ordnung. Dann ist also $b(\varrho, 0)$ bei $\varrho = 0$ regulär und hat dort den Wert

(62) $$c_0 = 6\,\pi^{-2} \log p_0\, \frac{1 + D_{p_0}(0) + D_{p_0^2}(0) + \cdots}{1 + p_0^{-1}} \prod_{p \neq p_0} \frac{\delta_p(\mathfrak{S}, \mathfrak{a}, 0)}{1 + p^{-1}}.$$

Dieser ist positiv, wenn kein weiteres $\delta_p = 0$ ist, und sonst 0. Wir werden später sehen, daß für quadratisches $|\mathfrak{S}|$ der letztgenannte Fall vorliegen muß; dann ist aber wieder (55) für $t = 0$ richtig, da beide Seiten 0 sind.

Es ist übrigens zu bemerken, daß die p-adische Dichte $\delta_p(\mathfrak{S}, \mathfrak{a}, t)$ dann und nur dann 0 ist, wenn die Gleichung $\mathfrak{S}[\mathfrak{x} + \mathfrak{a}] = t$ entweder überhaupt keine ganze p-adische Lösung hat oder für $t = 0$ und p-adisch ganzes $\mathfrak{a}$ nur die triviale $\mathfrak{x} = -\mathfrak{a}$. Es ist klar, daß diese Bedingung hinreichend für $\delta_p = 0$ ist. Hat man umgekehrt eine nicht-triviale Lösung, so kann man eine rationale Parameterdarstellung der allgemeinen Lösung mit $m - 1$ unabhängigen Parametern angeben. Aus dieser ergibt sich für $D_{pk}(t)$ eine von k freie positive untere Schranke, was dann $\delta_p > 0$ zur Folge hat.

4. Wir führen nun den Beweis zu Ende für den Fall $n = m - n = 2$, aber zunächst unter der Annahme, daß entweder $|\mathfrak{S}|$ kein Quadrat ist oder aber mindestens zwei $\delta_p(\mathfrak{S}, \mathfrak{a}, 0) = 0$ sind. Dann gilt (60). Wir setzen $\lim_{\varrho \to 0} \Phi_{\mathfrak{a}}(z; \varrho) = \Phi_{\mathfrak{a}}(z)$, wobei wir vorläufig noch die Frage offen lassen, ob dieser Grenzwert gleich der Reihe in (11) ist. Da die Funktion $4\pi y\, h_t(z) = e^{2\pi i t x - 2\pi |t| y}$ der Potentialgleichung genügt, so ist auch der Ausdruck

$$4\pi y\,(\Phi_{\mathfrak{a}}(z) - \varphi_{\mathfrak{a}}(z)) = \psi_{\mathfrak{a}}(z)$$

eine komplexe Potentialfunktion.

Nach Hilfssatz 2 und (50) gelten die Transformationsformeln

$$\psi_{\mathfrak{a}}(\hat{z}) = \sum_{\mathfrak{b}} \lambda_{\mathfrak{a}\mathfrak{b}}\, \psi_{\mathfrak{b}}(z) \qquad (c > 0), \tag{63}$$

$$\psi_{\mathfrak{a}}(\hat{z}) = \omega(a, c)\, \psi_{\mathfrak{a}}(z) \qquad (2s\,|\,b;\ 2s\,|\,c). \tag{64}$$

Nach 2.5 ist speziell $\omega(a, c) = 1$ für $a, c \equiv 1, 0 \pmod{2s}$; also ist $\psi_{\mathfrak{a}}(z)$ invariant bei der Kongruenzgruppe der Stufe $2s$. Bei dem Grenzübergang $y \to \infty$ strebt $\psi_{\mathfrak{a}}(z)$ gegen das konstante Glied $\beta_0 - \alpha_0$ der Fourierschen Reihe, und dieses ist zugleich der Mittelwert von $\psi_{\mathfrak{a}}(z)$ auf jedem horizontalen Intervall der Länge $2s$ in der oberen Halbebene. Man betrachte nun den Realteil oder den Imaginärteil von $\psi_{\mathfrak{a}}(z)$ im Fundamentalbereich der Kongruenzgruppe der Stufe $2s$. Zufolge (63) ist diese reelle Potentialfunktion stetig in den parabolischen Randpunkten, und wegen der soeben bemerkten Mittelwertseigenschaft werden die Randwerte auch im Innern angenommen. Nach dem Maximumprinzip ist dann aber diese Funktion konstant. Also ist auch $\psi_{\mathfrak{a}}(z)$ eine Konstante, nämlich $\beta_0 - \alpha_0$. Wäre diese $\neq 0$, so ergibt (64) die Formel $\omega(a, c) = 1$, und zufolge (19) ist dann $s^{-\frac{1}{2}}$ rational, also $|\mathfrak{S}|$ ein Quadrat. Dann ist $\mathfrak{S}[\mathfrak{x}]$ keine Nullform, also $\alpha_0 = 0$; ferner sind zwei $\delta_p(\mathfrak{S}, \mathfrak{a}, 0) = 0$, also $\beta_0 = 0$. Daher ist $\psi_{\mathfrak{a}}(z)$ identisch 0.

5. Jetzt diskutieren wir den Ausnahmefall, daß nämlich $|\mathfrak{S}|$ ein Quadrat ist und höchstens ein $\delta_p(\mathfrak{S}, \mathfrak{a}, 0) = 0$. Wir werden zeigen, daß dies gar nicht eintreten kann.

Aus (52), (53) und (61) folgt die Potenzreihenentwicklung

$$(4\pi y)^{1+\frac{\varrho}{2}} \beta_0(\varrho)\, h_0(z; \varrho) = \varkappa_{\mathfrak{a}} \left(\frac{1}{\varrho} - \frac{1}{2}\log y\right) + \nu_{\mathfrak{a}} + \cdots,$$

wo die nicht hingeschriebenen Glieder bei $\varrho = 0$ verschwinden und $\varkappa_{\mathfrak{a}}$, $\nu_{\mathfrak{a}}$ konstant sind; dabei ist

$$\varkappa_{\mathfrak{a}} = \pi^2 S^{-\frac{1}{2}} c_{-1} = 6\, S^{-\frac{1}{2}} \prod_{p|2s} \frac{\delta_p(\mathfrak{S}, \mathfrak{a}, 0)}{1 + p^{-1}}, \tag{65}$$

und im Falle $\varkappa_{\mathfrak{a}} = 0$ ist

$$\nu_{\mathfrak{a}} = \pi^2 S^{-\frac{1}{2}} c_0 \tag{66}$$

mit dem in (62) gegebenen Werte von c_0. Zufolge (57) wird dann

$$\lim_{\varrho \to 0} \left((4\pi y)^{1+\frac{\varrho}{2}} \Phi_{\mathfrak{a}}(z; \varrho) - \frac{\varkappa_{\mathfrak{a}}}{\varrho}\right) = -\frac{\varkappa_{\mathfrak{a}}}{2} \log y + \nu_{\mathfrak{a}} + 4\pi y \Big(\gamma + \sum_{t \neq 0} \beta_t h_t(z)\Big). \tag{67}$$

Nun setzen wir

$$(68)\qquad -4\pi y\,\varphi_{\mathfrak{a}}(z) + \lim_{\varrho\to 0}\left((4\pi y)^{1+\frac{\varrho}{2}}\,\Phi_{\mathfrak{a}}(z;\varrho) - \frac{\varkappa_{\mathfrak{a}}}{\varrho}\right) = \psi_{\mathfrak{a}}(z).$$

Wegen des logarithmischen Gliedes in (67) genügt $\psi_{\mathfrak{a}}(z) = \psi$ der Differentialgleichung

$$(69)\qquad y^2\left(\frac{\partial^2\psi}{\partial x^2} + \frac{\partial^2\psi}{\partial y^2}\right) = \frac{\varkappa_{\mathfrak{a}}}{2}.$$

Aus Hilfssatz 2 und (50) entnimmt man wieder die Transformationsformeln (63), (64) und außerdem

$$(70)\qquad \varkappa_{\mathfrak{a}} = \sum_{\mathfrak{b}} \lambda_{\mathfrak{a}\mathfrak{b}}\,\varkappa_{\mathfrak{b}}.$$

Zunächst sei $\varkappa_{\mathfrak{a}} > 0$. Dann wird wegen (63), (67), (70) der Realteil von $\psi_{\mathfrak{a}}(z)$ negativ unendlich an allen parabolischen Spitzen des Fundamentalbereiches der Kongruenzgruppe von der Stufe $2s$, hat also ein Maximum in einem inneren Punkte der oberen Halbebene. Dort sind dann aber die partiellen Ableitungen $\frac{\partial^2\psi}{\partial x^2}$ und $\frac{\partial^2\psi}{\partial y^2}$ beide $\leqq 0$, im Widerspruch zu (69). Also ist $\varkappa_{\mathfrak{a}} = 0$ für alle $\mathfrak{a}$ und $\psi_{\mathfrak{a}}(z)$ eine Potentialfunktion. Daraus folgt wie im vorigen Abschnitt, daß $\psi_{\mathfrak{a}}(z)$ eine Konstante ist, nämlich $\nu_{\mathfrak{a}} - \alpha_0$. Da $\mathfrak{S}[\mathfrak{x}]$ keine Nullform ist, so ist dabei wieder $\alpha_0 = 0$.

Zufolge (62) und (66) ist $\nu_{\mathfrak{a}} > 0$, da nach Voraussetzung die Gleichung $\mathfrak{S}[\mathfrak{x} + \mathfrak{a}] = 0$ für jedes $p \neq p_0$ eine nicht-triviale ganze p-adische Lösung besitzt. Dann gilt dies aber auch für $\mathfrak{a} = 0$, und es folgt $\nu_0 > 0$. Nach (63) wird

$$\nu_0 = \sum_{\mathfrak{b}} \lambda_{0\mathfrak{b}}\,\nu_{\mathfrak{b}};$$

also gilt nach (24) und (25) auch

$$(71)\qquad \nu_0 = \sum_{\mathfrak{b}} \omega_{\mathfrak{b}}(a, c)\,\nu_{\mathfrak{b}}.$$

Wir benutzen nun, daß $\omega_{\mathfrak{b}}(a, c)$ nur von den Restklassen von a, c modulo $2s$ abhängt. Danach gilt

$$\Phi_{\mathfrak{b}}(z;\varrho) = \omega_{\mathfrak{b}}(1,0) + \sum_{\substack{\alpha,\gamma\,(\mathrm{mod}\,2s)\\(\alpha,\gamma,2s)=1}} \omega_{\mathfrak{b}}(\alpha,\gamma) \sum_{\substack{a,c\equiv\alpha,\gamma\,(\mathrm{mod}\,2s)\\(a,c)=1,\,c>0}} |cz - a|^{-2-\varrho}.$$

Die innere Summe hat bei $\varrho = 0$ einen Pol erster Ordnung, dessen Residuum von α, γ unabhängig ist. Andererseits ist $\Phi_{\mathfrak{b}}(z;\varrho)$ bei $\varrho = 0$ regulär, also

$$\sum_{\alpha,\gamma} \omega_{\mathfrak{b}}(\alpha,\gamma) = 0.$$

Summiert man nun in (71) über die Restklassen von a, c modulo $2s$, so folgt der Widerspruch $\nu_0 = 0$. Dies Resultat läßt sich einfacher aus der Theorie der Quaternionenalgebren ableiten, und die HILBERTsche Normenrestformel liefert die schärfere Aussage, daß die Anzahl der verschwindenden $\delta_p(\mathfrak{S}, \mathfrak{a}, 0)$ gerade ist.

6. Nun kommen wir zu dem Fall $n = 1$, auf den sich der Fall $n = 3$ zurückführen läßt, indem man $\mathfrak{S}$ durch $-\mathfrak{S}$ und z durch $-\bar{z}$ ersetzt. Ist φ irgendeine differenzierbare Funktion von x und y, so definiere man in naheliegender Weise $\frac{\partial\varphi}{\partial z} = \frac{1}{2}\frac{\partial\varphi}{\partial x} - \frac{i}{2}\frac{\partial\varphi}{\partial y}$ und $\frac{\partial\varphi}{\partial\bar{z}} = \frac{1}{2}\frac{\partial\varphi}{\partial x} + \frac{i}{2}\frac{\partial\varphi}{\partial y}$, also $4\frac{\partial^2\varphi}{\partial z\partial\bar{z}} = \frac{\partial^2\varphi}{\partial x^2} + \frac{\partial^2\varphi}{\partial y^2}$. Weiterhin wird das übrigens nur für Funktionen benutzt, die ana-

lytisch in den komplexen Variabeln x und y sind, wobei dann $z = x + iy$ und $\bar{z} = x - iy$ als unabhängige Variable in der oberen und unteren Halbebene angesehen werden können.

Für die Differenz

$$\Phi_{\mathfrak{a}}(z) - \varphi_{\mathfrak{a}}(z) = \xi_{\mathfrak{a}}(z) = \xi$$

gilt die Transformationsformel

$$(72) \qquad (cz+d)^{-\frac{1}{2}} (c\bar{z}+d)^{-\frac{3}{2}} \xi_{\mathfrak{a}}(\hat{z}) = \sum_{\mathfrak{b}} \lambda_{\mathfrak{a}\mathfrak{b}} \xi_{\mathfrak{b}}(z),$$

wobei die rechte Seite gleich $\xi_{\mathfrak{a}}(z)$ ist für $\mathfrak{M} \equiv \mathfrak{E} \pmod{2s}$. Andererseits ist

$$(73) \qquad \xi = \sum_{t} (\beta_t - \alpha_t) h_t(z),$$

$$h_t(z) = \int_{w>0,t} w^{-\frac{1}{2}} (w-t)^{\frac{1}{2}} e^{2\pi i z w - 2\pi i \bar{z}(w-t)} \, dw.$$

Setzt man noch

$$(74) \qquad \eta = \eta_{\mathfrak{a}}(z) = \xi + 4iy \frac{\partial \xi}{\partial z} = 2(z-\bar{z})^{\frac{1}{2}} \frac{\partial (z-\bar{z})^{\frac{1}{2}} \xi}{\partial z}$$

und bildet analog

$$h_t + 4iy \frac{\partial h_t}{\partial z} = \int_{w>0,t} \left(w^{-\frac{1}{2}} + 4\pi i (z-\bar{z}) w^{\frac{1}{2}}\right) (w-t)^{\frac{1}{2}} e^{2\pi i z w - 2\pi i \bar{z}(w-t)} \, dw =$$

$$= \int_{w>0,t} \left(w^{-\frac{1}{2}} (w-t)^{\frac{1}{2}} - 2 \frac{d\, w^{\frac{1}{2}} (w-t)^{\frac{1}{2}}}{dw}\right) e^{2\pi i z w - 2\pi i \bar{z}(w-t)} \, dw =$$

$$= - \int_{w>0,t} w^{\frac{1}{2}} (w-t)^{-\frac{1}{2}} e^{2\pi i z w - 2\pi i \bar{z}(w-t)} \, dw = g_t(z),$$

so ist

$$(75) \qquad \eta = \sum_{t} (\beta_t - \alpha_t) g_t(z).$$

Umgekehrt gilt aber auch

$$g_t - 4iy \frac{\partial g_t}{\partial \bar{z}} = h_t$$

und folglich

$$(76) \qquad \xi = \eta - 4iy \frac{\partial \eta}{\partial \bar{z}}.$$

Es seien p, q, r drei Parameter, r komplex vom Betrage 1, p und q reell, $q < 0$ im Falle $p = 0$. Wir definieren

$$\frac{pz+q}{p\bar{z}+q} = e^{i\vartheta} \qquad (0 < \vartheta \leqq 2\pi),$$

$$\psi_{\mathfrak{a}}(z) = \psi = ry\left(e^{\frac{i\vartheta}{2}} \eta - e^{-\frac{i\vartheta}{2}} \xi\right),$$

$$\Psi_{\mathfrak{a}}(z) = \Psi = y(|\eta| + |\xi|).$$

Diese Funktionen haben bemerkenswerte Eigenschaften. Wegen

$$(z-\bar{z})^{\frac{1}{2}} (cz+d)^{-\frac{1}{2}} (c\bar{z}+d)^{-\frac{3}{2}} = (\hat{z}-\bar{\hat{z}})^{\frac{1}{2}} (c\bar{z}+d)^{-1}$$

und $\frac{d\hat{z}}{dz} = (cz+d)^{-2}$ folgt aus (72) und (74) die Formel

$$(77) \qquad (cz+d)^{-\frac{3}{2}} (c\bar{z}+d)^{-\frac{1}{2}} \eta_{\mathfrak{a}}(\hat{z}) = \sum_{\mathfrak{b}} \lambda_{\mathfrak{a}\mathfrak{b}} \eta_{\mathfrak{b}}(z).$$

Also ist Ψ invariant bei der Kongruenzgruppe der Stufe $2s$. Ferner haben $4\pi y \xi$ und $4\pi y \eta$ für $y \to \infty$ die entgegengesetzten Grenzwerte $\beta_0 - \alpha_0$ und $\alpha_0 - \beta_0$. Zufolge (72) und (77) ist

$$\Psi_{\mathfrak{a}}(\hat{z}) = \Big|\sum_{\mathfrak{b}} \lambda_{\mathfrak{a}\mathfrak{b}}\, y\, \xi_{\mathfrak{b}}(z)\Big| + \Big|\sum_{\mathfrak{b}} \lambda_{\mathfrak{a}\mathfrak{b}}\, y\, \eta_{\mathfrak{b}}(z)\Big|,$$

und daher hat Ψ Grenzwerte an allen parabolischen Spitzen. Folglich nimmt Ψ irgendwo ein Maximum M an, eventuell in einer Spitze.

7. Für die Funktion ψ gewinnt man folgendermaßen eine Differentialgleichung. Setzt man

$$(z-\bar{z})\sqrt{\frac{p\bar{z}+q}{pz+q}}\;\xi_{\mathfrak{a}} = \alpha_{\mathfrak{a}} = \alpha, \qquad (\bar{z}-z)\sqrt{\frac{pz+q}{p\bar{z}+q}}\;\eta_{\mathfrak{a}} = \beta_{\mathfrak{a}} = \beta,$$

so wird vermöge (74) und (76)

$$2(z-\bar{z})\frac{\partial\alpha}{\partial z} = \left(2 - \frac{p(z-\bar{z})}{pz+q}\right)\alpha - \frac{p\bar{z}+q}{pz+q}\beta - \alpha = \frac{p\bar{z}+q}{pz+q}(\alpha-\beta)$$

$$2(\bar{z}-z)\frac{\partial\beta}{\partial\bar{z}} = \frac{pz+q}{p\bar{z}+q}(\beta-\alpha),$$

also

$$(pz+q)\frac{\partial\alpha}{\partial z} - (p\bar{z}+q)\frac{\partial\beta}{\partial\bar{z}} = \frac{p}{2}(\beta-\alpha)$$

$$2(z-\bar{z})\frac{\partial^2\alpha}{\partial z\partial\bar{z}} - 2\frac{\partial\alpha}{\partial z} = \frac{p}{pz+q}(\alpha-\beta) + \frac{p\bar{z}+q}{pz+q}\left(\frac{\partial(\alpha+\beta)}{\partial\bar{z}} - 2\frac{\partial\beta}{\partial\bar{z}}\right)$$

$$2(z-\bar{z})\frac{\partial^2\alpha}{\partial z\partial\bar{z}} = \frac{p\bar{z}+q}{pz+q}\;\frac{\partial(\alpha+\beta)}{\partial\bar{z}}$$

$$2(\bar{z}-z)\frac{\partial^2\beta}{\partial z\partial\bar{z}} = \frac{pz+q}{p\bar{z}+q}\;\frac{\partial(\alpha+\beta)}{\partial z}.$$

Wegen $\psi = \frac{ir}{2}(\alpha+\beta)$ folgt hieraus

$$2(z-\bar{z})\frac{\partial^2\psi}{\partial z\partial\bar{z}} = e^{-i\vartheta}\frac{\partial\psi}{\partial\bar{z}} - e^{i\vartheta}\frac{\partial\psi}{\partial z}$$

$$\text{(78)} \qquad y\left(\frac{\partial^2\psi}{\partial x^2} + \frac{\partial^2\psi}{\partial y^2}\right) = \cos\vartheta\frac{\partial\psi}{\partial y} - \sin\vartheta\frac{\partial\psi}{\partial x}.$$

Hierin sind nun die Koeffizienten reell, so daß also auch der Realteil χ von ψ derselben Differentialgleichung genügt.

Zunächst werde angenommen, daß Ψ sein Maximum M in einem inneren Punkte $z_0 = x_0 + iy_0$ der oberen Halbebene annimmt. Dann wähle man die Konstanten p, q derart, daß die Funktionen α und β im Punkte z_0 dieselbe Amplitude haben; dies ist möglich, da $\frac{pz_0+q}{p\bar{z}_0+q}$ den ganzen Rand des Einheitskreises durchläuft, wenn das Verhältnis $\frac{p}{q}$ von $-\infty$ nach $+\infty$ geht. Hiernach werde r vom Betrage 1 so bestimmt, daß ψ im Punkte z_0 reell und nichtnegativ wird. Dann gilt

$$\text{(79)} \qquad |\psi(z)| \leqq \Psi(z) \leqq M, \quad \psi(z_0) = M.$$

Also hat der Realteil χ von ψ in z_0 das Maximum M.

Aus der elliptischen Differentialgleichung (78) folgt jetzt, daß $\chi(z)$ konstant gleich M ist. Es sei nämlich

$$\chi = M + \sum_{k=l}^{\infty} P_k(x-x_0, y-y_0)$$

die TAYLORsche Entwicklung von χ in der Umgebung von $x = x_0$, $y = y_0$. Dabei bedeute P_k ein homogenes Polynom k-ten Grades in $x - x_0$ und $y - y_0$. Dann hat P_l im Punkte $x = x_0$, $y = y_0$ das Maximum 0 und genügt andererseits zufolge (78) der Potentialgleichung. Folglich ist $P_l = 0$ und $\chi(z) = M$, also nach (79) auch $\psi(z) = \Psi(z) = M$.

8. Damit sind wir auf den Fall geführt, daß Ψ sein Maximum in einer parabolischen Spitze erreicht. Diese sei $z_0 = \frac{a}{c}$, wobei $(a, c) = 1$ ist und die Möglichkeit $a = 1, c = 0$ zuzulassen ist. Jetzt wählen wir $p = c$, $q = -a$. Für die Modulsubstitution $\hat{z} = \frac{az+b}{cz+d}$ gelten nach (72) und (77) die Transformationsformeln

$$\alpha_{\mathfrak{a}}(\hat{z}) = \sum_{\mathfrak{b}} \lambda_{\mathfrak{a}\mathfrak{b}} (\bar{z} - z)\, \xi_{\mathfrak{b}}(z), \quad \beta_{\mathfrak{a}}(\hat{z}) = \sum_{\mathfrak{b}} \lambda_{\mathfrak{a}\mathfrak{b}} (z - \bar{z})\, \eta_{\mathfrak{b}}(z),$$
$$\psi_{\mathfrak{a}}(\hat{z}) = r \sum_{\mathfrak{b}} \lambda_{\mathfrak{a}\mathfrak{b}}\, y\, (\xi_{\mathfrak{b}}(z) - \eta_{\mathfrak{b}}(z)). \tag{80}$$

Da $y\,\xi_{\mathfrak{b}}(z)$ und $-y\,\eta_{\mathfrak{b}}(z)$ für $y \to \infty$ gleiche Grenzwerte haben, so gilt dasselbe für $\alpha_{\mathfrak{a}}(\hat{z})$ und $\beta_{\mathfrak{a}}(\hat{z})$. Bei geeigneter Wahl von r ist dann wieder (79) erfüllt, wenn unter $\psi(z_0)$ der Grenzwert von $\psi(\hat{z})$ für $y \to \infty$ verstanden wird. Die rechte Seite von (80) ist eine FOURIERsche Reihe in x mit der Periode $2s$, deren konstantes Glied M ist, und hieraus folgt wie früher durch Integration über ein horizontales Intervall der Länge $2s$ in der oberen Halbebene, daß der Realteil von $\psi_{\mathfrak{a}}(\hat{z})$ dort irgendwo ebenfalls M ist. Damit kommen wir wieder auf den Fall zurück, daß das Maximum im Innern angenommen wird. Also ist $\psi = M$,

$$r\,y\left(\sqrt{\frac{cz-a}{c\bar{z}-a}}\,\eta - \sqrt{\frac{c\bar{z}-a}{cz-a}}\,\xi\right) = M.$$

Ist hierin $c \neq 0$, so ergibt der Grenzübergang $y \to \infty$ links den Wert 0, da nämlich $y\,\xi$ und $y\,\eta$ entgegengesetzte Grenzwerte haben und die Wurzeln gegen i und $-i$ streben; dann ist also $M = 0$. Ist aber $c = 0$, so folgt $\xi = \eta + \frac{\varkappa}{y}$ mit konstantem $\varkappa = \frac{M}{r}$, woraus nach (76)

$$\frac{\partial \eta}{\partial \bar{z}} = -\varkappa i (z - \bar{z})^{-2}, \quad \eta = \frac{\varkappa i}{\bar{z} - z} + \lambda(z), \quad \xi = \frac{\varkappa i}{z - \bar{z}} + \lambda(z)$$

folgt; dabei hängt $\lambda(z)$ nicht von $\bar{z}$ ab. Nach (74) ist schließlich $\frac{d\lambda(z)}{dz} = 0$, also $\lambda(z)$ konstant, und zwar 0 wegen der Existenz des Grenzwertes von $y\,\xi$ für $y \to \infty$. Aus (72) folgt dann auch $\varkappa = 0$. Damit ist in jedem Falle die Formel

$$\Phi_{\mathfrak{a}}(z) = \varphi_{\mathfrak{a}}(z)$$

bewiesen.

9. Es bleibt noch zu zeigen, daß

$$\Phi_{\mathfrak{a}}(z) = \lim_{\varrho \to 0} \Phi_{\mathfrak{a}}(z; \varrho) = \Phi_{\mathfrak{a}}(z; 0)$$

ist, wobei in der Definition (49) von $\Phi_{\mathfrak{a}}(z; 0)$ die Summation zuerst bei festem c über a und dann über c erstreckt wird; außerdem muß auch noch die Konvergenz dieser Reihe nachgewiesen werden. Durch FOURIERsche Entwicklung der inneren Summe ergibt sich anstelle von (51) die Formel

$$\Phi_{\mathfrak{a}}(z;\varrho) = \gamma + \frac{\pi^{\frac{m}{2}}(2\pi)^{\varrho}}{\Gamma\left(\frac{n+\varrho}{2}\right)\Gamma\left(\frac{m-n+\varrho}{2}\right)} S^{-\frac{1}{2}} \sum_{c=1}^{\infty} c^{-\varrho} \sum_{t} B_c(t)\, h_t(z;\varrho)$$

für $\varrho > 0$ und im Falle der Konvergenz auch für $\varrho = 0$. Man hat also die Konvergenz und rechtsseitige Stetigkeit dieser Reihe bei $\varrho = 0$ zu beweisen.

Es ist B_c multiplikativ; ferner ergibt (56) die Abschätzung $|B_c| \leqq c^{-2}$, wenn c zu $2s$ und $2st$ teilerfremd ist. Zunächst sei $t \neq 0$, und es laufe c_1 über alle zu $4s^2t$ teilerfremden natürlichen Zahlen und c_2 über diejenigen natürlichen Zahlen, deren sämtliche Primteiler in $4s^2t$ aufgehen. Wegen (45) wird dann

$$\sum_{c=1}^{\infty} c^{-\varrho} |B_c(t)| \leqq s^{\frac{1}{2}} \sum_{c_1} c_1^{-2} \sum_{c_2} c_2^{-1} \qquad (\varrho \geqq 0).$$

Nun ist

$$\sum_{c_2} c_2^{-1} = \prod_{p \mid 4s^2t} (1 - p^{-1})^{-1} = O(\log\log|t|),$$

während $h_t(z;\varrho)$ für $|t| \to \infty$ exponentiell gegen 0 strebt, gleichmäßig in Intervall $0 \leqq \varrho \leqq 1$. Ferner ist $h_0(z;\varrho) = (4\pi y)^{-1-\varrho}$, und nach (53), (55) hat die DIRICHLETsche Reihe

$$b(\varrho, 0) = \sum_{c=1}^{\infty} c^{-\varrho} B_c(0) \qquad (\varrho > 0)$$

für $\varrho \to 0$ einen Grenzwert. Kann man noch die Konvergenz dieser Reihe für $\varrho = 0$ beweisen, so erhält man die gleichmäßige Konvergenz der Reihe $\Phi_{\mathfrak{a}}(z;\varrho)$ im abgeschlossenen Intervall $0 \leqq \varrho \leqq 1$ und damit auch das gewünschte Resultat.

Nach (58) ist $B_c(0) = \chi(c)\varphi(c)c^{-2}$ für $(c, 2s) = 1$, wo $\chi(c)$ das KRONECKERsche Symbol $\left(\frac{(-1)^n 4s}{c}\right)$ bedeutet. Zunächst sei $|\mathfrak{S}|$ kein Quadrat. Läßt man d über alle natürlichen Zahlen laufen, deren Primteiler sämtlich in $2s$ aufgehen, so wird

$$\text{(81)} \qquad \sum_{c=1}^{N} B_c = \sum_{d \leqq N} B_d \sum_{c \leqq \frac{N}{d}} \chi(c)\varphi(c)c^{-2}$$

und für $N \to \infty$

$$\sum_{c \leqq N} \chi(c)\varphi(c)c^{-2} = \sum_{k \leqq N} \chi(k)\mu(k)k^{-2} \sum_{c \leqq \frac{N}{k}} \chi(c)c^{-1} =$$

$$= \sum_{k \leqq N} \chi(k)\mu(k)k^{-2}\left(O\left(\frac{k}{N}\right) + \sum_{c=1}^{\infty}\chi(c)c^{-1}\right) =$$

$$= \prod_{p} (1 - \chi(p)p^{-2})(1 - \chi(p)p^{-1})^{-1} + O\left(\frac{\log N}{N}\right)$$

sowie nach (45)

$$\sum_{d \leqq N} B_d = \prod_{p \mid 2s} \delta_p(\mathfrak{S}, \mathfrak{a}, 0) + O\left(\frac{1}{N}\right)$$

und

$$(82)\qquad \sum_{d \leqq N} |B_d| \frac{\log \frac{N}{d}}{\frac{N}{d}} \leqq s^{\frac{1}{2}} \frac{\log N}{N} \sum_{d \leqq N} 1 = o(1);$$

woraus die Konvergenz folgt.

10. Endlich sei $|\mathfrak{S}|$ ein Quadrat, also $\mathfrak{S}[\mathfrak{x}]$ keine Nullform und $\delta_p(\mathfrak{S}, \mathfrak{a}, 0) = 0$ für mindestens zwei Primteiler $p = p_0, p_1$ von $2s = q$. Jetzt ist $\chi(c) = 1$ für $(c, 2s) = 1$, $= 0$ sonst, und wegen

$$\sum_{c \leqq N} \chi(c) c^{-1} = \Theta \log N + C + O\left(\frac{1}{N}\right)$$

mit konstantem C und $\Theta = \frac{\varphi(q)}{q}$ wird

$$\sum_{c \leqq N} \chi(c)\, \varphi(c)\, c^{-2} =$$

$$= (\Theta \log N + C) \sum_{k \leqq N} \chi(k)\, \mu(k)\, k^{-2} - \Theta \sum_{k \leqq N} \chi(k)\, \mu(k) \log k\, k^{-2} + O\left(\frac{\log N}{N}\right) =$$

$$= (\Theta \log N + C) \prod_{p \nmid q} (1 - p^{-2}) + \Theta \prod_{p \nmid q} (1 - p^{-2}) \sum_{p \nmid q} \frac{\log p}{p^2 - 1} + O\left(\frac{\log N}{N}\right).$$

Ferner ist diesmal

$$\sum_{d \leqq N} B_d = O\left(\frac{1}{N}\right),$$

also nach (81) und (82)

$$\sum_{c \leqq N} B_c = -\Theta \prod_{p \nmid q} (1 - p^{-2}) \sum_{d \leqq N} B_d \log d + o(1),$$

woraus wegen

$$\sum_{d \leqq N} B_d \log d = \sum_{d} B_d \log d + O\left(\frac{\log N}{N}\right)$$

die Konvergenz folgt.

Die Summe aller $B_c(0)$ ist übrigens 0, wie aus den Formeln

$$\sum_{d} B_d \log d = \sum_{p \mid 2s} (B_p \log p + B_{p^2} \log p^2 + \cdots) \sum_{p \nmid d} B_d$$

$$\sum_{p_0 \nmid d} B_d = \prod_{p_0 \neq p \mid 2s} \delta_p(\mathfrak{S}, \mathfrak{a}, 0) = 0$$

ersichtlich wird, in Übereinstimmung mit (55).

6. Zusätzliche Bemerkungen.

1. Es ist die Frage naheliegend, ob man bei geeigneter Modifikation unseres Verfahrens auch ein Resultat für den bisher ausgeschlossenen Fall der Quaternionen-Nullform beweisen kann. In diesem Falle divergiert das Integral der Funktion $f_{\mathfrak{a}}(z, \mathfrak{P})$ über den Fundamentalbereich der Einheitengruppe $\Gamma_{\mathfrak{a}}$, wenn $\mathfrak{S}[\mathfrak{x} + \mathfrak{a}] = 0$ eine Lösung hat, und insbesondere für $\mathfrak{a} = 0$. Man kann nun zeigen, daß man durch Fortlassen der Glieder mit $\mathfrak{S}[\mathfrak{y}] = 0$, $\mathfrak{y} \neq 0$ aus der Summe (9) das Integral konvergent macht. Es sei $f_{\mathfrak{a}}^*(z, \mathfrak{P})$ die so abgeänderte Summe und

$$\varphi_{\mathfrak{a}}^*(z) = V^{-1} \int_F f_{\mathfrak{a}}^*(z, \mathfrak{P})\, dv$$

ihr Mittelwert in F. Indem man noch für die fortgelassenen Glieder das divergente Integral in geeigneter Weise asymptotisch berechnet [4], so ergibt sich für die Funktion

$$\varphi_{\mathfrak{a}}(z) = \varphi_{\mathfrak{a}}^{*}(z) - b_{\mathfrak{a}} \frac{\log y}{y} + \frac{c_{\mathfrak{a}}}{y}$$

mit gewissen Konstanten $b_{\mathfrak{a}}$, $c_{\mathfrak{a}}$ wieder die Transformationsformel von Hilfssatz 2. Definiert man dann $\psi_{\mathfrak{a}}(z)$ wieder durch (68), so ist (63) erfüllt, und es gilt die Differentialgleichung (69) mit $\varkappa_{\mathfrak{a}} - 8\pi b_{\mathfrak{a}}$ anstelle von $\varkappa_{\mathfrak{a}}$. Mit der Schlußweise von 5.5 folgt hieraus, daß

(83) $$\varkappa_{\mathfrak{a}} = 8\pi b_{\mathfrak{a}}$$

und $\psi_{\mathfrak{a}}(z)$ konstant ist. Auf diese Art erkennt man, daß die Aussage von Satz 2 auch für Quaternionen-Nullformen bestehen bleibt. Im Falle $t = 0$ sind beide Seiten zugleich 0 oder ∞, und man hat die zusätzliche quantitative Aussage (83).

Der Wert $\varkappa_{\mathfrak{a}}$ ist in (65) angegeben worden. Für die independente Bestimmung von $b_{\mathfrak{a}}$ ist zu benutzen, daß $\mathfrak{S}[\mathfrak{x}]$ durch eine Substitution $\mathfrak{x} = \mathfrak{C}\mathfrak{z}$ mit rationalen Koeffizienten in die Normalform $\mathfrak{T}[\mathfrak{z}] = 2(z_1 z_4 - z_2 z_3)$ übergeführt werden kann. Setzt man $\mathfrak{Z} = \begin{pmatrix} z_1 & z_2 \\ z_3 & z_4 \end{pmatrix}$, so liefert die Transformation $\mathfrak{Z} \to \mathfrak{A}\mathfrak{Z}\mathfrak{B}$ für jedes Paar von Modulmatrizen $\mathfrak{A}$, $\mathfrak{B}$ eine Einheit $\mathfrak{B}$ von $\mathfrak{T}[\mathfrak{z}]$. Man wähle nun irgendeine natürliche Zahl l, die durch das Produkt der Hauptnenner von $\mathfrak{C}$ und $\mathfrak{C}^{-1}$ teilbar ist und nehme $\mathfrak{A} \equiv \mathfrak{B} \equiv \mathfrak{E} \pmod{2sl}$, dann ist $\mathfrak{C}\mathfrak{B}\mathfrak{C}^{-1} = \mathfrak{U} \equiv \mathfrak{E} \pmod{2s}$ und eine Einheit aus der Untergruppe $\Gamma_{\mathfrak{a}}$. Die Gruppe Γ_l der so erhaltenen $\mathfrak{U}$ ist von endlichem Index j in $\Gamma_{\mathfrak{a}}$. Jetzt betrachte man ein volles System von Lösungen $\mathfrak{y} \neq 0$ von $\mathfrak{S}[\mathfrak{y}] = 0$, $\mathfrak{y} \equiv \mathfrak{a} \pmod 1$, welche bezüglich Γ_l nicht-assoziiert sind, und verstehe unter $d(\mathfrak{y})$ den größten gemeinsamen Teiler der Elemente von $\mathfrak{C}^{-1}\mathfrak{y}$. Ferner sei h der Hauptnenner der Elemente von $\mathfrak{a}$. Dann ergibt sich [4]

$$b_{\mathfrak{a}} = \frac{l^2}{4\pi j V} \prod_{p|h} (1 - p^{-2})^{-1} \sum_{\mathfrak{y}} (d(\mathfrak{y}))^{-2},$$

also nach (65) und (83)

$$\prod_{p|2s} \delta_p(\mathfrak{S}, \mathfrak{a}, 0) = \frac{l^2 S^{\frac{1}{2}}}{3 j V} \prod_{p|2s} (1 + p^{-1}) \prod_{p|h} (1 - p^{-2})^{-1} \sum_{\mathfrak{y}}{}' (d(\mathfrak{y}))^{-2}.$$

Es wäre noch wünschenswert, die rechte Seite in invarianter Gestalt auszudrücken, also ohne Bezug auf $\mathfrak{T}[\mathfrak{z}]$ und l. Die Formel gibt eine quantitative Verfeinerung des Meyer-Hasseschen Satzes für Quaternionenformen. Es ist wohlbekannt, daß dieser Satz wiederum den Legendreschen Satz über ternäre Nullformen nach sich zieht, auf dem Wege über die Komposition binärer Formen.

Durch Differentiation des konstanten $\psi_{\mathfrak{a}}(z)$ nach x ergibt sich die Relation

$$(z - \bar{z}) V^{-1} \int_F \frac{\partial}{\partial x} f_{\mathfrak{a}}(z, \mathfrak{P})\, dv = \sum_r \gamma(r) ((z - r)^{-2} - (\bar{z} - r)^{-2})$$

als Ersatz für (11) und hieraus

$$\sum_{t>0} t\, M(\mathfrak{S}, \mathfrak{a}, t)\, e^{2\pi i t z} = -\pi^{-2} S^{\frac{1}{2}} \mu_{\mathfrak{a}}(\mathfrak{S}) \sum_r{}' \gamma(r)(z - r)^{-2}.$$

Übrigens gilt dies nicht nur für Quaternionen-Nullformen, sondern für jede indefinite quaternäre quadratische Form mit positiver Determinante.

2. Aus Satz 2 läßt sich leicht eine Aussage gewinnen, die sich nur auf primitive Lösungen bezieht. Wir wollen ein $\mathfrak{y} \equiv \mathfrak{a} \pmod 1$ primitiv nennen, wenn $\mathfrak{y}\, h$ im üblichen Sinne primitiv ist, also teilerfremde Elemente hat. Dabei bedeutet h wieder den Hauptnenner der Elemente von $\mathfrak{a}$, und es ist h ein Teiler von $2\,s$. Für beliebiges von 0 verschiedenes $\mathfrak{y} \equiv \mathfrak{a}$ sei a der Teiler von $\mathfrak{y}\, h$; wegen $\mathfrak{y}\, h \equiv \mathfrak{a}\, h \pmod h$ ist dann $(a, h) = 1$. Wählt man ein α mit $a\,\alpha \equiv 1 \pmod h$, so ist das primitive $\mathfrak{y}\, a^{-1} \equiv \mathfrak{a}\,\alpha \pmod 1$. Folglich erhält man alle Lösungen $\mathfrak{y} \equiv \mathfrak{a}$ von $\mathfrak{S}\,[\mathfrak{y}] = t$, $\mathfrak{y} \neq 0$ in der Form $\mathfrak{y} = \mathfrak{z}\, a$, indem man für $\varphi\,(h)$ Vertreter α der sämtlichen teilerfremden Restklassen modulo h und jede Quadratzahl a^2 mit $a\,\alpha \equiv 1 \pmod h$ die sämtlichen primitiven Lösungen $\mathfrak{z} \equiv \mathfrak{a}\,\alpha \pmod 1$ von $a^2\,\mathfrak{S}\,[\mathfrak{z}] = t$ aufstellt.

Durch die Substitutionen $\mathfrak{X} \to a\,\mathfrak{X}$, $\mathfrak{W} \to a^2\,\mathfrak{W}$ folgt aus (33) und (35) die Beziehung

$$\frac{\mu\,(\mathfrak{S}, \mathfrak{y})}{\mu_{\mathfrak{a}}\,(\mathfrak{S})} = a^{-m}\,\frac{\mu\,(a^2\,\mathfrak{S}, \mathfrak{z})}{\mu_{\mathfrak{a}}\,(a^2\,\mathfrak{S})}.$$

Setzt man

$$Q\,(\mathfrak{S}, \mathfrak{a}, t) = \frac{M\,(\mathfrak{S}, \mathfrak{a}, t)}{\mu_{\mathfrak{a}}\,(\mathfrak{S})} = \frac{\Sigma'\,\mu\,(\mathfrak{S}, \mathfrak{y})}{\mu\,\,(\mathfrak{S})}, \quad R\,(\mathfrak{S}, \mathfrak{a}, t) = \frac{\Sigma''\,\mu\,(\mathfrak{S}, \mathfrak{y})}{\mu_{\mathfrak{a}}\,(\mathfrak{S})},$$

wobei $\mathfrak{y}$ in der ersten Summe ein volles System nicht-assoziierter Lösungen von $\mathfrak{S}\,[\mathfrak{y}] = t$, $\mathfrak{y} \equiv \mathfrak{a} \pmod 1$ durchläuft und in der zweiten Summe nur die primitiven unter diesen, so ist also

$$(84)\qquad Q\,(\mathfrak{S}, \mathfrak{a}, t) = \sum_a a^{-m}\,R\,(a^2\,\mathfrak{S}, \mathfrak{a}\,\alpha, t)\,.$$

Die letzte Summe bricht ab, wenn $t \neq 0$ ist.

Für einen gegebenen Modul q betrachte man andererseits die modulo q primitiven inkongruenten Lösungen von $\mathfrak{S}\,[\mathfrak{y}] \equiv t \pmod q$, $\mathfrak{y} \equiv \mathfrak{a} \pmod 1$, für die also der Teiler von $\mathfrak{y}\, h$ zu q teilerfremd ist. Wird ihre Anzahl mit $N_q\,(\mathfrak{S}, \mathfrak{a}, t)$ bezeichnet, so ist

$$(85)\qquad A_q\,(\mathfrak{S}, \mathfrak{a}, t) = \sum_{\substack{a \mid q \\ (a, h) = 1}} a^{-m}\,N_q\,(a^2\,\mathfrak{S}, \mathfrak{a}\,\alpha, t)\,.$$

Dabei ist $N_q\,(a^2\,\mathfrak{S}, \mathfrak{a}\,\alpha, t) = 0$, wenn a nicht in $2\,h\,t$ aufgeht. Man definiere noch die p-adische Dichte der primitiven Lösungen

$$\lim_{k \to \infty} \frac{N_q\,(\mathfrak{S}, \mathfrak{a}, t)}{q^{m-1}} = \varepsilon_p\,(\mathfrak{S}, \mathfrak{a}, t) \qquad (q = p^k)$$

und setze

$$\prod_p \varepsilon_p\,(\mathfrak{S}, \mathfrak{a}, t) = E\,(\mathfrak{S}, \mathfrak{a}, t)\,,$$

dann ergibt sich aus Satz 2 und (85) die Formel

$$(86)\qquad Q\,(\mathfrak{S}, \mathfrak{a}, t) = \sum_a a^{-m}\,E\,(a^2\,\mathfrak{S}, \mathfrak{a}\,\alpha, t)\,,$$

zunächst für $t \neq 0$. Ferner ist stets $N_q \leqq q^m$ und für $q = p^k$, $a^2 \mid p^{k-1}$ im Falle $(p, 2\,s) = 1$

$$N_q\,(a^2\,\mathfrak{S}, \mathfrak{a}\,\alpha, 0) = a^2\,N_q\,(\mathfrak{S}, \mathfrak{a}\,\alpha, 0)\,,$$

im Falle $p \mid 2\,s$

$$N_q\,(a^2\,\mathfrak{S}, \mathfrak{a}\,\alpha, 0) = a^2\,O\,(q^{m-1})\,,$$

woraus dann wegen $m > 3$ die Gültigkeit von (86) auch für $t = 0$ folgt.

Aus (84) und (86) ergibt sich nun die Umkehrung

$$R(\mathfrak{S}, \mathfrak{a}, t) = \sum_{a} \mu(a)\, a^{-m}\, Q(a^2 \mathfrak{S}, \mathfrak{a}\,\alpha, t) = E(\mathfrak{S}, \mathfrak{a}, t).$$

Damit ist gezeigt, daß die Aussage von Satz 2 auch bei Beschränkung auf primitive Lösungen richtig bleibt. Insbesondere gibt es also stets eine primitive Lösung von $\mathfrak{S}[\mathfrak{x} + \mathfrak{a}] = t$, wenn dies p-adisch für alle p der Fall ist.

3. Das Maß $\mu(\mathfrak{S}, \mathfrak{y})$ der Einheitenuntergruppe $\Gamma(\mathfrak{y})$ läßt sich mit Hilfe quadratischer Ergänzung auf das Maß der vollen Einheitengruppe einer quadratischen Form von $m-1$ Variabeln zurückführen, wenn $\mathfrak{S}[\mathfrak{y}] = t \neq 0$ ist, und von $m-2$ Variabeln für $t = 0$. Wir wählen eine rationale umkehrbare Matrix $\mathfrak{C}^{(m)}$ mit der ersten Spalte $\mathfrak{y}$, so daß

$$(87) \qquad \mathfrak{S}[\mathfrak{C}] = \begin{pmatrix} t & 0 \\ 0 & \mathfrak{T} \end{pmatrix} \quad (t \neq 0), \qquad \mathfrak{S}[\mathfrak{C}] = \begin{pmatrix} 0 & 1 & 0 \\ 1 & 0 & 0 \\ 0 & 0 & \mathfrak{T} \end{pmatrix} \quad (t = 0)$$

mit ganzem $\mathfrak{T}$ wird; im Falle $t = 0$ sei außerdem $\mathfrak{T}$ gerade. Die Signatur von $\mathfrak{T}$ ist dann $n-1, m-n$ oder $n, m-n-1$ oder $n-1, m-n-1$ entsprechend den Fällen $t > 0, t < 0, t = 0$. In der Bezeichnung von 3.4 setzen wir

$$\mathfrak{S}[\mathfrak{y}, \mathfrak{X}] = \begin{pmatrix} t & \mathfrak{q}' \\ \mathfrak{q} & \mathfrak{R} \end{pmatrix} = \mathfrak{W}$$

und zerlegen

$$\mathfrak{C}^{-1}(\mathfrak{y}, \mathfrak{X}) = \begin{pmatrix} 1 & \mathfrak{z}' \\ 0 & \mathfrak{Z} \end{pmatrix}.$$

Im Falle $t \neq 0$ wird

$$\mathfrak{z}\, t = \mathfrak{q}, \quad t[\mathfrak{z}'] + \mathfrak{T}[\mathfrak{Z}] = \mathfrak{R},$$

also

$$\frac{\{d\,\mathfrak{X}\}}{\{d\,\mathfrak{q}\}\{d\,\mathfrak{R}\}} = C^{m-1}\,|t|^{1-m}\,\frac{\{d\mathfrak{Z}\}}{\{d\,\mathfrak{R}\}}.$$

Hierin ist die rechte Seite von $\mathfrak{q}$ frei, und man kann zur Berechnung von $\mu(\mathfrak{S}, \mathfrak{y})$ noch $\mathfrak{q} = 0$ vorschreiben. Dann erhält man

$$\mathfrak{C}^{-1}(\mathfrak{y}, \mathfrak{X}) = \begin{pmatrix} 1 & 0 \\ 0 & \mathfrak{Z} \end{pmatrix}, \quad \mathfrak{T}[\mathfrak{Z}] = \mathfrak{R}$$

$$(88) \qquad S^{-\frac{1}{2}}\, W^{\frac{1}{2}}\, \frac{\{d\,\mathfrak{X}\}}{\{d\,\mathfrak{q}\}\{d\,\mathfrak{R}\}} = C^m\,|t|^{1-m}\, T^{-\frac{1}{2}}\, R^{\frac{1}{2}}\, \frac{\{d\,\mathfrak{Z}\}}{\{d\,\mathfrak{R}\}}.$$

Ist nun $\mathfrak{S}[\mathfrak{V}] = \mathfrak{S}$ und $\mathfrak{V}\,\mathfrak{y} = \mathfrak{y}$, so folgt

$$\mathfrak{C}^{-1}\,\mathfrak{V}\,\mathfrak{C} = \begin{pmatrix} 1 & 0 \\ 0 & \mathfrak{V}_1 \end{pmatrix}, \quad \mathfrak{T}[\mathfrak{V}_1] = \mathfrak{T},$$

und umgekehrt. Die Einheiten $\mathfrak{V}$ mit ganzem $\mathfrak{C}^{-1}\,\mathfrak{V}\,\mathfrak{C}$ bilden in $\Gamma(\mathfrak{y})$ eine Untergruppe von endlichem Index j_0 und für diese ist $\mathfrak{V}_1$ eine Einheit von $\mathfrak{T}$. Ist umgekehrt $\mathfrak{V}_1$ eine Einheit von $\mathfrak{T}$ und die Matrix

$$\mathfrak{V} = \mathfrak{C}\begin{pmatrix} 1 & 0 \\ 0 & \mathfrak{V}_1 \end{pmatrix}\mathfrak{C}^{-1}$$

ganz, so ist $\mathfrak{V}$ ein Element jener Untergruppe, und diese $\mathfrak{V}_1$ bilden in der vollen Einheitengruppe von $\mathfrak{T}$ eine Untergruppe von endlichem Index j_1. Nach der Definition des Gruppenmaßes ergibt jetzt (88) die Beziehung

$$(89) \qquad j_0\,\mu(\mathfrak{S}, \mathfrak{y}) = C^m\,|t|^{1-m}\,j_1\,\mu(\mathfrak{T}),$$

wo $\mu(\mathfrak{T}) = \mu_0(\mathfrak{T})$ das Maß der vollen Einheitengruppe von $\mathfrak{T}$ ist.

Im Falle $t = 0$ zerlege man weiter

$$\mathfrak{z}' = (x, \mathfrak{x}'), \quad \mathfrak{Z} = \begin{pmatrix} z & \mathfrak{v}' \\ \mathfrak{u} & \mathfrak{Z}_1 \end{pmatrix}, \quad \mathfrak{q}' = (q, \mathfrak{q}_1'), \quad \mathfrak{R} = \begin{pmatrix} r & \mathfrak{r}' \\ \mathfrak{r} & \mathfrak{R}_1 \end{pmatrix}$$

und erhält die Gleichungen

$$z = q, \quad \mathfrak{v} = \mathfrak{q}_1, \quad 2\,x\,z + \mathfrak{T}\,[\mathfrak{u}] = r, \quad \mathfrak{x}\,z + \mathfrak{v}\,x + \mathfrak{Z}_1'\,\mathfrak{T}\,\mathfrak{u} = \mathfrak{r},$$
$$\mathfrak{x}\,\mathfrak{v}' + \mathfrak{v}\,\mathfrak{x}' + \mathfrak{T}\,[\mathfrak{Z}_1] = \mathfrak{R}_1.$$

Hierin haben q, $\mathfrak{q}_1$, r, $\mathfrak{r}$ als Funktionen von z, $\mathfrak{v}$, x, $\mathfrak{x}$ die Funktionaldeterminante $2\,z^{m-1}$, und es wird

(90) $$\frac{\{d\,\mathfrak{X}\}}{\{d\,\mathfrak{q}\}\,\{d\,\mathfrak{R}\}} = \frac{1}{2}\,C^{m-1}\,|z|^{1-m}\,\{d\,\mathfrak{u}\}\,\frac{\{d\,\mathfrak{Z}_1\}}{\{d\,\mathfrak{R}_1\}}.$$

Da die rechte Seite von q, $\mathfrak{q}_1$, r, $\mathfrak{r}$ frei ist, so schreibe man für die Berechnung von $\mu\,(\mathfrak{S}, \mathfrak{y})$ noch $q = 1$, $\mathfrak{q}_1 = 0$, $r = 0$, $\mathfrak{r} = 0$ vor und bekommt

$$z = 1, \quad \mathfrak{v} = 0, \quad x = -\frac{1}{2}\,\mathfrak{T}\,[\mathfrak{u}], \quad \mathfrak{x} = -\,\mathfrak{Z}_1'\,\mathfrak{T}\,\mathfrak{u}, \quad \mathfrak{T}\,[\mathfrak{Z}_1] = \mathfrak{R}_1,$$

(91) $$\mathfrak{C}^{-1}\,(\mathfrak{y}, \mathfrak{X}) = \begin{pmatrix} 1 & -\frac{1}{2}\,\mathfrak{T}\,[\mathfrak{u}] & -\,\mathfrak{u}'\,\mathfrak{T}\,\mathfrak{Z}_1 \\ 0 & 1 & 0 \\ 0 & \mathfrak{u} & \mathfrak{Z}_1 \end{pmatrix},$$

(92) $$\mathfrak{S}\,[\mathfrak{y}, \mathfrak{X}] = \begin{pmatrix} 0 & 1 & 0 \\ 1 & 0 & 0 \\ 0 & 0 & \mathfrak{R}_1 \end{pmatrix}.$$

Es sei wieder $\mathfrak{S}\,[\mathfrak{V}] = \mathfrak{S}$ und $\mathfrak{V}\,\mathfrak{y} = \mathfrak{y}$. Dann kann man (91) und (92) mit $\mathfrak{V}\,\mathfrak{C} = (\mathfrak{y}, \mathfrak{Y})$ und $\mathfrak{R}_1 = \mathfrak{T}$ anwenden und erhält die Zerlegung

(93) $$\mathfrak{C}^{-1}\,\mathfrak{V}\,\mathfrak{C} = \begin{pmatrix} 1 & -\frac{1}{2}\,\mathfrak{T}\,[\mathfrak{u}_1] & -\,\mathfrak{u}_1'\,\mathfrak{T}\,\mathfrak{V}_1 \\ 0 & 1 & 0 \\ 0 & \mathfrak{u}_1 & \mathfrak{V}_1 \end{pmatrix}, \quad \mathfrak{T}\,[\mathfrak{V}_1] = \mathfrak{T}.$$

Multipliziert man nun (93) rechtsseitig mit (91), so erkennt man, daß $\mathfrak{C}^{-1}\,(\mathfrak{y}, \mathfrak{V}\,\mathfrak{X})$ aus $\mathfrak{C}^{-1}\,(\mathfrak{y}, \mathfrak{X})$ durch die Substitution

(94) $$\mathfrak{u}, \mathfrak{Z}_1 \to \mathfrak{V}_1\,\mathfrak{u} + \mathfrak{u}_1, \mathfrak{V}_1\,\mathfrak{Z}_1$$

hervorgeht. Die Elemente $\mathfrak{V}$ von $\Gamma\,(\mathfrak{y})$ mit ganzem $\mathfrak{C}^{-1}\,\mathfrak{V}\,\mathfrak{C}$ bilden wieder eine Untergruppe von endlichem Index j_0; für diese $\mathfrak{V}$ ist $\mathfrak{u}_1$ ganz und $\mathfrak{V}_1$ eine Einheit von $\mathfrak{T}$. Andererseits ergeben die Matrizen $\mathfrak{C}^{-1}\,\mathfrak{V}\,\mathfrak{C}$ in (93) eine treue Darstellung der Gruppe (94) mit beliebigen ganzen $\mathfrak{u}_1$ und beliebigen Einheiten $\mathfrak{V}_1$ von $\mathfrak{T}$. Diese Gruppe hat als Normalteiler die Translationsgruppe $\mathfrak{u} \to \mathfrak{u} + \mathfrak{u}_1$ und als Faktorgruppe die Einheitengruppe von $\mathfrak{T}$. Ist dabei auch die Matrix $\mathfrak{V}$ ganz, so ist sie ein Element von $\Gamma\,(\mathfrak{y})$, und diese $\mathfrak{V}$ bestimmen in (94) eine Untergruppe von endlichem Index j_1. Da das Integral von $\{d\,\mathfrak{u}\}$ über den Einheitswürfel 1 ist, so folgt jetzt aus (90) die Beziehung

(95) $$j_0\,\mu\,(\mathfrak{S}, \mathfrak{y}) = \frac{1}{2}\,C^m\,j_1\,\mu\,(\mathfrak{T}).$$

Aus (89) und (95) entnimmt man noch, daß die Maße $\mu\,(\mathfrak{S}, \mathfrak{y}_1)$ und $\mu\,(\mathfrak{S}, \mathfrak{y}_2)$ kommensurabel sind, wenn $\mathfrak{y}_1$ und $\mathfrak{y}_2$ zwei Lösungen von $\mathfrak{S}\,[\mathfrak{y}] = t$, $\mathfrak{y} \neq 0$ bedeuten. Nach dem Wittschen Äquivalenzsatz gilt nämlich wegen (87) für die zugehörigen quadratischen Ergänzungen $\mathfrak{T}_1$ und $\mathfrak{T}_2$ eine Relation $\mathfrak{T}_1\,[\mathfrak{C}_1] = \mathfrak{T}_2$ mit rationalem $\mathfrak{C}_1$, und daraus folgt nach der Definition des Gruppenmaßes leicht die Kommensurabilität von $\mu\,(\mathfrak{T}_1)$ und $\mu\,(\mathfrak{T}_2)$. Es sind also die Summanden $\mu\,(\mathfrak{S}, \mathfrak{y})$ in dem Lösungsmaß $M\,(\mathfrak{S}, \mathfrak{a}, t)$ sämtlich kommensurabel. Indem man die bekannten Werte [6] der Dichten $\delta_p\,(\mathfrak{S}, \mathfrak{a}, t)$ für $p \nmid 2\,s$ benutzt, kann man bei wiederholter Anwendung von (89) und (95) zeigen, daß die Zahl $\pi^{-\left[\frac{m^2}{4}\right]}\,\mu\,(\mathfrak{S})$ für gerades $n\,(m-n)$ einen rationalen

Wert hat. Dies läßt sich auch durch direkte Anwendung der Formel für das Maß eines Geschlechtes [5, 6] nachweisen. Ein Beispiel liefert die quaternäre Form $x_1^2 + x_2^2 - x_3^2 - x_4^2$ mit $\mu(\mathfrak{S}) = \frac{\pi^4}{64}$. Für ungerades $n(m-n) > 1$ ist nichts Entsprechendes über den arithmetischen Charakter von $\mu(\mathfrak{S})$ bekannt; so ist z. B. für $x_1^2 - x_2^2 - x_3^2 - x_4^2$ der Wert

$$\mu(\mathfrak{S}) = \frac{\pi^2}{12}(1^{-2} - 3^{-2} + 5^{-2} - 7^{-2} \pm \cdots),$$

und man weiß nicht, ob das Verhältnis der Reihe zu π^2 rational oder irrational ist.

4. Wir wollen der Vollständigkeit halber noch die in 1.7 ausgesprochenen Behauptungen über die beiden ternären Formen $\varphi = x_1^2 - 2x_2^2 + 64x_3^2$, $\psi = (2x_1 + x_3)^2 - 2x_2^2 + 16x_3^2$ und die beiden quaternären Formen $f = 32\varphi + x_4^2$, $g = 32\psi + x_4^2$ beweisen.

Zunächst zeigen wir, daß die Gleichung $\psi = u^2$ keine ganzzahlige Lösung hat, falls die Primteiler der ganzen Zahl u alle $\equiv \pm 1 \pmod 8$ sind. Zum Beweise kann man sich offenbar auf den Fall $(x_1, x_2, x_3) = 1$ beschränken. Unter dieser Voraussetzung wollen wir dann sogar beweisen, daß $\psi = u^2$ für kein ganzes $u \equiv \pm 1 \pmod 8$ lösbar ist. Aus der Gleichung folgt, daß die Zahl $2x_1 + x_3 = v$ ungerade ist. Setzt man $u + 4x_3 = r$, $u - 4x_3 = s$, so ist $r \equiv s \equiv \pm 3 \pmod 8$, $v^2 - 2x_2^2 = rs$, $(x_2, r, s) = 1$. Wegen $|r| \not\equiv \pm 1 \pmod 8$ existiert eine in r genau zu ungerader Potenz aufgehende Primzahl $p \not\equiv \pm 1 \pmod 8$. Dann ist 2 quadratischer Nichtrest modulo p, und aus $v^2 \equiv 2x_2^2 \pmod p$ folgt $p \mid x_2$, also $p \nmid s$. Dann wäre aber auch $v^2 - 2x_2^2$ genau durch eine ungerade Potenz von p teilbar, was einen Widerspruch ergibt.

Insbesondere ist also die diophantische Gleichung $\psi = 1$ unlösbar, während offenbar φ alle Quadratzahlen darstellt. Andererseits gehören die positiven binären Formen $x_1^2 + 64x_3^2$, $(2x_1 + x_3)^2 + 16x_3^2$ demselben Geschlechte an, denn sie haben beide die Determinante 64 und die dyadische Äquivalenz folgt aus

$$(2x_1 + x_3)^2 + 16x_3^2 = 17\left(x_3 + \frac{2}{17}x_1\right)^2 + \frac{64}{17}x_1^2, \qquad 17 \equiv 1^2 \pmod{16}.$$

Also liegen erst recht φ und ψ in demselben Geschlechte, und a fortiori gilt dies für f und g.

Nun zeigen wir, daß f und g nicht äquivalent sind. Dies kann nicht aus der Untersuchung der dargestellten Zahlen folgen, denn zufolge Satz 2 hängt ja gerade das Lösungsmaß $M(\mathfrak{S}, \mathfrak{a}, t)$ für $m > 3$ nur von dem Geschlechte von $\mathfrak{S}$ ab. Wir werden nachweisen, daß g nicht die binäre Form $\xi^2 + 32\eta^2$ ganzzahlig darstellt, während offenbar f dies tut. Wäre nun $x_k = x_{k1}\xi + x_{k2}\eta$ $(k = 1, 2, 3, 4)$ eine solche Darstellung durch g, so setze man $x_{41} = v$, $x_{42} = w$ und erhält $v^2 \equiv 1$, $2vw \equiv 0 \pmod{32}$, also $v \equiv \pm 1$, $w \equiv 0 \pmod{16}$. Da g durch die Substitution $x_4 \to -x_4$ ungeändert bleibt, so kann man noch $v \equiv 1 \pmod{16}$ voraussetzen, und dann ist die Zahl $u = \frac{v+1}{2} \equiv 1 \pmod 8$. Für $\xi = -\frac{w}{2}$, $\eta = u$ wird $x_4 = v\xi + w\eta = -\xi$, also $\psi = u^2$, und folglich muß u einen Primteiler $\not\equiv \pm 1 \pmod 8$ enthalten. Insbesondere ist daher $u \neq \pm 1$, $v \neq 1$. Es entsteht ein Widerspruch, wenn noch gezeigt werden kann, daß in der Darstellung von $\xi^2 + 32\eta^2$ durch g die Zahl $x_{41} = v$ so gewählt werden kann, daß u eine Primzahl $\equiv 1 \pmod 8$ wird. Hierfür genügt es aber zu beweisen, daß es zu der Lösung $x_k = x_{k1}$ von $g = 1$ eine assoziierte mit jener Eigenschaft gibt.

Bei der unimodularen Substitution $x_1 = x - y + 3z$, $x_2 = -3x + y - 8z$, $x_3 = x + 2z$ wird $\psi = x(7x + 16z) + 2y^2$. Definiert man noch $\chi = 32x \times \times (7x + 16z) + x_4^2$, so ist also $g = \chi + 64y^2$.

Die ternäre Form $\omega = \eta^2 - \xi\zeta$ geht durch die Substitution $\xi, \eta, \zeta \to \alpha^2\xi + + 2\alpha\beta\eta + \beta^2\zeta,\ \ \alpha\gamma\xi + (\alpha\delta + \beta\gamma)\eta + \beta\delta\zeta,\ \ \gamma^2\xi + 2\gamma\delta\eta + \delta^2\zeta$ mit $\alpha\delta - \beta\gamma = \pm 1$ in sich über. Übt man auf ξ, η, ζ eine ganzzahlige lineare Transformation mit der umkehrbaren Matrix $\mathfrak{M}$ aus, so erhält man aus jener Substitution insbesondere eine Einheit der entstehenden ternären Form, wenn man $\begin{pmatrix}\alpha & \beta\\ \gamma & \delta\end{pmatrix} \equiv \begin{pmatrix}1 & 0\\ 0 & 1\end{pmatrix} \pmod{q}$ wählt, wo q den Hauptnenner der Elemente von $\mathfrak{M}^{-1}$ bedeutet. Hiervon machen wir drei Anwendungen. Erstens sei

$$(96)\qquad \xi = -8x,\quad \eta = x_4,\quad \zeta = 4(7x + 16z),\quad q = 128;$$

also $\omega = \chi$. Für die vorgelegte Lösung $x_k = x_{k1}$ von $g = 1$ ist nun $(x_1, x_2, x_3, x_4) = 1$, $x_4 = v \equiv 1 \pmod{16}$, also $(x, z, x_4, 2y) = 1$, $(\xi, \eta, \zeta, 2y) = 1$. Man wähle dann $\begin{pmatrix}\alpha & \beta\\ \gamma & \delta\end{pmatrix} \equiv \begin{pmatrix}1 & 0\\ 0 & 1\end{pmatrix} \pmod{128}$, so daß die Zahl $\alpha^2\xi + 2\alpha\beta\eta + \beta^2\zeta$ mit y keinen ungeraden Teiler gemeinsam hat. Jetzt können wir also annehmen, daß bereits (x, y) eine Potenz von 2 ist. Zweitens sei $\xi = -2x$, $\eta = 2y$, $\zeta = 7x + + 16z$, $q = 32$; also $\omega = 2\psi$. Da erst recht (ξ, η, ζ) eine Potenz von 2 ist, so kann man $\alpha^2\xi + 2\alpha\beta\eta + \beta^2\zeta$ zu einer beliebig vorgeschriebenen ungeraden Zahl teilerfremd machen, also insbesondere zu $u = \frac{x_4 + 1}{2}$. Wir können also bereits $(x, u) = 1$ annehmen, und dann ist $x \neq 0$ wegen $u \neq \pm 1$. Drittens sei wieder (96) genommen, und man wähle diesmal $\beta = 0$, $\alpha = \delta = 1$, $128 \mid \gamma$, wodurch x_4 in $x_4 - 8\gamma x$ übergeht. Wegen $(u, 2x) = 1$ existiert nun schließlich eine Primzahl $p \equiv u \pmod{512x}$, und für $\gamma = \frac{u - p}{4x}$ hat das neue x_4 die gewünschte Eigenschaft $\frac{x_4 + 1}{2} = p \equiv 1 \pmod 8$.

Übrigens ist sofort einzusehen, daß unsere Überlegung sich verallgemeinern läßt, indem man bei der Definition von f und g den Faktor 32 durch irgendein von 0 verschiedenes Vielfache von 32 ersetzt. Dagegen sind z. B. $\varphi - 2x_4^2$ und $\psi - 2x_4^2$ äquivalent, wie die Substitution $x_1, x_2, x_3, x_4 \to 10x_1 + 8x_2 + + 21x_3 + 4x_4,\ 8x_1 + 7x_2 + 20x_3 + 4x_4,\ x_1 + x_2 + 4x_3 + x_4,\ 4x_1 + 4x_2 + + 18x_3 + 5x_4$ ergibt.

5. Bei dem Beweis von Satz 1 wurden zwei wichtige Gedanken Heckes benutzt. Die Reihen $\Phi_{\mathfrak{a}}(z)$ entsprechen in ihrem Bildungsgesetz den analytischen Eisensteinschen Reihen der komplexen Variabeln z, deren Bedeutung für die Theorie der Modulfunktionen zuerst Hecke [10] klar erkannte und die dann in den Arbeiten von Petersson [11] zu bemerkenswerten Verallgemeinerungen geführt haben. Andererseits ist die Integration der Thetareihe $f_{\mathfrak{a}}(z, \mathfrak{P})$ über den Fundamentalbereich der Einheitengruppe einer indefiniten quadratischen Form analog dem Vorgang Heckes [12] im binären Fall, und ein Keim dieses Ansatzes findet sich bereits bei Poincaré [13]. Nachdem nun Hecke den binären quadratischen Formen negativer Determinante Modulformen der Dimension -1 zugeordnet hat und neuerdings auch mit indefiniten quadratischen Formen von m Variabeln und positiver Determinante Modulformen der Dimension $-\frac{m}{2}$ gebildet wurden [14], so bleibt noch die Frage zu

entscheiden, ob eine direkte Übertragung von HECKEs Verfahren für $m > 2$ ebenfalls analytische Modulformen liefert. Es stellt sich heraus, daß diese Übertragung unter der Voraussetzung $n = 1$ durchführbar ist. Zu diesem Zwecke hat man anstelle der Funktion $f_{\mathfrak{a}}(z, \mathfrak{P})$ eine andere Funktion $g_{\mathfrak{a}}(z, \mathfrak{P})$ zu betrachten, die man folgendermaßen definiert. Wir greifen auf die homogene Parameterdarstellung (3) zurück. Wegen $n = 1$ ist die Parametermatrix $\mathfrak{X}$ ein Vektor, den wir mit $\mathfrak{z}$ bezeichnen und jetzt durch die Bedingung $\mathfrak{S}[\mathfrak{z}] = 1$ normieren wollen. Wir ersetzen nun in der Definition (9) von $f_{\mathfrak{a}}(z, \mathfrak{P})$ den Summationsvektor $\mathfrak{y}$ im Exponenten durch $\mathfrak{y} + \mathfrak{z}\lambda$ und differenzieren nach dem skalaren Faktor λ an der Stelle $\lambda = 0$. Es sei $g_{\mathfrak{a}}(z, \mathfrak{P})$ die so entstehende Funktion. Das zu Hilfssatz 2 führende Verfahren läßt sich sinngemäß übertragen und erweist den Mittelwert $\gamma_{\mathfrak{a}}(z)$ von $g_{\mathfrak{a}}(z, \mathfrak{P})$ im Fundamentalbereich F als eine analytische Modulform der Dimension $\frac{m}{2} - 2$, die für $m = 2$ mit der von HECKE eingeführten Funktion übereinstimmt. Da nun aber $\frac{m}{2} - 2 > 0$ ist für $m > 4$ und $= 0$ für $m = 4$, so ist $\gamma_{\mathfrak{a}}(z)$ identisch 0 für $m > 4$ und konstant für $m = 4$, wobei sich noch durch nähere Untersuchung für die Konstante der Wert 0 ergibt.

Dies Resultat läßt sich arithmetisch interpretieren, indem man den Lösungen von $\mathfrak{S}[\mathfrak{y}] = t$ im Falle $t \geqq 0$ folgendermaßen einen „Vorzeichencharakter" zuordnet. Deutet man die Elemente von $\mathfrak{y}$ als affine Koordinaten, so besteht der Kegel $\mathfrak{S}[\mathfrak{y}] \geqq 0$ wegen $n = 1$ aus zwei durch die Spitze $\mathfrak{y} = 0$ getrennten Halbkegeln, deren Punkte wir durch die Indizes $1, -1$ unterscheiden wollen. Das identische Verschwinden von $\gamma_{\mathfrak{a}}(z)$ besagt dann, daß für jedes $t \geqq 0$ die Summe der Maße $\mu(\mathfrak{S}, \mathfrak{y}_1)$ für ein volles System nicht-assoziierter Lösungen $\mathfrak{y}_1 = \mathfrak{x} + \mathfrak{a}$ von $\mathfrak{S}[\mathfrak{x} + \mathfrak{a}] = t$ gleich der entsprechenden Summe mit $\mathfrak{y}_{-1}$ ist. Vermutlich ist diese Aussage im ternären Falle nicht mehr allgemein richtig, und es wäre wünschenswert, dies durch ein Beispiel festzustellen.

Literatur.

[1] SIEGEL, C. L.: Einheiten quadratischer Formen. Abh. math. Semin. Hansischen Univ. **13**, 209—239 (1940). — [2] CARTAN, E.: Sur certaines formes Riemanniennes remarquables des géométries à groupe fondamental simple. Ann. Ecole norm. III. s. **44**, 345—467 (1927). — [3] SIEGEL, C. L.: Discontinuous groups. Ann. of Math. **44**, 674—689 (1943). — [4] SIEGEL, C. L.: Über die Zetafunktionen indefiniter quadratischer Formen. II. Math. Z. **44**, 398—426 (1938). — [5] SIEGEL, C. L.: Über die analytische Theorie der quadratischen Formen II. Ann. of Math. **37**, 230—263 (1936). — [6] SIEGEL, C. L.: Über die analytische Theorie der quadratischen Formen. Ann. of Math. **36**, 527—606 (1935). — [7] SIEGEL, C. L.: On the theory of indefinite quadratic forms. Ann. of Math. **45**, 577—622 (1944). — [8] MAASS, H.: Automorphe Funktionen und indefinite quadratische Formen. Sitzgsber. Heidelberg. Akad. Wiss. **1949**, Math.-nat. Kl. 1. Abh., 42 S. — [9] MAASS, H.: Über eine neue Art von nichtanalytischen automorphen Funktionen und die Bestimmung Dirichletscher Reihen durch Funktionalgleichungen. Math. Ann. **121**, 141—183 (1949). — [10] HECKE, E.: Theorie der Eisensteinschen Reihen höherer Stufe und ihre Anwendung auf Funktionentheorie und Arithmetik. Abh. math. Semin. Hamburg. Univ. **5**, 199—224 (1927). — [11] PETERSSON, H.: Über die Entwicklungskoeffizienten der ganzen Modulformen und ihre Bedeutung für die Zahlentheorie. Abh. math. Semin. Hamburg. Univ. 8, 215—242 (1931). — [12] HECKE, E.: Zur Theorie der elliptischen Modulfunktionen. Math. Ann. **97**, 210—242 (1927). — [13] POINCARÉ, H.: Sur les invariants arithmétiques. J. reine angew. Math. **129**, 89—150 (1905). — [14] SIEGEL, C. L.: Indefinite quadratische Formen und Modulfunktionen. Courant Anniv. Vol. **1948**, 395—406.

(Eingegangen am 20. April 1951.)

59.

Die Modulgruppe in einer einfachen involutorischen Algebra

Festschrift der Akademie der Wissenschaften in Göttingen, 1951, 157—167

1. Durch die Untersuchungen von GAUSS, DEDEKIND und KLEIN gehört die elliptische Modulgruppe zum klassischen Bestande der Mathematik. Die Übertragung der Theorie auf algebraische Zahlkörper wurde nach HILBERTS Vorarbeiten von BLUMENTHAL und HECKE durchgeführt, während eine andere Verallgemeinerung, die Modulgruppe n-ten Grades, erst in neuerer Zeit behandelt wurde. Die folgende Betrachtung faßt den Begriff der Modulgruppe in möglichster Allgemeinheit und klärt damit auch die Grundlagen, auf denen die früheren Ergebnisse beruhen. Von Wichtigkeit ist hierbei der Zusammenhang mit der entsprechenden Verallgemeinerung der von MINKOWSKI begründeten Reduktionstheorie der positiven quadratischen Formen von n Veränderlichen.

2. Es sei A eine einfache Algebra von endlichem Range r über dem Körper der rationalen Zahlen P. Dann ist A der Ring von Matrizen $\mathfrak{X}=(\xi_{kl})$ eines gewissen Grades n, deren Elemente $\xi=\xi_{kl}$ $(k, l=1,\ldots,n)$ einem Schiefkörper Δ über P entnommen sind. Das Zentrum Z von Δ ist ein algebraischer Zahlkörper. Bedeutet h den Grad von Z über P, so ist $r=h\,(ns)^2$ mit einer natürlichen Zahl s.

Durch Erweiterung von P zum Körper der reellen Zahlen $\bar{P}$ gehen A und Δ über in halbeinfache Algebren $\bar{A}$ und $\bar{\Delta}$, und es gilt eine direkte Zerlegung $\bar{\Delta}=\Delta_1+\cdots+\Delta_t$ von $\bar{\Delta}$ in Matrixalgebren $\Delta_1,\ldots,\Delta_t$. Sind $(x_{kl})=X=X_1,\ldots,X_t$ die Matrizen aus $\Delta_1,\ldots,\Delta_t$, so gehören ihre Elemente $x=x_{kl}$ je einem Schiefkörper $\Lambda=\Lambda_1,\ldots,\Lambda_t$ über $\bar{P}$ an. Für diesen hat man die bekannten drei Möglichkeiten; es ist nämlich entweder Λ der reelle Körper $\bar{P}$ oder der komplexe Körper Ω der zweireihigen Matrizen

$$x=\begin{pmatrix} x_1 & x_2 \\ -x_2 & x_1 \end{pmatrix} \tag{1}$$

mit reellen x_1, x_2 oder die Quaternionen-Algebra Γ der vierreihigen Matrizen

$$x=\begin{pmatrix} x_1 & x_2 & x_3 & x_4 \\ -x_2 & x_1 & -x_4 & x_3 \\ -x_3 & x_4 & x_1 & -x_2 \\ -x_4 & -x_3 & x_2 & x_1 \end{pmatrix} \tag{2}$$

mit reellen x_1, x_2, x_3, x_4. Treten die einzelnen Fälle je h_1, h_2, h_3 mal auf, so ist $h_1+h_2+h_3=t$, $h_1+2h_2+h_3=h$ und $2h_2$ die Anzahl der komplexen Konjugierten von Z; ferner hat X in den Elementen x_{kl} den Grad $s, s, s/2$ entsprechend den drei Fällen.

Infolge (1) und (2) ist die Transponierte x' jeweils die Konjugierte von x in Ω und Γ. Daher ist die Abbildung $(x_{kl})=X\to X'=(x'_{lk})$ ein involutorischer Antiautomorphismus, kürzer eine *Involution*, von $\bar{\Delta}$. Es wird weiterhin vorausgesetzt, daß es außerdem eine Involution von A selbst gibt. Die Theorie der Involutionen ist im zehnten Kapitel von ALBERTS „Structure of algebras" behandelt worden, und wir werden einige Sätze daraus benutzen. Die Existenz einer Involution $\mathfrak{X}\to\mathfrak{X}^*$ von A hat zunächst die Existenz einer Involution von Δ zur Folge. Bedeutet nun andererseits $\xi\to\tilde{\xi}$ irgendeine fest gewählte Involution von Δ, so ist $\mathfrak{X}\to\tilde{\mathfrak{X}}=(\tilde{\xi}_{lk})$ eine Involution von A und es gilt

$$\mathfrak{X}^*=\mathfrak{L}^{-1}\tilde{\mathfrak{X}}\mathfrak{L}, \qquad \tilde{\mathfrak{L}}=\varepsilon\,\mathfrak{L}, \qquad \varepsilon=\pm 1 \tag{3}$$

mit einem geeigneten konstanten umkehrbaren Element $\mathfrak{L}$ von A. Die Involution $\xi\to\tilde{\xi}$ von Δ führt eindeutig durch Grenzübergang zu einer Involution von $\bar{\Delta}$, wobei das Bild von X wieder mit $\tilde{X}$ bezeichnet werde. Vermöge (3) wird dann auch die Involution $\mathfrak{X}\to\mathfrak{X}^*$ von A zu einer Involution von $\bar{A}$ erweitert.

3. Wir behandeln zunächst die sog. Involutionen zweiter Art. Bei diesen ist Z eine quadratische Erweiterung $\Phi(\varrho)$ eines elementweise bei der Involution fest bleibenden Unterkörpers Φ und $\varrho^*=-\varrho$. Ist $\varepsilon=-1$ in (3), so ersetzen wir $\mathfrak{L}$ durch $\varrho\,\mathfrak{L}$ und gelangen zu dem anderen Falle $\varepsilon=1$, auf den wir uns also weiterhin beschränken können. Es gebe genau q reelle Konjugierte von Φ, in denen $\varrho^2<0$ ist, und diesen mögen $\Delta_1,\ldots,\Delta_q$ zugeordnet sein. Die Differenz $t-q$ ist eine gerade Zahl $2w\geq 0$.

Da die Abbildung $X\to\tilde{X}'$ ein Automorphismus von $\bar{\Delta}$ ist, so folgt

$$\tilde{X}=C^{-1}\underline{X}'C \tag{4}$$

für ein geeignetes konstantes umkehrbares Element C von $\bar{\Delta}$, wenn $\underline{X}=\underline{X}_1,\ldots,\underline{X}_t$ eine gewisse Permutation von $X_1,\ldots,X_t$ bedeutet. Durch Betrachtung des Zentrums ergibt sich aus (1) bei geeigneter Anordnung der Indizes

$$\underline{X}_k=X_k \quad (k=1,\ldots,q); \qquad \underline{X}_k,\underline{X}_{k+w}=X_{k+w},X_k \quad (k=q+1,\ldots,q+w).$$

Ersetzt man X durch $\tilde{X}$ in (4), so folgt

$$X=C^{-1}\underline{\tilde{X}}'C, \qquad \underline{\tilde{X}}'=CXC^{-1};$$

andererseits ist aber

$$\underline{\tilde{X}}'=\underline{C}'X\underline{C}'^{-1}.$$

Also ist $C^{-1}\underline{C}'$ mit X vertauschbar und demnach ein Element z des Zentrums von $\bar{\Delta}$. Aus $\underline{C}' = zC$ folgt $C = \underline{z}'\,\underline{C}'$ und $z\underline{z}' = 1$. In (4) kann man nun C durch yC mit einem beliebigen umkehrbaren Zentrumselement y ersetzen und dann tritt $y^{-1}\underline{y}'z$ an die Stelle von z. In Δ_k wähle man jetzt

$$y_k = z_k^{\frac{1}{2}} \quad (k \leq q), \qquad y_k = z_k \quad (q < k \leq q + w), \qquad y_k = 1 \quad (q + w < k);$$

dann ist entsprechend

$$y_k^{-1}\,y_k' = z_k^{-\frac{1}{2}}(z_k^{\frac{1}{2}})', \qquad z_k^{-1}, \qquad z_k'$$

und folglich $y^{-1}y'z = 1$. Also kann man

$$C' = \underline{C} \tag{5}$$

voraussetzen.

4. Bei einer sog. Involution erster Art bleiben alle Elemente des Zentrums Z ungeändert. Dann ist $s = 1$ oder 2, also entweder $\Delta = Z$ und $\tilde{\xi} = \xi$ oder Δ ist eine Quaternionen-Algebra Ψ über Z und $\tilde{\xi}$ läßt sich darin als konjugiert zu ξ erklären, so daß $\xi\tilde{\xi}$ die Quaternionennorm wird.

Im Falle $s = 1$ ist $\tilde{X} = X = x$, $h_3 = 0$ und etwa

$$\Delta_k = \bar{P} \quad (k \leq h_1), \qquad \Delta_k = \Omega \quad (h_1 < k). \tag{6}$$

Im Falle $s = 2$ sei analog

$$\Lambda_k = \bar{P} \quad (k \leq h_1), \qquad \Lambda_k = \Omega \quad (h_1 < k \leq h_1 + h_2), \qquad \Lambda_k = \Gamma \quad (h_1 + h_2 < k).$$

Für $\Lambda = \bar{P}$ oder Ω ist dann

$$X = \begin{pmatrix} x_{11} & x_{12} \\ x_{21} & x_{22} \end{pmatrix}, \qquad \tilde{X} = \begin{pmatrix} x_{22} & -x_{12} \\ -x_{21} & x_{11} \end{pmatrix}$$

mit $x_{11}, x_{12}, x_{21}, x_{22}$ in Λ. Setzt man noch

$$V = \begin{pmatrix} 0 & 1 \\ -1 & 0 \end{pmatrix},$$

so ist also

$$\tilde{X} = V^{-1}X'V \quad (\Lambda = \bar{P}), \qquad \tilde{X} = V^{-1}\underline{X}'V \quad (\Lambda = \Omega), \tag{7}$$

wenn jetzt durch den Querstrich der Übergang zur konjugierten Größe $\underline{x} = x'$ in (1) ausgedrückt wird. Für $\Lambda = \Gamma$ ist schließlich

$$X = x, \qquad \tilde{X} = X' = x' \tag{8}$$

mit x aus (2).

5. Es bedeute $A^{(2)}$ die Algebra der zweireihigen Matrizen

$$\mathfrak{M} = \begin{pmatrix} \mathfrak{A} & \mathfrak{B} \\ \mathfrak{C} & \mathfrak{D} \end{pmatrix} \tag{9}$$

mit Elementen $\mathfrak{A}$, $\mathfrak{B}$, $\mathfrak{C}$, $\mathfrak{D}$ aus A. Bei der Erweiterung von P zu $\overline{P}$ mögen A und $A^{(2)}$ in $\bar{A}$ und $\bar{A}^{(2)}$ übergehen. Durch

$$\mathfrak{M}^* = \begin{pmatrix} \mathfrak{A}^* & \mathfrak{C}^* \\ \mathfrak{B}^* & \mathfrak{D}^* \end{pmatrix}$$

wird dann eine Involution in $A^{(2)}$ und $\bar{A}^{(2)}$ erklärt. Wir definieren jetzt die *symplektische* Gruppe Σ in $\bar{A}$ durch die Bedingung

$$\mathfrak{M}^* \mathfrak{J} \mathfrak{M} = \mathfrak{J} = \begin{pmatrix} 0 & \mathfrak{E} \\ -\mathfrak{E} & 0 \end{pmatrix} \tag{10}$$

mit der Einheitsmatrix $\mathfrak{E}$. Vermöge (3) geht (10) über in

$$\tilde{\mathfrak{M}} \mathfrak{G} \mathfrak{M} = \mathfrak{G} = \begin{pmatrix} 0 & \mathfrak{L} \\ -\mathfrak{L} & 0 \end{pmatrix}, \qquad \tilde{\mathfrak{M}} = \begin{pmatrix} \tilde{\mathfrak{A}} & \tilde{\mathfrak{C}} \\ \tilde{\mathfrak{B}} & \tilde{\mathfrak{D}} \end{pmatrix}. \tag{11}$$

Wir wollen nun irgendeine kompakte Untergruppe K von Σ betrachten. Es gibt bekanntlich eine positive symmetrische Matrix $\mathfrak{P} = \mathfrak{P}'$ in $\bar{A}^{(2)}$, so daß

$$\mathfrak{M}' \mathfrak{P} \mathfrak{M} = \mathfrak{P}$$

für alle $\mathfrak{M}$ aus K gilt.

Weiterhin sei in diesem und dem folgenden Abschnitt die gegebene Involution $\mathfrak{X} \to \mathfrak{X}^*$ von zweiter Art. Wir bezeichnen zur Abkürzung das Produkt aus der mit n Diagonalelementen C gebildeten Diagonalmatrix und $\mathfrak{L}$ mit $C\mathfrak{L}$ und erlauben uns eine solche Freiheit der Bezeichnung auch in ähnlichen Fällen, wenn die Bedeutung evident ist. Wegen (3), (4), (5) ist dann

$$C\mathfrak{L} = \mathfrak{L}' C = (C\mathfrak{L})'$$

und

$$\mathfrak{M}' \mathfrak{F} \mathfrak{M} = \mathfrak{F} = C\mathfrak{G} = \begin{pmatrix} 0 & C\mathfrak{L} \\ -C\mathfrak{L} & 0 \end{pmatrix} = -\mathfrak{F}'. \tag{12}$$

Insbesondere ist

$$\mathfrak{M}'_{k+w} \mathfrak{F}_k \mathfrak{M}_k = \mathfrak{F}_k = -\mathfrak{F}'_{k+w} \quad (q < k \leq q+w),$$

so daß man bereits

$$\mathfrak{P}_k = \mathfrak{F}_k \mathfrak{P}_k^{-1} \mathfrak{F}'_k \quad (q < k) \tag{13}$$

vorschreiben kann.

Für $k \leq q$ ist ferner

$$\mathfrak{M}'_k \mathfrak{F}_k \mathfrak{M}_k = \mathfrak{F}_k = -\mathfrak{F}'_k$$

und $\mathfrak{M}_k$ mit $\mathfrak{F}_k^{-1} \mathfrak{P}_k$ vertauschbar. Wählt man dann $\mathfrak{R}$ in $\bar{A}^{(2)}$ mit

$$\mathfrak{R}'_k \mathfrak{F}_k \mathfrak{R}_k = \begin{pmatrix} 0 & \mathfrak{E} \\ -\mathfrak{E} & 0 \end{pmatrix} = \mathfrak{J}, \quad \mathfrak{R}'_k \mathfrak{P}_k \mathfrak{R}_k = \begin{pmatrix} \mathfrak{D}_k & 0 \\ 0 & \mathfrak{D}_k \end{pmatrix} = \mathfrak{T}_k \quad (k \leq q), \tag{14}$$

wobei $\mathfrak{D}_k$ eine Diagonalmatrix mit positiv reellen Diagonalelementen bedeutet, so wird $\mathfrak{R}_k^{-1} \mathfrak{M}_k \mathfrak{R}_k$ vertauschbar mit $\mathfrak{J} \mathfrak{T}_k$ und mit $(\mathfrak{J} \mathfrak{T}_k)^2 = -\mathfrak{T}_k^2$ und mit $\mathfrak{T}_k$

selbst. Daher ist $\mathfrak{M}_k$ vertauschbar mit $\mathfrak{R}_k \mathfrak{R}_k' \mathfrak{P}_k$, und aus $\mathfrak{M}_k' \mathfrak{P}_k \mathfrak{M}_k = \mathfrak{P}_k$ folgt auch

$$\mathfrak{M}_k' (\mathfrak{R}_k \mathfrak{R}_k')^{-1} \mathfrak{M}_k = (\mathfrak{R}_k \mathfrak{R}_k')^{-1},$$

so daß die Wahl

$$\mathfrak{P}_k = (\mathfrak{R}_k \mathfrak{R}_k')^{-1}$$

zulässig ist. Dann ist aber

$$\mathfrak{F}_k \mathfrak{P}_k^{-1} \mathfrak{F}_k' = (\mathfrak{R}_k' \mathfrak{F}_k)' \mathfrak{R}_k' \mathfrak{F}_k = (\mathfrak{J} \mathfrak{R}_k^{-1})' \mathfrak{J} \mathfrak{R}_k^{-1} = (\mathfrak{R}_k \mathfrak{R}_k')^{-1} = \mathfrak{P}_k \qquad (k \leq q).$$

Zufolge (13) kann man also

$$\mathfrak{F} \mathfrak{P}^{-1} \mathfrak{F}' = \underline{\mathfrak{P}}, \qquad \mathfrak{P} = \mathfrak{P}' > 0 \tag{15}$$

vorschreiben.

Umgekehrt sei nun eine positive symmetrische Matrix $\mathfrak{P}$ in $\bar{A}^{(2)}$ vorgelegt, welche die Bedingungen (15) erfüllt. Wegen (14) folgt dann

$$\mathfrak{T}_k^2 = \mathfrak{E} = \mathfrak{T}_k, \qquad \mathfrak{P}_k = (\mathfrak{R}_k \mathfrak{R}_k')^{-1}, \qquad \mathfrak{R}_k' \mathfrak{F}_k \mathfrak{R}_k = \mathfrak{J} \quad (k \leq q).$$

Auf Grund von (15) kann man außerdem $\mathfrak{R}_k$ für $k > q$ derart wählen, daß

$$\mathfrak{P}_k = (\mathfrak{R}_k \mathfrak{R}_k')^{-1}, \qquad \underline{\mathfrak{R}}_k' \mathfrak{F}_k \mathfrak{R}_k = \mathfrak{J} \quad (q < k)$$

gilt. Dann ist aber

$$\mathfrak{P} = (\mathfrak{R} \mathfrak{R}')^{-1}, \qquad \underline{\mathfrak{R}}' \mathfrak{F} \mathfrak{R} = \mathfrak{J}.$$

Ist auch

$$\mathfrak{P}_0 = (\mathfrak{R}_0 \mathfrak{R}_0')^{-1}, \qquad \underline{\mathfrak{R}}_0' \mathfrak{F} \mathfrak{R}_0 = \mathfrak{J}$$

mit einer anderen Lösung $\mathfrak{P}_0$ von (15), so wird $\mathfrak{R}_0 \mathfrak{R}^{-1} = \mathfrak{M}$ nach (12) ein Element von Σ und

$$\mathfrak{M}' \mathfrak{P}_0 \mathfrak{M} = \mathfrak{P}.$$

Wir haben damit gezeigt, daß für jede feste Lösung $\mathfrak{P} = \mathfrak{P}_0$ von (15) durch die Forderung $\mathfrak{M}' \mathfrak{P}_0 \mathfrak{M} = \mathfrak{P}_0$ eine maximale kompakte Untergruppe K_0 von Σ definiert wird und daß alle diese Untergruppen in Σ konjugiert sind. Ferner ist bei jedem festen symplektischen $\mathfrak{M}$ die Rechtsklasse $K_0 \mathfrak{M}$ durch die Matrix $\mathfrak{P} = \mathfrak{M}' \mathfrak{P}_0 \mathfrak{M} = \mathfrak{P}_0 [\mathfrak{M}]$ eindeutig festgelegt. Der Raum P der Lösungen $\mathfrak{P}$ von (15) läßt sich also mit dem Raum dieser Rechtsklassen identifizieren. Die Abbildungen $\mathfrak{P} \to \mathfrak{P} [\mathfrak{M}]$ für symplektische $\mathfrak{M}$ führen P in sich über und sind darin transitiv; d. h. P ist ein Wirkungsraum der symplektischen Gruppe.

6. Es handelt sich nunmehr um eine Parameterdarstellung von P im Großen. Mit der Abkürzung $C \mathfrak{L} = \mathfrak{Q} = \mathfrak{Q}'$ folgen aus (9) und (12) die Bedingungen

$$\mathfrak{A} \mathfrak{Q}^{-1} \underline{\mathfrak{B}}' = \mathfrak{B} \mathfrak{Q}^{-1} \underline{\mathfrak{A}}', \quad \mathfrak{C} \mathfrak{Q}^{-1} \underline{\mathfrak{D}}' = \mathfrak{D} \mathfrak{Q}^{-1} \underline{\mathfrak{C}}', \quad \mathfrak{A} \mathfrak{Q}^{-1} \underline{\mathfrak{D}}' - \mathfrak{B} \mathfrak{Q}^{-1} \underline{\mathfrak{C}}' = \mathfrak{Q}^{-1}$$

für $\mathfrak{M}$ in Σ. Zerlegt man analog

$$\mathfrak{P} = \begin{pmatrix} \mathfrak{U}^{-1} & \mathfrak{B} \\ \mathfrak{B}' & \mathfrak{W} \end{pmatrix},$$

so ergibt (15) insbesondere die Bedingungen

$$\mathfrak{U}^{-1}\mathfrak{Q}^{-1}\underline{\mathfrak{B}}' = \mathfrak{B}\mathfrak{Q}^{-1}\underline{\mathfrak{U}}^{-1}, \qquad \mathfrak{U}^{-1}\mathfrak{Q}^{-1}\underline{\mathfrak{W}}' - \mathfrak{B}\mathfrak{Q}^{-1}\underline{\mathfrak{B}} = \mathfrak{Q}', \qquad \mathfrak{U} = \mathfrak{U}' > 0.$$

Daher ist für $\mathfrak{K} = -\mathfrak{U}\mathfrak{B}$ die Matrix

$$\mathfrak{M}_0 = \begin{pmatrix} \mathfrak{E} & \mathfrak{K} \\ 0 & \mathfrak{E} \end{pmatrix}$$

symplektisch und

$$\mathfrak{P}_0 = \mathfrak{P}[\mathfrak{M}_0] = \begin{pmatrix} \mathfrak{U}^{-1} & 0 \\ 0 & \mathfrak{W}_0 \end{pmatrix}$$

in P gelegen, also auch

$$\mathfrak{U}^{-1}\mathfrak{Q}^{-1}\underline{\mathfrak{W}}_0' = \mathfrak{Q}', \qquad \mathfrak{W}_0 = \underline{\mathfrak{U}}[\mathfrak{Q}].$$

Dies ergibt die gewünschte Parameterdarstellung

$$\mathfrak{P} = \begin{pmatrix} \mathfrak{U}^{-1} & 0 \\ 0 & \underline{\mathfrak{U}}[\mathfrak{Q}] \end{pmatrix} \begin{bmatrix} \mathfrak{E} & -\mathfrak{K} \\ 0 & \mathfrak{E} \end{bmatrix}, \qquad \mathfrak{U} = \mathfrak{U}' > 0, \qquad \mathfrak{Q}\mathfrak{K} = \underline{\mathfrak{K}}'\mathfrak{Q} \tag{16}$$

von P mit variabeln $\mathfrak{U}$ und $\mathfrak{K}$ in $\bar{A}$.

Das Verhalten der Parameter $\mathfrak{U}$ und $\mathfrak{K}$ bei beliebigen Abbildungen $\mathfrak{P} \to \mathfrak{P}[\mathfrak{M}^{-1}]$ mit symplektischem $\mathfrak{M}$ läßt sich nun am einfachsten beschreiben, indem man noch einen neuen Parameter $\mathfrak{Z}$ einführt, welcher für den klassischen Fall $r = 1$ gerade die komplexe Veränderliche in der oberen Halbebene bedeutet. Zur Abkürzung sei noch S die Matrix der Permutation $X \to \underline{X}$, so daß also $\underline{X} = SXS$ und $S = S' = S^{-1}$ wird. Sind dann $\mathfrak{X}_0$, $\mathfrak{Y}_0$ zwei Variable in $\bar{A}$, die der Bedingung

$$\underline{\mathfrak{X}}_0'\mathfrak{Q}\mathfrak{Y}_0 = \underline{\mathfrak{Y}}_0'\mathfrak{Q}\mathfrak{X}_0 \tag{17}$$

genügen, so gilt

$$\mathfrak{P}\begin{bmatrix} \mathfrak{X}_0 \\ \mathfrak{Y}_0 \end{bmatrix} = \mathfrak{U}^{-1}[\mathfrak{X}_0 - \mathfrak{K}\mathfrak{Y}_0] + \mathfrak{U}[S\mathfrak{Q}\mathfrak{Y}_0]$$

und

$$(\mathfrak{U}S\mathfrak{Q}\mathfrak{Y}_0)'\mathfrak{U}^{-1}(\mathfrak{X}_0 - \mathfrak{K}\mathfrak{Y}_0) = (\mathfrak{X}_0 - \mathfrak{K}\mathfrak{Y}_0)'\mathfrak{U}^{-1}(\mathfrak{U}S\mathfrak{Q}\mathfrak{Y}_0).$$

Nach Erweiterung des Zentrums durch Adjunktion von $i = \sqrt{-1}$ folgt hieraus

$$\begin{aligned} \mathfrak{P}\begin{bmatrix} \mathfrak{X}_0 \\ \mathfrak{Y}_0 \end{bmatrix} &= (\mathfrak{X}_0 - \mathfrak{K}\mathfrak{Y}_0 + i\mathfrak{U}S\mathfrak{Q}\mathfrak{Y}_0)'\mathfrak{U}^{-1}(\mathfrak{X}_0 - \mathfrak{K}\mathfrak{Y}_0 - i\mathfrak{U}S\mathfrak{Q}\mathfrak{Y}_0) \\ &= \mathfrak{U}^{-1}\{\mathfrak{X}_0 - (\mathfrak{K} + i\mathfrak{U}S\mathfrak{Q})\mathfrak{Y}_0\}. \end{aligned}$$

Wir definieren jetzt

$$\mathfrak{Z} = \mathfrak{K} + i\mathfrak{U}S\mathfrak{Q}, \qquad \bar{\mathfrak{Z}} = \mathfrak{K} - i\mathfrak{U}S\mathfrak{Q},$$

also

$$\mathfrak{K} = \frac{1}{2}(\mathfrak{Z} + \bar{\mathfrak{Z}}), \qquad \mathfrak{U} = \frac{1}{2i}(\mathfrak{Z} - \bar{\mathfrak{Z}})\mathfrak{Q}^{-1}S.$$

Dann lassen sich die Bedingungen in (16) für $\mathfrak{U}$ und $\mathfrak{K}$ durch

$$\mathfrak{Q}'S\mathfrak{Z} = \mathfrak{Z}'S\mathfrak{Q}, \qquad \frac{1}{2i}\mathfrak{Q}'S(\mathfrak{Z} - \bar{\mathfrak{Z}}) > 0 \tag{18}$$

ersetzen und bestimmen einen Raum H der Variablen $\mathfrak{Z}$. welcher durch die Beziehung

$$\mathfrak{P}\begin{bmatrix}\mathfrak{X}_0\\ \mathfrak{Y}_0\end{bmatrix} = \mathfrak{U}^{-1}\{\mathfrak{Z}\,\mathfrak{Y}_0 - \mathfrak{X}_0\} \tag{19}$$

umkehrbar eindeutig auf P abgebildet wird.

Wegen

$$\underline{\mathfrak{X}}_0'\,\mathfrak{Q}\,\mathfrak{Y}_0 - \underline{\mathfrak{Y}}_0'\,\mathfrak{Q}\,\mathfrak{X}_0 = \underline{\begin{pmatrix}\mathfrak{X}_0\\ \mathfrak{Y}_0\end{pmatrix}}'\,\mathfrak{F}\begin{pmatrix}\mathfrak{X}_0\\ \mathfrak{Y}_0\end{pmatrix}$$

bleibt (17) bei der Substitution

$$\begin{pmatrix}\mathfrak{X}_0\\ \mathfrak{Y}_0\end{pmatrix} \to \mathfrak{M}^{-1}\begin{pmatrix}\mathfrak{X}_0\\ \mathfrak{Y}_0\end{pmatrix}$$

mit symplektischem $\mathfrak{M}$ erhalten. Andererseits gilt dabei

$$\begin{aligned}\mathfrak{Q}\,(\mathfrak{Z}\,\mathfrak{Y}_0 - \mathfrak{X}_0) &= \underline{\mathfrak{Z}}'\,\mathfrak{Q}\,\mathfrak{Y}_0 - \mathfrak{Q}\,\mathfrak{X}_0 = \underline{\begin{pmatrix}\mathfrak{Z}\\ \mathfrak{E}\end{pmatrix}}'\,\mathfrak{F}\begin{pmatrix}\mathfrak{X}_0\\ \mathfrak{Y}_0\end{pmatrix} \to \underline{\begin{pmatrix}\mathfrak{A}\,\mathfrak{Z}+\mathfrak{B}\\ \mathfrak{C}\,\mathfrak{Z}+\mathfrak{D}\end{pmatrix}}'\,\mathfrak{F}\begin{pmatrix}\mathfrak{X}_0\\ \mathfrak{Y}_0\end{pmatrix}\\ &= \underline{(\mathfrak{C}\,\mathfrak{Z}+\mathfrak{D})}'\,\mathfrak{Q}\,((\mathfrak{A}\,\mathfrak{Z}+\mathfrak{B})\,(\mathfrak{C}\,\mathfrak{Z}+\mathfrak{D})^{-1}\,\mathfrak{Y}_0 - \mathfrak{X}_0).\end{aligned}$$

Folglich entspricht der Abbildung $\mathfrak{P} \to \mathfrak{P}\,[\mathfrak{M}^{-1}]$ in P die Abbildung

$$\mathfrak{Z} \to (\mathfrak{A}\,\mathfrak{Z}+\mathfrak{B})\,(\mathfrak{C}\,\mathfrak{Z}+\mathfrak{D})^{-1} \tag{20}$$

in H. Da $\mathfrak{U}^{-1}\,[\mathfrak{Q}^{-1}S]$ in $\mathfrak{U}^{-1}\,[\mathfrak{Q}^{-1}S]\,\{(\mathfrak{C}\,\mathfrak{Z}+\mathfrak{D})'\}$ übergeht, so ist tatsächlich $\mathfrak{C}\,\mathfrak{Z}+\mathfrak{D}$ umkehrbar.

Wir haben damit eine Darstellung der symplektischen Gruppe durch die gebrochenen linearen Transformationen (20) erhalten, welche den durch (18) definierten Raum H in sich überführen. Es bleibt noch festzustellen, wann zwei Elemente $\mathfrak{M}_0$ und $\mathfrak{M}$ von Σ dieselbe Transformation ergeben. Dies ist dann und nur dann der Fall, wenn die Gleichung $\mathfrak{P}\,[\mathfrak{M}_0^{-1}] = \mathfrak{P}\,[\mathfrak{M}^{-1}]$ identisch auf P erfüllt ist. Ist $\mathfrak{P}_0$ irgendein Punkt von P, so muß also $\mathfrak{M}_0^{-1}\,\mathfrak{M}$ mit $\mathfrak{P}_0^{-1}\,\mathfrak{P}$ vertauschbar sein. Nimmt man für $\mathfrak{P}_0$ und $\mathfrak{P}$ die Parameterdarstellung (16) und setzt darin zunächst $\mathfrak{K} = \mathfrak{K}_0 = 0$, so folgt

$$\mathfrak{M}_0^{-1}\,\mathfrak{M} = \begin{pmatrix}u\,\mathfrak{E} & 0\\ 0 & v\,\mathfrak{E}\end{pmatrix}$$

mit u und v im Zentrum von $\bar{\varDelta}$, und bei variablem $\mathfrak{K}$ ergibt sich dann $u = v$. Es ist also $\mathfrak{M} = u\,\mathfrak{M}_0$, $u = \underline{u}$, $u\,u' = 1$. Daher liefern die gebrochenen linearen Transformationen (20) im Wirkungsraum H eine treue Darstellung der Faktorgruppe von Σ in bezug auf die invariante Untergruppe der Zentrumselemente „vom Betrage 1".

Man sieht noch leicht ein, daß H dann und nur dann eine komplexe Mannigfaltigkeit im Sinne der Funktionentheorie ist, wenn S die Identität ist, also $w = 0$. Diese Forderung besagt, daß $\varPhi$ total reell und Z total komplex ist.

7. In diesem Abschnitt übertragen wir unsere Ergebnisse auf die Involutionen erster Art. Die Untersuchung verläuft im wesentlichen wie bei den Involutionen zweiter Art, und wir können uns daher kurz fassen. Jetzt liefert die Beziehung $\tilde{\mathfrak{L}} = \varepsilon \mathfrak{L}$ in (3) die beiden Möglichkeiten $\varepsilon = 1$ und $\varepsilon = -1$. Außerdem sind die beiden Fälle $\Delta = Z$ und $\Delta = \Psi$ zu unterscheiden.

Wir behandeln zunächst den Fall $\Delta = Z$. Zufolge (6) ist $\mathfrak{X}_k (k = 1, \ldots, t)$ eine n-reihige Matrix (x_{pq}) aus Elementen $x_{pq} (p, q = 1, \ldots, n)$ in $\overline{P}$ oder Ω und $\tilde{\mathfrak{X}}_k$ die Matrix (x_{qp}), während $\mathfrak{X}_k'$ gemäß der bisher verwendeten Bezeichnung die Matrix (x_{qp}') bedeuten möge. Für alle Elemente $\mathfrak{M}$ einer kompakten Untergruppe K von Σ sei wieder $\mathfrak{P}[\mathfrak{M}] = \mathfrak{P}$. In (11) ist jetzt $\tilde{\mathfrak{G}} = -\varepsilon \mathfrak{G}$, und an die Stelle von (14) tritt

$$\tilde{\mathfrak{R}} \mathfrak{G} \mathfrak{R} = \begin{pmatrix} 0 & \mathfrak{E} \\ -\varepsilon \mathfrak{E} & 0 \end{pmatrix} = \mathfrak{J}_\varepsilon, \qquad \mathfrak{R}' \mathfrak{P} \mathfrak{R} = \begin{pmatrix} \mathfrak{D} & 0 \\ 0 & \mathfrak{D} \end{pmatrix} = \mathfrak{T}$$

mit geeignetem $\mathfrak{R}$ in $\bar{A}^{(2)}$ und einer Diagonalmatrix $\mathfrak{D}$ mit positiven reellen Diagonalelementen. Dann ergibt sich aber wieder die Vertauschbarkeit von $\mathfrak{R}^{-1} \mathfrak{M} \mathfrak{R}$ mit $(\mathfrak{J}_\varepsilon \mathfrak{T})^2 = -\varepsilon \mathfrak{T}^2$ und mit $\mathfrak{T}$ selbst, also auch die Zulässigkeit der Bedingung

$$\mathfrak{G} \mathfrak{P}^{-1} \mathfrak{G}' = \tilde{\mathfrak{P}}. \tag{21}$$

An die Stelle von (16) tritt dann

$$\mathfrak{P} = \begin{pmatrix} \mathfrak{U}^{-1} & 0 \\ 0 & \tilde{\mathfrak{U}}[\mathfrak{L}] \end{pmatrix} \begin{bmatrix} \mathfrak{E} & -\mathfrak{K} \\ 0 & \mathfrak{E} \end{bmatrix}, \qquad \mathfrak{U} = \mathfrak{U}' > 0, \qquad \mathfrak{L} \mathfrak{K} = \tilde{\mathfrak{K}} \mathfrak{L}. \tag{22}$$

Mit

$$S_k = 1 \quad (k \leq h_1), \qquad S_k = \begin{pmatrix} 0 & 1 \\ 1 & 0 \end{pmatrix} \quad (h_1 < k)$$

gilt $\tilde{\mathfrak{X}} = S \mathfrak{X}' S$. Der Parameter $\mathfrak{Z}$ wird jetzt durch

$$\mathfrak{Z} = \mathfrak{K} + j \mathfrak{U} S \mathfrak{L}, \qquad j = \sqrt{-\varepsilon}$$

erklärt und unterliegt den Bedingungen

$$\mathfrak{L}' S \mathfrak{Z} = \mathfrak{Z}' S \mathfrak{L}, \qquad \frac{1}{2i} \mathfrak{L}' S (\mathfrak{Z} - \overline{\mathfrak{Z}}) > 0 \quad (\varepsilon = 1),$$

$$\mathfrak{L}' S \mathfrak{Z} + \mathfrak{Z}' S \mathfrak{L} > 0 \quad (\varepsilon = -1).$$

Unter der Voraussetzung

$$\tilde{\mathfrak{X}}_0 \mathfrak{L} \mathfrak{Y}_0 = \tilde{\mathfrak{Y}}_0 \mathfrak{L} \mathfrak{X}_0$$

wird dann

$$\mathfrak{P} \begin{bmatrix} \mathfrak{X}_0 \\ \mathfrak{Y}_0 \end{bmatrix} = \begin{cases} \mathfrak{U}^{-1} \{\mathfrak{Z} \mathfrak{Y}_0 - \mathfrak{X}_0\} & (\varepsilon = 1) \\ \mathfrak{U}^{-1} [\mathfrak{Z} \mathfrak{Y}_0 - \mathfrak{X}_0] & (\varepsilon = -1), \end{cases} \tag{23}$$

und man erhält wieder die Darstellung von Σ durch die gebrochenen linearen Transformationen (20).

Endlich betrachten wir den Fall $\varDelta = \varPsi$. Zufolge (7) und (8) kann man diesmal $\mathfrak{R}$ in $\bar{A}^{(2)}$ so wählen, daß

$$\tilde{\mathfrak{R}}_k \mathfrak{S}_k \mathfrak{R}_k = \begin{cases} V \mathfrak{J}_{-\varepsilon} & (k \leq h_1 + h_2) \\ \mathfrak{J}_{\varepsilon} & (k > h_2 + h_2) \end{cases}$$

und $\mathfrak{R}' \mathfrak{P} \mathfrak{R} = \begin{pmatrix} \mathfrak{D} & 0 \\ 0 & \mathfrak{D} \end{pmatrix} = \mathfrak{T}$ wird; dabei ist zu berücksichtigen, daß V alternierend ist. Es folgt die Zulässigkeit von (21) und die Parameterdarstellung (22).

Mit

$$S_k = \begin{pmatrix} 0 & 1 \\ -1 & 0 \end{pmatrix} \; (k \leq h_1), \quad S_k = \begin{pmatrix} 0 & w \\ -w & 0 \end{pmatrix} \; \text{und} \; w = \begin{pmatrix} 0 & 1 \\ 1 & 0 \end{pmatrix} (h_1 < k \leq h_1 + h_2),$$

$$S_k = 1 \quad (k > h_1 + h_2)$$

gilt $\tilde{\mathfrak{X}} = S \mathfrak{X}' S'$. Definiert man diesmal j durch

$$j_k = \sqrt{\varepsilon} \quad (k \leq h_1 + h_2), \qquad j_k = \sqrt{-\varepsilon} \quad (k > h_1 + h_2)$$

und wieder

$$\mathfrak{Z} = \mathfrak{K} + j \mathfrak{U} S \mathfrak{L},$$

so erhält man sinngemäß (23) und die Darstellung von Σ durch (20).

Der Raum der $\mathfrak{Z}$ ist eine komplexe Mannigfaltigkeit, wenn im Falle $\varDelta = Z$ die Bedingungen $\varepsilon = 1$ und $h_2 = 0$ erfüllt sind und im Falle $\varDelta = \varPsi$ die Bedingungen $\varepsilon = 1$ und $h_1 = h_2 = 0$ oder $\varepsilon = -1$ und $h_2 = h_3 = 0$. Insbesondere muß dann also Z total reell sein.

8. Die bisherigen Ergebnisse liefern nun das analytische Werkzeug zur Untersuchung der Modulgruppe. Es sei O eine Ordnung in A und $O^{(2)}$ die entsprechende Ordnung in $A^{(2)}$, die also aus allen Matrizen

$$\mathfrak{M} = \begin{pmatrix} \mathfrak{A} & \mathfrak{B} \\ \mathfrak{C} & \mathfrak{D} \end{pmatrix}$$

mit Elementen $\mathfrak{A}, \mathfrak{B}, \mathfrak{C}, \mathfrak{D}$ aus O besteht. Ferner sei E die Gruppe der Einheiten in $O^{(2)}$; sie besteht aus allen $\mathfrak{M}$ in $O^{(2)}$, für die auch $\mathfrak{M}^{-1}$ in $O^{(2)}$ liegt. Die *Modulgruppe* M in O wird jetzt als der Durchschnitt von E und Σ erklärt. Er wird von allen symplektischen Einheiten gebildet. Es ist eine wichtige Aufgabe, in den Wirkungsräumen P und H einen für die Anwendungen geeigneten Fundamentalbereich von M zu konstruieren. Hierzu kann man sich der Lösung der entsprechenden Aufgabe für die volle Einheitengruppe E bedienen, welche in meiner Arbeit über diskontinuierliche Gruppen in den Annals of Mathematics vom Jahre 1943 gegeben wurde.

In der regulären Darstellung von $\varDelta$ und $\bar{\varDelta}$ möge dem Element ξ die Matrix $\hat{\xi}$ mit $g = hs^2$ Reihen entsprechen. Für eine geeignet gewählte konstante reelle Matrix γ zerfällt dann $\gamma \hat{\xi} \gamma^{-1} = \gamma_0$ in Kästchen $X_1, \ldots, X_t$, und zwar tritt das Kästchen X dabei genau s-mal auf, wenn $\Lambda \neq \Gamma$ ist, und sonst genau $s/2$-mal. Das Element $\mathfrak{X} = (\xi_{kl})$ von A oder $\bar{A}$ wird jetzt durch $\hat{\mathfrak{X}} = (\hat{\xi}_{kl})$ dargestellt. Wir setzen noch $(\gamma \hat{\xi}_{kl} \gamma^{-1}) = \gamma \hat{\mathfrak{X}} \gamma^{-1} = \mathfrak{X}_0 = (\xi_{kl0})$ und analog für $A^{(2)}$ oder $\bar{A}^{(2)}$.

Bei festem natürlichen m betrachten wir den Raum der positiven symmetrischen Matrizen $\mathfrak{S}$ mit m Reihen und beliebigen reellen Elementen. Mittels der JACOBIschen Transformation haben wir eindeutig die Zerlegung

$$\mathfrak{S}[\mathfrak{x}] = \sum_{k=1}^{m} q_k \left(x_k + \sum_{l>k} d_{kl} x_l\right)^2$$

mit positiven q_k und reellen d_{kl}. Wir verstehen für jedes positive a unter R_a das Gebiet aller $\mathfrak{S}$, die den $\frac{m(m+1)}{2} - 1$ Ungleichungen

$$q_k < a q_{k+1}, \qquad -a < d_{kl} < a \quad (1 \leq k < l \leq m)$$

genügen. Speziell sei $m = 2ng = 2nhs^2$ und $\mathfrak{S} = \mathfrak{P}_0$, wobei $\mathfrak{P}$ in $\bar{A}^{(2)}$ gelegen und positiv symmetrisch ist. Nach einem wichtigen Satze der Reduktionstheorie gibt es dann zu der gegebenen Ordnung $O^{(2)}$ endlich viele feste umkehrbare Elemente $\mathfrak{N}_1, \ldots, \mathfrak{N}_f$ und eine nur von O abhängige positive Konstante a mit den folgenden drei Eigenschaften. Für mindestens eine Einheit $\mathfrak{W}$ in $O^{(2)}$ und ein $\mathfrak{N} = \mathfrak{N}_k (k = 1, \ldots, f)$ liegt die Matrix

$$\mathfrak{T}_0 = \mathfrak{P}_0[(\mathfrak{W}\mathfrak{N})_0]$$

in R_a. Ist β irgendeine reelle umkehrbare Matrix mit g Reihen und setzt man $\mathfrak{T} = (\tau_{kl})$ mit $k, l = 1, \ldots, 2n$, so liegt $\mathfrak{T}_0[\beta] = (\beta' \tau_{kl0} \beta)$ in R_b, wo b nur von O und den Schranken der Elemente von β und β^{-1} abhängt. Bedeutet $\mathfrak{J}$ die Matrix der Permutation $k \to 2n - k + 1$ $(k = 1, \ldots, 2n)$, so liegt auch $\mathfrak{T}_0^{-1}[\beta \mathfrak{J}]$ in R_b.

Um die beiden Fälle der Involutionen zusammenzufassen, setze man noch $C = 1$ und $\mathfrak{F} = \mathfrak{G}$ für die Involutionen erster Art. Dann ist der Wirkungsraum P der symplektischen Gruppe stets durch die Gleichung $\mathfrak{F} \mathfrak{P}^{-1} \mathfrak{F}' = S' \mathfrak{P} S$ festgelegt, mit der früheren Bedeutung von S. Da $\mathfrak{X}$ aus $\mathfrak{X}_0$ dadurch hervorgeht, daß man die verschiedenen irreduziblen Bestandteile genau einmal aufnimmt, so gilt auch

$$\mathfrak{F}_0 \mathfrak{P}_0^{-1} \mathfrak{F}_0' = S' \mathfrak{P}_0 S.$$

Mit den Abkürzungen $\mathfrak{W}\mathfrak{N} = \mathfrak{V}$, $\mathfrak{V}_0' S \mathfrak{F}_0 \mathfrak{V}_0 = \mathfrak{H}$ wird daher

$$\mathfrak{H}' \mathfrak{T}_0^{-1} \mathfrak{H} = \mathfrak{T}_0.$$

Für beliebiges $\mathfrak{M}$ in $\bar{A}^{(2)}$ ist andererseits

$$(S C \mathfrak{L}) \mathfrak{M}^* = \mathfrak{M}' (S C \mathfrak{L}),$$

so daß mit $\mathfrak{L} \mathfrak{V}^* = \mathfrak{Y}$ die Beziehung

$$S C \gamma \hat{\mathfrak{Y}} = \mathfrak{V}_0' S C \mathfrak{L}_0 \gamma$$

besteht. Wegen $\mathfrak{F}_0 = C \mathfrak{L}_0 \mathfrak{J}$ folgt daraus

$$\mathfrak{V}_0' S \mathfrak{F}_0 = S C \gamma \hat{\mathfrak{Y}} \mathfrak{J} \gamma^{-1}, \qquad \mathfrak{H} = S C \gamma \hat{\mathfrak{Y}} \mathfrak{J} \hat{\mathfrak{V}} \gamma^{-1}.$$

Setzt man noch

$$\mathfrak{J}\hat{\mathfrak{Y}}\mathfrak{I}\hat{\mathfrak{B}} = \mathfrak{Q}, \qquad \mathfrak{T}_0^{-1}[SC\gamma\mathfrak{J}] = \mathfrak{P}_1, \qquad \mathfrak{T}_0[\gamma] = \mathfrak{P}_2,$$

so gilt also

$$\mathfrak{P}_1[\mathfrak{Q}] = \mathfrak{P}_2. \tag{24}$$

Da γ und $SC\gamma$ fest sind, so liegen $\mathfrak{P}_1$ und $\mathfrak{P}_2$ beide in einem Gebiete R_b, wobei die Zahl b nur von O abhängt. Ferner ist

$$\mathfrak{J}\mathfrak{Y}\mathfrak{I}\mathfrak{B} = \mathfrak{J}\mathfrak{L}\mathfrak{N}^*\mathfrak{W}^*\mathfrak{I}\mathfrak{W}\mathfrak{N}$$

und folglich hat die Matrix $\mathfrak{Q}$ rationale Elemente. Erst an dieser Stelle wird wirklich davon Gebrauch gemacht, daß die Abbildung $\mathfrak{X} \to \mathfrak{X}^*$ nicht bloß $\bar{A}$ sondern auch A in sich überführt. Da $\mathfrak{W}$ in E liegt, so ist die Determinante $|\hat{\mathfrak{W}}| = \pm 1$ und es existiert eine nur von O und $\mathfrak{L}$ abhängige natürliche Zahl p, so daß $p\mathfrak{W}^*$ und $p\mathfrak{W}^{*-1}$ in $O^{(2)}$ liegen. Außerdem sind noch $\mathfrak{J}, \mathfrak{I}, \mathfrak{L}$ konstant, während $\mathfrak{N}$ einer festen endlichen Menge in $O^{(2)}$ angehört. Hieraus folgt, daß die Determinante und der Hauptnenner der Elemente von $\mathfrak{Q}$ beschränkt sind. Nach einem weiteren grundlegenden Satze der Reduktionstheorie zeigt dann (24), daß für $\mathfrak{Q}$ nur endlich viele Möglichkeiten bestehen, und dasselbe folgt hiernach für $\mathfrak{W}^*\mathfrak{I}\mathfrak{W}$. Es seien $\mathfrak{K}_1, \ldots, \mathfrak{K}_c$ die sämtlichen Werte dieses Ausdrucks und $\mathfrak{K}_l = \mathfrak{W}_l^*\mathfrak{I}\mathfrak{W}_l$ $(l = 1, \ldots, c)$. Aus der Annahme $\mathfrak{W}^*\mathfrak{I}\mathfrak{W} = \mathfrak{W}_l^*\mathfrak{I}\mathfrak{W}_l$ erhält man aber, daß $\mathfrak{W}\mathfrak{W}_l^{-1} = \mathfrak{M}$ der Modulgruppe angehört, und umgekehrt. Wir bezeichnen schließlich die fc Produkte $\mathfrak{W}_l\mathfrak{N}_k$ wieder mit $\mathfrak{N} = \mathfrak{N}_1, \mathfrak{N}_2, \ldots$ und haben folgenden Satz bewiesen.

Zu jedem Punkte $\mathfrak{P}$ des Wirkungsraumes der symplektischen Gruppe gibt es ein Element $\mathfrak{M}$ der Modulgruppe und eines der festen endlich vielen Elemente $\mathfrak{N}$ aus $O^{(2)}$, so daß die Matrix $\mathfrak{P}_0[\mathfrak{M}_0\mathfrak{N}_0]$ in R_a gelegen ist.

Aus diesem Satz ergibt sich weiter mit bekannten Methoden, daß M in Σ eine sog. Untergruppe erster Art ist, indem nämlich die Modulgruppe auf dem symplektischen Gruppenraum einen abgeschlossenen Fundamentalbereich F mit den folgenden drei Eigenschaften besitzt: Jeder kompakte Teil von Σ wird von endlich vielen Bildern von F überdeckt; nur endlich viele Bilder von F haben mit F einen Punkt gemeinsam; der Inhalt von F in dem invarianten Maß auf Σ ist endlich. Insbesondere läßt sich also auch M durch endlich viele Elemente erzeugen. Schließlich macht die explizite Herstellung von F keine Schwierigkeiten, wenn man sich der entsprechenden Konstruktion für E bedient.

Unser Satz über die Reduktion von $\mathfrak{P}$ bezüglich M ist von Bedeutung für die Theorie der Thetafunktionen, welche sich mit den quadratischen Formen in einer involutorischen Ordnung bilden lassen. Hierüber soll bei anderer Gelegenheit berichtet werden.

Eingegangen am 25. August 1951.

60.

Indefinite quadratische Formen und Funktionentheorie II

Mathematische Annalen 124 (1952), 364—387

1. Einleitung.

1. Wie bereits in der Einleitung zum ersten Teil [1] erwähnt wurde, lassen sich die dort gewonnenen Ergebnisse sinngemäß auf quadratische Formen in algebraischen Zahlkörpern und allgemeiner in involutorischen Algebren endlichen Ranges über dem rationalen Zahlkörper übertragen.

Die Zuordnung einer Thetareihe zu der gegebenen quadratischen Form ist nach dem Vorbilde des ersten Teils ziemlich naheliegend, wenn der Körper total reell ist. Für komplexe Körper ist dagegen eine weitere Idee erforderlich, die im Anschluß an eine Untersuchung von H. MAASS [2] entstanden ist. Wir werden im folgenden ausführlich nur den Fall des GAUSSschen Zahlkörpers behandeln, weil hierbei der formale Teil am kürzesten ist. Zur Gewinnung eines Diskontinuitätsbereiches für die zugehörige Modulgruppe, die PICARDsche Gruppe, hat man bekanntlich [3] an Stelle der komplexen Variabeln einen veränderlichen Punkt im dreidimensionalen hyperbolischen Raum einzuführen, und die benötigte Idee besteht in der geeigneten Anbringung der drei Koordinaten im Exponenten der Thetareihe. Ein spezieller Fall dieses Ansatzes steht übrigens seit fast 30 Jahren in der Literatur [4, 5], ohne daß bisher die tiefere Bedeutung bemerkt wurde. Andererseits hat bereits FUETER [6] der PICARDschen Gruppe gewisse EISENSTEINsche Reihen zugeordnet und ihre FOURIERsche Entwicklung bestimmt.

Bei der weiteren Verallgemeinerung auf Algebren werden wir uns nur mit der Reduktionstheorie der zugehörigen quadratischen Formen und dem Transformationsproblem der entsprechenden Thetafunktionen beschäftigen. Der übrigbleibende Aufbau dürfte geringeren Schwierigkeiten begegnen. Da wir auch die sog. Involutionen zweiter Art behandeln, so umfaßt unsere Untersuchung als speziellen Fall die hermitischen Formen in relativquadratischen Zahlkörpern.

Wir setzen weiterhin die Kenntnis des ersten Teils der Abhandlung voraus. Von den früheren Überlegungen lassen sich einige leicht auf den vorliegenden Fall übertragen, so daß wir uns an den betreffenden Stellen kurz fassen können.

2. Es sei

$$\mathfrak{S}[\mathfrak{x}] = \mathfrak{x}'\mathfrak{S}\mathfrak{x} = \sum_{k,l=1}^{m} s_{kl}\, x_k\, x_l$$

eine quadratische Form mit komplexen Koeffizienten $s_{kl} = s_{lk}$, deren Determinante von 0 verschieden ist. Durch eine komplexe lineare Transformation $\mathfrak{x} = \mathfrak{C}\mathfrak{y}$ läßt sich $\mathfrak{S}[\mathfrak{x}]$ in eine Quadratsumme $y_1^2 + \cdots + y_m^2$ überführen. Als Majorante wird die positive hermitische Form

$$\mathfrak{P}\{\mathfrak{x}\} = \mathfrak{x}'\mathfrak{P}\bar{\mathfrak{x}} = y_1\bar{y}_1 + \cdots + y_m\bar{y}_m$$

zu Grunde gelegt, deren Matrix $\mathfrak{P} = (\overline{\mathfrak{C}}\,\mathfrak{C}')^{-1}$ ist. Es gilt also

(1) $$\mathfrak{S}\,[\mathfrak{C}] = \mathfrak{C}'\,\mathfrak{S}\,\mathfrak{C} = \mathfrak{E}\,,\quad \mathfrak{P}\,\{\mathfrak{C}\} = \mathfrak{C}'\,\mathfrak{P}\,\overline{\mathfrak{C}} = \mathfrak{E}$$

und folglich

(2) $$\overline{\mathfrak{P}}\,\mathfrak{S}^{-1}\,\mathfrak{P} = \overline{\mathfrak{S}}\,,\quad \mathfrak{P}' = \overline{\mathfrak{P}} > 0\,.$$

Ist umgekehrt $\mathfrak{P}$ eine Lösung von (2), so transformiere man die hermitische Form $\mathfrak{P}\,\{\mathfrak{x}\}$ und die komplexe quadratische Form $\mathfrak{S}\,[\mathfrak{x}]$ simultan auf Hauptachsen durch eine komplexe lineare Substitution $\mathfrak{x} = \mathfrak{C}\,\mathfrak{y}$. Dadurch kann man erreichen, daß

$$\mathfrak{P}\,\{\mathfrak{x}\} = \sum_{k=1}^{m} y_k\,\bar{y}_k\,,\quad \mathfrak{S}\,[\mathfrak{x}] = \sum_{k=1}^{m} d_k\,y_k^2$$

mit positiven reellen $d_1, \ldots, d_m$ wird. Bedeutet dann $\mathfrak{S}_0$ die Diagonalmatrix mit den Diagonalelementen $d_1, \ldots, d_m$, so gilt $\mathfrak{P}\,\{\mathfrak{C}\} = \mathfrak{E}$, $\mathfrak{S}\,[\mathfrak{C}] = \mathfrak{S}_0$ und (2) ergibt $\mathfrak{S}_0^{-1} = \overline{\mathfrak{S}}_0$, $d_k^{-1} = \bar{d}_k$ $(k = 1, \ldots, m)$. Also ist $\mathfrak{S}_0 = \mathfrak{E}$, und die Majoranten $\mathfrak{P}$ sind folglich genau die Lösungen von (2).

Um eine Parameterdarstellung zu gewinnen, betrachte man zunächst den speziellen Fall $\mathfrak{S} = \mathfrak{E}$. Dann muß also $\mathfrak{P}$ zugleich orthogonal und positiv hermitisch sein. Da $\mathfrak{P} + \mathfrak{E} > 0$, also jedenfalls nicht ausgeartet ist, so ist der Ansatz $\mathfrak{P} = -\,\mathfrak{E} + 2\,\mathfrak{B}^{-1}$ mit hermitischem $\mathfrak{B}$ erlaubt und führt die Bedingung $\overline{\mathfrak{P}}\,\mathfrak{P} = \mathfrak{E}$ über in $\mathfrak{B} + \overline{\mathfrak{B}} = 2\,\mathfrak{E}$, woraus $\mathfrak{B} = \mathfrak{E} - i\,\mathfrak{A}$ mit reellem alternierenden $\mathfrak{A}$ folgt. Wegen $\mathfrak{P} > 0$ ist auch $\mathfrak{P}\,\{\mathfrak{B}'\} = \mathfrak{B}\,\mathfrak{P}\,\mathfrak{B} = 2\,\mathfrak{B} - \mathfrak{B}^2 = \mathfrak{B}\,(2\,\mathfrak{E} - \mathfrak{B}) = (\mathfrak{E} - i\,\mathfrak{A})\,(\mathfrak{E} + i\,\mathfrak{A}) = \mathfrak{E} + \mathfrak{A}^2 = \mathfrak{E} - \mathfrak{A}\,\mathfrak{A}' > 0$. Gilt umgekehrt $\mathfrak{E} > \mathfrak{A}\,\mathfrak{A}'$ mit reellem alternierenden $\mathfrak{A}$, so ist $\mathfrak{B} = \mathfrak{E} - i\,\mathfrak{A}$ umkehrbar und $\mathfrak{P} = -\,\mathfrak{E} + 2\,\mathfrak{B}^{-1} = (\mathfrak{E} + i\,\mathfrak{A})\,(\mathfrak{E} - i\,\mathfrak{A})^{-1} = (\mathfrak{E} + \mathfrak{A}^2)\,\{(\mathfrak{E} + i\,\mathfrak{A})^{-1}\} > 0$. Also hat man die umkehrbar eindeutige Parameterdarstellung

(3) $$\mathfrak{P} = \frac{\mathfrak{E} + i\,\mathfrak{A}}{\mathfrak{E} - i\,\mathfrak{A}}\,,\quad \mathfrak{E} > \mathfrak{A}\,\mathfrak{A}'\,,\quad \mathfrak{A} = \overline{\mathfrak{A}} = -\,\mathfrak{A}'\,.$$

Die $\frac{m\,(m-1)}{2}$ unabhängigen reellen Elemente a_{kl} $(k < l)$ von $\mathfrak{A} = (a_{kl})$ sind wegen $\mathfrak{E} > \mathfrak{A}\,\mathfrak{A}'$ sämtlich beschränkt, nämlich absolut < 1. Man erhält schließlich die Parameterdarstellung für den allgemeinen Fall, indem man ein festes komplexes $\mathfrak{C} = \mathfrak{C}_0$ mit $\mathfrak{S}\,[\mathfrak{C}] = \mathfrak{E}$ wählt und dann $\mathfrak{P}$ in (3) durch $\mathfrak{P}\,\{\mathfrak{C}_0\}$ ersetzt. Weiterhin möge der Raum der Lösungen $\mathfrak{P}$ von (2) mit P bezeichnet werden.

3. Die „orthogonale" Gruppe Ω von $\mathfrak{S}$ besteht aus den komplexen linearen Transformationen $\mathfrak{x} \to \mathfrak{B}\,\mathfrak{x}$, welche $\mathfrak{S}\,[\mathfrak{x}]$ in sich überführen, also der Bedingung $\mathfrak{S}\,[\mathfrak{B}] = \mathfrak{S}$ genügen. Zufolge (2) erhält man auf P die Darstellung $\mathfrak{P} \to \mathfrak{P}\,\{\mathfrak{B}\}$ von Ω. Sind $\mathfrak{P}_1 = (\overline{\mathfrak{C}}_1\,\mathfrak{C}_1')^{-1}$ und $\mathfrak{P}_2 = (\overline{\mathfrak{C}}_2\,\mathfrak{C}_2')^{-1}$ zwei Punkte von P und $\mathfrak{S}\,[\mathfrak{C}_1] = \mathfrak{E} = \mathfrak{S}\,[\mathfrak{C}_2]$, so ist $\mathfrak{C}_1\,\mathfrak{C}_2^{-1} = \mathfrak{B}$ ein Element von Ω und $\mathfrak{P}_2 = \mathfrak{P}_1\,\{\mathfrak{B}\}$. Daher ist die Darstellung auf P transitiv. Mit $\mathfrak{B}$ ist auch $-\,\mathfrak{B}$ ein Element von Ω und ergibt dieselbe Abbildung $\mathfrak{P} \to \mathfrak{P}\,\{\pm\,\mathfrak{B}\}$. Ist umgekehrt auf P für zwei Elemente $\mathfrak{B}_1$ und $\mathfrak{B}_2$ von Ω identisch $\mathfrak{P}\,\{\mathfrak{B}_1\} = \mathfrak{P}\,\{\mathfrak{B}_2\}$, so läßt sich in folgender Weise daraus die Beziehung $\mathfrak{B}_2 = \pm\,\mathfrak{B}_1$ ableiten. Es genügt, den Fall $\mathfrak{S} = \mathfrak{E}$ zu behandeln. Setzt man dann $\mathfrak{B}_2\,\mathfrak{B}_1^{-1} = \mathfrak{B}$, so ist $\mathfrak{B}'\,\mathfrak{B} = \mathfrak{E}$ und identisch $\mathfrak{P}\,\{\mathfrak{B}\} = \mathfrak{P}$, wenn $\mathfrak{P}$ durch (3) gegeben wird. Für $\mathfrak{P} = \mathfrak{E}$ folgt speziell $\mathfrak{B}'\,\overline{\mathfrak{B}} = \mathfrak{E}$; also ist $\mathfrak{B}$ reell orthogonal und mit $\mathfrak{P}$ vertauschbar. Dann ist aber auch $\mathfrak{B}$ mit allen alternierenden reellen oder komplexen $\mathfrak{A}$ vertauschbar, liegt also im Zentrum der reellen orthogonalen Gruppe, woraus $\mathfrak{B} = \pm\,\mathfrak{E}$ folgt.

Die bei Ω invariante RIEMANNsche Metrik auf P wird durch

$$d\,s^2 = -\frac{1}{8}\,d^2 \log |\mathfrak{P}| = \frac{1}{8}\,\sigma\,(\mathfrak{P}^{-1}\,d\,\mathfrak{P}\,\mathfrak{P}^{-1}\,d\,\mathfrak{P})$$

festgelegt. Für die Parameterdarstellung (3) erhält man

$$\mathfrak{P}^{-1}\,d\,\mathfrak{P} = 2\,i\,(\mathfrak{E} + i\,\mathfrak{A})^{-1}\,d\,\mathfrak{A}\,(\mathfrak{E} - i\,\mathfrak{A})^{-1}$$

und

$$d\,s^2 = \frac{1}{2}\,\sigma\,((\mathfrak{E} + \mathfrak{A}^2)^{-1}\,d\,\mathfrak{A}\,(\mathfrak{E} + \mathfrak{A}^2)^{-1}\,d\,\mathfrak{A}')$$

mit dem Volumenelement

(4) $$d\,v = |\mathfrak{E} + \mathfrak{A}^2|^{\frac{1-m}{2}} \prod_{k<l} d\,a_{k\,l}.$$

4. Unser Ziel ist das Studium der quadratischen Gleichungen

$$(a\,x_1^2 + b\,x_1\,x_2 + \cdots) + (\,c\,x_1 + \cdots) + d = 0$$

mit ganzen Koeffizienten und m ganzzahligen Unbekannten im Körper K von $\sqrt{-1}$. Indem wir voraussetzen, daß die von den Gliedern zweiten Grades gebildete quadratische Form $\mathfrak{S}\,[\mathfrak{x}]$ nicht ausgeartet ist, schreiben wir die Gleichung in der Gestalt $\mathfrak{S}\,[\mathfrak{x} + \mathfrak{a}] = t$ mit ganzen $s_{k\,k}$, $2\,s_{k\,l}$, $2\,\mathfrak{S}\,\mathfrak{a}$, $\mathfrak{S}\,[\mathfrak{a}] - t$. Das Polynom $\mathfrak{S}\,[\mathfrak{x} + \mathfrak{a}] - t$ von $x_1, \ldots, x_m$ ist also ganzwertig. Zur Abkürzung werde noch

$$\mathfrak{x} + \mathfrak{a} = \mathfrak{y}, \quad \underline{\mathfrak{y}} = \begin{pmatrix} \mathfrak{y} \\ \bar{\mathfrak{y}} \end{pmatrix}$$

gesetzt.

Wir führen eine komplexe Variable $z = x + i\,y$ und eine positive Variable w ein und bilden die Matrix

$$\mathfrak{R} = \begin{pmatrix} z\,\mathfrak{S} & i\,w\,\mathfrak{P} \\ i\,w\,\overline{\mathfrak{P}} & \bar{z}\,\overline{\mathfrak{S}} \end{pmatrix}.$$

Dann wird

$$\mathfrak{R}\,[\underline{\mathfrak{y}}] = z\,\mathfrak{S}\,[\mathfrak{y}] + \bar{z}\,\overline{\mathfrak{S}}\,[\bar{\mathfrak{y}}] + 2\,i\,w\,\mathfrak{P}\,\{\mathfrak{y}\},$$

und folglich konvergiert die Thetareihe

$$f\,(\zeta) = f_{\mathfrak{a}}\,(\zeta) = f_{\mathfrak{a}}\,(\zeta, \mathfrak{P}) = \sum_{\mathfrak{y}} e^{\pi\,i\,\mathfrak{R}\,[\underline{\mathfrak{y}}]},$$

wo in $\mathfrak{y} = \mathfrak{x} + \mathfrak{a}$ für $\mathfrak{x}$ alle ganzen komplexen Vektoren gesetzt werden. Dabei sei unter ζ die „reine" Quaternion $z + j\,w = x + i\,y + j\,w$ verstanden, für welche nach HAMILTON die Symbole i, j durch die Relationen $i\,j = -\,j\,i = k$, $j\,k = -\,k\,j = i$, $k\,i = -\,i\,k = j$, $i^2 = j^2 = k^2 = -\,1$ verknüpft sind. Es wird sich zeigen, daß $f\,(\zeta)$ als Funktion von ζ ein einfaches Transformationsverhalten bei der PICARDschen Gruppe $\zeta \to (a\,\zeta + b)\,(c\,\zeta + d)^{-1}$ mit ganzen a, b, c, d in K und $a\,d - b\,c = 1$ besitzt.

Andererseits betrachte man die Einheitengruppe Γ von $\mathfrak{S}$ in K, bestehend aus allen Lösungen $\mathfrak{U}$ von $\mathfrak{S}\,[\mathfrak{U}] = \mathfrak{S}$ mit ganzen Elementen in K. Es stellt sich heraus, daß das Volumen

$$V_0 = \int_{F_0} d\,v$$

eines Fundamentalbereiches F_0 von Γ auf P endlich ist, wenn der Fall einer binären quadratischen Nullform ausgeschlossen wird. In Γ bilden die $\mathfrak{U}$ mit ganzem $\mathfrak{U}\,\mathfrak{a} - \mathfrak{a}$ eine Untergruppe $\Gamma_{\mathfrak{a}}$ von endlichem Index. Es sei F ein zugehöriger Fundamentalbereich und V sein Volumen. Man zeigt dann, daß auch das Integral von $f_{\mathfrak{a}}(\zeta, \mathfrak{P})$ über F existiert und durch gliedweise Integration der Reihe berechnet werden kann, wenn im Falle $m < 4$ die Nullformen ausgeschlossen werden und für $m = 4$ die Nullformen, deren Determinante eine Quadratzahl in K ist.

Wir verstehen unter s die Determinante von $2\,\mathfrak{S}$. Ist a eine komplexe Zahl, so möge zur Abkürzung

$$e^{\pi i (a + \bar{a})} = 1^{a}$$

gesetzt werden. Bedeutet r eine Zahl aus K mit dem gekürzten Nenner b, so definieren wir

$$\gamma(r) = N^{-\frac{1}{2}}(s)\, N^{-m}(b) \sum_{\mathfrak{x} \,(\mathrm{mod}\, b)} 1^{r \mathfrak{S}[\mathfrak{x} + \mathfrak{a}]},$$

außerdem sei $\gamma = 1$ für ganzes $\mathfrak{a}$ und $\gamma = 0$ sonst. Dabei ist unter N die Norm in K zu verstehen, und dasselbe Symbol werde weiterhin auch für die Quaternionennorm benutzt. Mit diesen Bezeichnungen können wir das zu beweisende hauptsächliche Resultat in Analogie zum ersten Teile folgendermaßen aussprechen.

Satz 1: Es sei $\mathfrak{S}[\mathfrak{x}] + 2\,\mathfrak{a}'\,\mathfrak{S}\,\mathfrak{x}$ *ganzwertig,* $m > 3$ *und im Falle* $m = 4$ *nicht zugleich* $\mathfrak{S}[\mathfrak{x}]$ *eine Nullform und* s *ein Quadrat. Dann ist*

$$V^{-1} \int_F f_{\mathfrak{a}}(\zeta, \mathfrak{P})\, d v = \gamma + \sum_r \gamma(r)\, N^{-\frac{m}{2}}(\zeta - r), \tag{5}$$

wo r *alle Zahlen aus* K *durchläuft. Im Falle* $m = 4$ *wird dabei zuerst über alle* r *mit festem Nenner* b *summiert und sodann über alle Hauptideale* b *nach wachsenden Normen.*

5. Die Definition der Maße $\mu_{\mathfrak{a}}(\mathfrak{S})$ und $M(\mathfrak{S}, \mathfrak{a}, t)$ läßt sich fast wörtlich übertragen, so daß eine kurze Erklärung hier genügt. Unter $\mathfrak{X} = (x_{kl})$ verstehen wir eine umkehrbare m-reihige Matrix mit unabhängigen komplexen Elementen x_{kl}. Für jedes feste umkehrbare komplexe symmetrische $\mathfrak{W}^{(m)} = (w_{kl})$ betrachten wir den Raum $\Omega(\mathfrak{W})$ der Lösungen $\mathfrak{X}$ von $\mathfrak{S}[\mathfrak{X}] = \mathfrak{W}$. Ist $\mathfrak{X} = \mathfrak{X}_0$ ein Punkt darin, so wählen wir $m(m-1)$ reelle Funktionen u_1, $u_2, \ldots$ der Real- und Imaginär-Teile der x_{kl}, die zusammen mit den $m(m+1)$ Real- und Imaginär-Teilen der w_{kl} in $\mathfrak{X}_0$ eine von 0 verschiedene Funktionaldeterminante haben. Mit deren absolutem Betrage Δ definieren wir

$$d\omega = N^{\frac{1}{2}}(|\mathfrak{S}^{-1}\mathfrak{W}|)\, \Delta^{-1}\, d u_1\, d u_2 \ldots \tag{6}$$

und haben damit speziell auf dem Gruppenraum $\Omega = \Omega(\mathfrak{S})$ ein invariantes Maß. Es sei dann $\mu_{\mathfrak{a}}(\mathfrak{S})$ das Maß eines Fundamentalbereiches der Einheitenuntergruppe $\Gamma_{\mathfrak{a}}$ auf Ω.

Ferner beschränken wir $\mathfrak{X}$ auf die Matrizen mit fester erster Spalte $\mathfrak{y} = \mathfrak{x} + \mathfrak{a}$; also ist $\mathfrak{X} = (\mathfrak{y}\ \mathfrak{X}_2)$ mit variabler komplexer Matrix $\mathfrak{X}_2 = (x_{kl})$ von m Zeilen und $m-1$ Spalten. Analog zerlege man $\mathfrak{W} = \begin{pmatrix} t & \mathfrak{w}' \\ \mathfrak{w} & \mathfrak{W}_1 \end{pmatrix}$; dann ist $\mathfrak{S}[\mathfrak{y}] = t$, $\mathfrak{X}_2'\,\mathfrak{S}\,\mathfrak{y} = \mathfrak{w}$, $\mathfrak{S}[\mathfrak{X}_2] = \mathfrak{W}_1$, und man erhält so alle umkehrbaren komplexen symmetrischen $\mathfrak{W}^{(m)}$ mit dem festen ersten Diagonalelement t. Jetzt bilden die reellen und imaginären Teile der übrigen Elemente von $\mathfrak{W}$ insgesamt $(m+2)(m-1)$ unabhängige Funktionen der $2m(m-1)$ reellen und imaginären Teile der x_{kl}, und wir wählen dazu weitere $(m-2)(m-1)$ reelle Funktionen $u_1, u_2, \ldots$, so daß die Funktionaldeterminante in einem gegebenen Punkte $\mathfrak{X} = \mathfrak{X}_0$ von 0 verschieden wird. Auf dem durch die Gleichung $\mathfrak{S}[\mathfrak{X}] = \mathfrak{W}$ bei festen $\mathfrak{y}$ und $\mathfrak{W}$ definierten Raum $\Omega(\mathfrak{y}; \mathfrak{W})$ erklären wir durch (6) wieder ein Volumenelement. In diesem Raume bilde man einen Fundamentalbereich $B(\mathfrak{y})$ von der durch die Bedingung $\mathfrak{U}\mathfrak{y} = \mathfrak{y}$ definierten Einheitenuntergruppe $\Gamma(\mathfrak{y})$ und bezeichne sein Maß mit $\mu(\mathfrak{S}, \mathfrak{y})$. Es hängt nicht von $\mathfrak{W}$ ab. Schließlich sei

$$M(\mathfrak{S}, \mathfrak{a}, t) = \sum_{\mathfrak{S}[\mathfrak{y}] = t} \mu(\mathfrak{S}, \mathfrak{y}),$$

wo über ein volles System bezüglich $\Gamma_{\mathfrak{a}}$ nicht assoziierter Lösungen $\mathfrak{y} = \mathfrak{x} + \mathfrak{a}$ von $\mathfrak{S}[\mathfrak{y}] = t$ zu summieren ist, mit Ausnahme der etwaigen Lösung $\mathfrak{y} = 0$.

6. Die p-adische Lösungsdichte $\delta_p(\mathfrak{S}, \mathfrak{a}, t)$ wird ebenfalls analog zum Fall des rationalen Zahlkörpers erklärt, nämlich

$$\delta_p(\mathfrak{S}, \mathfrak{a}, t) = \lim_{k \to \infty} \frac{A_q(\mathfrak{S}, \mathfrak{a}, t)}{N^{m-1}(q)} \qquad (q = p^k)$$

für jedes Primideal p in K, wobei $A_q(\mathfrak{S}, \mathfrak{a}, t)$ die Anzahl der modulo q inkongruenten Lösungen $\mathfrak{x}$ der Kongruenz $\mathfrak{S}[\mathfrak{x} + \mathfrak{a}] \equiv t \pmod{q}$ bedeutet. Dann läßt sich Satz 2 aus dem ersten Teile fast wörtlich übertragen.

Satz 2: Es sei $\mathfrak{S}[\mathfrak{x} + \mathfrak{a}] - t$ ganzwertig, und es seien die übrigen Voraussetzungen von Satz 1 erfüllt. Dann ist

$$M(\mathfrak{S}, \mathfrak{a}, t) = \mu_{\mathfrak{a}}(\mathfrak{S}) \prod_p \delta_p(\mathfrak{S}, \mathfrak{a}, t),$$

wo p die Primideale von K *nach wachsenden Normen durchläuft.*

Wegen der multiplikativen Eigenschaften der p-adischen Lösungsdichten kann man übrigens statt der Primideale in K auch die natürlichen Primzahlen zu Grunde legen und erhält damit für Satz 2 genau den Wortlaut aus dem ersten Teil. Diese Bemerkung ist nützlich bei der Übertragung unserer Resultate auf Algebren.

2. Transformation.

1. Um das Verhalten der Funktionen $f_{\mathfrak{a}}(\zeta)$ bei den Modulsubstitutionen $\hat{\zeta} = (a\zeta + b)(c\zeta + d)^{-1}$ aus K zu untersuchen, betrachten wir zunächst den Fall $c = 0$. Damit wird $\pm a = 1$, i und $\hat{\zeta} = a\zeta a + ab$, also $\hat{z} = a^2 z + ab$, $\hat{w} = w$, wodurch $\mathfrak{R}[\mathfrak{y}]$ in $\mathfrak{R}[\mathfrak{y}a] + ab\,\mathfrak{S}[\mathfrak{y}] + \bar{a}\bar{b}\,\bar{\mathfrak{S}}[\bar{\mathfrak{y}}]$ übergeht. In diesem Falle gilt also

$$f_{\mathfrak{a}}(\hat{\zeta}) = 1^{ab\mathfrak{S}[\mathfrak{a}]} f_{\mathfrak{a}a}(\zeta).$$

Weiterhin sei $c \neq 0$. Wir zerlegen

$$\hat{\zeta} = \frac{a}{c} + c^{-1}\zeta_1 c^{-1}, \quad \zeta_1 = -\zeta_2^{-1}, \quad \zeta_2 = \zeta + \frac{d}{c}$$

und ersetzen den Summationsbuchstaben $\mathfrak{x} = \mathfrak{y} - \mathfrak{a}$ durch $\mathfrak{x}c + \mathfrak{g}$, wo $\mathfrak{g}$ ein volles Restsystem modulo c durchläuft und $\mathfrak{x}$ wieder alle ganzen Vektoren in K. Mit

$$\mathfrak{R}_1 = \begin{pmatrix} z_1\mathfrak{S} & i w_1 \mathfrak{P} \\ i w_1 \overline{\mathfrak{P}} & \bar{z}_1 \bar{\mathfrak{S}} \end{pmatrix}$$

wird dann

$$f(\hat{\zeta}) = \sum_{\mathfrak{p} (\mathrm{mod}\, c)}' 1^{\frac{a}{c} \mathfrak{S}[\mathfrak{p}]} \sum_{\mathfrak{x}} e^{\pi i \mathfrak{R}_1 [\mathfrak{x} + \mathfrak{p} c^{-1}]}.$$

Nun ist aber

$$\bar{\zeta}\, \zeta = (\bar{z} - j\, w)\,(z + j\, w) = z\, \bar{z} + w^2 = N(\zeta)$$

und zufolge (2) auch

$$\begin{pmatrix} z\, \mathfrak{S} & i\, w\, \mathfrak{P} \\ i\, w\, \bar{\mathfrak{P}} & \bar{z}\, \bar{\mathfrak{S}} \end{pmatrix} \begin{pmatrix} \bar{z}\, \mathfrak{S}^{-1} & -i\, w\, \bar{\mathfrak{P}}^{-1} \\ -i\, w\, \mathfrak{P}^{-1} & z\, \bar{\mathfrak{S}}^{-1} \end{pmatrix} = (z\, \bar{z} + w^2)\, \mathfrak{E},$$

also

$$-\mathfrak{R}_1^{-1} = \begin{pmatrix} z_2\, \mathfrak{S}^{-1} & i\, w_2\, \bar{\mathfrak{P}}^{-1} \\ i\, w_2\, \mathfrak{P}^{-1} & \bar{z}_2\, \mathfrak{S}^{-1} \end{pmatrix}.$$

Dies ist ein wesentlicher Punkt der Untersuchung. Zerlegt man $\mathfrak{x}$ in reellen und imaginären Teil, $\mathfrak{x} = \mathfrak{x}_1 + i\, \mathfrak{x}_2$, so ist

$$-i\, \mathfrak{R}_1 [\mathfrak{x}] = -i\, \mathfrak{R}_1 \left[\begin{pmatrix} 1 & i \\ 1 & -i \end{pmatrix} \begin{pmatrix} \mathfrak{x}_1 \\ \mathfrak{x}_2 \end{pmatrix} \right]$$

und die Inverse dieser quadratischen Form wird

$$\frac{i}{4} \mathfrak{R}_1^{-1} \left[\begin{pmatrix} 1 & -i \\ 1 & i \end{pmatrix} \begin{pmatrix} \mathfrak{x}_1 \\ \mathfrak{x}_2 \end{pmatrix} \right] = \frac{i}{4} \mathfrak{R}_1^{-1} [\mathfrak{x}],$$

während sich für die Determinante der quadratischen Form wegen (1) der Wert

$$D = 2^{2m} |\mathfrak{R}_1| = 2^{2m} |\mathfrak{C}\, \bar{\mathfrak{C}}|^{-2} \begin{vmatrix} z_1\, \mathfrak{E} & i\, w_1\, \mathfrak{E} \\ i\, w_1\, \mathfrak{E} & \bar{z}_1\, \mathfrak{E} \end{vmatrix} = 2^{2m}\, N(|\mathfrak{S}|)\, N(\zeta_1^m) = N(s\, \zeta_1^m)$$

ergibt. Es folgt

$$\sum_{\mathfrak{x}} e^{\pi i \mathfrak{R}_1 [\mathfrak{x} + \mathfrak{p} c^{-1}]} = D^{-\frac{1}{2}} \sum_{\mathfrak{x}} e^{-\frac{\pi i}{4} \mathfrak{R}_1^{-1} [\mathfrak{x}] + \frac{\pi i}{c} (\mathfrak{x}' \mathfrak{p} + \bar{\mathfrak{x}}' \bar{\mathfrak{p}})}$$

und

$$N^{-\frac{m}{2}} (c\, \zeta + d)\, f(\hat{\zeta}) = \sum_{\mathfrak{x}} \lambda(\mathfrak{x})\, e^{\frac{\pi i}{4} \mathfrak{R} [\mathfrak{S}^{-1} \mathfrak{x}]}$$

mit

$$\lambda(\mathfrak{x}) = N^{-\frac{1}{2}}(s)\, N^{-\frac{m}{2}}(c) \sum_{\mathfrak{p} (\mathrm{mod}\, c)} 1^{\frac{1}{c} \left(a \mathfrak{S}[\mathfrak{p}] + \mathfrak{x}' \mathfrak{p} + \frac{d}{4} \mathfrak{S}^{-1} [\mathfrak{x}] \right)}.$$

2. Das übrige aus dem zweiten Kapitel des ersten Teiles läßt sich fast wörtlich übertragen, wobei noch die Unterscheidung nach dem Vorzeichen von c jetzt fortfällt und ε durch 1 zu ersetzen ist. Wir übernehmen die frühere Definition von $\lambda_{\mathfrak{a}\mathfrak{b}}(\mathfrak{M})$ und erklären noch

$$\omega(a, c) = N^{-\frac{1}{2}}(s)\, N^{-\frac{m}{2}}(c) \sum_{\mathfrak{x} (\mathrm{mod}\, c)} 1^{\frac{a}{c} \mathfrak{S}[\mathfrak{x}]} \qquad (c \neq 0),$$

$$\omega(a, 0) = 1 \qquad (\pm a = 1, i).$$

In Analogie zu dem früheren Hilfssatz 1 bekommen wir dann folgendes Ergebnis.

Hilfssatz 1: Für die Modulsubstitution $\hat{\zeta} = (a\, \zeta + b)\,(c\, \zeta + d)^{-1}$ *in* K *gilt*

$$N^{-\frac{m}{2}} (c\, \zeta + d)\, f_{\mathfrak{a}}(\hat{\zeta}) = \begin{cases} \sum_{\mathfrak{b}} \lambda_{\mathfrak{a}\mathfrak{b}}(\mathfrak{M})\, f_{\mathfrak{b}}(\zeta) & (c \neq 0) \\ 1^{ab \mathfrak{S}[\mathfrak{a}]}\, \omega(a, c)\, f_{a\mathfrak{a}}(\zeta) & (2\, s \mid c). \end{cases}$$

Im ersten Teil wurde außerdem gezeigt, daß die Werte $\lambda_{\mathfrak{a}0}(\mathfrak{M}) = \omega_{\mathfrak{a}}(a, c)$ bei festem $\mathfrak{a}$ und geradem m nur von den Restklassen von a und c modulo $2\,s$ abhängen. Der Beweis läßt sich ohne weiteres übertragen und bleibt jetzt auch für ungerades m gültig.

3. Integration.

1. Weiterhin werde vorausgesetzt, daß $\mathfrak{S}[\mathfrak{x}]$ im Falle $m < 4$ keine Nullform ist und im Falle $m = 4$ keine Nullform, deren Determinante eine Quadratzahl in K ist. Es ist dann zu zeigen, daß die Funktion $f_{\mathfrak{a}}(\zeta, \mathfrak{P})$ über den Fundamentalbereich F der Einheitenuntergruppe $\Gamma_{\mathfrak{a}}$ im Raume P integrierbar ist und daß das Integral durch gliedweise Integration der Reihe berechnet werden kann. Der Beweis soll hier nicht ausgeführt werden, da er im wesentlichen wie für den Fall des rationalen Zahlkörpers verläuft. Die benötigten Eigenschaften von F ergeben sich aus den Untersuchungen von K. G. Ramanathan [7], welcher nach den Vorarbeiten von P. Humbert [8, 9] die Reduktionstheorie der quadratischen Formen in beliebigen algebraischen Zahlkörpern geschaffen hat. Die Endlichkeit des Volumens V von F ist insbesondere schon von Ramanathan nachgewiesen worden.

Wir setzen wieder

$$V^{-1} \int_F f_{\mathfrak{a}}(\zeta, \mathfrak{P})\, d\,v = \varphi_{\mathfrak{a}}(\zeta)$$

und unterwerfen die Formel von Hilfssatz 1 der entsprechenden Mittelbildung.

Hilfssatz 2: Für die Modulsubstitution $\hat{\zeta} = (a\,\zeta + b)(c\,\zeta + d)^{-1}$ *in* K *gilt*

$$N^{-\frac{m}{2}}(c\,\zeta + d)\,\varphi_{\mathfrak{a}}(\hat{\zeta}) = \begin{cases} \sum_{\mathfrak{b}} \lambda_{\mathfrak{a}\mathfrak{b}}(\mathfrak{M})\,\varphi_{\mathfrak{b}}(\zeta) & (c \neq 0) \\ 1^{ab\mathfrak{S}[\mathfrak{a}]}\,\omega(a, c)\,\varphi_{\mathfrak{a}a}(\zeta) & (2\,s \mid c). \end{cases}$$

2. Die Analoga der Formeln (13) und (37) des ersten Teiles sind ausführlich zu behandeln, da die Rechnungen wegen der veränderten Struktur des Raumes P einige Besonderheiten aufweisen.

Ist $\mathfrak{X}^{(rs)} = (x_{kl})$ eine Matrix mit unabhängigen variabeln komplexen Elementen, so bedeute $\{d\,\mathfrak{X}\}$ das euklidische Volumenelement in den $2\,r\,s$ reellen und imaginären Teilen der x_{kl}. Ist $\mathfrak{X}^{(r)}$ symmetrisch oder alternierend, so hat man entsprechend die Elemente mit $k \leq l$ oder $k < l$ zu nehmen. Diese Bezeichnung benutzen wir wie früher sinngemäß auch für Matrizen mit reellen Elementen.

Nach (6) ist auf Ω das Maß durch

$$d\,\omega = \frac{\{d\,\mathfrak{X}\}}{\{d\,\mathfrak{W}\}}, \quad \mathfrak{X}'\mathfrak{S}\,\mathfrak{X} = \mathfrak{W}, \quad \mathfrak{W} = \mathfrak{S} \tag{7}$$

erklärt. Andererseits ist zufolge (1), (2), (3), (4) auf P das Maß durch

$$d\,v = |\mathfrak{E} + \mathfrak{A}^2|^{\frac{1-m}{2}}\{d\,\mathfrak{A}\}, \quad \overline{\mathfrak{P}}\,\mathfrak{S}^{-1}\mathfrak{P} = \overline{\mathfrak{S}}, \quad \mathfrak{P}\{\mathfrak{C}_0\} = \frac{\mathfrak{E} + i\,\mathfrak{A}}{\mathfrak{E} - i\,\mathfrak{A}}, \quad \mathfrak{S}[\mathfrak{C}_0] = \mathfrak{E} \tag{8}$$

definiert. Eine Abbildung von Ω in P erhält man durch den Ansatz

$$\mathfrak{P}\{\mathfrak{C}_0\} = \mathfrak{X}_1'\,\overline{\mathfrak{X}}_1, \quad \mathfrak{X}_1' = \mathfrak{C}_0^{-1}\,\mathfrak{X}\,\mathfrak{C}_0,$$

wobei dann $\mathfrak{X}_1'\,\mathfrak{X}_1 = \mathfrak{E}$ und $\mathfrak{X}'\mathfrak{S}\,\mathfrak{X} = \mathfrak{S}$ ist. Durch $\mathfrak{P}$ ist umgekehrt $\mathfrak{X}_1$ nur bis auf einen beliebigen reellen orthogonalen Faktor auf der linken Seite festgelegt.

In der Umgebung von $\mathfrak{W} = \mathfrak{S}$ machen wir die Substitution $\mathfrak{W}[\mathfrak{C}_0] = \mathfrak{W}_0 = \mathfrak{W}_1^2$ und legen die symmetrische Matrix $\mathfrak{W}_1$ eindeutig durch die Potenzreihe

$$\mathfrak{W}_1 = (\mathfrak{E} + \mathfrak{W}_0 - \mathfrak{E})^{\frac{1}{2}} = \mathfrak{E} + \frac{1}{2}(\mathfrak{W}_0 - \mathfrak{E}) + \cdots$$

fest. Setzen wir noch $\mathfrak{X} = \mathfrak{C}_0 \mathfrak{X}_1' \mathfrak{W}_1 \mathfrak{C}_0^{-1}$, so geht die Gleichung $\mathfrak{X}' \mathfrak{S} \mathfrak{X} = \mathfrak{W}$ über in $\mathfrak{X}_1' \mathfrak{X}_1 = \mathfrak{E}$; es ist also $\mathfrak{X}_1$ komplex orthogonal. Es wird

$$\text{(9)} \quad \mathfrak{C}_0^{-1}\, d\,\mathfrak{X} \cdot \mathfrak{X}^{-1} \mathfrak{C}_0 = d\,\mathfrak{X}_1' \cdot \mathfrak{X}_1 + \mathfrak{X}_1'\, d\,\mathfrak{W}_1 \cdot \mathfrak{W}_1^{-1} \mathfrak{X}_1, \quad d\,\mathfrak{X}_1' \cdot \mathfrak{X}_1 = -\,\mathfrak{X}_1'\, d\,\mathfrak{X}_1,$$

$$\text{(10)} \qquad d\,\mathfrak{W}[\mathfrak{C}_0] = \mathfrak{W}_1\, d\,\mathfrak{W}_1 + d\,\mathfrak{W}_1 \cdot \mathfrak{W}_1 .$$

Daher ist $\mathfrak{X}_1\, d\,\mathfrak{X}_1'$ alternierend, und ferner ist $\mathfrak{X}_1'\, d\,\mathfrak{W}_1 \cdot \mathfrak{W}_1^{-1} \mathfrak{X}_1$ für $\mathfrak{W}_1 = \mathfrak{E}$ symmetrisch. Indem wir $\mathfrak{X}_1$ durch $m(m-1)$ unabhängige reelle Parameter $u_1, u_2, \ldots$ ausgedrückt denken, erhalten wir für die reellen und imaginären Teile der oberhalb der Diagonale von $\mathfrak{X}_1\, d\,\mathfrak{X}_1'$ gelegenen Elemente homogene lineare Formen in den Differentialen jener Parameter. Wir verstehen unter $\{\mathfrak{X}_1\, d\,\mathfrak{X}_1'\}$ das Produkt aus dem absoluten Betrag der Determinante der linearen Formen mit dem euklidischen Volumenelement $d u_1\, d u_2 \ldots$. Setzt man z. B.

$$\mathfrak{X}_1 = \frac{\mathfrak{E} - \mathfrak{B}}{\mathfrak{E} + \mathfrak{B}}$$

mit komplexem alternierenden $\mathfrak{B}$, so wird

$$\mathfrak{X}_1\, d\,\mathfrak{X}_1' = 2\,(\mathfrak{E} + \mathfrak{B})^{-1}\, d\,\mathfrak{B}\,(\mathfrak{E} - \mathfrak{B})^{-1},$$

$$\{\mathfrak{X}_1\, d\,\mathfrak{X}_1'\} = \left|\frac{1}{2}(\mathfrak{E} + \mathfrak{B})(\mathfrak{E} + \overline{\mathfrak{B}})\right|^{1-m} \{d\,\mathfrak{B}\}.$$

Aus (9) und (10) folgen für $\mathfrak{W} = \mathfrak{S}$ die Beziehungen

$$\{d\,\mathfrak{X}\} = 2^{m(m-1)} \{\mathfrak{X}_1\, d\,\mathfrak{X}_1'\} \{d\,\mathfrak{W}_1\}, \quad N^{m+1}(|\mathfrak{C}_0|)\{d\,\mathfrak{W}\} = 2^{m(m+1)} \{d\,\mathfrak{W}_1\},$$

$$\text{(11)} \qquad 2^{2m} N^{\frac{m+1}{2}}(|\mathfrak{S}|) \frac{\{d\,\mathfrak{X}\}}{\{d\,\mathfrak{W}\}} = \{\mathfrak{X}_1\, d\,\mathfrak{X}_1'\}.$$

In der Parameterdarstellung

$$\mathfrak{P}\{\mathfrak{C}_0\} = \mathfrak{P}_0 = \frac{\mathfrak{E} + i\mathfrak{A}}{\mathfrak{E} - i\mathfrak{A}}$$

sind die Eigenwerte der reellen alternierenden Matrix $\mathfrak{A}$ sämtlich absolut kleiner als 1, und daher existiert

$$\mathfrak{P}_1 = \left(\frac{\mathfrak{E} + i\mathfrak{A}}{\mathfrak{E} - i\mathfrak{A}}\right)^{\frac{1}{2}} = (\mathfrak{E} + \mathfrak{A}^2)^{\frac{1}{2}} \left\{(\mathfrak{E} - i\mathfrak{A})^{-\frac{1}{2}}\right\},$$

wobei die Wurzeln wieder durch die Potenzreihen zu erklären sind. Es ist dann

$$\mathfrak{P}_0 = \mathfrak{P}_1^2,$$

und beide Matrizen sind zugleich komplex orthogonal und positiv hermitisch. Aus $\mathfrak{P}_0 = \mathfrak{X}_1' \overline{\mathfrak{X}}_1$ und $\mathfrak{X}_1' \mathfrak{X}_1 = \mathfrak{E}$ folgt nun

$$\mathfrak{X}_1' = \mathfrak{P}_1 \mathfrak{O}$$

mit reellem orthogonalen $\mathfrak{O}$, und damit haben wir $\mathfrak{X}_1$ durch die Parameter $\mathfrak{A}$ und $\mathfrak{O}$ ausgedrückt. Es wird

$$\mathfrak{X}_1\, d\, \mathfrak{X}_1' = \mathfrak{D}'\, d\, \mathfrak{D} + \mathfrak{D}'\, \mathfrak{P}_1'\, d\, \mathfrak{P}_1 \cdot \mathfrak{D}, \qquad \mathfrak{D}'\, d\, \mathfrak{D} = -\, d\, \mathfrak{D}' \cdot \mathfrak{D}$$

$$\mathfrak{X}_1\, d\, \mathfrak{X}_1' + \overline{\mathfrak{X}}_1\, d\, \overline{\mathfrak{X}}_1' = 2\, \mathfrak{D}'\, d\, \mathfrak{D} + \mathfrak{D}'\, (\mathfrak{P}_1'\, d\, \mathfrak{P}_1 + \mathfrak{P}_1\, d\, \mathfrak{P}_1')\, \mathfrak{D}$$

$$\mathfrak{X}_1\, d\, \mathfrak{X}_1' - \overline{\mathfrak{X}}_1\, d\, \overline{\mathfrak{X}}_1' = \qquad \mathfrak{D}'\, (\mathfrak{P}_1'\, d\, \mathfrak{P}_1 - \mathfrak{P}_1\, d\, \mathfrak{P}_1')\, \mathfrak{D},$$

$$d\, \mathfrak{P}_1 \cdot \mathfrak{P}_1' = -\, \mathfrak{P}_1\, d\, \mathfrak{P}_1'$$

$$\mathfrak{P}_1\, d\, \mathfrak{P}_1 + d\, \mathfrak{P}_1 \cdot \mathfrak{P}_1 = d\, \mathfrak{P}_0 = 2\, i\, (\mathfrak{E} - i\, \mathfrak{A})^{-1}\, d\mathfrak{A}\, (\mathfrak{E} - i\, \mathfrak{A})^{-1}$$

$$\mathfrak{P}_1'\, d\, \mathfrak{P}_1 - \mathfrak{P}_1\, d\, \mathfrak{P}_1' = 2\, i\, (\mathfrak{E} + \mathfrak{A}^2)^{-\frac{1}{2}}\, d\mathfrak{A}\, (\mathfrak{E} + \mathfrak{A}^2)^{-\frac{1}{2}}$$

und demnach

$$\{\mathfrak{X}_1\, d\, \mathfrak{X}_1'\} = \left|\mathfrak{E} + \mathfrak{A}^2\right|^{\frac{1-m}{2}} \{d\mathfrak{A}\}\{\mathfrak{D}\, d\, \mathfrak{D}'\}.$$

Mit Rücksicht auf (7), (8), (11) ist also

$$d\, \omega = 2^{-2m}\, N^{-\frac{m+1}{2}}\, (|\mathfrak{S}|)\, \{\mathfrak{D}\, d\, \mathfrak{D}'\}\, d\, v.$$

Aus dem Analogon von (11) für den reellen orthogonalen Raum ergibt sich als das Integral von $\{\mathfrak{D}\, d\, \mathfrak{D}'\}$ über diesen Raum der Wert $2^m \varrho_m$, wobei nach Hilfssatz 3 des ersten Teiles

$$\varrho_m = \prod_{k=1}^{m} \frac{\pi^{\frac{k}{2}}}{\Gamma\left(\frac{k}{2}\right)}$$

ist. Bedeutet nun $g\, (\mathfrak{P})$ eine Funktion auf P, welche über den Fundamentalbereich F integrierbar ist, so folgt

$$\int_{F_1} g\, (\mathfrak{P})\, d\, \omega = 2^{-m}\, \varrho_m\, N^{-\frac{m+1}{2}}\, (|\mathfrak{S}|) \int_{F} g\, (\mathfrak{P})\, d\, v, \tag{12}$$

wenn F_1 dasjenige Gebiet auf Ω ist, welches durch die Zuordnung

$$\mathfrak{P} = \mathfrak{S}\, \mathfrak{X}\, \mathfrak{C}_0\, \overline{\mathfrak{C}}_0'\, \overline{\mathfrak{X}}'\, \overline{\mathfrak{S}}, \qquad \mathfrak{X}'\, \mathfrak{S}\, \mathfrak{X} = \mathfrak{S}$$

auf F abgebildet wird. Der Transformation $\mathfrak{X} \to \mathfrak{U}^{-1}\, \mathfrak{X}$ mit $\mathfrak{S}\, [\mathfrak{U}] = \mathfrak{S}$ entspricht dabei $\mathfrak{P} \to \mathfrak{P}\, [\mathfrak{U}]$. Daher ist auch F_1 ein Fundamentalbereich, wenn $-\, \mathfrak{E}$ nicht zu $\Gamma_{\mathfrak{a}}$ gehört, d. h. $2\, \mathfrak{a}$ nicht ganz ist, und sonst das doppelte eines solchen. Hieraus ergibt sich nun

$$j\, \mu_{\mathfrak{a}}\, (\mathfrak{S}) = 2^{-m}\, \varrho_m\, N^{-\frac{m+1}{2}}\, (|\mathfrak{S}|)\, V, \tag{13}$$

wo $j = 2$ für ganzes $2\, \mathfrak{a}$ und $j = 1$ für gebrochenes $2\, \mathfrak{a}$ ist.

Übrigens ist für unsere Zwecke die Kenntnis des Zahlfaktors auf der rechten Seite von (12) entbehrlich. Bis auf diesen Faktor ergibt sich (12) auch ohne Rechnung aus der Bemerkung, daß ein bei Ω invariantes Maß auf P bis auf eine multiplikative Konstante eindeutig bestimmt ist. Doch ist die Formel (13) für andere Untersuchungen nützlich und ihr Beweis jedenfalls nicht trivial.

3. Wir verwenden jetzt (12) für $g\, (\mathfrak{P}) = f_{\mathfrak{a}}\, (\zeta, \mathfrak{P})$ und fassen in der Thetareihe alle zu einem vorkommenden $\mathfrak{y} \neq 0$ bezüglich $\Gamma_{\mathfrak{a}}$ Assoziierten zusammen. Man erhält diese sämtlich genau einmal in der Form $\mathfrak{U}\, \mathfrak{y} = \mathfrak{z}$, wenn man $\mathfrak{U}$ ein volles System von Vertretern aller Linksklassen von $\Gamma\, (\mathfrak{y})$ in $\Gamma_{\mathfrak{a}}$ durchlaufen läßt. Dann durchläuft $\mathfrak{U}^{-1}$ ein ebensolches System für die Rechtsklassen, und die durch $\mathfrak{X} \to \mathfrak{U}^{-1}\, \mathfrak{X}$ entstehenden Bilder von F_1 ergeben insgesamt einen

Fundamentalbereich $F_1(\mathfrak{y})$ von $\Gamma(\mathfrak{y})$ auf Ω. Dabei ist zu beachten, daß $F_1(\mathfrak{y})$ genau j-fach überdeckt wird. Setzt man noch $\mathfrak{S}[\mathfrak{y}] = t$ und $\mathfrak{P}\{\mathfrak{y}\} = p$, so wird

$$\sum_{\mathfrak{z}} \int_{F_1} e^{\pi i \Re[\mathfrak{z}]} d\omega = j\, 1^{zt} \int_{F_1(\mathfrak{y})} e^{-2\pi w p} d\omega. \tag{14}$$

Wir substituieren

$$\mathfrak{X}\mathfrak{C}_0 = \mathfrak{X}_0 = (\mathfrak{y}\,\mathfrak{X}_2)\begin{pmatrix} x & 0 \\ \mathfrak{x}x & \mathfrak{E}\end{pmatrix}, \quad \mathfrak{S}[\mathfrak{X}_0] = \mathfrak{W}[\mathfrak{C}_0] = \mathfrak{W}_0 = \begin{pmatrix} w & \mathfrak{w}' \\ \mathfrak{w} & \mathfrak{W}_1\end{pmatrix},$$

$$\mathfrak{X}_0'\mathfrak{S}\mathfrak{y} = \mathfrak{q}, \quad \mathfrak{X}_2'\mathfrak{S}\mathfrak{y} = \mathfrak{r}.$$

Dann wird

$$\mathfrak{P} = \{\mathfrak{C}_0'\mathfrak{X}'\mathfrak{S}\} = \{\mathfrak{X}_0'\mathfrak{S}\}, \quad p = \{\mathfrak{q}\} = \mathfrak{q}'\bar{\mathfrak{q}},$$

$$\mathfrak{q} = \begin{pmatrix} x & x\mathfrak{x}' \\ 0 & \mathfrak{E}\end{pmatrix}\begin{pmatrix} t \\ \mathfrak{r}\end{pmatrix} = \begin{pmatrix} x(t+\mathfrak{x}'\mathfrak{r}) \\ \mathfrak{r}\end{pmatrix},$$

$$\mathfrak{W}_0 = \begin{pmatrix} t & \mathfrak{r}' \\ \mathfrak{r} & \mathfrak{S}[\mathfrak{X}_2]\end{pmatrix}\begin{bmatrix} x & 0 \\ \mathfrak{x}x & \mathfrak{E}\end{bmatrix},$$

$$\mathfrak{S}[\mathfrak{X}_2] = \mathfrak{W}_1, \quad \mathfrak{w} = (\mathfrak{r} + \mathfrak{W}_1\mathfrak{x})\,x, \quad w = (t + 2\mathfrak{r}'\mathfrak{x} + \mathfrak{W}_1[\mathfrak{x}])\,x^2,$$

$$\{d\mathfrak{X}\} = N^{\frac{m}{2}}(|\mathfrak{S}|)\{d\mathfrak{X}_0\}, \quad \{d\mathfrak{X}_0\} = N(|\mathfrak{y}\,\mathfrak{X}_2|)\,N(x^{m-1})\{dx\}\{d\mathfrak{x}\}\{d\mathfrak{X}_2\},$$

$$\{d\mathfrak{W}\} = N^{\frac{m+1}{2}}(|\mathfrak{S}|)\{d\mathfrak{W}_0\}, \quad \{d\mathfrak{W}_0\} = \{dw\}\{d\mathfrak{w}\}\{d\mathfrak{W}_1\}.$$

Setzt man noch

$$\mathfrak{S}[\mathfrak{y}\,\mathfrak{X}_2] = \begin{pmatrix} t & \mathfrak{r}' \\ \mathfrak{r} & \mathfrak{W}_1\end{pmatrix} = \mathfrak{W}_2,$$

so ist

$$N(|\mathfrak{y}\,\mathfrak{X}_2|) = N^{\frac{1}{2}}(|\mathfrak{S}^{-1}\mathfrak{W}_2|).$$

Für $\mathfrak{W} = \mathfrak{S}$ erhält man hieraus

$$\mathfrak{W}_0 = \mathfrak{E}, \quad w = 1, \quad \mathfrak{w} = 0, \quad \mathfrak{W}_1 = \mathfrak{E}, \quad \mathfrak{r} = -\mathfrak{x}, \quad x^{-2} = t - \mathfrak{x}'\mathfrak{x},$$

$$p = N(x(t - \mathfrak{x}'\mathfrak{x})) + \mathfrak{x}'\bar{\mathfrak{x}} = |t - \mathfrak{x}'\mathfrak{x}| + \mathfrak{x}'\bar{\mathfrak{x}},$$

$$\{dw\} = 4\,|t - \mathfrak{x}'\mathfrak{x}|\,\{dx\}, \quad \{d\mathfrak{w}\} = N(x^{m-1})\{d\mathfrak{r}\},$$

$$d\omega = \frac{\{d\mathfrak{X}\}}{\{d\mathfrak{W}\}} = N^{-\frac{1}{2}}(|\mathfrak{S}|)\,N^{\frac{1}{2}}(|\mathfrak{S}^{-1}\mathfrak{W}_2|)\frac{\{d\mathfrak{X}_2\}}{\{d\mathfrak{r}\}\{d\mathfrak{W}_1\}}\,\frac{\{d\mathfrak{x}\}}{4\,|t - \mathfrak{x}'\mathfrak{x}|}.$$

Bei festem $\mathfrak{x} = -\mathfrak{X}_2'\mathfrak{S}\mathfrak{y}$ und $\mathfrak{S}[\mathfrak{X}_2] = \mathfrak{E}$ betrachte man alle $\mathfrak{X}_2$, für welche das zugehörige

$$\mathfrak{X} = (\mathfrak{y}\,\mathfrak{X}_2)\begin{pmatrix} x & 0 \\ \mathfrak{x}x & \mathfrak{E}\end{pmatrix}\mathfrak{C}_0^{-1}$$

in $F_1(\mathfrak{y})$ liegt. Diese bilden einen Fundamentalbereich $B(\mathfrak{y})$ im Sinne der Einleitung. Indem man noch berücksichtigt, daß x und $-x$ denselben Wert w ergeben, so folgt

$$\int_{F_1(\mathfrak{y})} e^{-2\pi w p} d\omega = N^{-\frac{1}{2}}(|\mathfrak{S}|)\,\mu(\mathfrak{S}, \mathfrak{y})\int_{\mathfrak{x}} \frac{e^{-2\pi w(|t - \mathfrak{x}'\mathfrak{x}| + \mathfrak{x}'\bar{\mathfrak{x}})}}{2\,|t - \mathfrak{x}'\mathfrak{x}|}\{d\mathfrak{x}\}, \tag{15}$$

wobei die Integration über den Raum aller komplexen $\mathfrak{x}$ zu erstrecken ist.

4. Um noch das Integral

$$\varphi(t) = \int_{\mathfrak{x}} \frac{e^{-2\pi w(|t - \mathfrak{x}'\mathfrak{x}| + \mathfrak{x}'\bar{\mathfrak{x}})}}{2\,|t - \mathfrak{x}'\mathfrak{x}|}\{d\mathfrak{x}\}$$

zu ermitteln, bilden wir durch Integration über alle komplexen t die FOURIERsche Transformierte

$$\psi(u) = \int_t \varphi(t)\, 1^{\bar{u}t}\{dt\}.$$

Versteht man unter $\mathfrak{v}$ den Vektor mit den Komponenten $(t - \mathfrak{x}'\mathfrak{x})^{\frac{1}{2}}$, $\mathfrak{x}$, so wird

$$\psi(u) = \int_{\mathfrak{v}} e^{\pi i(\bar{u}\mathfrak{v}'\mathfrak{v} + u\bar{\mathfrak{v}}'\bar{\mathfrak{v}} + 2iw\mathfrak{v}'\bar{\mathfrak{v}})}\{d\mathfrak{v}\} =$$

$$= \left(\int_{-\infty}^{\infty}\int_{-\infty}^{\infty} e^{\pi i(x^2(2iw+u+\bar{u}) + y^2(2iw-u-\bar{u}) + 2ixy(\bar{u}-u))}\, dx\, dy\right)^m =$$

$$= (2\sqrt{u\bar{u} + w^2})^{-m}$$

und demnach

$$(16)\qquad \begin{aligned} 2^m \varphi(t) &= \int_u (u\bar{u} + w^2)^{-\frac{m}{2}}\, 1^{-\bar{u}t}\{du\} = \\ &= \frac{(2\pi)^{m-1}}{\Gamma(m-1)} \int_{|t|}^{\infty} (x^2 - |t|^2)^{\frac{m-3}{2}}\, e^{-2\pi w x}\, dx. \end{aligned}$$

Wir definieren noch

$$h_t(\zeta) = 1^{tz} \int_{|t|}^{\infty} (x^2 - |t|^2)^{\frac{m-3}{2}}\, e^{-2\pi w x}\, dx$$

und erhalten aus (12), (13), (14), (15), (16) die folgende Aussage.

Hilfssatz 3: Es sei $\mathfrak{S}[\mathfrak{x}]$ *im Falle* $m < 4$ *keine Nullform und im Falle* $m = 4$ *keine Nullform, deren Determinante eine Quadratzahl in* K *ist. Dann gilt*

$$\varphi_{\mathfrak{a}}(\zeta) = \gamma + \sum_t \alpha_t h_t(\zeta)$$

mit

$$\alpha_t = \frac{(2\pi)^{m-1}}{\Gamma(m-1)} N^{-\frac{1}{2}}(s)\, \frac{M(\mathfrak{S}, \mathfrak{a}, t)}{\mu_{\mathfrak{a}}(\mathfrak{S})},$$

wo über alle durch $\mathfrak{S}[\mathfrak{x} + \mathfrak{a}]$ *darstellbaren* t *summiert wird.*

5. Für die Funktion

$$h(\lambda, w) = \int_1^{\infty} (x^2 - 1)^{\lambda-1} e^{-wx}\, dx \qquad (\lambda > 0,\ w > 0)$$

ist die Differentialgleichung

$$w\frac{d^2h}{dw^2} + 2\lambda\frac{dh}{dw} = wh$$

erfüllt. Nun ist

$$(17)\qquad h_t(\zeta) = \begin{cases} |t|^{m-2}\, 1^{tz}\, h\left(\frac{m-1}{2}, 2\pi|t|w\right) & (t \neq 0) \\ \Gamma(m-2)(2\pi w)^{2-m} & (t = 0), \end{cases}$$

und daher genügt der Ausdruck

$$g = w^{\frac{m}{2}} h_t(\zeta)$$

der von t unabhängigen homogenen linearen partiellen Differentialgleichung

$$(18)\qquad w^2\left(\frac{\partial^2 g}{\partial x^2} + \frac{\partial^2 g}{\partial y^2} + \frac{\partial^2 g}{\partial w^2}\right) - w\frac{\partial g}{\partial w} = \frac{m}{2}\left(\frac{m}{2} - 2\right)g.$$

Zufolge Hilfssatz 3 gilt dann diese Differentialgleichung auch für die Funktion $w^{\frac{m}{2}} \varphi_{\mathfrak{a}}(\zeta)$.

In Abhängigkeit von w ist $h(\lambda, w)$ monoton fallend und hat das Grenzverhalten

$$(19)\qquad h(\lambda, w) \sim \begin{cases} 2^{\lambda-1}\Gamma(\lambda)\, w^{-\lambda} e^{-w} & (w \to \infty) \\ \Gamma(2\lambda - 1)\, w^{1-2\lambda} & (w \to 0). \end{cases}$$

Insbesondere folgt hieraus

$$(20)\qquad h_t(\zeta) \sim (2\pi)^{2-m}\,\Gamma(m-2)\, 1^{tz} w^{2-m} \qquad (w \to 0).$$

4. Eisensteinsche Reihen.

1. Von nun an sei $m > 3$. Wir bezeichnen die Funktion auf der rechten Seite von (5) mit $\Phi_{\mathfrak{a}}(\zeta)$ und erhalten

$$4\,\Phi_{\mathfrak{a}}(\zeta) = \sum_{\mathfrak{M}_1} \lambda_{\mathfrak{a}0}(\mathfrak{M}_1)\, N^{-\frac{m}{2}}(c\,\zeta - a),$$

wo $\mathfrak{M}_1 = \begin{pmatrix} a & b \\ c & d \end{pmatrix}$ ein volles System von Modulmatrizen in **K** mit verschiedenen ersten Spalten durchläuft.

Zunächst sei $m > 4$. Dann lassen sich die Überlegungen aus dem vierten Kapitel von Teil I mit geringfügigen Änderungen übertragen, und wir geben daher nur die hauptsächlichen Schritte an. Aus den Kompositionsformeln der $\lambda_{\mathfrak{a}\mathfrak{b}}(\mathfrak{M})$ erhält man sofort

$$(21)\qquad N^{-\frac{m}{2}}(c\,\zeta + d)\,\Phi_{\mathfrak{a}}(\hat{\zeta}) = \begin{cases} \sum_{\mathfrak{b}} \lambda_{\mathfrak{a}\mathfrak{b}}(\mathfrak{M})\,\Phi_{\mathfrak{b}}(\zeta) & \\ 1^{ab\mathfrak{S}[\mathfrak{a}]}\,\omega(a, c)\,\Phi_{\mathfrak{a}a}(\zeta) & (2\,s|c) \end{cases}$$

für die Modulsubstitution $\hat{\zeta} = (a\,\zeta + b)(c\,\zeta + d)^{-1}$ mit der Matrix $\mathfrak{M}$.

2. Setzt man

$$E(\zeta) = \sum_k N^{-\frac{m}{2}}(\zeta - k) \qquad (m > 4),$$

wo k alle ganzen komplexen Zahlen durchläuft, so hat diese Funktion in x und y je die Periode 1. Aus (16) ergibt sich die Fourierсche Entwicklung

$$E(\zeta) = \frac{(2\pi)^{m-1}}{\Gamma(m-1)} \sum_k h_k(\zeta)$$

und hieraus

$$\Phi_{\mathfrak{a}}(\zeta) = \gamma + \sum_t \beta_t\, h_t(\zeta)$$

mit

$$\beta_t = \frac{(2\pi)^{m-1}}{\Gamma(m-1)}\, N^{-\frac{1}{2}}(s) \prod_p \delta_p(\mathfrak{S}, \mathfrak{a}, t).$$

Zufolge Hilfssatz 3 wird dann

$$(22)\qquad (\alpha_t - \beta_t)\, h_t(\zeta)\, 1^{-tz} = \int_0^1\!\!\int_0^1 (\varphi_{\mathfrak{a}}(\zeta) - \Phi_{\mathfrak{a}}(\zeta))\, 1^{-tz}\, dx\, dy.$$

Nach (17) und (19) ist die Differenz $\varphi_{\mathfrak{a}}(\zeta) - \Phi_{\mathfrak{a}}(\zeta) = \Delta(\zeta)$ für $w \to \infty$ von der Größenordnung von w^{2-m}, gleichmäßig in z. Daher ist das Produkt $w^{m/2}\Delta(z)$ beschränkt im Picardschen Fundamentalbereich der Modulgruppe, in welchem ja bekanntlich w oberhalb einer positiven Schranke liegt. Andererseits gilt für die Modulsubstitution $\hat{\zeta} = (a\,\zeta + b)\,(c\,\zeta + d)^{-1}$ die Beziehung

$$\hat{w}\,N\,(c\,\zeta + d) = w,$$

woraus mit Hilfssatz 2 und (21) die Beschränktheit von $w^{m/2}\Delta\,(z)$ im gesamten oberen ζ-Halbraum folgt. Nach (22) ist dann auch der Ausdruck $(\alpha_t - \beta_t)\times w^{m/2}\,h_t\,(\zeta)\,1^{-tz}$ als Funktion von w beschränkt. Auf Grund von (20) wird aber der Faktor von $(\alpha_t - \beta_t)$ unendlich bei dem Grenzübergang $w \to 0$, da $m > 4$ vorausgesetzt wurde. Also ist in diesem Falle $\alpha_t = \beta_t$ und der Beweis für die Sätze 1 und 2 erbracht.

5. Quaternäre Formen.

1. Für den Beweis im Falle $m = 4$ hat man die elliptische partielle Differentialgleichung (18) heranzuziehen. Dabei ist zu beachten, daß die linke Seite von (18) gerade der Differentialausdruck von LAPLACE und BELTRAMI für die durch

$$d\,s^2 = N\,(w^{-1}\,d\,\zeta) = w^{-2}\,(d\,x^2 + d\,y^2 + d\,w^2)$$

definierte hyperbolische Metrik ist. Der Zahlfaktor $m/2\,((m/2) - 2)$ auf der rechten Seite von (18) ist positiv für $m > 4$ und 0 für $m = 4$. Im letzteren Falle ist also $w^2\,\varphi_{\mathfrak{a}}(\zeta)$ zufolge Hilfssatz 3 eine Potentialfunktion im dreidimensionalen nichteuklidischen Raum.

Wegen der bedingten Konvergenz der Reihe $\Phi_{\mathfrak{a}}(\zeta)$ im Falle $m = 4$ führen wir analog wie im ersten Teil die Funktion

$$\Phi_{\mathfrak{a}}\,(\zeta, \varrho) = \gamma + \sum_{r = \frac{a}{b}} \gamma\,(r)\,N^{-\varrho}\,(b)\,N^{-\frac{m}{2}-\varrho}(\zeta - r) \qquad (\varrho > 0)$$

ein, wobei über alle verschiedenen gekürzten Brüche $r = a/b$ in K summiert wird. Wenn zunächst der Fall ausgeschlossen wird, daß s ein Quadrat und die p-adische Dichte $\delta_p\,(\mathfrak{S}, \mathfrak{a}, 0)$ für höchstens ein Primideal 0 ist, so folgt wie in Teil I die Entwicklung

$$\lim_{\varrho \to 0} \Phi_{\mathfrak{a}}\,(\zeta, \varrho) = \gamma + \sum_t \beta_t\,h_t\,(z) = \Phi_{\mathfrak{a}}\,(\zeta)$$

und die Transformationsformel (21). Die Funktion

$$\psi_{\mathfrak{a}}\,(\zeta) = (2\,\pi\,w)^2\,(\Phi_{\mathfrak{a}}\,(\zeta) - \varphi_{\mathfrak{a}}\,(\zeta))$$

erweist sich dann als eine komplexe Potentialfunktion zur hyperbolischen Metrik, welche invariant bei der Kongruenzgruppe der Stufe $2\,s$ in K ist. Sie ist auch noch stetig in den uneigentlichen Randpunkten des Fundamentalbereichs der Kongruenzgruppe und nimmt die Randwerte ebenfalls in inneren Punkten an. Verwendet man nun das Maximumprinzip für den reellen und imaginären Teil von $\psi_{\mathfrak{a}}\,(\zeta)$, so folgt zunächst, daß die Funktion konstant ist, und daraus wie in I ihr identisches Verschwinden. Schließlich zeigt man analog zu I, daß der bisher ausgeschlossene Fall gar nicht auftreten kann.

2. Der bereits im vorangehenden Kapitel erledigte Fall $m > 4$ läßt sich ebenfalls mit Hilfe der Differentialgleichung (18) diskutieren. Es ist in diesem Zusammenhang noch zu bemerken, daß der Zahlfaktor $m/2\,((m/2) - 2)$ für $m = 3$ negativ ist und dann das Maximumprinzip keine Aussage über die Lösungen der Differentialgleichung liefert. Dies entspricht der Tatsache, daß sich Satz 2 nicht allgemein auf ternäre quadratische Formen übertragen läßt.

6. Verallgemeinerung.

1. Es sei K ein algebraischer Zahlkörper des Grades h, von dessen Konjugierten K_l $(l = 1, \ldots, h_1)$ reell und die Paare K_l, K_{l+h_2} $(l = h_1 + 1, \ldots, h_1 + h_2)$ konjugiert komplex sind; $h = h_1 + 2h_2$. Es sei $\mathfrak{S}$ eine m-reihige symmetrische Matrix in K mit der Signatur $n_l, m - n_l$ $(l = 1, \ldots, h_1)$ und $|\mathfrak{S}| \neq 0$. Der Raum P wird definiert durch die Menge der Lösungssysteme $\mathfrak{P}_1, \ldots, \mathfrak{P}_h$ von

$$\overline{\mathfrak{P}}_l \mathfrak{S}_l^{-1} \mathfrak{P}_l = \overline{\mathfrak{S}}_l \qquad (l = 1, \ldots, h),$$
$$\mathfrak{P}_l' = \overline{\mathfrak{P}}_l = \mathfrak{P}_l > 0 \quad (l = 1, \ldots, h_1),$$
$$\mathfrak{P}_l' = \overline{\mathfrak{P}}_l = \mathfrak{P}_{l+h_2} > 0 \qquad (l = h_1 + 1, \ldots, h_1 + h_2).$$

Es sei ferner in K ein Modul M von Vektoren $\mathfrak{x}$ gegeben. Die m Komponenten von $\mathfrak{x}$ liegen also in K und die Vektoren bilden eine additive Abelsche Gruppe mit $m\,h$ Erzeugenden. Außerdem sei ein Vektor $\mathfrak{a}$ in K gegeben, und es sei die quadratische Funktion $\mathfrak{S}[\mathfrak{x} + \mathfrak{a}]$ auf M ganzwertig. Man führt dann h_1 komplexe Variable

$$z_l = x_l + i\,y_l, \quad y_l > 0 \qquad (l = 1, \ldots, h_1)$$

und h_2 reine Quaternionen-Variable

$$\zeta_l = x_l + i\,y_l + j\,w_l = z_l + j\,w_l, \quad w_l > 0 \quad (l = h_1 + 1, \ldots, h_1 + h_2)$$

ein und setzt

$$1^{\Re[\mathfrak{x}]} = e^{2\pi i \left(\sum_{l=1}^{h_1} (x_l \mathfrak{S}_l[\mathfrak{x}_l] + i y_l \mathfrak{P}_l[\mathfrak{x}_l]) + \sum_{l=h_1+1}^{h_1+h_2} (z_l \mathfrak{S}_l[\mathfrak{x}_l] + \bar{z}_l \overline{\mathfrak{S}}_l[\bar{\mathfrak{x}}_l] + 2 i w_l \mathfrak{P}_l\{\mathfrak{x}_l\}) \right)}.$$

Die zugehörige Thetareihe wird dann durch

$$f_{\mathfrak{a}}(z, \zeta, \mathfrak{P}) = \sum_{\mathfrak{x}} 1^{\Re[\mathfrak{x} + \mathfrak{a}]}$$

erklärt, wo über alle $\mathfrak{x}$ aus M zu summieren ist.

In der Einheitengruppe von $\mathfrak{S}$ bezüglich K betrachte man die Untergruppe E aller Einheiten $\mathfrak{U}$, für welche sämtliche Vektoren $\mathfrak{U}\,\mathfrak{x}$ und außerdem $\mathfrak{U}\,\mathfrak{a} - \mathfrak{a}$ wieder in M liegen. Es sei F ein Fundamentalbereich von E auf P, ferner $d\,v$ das invariante Volumenelement auf P und V das Volumen von F. Nach den Untersuchungen von Ramanathan [7] ist V endlich, außer wenn $\mathfrak{S}[\mathfrak{x}]$ eine binäre Nullform ist.

Es sei noch M_0 der Modul aller ganzen $\mathfrak{x}$ in K. Dann enthalten M und M_0 eine gemeinsame additive Untergruppe von endlichen Indizes j und j_0. Es bedeute d den absoluten Betrag der Diskriminante von K und s den absoluten Betrag der Norm von $|2\mathfrak{S}|$. Für jede Körperzahl r setze man

$$\gamma(r) = \frac{j}{j_0}\, \varepsilon\, d^{-\frac{m}{2}}\, s^{-\frac{1}{2}}\, N^{-m}(\beta) \sum_{\mathfrak{x} \,(\mathrm{mod}\, \beta)} 1^{r\mathfrak{S}[\mathfrak{x} + \mathfrak{a}]}$$

mit

$$\varepsilon = e^{\frac{\pi i}{4} \sum_{l=1}^{h_1} (2 n_l - m)}, \qquad 1^{r\mathfrak{S}[\mathfrak{x} + \mathfrak{a}]} = e^{2\pi i \sum_{l=1}^{h} r_l \mathfrak{S}_l[\mathfrak{x}_l + \mathfrak{a}_l]},$$

wobei $N(\beta)$ die Norm des gekürzten Idealnenners β von r bedeutet. Ferner sei $\gamma = 1$ für ganzes $\mathfrak{a}$ und $\gamma = 0$ für gebrochenes $\mathfrak{a}$.

In Verallgemeinerung von Satz 1 gilt dann die Formel

$$V^{-1}\int_F f_{\mathfrak{a}}(z,\zeta,\mathfrak{P})\,dv =$$

$$= \gamma + \sum_r \gamma(r) \prod_{l=1}^{h_1} (z_l - r_l)^{-\frac{n_l}{2}} (\bar{z}_l - r_l)^{\frac{n_l-m}{2}} \prod_{l=h_1+1}^{h_1+h_2} ((\zeta_l - r_l)(\bar{\zeta}_l - \bar{r}_l))^{-\frac{m}{2}},$$

falls $m > 3$ und für $m = 4$ nicht $\mathfrak{S}[\mathfrak{x}]$ eine Nullform mit quadratischer Determinante ist; außerdem darf $\mathfrak{S}[\mathfrak{x}]$ nicht total definit sein, d.h. nicht zugleich K total reell und alle Konjugierten von $\mathfrak{S}[\mathfrak{x}]$ definit. Die Summation ist über alle Zahlen r von K zu erstrecken. Aus dieser Formel ergibt sich die Übertragung von Satz 2 auf beliebige algebraische Zahlkörper endlichen Grades.

2. Um den Begriff einer quadratischen Form sinngemäß auf Algebren auszudehnen, hat man in der gegebenen Algebra A die Existenz einer Involution vorauszusetzen, also einer Abbildung $a \to a^*$ von A auf sich mit den Eigenschaften $a^{**} = a$, $(a+b)^* = a^* + b^*$, $(a\,b)^* = b^*\,a^*$. Eine quadratische Form von m Variabeln in A ist dann durch

$$\mathfrak{x}^*\,\mathfrak{S}\,\mathfrak{x} = \sum_{k,l=1}^{m} x_k^*\, s_{kl}\, x_l, \qquad s_{lk} = s_{kl}^*$$

erklärt.

Weiterhin sei A halbeinfach und von endlichem Rang r über einem Körper P. Dann ist $A = A_1 + \cdots + A_t$ direkte Summe von einfachen Algebren $A_1, \ldots, A_t$ über P, und die gegebene Involution wirkt sich in den einzelnen Summanden $A_1, \ldots, A_t$ folgendermaßen aus. Ein Teil von ihnen erfährt selbst je eine Involution, während die übrigen sich zu Paaren reziproker Algebren zusammenschließen, in denen durch die Involution von A eine Vertauschung der beiden Komponenten bewirkt wird. Daher kann man zur Untersuchung von quadratischen Formen voraussetzen, daß entweder A einfach ist oder aber die direkte Summe von zwei reziproken einfachen Algebren B und B^{-1}.

Der zweite Fall führt auf die Untersuchung von bilinearen Formen in einer beliebigen einfachen Algebra B. Diese Untersuchung läßt sich nach dem Vorbild des weiterhin zu betrachtenden ersten Falles gestalten und soll hier nicht weiter vorgenommen werden, da dieser das größere Interesse und auch die größere Schwierigkeit bietet. Es sei nur eine Formel angeführt, die man speziell für den rationalen Zahlkörper und die bilineare Einheitsform von m Variabelnpaaren u_k, v_k $(k = 1, \ldots, m)$ erhält. Es sei F der Minkowskische Bereich der reduzierten positiven reellen $\mathfrak{P}^{(m)}$ der Determinante 1, ferner $d\,v$ das mit Hilfe der Spur von $(\mathfrak{P}^{-1}\,d\,\mathfrak{P})^2$ erklärte invariante Volumenelement und V das Volumen von F. Bildet man dann mit einer komplexen Variabeln $z = x + i\,y$ in der oberen Halbebene $y > 0$ die Thetareihe

$$f(z) = \sum_{\mathfrak{u},\mathfrak{v}} e^{2\pi i x \mathfrak{u}'\mathfrak{v} - \pi y (\mathfrak{P}[\mathfrak{u}] + \mathfrak{P}^{-1}[\mathfrak{v}])},$$

wo über alle Paare ganzer Vektoren $\mathfrak{u}, \mathfrak{v}$ zu summieren ist, so ist

$$V^{-1}\int_F f(z)\,dv = 1 + 2y^{-\frac{m}{2}} + \sum_{a,b} (az+b)^{-\frac{m}{2}} (a\bar{z}+b)^{-\frac{m}{2}} \qquad (m > 2),$$

wenn a, b alle Paare teilerfremder ganzer Zahlen mit $a > 0$ durchlaufen.

3. Fortan betrachten wir nur den ersten Fall, in welchem also die involutorische Algebra A einfach ist. Dann ist A der Ring von Matrizen $\mathfrak{X} = (\xi_{kl})$

eines gewissen Grades g, deren Elemente $\xi = \xi_{kl}\,(k, l = 1, \ldots, g)$ einem Schiefkörper Δ über P entnommen sind. Es sei Z das Zentrum von Δ. Bei einer sog. Involution erster Art bleiben alle Elemente von Z fest. Bei einer Involution zweiter Art bleiben nicht alle Elemente von Z fest, und dann ist $Z = \Phi(\varrho)$ eine quadratische Erweiterung eines bei der Involution elementweise fest bleibenden Unterkörpers Φ. Wenn die Charakteristik von P nicht 2 ist, so kann man noch $\varrho^* = -\varrho$ voraussetzen.

Nach bekannten Resultaten [10] hat die Involution $\mathfrak{X} \to \mathfrak{X}^*$ die Existenz einer Involution gleicher Art von Δ zur Folge, und umgekehrt gilt für irgendeine solche fest gewählte Involution $\xi \to \tilde{\xi}$ von Δ mit $\tilde{\mathfrak{X}} = (\tilde{\xi}_{lk})$ die Formel

$$\mathfrak{X}^* = \mathfrak{L}^{-1}\tilde{\mathfrak{X}}\,\mathfrak{L}, \quad \tilde{\mathfrak{L}} = \varepsilon\,\mathfrak{L}, \quad \varepsilon = \pm 1 \tag{23}$$

für ein geeignetes konstantes umkehrbares Element $\mathfrak{L}$ von A.

Da wir Arithmetik treiben wollen, so wollen wir von nun an den Grundkörper P als den rationalen Zahlkörper voraussetzen. Das Zentrum Z ist dann ein algebraischer Zahlkörper, für dessen Grad h über P eine Gleichung $r = h\,(g\,s)^2$ mit natürlichem s gilt. Durch Erweiterung von P zum Körper der reellen Zahlen $\overline{\mathrm{P}}$ gehen A und Δ über in halbeinfache Algebren $\overline{\mathrm{A}}$ und $\overline{\Delta}$. Es sei $\overline{\Delta} = \Delta_1 + \cdots + \Delta_t$ die direkte Zerlegung von $\overline{\Delta}$ in Matrixalgebren $\Delta_1, \ldots, \Delta_t$. Sind dann $(x_{kl}) = X = X_1, \ldots, X_t$ die Matrizen aus $\Delta_1, \ldots, \Delta_t$, so gehören ihre Elemente $x = x_{kl}$ je einem Schiefkörper $\Lambda = \Lambda_1, \ldots, \Lambda_t$ über $\overline{\mathrm{P}}$ an. Dieser ist entweder der reelle Körper $\overline{\mathrm{P}}$ selbst oder der komplexe Körper Ω der zweireihigen Matrizen

$$x = \begin{pmatrix} x_1 & x_2 \\ -x_2 & x_1 \end{pmatrix} \tag{24}$$

mit reellen x_1, x_2 oder die Quaternionen-Algebra Γ der vierreihigen Matrizen

$$x = \begin{pmatrix} x_1 & x_2 & x_3 & x_4 \\ -x_2 & x_1 & -x_4 & x_3 \\ -x_3 & x_4 & x_1 & -x_2 \\ -x_4 & -x_3 & x_2 & x_1 \end{pmatrix} \tag{25}$$

mit reellen x_1, x_2, x_3, x_4. Treten die einzelnen Fälle je h_1, h_2, h_3 mal auf, so ist $h_1 + h_2 + h_3 = t$, ferner ist $h_1 + 2\,h_2 + h_3 = h$ der Grad von Z über P und $2\,h_2$ die Anzahl der komplexen Konjugierten von Z. Die Matrix X hat in den Elementen x_{kl} den Grad $s, s, s/2$, entsprechend den drei Fällen.

Zufolge (24) und (25) ist die Transponierte x' jeweils die Konjugierte von x in Ω und Γ. Daher ist die Abbildung $(x_{kl}) = X \to X' = (x'_{lk})$ eine Involution von $\overline{\Delta}$. Andererseits führt die gewählte Involution $\xi \to \tilde{\xi}$ von Δ eindeutig durch Grenzübergang ebenfalls zu einer Involution von $\overline{\Delta}$, und es werde dabei das Bild von X wieder mit $\tilde{X}$ bezeichnet. Vermöge (23) wird dann auch die Involution $\mathfrak{X} \to \mathfrak{X}^*$ von A zu einer Involution von $\overline{\mathrm{A}}$ erweitert.

Zur Diskussion des Zusammenhanges zwischen X' und $\tilde{X}$ sind wieder die Involutionen beider Arten gesondert zu behandeln. Ist die Involution $\mathfrak{X} \to \mathfrak{X}^*$ von erster Art, so ist $s = 1$ oder 2, also entweder $\Delta = Z$ und $\tilde{\xi} = \xi$ oder Δ ist eine Quaternionen-Algebra Ψ über Z und $\tilde{\xi}$ läßt sich darin als konjugiert zu ξ erklären, so daß $\xi\,\tilde{\xi}$ die Quaternionennorm wird. Im Falle

$s = 1$ ist $\tilde{X} = X = x$, $h_3 = 0$ und etwa $\varDelta_k = \overline{\mathrm{P}}$ $(k \leq h_1)$, $\varDelta_k = \varOmega$ $(h_1 < k \leq t)$. Im Falle $s = 2$ sei analog $\varLambda_k = \overline{\mathrm{P}}$ $(k \leq h_1)$, $\varLambda_k = \varOmega$ $(h_1 < k \leq h_1 + h_2)$, $\varLambda_k = \varGamma$ $(h_1 + h_2 < k \leq t)$. Für $\varLambda = \overline{\mathrm{P}}$ oder $\varOmega$ ist dann

$$X = \begin{pmatrix} x_{11} & x_{12} \\ x_{21} & x_{22} \end{pmatrix}, \quad \tilde{X} = \begin{pmatrix} x_{22} & -x_{12} \\ -x_{21} & x_{11} \end{pmatrix}$$

mit $x_{11}, x_{12}, x_{21}, x_{22}$ in $\varLambda$. Setzt man noch

$$V = \begin{pmatrix} 0 & 1 \\ -1 & 0 \end{pmatrix},$$

so wird also $\tilde{X} = V^{-1} X' V$ $(\varLambda = \overline{\mathrm{P}})$, $\tilde{X} = V^{-1} \underline{X}' V$ $(\varLambda = \varOmega)$, wenn durch den unteren Querstrich der Übergang zur konjugiert komplexen Größe $\underline{x} = x'$ in (24) ausgedrückt wird. Für $\varLambda = \varGamma$ ist schließlich $X = x$, $\tilde{X} = X' = x'$ mit x aus (25).

Im Falle einer Involution zweiter Art ist $\mathrm{Z} = \varPhi(\varrho)$ eine quadratische Erweiterung eines elementweise bei der Involution fest bleibenden Unterkörpers $\varPhi$ und $\varrho^* = -\varrho$. Ist nun $\varepsilon = -1$ in (23), so ersetzen wir $\mathfrak{L}$ durch $\varrho\,\mathfrak{L}$ und gelangen zu dem anderen Falle $\varepsilon = 1$, auf den wir uns also weiterhin beschränken können, wenn die gegebene Involution von zweiter Art ist. Es sei $\varrho^2 < 0$ für genau q reelle Konjugierte von $\varPhi$, und diesen mögen $\varDelta_1, \ldots, \varDelta_q$ zugeordnet sein. Die Differenz $t - q$ ist eine gerade Zahl $2\,w \geq 0$. Bei geeigneter Anordnung von $\varDelta_{q+1}, \ldots, \varDelta_t$ gilt dann

$$\tilde{X} = C^{-1} \underline{X}' C, \quad C' = \underline{C} \tag{26}$$

mit einem konstanten umkehrbaren Element C von $\overline{\varDelta}$, wenn $\underline{X} = \underline{X_1}, \ldots, \underline{X_t}$ die Permutation

$$\underline{X_k} = X_k \ (k \leq q), \quad \underline{X_k}, \underline{X_{k+w}} = X_{k+w}, X_k \ (q < k \leq q + w)$$

bedeutet. Ersetzt man X durch $B\,X\,B^{-1}$ mit konstantem umkehrbaren B in $\overline{\varDelta}$, so geht C über in $\underline{B}'\,C\,B$. Hieraus folgt, daß man noch C_k für $k > q$ als Einheitsmatrix und für $k \leq q$ als Diagonalmatrix mit den Diagonalelementen ± 1 wählen kann. Insbesondere ist dann $C = C^{-1} = C' = \underline{C}$.

4. Es sei $\mathrm{A}^{(m)}$ die Algebra der m-reihigen Matrizen $\mathfrak{A}^{(m)} = \mathfrak{A} = (\mathfrak{A}_{kl})$ mit Elementen $\mathfrak{A}_{kl}$ $(k, l = 1, \ldots, m)$ in A. Bei der Erweiterung von P zu $\overline{\mathrm{P}}$ möge $\mathrm{A}^{(m)}$ in $\overline{\mathrm{A}}^{(m)}$ übergehen. Durch $\mathfrak{A} \to \mathfrak{A}^* = (\mathfrak{A}^*_{lk})$ wird dann eine Involution in $\mathrm{A}^{(m)}$ und $\overline{\mathrm{A}}^{(m)}$ erklärt. Es sei jetzt $\mathfrak{S} = (\mathfrak{S}_{kl})$ ein „symmetrisches" Element von $\overline{\mathrm{A}}^{(m)}$, also $\mathfrak{S} = \mathfrak{S}^*$. Außerdem sei $\mathfrak{S}$ umkehrbar. Die „orthogonale" Gruppe $\varSigma$ von $\mathfrak{S}$ wird durch alle Lösungen $\mathfrak{B} = (\mathfrak{B}_{kl})$ von

$$\mathfrak{B}^* \mathfrak{S} \mathfrak{B} = \mathfrak{S} \tag{27}$$

in $\overline{\mathrm{A}}^{(m)}$ definiert. Vermöge (23) geht (27) über in

$$\tilde{\mathfrak{B}}\, \mathfrak{G}\, \mathfrak{B} = \mathfrak{G} = \mathfrak{L}\, \mathfrak{S} = (\mathfrak{L}\, \mathfrak{S}_{kl}), \quad \mathfrak{B} = (\tilde{\mathfrak{B}}_{lk}), \tag{28}$$

und es gilt dabei

$$\tilde{\mathfrak{G}} = \tilde{\mathfrak{S}}\, \tilde{\mathfrak{L}} = \varepsilon\, \mathfrak{L}\, \mathfrak{S}^* = \varepsilon\, \mathfrak{G}.$$

Wir betrachten nun eine kompakte Untergruppe K von $\varSigma$. Dann gibt es ein Element $\mathfrak{P}$ in $\overline{\mathrm{A}}^{(m)}$, so daß $\mathfrak{P} = \mathfrak{P}' > 0$ und $\mathfrak{B}'\, \mathfrak{P}\, \mathfrak{B} = \mathfrak{P}$ für alle $\mathfrak{B}$ aus K gilt. Zunächst sei die gegebene Involution $\mathfrak{X} \to \mathfrak{X}^*$ von zweiter Art. Nach (23) und (26) ist dann

$$C\,\mathfrak{L} = \underline{\mathfrak{L}}'\,C = (\underline{C\,\mathfrak{L}})',$$

und (28) geht über in

$$\text{(29)} \qquad \underline{\mathfrak{B}}'\,\mathfrak{F}\,\mathfrak{B} = \mathfrak{F} = C\,\mathfrak{G} = C\,\mathfrak{L}\,\mathfrak{S} = \underline{\mathfrak{F}}'.$$

Insbesondere ist also

$$\mathfrak{B}'_{k+w}\,\mathfrak{F}_k\,\mathfrak{B}_k = \mathfrak{F}_k = \mathfrak{F}'_{k+w} \qquad (q < k \leqq q + w),$$

so daß man bereits

$$\underline{\mathfrak{P}_k} = \mathfrak{F}_k\,\mathfrak{P}_k^{-1}\,\mathfrak{F}'_k \qquad (q < k)$$

vorschreiben kann. Für $k \leqq q$ ist ferner $\mathfrak{B}'_k\,\mathfrak{F}_k\,\mathfrak{B}_k = \mathfrak{F}_k = \mathfrak{F}'_k$ und folglich $\mathfrak{B}_k$ mit $\mathfrak{F}_k^{-1}\,\mathfrak{P}_k$ vertauschbar. Man wähle $\mathfrak{R}$ in $\overline{\mathrm{A}}^{(m)}$ mit

$$\text{(30)} \qquad \mathfrak{R}'_k\,\mathfrak{F}_k\,\mathfrak{R}_k = \mathfrak{D}_k, \quad \mathfrak{R}'_k\,\mathfrak{P}_k\,\mathfrak{R}_k = \mathfrak{T}_k \qquad (k \leqq q),$$

wobei $\mathfrak{D}_k$ eine Diagonalmatrix mit den Diagonalelementen ± 1 und $\mathfrak{T}_k$ eine positive Diagonalmatrix bedeuten. Dann ist $\mathfrak{R}_k^{-1}\,\mathfrak{B}_k\,\mathfrak{R}_k$ vertauschbar mit $\mathfrak{D}_k^{-1}\,\mathfrak{T}_k$ und mit $(\mathfrak{D}_k^{-1}\,\mathfrak{T}_k)^2 = \mathfrak{T}_k^2$ und mit $\mathfrak{T}_k$ selbst, also $\mathfrak{B}_k$ vertauschbar mit $\mathfrak{R}_k\,\mathfrak{R}'_k\,\mathfrak{P}_k$, und aus $\mathfrak{B}'\,\mathfrak{P}\,\mathfrak{B} = \mathfrak{P}$ folgt auch $\mathfrak{B}'_k\,(\mathfrak{R}_k\,\mathfrak{R}'_k)^{-1}\,\mathfrak{B}_k = (\mathfrak{R}_k\,\mathfrak{R}'_k)^{-1}$, so daß die Wahl $\mathfrak{P}_k = (\mathfrak{R}_k\,\mathfrak{R}'_k)^{-1}$ zulässig ist. Hieraus folgt nun aber

$$\mathfrak{F}_k\,\mathfrak{P}_k^{-1}\,\mathfrak{F}'_k = (\mathfrak{R}'_k\,\mathfrak{F}_k)'\,\mathfrak{R}'_k\,\mathfrak{F}_k = (\mathfrak{D}_k\,\mathfrak{R}_k^{-1})'\,\mathfrak{D}_k\,\mathfrak{R}_k^{-1} = (\mathfrak{R}_k\,\mathfrak{R}'_k)^{-1} = \mathfrak{P}_k \quad (k \leqq q).$$

Also kann man für $\mathfrak{P}$ die Bedingung

$$\text{(31)} \qquad \mathfrak{F}\,\mathfrak{P}^{-1}\,\mathfrak{F}' = \underline{\mathfrak{P}}, \quad \mathfrak{P} = \mathfrak{P}' > 0$$

vorschreiben.

Ist umgekehrt in $\overline{\mathrm{A}}^{(m)}$ eine Lösung $\mathfrak{P}$ von (31) gegeben, so ist nach (30)

$$\mathfrak{T}_k^2 = \mathfrak{E} = \mathfrak{T}_k, \quad \mathfrak{P}_k = (\mathfrak{R}_k\,\mathfrak{R}'_k)^{-1}, \quad \mathfrak{R}'_k\,\mathfrak{F}_k\,\mathfrak{R}_k = \mathfrak{D}_k \qquad (k \leqq q),$$

und nach (31) kann man noch

$$\mathfrak{P}_k = (\mathfrak{R}_k\,\mathfrak{R}'_k)^{-1}, \quad \underline{\mathfrak{R}'_k}\,\mathfrak{F}_k\,\mathfrak{R}_k = \mathfrak{E} \qquad (q < k)$$

vorschreiben. Dann folgt aber

$$\mathfrak{P} = (\mathfrak{R}\,\mathfrak{R}')^{-1}, \quad \underline{\mathfrak{R}}'\,\mathfrak{F}\,\mathfrak{R} = \mathfrak{D}.$$

Ist auch

$$\mathfrak{P}_0 = (\mathfrak{R}_0\,\mathfrak{R}'_0)^{-1}, \quad \underline{\mathfrak{R}'_0}\,\mathfrak{F}\,\mathfrak{R}_0 = \mathfrak{D}$$

mit einer anderen Lösung $\mathfrak{P}_0$ von (31), so wird $\mathfrak{R}_0\,\mathfrak{R}^{-1} = \mathfrak{B}$ nach (29) ein Element von Σ und $\mathfrak{B}'\,\mathfrak{P}_0\,\mathfrak{B} = \mathfrak{P}$.

Damit haben wir gezeigt, daß für jede feste Lösung $\mathfrak{P} = \mathfrak{P}_0$ von (31) durch die Forderung $\mathfrak{B}'\,\mathfrak{P}_0\,\mathfrak{B} = \mathfrak{P}_0$ eine maximale kompakte Untergruppe K_0 von Σ definiert wird und daß alle maximalen kompakten Untergruppen in Σ konjugiert sind. Da für jedes feste Element $\mathfrak{B}$ von Σ die Rechtsklasse $\mathrm{K}_0\,\mathfrak{B}$ durch die Angabe von $\mathfrak{P} = \mathfrak{B}'\,\mathfrak{P}_0\,\mathfrak{B} = \mathfrak{P}_0\,[\mathfrak{B}]$ eindeutig festgelegt ist, so läßt sich der Raum dieser Rechtsklassen mit dem Raum P der Lösungen $\mathfrak{P}$ von (31) identifizieren. Die Abbildungen $\mathfrak{P} \to \mathfrak{P}\,[\mathfrak{B}]$ mit „orthogonalen" $\mathfrak{B}$ führen P in sich über und sind darin transitiv; d. h. P ist ein Wirkungsraum der „orthogonalen" Gruppe. Jede diskrete Untergruppe von Σ ist auf P diskontinuierlich. Eine invariante Metrik auf P wird durch die Spur von $(\mathfrak{P}^{-1}\,d\,\mathfrak{P})^2$ festgelegt.

In entsprechender Weise läßt sich der Fall behandeln, daß die gegebene Involution $\mathfrak{X} \to \mathfrak{X}^*$ von erster Art ist. An die Stelle von (31) tritt dann

$$(32) \qquad \mathfrak{G}\,\mathfrak{P}^{-1}\,\mathfrak{G}' = \tilde{\mathfrak{P}}, \quad \mathfrak{P} = \mathfrak{P}' > 0 .$$

Diese Bedingung ist aber nach (26), (29), (31) auch für die Involutionen zweiter Art erfüllt und definiert daher den Raum P in beiden Fällen.

Wir nennen $\mathfrak{S}$ total definit, wenn die Gleichung

$$\mathfrak{x}^*\,\mathfrak{S}\,\mathfrak{x} = 0, \quad \mathfrak{x} = \begin{pmatrix} x_1 \\ \vdots \\ x_m \end{pmatrix}$$

in $\overline{\mathrm{A}}$ nur die triviale Lösung $x_1 = 0, \ldots, x_m = 0$ besitzt. Es ist leicht einzusehen, daß dann P nur aus einem Punkt besteht. Im anderen Falle hat P positive Dimension.

5. Nunmehr sei eine Ordnung O in $\mathrm{A}^{(m)}$ gegeben und $\mathfrak{S}$ in $\mathrm{A}^{(m)}$ gelegen. Es sei Y die unimodulare Gruppe in O, bestehend aus allen Elementen $\mathfrak{A}$ von O, für die auch $\mathfrak{A}^{-1}$ zu O gehört. Ferner sei E_0 der Durchschnitt von Y und Σ, die Einheitengruppe von $\mathfrak{S}$ in O.

In der regulären Darstellung von Δ und $\overline{\Delta}$ möge dem Element ξ die Matrix $\hat{\xi}$ mit $p = h\,s^2$ Reihen entsprechen. Für eine geeignet gewählte konstante umkehrbare reelle Matrix γ zerfällt dann $\gamma\,\hat{\xi}\,\gamma^{-1}$ in Kästchen $X_1, \ldots, X_t$, und zwar tritt das Kästchen X für $\Lambda = \overline{\mathrm{P}}, \Omega, \Gamma$ genau $s, s, s/2$ mal auf. Das Element $\mathfrak{X} = (\xi_{kl})$ von A oder $\overline{\mathrm{A}}$ wird jetzt durch $\hat{\mathfrak{X}} = (\hat{\xi}_{kl})$ dargestellt. Zur Vereinfachung setzen wir in diesem Paragraphen

$$\gamma\,\hat{\xi}\,\gamma^{-1} = \xi, \quad (\gamma\,\hat{\xi}_{kl}\,\gamma^{-1}) = \gamma\,\hat{\mathfrak{X}}\,\gamma^{-1} = \mathfrak{X}$$

und verfahren analog für $\mathrm{A}^{(m)}$ und $\overline{\mathrm{A}}^{(m)}$.

Für festes natürliches v sei T der Raum der positiven reellen $\mathfrak{T}^{(v)} = \mathfrak{T} = \mathfrak{T}'$. Mittels der Jacobischen Transformation hat man eindeutig die Zerlegung

$$\mathfrak{T}\,[\mathfrak{x}] = \sum_{k=1}^{v} q_k \Bigl(x_k + \sum_{l>k} d_{kl}\,x_l\Bigr)^2$$

mit positiven Zahlen q_k und reellen d_{kl}, wobei $x_1, \ldots, x_v$ reelle Variable bedeuten. Es sei $a > 0$ und T_a das Gebiet in T, welches durch die $\frac{v(v+1)}{2} - 1$ Ungleichungen

$$q_k < a\,q_{k+1}, \quad -a < d_{kl} < a \qquad (1 \leq k < l \leq v)$$

definiert wird. Speziell sei $v = m\,g\,p = m\,g\,h\,s^2$ und $\mathfrak{T} = \mathfrak{P}$, wobei $\mathfrak{P}$ in $\overline{\mathrm{A}}^{(m)}$ gelegen ist. Nach der Reduktionstheorie [11] gibt es endlich viele feste umkehrbare Elemente $\mathfrak{R}_1, \ldots, \mathfrak{R}_f$ in der gegebenen Ordnung O und eine nur von O abhängige positive Zahl a mit folgenden drei Eigenschaften. Für mindestens ein $\mathfrak{W}$ in Y und ein $\mathfrak{R} = \mathfrak{R}_k$ $(k = 1, \ldots, f)$ liegt die Matrix $\mathfrak{Q} = \mathfrak{P}\,[\mathfrak{W}\,\mathfrak{R}]$ in T_a. Ist β irgendeine reelle umkehrbare Matrix mit p Reihen und $\mathfrak{Q} = (\varkappa_{kl})$ mit Elementen $\varkappa_{kl}$ $(k, l = 1, \ldots, m\,g)$ aus $\overline{\Delta}$, so liegt $\mathfrak{Q}\,[\beta] = (\beta'\,\varkappa_{kl}\,\beta)$ in T_b, wo b nur von O und den Schranken der Elemente von β und β^{-1} abhängt. Bedeutet $\mathfrak{J}$ die Matrix der Permutation $k \to m\,g - k + 1$ $(k = 1, \ldots, m\,g)$, so liegt auch $\mathfrak{Q}^{-1}\,[\beta\,\mathfrak{J}]$ in T_b.

Um weiterhin die beiden Fälle der Involutionen zusammenzufassen, setze man noch $C = 1$ und $\mathfrak{F} = \mathfrak{G}$ für Involutionen erster Art. Ferner erkläre man in diesem Falle die Matrix S durch

$$S_k = 1 \quad (k \leqq h_1), \quad S_k = \begin{pmatrix} 0 & 1 \\ 1 & 0 \end{pmatrix} \quad (k > h_1)$$

für $\Delta = Z$ und durch

$$S_k = \begin{pmatrix} 0 & 1 \\ -1 & 0 \end{pmatrix} \quad (k \leqq h_1),$$

$$S_k = \begin{pmatrix} 0 & u \\ -u & 0 \end{pmatrix} \text{ und } u = \begin{pmatrix} 0 & 1 \\ 1 & 0 \end{pmatrix} \quad (h_1 < k \leqq h_1 + h_2), \quad S_k = 1 \quad (k > h_1 + h_2)$$

für $\Delta = \Psi$, so daß $S' = S^{-1}$ und $\tilde{X} = S^{-1} X' S$ wird. Bei Involutionen zweiter Art bedeute dagegen S die Matrix der Permutation $X \to \underline{X}$, so daß also in diesem Falle $S = S' = S^{-1}$ und $\underline{X} = S X S$ wird. Nach (31) und (32) ist dann stets $\mathfrak{F} \mathfrak{P}^{-1} \mathfrak{F}' = S' \mathfrak{P} S$, und mit den Abkürzungen $\mathfrak{W} \mathfrak{R} = \mathfrak{B}$, $\mathfrak{B}' S \mathfrak{F} \mathfrak{B} = \mathfrak{H}$ wird daher

$$\mathfrak{Q}^{-1} [\mathfrak{H}] = \mathfrak{Q}.$$

Für beliebiges $\mathfrak{M}$ in $\overline{\mathrm{A}}^{(m)}$ ist andererseits $S C \mathfrak{L} \mathfrak{M}^* = \mathfrak{M}' S C \mathfrak{L}$, so daß mit $\mathfrak{L} \mathfrak{B}^* = \mathfrak{A}$ die Beziehung $S C \gamma \hat{\mathfrak{A}} = \mathfrak{B}' S C \mathfrak{L} \gamma$ erfüllt ist. Wegen $\mathfrak{F} = C \mathfrak{L} \mathfrak{S}$ folgt daraus

$$\mathfrak{B}' S \mathfrak{F} \gamma = S C \gamma \hat{\mathfrak{A}} \hat{\mathfrak{S}}, \quad \mathfrak{H} \gamma = S C \gamma \hat{\mathfrak{A}} \hat{\mathfrak{S}} \hat{\mathfrak{B}}.$$

Setzt man noch

$$\mathfrak{J} \hat{\mathfrak{A}} \hat{\mathfrak{S}} \hat{\mathfrak{B}} = \mathfrak{K}, \quad \mathfrak{Q}^{-1} [S C \gamma \mathfrak{J}] = \mathfrak{P}_1, \quad \mathfrak{Q} [\gamma] = \mathfrak{P}_2,$$

so gilt also

$$\mathfrak{P}_1 [\mathfrak{K}] = \mathfrak{P}_2. \tag{33}$$

Da γ und $S C \gamma$ fest sind, so liegen $\mathfrak{P}_1$ und $\mathfrak{P}_2$ beide in T_b, wobei b nur von O abhängt. Ferner ist

$$\mathfrak{A} \mathfrak{S} \mathfrak{B} = \mathfrak{L} (\mathfrak{W} \mathfrak{R})^* \mathfrak{S} (\mathfrak{W} \mathfrak{R}), \tag{34}$$

und folglich hat die Matrix $\mathfrak{K}$ rationale Elemente. Da $\mathfrak{W}$ unimodular ist, so ist die Determinante $|\mathfrak{W}| = \pm 1$ und es gibt eine nur von O und $\mathfrak{L}$ abhängige natürliche Zahl c, so daß $c \mathfrak{W}^*$ und $c \mathfrak{W}^{*-1}$ in O liegen. Außerdem sind $\mathfrak{J}$, $\mathfrak{S}$, $\mathfrak{L}$ fest und $\mathfrak{R}$ in einer festen endlichen Menge gelegen. Hieraus folgt nun, daß die Determinante von $\mathfrak{K}$ und der Hauptnenner der Elemente von $\mathfrak{K}$ beschränkt sind. Nach einem Satze der Reduktionstheorie [12] ergibt dann (33), daß für $\mathfrak{K}$ nur endlich viele Möglichkeiten bestehen, unabhängig von der Lage des Punktes $\mathfrak{P}$ auf P, und dasselbe folgt hiernach aus (34) für die Größe $\mathfrak{W}^* \mathfrak{S} \mathfrak{W}$. Sind $\mathfrak{W}_l^* \mathfrak{S} \mathfrak{W}_l = \mathfrak{S}_l$ $(l = 1, \ldots, d)$ ihre sämtlichen Werte, so folgt aus $\mathfrak{W}^* \mathfrak{S} \mathfrak{W} = \mathfrak{S}_l$, daß $\mathfrak{W} \mathfrak{W}_l^{-1} = \mathfrak{U}$ der Einheitengruppe E_0 angehört, und umgekehrt.

Bezeichnet man noch die $d f$ Produkte $\mathfrak{W}_l \mathfrak{R}_k$ wieder mit $\mathfrak{R} = \mathfrak{R}_1, \mathfrak{R}_2, \ldots$, so haben wir das folgende Resultat gewonnen. Zu jedem Punkte $\mathfrak{P}$ des Wirkungsraumes P der orthogonalen Gruppe von $\mathfrak{S}$ gibt es eine Einheit $\mathfrak{U}$ von $\mathfrak{S}$ in O und eines der endlich vielen fest gewählten Elemente $\mathfrak{R}$ aus O, so daß die Matrix $\mathfrak{P} [\mathfrak{U} \mathfrak{R}]$ in T_a gelegen ist. Damit ist auf P ein Gebiet abgegrenzt, in welchem ein Fundamentalbereich F_0 der Einheitengruppe gelegen ist, als Verallgemeinerung des bekannten Resultates aus der Reduktionstheorie der indefiniten quadratischen Formen im Körper der rationalen Zahlen. Die

Untersuchung der Endlichkeit des Volumens von F_0 bietet jetzt keine grundsätzlichen Schwierigkeiten mehr.

Übrigens erhält man beiläufig, daß die Anzahl der Klassen „symmetrischer" $\mathfrak{S}$ in O mit gegebener Determinante $|\mathfrak{S}| \neq 0$ endlich ist.

6. Es sei n eine natürliche Zahl. Wir betrachten Matrizen $\mathfrak{W}^{(mn)}$ mit m Zeilen und n Spalten, deren Elemente in A liegen. Es sei M ein Modul solcher $\mathfrak{W}$, also eine additive Abelsche Gruppe mit einer Basis von $m\,n\,r$ Gliedern. Der zu M komplementäre Modul $\check{\mathrm{M}}$ wird erklärt durch die Gesamtheit derjenigen Matrizen $\mathfrak{U}^{(mn)}$, für welche die reduzierte Spur von $\mathfrak{W}\,\mathfrak{U}^*$ bei allen $\mathfrak{W}$ aus M stets ganz rational ist. Es seien $\mathrm{O}^{(m)}$ und $\mathrm{O}^{(n)}$ die Ordnungen der linksseitigen und rechtsseitigen Endomorphismen von M, bestehend aus allen Elementen $\mathfrak{C}$ von $\mathrm{A}^{(m)}$ bzw. $\mathrm{A}^{(n)}$, für welche $\mathfrak{C}\,\mathfrak{W}$ bzw. $\mathfrak{W}\,\mathfrak{C}$ bei jedem $\mathfrak{W}$ aus M stets wieder in M liegt. Die bisherige Ordnung O sei weiterhin $\mathrm{O}^{(m)}$.

In $\mathrm{O}^{(n)}$ wird jetzt die Modulgruppe definiert durch die Gesamtheit der Matrizen

$$\mathfrak{M} = \begin{pmatrix} \mathfrak{A} & \mathfrak{B} \\ \mathfrak{C} & \mathfrak{D} \end{pmatrix}$$

mit $\mathfrak{A}, \mathfrak{B}, \mathfrak{C}, \mathfrak{D}$ in $\mathrm{O}^{(n)}$, die der Bedingung

$$\mathfrak{M}^*\,\mathfrak{J}\,\mathfrak{M} = \mathfrak{J} = \begin{pmatrix} 0 & \mathfrak{E} \\ -\mathfrak{E} & 0 \end{pmatrix}$$

mit dem Einheitselement $\mathfrak{E}$ von $\mathrm{O}^{(n)}$ genügen. Analog erklärt man die symplektische Gruppe in $\overline{\mathrm{A}}^{(n)}$, indem man für $\mathfrak{A}, \mathfrak{B}, \mathfrak{C}, \mathfrak{D}$ Elemente aus $\overline{\mathrm{A}}^{(n)}$ zuläßt. Als Verallgemeinerung der komplexen oberen Halbebene ergibt sich [13] der folgendermaßen definierte Wirkungsraum H der symplektischen Gruppe. Es sei von nun an abweichend von der bisherigen Bezeichnung $\mathfrak{X} = \mathfrak{X}^{(n)}$ eine variable Matrix in $\overline{\mathrm{A}}^{(n)}$, die der Symmetriebedingung $\mathfrak{X}^* = \mathfrak{X}$ unterliegt, und $\mathfrak{Y} = \mathfrak{Y}^{(n)}$ eine variable positive Matrix in $\overline{\mathrm{A}}^{(n)}$, also $\mathfrak{Y}' = \mathfrak{Y} > 0$. Mit dem im vorigen Paragraphen erklärten S setzen wir noch $S\,C\,\mathfrak{L} = \lambda$, so daß wegen $\tilde{\mathfrak{L}} = \varepsilon\,\mathfrak{L}$ die Beziehung

$$\lambda = \varepsilon\,\mathfrak{L}'\,S\,C = \varepsilon\,S^2\,\lambda'$$

gilt. Dabei ist S^2 die Einheitsmatrix, außer im Falle $\Delta = \Psi$ bei einer Involution erster Art, wo dann $-S_k^2$ für $k \leqq h_1 + h_2$ die Einheitsmatrix wird. Wir erweitern jetzt das Zentrum durch Hinzunahme der Diagonalmatrix $j = +\sqrt{-\varepsilon\,S^2}$; insbesondere ist also $j = \sqrt{-1}$ bei Involutionen zweiter Art. Ferner sei zur Abkürzung $\eta = j\,\lambda$. An die Stelle der komplexen Variabeln z der Funktionentheorie tritt jetzt $\mathfrak{Z} = \mathfrak{X} + \mathfrak{Y}\,\eta$, und H ist das durch die Bedingungen $\mathfrak{X} = \mathfrak{X}^*$, $\mathfrak{Y} = \mathfrak{Y}' > 0$ definierte Gebiet. Dieses geht durch alle symplektischen gebrochenen linearen Substitutionen $\mathfrak{Z} \to (\mathfrak{A}\,\mathfrak{Z} + \mathfrak{B})\,(\mathfrak{C}\,\mathfrak{Z} + \mathfrak{D})^{-1}$ in sich über, und es läßt sich darin ein Fundamentalbereich für die Modulgruppe abgrenzen, der als naturgemäße Verallgemeinerung des klassischen Falles anzusehen ist. Für die Reduktionstheorie hat man dabei im allgemeinen außer den Modulsubstitutionen selbst auch noch Substitutionen mit

$$\mathfrak{M}^*\,\mathfrak{J}\,\mathfrak{M} = k\,\mathfrak{J} \tag{35}$$

für endlich viele natürliche k und $\mathfrak{A}, \mathfrak{B}, \mathfrak{C}, \mathfrak{D}$ in $\mathrm{O}^{(n)}$ heranzuziehen, wie dies ja bereits für die Hilbertsche Modulgruppe bekannt ist. Mit dem in [13] gewonnenen Resultat läßt sich dann insbesondere zeigen, daß jeder Punkt von H durch eine geeignete solche Substitution in einen Punkt $\mathfrak{Z}$ übergeführt werden kann, für welchen die Eigenwerte von $\mathfrak{Y}$ eine feste positive untere Schranke haben. Dies ist von wesentlicher Bedeutung für die Theorie der Thetafunktionen.

7. Auf die Thetafunktionen wird man nun durch das Darstellungsproblem in der Theorie der quadratischen Formen geführt. Es seien $\mathfrak{B}_0^{(mn)}$ und $\mathfrak{T}^{(n)}$ gegebene Matrizen mit Elementen in A und $\mathfrak{T}^* = \mathfrak{T}$. Es sei $\mathfrak{W}$ eine Variable in dem gegebenen Modul M, und man betrachte die diophantische Gleichung

$$\mathfrak{B}^* \mathfrak{S} \mathfrak{B} = \mathfrak{T}, \quad \mathfrak{B} = \mathfrak{W} + \mathfrak{B}_0.$$

Zu ihrer Untersuchung bildet man dann die Funktion

$$f(\mathfrak{Z}, \mathfrak{P}) = \sum_{\mathfrak{W}} e^{\pi i \sigma(\mathfrak{B}^* \mathfrak{S} \mathfrak{B} \mathfrak{X} + i \mathfrak{B}' \mathfrak{P} \mathfrak{B} \mathfrak{Y})},$$

wo $\mathfrak{W}$ über M läuft und das Zeichen σ die reduzierte Spur bedeutet.

Ist $\mathfrak{G}$ eine Einheit von $\mathfrak{S}$ in O, für welche zugleich $\mathfrak{G}\,\mathfrak{B}_0 - \mathfrak{B}_0$ in M liegt, so durchläuft $\mathfrak{G}\,(\mathfrak{W} + \mathfrak{B}_0) - \mathfrak{B}_0$ mit $\mathfrak{W}$ alle Elemente von M und folglich ist dann $f(\mathfrak{Z}, \mathfrak{P}) = f(\mathfrak{Z}, \mathfrak{G}' \mathfrak{P}\, \mathfrak{G})$. Diese Einheiten bilden in der vollen Einheitengruppe E_0 eine Untergruppe E mit endlichem Index. Daher ist es sinnvoll, den Mittelwert $\varphi(\mathfrak{Z})$ von $f(\mathfrak{Z}, \mathfrak{P})$ in einem Fundamentalbereich F dieser Untergruppe auf P zu bilden.

Andererseits hat man das Verhalten von $f(\mathfrak{Z}, \mathfrak{P})$ bei den durch (35) erklärten gebrochenen Substitutionen $\mathfrak{Z} \to (\mathfrak{A}\,\mathfrak{Z} + \mathfrak{B})\,(\mathfrak{C}\,\mathfrak{Z} + \mathfrak{D})^{-1}$ zu untersuchen. Ist insbesondere $\mathfrak{C}$ umkehrbar, so gilt die Zerlegung

(36) $$(\mathfrak{A}\,\mathfrak{Z} + \mathfrak{B})\,(\mathfrak{C}\,\mathfrak{Z} + \mathfrak{D})^{-1} = \mathfrak{A}\,\mathfrak{C}^{-1} - k\,\mathfrak{C}^{*-1}\,(\mathfrak{Z} + \mathfrak{C}^{-1}\mathfrak{D})^{-1}\,\mathfrak{C}^{-1}$$

mit „symmetrischen“ $\mathfrak{A}\,\mathfrak{C}^{-1}$ und $\mathfrak{C}^{-1}\,\mathfrak{D}$. Es kommt somit in der Hauptsache darauf an, das Verhalten von $f(\mathfrak{Z}, \mathfrak{P})$ bei der Inversion $\mathfrak{Z} \to -\mathfrak{Z}^{-1}$ zu untersuchen.

Drückt man M durch eine Basis aus, so wird die Spur von $\mathfrak{W}' \mathfrak{P}\, \mathfrak{W}\, \mathfrak{Y} - i\, \mathfrak{W}^* \mathfrak{S}\, \mathfrak{W}\, \mathfrak{X}$ eine quadratische Form in $m\,n\,r$ ganzen rationalen Variabeln $v_1, v_2, \ldots$. Wir wollen ihre Determinante und die inverse quadratische Form bestimmen. Die $m\,n\,r$ Elemente $w_1, w_2, \ldots$ der verschiedenen Kästchen von $\mathfrak{W}$ sind homogene lineare Funktionen von $v_1, v_2, \ldots$, und es sei d der absolute Betrag des Quadrates ihrer Determinante, der Diskriminante von M. Es ist nun

$$\lambda\,\mathfrak{S}\,\mathfrak{P}^{-1}\,(\lambda\,\mathfrak{S})' = \mathfrak{P}, \quad \mathfrak{W}^* = \lambda^{-1}\,\mathfrak{W}'\,\lambda,$$
$$\sigma(\mathfrak{W}^*\,\mathfrak{S}\,\mathfrak{W}\,\mathfrak{X}) = \sigma(\mathfrak{W}'\,\lambda\,\mathfrak{S}\,\mathfrak{W}\,\mathfrak{X}\,\lambda^{-1}).$$

Sieht man dann $w_1, w_2, \ldots$ als neue Veränderliche in der zu untersuchenden quadratischen Form an, so ist ihre Matrix gerade die Summe der beiden direkten Produkte $\mathfrak{P} \times \mathfrak{Y}$ und $(-i\,\lambda\,\mathfrak{S}) \times (\mathfrak{X}\,\lambda^{-1})$, und diese ist andererseits

(37) $$\frac{1}{2}(\mathfrak{P} - i\,\eta\,\mathfrak{S}) \times (\mathfrak{Y} + \mathfrak{X}\,\eta^{-1}) + \frac{1}{2}(\mathfrak{P} + i\,\eta\,\mathfrak{S}) \times (\mathfrak{Y} - \mathfrak{X}\,\eta^{-1}).$$

Es gilt aber

$$\frac{1}{2}(\mathfrak{P} \mp i\,\eta\,\mathfrak{S})\,(\mathfrak{P}^{-1} \mp i\,\mathfrak{S}^{-1}\,\eta^{-1}) = 0,$$
$$\frac{1}{2}(\mathfrak{P} \mp i\,\eta\,\mathfrak{S})\,(\mathfrak{P}^{-1} \pm i\,\mathfrak{S}^{-1}\,\eta^{-1}) = \mathfrak{E} \mp i\,\eta\,\mathfrak{S}\,\mathfrak{P}^{-1},$$

und daher wird die reziproke Matrix

$$\frac{1}{2}(\mathfrak{P}^{-1} + i\,\mathfrak{S}^{-1}\,\eta^{-1}) \times (\mathfrak{Y} + \mathfrak{X}\,\eta^{-1})^{-1} + \frac{1}{2}(\mathfrak{P}^{-1} - i\,\mathfrak{S}^{-1}\,\eta^{-1}) \times (\mathfrak{Y} - \mathfrak{X}\,\eta^{-1})^{-1}.$$

Setzt man noch $-\mathfrak{Z}^{-1} = \mathfrak{X}_1 + \mathfrak{Y}_1 \eta$, so ist also die inverse quadratische Form gerade die Spur von $-\mathfrak{W}'\mathfrak{P}^{-1}\mathfrak{W}\eta\mathfrak{Y}_1\eta - i\mathfrak{W}'\mathfrak{S}^{-1}\eta^{-1}\mathfrak{W}\eta\mathfrak{X}_1$. Hierin sind nun für $w_1, w_2, \ldots$ solche linearen Formen der ganzzahligen $v_1, v_2, \ldots$ einzutragen, daß $\mathfrak{W}'^{*} = \mathfrak{U}$ den komplementären Modul $\check{\mathrm{M}}$ durchläuft. Dann wird aber $\mathfrak{W}' = \mathfrak{U}^{*} = \lambda^{-1}\mathfrak{U}'\lambda$, $\mathfrak{W} = \lambda\mathfrak{U}\lambda^{-1}$, und man hat die Spur von

$$\mathfrak{U}'\lambda'\mathfrak{P}^{-1}\lambda\mathfrak{U}\mathfrak{Y}_1 - i\mathfrak{U}^{*}\mathfrak{S}^{-1}\mathfrak{U}\mathfrak{X}_1 = (\mathfrak{S}^{-1}\mathfrak{U})'\mathfrak{P}(\mathfrak{S}^{-1}\mathfrak{U})\mathfrak{Y}_1 - i(\mathfrak{S}^{-1}\mathfrak{U})^{*}\mathfrak{S}(\mathfrak{S}^{-1}\mathfrak{U})\mathfrak{X}_1$$

zu bilden. Daher treten jetzt $\mathfrak{S}^{-1}\check{\mathrm{M}}$ und $-\mathfrak{Z}^{-1}$ an die Stelle von M und $\mathfrak{Z}$.

Schließlich gewinnt man leicht aus (37) die gesuchte Determinante, indem man jedes der Paare $\mathfrak{P}, \eta\mathfrak{S}$ und $\mathfrak{Y}, \mathfrak{X}\eta^{-1}$ auf Hauptachsen transformiert. Um das Resultat in einfacher Weise auszudrücken, führe man noch die Algebra $\mathrm{B} = \overline{\mathrm{A}}(\lambda)$ ein, die aus $\overline{\mathrm{A}}$ durch Adjunktion von $\lambda = SC\mathfrak{L}$ mit den Rechenregeln $\lambda^2 = \varepsilon\mathfrak{L}'\mathfrak{L}$ und $\lambda\mathfrak{A}^{*} = \mathfrak{A}'\lambda$ für $\mathfrak{A}$ in $\overline{\mathrm{A}}$ entsteht, und erkläre entsprechend $\mathrm{B}^{(m)}$ und $\mathrm{B}^{(n)}$. Es sei u die Anzahl der archimedischen Bewertungen von B, nämlich $u = t$ bei Involutionen erster Art und $u = t - w$ bei Involutionen zweiter Art. Die zu diesen u einzelnen Bewertungen eines Elementes $\mathfrak{B}$ von $\mathrm{B}^{(m)}$ oder $\mathrm{B}^{(n)}$ gehörigen Normen mögen durch $N_k(\mathfrak{B})$ $(k = 1, \ldots, u)$ bezeichnet werden, so daß also die reduzierte Norm von $\mathfrak{B}$ gleich dem Produkt der $N_k(\mathfrak{B})$ wird. Der absolute Betrag der reduzierten Norm werde noch mit $N(\mathfrak{B})$ bezeichnet. Ferner seien p_k, q_k die zu den archimedischen Bewertungen gehörigen Signaturen von $\lambda\mathfrak{S}$. Da $(\lambda\mathfrak{S})_k$ auch alternierend sein kann, so ist noch die Festsetzung zu treffen, daß die Signatur einer umkehrbaren alternierenden reellen Matrix mit 2ν Reihen gleich ν, ν ist. Endlich definiere man $\overline{\mathfrak{Z}} = \mathfrak{X} - \mathfrak{Y}\eta$. Dann ergibt sich für die Determinante der quadratischen Form der Wert

$$D(\mathfrak{Z}) = d\,N^{ngs}(\mathfrak{S}) \prod_{k=1}^{u} N_k^{p_k}(j^{-1}\mathfrak{Z})\, N_k^{q_k}(-j^{-1}\overline{\mathfrak{Z}}).$$

Auf diese Art bekommt man die Formel

$$D^{\frac{1}{2}}(-\mathfrak{Z}^{-1})\, f(-\mathfrak{Z}^{-1}, \mathfrak{P}) = \sum_{\mathfrak{W}} e^{\pi i \sigma(\mathfrak{W}^{*}\mathfrak{S}\mathfrak{W}\mathfrak{X} + i\mathfrak{W}'\mathfrak{P}\mathfrak{W}\mathfrak{Y} + 2\mathfrak{W}^{*}\mathfrak{S}\mathfrak{V}_0)},$$

wo $\mathfrak{W}$ den Modul $\mathfrak{S}^{-1}\check{\mathrm{M}}$ durchläuft. Mit ihrer Hilfe gewinnt man weiter die Transformationsformel für die allgemeine Substitution $\mathfrak{Z} \rightarrow (\mathfrak{A}\mathfrak{Z} + \mathfrak{B})(\mathfrak{C}\mathfrak{Z} + \mathfrak{D})^{-1}$, indem man im Falle eines umkehrbaren $\mathfrak{C}$ von der Zerlegung (36) Gebrauch macht. Ist aber $\mathfrak{C}$ ein Nullteiler, so kann man entweder die in [14] für den Spezialfall $r = 1$ dargelegte Umformung vornehmen oder die Substitution aus zweien mit umkehrbarem $\mathfrak{C}$ zusammensetzen.

8. Durch unsere früheren Resultate wird nun nahegelegt, daß für den Mittelwert $\varphi(\mathfrak{Z})$ eine Eisensteinsche Partialbruchentwicklung besteht, wenn $\mathfrak{S}$ nicht total definit ist. Es bedeute dv das invariante Volumenelement auf P, und es sei V das Volumen des Fundamentalbereiches F der Einheitenuntergruppe E. Es mögen die Paare $\mathfrak{A}, \mathfrak{B}$ von Elementen aus $\mathrm{A}^{(n)}$ ein volles System mit folgenden drei Eigenschaften durchlaufen: Die Matrix $(\mathfrak{A}, \mathfrak{B})$ hat maximalen Rang; für jedes Paar gilt $\mathfrak{A}\mathfrak{B}^{*} = \mathfrak{B}\mathfrak{A}^{*}$; für je zwei verschiedene Paare $\mathfrak{A}_1, \mathfrak{B}_1$ und $\mathfrak{A}_2, \mathfrak{B}_2$ gilt $\mathfrak{A}_1\mathfrak{B}_2^{*} \neq \mathfrak{B}_1\mathfrak{A}_2^{*}$. Wir behaupten dann die Gültigkeit der Formel

$$V^{-1}\int_F f(\mathfrak{Z}, \mathfrak{P})\, dv = \sum_{\mathfrak{A}, \mathfrak{B}} c(\mathfrak{A}, \mathfrak{B}) \prod_{k=1}^{u} N_k^{-\frac{p_k}{2}}(\mathfrak{A}\mathfrak{Z} + \mathfrak{B})\, N_k^{-\frac{q_k}{2}}(\mathfrak{A}\overline{\mathfrak{Z}} + \mathfrak{B})$$

für $m > 2n$ bei Involutionen zweiter Art, $m > 2n + \frac{2\varepsilon}{gs}$ bei Involutionen erster Art und auch noch für $m = 2n$ bezw. $m = 2n + \frac{2\varepsilon}{gs}$, sofern in diesem Falle das Integral konvergiert; dabei lassen sich die Koeffizienten $c(\mathfrak{A}, \mathfrak{B})$ durch verallgemeinerte GAUSSsche Summen ausdrücken.

Der Beweis dieser Formel möge einem daran interessierten Leser als Übungsaufgabe überlassen bleiben.

7. Literatur.

[1] SIEGEL, C. L.: Indefinite quadratische Formen und Funktionentheorie I. Math. Ann. **124**, 17—54 (1951). — [2] MAASS, H.: Automorphe Funktionen von mehreren Veränderlichen und DIRICHLETsche Reihen. Abh. math. Semin. Hamburg. Univ. **16**, 72—100 (1949). — [3] PICARD, E.: Sur un groupe de transformations des points de l'espace situés du même côté d'un plan. Bull. Soc. math. France **12**, 43—47 (1884). — [4] HECKE, E.: Vorlesungen über die Theorie der algebraischen Zahlen. Leipzig, Akad. Verl. Gesellsch. 1923. — [5] SIEGEL, C. L.: Additive Theorie der Zahlkörper. II. Math. Ann. **88**, 184—210 (1923). — [6] FUETER, R.: Ueber automorphe Funktionen der PICARD'schen Gruppe I. Comm. Math. Helv. **3**, 42—68 (1931). — [7] RAMANATHAN, K. G.: The theory of units of quadratic and hermitian forms. Amer. J. Math. **73**, 233—255 (1951). — [8] HUMBERT, P.: Théorie de la réduction des formes quadratiques définies positives dans un corps algébrique K fini. Comm. Math. Helv. **12**, 263—306 (1940). — [9] HUMBERT, P.: Réduction des formes quadratiques dans un corps algébrique fini. Comm. Math. Helv. **23**, 50—63 (1949).— [10] ALBERT, A. A.: Structure of algebras. New York City, Amer. Math. Soc. 1939. — [11] SIEGEL, C. L.: Discontinuous groups. Ann. of Math. **44**, 674—689 (1943). — [12] SIEGEL, C. L.: Einheiten quadratischer Formen. Abh. math. Semin. Hansischen Univ. **13**, 209—239 (1940). — [13] SIEGEL, C. L.: Die Modulgruppe in einer einfachen involutorischen Algebra. Festschr. Götting. Akad. Wiss. **1951**, 157—167. — [14] SIEGEL, C. L.: On the theory of indefinite quadratic forms. Ann. of Math. **45**, 577—622 (1944).

(Eingegangen am 15. 12. 1951)

61.

Über die Normalform analytischer Differentialgleichungen in der Nähe einer Gleichgewichtslösung

Nachrichten der Akademie der Wissenschaften in Göttingen.
Mathematisch-physikalische Klasse, 1952, Nr. 5, 21—30

Vorgelegt in der Sitzung vom 27. 6. 1952

1. Es sei

$$\dot{x}_k = P_k \qquad (k = 1, \ldots, n) \tag{1}$$

ein System von n Differentialgleichungen erster Ordnung für n Funktionen $x_1, \ldots, x_n$ der reellen unabhängigen Veränderlichen t, deren rechte Seiten $P_1, \ldots, P_n$ durch konvergente Potenzreihen in $x_1, \ldots, x_n$ mit reellen konstanten Koeffizienten gegeben sind. In diesen n Potenzreihen seien die konstanten Glieder gleich 0, so daß also der Nullpunkt $x_1 = 0, \ldots, x_n = 0$ eine Gleichgewichtslösung von (1) ist. Durch eine den Nullpunkt erhaltende konvergente umkehrbare reelle Potenzreihen-Substitution

$$y_k = F_k(x_1, \ldots, x_n) \qquad (k = 1, \ldots, n) \tag{2}$$

gehe (1) über in die Differentialgleichungen

$$\dot{y}_k = Q_k,$$

wobei in

$$Q_k = \sum_{l=1}^{n} \frac{\partial F_k}{\partial x_l} P_l \tag{3}$$

die Größen $x_1, \ldots, x_n$ mittels der inversen Substitution durch $y_1, \ldots, y_n$ auszudrücken sind. Es bietet sich so das Problem der Aufstellung eines vollen Invariantensystems gegenüber der Gruppe Γ aller Substitutionen (2) mit den beiden hauptsächlichen Fragen: Wann sind zwei gegebene Systeme von der Form (1) miteinander äquivalent, also durch eine konvergente Substitution ineinander überführbar, und wie lassen sich Normalformen in jeder Klasse äquivalenter Systeme festlegen?

Ein erster Schritt zur Beantwortung dieser Fragen erfolgt durch die Lösung des linearisierten Problems, indem man die Potenzreihen P_k und F_k durch ihre linearen Teile ersetzt. Sind $\mathfrak{P}$ und $\mathfrak{F}$ die Matrizen aus den Koeffizienten der entsprechenden linearen Formen, so ist

$$\mathfrak{Q} = \mathfrak{F}\mathfrak{P}\mathfrak{F}^{-1}$$

zufolge (3) die Matrix der linearen Teile von $Q_1, \ldots, Q_n$. Das linearisierte Problem wird bekanntlich vollständig durch die Theorie der Elementarteiler beantwortet. Insbesondere ergeben also die n Eigenwerte $\lambda_1, \ldots, \lambda_n$ von $\mathfrak{P}$ ein volles Invariantensystem für die linearen Teile $L_1, \ldots, L_n$ der rechten Seiten $P_1, \ldots, P_n$, falls sie sämtlich einfach sind.

Im Folgenden soll bewiesen werden, daß diese Eigenwerte bereits ein volles Invariantensystem von (1) bezüglich Γ ergeben, wenn für sie eine Menge vom Lebesgueschen Maße 0 ausgeschlossen wird. Dann läßt sich also das System (1) durch eine konvergente analytische Transformation in das linearisierte System

$$\dot{x}_k = L_k \qquad (k = 1, \ldots, n)$$

überführen.

Der Ansatz zum Beweise dieses Satzes ist evident. Man setzt die Substitution (2) mit unbekannten reellen Koeffizienten an und versucht sie dann so zu bestimmen, daß

$$Q_k = L_k \qquad (k = 1, \ldots, n)$$

wird. Daß diese Bestimmung im Falle linear unabhängiger Eigenwerte stets möglich ist, hat zuerst Poincaré in etwas anderer Form bemerkt; man vergleiche hierzu auch die entsprechende Erörterung in Birkhoffs „Dynamical Systems". Die eigentliche Schwierigkeit liegt jedoch in der Untersuchung der Konvergenz der so gefundenen Potenzreihen F_k, und dies ist durch Poincaré und die an ihn anschließenden Verfasser bisher nur in dem verhältnismäßig einfachen Fall erledigt worden, daß die reellen Teile der Eigenwerte sämtlich gleiches Vorzeichen haben. In diesem Falle treten nämlich keine „kleinen Nenner" auf. Es bleibt zu zeigen, daß auch in dem anderen Falle bei Ausschluß jener Nullmenge trotz der kleinen Nenner noch konvergente Reihen zustande kommen. Der Nachweis erfolgt mit demselben Gedanken, den ich 1942 in den Annals of Mathematics zur Lösung des funktionentheoretischen Zentrumproblems benutzt habe.

2. Über die Eigenwerte $\lambda_1, \ldots, \lambda_n$ werde zunächst nur vorausgesetzt, daß sie sämtlich verschieden sind. Man wähle eine umkehrbare Matrix $\mathfrak{A}$ mit den Spalten $\mathfrak{a}_1, \ldots, \mathfrak{a}_n$, so daß $\mathfrak{A}^{-1}\mathfrak{P}\mathfrak{A}$ die Diagonalmatrix mit den Diagonalelementen $\lambda_1, \ldots, \lambda_n$ wird. Nach Ausführung der homogenen linearen Substitution

$$\mathfrak{x} \rightarrow \mathfrak{A}\mathfrak{x}$$

erhält dann (1) die Gestalt

$$\dot{x}_k = \lambda_k x_k + H_k \qquad (k = 1, \ldots, n), \tag{4}$$

wobei die H_k konvergente Potenzreihen in $x_1, \ldots, x_n$ ohne konstante und lineare Glieder sind. Sodann werde eine Substitution von der Form

$$x_k = y_k + \varphi_k \qquad (k = 1, \ldots, n)$$

angewendet, in welcher die Potenzreihen φ_k von $y_1, \ldots, y_n$ mit Gliedern zweiter Ordnung beginnen und unbestimmte komplexe Koeffizienten haben. Setzt man

$$(5)\qquad R_k = \sum_{l=1}^{n} \lambda_l y_l \frac{\partial \varphi_k}{\partial y_l} - \lambda_k \varphi_k - H_k,$$

so wird

$$\dot{x}_k - \lambda_k x_k - H_k = R_k + \sum_{l=1}^{n} (\dot{y}_l - \lambda_l y_l) \frac{\partial x_k}{\partial y_l},$$

und zufolge (4) hat das transformierte System die lineare Normalform

$$(6)\qquad \dot{y}_k = \lambda_k y_k \qquad (k = 1, \ldots, n),$$

falls die partiellen Differentialgleichungen erster Ordnung

$$(7)\qquad R_k = 0 \qquad (k = 1, \ldots, n)$$

eine Lösung in konvergenten Potenzreihen $\varphi_1, \ldots, \varphi_n$ besitzen.

Sind $\mathfrak{e}_1, \ldots, \mathfrak{e}_n$ die n Einheitsvektoren und $g_1, \ldots, g_n$ irgend n nicht-negative ganze Zahlen, die nicht sämtlich 0 sind, so möge

$$\mathfrak{g} = \mathfrak{e}_1 g_1 + \cdots + \mathfrak{e}_n g_n$$

ein Gitterpunkt heißen. Für zwei Gitterpunkte $\mathfrak{g}$ und $\mathfrak{h}$ sind $\mathfrak{g} + \mathfrak{h}$ und $\mathfrak{g} - \mathfrak{h}$ vektoriell erklärt, und man schreibe $\mathfrak{g} > \mathfrak{h}$, wenn $\mathfrak{g} - \mathfrak{h}$ auch ein Gitterpunkt ist. Abweichend von der üblichen Definition sei der Betrag von $\mathfrak{g}$ durch

$$|\mathfrak{g}| = g_1 + \cdots + g_n$$

festgesetzt. Es ist dann offenbar $|\mathfrak{g} + \mathfrak{h}| = |\mathfrak{g}| + |\mathfrak{h}|$ und stets $|\mathfrak{g}|$ eine natürliche Zahl, die nur für die Einheitsvektoren $\mathfrak{e}$ gleich 1 wird. Mit der Abkürzung

$$y_\mathfrak{g} = y_1^{g_1} \cdots y_n^{g_n}$$

setze man nun

$$x_k = y_k + \varphi_k = \sum_{\mathfrak{g}} c_{k,\mathfrak{g}} y_\mathfrak{g} \qquad (k = 1, \ldots, n),$$

wobei insbesondere

$$c_{k,\mathfrak{e}} = \begin{cases} 1 & (\mathfrak{e} = \mathfrak{e}_k) \\ 0 & (\mathfrak{e} \neq \mathfrak{e}_k) \end{cases}$$

ist, während die übrigen Koeffizienten $c_{k,\mathfrak{g}}$ aus (7) zu bestimmen sind. Zufolge (5) geht (7) über in die Bedingung

$$(8)\qquad \sum_{\mathfrak{g}} \varepsilon_{k,\mathfrak{g}} c_{k,\mathfrak{g}} y_\mathfrak{g} = H_k \qquad (k = 1, \ldots, n)$$

mit

$$\varepsilon_{k,\mathfrak{g}} = \sum_{l=1}^{n} g_l \lambda_l - \lambda_k.$$

Da die Potenzreihen H_k in $x_1, \ldots, x_n$ mit Gliedern zweiter Ordnung beginnen, so ergibt Koeffizientenvergleich in (8) die rekursive eindeutige Bestimmung aller $c_{k,\mathfrak{g}}$ mit $|\mathfrak{g}| > 1$, falls die zugehörigen Faktoren $\varepsilon_{k,\mathfrak{g}}$ sämtlich von 0 verschieden sind.

Zur Abschätzung der $c_{k,\mathfrak{g}}$ wird angenommen, daß die Potenzreihen $H_1, \ldots, H_n$ für komplexe $x_1, \ldots, x_n$ im Polyzylinder $|x_k| < \varrho_k$ $(k = 1, \ldots, n)$ konvergieren und absolut $< M$ sind. Da bei der Auswahl der Spalten $\mathfrak{a}_1, \ldots, \mathfrak{a}_n$

noch ein skalarer Faktor willkürlich ist, so kann man die n Radien $\varrho_k = 1$ normieren. Nach der Cauchyschen Formel sind dann alle Koeffizienten von $H_1, \ldots, H_n$ absolut $\leq M$, und mit der Abkürzung

$$x_1 + \cdots + x_n = x$$

gilt die Majorantenbeziehung

$$H_k \prec \frac{M x^2}{1-x} \qquad (k = 1, \ldots, n), \tag{9}$$

wobei man offenbar $M \geqq 1$ annehmen darf. Setzt man

$$c_{\mathfrak{g}} = \sum_{k=1}^{n} |c_{k,\mathfrak{g}}|,$$

also $c_{\mathfrak{e}} = 1$, so ist

$$x_k = y_k + \varphi_k \prec \sum_{\mathfrak{g}} c_{\mathfrak{g}} y_{\mathfrak{g}}, \qquad x = \sum_{k=1}^{n} (y_k + \varphi_k) \prec \sum_{\mathfrak{g}} c_{\mathfrak{g}} y_{\mathfrak{g}}. \tag{10}$$

Zufolge (8) und (9) wird

$$\sum_{\mathfrak{g}} \varepsilon_{k,\mathfrak{g}} c_{k,\mathfrak{g}} y_{\mathfrak{g}} \prec M \sum_{r=2}^{\infty} \Big(\sum_{\mathfrak{g}} c_{\mathfrak{g}} y_{\mathfrak{g}}\Big)^r$$

und daher

$$|\varepsilon_{k,\mathfrak{g}} c_{k,\mathfrak{g}}| \leq M \sum c_{\mathfrak{g}_1} c_{\mathfrak{g}_2} \cdots c_{\mathfrak{g}_r},$$

wo über alle Lösungen von

$$\mathfrak{g}_1 + \mathfrak{g}_2 + \cdots + \mathfrak{g}_r = \mathfrak{g}$$

in r Gitterpunkten $\mathfrak{g}_1, \mathfrak{g}_2, \ldots, \mathfrak{g}_r$ mit $r = 2, 3, \ldots$ zu summieren ist. Daraus erhält man die Abschätzung

$$c_{\mathfrak{g}} \leq M \varrho_{\mathfrak{g}} \sum_{\substack{\mathfrak{g}_1 + \cdots + \mathfrak{g}_r = \mathfrak{g} \\ r > 1}} c_{\mathfrak{g}_1} \cdots c_{\mathfrak{g}_r} \qquad (|\mathfrak{g}| > 1) \tag{11}$$

mit

$$\varrho_{\mathfrak{g}} = \sum_{k=1}^{n} |\varepsilon_{k,\mathfrak{g}}|^{-1}. \tag{12}$$

Fortan werde vorausgesetzt, daß für eine geeignete positive Konstante ν die sämtlichen Ungleichungen

$$|\varepsilon_{k,\mathfrak{g}}| > 2n |\mathfrak{g}|^{-\nu} \qquad (k = 1, \ldots, n;\ |\mathfrak{g}| > 1) \tag{13}$$

erfüllt sind. Es soll gezeigt werden, daß dann die gefundenen Potenzreihen $\varphi_1, \ldots, \varphi_n$ im Gebiete

$$|y_1| + \cdots + |y_n| < 2^{-5\nu-3} M^{-1}$$

konvergieren.

3. Sind $\mathfrak{g}$ und $\mathfrak{h}$ zwei Gitterpunkte mit $\mathfrak{g} > \mathfrak{h}$, so ist

$$\varepsilon_{k,\mathfrak{g}} - \varepsilon_{l,\mathfrak{h}} = \sum_{p=1}^{n} (g_p - h_p) \lambda_p + \lambda_l - \lambda_k = \varepsilon_{k,\mathfrak{g}-\mathfrak{h}+\mathfrak{e}} \qquad (k, l = 1, \ldots, n),$$

also

$$\operatorname{Max}(|\varepsilon_{k,\mathfrak{g}}|, |\varepsilon_{l,\mathfrak{h}}|) \geq \tfrac{1}{2} |\varepsilon_{k,\mathfrak{g}-\mathfrak{h}+\mathfrak{e}_l}|. \tag{14}$$

Man wähle speziell für k und l solche Indizes, daß $|\varepsilon_{k,\mathfrak{g}}|$ und $|\varepsilon_{l,\mathfrak{h}}|$ möglichst klein werden, und erhält aus (12), (13), (14) die Formel

$$(15)\quad \operatorname{Min}(\varrho_{\mathfrak{g}},\varrho_{\mathfrak{h}}) \leq 2n\,|\varepsilon_{k,\mathfrak{g}-\mathfrak{h}+\mathfrak{e}_l}|^{-1} < |\mathfrak{g}-\mathfrak{h}+\mathfrak{e}_l|^{\nu} = (|\mathfrak{g}-\mathfrak{h}|+1)^{\nu} \leq 2^{\nu}|\mathfrak{g}-\mathfrak{h}|^{\nu}.$$

Diese fast triviale Abschätzung wird den Kern des Konvergenzbeweises bilden.

Zunächst soll durch vollständige Induktion gezeigt werden, daß für

$$m \geq 0, \qquad \mathfrak{g}_0 > \mathfrak{g}_1 > \cdots > \mathfrak{g}_m, \qquad |\mathfrak{g}_m| > 1$$

die Ungleichung

$$(16)\qquad \prod_{p=0}^{m} \varrho_{\mathfrak{g}_p} < a^{m+1}\Big(|\mathfrak{g}_0| \prod_{q=1}^{m} |\mathfrak{g}_{q-1}-\mathfrak{g}_q|\Big)^{\nu}$$

mit

$$a = 4^{\nu}$$

erfüllt ist. Diese ist jedenfalls nach (12) und (13) für $m = 0$ richtig. Es sei $m > 0$ und (16) für $m - 1$ statt m bereits bewiesen. Unter h möge ein Index der Reihe $p = 0, \ldots, m$ verstanden werden, für den $\varrho_{\mathfrak{g}_p}$ am kleinsten ist. Im Falle $0 < h < m$ ergibt zweimalige Anwendung von (15) die Abschätzung

$$(17)\qquad \varrho_{\mathfrak{g}_h} < 2^{\nu}\operatorname{Min}(|\mathfrak{g}_{h-1}-\mathfrak{g}_h|^{\nu}, |\mathfrak{g}_h-\mathfrak{g}_{h+1}|^{\nu}) \qquad (0 < h < m),$$

während für die restlichen Fälle

$$(18)\qquad \varrho_{\mathfrak{g}_0} < 2^{\nu}|\mathfrak{g}_0-\mathfrak{g}_1|^{\nu} \quad (h = 0), \qquad \varrho_{\mathfrak{g}_m} < 2^{\nu}|\mathfrak{g}_{m-1}-\mathfrak{g}_m|^{\nu} \quad (h = m)$$

gilt. Zufolge der Induktionsannahme ist andererseits

$$(19)\qquad \prod_{p \neq h} \varrho_{\mathfrak{g}_p} < a^{m}\left(|\mathfrak{g}_0| \frac{|\mathfrak{g}_{h-1}-\mathfrak{g}_{h+1}|}{|\mathfrak{g}_{h-1}-\mathfrak{g}_h|\,|\mathfrak{g}_h-\mathfrak{g}_{h+1}|} \prod_{q=1}^{m} |\mathfrak{g}_{q-1}-\mathfrak{g}_q|\right)^{\nu} \qquad (0 < h < m),$$

$$(20)\qquad \prod_{p=1}^{m} \varrho_{\mathfrak{g}_p} < a^{m}\Big(|\mathfrak{g}_1| \prod_{q=2}^{m} |\mathfrak{g}_{q-1}-\mathfrak{g}_q|\Big)^{\nu}, \qquad \prod_{p=0}^{m-1} \varrho_{\mathfrak{g}_p} < a^{m}\Big(|\mathfrak{g}_0| \prod_{q=1}^{m-1} |\mathfrak{g}_{q-1}-\mathfrak{g}_q|\Big)^{\nu}.$$

Nun ist $|\mathfrak{g}_1| < |\mathfrak{g}_0|$ und

$$\frac{|\mathfrak{g}_{h-1}-\mathfrak{g}_{h+1}|}{|\mathfrak{g}_{h-1}-\mathfrak{g}_h|\,|\mathfrak{g}_h-\mathfrak{g}_{h+1}|} = \frac{1}{|\mathfrak{g}_{h-1}-\mathfrak{g}_h|} + \frac{1}{|\mathfrak{g}_h-\mathfrak{g}_{h+1}|} \leq \frac{2}{\operatorname{Min}(|\mathfrak{g}_{h-1}-\mathfrak{g}_h|, |\mathfrak{g}_h-\mathfrak{g}_{h+1}|)} \qquad (0 < h < m),$$

so daß Multiplikation von (17), (18) mit (19), (20) die Behauptung (16) ergibt.

4. Um zu einer expliziten Abschätzung von $c_{\mathfrak{g}}$ zu gelangen, betrachte man zuerst das entsprechende Problem für den etwas einfacheren Fall der durch die Rekursionsformeln

$$(21)\qquad \sigma_{\mathfrak{e}} = 1, \qquad \sigma_{\mathfrak{g}} = \varrho_{\mathfrak{g}} \operatorname*{Max}_{\substack{\mathfrak{g}_1+\cdots+\mathfrak{g}_r=\mathfrak{g} \\ r>1}} \sigma_{\mathfrak{g}_1}\cdots\sigma_{\mathfrak{g}_r} \qquad (|\mathfrak{g}| > 1)$$

definierten Größen. Es soll gezeigt werden, daß mit

$$b = 8^{\nu} a = 2^{5\nu}$$

für alle $\mathfrak{g}$ die Ungleichung

(22) $$\sigma_{\mathfrak{g}} \leq b^{|\mathfrak{g}|-1} |\mathfrak{g}|^{-2\nu}$$

gilt. Hierzu wird wieder vollständige Induktion verwendet. Für $\mathfrak{g} = \mathfrak{e}$ ist die Aussage offenbar richtig. Es sei $|\mathfrak{g}| > 1$ und (22) für alle $\mathfrak{h}$ statt $\mathfrak{g}$ mit $\mathfrak{g} > \mathfrak{h}$ bewiesen. Ist nun $\xi \geq 1$ und $\eta \geq 1$, so wird

$$b(b^{\xi-1}\xi^{-2\nu})(b^{\eta-1}\eta^{-2\nu})(b^{\xi+\eta-1}(\xi+\eta)^{-2\nu})^{-1} = (\xi^{-1}+\eta^{-1})^{2\nu} \leq 2^{2\nu} < b;$$

also ergibt die Induktionsannahme

(23) $$\sigma_{\mathfrak{q}_1} \cdots \sigma_{\mathfrak{q}_r} \leq b^{|\mathfrak{q}|-1} |\mathfrak{q}|^{-2\nu} \qquad (\mathfrak{g} > \mathfrak{q} = \mathfrak{q}_1 + \cdots + \mathfrak{q}_r;\ r \geq 1).$$

Wegen $|\mathfrak{g}| > 1$ gilt nach (21) eine Zerlegung

$$\mathfrak{g} = \mathfrak{g}_1 + \cdots + \mathfrak{g}_\varkappa, \quad \sigma_{\mathfrak{g}} = \varrho_{\mathfrak{g}} \sigma_{\mathfrak{g}_1} \cdots \sigma_{\mathfrak{g}_\varkappa}, \qquad |\mathfrak{g}| > |\mathfrak{g}_1| \geq \cdots \geq |\mathfrak{g}_\varkappa|$$

Ist dabei $|\mathfrak{g}_1| > \frac{1}{2}|\mathfrak{g}|$, so zerlege man weiter

$$\mathfrak{g}_1 = \mathfrak{h}_1 + \cdots + \mathfrak{h}_\beta, \quad \sigma_{\mathfrak{g}_1} = \varrho_{\mathfrak{g}_1} \sigma_{\mathfrak{h}_1} \cdots \sigma_{\mathfrak{h}_\beta}, \qquad |\mathfrak{g}_1| > |\mathfrak{h}_1| \geq \cdots \geq |\mathfrak{h}_\beta|;$$

ist auch noch $|\mathfrak{h}_1| > \frac{1}{2}|\mathfrak{g}|$, so zerlege man wieder

$$\mathfrak{h}_1 = \mathfrak{i}_1 + \cdots + \mathfrak{i}_\gamma, \quad \sigma_{\mathfrak{h}_1} = \varrho_{\mathfrak{h}_1} \sigma_{\mathfrak{i}_1} \cdots \sigma_{\mathfrak{i}_\gamma}, \qquad |\mathfrak{h}_1| > |\mathfrak{i}_1| \geq \cdots \geq |\mathfrak{i}_\gamma|$$

und fahre nötigenfalls entsprechend fort. Da $|\mathfrak{g}| > |\mathfrak{g}_1| > |\mathfrak{h}_1| > |\mathfrak{i}_1| > \cdots \geq 1$ ist, so erhält man auf diese Art die Formel

(24) $$\sigma_{\mathfrak{g}} = \prod_{p=0}^{r} (\varrho_{\mathfrak{k}_p} \delta_p);$$

hierin ist

$$r \geq 0, \quad \mathfrak{g} = \mathfrak{k}_0 > \mathfrak{k}_1 > \cdots > \mathfrak{k}_r, \quad |\mathfrak{k}_r| > \tfrac{1}{2}|\mathfrak{g}|$$

und

$$\delta_p = \sigma_{\mathfrak{j}_1} \cdots \sigma_{\mathfrak{j}_f}, \quad \mathfrak{j}_1 + \cdots + \mathfrak{j}_f = \begin{cases} \mathfrak{k}_p - \mathfrak{k}_{p+1} & (0 \leq p < r) \\ \mathfrak{k}_p & (p = r), \end{cases}$$

wobei $\mathfrak{j}_1, \ldots, \mathfrak{j}_f$ und $f = f_p$ noch von p abhängen und $|\mathfrak{j}_1|, \ldots, |\mathfrak{j}_f|$ für $p = r$ sämtlich $\leq \frac{1}{2}|\mathfrak{g}|$ sind. Zur Abkürzung sei noch $f_r = s$.

Die s Faktoren $\sigma_{\mathfrak{j}_1}, \ldots, \sigma_{\mathfrak{j}_f}$ von δ_r werden jetzt einzeln nach (22) abgeschätzt und die r Produkte $\delta_0, \ldots, \delta_{r-1}$ nach (23); dabei ist

$$|\mathfrak{k}_p - \mathfrak{k}_{p+1}| < \tfrac{1}{2}|\mathfrak{g}| \qquad (0 \leq p < r)$$

zu beachten. Es folgt

(25) $$\prod_{p=0}^{r} \delta_p \leq b^{|\mathfrak{g}|-r-s} \Big(\prod_{p=1}^{r} |\mathfrak{k}_{p-1} - \mathfrak{k}_p| \prod_{q=1}^{s} |\mathfrak{j}_q|\Big)^{-2\nu},$$

und nach (16) ist außerdem

(26) $$\prod_{p=0}^{r} \varrho_{\mathfrak{k}_p} < a^{r+1}\Big(|\mathfrak{g}| \prod_{p=1}^{r} |\mathfrak{k}_{p-1} - \mathfrak{k}_p|\Big)^{\nu}.$$

Setzt man

$$r + s - 1 = t, \quad |\mathfrak{k}_{p-1} - \mathfrak{k}_p| = \xi_p, \quad |\mathfrak{j}_q| = \eta_q, \quad |\mathfrak{g}| = g,$$

so ergeben (24), (25), (26) die Abschätzung

$$\sigma_g < a^{r+1} b^{g-t-1} \Big(g \prod_{p=1}^{r} \xi_p^{-1} \prod_{q=1}^{s} \eta_q^{-2}\Big)^{v},$$

und hierin sind ξ_p $(p = 1, \ldots, r)$ und η_q $(q = 1, \ldots, s)$ natürliche Zahlen, welche den Bedingungen

$$(27) \qquad \sum_{p=1}^{r} \xi_p + \sum_{q=1}^{s} \eta_q = g > 1, \quad \sum_{q=1}^{s} \eta_q > \frac{g}{2}, \quad \eta_q \leq \frac{g}{2} \qquad (q = 1, \ldots, s)$$

genügen. Kann man unter diesen Bedingungen noch die Ungleichung

$$(28) \qquad \prod_{p=1}^{r} \xi_p \prod_{q=1}^{s} \eta_q^2 \geq 8^{-t} g^3$$

beweisen, so folgt

$$g^{2v} b^{1-g} \sigma_g < a^{r+1} b^{-t} 8^{tv} = a^{2-s} \leq 1,$$

da s mindestens 2 ist. Dies enthält aber die Behauptung (22).

5. Für natürliches t ist

$$2^t \leq 2t.$$

Zum Beweise von (28) genügt es also, unter den Voraussetzungen (27) die Formel

$$(29) \qquad \prod_{p=1}^{r} \xi_p \prod_{q=1}^{s} \eta_q^2 \geq \Big(\frac{g}{2t}\Big)^3, \qquad t = r + s - 1$$

herzuleiten. Offenbar kann man sich dabei auf den Fall $g \geq 2t$ beschränken. Ist g ungerade, so ist nach (27) die Zahl $t \geq 2$, also $g \geq 5$.

Mit den Abkürzungen

$$\Big[\frac{g}{2}\Big] = h, \qquad r + \sum_{q=1}^{s} \eta_q = \eta$$

wird

$$t + 1 \leq h + 1 \leq h + 1 + r \leq \eta \leq g, \quad \sum_{p=1}^{r} \xi_p = g + r - \eta, \quad \sum_{q=1}^{s} \eta_q = \eta - r$$

und folglich

$$\prod_{p=1}^{r} \xi_p \geq g + 1 - \eta, \qquad \prod_{q=1}^{s} \eta_q \geq \begin{cases} \eta - t & (\eta \leq h + t) \\ h(\eta + 1 - h - t) & (\eta \geq h + t). \end{cases}$$

Da jede in einem Intervall konvexe Funktion ihr Maximum in einem Endpunkte erreicht, so gilt

$$(g+1-\eta)(\eta-t)^2 \geq \mathrm{Min}\big((g-h)(h+1-t)^2, h^2(g+1-h-t)\big) \quad (h+1 \leq \eta \leq h+t),$$
$$(g+1-\eta)(\eta+1-h-t)^2 \geq g+1-h-t \qquad (h+t \leq \eta \leq g),$$

und ferner ist

$$(g-h)(h-\zeta)^2 - h^2(g-h-\zeta) = \zeta\big((g-h)\zeta + (3h-2g)h\big) \qquad (0 \leq \zeta \leq h),$$
$$\leq \zeta h(2h-g) \leq 0$$

woraus die Abschätzung

$$\prod_{p=1}^{r} \xi_p \prod_{q=1}^{s} \eta_q^2 \geq (g-h)(h+1-t)^2$$

folgt.

Nun ist

$$(h+1-t)^2 t^3 \geq h^2 \qquad (1 \leq t \leq h),$$

und dies liefert (29) für gerades $g = 2h$. Für ungerades $g = 2h + 1 \geq 5$ benutze man die Ungleichungen

$$(h+1-t)^2 t^3 \geq \operatorname{Min}\left(8(h-1)^2, h^3\right) \qquad (2 \leq t \leq h),$$

$$8(g-h)(h-1)^2 = (g+1)(g-3)^2 > g^3\left(1-\frac{3}{g}\right)^2 \geq \frac{4g^3}{25} > \frac{g^3}{8},$$

$$(g-h)h^3 = \frac{1}{16}(g+1)(g-1)^3 \geq \frac{3}{8}\left(\frac{4g}{5}\right)^3 > \frac{g^3}{8}$$

und erhält ebenfalls (29).

6. Nach diesen Vorbereitungen läßt sich der Konvergenzbeweis leicht durchführen. Definiert man rekursiv

$$\tau_{\mathfrak{e}} = 1, \qquad \tau_{\mathfrak{g}} = \sum_{\substack{\mathfrak{g}_1 + \cdots + \mathfrak{g}_r = \mathfrak{g} \\ r > 1}} \tau_{\mathfrak{g}_1} \cdots \tau_{\mathfrak{g}_r} \qquad (|\mathfrak{g}| > 1) \tag{30}$$

und setzt

$$\psi = \sum_{\mathfrak{g}} \tau_{\mathfrak{g}} y_{\mathfrak{g}}, \qquad y = y_1 + \cdots + y_n,$$

so wird

$$\psi = y + \sum_{r=2}^{\infty} \psi^r = y + \frac{\psi^2}{1-\psi} \prec \frac{y+\psi^2}{1-\psi}$$

und daher

$$\psi = \psi(y) \prec \chi,$$

falls die Majorante χ aus der Gleichung

$$\chi = \frac{y+\chi^2}{1-\chi}$$

bestimmt wird. Aus dieser folgt nun

$$(1-4\chi)^2 = 1 - 8y, \quad 1 + 8\chi \prec (1-4\chi)^{-2} = (1-8y)^{-1}, \quad \chi \prec \frac{y}{1-8y}.$$

Also ist auch

$$\psi \prec \frac{y}{1-8y}. \tag{31}$$

Aus (11), (21), (30) folgt jetzt durch vollständige Induktion die Ungleichung

$$c_{\mathfrak{g}} \leq M^{|\mathfrak{g}|-1} \sigma_{\mathfrak{g}} \tau_{\mathfrak{g}},$$

welche mit (22) und (31) zu der Aussage

$$\sum_{\mathfrak{g}} c_{\mathfrak{g}} y_{\mathfrak{g}} \prec \sum_{\mathfrak{g}} M^{|\mathfrak{g}|-1} \sigma_{\mathfrak{g}} \tau_{\mathfrak{g}} y_{\mathfrak{g}} \prec \sum_{\mathfrak{g}} (Mb)^{|\mathfrak{g}|-1} \tau_{\mathfrak{g}} y_{\mathfrak{g}} = (Mb)^{-1} \psi(Mby) \prec \frac{y}{1-8Mby}$$

führt. Auf Grund von (10) ist damit tatsächlich die Konvergenz der Reihen $\varphi_1, \ldots, \varphi_n$ im Gebiet

$$|y_1| + \cdots + |y_n| < \frac{1}{8bM} = 2^{-5\nu-3} M^{-1}$$

erwiesen.

Durch die simultane lineare Substitution $\mathfrak{x} \to \mathfrak{A}^{-1}\mathfrak{x}$, $\mathfrak{y} \to \mathfrak{A}^{-1}\mathfrak{y}$ erhält man schließlich für die ursprünglichen reellen Veränderlichen $x_1, \ldots, x_n$ die konvergente Transformation

$$\mathfrak{x} = \mathfrak{y} + \sum_{k=1}^{n} \mathfrak{a}_k \varphi_k,$$

welche das gegebene System (1) in das linearisierte System $\dot{\mathfrak{y}} = \mathfrak{P}\mathfrak{y}$ überführt. Da diese Transformation eindeutig festgelegt ist, so sind ihre Koeffizienten notwendigerweise sämtlich reell.

7. Es bleibt noch zu zeigen, daß die Bedingungen (13) für alle Systeme von Eigenwerten $\lambda_1, \ldots, \lambda_n$ bis auf eine Nullmenge erfüllt sind. Man betrachte zunächst den Fall, daß die n Eigenwerte sämtlich reell sind und repräsentiere sie durch den Punkt mit den Koordinaten $u_1 = \lambda_1, \ldots, u_n = \lambda_n$ im n-dimensionalen Raum. Es seien nun w und s positive Zahlen, ferner $h_1, \ldots, h_n$ irgend n ganze Zahlen, die nicht alle 0 sind. Der Inhalt des durch die Ungleichungen

$$|u_k| < w \quad (k = 1, \ldots, n), \qquad |h_1 u_1 + \cdots + h_n u_n| < (|h_1| + \cdots + |h_n|)^{-s}$$

definierten Gebietes ist höchstens $n(2w)^{n-1}(|h_1| + \cdots + |h_n|)^{-s-1}$. Ist noch $s > n - 1$, so konvergiert die über alle ganzen $h_1, \ldots, h_n$ erstreckte Summe der Ausdrücke $(|h_1| + \cdots + |h_n|)^{-s-1}$. Hieraus folgt leicht, daß die Menge aller Punkte $(u_1, \ldots, u_n)$ mit unendlich vielen ganzzahligen Lösungen $h_1, \ldots, h_n$ der Ungleichung

$$|h_1 u_1 + \cdots + h_n u_n| < (|h_1| + \cdots + |h_n|)^{-n}$$

das Lebesguesche Maß 0 hat. Liegt nun $(\lambda_1, \ldots, \lambda_n)$ nicht in dieser Nullmenge, so ist

$$(32) \qquad |h_1\lambda_1 + \cdots + h_n\lambda_n| > \delta(|h_1| + \cdots + |h_n|)^{-n} \qquad (|h_1| + \cdots + |h_n| > 0)$$

für alle ganzen $h_1, \ldots, h_n$, wobei δ eine noch von $\lambda_1, \ldots, \lambda_n$ abhängende positive Zahl bedeutet. Dann ist aber insbesondere

$$|\varepsilon_{k,\mathfrak{g}}| > \delta(|\mathfrak{g}| + 1)^{-n} \qquad (k = 1, \ldots, n;\ |\mathfrak{g}| > 1),$$

und folglich gilt (13), wenn ν gemäß den Bedingungen

$$2^{\nu-1}\delta \geq 3^n n, \qquad \nu \geq n$$

gewählt wird.

Sind $\lambda_1, \ldots, \lambda_n$ nicht sämtlich reell, so repräsentiere man die reellen Eigenwerte und die reellen und imaginären Teile der Paare konjugiert komplexer Eigenwerte durch einen Punkt $(u_1, \ldots, u_n)$. Benutzt man dann für

$\lambda = h_1\lambda_1 + \cdots + h_n\lambda_n$ die Ungleichung

$$|\lambda|\sqrt{2} \geq \left|\lambda\frac{1-i}{2} + \bar{\lambda}\frac{1+i}{2}\right|,$$

so kommt man auf den oben betrachteten Fall zurück und erkennt, daß außerhalb jener Nullmenge wieder (32) und (13) gelten.

8. Aus (6) ergibt sich sofort die Darstellung aller Lösungen der Differentialgleichung (1) in einer hinreichend kleinen Umgebung der Gleichgewichtslösung durch konvergente Potenzreihen in $e^{\lambda_1 t}, \ldots, e^{\lambda_n t}$. Für die von Liapunoff untersuchten Lösungen, welche für $t \to \infty$ oder für $t \to -\infty$ in die Gleichgewichtslösung einmünden, waren diese Reihenentwicklungen natürlich bekannt. Zu ihrer Untersuchung ist auch die Forderung (13) überflüssig, da für die betreffenden Lösungen keine „kleinen Nenner" auftreten. Andererseits läßt sich aber eine im n-dimensionalen Raum überall dicht liegende Menge linear unabhängiger Eigenwerte angeben, für welche bei geeigneter Wahl der konvergenten Potenzreihen $H_1, \ldots, H_n$ die Transformation in die lineare Normalform (6) unmöglich ist, indem sich nämlich die Reihen $\varphi_1, \ldots, \varphi_n$ als divergent herausstellen.

Man kann noch die Frage aufwerfen, inwieweit die vorhergehenden Überlegungen auf Hamiltonsche Systeme übertragen werden können. Bei diesen tritt zunächst die Schwierigkeit auf, daß die Eigenwerte sicherlich nicht linear unabhängig sind, da sie ja aus Paaren entgegengesetzt gleicher bestehen. Infolgedessen werden unendlich viele der Größen $\varepsilon_{k,\mathfrak{g}}$ gleich 0, und es läßt sich daher im allgemeinen nicht die lineare Normalform (6) herstellen. Bestehen nun außer jenen trivialen linearen Beziehungen zwischen den Eigenwerten keine weiteren, so läßt sich bekanntlich durch eine geeignete kanonische Potenzreihen-Substitution der Variablen die Hamiltonsche Funktion in eine Reihe überführen, welche nur von den Produkten von je zwei konjugierten Veränderlichen abhängt. Dies ergibt dann eine Normalform, die ebenfalls unmittelbare Integration gestattet. Das wesentliche Problem ist aber wieder die Untersuchung der Konvergenz der Substitution, welche diese Normalform herstellt. Man erhält für die Koeffizienten Rekursionsformeln von anderer Bauart als im vorstehend behandelten Fall, und der oben gegebene Konvergenzbeweis läßt sich nicht übertragen. Allerdings ist bisher nicht gezeigt worden, daß dann wirklich im allgemeinen Divergenz auftritt. Doch liegt diese Vermutung nahe, und so scheint es, daß die Probleme der Äquivalenz und der Normalform für Hamiltonsche Systeme keine einfache Lösung besitzen.

62.

A simple proof of $\eta(-1/\tau) = \eta(\tau)\sqrt{\tau/i}$

Mathematika 1 (1954), S. 4

This functional equation for Dedekind's

$$\eta(\tau) = q^{\frac{1}{24}} \prod_{l=1}^{\infty} (1-q^l) \qquad (q = e^{2\pi i\tau},\ |q|<1)$$

has been established in many different ways; however, it seems that the following proof, a straightforward application of the theorem of residues, has not been observed before. Since

$$\tfrac{1}{12}\pi i\tau - \log\eta(\tau) = -\sum_{l=1}^{\infty} \log(1-q^l) = \sum_{k,\,l=1}^{\infty} \frac{1}{k} q^{kl} = \sum_{k=1}^{\infty} \frac{1}{k} (q^{-k}-1)^{-1},$$

it suffices to prove that

$$\pi i \frac{\tau+\tau^{-1}}{12} + \tfrac{1}{2}\log\frac{\tau}{i} = \sum_{k=1}^{\infty} \frac{1}{k}\left(\frac{1}{e^{-2\pi ik\tau}-1} - \frac{1}{e^{2\pi ik/\tau}-1}\right).$$

Put

$$f(z) = \cot z \cot z/\tau, \quad \nu = (n+\tfrac{1}{2})\pi \quad (n = 0, 1, \ldots).$$

The meromorphic function $z^{-1}f(\nu z)$ has simple poles at $z = \pm\pi k/\nu$ and $z = \pm\pi k\tau/\nu$ with the residues $\frac{1}{\pi k}\cot\frac{\pi k}{\tau}$ and $\frac{1}{\pi k}\cot\pi k\tau$ respectively, for $k = 1, 2, \ldots$; in addition there is a pole of the third order at $z = 0$ with the residue $-\frac{1}{3}(\tau+\tau^{-1})$. Let C denote the contour of the parallelogram with vertices at $1, \tau, -1, -\tau$ in the z-plane. Then by the theorem of residues

$$\pi i \frac{\tau+\tau^{-1}}{12} + \int_C f(\nu z)\frac{dz}{8z} = \tfrac{1}{2}i \sum_{k=1}^{n} \frac{1}{k}(\cot\pi k\tau + \cot\pi k/\tau)$$

$$= \sum_{k=1}^{n} \frac{1}{k}\left(\frac{1}{e^{-2\pi ik\tau}-1} - \frac{1}{e^{2\pi ik/\tau}-1}\right).$$

On the other hand, as $n\to\infty$, the function $f(\nu z)$ is uniformly bounded on C and has on the four sides, excluding the vertices, the limit values $1, -1, 1, -1$. Hence

$$\lim_{n\to\infty}\int_C f(\nu z)\frac{dz}{z} = \left(\int_1^\tau - \int_\tau^{-1} + \int_{-1}^{-\tau} - \int_{-\tau}^{1}\right)\frac{dz}{z}$$

$$= 4\log\frac{\tau}{i},$$

which gives the desired result.

Mathematisches Institut der Universität Göttingen

(*Received 3rd December*, 1953.)

63.

Über die Existenz einer Normalform analytischer Hamiltonscher Differentialgleichungen in der Nähe einer Gleichgewichtslösung

Mathematische Annalen 128 (1954), 144—170

1. Einleitung.

Es sei

(1) $$\frac{dx_k}{dt} = P_k \qquad (k = 1, \ldots, m)$$

ein System von m Differentialgleichungen erster Ordnung für m Funktionen $x_1, \ldots, x_m$ der reellen Variabeln t, deren rechte Seiten $P_1, \ldots, P_m$ durch konvergente Potenzreihen in $x_1, \ldots, x_m$ mit reellen konstanten Koeffizienten gegeben sind. Die konstanten Glieder dieser Potenzreihen seien sämtlich gleich 0, so daß also der Nullpunkt $x_1 = 0, \ldots, x_m = 0$ eine Gleichgewichtslösung von (1) liefert. Übt man eine den Nullpunkt erhaltende konvergente umkehrbare Potenzreihen-Substitution

(2) $$y_k = F_k(x_1, \ldots, x_m) \qquad (k = 1, \ldots, m)$$

mit reellen konstanten Koeffizienten aus, so geht (1) über in

(3) $$\frac{dy_k}{dt} = Q_k,$$

wobei in

(4) $$Q_k = \sum_{l=1}^{m} \frac{\partial F_k}{\partial x_l} P_l$$

die Variabeln $x_1, \ldots, x_m$ mittels der inversen Substitution durch $y_1, \ldots, y_m$ auszudrücken sind. Ist umgekehrt das System (3) mit irgendwelchen konvergenten Potenzreihen Q_k in $y_1, \ldots, y_m$ gegeben, so kann man nach der Existenz einer konvergenten Substitution (2) fragen, welche (1) in (3) überführt, also nach einer Lösung der partiellen Differentialgleichungen (4) durch konvergente Reihen $F_1, \ldots, F_m$.

Eine notwendige Bedingung für die Transformierbarkeit von (1) in (3) erhält man durch Lösung des entsprechenden linearen Problems, indem man die Potenzreihen P_k, F_k, Q_k durch ihre Bestandteile ersten Grades ersetzt. Sind $\mathfrak{P}, \mathfrak{F}, \mathfrak{Q}$ die Matrizen aus den Koeffizienten dieser linearen Formen, so folgt aus (4) die Beziehung $\mathfrak{Q}\mathfrak{F} = \mathfrak{F}\mathfrak{P}$, und es ergibt sich damit das charakteristische Polynom $P(\lambda) = |\lambda \mathfrak{E} - \mathfrak{P}|$ als eine Invariante gegenüber der Gruppe Γ aller Transformationen (2). Man ordne noch dem Polynom $P(\lambda) = \lambda^m + p_1 \lambda^{m-1} + \cdots + p_m$ im m-dimensionalen euklidischen Raum den Punkt $\mathfrak{p}$ mit den rechtwinkligen kartesischen Koordinaten $p_1, \ldots, p_m$ zu. In einer kürzlich erschienenen Untersuchung [1] wurde nachgewiesen, daß im allgemeinen $P(\lambda)$ bereits das volle Invariantensystem von (1) bezüglich Γ ergibt. Gehört nämlich $\mathfrak{p}$ nicht einer gewissen Ausnahmemenge vom LEBESGUEschen Maße 0 an, so läßt sich durch eine geeignete konvergente Substitution $x_k \to F_k(x_1, \ldots, x_m) = x_k + \cdots$ das System (1) in das linearisierte System

$$\frac{dx_k}{dt} = L_k \qquad (k = 1, \ldots, m) \tag{5}$$

überführen, wobei L_k den linearen Teil von P_k bedeutet. Die Ausnahmemenge läßt sich folgendermaßen arithmetisch näher beschreiben. Es gehören nämlich zu ihr höchstens solche Punkte $\mathfrak{p}$, für welche der mit den entsprechenden Wurzeln $\lambda_1, \ldots, \lambda_m$ von $P(\lambda) = 0$ gebildete Ausdruck

$$\frac{\log(|\lambda_1 g_1 + \cdots + \lambda_m g_m|^{-1})}{\log(|g_1| + \cdots + |g_m| + 1)} = q(g_1, \ldots, g_m)$$

beliebig große Werte annimmt, wenn für $g_1, \ldots, g_m$ alle Systeme ganzer Zahlen außer $0, \ldots, 0$ gesetzt werden. An dem genannten Satze über die Transformation von (1) in (5) ist bemerkenswert, daß seine Aussage von den Gliedern höheren Grades in den P_k ganz unabhängig ist.

Durch die Bedingung der Beschränktheit der Quotienten $q(g_1, \ldots, g_m)$ wird insbesondere der Fall ausgeschlossen, daß die Eigenwerte $\lambda_1, \ldots, \lambda_m$ linear abhängig sind, daß also eine nicht-triviale Relation $\lambda_1 g_1 + \cdots + \lambda_m g_m = 0$ mit geeigneten ganzen $g_1, \ldots, g_m$ besteht. Dies tritt nun aber gerade immer in dem besonders wichtigen Fall auf, daß es sich um ein HAMILTONsches System von Differentialgleichungen handelt, da dann bekanntlich die Eigenwerte in Paare entgegengesetzt gleicher zerfallen. Andererseits weiß man seit langer Zeit, daß sich für HAMILTONsche Systeme durch eine kanonische Potenzreihen-Substitution doch eine gewisse Normalform herstellen läßt, wobei aber die Frage der Konvergenz dieser Substitution bisher nur in ganz speziellen Fällen entschieden wurde.

Es sei H eine konvergente Potenzreihe in den $2n$ Variabeln x_k, y_k $(k = 1, \ldots, n)$ mit reellen Koeffizienten, deren lineare Glieder fortfallen, und es seien in geeigneter Anordnung $\lambda_1, \ldots, \lambda_n, -\lambda_1, \ldots, -\lambda_n$ die zu dem HAMILTONschen System

$$\frac{dx_k}{dt} = H_{y_k}, \quad \frac{dy_k}{dt} = -H_{x_k} \qquad (k = 1, \ldots, n) \tag{6}$$

gehörigen Eigenwerte. Es werde vorausgesetzt, daß keine nicht-triviale Relation $\lambda_1 g_1 + \cdots + \lambda_n g_n = 0$ mit ganzen $g_1, \ldots, g_n$ besteht. Dann läßt sich eine kanonische Potenzreihen-Substitution $x_k \to u_k$, $y_k \to v_k$ $(k = 1, \ldots, n)$ mit reellen oder komplexen Koeffizienten so angeben, daß H eine Potenzreihe in den n Produkten $u_k v_k = \omega_k$ allein wird. Im Falle der Konvergenz dieser Substitution ist die Integration des transformierten Systems

$$\frac{du_k}{dt} = H_{v_k}, \quad \frac{dv_k}{dt} = -H_{u_k}$$

wegen

$$H_{v_k} = u_k H_{\omega_k}, \quad H_{u_k} = v_k H_{\omega_k}$$

sofort auszuführen. Sind nämlich ξ_k, η_k die Anfangswerte von u_k, v_k für $t = 0$, so ergibt sich ω_k als die Konstante $\xi_k \eta_k$ und

$$u_k = \xi_k e^{H_{\omega_k} t}, \quad v_k = \eta_k e^{-H_{\omega_k} t} \qquad (k = 1, \ldots, n),$$

womit die allgemeinen Lösungen x_k, y_k in rein trigonometrischer Form gefunden sind.

Dieses Verfahren ist in anderer Gestalt zuerst in den Arbeiten von Delaunay [2] und Lindstedt [3] zur Himmelsmechanik aufgetreten und wurde später von Poincaré [4] näher untersucht. Dort wird vorausgesetzt, daß $H = H_0 + \nu H_1 + \nu^2 H_2 + \cdots$ außer von den $2n$ Variabeln x_k, y_k auch noch von einem Störungsparameter ν analytisch abhängt und daß H_0 bereits eine Funktion der n Produkte $x_k y_k$ allein ist. Nach Einführung von Polarkoordinaten integrierte nun Poincaré die Jacobi-Hamiltonsche partielle Differentialgleichung durch eine gewisse Potenzreihe in ν, welche dann zu den Lösungen in rein trigonometrischer Form führt. Andererseits zeigte er aber, daß unter bestimmten Voraussetzungen über H_0 und H_1 das Hamiltonsche System (6) kein in den x_k, y_k und ν analytisches Integral haben kann, das von H unabhängig ist, und konnte hieraus den Schluß ziehen, daß die für die Lösungen gefundenen trigonometrischen Reihen nicht konvergieren, wenn sie als Potenzreihen in ν geschrieben werden. Nach Vorarbeiten von Whittaker [5] wurde sodann die direkte kanonische Potenzreihen-Transformation einer von ν unabhängigen Hamiltonschen Funktion in die Normalform durch Birkhoff [6] und Cherry [7] gegeben, wobei allerdings die Realitätsuntersuchung übergangen wurde. Vor allem aber blieb im vorliegenden Falle die Konvergenzfrage bis jetzt unbeantwortet, da das Poincarésche Ergebnis sich auf variables ν bezieht. Man kann zwar durch die Substitution $x_k = \nu \hat{x}_k$, $y_k = \nu \hat{y}_k$, $H(x, y) = \nu^2 \hat{H}(\hat{x}, \hat{y})$ einen Parameter ν hereinbringen und damit auf einen speziellen Fall des von Poincaré behandelten Problems kommen; doch zeigt sich dabei, daß jene Voraussetzungen über H_0 und H_1 dann nicht erfüllt sind und deshalb auf diese Weise keine Aussage über Divergenz entsteht. Es ist das Ziel der vorliegenden Arbeit, unter genau anzugebenden Voraussetzungen zu beweisen, daß die kanonische Transformation eines Hamiltonschen Systems in die Normalform im allgemeinen divergiert. Dies Resultat ist von Birkhoff und anderen Sachverständigen als „höchst wahrscheinlich" bezeichnet worden; trotzdem erscheint es nun nach dem neuerdings gefundenen Satze über das System (1) nicht mehr so völlig plausibel.

Beim Divergenzbeweise werden wir uns auf den Fall beschränken, daß $n = 2$ ist und die Eigenwerte λ_1, λ_2 rein imaginär sind. Die Annahme der linearen Unabhängigkeit besagt dann, daß der Quotient $\frac{\lambda_2}{\lambda_1}$ eine irrationale reelle Zahl ist. Man kann zunächst durch eine vorbereitende kanonische lineare Substitution mit komplexen Koeffizienten erreichen, daß die neuen Variabeln x_k, y_k $(k = 1, 2)$ konjugiert komplex sind und H nach Fortlassung des konstanten Gliedes eine mit $\lambda_1 x_1 y_1 + \lambda_2 x_2 y_2$ beginnende rein imaginäre Potenzreihe wird, die also der Bedingung $\overline{H}(x, y) = -H(y, x)$ genügt. Damit haben in H die Anfangsglieder bereits die gewünschte Normalform. Aus der formalen — konvergenten oder divergenten — Transformierbarkeit in die vollständige Normalform erhält man für jedes natürliche $s > 2$ die Existenz einer konvergenten kanonischen Potenzreihen-Substitution $x_k \to x_k + \cdots$, $y_k \to y_k + \cdots$ $(k = 1, 2)$, welche in H bei allen Gliedern kleineren als s-ten Grades die Normalform liefert. Also kann man weiter $H = F + G$ voraussetzen, wo $F = \lambda_1 z_1 + \lambda_2 z_2 + \cdots$ ein Polynom in den zwei Variabeln $z_k = x_k y_k$ vom Grade $< \frac{s}{2}$ mit rein imaginären Koeffizienten und $G(x, y) = -\overline{G}(y, x)$ eine mit Gliedern s-ten Grades beginnende konvergente Potenzreihe in x_1, y_1, x_2, y_2 bedeuten. Es werde noch angenommen, daß F nicht ein Polynom in $\lambda_1 z_1 + \lambda_2 z_2$ allein ist, d. h. daß $\lambda_2 F_{z_1} - \lambda_1 F_{z_2}$ nicht identisch verschwindet; dann ist insbesondere $s > 4$. Indem man ferner x_k, y_k, H durch $r\,x_k, r\,y_k, r^{-2}H(r\,x, r\,y)$ mit genügend kleinem $r > 0$ ersetzt, kann man erreichen, daß alle Koeffizienten von $H - \lambda_1 z_1 - \lambda_2 z_2$ absolut $\leqq 1$ sind. Wir halten nunmehr F fest und fassen sämtliche Koeffizienten von G als komplexe Unbestimmte a vom absoluten Betrage $|a| \leqq 1$ auf, die nur der Realitätsbedingung $G(x, y) = -\overline{G}(y, x)$ zu genügen haben, und können sodann von dem Raum $\mathfrak{H}$ der Funktionen $H = F + G$ mit den Koordinaten a sprechen. Eine Folge in $\mathfrak{H}$ möge konvergent heißen, wenn alle Folgen entsprechender Koordinaten konvergieren. Unsere oben aufgestellte Behauptung, daß im allgemeinen keine konvergente kanonische Transformation in die Normalform existiert, läßt sich jetzt schärfer formulieren.

Satz: *Es gibt abzählbar unendlich viele analytisch unabhängige Potenzreihen $\Phi_1, \Phi_2, \ldots$ in den unendlich vielen Variabeln a, welche für $|a| \leqq 1$ absolut konvergieren, mit folgender Eigenschaft: Ist ein Punkt H aus $\mathfrak{H}$ konvergent in die Normalform transformierbar, so verschwinden in ihm fast alle Φ_l $(l = 1, 2, \ldots)$. Diese H bilden in $\mathfrak{H}$ eine Teilmenge erster Kategorie und ihr Komplement ist eine in $\mathfrak{H}$ dichte Menge zweiter Kategorie.*

Der Satz ergibt also für die Existenz einer konvergenten kanonischen Transformation in die Normalform die notwendige Bedingung, daß die Koeffizienten von H in einem festen System von abzählbar unendlich vielen unabhängigen analytischen Gleichungen alle bis auf endlich viele erfüllen müssen. Zur Vereinfachung der Bezeichnung werden wir den Beweis nur für $s = 5$ durchführen; die Übertragung auf $s > 5$ macht keinerlei gedankliche Schwierigkeit. Beim Beweise wird wesentlich die Voraussetzung benutzt werden, daß λ_1 und λ_2 beide rein imaginär sind. Er läßt sich nicht auf den Fall reeller λ_1, λ_2 ausdehnen. Für den übrigbleibenden Fall eines nichtreellen Quotienten hat Cherry [7] einen Beweis für die Konvergenz der Transformation in die Normalform angegeben, der jedoch an einer wichtigen Stelle lückenhaft ist. Es sei noch erwähnt, daß bereits früher [8] Beispiele von konvergenten $H = \lambda_1 x_1 y_1 + \lambda_2 x_2 y_2 + \cdots$ mit rein imaginären λ_1, λ_2 und irrationalem Verhältnis $\frac{\lambda_2}{\lambda_1}$ gegeben wurden, die nicht konvergent in die Normalform überführbar sind und für welche sogar das Hamiltonsche System (6) überhaupt kein von H unabhängiges analytisches Integral besitzt. Hierbei war aber speziell für $\frac{\lambda_2}{\lambda_1}$ eine Zahl mit außerordentlich rasch konvergierender Kettenbruchentwicklung zu wählen, und es erscheinen deshalb die entsprechend konstruierten H unter allen HAMILTONschen Funktionen als Ausnahmen von ähnlicher Art wie etwa die LIOUVILLEschen Zahlen unter den reellen. Auch für das am Anfang betrachtete System (1) lassen sich mit $m = 2$ und reellen λ_1, λ_2 analoge Ausnahmen konstruieren, für welche der Kettenbruch von $\frac{\lambda_2}{\lambda_1}$ so stark konvergiert, daß die Transformation in die lineare Normalform (5) wegen der dabei auftretenden kleinen Nenner notwendigerweise divergent wird. Unser erwähntes früheres Resultat ließ also noch die Möglichkeit offen, daß für die Transformation HAMILTONscher Systeme in die Normalform ein ähnlicher Satz gelten könnte wie für beliebige Systeme erster Ordnung. Daß nun bei diesen die Konvergenz der Transformation die Regel und bei jenen die Ausnahme ist, wird erst durch das Ergebnis der vorliegenden Arbeit sichergestellt. Bemerkenswert ist schließlich, daß für den Fall eines positiven Quotienten $\frac{\lambda_2}{\lambda_1}$ die reelle Funktion iH im Nullpunkt ein Extremum im engeren Sinne hat und daß daraus nach dem DIRICHLETschen Satze die Stabilität des Gleichgewichts folgt. Dies zeigt, daß man aus der Divergenz der Transformation in die Normalform nicht auf Instabilität schließen kann.

Bekanntlich lassen sich die HAMILTONschen Differentialgleichungen (6) um einen Freiheitsgrad erniedrigen, indem man nur die Lösungen mit demselben Werte von H betrachtet und t eliminiert. Im Falle $n = 2$ erhält man so ein HAMILTONsches System

$$\frac{dx}{du} = K_y, \quad \frac{dy}{du} = -K_x \tag{7}$$

mit einem Freiheitsgrad, wobei K außer von x und y noch periodisch von der neuen unabhängigen Variabeln u abhängt. Für ein solches System ist nun ebenfalls die formale kanonische Transformation in eine einfache Normalform bekannt [6], falls K eine mit quadratischen Gliedern beginnende Potenzreihe in x, y mit periodischen Koeffizienten ist und noch eine gewisse Bedingung über Irrationalität erfüllt wird. Man kann unseren Beweis auf diesen Fall übertragen und direkt zeigen, daß im allgemeinen jene Transformation divergiert. Wie POINCARÉ zuerst bemerkt hat, läßt sich ferner die Diskussion der Stabilität der Gleichgewichtslösung $x = 0$, $y = 0$ von (7) zurückführen auf die Untersuchung einer inhaltstreuen analytischen Abbildung der Ebene auf sich in der Umgebung eines Fixpunktes. Solche Abbildungen sind dann von BIRKHOFF [9] eingehend studiert worden, und er hat insbesondere durch formale Potenzreihen-Transformation der Koordinaten eine einfache Normalform der Abbildung gewonnen. Im interessantesten Falle, dem sog. elliptischen, würde aus der Konvergenz der Transformation folgen, daß in den neuen Koordinaten alle zum Fixpunkt konzentrischen Kreise mit genügend kleinem Radius bei der Abbildung invariant bleiben, woraus sich dann die Stabilität ergäbe. Eine Übertragung unseres Beweises zeigt nun aber, daß im allgemeinen für den elliptischen Fall der analytischen Abbildung eine konvergente Transformation in die Normalform unmöglich ist. Die beiden Übertragungen erfordern keine neuen Hilfsmittel und werden weiterhin nicht durchgeführt.

Da bisher noch kein vollständiger Beweis für die formale Transformierbarkeit HAMILTONscher Systeme in die Normalform unter Berücksichtigung der Realitätsverhältnisse veröffentlicht wurde, so wird ein solcher in den folgenden 3 Abschnitten dargestellt. Der eigentliche Divergenzbeweis ist funktionentheoretischer Natur und beruht auf der näheren Untersuchung gewisser Scharen langperiodischer Lösungen der Differentialgleichungen. Der einfache grundlegende Gedanke wird im 5. Abschnitt auseinandergesetzt. In den Einzelheiten ist dann die Durchführung etwas mühsam, da die auftretenden Potenzreihen unendlich vieler Variabeln eine sorgfältige Untersuchung der Konvergenz notwendig machen. Die wesentliche Idee findet sich in etwas anderer Gestalt bereits bei POINCARÉ [10], der darauf seinen ersten Beweis für die Divergenz der rein trigonometrischen Lösungen in der Himmelsmechanik gründete. Hierzu muß aber gesagt werden, daß dieser POINCARÉsche Beweis sowie auch sein zweiter, der den Satz von der Nichtexistenz analytischer Integrale benutzt, noch nicht in der Vollständigkeit durchgeführt worden ist, wie es für die Anwendung auf das Dreikörperproblem nötig wäre. Vielleicht darf man jetzt zum 100. Geburtstage des großen Mathematikers die Hoffnung aussprechen, daß auch sein Werk über Himmelsmechanik von den kommenden Generationen wieder stärker beachtet und weitergeführt werde.

2. Die Eigenwerte.

Es sei H eine in der Umgebung des Nullpunktes konvergente Potenzreihe der Variabeln x_k, $y_k (k = 1, \ldots, n)$ mit reellen Koeffizienten, in welcher das konstante und die linearen Glieder fehlen. Man setze zur Abkürzung $z_k = x_k$, $z_{k+n} = y_k$ $(k = 1, \ldots, n)$ und schreibe den quadratischen Bestandteil von H in der Form

$$H_2 = \frac{1}{2} \sum_{k,l=1}^{2n} s_{kl}\, z_k\, z_l$$

mit $s_{kl} = s_{lk}$. Betrachtet man in dem HAMILTONschen System (6) die linearen Glieder der rechten Seiten, so haben sie die $2n$-reihige Matrix $\mathfrak{P} = \mathfrak{J}\mathfrak{S}$, wenn

$$\mathfrak{S} = (s_{kl}), \qquad \begin{pmatrix} 0 & \mathfrak{E} \\ -\mathfrak{E} & 0 \end{pmatrix} = \mathfrak{J}$$

gesetzt wird und hierin $\mathfrak{E}$ die n-reihige Einheitsmatrix bedeutet. Wegen $\mathfrak{J}' = -\mathfrak{J}$ und $\mathfrak{S}' = \mathfrak{S}$ ist dann

$$\mathfrak{P}' = -\mathfrak{J}^{-1}\mathfrak{P}\,\mathfrak{J}, \qquad (\lambda\,\mathfrak{E} - \mathfrak{P})' = \mathfrak{J}^{-1}(\lambda\,\mathfrak{E} + \mathfrak{P})\,\mathfrak{J}, \tag{8}$$

also das charakteristische Polynom $|\lambda\,\mathfrak{E} - \mathfrak{P}| = |-\lambda\,\mathfrak{E} - \mathfrak{P}|$ eine gerade Funktion von λ. Für die $2n$ Eigenwerte $\lambda_1, \ldots, \lambda_{2n}$ können wir daher $\lambda_{k+n} = -\lambda_k (k = 1, \ldots, n)$ annehmen. Wir setzen voraus, daß sie sämtlich voneinander verschieden sind; dann sind sie insbesondere $\neq 0$. Ist λ_k nicht rein imaginär, so können wir noch $\bar{\lambda}_k = \lambda_l$ wählen, wo l ebenfalls ein Index der

Reihe $1, \ldots, n$ ist und natürlich $l = k$ für reelles λ_k. Dann ist auch $\bar{\lambda}_{k+n} = \lambda_{l+n}$.

Es gibt eine umkehrbare komplexe Matrix $\mathfrak{C}$, so daß $\mathfrak{C}^{-1}\mathfrak{P}\,\mathfrak{C} = \mathfrak{L}$ die Diagonalmatrix mit den Diagonalelementen $\lambda_1, \ldots, \lambda_{2n}$ wird. Für die Spalten $\mathfrak{c}_k (k = 1, \ldots, 2\,n)$ von $\mathfrak{C}$ gilt dann $\mathfrak{c}_k \lambda_k = \mathfrak{P}\,\mathfrak{c}_k$, und sie sind nur bis auf willkürliche komplexe skalare Faktoren $d_k \neq 0$ festgelegt. Wegen der ersten Formel (8) und $\mathfrak{L}' = \mathfrak{L}$ folgt

$$- \mathfrak{C}'\,\mathfrak{J}^{-1}\mathfrak{P}\,\mathfrak{J} = \mathfrak{L}\,\mathfrak{C}'.$$

Bedeutet noch $\mathfrak{L}_1$ die Diagonalmatrix mit den Diagonalelementen $\lambda_1, \ldots, \lambda_n$, so ist

$$\mathfrak{L} = \begin{pmatrix} \mathfrak{L}_1 & 0 \\ 0 & -\mathfrak{L}_1 \end{pmatrix}, \quad \mathfrak{L}\,\mathfrak{J} = \begin{pmatrix} 0 & \mathfrak{L}_1 \\ \mathfrak{L}_1 & 0 \end{pmatrix} = (\mathfrak{L}\,\mathfrak{J})' = -\,\mathfrak{J}\,\mathfrak{L}, \quad \mathfrak{J}^{-1}\,\mathfrak{L}\,\mathfrak{J} = -\,\mathfrak{L},$$

$$\mathfrak{J}\,\mathfrak{C}'\,\mathfrak{J}^{-1}\mathfrak{P}\,\mathfrak{J} = \mathfrak{L}\,\mathfrak{J}\,\mathfrak{C}',$$

und folglich genügt die Matrix $\mathfrak{M} = (\mathfrak{J}\,\mathfrak{C}'\,\mathfrak{J}^{-1})^{-1}$ ebenso wie $\mathfrak{C}$ der Gleichung $\mathfrak{M}^{-1}\mathfrak{P}\,\mathfrak{M} = \mathfrak{L}$. Daher ist $\mathfrak{M}^{-1}\,\mathfrak{C} = \mathfrak{D}$ eine Diagonalmatrix. Zerlegt man nun

$$\mathfrak{D} = \begin{pmatrix} \mathfrak{D}_1 & 0 \\ 0 & \mathfrak{D}_2 \end{pmatrix}$$

in zwei Diagonalmatrizen n-ten Grades, so erhält man schließlich

$$\mathfrak{C}'\,\mathfrak{J}\,\mathfrak{C} = \mathfrak{C}'\,\mathfrak{J}\,\mathfrak{M}\,\mathfrak{D} = \mathfrak{J}\,\mathfrak{D} = \begin{pmatrix} 0 & \mathfrak{D}_2 \\ -\mathfrak{D}_1 & 0 \end{pmatrix}, \tag{9}$$

und weil links eine alternierende Matrix steht, so gilt $\mathfrak{D}_1 = \mathfrak{D}_2$. Durch Bildung der Determinante in (9) wird ersichtlich, daß die n Zahlen $\mathfrak{c}_k'\,\mathfrak{J}\,\mathfrak{c}_{k+n} = d_k$ $(k = 1, \ldots, n)$ sämtlich $\neq 0$ sind.

Für reelles λ_k sei $\mathfrak{c}_k$ reell gewählt, wobei noch ein reeller skalarer Faktor $\neq 0$ willkürlich ist. Ist λ_k weder reell noch rein imaginär und $\bar{\lambda}_k = \lambda_l$, so wähle man $\mathfrak{c}_l = \bar{\mathfrak{c}}_k$, wobei noch ein komplexer skalarer Faktor $\neq 0$ in $\mathfrak{c}_k$ willkürlich ist. In beiden Fällen kann man die Faktoren so bestimmen, daß für $k \leq n$ dann $d_k = 1$ wird, wenn nicht λ_k rein imaginär ist. Im letzteren Falle ist aber $\lambda_{k+n} = -\,\lambda_k = \bar{\lambda}_k$, und dann wähle man $\mathfrak{c}_{k+n} = -\,i\,\bar{\mathfrak{c}}_k$, wobei noch ein komplexer skalarer Faktor $\neq 0$ in $\mathfrak{c}_k$ frei ist. Jetzt wird aber die Zahl

$$d_k = -\,i\,\mathfrak{c}_k'\,\mathfrak{J}\,\bar{\mathfrak{c}}_k = -\,i\,\bar{\mathfrak{c}}_k'\,\mathfrak{J}'\,\mathfrak{c}_k = i\,\bar{\mathfrak{c}}_k'\,\mathfrak{J}\,\mathfrak{c}_k = \bar{d}_k$$

reell und kann durch geeignete Wahl des skalaren Faktors in $\mathfrak{c}_k$ zu ± 1 gemacht werden, also zu 1, indem man eventuell noch λ_k und λ_{k+n} vertauscht. Es folgt $\mathfrak{D} = \mathfrak{E}$ und $\mathfrak{C}'\,\mathfrak{J}\,\mathfrak{C} = \mathfrak{J}$, so daß sich $\mathfrak{C}$ als symplektische Matrix erweist. Außerdem gilt

$$\mathfrak{C}'\,\mathfrak{S}\,\mathfrak{C} = \mathfrak{C}'\,\mathfrak{J}^{-1}\mathfrak{P}\,\mathfrak{C} = \mathfrak{J}^{-1}\,\mathfrak{C}^{-1}\mathfrak{P}\,\mathfrak{C} = \mathfrak{J}^{-1}\,\mathfrak{L} = \begin{pmatrix} 0 & \mathfrak{L}_1 \\ \mathfrak{L}_1 & 0 \end{pmatrix}.$$

Bezeichnet man mit $\hat{\mathfrak{z}}$ die Spalte aus den Elementen $z_1, \ldots, z_{2n}$, so ist die lineare Substitution $\hat{\mathfrak{z}} = \mathfrak{C}\,\mathfrak{z}$ kanonisch und führt die quadratische Form $H_2 = \frac{1}{2}\,\hat{\mathfrak{z}}'\,\mathfrak{S}\,\hat{\mathfrak{z}}$ über in die Normalform

$$H_2 = \sum_{k=1}^{n} \lambda_k x_k y_k.$$

Damit die ursprüngliche Spalte $\hat{\mathfrak{z}}$ reell werde, muß jetzt die Bedingung $\mathfrak{C}\,\mathfrak{z} = \bar{\mathfrak{C}}\,\bar{\mathfrak{z}}$ erfüllt sein.

3. Die Normalform von *H*.

Es sei w eine Potenzreihe in den $2n$ Variabeln $x_k, \eta_k\,(k = 1, \ldots, n)$ mit unbestimmten komplexen Koeffizienten, die mit dem speziellen quadratischen Bestandteile

$$w_2 = \sum_{k=1}^{n} x_k \eta_k \tag{10}$$

beginnt. Bekanntlich wird dann durch den Ansatz

$$w_{x_k} = y_k, \quad w_{\eta_k} = \xi_k \qquad (k = 1, \ldots, n) \tag{11}$$

bei Auflösung nach den x_k, y_k die allgemeine kanonische Potenzreihentransformation der Form

$$x_k = \xi_k + \cdots, \quad y_k = \eta_k + \cdots \tag{12}$$

geliefert, bei der also die linearen Glieder die angegebene einfache Gestalt haben.

Es sei w_l der Bestandteil l-ten Grades der Reihe $w\,(x, \eta)$ und entsprechend seien x_{kl}, y_{kl} die Bestandteile bei $x_k(\xi, \eta)$, $y_k(\xi, \eta)$. Wegen (10) und (11) hat man

$$x_k = \xi_k - \sum_{l=3}^{\infty} w_{l\eta_k}, \qquad y_k = \eta_k + \sum_{l=3}^{\infty} w_{lx_k},$$

und hieraus ergeben sich rekursiv die $x_{kl}, y_{kl}\,(k = 1, \ldots, n)$ für $l = 2, 3, \ldots$. Es wird jeder Koeffizient von $x_{kl} + w_{l+1, \eta_k}(\xi, \eta)$ und $y_{kl} - w_{l+1, \xi_k}(\xi, \eta)$ ein Polynom in den Koeffizienten von $w_2, \ldots, w_l$ mit ganzen rationalen Zahlenkoeffizienten. Ist nun

$$H = \sum_{l=2}^{\infty} K_l$$

die Reihenentwicklung von H nach homogenen Polynomen in den ξ_k, η_k, so ist

$$K_2 = \sum_{k=1}^{n} \lambda_k \xi_k \eta_k$$

und

$$K_l = \sum_{k=1}^{n} \lambda_k \{\xi_k w_{l\xi_k}(\xi, \eta) - \eta_k w_{l\eta_k}(\xi, \eta)\} + \cdots \qquad (l = 3, 4, \ldots),$$

wo die Koeffizienten der rechts nicht hingeschriebenen weiteren Glieder Polynome in den Koeffizienten von $w_2, \ldots, w_{l-1}$ sind. Tritt das Potenzprodukt

$$P = \prod_{k=1}^{n} \xi_k^{\alpha_k} \eta_k^{\beta_k}$$

in $w_l\,(\xi, \eta)$ mit dem Koeffizienten γ auf, so hat P wegen

$$\sum_{k=1}^{n} \lambda_k (\xi_k P_{\xi_k} - \eta_k P_{\eta_k}) = P \sum_{k=1}^{n} \lambda_k (\alpha_k - \beta_k)$$

in K_l den Koeffizienten

$$\varkappa = \gamma \lambda + \cdots, \qquad \lambda = \sum_{k=1}^{n} \lambda_k (\alpha_k - \beta_k), \tag{13}$$

wo die weiteren Summanden von $\varkappa$ Polynome in den Koeffizienten von $w_2, \ldots, w_{l-1}$ sind.

Von nun an werde wie in der Einleitung vorausgesetzt, daß zwischen $\lambda_1, \ldots, \lambda_n$ keine homogene lineare Gleichung $\lambda_1 g_1 + \cdots + \lambda_n g_n = 0$ mit ganzen Koeffizienten $g_1, \ldots, g_n$ besteht, außer für $g_1 = 0, \ldots, g_n = 0$. Dann ist in (13) der Faktor $\lambda = 0$ nur für $\alpha_1 = \beta_1, \ldots, \alpha_n = \beta_n$. Folglich kann man zu beliebig vorgegebenen $w_3, \ldots, w_{l-1}$ das Polynom w_l für jedes $l > 2$ so bestimmen, daß K_l ein Polynom in den n Produkten $\omega_k = \xi_k \eta_k$ $(k = 1, \ldots, n)$ allein ist, und insbesondere wird dann also $K_l = 0$ für ungerades l. Dabei bleiben in w_l noch alle Glieder willkürlich, die nur von den ω_k allein abhängen, während die sämtlichen anderen Glieder durch die Bedingungen $\varkappa = 0$ eindeutig festgelegt sind. Um auch die restlichen Glieder zu fixieren, wollen wir vorschreiben, daß in dem bilinearen Ausdruck

$$\Phi = \sum_{k=1}^{n} (\xi_k y_k - \eta_k x_k) = \zeta' \mathfrak{J} \mathfrak{z}$$

kein Potenzprodukt der ω_k auftritt, wenn er als Reihe in den ξ_k, η_k $(k = 1, \ldots, n$, dargestellt wird; dabei ist unter ζ die Spalte aus den Elementen $\zeta_k = \xi_k$) $\zeta_{k+n} = \eta_k$ zu verstehen. Der Bestandteil der Glieder l-ten Grades in $\Phi(\xi, \eta)$ ist nämlich

$$\Phi_l = \sum_{k=1}^{n} \{\xi_k w_{l\xi_k}(\xi, \eta) + \eta_k w_{l\eta_k}(\xi, \eta)\} + \cdots = l\, w_l + \cdots,$$

und dies zeigt, daß durch die zusätzliche Bedingung tatsächlich w_l eindeutig bestimmt wird.

Damit ist bewiesen, daß für genau eine Potenzreihe w die durch (11) gegebene kanonische Substitution die HAMILTONsche Funktion H in eine Potenzreihe von $\omega_k = \xi_k \eta_k$ $(k = 1, \ldots, n)$ allein überführt und zugleich Φ in eine Reihe, welche kein Potenzprodukt der ω_k enthält.

4. Die Realitätsbedingung.

Ist F irgendeine Potenzreihe mit komplexen Koeffizienten, so soll durch $\overline{F}$ die Reihe mit den konjugiert komplexen Koeffizienten und denselben Variabeln bezeichnet werden. Die HAMILTONsche Funktion $H = H(\hat{\mathfrak{z}})$ in den ursprünglichen Variabeln des 2. Abschnitts war reell, also $H = \overline{H}$. Setzt man $H = G(\mathfrak{z})$ nach Ausführung der linearen kanonischen Substitution $\hat{\mathfrak{z}} = \mathfrak{C}\,\mathfrak{z}$, so gilt

$$\overline{G}(\mathfrak{z}) = \overline{H}(\overline{\mathfrak{C}}\,\mathfrak{z}) = H(\overline{\mathfrak{C}}\,\mathfrak{z}), \quad G(\mathfrak{z}) = H(\overline{\mathfrak{C}}\,\overline{\mathfrak{C}}^{-1}\mathfrak{C}\,\mathfrak{z}) = \overline{G}(\overline{\mathfrak{C}}^{-1}\mathfrak{C}\,\mathfrak{z}).$$

Wir setzen $\overline{\mathfrak{C}}^{-1}\mathfrak{C} = \mathfrak{B}$ und benutzen die Normierung der Spalten $\mathfrak{c}_k$ von $\mathfrak{C}$. Ist $\lambda_k = \overline{\lambda}_l$ nicht rein imaginär, so ist $\mathfrak{c}_k = \overline{\mathfrak{c}}_l$; ist $\lambda_k = -\overline{\lambda}_k = \overline{\lambda}_{k+n}$ $(k \leqq n)$ rein imaginär, so ist $\mathfrak{c}_k = -i\,\overline{\mathfrak{c}}_{k+n}$. Daher ist die Ersetzung von $\mathfrak{z}$ durch $\mathfrak{B}\,\mathfrak{z}$ mit der Substitution $z_k \leftrightarrow z_l$ $(\lambda_k = \overline{\lambda}_l)$, $z_k \to -i\, z_{k+n}$, $z_{k+n} \to -i\, z_k$ $(\lambda_k = -\overline{\lambda}_k;\ k \leqq n)$ gleichbedeutend, und offenbar ist auch diese kanonisch.

Die im 3. Abschnitt eindeutig bestimmte kanonische Substitution (12) werde durch $\mathfrak{z} = \mathfrak{f}(\zeta)$ abgekürzt. Es ist $G(\mathfrak{z}) = G(\mathfrak{f}(\zeta))$ eine Reihe in den Produkten $\omega_k = \xi_k \eta_k$ allein, also gilt das gleiche von $\overline{G}(\overline{\mathfrak{f}}(\zeta)) = G(\mathfrak{B}^{-1}\overline{\mathfrak{f}}(\zeta))$.

und da bei der Substitution $\zeta \to \mathfrak{B}\,\zeta$ der Ausdruck ω_k entweder durch ω_l oder durch $-\omega_k$ ersetzt wird, so ist auch $G(\mathfrak{B}^{-1}\bar{\mathfrak{f}}\,(\mathfrak{B}\,\zeta))$ eine Reihe in den ω_k allein. Andererseits ist mit $\Phi\,(\zeta) = \zeta'\,\mathfrak{J}\,\mathfrak{f}\,(\zeta)$ auch der Ausdruck

$$\bar{\Phi}\,(\mathfrak{B}\,\zeta) = (\mathfrak{B}\,\zeta)'\,\mathfrak{J}\,\bar{\mathfrak{f}}\,(\mathfrak{B}\,\zeta) = \zeta'\,\mathfrak{J}\,\mathfrak{B}^{-1}\bar{\mathfrak{f}}\,(\mathfrak{B}\,\zeta)$$

eine Reihe ohne Potenzprodukte in den ω_k allein. Da aber auch die Substitution $\mathfrak{z} = \mathfrak{B}^{-1}\bar{\mathfrak{f}}\,(\mathfrak{B}\,\zeta) = \zeta + \cdots$ kanonisch ist, so ergibt der Eindeutigkeitssatz des vorigen Abschnitts die Formel

$$\mathfrak{f}\,(\zeta) = \mathfrak{B}^{-1}\bar{\mathfrak{f}}\,(\mathfrak{B}\,\zeta)\,.$$

Setzt man noch $\hat{\zeta} = \mathfrak{C}\,\zeta$, so wird also

$$\hat{\mathfrak{z}} = \mathfrak{C}\,\mathfrak{f}\,(\mathfrak{C}^{-1}\hat{\zeta}) = \bar{\mathfrak{C}}\,\bar{\mathfrak{f}}\,(\bar{\mathfrak{C}}^{-1}\hat{\zeta})$$

eine reelle kanonische Transformation, und daher ist $\hat{\zeta}$ mit $\hat{\mathfrak{z}}$ reell. Folglich sind die Variabeln ξ_k, η_k der Realitätsbedingung $\mathfrak{C}\,\zeta = \bar{\mathfrak{C}}\,\bar{\zeta}$ zu unterwerfen, und dies bedeutet $\bar{\zeta} = \mathfrak{B}\,\zeta$. Sind insbesondere alle λ_k rein imaginär, so hat man $\eta_k = i\,\bar{\xi}_k$ $(k = 1, \ldots, n)$ zu wählen, und dann ist wegen $\bar{\mathfrak{z}} = \mathfrak{B}\,\mathfrak{z}$ auch $y_k = i\,\bar{x}_k$. Bezeichnet man in diesem Falle die Ausdrücke $i^{-1}y_k$, $i^{-1}\eta_k$, $i^{-1}H$ wieder mit y_k, η_k, H, so wird H rein imaginär und hat als Potenzreihe in den Produkten $\xi_k\,\eta_k = \xi_k\,\bar{\xi}_k$ lauter rein imaginäre Koeffizienten. Es bleiben die HAMILTONschen Gleichungen (6) in der neuen Bedeutung der Symbole bestehen und der Übergang von $\mathfrak{z}$ zu ζ ist wieder eine kanonische Transformation.

Die beim Realitätsbeweis wesentliche eindeutige Bestimmtheit der Transformation in die Normalform hatten wir durch die zusätzliche Bedingung über Φ erzwungen. Jetzt lassen wir diese Bedingung fort und verlangen dafür die Realität von $\mathfrak{C}\,\mathfrak{f}\,(\mathfrak{C}^{-1}\hat{\zeta})$. Dann ist die Transformation nicht mehr völlig festgelegt, sondern man kann $\zeta = \mathfrak{C}^{-1}\hat{\zeta}$ noch irgendeiner solchen kanonischen Potenzreihen-Substitution $\zeta \to \mathfrak{g}\,(\zeta) = \zeta + \cdots$ unterwerfen, bei welcher H eine Reihe in $\omega_1, \ldots, \omega_n$ bleibt und $\mathfrak{C}\,\mathfrak{f}\,(\mathfrak{g}\,(\mathfrak{C}^{-1}\hat{\zeta}))$ wieder reell ist. Lassen wir zunächst letztere Realitätsforderung weg und bezeichnen die erzeugende Funktion der gesuchten Transformation $\mathfrak{z} = \mathfrak{g}\,(\zeta)$ wieder mit w, so folgt aus der Untersuchung im vorigen Abschnitt, daß $w\,(x, \eta)$ eine Reihe in den n Produkten $x_k\eta_k$ $(k = 1, \ldots, n)$ allein ist. Dann wird aber $x_k w_{x_k} = \eta_k w_{\eta_k}$, und die Substitution (11) führt zu $x_k y_k = \xi_k \eta_k$, so daß die Reihe H bei jener Transformation sogar gliedweise invariant bleibt. Es gibt also auch bei Fortlassung der Bedingung über Φ nur eine einzige Normalform von H.

Zur Diskussion der Realität ist es zweckmäßig, statt w auf folgendem Wege eine neue erzeugende Funktion einzuführen. Man setze $x_k\eta_k = s_k$ und erhält

$$y_k = \eta_k w_{s_k},\quad \xi_k = x_k w_{s_k},\quad \omega_k = \xi_k\eta_k = s_k w_{s_k}\,.$$

Hieraus berechne man $s_1, \ldots, s_n$ als Potenzreihen in $\omega_1, \ldots, \omega_n$ und trage sie in w_{s_k} ein. Mit der Abkürzung

$$f_k(\omega) = -\log w_{s_k} = (1 - w_{s_k}) + \cdots$$

wird dann

$$s_k = \omega_k e^{f_k}.$$

Ferner ist

$$d\omega_k = w_{s_k}\, ds_k + s_k \sum_{l=1}^{n} w_{s_k s_l}\, ds_l = \sum_{l=1}^{n} \sigma_{kl} \frac{ds_l}{s_l} \qquad (k = 1, \ldots, n)$$

mit

$$\sigma_{kl} = e_{kl}\, s_k\, w_{s_k} + s_k\, s_l\, w_{s_k s_l} = \sigma_{lk},$$

also auch umgekehrt

$$d\mathfrak{f}_k = \frac{ds_k}{s_k} - \frac{d\omega_k}{\omega_k} = \sum_{l=1}^{n} \tau_{kl}\, d\omega_l, \qquad \tau_{kl} = \tau_{lk},$$

und demnach

$$\mathfrak{f}_{k\omega_l} = \mathfrak{f}_{l\omega_k} \qquad (k, l = 1, \ldots, n).$$

Folglich existiert eine Potenzreihe v in $\omega_1, \ldots, \omega_n$ mit den vorgeschriebenen partiellen Ableitungen $v_{\omega_k} = \mathfrak{f}_k$, und es wird

$$s_k = \omega_k\, e^{v_{\omega_k}}, \quad x_k = \xi_k\, e^{v_{\omega_k}}, \quad y_k = \eta_k\, e^{-v_{\omega_k}} \qquad (k = 1, \ldots, n).$$

Daß diese Transformation für eine beliebige Reihe v kanonisch ist, läßt sich leicht direkt einsehen und auch durch Umkehrung der benutzten Schlußweise zeigen. Die Realität wollen wir nur für den Fall rein imaginärer $\lambda_k\, (k = 1, \ldots, n)$ untersuchen und wie früher $i^{-1} y_k$, $i^{-1}\eta_k$ wieder mit y_k, η_k bezeichnen. Schreibt man dann statt $i^{-1}v$ wieder v, so lautet die Substitution wie vorher $x_k = \xi_k e^{v_{\omega_k}}$, $y_k = \eta_k e^{-v_{\omega_k}}$. Da konjugiert komplexe ξ_k, η_k zu konjugiert komplexen x_k, y_k führen sollen, so folgt $\bar{v}_{\omega_k} = - v_{\omega_k} (k = 1, \ldots, n)$. Dies besagt, daß man v mit lauter rein imaginären Koeffizienten zu wählen hat, abgesehen von dem belanglosen konstanten Glied. Damit haben wir in dem betrachteten Falle alle kanonischen Transformationen gefunden, welche die HAMILTONsche Funktion in die Normalform überführen und der Realitätsbedingung genügen.

Wir hatten H als konvergente Potenzreihe vorausgesetzt; doch haben wir die Konvergenz nicht benötigt, da die bisherigen Überlegungen nur auf den algebraischen Eigenschaften des Ringes aller formalen Potenzreihen mit beliebigen komplexen Koeffizienten beruhen. Andererseits werden wir ja auch später zeigen, daß unter gewissen allgemeinen Voraussetzungen jede Transformation in die Normalform notwendigerweise divergiert. Es soll noch festgestellt werden, daß für jede gegebene beliebig große natürliche Zahl s eine konvergente kanonische Potenzreihen-Substitution existiert, welche die sämtlichen Glieder von H bis zur s-ten Ordnung in die Normalform überführt und die Realitätsbedingung erfüllt. Man hat zu diesem Zwecke nur für die reelle kanonische Transformation $\mathfrak{z} = \mathfrak{C}\, \mathfrak{f}\, (\mathfrak{C}^{-1}\hat{\zeta})$ die erzeugende Potenzreihe $w\, (x, \eta)$ zu bilden und sie bei den Gliedern s-ter Ordnung abzubrechen. Ist dann $u\, (x, \eta)$ die entsprechende Partialsumme von w, so werden durch den Ansatz $u_{x_k} = y_k$, $u_{\eta_k} = \xi_k (k = 1, \ldots, n)$ nach den Existenzsätzen über implizite Funktionen x_k und y_k konvergente Reihen in ξ_l, $\eta_l (l = 1, \ldots, n)$. Führt man die hierdurch erklärte konvergente reelle kanonische Transformation $\hat{\mathfrak{z}} \to \hat{\zeta}$ aus und setzt noch $\hat{\zeta} = \mathfrak{C}\, \zeta$, so erhält H die Normalform bis auf Glieder s-ter und höherer Ordnung.

5. Die Grundlage zur Diskussion der Konvergenz.

In diesem Abschnitt soll vorausgesetzt werden, daß $n = 2$ ist und die beiden Eigenwerte λ_1, λ_2 rein imaginär sind. Zufolge der Schlußbemerkung im vorigen Abschnitt kann man sich zwecks Untersuchung der Konvergenz einer Transformation von H in die Normalform auf den Fall beschränken, daß für irgendein festes s die Glieder in H bis zur Ordnung $s-1$ bereits die Normalform haben. Wir nehmen speziell $s = 5$ und können dann $H = F + G$ mit

$$F = i\,(\varrho_1 z_1 + \varrho_2 z_2 + \frac{\alpha}{2} z_1^2 + \beta\, z_1 z_2 + \frac{\gamma}{2} z_2^2), \quad \lambda_k = i\,\varrho_k, \quad z_k = x_k\, y_k \quad (k = 1, 2)$$

und reellen $\varrho_1, \varrho_2, \alpha, \beta, \gamma$ setzen, während $G(x, y) = -\overline{G}(y, x)$ eine konvergente Potenzreihe in den 2 Paaren konjugiert komplexer Variabeln x_k, y_k bedeutet, die erst mit Gliedern fünften Grades anfängt. Das Verhältnis $\frac{\lambda_2}{\lambda_1} = \frac{\varrho_2}{\varrho_1} = \mu$ sei irrational. Ferner soll F nicht von $\lambda_1 z_1 + \lambda_2 z_2$ allein abhängen; dies bedeutet, daß die Zahlen $\alpha\,\mu - \beta$, $\beta\,\mu - \gamma$ nicht beide 0 sind. Bei geeigneter Anordnung der Variabeln kann man dann $\alpha\,\mu - \beta > 0$ voraussetzen.

Zunächst betrachten wir den Fall, daß auch G die Normalform hat, so daß also $H = H(z_1, z_2)$ eine Potenzreihe mit rein imaginären Koeffizienten in den Variabeln z_1, z_2 allein ist. Sie möge für $|z_k| < c_1 (k = 1, 2)$ konvergieren. Dabei soll c_1, wie auch weiterhin $c_2, \ldots, c_7$, bei gegebenen Koeffizienten von H eine geeignete positive Konstante bedeuten, die stets genügend klein zu wählen ist. Außerdem bezeichnen wir mit $C_1, \ldots, C_9$ entsprechend gewählte Konstanten, die aber nur von den Koeffizienten von F allein abhängen. Setzt man noch $H_{z_k} = \Phi_k$, so haben die Hamiltonschen Differentialgleichungen die spezielle Gestalt

$$\frac{d x_k}{d t} = \Phi_k\, x_k\,, \quad \frac{d y_k}{d t} = -\,\Phi_k\, y_k \qquad (k = 1, 2)\,,$$

woraus $\frac{d z_k}{d t} = 0$ folgt. Also sind z_k und auch Φ_k von t unabhängig. Sind für $t = 0$ konjugiert komplexe Anfangswerte $x_k = \xi_k$, $y_k = \eta_k = \overline{\xi}_k$ mit $|\xi_k| < c_1$ vorgeschrieben, so ergibt die weitere Integration

$$z_k = \xi_k\, \eta_k = \omega_k\,, \quad x_k = \xi_k\, e^{\Phi_k t}\,, \quad y_k = \eta_k\, e^{-\Phi_k t} \qquad (k = 1, 2)$$

mit rein imaginären Φ_k.

Nach einem bekannten Satze über Kettenbrüche kann man zu jedem gegebenen $\varepsilon > 0$ zwei teilerfremde ganze Zahlen p, q so finden, daß

$$0 < \varrho_1 (q\,\mu - p) < \varepsilon\,, \quad q > 0$$

gilt. Man setze noch $\frac{z_2}{z_1} = \chi$ und betrachte die Identität

$$i^{-1}\Big(\Phi_2 - \frac{p}{q}\,\Phi_1\Big) = \Big(\mu - \frac{p}{q}\Big)\varrho_1 - (\alpha\,\mu - \beta)\, z_1 - (\beta\,\mu - \gamma)\, z_2 + \alpha\Big(\mu - \frac{p}{q}\Big) z_1 +$$
$$+ \beta\,\Big(\mu - \frac{p}{q}\Big) z_2 + i^{-1}\Big(G_{z_2} - \frac{p}{q}\, G_{z_1}\Big)\,.$$

Es folgt, daß für $\varepsilon < c_2$ und $0 \leqq \chi < C_1$ die Gleichung $p\,\Phi_1 = q\,\Phi_2$ für z_1 eine positive Lösung $z_1 = \omega_1 < C_2^{-1} \varepsilon\, q^{-1}$ besitzt, und man erhält eine konvergente Reihenentwicklung

$$\omega_1^{\frac{1}{2}} = \delta_0 + \delta_1\, \chi + \cdots \tag{14}$$

nach Potenzen von χ, deren Koeffizienten $\delta_0, \delta_1, \ldots$ noch von p und q abhängen und reell sind. Dabei ist $\delta_0 > 0$. Für $\varepsilon < c_3$ gilt dann weiter

$$|\Phi_1 - \lambda_1| < C_3^{-1} \varepsilon\, q^{-1} < \frac{|\lambda_1|}{2},$$

also $\Phi_1 \neq 0$, und die positive Zahl

$$\tau = \frac{2\pi q}{|\Phi_1|} = \pm \frac{2\pi q i}{\Phi_1}$$

genügt der Ungleichung

$$\left|\tau - \frac{2\pi q}{|\lambda_1|}\right| = 2\pi q \left|\frac{1}{|\Phi_1|} - \frac{1}{|\lambda_1|}\right| < C_4^{-1}\varepsilon.$$

Unter Benutzung von (14) erhält man eine Reihenentwicklung von τ nach Potenzen von χ, die für $|\chi| < C_5$ konvergiert. Da die Werte $\Phi_1\tau = \pm 2\pi q i$ und $\Phi_2\tau = \pm 2\pi p i$ Vielfache von $2\pi i$ sind, so haben die Lösungen x_k, y_k in t die reelle Periode τ, und für $t = \tau$ gilt $x_k = \xi_k$, $y_k = \eta_k$ $(k = 1, 2)$. Hierbei sind die konjugiert komplexen Anfangswerte ξ_k, η_k nur der Bedingung (14) mit beliebigem nicht-negativen $\chi = \left|\frac{\xi_2}{\xi_1}\right|^2 < C_1$ und $\omega_1^{\frac{1}{2}} = |\xi_1|$ unterworfen.

Nun führen wir eine feste kanonische Potenzreihen-Substitution $\hat{x}_k = x_k + \cdots$, $\hat{y}_k = y_k + \cdots$ $(k = 1, 2)$ durch, welche für $|x_k| < c_4$, $|y_k| < c_4$ konvergieren möge und die Paare konjugiert komplexer Variabeln wieder in solche transformiert. Sind entsprechend $\hat{\xi}_k = \xi_k + \cdots$, $\hat{\eta}_k = \eta_k + \cdots$ die Anfangswerte in den neuen Veränderlichen, so setze man noch

$$\hat{\xi}_1 = \zeta w_1,\quad \hat{\eta}_1 = \zeta w_1^{-1},\quad \hat{\xi}_2 = \zeta\sigma w_2,\quad \hat{\eta}_2 = \zeta\sigma w_2^{-1}. \tag{15}$$

Für $|\xi_k| < c_5$, $|\eta_k| < c_5$ erhält man aus der inversen Substitution

$$\omega_1 = \xi_1\eta_1 = \hat{\xi}_1\hat{\eta}_1 + \cdots = \zeta^2 + \cdots,$$

$$\chi = \frac{\xi_2\eta_2}{\xi_1\eta_1} = \frac{\hat{\xi}_2\hat{\eta}_2 + \cdots}{\hat{\xi}_1\hat{\eta}_1 + \cdots} = \frac{(\zeta\sigma)^2 + \cdots}{\zeta^2 + \cdots} = \sigma^2 + \cdots;$$

also sind $\omega_1^{\frac{1}{2}} = \zeta + \cdots$ und χ Potenzreihen in ζ, σ und w_k, w_k^{-1} $(k = 1, 2)$, welche für $|\zeta| < c_6$, $|\sigma| < 1$, $\frac{1}{2} < |w_k| < 2$ konvergieren. Trägt man diese in (14) ein, so ergibt sich schließlich ζ als eine Potenzreihe in σ, w_k, w_k^{-1} mit dem konstanten Gliede δ_0, welche für $|\sigma| < C_6$, $\frac{1}{2} < |w_k| < 2$ konvergiert. Ist $|w_k| = 1$ und $\sigma > 0$, so wird auch $\zeta > 0$. Durch Einsetzen der Reihe für ζ in χ erhält man jetzt für die Periode $\tau = \pm\frac{2\pi q i}{\Phi_1}$ eine Potenzreihe in σ, w_k, w_k^{-1}. Mit $|\sigma| < C_7$, $\frac{1}{2} < |w_k| < 2$ und $\varepsilon < c_7$ gelten dann die Ungleichungen

$$|\zeta|^2 < C_8^{-1}\varepsilon\, q^{-1},\quad \left|\tau - \frac{2\pi q}{|\lambda_1|}\right| < C_4^{-1}\varepsilon, \tag{16}$$

aus denen nach (15) die weitere Abschätzung

$$(|\hat{\xi}_1| + |\hat{\eta}_1| + |\hat{\xi}_2| + |\hat{\eta}_2|)^2\, |\tau| < C_9^{-1}\varepsilon \tag{17}$$

folgt. Läßt man dabei für σ, w_1, w_2 beliebige komplexe Werte zu, die nur den Bedingungen $|\sigma| < C_7$, $\frac{1}{2} < |w_k| < 2$ genügen, so werden auch ζ und τ komplex, doch bleiben die angegebenen Abschätzungen bestehen und es gilt die

Beziehung $p\,\Phi_1 = q\,\Phi_2$ identisch in σ, w_1, w_2, so daß also die Lösungen $\hat{x}_k$, $\hat{y}_k$ der transformierten HAMILTONschen Differentialgleichungen für die Anfangswerte $\hat{\xi}_k$, $\hat{\eta}_k$ die Periode τ haben.

Endlich werde nun angenommen, daß durch irgendeine noch unbekannte konvergente reelle kanonische Potenzreihen-Substitution die vorgegebene HAMILTONsche Funktion $H = F + G$ in die Normalform transformierbar sei. Bezeichnen wir die Anfangswerte in den ursprünglichen Variabeln wieder gemäß (15), so erhalten wir nach der vorhergehenden Überlegung eine dreiparametrige Schar von Anfangswerten mit periodischen Lösungen. Für diese sind σ, w_1, w_2 nur den Ungleichungen $|\sigma| < C_7$, $\frac{1}{2} < |w_k| < 2$ unterworfen, und es ergeben sich ζ, τ als konvergente Potenzreihen in σ, w_k, w_k^{-1}. Dabei ist aber die Bedingung $\varepsilon < c_7$ zu beachten, und hierdurch tritt eine gewisse Schwierigkeit auf, da die Größen $c_1, \ldots, c_7$ jetzt nicht explizit bekannt sind, sondern allein ihre Existenz aus der vorausgesetzten Existenz einer konvergenten Transformation in die Normalform folgt. Infolgedessen hat man beliebig kleine ε in Betracht zu ziehen, und dies führt wegen der Beziehungen $0 < \varrho_1(q\,\mu - p) < \varepsilon$ und $\tau = \pm\dfrac{2\pi q i}{\Phi_1}$ zu beliebig großen Werten von q und $|\tau|$.

In der folgenden Untersuchung wird nun durch direkte Betrachtung der Lösungen HAMILTONscher Systeme in der Nähe der Gleichgewichtslösung gezeigt werden, daß im allgemeinen jene dreiparametrige Schar von Anfangswerten geschlossener Bahnkurven nicht existiert. Für die Durchführung dieser Untersuchung ist es von Wichtigkeit, daß wir auf Grund von (17) die zu den konjugiert komplexen Anfangswerten $\hat{\xi}_k$, $\hat{\eta}_k$ $(k = 1, 2)$ gehörige Lösung nur für ein Intervall $0 \leqq t \leqq T$ zu verfolgen haben, für dessen Länge die Abschätzung

$$(|\hat{\xi}_1| + |\hat{\xi}_2|)^2\,T < C_9^{-1}\,\varepsilon$$

gilt, in der wir die rechte Seite durch geeignete Wahl von ε noch beliebig klein machen können.

6. Die Variationsgleichungen.

Im späteren Verlauf der Untersuchung wird es notwendig sein, die Koeffizienten von $G(x, y) = -\overline{G}(y, x)$ auch als variabel anzusehen und die Lösungen des HAMILTONschen Systems als Funktion der Anfangswerte und der Koeffizienten zu studieren. Zur Vorbereitung soll zunächst ein etwas allgemeineres System von Differentialgleichungen erster Ordnung betrachtet werden, das einen Parameter ν in einfachster Weise enthält.

Es seien wieder x_k, y_k $(k = 1, \ldots, n)$ n Paare von Variabeln und $x_k y_k = z_k$; ferner sei φ_k eine Potenzreihe in $z_1, \ldots, z_n$ allein und g_k, h_k Potenzreihen in allen $2n$ Veränderlichen, sämtlich mit gegebenen komplexen Koeffizienten. Die Reihen φ_k, g_k, h_k $(k = 1, \ldots, n)$ mögen für $|x_l| < r$, $|y_l| < r$ $(l = 1, \ldots, n)$ konvergieren und absolut $< M$ sein. Mit einem komplexen Parameter ν vom absoluten Betrage $\leqq 1$ betrachten wir das System von Differentialgleichungen

$$\text{(18)}\qquad \frac{dx_k}{dt} = \varphi_k\,x_k + \nu\,g_k\,, \quad \frac{dy_k}{dt} = -\,\varphi_k\,y_k + \nu\,h_k \qquad (k = 1, \ldots, n)$$

mit den von ν unabhängigen Anfangswerten $x_k = \xi_k$, $y_k = \eta_k$ für $t = 0$, die durch $|\xi_k| < \frac{r}{2}$, $|\eta_k| < \frac{r}{2}$ beschränkt seien. Nach bekannten Existenzsätzen gilt für die Lösungen eine Reihenentwicklung nach Potenzen von ν, also

$$x_k = X_k + \nu U_k + \cdots, \quad y_k = Y_k + \nu V_k + \cdots, \tag{19}$$

worin die Koeffizienten X_k, U_k, ... und Y_k, V_k, ... wiederum Potenzreihen in t und den Anfangswerten sind. Es gibt eine nur von r, M, n abhängige Konstante $c > 0$, so daß die Reihen x_k, y_k für $|\xi_l| < \frac{r}{2}$, $|\eta_l| < \frac{r}{2}$ $(l = 1, \ldots, n)$, $|\nu| \leqq 1$ und $|t| < c$ konvergieren. Für $t = 0$ wird insbesondere $X_k = \xi_k$, $Y_k = \eta_k$, während alle anderen Koeffizienten verschwinden. Durch Einsetzen in (18) folgt erstens

$$\frac{dX_k}{dt} = \varphi_k X_k, \quad \frac{dY_k}{dt} = -\varphi_k Y_k, \tag{20}$$

wo in φ_k die Variabeln z_l durch $Z_l = X_l Y_l$ $(l = 1, \ldots, n)$ zu ersetzen sind, und zweitens zur Bestimmung von U_k, V_k das System der Variationsgleichungen

$$\left\{\begin{aligned} \frac{dU_k}{dt} &= \varphi_k U_k + X_k \sum_{l=1}^{n} (Y_l U_l + X_l V_l)\, \varphi_{k z_l} + g_k(X, Y) \\ \frac{dV_k}{dt} &= -\varphi_k V_k - Y_k \sum_{l=1}^{n} (Y_l U_l + X_l V_l)\, \varphi_{k z_l} + h_k(X, Y). \end{aligned}\right. \tag{21}$$

Die Integration von (20) liefert $\frac{dZ_k}{dt} = 0$, $Z_k = \xi_k \eta_k = \omega_k$, so daß φ_k und $\varphi_{k z_l}$ von t unabhängig sind, und

$$X_k = \xi_k e^{\varphi_k t}, \quad Y_k = \eta_k e^{-\varphi_k t}. \tag{22}$$

Die Integration von (21) ergibt zunächst

$$Y_k U_k + X_k V_k = \int_0^t \{Y_k g_k(X, Y) + X_k h_k(X, Y)\}\, dt \qquad (k = 1, \ldots, n) \tag{23}$$

und sodann $Y_k U_k$, $X_k V_k$ selber durch eine nochmalige Quadratur; doch wird später nur der Ausdruck (23) explizit gebraucht werden.

Wir spezialisieren noch (18) zu dem HAMILTONschen System

$$\frac{dx_k}{dt} = (F + \nu G)_{y_k}, \quad \frac{dy_k}{dt} = -(F + \nu G)_{x_k}. \tag{24}$$

Hierin sei $F = F(z)$ eine Potenzreihe in $z_1, \ldots, z_n$ allein und $G = G(x, y)$ eine Potenzreihe in allen $2n$ Variabeln x_k, y_k $(k = 1, \ldots, n)$. In (18) wird dann $\varphi_k = F_{z_k}$, $g_k = G_{y_k}$, $h_k = -G_{x_k}$, und folglich geht (23) über in

$$Y_k U_k + X_k V_k = \int_0^t \{Y_k G_{y_k}(X, Y) - X_k G_{x_k}(X, Y)\}\, dt \quad (k = 1, \ldots, n). \tag{25}$$

Die Reihen U_k, V_k lassen sich auch folgendermaßen charakterisieren. Man setze $\nu = 1$ in (24) und betrachte jetzt alle Koeffizienten in G als Unbestimmte. Dann sind die Lösungen x_k, y_k Potenzreihen in t, den Anfangswerten ξ_l, η_l und jenen unendlich vielen Koeffizienten, und die in bezug auf die Koeffizienten homogen linearen Bestandteile in den Reihen sind gerade U_k, V_k.

7. Abschätzungen.

Da wir weiterhin die Lösungen von Differentialgleichungen als Potenzreihen in den unbestimmten Koeffizienten untersuchen wollen, so müssen wir einige Abschätzungen genauer ausführen, als es sonst bei den üblichen Beweisen der Existenzsätze nötig ist. Zur Vorbereitung dient Hilfssatz 1, bei dem noch feste Koeffizienten vorausgesetzt werden.

Hilfssatz 1: *Es sei* $\psi_k (k = 1, \ldots, m)$ *analytisch in den* $m + 1$ *komplexen Variabeln* $y_1, \ldots, y_m$ *und* t *im Gebiet* $|y_l| < R\ (l = 1, \ldots, m)$, $|t| < Q$ *und dort absolut* $\leqq M$. *Es mögen alle* ψ_k *nebst ihren sämtlichen partiellen Ableitungen nach* $y_1, \ldots, y_m$ *bis zur zweiten Ordnung einschließlich für* $y_1 = 0, \ldots, y_m = 0$ *identisch in* t *verschwinden. Es sei* $0 < r < \frac{R}{2}$, *und es bedeute* $y_k = y_k(\eta, t)$ *die Lösung des Systems von Differentialgleichungen*

$$\frac{dy_k}{dt} = \psi_k \qquad (k = 1, \ldots, m) \tag{26}$$

mit den Anfangswerten $y_k = \eta_k$ für $t = 0$. *Dann ist die Funktion* $y_k(\eta, t)$ *analytisch im Gebiet*

$$|\eta_l| < r \quad (l = 1, \ldots, m), \quad |t| < \operatorname{Min}\left(Q, \frac{R^3}{8 M r^2}\right)$$

und es gilt dort $|y_k - \eta_k| < r$.

Beweis: Es sei u eine weitere komplexe Variable. Liegen $y_1, \ldots, y_m, t$ im Gebiet $|y_l| < R\ (l = 1, \ldots, m)$, $|t| < Q$, so ist nach der Voraussetzung über das Verschwinden der Ableitungen die Funktion $u^{-3}\psi_k(y u, t)$ von u für $|u| \leqq 1$ regulär und für $|u| = 1$ absolut $\leqq M$, also

$$|\psi_k(y u, t)| \leqq M\,|u|^3 \qquad (|u| \leqq 1). \tag{27}$$

Man wähle speziell für u eine positive Zahl im Intervall

$$\operatorname{Max}\left(\frac{|y_1|}{R}, \ldots, \frac{|y_m|}{R}\right) = u_0 < u < 1.$$

Dann ist $|y_l u^{-1}| < R\ (l = 1, \ldots, m)$, und man kann (27) mit $y u^{-1}$ statt y anwenden. Der Grenzübergang $u \to u_0$ ergibt die Abschätzung

$$|\psi_k(y, t)| \leqq M R^{-3} \operatorname{Max}(|y_1|^3, \ldots, |y_m|^3). \tag{28}$$

Wäre nun die Behauptung des Hilfssatzes falsch, so gäbe es nach dem Existenzsatz über die Lösungen analytischer Differentialgleichungen bei geeigneten $\eta_1, \ldots, \eta_m$ des Gebietes $|\eta_l| < r\ (l = 1, \ldots, m)$ im Kreise

$$|t| < \vartheta = \operatorname{Min}\left(Q, \frac{R^3}{8 M r^2}\right)$$

einen Punkt t_0, so daß auf der Strecke von 0 nach t_0 die Funktionen $y_k(\eta, t)$ regulär und für $t \neq t_0$ die absoluten Werte $|y_k - \eta_k| < r\ (k = 1, \ldots, m)$ sind, während in t_0 für mindestens einen Index k der absolute Betrag $|y_k - \eta_k| = r$ wird. Integriert man (26) über diese Strecke, so folgt mit (28) der Widerspruch

$$r = \left|\int_0^{t_0} \psi_k(y, t)\, dt\right| < M R^{-3} (2r)^3 \vartheta \leqq r,$$

womit der Hilfssatz bewiesen ist.

Im folgenden seien $f_1, \ldots, f_m$ Potenzreihen in $x_1, \ldots, x_m$, die erst mit Gliedern dritter Ordnung beginnen. Ihre sämtlichen Koeffizienten werden als komplexe Unbestimmte angesehen, und zwar mögen für $l = 3, 4, \ldots$ die Koeffizienten der Glieder l-ter Ordnung absolut $\leqq l + 1$ sein. Für diese Koeffizienten soll das Symbol A benutzt werden, da eine Unterscheidung durch Indizes zunächst nicht notwendig erscheint. Ferner seien $\lambda_1, \ldots, \lambda_m$ rein imaginäre Konstanten. Mit $b_1, \ldots, b_{20}$ werden geeignete positive Zahlen bezeichnet, die noch von m und $|\lambda_1|, \ldots, |\lambda_m|$ abhängen können und stets genügend klein zu wählen sind. Wir untersuchen nunmehr die Lösungen $x_k = x_k(\xi, t)$ des Systems von Differentialgleichungen

$$\frac{dx_k}{dt} = \lambda_k x_k + f_k \qquad (k = 1, \ldots, m) \tag{29}$$

mit den Anfangswerten $x_k = \xi_k$ für $t = 0$. Schreibt man ausführlicher $f_k = f_k(x_1, \ldots, x_m)$, so geht dies System durch die Substitution

$$x_k = e^{\lambda_k t} y_k, \qquad e^{-\lambda_k t} f_k (e^{\lambda_1 t} y_1, \ldots, e^{\lambda_m t} y_m) = \psi_k$$

über in (26) mit den Anfangswerten $y_k = \xi_k$ für $t = 0$ und den Lösungen $y_k(\xi, t)$. Es sei t_0 eine positive Größe, die später noch näher festgelegt werden soll, und man setze $t = t_0 + s$. Jetzt wird für $y_k(\xi, t_0 + s)$ als Potenzreihe in $\xi_1, \ldots, \xi_m$, s und den unendlich vielen A eine Majorante gebildet und die Konvergenz untersucht werden. Hierzu hat man zweimal Hilfssatz 1 anzuwenden und das Majorantenprinzip von Cauchy heranzuziehen. Übrigens könnte man im folgenden auch die Bemerkung von Hilfssatz 1 vermeiden und die nötigen Abschätzungen direkt der Cauchyschen Methode entnehmen, doch wären dann die Rechnungen umständlicher.

In diesem Absatz betrachten wir t vorübergehend als eine reelle Variable und fassen ψ_k als eine Potenzreihe in $y_1, \ldots, y_m$ und den A allein auf, deren Koeffizienten Funktionen von t sind. Da $\lambda_1, \ldots, \lambda_m$ rein imaginär sind, so ist dann offenbar $f_k(y_1, \ldots, y_m)$ eine Majorante von ψ_k bezüglich der Variabeln y und A. Es seien nun $y_k = y_k^*(\xi, t)$ für $k = 1, \ldots, m$ die Potenzreihen in $\xi_1, \ldots, \xi_m$ und A, welche formal der Differentialgleichung

$$\frac{dy_k}{dt} = f_k(y_1, \ldots, y_m) \tag{30}$$

mit den Anfangswerten $y_k = \xi_k$ für $t = 0$ genügen. Ordnet man sie nach Potenzen der $\xi_1, \ldots, \xi_m$ allein, so ergeben sich durch Vergleich entsprechender Glieder auf beiden Seiten von (30) die Koeffizienten rekursiv als Polynome in t und den A mit nicht-negativen rationalen Zahlenkoeffizienten. Nach dem Majorantenprinzip ist dann $y_k^*(\xi, t)$ eine Majorante von $y_k(\xi, t)$ in bezug auf die Variablen ξ und A, falls dabei t als positive Zahl angesehen wird.

Wegen der Annahme $|A| \leqq l + 1$ $(l = 3, 4, \ldots)$ für die einzelnen Koeffizienten der Glieder l-ter Ordnung in $f_1, \ldots, f_m$ gilt sicherlich $|f_k(y_1, \ldots, y_m)| < b_1^{-1}$ für $|y_1| < \frac{1}{2}, \ldots, |y_m| < \frac{1}{2}$. Da die f_k sogar von t unabhängig sind, so ist zufolge Hilfssatz 1 die Funktion $y_k^*(\xi, t)$ von $\xi_1, \ldots, \xi_m$ und t analytisch im Gebiet

$$|\xi_l| < r < \frac{1}{4} \quad (l = 1, \ldots, m), \; |t| < b_2 r^{-2}$$

und dort $|y_k^* (\xi, t) - \xi_k| < r$. Also folgt insbesondere die Konvergenz der Potenzreihe $y_k^* (\xi, t)$ im gleichen Gebiete, und bei Beschränkung auf positive Werte von t ist dann dort $y_k^* (\xi, t)$ eine konvergente Majorante von $y_k(\xi, t)$ bezüglich ξ und A.

Jetzt werde ψ_k wieder als eine Potenzreihe in $y_1, \ldots, y_m, A$ und t betrachtet. Dann ist die Reihe

$$\chi_k = e^{|\lambda_k| t} f_k (e^{|\lambda_1| t} y_1, \ldots, e^{|\lambda_m| t} y_m)$$

offenbar eine Majorante von ψ_k in bezug auf diese sämtlichen Variabeln. Es sei noch $y_k = y_k^{**} (\xi, t)$ die Potenzreihe in $\xi_1, \ldots, \xi_m, A$ und t, welche formal der Differentialgleichung $\frac{dy_k}{dt} = \chi_k$ $(k = 1, \ldots, m)$ mit den Anfangswerten $y_k = \xi_k$ für $t = 0$ genügt. Die Koeffizienten ergeben sich rekursiv als nichtnegative reelle Zahlen, und nach dem Majorantenprinzip ist $y_k^{**} (\xi, t)$ eine Majorante von $y_k(\xi, t)$ bezüglich aller Variabeln ξ, A und t.

Für $|y_l| < b_3 (l = 1, \ldots, m)$ und $|t| < 1$ ist $|\chi_k| < b_4^{-1}$. Nach Hilfssatz 1 ist dann $y_k^{**}(\xi, t)$ als Funktion von $\xi_1, \ldots, \xi_m$ und t analytisch im Gebiet

$$|\xi_l| < r < \frac{b_3}{2} \; (l = 1, \ldots, m), \quad |t| < \mathrm{Min}\,(1, b_5 r^{-2})$$

und dort $|y_k^{**} (\xi, t) - \xi_k| < r$.

Nun sei $r < \frac{1}{4} \mathrm{Min}\,(1, b_3)$ und $|\xi_l| < r \; (l = 1, \ldots, m)$. Bei genügend kleinen $|t_0|$ und $|s|$ gilt dann für die Lösungen $x_k = x_k(\xi, t)$ der Differentialgleichungen (29) mit $\hat{\xi}_k = x_k(\xi, t_0)$ und $t = t_0 + s$ die Kompositionsformel $x_k(\xi, t) = x_k(\hat{\xi}, s)$, also

$$y_k (\xi, t) = e^{-\lambda_k t_0} y_k (\hat{\xi}, s), \quad \hat{\xi}_k = e^{\lambda_k t_0} y_k (\xi, t_0).$$

Unter der Annahme $0 \leqq t_0 < b_2 r^{-2}$ ist wegen $|\xi_l| < r < \frac{1}{4}$ die Reihe $y_k^* (\xi, t_0)$ eine Majorante von $y_k(\xi, t_0)$ bezüglich ξ, A und ferner $|y_k^* (\xi, t_0) - \xi_k| < r$, also $|y_k^* (\xi, t_0)| < 2\,r$ und $|\hat{\xi}_k| < 2\,r$. Da außerdem $2\,r < \frac{b_3}{2}$ ist, so folgt weiter für $|s| < \mathrm{Min}\,(1, b_5 r^{-2})$ die Konvergenz der zusammengesetzten Reihe $y_k^{**} (y_k^* (\xi, t_0), s)$ und die Abschätzung

$$|y_k^{**} (y_k^* (\xi, t_0), s) - \xi_k| < r.$$

Erst recht ist also

$$|e^{-\lambda_k t} x_k (\xi, t) - \xi_k| < r,$$

und $y_k^{**} (y_k^*(\xi, t_0), s)$ ist eine Majorante von $e^{-\lambda_k (t_0 + s)} x_k(\xi, t_0 + s)$ in bezug auf die Variabeln ξ, A und s. Setzen wir von nun an $r < b_6$ voraus, so ist mit $0 \leqq t_0 < b_2 r^{-2}$ für $|\xi_l| < r \; (l = 1, \ldots, m)$ und $|s| < 1$ die Funktion $x_k(\xi, t_0 + s)$ regulär.

Zur Vereinfachung des Ausdruckes führen wir folgende Bezeichnung ein. Es sei Φ irgendeine Potenzreihe mit komplexen Koeffizienten in gewissen Variabeln, unter denen auch die A vorkommen können; dann verstehen wir unter $\boxed{\Phi}$ die Reihe der absoluten Beträge aller Glieder. Mit dieser Abkürzung sprechen wir das hauptsächliche Ergebnis dieses Abschnittes nochmals aus.

Hilfssatz 2: *Mit $r < b_6$ und $0 < t_0 < b_2 r^{-2}$ gilt im Gebiet $|\xi_l| < r$ $(l = 1, \ldots, m)$, $|s| < 1$ für die Lösungen der Differentialgleichungen* (29) *die Abschätzung*

$$\overline{\left| e^{-\lambda_k t} x_k(\xi, t) - \xi_k \right|} < r,$$

wenn ξ, A und $s = t - t_0$ als die Variabeln angesehen werden.

8. Die Gleichungen $x_k = \xi_k$ für $k = 1, 2$.

Indem wir wieder die Bezeichnung der Variabeln ändern und $m = 2n$ setzen, wenden wir uns zur Untersuchung des Systems (18), worin wir noch $\nu = 1$ wählen wollen. Die Differentialgleichungen lauten demnach

$$\frac{dx_k}{dt} = \varphi_k x_k + g_k, \quad \frac{dy_k}{dt} = -\varphi_k y_k + h_k \qquad (k = 1, \ldots, n), \tag{31}$$

und darin sind die φ_k Potenzreihen in den n Produkten $z_l = x_l y_l$ $(l = 1, \ldots, n)$ allein, die g_k, h_k Potenzreihen in allen $2n$ Variabeln x_l und y_l, sämtlich mit komplexen von t unabhängigen Koeffizienten. Für unseren späteren Zweck genügt es, die φ_k als lineare Funktionen von $z_1, \ldots, z_n$ anzusetzen, also

$$\varphi_k = \lambda_k + \sum_{l=1}^{n} A_{kl} z_l \qquad (k = 1, \ldots, n),$$

wobei die λ_k rein imaginär und die $|A_{kl}| \leqq 4$ seien. Die Potenzreihen g_k, h_k mögen erst mit Gliedern vierter Ordnung beginnen, und ihre Koeffizienten seien wieder Unbestimmte A, die bei den Gliedern l-ter Ordnung für $l = 4, 5, \ldots$ den Bedingungen $|A| \leqq l + 1$ genügen. Offenbar ist das System (31) ein Spezialfall von (29); man hat dort nur $y_1, \ldots, y_n$ statt $x_{n+1}, \ldots, x_m$ zu schreiben und

$$\lambda_{k+n} = -\lambda_k, f_k = (\varphi_k - \lambda_k) x_k + g_k, \quad f_{k+n} = (\lambda_k - \varphi_k) y_k + h_k \quad (k = 1, \ldots, n)$$

zu setzen. Analog schreibe man $\eta_1, \ldots, \eta_n$ anstelle von $\xi_{n+1}, \ldots, \xi_m$, wobei aber die Verwechslung mit den früher benutzten η zu vermeiden ist.

Entwickelt man gemäß (19) die Lösungen x_k, y_k von (31) mit den Anfangswerten $x_k = \xi_k$, $y_k = \eta_k$ für $t = 0$ in eine Reihe, so werden X_k, Y_k durch (22) gegeben, sind also von den unbestimmten Koeffizienten A der g_l, h_l $(l = 1, \ldots, n)$ unabhängig; die Reihen U_k, V_k vereinigen genau die Glieder ersten Grades aus der Entwicklung von x_k, y_k nach Potenzen der A, und für sie gilt (23); allgemein umfassen die Faktoren von ν^p $(p = 0, 1, \ldots)$ in (19) genau die Glieder p-ten Grades in den sämtlichen A. Dabei ist jedoch bei dem Vergleich mit der betreffenden Reihenentwicklung im vorigen Abschnitt zu beachten, daß soeben die n^2 Koeffizienten A_{kl} in $\varphi_1, \ldots, \varphi_n$ nicht als Variable A angesehen wurden.

Wir zerlegen

$$e^{-\varphi_k t}(x_k - X_k) = (e^{-\lambda_k t} x_k - \xi_k) + e^{-\lambda_k t} x_k (e^{(\lambda_k - \varphi_k) t} - 1),$$
$$e^{\varphi_k t}(y_k - Y_k) = (e^{\lambda_k t} y_k - \eta_k) + e^{\lambda_k t} y_k (e^{(\varphi_k - \lambda_k) t} - 1),$$

setzen wieder $t = t_0 + s$ und entwickeln nach Potenzen von ξ, η, s und allen A, wobei nun auch die A_{kl} zu berücksichtigen sind. Unter den Voraussetzungen

$r < b_6$, $0 < t_0 < b_2 r^{-2}$ gilt dann im Gebiet $|\xi_l| < r$, $|\eta_l| < r$ $(l = 1, \ldots, n)$, $|s| < 1$ nach Hilfssatz 2 die Abschätzung

$$\overline{|e^{-\lambda_k t}\, x_k - \xi_k|} < r, \qquad \overline{|e^{\lambda_k t}\, y_k - \eta_k|} < r,$$

und andererseits ist

$$\overline{|(\lambda_k - \varphi_k)(t_0 + s)|} < 4\,n\,r^2\,(b_2\,r^{-2} + 1) < b_7^{-1}.$$

Daraus folgt

$$\overline{|e^{-\varphi_k t}\,(x_k - X_k)|} < b_8^{-1}\,r, \qquad \overline{|e^{\varphi_k t}\,(y_k - Y_k)|} < b_8^{-1}\,r. \tag{32}$$

Da die Potenzreihen g_k, h_k in (31) mit Gliedern vierter Ordnung in den Variabeln x_l, y_l $(l = 1, \ldots, n)$ anfangen, so treten auch bei den Potenzreihen für $e^{-\varphi_k t}\,(x_k - X_k)$ und $e^{\varphi_k t}(y_k - Y_k)$ keine Glieder kleinerer als vierter Ordnung in den ξ_l, η_l auf. Nach der bereits beim Beweise von Hilfssatz 1 verwendeten Schlußweise des SCHWARZschen Lemmas erhält man dann aus (32) die schärferen Abschätzungen

$$\overline{|e^{-\varphi_k t}\,(x_k - X_k)|} \leqq b_8^{-1} r^{-3}\,\xi^4, \qquad \overline{|e^{\varphi_k t}\,(y_k - Y_k)|} \leqq b_8^{-1}\,r^{-3}\,\xi^4 \tag{33}$$

mit

$$\xi = \operatorname{Max}\,(|\xi_1|, \ldots, |\xi_n|, |\eta_1|, \ldots, |\eta_n|) < r, \quad |s| < 1. \tag{34}$$

Von nun an beschränken wir uns wieder auf den Fall $n = 2$ und setzen

$$\xi_1 = \zeta\, w_1, \quad \eta_1 = \zeta\, w_1^{-1}, \quad \xi_2 = \zeta\,\sigma\, w_2, \quad \eta_2 = \zeta\,\sigma\, w_2^{-1}$$

in Analogie zu (15). Unter der Voraussetzung

$$|\zeta| < \frac{r}{2}, \quad 0 < |\sigma| < 1, \quad \frac{1}{2} < |w_k| < 2 \qquad (k = 1, 2)$$

ist dann die Forderung $\xi < r$ in (34) erfüllt und außerdem

$$|\zeta| \leqq |\xi| \leqq 2\,|\zeta|. \tag{35}$$

Wir schreiben den Ausdruck

$$\frac{x_k}{X_k} - 1 = e^{-\varphi_k t}\,\xi_k^{-1}\,(x_k - X_k)$$

als eine Potenzreihe in ζ, σ, w_1, w_2, A und $s = t - t_0$. In bezug auf w_1 und w_2 ist dies eine LAURENTsche Entwicklung; in bezug auf ζ beginnt die Reihe mit ζ^3; in bezug auf σ beginnt sie für $k = 2$ mit σ^{-1} und für $k = 1$ mit σ^0. In den neuen Variabeln gilt zufolge (33) und (35) die Abschätzung

$$\overline{\left|\frac{x_1}{X_1} - 1\right|} \leqq b_9^{-1}\,r^{-3}\,|\zeta|^3, \qquad \overline{\left|\frac{x_2}{X_2} - 1\right|} \leqq b_9^{-1}\,r^{-3}\,|\zeta|^3\,|\sigma|^{-1}.$$

Es sei σ_0 eine Zahl des Intervalls $0 < \sigma_0 < 1$, die später fixiert werden wird. Ist dann

$$\sigma_0 < |\sigma| < 1, \quad |\zeta| < b_{10}\,r\,\sigma_0^{\frac{1}{3}},$$

so gilt

$$b_9^{-1}\,r^{-3}\,|\zeta|^3 \leqq b_9^{-1}\,r^{-3}\,|\zeta|^3\,|\sigma|^{-1} < \frac{1}{2},$$

und man erhält für den Hauptwert von $\log \frac{x_k}{X_k}$ eine Potenzreihenentwicklung mit

$$\overline{\left|\log \frac{x_1}{X_1}\right|} \leqq b_{11}^{-1}\,r^{-3}\,|\zeta|^3, \qquad \overline{\left|\log \frac{x_2}{X_2}\right|} \leqq b_{11}^{-1}\,r^{-3}\,|\zeta|^3\,|\sigma_0|^{-1}. \tag{36}$$

Analoge Ungleichungen gelten für $\frac{y_k}{Y_k}$ anstelle von $\frac{x_k}{X_k}$ $(k = 1, 2)$.

Um den Anschluß an den 5. Abschnitt zu bekommen, werde weiterhin

$$\varphi_1 = i(\varrho_1 + \alpha z_1 + \beta z_2), \quad \varphi_2 = i(\varrho_2 + \beta z_1 + \gamma z_2), \quad z_1 = x_1 y_1, \quad z_2 = x_2 y_2$$

vorausgesetzt, mit reellen Koeffizienten $\varrho_1, \varrho_2, \alpha, \beta, \gamma$, irrationalem Verhältnis $\frac{\lambda_2}{\lambda_1} = \frac{\varrho_2}{\varrho_1} = \mu$ und $|\alpha|, |\beta|, |\gamma| \leqq 4$. Wir übernehmen aus Abschnitt 5 auch die Annahme, daß $\alpha\mu - \beta > 0$ ist. Zu gegebenem $\varepsilon > 0$ seien wieder irgend zwei teilerfremde ganze Zahlen p, q so gewählt, daß die Ungleichungen

$$(37) \qquad 0 < \varrho_1(q\mu - p) < \varepsilon, \quad q > 0$$

gelten. Definiert man nun

$$t_0 = \frac{2\pi q}{|\lambda_1|},$$

so ist diese positive Zahl kleiner als $b_2 r^{-2}$, falls die Bedingung

$$(38) \qquad r < b_{12} q^{-\frac{1}{2}}$$

erfüllt ist. Außerdem sei noch $b_{12} < b_6$, so daß (38) auch die andere Voraussetzung von Hilfssatz 2 umfaßt.

Wir untersuchen jetzt die Gleichung $x_1 = \xi_1$ für die Unbekannte $s = t - t_0$ und wollen zunächst annehmen, sie habe eine Lösung s vom absoluten Betrage < 1. Aus der Zerlegung

$$\frac{x_k}{\xi_k} = \frac{x_k}{X_k} e^{\varphi_k t}$$

folgt für dieses s mit einer geeigneten ganzen Zahl Q die Gleichung

$$(39) \qquad 2\pi i Q = \varphi_1(t_0 + s) + \log\frac{x_1}{X_1},$$

wobei z_1, z_2 in φ_1 durch $\xi_1\eta_1 = \zeta^2$, $\xi_2\eta_2 = (\zeta\sigma)^2$ zu ersetzen sind. Ist sogar

$$|s| < b_{13} < 1, \quad r < b_{14} q^{-\frac{1}{2}}, \quad |\zeta| < b_{15} r,$$

so ergibt sich aus (36) und (39), daß

$$(40) \qquad Q = \pm q = \frac{i^{-1}\lambda_1}{|\lambda_1|} q$$

ist. Setzt man umgekehrt diesen Wert von Q in (39) ein und benutzt die Potenzreihe für $\log\frac{x_1}{X_1}$, so erhält man durch Auflösung dieser Gleichung für s eine Reihenentwicklung

$$(41) \qquad \varphi_1 s = 2\pi i Q\left(1 - \frac{\varphi_1}{\lambda_1}\right) + \cdots$$

und entsprechend

$$\varphi_1 t = 2\pi i Q + \cdots,$$

wo die weiteren Glieder rechts eine mit der dritten Potenz von ζ beginnende Potenzreihe der Variabeln $\zeta, \sigma, w_1, w_2, A$ bilden, welche für

$$r < b_{16} q^{-\frac{1}{2}}, \quad |\zeta| < b_{17} r, \quad |\sigma| < 1, \quad \frac{1}{2} < |w_k| < 2 \qquad (k = 1, 2)$$

absolut konvergiert und $|s| < b_{13}$ ergibt.

Für dasselbe $s = t - t_0$ sei nun auch die Gleichung $x_2 = \xi_2$ erfüllt. Entsprechend zu (39) wird dann

$$2\pi i P = \varphi_2(t_0 + s) + \log\frac{x_2}{X_2}$$

mit einem gewissen ganzen P. Hierin trage man für $\log \frac{x_2}{X_2}$ die Reihe nach Potenzen von $\zeta, \sigma, w_1, w_2, s, A$ ein und weiter für s die aus (41) folgende Reihe in $\zeta, \sigma, w_1, w_2, A$. Dabei ist zu bemerken, daß jetzt auch unendlich viele negative Potenzen von σ auftreten können. Wegen

$$(42) \qquad 2\pi i (P\varphi_1 - Q\varphi_2) = \varphi_1 \log \frac{x_2}{X_2} - \varphi_2 \log \frac{x_1}{X_1}$$

und (37), (40) folgt dann

$$P = \pm p = \frac{p}{q} Q,$$

falls

$$\varepsilon < b_{18}, \quad r < b_{19} q^{-\frac{1}{2}}, \quad |\zeta| < b_{20} r \sigma_0^{\frac{1}{3}}, \quad \sigma_0 < |\sigma| < 1$$

vorausgesetzt wird. Endlich werde nun andererseits (42) für diesen Wert von P nach ζ aufgelöst, wobei also s durch (41) festgelegt ist. Nach Division durch den Faktor $\mp 2\pi$ erhält man für die linke Seite von (42) den Ausdruck

$$(43) \quad i^{-1}(p\varphi_1 - q\varphi_2) = (\alpha p - \beta q)\zeta^2 + (\beta p - \gamma q)(\zeta\sigma)^2 - \varrho_1(q\mu - p).$$

Von nun an seien α, β, γ fest, und es werde zugelassen, daß die weiteren Konstanten $b_{21}, \ldots, b_{31}$ auch noch von α, β, γ abhängen können. Für $\varepsilon < b_{21}$ ist dann

$$(44) \qquad \alpha p - \beta q = \alpha(p - q\mu) + q(\alpha\mu - \beta) > b_{22} q,$$

und für $\sigma_0 < |\sigma| < b_{23}$ ist daher

$$|(\beta p - \gamma q)\sigma^2| < \frac{1}{2}|\alpha p - \beta q|.$$

Die Entwicklung der rechten Seite von (42) nach Potenzen von $\zeta, \sigma, w_1, w_2, A$ beginnt in ζ mit einem Gliede dritten Grades, und die Reihe der absoluten Beträge aller Glieder ist wiederum kleiner als $b_{24}^{-1} r^{-3} |\zeta|^3 |\sigma_0|^{-1}$. Unter der Voraussetzung

$$|\zeta| < b_{25} r^3 \sigma_0 q$$

wird nun

$$b_{24}^{-1} r^{-3} |\zeta|^3 |\sigma_0|^{-1} (b_{22} q |\zeta|^2)^{-1} < \frac{1}{2}.$$

Setzt man dann noch

$$(45) \qquad \frac{\varrho_1(q\mu - p)}{\alpha p - \beta q} = v^2,$$

so erhält man aus (42) eine Potenzreihe

$$(46) \qquad \zeta = f(v) = v + \cdots$$

in v, σ, w_1, w_2, A, welche für

$$|v| < b_{26} r^3 \sigma_0 q, \quad \sigma_0 < |\sigma| < b_{23}, \quad \frac{1}{2} < |w_k| < 2 \qquad (k = 1, 2)$$

absolut konvergiert und die einzige Lösung von (42) unter der Bedingung

$$|\zeta| < b_{27} r^3 \sigma_0 q$$

bildet.

Man wähle nun

$$r = b_{28} q^{-\frac{1}{2}}, \quad \sigma_0 = \frac{b_{29}}{2},$$

wobei noch b_{29} kleiner als die Konstante C_7 in Abschnitt 5 sein möge. Wird dann

$$\varepsilon < b_{30}, \quad |\zeta| < b_{31} q^{-\frac{1}{2}}, \quad \frac{b_{29}}{2} < |\sigma| < b_{29}, \quad \frac{1}{2} < |w_k| < 2 \quad (k = 1, 2)$$

vorausgesetzt, so folgt aus (37), (44) und (45), daß (46) die Lösung von (42) liefert.

Entsprechend lassen sich die beiden Gleichungen $y_k = \eta_k (k = 1, 2)$ diskutieren. An die Stelle von (39) tritt dann

$$2 \pi i \, Q_1 = - \varphi_1(t_0 + s) + \log \frac{y_1}{Y_1}$$

mit ganzem Q_1, woraus für $|s| < b_{13}$, $r < b_{14} q^{-\frac{1}{2}}$, $|\zeta| < b_{15} r$ zunächst $Q_1 = - Q$ folgt. Entsprechend ergibt sich weiter

$$- 2 \pi i \, P = - \varphi_2(t_0 + s) + \log \frac{y_2}{Y_2}$$

für $\varepsilon < b_{18}$, $r < b_{19} q^{-\frac{1}{2}}$, $|\zeta| < b_{20} r \sigma_0^{\frac{1}{3}}$, $\sigma_0 < |\sigma| < 1$, und hieraus

(47) $$2 \pi i (P \varphi_1 - Q \varphi_2) = \varphi_2 \log \frac{y_1}{Y_1} - \varphi_1 \log \frac{y_2}{Y_2}.$$

Im allgemeinen brauchen die durch Auflösung der beiden Gleichungen $x_k = \xi_k$ $(k = 1, 2)$ nach s und ζ gefundenen Reihen in σ, w_1, w_2, A nicht mit den entsprechenden für die Gleichungen $y_k = \eta_k$ übereinzustimmen. Es werde nun aber angenommen, daß alle vier Gleichungen identisch in σ, w_1, w_2 simultan lösbar sind. Indem man die beiden Reihen für ζ einander gleichsetzt, erhält man bei Koeffizientenvergleich bezüglich der Variabeln σ, w_1, w_2 analytische Bedingungsgleichungen für die unbestimmten Koeffizienten A. Diese sollen nun für den Hamiltonschen Fall näher betrachtet werden.

9. Der Divergenzbeweis.

Zunächst bestimmen wir den bezüglich A linearen Bestandteil in der Reihe $\zeta = f(v)$, die wir durch Auflösung der Gleichungen $x_k = \xi_k (k = 1, 2)$ gefunden haben. Ist g irgendeine Potenzreihe in den A, so möge mit $K[g]$ der bezüglich A konstante Teil und mit $L[g]$ der lineare Teil bezeichnet werden. In den Entwicklungen $x_k = X_k + U_k + \cdots$, $y_k = Y_k + V_k + \cdots$ ist dann $K[x_k] = X_k$, $L[x_k] = U_k$, $K[y_k] = Y_k$, $L[y_k] = V_k$. Hieraus folgt

$$K\left[\log \frac{x_k}{X_k}\right] = 0, \quad L\left[\log \frac{x_k}{X_k}\right] = \frac{U_k}{X_k}.$$

Ist sodann $t = t_0 + s$ aus (39) bestimmt, so gilt

$$\varphi_1 K[t] = 2 \pi i \, Q,$$

wobei also t noch als Reihe in den Variabeln ζ, σ, w_1, w_2 und A anzusehen ist. Da nach (42), (43), (45) die Beziehung

$$\zeta^2 \left(1 + \frac{\beta p - \gamma q}{\alpha p - \beta q} \sigma^2\right) = v^2 + \frac{1}{2 \pi (\alpha P - \beta Q)} \left(\varphi_2 \log \frac{x_1}{X_1} - \varphi_1 \log \frac{x_2}{X_2}\right)$$

besteht, so ergibt sich mit den Abkürzungen

$$\left(1 + \frac{\beta p - \gamma q}{\alpha p - \beta q} \sigma^2\right)^{\frac{1}{2}} = \eta, \quad \hat{\zeta} = \frac{v}{\eta}, \quad \hat{\varphi}_k = (\varphi_k)_{\zeta = \hat{\zeta}}, \quad \hat{t} = \frac{2 \pi i \, Q}{\hat{\varphi}_1}$$

das Resultat

$$K[\zeta] = \hat{\zeta}, \quad K[t] = \hat{t}, \quad L[\zeta] = \frac{1}{4 \pi v \eta (\alpha P - \beta Q)} \left(\varphi_2 \frac{U_1}{X_1} - \varphi_1 \frac{U_2}{X_2}\right)_{t = \hat{t}, \zeta = \hat{\zeta}},$$

worin jetzt t und ζ Reihen in σ, w_1, w_2 und A sind. Nach (42) ist ferner $K[P\varphi_1 - Q\varphi_2] = 0$, also $p\,\hat{\varphi}_1 = q\,\hat{\varphi}_2$.

Andererseits seien $\tilde{t}$ und $\tilde{\zeta}$ die entsprechenden Reihen in σ, w_1, w_2 und A, welche durch Auflösung der beiden anderen Gleichungen $y_k = \eta_k (k = 1, 2)$ entstanden sind. Dann wird auch $K[\tilde{t}] = \hat{t}$, $K[\tilde{\zeta}] = \hat{\zeta}$, und zufolge (47) ergibt sich weiter

$$L[\tilde{\zeta}] = \frac{1}{4\pi v \eta (\alpha P - \beta Q)} \left(\varphi_1 \frac{V_2}{Y_2} - \varphi_2 \frac{V_1}{Y_1}\right)_{t=\hat{t},\,\zeta=\hat{\zeta}}.$$

Daher erhält man die Entwicklung

$$(48)\quad 2 i v \eta (\alpha p - \beta q)(\tilde{\zeta} - \zeta) = \hat{t}^{-1}\left\{p\left(\frac{U_1}{X_1} + \frac{V_1}{Y_1}\right) - q\left(\frac{U_2}{X_2} + \frac{V_2}{Y_2}\right)\right\}_{t=\hat{t},\,\zeta=\hat{\zeta}} + \cdots$$

nach Potenzen der A, wo die nicht-linearen Glieder rechts nicht angegeben sind.

Von nun an werde endlich vorausgesetzt, daß das System (31) ein HAMILTONsches ist, also $g_k = G_{y_k}$, $h_k = -G_{x_k} (k = 1, 2)$ und $G(x, y) = -\bar{G}(y, x)$ eine Potenzreihe in x_1, y_1, x_2, y_2, die mit Gliedern fünften Grades beginnt. Demnach gilt

$$(49)\quad G(x, y) = \sum a_{m_1 n_1 m_2 n_2}\, x_1^{m_1} y_1^{n_1} x_2^{m_2} y_2^{n_2}, \quad a_{m_1 n_1 m_2 n_2} = -\bar{a}_{n_1 m_1 n_2 m_2},$$

wo m_1, n_1, m_2, n_2 alle nicht-negativen ganzen Zahlen mit der Summe > 4 durchlaufen. Die Koeffizienten $a = a_{m_1 n_1 m_2 n_2}$ sollen als komplexe Unbestimmte vom absoluten Betrage $|a| \leq 1$ angesehen werden, die nur der Bedingung in (49) zu genügen haben. Die Koeffizienten A der g_k, h_k gehen aus den a durch Multiplikation mit bestimmten ganzen Zahlen hervor und erfüllen dann offenbar die früher gestellte Bedingung $|A| \leq l + 1$ $(l = 4, 5, \ldots)$ bei den Gliedern l-ter Ordnung. Es ist klar, daß jede homogene Funktion der A in eine solche der a übergeht. Insbesondere ist das in (48) rechts hingeschriebene Glied genau der lineare Teil der Reihenentwicklung nach Potenzen der a.

Wir benutzen nun (25) und erhalten wegen $\hat{\varphi}_1 \hat{t} = 2\pi i Q$, $\hat{\varphi}_2 \hat{t} = 2\pi i P$ die Gleichung

$$(50)\quad (Y_k U_k + X_k V_k)_{t=\hat{t},\,\zeta=\hat{\zeta}} = \hat{t} \int_0^1 \{y_k G_{y_k}(x, y) - x_k G_{x_k}(x, y)\}\, d\sigma$$

mit den Abkürzungen

$$(51)\quad x_1 = \xi_1 e^{2\pi i Q\sigma}, \quad y_1 = \eta_1 e^{-2\pi i Q\sigma}, \quad x_2 = \xi_2 e^{2\pi i P\sigma}, \quad y_2 = \eta_2 e^{-2\pi i P\sigma}$$

und

$$\xi_1 = \hat{\zeta} w_1, \quad \eta_1 = \hat{\zeta} w_1^{-1}, \quad \xi_2 = \hat{\zeta}\sigma w_2, \quad \eta_2 = \hat{\zeta}\sigma w_2^{-1}.$$

Ist jetzt

$$g = a_{m_1 n_1 m_2 n_2}\, x_1^{m_1} y_1^{n_1} x_2^{m_2} y_2^{n_2}$$

ein Glied der Potenzreihe G, so liefert es zu dem Integrale in (50) sicher dann den Beitrag 0, wenn es nicht nach der Substitution (51) von σ unabhängig wird. Für den Ausnahmefall ist

$$(52)\quad (n_1 - m_1)\, q = (m_2 - n_2)\, p;$$

und der entsprechende Beitrag zum Integral hat den Wert $(n_k - m_k)\, g$. Es folgt somit

$$
(53)\qquad \hat{t}^{-1}\left\{ p\left(\frac{U_1}{X_1} + \frac{V_1}{Y_1}\right) - q\left(\frac{U_2}{X_2} + \frac{V_2}{Y_2}\right)\right\}_{t=\hat{t},\, \zeta=\hat{\zeta}}
$$
$$
= \sum{}' a_{m_1 n_1 m_2 n_2} \left\{ \frac{p}{\xi_1 \eta_1} (n_1 - m_1) - \frac{q}{\xi_2 \eta_2} (n_2 - m_2)\right\} \xi_1^{m_1} \eta_1^{n_1} \xi_2^{m_2} \eta_2^{n_2},
$$

wo genau über sämtliche Systeme nicht-negativer ganzer Zahlen m_1, n_1, m_2, n_2 zu summieren ist, welche der Bedingung (52) genügen und die Summe > 4 haben. Wegen (52) ist

$$
n_1 - m_1 = p\, j, \quad m_2 - n_2 = q\, j
$$

mit ganzem j. Entwickelt man noch den Faktor von $a_{m_1 n_1 m_2 n_2}$ in (53) nach aufsteigenden Potenzen von σ, so wird er

$$
(54)\quad j\,(p^2 + q^2 \sigma^{-2})\, \hat{\zeta}^{m-2} \sigma^{m_2 + n_2} w_1^{-pj} w_2^{qj} = j\, q^2 v^{m-2} \sigma^{m_2 + n_2 - 2} w_1^{-pj} w_2^{qj} + \cdots
$$

mit $m = m_1 + n_1 + m_2 + n_2$, wo die Konstante v durch (45) bestimmt ist.

Es sei nun für irgendein Wertsystem a und alle σ, w_k aus dem Gebiet

$$
\frac{b_{29}}{2} < |\sigma| < b_{29}, \quad \frac{1}{2} < |w_k| < 2 \qquad (k = 1, 2)
$$

die Gleichung $\tilde{\zeta} = \zeta$ erfüllt. Aus (48), (53) erhält man dann durch Koeffizientenvergleich bezüglich σ, w_1, w_2, daß die a unendlich viele analytischen Gleichungen von der Form $\Phi(a) = 0$ genügen müssen, wo Φ eine für $|a| \leqq 1$ absolut konvergente Reihe in den a bedeutet, in welcher lineare Glieder wirklich auftreten. Wählt man nämlich für m_2, n_2 irgend zwei verschiedene ganze Zahlen $\geqq 0$, deren Differenz $m_2 - n_2 = q\,j$ durch q teilbar ist, setzt $n_1 = m_1 + {} + p\,j = m_1 + \frac{p}{q}(m_2 - n_2)$ und läßt m_1 alle ganzen Zahlen $\geqq \operatorname{Min}(0, -p\,j)$ durchlaufen, so ergibt sich vermöge (54) eine Gleichung der Form

$$
(55)\qquad \sum_{m_1} a_{m_1 n_1 m_2 n_2} v^{m_1 + n_1} + \cdots = 0,
$$

wo die weiteren Glieder in den a mindestens vom zweiten Grade sind. Damit die Indexsumme $m > 4$ wird, sei $q > 4$ vorausgesetzt. Wir wollen noch feststellen, welches der kleinste Wert von m ist, der bei einem in (55) linear auftretenden a überhaupt vorkommen kann. Man hat dann entweder $j = 1$, $n_2 = 0$, $m_2 = q$ und $m_1 = \operatorname{Min}(0, -p)$, $n_1 = \operatorname{Min}(p, 0)$ zu wählen oder $j = -1$, $n_2 = q$, $m_2 = 0$ und $m_1 = \operatorname{Min}(0, p)$, $n_1 = \operatorname{Min}(-p, 0)$. Die zugehörige minimale Indexsumme $|p| + q$ tritt bei genau einem linearen Glied in (55) auf.

Die Zahlenkoeffizienten in (55) hängen außer von $\lambda_1, \lambda_2, \alpha, \beta, \gamma$ noch von p und q ab. Bisher waren p, q als gegebene ganze Zahlen angesehen worden, die teilerfremd sind und den Ungleichungen (37) zu genügen haben. Nun gibt es aber unendlich viele solcher Paare p, q, und man kann aus ihnen eine solche Folge bilden, daß sogar der positive Wert $\varrho_1(q\,\mu - p) = \varepsilon_q$ gegen 0 strebt und $2\,\varepsilon_q < \varepsilon$ ist. Dann gilt also (37) auch mit $2\,\varepsilon_q$ anstelle von ε.

Nach diesen Vorbereitungen läßt sich der Beweis des Satzes leicht führen. Es werde vorausgesetzt, daß das Hamiltonsche System

$$
\frac{dx_k}{dt} = \varphi_k x_k + G_{y_k}, \quad \frac{dy_k}{dt} = -\varphi_k y_k - G_{x_k} \qquad (k = 1, 2)
$$

bei irgendeiner Wahl der Koeffizienten a von G durch eine konvergente kanonische Potenzreihen-Substitution in die Normalform übergeführt werden kann. Nach Abschnitt 5 haben die Lösungen zu den Anfangswerten $\xi_1 = \zeta w_1$, $\eta_1 = \zeta w_1^{-1}$, $\xi_2 = \zeta \sigma w_2$, $\eta_2 = \zeta \sigma w_2^{-1}$ eine Periode $t = \tau$, wenn für ζ eine gewisse Potenzreihe in σ, w_k, w_k^{-1} $(k = 1, 2)$ gesetzt wird, die im Gebiet $|\sigma| < C_7$, $\frac{1}{2} < |w_k| < 2$ konvergiert, und dann ist zufolge (16) noch

$$|\zeta|^2 < 2\, C_8^{-1}\, \varepsilon_q\, q^{-1}, \quad \left|\tau - \frac{2\pi q}{|\lambda_1|}\right| < 2\, C_4^{-1}\, \varepsilon_q\,.$$

Hierbei ist aber $2\,\varepsilon_q < c_7$ vorauszusetzen. Diese Bedingung ist wegen $\varepsilon_q \to 0$ für fast alle Paare p, q erfüllt, und aus dem gleichen Grunde gilt dann auch $2\, C_8^{-1} \varepsilon_q < b_{31}^2$ und $2\, C_4^{-1} \varepsilon_q < b_{13}$. Da nach einer früheren Voraussetzung auch $b_{29} < C_7$ ist, so muß die im vorigen Abschnitt unter den Bedingungen

$$\left|t - \frac{2\pi q}{|\lambda_1|}\right| < b_{13},\ |\zeta| < b_{31}\, q^{-\frac{1}{2}},\ \ \frac{b_{29}}{2} < |\sigma| < b_{29},\ \ \frac{1}{2} < |w_k| < 2 \qquad (k = 1, 2)$$

durch Auflösung der Gleichungen $x_k = \xi_k$ eindeutig bestimmte LAURENTsche Reihenentwicklung von ζ nach Potenzen von σ, w_1, w_2 mit der in Abschnitt 5 gefundenen identisch sein. Da aber letztere auch die Gleichungen $y_k = \eta_k$ mit demselben $t = \tau$ erfüllt, so folgt $\tilde{\zeta} = \zeta$ für $\frac{b_{29}}{2} < |\sigma| < b_{29}, \frac{1}{2} < |w_k| < 2$. Demnach müssen die Koeffizienten a für fast alle Paare p, q die unendlich vielen Gleichungen (55) erfüllen und speziell die Gleichungen

$$(56) \qquad a_{0pq0} + \cdots = 0 \ \left(\frac{\lambda_1}{\lambda_2} > 0\right), \quad a_{-p0q0} + \cdots = 0 \ \left(\frac{\lambda_1}{\lambda_2} < 0\right),$$

in der alle weiteren linear auftretenden a die Indexsumme $m > |p| + q$ haben. Die linken Seiten dieser Gleichungen sind für $|a| \leqq 1$ absolut konvergente Potenzreihen, und es ist evident, daß die sämtlichen für die verschiedenen Paare p, q erhaltenen Potenzreihen in (56) analytisch unabhängig sind, da ja bereits zwischen ihren linearen Teilen keine Abhängigkeit besteht und daher die mit irgendwelchen endlich vielen dieser Reihen gebildete Funktionalmatrix stets den maximalen Rang hat. Diese Aussage über analytische Unabhängigkeit bleibt bestehen, wenn die a noch der Realitätsbedingung in (49) unterworfen werden.

Wir fassen das System der Koeffizienten a in der HAMILTONschen Funktion H als Koordinaten des Punktes H im Funktionenraum $\mathfrak{H}$ auf. Da die Gleichungen (56) analytisch sind, so liegen ihre Lösungen in $\mathfrak{H}$ nirgends dicht. Die Punkte von $\mathfrak{H}$, welche mindestens einer der unendlich vielen Gleichungen genügen, gehören also zur Vereinigungsmenge $\mathfrak{V}$ von abzählbar vielen, nirgends dichten Punktmengen. Andererseits müssen nun aber für die konvergent in die Normalform transformierbaren H sogar fast alle Gleichungen (56) erfüllt sein, und die entsprechenden Punkte in $\mathfrak{H}$ bilden daher eine Teilmenge $\mathfrak{K}$ von $\mathfrak{V}$. Als Vereinigungsmenge abzählbar vieler, nirgends dichter Mengen ist $\mathfrak{K}$ von erster Kategorie im Sinne von BAIRE. Durch ein Einschachtelungsverfahren ersieht man, daß $\mathfrak{H} - \mathfrak{V}$ in $\mathfrak{H}$ dicht ist und daß $\mathfrak{H}$ selbst, also auch $\mathfrak{H} - \mathfrak{K}$, nicht von erster Kategorie ist. Damit ist der Beweis des Satzes beendet.

Zum Schluß sei darauf hingewiesen, daß aus der Voraussetzung der konvergenten Transformierbarkeit von H in die Normalform nur folgt, daß die Gleichungen (56) für alle genügend großen q erfüllt sind, wobei die Folge der q

durch die Bedingung $0 < \varrho_1(q\,\mu - p) \to 0$ festgelegt ist. Da man aber keine Voraussetzung über die Größe des Konvergenzbereiches der Transformation macht, so kann man kein q angeben, für welches notwendigerweise (56) erfüllt sein muß. Will man also von einem vorgelegten HAMILTONschen System durch Benutzung unseres Satzes feststellen, daß es nicht konvergent in die Normalform übergeführt werden kann, so hat man zu zeigen, daß unendlich viele der Bedingungen (56) nicht erfüllt sind. Für diese Feststellung ist kein finites Verfahren bekannt, obwohl die Koeffizienten in (56) sämtlich explizit berechenbar sind. Man weiß also z. B. auch jetzt immer noch nicht, ob die Differentialgleichungen des restringierten Dreikörperproblems bei festem Massenverhältnis in der Umgebung der LAGRANGEschen Gleichgewichtslösungen konvergent in die Normalform transformierbar sind oder nicht. Man kann aber leicht ein konstruktives Schachtelverfahren angeben, das in einer vorgeschriebenen Umgebung eines Punktes von $\mathfrak{H}$ einen Punkt von $\mathfrak{H} - \mathfrak{K}$ liefert.

Hieran läßt sich noch folgende Bemerkung knüpfen: Ist H irgendein Punkt von $\mathfrak{H} - \mathfrak{K}$, sind also von den Bedingungen (56) unendlich viele nicht erfüllt, so ersetze man G durch $\nu\, G$ für reelles ν des Intervalls $-1 \leqq \nu \leqq 1$ und bilde die entsprechenden linken Seiten von (56), indem man dort $\nu\, a$ statt a schreibt. Bei festgehaltenen a sind nun unendlich viele der so entstehenden Potenzreihen in ν nicht identisch 0, und folglich gibt es höchstens abzählbar viele Werte ν des Intervalls $-1 \leqq \nu \leqq 1$, für welche auch nur mindestens irgendeine dieser Potenzreihen 0 wird. Sind also für G unendlich viele der Bedingungen (56) nicht erfüllt, so gibt es höchstens abzählbar viele Werte des reellen Parameters ν, für welche das HAMILTONsche System

$$\frac{dx_k}{dt} = \varphi_k\, x_k + \nu\, G_{y_k}, \quad \frac{dy_k}{dt} = -\,\varphi_k\, y_k - \nu\, G_{x_k} \qquad (k = 1, 2)$$

konvergent in die Normalform transformiert werden kann. In dieser Aussage wurde die ursprüngliche Beschränkung auf das Intervall $-1 \leqq \nu \leqq 1$ fortgelassen, da man den allgemeineren Fall $-h \leqq \nu \leqq h$ für $h = 1, 2, \ldots$ mit der Ersetzung von x_k, y_k, $G(x, y)$ durch $h^{-1}x_k$, $h^{-1}y_k$, $h^2 G(h^{-1}x, h^{-1}y)$ auf den früheren zurückführen kann.

10. Literatur.

[1] SIEGEL, C. L.: Über die Normalform analytischer Differentialgleichungen in der Nähe einer Gleichgewichtslösung. Nachr. Akad. Wiss. Göttingen, math.-phys. Kl. IIa, Jahrg. 1952, 21—30. — [2] DELAUNAY, C. E.: Théorie du mouvement de la lune. Paris Mém. prés. **28** (1860), **29** (1867). — [3] LINDSTEDT, A.: Beitrag zur Integration der Differentialgleichungen der Störungstheorie. Abh. K. Akad. Wiss. St. Petersburg **31**, Nr. 4 (1882). — [4] POINCARÉ, H.: Les méthodes nouvelles de la mécanique céleste, Bd. 2. Paris 1893. — [5] WHITTAKER, E. T.: On the solution of dynamical problems in terms of trigonometric series. Proc. London math. Soc. **34**, 206—221 (1902). — [6] BIRKHOFF, G. D.: Dynamical systems. New York 1927. — [7] CHERRY, T. M.: On the solution of Hamiltonian systems of differential equations in the neighbourhood of a singular point. Proc. London math. Soc. II **27**, 151—170 (1928). — [8] SIEGEL, C. L.: On the integrals of canonical systems. Ann. of Math. **42**, 806—822 (1941). — [9] BIRKHOFF, G. D.: Surface transformations and their dynamical applications. Acta math. **43**, 1—119 (1922). — [10] POINCARÉ, H.: Sur le problème des trois corps et les équations de la dynamique. Acta math. **13**, 1—272 (1890).

(Eingegangen am 16. Februar 1954.)

64.

Meromorphe Funktionen auf kompakten analytischen Mannigfaltigkeiten

Nachrichten der Akademie der Wissenschaften in Göttingen.
Mathematisch-physikalische Klasse, 1955, Nr. 4, 71—77

Vorgelegt in der Sitzung vom 18. Februar 1955

1. Es sei $\mathfrak{P}$ eine kompakte analytische Mannigfaltigkeit von n komplexen Dimensionen und K der Körper der auf $\mathfrak{P}$ eindeutigen meromorphen Funktionen. Es handelt sich um den Beweis der folgenden beiden Sätze.

Satz 1: *Je $n+1$ Funktionen aus K sind algebraisch abhängig.*

Satz 2: *Gibt es n algebraisch unabhängige Funktionen $f_1, \ldots, f_n$ aus K, so ist K eine endliche algebraische Erweiterung des Körpers der rationalen Funktionen von $f_1, \ldots, f_n$.*

Ein wesentliches Hilfsmittel beim Beweise wird durch eine Verallgemeinerung des Schwarzschen Lemmas gegeben, die zuerst hergeleitet werden soll. Man fasse n komplexe Variable z_k $(k = 1, \ldots, n)$ zu einem Vektor z zusammen und bezeichne mit $|z|$ das Maximum der n absoluten Beträge $|z_k|$. Für jeden skalaren Faktor λ ist dann offenbar $|z\lambda| = |z|\,|\lambda|$.

Lemma: *Es sei $\varphi(z)$ eine im Gebiete $|z| \leq r$ konvergente Potenzreihe der Variabeln $z_1, \ldots, z_n$, welche dort absolut $\leq M$ ist. Treten in der Reihe keine Glieder der Ordnungen $0, 1, \ldots, h-1$ auf, so gilt*

$$|\varphi(z)| \leq M\left(\frac{|z|}{r}\right)^h \qquad (|z| \leq r).$$

Beweis: Für $z = 0$ ist die Behauptung trivial; es sei also $0 < |z| \leq r$. Bedeutet λ eine weitere komplexe Variable, so ist bei festem z die Funktion

$$\varphi(z\lambda) = \psi(\lambda)$$

im Kreise $|\lambda| \leq \frac{r}{|z|}$ regulär und verschwindet bei $\lambda = 0$ mindestens von h-ter Ordnung. Im gleichen Kreis ist dann auch die Funktion

$$\lambda^{-h}\psi(\lambda) = \chi(\lambda)$$

regulär. Da auf dem Kreisrande die Abschätzung

$$|\chi(\lambda)| = |\lambda|^{-h}|\varphi(z\lambda)| \leq M\left(\frac{|z|}{r}\right)^h$$

gilt und $\varphi(z) = \psi(1) = \chi(1)$ ist, so liefert das Maximumprinzip die Behauptung.

2. Dem Beweise der beiden Sätze seien einige historische Angaben vorausgeschickt. Ist $\mathfrak{R}$ die additive Gruppe aller komplexen Vektoren z und G eine diskrete Untergruppe mit $2n$ unabhängigen Elementen ω_l $(l = 1, \ldots, 2n)$, so ist $\mathfrak{P} = \mathfrak{R}/G$ kompakt und K der Körper der Abelschen Funktionen mit der Periodengruppe G. Für diesen Spezialfall haben die Sätze in der geschichtlichen Entwicklung schon seit ungefähr 100 Jahren eine Rolle gespielt. Im Jahre 1860 hat Riemann während eines Besuches bei Hermite zuerst von den Relationen zwischen den ω_l und dem sog. Thetasatze Mitteilung gemacht. Obwohl er über diese Entdeckung nichts Schriftliches hinterlassen hat, so läßt sich vermuten, daß sie im Zusammenhang mit seiner Lösung des Jacobischen Umkehrproblems durch Thetafunktionen entstanden ist, wobei er gerade die entsprechenden Relationen für die Perioden der Abelschen Integrale 1. Gattung bewiesen hatte. Dies macht es wahrscheinlich, daß er von einer ähnlichen Überlegung geleitet war wie dann Weierstraß[1] bei seinen langjährigen Bemühungen um den Beweis der Periodenrelationen. Weierstraß erkannte nämlich, daß man bei Benutzung von Satz 2 durch Umkehrung eines Systems von n Abelschen Funktionen zu Abelschen Integralen 1. Gattung kommen kann, deren Periodenrelationen dann das gewünschte Resultat enthalten. Obwohl Weierstraß durch seine wichtigen Ergebnisse zur Algebra der Potenzreihen die Grundlagen für die allgemeine Theorie der meromorphen Funktionen mehrerer Variabeln geschaffen hat, so kam er doch nicht zu einem lückenlosen Beweise von Satz 2 für den vorliegenden Fall.

Die Ansätze von Weierstraß[2] wurden vollständig erst nach seinem Tode veröffentlicht, nachdem die Beweisidee bereits durch eine unabhängig von Weierstraß entstandene Arbeit von Poincaré und Picard[3] bekannt geworden war. Darin ist aber auch dieselbe Lücke vorhanden, und der gleiche Einwand betrifft die Untersuchung von Wirtinger[4]. Die wesentliche Schwierigkeit für die exakte Durchführung im Sinne von Weierstraß rührt davon her, daß man die Umkehrung einer durch n Abelsche Funktionen vermittelten Abbildung zu studieren hat. Im Lehrbuche von Osgood[5] wurde ein entsprechender Versuch gemacht, der aber auch nicht völlig befriedigend ausgefallen ist. Erst in neuester Zeit wurde durch Thimm[6] eine einwandfreie Begründung der Theorie meromorpher Abbildungen und damit speziell ein Beweis der Sätze 1 und 2 auf dem von Weierstraß vorgesehenen Wege gegeben.

3. Im Jahre 1902 veröffentlichte Poincaré[7] den ersten vollständigen Beweis des Thetasatzes mit Hilfe der Potentialtheorie, und hieraus ergab sich unter Benutzung eines von Frobenius[8] bewiesenen Resultates zugleich ein Beweis von Satz 2 für den Körper der Abelschen Funktionen. Vorher war der Thetasatz bereits auf anderem Wege für $n = 2$ von Appell[9] bewiesen worden, und hieran hat dann neuerdings Conforto[10] seinen allgemeinen Beweis angeschlossen. In seiner Arbeit gibt nun aber Poincaré auch einen Ansatz zu einem direkten Beweise von Satz 1, welcher für die weitere Entwicklung von Bedeutung wurde. Er bildet aus $n + 1$ gegebenen Abelschen Funktionen

$f_k(z)$ $(k = 0, \ldots, n)$ das allgemeine Polynom P vom Gesamtgrade m mit

$$a = \binom{m+n+1}{n+1}$$

unbestimmten Koeffizienten und fordert, daß an einer Regularitätsstelle $z = \zeta$ die Funktion P nebst allen partiellen Ableitungen der Ordnungen $1, 2, \ldots, h-1$ verschwindet. Dies ergibt insgesamt

$$b = \binom{h+n-1}{n}$$

homogene lineare Bedingungen für die Koeffizienten von P. Bei gegebenem m werde h so gewählt, daß die Anzahl $b < a$ und h möglichst groß ist. Es sei eine nicht-triviale Lösung der linearen Gleichungen gewählt. Nunmehr handelt es sich darum, aus dem analytischen Verhalten der f_k den Schluß zu ziehen, daß für genügend großes m aus dem Verschwinden h-ter Ordnung an der einen Stelle ζ das identische Verschwinden von P als Funktion von z folgt. Dafür benötigt allerdings Poincaré wieder Eigenschaften meromorpher Abbildungen, die nicht mit genügender Strenge begründet werden.

Der Poincarésche Ansatz wurde vom Verfasser[11, 12] zur Untersuchung der homogenen algebraischen Abhängigkeit von gewissen automorphen Formen herangezogen. Hierbei treten geringere Schwierigkeiten auf, da die betrachteten Funktionen keine Polstellen haben, und der wesentliche Schluß wird durch Anwendung des oben formulierten Lemmas ermöglicht. Diese Methode wurde von Hervé[13] weiter ausgebaut, indem statt der einen Interpolationsstelle ζ beliebig viele benutzt werden. Das hat den Vorteil, daß die ursprünglich im großen durchgeführte Schlußweise nur noch lokal anzuwenden ist. Eine weitere Verallgemeinerung verdankt man Bochner[14] und Martin[15]. Auch in der wichtigen Arbeit von Chow[16] tritt der Poincarésche Ansatz entscheidend auf. Schließlich erkannte Serre[17], daß auf der so gewonnenen Basis auch die Sätze 1 und 2 über meromorphe Funktionen sehr einfach zu beweisen sind, wenn man für Satz 2 ein bekanntes Resultat von Cousin[18] heranzieht. In der vorliegenden Arbeit wird endlich noch dieses Hilfsmittel eliminiert und durch eine naheliegende algebraische Überlegung ersetzt. Dabei wird Satz 1 benötigt, dessen Beweis nach dem Serreschen Vorbild dargestellt wird. Der vollständige Beweis der beiden Sätze ist nunmehr so kurz und elementar geworden, daß er bequem in einer Kollegstunde vorgetragen werden kann, wenn die Eindeutigkeit der lokalen Primfaktorzerlegung analytischer Funktionen als bekannt vorausgesetzt wird.

4. Der variable Punkt von $\mathfrak{P}$ sei mit $\mathfrak{z}$ bezeichnet. Für die Umgebung jedes Punktes $\mathfrak{a}$ auf $\mathfrak{P}$ hat man n komplexe Ortskoordinaten $z_1, \ldots, z_n$ von $\mathfrak{z}$, welche ein Gebiet $|z| \leq r$ auf eine abgeschlossene Umgebung $\mathfrak{K}_\mathfrak{a}$ von $\mathfrak{a}$ topologisch abbilden, wobei der Punkt $z = 0$ in $\mathfrak{a}$ übergeht. Ist der Durchschnitt zweier Umgebungen $\mathfrak{K}_\mathfrak{a}$ und $\mathfrak{K}_\mathfrak{b}$ nicht leer, so sind dort lokal die beiden Koordinaten-

systeme $z_{\mathfrak{a}}$, $z_{\mathfrak{b}}$ durch eine analytische Transformation miteinander verknüpft.

Eine auf $\mathfrak{P}$ meromorphe Funktion $f(\mathfrak{z})$ hat in der Umgebung jedes Punktes $\mathfrak{a}$ eine Quotientendarstellung

$$(1) \qquad f(\mathfrak{z}) = \frac{p_{\mathfrak{a}}(z)}{q_{\mathfrak{a}}(z)} \qquad (\mathfrak{z} \in \mathfrak{K}_{\mathfrak{a}});$$

dabei sind $p_{\mathfrak{a}}, q_{\mathfrak{a}}$ Potenzreihen in $z_1, \ldots, z_n$, welche für $|z| \leq r = r_{\mathfrak{a}}$ konvergieren, und $q_{\mathfrak{a}}(z)$ ist nicht identisch 0. Nach den Teilbarkeitssätzen über Potenzreihen kann man noch voraussetzen, daß die beiden regulären Funktionen $p_{\mathfrak{a}}(z)$, $q_{\mathfrak{a}}(z)$ auf $|z| \leq r$ überall lokal teilerfremd sind. Es ist zu beachten, daß der Radius $r_{\mathfrak{a}}$ und damit die abgeschlossene Umgebung $\mathfrak{K}_{\mathfrak{a}}$ von $\mathfrak{a}$ jetzt von der Wahl von $f(\mathfrak{z})$ abhängig sein können. Ist der Durchschnitt $\mathfrak{K}_{\mathfrak{a}} \cap \mathfrak{K}_{\mathfrak{b}}$ nicht leer, so gilt

$$(2) \qquad q_{\mathfrak{b}}(z_{\mathfrak{b}}) = j_{\mathfrak{a}\mathfrak{b}}(\mathfrak{z}) q_{\mathfrak{a}}(z_{\mathfrak{a}}) \qquad (\mathfrak{z} \in \mathfrak{K}_{\mathfrak{a}} \cap \mathfrak{K}_{\mathfrak{b}}),$$

wo die analytische Funktion $j_{\mathfrak{a}\mathfrak{b}}(\mathfrak{z})$ lokal eine Einheit ist.

Jetzt seien $n + 1$ Funktionen f und f_k $(k = 1, \ldots, n)$ des Körpers K gegeben. Auch für $f_k(\mathfrak{z})$ gilt eine lokale Darstellung (1), worin zur Unterscheidung $p_{k\mathfrak{a}}, q_{k\mathfrak{a}}$ statt $p_{\mathfrak{a}}, q_{\mathfrak{a}}$ und in (2) entsprechend $j_{k\mathfrak{a}\mathfrak{b}}$ gesetzt werde. Es sei ferner $\mathfrak{L}_{\mathfrak{a}}$ die durch $|z| \leq \varrho = e^{-1} r$ definierte Umgebung von $\mathfrak{a}$, und es seien endlich viele Punkte $\mathfrak{a} = \mathfrak{a}_1, \ldots, \mathfrak{a}_m$ nach dem Überdeckungssatz so bestimmt, daß ganz $\mathfrak{P}$ durch die entsprechenden Umgebungen $\mathfrak{L}_{\mathfrak{a}}$ bedeckt wird. Man wähle zwei positive Zahlen μ, ω, so daß die Abschätzungen

$$(3) \qquad |j_{\mathfrak{a}\mathfrak{b}}(\mathfrak{z})| < e^{\mu}, \quad \Big|\prod_{k=1}^{n} j_{k\mathfrak{a}\mathfrak{b}}(\mathfrak{z})\Big| < e^{\omega} \qquad (\mathfrak{z} \in \mathfrak{K}_{\mathfrak{a}} \cap \mathfrak{K}_{\mathfrak{b}};\ \mathfrak{a}, \mathfrak{b} = \mathfrak{a}_1, \ldots, \mathfrak{a}_m)$$

gelten, und führe die natürliche Zahl

$$(4) \qquad s = [\omega^n m] + 1$$

ein. Ferner sei $t = t_h$ für $h = 1, 2, \ldots$ die größte nicht-negative ganze Zahl, welche der Bedingung

$$(5) \qquad s t^n < m h^n$$

genügt. Es folgt

$$(6) \qquad m h^n \leq s(t+1)^n < (s+1)(t+1)^n,$$

also $t_h \to \infty$ für $h \to \infty$. Man kann daher h so groß bestimmen, daß mit (4) sogar

$$s > \left(\frac{\mu s}{t} + \omega\right)^n m$$

gilt, und dann ist zufolge (5) auch

$$(7) \qquad \mu s + \omega t < h.$$

5. Man bilde jetzt mit unbestimmten komplexen Koeffizienten das allgemeine Polynom $F(x, x_1, \ldots, x_n)$ in $n+1$ Variabeln x und x_k $(k = 1, \ldots, n)$, das in x den Grad s und in allen x_k den Grad t besitzt. Die Anzahl der Koeffizienten ist

$$A = (s+1)(t+1)^n. \tag{8}$$

Setzt man

$$Q_\mathfrak{a} = q_\mathfrak{a}^s \prod_{k=1}^{n} q_{k\mathfrak{a}}^t, \quad P_\mathfrak{a} = Q_\mathfrak{a} F(f, f_1, \ldots, f_n), \tag{9}$$

so ist die Funktion $P_\mathfrak{a} = P_\mathfrak{a}(z)$ auf $|z| \leq r_\mathfrak{a}$ regulär. Man fordere, daß bei $z = 0$ sämtliche partiellen Ableitungen dieser Funktion von den Ordnungen 0, 1, ..., $h-1$ verschwinden, und zwar soll dies für jedes $\mathfrak{a} = \mathfrak{a}_1, \ldots, \mathfrak{a}_m$ erfüllt sein. Da bei jedem $\mathfrak{a}$ die Anzahl der zu annullierenden Ableitungen den Wert

$$b = \sum_{l=0}^{h-1} \binom{n+l-1}{n-1} = \binom{n+h-1}{n} = \prod_{k=1}^{n} \left(1 + \frac{h-1}{k}\right) \leq h^n$$

hat und jedesmal für die unbestimmten Koeffizienten von F eine homogene lineare Gleichung entsteht, so erhält man insgesamt

$$B = mb \leq mh^n \tag{10}$$

homogene lineare Gleichungen mit A Unbekannten. Zufolge (6), (8), (10) ist $B < A$, so daß eine nicht-triviale Lösung existiert.

Es sei M das Maximum aller absoluten Beträge $|P_\mathfrak{a}(z)|$ für $|z| \leq r_\mathfrak{a}$ und $\mathfrak{a} = \mathfrak{a}_1, \ldots, \mathfrak{a}_m$. Wird dieses Maximum bei $\mathfrak{a} = \mathfrak{b}$ und $z_\mathfrak{b} = z^*$ erreicht, so gilt also

$$|P_\mathfrak{a}(z)| \leq M \quad (|z| \leq r_\mathfrak{a};\ \mathfrak{a} = \mathfrak{a}_1, \ldots, \mathfrak{a}_m), \quad |P_\mathfrak{b}(z^*)| = M \geq 0.$$

Der durch z^* bestimmte Punkt $\mathfrak{z}$ von $\mathfrak{K}_\mathfrak{b}$ liegt aber auch in einer Umgebung $\mathfrak{L}_\mathfrak{a}$, so daß nach dem Lemma dort sogar die Ungleichung

$$|P_\mathfrak{a}(z)| \leq M\left(\frac{\varrho}{r}\right)^h = M e^{-h}$$

gelten muß. Andererseits ist mit

$$J_{\mathfrak{a}\mathfrak{b}} = j_{\mathfrak{a}\mathfrak{b}}^s \prod_{k=1}^{n} j_{k\mathfrak{a}\mathfrak{b}}^t$$

nach (2), (9) die Beziehung

$$P_\mathfrak{b}(z_\mathfrak{b}) = J_{\mathfrak{a}\mathfrak{b}}(\mathfrak{z})\, P_\mathfrak{a}(z_\mathfrak{a}) \qquad (\mathfrak{z} \in \mathfrak{K}_\mathfrak{a} \cap \mathfrak{K}_\mathfrak{b})$$

erfüllt und nach (3) die Abschätzung

$$|J_{\mathfrak{a}\mathfrak{b}}(\mathfrak{z})| < e^{\mu s + \omega t} \qquad (\mathfrak{z} \in \mathfrak{K}_\mathfrak{a} \cap \mathfrak{K}_\mathfrak{b}).$$

Es folgt

$$M = |P_\mathfrak{b}(z^*)| \leq M e^{\mu s + \omega t - h},$$

wobei der Exponent nach (7) negativ ist, also $M \leq 0$, $M = 0$, und damit das identische Verschwinden der Funktionen $P_\mathfrak{a}(z)$ und $F(f, f_1, \ldots, f_n)$. Dies ergibt Satz 1.

6. Die gefundene algebraische Gleichung

$$F(f, f_1, \ldots, f_n) = 0$$

hat in f höchstens den Grad s. Um Satz 2 zu beweisen, genügt es, zu zeigen, daß die in (4) auftretenden Zahlen ω, m von f unabhängig gewählt werden können, falls zwischen $f_1, \ldots, f_n$ keine algebraische Gleichung besteht.

Nach dem bereits Bewiesenen gilt auf $\mathfrak{P}$ eine Gleichung

(11) $$G_0 f^\nu + G_1 f^{\nu-1} + \cdots + G_\nu = 0,$$

worin $G_0, G_1, \ldots, G_\nu$ Polynome in $f_1, \ldots, f_n$ sind und G_0 nicht identisch auf $\mathfrak{P}$ verschwindet. Es möge die algebraische Gleichung (11) in bezug auf jede der einzelnen Funktionen f_k $(k = 1, \ldots, n)$ vom Grade $\leq g$ sein. Man betrachte jetzt die Quotientendarstellung (1) nur für die n Funktionen f_k und lege dann die Umgebungen $\mathfrak{K}_\mathfrak{a}$ ohne Rücksicht auf f fest. Indem man $r_\mathfrak{a}$, $\mathfrak{K}_\mathfrak{a}$ in dieser neuen Bedeutung verwendet und zur Abkürzung

(12) $$\prod_{k=1}^{n} q_{k\mathfrak{a}}^{g} = R_\mathfrak{a}(z),$$

(13) $$R_\mathfrak{a}^l\, G_0^{l-1}\, G_l = H_{\mathfrak{a}l}(z) \qquad (l = 1, \ldots, \nu),$$

(14) $$R_\mathfrak{a} G_0 f = S_\mathfrak{a}(z)$$

setzt, bekommt man aus (11) durch Multiplikation mit dem Faktor $R_\mathfrak{a}^\nu G_0^{\nu-1}$ die Gleichung

(15) $$S_\mathfrak{a}^\nu + \sum_{l=1}^{\nu} H_{\mathfrak{a}l}\, S_\mathfrak{a}^{\nu-l} = 0 \qquad (\mathfrak{z} \in \mathfrak{K}_\mathfrak{a}).$$

Nach (12), (13) sind die Produkte $R_\mathfrak{a} G_l$ $(l = 0, \ldots, \nu)$ und die Funktionen $H_{\mathfrak{a}l}$ $(l = 1, \ldots, \nu)$ für $|z| \leq r_\mathfrak{a}$ regulär. Im gleichen Gebiete folgt dann aus (15) die Beschränktheit von $S_\mathfrak{a}$. Da aber andererseits $S_\mathfrak{a}$ zufolge (14) in $\mathfrak{K}_\mathfrak{a}$ meromorph ist, so folgt dort die Regularität von $S_\mathfrak{a}$. Definiert man jetzt

(16) $$p_\mathfrak{a} = S_\mathfrak{a},\; q_\mathfrak{a} = R_\mathfrak{a} G_0,$$

so gilt für $f(\mathfrak{z})$ die Zerlegung (1), wobei also die Umgebung $\mathfrak{K}_\mathfrak{a}$ nicht von f abhängt. Allerdings läßt sich nunmehr nicht behaupten, daß $p_\mathfrak{a}$, $q_\mathfrak{a}$ teilerfremd sind. Trotzdem bleibt die Beziehung (2) erhalten; man hat nämlich dazu wegen (12), (16) nur

$$j_{\mathfrak{a}\mathfrak{b}} = \prod_{k=1}^{n} j_{k\mathfrak{a}\mathfrak{b}}^{g}$$

zu setzen.

In dem früher für Satz 1 durchgeführten Beweis können also jetzt die Umgebungen $\mathfrak{K}_\mathfrak{a}$, $\mathfrak{L}_\mathfrak{a}$ und die Punkte $\mathfrak{a} = \mathfrak{a}_1, \ldots, \mathfrak{a}_m$ von f unabhängig gewählt werden, und aus (3) ersieht man das gleiche für die Größe ω. Damit ist gezeigt, daß f im Körper der rationalen Funktionen von $f_1, \ldots, f_n$ auch einer irreduziblen Gleichung von beschränktem Grade ν genügt. Wird dann $f = f_0$ so bestimmt, daß ν möglichst groß ist, so liefert die Adjunktion von f_0 den gesamten Körper K. Damit ist auch Satz 2 bewiesen.

Literatur

[1] K. Weierstraß, Untersuchungen über die $2r$-fach periodischen Functionen von r Veränderlichen. J. reine angew. Math. 89. 1880, 1—8.

[2] K. Weierstraß, Allgemeine Untersuchungen über $2n$-fach periodische Funktionen von n Veränderlichen. Math. Werke III, Berlin 1903, 53—114.

[3] H. Poincaré und E. Picard, Sur un théorème de Riemann relatif aux fonctions de n variables indépendantes admettant $2n$ systèmes de périodes. C. r. Acad. Sci., Paris 97. 1883, 1284—1287.

[4] W. Wirtinger, Zur Theorie der $2n$-fach periodischen Functionen (1. Abhandlung). Monatsh. Math. Phys. 6. 1895, 69—98.

[5] W. F. Osgood, Lehrbuch der Funktionentheorie II 2, Leipzig und Berlin 1932.

[6] W. Thimm, Meromorphe Abbildungen von Riemannschen Bereichen. Math. Z. 60. 1954, 435—457.

[7] H. Poincaré, Sur les fonctions abéliennes. Acta math. 26. 1902, 43—98.

[8] G. Frobenius, Grundlagen der Theorie der Jacobischen Functionen. J. reine angew. Math. 97. 1884, 16—48.

[9] P. Appell, Sur les fonctions périodiques de deux variables. J. math. pures appl. (4) 7. 1891, 157—219.

[10] F. Conforto, Funzioni abeliani e matrici di Riemann I, Roma 1942.

[11] C. L. Siegel, Einführung in die Theorie der Modulfunktionen n-ten Grades. Math. Ann. 116. 1939, 617—657.

[12] C. L. Siegel, Note on automorphic functions of several variables. Ann. of Math. 43. 1942, 613—616.

[13] M. Hervé, Sur les fonctions automorphes de n variables complexes. C. r. Acad. Sci., Paris 226. 1948, 462—464.

[14] S. Bochner, Algebraic and linear dependence of automorphic functions in several variables. J. Indian Math. Soc. 16. 1952, 1—6.

[15] S. Bochner und W. T. Martin, Complex spaces with singularities. Ann. of Math. 57. 1953, 490—516.

[16] W. L. Chow, On compact complex analytic varieties. Amer. J. Math. 71. 1949, 893—914.

[17] J. P. Serre, Fonctions automorphes. Séminaire Ecole norm. sup., autographierte Vorträge II, Paris 1953/54.

[18] P. Cousin, Sur les fonctions de n variables complexes. Acta math. 19. 1895, 1—61.

65.

Zur Theorie der Modulfunktionen n-ten Grades

Communications on Pure and Applied Mathematics 8 (1955), 677—681

Hermann Weyl ist wiederholt in seinen Veröffentlichungen auf die Reduktionstheorie der definiten quadratischen Formen eingegangen, seitdem er vor 45 Jahren bei der Herausgabe von Minkowskis gesammelten Abhandlungen mitwirkte. Im folgenden gebe ich eine Anwendung der Reduktionstheorie auf eine funktionentheoretische Frage, welche andererseits in Zusammenhang steht mit klassischen Problemen, wie sie durch Weyls "Idee der Riemannschen Fläche" in vollendeter Weise dargestellt wurden. Deswegen möchte ich dem verehrten Freunde zu seinem siebzigsten Geburtstage diese kleine Arbeit widmen.

In der Theorie der automorphen Funktionen einer Variabeln ist es von Wichtigkeit, dass sich der Fundamentalbereich einer Grenzkreisgruppe erster Art durch Hinzunahme der etwaigen parabolischen Randpunkte und der zugehörigen Ortsvariabeln kompaktifizieren lässt. Bei den automorphen Funktionen mehrerer Variabeln ist das Entsprechende bisher nur für die von O. Blumenthal untersuchten Hilbertschen Modulfunktionen geleistet worden. Es soll nun der Fall der Modulfunktionen n-ten Grades behandelt werden. Dabei wird entscheidend benutzt, dass der Minkowskische reduzierte Bereich im Raum der positiven quadratischen Formen mit n Veränderlichen von endlich vielen Ebenen begrenzt wird. Die Kompaktifizierung macht also wesentlich von den arithmetischen Eigenschaften der Modulgruppe n-ten Grades Gebrauch. Man kann sich noch überlegen, dass sich das Verfahren auf die sämtlichen diskontinuierlichen Gruppen aus meiner Arbeit "Symplectic Geometry" übertragen lässt, weil bei diesen die Konstruktion eines Fundamentalbereichs ebenfalls durch die Reduktionstheorie der quadratischen Formen geliefert wird. Da man bei mehreren Variabeln keine anderen Beispiele von diskontinuierlichen Gruppen erster Art kennt, so bleibt die Frage offen, inwieweit unser Verfahren für die allgemeine Lösung des Problems der Kompaktifizierung zu gebrauchen ist.

Die verallgemeinerte obere Halbebene $\mathfrak{H}$ wird im Raum der n-reihigen komplexen symmetrischen Matrizen $Z = X + iY$ durch die Bedingung $Y > 0$ erklärt, und die Modulgruppe n-ten Grades Γ besteht aus den Substitutionen

$$Z^* = (AZ + B)(CZ + D)^{-1}$$

mit ganzen n-reihigen Matrizen A, B, C, D und

$$M'JM = J, \qquad M = \begin{pmatrix} A & B \\ C & D \end{pmatrix}, \qquad J = \begin{pmatrix} 0 & E \\ -E & 0 \end{pmatrix}.$$

Bekanntlich lässt sich ein Fundamentalbereich $\mathfrak{F}$ von Γ in $\mathfrak{H}$ durch folgende drei Bedingungen festlegen: Es sei $\operatorname{abs}(CZ + D) \geq 1$ bei allen Modulsubstitutionen; es sei Y reduziert im Sinne von Minkowski; es sei $-\frac{1}{2} \leq x_{kl} \leq \frac{1}{2}$ für alle Elemente von $X = (x_{kl})$. Man zeigt dann, dass eine Folge von Punkten Z aus $\mathfrak{F}$ dann und nur dann keinen Häufungspunkt in $\mathfrak{F}$ hat, wenn das letzte Diagonalelement y_{nn} von $Y = (y_{kl})$ unendlich wird.

Um die gewünschte Abschliessung von $\mathfrak{F}$ zu finden, betrachten wir die Fouriersche Reihe einer Modulform

(1) $$\varphi = \sum_T c_T e^{2\pi i \sigma(TZ)}.$$

Hierin bedeutet das Zeichen σ die Spur, und $T = (t_{kl})$ durchläuft alle n-reihigen halbganzen symmetrischen Matrizen, für welche also t_{kk} $(k = 1, \cdots, n)$ und $2t_{kl}$ $(1 \leq k < l \leq n)$ ganze Zahlen sind. Wegen der Beschränktheit von φ auf $\mathfrak{F}$ ist ferner der Koeffizient $c_T = 0$, falls die zu der Matrix T gebildete quadratische Form auch negative Werte darstellt. Demnach kann man in (1) die Summation durch die Bedingung $T \geq 0$ beschränken. Es handelt sich nun darum, anstelle der Elemente z_{kl} von Z mittels einer umkehrbaren analytischen Substitution solche neuen Variabeln $q_1, \cdots, q_\nu$ $(\nu = n(n + 1)/2)$ einzuführen, dass diese bei den Folgen Z aus $\mathfrak{F}$ mit $y_{nn} \to \infty$ Häufungspunkte haben und die Modulformen φ daselbst regulär bleiben. In dem klassischen Falle $n = 1$ ist

$$q = e^{2\pi i z}$$

die gesuchte Substitution, und diese ist nun sinngemäss zu verallgemeinern.

Zunächst behandeln wir den Fall $n = 2$, in welchem der Sachverhalt noch besonders einfach ist, da dann gerade ebensoviele unabhängige Ungleichungen wie Koeffizienten in den Bedingungen für reduzierte positive quadratische Formen auftreten. Setzt man in diesem Falle $z_{11} = z_1$, $z_{12} = z_2$, $z_{22} = z_3$ und analog

$$Y = \begin{pmatrix} y_1 & y_2 \\ y_2 & y_3 \end{pmatrix},$$

so lauten nämlich die Reduktionsbedingungen

(2) $$0 \leq 2y_2 \leq y_1 \leq y_3.$$

Durch die Substitutionen

(3) $$w_1 = z_1 - 2z_2 \quad w_2 = z_2, \quad w_3 = z_3 - z_1, \quad q_k = e^{2\pi i w_k} \quad (k = 1, 2, 3)$$

geht (2) über in

$$|q_k| \leq 1.$$

Setzt man noch

$$(4) \qquad Q_1 = \begin{pmatrix} 1 & 0 \\ 0 & 1 \end{pmatrix}, \qquad Q_2 = \begin{pmatrix} 2 & 1 \\ 1 & 2 \end{pmatrix}, \qquad Q_3 = \begin{pmatrix} 0 & 0 \\ 0 & 1 \end{pmatrix},$$

so gilt

$$(5) \qquad \begin{gathered} Q_k \geq 0 \qquad (k = 1, 2, 3), \\ Z = w_1 Q_1 + w_2 Q_2 + w_3 Q_3 \,, \end{gathered}$$

und mit

$$T = \begin{pmatrix} t_1 & t_2 \\ t_2 & t_3 \end{pmatrix}$$

erhält man

$$\sigma(TQ_1) = t_1 + t_3 \,, \qquad \sigma(TQ_2) = 2(t_1 + t_2 + t_3), \qquad \sigma(TQ_3) = t_3 \,,$$

$$e^{2\pi i \sigma(TZ)} = q_1^{t_1+t_3} q_2^{2(t_1+t_3)+2t_2} q_3^{t_3}.$$

Hierin sind nun aber die 3 Exponenten nicht-negative ganze Zahlen, da T halbganz und nicht-negativ ist, und folglich geht die Fouriersche Entwicklung (1) vermöge der analytischen Substitutionen (3) in eine gewöhnliche Potenzreihe der Variabeln q_1, q_2, q_3 über. Da ferner

$$e^{2\pi i z_2} = q_1 q_2^2 q_3$$

ist, so lässt sich aus jeder Folge Z auf $\mathfrak{F}$ mit $y_3 \to \infty$ eine derartige Teilfolge wählen, dass ein $q_k \to 0$ und die beiden anderen gegen Grenzwerte vom Betrage ≤ 1 streben. Die Kompaktifizierung erfolgt also durch Hinzunahme der drei einzelnen Ebenen $q_k = 0$ im Raume der q_1, q_2, q_3, wobei $\mathfrak{F}$ in $\mathfrak{F}^*$ übergehe. Bedeutet nun ρ irgend eine positive Zahl, so führe man in der Umgebung eines Punktes von $\mathfrak{F}^*$ für $k = 1, 2, 3$ entweder q_k oder w_k als Koordinate ein, entsprechend den beiden Fällen $|q_k| < \rho$ oder $|q_k| \geq \rho$. Da die Übergänge von z_1, z_2, z_3 zu w_1, w_2, w_3 und von den einzelnen w_k zu q_k umkehrbar analytisch sind, so findet man damit die gewünschten Ortsvariabeln. Es ist evident, wie man jetzt Regularität oder Meromorphie einer Funktion in den Punkten von $\mathfrak{F}^*$ zu definieren hat; man legt dabei nach Weierstrass die Darstellung durch Potenzreihen oder durch Quotienten von Potenzreihen zugrunde, die dann jeweils in den Ortsvariabeln zu bilden sind.

Nun sei wieder n beliebig. Anstelle der 3 Bedingungen (2) hat man dann nach Minkowski endlich viele homogene lineare Ungleichungen

$$(6) \qquad L_1 \geq 0, \cdots, L_\mu \geq 0$$

in den ν Variabeln y_{kl} $(1 \leq k < l \leq n)$ mit ganzen rationalen Koeffizienten. Man bilde jetzt diejenigen Lösungen $Y = Q \neq 0$ von (6), für welche bei $\nu - 1$ unabhängigen Bedingungen sogar das Gleichheitszeichen steht. Durch $\nu - 1$ feste unabhängige Bedingungen der Gleichheit ist Q jedesmal nur bis auf einen beliebigen positiven skalaren Faktor bestimmt. Da aber die linearen Formen $L_1, \cdots, L_\mu$ ganze Koeffizienten haben, so lässt sich jede Lösung $Q = (q_{kl})$ dadurch normieren, dass man die ν Zahlen q_{kl} ganz und teilerfremd wählt. Auf diese Weise findet man die Matrizen $Q_1, \cdots, Q_\lambda$ der verschiedenen Kantenformen im Sinne von Minkowski. Die Punkte Y des durch (6) definierten reduzierten Raumes $\mathfrak{R}$ haben dann die Parameterdarstellung

$$Y = v_1 Q_1 + \cdots + v_\lambda Q_\lambda, \qquad v_k \geq 0 \qquad (k = 1, \cdots, \lambda). \tag{7}$$

In dem oben behandelten Fall $n = 2$ wird (6) durch (2) gegeben und die Kantenformen durch (4), so dass dann gerade $\lambda = \nu$ ist. Für $n > 2$ ist jedoch $\lambda > \nu$, und dann sind $v_1, \cdots, v_\lambda$ nicht mehr eindeutig durch die y_{kl} festgelegt. Wir zeigen nunmehr, dass für jeden Punkt Y von $\mathfrak{R}$ auch eine Darstellung (7) existiert, in der höchstens ν von den v_k positiv und die anderen 0 sind.

Je $\nu + 1$ Kantenmatrizen Q_k sind linear abhängig. Ist nun $\lambda > \nu$ und

$$c_1 Q_1 + \cdots + c_\lambda Q_\lambda = 0$$

wobei die c_k reell und nicht alle 0 sind, so besteht die Zerlegung (7) auch mit $v_k + c_k v$ $(k = 1, \cdots, \lambda)$ statt v_k, falls v dabei so gewählt wird, dass noch $v_k + c_k v \geq 0$ für alle k gilt. Bestimmt man nun ausserdem v derart, dass $v_k + c_k v = 0$ für mindestens ein k wird, so wird dadurch in der Darstellung (7) ein Koeffizient durch 0 ersetzt. Auf diese Weise lässt sich bei der vorgelegten Darstellung von Y in der Form (7) die Anzahl λ durch $\lambda - \nu$ Schritte auf ν herabdrücken.

Aus den λ Kantenmatrizen $Q_1, \cdots, Q_\lambda$ greife man auf alle möglichen Arten je ν linear unabhängige heraus, etwa $S_1, \cdots, S_\nu$. Man erhält dann also in der Form

$$Y = v_1 S_1 + \cdots + v_\nu S_\nu, \qquad v_k \geq 0 \qquad (k = 1, \cdots, \nu) \tag{8}$$

alle Punkte von $\mathfrak{R}$. Zufolge (8) sind die y_{kl} unabhängige lineare Funktionen von $v_1, \cdots, v_\nu$ mit ganzen Koeffizienten. Definiert man nun die z_{kl} als dieselben linearen Funktionen von ν komplexen Variabeln $w_1, \cdots, w_\nu$, so erhält man in Analogie zu (5) die Formeln

$$\begin{aligned} &S_k \geq 0 \qquad\qquad (k = 1, \cdots, \nu), \\ &Z = w_1 S_1 + \cdots + w_\nu S_\nu \,. \end{aligned} \tag{9}$$

Dabei ist jedoch zu beachten, dass für $n > 2$ wegen $\lambda > \nu$ bei gegebenem Y aus $\mathfrak{R}$ die Zerlegung (8) mit mehreren verschiedenen Systemen $S_1, \cdots, S_\nu$ von je ν linear unabhängigen Kantenmatrizen möglich sein kann.

Die weitere Überlegung verläuft ganz wie im Falle $n = 2$. Für jedes halbganze symmetrische $T \geq 0$ wird die Spur

$$\sigma(TS_k) = g_k \qquad (k = 1, \cdots, \nu)$$

eine nicht-negative ganze Zahl, und mittels der Substitution

(10) $$q_k = e^{2\pi i w_k}$$

erhält man

(11) $$e^{2\pi i\sigma(TZ)} = q_1^{g_1} \cdots q_\nu^{g_\nu}.$$

Da Y für alle Punkte Z von $\mathfrak{F}$ reduziert ist, so sind in der Darstellung (9) die imaginären Teile v_k der w_k nicht-negativ, und es folgt wieder

$$|q_k| \leq 1 \qquad (k = 1, \cdots, \nu).$$

Setzt man in $T = (t_{kl})$ speziell alle $t_{kl} = 0$ ausser $t_{nn} = 1$, so wird

(12) $$e^{2\pi i\sigma(TZ)} = e^{2\pi i z_{nn}}.$$

Durchläuft dann Z auf $\mathfrak{F}$ eine Folge mit $y_{nn} \to \infty$, so ergibt sich aus (11) und (12) die Existenz einer Teilfolge, für welche die Koordinaten $q_1, \cdots, q_\nu$ einem festen System von Kantenmatrizen $S_1, \cdots, S_\nu$ zugeordnet sind und konvergieren, wobei insbesondere ein q_k gegen 0 geht. Die Ergänzung von $\mathfrak{F}$ zu einem kompakten analytischen Raume $\mathfrak{F}^*$ erfolgt also durch Hinzunahme der endlich vielen Flächen $q_k = 0$ von $\nu - 1$ komplexen Dimensionen. Es ist noch zu bemerken, dass für jedes der endlich vielen Systeme $S_1, \cdots, S_\nu$ die Variabeln $w_1, \cdots, w_\nu$ unabhängige lineare Funktionen der z_{kl} sind und nach (10) der Übergang von jedem w_k zu $q_k \neq 0$ eine konforme Abbildung ist.

Der Körper K der Modulfunktionen n-ten Grades besteht aus denjenigen bei Γ invarianten Funktionen von Z, welche auf $\mathfrak{F}^*$ überall meromorph sind. Man weiss bereits, dass es ν analytisch unabhängige Funktionen $f_1, \cdots, f_\nu$ in K gibt. Daraus folgt dann aber, dass K eine endliche algebraische Erweiterung des Körpers der rationalen Funktionen von $f_1, \cdots, f_\nu$ ist, und zwar ergibt sich dies wohl am kürzesten mittels der Schlussweise, die 1953 von Serre in Seminarvorträgen entwickelt und neulich von mir in den Göttinger Nachrichten weiter vereinfacht wurde. Schliesslich lässt sich auch noch nachweisen, dass sich alle Modulfunktionen rational durch endlich viele feste Eisensteinsche Reihen ausdrücken lassen. Hierfür hat man das bekannte Resultat heranzuziehen, dass "im allgemeinen" die Matrix Z bis auf Modulsubstitutionen eindeutig bestimmt ist, wenn die Werte aller rational durch Eisensteinsche Reihen ausdrückbaren Modulfunktionen im Punkte Z gegeben sind. Benutzt man ausserdem die Tatsache, dass die Funktionaldeterminante von ν Modulfunktionen eine gebrochene Modulform ist, so lässt sich der Beweis in ähnlicher Weise durchführen wie bei der Konstruktion eines singularitätenfreien Modells der Picardschen Mannigfaltigkeit bei den Abelschen Funktionen. Auf diesem Wege kann man die Lücke ausfüllen, die noch in meiner "Einführung in die Theorie der Modulfunktionen n-ten Grades" geblieben war.

Received May 16, 1955

66.

Die Funktionalgleichungen einiger Dirichletscher Reihen

Mathematische Zeitschrift 63 (1956), 363—373

1. Die Eisensteinschen Reihen für die vierten bis achten Potenzen der Funktion

$$\vartheta(\tau) = \sum_{n=-\infty}^{\infty} e^{\pi i n^2 \tau} \qquad (\tau = \xi + i\eta,\ \eta > 0)$$

sind zuerst von HARDY unter Benutzung der Kreismethode gewonnen worden. Bei Annäherung an einen rationalen Randpunkt a/c der oberen τ-Halbebene gilt nämlich

$$(c\tau - a)^{\frac{1}{2}}\vartheta(\tau) \to \gamma\left(\frac{a}{c}\right) \qquad \bigl(c > 0,\ (a, c) = 1\bigr),$$

wobei $\gamma(a/c)$ eine achte Einheitswurzel oder 0 ist, und als Eisensteinsche Entwicklung der Potenzen von $\vartheta(\tau)$ ergibt sich dann mittels der Theorie der Modulfunktionen

$$(1) \qquad \vartheta^m(\tau) = 1 + \sum_{a/c} \gamma^m\left(\frac{a}{c}\right)(c\tau - a)^{-\frac{m}{2}} \qquad (m = 4, \ldots, 8).$$

Hierin durchläuft a/c alle rationalen Zahlen, und im Falle $m = 4$ hat man wegen der bedingten Konvergenz zuerst über a bei festem c und sodann über c zu summieren. Die Hardysche Formel war der Ausgangspunkt für die Untersuchungen des Verfassers zur analytischen Theorie der quadratischen Formen, wodurch (1) als Spezialfall eines allgemeineren Satzes erkannt wurde.

Ein wichtiges Hilfsmittel in der Theorie der Eisensteinschen Reihen bildet bekanntlich der von Hecke eingeführte Konvergenz erzeugende Faktor $|c\tau - a|^{-z}$ $(z = x + iy,\ x > 0)$. Fügt man diesen Faktor dem allgemeinen Gliede in der Summe bei (1) hinzu, so entsteht die Dirichletsche Reihe

$$\Phi_m(\tau, z) = 1 + \sum_{a/c} \gamma^m\left(\frac{a}{c}\right)(c\tau - a)^{-\frac{m}{2}}|c\tau - a|^{-z},$$

welche in der Halbebene $x > 2 - \frac{m}{2}$ absolut konvergiert. Wie MAASZ erkannt hat, ist die analytische Funktion $\Phi_m(\tau, z)$ von z auch für $m = 1, 2, 3, 4$ nach $z = 0$ eindeutig fortsetzbar, und insbesondere ist $\Phi_m(\tau, 0) = \vartheta^m(\tau)$ für $m = 1, 3, 4$, während $\Phi_2(\tau, 0) = 2\vartheta^2(\tau)$ wird. Es ist nun bemerkenswert, daß sich $\Phi_m(\tau, z)$

als eine meromorphe Funktion von z erweist, welche einer einfachen Funktionalgleichung genügt. Dies ist übrigens nur ein Spezialfall eines Satzes über Dirichletsche Reihen, die sich in analoger Weise jeder ganzwertigen definiten oder indefiniten quadratischen Form von m Variabeln zuordnen lassen; doch soll weiterhin nur der Fall $m=1$ diskutiert werden.

Verwendet man Riemanns Idee der Integraldarstellung von $\zeta(s)$ mittels der Thetafunktion, so gewinnt man aus $\Phi_1(\tau, z)$ eine meromorphe Funktion der zwei Veränderlichen s, z, welche für $z=0$ in $\zeta(s)$ übergeht und sowohl in s als auch in z je einer Funktionalgleichung genügt. Es wäre noch von Interesse, die Verteilung der Nullstellen dieser Funktion in Abhängigkeit von dem Parameter z näher zu verfolgen.

2. Für die drei Funktionen

$$\vartheta_1(\tau)=\sum_{n=-\infty}^{\infty} e^{\pi i n^2 \tau}, \quad \vartheta_2(\tau)=\sum_{n=-\infty}^{\infty}(-1)^n e^{\pi i n^2 \tau}, \quad \vartheta_3(\tau)=\sum_{n=-\infty}^{\infty} e^{\pi i (n+\frac{1}{2})^2 \tau}$$

gelten die Transformationsformeln

$$(2)\quad \begin{cases} \vartheta_1(\tau+1)=\vartheta_2(\tau), & \vartheta_2(\tau+1)=\vartheta_1(\tau), & \vartheta_3(\tau+1)=\sqrt{i}\,\vartheta_3(\tau), \\ \vartheta_1\left(-\frac{1}{\tau}\right)=\sqrt{\frac{\tau}{i}}\,\vartheta_1(\tau), & \vartheta_2\left(-\frac{1}{\tau}\right)=\sqrt{\frac{\tau}{i}}\,\vartheta_3(\tau), & \vartheta_3\left(-\frac{1}{\tau}\right)=\sqrt{\frac{\tau}{i}}\,\vartheta_2(\tau). \end{cases}$$

Um hieraus entsprechende Formeln für eine beliebige Modulsubstitution

$$\tau_M=\frac{a\tau+b}{c\tau+d}, \quad M=\begin{pmatrix} a & b \\ c & d \end{pmatrix}$$

zu gewinnen, beachte man, daß die Modulgruppe durch $\tau_1=\tau+1$ und $\tau_2=-\tau^{-1}$ erzeugt wird. Es ergibt sich aus (2) ein Transformationsgesetz der Gestalt

$$(3)\qquad \vartheta(\tau_M)=Q(M,\tau_M)\,\vartheta(\tau).$$

Dabei bedeutet $\vartheta(\tau)$ die aus $\vartheta_1(\tau), \vartheta_2(\tau), \vartheta_3(\tau)$ gebildete Spalte, und der Ausdruck

$$(4)\qquad (c\tau+d)^{-\frac{1}{2}}\,Q(M,\tau_M)=(a-c\tau)^{\frac{1}{2}}\,Q(M,\tau)$$

ist eine von τ unabhängige monomiale dreireihige Matrix, deren von 0 verschiedene Elemente achte Einheitswurzeln sind. Für die Einheitsmatrix $M=E$ ist speziell $Q(E,\tau)=E$, und ebenso ist $Q(M,\tau)=Q(-M,\tau)$ trivial. Ist auch L eine Modulmatrix, so folgt aus (3) die Kompositionsformel

$$(5)\qquad Q(ML,\tau_M)=Q(M,\tau_M)\,Q(L,\tau).$$

Zwecks näherer Untersuchung von $Q(M,\tau)$ als Funktion von M setze man in der Hermiteschen Bezeichnung

$$\Theta(\tau)=\Theta_{\delta\varepsilon}(\tau)=\sum_{n=-\infty}^{\infty}(-1)^{\varepsilon n}\, e^{\pi i\left(n+\frac{\delta}{2}\right)^2\tau}$$

mit ganzen δ, ε und erhält in üblicher Weise aus der Zerlegung

$$\Theta\left(\tau+\frac{a}{c}\right)=\sum_{h=1}^{2c}(-1)^{\varepsilon h}e^{\pi i\left(h+\frac{\delta}{2}\right)^2\frac{a}{c}}\sum_{n=-\infty}^{\infty}e^{\pi i\left(2cn+h+\frac{\delta}{2}\right)^2\tau}\qquad(c>0)$$

bei dem Grenzübergang $\eta\to 0$, $\xi^2\eta^{-1}\to 0$ die Beziehung

$$(6)\qquad \sqrt{c\tau}\,\vartheta_k\left(\tau+\frac{a}{c}\right)\to\frac{1}{2}\sqrt{\frac{i}{c}}\sum_{h=1}^{2c}(-1)^{\varepsilon_k h}e^{\pi i\left(h+\frac{\delta_k}{2}\right)^2\frac{a}{c}}=\lambda_k\left(\frac{-a}{c}\right)\qquad(k=1,2,3)$$

mit $\delta_1=0$, $\varepsilon_1=0$, $\delta_2=0$, $\varepsilon_2=1$, $\delta_3=1$, $\varepsilon_3=0$. Der Grenzwert $\lambda_k\left(\frac{-a}{c}\right)$ hängt also bei jedem festen c für $k=1, 2$ nur von der Restklasse von a modulo $2c$ ab, und für $k=3$ nur von der Restklasse von a modulo $8c$. Ersetzt man in (6) noch τ durch

$$\tau_M-\frac{a}{c}=\frac{-1}{c(c\tau+d)}$$

mit $\xi=0$ und $\eta\to\infty$, so ergibt sich mittels (3), (4) die gewünschte Formel

$$(7)\qquad (c\tau-a)^{\frac{1}{2}}\,Q(M,\tau)\,\vartheta(\infty)=\lambda\left(\frac{-a}{c}\right)\qquad(c>0),$$

wobei $\vartheta_k(\infty)$ den Grenzwert von $\vartheta_k(\tau)$ für $\eta\to\infty$ bedeutet, nämlich $\vartheta_1(\infty)=1$, $\vartheta_2(\infty)=1$, $\vartheta_3(\infty)=0$, und $\lambda\left(\frac{-a}{c}\right)$ die Spalte der $\lambda_k\left(\frac{-a}{c}\right)$.

3. Man zerlege die Modulgruppe in Linksklassen bezüglich der Untergruppe der ganzen Modulsubstitutionen, bei denen also $c=0$ ist. Die Klassen sind dann den parabolischen Fixpunkten der Modulgruppe umkehrbar eindeutig zugeordnet, d.h. den rationalen Zahlen r mit Einschluß von ∞, und zwar liegen genau alle diejenigen $M=M_r$ in derselben Klasse, für welche $\frac{a}{c}=r$ ist. Indem man aus jeder Klasse einen Repräsentanten M_r herausgreift, bilde man mit der komplexen Variabeln $z=x+iy$ die Dirichletsche Reihe

$$(8)\qquad \varphi(\tau,z)=\eta^{z/2}\sum_r Q(M_r,\tau)\,\vartheta(\infty)\,|c\tau-a|^{-z}\qquad\left(x>\tfrac{3}{2}\right).$$

Vermöge (7) ist ersichtlich, daß die Glieder von der Auswahl der Klassenvertreter unabhängig sind. Bedeutet η_M den imaginären Teil von τ_M, so ist ferner

$$(9)\qquad \eta\,|c\tau-a|^{-2}=\eta_{M_r^{-1}}.$$

Nun durchläuft aber für irgendeine feste Modulmatrix M mit M_r auch $M M_r$ ein volles System von Repräsentanten, und man kann in (8) daher M_r durch $M M_r$ ersetzen. Aus (5), (9) folgt jetzt

$$(10)\qquad \varphi(\tau_M,z)=Q(M,\tau_M)\,\varphi(\tau,z),$$

das gleiche Gesetz der Transformation wie für $\vartheta(\tau)$.

Nach (7) gilt andererseits die Formel

$$\eta^{-\frac{z}{2}}\varphi(\tau,z)-\vartheta(\infty)=\sum_{a/c}\lambda\left(\frac{a}{c}\right)c^{-z-\frac{1}{2}}\left(\tau+\frac{a}{c}\right)^{-\frac{z+1}{2}}\left(\bar\tau+\frac{a}{c}\right)^{-\frac{z}{2}}, \tag{11}$$

wo a/c alle gekürzten Brüche mit positiven Nennern durchläuft. Es ist die rechte Seite in eine Fouriersche Reihe zu entwickeln. Sind α, β komplexe Zahlen und die Realteile von $\alpha, \beta, \alpha+\beta-1$ positiv, so gilt die Fouriersche Entwicklung

$$i^{\alpha-\beta}\sum_{l=-\infty}^{\infty}(\tau+l)^{-\alpha}(\bar\tau+l)^{-\beta}=\sum_{n=-\infty}^{\infty}\varrho_n(\eta,\alpha,\beta)\,e^{2\pi i n\xi}$$

mit

$$\varrho_0(\eta,\alpha,\beta)=2\pi\,\frac{\Gamma(\alpha+\beta-1)}{\Gamma(\alpha)\,\Gamma(\beta)}\,(2\eta)^{1-\alpha-\beta}, \tag{12}$$

$$(2\pi)^{-\alpha-\beta}\Gamma(\alpha)\,\Gamma(\beta)\,|n|^{1-\alpha-\beta}e^{2\pi|n|\eta}\varrho_n(\eta,\alpha,\beta)=\begin{cases}\sigma(4\pi n\eta,\alpha,\beta) & (n>0)\\ \sigma(-4\pi n\eta,\beta,\alpha) & (n<0),\end{cases} \tag{13}$$

$$\sigma(\eta,\alpha,\beta)=\int_0^\infty(u+1)^{\alpha-1}u^{\beta-1}e^{-\eta u}\,du. \tag{14}$$

Hierin ersetze man $\alpha, \beta, \tau, \eta$ durch $\frac{z+1}{2}, \frac{z}{2}, q_k^{-1}\left(\tau+\frac{a}{c}\right), q_k^{-1}\eta$ mit $q_1=q_2=2$, $q_3=8$. Entsprechend der oben bemerkten Periodizität von $\lambda_k\left(\frac{a}{c}\right)$ wird dann

$$\begin{cases}\displaystyle\sum_{a/c}\lambda_k\left(\frac{a}{c}\right)c^{-z-\frac{1}{2}}\left(\tau+\frac{a}{c}\right)^{-\frac{z+1}{2}}\left(\bar\tau+\frac{a}{c}\right)^{-\frac{z}{2}}\\ \displaystyle\qquad=\sum_{n=-\infty}^{\infty}j_k(n,z)\,\varrho_n\left(\frac{\eta}{q_k},\frac{z+1}{2},\frac{z}{2}\right)e^{2\pi i\frac{n}{q_k}\xi},\end{cases} \tag{15}$$

wobei die Abkürzung

$$j_k(n,z)=i^{-\frac{1}{2}}\sum_{a/c\,(\mathrm{mod}\,q_k)}\lambda_k\left(\frac{a}{c}\right)(q_kc)^{-z-\frac{1}{2}}e^{2\pi i\frac{na}{q_kc}}$$

eingeführt ist. Unter Benutzung der Definition von $\lambda_k\left(\frac{a}{c}\right)$ in (6) folgt

$$\zeta(z)\,j_k(n,z)=q_k^{-z-\frac{3}{2}}\sum_{c=1}^{\infty}c^{-z-1}\sum_{h\,(\mathrm{mod}\,q_kc)}(-1)^{\varepsilon_kh}\sum_{a\,(\mathrm{mod}\,q_kc)}e^{2\pi i\frac{a}{q_kc}\left\{n-\frac{q_k}{2}\left(h+\frac{\delta_k}{2}\right)^2\right\}}. \tag{16}$$

4. Die innere Summe in (16) ist q_kc, falls

$$\frac{q_k}{2}\left(h+\frac{\delta_k}{2}\right)^2\equiv n\pmod{q_kc}$$

ist, und sonst 0. Daher ist insbesondere $j_3(n,z)=0$, wenn nicht $n\equiv 1 \pmod 8$ ist, und

$$j_2(n,z)=(-1)^n j_1(n,z). \tag{17}$$

Weiterhin sei stets $n\equiv 1 \pmod 8$ im Falle $k=3$.

Für jede natürliche Zahl m sei $A_m(n)$ die Anzahl der modulo m inkongruenten Lösungen von $x^2 \equiv n \pmod m$. Bedeutet p eine Primzahl, so setze man

$$f_p(n,z) = (1-p^{-z}) \sum_{l=0}^{\infty} A_{p^l}(n)\, p^{-lz} \qquad (p \neq 2),$$

$$f_2(n,z) = (2^z - 1) \sum_{l=1}^{\infty} A_{2^l}(n)\, 2^{-lz}$$

und erhält aus (16) die Produktdarstellungen

(18) $$j_1(n,z) = 2^{-z-\frac{1}{2}} \prod_p f_p(n,z), \qquad j_3(n,z) = 2^{-2z+\frac{3}{2}} \prod_{p>2} f_p(n,z).$$

Es sei nun n^* die Diskriminante des durch $\sqrt{n}$ $(n \neq 0)$ erzeugten Körpers und $p^{2\alpha}$ die höchste in n/n^* aufgehende Potenz der Primzahl p, ferner $\chi_n(p) = \left(\frac{n^*}{p}\right)$ das Kroneckersche Symbol. Nach einfacher Rechnung ergibt sich dann

(19) $$\frac{1-\chi_n(p)\,p^{-z}}{1-p^{-2z}} f_p(n,z) = \begin{cases} p^{\alpha(1-2z)} + \left(1-\chi_n(p)\,p^{-z}\right) \sum\limits_{l=0}^{\alpha-1} p^{l(1-2z)} & (p \neq 2) \\ \dfrac{1+\chi_n(2)}{1+2^{-z}} + \left(2^{1-z} - \chi_n(2)\right) \sum\limits_{l=0}^{\alpha} 2^{l(1-2z)} & (p = 2). \end{cases}$$

Dies gilt sinngemäß auch für $n = 0$, nämlich

$$(1-p^{1-2z})\, f_p(0,z) = \begin{cases} 1-p^{-2z} & (p \neq 2) \\ (1-2^{-z})(1+2^{1-z}) & (p = 2). \end{cases}$$

Daher wird

$$\prod_p f_p(0,z) = \frac{(1+2^{1-z})\,\zeta(2z-1)}{(1+2^{-z})\,\zeta(2z)}$$

und

(20) $$\prod_{p \nmid 2n} f_p(n,z) = \frac{L_n(z)}{\zeta(2z)} \prod_{p \mid 2n} \frac{1-\chi_n(p)\,p^{-z}}{1-p^{-2z}} \qquad (n \neq 0),$$

wo $L_n(z)$ die zum Charakter χ_n gehörige Dirichletsche L-Reihe bedeutet.

In Verbindung mit (17), (18), (19) erweist sich für $n \neq 0$ der Quotient von $(1+2^z)\,\zeta(2z)\, j_k(n,z)$ und $L_n(z)$ als eine ganze Funktion von z, nämlich als eine endliche Dirichletsche Reihe der Variabeln z, welche durch den Ausdruck

(21) $$\frac{3}{2} \sum_{t \mid \frac{4n}{n^*}} t^{\frac{1}{2}-x} = O\left(\left(\frac{4n}{n^*}\right)^{\mu}\right) \qquad \left(\mu > 0,\ \mu > \frac{1}{2} - x\right)$$

gleichmäßig in x majorisiert wird, während

(22) $$j_k(0,z) = \frac{(1+2^{1-z})\,\zeta(2z-1)}{2^{\frac{1}{2}}\,(1+2^z)\,\zeta(2z)} \qquad (k = 1, 2)$$

ist. Insbesondere ist $j_k(n,z)$ regulär in der Halbebene $x \geq \frac{1}{2}$, mit etwaiger Ausnahme von $z = 1$. In diesem Punkte tritt auch noch Regularität ein, wenn nicht $n=0$ oder $n^*=1$ ist. In letzteren Fällen ist n eine Quadratzahl und $z=1$ ein Pol erster Ordnung. Als Residuum findet man $\pi^{-2}\sqrt{2}$ für $n=0$ und $\pi^{-2}\sqrt{8}$ $(k=1)$, $\pi^{-2}\sqrt{8}$ $(k=2)$, $\pi^{-2}\sqrt{2}$ $(k=3)$ für $n^*=1$.

5. Die analytische Fortsetzung von $\varrho_n\left(\frac{\eta}{q_k}, \frac{z+1}{2}, \frac{z}{2}\right)$ in die ganze z-Ebene ergibt sich zufolge (13), (14) aus der bekannten Darstellung der Funktion $\sigma(\eta, \alpha, \beta)$ durch ein Schleifenintegral. Danach ist $(1-e^{2\pi i\beta})\,\sigma(\eta,\alpha,\beta)$ eine ganze Funktion der Variabeln α, β, welche der Funktionalgleichung

$$\Gamma(1-\alpha)\,\sigma(\eta,\alpha,\beta) = \Gamma(\beta)\,\eta^{1-\alpha-\beta}\,\sigma(\eta, 1-\beta, 1-\alpha)$$

genügt. Daher wird

$$(23)\quad \left\{\begin{aligned} &\varrho_n\left(\frac{\eta}{q_k}, 1-\frac{z}{2}, \frac{1-z}{2}\right) \\ &\quad = \sqrt{\frac{2}{\pi}}\,\Gamma(z)\left(\frac{2\pi q_k|n|}{\eta}\right)^{\frac{1}{2}-z}\varrho_n\left(\frac{\eta}{q_k}, \frac{z+1}{2}, \frac{z}{2}\right)\begin{cases} \sin\dfrac{\pi z}{2} & (n>0) \\ \cos\dfrac{\pi z}{2} & (n<0), \end{cases} \end{aligned}\right.$$

und (12) liefert noch explizit

$$(24)\qquad \varrho_0\left(\frac{\eta}{2}, \frac{z+1}{2}, \frac{z}{2}\right) = \pi^{\frac{1}{2}}\frac{\Gamma(z-\frac{1}{2})}{\Gamma(z)}\,2^z\,\eta^{\frac{1}{2}-z}.$$

Benutzt man (11), (15) und die bei (21) gegebene Abschätzung, so wird ersichtlich, daß die drei Funktionen $\varphi_k(\tau, z)$ in z meromorph sind. Für $x>0$, $z \neq 1$ ist $\varphi_k(\tau, z)$ regulär. Bei $z=1$ liegt ein Pol erster Ordnung vor, und als Residuum ergibt sich

$$\pi^{-2}\sqrt{2}\left(2\pi + 2\sum_{m=1}^{\infty} 2\pi\, e^{\pi i m^2\tau}\right) = \pi^{-1}\sqrt{8}\,\vartheta_1(\tau) \qquad (k=1),$$

$$\pi^{-2}\sqrt{2}\sum_{m=0}^{\infty} 4\pi\, e^{\pi i (m+\frac{1}{2})^2\tau} = \pi^{-1}\sqrt{8}\,\vartheta_3(\tau) \qquad (k=3)$$

und analog $\pi^{-1}\sqrt{8}\,\vartheta_2(\tau)$ für $k=2$.

Man definiere noch

$$\pi^{-\frac{z}{2}}\,\Gamma\left(\frac{z}{2}\right)\zeta(z) = \varrho(z), \qquad \left(2^{\frac{z}{2}} + 2^{-\frac{z}{2}}\right)\varrho(2z) = \omega(z).$$

Dann ist die Funktion

$$(25)\qquad \varphi(\tau, z)\,\omega(z) = \psi(\tau, z)$$

ebenfalls meromorph in der Variabeln z, und in der Halbebene $x>0$ liegt nur ein Pol, und zwar von erster Ordnung, bei $z=1$. Das Residuum ist dort $\vartheta(\tau)$.

6. Es soll nun die Funktionalgleichung

$$(26)\qquad \psi(\tau, z) = \psi(\tau, 1-z)$$

bewiesen werden.

Mit der Abkürzung

$$\eta^{z/2}\,\omega(z)\,j_k(n,z)\,\varrho_n\left(\frac{\eta}{q_k},\ \frac{z+1}{2},\ \frac{z}{2}\right)=g_{kn}(\eta,z)\qquad(k=1,2,3)$$

gilt nach (11), (15), (22), (24), (25) die Fouriersche Entwicklung

$$\psi_k(\tau,z)=\vartheta_k(\infty)\left(\eta^{\frac{z}{2}}\left(2^{\frac{z}{2}}+2^{-\frac{z}{2}}\right)\varrho(2z)+\eta^{\frac{1-z}{2}}\left(2^{\frac{1-z}{2}}+2^{\frac{z-1}{2}}\right)\varrho(2z-1)\right)+$$
$$+\sum_{n\neq 0}g_{kn}(\eta,z)\,e^{2\pi i\frac{n}{q_k}\xi}.$$

Benutzt man jetzt (23) und die Funktionalgleichung von $\zeta(z)$, so folgt für die Differenz

$$\chi_k(\tau,z)=\psi_k(\tau,z)-\psi_k(\tau,1-z)$$

die Formel

$$\chi_k(\tau,z)=\sum_{n\neq 0}h_{kn}(\eta,z)\,e^{2\pi i\frac{n}{q_k}\xi}$$

mit

$$(27)\quad\begin{cases}h_{kn}(\eta,z)=g_{kn}(\eta,z)-g_{kn}(\eta,1-z)\\ \qquad=\eta^{z/2}\,\varrho_n\left(\frac{\eta}{q_k},\ \frac{z+1}{2},\ \frac{z}{2}\right)\Bigg(\omega(z)\,j_k(n,z)+\\ \quad-\sqrt{\frac{2}{\pi}}\,\Gamma(z)\,(2\pi q_k|n|)^{\frac{1}{2}-z}\,\omega(1-z)\,j_k(n,1-z)\begin{Bmatrix}\sin\frac{\pi z}{2}\\ \cos\frac{\pi z}{2}\end{Bmatrix}\Bigg)\quad\begin{matrix}(n>0)\\ (n<0).\end{matrix}\end{cases}$$

Man beachte, daß der Ausdruck in der großen Klammer nicht von η abhängt.

Da $\varrho_n\left(\frac{\eta}{q_k},\ \frac{z+1}{2},\ \frac{z}{2}\right)$ zufolge (13), (14) für $\eta\to\infty$ exponentiell verschwindet, so ist $\eta^{\frac{1}{4}}\chi_k(\tau,z)$ als Funktion von τ im Fundamentalbereich der Modulgruppe beschränkt, also nach (10), (25) in der ganzen oberen τ-Halbebene. Daher ist auch

$$(28)\qquad h_{kn}(\eta,z)=q_k^{-1}\int_0^{q_k}\chi_k(\tau,z)\,e^{-2\pi i\frac{n}{q_k}\xi}\,d\xi=O(\eta^{-\frac{1}{4}})\qquad(\eta\to 0).$$

Andererseits gelten nach (13, (14) für $\eta\to 0$ die Beziehungen

$$\sigma(\eta,\alpha,\beta)\sim\Gamma(\alpha+\beta-1)\,\eta^{1-\alpha-\beta},$$

$$(29)\qquad\varrho_n\left(\frac{\eta}{q_k},\ \frac{z+1}{2},\ \frac{z}{2}\right)\sim\sqrt{2\pi}\,\frac{\Gamma(z-\frac{1}{2})}{\Gamma(z)}\left(\frac{\eta}{q_k}\right)^{\frac{1}{2}-z}\qquad(x>\tfrac{1}{2}),$$

wobei die Realteile von $\alpha+\beta-1,\beta$ als positiv vorausgesetzt werden. Für $x>\frac{3}{2}$ ist nun aber

$$\eta^{-\frac{1}{4}}=o\left(\eta^{\frac{1-x}{2}}\right)\qquad(\eta\to 0).$$

Aus (27), (28), (29) folgt demnach

$$(30)\quad \omega(z)\, j_k(n,z) = \sqrt{\frac{2}{\pi}}\, \Gamma(z)\,(2\pi q_k|n|)^{\frac{1}{2}-z}\,\omega(1-z)\, j_k(n,1-z) \begin{cases} \sin\frac{\pi z}{2} & (n>0) \\ \cos\frac{\pi z}{2} & (n<0) \end{cases}$$

und

$$h_{kn}(\eta,z) = 0, \qquad \chi_k(\tau,z) = 0,$$

also die Behauptung (26).

In (30) sind wegen (18), (20) die Funktionalgleichungen der L-Reihen $L_n(z)$ enthalten. Umgekehrt läßt sich aus diesen wiederum (30) und damit (26) folgern.

Da $\omega(z)$ bei $z=0$ einen Pol erster Ordnung vom Residuum -1 hat, so erhält man

$$(31)\qquad \varphi(\tau,0) = \vartheta(\tau).$$

7. Es verdient bemerkt zu werden, daß sich (26) auch ohne Benutzung der Funktionalgleichung für $\zeta(z)$ gewinnen läßt, wobei sich dann diese zugleich ergibt. Für die Funktion

$$\mu_k(\tau,z) = \varrho(1-2z)\,\psi_k(\tau,z) - \varrho(2z)\,\psi_k(\tau,1-z)$$

findet man die Fouriersche Entwicklung

$$\mu_k(\tau,z) = \vartheta_k(\infty)\,\eta^{\frac{1-z}{2}}\left(2^{\frac{1-z}{2}} + 2^{\frac{z-1}{2}}\right) \times$$
$$\times\left(\varrho(1-2z)\,\varrho(2z-1) - \varrho(2z)\,\varrho(2-2z)\right) + \sum_{n\neq 0} f_{kn}(\eta,z)\, e^{2\pi i\frac{n}{q_k}\xi},$$

wo $f_{kn}(\eta,z)$ aus dem Ausdruck für $h_{kn}(\eta,z)$ in (27) dadurch hervorgeht, daß man bei $\omega(z), \omega(1-z)$ die Faktoren $\varrho(1-2z)$, $\varrho(2z)$ hinzufügt. Für $x>\frac{3}{2}$ gilt dann auch (28) mit $f_{kn}(\eta,z)$, $\mu_k(\tau,z)$ an Stelle von $h_{kn}(\eta,z)$, $\chi_k(\tau,z)$, und man kann die frühere Schlußweise durchführen. Es folgt jetzt

$$f_{kn}(\eta,z) = 0, \qquad \varrho(1-2z)\,\varrho(2z-1) = \varrho(2z)\,\varrho(2-2z), \qquad \mu_k(\tau,z) = 0.$$

Nach (18), (19) ist speziell

$$j_1(1,z) = \frac{1+2^{-z}+2^{1-2z}}{2^{\frac{1}{2}}(1+2^z)}\,\frac{\zeta(z)}{\zeta(2z)},$$

und aus dem Verschwinden von $f_{11}(\eta,z)$ erhält man weiter

$$\varrho(1-2z)\,\varrho(z) = \varrho(2z)\,\varrho(1-z),$$

also auch

$$\frac{\varrho(z)}{\varrho(1-z)} = \frac{\varrho(2^{-m}z)}{\varrho(1-2^{-m}z)} \qquad (m=1,2,\ldots).$$

Mit den leicht direkt zu beweisenden Formeln

$$\zeta(z) \sim \frac{1}{z-1} \quad (z\to 1), \qquad \zeta\left(\frac{1}{2}\right) \neq 0$$

folgt dann

$$\varrho(z) \sim \frac{1}{z-1}, \qquad \varrho(1-z) \sim \frac{1}{z-1} \qquad (z\to 1).$$

Der Grenzübergang $m \to \infty$ ergibt

$$\varrho(z) = \varrho(1-z)$$

und (26).

8. Anstatt das asymptotische Verhalten von $\sigma(\eta, \alpha, \beta)$ für $\eta \to 0$ heranzuziehen, kann man für den Nachweis des identischen Verschwindens von $\chi_k(\tau, z)$ auch folgendermaßen eine Differentialgleichung benutzen.

Sind α, β, γ Konstanten, so genügt die Funktion

$$w = \eta^\alpha \tau^\beta \bar{\tau}^\gamma$$

der homogenen linearen elliptischen Differentialgleichung

$$\eta^2 (w_{\xi\xi} + w_{\eta\eta}) + \eta (i \mu w_\xi - \nu w_\eta) + \lambda w = 0 \tag{32}$$

mit

$$\mu = \beta - \gamma, \quad \nu = 2\alpha + \beta + \gamma, \quad \lambda = \alpha(1 + \alpha + \beta + \gamma) = \alpha(1 - \alpha + \nu).$$

Diese Differentialgleichung bleibt ungeändert, wenn τ durch $\tau + h$ mit einer reellen Konstanten h ersetzt wird. Sie geht ferner in sich über, wenn α, β, γ durch

$$\alpha' = 1 + \alpha + \beta + \gamma, \quad \beta' = -1 - \gamma, \quad \gamma' = -1 - \beta$$

ersetzt werden.

Es sei u der reelle Teil einer Lösung $w = u + iv$ von (32), und es seien λ, μ, ν reell. Nach (32) ist dann

$$\eta^2 (u_{\xi\xi} + u_{\eta\eta}) - \eta(\mu v_\xi + \nu u_\eta) + \lambda u = 0.$$

Hat nun $w\bar{w} = u^2 + v^2$ irgendwo ein Maximum > 0 und ist dort w reell, also $v = 0$, $u^2 > 0$, so ist dort

$$u_\xi = 0, \quad u_\eta = 0, \quad u u_{\xi\xi} + v_\xi^2 \leq 0, \quad u u_{\eta\eta} + v_\eta^2 \leq 0$$

$$u(u_{\xi\xi} + u_{\eta\eta}) + v_\xi^2 + v_\eta^2 \leq 0$$

$$(2\eta v_\xi + \mu u)^2 + (2\eta v_\eta)^2 \leq (4\lambda + \mu^2) u^2$$

$$4\lambda + \mu^2 \geq 0. \tag{33}$$

Speziell sei $\alpha = \frac{z}{2} + \frac{1}{4}$, $\beta = -\frac{z}{2} - \frac{1}{2}$, $\gamma = -\frac{z}{2}$, also $\mu = -\frac{1}{2}$, $\nu = 0$, $4\lambda = 4\alpha(1-\alpha) = 1 - \left(z - \frac{1}{2}\right)^2$, ferner $\alpha' = \frac{3}{4} - \frac{z}{2}$, $\beta' = \frac{z}{2} - 1$, $\gamma' = \frac{z}{2} - \frac{1}{2}$. Da $\nu = 0$ ist, so genügt $w = \eta^\alpha$ ebenfalls der Differentialgleichung (32), also nach (11) auch die Funktion $\eta^{\frac{1}{4}} \varphi(\tau, z)$; zunächst für $x > \frac{3}{2}$, und sodann nach dem Prinzip der analytischen Fortsetzung in der ganzen z-Ebene. Nun gehen aber α', β', γ' aus α, β, γ durch Vertauschung von z mit $1 - z$ hervor, und folglich ist auch die Funktion $\eta^{\frac{1}{4}} \varphi(\tau, 1-z)$ eine Lösung von (32). Damit ist auch

$$\delta(\tau, z) = \eta^{\frac{1}{4}} \mu(\tau, z) = \eta^{\frac{1}{4}} \left(\varrho(1-2z)\, \omega(z)\, \varphi(\tau, z) - \varrho(2z)\, \omega(1-z)\, \varphi(\tau, 1-z)\right)$$

als Lösung von (32) erkannt.

Andererseits ist nach (10) der Ausdruck

$$\sum_{k=1}^{3} \delta_k \bar{\delta}_k = \sigma = \sigma(\tau, z)$$

in Abhängigkeit von τ bei der Modulgruppe invariant. Speziell sei z reell und $z = x > \frac{3}{2}$. Dann strebt $\sigma(\tau, z)$ gegen 0, wenn τ im Fundamentalbereich der Modulgruppe nach ∞ geht. Ist σ nicht identisch 0, so wird für ein endliches τ ein positives Maximum erreicht. Indem man noch $\delta_1, \delta_2, \delta_3$ einer geeigneten konstanten unitären Transformation unterwirft, kann man voraussetzen, daß bei jenem τ die Werte $\delta_1 = \sigma^{\frac{1}{2}}$, $\delta_2 = 0$, $\delta_3 = 0$ sind. Dann hat also $\delta_1 \bar{\delta}_1$ selber bei τ ein positives Maximum, und δ_1 ist dort reell. Da für reelles z auch α, β, γ reell sind, so liefert (33) die Bedingung

$$\left(x - \frac{1}{2}\right)^2 \leq \frac{5}{4}, \qquad x \leq \frac{1 + \sqrt{5}}{2}.$$

Für $x > \frac{1}{2}(1 + \sqrt{5})$ folgt also $\sigma = 0$, womit wieder die Funktionalgleichung bewiesen ist.

9. Nach dem Vorbild von Riemanns Integraldarstellung der Zetafunktion bilde man mit $s = \sigma + it$ die Funktion

$$\varrho(s, z) = \frac{1}{2} \int_0^\infty \eta^{\frac{s}{2}} \left(\varphi_1(i\eta, z) - \eta^{\frac{z}{2}} - \frac{\omega(1-z)}{\omega(z)} \eta^{\frac{1-z}{2}}\right) \frac{d\eta}{\eta}, \tag{34}$$

wobei über positive η integriert wird. Aus den Reihendarstellungen (11), (15) findet man in Verbindung mit der Abschätzung bei (21), daß das Integral in der Halbebene $\sigma > \operatorname{Max}(1 + x, 2 - x)$ absolut konvergiert und gliedweise Integration vorgenommen werden kann. So erhält man in dieser Halbebene die Entwicklung

$$\varrho(s, z) = 2^{z-1} \pi^{\frac{z-s}{2}} \frac{\Gamma\left(\frac{s+z}{2}\right)}{\Gamma(z)} \sum_{n=1}^\infty n^{\frac{z-s-1}{2}} \left(j_1(n, z)\, G(s, z) + j_1(-n, z)\, H(s, z)\right) \tag{35}$$

mit

$$G(s, z) = \int_0^\infty u^{\frac{z}{2}-1} (u+1)^{-\frac{s+z}{2}} (u+2)^{\frac{z-1}{2}} du,$$

$$H(s, z) = \int_0^\infty u^{\frac{z-1}{2}} (u+1)^{-\frac{s+z}{2}} (u+2)^{\frac{z}{2}-1} du.$$

Andererseits ist

$$\varphi_1(i\eta^{-1}, z) = \eta^{\frac{1}{2}} \varphi_1(i\eta, z),$$

und dies ergibt die für alle s, z gültige Formel

$$\left\{\begin{aligned} \varrho(s, z) &= \frac{1}{2} \int_1^\infty \left(\eta^{\frac{s}{2}} + \eta^{\frac{1-s}{2}}\right) \varphi_1(i\eta, z) \frac{d\eta}{\eta} + \\ &\quad - \left(\frac{1}{s+z} + \frac{1}{1-s+z}\right) - \frac{\omega(1-z)}{\omega(z)} \left(\frac{1}{1+s-z} + \frac{1}{2-s-z}\right). \end{aligned}\right. \tag{36}$$

Folglich ist $z(1-z)(s+z)(1-s+z)(1+s-z)(2-s-z)\,\omega(z)\,\varrho(s,z)$ eine ganze Funktion von s, z, und es gelten die beiden Funktionalgleichungen

$$\varrho(1-s,z)=\varrho(s,z),\qquad \omega(z)\,\varrho(s,z)=\omega(1-z)\,\varrho(s,1-z).$$

Wegen (31) geht (36) bei $z=0$ in

$$\varrho(s,0)=\frac{1}{2}\int\limits_1^\infty\left(\eta^{\frac{s}{2}}+\eta^{\frac{1-s}{2}}\right)\vartheta_1(i\eta)\,\frac{d\eta}{\eta}-\frac{1}{s(1-s)}$$

über, während (35) zu

$$\varrho(s,0)=\pi^{-\frac{s}{2}}\,\Gamma\left(\frac{s}{2}\right)\sum_{n=1}^{\infty}n^{-s}=\pi^{-\frac{s}{2}}\,\Gamma\left(\frac{s}{2}\right)\zeta(s)$$

führt.

Trägt man in (34) für $\varphi_1(i\eta,z)$ nach (11) die Eisensteinsche Reihe ein, so gewinnt man schließlich die Entwicklung

$$2\varrho(s,z)=\sum_{\frac{a}{c}>0}a^{\frac{s-z-1}{2}}\,c^{-\frac{s+z}{2}}\left(\lambda_1\left(\frac{a}{c}\right)P(s,z)+\lambda_1\left(\frac{-a}{c}\right)Q(s,z)\right)$$

mit

$$P(s,z)=\int\limits_0^\infty\eta^{\frac{s+z}{2}-1}(1+i\eta)^{-\frac{z+1}{2}}(1-i\eta)^{-\frac{z}{2}}\,d\eta,$$

$$Q(s,z)=\int\limits_0^\infty\eta^{\frac{s+z}{2}-1}(1+i\eta)^{-\frac{z}{2}}(1-i\eta)^{-\frac{z+1}{2}}\,d\eta$$

im Streifen $2-x<\sigma<x-1$. Für $x>\frac{3}{2}$ läßt sich diese Formel benutzen, um die Verteilung der Nullstellen von $\varrho(s,z)$ auf $\sigma=\frac{1}{2}$ zu untersuchen.

Göttingen, Mathematisches Institut der Universität

(Eingegangen am 27. Juli 1955)

A generalization of the Epstein zeta function

Journal of the Indian Mathematical Society 20 (1956), 1—10

1. Let $S[\underline{x}]$ be a non-degenerate even quadratic form of m variables with signature n, r and let $\underline{a}$ be a vector such that $S\underline{a}$ is integral. Put $d = (-1)^r \mid S \mid$, the absolute value of the determinant of S. We define

$$g_{\rho\underline{a}} = \sum_{\underline{x}(\operatorname{mod}\gamma)} e^{\pi i \rho S[\underline{x}+\underline{a}]}, \quad (\rho = \alpha/\gamma, (\alpha, \gamma) = 1, \gamma > 0), \tag{1}$$

$g_{\underline{a}} = 1$ for integral $\underline{a}$ and $g_{\underline{a}} = 0$ for fractional $\underline{a}$, and we introduce the Dirichlet series

$$\phi_{\underline{a}}(s) = g_{\underline{a}} + e^{\pi i(n-r)/4} d^{-\frac{1}{2}} \sum_{\rho} g_{\rho\underline{a}} \gamma^{-1-s}(z-\rho)^{(r-1-s)/2}(\bar{z}-\rho)^{(n-1-s)/2}, \tag{2}$$

the summation carried over all rational numbers ρ, where $s = \sigma + it$, $\sigma > m/2 + 1$ and $z = \xi + i\eta$ denotes a parameter in the upper half-plane. Moreover let

$$q(s) = \frac{\pi d^{-\frac{1}{2}} 2^{1+m/2-s}\,\Gamma(s - m/2)}{\Gamma\{(s+1-n)/2\}\Gamma\{(s+1-r)/2\}} \sum_{0 \leqslant \rho < 1} g_{\rho 0}\, \gamma^{-1-s}, \ (\sigma > m/2).$$

THEOREM 1. *The function $\phi_{\underline{a}}(s)$ is meromorphic.*

THEOREM 2. *If $S[\underline{x}]$ is a stem-form, then*

$$\phi_{\underline{a}}(s) = \eta^{m/2-s} q(s)\, \phi_{\underline{a}}(m - s).$$

In the special case $n = r = 1$, $\underline{a} = 0$, $S[\underline{x}] = 2x_1 x_2$, we obtain

$$q(s) = \pi^{s-1} \frac{\Gamma(1 - s/2)\, \zeta(2 - s)}{\Gamma(s/2)\, \zeta(s)},$$

This paper was presented to the International Colloquium on Zeta-functions held at the Tata Institute of Fundamental Research, Bombay, on February 14-21, 1956.

and $2\,\zeta(2s)\,\phi_0(2s)$ becomes Epstein's Zeta-function corresponding to the definite binary quadratic form $(\alpha-\gamma z)\,(\alpha-\gamma\bar{z})$ of the variables α, γ.

2. Let P be a real solution of $P\,S^{-1}\,P=S$, $P=P'>0$, and put

$$\frac{S+P}{2}=K,\ \frac{S-P}{2}=L,\ \xi\,S+i\eta\,P=z\,K+\bar{z}\,L=R,$$

$$f_{\underline{a}}(z,\,\underline{w})=\sum_{\underline{x}}e^{\pi i(R[\underline{y}]+2\underline{w}'\underline{y})},\quad(\underline{y}=\underline{x}+\underline{a}),$$

the summation carried over all integral $\underline{x}$. Considered as a function of $\underline{a}$ this theta series depends only on the residue class of $\underline{a}$ modulo 1. Denote by $\underline{a}_1=0,\ldots,\underline{a}_l$ a complete set of such classes.

Consider any modular substitution

$$z_M=\frac{\alpha z+\beta}{\gamma z+\delta},$$

with the matrix

$$M=\begin{pmatrix}\alpha & \beta\\ \gamma & \delta\end{pmatrix}$$

and $\alpha\delta-\beta\gamma=1$, and define

$$\underline{w}_M=((\gamma z+\delta)^{-1}\,K+(\gamma\bar{z}+\delta)^{-1}\,L)\,S^{-1}\,\underline{w}.$$

In the particular case $\gamma=0$, we have $\alpha=\delta=\pm1$, $z_M=z+\alpha\beta$ and

$$f_{\underline{a}}(z_M,\,\underline{w}_M)=e^{\pi i\alpha\beta S[\underline{a}]}\,f_{\underline{a}\alpha}(z,\,\underline{w}).\tag{3}$$

Let now $\gamma\neq0$, $z_M=\alpha/\gamma+\gamma^{-2}z_1$, $z_1=-z_2^{-1}$, $z_2=z+\delta/\gamma$, $R_1=z_1\,K+\bar{z}_1\,L$; then

$$-R_1^{-1}=(z_2\,K+\bar{z}_2\,L)\,[S^{-1}]=R\,[S^{-1}]+(\delta/\gamma)\,S^{-1},\ |\,R_1\,|=d\,z_1^n(-\bar{z}_1)^r.$$

Replace $\underline{x}$ by $\underline{x}\gamma+\underline{g}$, where $\underline{g}$ runs over a complete system of residues modulo γ, and define $\underline{q}=\underline{g}+\underline{a}$, $\alpha/\gamma=\rho$, such that

$$f_{\underline{a}}(z_M,\,\underline{w})=\sum_{\underline{g}}e^{\pi i\rho S[\underline{q}]}\sum_{\underline{x}}e^{\pi i(R_1[\underline{x}+\underline{q}\gamma^{-1}]+2\underline{w}'(\underline{x}\gamma+\underline{q}))}$$

$$R_1[\underline{x}+\underline{q}\gamma^{-1}]+2\underline{w}'(\underline{x}\gamma+\underline{q})=R_1[\underline{x}+\underline{q}\gamma^{-1}+R_1^{-1}\,\underline{w}\gamma]-R_1^{-1}[\underline{w}\gamma].$$

We obtain

$$\sum_{\underline{x}} e^{\pi i(R_1[\underline{x}+\underline{q}\gamma^{-1}]+2\underline{w}'(\underline{x}\gamma+\underline{q}))} = e^{\pi i(r-n)/4}\, d^{-\frac{1}{2}}\, z_2^{n/2}\, \bar{z}_2^{r/2}\, e^{-\pi i R_1^{-1}[\underline{w}\gamma]} \times$$

$$\times \sum_{\underline{x}} e^{-\pi i R_1^{-1}[\underline{x}]+2\pi i \underline{x}'(\underline{q}\gamma^{-1}+R_1^{-1}\underline{w}\gamma)}\,.$$

Let $\underline{b}$ run over the class representatives $\underline{a}_1, \dots \underline{a}_l$, and replace $\underline{x}$ by $-S(\underline{x}+\underline{b})$. Moreover we introduce the abbreviations

$$h_{\underline{a}\underline{b}} = h_{\underline{a}\underline{b}}(M) = \sum_{\underline{g}(\mathrm{mod}\,\gamma)} e^{(\pi i/\gamma)(\alpha S[\underline{g}+\underline{a}]-2\underline{b}'S(\underline{g}+\underline{a})+\delta S[\underline{b}])}\,, \tag{4}$$

$$v = v(M, z, \underline{w}) = e^{\pi i((z+\delta/\gamma)^{-1}K+(\bar{z}+\delta/\gamma)^{-1}L)[S^{-1}\underline{w}]},\ \epsilon = e^{\pi i(r-n)/4}.$$

Because of

$$-SR_1^{-1}\,\underline{w}_M\gamma = \underline{w},$$

$$-R_1^{-1}[\underline{w}_M\gamma] = -R_1[S^{-1}\underline{w}] = ((z+\delta/\gamma)^{-1}K + (\bar{z}+\delta/\gamma)^{-1}L)[S^{-1}\underline{w}],$$

$$\alpha\, S[\underline{q}] - 2\underline{q}'\,S(\underline{x}+\underline{b}) + \delta\, S[\underline{x}+\underline{b}] \equiv \alpha\, S[\underline{q}-\underline{x}\,\delta] - 2\underline{b}'\,S(\underline{q}-\underline{x}\,\delta) + {}$$
$$+\,\delta\, S[\underline{b}] \qquad (\mathrm{mod}\ 2\gamma) \tag{5}$$

we get the transformation formula

$$f_{\underline{a}}(z_M, \underline{w}_M) = \epsilon\, d^{-\frac{1}{2}}\,(z+\delta/\gamma)^{n/2}\,(\bar{z}+\delta/\gamma)^{r/2}\, v \sum_{\underline{b}} h_{\underline{a}\underline{b}}\, f_{\underline{b}}(z, \underline{w}). \tag{6}$$

Defining the l-rowed matrix

$$G = G(M, z) = \epsilon\, d^{-\frac{1}{2}}\,(z+\delta/\gamma)^{n/2}\,(\bar{z}+\delta/\gamma)^{r/2}\,(h_{\underline{a}\underline{b}}),$$

we write (6) in the form

$$\underline{f}(z_M, \underline{w}_M) = G\,\underline{f}(z, \underline{w})\, v, \tag{7}$$

where $\underline{f}$ is the column of the l functions $f_{\underline{a}}$.

It follows from (4) and (5) that

$$h_{\underline{a}\underline{b}}\,(M^{-1}) = \overline{h_{\underline{b}\underline{a}}\,(M)}. \tag{8}$$

To cover the special case $\gamma = 0$, we define $v = 1$ and

$$G = (h_{\underline{a}\underline{b}}),\ h_{\underline{a}\underline{b}} = e^{\pi i\alpha\beta S[\underline{a}]}\,\delta_{\underline{a}\underline{b}\alpha},\ \delta_{\underline{a}\underline{b}} = \begin{cases} 1, & \underline{a} \equiv \underline{b}\ (\mathrm{mod}\ 1), \\ 0, & \underline{a} \not\equiv \underline{b}\ (\mathrm{mod}\ 1). \end{cases} \tag{9}$$

Obviously (3) implies (7) and (8), in this case.

3. The l functions $f_{\underline{a}}(z, \underline{w})$ are linearly independent, considered as Fourier series in $\underline{w}$. Hence, for any two modular matrices M and M_1, we have the composition formula

$$G(M_1 M, z) = G(M_1, z_M)\, G(M, z) \tag{10}$$

and, in particular,

$$E = G(M^{-1}, z_M)\, G(M, z). \tag{11}$$

Suppose again that $\gamma \neq 0$; then

$$G(M^{-1}, z_M) = \epsilon\, d^{-\frac{1}{2}}\, (z_M - \alpha/\gamma)^{n/2}\, (\bar{z}_M - \alpha/\gamma)^{r/2}\, (h_{\underline{ab}}(M^{-1}))$$

and

$$(z_M - \alpha/\gamma)\,(z + \delta/\gamma) = \gamma^{-2}\, z_1\, z_2 = -\gamma^{-2}.$$

In view of (8) it follows from (11) that the matrix $d^{-\frac{1}{2}}\, \gamma^{-m/2}(h_{\underline{ab}})$ is unitary.

Putting

$$H(M, z) = \epsilon^{-1}\, d^{-\frac{1}{2}}\, (\gamma^2)^{-m/2}\, (z - \alpha/\gamma)^{-n/2}\, (\bar{z} - \alpha/\gamma)^{-r/2}\, (h_{\underline{ab}}(M)), \tag{12}$$

we obtain

$$H(M, z_M) = G(M, z).$$

We use this formula as a definition in case $\gamma = 0$. With this notation (10) can be replaced by

$$H(M M_1, z_M) = H(M, z_M)\, H(M_1, z).$$

Let $\underline{h}(M, z)$ be the first column of $H(M, z)$, corresponding to the subscript $\underline{b} = \underline{a}_1 = 0$; then

$$\underline{h}(M M_1, z_M) = H(M, z_M)\, \underline{h}(M_1, z). \tag{13}$$

The integral modular substitutions are characterized by $\gamma = 0$; they constitute a subgroup Δ in the modular group Γ. Because of (4) and (9) the column $\underline{h}(M_1, z)$, as a function of M_1, only depends upon the left cosets of Δ in Γ. If

$$M_1 = \begin{pmatrix} \alpha & \beta \\ \gamma & \delta \end{pmatrix}$$

runs over a complete set of representatives of these cosets, then MM_1 does the same, M being any fixed modular matrix. Let $\underline{\phi}(s) = \underline{\phi}(z, s)$ be the column of the l functions $\phi_{\underline{a}}(s)$ in (2), corresponding to $\underline{a} = \underline{a}_1, \ldots, \underline{a}_l$, and define

$$\underline{\psi}(z, s) = \underline{\phi}(z, s)\, \eta^{(s+1-m)/2}\,; \tag{14}$$

then

$$\underline{\psi}(z, s) = \sum_{M_1} \underline{h}(M_1, z)\, (\eta^{-1}\, |\gamma z - \alpha|^2)^{(m-1-s)/2}.$$

This Dirichlet series converges absolutely in the half-plane $\sigma > m/2 + 1$. Since

$$z_{M_1}{}^{-1} - \bar{z}_{M_1}{}^{-1} = 2 i \eta\, |\gamma z - \alpha|^{-2}, \tag{15}$$

it follows from (13) that

$$\underline{\psi}(z_M, s) = H(M, z_M)\, \underline{\psi}(z, s). \tag{16}$$

4. The analytic continuation of $\phi_{\underline{a}}(s)$ into the whole s-plane follows from the Fourier expansion with respect to the parameter z. Let the real parts of μ, ν, $\mu + \nu - 1$ be positive and define

$$j_u(z) = \int_{|u|}^{\infty} (w + u)^{\mu-1} (w - u)^{\nu-1} e^{2\pi(iu\xi - \eta w)}\, dw, \; (u \text{ real}); \tag{17}$$

then

$$\sum_{k=-\infty}^{\infty} (z - k)^{-\mu} (\bar{z} - k)^{-\nu} = \frac{2\, e^{\pi i(\nu-\mu)/2}\, \pi^{\mu+\nu}}{\Gamma(\mu)\, \Gamma(\nu)} \sum_{k=-\infty}^{\infty} j_k(z).$$

Choosing $\mu = \frac{1}{2}(s + 1 - r)$, $\nu = \frac{1}{2}(s + 1 - n)$, we write more explicitly $j_u(z) = j_u(z, s)$, and we get the expansion

$$\phi_{\underline{a}}(s) = g_{\underline{a}} + \frac{2\, d^{-\frac{1}{2}}\, \pi^{s+1-m/2}}{\Gamma\{\frac{1}{2}(s + 1 - n)\}\, \Gamma\{\frac{1}{2}(s + 1 - r)\}} \sum_u f_{u\underline{a}}(s)\, j_u(z, s), \tag{18}$$

where the summation extends over all rational numbers $u \equiv \frac{1}{2} S[\underline{a}]$ (mod 1) and

$$f_{u\underline{a}}(s) = \sum_{0 \leqslant \rho < 1} g_{\rho\underline{a}}\, e^{-2\pi i \rho u}\, \gamma^{-1-s}, \; (\rho = \alpha/\gamma, (\alpha, \gamma) = 1, \gamma > 0). \tag{19}$$

The latter Dirichlet series is of the well-known "singular series" type, and it has an Euler product decomposition

$$f_{u\underline{a}}(s) = \prod_p f_{p,u\underline{a}}.$$

The factor $f_{p,u\underline{a}} = f_p$ is obtained by restricting the summation in (19) to the powers $\gamma = p^k$ $(k = 0, 1, \dots)$ of a prime number p.

Let p^κ be the p-adic denominator of S^{-1}, and suppose that h is an integer satisfying $h + \kappa \leqslant k \leqslant 2h$. Substituting

$$\underline{x} = \underline{y} + p^h \underline{z}, \quad \underline{y}(\bmod p^h), \quad \underline{z}(\bmod p^{k-h}),$$

we have

$$S[\underline{x} + \underline{a}] \equiv S[\underline{y} + \underline{a}] + 2p^h \underline{z}' S(\underline{y} + \underline{a}) \pmod{2p^k}.$$

Therefore the contribution of any given $\underline{y}$ to the Gaussian sum $g_{\rho\underline{a}}$ $(\rho = \alpha/\gamma,\ \gamma = p^k)$ in (1) will be 0, if

$$S(\underline{y} + \underline{a}) \not\equiv 0 \pmod{p^{k-h}}.$$

Hence $g_{\rho\underline{a}} = 0$, if $\underline{a}$ is not p-adically integral. It follows in this case that $f_p(s)$ is a polynomial in p^{-s} of degree $< 2\kappa$.

Now consider the remaining case that $\underline{a}$ is p-adically integral. Then the condition

$$S(\underline{y} + \underline{a}) \equiv 0 \pmod{p^{k-h}}$$

implies $p^{k-h-\kappa} \mid \underline{y} + \underline{a}$, and this shows that $g_{\rho\underline{a}}$, as a function of $\underline{a}$, only depends upon the residue class of $\underline{a}$ $(\bmod\ 2\,p^{2h+\kappa-k})$. Moreover we see that

$$g_{\rho\underline{a}} = p^m\, g_{p^2\rho\underline{a}}, \quad (k > 2\kappa + 1).$$

It follows that

$$(1 - p^{m-2s})\, f_{p,0\underline{a}}(s) = E_{p\underline{a}}(s)$$

is a polynomial in p^{-s} of degree $< 2\kappa + 2$. Finally let $0 \neq u \equiv \frac{1}{2} S[\underline{a}] \pmod 1$, and let p^λ be the highest power of p dividing $2u$. Suppose $k > \lambda + 2\kappa + 2$ and choose $h = [\frac{1}{2}(k+1)]$; then

$$2h \geqslant k,\, k - h - \kappa \geqslant \tfrac{1}{2}(k-1) - \kappa > 0,$$

$$1 + 2h + \kappa - k + \lambda < 2 + \kappa + \lambda < k,$$

$$4\, p^{2h+\kappa-k}\, u \not\equiv 0 \pmod{p^k},$$

whence

$$\sum_{\alpha (\mathrm{mod}\, \gamma)} g_{\rho \underline{a}}\, e^{-2\pi i \rho u} = 0, \quad (\rho = \alpha/\gamma, (\alpha, \gamma) = 1,\, \gamma = p^k).$$

Therefore the function $f_{p,u\underline{a}}(s)$ is a polynomial in p^{-s} of degree $< \lambda + 2\kappa + 3$, in case $u \neq 0$.

5. For the primes $p \nmid d$ the Gaussian sums $g_{\rho \underline{a}}$ can be explicitly evaluated in the usual way. If m is even, we denote by

$$\chi(k) = \left(\frac{(-1)^{m/2}\,|S|}{k}\right) \quad (k = 1, 2, \ldots)$$

the Kronecker symbol; if m is odd and $u \neq 0$, we define

$$\chi_u(k) = \left(\frac{(-1)^{\frac{1}{2}(m-1)}\,|S|\,u^*}{k}\right),$$

where u^* is the discriminant of the field generated by $\sqrt{u}$. Then

$$f_{p,u\underline{a}}(s) = \begin{cases} (1 - \chi(p)\, p^{m/2-1-s}) \sum_{k=0}^{\lambda} \chi(p^k)\, p^{k(m/2-s)}, & (m \text{ even}), \\ \dfrac{1 - p^{m-1-2s}}{1 - \chi_u(p)\, p^{\frac{1}{2}(m-1)-s}} \times \\ \times \left(\sum_{k=0}^{[\lambda/2]} p^{k(m-2s)} - \chi_u(p)\, p^{\frac{1}{2}(m-1)-s} \sum_{k=0}^{[\lambda/2]-1} p^{k(m-2s)} \right), & (m \text{ odd}) \end{cases}$$

and correspondingly

$$f_{p,0\underline{a}}(s) = \begin{cases} \dfrac{1 - \chi(p)\, p^{m/2-1-s}}{1 - \chi(p)\, p^{m/2-s}} & (m \text{ even}), \\ \dfrac{1 - p^{m-1-2s}}{1 - p^{m-2s}} & (m \text{ odd}). \end{cases}$$

Introducing the Dirichlet L-series

$$L(s) = \sum_{k=1}^{\infty} \chi(k)\, k^{-s}, \quad L_u(s) = \sum_{k=1}^{\infty} \chi_u(k)\, k^{-s} \quad (\sigma > 1),$$

we obtain

$$f_{0\underline{a}}(s) = \begin{cases} \dfrac{L(s-m/2)}{L(s+1-m/2)} \prod_{p|d} (1-p^{m-2s})^{-1} E_{p\underline{a}}(s), & (m \text{ even}), \\[2ex] \dfrac{\zeta(2s-m)}{\zeta(2s+1-m)} \prod_{p|d} (1-p^{m-1-2s})^{-1} E_{p\underline{a}}(s), & (m \text{ odd}), \end{cases} \tag{20}$$

and, in case $u \neq 0$,

$$f_{u\underline{a}}(s) = \begin{cases} \dfrac{F_{u\underline{a}}(s)}{L(s+1-m/2)} & (m \text{ even}), \\[2ex] \dfrac{L_u(s-\frac{1}{2}(m-1))}{\zeta(2s+1-m)} F_{u\underline{a}}(s) \prod_{p|d} (1-p^{m-1-2s})^{-1}, & (m \text{ odd}), \end{cases} \tag{21}$$

where $F_{u\underline{a}}(s)$ is a finite Dirichlet series of the form

$$F_{u\underline{a}}(s) = \sum_{k|d^4u} c_k\, k^{-s}, \quad c_k = O(k^{m/2}).$$

The analytic continuation of $j_u(z, s)$ into the whole s-plane follows from the known properties of the confluent hypergeometric function. Define $n^* = n$, $r^* = r$ for $u > 0$ and $n^* = r$, $r^* = n$ for $u < 0$. Because of (17), the function $\sin\left\{\frac{1}{2}\pi(s+1-n^*)\right\} j_u(z, s)$ $(u \neq 0)$ is entire; moreover

$$j_u(z, s) = \left(\frac{\pi\eta}{|u|}\right)^{m/2-s} \frac{\Gamma\{\frac{1}{2}(s+1-n^*)\}}{\Gamma\{\frac{1}{2}(r^*+1-s)\}} j_u(z, m-s),$$

$$j_0(z, s) = (2\pi\eta)^{m/2-s}\, \Gamma(s-m/2).$$

By using simple estimates for the order of magnitude of $j_u(z, s)$ and $L_u(s-\frac{1}{2}(m-1))$, as $|u| \to \infty$, it follows from (18), (20), (21) that the expansion (18) is valid in the whole s-plane and that the functions $\sin \pi s\, \phi_{\underline{a}}(s)\, L(s+1-m/2) \prod_{p|d} (1-p^{m-2s})$ $(m$ even$)$, $\sin \pi s\, \phi_{\underline{a}}(s)\, \zeta(2s+1-m) \prod_{p|d} (1-p^{m-1-2s})$ $(m$ odd$)$ are entire.

This accomplishes the proof of Theorem 1.

6. Suppose now that $S[\underline{x}]$ is a stem form. Then $S[\underline{a}]$, $(\underline{a}=\underline{a}_1,\dots,\underline{a}_l)$ is even only for $\underline{a}=\underline{a}_1=0$, and the term $u=0$ appears only in this case. Define

$$\frac{2d^{-\frac{1}{2}}\,\pi^{s+1-m/2}}{\Gamma\{\frac{1}{2}(s+1-n)\}\,\Gamma\{\frac{1}{2}(s+1-r)\}}\,j_u(z,s)=J_u(z,s),$$

so that

$$\phi_{\underline{a}}(s)=g_{\underline{a}}(1+\eta^{m/2-s}\,q(s))+\sum_{u\neq 0} f_{u\underline{a}}(s)\,J_u(z,s),$$

$$q(s)=\frac{\pi d^{-\frac{1}{2}}\,2^{1+m/2-s}}{\Gamma\{\frac{1}{2}(s+1-n)\}\,\Gamma\{\frac{1}{2}(s+1-r)\}}\,\Gamma(s-m/2)\,f_{0\underline{a}}(s),$$

and put

$$(\underline{\phi}(s)-\underline{\phi}(m-s)\,\eta^{m/2-s}\,q(s))\,\eta^{(s+1)/2-m/4}=\underline{\chi}(z,s)=\underline{\chi},$$

$$\underline{\chi}'\,\bar{\underline{\chi}}=\omega.$$

Because of (12), (14), (15), (16) the function $\omega=\omega(z,s)$ of z is invariant under the modular group. On the other hand,

$$\chi_{\underline{a}}\,\eta^{m/4-(s+1)/2}=g_{\underline{a}}(1-q(s)\,q(m-s))+$$

$$+\sum_{u\neq 0}\left(f_{u\underline{a}}(s)\,(\pi\,|\,u\,|)^{s-m/2}\,\frac{\Gamma\{\frac{1}{2}(n^*+1-s)\}}{\Gamma\{\frac{1}{2}(s+1-r^*)\}}-f_{u\underline{a}}(m-s)\,q(s)\right)\times$$

$$\times\,\eta^{m/2-s}\,J_u(z,m-s).$$

This function is bounded in the fundamental domain of the modular group, therefore the same holds for $\chi_{\underline{a}}$ if $\sigma<m/2-1$. Since ω is invariant, it follows that then $\chi_{\underline{a}}$ is bounded throughout the upper z-half plane.

Compute the Fourier coefficient

$$\frac{1}{2d}\int_{-d}^{d}\chi_{\underline{a}}\,e^{-\pi i u\xi}\,d\xi=c_u(\eta,s),$$

$$\eta^{m/4-(s+1)/2}\, c_u(\eta, s) = \begin{cases} g_{\underline{a}}(1 - q(s)\, q(m-s)), \quad (u = 0) \\ \left(f_{u\underline{a}}(s)\, (\pi \mid u \mid)^{s-m/2} \dfrac{\Gamma\{\frac{1}{2}(n^* + 1 - s)\}}{\Gamma\{\frac{1}{2}(s + 1 - r^*)\}} - \right. \\ \left. - f_{u\underline{a}}(m-s)\, q(s) \right) \eta^{m/2-s} J_u(i\eta, m-s), \; (u \neq 0) \end{cases}$$

and let $\eta \rightarrow 0$; then

$$\eta^{m/2-s}\, j_u(i\eta, m-s) \rightarrow (2\pi)^{s-m/2}\, \Gamma(m/2 - s) \neq 0, \; (\sigma < m/2 - 1).$$

It follows that $c_u(\eta, s) = 0$, $\underline{\chi} = 0$ and Theorem 2 is proved.

Furthermore we have the functional equations

$$\left.\begin{aligned} q(s)\, q(m-s) &= 1, \\ f_{u\underline{a}}(s) &= (\pi \mid u \mid)^{m/2-s} \frac{\Gamma\{\frac{1}{2}(s+1-r^*)\}}{\Gamma\{\frac{1}{2}(n^*+1-s)\}}\, q(s)\, f_{u\underline{a}}(m-s), \; u \neq 0. \end{aligned}\right\} \tag{22}$$

Using the expressions (20), (21) for $f_{0\underline{a}}(s)$, $f_{u\underline{a}}(s)$ we can obtain from (22) the functional equations for $\zeta(s)$, $L(s)$, $L_u(s)$. Besides, a functional equation for the finite Dirichlet series $f_{p,u\underline{a}}$ is found. It seems rather complicated to get the latter result in an elementary way, if p is a factor of d.

Tata Institute of Fundamental Research
Bombay

68.

Zur Vorgeschichte des Eulerschen Additionstheorems *

Sammelband Leonhard Euler, Akademie-Verlag, Berlin 1959, 315—317

Von den Entdeckungen EULERs hat wohl das Additionstheorem der elliptischen Integrale den größten Einfluß auf die weitere Entwicklung der Analysis im 19. Jahrhundert ausgeübt. In seinen Untersuchungen tritt es zuerst für den lemniskatischen Fall im Jahre 1753 auf. Vorher hatte er in einer am 27. Januar 1752 vor der Berliner Akademie gelesenen Arbeit [1] die spezielle Aufgabe behandelt, zwei vom Doppelpunkt der Lemniskate aus gemessene Bögen zu addieren, wenn der eine das n-fache ($n = 1, 2, \ldots$) des anderen ist. EULER erwähnt dabei, daß FAGNANO die betreffende Formel für $n = 1$ gefunden habe, also für die Verdoppelung des Lemniskatenbogens.

FAGNANO hatte seine 1750 erschienenen Gesammelten Abhandlungen [2] an die Berliner Akademie gesandt, deren Mitglied er geworden war, und EULER bekam das Werk am 23. Dezember 1751 in die Hand. Dies geht aus einer Mitteilung von JACOBI [3] hervor, welcher während der vierziger Jahre des vorigen Jahrhunderts in Berlin Vorbereitungen für die bereits damals von der Petersburger Akademie geplante Gesamtausgabe von EULERs Werken traf. Er schrieb: „Bei dieser Gelegenheit habe ich auch einen für die Geschichte der Mathematik ungemein wichtigen Tag gefunden, an welchem unsere Akademie EULER auffordert, das von FAGNANO ihr übersandte Werk zu prüfen, ehe man dem Verfasser antwortet. Aus dieser Prüfung ist die Theorie der elliptischen Functionen entstanden."

FAGNANO war sich bewußt, daß er mit der Verdoppelung des Lemniskatenbogens eine Leistung von bleibendem Wert vollbracht hatte, denn er ließ auf dem Titelblatt seines Werkes eine Lemniskate als Verzierung anbringen. Allerdings lag seine Entdeckung schon über dreißig Jahre lang im Druck [4] vor, ohne daß die zeitgenössischen Mathematiker die Bedeutung erkannt hätten.

In der genannten Arbeit verifiziert EULER, daß aus

$$u = \frac{2z\sqrt{1-z^4}}{1+z^4}$$

die Differentialgleichung

$$\frac{du}{\sqrt{1-u^4}} = \frac{2\,dz}{\sqrt{1-z^4}}$$

folgt. Dies hatte er aus FAGNANOs Werk entnommen, wo sich diese Formeln mit Vertauschung von u und z finden. Bei FAGNANO sind sie aber das Ergebnis

---

*) Beitrag, eingereicht am 29. 9. 1956.

einer Elimination der Hilfsvariablen x aus den beiden Substitutionen

$$x = \frac{\sqrt{1-\sqrt{1-z^4}}}{z}, \qquad x = \frac{\sqrt{2}\,u}{\sqrt{1-u^4}},$$

denen die Differentialgleichungen

$$\frac{dz}{\sqrt{1-z^4}} = \frac{\sqrt{2}\,dx}{\sqrt{1+x^4}}, \qquad \frac{dx}{\sqrt{1+x^4}} = \frac{\sqrt{2}\,du}{\sqrt{1-u^4}}$$

entsprechen. Die erste Substitution läßt sich einfacher in der Form

$$z = \frac{\sqrt{2}\,x}{\sqrt{1+x^4}}$$

schreiben.

FAGNANO gibt nicht an, auf welchem Wege er zu diesen Substitutionen gekommen ist. Ich möchte die Vermutung aussprechen, daß er analog zur Uniformisierung von Quadratwurzeln aus Polynomen zweiten Grades versucht haben könnte, das lemniskatische Differential durch eine algebraische Substitution zur rationalisieren, und dabei etwa das Formelsystem

$$z = \frac{2x}{1+x^2}, \qquad x = \frac{2u}{1-u^2},$$

$$\frac{dz}{\sqrt{1-z^2}} = \frac{2\,dx}{1+x^2}, \qquad \frac{dx}{\sqrt{1+x^2}} = \frac{2\,du}{1-u^2}$$

vor Augen hatte. Die obigen Beziehungen entstehen dann einfach, indem z, x, u in diesen Formeln durch ihre Quadrate ersetzt werden. Doch läßt sich meine Vermutung nicht durch eine Textstelle bei FAGNANO belegen.

Es sei ferner darauf hingewiesen, daß FAGNANOs Ergebnis eigentlich der Theorie der komplexen Multiplikation angehört. Setzt man nämlich

$$1 + i = \mu, \qquad \sqrt{2}\,x = \mu t,$$

so gehen seine Formeln in

$$z = \frac{\mu t}{\sqrt{1-t^4}}, \qquad t = \frac{\bar{\mu} u}{\sqrt{1-u^4}},$$

$$\frac{dz}{\sqrt{1-z^4}} = \frac{\mu\,dt}{\sqrt{1-t^4}}, \qquad \frac{dt}{\sqrt{1-t^4}} = \frac{\bar{\mu}\,du}{\sqrt{1-u^4}}$$

über. Demnach handelt es sich um die Multiplikation des lemniskatischen Differentials erster Gattung mit den komplexen Faktoren $\mu = 1 + i$ und $\bar{\mu} = 1 - i$. Die Entdeckung von FAGNANO wurde also durch den Umstand ermöglicht, daß i der Modul der lemniskatischen Funktion und $\mu\bar{\mu} = 2$ ist. Die Transformationsformel für Multiplikation mit μ, $\bar{\mu}$ hat einfachere Gestalt als die durch Zusammensetzung entstehende Formel, und dieses war offenbar von Bedeutung für FAGNANOs Erfolg. Es bedurfte des überragenden algebraischen Geschicks von EULER, um das Additionstheorem des elliptischen Integrals erster Gattung aufzustellen, für das ja im allgemeinen nur rationale Multiplikatoren existieren. Andererseits fällt die explizite Entdeckung der komplexen Multiplikation bei singulärem Modul erst in den Anfang des neunzehnten Jahrhunderts, rund hundert Jahre nach FAGNANOs Verdoppelung des Lemniskatenbogens, und die Verallgemeinerung auf Abelsche Funktionen ist vom arithmetisch-analytischen Standpunkt bis heute noch nicht zum Abschluß gebracht.

LITERATUR

[1] L. EULER: Observationes de comparatione arcuum curvarum irrectificabilium. Novi comm. acad. sci. Petrop. **6**, p. 58–84 ([1756/7], 1761) = Mathematische Werke 20, p. 80–107 (Leipzig und Berlin 1912).

[2] Conte G. C. DI FAGNANO: Produzioni matematiche, 2 Bde. (Pesaro 1750) = Opere matematiche 1–2 (Milano-Roma-Napoli 1911).

[3] Der Briefwechsel zwischen C. G. J. JACOBI und P. H. VON FUSS über die Herausgabe der Werke Leonhard Eulers, hrsg. v. P. STÄCKEL u. W. AHRENS (Leipzig 1908), p. 23.

[4] Conte G. C. DI FAGNANO: Metodo per misurare la lemniscata. Giornale dei letterati d'Italia **30**, p. 87f. (1718) = Opere matematiche 2, p. 304–313.

69.

Über einige Ungleichungen bei Bewegungsgruppen in der nichteuklidischen Ebene

Mathematische Annalen 133 (1957), 127—138

1. Es seien $A_1, \ldots, A_m$ Elemente einer topologischen Gruppe Γ und $\{A_1, \ldots, A_m\}$ die durch sie erzeugte Untergruppe von Γ, ferner $\Delta = \Delta(A_1, \ldots, A_m)$ die aus dieser durch Abschließung entstehende Gruppe. Man kann die Frage aufwerfen, welche abgeschlossenen Untergruppen von Γ sich auf diese Weise gewinnen lassen.

Weiterhin sei Γ als Liesche Gruppe vorausgesetzt. Nach einem Satz von E. CARTAN [1], der für Matrizengruppen bereits durch J. VON NEUMANN [2] bewiesen wurde, ist jede abgeschlossene Untergruppe einer Lieschen Gruppe wieder eine Liesche Gruppe. Für Δ kommen also nur Liesche Untergruppen von Γ in Betracht, und man hat die dabei auftretenden Möglichkeiten näher zu untersuchen.

Als einfaches Beispiel sei die Gruppe aller Translationen im euklidischen Raum von n Dimensionen genannt. Jede abgeschlossene Untergruppe ist direktes Produkt der Gruppe aller Translationen in einem euklidischen Unterraum L und eines Gitters G, wobei der Durchschnitt von L und G der Nullpunkt ist. Hieraus folgt dann leicht der Kroneckersche Approximationssatz und insbesondere die Tatsache, daß für $m > n$ im allgemeinen $\Delta = \Gamma$ wird.

Von nun an sei Γ die Gruppe aller Bewegungen in der nichteuklidischen Ebene. Wir geben die Elemente von Γ durch reelle zweireihige Matrizen

$$A = \begin{pmatrix} a & b \\ c & d \end{pmatrix}, \quad |A| = ad - bc = 1,$$

wobei aber A und $-A$ dieselbe Bewegung repräsentieren, nämlich dieselbe lineare Transformation

$$\zeta = \frac{az + b}{cz + d}$$

in der oberen z-Halbebene. Sind für m solche Matrizen

$$A_k = \begin{pmatrix} a_k & b_k \\ c_k & d_k \end{pmatrix} \qquad (k = 1, \ldots, m)$$

die $3\,m$ Größen a_k, b_k, c_k über dem Körper der rationalen Zahlen algebraisch unabhängig, so sollen die A_k voneinander unabhängig genannt werden.

Für die Lieschen Untergruppen von Γ bestehen folgende fünf Möglichkeiten: I. diskrete Gruppe; II. Abelsche Gruppe aller linearen Transformationen mit gegebenem Paar von Fixpunkten in der z-Ebene, wobei der hyperbolische, elliptische, parabolische Fall auftreten kann; III. Gruppe aller linearen Transformationen, die ein gegebenes Paar von verschiedenen reellen Punkten in sich überführen, IV. Gruppe aller linearen Transformationen, die einen gegebenen reellen Punkt fest lassen; V. Γ selber.

2. Bei oberflächlicher Betrachtung könnte man vermuten, daß in Analogie zum Kroneckerschen Satz wieder $\Delta(A_1, \ldots, A_m) = \Gamma$ sein würde, wenn die Erzeugenden $A_1, \ldots, A_m$ voneinander unabhängig sind und ihre Anzahl m genügend groß ist. Es ist nun bemerkenswert, daß eine solche direkte Analogie nicht besteht. Dies ersieht man aus folgender Überlegung. Es sei p eine natürliche Zahl > 1. Für jeden Körper algebraischer Funktionen vom Geschlechte p ergibt die Uniformisierungstheorie $2\,p$ Paare nichteuklidischer Bewegungen, deren Matrizen $A_{2k-1}, A_{2k} (k = 1, \ldots, p)$ durch die Kommutatorbedingung

$$\prod_{k=1}^{p} (A_{2k-1} A_{2k} A_{2k-1}^{-1} A_{2k}^{-1}) = \pm E$$

verknüpft sind. Es scheint übrigens nicht bekannt zu sein, ob hierin auf der rechten Seite immer das positive Vorzeichen richtig ist. Die Gruppe $\{A_1, \ldots, A_{2p}\}$ ist diskret und hyperbolisch, d. h. sie enthält außer E lauter hyperbolische Bewegungen. Man kann noch die Normierung

$$a_{2p-1} > 1\ ,\ b_{2p-1} = c_{2p-1} = 0\ ,\ \pm b_{2p} = c_{2p} > 0$$

treffen und dann die $6\,p - 6$ Elemente $a_l, b_l, c_l (l = 1, \ldots, 2\,p - 2)$ von $A_1, \ldots, A_{2p-2}$ als Moduln des Funktionenkörpers einführen, welche lokal unabhängige reelle Variable sind. Die hyperbolische Gruppe $\{A_1, \ldots, A_{2p-2}\}$ ist nach dem Satze von Dehn und Magnus [3] eine freie Gruppe. Dabei kann man zu gegebenem m insbesondere $2\,p - 2 \geqq m$ wählen. Zu jedem m gibt es also m voneinander unabhängige Matrizen $A_1, \ldots, A_m$ nichteuklidischer Bewegungen, so daß die Gruppe $\{A_1, \ldots, A_m\}$ diskret ist.

Aus dieser Überlegung folgt zugleich, daß für irgend m voneinander unabhängige Matrizen $A_1, \ldots, A_m$ stets $\{A_1, \ldots, A_m\}$ die freie Gruppe von m Erzeugenden ist und daß dann kein Gruppenelement parabolisch ist. Dies möge nun noch rein algebraisch bewiesen werden. Wir setzen

(1) $$A_{-k} = A_k^{-1} = \begin{pmatrix} d_k & -b_k \\ -c_k & a_k \end{pmatrix} \qquad (k = 1, \ldots, m)$$

und bilden aus den Zeichen A_k, A_{-k} ein Wort

(2) $$W = A_{l_1} A_{l_2} \ldots A_{l_h}.$$

Dabei sind $l_1, l_2, \ldots, l_h$ Zahlen aus dem Wertevorrat $\pm 1, \pm 2, \ldots, \pm m$, und ihre Anzahl h sei positiv. Wir wollen voraussetzen, daß W gekürzt ist, daß also $l_1 + l_2 \neq 0, l_2 + l_3 \neq 0, \ldots, l_{h-1} + l_h \neq 0$ ist. Es soll gezeigt werden, daß die Spur $\sigma(W)$ nicht konstant ist, wenn die $3\,m$ Größen $a_k, b_k, c_k (k = 1, \ldots, m)$ unabhängige Variable bedeuten. Da W und $A_{l_h} W A_{l_h}^{-1}$ dieselbe Spur besitzen, so kann man beim Beweise auch noch $l_h + l_1 \neq 0$ voraussetzen.

Zur Diskussion der Gleichung

(3) $$\sigma(W) = \tau$$

mit konstantem τ werden jetzt die Bedingungen $|A_k| = 1\,(k = 1, \ldots, m)$ fallen gelassen und sämtliche $4\,m$ Elemente a_k, b_k, c_k, d_k von $A_1, \ldots, A_m$ als Unbestimmte angesehen. Anstelle von (1) definieren wir

$$A_{-k} = |A_k|\, A_k^{-1} = \begin{pmatrix} d_k & -b_k \\ -c_k & a_k \end{pmatrix} \qquad (k = 1, \ldots, m)$$

und behalten die Erklärung von W durch (2) bei. Aus der ursprünglichen Voraussetzung (3) folgt jetzt

$$\sigma^2(W) = \tau^2\, |A_{l_1}|\, |A_{l_2}| \cdots |A_{l_h}| \tag{4}$$

als Identität im Ringe der Polynome der $4\,m$ Unbestimmten $a_1, \ldots, d_m$, und außerdem ist

$$|W| = |A_{l_1}|\, |A_{l_2}| \cdots |A_{l_h}|\,. \tag{5}$$

Hierin substituieren wir speziell

$$A_k = \begin{pmatrix} \alpha_k \\ \beta_k \end{pmatrix} (\gamma_k\ \delta_k)\,, \quad A_{-k} = \begin{pmatrix} \delta_k \\ -\gamma_k \end{pmatrix} (\beta_k\ -\alpha_k) \quad (k = 1, \ldots, m)\,,$$

also $a_k = \alpha_k \gamma_k$, $b_k = \alpha_k \delta_k$, $c_k = \beta_k \gamma_k$, $d_k = \beta_k \delta_k$, wobei nunmehr die $4\,m$ Größen $\alpha_k, \beta_k, \gamma_k, \delta_k$ Unbestimmte sind. Dann verschwinden aber alle $2\,m$ Determinanten $|A_k|$, $|A_{-k}|$, also nach (4) und (5) auch $\sigma(W)$ und $|W|$. Daher ist jetzt

$$(A_{l_1} \ldots A_{l_h})\,(A_{l_1} \ldots A_{l_h}) = W^2 = 0\,. \tag{6}$$

Definiert man noch $\alpha_{-k} = \delta_k$, $\beta_{-k} = -\gamma_k$, $\gamma_{-k} = -\beta_k$, $\delta_{-k} = \alpha_k$ $(k = 1, \ldots, m)$, so gilt für beliebige Indizes $q_1, \ldots, q_r$ aus der Reihe $\pm 1, \ldots, \pm m$ die Formel

$$A_{q_1} \ldots A_{q_r} = \begin{pmatrix} \alpha_{q_1} \\ \beta_{q_1} \end{pmatrix} (\gamma_{q_r}\ \delta_{q_r}) \prod_{l=1}^{r-1} \left(\gamma_{q_l}\, \alpha_{q_{l+1}} + \delta_{q_l}\, \beta_{q_{l+1}}\right), \tag{7}$$

und hierin ist ein Faktor $\gamma_{q_l}\, \alpha_{q_{l+1}} + \delta_{q_l}\, \beta_{q_{l+1}} = 0$ nur für $q_l + q_{l+1} = 0$. Aus den Voraussetzungen $l_1 + l_2 \neq 0, \ldots, l_{h-1} + l_h \neq 0$, $l_h + l_1 \neq 0$ folgt dann nach (7), daß die linke Seite von (6) nicht die Nullmatrix ist, und das ist ein Widerspruch. Der Spezialfall $\tau = \pm 2$ ergibt insbesondere, daß W weder $\pm E$ noch parabolisch sein kann.

In diesem Zusammenhang ist noch zu bemerken, daß es sehr wohl im Matrizenring zweiten Grades nicht-triviale Identitäten gibt, wie etwa

$$(A\,B - B\,A)^2 C = C(A\,B - B\,A)^2.$$

3. Nach einem Satz von J. Nielsen [4] ist eine nicht-kommutative hyperbolische Bewegungsgruppe Λ stets diskret. Dies folgt bei Benutzung des Cartan-Neumannschen Satzes leicht aus der gegebenen Aufzählung aller Lieschen Untergruppen von Γ. In Λ existieren nämlich zwei nicht-vertauschbare Elemente, die dann keinen gemeinsamen Fixpunkt haben können, da sonst ihr Kommutator parabolisch sein müßte. Da die Menge der elliptischen Elemente von Γ offen ist, so enthält außerdem die abgeschlossene Hülle Δ von Λ keine elliptische Bewegung. Also scheiden für Δ die Fälle II. bis V. aus, und daher ist $\Lambda = \Delta$ diskret.

Nun seien $A_1, \ldots, A_m (m > 1)$ voneinander unabhängig. Enthält dann die Gruppe $\{A_1, \ldots, A_m\}$ kein elliptisches Element, so ist sie notwendig hyperbolisch und nicht-kommutativ, also nach dem Nielsenschen Satze diskret. Enthält andererseits die Gruppe $\{A_1, \ldots, A_m\}$ ein elliptisches Element G, so sind die Potenzen $G^l (l = 1, 2, \ldots)$ sämtlich verschieden und beschränkt; also ist dann die Gruppe nicht diskret. Für $\varDelta(A_1, \ldots, A_m)$ können aber die Fälle II. bis IV. der Tabelle nicht auftreten, da $\{A_1, \ldots, A_m\}$ weder Involutionen noch parabolische Elemente enthält, und deshalb ist $\varDelta = \varGamma$. Die Elemente der Gruppe $\{A_1, \ldots, A_m\}$ haben also entweder überhaupt keinen Häufungspunkt oder aber sie liegen in dem Gruppenraum $\varGamma$ überall dicht. Dieses Ergebnis enthält einen Beitrag zu dem eingangs gestellten Problem.

In den folgenden Abschnitten sollen einige Aussagen bewiesen werden, die eine quantitative Verfeinerung des Nielsenschen Satzes enthalten. Gewisse hierbei auftretende Formeln finden sich bereits in einer früheren Untersuchung [5]. Wir benutzen die Abkürzungen

$$B\,A\,B^{-1} = A_B, \quad A\,B\,A^{-1}B^{-1} = A\,A_B^{-1} = [A, B]\,.$$

Es ist dann

$$[A, [B, A]] = [A, A_B]$$

und

$$[A, B] = [-A, B] = [B, A]^{-1} = [B, A^{-1}]_A,$$

so daß insbesondere die Spur des Kommutators $[A, B]$ ungeändert bleibt, wenn A mit B vertauscht wird oder wenn A durch $\pm A$, $\pm A^{-1}$ sowie B durch $\pm B$, $\pm B^{-1}$ ersetzt werden.

Satz 1: *Es seien* $A, A\,A_B, [A, B], [A, A_B]$ *hyperbolisch und* $\sigma(A^2) \leqq 6$. *Dann ist*

$$\operatorname{Min}(\sigma(A\,A_B), \sigma(A\,A_B^{-1})) < -2\,.$$

Satz 2: *Es seien* $A, B, A\,A_B, B\,B_A, [A, B], [A, A_B], [B, B_A]$ *hyperbolisch und* $\sigma(A^2) \leqq 6$, $\sigma(B^2) \leqq 6$. *Dann ist*

$$\sigma([A, B]) > 4 + \operatorname{Max}(\sigma(A^2), \sigma(B^2)) > 6\,.$$

Satz 3: *Es seien* $A, A^{-1} \neq A_B$ *und*

(8) $$\sigma(A^2) \leqq 3\,, \quad \operatorname{Min}(\sigma(A\,A_B), \sigma(A\,A_B^{-1})) > 1\,.$$

Dann ist die Gruppe $\{A, B\}$ *nicht diskret.*

Die Voraussetzungen von Satz 2 sind offenbar stärker als die von Satz 1. Dafür ist Satz 2 symmetrisch in A und B, während dies für Satz 1 nicht zutrifft.

4. Zum Beweise von Satz 1 kann man

(9) $$A = \begin{pmatrix} \lambda & 0 \\ 0 & \mu \end{pmatrix}, \quad \lambda\mu = 1$$

voraussetzen. Mit der Abkürzung $\varrho = (\lambda - \mu)^2$ ist dann

(10) $$0 < \varrho = \sigma(A^2) - 2 \leqq 4\,.$$

Setzt man noch

$$B=\begin{pmatrix}a & b\\ c & d\end{pmatrix},\ \sigma(A\,A_B)-2=p\,,\ \sigma([A,B])-2=q\,,\ \sigma([A,A_B])-2=r,$$

so wird

$$(11)\qquad A_B=\begin{pmatrix}a & b\\ c & d\end{pmatrix}\begin{pmatrix}\lambda d & -\lambda b\\ -\mu c & \mu a\end{pmatrix}=\begin{pmatrix}\mu+(\lambda-\mu)ad & (\mu-\lambda)ab\\ (\lambda-\mu)cd & \lambda+(\mu-\lambda)ad\end{pmatrix}$$

$$A_B^{-1}=\begin{pmatrix}\mu+(\mu-\lambda)bc & (\lambda-\mu)ab\\ (\mu-\lambda)cd & \lambda+(\lambda-\mu)bc\end{pmatrix}$$

$$p=\varrho\,a\,d\,,\quad q=-\varrho\,b\,c\,,\quad p+q=\varrho$$

und folglich

$$r=\varrho^2 a\,b\,c\,d=-p\,q\,.$$

Wegen (10) ist dann $0<p+q\leqq 4$ und daher auch $p\,q\leqq\frac{1}{4}(p+q)^2\leqq 4$, $r\geqq-4$. Da aber $[A,A_B]$ hyperbolisch ist, so ist entweder $r<-4$ oder $r>0$, also $r>0$. Demnach haben p und q entgegengesetztes Vorzeichen. Im Falle $p<0$ folgt $p<-4$, da $A\,A_B$ hyperbolisch ist; im Falle $q<0$ folgt $q<-4$, da $[A,B]$ hyperbolisch ist. Damit ist Satz 1 bewiesen.

Legt man für A die Normalform (9) zugrunde, so läßt sich das Ergebnis auch in die folgende Gestalt setzen. Nach dem Bewiesenen ist entweder $p=\varrho\,a\,d<-4$ oder $q=-\varrho\,b\,c<-4$; andererseits ist die Summe $p+q=\varrho>0$. Daher ist der absolute Betrag der Differenz $p-q=2p-\varrho=\varrho-2q=\varrho(a\,d+b\,c)$ größer als $\varrho+8$, also der absolute Betrag von $a\,d+b\,c$ größer als $1+8\,\varrho^{-1}$. Insbesondere folgt hieraus die Ungleichung

$$(12)\qquad (\lambda-\mu)^2\,\mathrm{Max}(a^2,b^2,c^2,d^2)>4\,.$$

Liegt also unter den Voraussetzungen des Satzes 1 die Matrix A nahe an $\pm E$, so ist B weit von $\pm E$ entfernt.

5. Zum Beweise von Satz 2 benutzen wir dieselben Bezeichnungen wie im vorigen Abschnitt. Für A, B sind die Voraussetzungen von Satz 1 erfüllt, und insbesondere ist wieder $0<\varrho=(\lambda-\mu)^2\leqq 4$. Ferner ist jetzt aber

$$(a-d)^2+4\,b\,c+2=(a+d)^2-2=\sigma^2(B)-2=\sigma(B^2)\leqq 6\,,$$

also

$$4\,b\,c\leqq 4\,,\quad -q=\varrho\,b\,c\leqq 4\,,\quad q\geqq-4\,.$$

Da $[A,B]$ hyperbolisch ist, so folgt $q>0$ und daher $p<-4$.

Andererseits sind die Voraussetzungen von Satz 1 auch für B, A statt A, B erfüllt. Setzt man noch $\sigma(B\,B_A)-2=s$ und beachtet, daß $\sigma([B,A])=\sigma([A,B])=q+2>2$ ist, so folgt $s<-4$. Ferner wird

$$B\,B_A=\begin{pmatrix}a & b\\ c & d\end{pmatrix}\begin{pmatrix}a & \lambda^2 b\\ \mu^2 c & d\end{pmatrix}=\begin{pmatrix}a^2+\mu^2 bc & bd+\lambda^2 ab\\ ca+\mu^2 dc & d^2+\lambda^2 cb\end{pmatrix}$$

$$s=a^2+d^2+(\lambda^2+\mu^2)\,b\,c-2=(a+d)^2+\varrho\,b\,c-4\,,$$

also

$$q=-\varrho\,b\,c>(a+d)^2=\sigma(B^2)+2$$

und außerdem

$$q=\varrho-p>\varrho+4=\sigma(A^2)+2\,,$$

woraus die Behauptung von Satz 2 folgt.

Da

$$A\,B - B\,A = (\lambda - \mu)\begin{pmatrix} 0 & b \\ -c & 0 \end{pmatrix}$$

ist, so wird die Determinante

$$|A\,B - B\,A| = \varrho\, b\, c = -\,q = 2 - \sigma([A,\, B])\,.$$

Wir können also die Aussage von Satz 2 auch in der Form

$$-\,|A\,B - B\,A| > 2 + \mathrm{Max}(\sigma(A^2),\, \sigma(B^2)) > 4$$

schreiben.

Der Ausdruck $\sigma([A,\, B]) - 2 = q$ hat noch eine weitere algebraische Bedeutung. Die Fixpunkte der linearen Transformation mit der Matrix B bestimmen sich nämlich aus der quadratischen Gleichung $c\,z^2 + (d - a)\,z - b = 0$, die für A entsprechend aus $0\,z^2 + (\mu - \lambda)\,z - 0 = 0$. Die Resultante dieser beiden Gleichungen ist aber gerade

$$\begin{vmatrix} c & d-a & -b & 0 \\ 0 & c & d-a & -b \\ 0 & \mu-\lambda & 0 & 0 \\ 0 & 0 & \mu-\lambda & 0 \end{vmatrix} = -\,\varrho\, b\, c = q\,.$$

Wegen der Invarianzeigenschaft der Resultante gegenüber linearen Transformationen ist es klar, daß dies Ergebnis von der gewählten Normalform für A unabhängig ist. Die Ungleichung $q > 0$ besagt in geometrischer Sprechweise, daß die Achsen der beiden hyperbolischen Bewegungen A, B sich nicht treffen.

6. Zum Beweise von Satz 3 bemerken wir zunächst, daß die im vierten Abschnitt bewiesene Beziehung $p + q = \varrho$ in der Form

$$\sigma(A\,A_B) + \sigma(A\,A_B^{-1}) = \sigma(A^2) + 2 \tag{13}$$

geschrieben werden kann und so auch für beliebige Bewegungen A, B gilt. Die zweite Ungleichung in (8) kann daher durch

$$-1 < \sigma(A\,A_B^{-1}) - 2 = \sigma(A^2) - \sigma(A\,A_B) < \sigma(A^2) - 1$$

ersetzt werden, so daß für $\varrho = \sigma(A^2) - 2$ und $q = \sigma([A,\, B]) - 2$ die mit (8) gleichwertigen Ungleichungen

$$\varrho \leqq 1\,, \quad -1 < q < 1 + \varrho \tag{14}$$

erfüllt sind. Wir erklären die Matrizenfolge

$$A_n = \begin{pmatrix} a_n & b_n \\ c_n & d_n \end{pmatrix} \qquad (n = 0, 1, \ldots)$$

rekursiv durch

$$A_0 = B = \begin{pmatrix} a & b \\ c & d \end{pmatrix}, \qquad A_{n+1} = A_n\, A\, A_n^{-1}\,,$$

also speziell $A_1 = A_B$. Weiterhin sind die Fälle eines hyperbolischen, parabolischen, elliptischen A zu unterscheiden.

Im hyperbolischen Fall nehmen wir A in der Normalform (9) an, wobei wir noch $\lambda^2 > 1$ voraussetzen können. Nach (11) gilt dann die Rekursionsformel

$$b_{n+1} c_{n+1} = -\varrho\, a_n b_n c_n d_n = -\varrho\, b_n c_n (b_n c_n + 1)\,,$$

wobei speziell $b_0 c_0 = b\, c$ und jetzt

$$0 < \varrho = (\lambda - \mu)^2 \leqq 1$$

ist. Für $q_n = -\varrho\, b_n c_n$, $q_0 = q$ erhalten wir demnach

$$q_{n+1} = q_n (q_n - \varrho) \tag{15}$$

und hieraus

$$q_{n+2} = q_n (\varrho - q_n)\,(\varrho + \varrho\, q_n - q_n^2)\,. \tag{16}$$

Es soll nun gezeigt werden, daß die Folge der q_n gegen 0 strebt. Für $q = 0$ ist dies trivial, da dann alle $q_n = 0$ sind. Wir nehmen daher $q \neq 0$ an. Ist $q < 0$, so folgt aus (15) in Verbindung mit (14), daß $0 < q_1 < 1 + \varrho$ gilt. Ist $q > 0$, so wird nach (14) genauer $0 < q = q_0 < 1 + \varrho$. Es ist also auf jeden Fall $0 < q_k < 1 + \varrho$ mit $k = 0$ oder $k = 1$. Ist nun für irgendein $n \geqq k$ die Ungleichung $\varrho < q_n < 1 + \varrho$ erfüllt, so wird

$$0 < \frac{q_{n+1}}{q_n} = q_n - \varrho < 1\,, \qquad 0 < q_{n+1} < q_n\,,$$

und hieraus folgt dann die Existenz eines Index $l \geqq k$, so daß $0 < q_l \leqq \varrho$ ist. Gilt dabei $q_l = \varrho$, so wird $q_n = 0$ für alle $n > l$, also auch $\lim q_n = 0$. Ist aber $0 < q_l < \varrho$, so ist für $n = l + 1$ die Ungleichung

$$0 < -q_n = q_{n-1}(\varrho - q_{n-1}) \leqq \frac{\varrho^2}{4} < 1$$

erfüllt. Dann hat man

$$\varrho + \varrho\, q_n - q_n^2 \geqq \varrho - \frac{\varrho^3}{4} - \frac{\varrho^4}{16} \geqq \frac{11\varrho}{16} > 0\,,$$

und (16) ergibt

$$0 < \frac{q_{n+2}}{q_n} = (\varrho - q_n)\,(\varrho + \varrho\, q_n - q_n^2) < (1 - q_n)\,(1 + q_n) < 1, \quad 0 < -q_{n+2} < -q_n\,.$$

Die Folge $q_{l+1}, q_{l+3}, q_{l+5}, \ldots$ wächst also monoton gegen 0. In Verbindung mit (15) ersieht man, daß auch $\lim q_n = 0$ ist.

Wir bilden jetzt

$$F_n = A^g A_n A^{-g} = \begin{pmatrix} a_n & \lambda^{2g} b_n \\ \mu^{2g} c_n & d_n \end{pmatrix} \qquad (n = 0, 1, \ldots)$$

und fixieren die ganze Zahl $g = g_n$ unter der Voraussetzung $q_n = -\varrho\, b_n c_n \neq 0$ durch die Bedingung

$$1 \leqq \lambda^{8g}\, b_n^2\, c_n^{-2} < \lambda^8,$$

woraus

$$(\lambda^{2g}\, b_n)^4 < \lambda^8\, b_n^2\, c_n^2 = \lambda^8 \varrho^{-2} q_n^2, \quad (\mu^{2g}\, c_n)^4 \leqq b_n^2\, c_n^2 = \varrho^{-2} q_n^2$$

folgt. Nach (11) ist

$$a_{n+1} = \mu + (\lambda - \mu)\, a_n d_n = \lambda + (\lambda - \mu)\, b_n c_n\,, \quad d_{n+1} = \mu + (\mu - \lambda)\, b_n c_n.$$

Sind also die q_n sämtlich $\neq 0$, so strebt die Folge der F_n gegen A, während alle F_n von $\pm A$ verschieden sind.

Schließlich sei $q_n = 0$ und dabei n möglichst klein. Ist nun $n = 0$, so ist $b\,c = 0$, aber b und c nicht beide 0, da nach Voraussetzung A und B nicht miteinander vertauschbar sind. Dann ist also entweder

$$A_1 = A_B = \begin{pmatrix} \lambda & (\mu-\lambda)\, a b \\ 0 & \mu \end{pmatrix}, \quad (\mu - \lambda)\, a\, b \neq 0$$

oder

$$A_1 = \begin{pmatrix} \lambda & 0 \\ (\lambda-\mu)\, c d & \mu \end{pmatrix}, \quad (\lambda - \mu)\, c\, d \neq 0\,.$$

Ist andererseits $n > 0$, so ist $q_{n-1} = \varrho$, $b_{n-1} c_{n-1} = -1$, $a_{n-1} d_{n-1} = 0$, $a_{n-1} + d_{n-1} = \sigma(A_{n-1})$. Für $n > 1$ ist $\sigma(A_{n-1}) = \lambda + \mu \neq 0$, also sind a_{n-1} und d_{n-1} dann nicht beide 0. Dies gilt aber auch für $n = 1$, da aus $a_0 = a = 0$, $d_0 = d = 0$ die Gleichung $A_B = A^{-1}$ folgt, gegen die Voraussetzung. Also ist im Falle $n > 0$ entweder

$$A_n = \begin{pmatrix} \mu & (\mu-\lambda)\, a_{n-1} b_{n-1} \\ 0 & \lambda \end{pmatrix}, \quad (\mu - \lambda)\, a_{n-1} b_{n-1} \neq 0$$

oder

$$A_n = \begin{pmatrix} \mu & 0 \\ (\lambda-\mu)\, c_{n-1} d_{n-1} & \lambda \end{pmatrix}, \quad (\lambda - \mu)\, c_{n-1}\, d_{n-1} \neq 0\,.$$

Die Folge $A^h A_1 A^{-h} (n = 0)$ bzw. $A^h A_n^{-1} A^{-h} (n > 0)$ mit $h \to -\infty$ oder $h \to +\infty$ strebt dann gegen A, während wieder alle Glieder von $\pm A$ verschieden sind. Damit ist gezeigt, daß die Gruppe $\{A, B\}$ im Fall eines hyperbolischen A nicht diskret ist.

7. Die beiden restlichen Fälle von Satz 3 sind kürzer zu erledigen. Ist A parabolisch, so können wir

$$A = \begin{pmatrix} 1 & 1 \\ 0 & 1 \end{pmatrix}$$

normieren, indem wir eventuell noch $-A$ durch A ersetzen, und erhalten

$$A_B = \begin{pmatrix} a & a+b \\ c & c+d \end{pmatrix} \begin{pmatrix} d & -b \\ -c & a \end{pmatrix} = \begin{pmatrix} 1-ac & a^2 \\ -c^2 & 1+ac \end{pmatrix},$$

also

$$a_{n+1} = 1 - a_n c_n,\ b_{n+1} = a_n^2,\ c_{n+1} = -c_n^2,\ d_{n+1} = 1 + a_n c_n \qquad (n = 0, 1, \ldots)$$

mit $c_0 = c$. Es wird ferner

$$[A, B] = A\, A_B^{-1} = \begin{pmatrix} 1 & 1 \\ 0 & 1 \end{pmatrix} \begin{pmatrix} 1+ac & -a^2 \\ c^2 & 1-ac \end{pmatrix} = \begin{pmatrix} 1+ac+c^2 & 1-ac-a^2 \\ c^2 & 1-ac \end{pmatrix}$$

$$q = \sigma([A, B]) - 2 = c^2, \qquad \varrho = \sigma(A^2) - 2 = 0\,,$$

und die Voraussetzung (14) ergibt $c^2 < 1$. Hieraus folgt

$$-c_n = c^{2^n} \to 0 \qquad (0 < n \to \infty)\,,$$

$$a_n - 1 = -a_{n-1} c_{n-1} = -a\, c^{2^n - 1} + \sum_{k=1}^{n-1} c^{2^n - 2^k} \to 0\,,$$

also

$$a_n \to 1, \; b_n \to 1, \; c_n \to 0, \; d_n \to 1, \; A_n \to A \, .$$

Ist dabei $c \neq 0$, so sind auch alle $c_n \neq 0$ und $A_n \neq \pm A$. Ist jedoch $c = 0$, so gilt $a\,d = 1$, aber $a^2 \neq 1$, da $[A, B] \neq E$ vorausgesetzt wurde. Dann strebt die Matrizenfolge

$$B^h A\, B^{-h} = \begin{pmatrix} 1 & a^{2h} \\ 0 & 1 \end{pmatrix}$$

gegen E für $h \to \infty$ oder $h \to -\infty$, während alle Glieder $\neq \pm E$ sind. Also ist $\{A, B\}$ nicht diskret.

Endlich sei A elliptisch. In diesem Falle ist es vorteilhaft, als Modell der nichteuklidischen Ebene das Innere des Einheitskreises zu nehmen. Dies wird durch die lineare Transformation

$$z = \frac{i\zeta - 1}{i - \zeta}$$

erreicht, wodurch die Matrizen der nichteuklidischen Bewegungen die komplexe Form

$$B = \begin{pmatrix} a & b \\ \bar{b} & \bar{a} \end{pmatrix}, \quad a\bar{a} - b\bar{b} = 1$$

bekommen, während die Spuren ungeändert bleiben. Man kann jetzt

$$A = \begin{pmatrix} \lambda & 0 \\ 0 & \mu \end{pmatrix}, \quad \lambda\,\mu = \lambda\,\bar{\lambda} = 1$$

normieren, wobei $(\lambda - \mu)^2 = \varrho < 0$ wird. Demnach gilt nunmehr

$$q_n = -\varrho\, b_n\, c_n = -\varrho\, b_n \bar{b}_n \geqq 0 \qquad (n = 0, 1, \ldots)\, .$$

Wegen $[A, B] \neq 0$ ist ferner $b \neq 0$, so daß aus (14) die Ungleichung

$$0 < -\varrho\, b\,\bar{b} = q < 1 + \varrho$$

folgt. Insbesondere ist also $\varrho > -1$. Ist nun die Ungleichung

$$0 < q_n < 1 + \varrho$$

für irgendeinen Index n erfüllt, so ergibt die Rekursionsformel (15), daß

$$0 < \frac{q_{n+1}}{q_n} = q_r - \varrho < 1\, , \quad 0 < q_{n+1} < q_n$$

ist. Also strebt q_n monoton fallend gegen 0. Es folgt $b_n \to 0$, $a_n d_n = a_n \bar{a}_n \to 1$. Mit Rücksicht auf (11) strebt daher die Folge A_n gegen A, während wegen $b_n \neq 0$ alle Glieder von $\pm A$ verschieden sind. Daher ist auch im elliptischen Falle die Gruppe $\{A, B\}$ nicht diskret. Hiermit ist Satz 3 vollständig bewiesen.

Zu dem Ergebnis ist noch folgendes zu bemerken. Es ist bekannt [6], daß der Inhalt des Fundamentalbereiches einer diskreten Gruppe nichteuklidischer Bewegungen eine positive untere Schranke hat, nämlich den Wert $\frac{\pi}{21}$, der übrigens zugleich wirklich erreicht wird. Dadurch wird es plausibel, daß es in einer diskreten Gruppe keine zwei Elemente A, B geben kann, die nicht miteinander vertauschbar sind und beliebig dicht an $\pm E$ liegen.

Dies wird nun durch Satz 3 in Evidenz gesetzt, und zwar in Form der einfachen Ungleichheitsbedingungen (8), in denen nur die Spuren von A^2, $A\,A_B$, $A\,A_B^{-1}$ auftreten. Dabei kann noch $\sigma(A\,A_B)$ vermöge (13) eliminiert werden.

8. Ohne Benutzung des Cartan-Neumannschen Satzes läßt sich der Nielsensche Satz in einfacher Weise aus Satz 1 ableiten. Es seien A, B zwei Elemente einer hyperbolischen Bewegungsgruppe Λ, die nicht miteinander vertauschbar sind. Wir zeigen zunächst, daß dann $A\,A_B$, $[A, B]$, $[A, A_B]$ hyperbolisch sind, nämlich verschieden von $\pm E$. Wäre $A\,A_B = A\,B\,A\,B^{-1} = \pm E$, so auch $[A, B^2] = A\,B\,(B\,A^{-1}\,B^{-1})\,B^{-1} = \pm A\,B\,A\,B^{-1} = E$, also A mit B^2 vertauschbar, also auch A mit B vertauschbar, gegen die Annahme. Wäre $[A, B] = -E$, so folgte $A\,B = -B\,A$ und $\sigma(A\,B) = 0$; dies ist aber unmöglich, da $A\,B$ nicht elliptisch ist. Daher ist insbesondere $\sigma(A\,A_B) - 2 = p \neq 0$, $\sigma(A\,A_B^{-1}) - 2 = q \neq 0$, also auch $\sigma([A, A_B]) - 2 = r = -p\,q \neq 0$ und demnach $[A, A_B] \neq E$. Endlich ist auch $[A, A_B] \neq -E$, da wieder $\sigma(A\,A_B) \neq 0$ sein muß. Man wähle nun in Λ irgend zwei Elemente B_1 und B_2, die nicht miteinander vertauschbar sind. Ist dann A ein weiteres Element von Λ und $A \neq \pm E$, so ist A nicht zugleich mit B_1 und B_2 vertauschbar. Nach Satz 1 ist dann mindestens eine der 5 Ungleichungen

$$\sigma(A^2) > 6,\ \sigma(A\,B\,A\,B^{-1}) < -2,\ \sigma(A\,B\,A^{-1}\,B^{-1}) < -2 \qquad (B = B_1, B_2)$$

erfüllt, während diese für $A = \pm E$ offenbar sämtlich falsch sind. Also kann A auch nicht beliebig dicht an $\pm E$ liegen, und folglich ist die Gruppe Λ diskret.

In ähnlicher Weise könnte man den Nielsenschen Satz auch aus Satz 2 gewinnen. Bei obigem Beweis haben wir in Wahrheit nur die folgende in Satz 1 enthaltene schwächere Aussage benutzt.

Satz 4: *Es sei* $[A, B] \neq E$ *und*

$$\sigma(A^2) \leqq 6\,, \quad \mathrm{Min}(\sigma(A\,A_B)\,,\ \sigma(A\,A_B^{-1})) \geqq -2\,. \tag{17}$$

Dann ist die Gruppe $\{A, B\}$ *nicht hyperbolisch.*

Die Ungleichungen (17) sind eine Folge der schärferen Ungleichungen (8). Es wäre von Interesse zu untersuchen, ob die Aussage von Satz 3 auch noch unter einer schwächeren Voraussetzung als (8) richtig ist. Es ist übrigens leicht einzusehen, daß die Bedingungen $A \neq A_B$, $A^{-1} \neq A_B$ für die Gültigkeit von Satz 3 wesentlich sind.

9. Wir wollen noch durch ein einfaches Beispiel zeigen, daß in der Formulierung der Sätze 1 und 4 die Konstante -2 nicht durch eine kleinere Zahl ersetzt werden kann. Wählt man nämlich

$$A = \begin{pmatrix} \lambda & 0 \\ 0 & \mu \end{pmatrix},\ B = \frac{1}{\varkappa - \nu}\begin{pmatrix} \varkappa + \nu & 2 \\ 2 & \varkappa + \nu \end{pmatrix},\ \lambda\,\mu = \varkappa\,\nu = 1 < \varkappa < \lambda\,, \tag{18}$$

so wird $\sigma(A^2) = \lambda^2 + \mu^2 \leqq 6$ für $\lambda \leqq 1 + \sqrt{2}$ und

$$\sigma(A\,A_B) - 2 = p = \left(\frac{\lambda - \mu}{\varkappa - \nu}\right)^2 (\varkappa + \nu)^2 > 0\,, \sigma(A\,A_B^{-1}) - 2 = q = -4\left(\frac{\lambda - \mu}{\varkappa - \nu}\right)^2 < -4\,,$$

$$\sigma([A, A_B]) - 2 = r = -p\,q = 4\left(\frac{\lambda - \mu}{\varkappa - \nu}\right)^4 (\varkappa + \nu)^2 > 0\,.$$

Es kann dabei die Spur von $A\,A_B^{-1}$ beliebig nahe an -2 herangebracht werden, indem man bei festem λ die Zahl $\varkappa$ genügend dicht an λ wählt.

Durch die Bewegung A geht das Punktepaar $\mu, -\mu$ in $\lambda, -\lambda$ über, durch B das Punktepaar $-\varkappa, -\nu$ in $\varkappa, \nu$. Man zeichne noch in der oberen z-Halbebene die vier zur reellen Achse orthogonalen Halbkreise über den Durchmessern $-\lambda < x < \lambda$, $-\mu < x < \mu$, $-\varrho < x < -\nu$, $\nu < x < \varrho$. Es folgt in üblicher Weise, daß sie zusammen mit der reellen Achse einen Fundamentalbereich für die Gruppe $\{A, B\}$ begrenzen, und daß $\{A, B\}$ eine freie hyperbolische Gruppe ist. Man kann auch noch A durch geeignete Wahl von λ beliebig dicht an E heranbringen, wobei dann allerdings B nicht beschränkt bleibt. Es wird hierdurch ersichtlich, daß in der Abschätzung (12) die Konstante 4 ebenfalls nicht verbessert werden kann.

Das Beispiel zeigt zugleich, daß in der Voraussetzung $\sigma(A^2) \leqq 6$, $\sigma(B^2) \leqq 6$ von Satz 2 die Konstante 6 nicht durch eine größere Zahl ersetzt werden kann, denn es ist

$$\sigma(B^2) = \sigma^2(B) - 2 = 4\left(\frac{\varkappa+\nu}{\varkappa-\nu}\right)^2 - 2\,,$$

und dieser Ausdruck hat für $\varkappa \to \lambda = 1 + \sqrt{2}$ den Grenzwert 6, während die Spur von $[A, B]$ negativ bleibt.

Durch eine naheliegende Stetigkeitsbetrachtung folgt jetzt, daß man in beliebiger Nähe der durch (18) gegebenen Matrizen auch zwei voneinander unabhängige Matrizen A, B finden kann, für welche die Gruppe $\{A, B\}$ ebenfalls hyperbolisch ist. Dabei kann noch $\sigma(A^2) < 6$ gefordert werden und $\mathrm{Min}(\sigma(A\,A_B), \sigma(A\,A_B^{-1}))$ beliebig nahe an -2 liegen.

Andererseits seien A, B zwei voneinander unabhängige Matrizen mit

$$\sigma(A^2) < 6\,, \quad \mathrm{Min}(\sigma(A\,A_B)\,, \sigma(A\,A_B^{-1})) > -2\,.$$

Dann ist nach Satz 4 die Gruppe $\{A, B\}$ nicht hyperbolisch. Aus dem dritten Abschnitt ersieht man nunmehr, daß $\Delta\{A, B\} = \Gamma$ ist. Es liegen also die Elemente von $\{A, B\}$ auf Γ überall dicht. Damit ist Satz 3 für den Fall unabhängiger A, B verschärft.

10. In dem Beispiel des vorigen Abschnitts konnte A beliebig dicht an E gewählt werden, also in invarianter Formulierung $\sigma(A)$ beliebig nahe an 2. Es ist von einem gewissen Interesse, daß dies auch bei den hyperbolischen Gruppen mit kompaktem Fundamentalbereich vorkommen kann, die bei der Uniformisierung der algebraischen Funktionenkörper von gegebenem Geschlecht $p > 1$ auftreten. Um dies noch zu zeigen, legen wir wieder als nichteuklidische Ebene das Innere des Einheitskreises K zugrunde, so daß die Bewegungen durch Matrizen der Form

$$A = \begin{pmatrix} a & b \\ \bar{b} & \bar{a} \end{pmatrix}, \quad a\,\bar{a} - b\,\bar{b} = 1$$

repräsentiert werden.

Man zeichne nun den Winkel $\beta = \dfrac{\pi}{2p}$ mit dem Scheitel im Nullpunkt, dessen einer Schenkel auf die positive reelle Halbachse fällt, während der andere Schenkel L in der unteren Halbebene verläuft. Auf dem ersten Schenkel wähle man einen Punkt s, welcher die Bedingung

$$1 < s < \frac{1}{\cos\beta}$$

erfüllt. Man konstruiere den zu K orthogonalen Kreis O_s mit dem Mittelpunkt s, fälle von s das Lot auf L und bringe es mit O_s zum Schnitt. Zieht man dann durch diesen Schnittpunkt denjenigen zu K orthogonalen Kreis O_t, dessen Mittelpunkt t auf L gelegen ist, so schneiden sich O_s und O_t nach elementaren geometrischen Sätzen unter dem Winkel β. Klappt man den gegebenen Winkel $4p-2$ Mal um, immer in positiver Richtung, so liefern die dadurch aus O_s und O_t entstehenden $4p$ Orthogonalkreise ein nichteuklidisches $4p$-Eck mit der Winkelsumme $4p\beta = 2\pi$. Es mögen die Seiten dieses $4p$-Ecks fortlaufend mit $v_1, \ldots, v_{4p}$ bezeichnet werden, so daß also v_{2k-1} und v_{2k} $(k = 2, \ldots, 2p)$ aus v_1 und v_2 durch Drehung um $(2k-2)\beta$ hervorgehen. Es repräsentiere die Matrix A_{2l-1} $(l = 1, \ldots, p)$ die nichteuklidische Bewegung, welche v_{4l-3} in die Seite v_{4l-1} mit entgegengesetzter Orientierung überführt, und analog sei A_{2l} für v_{4l} und v_{4l-2} definiert. Dann ist die Gruppe $\{A_1, \ldots, A_{2p}\}$ hyperbolisch und hat das konstruierte $4p$-Eck zum Fundamentalbereich.

Setzt man noch

$$s = \frac{1}{\cos\alpha}\ (0 < \alpha < \beta)\,, \qquad e^{i\beta} = \varepsilon\,, \qquad A_1 = A\,,$$

so wird

$$A = \frac{1}{i\sin\alpha}\begin{pmatrix} \varepsilon & -\cos\alpha \\ \cos\alpha & -\bar{\varepsilon}\end{pmatrix}, \qquad \sigma(A) = 2\,\frac{\sin\beta}{\sin\alpha} \to 2 \qquad (\alpha \to \beta)\,.$$

Damit ist das Gewünschte gezeigt. Es scheint schwieriger zu sein, ein entsprechendes Resultat etwa im hyperelliptischen Fall direkt aus den Eigenschaften algebraischer Funktionen abzuleiten.

Literatur

[1] CARTAN, E.: La théorie des groupes finis et continus et l'analysis situs. Mém. des Sci. math. **42** (1930). — [2] NEUMANN, J. v.: Über die analytischen Eigenschaften von Gruppen linearer Transformationen und ihrer Darstellungen. Math. Z. **30**, 3—42 (1928). — [3] MAGNUS, W.: Über unendliche diskontinuierliche Gruppen mit einer definierenden Relation (Der Freiheitssatz). J. reine angew. Math. **163**, 141—165 (1930). — [4] NIELSEN, J.: Über Gruppen linearer Transformationen. Mitt. math. Ges. Hamburg 8, Teil 2, 82—104 (1940). — [5] SIEGEL, C. L.: Bemerkung zu einem Satze von JAKOB NIELSEN. Mat. Tidsskr. B **1950**, Festskr. t. J. NIELSEN, 66—70. — [6] SIEGEL, C. L.: Some remarks on discontinuous groups. Ann. of Math. **46**, 708—718 (1945).

(Eingegangen am 9. Dezember 1956)

70.

Integralfreie Variationsrechnung

Nachrichten der Akademie der Wissenschaften in Göttingen.
Mathematisch-physikalische Klasse, 1957, Nr. 4, 81—86

Vorgelegt in der Sitzung vom 22. Februar 1957

Es sei $F(x, \dot{x})$ der Integrand eines n-dimensionalen Variationsproblems in Parameterform mit festen Endpunkten. In dem üblichen Verfahren der Variationsrechnung zeigt man unter Voraussetzung der stetigen Differentiierbarkeit von $F(x, \dot{x})$, daß jede stetig differentiierbare Lösung $x = x(t)$ des Problems den Eulerschen Differentialgleichungen genügen muß. Andererseits weiß man durch die von Hilbert eingeführte Schlußweise, daß unter gewissen sehr allgemeinen Annahmen für $F(x, \dot{x})$ das Variationsproblem durch eine rektifizierbare Kurve gelöst wird. Man hat dann noch zu untersuchen, ob diese Kurve wirklich eine stetige Tangente besitzt. Im Falle $n = 2$ ist dies in scharfsinniger Weise von H. Busemann und W. Mayer geleistet worden, wobei nur vorausgesetzt wurde, daß $F(x, \dot{x})$ als Funktion von x gleichmäßig auf $|\dot{x}| = 1$ einer Lipschitzschen Bedingung genügt sowie als Funktion von $\dot{x}$ definit und streng konvex ist. Es scheint nicht möglich zu sein, in ähnlicher Art die Untersuchung für $n > 2$ zu führen. Hier war man bisher auf die klassische Methode angewiesen, bei der Existenz und Stetigkeit von zweiten partiellen Ableitungen des Integranden benötigt werden.

Wir machen weiterhin die folgenden Voraussetzungen: Die Funktion $F = F(x, u)$ ist gegeben für alle $x = (x^{(1)}, \ldots, x^{(n)})$ aus einem Gebiete G und alle $u = (u^{(1)}, \ldots, u^{(n)})$; für alle skalaren $\lambda > 0$ ist

$$F(x, \lambda u) = \lambda F(x, u); \tag{1}$$

die Funktion ist bezüglich u streng konvex sowie differentiierbar und positiv für $u \neq 0$; die Funktion ist bezüglich x differentiierbar, und diese Ableitungen sind in x, u stetig. Dabei besagt die strenge Konvexität, daß für je zwei Vektoren u, v stets

$$F(x, u + v) \leq F(x, u) + F(x, v) \tag{2}$$

ist und das Gleichheitszeichen nur dann gilt, wenn u und v in die gleiche Richtung weisen. Es soll gezeigt werden, daß jeder Kurvenbogen C in G, dessen Länge in der durch $F(x, \dot{x})$ gegebenen Finslerschen Metrik von keiner benachbarten Kurve mit gleichen Endpunkten unterschritten wird, eine stetige Tangente besitzt und daher den Eulerschen Gleichungen genügt. Die einfache Idee des Beweises besteht darin, daß wir die wohlbekannte Bestimmung der ersten Variation mittels partieller Integration durch die entsprechende Umformung endlicher Summen ersetzen. Bei Einführung der Bogenlänge t als Parameter auf C erhält man dann einheitlich die Existenz der Ableitung von x nach t, ihre Stetigkeit und die Gültigkeit der Eulerschen Differentialgleichungen. Zum gleichen Resultat könnte man auch durch Anwendung der Lebesgueschen Integrationstheorie kommen, indem man den von Tonelli für $n = 2$ durchgeführten Gedankengang sinngemäß überträgt; doch ist es wohl prinzipiell befriedigend, daß in unserer Herleitung nur die Elemente der Differentialrechnung herangezogen werden und der Integralbegriff gar nicht auftritt.

Aus (1), (2) und den Annahmen über die Ableitungen folgt mittels der Zerlegung

$$F(y, v) - F(x, u) = \big(F(y, v) - F(x, v)\big) + \big(F(x, v) - F(x, u)\big)$$

die Stetigkeit von F in x und u. Wir zeigen nun, daß auch $F_u(x, u)$ für $u \neq 0$ in sämtlichen $2n$ Variabeln stetig ist. Es sei ζ eine weitere Veränderliche. Bei festem x aus G wird durch die Ungleichung $F(x, u) \leq \zeta$ im $(n+1)$-dimensionalen (u, ζ)-Raum ein konvexer Kegel K erklärt. In jedem von der Spitze verschiedenen Punkte $u = u_0 = (u_0^{(1)}, \ldots, u_0^{(n)})$, $\zeta = \zeta_0 = F(x, u_0)$ des Kegelmantels ist nach Voraussetzung für jedes $l = 1, \ldots, n$ die Gerade

$$u^{(k)} = u_0^{(k)} \ (k = 1, \ldots, n;\ k \neq l), \quad \zeta - \zeta_0 = (u^{(l)} - u_0^{(l)}) F_{u^{(l)}}(x, u_0)$$

Tangente der Kurve

(3) $$u^{(k)} = u_0^{(k)} \ (k = 1, \ldots, n;\ k \neq l), \quad \zeta = F(x, u).$$

Diese n Geraden spannen die Ebene

(4) $$\zeta - \zeta_0 = (u - u_0) F_u(x, u_0)$$

auf, während jede andere Ebene durch den Punkt (u_0, ζ_0) mindestens eine der n Kurven (3) durchsetzt. Wegen der Konvexität von K ist dann (4) die Tangentialebene von K in (u_0, ζ_0). Da ferner der Strahl $u = \lambda u_0$, $\zeta = \lambda \zeta_0$ $(\lambda > 0)$ auf K liegt, so ist er in der Tangentialebene enthalten; also gilt

$$(\lambda - 1)\zeta_0 = (\lambda - 1) u_0 F_u(x, u_0)$$

und somit die Eulersche Homogenitätsformel

(5) $$F(x, u) = u F_u(x, u) \qquad (u \neq 0).$$

Daher ist insbesondere $F_u(x, u) \neq 0$ für $u \neq 0$.

Es ist gezeigt, daß für jedes feste x aus G die Indikatrix $F(x, u) = 1$ durch jeden ihrer Punkte $u = u_0$ im u-Raume eine Tangentialebene besitzt. Die Gleichung dieser Ebene lautet

$$u F_u(x, u_0) = 1.$$

Durch die Zuordnung $u \to w = F_u |F_u|^{-1}$ wird die Indikatrix auf die Oberfläche der n-dimensionalen Einheitskugel abgebildet. Diese Abbildung durch parallele Normalen ist wegen der Konvexität der Indikatrix in u stetig, und da sie ferner wegen der strengen Konvexität umkehrbar eindeutig ist, so ist auch die inverse Abbildung $w \to u$ stetig. Zufolge (5) ist auf der Indikatrix

$$uw = |F_u(x, u)|^{-1} \neq 0.$$

Wegen der Stetigkeit von w als Funktion von u folgt hieraus die von $|F_u(x, u)|$ und $F_u = w|F_u|$, und zwar für alle $u \neq 0$, da $F_u(x, \lambda u) = F_u(x, u)$ für skalares $\lambda > 0$ ist. Schließlich betrachte man bei variablem x eine konvergente Folge (x, u) und die zugehörigen Kegel $K = K(x)$. Jede konvergente Teilfolge der Tangentialebenen in $(u, F(x, u))$ strebt dann gegen eine Stützebene des beim Grenzübergang aus $K(x)$ entstehenden Kegels. Hieraus folgt nun die Stetigkeit von $F_u(x, u)$ in x und u für $u \neq 0$. Demnach wird die Lösung der Gleichungen

$$F(x, u) = 1, \quad F_u(x, u) = w|F_u(x, u)|$$

nach u durch eine Funktion $u = g(x, w)$ gegeben, welche für $x \in G$ und $|w| = 1$ eindeutig definiert und stetig ist.

Wir definieren nun

$$\delta(x, y) = F(x, x - y) \qquad (x, y \in G).$$

Ist $x = x(t)$ $(0 \leq t \leq 1)$ ein orientierter Kurvenbogen B in G, so bildet man für jede Zerlegung $0 = t_0 < t_1 < \cdots < t_{m-1} < t_m = 1$ des Intervalls $0 \leq t \leq 1$ mit $x_l = x(t_l)$ $(l = 0, \ldots, m)$ die Summe

$$\sigma(t_1, \ldots, t_{m-1}) = \sum_{l=1}^{m} \delta(x_l, x_{l-1})$$

und erklärt nach Weierstrass durch

$$s(B) = \lim_{\mu \to 0} \sigma(t_1, \ldots, t_{m-1}), \quad \mu = \mu(t_1, \ldots, t_{m-1}) = \mathrm{Max}\,(t_1 - t_0, \ldots, t_m - t_{m-1})$$

die Länge $s(B)$ von B. Ist der Kurvenbogen rektifizierbar, d. h. $s(B)$ endlich, so ist die Bogenlänge auf B eine stetige Funktion von t und kann als Parameter eingeführt werden. Bedeutet noch $s(x, y)$ die in dieser Finslerschen Metrik gemessene Länge der euklidischen Strecke von x nach y, so folgt aus der Stetigkeit von F, daß in jedem kompakten Teil von G das Verhältnis von $\delta(x, y)$ zu $s(x, y)$ für $x \neq y$, $x \to y$ gleichmäßig in y gegen 1 strebt. Nach Hilbert existiert zu je zwei verschiedenen genügend benachbarten Punkten a, b von G eine a mit b verbindende Kurve C, deren Länge $s(C)$ minimal wird. Indem man F noch durch $s(C)$ dividiert, kann man weiterhin $s(C) = 1$ voraussetzen. Von nun an sei t die von a aus gemessene Bogenlänge auf C. Die Symbole O und o sollen sich auf den Grenzübergang $\mu \to 0$ beziehen, wobei beachtet werde, daß die betreffenden Abschätzungen gleichmäßig in bezug auf die Wahl der Teilpunkte $t_1, \ldots, t_{m-1}$ gelten. In dieser Bezeichnung gilt

$$\sum_{l=1}^{m} \delta(x_l, x_{l-1}) = 1 + o(1),$$

und wegen der Extremaleigenschaft von C ist dabei $x_l - x_{l-1} = \Delta x_l \neq 0$. Wir setzen

$$\omega_0 = 0, \quad \Delta\omega_l = F(x_l, \Delta x_l) = \delta(x_l, x_{l-1}),$$

so daß $\Delta\omega_l > 0$ und $\omega_m = 1 + o(1)$ wird; ferner führen wir die Vektoren

$$F_{xl} = F_x(x_l, \Delta x_l), \quad F_{ul} = F_u(x_l, \Delta x_l),$$

$$z_1 = \sum_{l=1}^{m} \Big(F_{ul} - \sum_{h=1}^{l-1} F_{xh}\Big)\frac{\Delta\omega_l}{\omega_m}, \qquad z_l = z_1 + \sum_{h=1}^{l-1} F_{xh},$$

$$y_0 = 0, \qquad \frac{\Delta y_l}{\Delta\omega_l} = q_l = F_{ul} - z_l$$

ein. Man erhält dann die Gleichungen

$$F_{ul} - F_{uk} = q_l - q_k + \sum_{h=k}^{l-1} F_{xh} \qquad (0 < k \leq l \leq m) \tag{6}$$

und

$$y_m = \sum_{l=1}^{m} (F_{ul} - z_l)\Delta\omega_l = \sum_{l=1}^{m} \Big(F_{ul} - \sum_{h=1}^{l-1} F_{xh}\Big)\Delta\omega_l - z_1\omega_m = 0$$

sowie die Abschätzungen

$$\Delta\omega_l = F\left(x_l, \frac{\Delta x_l}{|\Delta x_l|}\right)|\Delta x_l| = O(|\Delta x_l|), \qquad \Delta x_l = O(\Delta\omega_l),$$

$$F_{ul} = F_u\left(x_l, \frac{\Delta x_l}{|\Delta x_l|}\right) = O(1), \qquad |F_{ul}|^{-1} = O(1),$$

$$\sum_{h=1}^{l-1} F_{xh} = \sum_{h=1}^{l-1} F_x\left(x_h, \frac{\Delta x_h}{\Delta\omega_h}\right)\Delta\omega_h = O(1),$$

$$z_l = O(1), \quad q_l = O(1), \quad \Delta y_l = O(\Delta\omega_l) = O(|\Delta x_l|), \quad y_l = O(1),$$

sämtlich für $l = 1, \ldots, m$.

Für alle hinreichend kleinen positiven η liegt der Polygonzug P mit den Ecken $p_l = x_l - \eta y_l$ $(l = 0, \ldots, m)$ ganz in G und verbindet ebenfalls a mit b, da $p_0 = x_0$ und $p_m = x_m$ ist; außerdem sind dann die Ecken voneinander verschieden. Da die Länge $s(P)$ nicht kleiner als $s(C)$ ist, so folgt

$$\sum_{l=1}^{m} (\delta p_l, p_{l-1}) = s(P)\big(1 + o(1)\big) > 1 + o(1),$$

also

$$\sum_{l=1}^{m} \big(\delta(x_l, x_{l-1}) - \delta(p_l, p_{l-1})\big) < o(1).$$

Nach dem Mittelwertsatz wird andererseits

$$\sum_{l=1}^{m} \big(F(x_l, \Delta x_l) - F(p_l, \Delta p_l)\big) = \eta \sum_{l=1}^{m} \big(y_l F_x(r_l, \Delta r_l) + \Delta y_l F_u(r_l, \Delta r_l)\big)$$

mit $r_l = x_l - \vartheta y_l$ und geeignetem ϑ zwischen 0 und η. Weil nun die Werte $F_x\left(r_l, \frac{\Delta r_l}{|\Delta r_l|}\right)$ und $F_u\left(r_l, \frac{\Delta r_l}{|\Delta r_l|}\right)$ für $\eta \to 0$ gleichmäßig in $t_1, \ldots, t_{m-1}$ gegen $F_x\left(x_l, \frac{\Delta x_l}{|\Delta x_l|}\right)$ und $F_u\left(x_l, \frac{\Delta x_l}{|\Delta x_l|}\right)$ streben, so ergibt sich

$$\sum_{l=1}^{m} (y_l F_{xl} + \Delta y_l F_{ul}) < o(1).$$

Es ist aber

$$\sum_{l=1}^{m} y_l F_{xl} = \sum_{l=1}^{m-1} y_l \Delta z_{l+1} = -\sum_{l=1}^{m} z_l \Delta y_l,$$

und mit Rücksicht auf die Definition von Δy_l und q_l erhält man schließlich

$$\sum_{l=1}^{m} |q_l|^2 \Delta \omega_l = o(1).$$

Also hat man für jede feste positive Zahl ν die Abschätzung

(7) $$\sum_{|q_l| \geq \nu} \Delta \omega_l = o(1),$$

aus der nunmehr die behaupteten Eigenschaften von $x(t)$ leicht abzuleiten sind.

Es seien τ, τ' zwei feste Zahlen des Intervalls $0 \leq t \leq 1$ und $\tau < \tau'$. Dann gilt

(8) $$\sum_{\tau < t_l < \tau'} \Delta \omega_l = \tau' - \tau + o(1),$$

und man kann daher nach (7) zu jeder hinreichend feinen Zerlegung einen Index j mit $\tau < t_j < \tau'$ derart wählen, daß $|q_j| < \nu$ wird. Man setze noch

$$F_{ul} |F_{ul}|^{-1} = w_l, \qquad \frac{\Delta x_l}{\Delta \omega_l} = g(x_l, w_l) = g_l,$$

wobei $g(x, w)$ die frühere Bedeutung hat. Ist für irgend einen weiteren Index l mit $\tau < t_l < \tau'$ ebenfalls $|q_l| < \nu$, so ergibt (6) die Abschätzung

$$|F_{ul} - F_{uj}| < 2\nu + \sum_{\tau < t_k < \tau'} |F_{xk}| = 2\nu + O(1) \sum_{\tau < t_k < \tau'} \Delta \omega_k.$$

Wegen der Stetigkeit von $g(x, w)$ und (8) existiert demnach zu jedem festen positiven ε eine Zahl $\delta = \delta(\varepsilon) > 0$, so daß für $\nu < \delta$, $\tau' - \tau < \delta$ die Ungleichung

(9) $$|g_l - g_j| < \varepsilon \qquad (|q_l| < \nu;\ \tau < t_l < \tau')$$

erfüllt ist. Nun gilt ferner

$$x_k - x_h = \sum_{l=h+1}^{k} (g_l - g_j) \Delta \omega_l + g_j \sum_{l=h+1}^{k} \Delta \omega_l \quad (0 \leq h < k \leq m).$$

Läßt man dann t_h, t_k für $\mu \to 0$ gegen feste Punkte t, t' mit $\tau \leq t < t' \leq \tau'$ streben, so folgt nach (7), (8), (9) die Beziehung

$$\left| \frac{x(t') - x(t)}{t' - t} - g_j \right| < \varepsilon + o(1), \tag{10}$$

also auch

$$\left| \frac{x(t') - x(t)}{t' - t} - \frac{x(\tau') - x(\tau)}{\tau' - \tau} \right| \leq 2\varepsilon; \tag{11}$$

dabei ist $0 \leq \tau \leq t < t' \leq \tau' \leq 1$ und $\tau' - \tau < \delta(\varepsilon)$.

Aus (11) erschließt man die gleichmäßige Differentiierbarkeit von $x(t)$ im ganzen Intervall $0 \leq t \leq 1$, also die Existenz und Stetigkeit von $\dot{x}(t) = \frac{dx(t)}{dt}$. Hieraus erhielte man die Eulerschen Differentialgleichungen nach der klassischen Methode; doch kann man auch ohne explizite Benutzung der Integralrechnung in folgender Weise vorgehen. Wegen $F(x_j, g_j) = 1$ und der Stetigkeit von $\dot{x}(t)$ folgt aus (10) die Formel $F\big(x(t), \dot{x}(t)\big) = 1$; demnach ist $\dot{x}(t) \neq 0$ und die Tangentenrichtung auf C stetig. Aus (6) ergibt sich dann weiter, daß für $|t_l - t_k| < \lambda$ bei genügend kleinem $\lambda = \lambda(\varepsilon) > 0$ stets $|q_l - q_k| < \varepsilon + o(1)$ ist. Wählt man nun $\nu = \varepsilon$, so erhält man nach (7) für alle hinreichend feinen Zerlegungen die Ungleichung $|q_l| < 3\varepsilon$ $(l = 1, \ldots, m)$. Daher ist durchweg $q_l = o(1)$, und durch nochmalige Anwendung von (6) folgt

$$\begin{aligned} F_u\big(x(t'), \dot{x}(t')\big) - F_u\big(x(t), \dot{x}(t)\big) &= \sum_{t < t_l < t'} F_x\left(x_l, \frac{\Delta x_l}{\Delta t_l}\right) \Delta t_l + o(1) \\ &= (t' - t) F_x\big(x(t), \dot{x}(t)\big) + (t' - t) r, \end{aligned}$$

wobei der Rest r mit $t' - t$ gegen 0 geht. Dies liefert

$$\frac{d}{dt} F_u\big(x(t), \dot{x}(t)\big) = F_x\big(x(t), \dot{x}(t)\big),$$

also die gewünschte Differentialgleichung.

Als Beispiel ist das Problem der kürzesten Linie in der Riemannschen Geometrie zu erwähnen. Dann ist

$$F^2 = \sum_{k,l=1}^{n} g_{kl}(x) u^{(k)} u^{(l)},$$

und unsere Voraussetzungen besagen in diesem Fall, daß die g_{kl} stetig differentiierbare Funktionen von $x^{(1)}, \ldots, x^{(n)}$ sein sollen. Unter dieser Annahme folgt dann also schon für die kürzesten Linien die geodätische Differentialgleichung. Bei der Riemannschen Metrik läßt sich übrigens obiger Beweisgang an mehreren Stellen kürzen, wie leicht ersichtlich ist.

71.

Vereinfachter Beweis eines Satzes von J. Moser

Communications on Pure and Applied Mathematics 10 (1957), 305—309

In dieser Zeitschrift hat vor kurzem Herr Dr. J. Moser einen Konvergenzbeweis für die Transformation einer inhaltstreuen analytischen hyperbolischen Abbildung in die Normalform gegeben.[1] Zur erfolgreichen Behandlung dieser Aufgabe führt er sie auf eine entsprechende bei Hamiltonschen Differentialgleichungen zurück, indem er die Abbildung durch eine Strömung interpoliert. Obwohl der dabei zugleich gewonnene zweite Konvergenzsatz auch an sich von Interesse ist, so erscheint doch eine einfache direkte Herleitung des Hauptresultates nicht überflüssig. Eine solche wird im folgenden geboten, wobei ein etwaiger Leser das Auftreten von ein bischen altmodischer[2] Algebra entschuldigen möge.

Die inhaltstreue hyperbolische Abbildung sei

$$x_1 = \lambda x + f(x, y), \qquad y_1 = \mu y + g(x, y) \qquad (\lambda\mu = 1); \tag{1}$$

hierin sind λ, μ zwei verschiedene reelle Konstanten und $f(x, y)$, $g(x, y)$ bedeuten zwei reelle Potenzreihen in x, y, welche in der Umgebung des Nullpunktes konvergieren und in diesem mindestens von zweiter Ordnung verschwinden. Es war bekannt, dass es eine Transformation

$$x = \phi(\xi, \eta) = \xi + \cdots, \qquad y = \psi(\xi, \eta) = \eta + \cdots \tag{2}$$

durch formale reelle Potenzreihen mit

$$\phi_\xi \psi_\eta - \phi_\eta \psi_\xi = 1 \tag{3}$$

gibt, die (1) in die Normalform

$$\xi_1 = u\xi, \qquad \eta_1 = v\eta \qquad (uv = 1) \tag{4}$$

überführt, wobei u und v Potenzreihen in $\xi\eta = \omega$ allein sind. Herr Moser hat nun den schönen Satz bewiesen, dass bei geeigneter Normierung die Reihen (2) selber in einer Umgebung des Nullpunktes konvergieren. Bei dieser Gelegenheit möchte ich noch erwähnen, dass ich mich früher vergeblich um einen Konvergenzbeweis bemüht hatte und dann in meinem Büchlein über Himmelsmechanik eine irrige Ansicht über diese Frage geäussert habe.

---

[1] Jürgen Moser, The analytic invariants of an area-preserving mapping near a hyperbolic fixed point, Comm. Pure Appl. Math., Vol. 9, 1956, pp. 673–692.

[2] Zum Unterschied von der früheren sogenannten modernen Algebra, die jetzt schlechthin Algebra heisst.

Beim Beweise des Moserschen Satzes kann man offenbar $|\mu| < 1$ annehmen. Ist

$$F = \sum_{k,l=0}^{\infty} a_{kl}\, \xi^k \eta^l$$

eine reelle Potenzreihe in ξ und η, so setze man

$$F_n = \sum_{k-l=n} a_{kl}\, \xi^k \eta^l \qquad (n = 0, \pm 1, \cdots),$$

$$\bar{F} = \sum_{k,l=0}^{\infty} |a_{kl}| \xi^k \eta^l.$$

Für jede Potenzreihe $w = 1 + \cdots$ in ω allein ist die Substitution $\xi \to w\xi$, $\eta \to w^{-1}\eta$ inhaltstreu und führt die Normalform (4) in sich über. Da

$$\psi(w\xi, w^{-1}\eta)_{-1} = w^{-1}\psi(\xi, \eta)_{-1}$$

ist, so kann man noch mit $w = \eta^{-1}\psi_{-1}$ die Normierung $\psi_{-1} = \eta$ für die Transformation (2) erreichen.

Für das im folgenden benutzte Rechnen mit Majoranten seien einige Bemerkungen vorausgeschickt. Sind G und H formale reelle Potenzreihen in einigen unabhängigen Variablen, meist ξ und η, so bedeutet die Formel $G \prec H$ in üblicher Weise, dass der absolute Betrag jedes Koeffizienten von G nicht grösser als der entsprechende Koeffizient von H ist. Es ist klar, dass man solche Majorantenbeziehungen addieren und multiplizieren darf. Hieraus folgt, dass man für die Variablen von G und H auch wieder neue Potenzreihen einsetzen darf, etwa $g_1(\xi, \eta)$, $g_2(\xi, \eta)$ und $h_1(\xi, \eta)$, $h_2(\xi, \eta)$, falls nur $g_1(\xi, \eta) \prec h_1(\xi, \eta)$, $g_2(\xi, \eta) \prec h_2(\xi, \eta)$ gilt und in diesen Reihen das konstante Glied 0 ist. Treten in einer Majorantenformel gebrochene rationale Funktionen auf, so sind darunter stets die entsprechenden Potenzreihen zu verstehen. In diesem Sinne gilt z.B.

$$(1-\xi)^{-1}(1-\eta)^{-1} \prec (1-\xi-\eta)^{-1}.$$

Weiterhin bedeuten $c_1, \cdots, c_8$ und c geeignete positive Konstanten. Unter der oben gemachten Voraussetzung für $f(x, y)$ und $g(x, y)$ ist dann

$$f \prec \frac{(x+y)^2}{c_1 - x - y}, \qquad g \prec \frac{(x+y)^2}{c_1 - x - y}. \tag{5}$$

Es werde noch $v - \mu = p$ gesetzt, so dass p eine Potenzreihe in ω ohne konstantes Glied ist.

Bezeichnet man die Abbildungen (1), (2), (4) durch die Symbole S, T, R, so wird $ST = TR$, also

$$\lambda\phi + f(\phi, \psi) = \phi(u\xi, v\eta), \qquad \mu\psi + g(\phi, \psi) = \psi(u\xi, v\eta).$$

Aus diesen Funktionalgleichungen erhält man

$$(6) \qquad (u^n-\lambda)\phi_n = f(\phi, \psi)_n, \qquad (u^n-\mu)\psi_n = g(\phi, \psi)_n \qquad (n = 0, \pm 1, \cdots)$$

und speziell

$$(7) \qquad p\eta = g(\phi, \psi)_{-1}.$$

Mit

$$\phi = \sum_{k,l} a_{kl}\xi^k\eta^l, \qquad \psi = \sum_{h,j} b_{hj}\xi^h\eta^j$$

ergibt sich ferner

$$\phi_\xi\psi_\eta-\phi_\eta\psi_\xi = \Delta = \sum_{k,l,h,j} a_{kl}b_{hj}(kj-lh)\xi^{k+h-1}\eta^{l+j-1}$$

und insbesondere

$$\Delta_0 = \sum_{l,j,n} a_{l+n,l}\, b_{j-n,j}\, n(l+j)\omega^{l+j-1},$$

woraus man nach (3) die wichtige Identität

$$\omega = \sum_{l,j,n} n\, a_{l+n,l}\, b_{j-n,j}\,\omega^{l+j} = \sum_{n=-\infty}^{\infty} n\phi_n\psi_{-n}$$

gewinnt, die sich auch in der Form

$$(8) \qquad \eta(\xi-\phi_1) = \sum_{n\neq 1} n\,\phi_n\psi_{-n}$$

schreiben lässt.

Nun ist

$$u^n-\lambda = -\lambda(1-\mu v^{-n}) = v^{-n}(1-\lambda v^n),$$

$$u^n-\mu = -\mu(1-\lambda v^{-n}) = v^{-n}(1-\mu v^n),$$

so dass (8) vermöge (6) in

$$(9) \qquad \eta(\phi_1-\xi) = \lambda\sum_{n\neq 1} f(\phi, \psi)_n g(\phi, \psi)_{-n} n v^n(1-\lambda v^n)^{-2}$$

übergeht. Weiter ist

$$(1-\lambda v^n)^{-1} = \sum_{k=0}^{\infty}(\lambda v^n)^k \prec \sum_{k=0}^{\infty}(|\lambda|^{1/2}\bar{v})^k = (1-|\lambda|^{1/2}\bar{v})^{-1} \prec (c_2-\bar{p})^{-1} \qquad (n > 1),$$

$$(1-\lambda v^n)^{-1} = -\mu v^{-n}(1-\mu v^{-n})^{-1} = -\sum_{k=1}^{\infty}(\mu v^{-n})^k \prec (1-\bar{v})^{-1} \prec (c_2-\bar{p})^{-1} \qquad (n \leqq 0),$$

also auch

$$(10) \qquad (u^n-\lambda)^{-1} \prec (c_3-\bar{p})^{-1}, \qquad (u^{-n}-\mu)^{-1} \prec (c_3-\bar{p})^{-1} \qquad (n \neq 1)$$

und ausserdem

$$nv^n \prec (1-\bar{v})^{-2} \prec (c_4-\bar{p})^{-1} \qquad (n \geqq 0),$$

$$v^n(1-\lambda v^n)^{-2} = \mu^2 v^{-n}(1-\mu v^{-n})^{-2} \qquad (n = 0, \pm 1, \cdots),$$

also

$$(11) \qquad nv^n(1-\lambda v^n)^{-2} \prec (c_4-\bar{p})^{-1}(c_2-\bar{p})^{-2} \prec (c_5-\bar{p})^{-1} \qquad (n \neq 1).$$

Nach (5), (9), (11) folgt mit den Abkürzungen

$$\bar{\phi}+\bar{\psi}=\Phi, \qquad \bar{\phi}+\bar{\psi}+\bar{p}=\Phi+\bar{p}=P$$

die Beziehung

$$\eta(\bar{\phi}_1-\xi)<\left(\frac{\Phi^2}{c_1-\Phi}\right)^2(c_5-\bar{p})^{-1}<\frac{\Phi^4}{c_6-P} \tag{12}$$

und nach (6), (7), (10) entsprechend

$$\bar{\phi}-\bar{\phi}_1<\frac{\Phi^2}{c_1-\Phi}(c_3-\bar{p})^{-1}<\frac{\Phi^2}{c_7-P}, \qquad \bar{p}\eta+\bar{\psi}-\eta<\frac{\Phi^2}{c_7-P}. \tag{13}$$

Um schliesslich die Relationen (12) und (13) in eine einfache Majorantenformel zu vereinigen, setze man

$$\xi=\eta, \qquad \xi^{-1}(\bar{\phi}+\bar{\psi})-2=z, \qquad \bar{p}+z+2\xi+\xi z=t;$$

dann gilt offenbar

$$\Phi=\bar{\phi}+\bar{\psi}=2\xi+\xi z<2\xi+t^2, \qquad P=\bar{\phi}+\bar{\psi}+\bar{p}=t-z<t,$$

$$\xi^{-1}\Phi^2=4\xi+4\xi z+\xi z^2<4\xi+t^2<2t(1+t), \qquad \xi^{-2}\Phi^4<\frac{4t^2}{1-2t}.$$

Multipliziert man nun (12) mit ξ^{-2} und (13) mit ξ^{-1} und addiert, so bekommt man

$$t=\bar{p}+\xi^{-1}(\bar{\phi}+\bar{\psi})-2+\bar{\phi}+\bar{\psi}<\frac{2\xi^{-1}\Phi^2}{c_7-P}+\frac{\xi^{-2}\Phi^4}{c_6-P}+2\xi+t^2$$

$$<\frac{8\xi+2t^2}{c_7-t}+\frac{4t^2}{c_8-t}+2\xi+t^2$$

und daraus die gewünschte Abschätzung

$$t<\frac{2\xi+t^2}{4c-t}. \tag{14}$$

Hieraus würde man in der seit Cauchy üblichen Weise schliessen, dass t durch die Lösung $s=c-\sqrt{c^2-\xi}$ der Gleichung

$$s=\frac{2\xi+s^2}{4c-s}$$

majorisiert wird. Man kann aber auch noch ohne die Einführung von s ganz elementar zum Ziele kommen. Aus (14) folgt nämlich direkt

$$0 < \frac{\xi - c^2 + (c-t)^2}{4c - t},$$

$$c^{-2} + \tfrac{5}{4}c^{-3}t < \frac{4}{(c-t)(4c-t)} < \frac{4(c-t)}{(4c-t)(c^2-\xi)}$$

$$= \frac{1}{c^2-\xi} - \frac{3t}{(4c-t)(c^2-\xi)} < c^{-2} + \frac{c^{-2}\xi}{c^2-\xi} - \tfrac{3}{4}c^{-3}t,$$

also

$$2t < \frac{c\xi}{c^2-\xi}.$$

Damit ist dann die Konvergenz von ϕ, ψ, v für $|\xi| < c^2$, $|\eta| < c^2$ gezeigt.

Received January, 1957.

72.

Zur Reduktionstheorie quadratischer Formen

Publications of the Mathematical Society of Japan 1959, Nr. 5

1. Normalkoordinaten.

Es sei $\mathfrak{H} = (h_{kl})$ eine positive reelle symmetrische Matrix von n Reihen, deren Diagonalelemente kurz mit h_k bezeichnet werden. Durch sukzessive quadratische Ergänzung erhält man eindeutig die JACOBIsche Normalform

$$(1) \qquad \mathfrak{H}[\mathfrak{x}] = \sum_{k=1}^{n} t_k y_k^2, \qquad y_k = x_k + \sum_{l=k+1}^{n} d_{kl} x_l$$

mit positiven t_k und reellen d_{kl}, die sich in bekannter Weise durch Quotienten von Unterdeterminanten der Matrix $\mathfrak{H}$ ausdrücken lassen. Bedeutet $\mathfrak{T}$ die aus den t_k gebildete Diagonalmatrix und $\mathfrak{D}$ die aus den d_{kl} gebildete Dreiecksmatrix, wobei also $d_{kk} = 1$ $(k = 1,\ldots, n)$ und $d_{kl} = 0$ $(1 \leqq l < k \leqq n)$ zu setzen ist, so wird

$$(2) \qquad \mathfrak{H} = \mathfrak{T}[\mathfrak{D}], \qquad \mathfrak{T} = [t_1,\ldots, t_n], \qquad \mathfrak{D} = (d_{kl}).$$

Sind umgekehrt eine Diagonalmatrix $\mathfrak{T}$ mit positiven Diagonalelementen t_k und eine Dreiecksmatrix $\mathfrak{D}$ mit reellen d_{kl} beliebig gegeben, so ist die durch (2) definierte Matrix $\mathfrak{H} > 0$.

Da bei unimodularer Transformation die Determinante von $\mathfrak{H}$ ungeändert bleibt, so wird weiterhin $|\mathfrak{H}| = h$ mit festem positiven h angenommen, so dass also auch $|\mathfrak{T}| = t_1 \cdots t_n = h$ ist. Mit Rücksicht auf eine spätere Anwendung soll ein beliebig gegebener positiver Wert von h zugelassen werden; doch könnte man bei der zunächst folgenden Untersuchung etwa die Normierung $h = 1$ treffen und nachher durch die Abbildung $\mathfrak{H} \to h^{\frac{1}{n}} \mathfrak{H}$ zu einem beliebigen positiven h übergehen.

Wir führen noch die $n-1$ Verhältnisse

$$u_k = \frac{t_k}{t_{k+1}} \quad (k = 1,\ldots, n-1)$$

ein, die auch sämtlich positiv sind, und bezeichnen die $\frac{(n-1)(n+2)}{2}$ unabhängigen Grössen u_k, d_{kl} $(k<l)$ als Normalkoordinaten von $\mathfrak{H}$. Es ist klar, dass die Elemente h_{kl} von $\mathfrak{H}$ wegen der Nebenbedingung $|\mathfrak{H}| = h$

durch die Normalkoordinaten umkehrbar eindeutig und stetig bestimmt sind. Der Raum der $\mathfrak{H}$ werde mit P bezeichnet. Es sei nun $\bar{P}$ der aus P durch Abschliessung bezüglich der Normalkoordinaten entstehende Raum, der also durch die Forderungen $u_k \geqq 0$ $(k = 1,\ldots, n-1)$ bei beliebigen reellen d_{kl} $(1 \leq k < l \leq n)$ definiert ist. Dabei ist zu beachten, dass einem Punkte aus $\bar{P}-P$ keine Matrix $\mathfrak{H}$ mehr entspricht. Ferner sei $\bar{P}(\rho)$ für beliebiges $\rho > 0$ der durch die Ungleichungen

$$(3) \qquad 0 \leqq u_k \leqq \rho, \qquad -\rho \leqq d_{kl} \leqq \rho \quad (1 \leqq k < l \leqq n)$$

erklärte Teil von $\bar{P}$. Da er beschränkt und abgeschlossen ist, so ist er kompakt.

Die Punkte von $\bar{P}-P$ sollen Grenzpunkte heissen und mit kleinen griechischen Buchstaben $\alpha, \beta, \ldots$ bezeichnet werden. Strebt $\mathfrak{H}$ auf einer Folge gegen den Grenzpunkt α, so soll dies durch die Formel $\mathfrak{H} \Rightarrow \alpha$ ausgedrückt werden. Es ist wieder zu beachten, dass sich diese Aussage auf den Grenzübergang in Normalkoordinaten bezieht. Die Grenzpunkte sind jetzt näher zu klassifizieren. Ist nämlich $u_k = 0$ genau für $k = \kappa_1,\ldots, \kappa_{r-1}$, so soll der betreffende Grenzpunkt vom Typus $\{\kappa\} = \{\kappa_1,\ldots, \kappa_{r-1}\}$ genannt werden. Dabei ist also $1 \leqq r \leqq n$, und es kann $0 < \kappa_1 < \kappa_2 < \cdots < \kappa_{r-1} < n$ angenommen werden. Wir setzen noch $\kappa_0 = 0$, $\kappa_r = n$ und $\kappa_p - \kappa_{p-1} = j_p$ $(p = 1,\ldots, r)$. Die Punkte von P selber mögen den leeren Typus bilden, für den dann $r = 1$ ist. Ein Typus $\{\lambda\} = \{\lambda_1,\ldots, \lambda_{s-1}\}$ heisst in $\{\kappa\}$ enthalten, wenn die Zahlen $\lambda_1,\ldots, \lambda_{s-1}$ eine Teilmenge von $\kappa_1,\ldots, \kappa_{r-1}$ bilden. Es ist klar, dass der Typus $\{1,\ldots, n-1\}$ alle anderen Typen enthält. Die Grenzpunkte eines gegebenen Typus $\{\kappa\}$ bilden eine zusammenhängende Menge P_κ, die durch die $n-1$ Bedingungen

$$u_k = 0 \quad (k = \kappa_1, \kappa_2,\ldots, \kappa_{r-1}), \qquad u_k > 0 \quad (k \neq \kappa_1, \kappa_2,\ldots, \kappa_{r-1})$$

gekennzeichnet wird.

Unter $\bar{P}\{\kappa\}$ verstehen wir den durch die Ungleichungen

$$u_k \geqq 0 \quad (k = \kappa_1, \kappa_2,\ldots, \kappa_{r-1}), \qquad u_k > 0 \quad (k \neq \kappa_1, \kappa_2,\ldots, \kappa_{r-1})$$

erklärten Teil von $\bar{P}$. Er besteht offenbar aus den Punkten sämtlicher in $\{\kappa\}$ enthaltenen Typen. Auf $\bar{P}\{\kappa\}$ führen wir nun neue Koordinaten ein, welche Normalkoordinaten vom Typus $\{\kappa\}$ heissen mögen. Zu diesem Zweck verallgemeinern wir die JACOBIsche Transformation (1) durch den Ansatz

$$(4) \qquad \mathfrak{H}[\mathfrak{x}] = \sum_{p=1}^{r} \mathfrak{T}_p[\mathfrak{y}_p], \qquad \mathfrak{y}_p = \mathfrak{x}_p + \sum_{q=p+1}^{r} \mathfrak{D}_{pq}\mathfrak{x}_q,$$

wobei $\mathfrak{x}_p$ $(p = 1,\ldots, r)$ die aus den x_k mit $\kappa_{p-1} < k \leqq \kappa_p$ gebildete Spalte sein soll. Wir nennen (4) die Normalform vom Typus $\{\kappa\}$. Um Existenz und Eindeutigkeit dieser Normalform zu zeigen, zerlegen wir analog

$$(5) \qquad \mathfrak{H}[\mathfrak{x}] = \sum_{p,q=1}^{r} \mathfrak{x}'_p \mathfrak{H}_{pq} \mathfrak{x}_q, \qquad \mathfrak{H}_{qp} = \mathfrak{H}'_{pq}, \qquad \mathfrak{H}_{pp} = \mathfrak{H}_p$$

und beachten, dass wegen $\mathfrak{H} > 0$ auch $\mathfrak{H}_1 > 0$ und insbesondere $|\mathfrak{H}_1| \neq 0$ ist. Mittels verallgemeinerter quadratischer Ergänzung folgt

$$(6) \qquad \mathfrak{H}[\mathfrak{x}] - \mathfrak{H}_1[\mathfrak{y}_1] = \sum_{p,q=2}^{r} \mathfrak{x}'_p \mathfrak{H}^*_{pq} \mathfrak{x}_q,$$

worin

$$\mathfrak{y}_1 = \mathfrak{x}_1 + \mathfrak{H}_1^{-1} \sum_{q=2}^{r} \mathfrak{H}_{1q} \mathfrak{x}_q$$

und

$$\mathfrak{H}^*_{pq} = \mathfrak{H}_{pq} - \mathfrak{H}_{p1} \mathfrak{H}_1^{-1} \mathfrak{H}_{1q} \quad (p, q = 2,\ldots, r)$$

gesetzt ist. Bestimmt man $\mathfrak{x}_1$ bei beliebig gegebenen $\mathfrak{x}_2, \ldots, \mathfrak{x}_r$ durch die Bedingung $\mathfrak{y}_1 = 0$, so wird ersichtlich, dass die in (6) rechts stehende quadratische Form ebenfalls positiv definit ist. Macht man nun Induktion bezüglich r, so folgt die Behauptung über (4), wobei sich $\mathfrak{T}_1 = \mathfrak{H}_1$ und $\mathfrak{D}_{1q} = \mathfrak{H}_1^{-1}\mathfrak{H}_{1q}$ $(q = 2,\ldots, r)$ ergeben. Ferner ersieht man, dass alle $\mathfrak{T}_p$ für $p = 1,\ldots, r$ positiv sind. In Verallgemeinerung von (2) entsteht nach (4) die Matrizenformel

$$\mathfrak{H} = \hat{\mathfrak{T}}[\hat{\mathfrak{D}}], \qquad \hat{\mathfrak{T}} = [\mathfrak{T}_1,\ldots, \mathfrak{T}_r], \qquad \hat{\mathfrak{D}} = (\mathfrak{D}_{pq});$$

dabei ist jetzt $\hat{\mathfrak{T}}$ aus den längs der Diagonalen aufgereihten Kästchen $\mathfrak{T}_1,\ldots, \mathfrak{T}_r$ gebildet, ferner treten die Kästchen $\mathfrak{D}_{pq}$ $(1 \leqq p < q \leqq r)$ von $\hat{\mathfrak{D}}$ in (4) auf, während $\mathfrak{D}_{pq} = 0$ $(1 \leqq q < p \leqq r)$ und $\mathfrak{D}_{pp}$ $(p = 1,\ldots, r)$ gleich der Einheitsmatrix mit j_p Reihen zu setzen ist. Es möge $\hat{\mathfrak{T}}$ eine Diagonalmatrix vom Typus $\{\kappa\}$ heissen und $\hat{\mathfrak{D}}$ eine Dreiecksmatrix vom Typus $\{\kappa\}$.

Setzt man $|\mathfrak{T}_p| = \tau_p^{j_p}$, $\tau_p > 0$, wobei wieder j_p die Reihenanzahl von $\mathfrak{T}_p$ ist, so wird

$$\mathfrak{T}_p = \tau_p \mathfrak{R}_p, \qquad \mathfrak{R}_p > 0, \qquad |\mathfrak{R}_p| = 1 \quad (p = 1,\ldots, r).$$

Endlich sei noch

$$v_p = \frac{\tau_p}{\tau_{p+1}} \qquad (p = 1,\ldots, r-1).$$

Als Normalkoordinaten vom Typus $\{\kappa\}$ werden dann diese v_p zusammen mit den Elementen aller $\mathfrak{R}_p$ $(p = 1,\ldots, r)$ und $\mathfrak{D}_{pq}$ $(1 \leqq p < q \leqq r)$ bezeichnet. Dabei ist zu beachten, dass die Elemente der positiven symmetrischen Matrix $\mathfrak{R}_p$ durch die Bedingung $|\mathfrak{R}_p| = 1$ verknüpft sind und dass sich τ_r aus den übrigen τ_p vermöge der Gleichung

$$|\mathfrak{T}_1| \cdots |\mathfrak{T}_r| = |\mathfrak{H}| = h$$

bestimmen lässt. Die ursprünglichen Normalkoordinaten gehören offenbar zum Typus $\{1,\ldots, n-1\}$. Um den Zusammenhang zwischen beiden Arten von Koordinaten zu erhalten, führe man auf $\mathfrak{R}_p$ die JACOBIsche Transformation aus, wodurch man die Zerlegung

$$\mathfrak{R}_p = \mathfrak{S}_p[\mathfrak{C}_p] \quad (p = 1,\ldots, r)$$

mit einer Diagonalmatrix $\mathfrak{S}_p$ und einer Dreiecksmatrix $\mathfrak{C}_p$ erhält. Nach (4) wird

$$\text{(7)}\qquad \begin{aligned} \mathfrak{H}[\mathfrak{x}] &= \sum_{p=1}^{r} \tau_p \mathfrak{S}_p[\mathfrak{C}_p \mathfrak{y}_p], \\ \mathfrak{C}_p \mathfrak{y}_p &= \mathfrak{C}_p \mathfrak{x}_p + \sum_{q=p+1}^{r} \mathfrak{C}_p \mathfrak{D}_{pq} \mathfrak{x}_q \quad (p = 1,\ldots, r). \end{aligned}$$

Wegen der Eindeutigkeit der JACOBIschen Normalform (2) ist dann aber dort $\mathfrak{T}$ die mit den Diagonalkästchen $\tau_p \mathfrak{S}_p$ $(p = 1,\ldots, r)$ gebildete Matrix, während $\mathfrak{D}$ gerade die Matrix des in (7) rechts stehenden Systems linearer Formen in $x_1,\ldots, x_n$ sein muss. Die Diagonalelemente von $\tau_p \mathfrak{S}_p$ haben also die Werte t_k $(\kappa_{p-1} < k \leqq \kappa_p)$, und es wird

$$\tau_p^{j_p} = \prod_{k=\kappa_{p-1}+1}^{\kappa_p} t_k = t_{\kappa_p}^{j_p} \prod_{s=1}^{j_p - 1} u_{s+\kappa_{p-1}}^{s} \quad (p = 1,\ldots, r),$$

$$t_{\kappa_{p-1}} = t_{\kappa_p} \prod_{k=\kappa_{p-1}}^{\kappa_p - 1} u_k \quad (p = 2,\ldots, r).$$

Hieraus wird ersichtlich, dass die Verhältnisse v_p/u_{κ_p} $(p = 1,\ldots, r-1)$ gegen positive Grenzwerte streben, wenn der Punkt $\mathfrak{H}$ auf $\bar{P}\{\kappa\}$ gegen einen Grenzpunkt geht. Dasselbe gilt für die Diagonalelemente von $\mathfrak{S}_p$ $(p = 1,\ldots, r)$, also die Verhältnisse t_k/τ_p $(\kappa_{p-1} < k \leqq \kappa_p)$. Insbesondere streben die v_p genau dann sämtlich gegen 0, wenn der Grenzpunkt selber vom Typus $\{\kappa\}$ ist. Damit sind die Normalkoordinaten vom Typus $\{\kappa\}$

auch in den Grenzpunkten auf $\bar{P}\{\kappa\}$ erklärt, und der Variabilitätsbereich wird durch die Bedingungen

$$v_p \geqq 0 \quad (p = 1,\dots, r-1), \qquad \mathfrak{R}_p > 0 \quad (p = 1,\dots, r), \qquad |\mathfrak{R}_p| = 1$$

bei beliebigen reellen $\mathfrak{D}_{pq}$ $(1 \leqq p < q \leqq r)$ geliefert. Der Zusammenhang mit den ursprünglichen Normalkoordinaten ist umkehrbar eindeutig und stetig, auch in den Grenzpunkten.

2. Linearkoordinaten.

Für einen späteren Zweck ist es nützlich, in naheliegender Weise noch eine weitere Art Koordinaten einzuführen, die ebenfalls dem Typus $\{\kappa\}$ zugeordnet wird. Man zerlege nämlich die Matrix $\mathfrak{H}$ gemäss (5) in r^2 Kästchen $\mathfrak{H}_{pq}$ und definiere

$$(8) \qquad |\mathfrak{H}_p| = \omega_p^{j_p}, \quad \omega_p > 0, \quad \mathfrak{H}_{pq} = \omega_p \mathfrak{F}_{pq}, \quad \mathfrak{F}_{pp} = \mathfrak{F}_p \quad (1 \leqq p \leqq q \leqq r),$$

sodass also $\mathfrak{F}_p > 0$ und $|\mathfrak{F}_p| = 1$ wird, ferner sei noch

$$\frac{\omega_p}{\omega_{p+1}} = w_p \quad (p = 1,\dots, r-1).$$

Die $r-1$ positiven Grössen w_p zusammen mit den Elementen der sämtlichen Matrizen $\mathfrak{F}_{pq}$ $(1 \leqq p \leqq q \leqq r)$ mögen Linearkoordinaten vom Typus $\{\kappa\}$ genannt werden. Es ist evident, dass die Elemente der Matrix $\omega_r^{-1}\mathfrak{H}$ Polynome in den Linearkoordinaten sind; wegen $|\mathfrak{H}| = h$ ergibt sich ω_r^{-n} ebenfalls als ein solches Polynom. Der Übergang von den Normalkoordinaten zu den Linearkoordinaten desselben Typus folgt durch Vergleichung von (4) mit (5), woraus sich zunächst die Formeln

$$\mathfrak{H}_p = \mathfrak{T}_p + \sum_{s=1}^{p-1} \mathfrak{T}_s[\mathfrak{D}_{sp}] \quad (p = 1,\dots, r),$$

$$\mathfrak{H}_{pq} = \mathfrak{T}_p \mathfrak{D}_{pq} + \sum_{s=1}^{p-1} \mathfrak{D}'_{sp} \mathfrak{T}_s \mathfrak{D}_{sq} \quad (1 \leqq p < q \leqq r)$$

ergeben. Daher ist entsprechend

$$(9) \qquad \begin{aligned} \frac{\omega_p}{\tau_p}\mathfrak{F}_p &= \mathfrak{R}_p + \sum_{s=1}^{p-1} \frac{\tau_s}{\tau_p}\mathfrak{R}_s[\mathfrak{D}_{sp}], \\ \frac{\omega_p}{\tau_p}\mathfrak{F}_{pq} &= \mathfrak{R}_p \mathfrak{D}_{pq} + \sum_{s=1}^{p-1} \frac{\tau_s}{\tau_p}\mathfrak{D}'_{sp} \mathfrak{R}_s \mathfrak{D}_{sq}. \end{aligned}$$

Hieraus erhält man die Potenz $(\omega_p/\tau_p)^{j_p}$ $(p = 1,\dots, r)$ als Polynom in den Normalkoordinaten des Typus $\{\kappa\}$, das auf $\bar{P}\{\kappa\}$ überall $\geqq 1$ ist; also sind auch die Elemente der Matrizen $\mathfrak{F}_p$ und $\mathfrak{F}_{pq}$ dort überall stetige Funktionen der Normalkoordinaten. Ferner ist $(w_p/v_p)^{j_p j_{p+1}}$ für $p = 1, \cdots, r-1$ eine daselbst stetige rationale Funktion, also auch das Verhältnis w_p/v_p stetig und $w_p \to 0$ nur für $v_p \to 0$. Damit sind die Linearkoordinaten auch für die Grenzpunkte auf $\bar{P}\{\kappa\}$ erklärt. Wenn noch gezeigt wird, dass die Zuordnung umkehrbar eindeutig ist, so folgt auch die Stetigkeit der Normalkoordinaten als Funktionen der Linearkoordinaten.

Zu diesem Nachweis gehen wir von den Formeln

$$\frac{\tau_p}{\omega_p}\mathfrak{R}_p = \mathfrak{F}_p - \sum_{s=1}^{p-1} \frac{\omega_s}{\omega_p}\frac{\tau_s}{\omega_s}\mathfrak{R}_s[\mathfrak{D}_{sp}],$$

$$\frac{\tau_p}{\omega_p}\mathfrak{R}_s\mathfrak{D}_{pq} = \mathfrak{F}_{pq} - \sum_{s=1}^{p-1} \frac{\omega_s}{\omega_p}\frac{\tau_s}{\omega_s}\mathfrak{D}'_{sp}\mathfrak{R}_s\mathfrak{D}_{sq}$$

aus und nehmen an, dass aus diesen für $p = 1, \ldots, m-1$ und $q = m, \ldots, r$ sich die τ_p/ω_p, $\mathfrak{R}_p$, $\mathfrak{D}_{pq}$ bereits eindeutig aus den Linearkoordinaten ergeben hätten, wobei $1 \leqq m \leqq r$ und diese Annahme für $m = 1$ leer ist. Aus den Formeln mit $p = m$ ergeben sich dann eindeutig nacheinander $(\tau_m/\omega_m)^{j_m}$, τ_m/ω_m, $\mathfrak{R}_m$ und die $\mathfrak{D}_{mq}$ $(q = m+1, \ldots, r)$, wodurch der Induktionsschluss beendet und die Behauptung bewiesen ist. Man kann auch noch explizite Formeln für die inverse Transformation unter Verwendung von Determinanten angeben; doch werden diese für den weiteren Zweck nicht benötigt.

Wegen der bewiesenen stetigen Abhängigkeit kann man bei der Festlegung der Umgebungen von Grenzpunkten sich nach Belieben der Normalkoordinaten oder Linearkoordinaten des betreffenden Typus $\{\kappa\}$ bedienen; allgemeiner kann man dazu die Koordinaten jedes Typus verwenden, in welchem $\{\kappa\}$ enthalten ist. Wir lassen $\mathfrak{H}$ speziell gegen einen Grenzpunkt des Typus $\{\kappa\}$ streben und legen wieder die Koordinaten dieses Typus zugrunde. Beim Grenzübergang gehen alle v_p gegen 0, und aus (9) folgt $\omega_p/\tau_p \to 1$. Im Grenzpunkt selber ist dann

$$(10) \qquad \mathfrak{F}_p = \mathfrak{R}_p, \qquad \mathfrak{F}_{pq} = \mathfrak{F}_p\mathfrak{D}_{pq} \quad (1 \leqq p \leqq q \leqq r),$$

ausserdem $w_p = v_p = 0$ $(p=1, \ldots, r-1)$. In diesen einfachen Beziehungen stehen also beide Arten von Koordinaten für die Grenzpunkte des gleichen Typus.

3. Kompaktifizierung des Minkowskischen Bereiches.

Mit Hilfe der Normalkoordinaten kann man nun den Bereich der reduzierten positiv definiten quadratischen Formen $\mathfrak{H}[\mathfrak{x}]$ leicht kompaktifizieren. Es sei $|\mathfrak{H}| = h$ und $\mathfrak{H}$ im Sinne von HERMITE und MINKOWSKI reduziert. Bekanntlich gibt es eine nur von n abhängige positive Zahl c, so dass $\mathfrak{H}$ in $\bar{P}(c)$ gelegen ist. Dieser Bereich ist aber kompakt. Zur gewünschten Kompaktifizierung hat man also nur die durch konvergente Folgen vom MINKOWSKIschen Bereich aus erreichbaren Grenzpunkte hinzuzufügen.

Es ist jetzt festzustellen, welches die betreffenden Grenzpunkte sind. Hierzu muss man natürlich näher auf die Reduktionsbedingungen eingehen. Diese sind sämtlich homogene lineare Ungleichungen für die Elemente h_{kl} von $\mathfrak{H}$, nämlich

$$h_{kl} \geqq 0 \quad (l = k+1 = 2, \ldots, n) \tag{11}$$

und

$$\mathfrak{H}[\mathfrak{g}] \geqq h_k \quad (k = 1, \ldots, n) \tag{12}$$

für jede Spalte $\mathfrak{g}$ aus n ganzen Zahlen $g_1, \ldots, g_n$ mit $(g_k, \ldots, g_n) = 1$. Ist speziell $\pm\mathfrak{g}$ die k^{te} Spalte der Einheitsmatrix, so ist (12) sogar mit dem Gleichheitszeichen identisch erfüllt. Wir lassen weiterhin diese trivialerweise erfüllten Bedingungen fort. Die übrigbleibenden sind dann nicht mehr identisch in $\mathfrak{H}$ erfüllt. Bekanntlich gibt es unter den unendlich vielen Reduktionsbedingungen (11) und (12) ein festes endliches System, das alle anderen wiederum zur Folge hat. Ferner ergibt sich aus (12) zusammen mit der Forderung $|\mathfrak{H}| = h > 0$, dass $\mathfrak{H} > 0$ ist, also $\mathfrak{H}$ in P liegt. Es sei $R_n = R$ der durch die Ungleichungen (11) und (12) auf der Determinantenfläche $|\mathfrak{H}| = h$ definierte Bereich.

Es möge nun $\mathfrak{H}$ auf R gegen einen Grenzpunkt vom Typus $\{\kappa\}$ konvergieren. Dass es für jeden Typus solche Grenzpunkte von R gibt, wird sich übrigens später von selbst herausstellen. Wir führen Linearkoordinaten des Typus $\{\kappa\}$ ein und verstehen unter $\hat{\mathfrak{F}}_p$, $\hat{\mathfrak{F}}_{pq}$ die Grenzwerte von $\mathfrak{F}_p$, $\mathfrak{F}_{pq}$. Wegen $\mathfrak{F}_p > 0$, $|\mathfrak{F}_p| = 1$ ist dann auch $\hat{\mathfrak{F}}_p > 0$, $|\hat{\mathfrak{F}}_p| = 1$. Aus (5), (8), (11) folgt zunächst, dass die Reduktionsbedingungen (11) entsprechend für $\hat{\mathfrak{F}}_p$ $(p = 1, \ldots, r)$ anstelle von $\mathfrak{H}$ erfüllt sind und dass ausserdem das letzte Element der ersten Spalte von $\hat{\mathfrak{F}}_{pq}$ $(q = p+1 = 2, \ldots, r)$ nicht-negativ ist. Um das Verhalten der Reduktionsbedingungen (12) beim Grenzübergang zu diskutieren, zerlege man die Spalte $\mathfrak{g}$ in die Teilspalten $\mathfrak{g}_p$ $(p = 1, \ldots, r)$ und setze zunächst bei festem p alle $\mathfrak{g}_m = 0$ $(m \neq p)$, während mit gegebenem k $(\kappa_{p-1} < k \leqq \kappa_p)$ für die Elemente von $\mathfrak{g}_p$ die Bedingung $(g_k, \ldots, g_{\kappa_p}) = 1$ erfüllt sei. Aus (5), (8), (12) folgt dann in Verbindung mit dem bereits Bewiesenen, dass $\hat{\mathfrak{F}}_p$ reduziert ist.

Um zu weiteren Aussagen über die $\hat{\mathfrak{F}}_{pq}$ $(p < q)$ zu gelangen, wähle man nunmehr $\mathfrak{g}_p$ beliebig $\neq 0$, ferner $\mathfrak{g}_q$ gleich einer Spalte $\mathfrak{e}_q$ der Einheitsmatrix von j_q Reihen und sonst $\mathfrak{g}_m = 0$ $(m \neq p, q)$. Aus (5), (8), (12) folgt dann

$$\omega_p \mathfrak{g}_p' (\mathfrak{F}_p \mathfrak{g}_p + 2\mathfrak{F}_{pq} \mathfrak{e}_q) + \omega_q \mathfrak{F}_q [\mathfrak{e}_q] \geqq \omega_q \mathfrak{F}_q [\mathfrak{e}_q],$$

also

$$(13) \qquad \mathfrak{F}_p[\mathfrak{g}_p] + 2\mathfrak{g}_p' \mathfrak{F}_{pq} \mathfrak{e}_q \geqq 0 \quad (1 \leqq p < q \leqq r).$$

Führt man die Normalkoordinaten $\mathfrak{R}_p$, $\mathfrak{D}_{pq}$ des Grenzpunktes ein, so ergibt sich aus (13) durch Grenzübergang vermöge (10), dass die Ungleichungen

$$\mathfrak{R}_p[\mathfrak{g}_p + \mathfrak{D}_{pq} \mathfrak{e}_q] \geqq \mathfrak{R}_p[\mathfrak{D}_{pq} \mathfrak{e}_q]$$

für alle ganzen Spalten $\mathfrak{g}_p$ gelten. Dies ist gleichbedeutend damit, dass für sämtliche Spalten $\mathfrak{d}_p$ der Matrizen $\mathfrak{D}_{pq}$ $(q = p+1, \ldots, r)$ die Bedingungen

$$(14) \qquad \mathfrak{R}_p[\mathfrak{g}_p + \mathfrak{d}_p] \geqq \mathfrak{R}_p[\mathfrak{d}_p] \quad (p = 1, \ldots, r-1)$$

erfüllt sind.

Ehe wir mit der Untersuchung der Grenzpunkte von R fortfahren, wollen wir die Bedingungen (14) unabhängig von dem Vorhergehenden diskutieren.

4. Die Translationsgruppe.

Im euklidischen Raum Ω von n Dimensionen betrachte man eine von n unabhängigen Vektoren erzeugte Translationsgruppe Λ, deren Elemente also ein Gitter bilden. Man erhält in Ω einen Fundamentalbereich F für Λ, indem man in jeder Klasse bezüglich Λ äquivalenter Vektoren einen mit kleinster Länge auswählt. Nimmt man die Erzeugenden von Λ als Einheitsvektoren, so ist dieser Fundamentalbereich durch die Ungleichungen

$$(15) \qquad \mathfrak{H}[\mathfrak{g} + \mathfrak{x}] \geqq \mathfrak{H}[\mathfrak{x}]$$

erklärt, wobei $\mathfrak{H}[\mathfrak{x}]$ eine positiv definite quadratische Form bedeutet und wiederum $|\mathfrak{H}| = h$ vorausgesetzt werden kann. Für $\mathfrak{g}$ sind alle ganzen Spalten in (15) einzutragen, und dabei kann man noch den trivialen Fall $\mathfrak{g} = 0$ ausschliessen. Bei geeigneter Wahl der Gitterbasis ist ausserdem $\mathfrak{H}$ reduziert. Damit ist der Anschluss an (14) hergestellt.

Da mit $\mathfrak{x}$ auch $-\mathfrak{x}$ den sämtlichen Ungleichungen (15) genügt, so ist $\mathfrak{x} = 0$ Mittelpunkt des Fundamentalbereichs $F = F(\mathfrak{H})$. Ferner ist F konvex, wie aus den mit (15) gleichwertigen Bedingungen

$$(16) \qquad \mathfrak{H}[\mathfrak{g}] + 2\mathfrak{g}' \mathfrak{H} \mathfrak{x} \geqq 0$$

sofort folgt. Es ist plausibel, dass F von endlich vielen Ebenen begrenzt wird, also ein konvexes Paralleloeder mit dem Mittelpunkt im Nullpunkt ist. Darüber hinausgehend werden wir zeigen, dass es eine feste endliche Menge von ganzen Spalten $\mathfrak{g}$ gibt, unabhängig von $\mathfrak{H}$, so dass die entsprechenden endlich vielen Ungleichungen (15) alle weiteren nach sich ziehen. Zu diesem Nachweis bilde man die Matrix

$$\mathfrak{H}_0 = \begin{pmatrix} \mathfrak{H} & \mathfrak{z} \\ \mathfrak{z}' & \lambda \end{pmatrix}$$

mit einer beliebigen Spalte $\mathfrak{z}$ und skalarem λ, das der Bedingung

$$\lambda > \mathfrak{H}^{-1}[\mathfrak{z}]+h_n \tag{17}$$

genügt, wobei h_n wieder das letzte Diagonalelement von $\mathfrak{H}$ bedeutet. Da $\mathfrak{H}$ reduziert ist, so ist $h_k \leqq h_n$ $(k = 1,\ldots, n)$. Wir untersuchen nun, unter welchen Bedingungen auch $\mathfrak{H}_0$ reduziert ist. Die Ungleichungen (11) besagen für $\mathfrak{H}_0$, dass das letzte Element von $\mathfrak{z}$ nicht-negativ sein muss. Die Ungleichungen (12) ergeben

$$\mathfrak{H}[\mathfrak{g}]+2\mathfrak{g}'\mathfrak{z}g+\lambda g^2 \geqq h_k \quad (k=1,\ldots, n) \tag{18}$$

für $(g_k,\ldots, g_n, g) = 1$ sowie

$$\mathfrak{H}[\mathfrak{g}]+2\mathfrak{g}'\mathfrak{z}+\lambda \geqq \lambda \tag{19}$$

bei beliebigem ganzen $\mathfrak{g}$. Setzt man noch $\mathfrak{x}=\mathfrak{H}^{-1}\mathfrak{z}$, so ist (19) mit (16) gleichbedeutend. Da $\mathfrak{H}$ reduziert ist, so ist (18) für $g = 0$ erfüllt. Ist dagegen $g \neq 0$, also $g^2 \geqq 1$, so wird die linke Seite von (18) zufolge (17), da $\mathfrak{H}[\mathfrak{x}] = \mathfrak{H}^{-1}[\mathfrak{z}]$ ist,

$$\mathfrak{H}[\mathfrak{g}+\mathfrak{x}g]+(\lambda-\mathfrak{H}[\mathfrak{x}])g^2 \geqq h_n g^2 \geqq h_k; \tag{20}$$

also ist (18) jedenfalls erfüllt. Daher ist $\mathfrak{H}_0$ dann und nur dann reduziert, wenn $\mathfrak{x}$ in $F(\mathfrak{H})$ liegt und das letzte Element von $\mathfrak{z}$ nicht-negativ ist. Da nun aber die sämtlichen Reduktionsbedingungen für $\mathfrak{H}_0$ aus gewissen endlich vielen von ihnen folgen, so ersieht man, dass auch die sämtlichen Ungleichungen (15) eine Folge von endlich vielen unter ihnen sind. Die Gestalt der linken Seite von (20) zeigt noch, dass die Elemente $x_1,\ldots, x_n$ von $\mathfrak{x}$ unter den Normalkoordinaten vom Typus $\{n\}$ für die Matrix $\mathfrak{H}_0$ vorkommen. Daher ist $F(\mathfrak{H})$ in Abhängigkeit von $\mathfrak{H}$ gleichmässig beschränkt, und zufolge (16) ändern sich die Randebenen von $F(\mathfrak{H})$ stetig mit $\mathfrak{H}$.

Die Punkte $\mathfrak{x}$ von $F(\mathfrak{H})$ sollen nach $\mathfrak{H}$ reduziert heissen. Mit $\mathfrak{x}$ ist dann also auch $-\mathfrak{x}$ nach $\mathfrak{H}$ reduziert. Fügt man zu den Translationen $\mathfrak{x} \to \mathfrak{x}+\mathfrak{g}$ noch die Spiegelungen $\mathfrak{x} \to \mathfrak{g}-\mathfrak{x}$ hinzu, so erhält man für die so erweiterte Gruppe Λ^* einen Fundamentalbereich $F^* = F^*(\mathfrak{H})$, indem man $F(\mathfrak{H})$ mittels irgend einer festen Ebene durch $\mathfrak{x} = 0$ halbiert. Dies möge gerade durch die Bedingung geschehen, dass das letzte Element von $\mathfrak{H}\mathfrak{x} = \mathfrak{z}$ nicht-negativ sein soll, also

$$\mathfrak{e}'_n \mathfrak{H}\mathfrak{x} \geqq 0,$$

wobei jetzt $\mathfrak{e}_n$ die letzte Spalte der Einheitsmatrix bedeutet. Die so definierten Punkte von $F^*(\mathfrak{H})$ sollen nach $\mathfrak{H}$ eng reduziert heissen. Ist speziell $\mathfrak{H} = \mathfrak{E}$ oder allgemeiner eine Diagonalmatrix, so ist F der Würfel. $-\frac{1}{2} \leqq x_k \leqq \frac{1}{2}$ $(k = 1,\dots, n)$ und F^* der Halbwürfel $-\frac{1}{2} \leqq x_k \leqq \frac{1}{2}$ $(k = 1,\dots, n-1)$, $0 \leqq x_n \leqq \frac{1}{2}$.

5. Reduzierte Grenzpunkte.

Wie im dritten Abschnitt werde wieder vorausgesetzt, dass eine Folge von Punkten $\mathfrak{H}$ aus R gegen einen Grenzpunkt des Typus $\{\varkappa\}$ konvergiert, dessen Linearkoordinaten $\hat{\mathfrak{F}}_p$, $\hat{\mathfrak{F}}_{pq}$ sind. Für die zugehörigen Normalkoordinaten $\hat{\mathfrak{R}}_p = \hat{\mathfrak{F}}_p$, $\hat{\mathfrak{D}}_{pq} = \hat{\mathfrak{F}}_p^{-1}\hat{\mathfrak{F}}_{pq}$ besagt dann (14), dass sämtliche Spalten der Matrizen $\hat{\mathfrak{D}}_{pq}$ $(q = p+1,\dots, r)$ nach $\hat{\mathfrak{R}}_p$ $(p = 1,\dots, r-1)$ reduziert sind. Ferner ist die erste Spalte von $\hat{\mathfrak{D}}_{pq}$ $(q = p+1)$ nach $\hat{\mathfrak{R}}_p$ sogar eng reduziert. Ausserdem war bereits festgestellt, dass alle $\hat{\mathfrak{R}}_p$ $(p = 1,\dots, r)$ im Sinne Minkowskis reduziert sind. Ein Grenzpunkt des Typus $\{\varkappa\}$ soll nun reduziert heissen, wenn seine Normalkoordinaten vom Typus $\{\varkappa\}$ den sämtlichen genannten Reduktionsbedingungen genügen. Es wird jetzt umgekehrt gezeigt werden, dass jeder reduzierte Grenzpunkt durch eine konvergente Folge von R aus erreicht werden kann.

Die sämtlichen Reduktionsbedingungen folgen wiederum aus einem festen System $\Theta = \Theta\{\varkappa\}$ von endlich vielen unter ihnen, und zwar sind dies homogene lineare Ungleichungen für die Elemente der Linearkoordinaten $\hat{\mathfrak{F}}_p$, $\hat{\mathfrak{F}}_{pq}$. Wir betrachten zunächst einen solchen Grenzpunkt α, für welchen sämtliche Ungleichungen des Systems Θ im strengen Sinne erfüllt sind, also unter Ausschluss des Gleichheitszeichens. Aus Gründen der Stetigkeit folgt dann, dass in α auch sämtliche unendlich vielen Reduktionsbedingungen im strengen Sinne gelten.

Wir zeigen nun, dass alle Punkte von P aus einer genügend kleinen Umgebung von α auf $\bar{P}\{\varkappa\}$ im Innern von R liegen. Wäre dies falsch, so gäbe es eine Folge $\mathfrak{H} \Rightarrow \alpha$, auf welcher eine feste der Bedingungen (11) und (12) nicht im strengen Sinne erfüllt ist. Ist dies eine Bedingung (11), so folgt aus $h_{kl} \leqq 0$ beim Grenzübergang sofort ein Widerspruch betreffs des Vorzeichens eines gewissen Elementes der $\hat{\mathfrak{F}}_p$ oder $\hat{\mathfrak{F}}_{pq}$. Ist andererseits eine der Bedingungen (12) nicht im strengen Sinne erfüllt, so gilt die Ungleichung

$$\text{(21)} \qquad \mathfrak{H}[\mathfrak{g}] \leqq h_k$$

für einen gewissen Index k und eine gewisse ganze Spalte $\mathfrak{g}$ mit $(g_k, \ldots, g_n) = 1$, während $\pm\mathfrak{g}$ von der k^{ten} Spalte der Einheitsmatrix verschieden ist. Es sei dabei $\kappa_{p-1} < k \leqq \kappa_p$. Bedeutet dann $\mathfrak{e}_p$ die aus den j_p Elementen $x_l = 0$ $(\kappa_{p-1} < l \leqq \kappa_p;\ l \neq k)$, $x_k = 1$ gebildete Spalte, so geht (21) vermöge (5) und (8) über in die Ungleichung

$$\text{(22)} \qquad \sum_{m=1}^{r} \omega_m \mathfrak{g}_m' \Big(\mathfrak{F}_m \mathfrak{g}_m + 2 \sum_{q=m+1}^{r} \mathfrak{F}_{mq} \mathfrak{g}_q\Big) \leqq \omega_p \mathfrak{F}_p[\mathfrak{e}_p].$$

Beim Grenzübergang ist nun

$$\omega_m = o(\omega_{m+1}) \quad (m = 1, \ldots, r-1)$$

und

$$\mathfrak{F}_m \to \hat{\mathfrak{F}}_m > 0 \quad (m = 1, \ldots, r),$$

$$\mathfrak{F}_{mq} \to \hat{\mathfrak{F}}_{mq} \quad (1 \leqq m < q \leqq r).$$

Aus (22) folgt daher zunächst rekursiv $\mathfrak{g}_q = 0$ für $q = r, r-1, \ldots, p+1$, also auch $(g_k, \ldots, g_{\kappa_p}) = 1$, und dann weiter

$$\hat{\mathfrak{F}}_p[\mathfrak{g}_p] \leqq \hat{\mathfrak{F}}_p[\mathfrak{e}_p].$$

Da aber $\hat{\mathfrak{F}}_p$ im strengen Sinne reduziert ist, so muss $\mathfrak{g}_p = \pm\, \mathfrak{e}_p$ sein. Ausserdem ist jedoch $\pm\mathfrak{g}$ nicht die k^{te} Spalte der Einheitsmatrix, also nicht alle $\mathfrak{g}_m = 0$ $(1 \leqq m < p)$. Ist $\mathfrak{g}_m = 0$ für $w < m < p$ und $\mathfrak{g}_w \neq 0$, so folgt aus (22) die Beziehung

$$\sum_{m=1}^{w-1} \omega_m \mathfrak{g}_m' \Big(\mathfrak{F}_m \mathfrak{g}_m + 2 \sum_{q=m+1}^{p} \mathfrak{F}_{mq} \mathfrak{g}_q\Big) + \omega_w \mathfrak{g}_w' (\mathfrak{F}_w \mathfrak{g}_w \pm 2 \mathfrak{F}_{wp} \mathfrak{e}_p) \leqq 0,$$

also durch Grenzübergang

$$\hat{\mathfrak{F}}_w[\pm\mathfrak{g}_w] + 2(\pm\mathfrak{g}_w')\hat{\mathfrak{F}}_{wp}\mathfrak{e}_p \leqq 0.$$

Dies ist aber ein Widerspruch, da die Spalten von $\hat{\mathfrak{K}}_{wp}$ nach $\hat{\mathfrak{K}}_w$ im strengen Sinne reduziert sind. Damit ist die obige Behauptung bewiesen.

Es sei die offene Umgebung U von α auf $\bar{P}\{\kappa\}$ so klein gewählt, dass der auf P gelegene Teil von U ganz im Innern von R enthalten ist. Man lasse nun $\mathfrak{H}$ gegen einen auf U liegenden Grenzpunkt β des in $\{\kappa\}$ enthaltenen Typus $\{\lambda\}$ gehen. Führt man in $\mathfrak{H}$ die Linearkoordinaten für den Typus $\{\lambda\}$ ein, so folgt beim Grenzübergang, dass β reduziert ist. Aus Gründen der Stetigkeit ergibt sich ferner, dass auch alle hinreichend nahe an β gelegenen Grenzpunkte des gleichen Typus ebenfalls reduziert sind, und demnach ist β sogar im strengen Sinne reduziert. Damit ist bewiesen, dass sämtliche Punkte einer genügend kleinen Umgebung von α auf $\bar{P}\{\kappa\}$ im strengen Sinne reduziert sind.

Schliesslich sei α ein Grenzpunkt, in welchem zwar wieder alle Bedingungen des Systems Θ erfüllt sind, aber nicht notwendig im strengen Sinne. Wegen der Linearität dieser Bedingungen in den Elementen von $\hat{\mathfrak{F}}_p$ und $\hat{\mathfrak{F}}_{pq}$ folgt leicht, dass in jeder Umgebung von α Grenzpunkte γ des gleichen Typus liegen, in welchen die Bedingungen sämtlich im strengen Sinne erfüllt sind. Da nun aber solche γ bereits als Grenzpunkte von R erkannt sind, so gilt dies auch für α selber. Die durch die Abschliessung von R auf $\bar{P}\{\kappa\}$ erhaltenen Grenzpunkte des Typus $\{\kappa\}$ sind also genau die reduzierten Grenzpunkte, und diese sind durch endlich viele Ungleichungen des Systems $\Theta\{\kappa\}$ beschrieben. Man hat dabei zu beachten, dass die Reduktionsbedingungen für die Grenzpunkte nur in den Koordinaten des betreffenden Typus explizit formuliert worden sind. Die sämtlichen reduzierten Grenzpunkte der verschiedenen Typen ergeben zusammen mit R auf $\bar{P}$ den kompaktifizierten Bereich $\bar{R}$.

6. Äquivalenz von Grenzpunkten.

Zwei Grenzpunkte α und β sollen äquivalent heissen, wenn es eine Folge von Matrizen $\mathfrak{H}$ aus P und dazu äquivalente $\mathfrak{H}[\mathfrak{U}]$ so gibt, dass $\mathfrak{H} \Rightarrow \alpha$ und $\mathfrak{H}[\mathfrak{U}] \Rightarrow \beta$. Dabei braucht zunächst nicht die unimodulare Matrix $\mathfrak{U}$ auf der Folge konstant zu sein. Wir werden aber zeigen, dass bei festen α und β die Matrix $\mathfrak{U}$ notwendigerweise beschränkt ist. Ausserdem wird sich ergeben, dass α und β vom gleichen Typus sind. Bei der Untersuchung braucht der leere Typus für die Punkte α oder β nicht ausgeschlossen zu werden. Trivialerweise können wir jedoch annehmen, dass etwa α nicht vom leeren Typus ist.

Wir wenden auf $\mathfrak{H}$ die Jacobische Transformation an, so dass also (2) erfüllt ist. Unter der Voraussetzung $\mathfrak{H} \in \bar{P}(\rho)$ sollen die Ungleichungen

$$\mu\mathfrak{T}[\mathfrak{x}] \leqq \mathfrak{H}[\mathfrak{x}] \leqq \lambda\mathfrak{T}[\mathfrak{x}] \tag{23}$$

für alle reellen $\mathfrak{x}$ bewiesen werden; dabei bedeuten λ und μ positive Werte, die nur von ρ und n abhängen. Die Behauptung (23) ist damit gleichbedeutend, dass alle Wurzeln der Gleichung $|x\mathfrak{T}-\mathfrak{H}| = 0$ dem Intervall $\mu \leqq x \leqq \lambda$ angehören. Versteht man unter $\mathfrak{T}^{\frac{1}{2}} = \mathfrak{W}$ die mit den positiven Diagonalelementen $t_k^{\frac{1}{2}}$ $(k=1,\ldots, n)$ gebildete Diagonalmatrix, so gelten für $\mathfrak{W}\mathfrak{D}\mathfrak{W}^{-1} = \mathfrak{B}$ die Formeln

$$|x\mathfrak{T}-\mathfrak{H}| = |\mathfrak{T}|\,|x\mathfrak{E}-\mathfrak{B}'\mathfrak{B}|, \qquad |\mathfrak{B}'\mathfrak{B}| = |\mathfrak{B}|^2 = |\mathfrak{D}|^2 = 1.$$

Da nun die Dreiecksmatrix $\mathfrak{B}$ aus $\mathfrak{D}$ dadurch hervorgeht, dass man das Element d_{kl} durch $d_{kl}t_k^{\frac{1}{2}}t_l^{-\frac{1}{2}}$ $(1 \leqq k < l \leqq n)$ ersetzt, und

$$t_k t_l^{-1} = u_k u_{k+1} \cdots u_{l-1}$$

ist, so liegen wegen (3) die Koeffizienten des Polynoms $|x\mathfrak{E} - \mathfrak{B}'\mathfrak{B}|$ zwischen Schranken, die nur von ρ und n abhängen. Da ferner alle Nullstellen positiv und ihr Produkt 1 ist, so folgt die Behauptung (23). Insbesondere ist also

$$\text{(24)} \qquad \mu t_l \leqq h_l \leqq \lambda t_l \quad (l = 1, \ldots, n).$$

Indem wir für einen späteren Zweck die Frage nach der Äquivalenz noch etwas verallgemeinern, gehen wir von der Annahme $\mathfrak{H} \Rightarrow \alpha$ und $\mathfrak{H}[\mathfrak{V}] \Rightarrow \beta$ aus, worin die Matrizen $\mathfrak{V} = (v_{kl})$ ganz und von gegebener Determinante $d \neq 0$ seien. Hierbei ist $|\mathfrak{H}| = h$ und $|\mathfrak{H}[\mathfrak{V}]| = hd^2$. Benutzt man auch für $\mathfrak{H}[\mathfrak{V}]$ die JACOBIsche Transformation, so wird etwa

$$\text{(25)} \qquad \mathfrak{H}[\mathfrak{V}] = \mathfrak{S}[\mathfrak{C}],$$

und es seien $s_1, \ldots, s_n$ die Diagonalelemente der Diagonalmatrix $\mathfrak{S}$, während $\mathfrak{C}$ wieder eine Dreiecksmatrix bedeutet. Wegen $|\mathfrak{V}| \neq 0$ kann man eine Permutation $l_1, \ldots, l_n$ der Zahlen $1, \ldots, n$ derart finden, dass das Produkt $v_{1l_1} v_{2l_2} \cdots v_{nl_n} \neq 0$ ist. Aufgrund der Ganzzahligkeit von v_{kl} wird dann aber

$$v_{kl_k}^2 \geqq 1 \quad (k=1, \ldots, n).$$

Da die Folgen $\mathfrak{H}$ und $\mathfrak{H}[\mathfrak{V}]$ auf $\bar{P}$ konvergieren, so gilt $\mathfrak{H} \in \bar{P}(\rho)$ und $\mathfrak{H}[\mathfrak{V}] \in \bar{P}(\rho)$ bei geeignetem festen $\rho > 1$. Benutzt man (24) mit $\mathfrak{H}[\mathfrak{V}]$ statt $\mathfrak{H}$ sowie (23) und (25), so folgt

$$\text{(26)} \qquad \mu \sum_{k=1}^{n} t_k v_{kl}^2 \leqq \lambda s_l \quad (l = 1, \ldots, n),$$

wobei die positiven Werte λ und μ nicht von den Gliedern der Folge abhängen, sondern nur von n und ρ. Also ist erst recht

$$\text{(27)} \qquad \mu t_k \leqq \lambda s_{l_k} \quad (k = 1, \ldots, n).$$

Andererseits ist

$$\text{(28)} \qquad 0 < \frac{t_k}{t_{k+1}} \leqq \rho, \qquad 0 < \frac{s_k}{s_{k+1}} \leqq \rho \quad (k = 1, \ldots, n-1).$$

Aus (27) folgt zunächst

$$\text{(29)} \qquad \mu t_k \leqq \lambda s_{l_j} \frac{t_k}{t_j} \leqq \lambda \rho^{j-k} s_{l_j} \quad (1 \leqq k \leqq j \leqq n).$$

Nun ist aber das Minimum der $n-k+1$ verschiedenen Zahlen $l_k, l_{k+1}, \ldots, l_n$ nicht grösser als k, und daher ergeben (27), (28) und (29) die Abschätzung

$$t_k = O(s_k) \quad (k = 1,\dots, n)$$

bei dem betrachteten Grenzübergang.

Man beachte andererseits, dass $d\mathfrak{B}^{-1}$ ganz und

$$\mathfrak{S}[\mathfrak{C}]\,[d\,\mathfrak{B}^{-1}] = d^2\,\mathfrak{T}[\mathfrak{D}]$$

ist. Verwendet man das oben Bewiesene für $\mathfrak{H}[\mathfrak{B}]$ und $d^2\mathfrak{H}$ anstelle von $\mathfrak{H}$ und $\mathfrak{H}[\mathfrak{B}]$, so folgt entsprechend

$$s_k = O(d^2\,t_k) = O(t_k) \quad (k = 1,\dots, n).$$

Demnach haben s_k und t_k beim Grenzübergang gleiche Grössenordnung, und insbesondere sind die Grenzpunkte α, β vom gleichen Typus $\{\kappa\} = \{\kappa_1,\dots, \kappa_{r-1}\}$. Wegen der Ganzzahligkeit von v_{kl} ergibt (26) weiter

$$(30) \qquad v_{kl} = 0 \quad (1 \leqq l \leqq \kappa_p < k \leqq n\,;\, p = 1,\dots, r-1)$$

für fast alle $\mathfrak{B}$ der betreffenden Folge. Indem man noch endlich viele Glieder der Folge fortlässt, kann man (30) für alle $\mathfrak{B}$ voraussetzen. Also gibt es eine Zerlegung in Kästchen $\mathfrak{B} = (\mathfrak{B}_{pq})$ mit $\mathfrak{B}_{pq} = 0$ für $p > q$, wobei $\mathfrak{B}_{pq}$ $(p, q = 1,\dots, r)$ genau j_p Zeilen und j_q Spalten hat. Da die t_k und s_l für $\kappa_{p-1} < k \leqq \kappa_p$ und $\kappa_{p-1} < l \leqq \kappa_p$ $(p = 1,\dots, r)$ von gleicher Grössenordnung sind, so zeigt nochmalige Anwendung von (26), dass die Matrizen $\mathfrak{B}_{pp} = \mathfrak{B}_p$ $(p = 1,\dots, r)$ beim Grenzübergang beschränkt bleiben. Bedeutet dann $\hat{\mathfrak{B}}$ die aus den Diagonalkästchen $\mathfrak{B}_1,\dots, \mathfrak{B}_r$ gebildete Diagonalmatrix vom Typus $\{\kappa\}$, so wird

$$|\hat{\mathfrak{B}}| = |\mathfrak{B}_1|\cdots|\mathfrak{B}_r| = |\mathfrak{B}| = d \neq 0.$$

Jetzt führe man bei $\mathfrak{H}$ und $\mathfrak{H}[\mathfrak{B}]$ Normalkoordinaten vom Typus $\{\kappa\}$ ein. Bildet man gemäss (4) aus den Kästchen $\mathfrak{T}_1,\dots, \mathfrak{T}_r$ die Diagonalmatrix $\hat{\mathfrak{T}}$ vom Typus $\{\kappa\}$ und ferner die Dreiecksmatrix $\hat{\mathfrak{D}} = (\mathfrak{D}_{pq})$ vom Typus $\{\kappa\}$, wobei noch $\mathfrak{D}_{pp}$ $(p = 1,\dots, r)$ eine Einheitsmatrix und $\mathfrak{D}_{pq} = 0$ $(p > q)$ ist, so wird

$$\mathfrak{H} = \hat{\mathfrak{T}}[\hat{\mathfrak{D}}],$$

und analog sei

$$\mathfrak{H}[\mathfrak{B}] = \hat{\mathfrak{S}}[\hat{\mathfrak{C}}].$$

Dann gilt

$$\hat{\mathfrak{T}}[\hat{\mathfrak{B}}]\,[\hat{\mathfrak{B}}^{-1}\hat{\mathfrak{D}}\,\mathfrak{B}] = \hat{\mathfrak{S}}[\hat{\mathfrak{C}}],$$

wobei nun beide Seiten in der Normalform vom Typus $\{\kappa\}$ erscheinen. Aus der Eindeutigkeit dieser Zerlegung folgt aber

$$(31) \qquad \hat{\mathfrak{T}}[\hat{\mathfrak{B}}] = \hat{\mathfrak{S}}, \qquad \hat{\mathfrak{B}}^{-1}\hat{\mathfrak{D}}\,\mathfrak{B} = \hat{\mathfrak{C}}, \qquad \mathfrak{B} = \hat{\mathfrak{D}}^{-1}\hat{\mathfrak{B}}\,\hat{\mathfrak{C}}.$$

Da $\mathfrak{H}$ und $\mathfrak{H}[\mathfrak{B}]$ konvergieren, so bleiben insbesondere die Matrizen $\hat{\mathfrak{D}}^{-1}$ und $\hat{\mathfrak{C}}$ beschränkt. Wegen der bereits bewiesenen Beschränktheit von $\hat{\mathfrak{B}}$

folgt nun die von $\mathfrak{B}$. Da aber $\mathfrak{B}$ ganz ist, so kann man eine Teilfolge mit festem $\mathfrak{B}$ auswählen.

Zur bequemen Formulierung des gewonnenen Resultates führen wir eine Bezeichnung ein. Sind bei der Zerlegung einer n-reihigen Matrix $\mathfrak{M} = (\mathfrak{M}_{pq})$ in Kästchen von j_p Zeilen und j_q Spalten $(p, q = 1,\ldots, r)$ die sämtlichen $\mathfrak{M}_{pq}$ unterhalb der Diagonale gleich 0, so sagen wir, $\mathfrak{M}$ zerfällt vom Typus $\{\kappa\}$. Damit lässt sich dann folgender Satz aussprechen.

Satz 1: *Es möge $\mathfrak{H}$ gegen einen Grenzpunkt vom Typus $\{\kappa\}$ konvergieren, und es gebe eine Folge ganzer $\mathfrak{B}$ mit fester Determinante $\neq 0$, so dass auch $\mathfrak{H}[\mathfrak{B}]$ gegen einen Grenzpunkt konvergiert. Dann ist dieser Grenzpunkt ebenfalls vom Typus $\{\kappa\}$; ferner gehören die $\mathfrak{B}$ einer endlichen Menge an und fast alle zerfallen vom Typus $\{\kappa\}$.*

Für eine spätere Anwendung bemerken wir noch, dass nach dem Bewiesenen aus den Annahmen $\mathfrak{H} \in \bar{P}(\rho)$, $\mathfrak{H}[\mathfrak{B}] \in \bar{P}(\rho)$ bei ganzem $\mathfrak{B}$ der Determinante $d \neq 0$ die Beschränktheit von $\mathfrak{B}$ folgt, wobei die Schranken nur von n, ρ und d abhängen.

Das erhaltene Ergebnis werde speziell für $d = \pm 1$ verwendet, so dass $\mathfrak{B} = \mathfrak{U}$ und alle $\mathfrak{B}_p$ $(p = 1,\ldots, r)$ unimodular sind. Werden durch den Ansatz

$$\mathfrak{T}_p = \tau_p \mathfrak{R}_p, \qquad |\mathfrak{R}_p| = 1, \qquad \mathfrak{S}_p = \sigma_p \mathfrak{Q}_p, \qquad |\mathfrak{Q}_p| = 1 \quad (p = 1,\ldots, r),$$

$$v_p = \frac{\tau_p}{\tau_{p+1}}, \qquad u_p = \frac{\sigma_p}{\sigma_{p+1}} \quad (p = 1,\ldots, r-1)$$

neben den Elementen von $\mathfrak{D}_{pq}$ und $\mathfrak{C}_{pq}$ $(p < q)$ noch die weiteren Normalkoordinaten von $\mathfrak{H}$ und $\mathfrak{H}[\mathfrak{U}]$ eingeführt, so wird

$$\tau_p \mathfrak{R}_p[\mathfrak{B}_p] = \mathfrak{T}_p[\mathfrak{B}_p] = \mathfrak{S}_p = \sigma_p \mathfrak{Q}_p,$$

also

$$\tau_p = \sigma_p, \qquad \mathfrak{R}_p[\mathfrak{B}_p] = \mathfrak{Q}_p \quad (p = 1,\ldots, r),$$
$$v_p = u_p \quad (p = 1,\ldots, r-1).$$

Beim Grenzübergang mit festem $\mathfrak{B}$ ergibt sich zufolge (10) und (31) für die Linearkoordinaten $\mathfrak{F}_{pq}$ und $\mathfrak{G}_{pq}$ $(1 \leqq p \leqq q \leqq r)$ von α und β die Formel

$$\mathfrak{B}_p \mathfrak{Q}_p^{-1} \mathfrak{G}_{pq} = \mathfrak{R}_p^{-1} \sum_{m=p}^{q} \mathfrak{F}_{pm} \mathfrak{B}_{mq},$$

also

$$\mathfrak{G}_{pq} = \mathfrak{B}'_p \sum_{m=p}^{q} \mathfrak{F}_{pm} \mathfrak{B}_{mq} \quad (1 \leqq p \leqq q \leqq r). \tag{32}$$

Darin sind die $\mathfrak{B}_{mq}$ ganz und die $\mathfrak{B}_{pp} = \mathfrak{B}_p$ unimodular. Die gewonnene Beziehung (32) zwischen den Linearkoordinaten der äquivalenten Grenzpunkte α und β lässt sich kürzer durch eine Matrizengleichung ausdrücken. Definiert man nämlich noch $\mathfrak{G}_{pq} = 0$, $\mathfrak{F}_{pq} = 0$ $(1 \leqq q < p \leqq r)$ und versteht unter $\mathfrak{G}$, $\mathfrak{F}$ die vom Typus $\{\kappa\}$ zerfallenden n-reihigen Matrizen $(\mathfrak{G}_{pq})$, $(\mathfrak{F}_{pq})$, so ist (32) mit der Formel

$$\mathfrak{G} = \hat{\mathfrak{U}}' \mathfrak{F} \mathfrak{U} \tag{33}$$

gleichbedeutend. Deswegen ist es praktisch, direkt $\alpha = \mathfrak{F}$ und $\beta = \mathfrak{G}$ zu setzen.

Wir zeigen jetzt umgekehrt, dass zwei Grenzpunkte $\alpha = \mathfrak{F}$, $\beta = \mathfrak{G}$ des gleichen Typus $\{\kappa\}$ äquivalent sind, wenn (33) mit einer von Typus $\{\kappa\}$ zerfallenden unimodularen Matrix $\mathfrak{U}$ erfüllt ist. Zu diesem Zwecke setzen wir

$$\begin{gathered} \mathfrak{T}_p = \tau_p \mathfrak{F}_p, \qquad \mathfrak{D}_{pq} = \mathfrak{F}_p^{-1} \mathfrak{F}_{pq}, \qquad \mathfrak{S}_p = \tau_p \mathfrak{G}_p, \\ \mathfrak{C}_{pq} = \mathfrak{G}_p^{-1} \mathfrak{G}_{pq} \quad (p, q = 1, \ldots, r) \end{gathered} \tag{34}$$

mit beliebigen positiven $\tau_1, \ldots, \tau_r$. Ferner seien $\hat{\mathfrak{T}}$, $\hat{\mathfrak{S}}$, $\hat{\mathfrak{F}}$, $\hat{\mathfrak{G}}$ die aus den Kästchen $\mathfrak{T}_p$, $\mathfrak{S}_p$, $\mathfrak{F}_p$, $\mathfrak{G}_p$ gebildeten Diagonalmatrizen vom Typus $\{\kappa\}$ und $\hat{\mathfrak{D}} = (\mathfrak{D}_{pq})$, $\hat{\mathfrak{C}} = (\mathfrak{C}_{pq})$. Zufolge (33) wird dann

$$\hat{\mathfrak{T}}[\hat{\mathfrak{D}} \mathfrak{U}] = \hat{\mathfrak{T}}[\hat{\mathfrak{F}}^{-1} \mathfrak{F} \mathfrak{U}] = \hat{\mathfrak{T}}[\hat{\mathfrak{U}} \hat{\mathfrak{G}}^{-1} \mathfrak{G}] = \hat{\mathfrak{S}}[\hat{\mathfrak{C}}], \tag{35}$$

und durch den Grenzübergang $\tau_p/\tau_{p+1} \to 0$ $(p = 1, \ldots, r-1)$ folgt die Behauptung.

In der Gruppe Γ aller unimodularen Matrizen bilden die vom Typus $\{\kappa\}$ zerfallenden eine Untergruppe Γ_κ. Die Abbildungen $\mathfrak{H} \to \mathfrak{H}[\mathfrak{U}]$ ergeben auf P eine Darstellung von Γ_κ, und hieraus entsteht also durch Grenzübergang auf der Grenzpunktmenge P_κ die durch (33) erklärte Darstellung von Γ_κ. Dass diese dort diskontinuierlich ist, folgt aus der oben bewiesenen Aussage über Beschränktheit, lässt sich aber auch leicht direkt mittels (33) zeigen. Die Beziehung $\mathfrak{G} = \hat{\mathfrak{U}}' \mathfrak{F} \mathfrak{U}$ für die äquivalenten Punkte $\alpha = \mathfrak{F}$, $\beta = \mathfrak{G}$ soll weiterhin kurz durch $\beta = \alpha_{\mathfrak{U}}$ ausgedrückt werden. Sie besteht dann und nur dann, wenn es eine Folge $\mathfrak{H} \Rightarrow \alpha$ derart gibt, dass zugleich $\mathfrak{H}[\mathfrak{U}] \Rightarrow \beta$ gilt.

Die aus den Diagonalkästchen $\mathfrak{U}_p$ von $\mathfrak{U}$ gebildete Matrix $\hat{\mathfrak{U}}$ soll als Diagonalteil von $\mathfrak{U}$ bezeichnet werden. Die Elemente aus Γ_κ mit $\hat{\mathfrak{U}} = \mathfrak{E}$ ergeben eine invariante Untergruppe, und die Faktorgruppe wird offenbar von den $\hat{\mathfrak{U}}$ selber gebildet.

7. Der Fundamentalbereich der Grenzpunkte.

Wir werden nun zeigen, dass die reduzierten Grenzpunkte des Typus $\{\kappa\}$ auf P_κ einen Fundamentalbereich bezüglich Γ_κ bilden. Es sei $\alpha = \mathfrak{F}$

ein Grenzpunkt dieses Typus und $\mathfrak{H} \Rightarrow \alpha$. Man wähle eine Folge $\mathfrak{U}$ aus Γ, so dass $\mathfrak{H}[\mathfrak{U}]$ reduziert ist. Indem man eine geeignete Teilfolge auswählt, kann man wegen der Kompaktheit von $\bar{R}$ erreichen, dass die Folge $\mathfrak{H}[\mathfrak{U}]$ ebenfalls konvergiert. Nach Satz 1 gilt dann sogar $\mathfrak{H}[\mathfrak{U}] \Rightarrow \beta$ für einen reduzierten Grenzpunkt $\beta = \mathfrak{G}$ vom gleichen Typus, wobei $\mathfrak{U}$ konstant ist und der Untergruppe Γ_κ angehört. Für die Linearkoordinaten von α und β besteht die Beziehung (33). Also gibt es zu jedem α aus P_κ einen bezüglich Γ_κ äquivalenten reduzierten Grenzpunkt desselben Typus.

Speziell sei bereits α im strengen Sinne reduziert. Für $p = 1,\ldots, r$ ist dann die positive Matrix $\mathfrak{F}_p$ im strengen Sinne reduziert und ausserdem $\mathfrak{G}_p$ selber reduziert. Aus der Beziehung $\mathfrak{G}_p = \mathfrak{F}_p[\mathfrak{B}_p]$ folgt dann, dass entweder $\mathfrak{B}_p$ oder $-\mathfrak{B}_p$ Einheitsmatrix ist. Indem man eventuell noch $\mathfrak{U}$ durch $-\mathfrak{U}$ ersetzt, kann man $\mathfrak{B}_r = \mathfrak{E}$ normieren. Für einen Index p der Reihe $1,\ldots, r-1$ seien nun bereits die Formeln

$$\mathfrak{B}_q = \mathfrak{E}, \qquad \mathfrak{B}_{mq} = 0 \quad (q = p+1,\ldots, r;\ m = p+1,\ldots, q-1)$$

bewiesen; diese Voraussetzung ist für $p = r-1$ in trivialer Weise erfüllt.

Nach (32) ergibt sich jetzt

$$\mathfrak{B}_p \mathfrak{G}_p^{-1} \mathfrak{G}_{pq} = \mathfrak{B}_{pq} + \mathfrak{F}_p^{-1} \mathfrak{F}_{pq} \quad (q = p+1,\ldots, r).$$

Hierin ist die Matrix $\mathfrak{G}_p^{-1}\mathfrak{G}_{pq} = \mathfrak{C}_{pq}$ nach $\mathfrak{G}_p$ reduziert und $\mathfrak{F}_p^{-1}\mathfrak{F}_{pq} = \mathfrak{D}_{pq}$ nach $\mathfrak{F}_p$ sogar im strengen Sinne reduziert; da $\mathfrak{B}_p = \pm\mathfrak{E}$ ist, so gilt erstere Aussage auch für $\mathfrak{B}_p \mathfrak{C}_{pq}$. Daher liegen die Spalten von $\mathfrak{B}_p \mathfrak{C}_{pq}$, $\mathfrak{D}_{pq}$ sämtlich im Fundamentalbereich $F(\mathfrak{F}_p)$ und die von $\mathfrak{D}_{pq}$ sogar im Innern davon. Andererseits ist die Matrix $\mathfrak{B}_{pq}$ ganz, also $\mathfrak{B}_{pq} = 0$. Für $q = p+1$ sind genauer die ersten Spalten von $\mathfrak{C}_{pq}$, $\mathfrak{D}_{pq}$ sogar eng reduziert, und dies ergibt $\mathfrak{B}_p = \mathfrak{E}$. Damit ist der Induktionsschluss bezüglich fallender Werte von p durchgeführt. Es ergibt sich $\mathfrak{U} = \mathfrak{E}$ und $\alpha = \beta$.

Dieses Resultat lässt sich auch folgendermassen gewinnen, indem man das Ergebnis des fünften Abschnitts verwendet. In jeder beliebig kleinen Umgebung des reduzierten Grenzpunktes β kann man einen im strengen Sinne reduzierten Grenzpunkt δ vom gleichen Typus finden. Versteht man dann unter $\mathfrak{G}^*$ die mit den Linearkoordinaten von δ gebildete Matrix und definiert durch den Ansatz $\mathfrak{G}^* = \bar{\mathfrak{U}}'\mathfrak{F}^*\mathfrak{U}$ die Linearkoordinaten eines Grenzpunktes $\gamma = \mathfrak{F}^*$, so ist auch noch γ im strengen Sinne reduziert, wenn nur δ genügend nahe an β liegt. Überträgt man dann (34) auf die abgeänderten Linearkoordinaten, so sind die entsprechend gebildeten Matrizen $\hat{\mathfrak{T}}[\hat{\mathfrak{D}}]$ und $\hat{\mathfrak{S}}[\hat{\mathfrak{C}}]$ für genügend kleine Werte von τ_p/τ_{p+1} $(p = 1,\ldots, r-1)$ ebenfalls im strengen Sinne reduziert. Zufolge (35) ergibt dies $\mathfrak{U} = \pm\mathfrak{E}$ und $\alpha = \beta$.

Also bilden die reduzierten Grenzpunkte des Typus $\{\kappa\}$ wirklich einen Fundamentalbereich bezüglich Γ_κ. Dieser werde mit R_κ bezeichnet. Es ist dann R_κ genau der Durchschnitt von P_κ und $\bar{R}$. Verzichtet man auf diese besondere Eigenschaft, so lässt sich ein Fundamentalbereich für Γ_κ auf P_κ auf einfachere Weise bilden, indem man bei der Reduktion der Translationsgruppen anstelle von $F(\mathfrak{G}_p)$ die analogen Bereiche $F(\mathfrak{E})$ zugrunde legt, wodurch dann F ein Würfel wird. Diese führt zu folgender Definition eines Bereiches N_κ, den wir den normalen Fundamentalbereich für Γ_κ nennen wollen. Die $\mathfrak{G}_p$ $(p = 1,\ldots, r)$ seien wie bisher im Minkowskischen Sinne reduziert; die Elemente sämtlicher Matrizen $\mathfrak{C}_{pq} = \mathfrak{G}_p^{-1}\mathfrak{G}_{pq}$ $(1 \leqq p < q \leqq r)$ seien im Intervall $-\frac{1}{2} \leqq x \leqq \frac{1}{2}$ gelegen, und für die erste Spalte bei $q = p+1$ liege das letzte Element sogar im Intervall $0 \leqq x \leqq \frac{1}{2}$. Es ist zu zeigen, dass N_κ wirklich ein Fundamentalbereich für Γ_κ auf P_κ ist. Seien wieder die Linearkoordinaten $\mathfrak{F}_{pq}$ eines Grenzpunktes α gegeben. Man wähle dann die unimodularen $\mathfrak{B}_{pp} = \mathfrak{B}_p$ $(p = 1,\ldots, r)$, so dass $\mathfrak{F}_p[\mathfrak{B}_p] = \mathfrak{G}_p$ in Minkowskischen Sinne reduziert ist, und darauf bestimme man die ganzen $\mathfrak{B}_{pq}$ $(q = p+1,\ldots, r)$ rekursiv nach fallenden p vermöge der Forderung, dass die Elemente der Matrizen

$$\mathfrak{B}_p^{-1}\Big(\mathfrak{B}_{pq} + \sum_{m=p+1}^{q} \mathfrak{F}_p^{-1}\,\mathfrak{F}_{pm}\,\mathfrak{B}_{mq}\Big) = \mathfrak{C}_{pq}$$

sämtlich zwischen $-\frac{1}{2}$ und $\frac{1}{2}$ liegen sollen. Indem man eventuell $\mathfrak{B}_p$ noch durch $-\mathfrak{B}_p$ ersetzt, kann man bei $q = p+1$ das letzte Element der ersten Zeile von $\mathfrak{C}_{pq}$ sogar in das Intervall $0 \leqq x \leqq \frac{1}{2}$ bringen. Damit ist (32) erfüllt, und der zu α äquivalente Grenzpunkt β mit den Linearkoordinaten $\mathfrak{G}_{pq}$ liegt in N_κ. Umgekehrt zeigt man analog wie oben, dass zwei innere Punkte von N_κ nicht äquivalent sind.

Der normale Fundamentalbereich N_κ ist offenbar das direkte Produkt der r Minkowskischen Bereiche R_l $(l = j_1,\ldots, j_r)$ und der sämtlichen Intervalle für die Elemente der $\mathfrak{C}_{pq}$. Bildet man nun für die Punkte von N_κ mit $\mathfrak{T}_p = \tau_p \mathfrak{F}_p$, $\tau_p > 0$ $(p = 1,\ldots, r)$ unter Benutzung der früheren Bezeichnung die Matrizen $\hat{\mathfrak{T}}[\hat{\mathfrak{D}}] = \mathfrak{H}$, so erhält man auf P einen Fundamentalbereich F_κ bezüglich Γ_κ. Dieser ist also das direkte Produkt von N_κ mit den $r-1$ Halbgeraden $v_p > 0$ $(p = 1,\ldots, r-1)$, und die weiteren Normalkoordinaten von $\mathfrak{H}$ sind gerade die Normalkoordinaten des Spurpunktes auf N_κ.

8. Geodätische Linien.

Bei der Definition des MINKOWSKIschen Bereiches R ist die durch (12) ausgedrückte Extremaleigenschaft von grundlegender Bedeutung. Man kommt zu neuen Zusammenhängen, wenn man noch die Eigenschaften der geodätischen Linien auf P berücksichtigt.

Indem wir zunächst von der bisherigen Bedingung $|\mathfrak{H}| = h$ absehen, führen wir im Raume der positiven $\mathfrak{H}$ eine RIEMANNsche Metrik mittels der Spur der Matrix $(\mathfrak{H}^{-1}\dot{\mathfrak{H}})^2$ ein, wobei der Punkt die Differentiation nach einem Parameter andeutet. Diese Spur ist invariant bei allen Abbildungen $\mathfrak{H} \to \mathfrak{H}[\mathfrak{C}]$ mit reellem umkehrbaren $\mathfrak{C}$ und ist wiederum dadurch bis auf einen konstanten positiven Faktor bestimmt. Als Differentialgleichung der geodätischen Linien ergibt sich

$$\ddot{\mathfrak{H}} = \mathfrak{H}^{-1}[\dot{\mathfrak{H}}].$$

Sie lässt sich leicht vollständig integrieren, indem man sie in der Form

$$(\mathfrak{H}^{-1}\dot{\mathfrak{H}})^{\cdot} = 0$$

schreibt. Es folgt dann

$$\mathfrak{H} = \mathfrak{T}^{\rho}[\mathfrak{C}] = \mathfrak{H}(\rho), \tag{36}$$

wobei $\mathfrak{C}$ eine willkürliche reelle umkehrbare Matrix und $\mathfrak{T}$ eine willkürliche positive Diagonalmatrix bedeuten; ferner ist die reelle Variable ρ der Kurvenparameter, und $\mathfrak{T}^{\rho}$ bedeutet die Diagonalmatrix mit den Diagonalelementen $t_1^{\rho},\ldots, t_n^{\rho}$, so dass also $\mathfrak{T}$ selber die Diagonalelemente $t_1,\ldots, t_n$ hat. Diese können wir noch wachsend geordnet annehmen. Setzt man

$$\mathfrak{H}(0) = \mathfrak{C}'\mathfrak{C} = \mathfrak{P}, \qquad \mathfrak{H}(1) = \mathfrak{T}[\mathfrak{C}] = \mathfrak{Q},$$

so ist die von $\mathfrak{P}$ nach $\mathfrak{Q}$ gemessene Bogenlänge $d = d(\mathfrak{P}, \mathfrak{Q})$ durch die Formel

$$d^2 = \sum_{k=1}^{n} \log^2 t_k \tag{37}$$

gegeben. Liegt nicht der triviale Ausnahmefall $\mathfrak{T} = \mathfrak{E}$ vor, so ist $d > 0$. Normiert man noch $\mathfrak{T}$ durch die Vorschrift $d = 1$, so ist $\rho = s$ die von $\mathfrak{P}$ nach $\mathfrak{H}$ gemessene Bogenlänge der geodätischen Linie.

Sind umgekehrt $\mathfrak{P}$ und $\mathfrak{Q}$ irgend zwei verschiedene positive Matrizen, so kann man durch Hauptachsentransformation erreichen, dass $\mathfrak{P} = \mathfrak{C}'\mathfrak{C}$ und $\mathfrak{Q} = \mathfrak{T}[\mathfrak{C}]$ wird. Wegen $\mathfrak{P}^{-1}\mathfrak{Q} = \mathfrak{C}^{-1}\mathfrak{T}\mathfrak{C}$ sind $t_1,\ldots, t_n$ die wachsend geordneten Eigenwerte von $\mathfrak{P}^{-1}\mathfrak{Q}$, also die Nullstellen der Polynoms

$|t\mathfrak{P}-\mathfrak{Q}|$. Die durch (36) gegebene geodätische Linie geht dann durch $\mathfrak{P}$ und $\mathfrak{Q}$. Hat auch die geodätische Linie

$$\bar{\mathfrak{H}} = \bar{\mathfrak{T}}^{\sigma}[\bar{\mathfrak{C}}] = \bar{\mathfrak{H}}(\sigma)$$

die gleiche Eigenschaft, so sei

$$\bar{\mathfrak{T}}^{\sigma_1}[\bar{\mathfrak{C}}] = \mathfrak{P}, \qquad \bar{\mathfrak{T}}^{\sigma_2}[\bar{\mathfrak{C}}] = \mathfrak{Q} \quad (\sigma_2 > \sigma_1).$$

Es folgt

$$\bar{\mathfrak{T}}^{\sigma_2-\sigma_1}\bar{\mathfrak{C}}\mathfrak{C}^{-1} = \bar{\mathfrak{C}}\mathfrak{C}^{-1}\mathfrak{T},$$

also ist

$$\mathfrak{T} = \bar{\mathfrak{T}}^{\sigma_2-\sigma_1}$$

und $\bar{\mathfrak{C}}\mathfrak{C}^{-1}$ mit $\mathfrak{T}^{\rho}$ vertauschbar; ferner wird

$$\mathfrak{H} = \mathfrak{C}'\mathfrak{T}^{\rho}\mathfrak{C} = \mathfrak{P}\mathfrak{C}^{-1}\mathfrak{T}^{\rho}\mathfrak{C} = \bar{\mathfrak{C}}'\bar{\mathfrak{T}}^{\sigma_1}\bar{\mathfrak{C}}\mathfrak{C}^{-1}\mathfrak{T}^{\rho}\mathfrak{C} = \bar{\mathfrak{C}}'\bar{\mathfrak{T}}^{\sigma_1+(\sigma_2-\sigma_1)\rho}\bar{\mathfrak{C}} = \bar{\mathfrak{H}}$$

mit $\sigma = \sigma_1+(\sigma_2-\sigma_1)\rho$. Daher ist die geodätische Linie durch irgend zwei verschiedene Punkte $\mathfrak{P}$ und $\mathfrak{Q}$ eindeutig bestimmt, und (37) ergibt die Distanz $d(\mathfrak{P}, \mathfrak{Q})$. Für diese Distanzen gilt die Dreiecksungleichung. Ferner ist

$$d(\mathfrak{P}[\mathfrak{B}], \mathfrak{Q}[\mathfrak{B}]) = d(\mathfrak{P}, \mathfrak{Q})$$

für alle reellen umkehrbaren $\mathfrak{B}$ und speziell $d(a\mathfrak{P}, a\mathfrak{Q}) = d(\mathfrak{P}, \mathfrak{Q})$ für positive skalare Faktoren a. Ist insbesondere $|\mathfrak{P}| = |\mathfrak{Q}|$, so ist $|\mathfrak{T}| = |\mathfrak{P}^{-1}\mathfrak{Q}| = 1$, also auch

$$|\mathfrak{T}^{\rho}| = |\mathfrak{T}|^{\rho} = 1, \qquad |\mathfrak{H}| = |\mathfrak{T}^{\rho}[\mathfrak{C}]| = |\mathfrak{C}'\mathfrak{C}| = |\mathfrak{P}|.$$

Folglich verläuft die geodätische Linie durch zwei Punkte von $|\mathfrak{H}| = h$ ganz auf dieser Determinantenfläche.

Die Mehrfachheiten der Eigenwerte $t_1,\ldots, t_n$ mögen gerade dem Typus $\{\kappa\}$ entsprechen, so dass also

$$t_k = t_l \quad (\kappa_{p-1} < k < l \leqq \kappa_p;\ p = 1,\ldots, r),$$

$$t_k < t_l \quad (k \leqq \kappa_p < l;\ p = 1,\ldots, r-1)$$

ist. Es seien τ_p für $p = 1,\ldots, r$ positive Variable, die mit den Vielfachheiten $j_p = \kappa_p-\kappa_{p-1}$ als Diagonalelemente $s_1,\ldots, s_n$ einer Diagonalmatrix $\mathfrak{W}$ gesetzt werden, nämlich

$$s_k = \tau_p \quad (\kappa_{p-1} < k \leqq \kappa_p;\ p = 1,\ldots, r).$$

Die Matrizen $\mathfrak{S} = \mathfrak{W}[\mathfrak{C}]$ lassen sich auch dadurch charakterisieren, dass sie eine positive lineare Kombination von $\mathfrak{Q}, \mathfrak{Q}\mathfrak{P}^{-1}\mathfrak{Q}, \mathfrak{Q}\mathfrak{P}^{-1}\mathfrak{Q}\mathfrak{P}^{-1}\mathfrak{Q},\ldots$ mit skalaren reellen Koeffizienten sind. Ihre Gesamtheit werde mit $L = L(\mathfrak{P}, \mathfrak{Q})$ bezeichnet. Die geodätische Linie durch zwei Punkte $\mathfrak{S}_1 = \mathfrak{W}_1[\mathfrak{C}]$ und $\mathfrak{S}_2 = \mathfrak{W}_2[\mathfrak{C}]$ von L ist dann

$$\mathfrak{S} = (\mathfrak{W}_1^{1-\rho}\mathfrak{W}_2^{\rho})[\mathfrak{C}] = \mathfrak{S}(\rho)$$

und verläuft daher ganz in L. Dies gilt insbesondere von $\mathfrak{H}(\rho)$, da $\mathfrak{P}$ und $\mathfrak{Q}$ zu L gehören. Wir wollen weiterhin wieder nur Punkte auf $|\mathfrak{H}| = h$ betrachten und $|\mathfrak{P}| = |\mathfrak{Q}| = |\mathfrak{S}| = h$ fordern, also

$$|\mathfrak{C}|^2 = h, \qquad t_1 \cdots t_n = s_1 \cdots s_n = 1.$$

Der Durchschnitt von L mit P hat $r-1$ Dimensionen und soll die geodätische Ebene $G = G(\mathfrak{P}, \mathfrak{Q})$ durch $\mathfrak{P}$ und $\mathfrak{Q}$ genannt werden. Es ist leicht zu sehen, dass auf L und auch auf G die euklidische Metrik gilt.

Es sei jetzt α ein Grenzpunkt des Typus $\{\kappa\}$ mit den Linearkoordinaten $\mathfrak{F}_{pq}$. Wir setzen wieder

$$\mathfrak{D}_{pq} = \mathfrak{F}_p^{-1}\mathfrak{F}_{pq}, \qquad \mathfrak{T}_p = \tau_p \mathfrak{F}_p, \qquad \hat{\mathfrak{T}}[\hat{\mathfrak{D}}] = \mathfrak{H},$$

so dass also beim Grenzübergang

$$v_p = \tau_p / \tau_{p+1} \to 0 \quad (p = 1, \ldots, r-1)$$

der Punkt $\mathfrak{H}$ gegen α strebt. Nun sei speziell

$$\tau_p = b_p \theta_p^s, \qquad b_p > 0 \quad (p = 1, \ldots, r), \qquad 0 < \theta_1 < \theta_2 < \ldots < \theta_r,$$

$$b_1^{j_1} \cdots b_r^{j_r} = h, \qquad \theta_1^{j_1} \cdots \theta_r^{j_r} = 1, \qquad \sum_{p=1}^{r} j_p \log^2 \theta_p = 1.$$

Für jedes System fester b_p, θ_p ist $\mathfrak{H} = \mathfrak{H}(s)$ eine geodätische Linie mit der Bogenlänge s, die für $s \to \infty$ in α einmündet. Alle diese geodätischen Linien erfüllen die nur von α abhängige geodätische Ebene $G(\mathfrak{H}(0), \mathfrak{H}(s))$. Diese geodätische Ebene besteht genau aus allen Punkten $\mathfrak{H}$ mit beliebigen v_p $(p = 1, \ldots, r-1)$, deren übrige Normalkoordinaten durch die von α gegeben sind; sie werde kürzer mit $G(\alpha)$ bezeichnet. Der im vorigen Abschnitt eingeführte Fundamentalbereich F_κ wird also durch diese $G(\alpha)$ gefasert.

Man kann zwei Grenzpunkten α und β in naheliegender Weise ebenfalls eine Distanz zuordnen. Für irgend zwei Umgebungen A und B von α und β auf $\bar{P}$ definiere man den Abstand $d(A, B)$ als die untere Grenze der Abstände $d(\mathfrak{P}, \mathfrak{Q})$ mit $\mathfrak{P} \in A$, $\mathfrak{Q} \in B$. Dann sei $d(\alpha, \beta)$ die obere Grenze dieser $d(A, B)$ für die Menge aller Paare A, B. Zur Berechnung von $d(\alpha, \beta)$ verwenden wir die Jacobische Transformation $\mathfrak{P} = \mathfrak{T}[\mathfrak{D}]$, $\mathfrak{Q} = \bar{\mathfrak{T}}[\bar{\mathfrak{D}}]$; die Diagonalelemente der Diagonalmatrizen $\mathfrak{T}$, $\bar{\mathfrak{T}}$ seien t_k, $\bar{t}_k$ $(k = 1, \ldots, n)$, und es werde noch die Dreiecksmatrix $\bar{\mathfrak{D}}\mathfrak{D}^{-1} = \mathfrak{D}_0$ gesetzt. Wenn $d(\alpha, \beta)$ überhaupt endlich ist, so muss es Folgen $\mathfrak{P} \Rightarrow \alpha$, $\mathfrak{Q} \Rightarrow \beta$ geben, auf denen die Matrix $\bar{\mathfrak{T}}[\mathfrak{D}_0 \mathfrak{T}^{-\frac{1}{2}}]$ beschränkt bleibt, also insbesondere auch die Werte $\bar{t}_k t_k^{-1}$ und $t_k \bar{t}_k^{-1}$ $(k = 1, \ldots, n)$, so dass t_k und $\bar{t}_k$ von gleicher Grössenordnung beim Grenzübergang sind. Folglich sind dann

α und β von gleichem Typus $\{\kappa\}$. Nun führe man Normalkoordinaten $\mathfrak{R}_p$, $\mathfrak{D}_{pq}$ und $\bar{\mathfrak{R}}_p$, $\bar{\mathfrak{D}}_{pq}$ des Typus $\{\kappa\}$ für α und β ein und benutze die JACOBIsche Transformation $\mathfrak{R}_p = \mathfrak{S}_p[\mathfrak{C}_p]$. Als Häufungselemente der Matrizen $\mathfrak{T}[\mathfrak{D}_0\mathfrak{T}^{-\frac{1}{2}}]$ bei beliebigem Grenzübergang erhält man genau die Diagonalmatrizen, die aus den Diagonalkästchen $x_p\bar{\mathfrak{R}}_p[\mathfrak{C}_p^{-1}\mathfrak{S}_p^{-\frac{1}{2}}]$ mit beliebigen positiven Zahlen $x_p^{j_p}$ vom Produkte 1 aufgebaut sind. Die Eigenwerte der Kästchen sind die von $x_p\bar{\mathfrak{R}}_p\mathfrak{R}_p^{-1}$, und wegen $|\mathfrak{R}_p| = |\bar{\mathfrak{R}}_p| = 1$ ist

$$d^2(x_p\bar{\mathfrak{R}}_p, \mathfrak{R}_p) = j_p \log^2 x_p + d^2(\bar{\mathfrak{R}}_p, \mathfrak{R}_p) \geqq d^2(\bar{\mathfrak{R}}_p, \mathfrak{R}_p),$$

worin das Gleichheitszeichen nur für $x_p = 1$ eintritt. Hieraus folgt leicht

$$d^2(\alpha, \beta) = \sum_{p=1}^{r} d^2(\mathfrak{R}_p, \bar{\mathfrak{R}}_p),$$

so dass zwei Grenzpunkte von gleichem Typus $\{\kappa\}$ genau dann die Distanz 0 haben, wenn für ihre Normalkoordinaten $\mathfrak{R}_p = \bar{\mathfrak{R}}_p$ $(p = 1, \ldots, r)$ ist.

9. Parabolische Abbildungen.

Es sei $\mathfrak{W}$ unimodular. Es soll untersucht werden, unter welchen Voraussetzungen für $\mathfrak{W}$ es eine Folge $\mathfrak{H}$ in P gibt, für welche die Distanz $d(\mathfrak{H}, \mathfrak{H}[\mathfrak{W}])$ gegen 0 strebt. Für einen späteren Zweck behandeln wir zunächst eine etwas allgemeinere Frage, die durch den folgenden Satz beantwortet wird.

Satz 2: *Es mögen $\mathfrak{P}$ und $\mathfrak{Q}$ zwei Folgen in P durchlaufen, die gegen Grenzpunkte α und β konvergieren, und es gebe eine Folge unimodularer $\mathfrak{U}$, so dass die entsprechend gebildeten Abstände $d(\mathfrak{P}, \mathfrak{Q}[\mathfrak{U}])$ beschränkt bleiben. Dann sind α und β von gleichem Typus $\{\kappa\}$, und es gehören fast alle $\mathfrak{U}$ zu Γ_κ mit beschränktem Diagonalteil $\tilde{\mathfrak{U}}$; ferner bleibt auch $d(\mathfrak{P}, \mathfrak{Q})$ beschränkt. Strebt die Distanz $d(\mathfrak{P}, \mathfrak{Q}[\mathfrak{U}])$ gegen 0, so gilt das gleiche für $d(\mathfrak{P}, \mathfrak{Q}[\tilde{\mathfrak{U}}])$.*

Zum Beweise verwenden wir für $\mathfrak{P}$ und $\mathfrak{Q}$ die JACOBIsche Transformation

$$\mathfrak{P} = \mathfrak{T}[\mathfrak{D}], \qquad \mathfrak{Q} = \mathfrak{S}[\mathfrak{M}]$$

mit Dreiecksmatrizen $\mathfrak{D} = (d_{kl})$, $\mathfrak{M} = (m_{kl})$ und Diagonalmatrizen $\mathfrak{T}$, $\mathfrak{S}$, deren Diagonalelemente t_k, s_k seien. Ferner seien $\{\kappa\} = \{\kappa_1, \ldots, \kappa_{r-1}\}$ und $\{\lambda\} = \{\lambda_1, \ldots, \lambda_{v-1}\}$ die Typen von α und β, wobei auch der leere Typus zugelassen wird. Nach Voraussetzung konvergieren die Normalkoordinaten d_{kl}, m_{kl}, t_k/t_{k+1}, s_k/s_{k+1} $(1 \leqq k < l \leqq n)$ gegen Grenzwerte. Dabei sind die Grenzwerte von t_k/t_{k+1}, s_l/s_{l+1} gleich Null für $k = \kappa_1, \kappa_2, \ldots, \kappa_{r-1}$, $l = \lambda_1, \lambda_2, \ldots, \lambda_{v-1}$ und sonst positiv. Die Zahlen κ_{r-1} und λ_{v-1} sind beide kleiner als n.

Wegen der Voraussetzung über die Distanz

$$d(\mathfrak{P},\mathfrak{Q}[\mathfrak{U}])=d(\mathfrak{E},\mathfrak{S}[\mathfrak{M}\mathfrak{U}\mathfrak{D}^{-1}\mathfrak{T}^{-\frac{1}{2}}])$$

sind die Matrizen $\mathfrak{S}^{\frac{1}{2}}\mathfrak{M}\mathfrak{U}\mathfrak{D}^{-1}\mathfrak{T}^{-\frac{1}{2}}=\mathfrak{L}$ und $\mathfrak{L}^{-1}$ beim Grenzübergang beschränkt. Setzt man $\mathfrak{U}=(u_{kl})$, $\mathfrak{D}^{-1}=(c_{kl})$, so gilt also insbesondere

$$\sum_{\mu=k}^{n}\sum_{\nu=1}^{l} m_{k\mu}u_{\mu\nu}c_{\nu l}=O(t_l^{\frac{1}{2}}s_k^{-\frac{1}{2}})\quad(k,l=1,\dots,n). \tag{38}$$

Wir zeigen nun, dass t_k und s_l für $k=\kappa_{r-1}+1,\dots,n$ und $l=\lambda_{v-1}+1,\dots,n$ genau dieselbe Grössenordnung haben. Wäre dies nicht der Fall, so würde nach etwaiger Vertauschung von $\mathfrak{P}$ und $\mathfrak{Q}$ für eine Teilfolge das Verhältnis t_n/s_n gegen 0 streben. Verwendet man dann (38) mit $k=n$ und $l=1,\dots,n$, so folgt für die letzte Zeile $\mathfrak{u}'$ von $\mathfrak{U}$ die Beziehung $\mathfrak{u}'\mathfrak{D}^{-1}\to 0$. Da aber $\mathfrak{D}$ beschränkt und $\mathfrak{u}$ ganz ist, so folgt hieraus $\mathfrak{u}=0$ für fast alle Glieder der Folge und damit der Widerspruch $|\mathfrak{U}|=0$. Also ist

$$t_n=O(s_n),\qquad s_n=O(t_n)$$

und

$$t_k=o(s_l)\quad(k\leqq\kappa_{r-1};\, l>\lambda_{v-1}). \tag{39}$$

Auf entsprechende Weise ergibt sich $\kappa_{r-1}=\lambda_{v-1}$. Sind nämlich $\mathfrak{M}_2=(m_{k\mu})$, $\mathfrak{U}_{21}=(u_{\mu\nu})$, $\mathfrak{C}_1=(c_{\nu l})$ die mit $k,\mu=\lambda_{v-1}+1,\dots,n$ und $\nu,l=1,\dots,\kappa_{r-1}$ gebildeten Matrizen, so erhält man aus (38) und (39) die Aussage

$$\mathfrak{M}_2\mathfrak{U}_{21}\mathfrak{C}_1\to 0.$$

Da hierin $\mathfrak{M}_2$ und $\mathfrak{C}_1$ beschränkte Dreiecksmatrizen sind, so folgt $\mathfrak{U}_{21}\to 0$, also $\mathfrak{U}_{21}=0$ für fast alle Glieder der Folge. Wegen der linearen Unabhängigkeit der letzten $n-\lambda_{v-1}$ Zeilen von $\mathfrak{U}$ ergibt sich dann $n-\lambda_{v-1}\leqq n-\kappa_{r-1}$, also $\kappa_{r-1}\leqq\lambda_{v-1}$. Durch Vertauschung von $\mathfrak{P}$ und $\mathfrak{Q}$ folgt ebenso $\lambda_{v-1}\leqq\kappa_{r-1}$, also die Behauptung. Ferner hat sich damit ergeben, dass für fast alle Glieder der Folge die Zerlegung

$$\mathfrak{U}=\begin{pmatrix}\mathfrak{U}_1 & * \\ 0 & \mathfrak{U}_2\end{pmatrix}$$

mit unimodularen $\mathfrak{U}_1$, $\mathfrak{U}_2$ gilt, von denen $\mathfrak{U}_2$ aus $n-\kappa_{r-1}=j_r$ Reihen besteht. Unter nochmaliger Verwendung von (38) ergibt sich die Beschränktheit von $\mathfrak{U}_2$. Man betrachte nun die aus den ersten κ_{r-1} Reihen von $\mathfrak{L}$ bestehende Untermatrix und verwende einen Induktionsschluss bezüglich n. So zeigt sich, dass die Typen $\{\kappa\}$ und $\{\lambda\}$ gleich sind, dass ferner fast alle $\mathfrak{U}$ zu Γ_κ gehören und einen beschränkten Diagonalteil $\hat{\mathfrak{U}}$ besitzen. Ausserdem sind für jedes $p=1,\dots,r$ die t_k und s_l ($\kappa_{p-1}<k\leqq\kappa_p$;

$\varkappa_{p-1} < l \leqq \varkappa_p)$ von gleicher Grössenordnung, woraus die Beschränktheit von

$$d(\mathfrak{P}, \mathfrak{Q}) = d(\mathfrak{E}, \mathfrak{S}[\mathfrak{M}\mathfrak{D}^{-1}\mathfrak{T}^{-\frac{1}{2}}])\ .$$

ersichtlich wird.

Strebt nun die Distanz $d(\mathfrak{P}, \mathfrak{Q}[\mathfrak{U}])$ für die betrachtete Folge sogar gegen 0, so gilt

$$\mathfrak{L}'\mathfrak{L} = \mathfrak{S}[\mathfrak{M}\mathfrak{U}\mathfrak{D}^{-1}\mathfrak{T}^{-\frac{1}{2}}] \to \mathfrak{E}.$$

Zerlegt man dann $\mathfrak{L} = (\mathfrak{W}_{pq})$, wobei die Kästchen $\mathfrak{W}_{pq}$ $(p, q = 1, \ldots, r)$ aus j_p Zeilen und j_q Spalten bestehen und 0 sind für $p > q$, so folgt

$$(40) \qquad \begin{aligned} &\sum_{m=1}^{p} \mathfrak{W}'_{mp}\mathfrak{W}_{mp} \to \mathfrak{E}_p \quad (p = 1, \ldots, r), \\ &\sum_{m=1}^{p} \mathfrak{W}'_{mp}\mathfrak{W}_{mq} \to 0 \quad (1 \leqq p < q \leqq r) \end{aligned}$$

mit der Einheitsmatrix $\mathfrak{E}_p$ aus j_p Reihen. Ist bereits die Beziehung

$$(41) \qquad \mathfrak{W}'_{kk}\mathfrak{W}_{kk} \to \mathfrak{E}_k, \qquad \mathfrak{W}_{kl} \to 0 \quad (l = k+1, \ldots, r)$$

bewiesen für $k = 1, \ldots, p-1$, so folgt aus (40) die Richtigkeit von (41) für $k = p$. Hieraus ergibt sich nun

$$\mathfrak{S}^{\frac{1}{2}}\mathfrak{M}\hat{\mathfrak{U}}\mathfrak{D}^{-1}\mathfrak{T}^{-\frac{1}{2}} - \mathfrak{L} \to 0, \qquad \mathfrak{S}[\mathfrak{M}\hat{\mathfrak{U}}\mathfrak{D}^{-1}\mathfrak{T}^{-\frac{1}{2}}] \to \mathfrak{E}$$

und

$$d(\mathfrak{P}, \mathfrak{Q}[\hat{\mathfrak{U}}]) = d(\mathfrak{E}, \mathfrak{S}[\mathfrak{M}\hat{\mathfrak{U}}\mathfrak{D}^{-1}\mathfrak{T}^{-\frac{1}{2}}]) \to 0.$$

Damit sind sämtliche Behauptungen des Satzes bewiesen. Man beachte, dass die Aussagen auch sinngemäss für den leeren Typus richtig bleiben.

Wir gehen nun zu dem Problem über, das zu Anfang dieses Abschnitts formuliert wurde. Es sei $\mathfrak{W}$ eine feste unimodulare Matrix, und es möge $\mathfrak{H}$ eine Folge in P durchlaufen, für welche die Distanz $d(\mathfrak{H}, \mathfrak{H}[\mathfrak{W}])$ gegen 0 strebt. Für jedes Glied der Folge sei eine unimodulare Matrix $\mathfrak{B}$ so bestimmt, dass $\mathfrak{H}[\mathfrak{B}]$ im Minkowskischen Bereiche R liegt. Wir wählen eine Teilfolge, auf welcher $\mathfrak{H}[\mathfrak{B}]$ gegen einen Grenzpunkt α vom Typus $\{\varkappa\}$ geht, und verwenden Satz 2 mit $\mathfrak{P} = \mathfrak{Q} = \mathfrak{H}[\mathfrak{B}]$, $\mathfrak{U} = \mathfrak{B}^{-1}\mathfrak{W}\mathfrak{B}$. Es ist dann $\beta = \alpha$ und

$$d(\mathfrak{P}, \mathfrak{Q}[\mathfrak{U}]) = d(\mathfrak{P}[\mathfrak{B}^{-1}], \mathfrak{P}[\mathfrak{U}\mathfrak{B}^{-1}]) = d(\mathfrak{H}, \mathfrak{H}[\mathfrak{W}]) \to 0.$$

Demnach gibt es eine Teilfolge mit $\mathfrak{U} \in \Gamma_\varkappa$ und konstantem Diagonalteil $\hat{\mathfrak{U}}$, so dass

$$(42) \qquad d(\mathfrak{P}, \mathfrak{P}[\hat{\mathfrak{U}}]) = d(\mathfrak{P}, \mathfrak{Q}[\hat{\mathfrak{U}}]) \to 0.$$

Für $\mathfrak{P}$ werden Normalkoordinaten des Typus $\{\kappa\}$ eingeführt, wodurch die Zerlegung

$$\mathfrak{P} = \mathfrak{T}[\mathfrak{D}], \qquad \mathfrak{T}_p = \tau_p \mathfrak{R}_p, \qquad |\mathfrak{R}_p| = 1 \quad (p = 1,\ldots, r)$$

entsteht. Dabei konvergieren die Matrizen $\mathfrak{D}$, $\mathfrak{R}_p$, und die $r-1$ Verhältnisse τ_p/τ_{p+1} $(p=1,\ldots,r-1)$ streben gegen 0. Unter Benutzung der bei (41) verwendeten Schlussweise führt (42) zur Aussage

$$\mathfrak{T}[\tilde{\mathfrak{U}}]\mathfrak{T}^{-1} \rightarrow \mathfrak{E}, \qquad \mathfrak{R}_p[\mathfrak{U}_p]-\mathfrak{R}_p \rightarrow 0.$$

Gilt $\mathfrak{R}_p \rightarrow \mathfrak{F}_p$, so ist also $\mathfrak{F}_p[\mathfrak{U}_p] = \mathfrak{F}_p > 0$, und daraus folgt die Beschränktheit aller Potenzen $\mathfrak{U}_p^m$ $(m = 0, \pm 1, \pm 2,\ldots)$. Daher gibt es eine natürliche Zahl m, so dass $\tilde{\mathfrak{U}}^m = \mathfrak{E}$ ist. Die Eigenwerte der Matrix $\tilde{\mathfrak{U}}$ sind also m^{te} Einheitswurzeln und die Elementarteiler sämtlich linear. Wegen

$$\lambda\mathfrak{E}-\mathfrak{W} = \mathfrak{B}(\lambda\mathfrak{E}-\mathfrak{U})\mathfrak{B}^{-1}, \qquad |\lambda\mathfrak{E}-\mathfrak{U}| = |\lambda\mathfrak{E}-\tilde{\mathfrak{U}}|$$

liegen daher die Eigenwerte von $\mathfrak{W}$ sämtlich auf dem Einheitskreise. Ist speziell $\{\kappa\}$ der leere Typus, so ist $\tilde{\mathfrak{U}}=\mathfrak{U}$ und folglich auch $\mathfrak{W}^m = \mathfrak{E}$. Die Periodizität von $\tilde{\mathfrak{U}}$ lässt sich übrigens auch auf kürzerem Wege aus (42) ableiten, da daraus für jedes feste $l = 1, 2,\ldots$ vermöge der Dreiecksungleichung die Beziehung

$$d(\mathfrak{P}, \mathfrak{P}[\tilde{\mathfrak{U}}^l]) \leqq \sum_{k=1}^{l} d(\mathfrak{P}[\tilde{\mathfrak{U}}^{k-1}], \mathfrak{P}[\tilde{\mathfrak{U}}^k]) = l d(\mathfrak{P}, \mathfrak{P}[\tilde{\mathfrak{U}}]) \rightarrow 0$$

und somit nach Satz 2 die Beschränktheit der Folge $\tilde{\mathfrak{U}}^l$ ersichtlich wird.

Jetzt werde umgekehrt für die unimodulare Matrix $\mathfrak{W}$ nur vorausgesetzt, dass ihre Eigenwerte sämtlich auf dem Einheitskreise gelegen sind. Als Wurzeln der Gleichung $|\lambda\mathfrak{E}-\mathfrak{W}| = 0$ sind dann die Eigenwerte ganze algebraische Zahlen, deren sämtliche Konjugierte den absoluten Betrag 1 haben; also sind sie Einheitswurzeln nach einem bekannten Satze von Kronecker. Es gibt demnach eine natürliche Zahl m, so dass die Eigenwerte der Potenz $\mathfrak{W}^m$ sämtlich 1 sind. Ist nun $\mathfrak{W}^m = \mathfrak{E}$, so setze man

$$\sum_{k=1}^{m} c\mathfrak{E}[\mathfrak{W}^k] = \mathfrak{H}, \tag{43}$$

wobei die positive Zahl c so festgelegt werde, dass $|\mathfrak{H}| = h$ ist. Dies ist möglich, da die linke Seite von (43) positiv ist, und es wird auch $\mathfrak{H} > 0$. Dann ist offenbar $\mathfrak{H}$ ein Fixpunkt für $\mathfrak{W}$, nämlich $\mathfrak{H}[\mathfrak{W}] = \mathfrak{H}$ und $d(\mathfrak{H}, \mathfrak{H}[\mathfrak{W}]) = 0$. Wir nennen dann $\mathfrak{W}$ elliptisch.

Wir wenden uns zum interessanteren Fall, dass $\mathfrak{W}^m \neq \mathfrak{E}$ ist, während alle Eigenwerte von $\mathfrak{W}^m$ gleich 1 sind; dann heisse $\mathfrak{W}$ parabolisch. In diesem Falle sind also die Elementarteiler von $\lambda\mathfrak{E}-\mathfrak{W}$ nicht sämtlich linear;

insbesondere enthält das Polynom $|\lambda\mathfrak{E}-\mathfrak{W}|$ einen mehrfachen Faktor. Nach den Sätzen der Elementarteilertheorie können wir eine umkehrbare Matrix $\mathfrak{K}$ mit rationalen Elementen so finden, dass eine Zerlegung

$$\mathfrak{K}^{-1}\mathfrak{W}\mathfrak{K} = \mathfrak{U} = (\mathfrak{U}_{pq}), \qquad \mathfrak{U}_{pp} = \mathfrak{U}_p$$

besteht; darin laufen p, q etwa von 1 bis r und es ist $\mathfrak{U}_{pq} = 0$ für $p > q$; ferner sind die r Polynome $|\lambda\mathfrak{E}_p-\mathfrak{U}_p|$ sämtlich im Körper der rationalen Zahlen irreduzibel, so dass also die Elementarteiler von $\lambda\mathfrak{E}_p-\mathfrak{U}_p$ linear sind und folglich $\mathfrak{U}_p^m = \mathfrak{E}_p$ gilt. Andererseits gibt es eine unimodulare Matrix $\mathfrak{B}$, so dass $\mathfrak{B}^{-1}\mathfrak{K} = \mathfrak{C}$ eine Dreiecksmatrix wird, bei der also sämtliche Elemente unterhalb der Diagonalen verschwinden. Ersetzt man nun $\mathfrak{K}$ durch $\mathfrak{K}\mathfrak{C}^{-1} = \mathfrak{B}$, so zerfällt die Matrix $\mathfrak{B}^{-1}\mathfrak{W}\mathfrak{B} = \mathfrak{C}\mathfrak{U}\mathfrak{C}^{-1}$ in der gleichen Weise wie $\mathfrak{U}$ selber. Man kann also bereits $\mathfrak{K} = \mathfrak{B}$ und $\mathfrak{C} = \mathfrak{E}$ annehmen, wodurch $\mathfrak{U} = \mathfrak{B}^{-1}\mathfrak{W}\mathfrak{B}$ ebenfalls unimodular wird. Für den mit den $\mathfrak{U}_p$ gebildeten Diagonalteil $\hat{\mathfrak{U}}$ von $\mathfrak{U}$ gilt dann $\hat{\mathfrak{U}}^m = \mathfrak{E}$; dagegen ist $\mathfrak{U}^m \neq \mathfrak{E}$. Nun sei $\mathfrak{F}_p$ ein Fixpunkt für $\mathfrak{U}_p$ mit $\mathfrak{F}_p > 0$ und $|\mathfrak{F}_p| = 1$. Setzt man dann $\mathfrak{T}_p = \tau_p\mathfrak{F}_p$ $(p = 1,\ldots,r)$ und definiert $\hat{\mathfrak{T}}$ auf die frühere Weise, so gilt für die Matrix $\mathfrak{H} = \hat{\mathfrak{T}}[\mathfrak{B}^{-1}]$ beim Grenzübergang $\tau_p/\tau_{p+1} \to 0$ $(p = 1,\ldots,r-1)$ die gewünschte Beziehung

$$d(\mathfrak{H}, \mathfrak{H}[\mathfrak{W}]) = d(\hat{\mathfrak{T}}, \hat{\mathfrak{T}}[\mathfrak{U}]) \to 0.$$

Damit ist das folgende Resultat gewonnen.

Satz 3: *Für eine unimodulare Matrix $\mathfrak{U}$ gibt es genau dann eine Folge positiver $\mathfrak{H}$ mit $d(\mathfrak{H}, \mathfrak{H}[\mathfrak{U}]) \to 0$, wenn $\mathfrak{U}$ elliptisch oder parabolisch ist.*

10. Reduzierte Distanzen.

Unter der reduzierten Distanz zweier Punkte $\mathfrak{P}$ und $\mathfrak{Q}$ von P verstehen wir das Minimum der Abstände $d(\mathfrak{P}, \mathfrak{Q}[\mathfrak{U}])$, wenn $\mathfrak{U}$ alle unimodularen Matrizen durchläuft. Die reduzierte Distanz werde mit $f(\mathfrak{P}, \mathfrak{Q})$ bezeichnet, es kann dies als der Abstand von $\mathfrak{P}$ und $\mathfrak{Q}$ auf dem Raume P/Γ angesehen werden, da offenbar $f(\mathfrak{P}, \mathfrak{Q}) = f(\mathfrak{P}, \mathfrak{Q}[\mathfrak{U}])$ gilt.

Satz 4: *Es sei $\mathfrak{P}$ ein fester Punkt von P und $\mathfrak{R}$ ein variabler Punkt von R. Dann liegt die Differenz der Distanz $d(\mathfrak{P}, \mathfrak{R})$ und der reduzierten Distanz $f(\mathfrak{P}, \mathfrak{R})$ unterhalb einer von $\mathfrak{R}$ unabhängigen Schranke.*

Wegen der Dreiecksungleichung genügt es, den Satz für irgend einen speziellen Punkt $\mathfrak{P}$ zu beweisen. Es sei also $\mathfrak{P} = \mathfrak{E}$, und es werde zur Abkürzung $d(\mathfrak{E}, \mathfrak{R}) = d(\mathfrak{R})$ gesetzt. Wir haben zu beweisen, dass die Differenz $d(\mathfrak{R}[\mathfrak{U}])-d(\mathfrak{R})$ oberhalb einer von $\mathfrak{R}$ und $\mathfrak{U}$ freien Schranke liegt, wobei $\mathfrak{U} \in \Gamma$ und $\mathfrak{R} \in R$ ist.

Mittels der JACOBIschen Transformation wird $\mathfrak{R} = \mathfrak{T}[\mathfrak{D}]$, wobei die Normalkoordinaten d_{kl} und $u_k = t_k/t_{k+1}$ $(1 \leqq k < l \leqq n)$ beschränkt sind. Die Eigenwerte von $\mathfrak{R}$ seien in wachsender Anordnung $\tau_1, \ldots, \tau_n$, und es seien $r_1, \ldots, r_n$ ihre elementaren symmetrischen Polynome. Um den LAPLACEschen Entwicklungssatz bequem formulieren zu können, werden für jedes $k = 1, \ldots, n$ die k-reihigen Unterdeterminanten von $\mathfrak{D}$ mit $D_{\bar{p}\bar{q}}$ bezeichnet, wobei $\bar{p}$ und $\bar{q}$ Abkürzungen für die Folgen der Indizes $p_1, p_2, \ldots, p_k$ und $q_1, q_2, \ldots, q_k$ derjenigen Zeilen und Spalten von $\mathfrak{D}$ bedeuten, aus denen die betreffende Unterdeterminante gebildet ist. Dabei ist $p_1 < p_2 < \cdots < p_k$ und $q_1 < q_2 < \cdots < q_k$. In dieser Schreibweise ist dann

$$(44) \qquad r_k = \sum_{\bar{p}} t_{p_1} \cdots t_{p_k} \sum_{\bar{q}} D^2_{\bar{p}\bar{q}}.$$

Wegen $d_{kl} = 0$ $(k > l)$ und $d_{kk} = 1$ ist insbesondere stets $D_{\bar{p}\bar{p}} = 1$, und im Falle $p_l = n-k+l$ $(l = 1, \ldots, k)$ ist $D_{\bar{p}\bar{q}} = 0$ für $\bar{q} \neq \bar{p}$. Weiterhin bedeuten c_1, c_2, c_3, c_4 nur von n abhängige positive Zahlen. Zufolge (44) gilt die Abschätzung

$$t_{n-k+1}\, t_{n-k+2} \cdots t_n \leqq r_k < c_1\, t_{n-k+1}\, t_{n-k+2} \cdots t_n.$$

Andererseits ist trivialerweise

$$(45) \qquad \tau_{n-k+1}\, \tau_{n-k+2} \cdots \tau_n \leqq r_k \leqq \binom{n}{k} \tau_{n-k+1}\, \tau_{n-k+2} \cdots \tau_n.$$

Daher haben τ_k und t_k bei jedem $k = 1, \ldots, n$ dieselbe Grössenordnung, also

$$(46) \qquad \tau_k < c_2\, t_k, \qquad t_k < c_2\, \tau_k \quad (k = 1, \ldots, n).$$

Die Eigenwerte von $\mathfrak{R}[\mathfrak{U}]$ seien $\rho_1, \ldots, \rho_n$, wieder wachsend geordnet, und ihre elementaren symmetrischen Polynome seien $s_1, \ldots, s_n$. Werden die Unterdeterminanten von $\mathfrak{U}$ entsprechend der obigen Verabredung mit $U_{\bar{p}\bar{q}}$ bezeichnet, so ergibt sich aus $\mathfrak{R}[\mathfrak{U}] = \mathfrak{T}[\mathfrak{D}\mathfrak{U}]$ die Formel

$$s_k = \sum_{\bar{p}} t_{p_1} \cdots t_{p_k} \sum_{\bar{q}} \Big(\sum_{\bar{v}} D_{\bar{p}\bar{v}}\, U_{\bar{v}\bar{q}} \Big)^2$$

und daraus

$$(47) \qquad s_k \geqq t_{n-k+1}\, t_{n-k+2} \cdots t_n \sum_{\bar{q}} U^2_{\bar{q}},$$

worin die $U_{\bar{q}} = U_{\bar{p}\bar{q}}$ mit den letzten k Zeilen von $\mathfrak{U}$ zu bilden sind, also mit $p_l = n-k+l$ $(l = 1, \ldots, k)$. Da diese Zeilen linear unabhängig sind, so ist dabei mindestens eine Unterdeterminante $U_{\bar{q}} \neq 0$, also auch

$$(48) \qquad \sum_{\bar{q}} U_{\bar{q}}^2 = u_k \geqq 1 \quad (k = 1,\ldots, n).$$

Andererseits ist wieder

$$(49) \qquad s_k \leqq \binom{n}{k} \rho_{n-k+1}\, \rho_{n-k+2} \cdots \rho_n.$$

Zur Abkürzung setzen wir noch

$$\log \rho_k = \lambda_k, \qquad \log \tau_k = \mu_k,$$

$$\lambda_k + \lambda_{k+1} + \cdots + \lambda_n = \alpha_k, \qquad \mu_k + \mu_{k+1} + \cdots + \mu_n = \beta_k$$

für $k = 1,\ldots, n$. Wegen $|\mathfrak{R}| = |\mathfrak{R}[\mathfrak{U}]|$ ist nun $\alpha_1 = \beta_1$, und es werde $\alpha_{n+1} = \beta_{n+1} = 0$ erklärt. Mit $d(\mathfrak{R}) = \mu$, $d(\mathfrak{R}[\mathfrak{U}]) = \lambda$ wird dann

$$\mu^2 = \sum_{k=1}^{n} \mu_k^2, \qquad \lambda^2 = \sum_{k=1}^{n} \lambda_k^2,$$

$$\lambda^2 - \mu^2 = \sum_{k=1}^{n} (\lambda_k - \mu_k)(\lambda_k + \mu_k) = \sum_{k=1}^{n} \Big((\alpha_k - \beta_k) - (\alpha_{k+1} - \beta_{k+1})\Big)(\lambda_k + \mu_k),$$

$$(50) \qquad \lambda - \mu = \sum_{k=2}^{n} (\alpha_k - \beta_k) \frac{(\lambda_k - \lambda_{k-1}) + (\mu_k - \mu_{k-1})}{\lambda + \mu}.$$

Dies ist auch noch im trivialen Fall $\lambda = \mu = 0$ richtig, wenn dabei jeder Bruch durch 1 ersetzt wird. Nach (46), (47) und (49) ist ferner

$$u_k \tau_{n-k+1}\, \tau_{n-k+2} \cdots \tau_n < c_3\, \rho_{n-k+1}\, \rho_{n-k+2} \cdots \rho_n,$$

also

$$(51) \qquad \alpha_{n-k+1} - \beta_{n-k+1} > \log u_k - c_4 \geqq -c_4 \quad (k = 1,\ldots, n).$$

Wegen

$$(52) \qquad \lambda_k \geqq \lambda_{k-1}, \qquad \mu_k \geqq \mu_{k-1} \quad (k = 2,\ldots, n)$$

sind die Brüche in (50) sämtlich nicht-negativ, und (51) ergibt

$$(53) \qquad \lambda - \mu > -c_4 \frac{\lambda_n - \lambda_1 + \mu_n - \mu_1}{\lambda + \mu} \geqq -c_4 \sqrt{2},$$

womit die Behauptung des Satzes 4 bewiesen ist.

Es wäre noch zu untersuchen, ob die im Wortlaut des Satzes auftretende Schranke noch von $\mathfrak{P}$ unabhängig gewählt werden kann, falls $\mathfrak{P}$ ebenfalls in R liegt; doch scheint diese Untersuchung schwieriger zu sein.

11. Asymptoten.

In der Bezeichnung des achten Abschnitts sei $\mathfrak{H} = \mathfrak{T}^{\rho}[\mathfrak{C}]$ mit $\mathfrak{T} \neq \mathfrak{E}$ eine gegebene geodätische Linie auf P. Dabei ist also $\mathfrak{T}$ eine Diagonalmatrix mit den positiven Diagonalelementen $t_1, \ldots, t_n$, die nach wachsender Grösse geordnet seien. Die Mehrfachheiten der t_k mögen gerade dem Typus $\{\kappa\}$ entsprechen, also

$$t_k = t_l \quad (\kappa_{p-1} < k \leqq \kappa_p;\ \kappa_{p-1} < l \leqq \kappa_p;\ p = 1, \ldots, r),$$
$$t_k < t_l \qquad (k \leqq \kappa_p < l;\ p = 1, \ldots, r-1).$$

Wir sagen dann auch, dass die geodätische Linie vom Typus $\{\kappa\}$ ist. Wegen $\mathfrak{T} \neq \mathfrak{E}$ ist dabei der leere Typus ausgeschlossen.

Mit einem festen Punkt $\mathfrak{P}$ aus P seien die Distanz $d(\mathfrak{P}, \mathfrak{H})$ und die reduzierte Distanz $f(\mathfrak{P}, \mathfrak{H})$ gebildet. Die geodätische Linie soll Asymptote heissen, wenn die Differenz $d(\mathfrak{P}, \mathfrak{H}) - f(\mathfrak{P}, \mathfrak{H})$ für $\rho \to \infty$ beschränkt bleibt. Nach Definition der reduzierten Distanz ist es klar, dass die Differenz stets nicht-negativ ist. Ferner folgt aus der Dreiecksungleichung, dass es bei der Definition der Asymptoten nicht auf die Wahl von $\mathfrak{P}$ ankommt. Man kann also etwa $\mathfrak{P} = \mathfrak{E}$ nehmen. Ebenso ergibt sich, dass mit $\mathfrak{H} = \mathfrak{T}^{\rho}[\mathfrak{C}]$ auch $\mathfrak{H} = \mathfrak{T}^{\rho}[\mathfrak{C}\mathfrak{U}]$ für beliebiges unimodulares $\mathfrak{U}$ eine Asymptote ist. Die Asymptoten bleiben also bei unimodularen Transformationen erhalten.

Für jedes $\rho > 0$ sei eine unimodulare Matrix $\mathfrak{V} = \mathfrak{V}(\rho)$ so gewählt, dass $\mathfrak{H}[\mathfrak{V}]$ in R liegt. Es gilt $f(\mathfrak{P}, \mathfrak{H}) = f(\mathfrak{P}, \mathfrak{H}[\mathfrak{V}])$, und zufolge Satz 4 bleibt die Differenz $d(\mathfrak{P}, \mathfrak{H}[\mathfrak{V}]) - f(\mathfrak{P}, \mathfrak{H}[\mathfrak{V}])$ beschränkt für $\rho \to \infty$. Wenn man ausserdem die Dreiecksungleichung beachtet, so lässt sich also die Bedingung für die Asymptote durch die einfachere Forderung ersetzen, dass $d(\mathfrak{H}) - d(\mathfrak{H}[\mathfrak{V}])$ nach oben beschränkt ist. Hierin tritt der Begriff der reduzierten Distanz nicht mehr auf.

Satz 5: *Die geodätische Linie $\mathfrak{H} = \mathfrak{T}^{\rho}[\mathfrak{C}]$ vom Typus $\{\kappa\}$ ist genau dann eine Asymptote, wenn es eine unimodulare Matrix $\mathfrak{W}$ so gibt, dass die Matrix $\mathfrak{C}\mathfrak{W}$ vom Typus $\{\kappa\}$ zerfällt.*

Es ist leicht einzusehen, dass die im Wortlaut des Satzes genannte Bedingung hinreichend ist, wobei man wegen der oben bemerkten Invarianzeigenschaft nur den Fall $\mathfrak{W} = \mathfrak{E}$ zu betrachten braucht. Dann strebt aber $\mathfrak{H} = \mathfrak{T}^{\rho}[\mathfrak{C}]$ für $\rho \to \infty$ gegen einen Grenzpunkt α des Typus $\{\kappa\}$; andererseits ist $\bar{R}$ kompakt und $\mathfrak{H}[\mathfrak{V}]$ auf R gelegen, so dass nach dem Ergebnis des sechsten Abschnitts die unimodulare Matrix $\mathfrak{V}(\rho)$ für $\rho \to \infty$ beschränkt bleibt. Wegen

$$d(\mathfrak{E}, \mathfrak{H}) - d(\mathfrak{E}, \mathfrak{H}[\mathfrak{V}]) = d(\mathfrak{E}[\mathfrak{V}], \mathfrak{H}[\mathfrak{V}]) - d(\mathfrak{E}, \mathfrak{H}[\mathfrak{V}]) \leqq d(\mathfrak{E}, \mathfrak{E}[\mathfrak{V}])$$

ist daher die Differenz $d(\mathfrak{H}) - d(\mathfrak{H}[\mathfrak{V}])$ tatsächlich nach oben beschränkt.

Der Beweis der Notwendigkeit der Bedingung liegt etwas tiefer. Sind $\rho_1,\ldots,\rho_n$ die wachsend geordneten Eigenwerte von $\mathfrak{H} = \mathfrak{T}^\rho[\mathfrak{C}]$ und $s_1,\ldots,s_n$ ihre elementaren symmetrischen Polynome, so gilt analog zu (44) die Beziehung

$$(54)\qquad s_k = \sum_{\bar p} (t_{p_1}\cdots t_{p_k})^\rho \sum_{\bar q} C_{\bar p\bar q}^2,$$

wobei $C_{\bar p\bar q}$ die k-reihigen Unterdeterminanten von $\mathfrak{C}$ durchläuft. Da k beliebige Zeilen von $\mathfrak{C}$ stets linear unabhängig sind, so ist jede der inneren Summen in (54) positiv. Hieraus folgt die asymptotische Beziehung

$$s_k \sim \gamma_k(t_{n-k+1}\, t_{n-k+2}\cdots t_n)^\rho \quad (k = 1,\ldots,n;\ \rho\to\infty)$$

mit gewissen positiven Grössen γ_k, die von ρ unabhängig sind. Unter Benutzung von (45) ergibt sich

$$(55)\qquad \lambda_k = \log\rho_k = \rho\log t_k + O(1) \quad (k = 1,\ldots,n),$$

$$(56)\qquad \lambda_k-\lambda_{k-1} = \rho\log\frac{t_k}{t_{k-1}} + O(1) \quad (k = 2,\ldots,n).$$

Die wachsend geordneten Eigenwerte von $\mathfrak{H}[\mathfrak{B}] = \mathfrak{T}^\rho[\mathfrak{C}\mathfrak{B}]$ seien $\tau_1,\ldots,\tau_n$, und es seien $r_1,\ldots,r_n$ ihre elementaren symmetrischen Polynome; ferner werde wieder

$$\log\tau_k = \mu_k,\qquad \sum_{l=k}^n \lambda_l = \alpha_k,\qquad \sum_{l=k}^n \mu_l = \beta_k,$$

$$\mu^2 = \sum_{k=1}^n \mu_k^2,\qquad \lambda^2 = \sum_{k=1}^n \lambda_k^2$$

gesetzt, so dass $\lambda = d(\mathfrak{H})$ und $\mu = d(\mathfrak{H}[\mathfrak{B}])$ wird. Die weiterhin auftretenden positiven Grössen $c_5,\ldots,c_{13}$ hängen ausser von n auch noch von $\mathfrak{T}$ und $\mathfrak{C}$ ab, doch nicht von ρ. Wegen

$$d^2(\mathfrak{H},\mathfrak{C}'\mathfrak{C}) = \rho^2\sum_{k=1}^n \log^2 t_k$$

ist dann

$$(57)\qquad \lambda < c_5\rho + c_6.$$

Wir stellen den Anschluss zu den Formeln des vorhergehenden Abschnitts her, indem wir $\mathfrak{H}[\mathfrak{B}] = \mathfrak{R}$, $\mathfrak{B}^{-1} = \mathfrak{U}$, $\mathfrak{H} = \mathfrak{R}[\mathfrak{U}]$ setzen. Zufolge (51) und (53) gilt dann

$$(58)\qquad \alpha_k-\beta_k > -c_4 \quad (k = 1,\ldots,n)$$

und

$$(59)\qquad \lambda-\mu > -c_4\sqrt{2}.$$

Ist nun $\mathfrak{H} = \mathfrak{T}'[\mathfrak{C}]$ Asymptote, so gilt auch

(60) $$\lambda - \mu < c_7 \quad (\rho \to \infty).$$

Aus (50), (52), (58) und (60) folgt

$$c_7 > (\alpha_k - \beta_k)\frac{\lambda_k - \lambda_{k-1}}{\lambda + \mu} - c_4\sqrt{2} \quad (k = 2,\dots, n),$$

und hieraus ergibt sich nach (56), (57) und (59) weiter die obere Abschätzung

(61) $$\alpha_k - \beta_k < c_8 \quad (k-1 = \kappa_1, \kappa_2,\dots, \kappa_{r-1}),$$

da genau für diese Werte von $k-1$ das Verhältnis $t_k/t_{k-1} > 1$ ist. Zufolge (51) ist dann für diese Werte von $k-1$ auch

(62) $$\log u_{n-k+1} < c_9.$$

Wegen der in (48) erklärten Bedeutung von u_k besagt (62) die Beschränktheit aller aus den letzten $n-\kappa_p$ Zeilen gebildeten Unterdeterminanten der Matrix $\mathfrak{U} = \mathfrak{B}^{-1}$, und zwar gilt dies für $p = 1, 2,\dots, r-1$.

Wir wählen zunächst $p = r-1$. Nach der früheren Bezeichnung ist $n-\kappa_{r-1} = j_r$. Es sei $\mathfrak{M}$ die aus den letzten j_r Zeilen von $\mathfrak{U}$ gebildete Matrix. Wir wollen nun eine beschränkte unimodulare Matrix $\mathfrak{W}$ so bestimmen, dass

(63) $$\mathfrak{M}\mathfrak{W} = (0 \quad \mathfrak{U}_r)$$

mit einer Matrix $\mathfrak{U}_r$ von j_r Reihen wird. Um dies bequem mit einem Induktionsschluss durchführen zu können, wollen wir allgemeiner nur annehmen, dass $\mathfrak{M}$ ganz ist und den Rang $j_r = k$ besitzt; ausserdem sollen die k-reihigen Unterdeterminanten von $\mathfrak{M}$ sämtlich beschränkt sein. Für $n = k$ leistet $\mathfrak{W} = \mathfrak{E}$ schon das Verlangte. Wir machen Induktion bezüglich n bei festem k. Ohne Beschränkung der Allgemeinheit kann dabei vorausgesetzt werden, dass die aus $\mathfrak{M}$ durch Fortlassung der letzten Spalte $\mathfrak{q}$ entstehende Matrix $\mathfrak{M}_1$ ebenfalls den Rang k hat, denn dies kann bei $k < n$ durch vorbereitende Multiplikation mit einer geeigneten Permutationsmatrix $\mathfrak{W}$ erreicht werden. Die k-reihigen Unterdeterminanten von $\mathfrak{M}_1$ sind beschränkt; also lässt sich zufolge der Induktionsannahme eine beschränkte unimodulare Matrix $\mathfrak{W}_1$ so finden, dass

$$\mathfrak{M}_1\mathfrak{W}_1 = (0 \quad \mathfrak{M}_2)$$

wird, wo $\mathfrak{M}_2$ quadratisch mit k Reihen ist. Es wird dann auch

$$\mathfrak{M}\begin{pmatrix}\mathfrak{W}_1 & 0\\ 0 & 1\end{pmatrix} = (0 \quad \mathfrak{M}_2 \quad \mathfrak{q}).$$

Die Matrix $(\mathfrak{M}_2 \quad \mathfrak{q}) = \mathfrak{M}_3$ ist ganz; sie hat k Zeilen, $k+1$ Spalten und den Rang k; ihre Unterdeterminanten des Grades k sind nach dem LAPLACEschen Satz wiederum sämtlich beschränkt, da dies für $\mathfrak{M}$ selber gilt. Bildet man aus jenen $k+1$ Unterdeterminanten von $\mathfrak{M}_3$ die Spalte $\mathfrak{p}$, so ist $\mathfrak{p} \neq 0$, ganz und beschränkt. Bedeutet t den grössten gemeinsamen Teiler der Elemente von $\mathfrak{p}$, so ist die Spalte $t^{-1}\mathfrak{p} = \mathfrak{r}$ primitiv und kann daher zu einer beschränkten unimodularen Matrix $\mathfrak{W}_2$ aufgefüllt werden. Wegen $\mathfrak{M}_3\mathfrak{r} = 0$ ist dann aber entsprechend

$$\mathfrak{M}_3\mathfrak{W}_2 = (0 \quad *),$$

und die Matrix

$$\mathfrak{W} = \begin{pmatrix} \mathfrak{W}_1 & 0 \\ 0 & 1 \end{pmatrix}\begin{pmatrix} \mathfrak{E} & 0 \\ 0 & \mathfrak{W}_2 \end{pmatrix}$$

leistet das Gewünschte.

Zufolge (63) wird

$$\mathfrak{U}\mathfrak{W} = \begin{pmatrix} \mathfrak{U}_0 & * \\ 0 & \mathfrak{U}_r \end{pmatrix} \tag{64}$$

mit unimodularen $\mathfrak{U}_0$ und $\mathfrak{U}_r$. Jetzt wähle man $p = r-2$, also $n-\kappa_p = n-\kappa_{r-2} = j_{r-1}+j_r = k$. Da die sämtlichen aus den letzten k Zeilen von $\mathfrak{U}$ gebildeten k-reihigen Unterdeterminanten beschränkt waren, so gilt nach dem LAPLACEschen Entwicklungssatz dasselbe für die Matrix $\mathfrak{U}\mathfrak{W}$ anstelle von $\mathfrak{U}$. Wegen der Zerlegung (64) bedeutet dies aber, dass alle aus den letzten j_{r-1} Zeilen von $\mathfrak{U}_0$ gebildeten Unterdeterminanten des Grades j_{r-1} ebenfalls beschränkt sind. Hieraus folgt durch Induktion bezüglich fallender Werte von r, dass es eine beschränkte unimodulare Matrix $\mathfrak{W}$ derart gibt, dass das Produkt $\mathfrak{U}\mathfrak{W} = \mathfrak{L}$ zu Γ_ε gehört. Es ist zu beachten, dass wegen $\mathfrak{U}^{-1} = \mathfrak{B} = \mathfrak{B}(\rho)$ die Matrix $\mathfrak{W}$ noch von ρ abhängt.

Es wird jetzt nachgewiesen, dass die gefundene Matrix $\mathfrak{W}$ gerade die im Wortlaut des Satzes 5 behauptete Eigenschaft hat. Wir setzen $\mathfrak{C}\mathfrak{W} = \mathfrak{V}$ und berechnen die Hauptunterdeterminanten der Matrix

$$\mathfrak{R}[\mathfrak{L}] = \mathfrak{H}[\mathfrak{W}] = \mathfrak{T}^\rho[\mathfrak{C}\mathfrak{W}] = \mathfrak{T}^\rho[\mathfrak{V}] \tag{65}$$

für die Grade $k = \kappa_1, \kappa_2, \ldots, \kappa_{r-1}$. Diese Hauptunterdeterminanten sind gleich den entsprechenden für $\mathfrak{R}$ selber, da $\mathfrak{L}$ zu Γ_ε gehört. Zufolge (46) mit der dortigen anderen Bedeutung der t_k haben die betrachteten Hauptunterdeterminanten gerade die genaue Grössenordnung der Produkte $\tau_1\tau_2\cdots\tau_k$. Nach (65) wird daher

$$c_{10}\tau_1\tau_2\cdots\tau_k > \sum_{\bar{p}} (t_{p_1}\cdots t_{p_k})^\rho B_{\bar{p}}^2 \quad (k = \kappa_1, \kappa_2, \ldots, \kappa_{r-1}), \tag{66}$$

wenn $B_{\mathfrak{p}}$ diejenige Unterdeterminante der Matrix $\mathfrak{B}$ bedeutet, welche aus den ersten k Spalten und den Zeilen mit den Indizes $p_1,\ldots,p_k$ gebildet wird. Nun ist

$$\sum_{l=1}^{k} (\log \tau_l - \log \rho_l) = \sum_{l=1}^{k} (\mu_l - \lambda_l) = (\beta_1 - \beta_{k+1}) - (\alpha_1 - \alpha_{k+1}) = \alpha_{k+1} - \beta_{k+1},$$

also nach (61) auch

$$\log \frac{\tau_1 \cdots \tau_k}{\rho_1 \cdots \rho_k} < c_{11} \quad (k = \kappa_1,\ldots,\kappa_{r-1};\ \rho \to \infty).$$

Mit (55) folgt hieraus

$$\tau_1 \cdots \tau_k < c_{12}(t_1 \cdots t_k)^\rho$$

für dieselben Werte von k, und der Vergleich mit (66) ergibt schliesslich

$$B_{\mathfrak{p}}^2 < c_{13}\left(\frac{t_1\, t_2 \cdots t_k}{t_{p_1}\, t_{p_2} \cdots t_{p_k}}\right)^\rho.$$

Beachtet man, dass dabei $t_{k+1} > t_k$ gilt und für $\mathfrak{B}$ nur endlich viele Möglichkeiten bestehen, so folgt mit $\rho \to \infty$ das Verschwinden aller $B_{\mathfrak{p}}$ mit Ausnahme des Falles $p_1 = 1$, $p_2 = 2,\ldots, p_k = k$. Da $|\mathfrak{B}| \neq 0$ ist, so sind die ersten k Spalten von $\mathfrak{B}$ linear unabhängig. Aus dem Verschwinden der $B_{\mathfrak{p}}$ ergibt sich dann, dass in $\mathfrak{B}$ alle Elemente 0 sind, die in den ersten k Spalten unterhalb der k^{ten} Zeile stehen, und zwar für $k = \kappa_1,\ldots,\kappa_{r-1}$. Daher ist $\mathfrak{B} = (\mathfrak{B}_{pq})$ mit Kästchen $\mathfrak{B}_{pq}$ von j_p Zeilen und j_q Spalten ($p, q = 1,\ldots, r$), und $\mathfrak{B}_{pq} = 0$ für $p > q$. Damit ist der Beweis des Satzes beendet.

Es werden jetzt einige Folgerungen aus den erhaltenen Resultaten gezogen. Dafür ist es bequemer, die Matrix $\mathfrak{W}$ im Wortlaut des Satzes 5 durch $\mathfrak{W}^{-1}$ zu ersetzen, so dass also die dortige Bedingung für $\mathfrak{C}$ die Form $\mathfrak{C} = \mathfrak{B}\mathfrak{W}$ bekommt, wobei $\mathfrak{B}$ vom Typus $\{\kappa\}$ zerfällt. Die Matrix $\mathfrak{W}$ ist dadurch offenbar nur bis auf einen linksseitigen Faktor aus Γ_κ bestimmt, und für jede Wahl dieses Faktors strebt $\mathfrak{H}[\mathfrak{W}^{-1}] = \mathfrak{T}^\rho[\mathfrak{B}]$ für $\rho \to \infty$ gegen einen Grenzpunkt des Typus $\{\kappa\}$.

Nun werde umgekehrt vorausgesetzt, dass für irgend eine geodätische Linie $\mathfrak{H} = \mathfrak{T}^\rho[\mathfrak{C}]$ vom Typus $\{\kappa\}$ und eine geeignete unimodulare Matrix $\mathfrak{U}$ die äquivalente geodätische Linie $\mathfrak{H}[\mathfrak{U}^{-1}] = \mathfrak{T}^\rho[\mathfrak{C}\mathfrak{U}^{-1}]$ für $\rho \to \infty$ in einen Grenzpunkt β einmündet, dessen Typus $\{\lambda\}$ sei. Wird nun $\mathfrak{B} = \mathfrak{B}(\rho)$ wiederum so gewählt, dass $\mathfrak{H}[\mathfrak{U}^{-1}\mathfrak{B}]$ reduziert ist, so ist nach dem Resultat des sechsten Abschnitts die Matrix $\mathfrak{B}$ beschränkt und für genügend grosse ρ in Γ_λ gelegen. Dann ist aber die Differenz

$$d(\mathfrak{H}[\mathfrak{U}^{-1}]) - d(\mathfrak{H}[\mathfrak{U}^{-1}\mathfrak{B}]) \leqq d(\mathfrak{E}[\mathfrak{B}]),$$

also ebenfalls beschränkt, und folglich ist die geodätische Linie $\mathfrak{H}[\mathfrak{U}^{-1}] = \mathfrak{T}^{\rho}[\mathfrak{C}\mathfrak{U}^{-1}]$ Asymptote. Demnach gibt es zufolge Satz 5 eine unimodulare Matrix $\mathfrak{W}_1$, so dass $\mathfrak{H}[\mathfrak{U}^{-1}\mathfrak{W}_1^{-1}] = \mathfrak{T}^{\rho}[\mathfrak{C}\mathfrak{U}^{-1}\mathfrak{W}_1^{-1}]$ für $\rho \to \infty$ in einen Grenzpunkt α vom Typus $\{\kappa\}$ einmündet. Nach Satz 1 ist dann weiter $\{\lambda\} = \{\kappa\}$, $\mathfrak{W}_1 \in \Gamma_\kappa$ und $\beta = \alpha_{\mathfrak{W}_1}$. Ist wieder $\mathfrak{H} = \mathfrak{T}^{\rho}[\mathfrak{C}]$ die Asymptote aus dem Wortlaut von Satz 5, so kann man insbesondere $\mathfrak{W} = \mathfrak{W}_1\mathfrak{U}$ wählen. Also gehören $\mathfrak{W}$ und $\mathfrak{U}$ derselben Rechtsklasse zu Γ_κ in Γ an.

Speziell werde jetzt angenommen, dass die geodätische Linie $\mathfrak{H}(\rho) = \mathfrak{T}^{\rho}[\mathfrak{C}]$ für $\rho \to \infty$ in einen Grenzpunkt α vom Typus $\{\kappa\}$ geht. Dann zerfällt bereits $\mathfrak{C}$ entsprechend in Kästchen mit $\mathfrak{C}_{pq} = 0$ für $p > q$. Wir setzen $\mathfrak{C}_{pp}^{-1}\mathfrak{C}_{pq} = \mathfrak{D}_{pq}$ und $\mathfrak{C}'_{pp}\mathfrak{C}_{pp} = b_p\mathfrak{R}_p$ mit skalarem $b_p > 0$ und $|\mathfrak{R}_p| = 1$; ferner sei $t_k = \theta_p$ ($\kappa_{p-1} < k \leqq \kappa_p$; $p = 1,\ldots, r$) und die Normierung

$$(67) \qquad \sum_{k=1}^{n} \log^2 t_k = 1$$

gewählt, so dass $\rho = s$ die Bogenlänge auf der geodätischen Linie $\mathfrak{H} = \mathfrak{H}(\rho)$ bedeutet. Ausserdem werde noch $b_p\theta_p^s = \tau_p$ ($p = 1,\ldots, r$) und $\tau_p/\tau_{p+1} = v_p$ ($p=1,\ldots, r-1$) gesetzt. Dann sind die $v_p, \mathfrak{R}_p, \mathfrak{D}_{pq}$ ($p < q$) gerade die Normalkoordinaten vom Typus $\{\kappa\}$ für $\mathfrak{H}$, und die geodätische Linie verläuft auf der geodätischen Ebene $G(\alpha)$, die im achten Abschnitt eingeführt worden ist. Für $s = 0$ wird $\tau_p = b_p$. Bei vorgegebenen wachsend geordneten $\theta_1,\ldots, \theta_r$ gibt es also durch jeden Punkt von P genau eine geodätische Linie des Typus $\{\kappa\}$, welche nach einem Grenzpunkt hingeht. Variiert man die θ_p, so erhält man eine Schar von $r-2$ Parametern, da neben der Bedingung (67) auch noch die Beziehung $t_1 t_2 \cdots t_n = 1$ zu beachten ist. Es ist auch einleuchtend, wie sich bei gegebenem Grenzpunkt α alle dort einmündenden geodätischen Linien bestimmen lassen. Schreibt man noch die Werte $\theta_1,\ldots, \theta_r$ vor, so hängen sie von $r-2$ Parametern ab.

12. Ideale Punkte.

Es ist weiterhin vorteilhaft, den Begriff des Grenzpunktes zu verallgemeinern. Während für jedes unimodulare $\mathfrak{U}$ die Abbildung $\mathfrak{H} \to \mathfrak{H}[\mathfrak{U}]$ im ganzen Raume P sinnvoll ist, so gilt dies nicht mehr auf $\bar{P}$; denn für einen Grenzpunkt α des Typus $\{\kappa\}$ war der entsprechende Bildpunkt $\alpha_{\mathfrak{U}}$ nur für $\mathfrak{U} \in \Gamma_\kappa$ erklärt worden.

Es seien $\mathfrak{U}$ und $\mathfrak{V}$ zwei gegebene unimodulare Matrizen und es durchlaufe $\mathfrak{H}$ eine Folge auf P, so dass $\mathfrak{H}[\mathfrak{U}^{-1}]$ und $\mathfrak{H}[\mathfrak{V}^{-1}]$ gegen Grenzpunkte α und β konvergieren. Zufolge Satz 1 sind dann α und β von gleichem Typus $\{\kappa\}$ und es gilt $\mathfrak{U}\mathfrak{V}^{-1} = \mathfrak{W} \in \Gamma_\kappa$ sowie $\alpha_{\mathfrak{W}} = \beta$. Also liegen $\mathfrak{V}$ und $\mathfrak{U} = \mathfrak{W}\mathfrak{V}$ in derselben Rechtsklasse C zu Γ_κ in Γ. Umgekehrt folgt aus $\mathfrak{H}[\mathfrak{U}^{-1}] \Rightarrow \alpha$ auch $\mathfrak{H}[\mathfrak{U}^{-1}\mathfrak{W}] = \mathfrak{H}[\mathfrak{U}^{-1}][\mathfrak{W}] \Rightarrow \alpha_{\mathfrak{W}}$.

Nun sei α ein Grenzpunkt vom Typus $\{\kappa\}$ und $\mathfrak{U}$ in Γ. Es sei C die Rechtsklasse zu Γ_κ in Γ, in welcher $\mathfrak{U}$ gelegen ist. Ist C die Hauptklasse, also $\mathfrak{U} \in \Gamma_\kappa$, so it $\alpha_{\mathfrak{U}}$ ein wohlbestimmter Grenzpunkt vom Typus $\{\kappa\}$. Ist dagegen $\mathfrak{U}$ nicht Element von Γ_κ, so führen wir $\alpha_{\mathfrak{U}}$ als neues Symbol ein und nennen dies einen idealen Punkt der Klasse C vom Typus $\{\kappa\}$. Die Grenzpunkte selber sind sinngemäss als ideale Punkte der Hauptklasse zu bezeichnen. Eine Folge von $\mathfrak{H} \in P$ soll nun gegen den idealen Punkt $\alpha_{\mathfrak{U}}$ genau dann konvergent heissen, wenn im bisherigen Sinne $\mathfrak{H}[\mathfrak{U}^{-1}] \Rightarrow \alpha$ gilt; wir schreiben dann $\mathfrak{H} \Rightarrow \alpha_{\mathfrak{U}}$. Ist für festes unimodulares $\mathfrak{V}$ ausserdem $\mathfrak{H}[\mathfrak{V}^{-1}] \Rightarrow \beta$, so wird also zugleich $\mathfrak{H} \Rightarrow \beta_{\mathfrak{V}}$, und dann setzen wir $\alpha_{\mathfrak{U}} = \beta_{\mathfrak{V}}$. Andererseits gilt aber $\mathfrak{U} = \mathfrak{W}\mathfrak{V}$ mit $\mathfrak{W} \in \Gamma_\kappa$ und $\alpha_{\mathfrak{W}} = \beta$, also $\beta_{\mathfrak{V}} = (\alpha_{\mathfrak{W}})_{\mathfrak{V}} = \alpha_{\mathfrak{W}\mathfrak{V}}$, und es liegt auch $\mathfrak{V}$ in der Klasse C. Umgekehrt folgt aus $\mathfrak{U} = \mathfrak{W}\mathfrak{V}$ mit $\mathfrak{W} \in \Gamma_\kappa$ und $\mathfrak{H}[\mathfrak{U}^{-1}] \Rightarrow \alpha$ wiederum $\mathfrak{H}[\mathfrak{V}^{-1}] \Rightarrow \alpha_{\mathfrak{W}} = \beta$, also $\alpha_{\mathfrak{U}} = \beta_{\mathfrak{V}}$. Diese Definition der Gleichheit identifiziert nur gewisse ideale Punkte gleicher Klasse und ist ferner von der Auswahl der Folge $\mathfrak{H}$ unabhängig, denn aus $\mathfrak{P}[\mathfrak{U}^{-1}] \Rightarrow \alpha$ ergibt sich ebenfalls $\mathfrak{P}[\mathfrak{V}^{-1}] = \mathfrak{P}[\mathfrak{U}^{-1}][\mathfrak{W}] \Rightarrow \alpha_{\mathfrak{W}} = \beta$.

Sind $\alpha_{\mathfrak{U}}$ und $\gamma_{\mathfrak{V}}$ irgend zwei ideale Punkte gleicher Klasse, so ist $\mathfrak{U} = \mathfrak{W}\mathfrak{V}$ mit $\mathfrak{W} \in \Gamma_\kappa$, also $\alpha_{\mathfrak{W}} = \beta$ ein Grenzpunkt vom Typus $\{\kappa\}$ und $\alpha_{\mathfrak{U}} = \beta_{\mathfrak{V}}$. Man erhält somit die idealen Punkte der Klasse C eindeutig in der Form $\alpha_{\mathfrak{U}}$ mit festem Klassenrepräsentanten $\mathfrak{U}$, wobei α die Menge P_κ der Grenzpunkte vom Typus $\{\kappa\}$ durchläuft. Werden die Klassenrepräsentanten fest gewählt, so lassen sich für $\alpha_{\mathfrak{U}}$ etwa die Koordinaten von α einführen. Es ist auch klar, wie der Umgebungsbegriff zu übertragen ist; dieser ist natürlich von der Auswahl von $\mathfrak{U}$ in C unabhängig. Wegen der Invarianzeigenschaft der Distanz bei unimodularer Transformation haben dann auch $\alpha_{\mathfrak{U}}$ und $\gamma_{\mathfrak{V}}$ einen bestimmten endlichen Abstand, für den

$$d(\alpha_{\mathfrak{U}}, \gamma_{\mathfrak{V}}) = d(\beta, \gamma)$$

gilt. Sind dagegen $\alpha_{\mathfrak{U}}$ und $\gamma_{\mathfrak{V}}$ nicht in der gleichen Klasse und eventuell sogar α und γ von verschiedenem Typus, so folgt aus $\mathfrak{H} \Rightarrow \alpha_{\mathfrak{U}}$, $\mathfrak{P} \Rightarrow \gamma_{\mathfrak{V}}$ nach dem Satz 2, dass beim Grenzübergang die Distanz

$$d(\mathfrak{P}, \mathfrak{H}) = d(\mathfrak{P}[\mathfrak{V}^{-1}], \mathfrak{H}[\mathfrak{U}^{-1}][\mathfrak{U}\mathfrak{V}^{-1}])$$

über alle Schranken wächst. Der Abstand von $\alpha_{\mathfrak{U}}$ und $\gamma_{\mathfrak{V}}$ ist dann unendlich.

Ist $\mathfrak{H} \Rightarrow \alpha_{\mathfrak{U}}$, so gilt für beliebiges unimodulares $\mathfrak{V}$ auch $\mathfrak{H}[\mathfrak{V}] \Rightarrow \alpha_{\mathfrak{U}\mathfrak{V}}$. Das macht die Definition $(\alpha_{\mathfrak{U}})_{\mathfrak{V}} = \alpha_{\mathfrak{U}\mathfrak{V}}$ evident, wobei zu beachten ist, dass diese mit der obigen Identifikation verträglich ist. Damit ist die Abbildung $\mathfrak{H} \to \mathfrak{H}[\mathfrak{V}]$ ausnahmslos auf alle idealen Punkte ausgedehnt, und zwar werden dabei die Klassen der idealen Punkte vermöge der Zuordnung $C \to C\mathfrak{V}$ untereinander permutiert, während die Typen erhalten bleiben. Es sei P^* der durch Hinzunahme sämtlicher idealen Punkte zu $\bar{P}$ erweiterte Raum. Dann ist Γ als Abbildungsgruppe auf ganz P^* erklärt und dort durchweg diskontinuierlich; ferner ist $\bar{R}$ ein Fundamentalbereich für Γ auf P^*.

Ist $\mathfrak{H} = \mathfrak{T}^\rho[\mathfrak{C}]$ eine Asymptote vom Typus $\{\kappa\}$, so gibt es dazu eine eindeutig bestimmte Rechtsklasse C zu Γ_κ in Γ, so dass für den Repräsentanten $\mathfrak{U}$ von C und $\rho \to \infty$ die äquivalente geodätische Linie $\mathfrak{H}[\mathfrak{U}^{-1}] = \mathfrak{T}^\rho[\mathfrak{C}\mathfrak{U}^{-1}]$ in einen Grenzpunkt α des Typus $\{\kappa\}$ einmündet. Also gilt $\mathfrak{H} \Rightarrow \alpha_{\mathfrak{U}}$. Wir übertragen auch die Klasseneinteilung auf die Asymptoten; dann geht also jede Asymptote durch einen bestimmten idealen Punkt gleicher Klasse. Ferner folgt aus der Überlegung am Schlusse des vorigen Abschnitts, dass es zu beliebig gegebener Klasse C bei normierten festen Eigenwerten $\theta_1, \ldots, \theta_r$ durch jeden Punkt von P genau eine Asymptote aus dieser Klasse gibt, während man bei veränderlichen Eigenwerten eine Schar von $r-2$ Parametern erhält. Von ebenso vielen Parametern hängen bei gegebenen Eigenwerten die Asymptoten durch einen beliebig vorgeschriebenen idealen Punkt ab.

13. Der Wirkungsraum der orthogonalen Gruppe.

Bekanntlich verdankt man Hermite die fruchtbare Idee, durch welche die Reduktionstheorie der indefiniten quadratischen Formen in die der definiten eingeordnet wird. Ist nämlich $\mathfrak{S}[\mathfrak{x}]$ eine nicht-ausgeartete indefinite quadratische Form mit reellen Koeffizienten und n Variabeln, so betrachte man alle reellen linearen Substitutionen $\mathfrak{y} = \mathfrak{C}\mathfrak{x}$, welche $\mathfrak{S}[\mathfrak{x}]$ in eine Summe von positiven und negativen Quadraten der Variabeln $y_1, \ldots, y_n$ überführen, und bilde damit die positiv definite quadratische Form $\mathfrak{y}'\mathfrak{y} = \mathfrak{H}[\mathfrak{x}]$, deren Matrix $\mathfrak{H} = \mathfrak{C}'\mathfrak{C}$ ist. Gibt es unter diesen positiven Matrizen $\mathfrak{H}$ eine reduzierte, so heisst auch $\mathfrak{S}$ reduziert.

Es sei

$$\mathfrak{S}[\mathfrak{x}] = (y_1^2 + \cdots + y_m^2) - (y_{m+1}^2 + \cdots + y_n^2) = \mathfrak{S}_0[\mathfrak{y}],$$

wobei $\mathfrak{S}_0$ die Diagonalmatix aus m Diagonalelementen 1 und $n-m$ Diagonalelementen -1 bedeutet und m, $n-m$ die Signatur von $\mathfrak{S}$ ist. Es ist dann $\mathfrak{S}[\mathfrak{C}^{-1}]=\mathfrak{S}_0$ und $\mathfrak{S}_0^2 = \mathfrak{E}$, woraus durch Elimination von $\mathfrak{C}$ die Beziehung

$$\mathfrak{S}\mathfrak{H}^{-1}\mathfrak{S}\mathfrak{H}^{-1} = \mathfrak{E}, \qquad \mathfrak{H} > 0 \tag{68}$$

folgt. Umgekehrt ist durch Hauptachsentransformation leicht zu sehen, dass für jede Lösung $\mathfrak{H}$ von (68) wiederum eine reelle Matrix $\mathfrak{C}$ mit $\mathfrak{H}=\mathfrak{C}'\mathfrak{C}$, $\mathfrak{S} = \mathfrak{S}_0[\mathfrak{C}]$ existiert. Es sei $H = H(\mathfrak{S})$ der Raum aller reellen Lösungen $\mathfrak{H}$ von (68) und andererseits $\Omega(\mathfrak{S})$ die orthogonale Gruppe zu $\mathfrak{S}$, die aus allen reellen Lösungen $\mathfrak{G}$ von $\mathfrak{S}[\mathfrak{G}] = \mathfrak{S}$ besteht. Offenbar wird H durch die Abbildungen $\mathfrak{H} \to \mathfrak{H}[\mathfrak{G}]$ in sich übergeführt. Ist ferner $\mathfrak{S} = \mathfrak{S}_0[\mathfrak{C}_0]$ mit fest gewähltem reellen $\mathfrak{C}_0$ und auch $\mathfrak{S}=\mathfrak{S}_0[\mathfrak{C}]$, so ist $\mathfrak{C}_0^{-1}\mathfrak{C} = \mathfrak{G} \in \Omega(\mathfrak{S})$, und umgekehrt. Mit $\mathfrak{C}_0'\mathfrak{C}_0 = \mathfrak{H}_0$ folgt dann $\mathfrak{C} = \mathfrak{C}_0\mathfrak{G}$ und $\mathfrak{H} = \mathfrak{C}'\mathfrak{C} = \mathfrak{H}_0[\mathfrak{G}]$. Daher sind die Abbildungen $\mathfrak{H} \to \mathfrak{H}[\mathfrak{G}]$ auf H transitiv. Die durch $\mathfrak{H}_0 = \mathfrak{H}_0[\mathfrak{G}]$ definierte Untergruppe $\Omega(\mathfrak{S}, \mathfrak{H}_0)$ von $\Omega(\mathfrak{S})$ ist kompakt, da $\mathfrak{H}_0 > 0$ ist. Ferner ist $\Omega(\mathfrak{S}, \mathfrak{H}_0[\mathfrak{G}]) = \mathfrak{G}^{-1}\Omega(\mathfrak{S}, \mathfrak{H}_0)\mathfrak{G}$ für $\mathfrak{G} \in \Omega(\mathfrak{S})$, und diese konjugierten Untergruppen ergeben andererseits die sämtlichen maximalen kompakten Untergruppen von $\Omega(\mathfrak{S})$. Ausserdem ist $\Omega(\mathfrak{S}) = \mathfrak{C}_0^{-1}\Omega(\mathfrak{S}_0)\mathfrak{C}_0$, und durch die Zuordnung $\mathfrak{H} \to \mathfrak{H}[\mathfrak{C}_0]$ wird daher $H(\mathfrak{S}_0)$ auf $H(\mathfrak{S})$ abgebildet. Die Einführung von $H(\mathfrak{S})$ neben $H(\mathfrak{S}_0)$ könnte als überflüssig erscheinen, doch ist sie für die Untersuchung der Einheitengruppe von $\mathfrak{S}$ bequem. Weiterhin wird $H(\mathfrak{S})$ als Wirkungsraum der orthogonalen Gruppe zu $\mathfrak{S}$ bezeichnet. Die Punkte des Wirkungsraumes entsprechen den Rechtsklassen zu $\Omega(\mathfrak{S}, \mathfrak{H}_0)$ in $\Omega(\mathfrak{S})$.

Analog der CAYLEYschen Formel für die Drehungen hat man für die Lösungen von (68) die Parameterdarstellung

$$\mathfrak{H} = 2\mathfrak{Z}-\mathfrak{S}, \qquad \mathfrak{Z} = \mathfrak{T}^{-1}[\mathfrak{x}'\mathfrak{S}], \qquad \mathfrak{T} = \mathfrak{S}[\mathfrak{x}] > 0 \tag{69}$$

mit einer reellen Matrix $\mathfrak{x}$ von n Zeilen und m Spalten. Indem man nötigenfalls $\mathfrak{S}$ durch $-\mathfrak{S}$ ersetzt, kann man noch $m \leqq n-m$ annehmen. In (69) ist $\mathfrak{x}$ durch $\mathfrak{H}$ nur bis auf einen reellen rechtsseitigen Faktor $\mathfrak{K}$ mit m Reihen und $|\mathfrak{K}| \neq 0$ festgelegt, und man kann etwa $\mathfrak{x}' = (\mathfrak{E} \quad *)$ mit der m-reihigen Einheitsmatrix $\mathfrak{E}$ normieren, wenn die Unterdeterminante aus den ersten m Reihen von $\mathfrak{S}$ nicht Null ist. Der Wirkungsraum hat somit $m(n-m)$ Dimensionen. Für die späteren Zwecke benötigen wir anstelle von (69) eine andere Parameterdarstellung. Es sei $\{\kappa\} = \{\kappa_1, \ldots, \kappa_{r-1}\}$ ein Typus, welcher den Bedingungen $\kappa_p + \kappa_{r-p} = n$ $(p=1,\ldots,r-1)$ genügt, und es sei $\mathfrak{S}=(\mathfrak{S}_{pq})$ die entsprechende Zerlegung von $\mathfrak{S}$ in Kästchen $\mathfrak{S}_{pq}$ $(p, q = 1,\ldots, r)$ mit j_p Zeilen und j_q Spalten. Wir nehmen ferner an, dann $\mathfrak{S}_{pq} = 0$ ist für $p+q \leqq r$, so dass also

$$\mathfrak{S}[\mathfrak{x}] = \sum_{p+q>r} \mathfrak{x}_p' \mathfrak{S}_{pq} \mathfrak{x}_q \tag{70}$$

wird und in der Kästchenmatrix $(\mathfrak{S}_{pq})$ oberhalb der Nebendiagonalen lauter Nullkästchen stehen. Zur Abkürzung sei noch $\mathfrak{S}_{pq}=\mathfrak{S}_p$ für $p+q=r+1$; dann ist

$$|\mathfrak{S}| = \pm|\mathfrak{S}_1|\cdots|\mathfrak{S}_r|, \qquad |\mathfrak{S}_p| \neq 0 \quad (p=1,\ldots,r).$$

Man beachte dabei, dass $\mathfrak{S}_{r-p+1} = \mathfrak{S}'_p$ ist. Insbesondere ist also $\mathfrak{S}_\nu$ symmetrisch für ungerades $r = 2\nu-1$.

Im Falle eines geraden r ist sicher $m = n-m$ und daher $n = 2m$ eine gerade Zahl. Für ungerades $r = 2\nu-1$ hat $\mathfrak{S}_\nu$ dieselbe Signaturdifferenz $n-2m$ wie $\mathfrak{S}$. Um nicht im Folgenden die beiden Fälle eines geraden oder ungeraden r fortwährend unterscheiden zu müssen, treffen wir folgende Abänderung in der bisherigen Bezeichnung. Im Falle eines geraden $r = 2\nu-2$ werde nämlich das bisherige κ_{r-p} $(p = 0, 1,\ldots, \nu-1)$ mit κ_{r-p+1} bezeichnet und dann $\kappa_{\nu-1} = \kappa_\nu$ gesetzt. Nach dieser Abänderung ist κ_p in beiden Fällen für $p = 0,\ldots, 2\nu-1$ erklärt und $\kappa_p+\kappa_{2\nu-p-1} = n$. Ein solcher Typus heisse symmetrisch; es ist dann also $r = 2\nu-1$ und $\kappa_{\nu-1} \leqq \kappa_\nu$, wobei das Gleichheitszeichen zulässig ist, und entsprechend ist $j_\nu \geqq 0$. Ist $j_\nu = 0$, so bedeutet $\mathfrak{S}_\nu$ die leere Matrix aus 0 Reihen, und entsprechend sind in diesem Falle andere Matrizen mit j_ν Zeilen oder Spalten zu interpretieren.

Mittels der Substitution

$$(71)\qquad \begin{gathered} \mathfrak{S}_p\,\mathfrak{y}_{r-p+1} = \tfrac{1}{2}\mathfrak{S}_{pp}\,\mathfrak{x}_p + \sum_{q=r-p+1}^{p-1} \mathfrak{S}_{pq}\,\mathfrak{x}_q \quad (p = \nu+1,\ldots, r),\\ \mathfrak{y}_p = \mathfrak{x}_p \quad (p=\nu,\ldots, r) \end{gathered}$$

wird

$$\mathfrak{S}[\mathfrak{x}] = \sum_{p=1}^{r} \mathfrak{y}'_p\,\mathfrak{S}_p\,\mathfrak{y}_{r-p+1} = \bar{\mathfrak{S}}[\mathfrak{y}],$$

worin die Matrix $\bar{\mathfrak{S}}$ aus $\mathfrak{S}$ dadurch entsteht, dass die Kästchen $\mathfrak{S}_{pq}$ mit $p+q > r+1$ sämtlich durch Null ersetzt werden. Die Matrix $\mathfrak{B} = (\mathfrak{B}_{pq})$ der durch (71) gegebenen Substitution $\mathfrak{y} = \mathfrak{B}\mathfrak{x}$ ist eine Dreiecksmatrix vom Typus $\{\kappa\}$, und es wird damit

$$\mathfrak{S} = \bar{\mathfrak{S}}[\mathfrak{B}].$$

Wir führen nun für $\mathfrak{H}$ Normalkoordinaten vom Typus $\{\kappa\}$ ein und setzen demgemäss

$$(72)\qquad \mathfrak{H} = \bar{\mathfrak{H}}[\mathfrak{D}]$$

mit

$$\bar{\mathfrak{H}} = [\mathfrak{H}_1,\ldots, \mathfrak{H}_r], \qquad \mathfrak{D} = (\mathfrak{D}_{pq}), \qquad \mathfrak{D}_{pp} = \mathfrak{E}_p, \qquad \mathfrak{D}_{pq} = 0 \quad (p > q).$$

Ferner sei noch

$$(73) \qquad \mathfrak{D}\mathfrak{B}^{-1} = \mathfrak{C}.$$

Die Bedingungsgleichung für $\mathfrak{H}$ in (68) lässt sich dann in die Form

$$\bar{\mathfrak{H}}[\mathfrak{C}\bar{\mathfrak{S}}^{-1}\mathfrak{C}'\bar{\mathfrak{S}}] = \bar{\mathfrak{H}}^{-1}[\bar{\mathfrak{S}}]$$

setzen. Hierin ist nun aber $\mathfrak{C}\bar{\mathfrak{S}}^{-1}\mathfrak{C}'\bar{\mathfrak{S}}$ wieder eine Dreiecksmatrix vom Typus $\{\kappa\}$, während $\bar{\mathfrak{H}}^{-1}[\bar{\mathfrak{S}}]$ eine Diagonalmatrix dieses Typus ist. Aus der Eindeutigkeit der verallgemeinerten Jacobischen Zerlegung folgt daher

$$(74) \qquad \bar{\mathfrak{S}}[\mathfrak{C}] = \bar{\mathfrak{S}}, \qquad \bar{\mathfrak{H}} = \bar{\mathfrak{H}}^{-1}[\bar{\mathfrak{S}}],$$

und dazu kommt noch die Bedingung $\mathfrak{H} > 0$, also $\bar{\mathfrak{H}} > 0$. Dadurch ist die Gleichung (68) für $\mathfrak{H}$ durch die beiden Gleichungen (74) ersetzt, von denen die erste nur $\mathfrak{C}$ und die zweite nur $\bar{\mathfrak{H}}$ enthält. Die zweite Gleichung in (74) ergibt

$$(75) \qquad \mathfrak{H}_q = \mathfrak{H}_p^{-1}[\mathfrak{S}_p] \quad (p+q = r+1).$$

Folglich können die $\mathfrak{H}_p$ für $p = 1,\ldots,\nu-1$ beliebig unter der Bedingung $\mathfrak{H}_p > 0$ gewählt werden, während für $j_\nu > 0$ die Matrix $\mathfrak{H}_\nu$ aus dem Wirkungsraum $H(\mathfrak{S}_\nu)$ zu nehmen ist. Die $\mathfrak{H}_p$ mit $p = \nu+1,\ldots,r$ sind dann durch (75) gegeben. Für $\mathfrak{C}$ ist eine beliebige Dreiecksmatrix des Typus $\{\kappa\}$ aus der Gruppe $\Omega(\bar{\mathfrak{S}})$ zulässig, und nach (73) wird $\mathfrak{D} = \mathfrak{C}\mathfrak{B}$.

Die Matrix $\mathfrak{C}$ lässt sich noch mittels der Cayleyschen Formel ausdrücken. Da $\frac{1}{2}(\mathfrak{E}+\mathfrak{C})$ wieder eine Dreiecksmatrix ist, kann man

$$\mathfrak{C} = 2\mathfrak{L}^{-1} - \mathfrak{E}$$

setzen, mit einer zu bestimmenden Dreiecksmatrix $\mathfrak{L}$ des Typus $\{\kappa\}$. Aus der Bedingung

$$\bar{\mathfrak{S}}[2\mathfrak{L}^{-1} - \mathfrak{E}] = \bar{\mathfrak{S}}$$

folgt dann

$$2\bar{\mathfrak{S}} = \mathfrak{L}'\bar{\mathfrak{S}} + \bar{\mathfrak{S}}\mathfrak{L},$$

also ist die Matrix

$$\bar{\mathfrak{S}}^{-1} - \mathfrak{L}\bar{\mathfrak{S}}^{-1} = \mathfrak{A}$$

alternierend. Mit der Kästchenzerlegung $\mathfrak{A} = (\mathfrak{A}_{pq})$ vom Typus $\{\kappa\}$ folgt aber weiter $\mathfrak{A}_{pq} = 0$ $(p+q > r)$, so dass also die Kästchen in und unterhalb der Nebendiagonalen sämtlich Null sind, während die übrigen gemäss der Bedingung

$$\mathfrak{A}_{qp} = -\mathfrak{A}'_{pq} \quad (p+q \leqq r)$$

reell zu wählen sind. Dann wird

$$\mathfrak{L} = \mathfrak{E} - \mathfrak{A}\bar{\mathfrak{S}}, \qquad \mathfrak{C} = \frac{\mathfrak{E}+\mathfrak{A}\bar{\mathfrak{S}}}{\mathfrak{E}-\mathfrak{A}\bar{\mathfrak{S}}}, \qquad \mathfrak{A}\bar{\mathfrak{S}} = \frac{\mathfrak{C}-\mathfrak{E}}{\mathfrak{C}+\mathfrak{E}}.$$

Für jede Dreiecksmatrix $\mathfrak{M}$ des Typus $\{\kappa\}$ ist nun aber $(\mathfrak{E}-\mathfrak{M})^r = 0$; also folgt die Parameterdarstellung

$$\mathfrak{C} = \mathfrak{E}+2\sum_{p=1}^{r-1}(\mathfrak{A}\bar{\mathfrak{S}})^p, \qquad \mathfrak{D} = \mathfrak{C}\mathfrak{B},$$

und umgekehrt ist

$$\mathfrak{A}\bar{\mathfrak{S}} = -\sum_{p=1}^{r-1}\left(\frac{\mathfrak{E}-\mathfrak{C}}{2}\right)^p.$$

Es ist leicht zu verifizieren, dass die Anzahl der freien Elemente von $\mathfrak{A}$ und $\bar{\mathfrak{H}}$ genau die Dimension von $H(\mathfrak{S})$ ergibt.

Als Beispiel wähle man $r = 3$ und setze $j_1 = j$, also $j_2 = n-2j$, $j_3 = j$. Es ist dann

$$\mathfrak{S} = \begin{pmatrix} 0 & 0 & \mathfrak{S}_1 \\ 0 & \mathfrak{S}_2 & \mathfrak{S}_{23} \\ \mathfrak{S}_3 & \mathfrak{S}_{32} & \mathfrak{S}_{33} \end{pmatrix}, \qquad \bar{\mathfrak{S}} = \begin{pmatrix} 0 & 0 & \mathfrak{S}_1 \\ 0 & \mathfrak{S}_2 & 0 \\ \mathfrak{S}_3 & 0 & 0 \end{pmatrix},$$

$$\mathfrak{B} = \begin{pmatrix} \mathfrak{E}_1 & \mathfrak{S}_3^{-1}\mathfrak{S}_{32} & \frac{1}{2}\mathfrak{S}_3^{-1}\mathfrak{S}_{33} \\ 0 & \mathfrak{E}_2 & 0 \\ 0 & 0 & \mathfrak{E}_3 \end{pmatrix},$$

worin $\mathfrak{E}_p$ $(p = 1, 2, 3)$ die Einheitsmatrix mit j_p Reihen bedeutet. Definiert man

$$(76) \qquad 2\mathfrak{A} = \begin{pmatrix} \mathfrak{G} & -\mathfrak{F}' & 0 \\ \mathfrak{F} & 0 & 0 \\ 0 & 0 & 0 \end{pmatrix}$$

mit alternierendem $\mathfrak{G}$ von j Reihen und beliebigem $\mathfrak{F}$ von $n-2j$ Zeilen und j Spalten, so wird

$$2\mathfrak{A}\bar{\mathfrak{S}} = \begin{pmatrix} 0 & -\mathfrak{F}'\mathfrak{S}_2 & \mathfrak{G}\mathfrak{S}_1 \\ 0 & 0 & \mathfrak{F}\mathfrak{S}_1 \\ 0 & 0 & 0 \end{pmatrix},$$

$$\mathfrak{D} = \begin{pmatrix} \mathfrak{E}_1 & \mathfrak{S}_3^{-1}\mathfrak{S}_{32}-\mathfrak{F}'\mathfrak{S}_2 & \frac{1}{2}\mathfrak{S}_3^{-1}\mathfrak{S}_{33}+(\mathfrak{G}-\frac{1}{2}\mathfrak{S}_2[\mathfrak{F}])\mathfrak{S}_1 \\ 0 & \mathfrak{E}_2 & \mathfrak{F}\mathfrak{S}_1 \\ 0 & 0 & \mathfrak{E}_3 \end{pmatrix}$$

und

$$(77) \qquad \bar{\mathfrak{H}} = [\mathfrak{H}_1, \mathfrak{H}_2, \mathfrak{H}_3], \qquad \mathfrak{H}_2\mathfrak{S}_2^{-1}\mathfrak{H}_2 = \mathfrak{S}_2, \qquad \mathfrak{H}_3 = \mathfrak{H}_1^{-1}[\mathfrak{S}_1]$$

mit positiven $\mathfrak{H}_1$, $\mathfrak{H}_2$ von j und $n-2j$ Reihen. Da $\mathfrak{S}_2$ die Signatur $m-j$, $n-m-j$ hat, so hängt $\mathfrak{H}_2$ von $(m-j)(n-m-j)$ Parametern ab; ferner enthalten die Matrizen $\mathfrak{G}, \mathfrak{F}, \mathfrak{H}_1$ je $\frac{1}{2}j(j-1), j(n-2j), \frac{1}{2}j(j+1)$ Parameter, und es wird tatsächlich

$$(m-j)(n-m-j)+\tfrac{1}{2}j(j-1)+j(n-2j)+\tfrac{1}{2}j(j+1) = m(n-m).$$

Die vorhergehenden Formeln gelten sinngemäss auch noch für $j_2 = 0$.

Es ist von Wichtigkeit, dass mit $\mathfrak{P}$ und $\mathfrak{Q}$ auch die ganze geodätische Linie durch $\mathfrak{P}$ und $\mathfrak{Q}$ auf dem Wirkungsraum $H(\mathfrak{S})$ gelegen ist. In der Bezeichnung des achten Abschnitts sei nämlich $\mathfrak{P} = \mathfrak{C}'\mathfrak{C}$ und $\mathfrak{Q}=\mathfrak{T}[\mathfrak{C}]$. Aus

$$\mathfrak{P}\mathfrak{S}^{-1}\mathfrak{P}\mathfrak{S}^{-1} = \mathfrak{E} = \mathfrak{Q}\mathfrak{S}^{-1}\mathfrak{Q}\mathfrak{S}^{-1}$$

folgt dann

$$\mathfrak{P}\mathfrak{S}^{-1}\mathfrak{P} = \mathfrak{Q}\mathfrak{S}^{-1}\mathfrak{Q}, \qquad \mathfrak{C}\mathfrak{S}^{-1}\mathfrak{C}' = \mathfrak{T}\mathfrak{C}\mathfrak{S}^{-1}\mathfrak{C}'\mathfrak{T}.$$

Setzt man $\mathfrak{C}\mathfrak{S}^{-1}\mathfrak{C}' = (v_{kl})$, $\mathfrak{T}=[t_1,\ldots, t_n]$, so wird

$$v_{kl}(t_kt_l-1) = 0 \quad (k, l=1,\ldots, n).$$

Für $v_{kl} \neq 0$ ist also $t_kt_l = 1$ und dann auch $t_k^\rho t_l^\rho = 1$ für beliebiges reelles ρ. Daher wird auf jeden Fall

$$v_{kl}(t_k^\rho t_l^\rho-1) = 0 \quad (k, l = 1,\ldots, n),$$

und mit $\mathfrak{H} = \mathfrak{C}'\mathfrak{T}^\rho\mathfrak{C}$ gilt

$$\mathfrak{P}\mathfrak{S}^{-1}\mathfrak{P} = \mathfrak{H}\mathfrak{S}^{-1}\mathfrak{H}, \qquad \mathfrak{H}\mathfrak{S}^{-1}\mathfrak{H}\mathfrak{S}^{-1} = \mathfrak{E},$$

womit die Behauptung bewiesen ist.

Es soll nun noch die invariante Metrik im Wirkungsraum durch die Koordinaten $\bar{\mathfrak{H}}$, $\mathfrak{A}$ ausgedrückt werden. Wird wieder die Ableitung nach einem Kurvenparameter durch einen Punkt ausgedrückt, so ist wegen (72) zunächst

$$\mathfrak{H}^{-1}\dot{\mathfrak{H}} = \mathfrak{D}^{-1}\dot{\mathfrak{D}}+\mathfrak{D}^{-1}\bar{\mathfrak{H}}^{-1}\mathfrak{D}\dot{\bar{\mathfrak{H}}}+\mathfrak{H}^{-1}\dot{\mathfrak{D}}'\bar{\mathfrak{H}}\mathfrak{D}.$$

Bedeutet $\sigma(\mathfrak{M})$ die Spur einer quadratischen Matrix $\mathfrak{M}$, so folgt

$$\sigma(\mathfrak{H}^{-1}\dot{\mathfrak{H}}\mathfrak{H}^{-1}\dot{\mathfrak{H}}) = \sigma(\bar{\mathfrak{H}}^{-1}\dot{\bar{\mathfrak{H}}}\bar{\mathfrak{H}}^{-1}\dot{\bar{\mathfrak{H}}})+2\sigma(\dot{\mathfrak{D}}\mathfrak{D}^{-1}\dot{\mathfrak{D}}\mathfrak{D}^{-1})+$$
$$+2\sigma(\bar{\mathfrak{H}}[\dot{\mathfrak{D}}\mathfrak{D}^{-1}]\bar{\mathfrak{H}}^{-1})+4\sigma(\bar{\mathfrak{H}}^{-1}\dot{\bar{\mathfrak{H}}}\dot{\mathfrak{D}}\mathfrak{D}^{-1}).$$

Weiter ist

$$\dot{\mathfrak{C}} = ((\mathfrak{E}-\mathfrak{A}\bar{\mathfrak{S}})^{-1}(\mathfrak{E}+\mathfrak{A}\bar{\mathfrak{S}}))^{\cdot} = (\mathfrak{E}-\mathfrak{A}\bar{\mathfrak{S}})^{-1}\dot{\mathfrak{A}}\bar{\mathfrak{S}}(\mathfrak{C}+\mathfrak{E}),$$
$$\dot{\mathfrak{D}}\mathfrak{D}^{-1} = \dot{\mathfrak{C}}\mathfrak{C}^{-1} = 2(\mathfrak{E}-\mathfrak{A}\bar{\mathfrak{S}})^{-1}\dot{\mathfrak{A}}(\mathfrak{E}+\bar{\mathfrak{S}}\mathfrak{A})^{-1}\bar{\mathfrak{S}},$$

also schliesslich

$$\sigma(\mathfrak{H}^{-1}\dot{\mathfrak{H}}\mathfrak{H}^{-1}\dot{\mathfrak{H}}) = \sigma(\bar{\mathfrak{H}}^{-1}\dot{\bar{\mathfrak{H}}}\bar{\mathfrak{H}}^{-1}\dot{\bar{\mathfrak{H}}})+ \tag{78}$$
$$+8\sigma(\bar{\mathfrak{H}}[(\mathfrak{E}-\mathfrak{A}\bar{\mathfrak{S}})^{-1}\dot{\mathfrak{A}}]\bar{\mathfrak{H}}[(\mathfrak{E}-\mathfrak{A}\bar{\mathfrak{S}})^{-1}]).$$

Da die Parameter in $\bar{\mathfrak{H}}$ und $\mathfrak{A}$ voneinander unabhängig sind, so ist $H(\mathfrak{S})$ das direkte Produkt der Räume von $\bar{\mathfrak{H}}$ und $\mathfrak{A}$. Zufolge (78) besteht nun die entsprechende additive Zerlegung für die Metrik. Hiernach kann man leicht einen expliziten Ausdruck für das Volumenelement auf $H(\mathfrak{S})$

erhalten. Wir führen dies wegen eines späteren Zwecks nur für $r = 3$ durch und verwenden dabei (76) und (77). Es seien $\{\mathfrak{H}_1\}$, $\{\mathfrak{F}\}$, $\{\mathfrak{G}\}$ die euklidischen Volumenelemente in den Räumen von $\mathfrak{H}_1$, $\mathfrak{F}$, $\mathfrak{G}$, wobei in $\mathfrak{H}_1 = (h_{kl})$ und $\mathfrak{G} = (g_{kl})$ die Grössen h_{kl} $(1 \leqq k \leqq l \leqq j)$ und g_{kl} $(1 \leqq k < l \leqq j)$ als unabhängige kartesische Koordinaten genommen werden, ferner in $\mathfrak{F} = (f_{kl})$ die sämtlichen f_{kl} $(k = 1,\ldots, n-2j;\ l = 1,\ldots,j)$. Ausserdem seien dv, dv_1, dv_2 die Volumenelemente, die zu den Metriken $\sigma(\mathfrak{H}^{-1}\dot{\mathfrak{H}}\mathfrak{H}^{-1}\dot{\mathfrak{H}})$, $\sigma(\mathfrak{H}_1^{-1}\dot{\mathfrak{H}}_1\mathfrak{H}_1^{-1}\dot{\mathfrak{H}}_1)$, $\sigma(\mathfrak{H}_2^{-1}\dot{\mathfrak{H}}_2\mathfrak{H}_2^{-1}\dot{\mathfrak{H}}_2)$ gebildet sind. Wegen (74) ist noch

$$\bar{\mathfrak{H}}^{-1}\dot{\bar{\mathfrak{H}}} = -\bar{\mathfrak{S}}^{-1}\dot{\bar{\mathfrak{H}}}\bar{\mathfrak{H}}^{-1}\bar{\mathfrak{S}},$$

also im vorliegenden Fall

$$\sigma(\bar{\mathfrak{H}}^{-1}\dot{\bar{\mathfrak{H}}}\bar{\mathfrak{H}}^{-1}\dot{\bar{\mathfrak{H}}}) = 2\sigma(\mathfrak{H}_1^{-1}\dot{\mathfrak{H}}_1\mathfrak{H}_1^{-1}\dot{\mathfrak{H}}_1)+\sigma(\mathfrak{H}_2^{-1}\dot{\mathfrak{H}}_2\mathfrak{H}_2^{-1}\dot{\mathfrak{H}}_2).$$

Eine einfache Rechnung ergibt weiter

$$\sigma(\bar{\mathfrak{H}}[\dot{\mathfrak{D}}\mathfrak{D}^{-1}]\bar{\mathfrak{H}}^{-1}) = \sigma(\mathfrak{H}_1[\dot{\mathfrak{G}}+\tfrac{1}{2}\dot{\mathfrak{F}}'\mathfrak{S}_2\mathfrak{F}-\tfrac{1}{2}\mathfrak{F}'\mathfrak{S}_2\dot{\mathfrak{F}}]\mathfrak{H}_1)+2\sigma(\mathfrak{H}_2[\dot{\mathfrak{F}}]\mathfrak{H}_1)$$

und schliesslich

$$dv = 2^{\frac{j(j+1)}{4}} dv_1\, dv_2\, 2^{\frac{j(j-1)}{2}} |\mathfrak{H}_1|^{\frac{j-1}{2}} \{\mathfrak{G}\} 2^{j(n-2j)} |\mathfrak{H}_1|^{\frac{n}{2}-j} |\mathfrak{H}_2|^{\frac{j}{2}} \{\mathfrak{F}\}$$

mit

$$dv_1 = 2^{\frac{j(j-1)}{4}} |\mathfrak{H}_1|^{-\frac{j+1}{2}} \{\mathfrak{H}_1\},$$

also

$$dv = 2^{j\,(n-j-\frac{1}{2})} |\mathfrak{H}_1|^{\frac{n}{2}-j-1} \{\mathfrak{H}_1\} |\mathfrak{H}_2|^{\frac{j}{2}} dv_2 \{\mathfrak{F}\}\{\mathfrak{G}\}. \tag{79}$$

14. Grenzpunkte des Wirkungsraumes.

Weiterhin werde dauernd vorausgesetzt, dass $\mathfrak{S} = (s_{kl})$ ganz ist. Die Determinante von $\mathfrak{S}$ ist dann $|\mathfrak{S}| = (-1)^{n-m}d$ mit natürlichem d. Wegen (68) gilt $|\mathfrak{H}| = d$ für alle Punkte des Wirkungsraumes. Wählt man $h = d$, so liegt also $H(\mathfrak{S})$ auf P. Es sei insbesondere $\mathfrak{H} \in \bar{P}(\rho)$, wobei $\bar{P}(\rho)$ durch die Ungleichungen (3) für die Normalkoordinaten erklärt ist. Durch die Jacobische Transformation wird

$$\mathfrak{H} = \mathfrak{T}[\mathfrak{D}], \quad \mathfrak{T} = [t_1,\ldots, t_n], \quad \mathfrak{D} = (d_{kl}), \quad d_{kk} = 1, \quad d_{kl} = 0 \quad (k > l).$$

Es soll gezeigt werden, dass die sämtlichen Produkte $t_k t_{n-k+1}$ $(k = 1,\ldots, n)$ zwischen positiven Schranken liegen, die nur von n, d und ρ abhängen. Solche Schranken mögen weiterhin mit $\rho_1,\ldots, \rho_5$ bezeichnet werden.

Es sei $\mathfrak{L}$ die Matrix der Permutation $x_k \rightarrow x_{n-k+1}$ $(k = 1,\ldots, n)$, die also ausserhalb der Nebendiagonalen lauter Nullen und auf dieser lauter

Einsen enthält. Es ist $\mathfrak{T}^{-1}[\mathfrak{L}] = [t_n^{-1},\ldots, t_1^{-1}]$, und $\mathfrak{L}\mathfrak{C}'^{-1}\mathfrak{L}$ ist eine Dreiecksmatrix, deren Elemente absolut kleiner als ρ_1 sind. Folglich ist

$$\mathfrak{H}^{-1}[\mathfrak{L}] = \mathfrak{T}^{-1}[\mathfrak{L}][\mathfrak{L}\mathfrak{C}'^{-1}\mathfrak{L}] \in P(\rho_1).$$

Nun ist zugleich $\mathfrak{H} \in H(\mathfrak{S})$, also

$$\mathfrak{H}^{-1}[\mathfrak{L}][\mathfrak{L}\mathfrak{S}] = \mathfrak{H}. \tag{80}$$

Indem wir (23) für $\mathfrak{H}$ und für $\mathfrak{H}^{-1}[\mathfrak{L}]$ statt $\mathfrak{H}$ anwenden, erhalten wir für das Diagonalelement h_l von $\mathfrak{H}$ die Ungleichungen

$$\rho_2 t_l > h_l > \rho_3^{-1} \sum_{k=1}^{n} t_k^{-1} s_{kl}^2 \quad (l = 1,\ldots, n).$$

Ist g eine Zahl der Reihe $1,\ldots, n$, so gibt es wegen $|\mathfrak{S}| \neq 0$ unter den $g(n-g+1)$ Werten s_{kl} $(k=1,\ldots,g;\ l = 1,\ldots, n-g+1)$ sicher einen von Null verschiedenen, und wegen der Ganzzahligkeit von s_{kl} ist dann sogar $s_{kl}^2 \geqq 1$. Für dieses Paar $k = k_g$, $l = l_g$ gilt also

$$\rho_2 t_l > \rho_3^{-1} t_k^{-1}.$$

Nun ist $t_m \leqq \rho t_{m+1}$ $(m = 1,\ldots, n-1)$, und wegen $k \leqq g$, $l \leqq n-g+1$ folgt

$$t_g t_{n-g+1} > \rho_4^{-1} \quad (g = 1,\ldots, n).$$

Andererseits ist

$$\prod_{g=1}^{n} (t_g t_{n-g+1}) = \prod_{g=1}^{n} t_g^2 = |\mathfrak{T}|^2 = d^2,$$

also

$$t_g t_{n-g+1} < \rho_5 \quad (g = 1,\ldots, n),$$

womit die Behauptung bewiesen ist.

Es sei $\mathfrak{H} \in H(\mathfrak{S})$ und $\mathfrak{H} \Rightarrow \alpha$. Wir nennen α einen Grenzpunkt des Wirkungsraumes. Es haben dann t_k und t_{n-k+1}^{-1} für jedes $k = 1,\ldots, n$ bei dem Grenzübergang die gleiche Grössenordnung. Ist also $\{\kappa\} = \{\kappa_1,\ldots, \kappa_{r-1}\}$ der Typus von α, so ist $\kappa_p + \kappa_{r-p} = n$ $(p = 0,\ldots, r)$. Folglich ist der Typus symmetrisch, und nach der früheren Vereinbarung kann man $r = 2\nu-1$ als eine ungerade Zahl annehmen, indem man für j_ν auch den Wert 0 zulässt. Die Grenzpunkte von $H(\mathfrak{S})$ sind also sämtlich von symmetrischem Typus. Wegen $\mathfrak{H} \Rightarrow \alpha$ strebt nun auch $\mathfrak{H}^{-1}[\mathfrak{L}] = \mathfrak{T}^{-1}[\mathfrak{L}][\mathfrak{L}\mathfrak{C}'^{-1}\mathfrak{L}]$ gegen einen Grenzpunkt β desselben Typus $\{\kappa\}$. Zufolge (80) ergibt jetzt Satz 1, dass die Matrix $\mathfrak{L}\mathfrak{S}$ entsprechend dem Typus $\{\kappa\}$ in Kästchen $\mathfrak{K}_{pq}$ $(p,q = 1,\ldots, r)$ zerfällt, für welche $\mathfrak{K}_{pq} = 0\,(p > q)$ ist. Folglich ist $\mathfrak{S}[\mathfrak{x}]$ gerade von der Form (70), und wir wollen sagen, dass $\mathfrak{S}$ vom Typus $\{\kappa\}$ ist.

Führt man nunmehr für $\mathfrak{H}$ Normalkoordinaten des Typus $\{\kappa\}$ ein, so kann man die Parameterdarstellung aus dem vorangehenden Abschnitt benutzen. Man hat dabei noch

$$(81) \qquad \mathfrak{H}_p = \tau_p \mathfrak{R}_p, \qquad \tau_p > 0, \qquad |\mathfrak{R}_p| = 1 \quad (p = 1,\dots,r)$$

zu setzen. Zufolge (75) wird dann

$$(82) \qquad \tau_p \tau_q \mathfrak{R}_q = \mathfrak{R}_p^{-1}[\mathfrak{S}_p] \quad (p+q = r+1),$$

also

$$(\tau_p \tau_q)^{j_p} = |\mathfrak{S}_p|^2 \quad (p+q = r+1),$$

so dass τ_ν im Fall $j_\nu > 0$ eine nur vom Typus abhängige Konstante ist und $\mathfrak{H}_\nu$ für $\mathfrak{H} \Rightarrow \alpha$ selber gegen eine Matrix auf $H(\mathfrak{S}_\nu)$ konvergiert. Im Falle $j_\nu = 0$ werde noch $\tau_\nu = 1$ erklärt. Da ferner die Matrix $\mathfrak{D}$ konvergiert, so gilt dies auch von den Matrizen

$$\mathfrak{C} = \mathfrak{D}\mathfrak{B}^{-1}, \qquad \mathfrak{A} = \frac{\mathfrak{C}-\mathfrak{E}}{\mathfrak{C}+\mathfrak{E}}\,\mathfrak{S}^{-1}.$$

Für den Grenzpunkt α gibt es damit bestimmte Koordinaten $\mathfrak{R}_p$ $(p = 1,\dots,\nu-1)$, $\mathfrak{A}_{pq} = -\mathfrak{A}'_{qp}$ $(p+q \leqq r)$ und $\mathfrak{H}_\nu \in H(\mathfrak{S}_\nu)$ $(j_\nu > 0)$, wobei noch $\mathfrak{R}_p > 0$ und $|\mathfrak{R}_p| = 1$ ist. Geht man umgekehrt von einem beliebig gegebenen Wertsystem dieser Koordinaten aus und definiert zu beliebigen positiven $\tau_p (p = 1,\dots,\nu-1)$ die $\mathfrak{H}_p$ vermöge (81), (82), so strebt die Matrix $\mathfrak{H} = \bar{\mathfrak{H}}[\mathfrak{D}]$ für $\tau_p/\tau_{p+1} \to 0$ gerade gegen den durch diese Koordinaten definierten Grenzpunkt des Typus $\{\kappa\}$. Damit sind alle Grenzpunkte des Wirkungsraumes $H(\mathfrak{S})$ vollständig bestimmt. Durch Hinzunahme dieser Grenzpunkte entsteht aus $H(\mathfrak{S})$ der abgeschlossene Raum $\bar{H} = \bar{H}(\mathfrak{S})$. Die Menge der betreffenden Grenzpunkte des Typus $\{\kappa\}$ sei mit $H_\kappa = H_\kappa(\mathfrak{S})$ bezeichnet.

Die vorangehende Überlegung lässt sich nun leicht auf beliebige ideale Punkte ausdehnen. Ist allgemeiner $\mathfrak{H}[\mathfrak{U}^{-1}] \Rightarrow \alpha$ mit festem unimodularen $\mathfrak{U}$ und $\mathfrak{H} \in H(\mathfrak{S})$, so ist α ein Grenzpunkt der Wirkungsraumes $H(\mathfrak{S}[\mathfrak{U}^{-1}])$ im bisherigen Sinne. Ferner ist $\mathfrak{H} \Rightarrow \alpha_{\mathfrak{U}}$, also $\alpha_{\mathfrak{U}}$ idealer Punkt der Rechtsklasse von $\mathfrak{U}$ zu Γ_κ, der nun als entsprechender idealer Punkt des Wirkungsraumes $H(\mathfrak{S})$ bezeichnet wird. Es ist dann $\mathfrak{S}[\mathfrak{U}^{-1}]$ vom Typus $\{\kappa\}$, und die Koordinaten sämtlicher idealen Punkte $\alpha_{\mathfrak{U}}$ bei festem $\mathfrak{U}$ ergeben sich nach dem obigen Verfahren. Nimmt man zu $\bar{H}(\mathfrak{S})$ die Gesamtheit dieser idealen Punkte hinzu, so möge der Raum $H^* = H^*(\mathfrak{S})$ entstehen.

Schliesslich sei $\alpha_{\mathfrak{U}} = \beta_{\mathfrak{B}}$ mit $\mathfrak{U} \in \Gamma$, $\mathfrak{B} \in \Gamma$, also α und β von gleichem Typus $\{\kappa\}$ und $\mathfrak{U} = \mathfrak{W}\mathfrak{B}$, $\mathfrak{W} \in \Gamma_\kappa$. Setzt man dann $\mathfrak{S}[\mathfrak{U}^{-1}] = \mathfrak{Q}_1$, $\mathfrak{S}[\mathfrak{B}^{-1}] = \mathfrak{Q}_2$, so sind $\mathfrak{Q}_1$ und $\mathfrak{Q}_2$ beide vom Typus $\{\kappa\}$ und es ist

$\mathfrak{Q}_2 = \mathfrak{Q}_1[\mathfrak{W}]$, $\beta = \alpha_{\mathfrak{W}}$. Führt man entsprechend zu (72) auf $H(\mathfrak{Q}_1)$ und $H(\mathfrak{Q}_2)$ durch die Substitutionen

$$\mathfrak{H}[\mathfrak{U}^{-1}] = \bar{\mathfrak{H}}_1[\mathfrak{D}_1], \qquad \mathfrak{H}[\mathfrak{V}^{-1}] = \bar{\mathfrak{H}}_2[\mathfrak{D}_2], \qquad \mathfrak{C}_1 = \mathfrak{D}_1\mathfrak{V}_1^{-1}, \qquad \mathfrak{C}_2 = \mathfrak{D}_2\mathfrak{V}_2^{-1},$$

$$\mathfrak{A}_1 = \frac{\mathfrak{C}_1-\mathfrak{E}}{\mathfrak{C}_1+\mathfrak{E}}\bar{\mathfrak{Q}}_1^{-1}, \qquad \mathfrak{A}_2 = \frac{\mathfrak{C}_2-\mathfrak{E}}{\mathfrak{C}_2+\mathfrak{E}}\bar{\mathfrak{Q}}_2^{-1}, \qquad \bar{\mathfrak{Q}}_2 = \bar{\mathfrak{Q}}_1[\bar{\mathfrak{W}}]$$

die Koordinaten $\bar{\mathfrak{H}}_1$, $\mathfrak{A}_1$ und $\bar{\mathfrak{H}}_2$, $\mathfrak{A}_2$ ein, so wird

$$\bar{\mathfrak{H}}_1[\mathfrak{D}_1\mathfrak{W}] = \bar{\mathfrak{H}}_2[\mathfrak{D}_2], \qquad \bar{\mathfrak{H}}_2 = \bar{\mathfrak{H}}_1[\bar{\mathfrak{W}}], \qquad \mathfrak{D}_1\mathfrak{W} = \bar{\mathfrak{W}}\mathfrak{D}_2,$$

wonach sich $\mathfrak{A}_2$ gebrochen linear durch $\mathfrak{A}_1$ ausdrücken lässt und umgekehrt. Damit ist die Transformation der Koordinaten beim Übergang zu einem anderen Klassenrepräsentanten $\mathfrak{V}$ anstelle von $\mathfrak{U}$ bestimmt.

15. Asymptoten im Wirkungsraume.

Im dreizehnten Abschnitt wurde gezeigt, dass mit zwei Punkten $\mathfrak{P}$ und $\mathfrak{Q}$ zugleich die durch sie bestimmte geodätische Linie ganz auf dem Wirkungsraume $H(\mathfrak{S})$ gelegen ist. Es ist klar, was eine Asymptote auf $H(\mathfrak{S})$ bedeutet, nämlich eine Asymptote im früheren Sinne, von der zwei Punkte und damit sämtliche Punkte auf $H(\mathfrak{S})$ liegen. Sei $\{\kappa\}$ der zugehörige Typus und $\mathfrak{U}$ ein fester Repräsentant der zugehörigen Klasse C. Dann gilt $\mathfrak{H} = \mathfrak{T}^{\rho}[\mathfrak{C}] \Rightarrow \alpha_{\mathfrak{U}}$ für $\rho \to \infty$, wobei $\alpha_{\mathfrak{U}}$ ein idealer Punkt der Klasse C ist und ρ die Bogenlänge bedeute. Wegen $\mathfrak{H}[\mathfrak{U}^{-1}] \Rightarrow \alpha$ ist dann $\mathfrak{S}[\mathfrak{U}^{-1}]$ vom Typus $\{\kappa\}$.

Zunächst sei $\mathfrak{U} = \mathfrak{E}$. Wie im elften Abschnitt ist dann

$$\mathfrak{C} = (\mathfrak{C}_{pq}), \qquad \mathfrak{C}_{pq} = 0\,(p > q), \qquad \mathfrak{C}'_{pp}\mathfrak{C}_{pp} = b_p\mathfrak{R}_p, \qquad b_p > 0, \qquad |\mathfrak{R}_p| = 1,$$
$$\mathfrak{C}_{pp}^{-1}\mathfrak{C}_{pq} = \mathfrak{D}_{pq}, \qquad \mathfrak{T} = [t_1,\ldots,t_n]\,;$$

ferner seien $\theta_1,\ldots,\theta_r$ wieder die verschiedenen unter den $t_1,\ldots,t_n$ in wachsender Anordnung. Nimmt man andererseits die Zerlegung $\mathfrak{H} = \bar{\mathfrak{H}}[\mathfrak{D}]$ aus (72), so folgt wegen der Eindeutigkeit dieser Zerlegung

$$\mathfrak{D} = (\mathfrak{D}_{pq}), \qquad \mathfrak{H}_p = b_p\theta_p^{\rho}\mathfrak{R}_p \quad (p = 1,\ldots,r),$$

so dass also nach (81) die Formel

$$\tau_p = b_p\theta_p^{\rho} \quad (p = 1,\ldots,r)$$

bewiesen ist, wobei für $j_\nu = 0$ der Index $p = \nu$ ausgeschlossen werde. Daraus folgt weiter

$$\theta_p\theta_q = 1 \quad (p+q = r+1)$$

und speziell $\theta_\nu = 1$ für $j_\nu > 0$. Auf der Asymptote sind also die Koordinaten $\mathfrak{R}_p(p = 1,\ldots,r)$ und $\mathfrak{A}$ sämtlich konstant. Diese Überlegung überträgt sich ohne Weiteres auf eine beliebige Klasse C, indem nur $\mathfrak{H}[\mathfrak{U}^{-1}]$ und $\mathfrak{S}[\mathfrak{U}^{-1}]$ an die Stelle von $\mathfrak{H}$ und $\mathfrak{S}$ treten.

Ist $\mathfrak{S}[\mathfrak{U}^{-1}]$ vom Typus $\{\kappa\}$, so gibt es durch jeden Punkt des Wirkungsraumes $H(\mathfrak{S})$ bei gegebenen Werten $\theta_p (p = 1,\ldots, \nu-1)$ genau eine Asymptote der Klasse C, die ganz auf $H(\mathfrak{S})$ verläuft. Bei veränderlichen θ_p hängt also die Schar dieser Asymptoten von genau $\nu-1$ Parametern ab. Sie enden sämtlich in einem idealen Punkt $\alpha_{\mathfrak{U}}$ auf $H^*(\mathfrak{S})$. Umgekehrt lässt sich leicht zu einem jeden idealen Punkt $\alpha_{\mathfrak{U}}$ mit gegebenen Koordinaten $\mathfrak{R}_p$ $(p = 1,\ldots, \nu-1)$, $\mathfrak{A}_{pq}$ $(p+q \leqq r)$, $\mathfrak{H}_\nu$ die Schar der dort einmündenden Asymptoten auf $H(\mathfrak{S})$ bestimmen, wobei dann die b_p und θ_p als Parameter auftreten.

16. Die Einheitengruppe.

Es seien $\mathfrak{Q}_1$ und $\mathfrak{Q}_2$ beide mit $\mathfrak{S}$ äquivalent, also $\mathfrak{Q}_1 = \mathfrak{S}[\mathfrak{U}^{-1}]$, $\mathfrak{Q}_2 = \mathfrak{S}[\mathfrak{B}^{-1}]$, $\mathfrak{U} \in \Gamma$, $\mathfrak{B} \in \Gamma$. Es mögen $\mathfrak{Q}_1$ und $\mathfrak{Q}_2$ beide vom Typus $\{\kappa\}$ sein. Gibt es eine Matrix $\mathfrak{W} \in \Gamma_\kappa$ mit $\mathfrak{Q}_2 = \mathfrak{Q}_1[\mathfrak{W}]$, so sollen $\mathfrak{Q}_1$ und $\mathfrak{Q}_2$ bezüglich Γ_κ äquivalent heissen; es braucht dann aber nicht $\mathfrak{U} = \mathfrak{W}\mathfrak{B}$ zu sein.

Wir zeigen, dass für diese Äquivalenzbeziehung nur endlich viele Klassen bestehen. Dazu genügt es, bei gegebenem $\mathfrak{Q}_1$ die unimodulare Matrix $\mathfrak{W}$ aus Γ_κ so zu bestimmen, dass die Elemente von $\mathfrak{Q}_2 = \mathfrak{Q}_1[\mathfrak{W}]$ zwischen Schranken liegen, die nur von n und d abhängen. Sei α irgend ein Grenzpunkt vom Typus $\{\kappa\}$ auf $\bar{H}(\mathfrak{Q}_1)$ und $\mathfrak{H}_1 \Rightarrow \alpha$, $\mathfrak{H}_1 \in H(\mathfrak{Q}_1)$. Man wähle $\mathfrak{W}$ derart, dass $\mathfrak{H}_1[\mathfrak{W}]$ reduziert ist; nach dem Resultat des sechsten Abschnitts kann man dann $\mathfrak{W} \in \Gamma_\kappa$ annehmen. Aus (80) mit $\mathfrak{H}_1[\mathfrak{W}]$, $\mathfrak{Q}_1[\mathfrak{W}]$ anstelle von $\mathfrak{H}$, $\mathfrak{S}$ folgt wegen Satz 1 die Beschränktheit von $\mathfrak{Q}_1[\mathfrak{W}] = \mathfrak{Q}_2$, wie behauptet war. Weiterhin seien die Repräsentanten $\mathfrak{Q}_1,\ldots, \mathfrak{Q}_g$ der sämtlichen Klassen bezüglich Γ_κ fest gewählt, ebenfalls die unimodularen Matrizen $\mathfrak{U}_l$ mit $\mathfrak{S} = \mathfrak{Q}_l[\mathfrak{U}_l]$ für $l = 1,\ldots, g$. Ist dann auch $\mathfrak{Q}_l[\mathfrak{U}] = \mathfrak{S}$, so wird $\mathfrak{S}[\mathfrak{U}_l^{-1}\mathfrak{U}] = \mathfrak{S}$, also $\mathfrak{U} = \mathfrak{U}_l\mathfrak{F}$, $\mathfrak{S}[\mathfrak{F}] = \mathfrak{S}$; und umgekehrt folgt aus $\mathfrak{S}[\mathfrak{F}] = \mathfrak{S}$ und $\mathfrak{U} = \mathfrak{U}_l\mathfrak{F}$ wieder $\mathfrak{S}[\mathfrak{U}_l^{-1}] = \mathfrak{S}[\mathfrak{U}^{-1}]$. Der Durchschnitt von $\Omega(\mathfrak{S})$ und Γ heisst die Einheitengruppe $\Gamma(\mathfrak{S})$ und ihre Elemente sind die Einheiten von $\mathfrak{S}$. Die Darstellung $\mathfrak{H} \rightarrow \mathfrak{H}[\mathfrak{F}]$ von $\Gamma(\mathfrak{S})$ ist im Wirkungsraume $H(\mathfrak{S})$ diskontinuierlich; dabei ist jedoch zu beachten, dass $\mathfrak{F}$ und $-\mathfrak{F}$ dieselbe Abbildung liefern. Durch Identifikation der bezüglich $\Gamma(\mathfrak{S})$ äquivalenten Punkte von $H(\mathfrak{S})$ entsteht der Raum $H(\mathfrak{S})/\Gamma(\mathfrak{S})$, der mit $J = J(\mathfrak{S})$ bezeichnet werden möge. Zwei Punkte $\mathfrak{P}$ und $\mathfrak{Q}$ von H haben also genau dann denselben Spurpunkt auf J, wenn es eine Einheit $\mathfrak{F}$ mit $\mathfrak{Q} = \mathfrak{P}[\mathfrak{F}]$

gibt; sie mögen dann assoziiert heissen. Diese Definition überträgt sich sinngemäss auf die idealen Punkte von H^*.

Nun sei $\alpha_{\mathfrak{B}}$ ein idealer Punkt von $H^*(\mathfrak{S})$. Der zugehörige symmetrische Typus sei $\{\kappa\}$ und C die Rechtsklasse $\Gamma_\kappa \mathfrak{B}$. Ferner sei $\mathfrak{S}[\mathfrak{B}^{-1}]$ zu $\mathfrak{Q}_l$ bezüglich Γ_κ äquivalent, also

$$\mathfrak{S}[\mathfrak{B}^{-1}] = \mathfrak{Q}_l[\mathfrak{W}], \qquad \mathfrak{W} \in \Gamma_\kappa, \qquad \mathfrak{U} = \mathfrak{W}\mathfrak{B}, \qquad \mathfrak{S}[\mathfrak{U}^{-1}] = \mathfrak{Q}_l = \mathfrak{S}[\mathfrak{U}_l^{-1}]$$

und

$$\mathfrak{U} = \mathfrak{U}_l \mathfrak{F}, \qquad \mathfrak{F} \in \Gamma(\mathfrak{S}), \qquad \mathfrak{U}_l \mathfrak{F} = \mathfrak{W}\mathfrak{B}.$$

Bedeutet C_l die Rechtsklasse $\Gamma_\kappa \mathfrak{U}_l$, so ist demnach $C_l \mathfrak{F} = C$ mit einer Einheit $\mathfrak{F}$ von $\mathfrak{S}$. Wir nennen dann auch die Klassen C und C_l assoziiert. Die Anzahl der nicht-assoziierten Klassen idealer Punkte von H^* ist also für jeden einzelnen Typus $\{\kappa\}$ endlich und zwar gleich der Anzahl g der Klassen der $\mathfrak{Q}_1,\ldots,\mathfrak{Q}_g$. Setzt man $\alpha = \beta_{\mathfrak{W}}$, so ist $\alpha_{\mathfrak{B}} = \beta_{\mathfrak{U}_l \mathfrak{F}}$ assoziiert zu dem idealen Punkt $\beta_{\mathfrak{U}_l}$ aus der bestimmten Klasse C_l. Es ist jetzt noch zu untersuchen, welche Punkte gleicher Klasse assoziiert sind.

Es sei also $\alpha_{\mathfrak{U}_l} = \beta_{\mathfrak{U}_l \mathfrak{F}}$. Dann ist aber

$$\mathfrak{U}_l \mathfrak{F} \mathfrak{U}_l^{-1} = \mathfrak{W} \in \Gamma_\kappa, \qquad \alpha = \beta_{\mathfrak{W}}, \qquad \mathfrak{Q}_l[\mathfrak{W}] = \mathfrak{Q}_l,$$

und umgekehrt. Wir haben deshalb jetzt die Äquivalenz der Grenzpunkte von $\bar{H}(\mathfrak{Q}_l)$ bezüglich des Durchschnitts $\Gamma(\mathfrak{Q}_l) \cap \Gamma_\kappa = \Gamma_\kappa(\mathfrak{Q}_l)$ näher zu studieren, und zunächst diese Gruppe $\Gamma_\kappa(\mathfrak{Q}_l)$ selber. Wir nehmen dazu an, dass $\mathfrak{S}$ bereits vom Typus $\{\kappa\}$ ist und ersetzen $\mathfrak{Q}_l$ durch $\mathfrak{S}$. Sei nun $\mathfrak{W} \in \Gamma_\kappa(\mathfrak{S})$; dann ist

$$\bar{\mathfrak{S}}[\mathfrak{B}\mathfrak{W}\mathfrak{B}^{-1}] = \bar{\mathfrak{S}}.$$

Setzt man noch

$$\mathfrak{B}\mathfrak{W}\mathfrak{B}^{-1} = \hat{\mathfrak{W}}\mathfrak{C},$$

wobei also nach der früher eingeführten Bezeichnung $\hat{\mathfrak{W}}$ den Diagonalteil von $\mathfrak{W}$ bedeutet, so ist offenbar $\mathfrak{C}$ eine Dreiecksmatrix des Typus $\{\kappa\}$, und aus der Eindeutigkeit der verallgemeinerten Jacobischen Transformation folgt wieder

$$\bar{\mathfrak{S}}[\hat{\mathfrak{W}}] = \bar{\mathfrak{S}}, \qquad \bar{\mathfrak{S}}[\mathfrak{C}] = \bar{\mathfrak{S}}.$$

Die erste Gleichung besagt

$$\mathfrak{W}_p' \mathfrak{S}_p \mathfrak{W}_q = \mathfrak{S}_p \quad (p+q = r+1).$$

Daher ist die Matrix $\mathfrak{W}_p$ für $p = 1,\ldots,\nu-1$ unimodular so zu bestimmen, dass

$$\mathfrak{S}_p^{-1} \mathfrak{W}_p' \mathfrak{S}_p = \mathfrak{W}_q^{-1} \quad (q = r+1-p)$$

ganz wird, und im Falle $j_\nu > 0$ muss $\mathfrak{W}_\nu$ in der Einheitengruppe $\Gamma(\mathfrak{S}_\nu)$

gewählt werden. Für die Lösung $\mathfrak{C}$ der zweiten Gleichung haben wir die Parameterdarstellung

$$\mathfrak{C} = \frac{\mathfrak{E}+\mathfrak{A}\bar{\mathfrak{S}}}{\mathfrak{E}-\mathfrak{A}\bar{\mathfrak{S}}} = \mathfrak{E}+2\sum_{p=1}^{r-1}(\mathfrak{A}\bar{\mathfrak{S}})^p$$

mit alternierendem $\mathfrak{A} = (\mathfrak{A}_{pq})$, $\mathfrak{A}_{pq} = 0$ $(p+q > r)$. Dabei ist noch $\mathfrak{A}$ bei gegebenem $\tilde{\mathfrak{W}}$ so zu wählen, dass die Matrix $\mathfrak{W} = \mathfrak{B}^{-1}\tilde{\mathfrak{W}}\mathfrak{C}\mathfrak{B}$ ganz wird.

Nach (71) ist $2d\mathfrak{B}$ ganz; ferner ist

$$\mathfrak{B}^{-1} = (\mathfrak{E}-(\mathfrak{E}-\mathfrak{B}))^{-1} = \mathfrak{E}+\sum_{p=1}^{r-1}(\mathfrak{E}-\mathfrak{B})^p,$$

also $(2d)^{r-1}\mathfrak{B}^{-1}$ ganz. Ist nun $\mathfrak{W} = \mathfrak{W}_0$ gegeben, dann ist auch $\tilde{\mathfrak{W}}_0$ ganz, und für

$$\mathfrak{C}_0 = \tilde{\mathfrak{W}}_0^{-1}\mathfrak{B}\mathfrak{W}_0\mathfrak{B}^{-1}$$

ist jedenfalls $(2d)^r\mathfrak{C}_0$ ganz. Endlich ist

$$\mathfrak{A}_0 = -\sum_{p=1}^{r-1}\left(\frac{\mathfrak{E}-\mathfrak{C}_0}{2}\right)^p\bar{\mathfrak{S}}^{-1},$$

also die Matrix $t\mathfrak{A}_0$ ganz, wenn

$$t = 2^{r-2}(2d)^{r^2-r+1}$$

gewählt wird. Schliesslich sei

$$f = (2d)^r t^{r-2}$$

und

$$\mathfrak{A} \equiv \mathfrak{A}_0 (\mathrm{mod}\, f), \qquad \tilde{\mathfrak{W}} \equiv \tilde{\mathfrak{W}}_0 (\mathrm{mod}\, f).$$

Dann ist sicher

$$\mathfrak{C} \equiv \mathfrak{C}_0 (\mathrm{mod}(2d)^r), \qquad \mathfrak{W} = \mathfrak{B}^{-1}\tilde{\mathfrak{W}}\mathfrak{C}\mathfrak{B} \equiv \mathfrak{W}_0 (\mathrm{mod}\, 1),$$

und die mit $\mathfrak{A}, \tilde{\mathfrak{W}}$ gebildete Matrix $\mathfrak{W}$ gehört zu $\Gamma_\varepsilon(\mathfrak{S})$. Man hat also nur die endlich vielen Restklassen von $\mathfrak{A}_0$ und $\tilde{\mathfrak{W}}_0$ modulo f zu ermitteln, die bei $\mathfrak{W}_0 \in \Gamma_\varepsilon(\mathfrak{S})$ möglich sind. Insbesondere liefert die Wahl $\mathfrak{A} \equiv 0 (\mathrm{mod}\, f)$, $\tilde{\mathfrak{W}} \equiv \mathfrak{E} (\mathrm{mod}\, f)$ stets ein zulässiges $\mathfrak{W}$.

Ist nun

$$\mathfrak{A}_1 \equiv 0 (\mathrm{mod}\, f), \quad \mathfrak{A}_2 \equiv 0 (\mathrm{mod}\, f), \quad \tilde{\mathfrak{W}}_1 \equiv \mathfrak{E} (\mathrm{mod}\, df), \quad \tilde{\mathfrak{W}}_2 \equiv \mathfrak{E} (\mathrm{mod}\, df),$$

so bilde man $\mathfrak{W} = \mathfrak{W}_1\mathfrak{W}_2$. Es wird dann

$$\tilde{\mathfrak{W}} = \tilde{\mathfrak{W}}_1\tilde{\mathfrak{W}}_2 \equiv \mathfrak{E} (\mathrm{mod}\, df), \qquad \tilde{\mathfrak{W}}_1\mathfrak{C}_1\tilde{\mathfrak{W}}_2\mathfrak{C}_2 = \tilde{\mathfrak{W}}\mathfrak{C},$$

$$\mathfrak{C} = \tilde{\mathfrak{W}}_2^{-1}\mathfrak{C}_1\tilde{\mathfrak{W}}_2\mathfrak{C}_2 = \tilde{\mathfrak{W}}_2^{-1}\frac{\mathfrak{E}+\mathfrak{A}_1\bar{\mathfrak{S}}}{\mathfrak{E}-\mathfrak{A}_1\bar{\mathfrak{S}}}\tilde{\mathfrak{W}}_2\frac{\mathfrak{E}+\mathfrak{A}_2\bar{\mathfrak{S}}}{\mathfrak{E}-\mathfrak{A}_2\bar{\mathfrak{S}}}$$

$$\equiv \mathfrak{E}+2(\mathfrak{A}_1+\mathfrak{A}_2)\bar{\mathfrak{S}} \quad (\mathrm{mod}\, 2df),$$

also

$$\mathfrak{A} = -\sum_{p=1}^{r-1}\left(\frac{\mathfrak{E}-\mathfrak{C}}{2}\right)^{p}\bar{\mathfrak{S}}^{-1} \equiv 0 \quad (\mathrm{mod}\, f).$$

Daher wird durch die Vorschriften

$$\mathfrak{A} \equiv 0 (\mathrm{mod}\, f), \qquad \bar{\mathfrak{W}} \equiv \mathfrak{E} (\mathrm{mod}\, df)$$

eine Untergruppe von $\Gamma_\varkappa(\mathfrak{S})$ definiert, die von endlichem Index ist. Man beachte noch, dass die Elemente von $\Gamma_\varkappa(\mathfrak{S})$ mit $\bar{\mathfrak{W}} = \mathfrak{E}$ eine invariante Untergruppe bilden, wobei die Faktorgruppe gerade die Gruppe der $\bar{\mathfrak{W}}$ selber ist.

Jetzt wenden wir uns zur Untersuchung der Abbildungen $\mathfrak{H}^* = \mathfrak{H}[\mathfrak{W}]$, $\mathfrak{W} \in \Gamma_\varkappa(\mathfrak{S})$. Da wir für $\mathfrak{H}$ die im dreizehnten Abschnitt gewonnene Parameterdarstellung benötigen, bei welcher die Matrizen $\mathfrak{C}$ und $\mathfrak{A}$ bereits in verändertem Zusammenhang auftraten, so werde dort $\mathfrak{C}$ und $\mathfrak{A}$ durch $\bar{\mathfrak{C}}$ und $\bar{\mathfrak{A}}$ ersetzt. Ist dann also

$$\mathfrak{H} = \bar{\mathfrak{H}}[\mathfrak{D}], \qquad \mathfrak{D}\mathfrak{B}^{-1} = \bar{\mathfrak{C}}, \qquad \mathfrak{H}^* = \bar{\mathfrak{H}}^*[\mathfrak{D}^*], \qquad \mathfrak{D}^*\mathfrak{B}^{-1} = \mathfrak{C}^*$$

und wieder

$$\mathfrak{W} = \mathfrak{B}^{-1}\bar{\mathfrak{W}}\mathfrak{C}\mathfrak{B},$$

so wird

$$\mathfrak{H}[\mathfrak{W}] = \bar{\mathfrak{H}}[\bar{\mathfrak{C}}\bar{\mathfrak{W}}\mathfrak{C}\mathfrak{B}] = \bar{\mathfrak{H}}^*[\mathfrak{D}^*]$$

mit

$$\mathfrak{D}^*\mathfrak{B}^{-1} = \mathfrak{C}^* = \bar{\mathfrak{W}}^{-1}\bar{\mathfrak{C}}\bar{\mathfrak{W}}\mathfrak{C}, \qquad \bar{\mathfrak{H}}^* = \bar{\mathfrak{H}}[\bar{\mathfrak{W}}]$$

und folglich

$$(83) \qquad \mathfrak{H}_p^* = \mathfrak{H}_p[\mathfrak{W}_p] \quad (p = 1, \ldots, r),$$

$$(84) \qquad \mathfrak{A}^* = \frac{\mathfrak{C}^*-\mathfrak{E}}{\mathfrak{C}^*+\mathfrak{E}}\bar{\mathfrak{S}}^{-1}, \qquad \mathfrak{C}^* = \bar{\mathfrak{W}}^{-1}\frac{\mathfrak{E}+\bar{\mathfrak{A}}\bar{\mathfrak{S}}}{\mathfrak{E}-\bar{\mathfrak{A}}\bar{\mathfrak{S}}}\bar{\mathfrak{W}}\frac{\mathfrak{E}+\mathfrak{A}\bar{\mathfrak{S}}}{\mathfrak{E}-\mathfrak{A}\bar{\mathfrak{S}}}.$$

Es soll gezeigt werden, dass bei gegebenen $\bar{\mathfrak{A}}$ und $\bar{\mathfrak{W}}$ stets die Matrix $(\mathfrak{A}_{pq}) = \mathfrak{A} \equiv 0 (\mathrm{mod}\, f)$ so gewählt werden kann, dass $(\mathfrak{A}_{pq}^*) = \mathfrak{A}^*$ beschränkt ist. Nach (84) hängt nämlich die Differenz $\mathfrak{A}_{pq}^* - \mathfrak{A}_{pq}$ nur von den $\mathfrak{A}_{kl}$ mit $k+l > p+q$ ab. Also lassen sich tatsächlich die $\mathfrak{A}_{pq} \equiv 0$ $(\mathrm{mod}\, f)$ rekursiv nach fallenden Werten der Indexsumme $p+q$ so bestimmen, dass die $\mathfrak{A}_{pq}^*$ beschränkt sind, wie behauptet worden war. Diese Bemerkung ist nützlich, wenn man einen Fundamentalbereich für $\Gamma_\varkappa(\mathfrak{S})$ auf der Grenzpunktmenge $H_\varkappa(\mathfrak{S})$ festlegen will. Dabei ist noch zu beachten, dass die Transformation (83) vermöge (81) sofort in die entsprechende für $\mathfrak{R}_p$ übergeht, während (84) direkt für die Koordinaten $\bar{\mathfrak{A}}$ und $\mathfrak{A}^*$ im Grenzpunkte gilt.

Man kann nun ohne wesentliche Schwierigkeit die im siebenten Abschnitt gegebene Definition des normalen Fundamentalbereichs $N_\varkappa$ bezüglich Γ_ε sinngemäss auf die Gruppe $\Gamma_\varepsilon(\mathfrak{S})$ übertragen, indem man die oben gewonnenen Ergebnisse über die Eigenschaften dieser Gruppe heranzieht. Man kommt andererseits aber auch direkt zu einem solchen Fundamentalbereich für $\Gamma_\varepsilon(\mathfrak{S})$ durch Anwendung der Reduktionstheorie. Für jedes unimodulare $\mathfrak{U}$ sei $R(\mathfrak{S}, \mathfrak{U})$ der durch die beiden Bedingungen $\mathfrak{H} \in H$, $\mathfrak{H}[\mathfrak{U}^{-1}] \in R$ definierte Teil des Wirkungsraumes $H(\mathfrak{S})$. Ist dabei $R(\mathfrak{S}, \mathfrak{U})$ nicht leer, so ist nach Definition $\mathfrak{S}[\mathfrak{U}^{-1}] = \mathfrak{Z}$ reduziert und ausserdem nach dem wiederholt verwendeten Schluss beschränkt. Man wähle alle so auftretenden Möglichkeiten $\mathfrak{Z}_1, \mathfrak{Z}_2, \ldots, \mathfrak{Z}_h$ für $\mathfrak{Z}$, und es sei dabei $\mathfrak{S}[\mathfrak{V}_k^{-1}] = \mathfrak{Z}_k$ mit festem unimodularen $\mathfrak{V}_k$; ferner sei $R(\mathfrak{S})$ die Vereinigungsmenge der $R(\mathfrak{S}, \mathfrak{V}_k)$. Für $\mathfrak{S}[\mathfrak{U}^{-1}] = \mathfrak{Z} = \mathfrak{Z}_k$ folgt dann $\mathfrak{V}_k^{-1}\mathfrak{U} = \mathfrak{F} \in \Gamma(\mathfrak{S})$, $\mathfrak{U} = \mathfrak{V}_k\mathfrak{F}$ und umgekehrt, während die Abbildung $\mathfrak{H} \to \mathfrak{H}[\mathfrak{F}]$ den Bereich $R(\mathfrak{S}, \mathfrak{U})$ in $R(\mathfrak{S}, \mathfrak{V}_k)$ überführt. Daher ist $R(\mathfrak{S})$ ein Fundamentalbereich für $\Gamma(\mathfrak{S})$ auf $H(\mathfrak{S})$, also ein Modell von $J(\mathfrak{S})$.

Jeder ideale Punkt des Teilraumes $R(\mathfrak{S}, \mathfrak{V}_k)$ ist von der Form $\alpha_{\mathfrak{V}_k}$, wobei α ein Grenzpunkt auf $\bar{R}$ ist. Bedeutet $\{\kappa\}$ den Typus von α, so ist auch $\mathfrak{Z}_k$ vom Typus $\{\kappa\}$. Es sei etwa $\mathfrak{Z}_k$ bezüglich Γ_ε äquivalent mit $\mathfrak{Q}_l$, also $\mathfrak{Q}_l = \mathfrak{Z}_k[\mathfrak{W}_k]$, $\mathfrak{W}_k \in \Gamma_\varepsilon$; dann ist

$$\mathfrak{V}_k^{-1}\mathfrak{W}_k\mathfrak{U}_l = \mathfrak{F}_k \in \Gamma(\mathfrak{S})$$

und

$$\alpha_{\mathfrak{V}_k\mathfrak{F}_k} = \beta_{\mathfrak{U}_l} \tag{85}$$

mit $\beta = \alpha_{\mathfrak{W}_k}$. Dabei ist $\beta_{\mathfrak{U}_l}$ ein idealer Punkt von $H^*(\mathfrak{S})$ aus der Klasse $C_l = \Gamma_\varepsilon\mathfrak{U}_l$. Man nehme nun die sämtlichen $\mathfrak{Z}_k$, die mit $\mathfrak{Q}_l$ bezüglich Γ_ε äquivalent sind, und bilde die Menge der Punkte $\beta_{\mathfrak{U}_l}$, die vermöge (85) zu den idealen Punkten der entsprechenden Bereiche $R(\mathfrak{S}, \mathfrak{Z}_k)$ assoziiert sind. Diese liefern dann einen Fundamentalbereich für den Durchschnitt der Gruppen $\Gamma(\mathfrak{S})$ und $\mathfrak{U}_l^{-1}\Gamma_\varepsilon\mathfrak{U}_l$, also im Falle $\mathfrak{Q}_l = \mathfrak{S}$ für die Gruppe $\Gamma_\varepsilon(\mathfrak{S})$ selber, und die Menge der Punkte β ist offenbar ein Fundamentalbereich für $\Gamma_\varepsilon(\mathfrak{Q}_l)$ auf $H_\varepsilon(\mathfrak{Q}_l)$. Damit sind zugleich die sämtlichen idealen Punkte von $J = H(\mathfrak{S})/\Gamma(\mathfrak{S})$ bestimmt. Für jeden symmetrischen Typus ergeben sich soviel zusammenhängende Bereiche idealer Punkte von J, wie die Anzahl der nicht-assoziierten Klassen C_l angibt, und diese war gleich der Anzahl g der Repräsentanten $\mathfrak{Q}_1, \ldots, \mathfrak{Q}_g$. Aus den früheren Untersuchungen über die Distanz ist ersichtlich, dass ideale Punkte von J aus nicht-assoziierten Klassen stets unendlichen Abstand haben.

17. Nulldarstellungen.

Es sei $\mathfrak{V}$ unimodular und $\mathfrak{S}[\mathfrak{V}]$ vom symmetrischen Typus $\{\kappa\} = \{\kappa_1, \ldots, \kappa_{r-1}\}$ mit ungeradem $r = 2\nu - 1 > 1$. Wir setzen $\kappa_{r-1} = j$ und führen mit $\nu-1$, j anstelle von r, n noch den verkürzten Typus $\{\hat{\kappa}\} = \{\kappa_1,\ldots,\kappa_{\nu-2}\}$ ein. Dabei ist stets $2j \leqq n$ und $2j = n$ nur im Falle $\kappa_{\nu-1} = \kappa_\nu$. Sind nun $\mathfrak{u}_1,\ldots,\mathfrak{u}_j$ die ersten j Spalten der Matrix $\mathfrak{B}$, dann ist

$$\mathfrak{u}_k'\mathfrak{S}\mathfrak{u}_l = 0 \quad (k = 1,\ldots,\kappa_p;\ l = 1,\ldots,\kappa_q;\ p+q = r),$$

und insbesondere gilt dies für die Indizes k, $l = 1,\ldots,j$.

Umgekehrt werde nun nur

$$\mathfrak{u}_k'\mathfrak{S}\mathfrak{u}_l = 0 \quad (k = 1,\ldots,j;\ l = 1,\ldots,j) \tag{86}$$

vorausgesetzt, wobei die Matrix $(\mathfrak{u}_1 \cdots \mathfrak{u}_j)$ primitiv sei. Wir können sie dann zu einer unimodularen Matrix $\mathfrak{U}_0$ ergänzen, und allgemeiner erhält man durch den Ansatz

$$\mathfrak{U} = \mathfrak{U}_0\begin{pmatrix}\mathfrak{E} & \mathfrak{G}\\ 0 & \mathfrak{B}\end{pmatrix}$$

mit unimodularem $\mathfrak{B}$ von $n-j$ Reihen und ganzem $\mathfrak{G}$ jede solche Matrix. Zufolge (86) wird

$$\mathfrak{S}[\mathfrak{U}_0] = \begin{pmatrix}0 & \mathfrak{K}\\ \mathfrak{K}' & *\end{pmatrix}, \qquad \mathfrak{S}[\mathfrak{U}] = \begin{pmatrix}0 & \mathfrak{K}\mathfrak{B}\\ (\mathfrak{K}\mathfrak{B})' & *\end{pmatrix}$$

mit ganzem $\mathfrak{K}$ von j Zeilen und $n-j$ Spalten. Bekanntlich lässt sich nun die unimodulare Matrix $\mathfrak{B}$ so bestimmen, dass

$$\mathfrak{K}\mathfrak{B} = (0 \quad \mathfrak{M})$$

wird, mit einer Matrix $\mathfrak{M}$ von j Reihen, die oberhalb der Nebendiagonalen lauter Nullen enthält. Dann ist aber $\mathfrak{S}[\mathfrak{U}]$ gewiss vom Typus $\{\kappa\}$, ja sogar von dem darin enthaltenen symmetrischen Typus $\{1,2,\ldots,j,n-j,$ $n-j+1,\ldots,n-1\}$.

Man wähle jetzt $\mathfrak{W} \in \Gamma_\kappa$, so dass $\mathfrak{S}[\mathfrak{U}\mathfrak{W}^{-1}]$ gleich dem Klassenrepräsentanten bezüglich Γ_κ wird, also etwa $\mathfrak{S}[\mathfrak{U}\mathfrak{W}^{-1}] = \mathfrak{Q}_l = \mathfrak{S}[\mathfrak{U}_l^{-1}]$. Es folgt $\mathfrak{U}\mathfrak{W}^{-1}\mathfrak{U}_l = \mathfrak{F} \in \Gamma(\mathfrak{S})$ und $\mathfrak{U} = \mathfrak{F}\mathfrak{U}_l^{-1}\mathfrak{W}$. Es mögen noch $\mathfrak{P}$ und $\mathfrak{P}_l$ die aus den ersten j Spalten von $\mathfrak{U}$ und $\mathfrak{U}_l^{-1}$ gebildeten Matrizen bedeuten; ferner sei $\hat{\mathfrak{W}}$ mit den ersten j Reihen von $\mathfrak{W}$ gebildet. Dann wird $\mathfrak{P} = \mathfrak{F}\mathfrak{P}_l\hat{\mathfrak{W}}$. Allgemeiner werden für den gegebenen Wert von j sämtliche primitiven Matrizen $\mathfrak{P}$ mit j Spalten betrachtet, für welche die Gleichung $\mathfrak{S}[\mathfrak{P}] = 0$ erfüllt ist. Zwei solche Nulldarstellungen $\mathfrak{P}$ und $\mathfrak{P}^*$ mögen assoziiert vom Typus $\{\hat{\kappa}\}$ heissen, wenn

$$\mathfrak{P} = \mathfrak{F}\mathfrak{P}^*\hat{\mathfrak{W}}, \qquad \mathfrak{F} \in \Gamma(\mathfrak{S}), \qquad \hat{\mathfrak{W}} \in \Gamma_{\hat{\kappa}}$$

gilt. Jede Nulldarstellung $\mathfrak{P}$ ist dann nach dem Vorhergehenden zu genau einer Nulldarstellung $\mathfrak{P}_l (l = 1,\ldots,g)$ vom Typus $\{\hat{\kappa}\}$ assoziiert. Folglich sind für jeden gekürzten Typus $\{\hat{\kappa}\}$ die Klassen assoziierter Nulldarstellung umkehrbar eindeutig den Rechtsklassen $C_l = \Gamma_\kappa\mathfrak{U}_l (l = 1,\ldots,g)$ zugeordnet und damit auch den getrennten Gebieten, welchen die idealen Punkte von $J(\mathfrak{S})$ angehören.

Der grösste Wert von j bei gegebenem $\mathfrak{S}$ werde mit b bezeichnet. Da $\mathfrak{S}$ die Signatur $m, n-m$ hat und $m \leqq n-m$ vorausgesetzt wurde, so ist stets $j \leqq b \leqq m$. Nach dem MEYERschen Satze ist dabei entweder $b = m$ oder aber $\frac{n}{2}-2 \leqq b < m$. Ist ferner $j < b$, so lassen sich unter Benutzung des WITTschen Satzes zu den j Spalten $\mathfrak{u}_k (k = 1,\dots,j)$ in (86) weitere $b-j$ Spalten derart bestimmen, dass die Matrix $(\mathfrak{u}_1 \cdots \mathfrak{u}_b)$ wieder primitiv wird und nun (86) mit b statt j gilt. Man kann dann also umgekehrt die Nulldarstellungen mit j Spalten aus denen mit b Spalten gewinnen, indem man die letzten $b-j$ Spalten streicht. Dies lässt sich wiederum durch einen entsprechenden Sachverhalt für die idealen Punkte von $J(\mathfrak{S})$ interpretieren; doch soll darauf nicht weiter eingegangen werden.

18. Die Endlichkeit des Volumens des Fundamentalbereichs.

Da der Fundamentalbereich $R(\mathfrak{S})$ aus den endlich vielen Stücken $R(\mathfrak{S}, \mathfrak{B}_k)$ zusammengesetzt ist, so genügt es, die Endlichkeit des Volumens von $H(\mathfrak{S}) \cap R$ zu beweisen. Wegen der Kompaktheit von $\bar{R}$ genügt es ferner, die Endlichkeit des Volumens von $H(\mathfrak{S}) \cap U(\alpha)$ zu beweisen, wobei $U(\alpha) = U$ eine Umgebung eines Grenzpunktes α auf $\bar{R}$ bedeutet. Der Typus von α sei $\{\kappa\}$ mit $r = 2\nu-1 > 1$, und es werde wieder $\kappa_{\nu-1} = j$ gesetzt. Wir führen die Koordinaten $\mathfrak{H}_1, \mathfrak{H}_2, \mathfrak{A}$ mit $r = 3$ und $j_1 = j$ ein, die als Beispiel im dreizehnten Abschnitt behandelt waren. Dabei sind dann $\mathfrak{H}_2$ und $\mathfrak{A}$ auf U beschränkt, während $\mathfrak{H}_1$ zufolge (72) daselbst reduziert ist. Für $\mathfrak{H} \Rightarrow \alpha$ geht die Matrix $\mathfrak{H}_1$ gegen 0. Setzt man $\mathfrak{H}_1 = (h_{kl})$, $h_{kk} = h_k$ $(k = 1,\dots,j)$, so kann man auf U die Ungleichung $h_j < 1$ annehmen.

Führt man nach (76) die unabhängigen Variabeln $\mathfrak{F}$ und $\mathfrak{G}$ ein, so bleiben diese auf U ebenfalls beschränkt. Zufolge (79) handelt es sich also nur noch um den Nachweis der Konvergenz des Integrales von $|\mathfrak{H}_1|^{\frac{n}{2}-j-1}\{\mathfrak{H}_1\}$, das über alle reduzierten $\mathfrak{H}_1$ mit $h_j < 1$ zu erstrecken ist. Für die Elemente $h_{kl} (1 \leqq k \leqq l \leqq j)$ von $\mathfrak{H}_1$ gilt dann aber

$$-h_k \leqq 2h_{kl} \leqq h_k \quad (k < l), \qquad 0 < h_1 \leqq h_2 \leqq \cdots \leqq h_j,$$

und ferner ist bekanntlich der Ausdruck $h_1 \cdots h_j |\mathfrak{H}_1|^{-1}$ im reduzierten Raum R_j beschränkt. Also genügt es, die Konvergenz des Integrales von

$$(h_1 \cdots h_j)^{\frac{n}{2}-j-1}(h_1^{j-1} h_2^{j-2} \cdots h_{j-1})\, dh_1 \cdots dh_j \quad (0 < h_1 < h_2 < \cdots < h_j < 1)$$

zu beweisen. Substituiert man darin noch $h_k/h_{k+1} = y_k (k = 1,\ldots,j-1)$, $h_j = y_j$, so wird der Integrand das Produkt der j Ausdrücke

$$y_l^{\frac{l}{2}(n-l-1)-1}\,dy_l \quad (0 < y_l < 1;\ l = 1,\ldots,j).$$

Nun ist aber $\frac{l}{2}(n-l-1) > 0$ ausser für $l=j=n-1$, und dieser Ausnahmefall tritt nur für $j = b = m = n-1 = 1$ ein, also bei einer zerlegbaren binären quadratischen Form $\mathfrak{S}[\mathfrak{x}] = x_2(2s_{12}x_1 + s_{22}x_2)$. Damit ist in jedem anderen Falle die Endlichkeit des Volumens von $J(\mathfrak{S})$ gezeigt, während im genannten Ausnahmefall trivialerweise Divergenz vorliegt.

73.

Zur Bestimmung des Volumens des Fundamentalbereichs der unimodularen Gruppe

Mathematische Annalen 137 (1959), 427—432

1. In einer vor längerer Zeit erschienenen Arbeit [1] habe ich die Berechnung des Volumens des Fundamentalbereichs der unimodularen Gruppe n-ten Grades zurückgeführt auf die Ermittlung eines Residuums der Zetafunktion des Ringes der n-reihigen Matrizen über dem rationalen Zahlkörper. Dort ist auch die Verallgemeinerung auf beliebige algebraische Zahlkörper behandelt. Dieses Verfahren ist prinzipiell recht befriedigend, da es die sinngemäße Übertragung der Dirichletschen Methode zur Bestimmung der Klassenzahl darstellt. Doch ist der Text jener Arbeit in einem wesentlichen Punkte zu berichtigen, da auf Seite 211 zwei Integrale eingeführt werden, die in Wahrheit beide divergent sind und erst durch Bildung der Differenz wieder zu einer analytischen Funktion führen. Die Korrektur des Fehlschlusses ist dann keineswegs so einfach, wie man zunächst in Gedanken an die Renormalisierung in physikalischen Untersuchungen glauben möchte, und benötigt genauere Abschätzungen unendlicher Reihen. Da in der Literatur auch sonst bei verwandten Fragen ähnliche Lücken [2] [3] [4] aufgetreten sind, so erscheint es nicht überflüssig, nunmehr die Methode in exakter Form darzulegen.

Bekanntlich ist das betreffende Volumen zuerst von MINKOWSKI [5] bestimmt worden, wobei komplizierte Grenzübergänge durchzuführen waren. Auch in der folgenden Herleitung der Minkowskischen Formel treten ziemlich mühsame Fehlerabschätzungen auf; doch schließt sich eben die eigentliche Idee direkt der klassischen analytischen Zahlentheorie an. Mein anderer Beweis [6] wäre wohl dennoch wegen der Kürze vorzuziehen.

Die Übertragung auf die unimodulare Gruppe in algebraischen Zahlkörpern dürfte wegen der Humbertschen Resultate [7] keinerlei Schwierigkeiten machen.

2. Mit der Riemannschen Funktion $\zeta(s)$ sei

$$\xi(s) = \pi^{-\frac{s}{2}} \Gamma\left(\frac{s}{2}\right) \zeta(s) .$$

Ferner sei $\mathfrak{X} = (x_{kl})$ die Matrix einer positiv definiten quadratischen Form von n Variablen und

$$f(\mathfrak{X}) = \sum_{|\mathfrak{A}| \neq 0} e^{-\pi \sigma(\mathfrak{X}[\mathfrak{A}])} ,$$

worin $\mathfrak{A}$ alle ganzen n-reihigen Matrizen mit $|\mathfrak{A}| \neq 0$ durchläuft. Bedeutet R

den Raum der reduzierten $\mathfrak{X}$, so gilt

$$2\prod_{k=0}^{n-1}\xi(s+k)=\int_R |\mathfrak{X}|^{\frac{s}{2}-1} f(\mathfrak{X})\,d\mathfrak{X} \qquad (s>1).$$

Der Beweis dieser Formel findet sich in meiner genannten Arbeit und macht übrigens wegen der absoluten Konvergenz der auftretenden Reihen keine Schwierigkeit. Es handelt sich nun darum, im Falle $n>1$ das Verhalten der rechten Seite für $s\to 1$ zu untersuchen. Zu diesem Zwecke verfahre ich jetzt etwas anders als früher, indem ich von R zunächst nicht den durch die Bedingung $|\mathfrak{X}|\leqq 1$ erklärten Teil R_1 abspalte, sondern den kleineren Teilbereich R_2, in welchem alle Diagonalelemente $x_{kk}=x_k\leqq 1$ sind.

Setzt man noch

$$g(\mathfrak{X})=\sum_{|\mathfrak{A}|=0} e^{-\pi\sigma(\mathfrak{X}[\mathfrak{A}])}, \qquad h(\mathfrak{X})=\sum_{\mathfrak{A}\neq 0} e^{-\pi\sigma(\mathfrak{X}^{-1}[\mathfrak{A}])},$$

so wird nach der bekannten Thetaformel

$$f(\mathfrak{X})=|\mathfrak{X}|^{-\frac{n}{2}}h(\mathfrak{X})-g(\mathfrak{X})+|\mathfrak{X}|^{-\frac{n}{2}}.$$

Da das Gebiet R ein Kegel ist, so gilt

$$\int_{R_1}|\mathfrak{X}|^{\frac{s-n}{2}-1}d\mathfrak{X}=\frac{n+1}{s-1}v \qquad (s>1),$$

wobei

$$\int_{R_1} d\mathfrak{X}=v$$

das Volumen von R_1 bedeutet. Es wird nun weiterhin die Konvergenz der vier Integrale

$$I_1=\int_{R-R_2}|\mathfrak{X}|^{\frac{s}{2}-1} f(\mathfrak{X})\,d\mathfrak{X}, \qquad I_2=\int_{R_2}|\mathfrak{X}|^{\frac{s-n}{2}-1} h(\mathfrak{X})\,d\mathfrak{X},$$

$$I_3=\int_{R_2}|\mathfrak{X}|^{\frac{s}{2}-1} g(\mathfrak{X})\,d\mathfrak{X}, \qquad I_4=\int_{R_1-R_2}|\mathfrak{X}|^{\frac{s-n}{2}-1} d\mathfrak{X}$$

für $s>0$ gezeigt. Aus der Zerlegung

$$\int_R|\mathfrak{X}|^{\frac{s}{2}-1} f(\mathfrak{X})\,d\mathfrak{X}=I_1+I_2-I_3-I_4+\frac{n+1}{s-1}v$$

ergibt sich dann $(n+1)v$ als der Wert des Residuums bei $s=1$ und schließlich die gesuchte Formel

$$v=\frac{2}{n+1}\prod_{k=2}^{n}\xi(k).$$

Aus der Reduktionstheorie werden die Ungleichungen

$$-x_k \leqq 2x_{kl} \leqq x_k \leqq x_l (1 \leqq k < l \leqq n), \quad |\mathfrak{X}| \leqq x_1 x_2 \ldots x_n < c_1 |\mathfrak{X}|$$

verwendet. Dabei bedeutet c_1, wie auch $c_2, \ldots, c_{22}$, eine nur von n abhängige positive Zahl. Ist $\mathfrak{X}_0$ die mit den Diagonalelementen von $\mathfrak{X}$ gebildete Diagonalmatrix, so sind die beiden Matrizen $\mathfrak{X}[\mathfrak{X}_0^{-\frac{1}{2}}]$, $\mathfrak{X}^{-1}[\mathfrak{X}_0^{\frac{1}{2}}]$ und ihre Eigenwerte beschränkt. Folglich gelten für alle reellen Spalten $\mathfrak{y}$ die Abschätzungen

$$\mathfrak{X}[\mathfrak{y}] \geqq c_2 \mathfrak{X}_0[\mathfrak{y}], \quad \mathfrak{X}^{-1}[\mathfrak{y}] \geqq c_3 \mathfrak{X}_0^{-1}[\mathfrak{y}].$$

3. Ist $|\mathfrak{A}| \neq 0$, so enthält jede Zeile von $\mathfrak{A}$ mindestens ein von 0 verschiedenes Element und daher wird

$$\pi\sigma(\mathfrak{X}[\mathfrak{A}]) > 3c_2\sigma(\mathfrak{X}_0[\mathfrak{A}]) \geqq c_2\sigma(\mathfrak{X}_0[\mathfrak{A}]) + 2c_2\sigma(\mathfrak{X}).$$

Für $x > 0$ ist ferner

$$e^{-x} \sum_{k=-\infty}^{\infty} e^{-k^2 x} < c_4 x^{-\frac{1}{2}}.$$

Daraus folgt

$$f(\mathfrak{X}) < e^{-2c_2\sigma(\mathfrak{X})} \prod_{l=1}^{n} \left(\sum_{k=-\infty}^{\infty} e^{-c_2 k^2 x_l} \right)^n < c_5 e^{-c_2 x_n} (x_1 \ldots x_n)^{-\frac{n}{2}}.$$

Nun ist $R - R_2$ in dem Bereiche

$$-x_k \leqq 2x_{kl} \leqq x_k \leqq x_l \ (1 \leqq k < l \leqq n), \quad 1 < x_n$$

enthalten. Mittels der Substitution

$$\frac{x_k}{x_{k+1}} = \vartheta_k \qquad (k = 1, \ldots, n-1)$$

erhält man

$$I_1 < c_6 \int\limits_{0 < x_1 < \ldots < x_n} (x_1 \ldots x_n)^{\frac{s-n}{2}} (x_1^{n-1} x_2^{n-2} \ldots x_{n-1}) e^{-c_2 x_n} \frac{dx_1}{x_1} \ldots \frac{dx_n}{x_n}$$

$$= c_6 \int_1^\infty x_n^{\frac{n}{2}(s-1)} e^{-c_2 x_n} \frac{dx_n}{x_n} \prod_{k=1}^{n-1} \int_0^1 \vartheta_k^{\frac{k}{2}(s+n-k-1)} \frac{d\vartheta_k}{\vartheta_k} \qquad (s > 0).$$

4. Für $\mathfrak{A} \neq 0$ gilt wegen $0 < x_1 \leqq \cdots \leqq x_n$ die Ungleichung

$$\pi\sigma(\mathfrak{X}^{-1}[\mathfrak{A}]) > c_3\sigma(\mathfrak{X}_0^{-1}[\mathfrak{A}]) + c_3 x_n^{-1}.$$

In R_2 ist außerdem $x_n \leqq 1$; also folgt dort

$$h(\mathfrak{X}) < c_7 e^{-c_3 x_n^{-1}}$$

und damit

$$I_2 < c_8 \int\limits_{0 < x_1 \ldots < x_n < 1} (x_1 \ldots x_n)^{\frac{s-n}{2}} (x_1^{n-1} x_2^{n-2} \ldots x_{n-1}) e^{-c_3 x_n^{-1}} \frac{dx_1}{x_1} \ldots \frac{dx_n}{x_n}$$

$$= c_8 \int_1^\infty x^{\frac{n}{2}(1-s)} e^{-c_3 x} \frac{dx}{x} \prod_{k=1}^{n-1} \int_0^1 \vartheta_k^{\frac{k}{2}(s+n-k-1)} \frac{d\vartheta_k}{\vartheta_k} \qquad (s > 0).$$

5. Die Abschätzung von I_3 ist die Hauptsache. Man zerlege $g(\mathfrak{X})$ in die n Summanden $g_r (r = 0, \ldots, n-1)$, die genau die ganzen Matrizen $\mathfrak{A}^{(n)}$ vom Range r aufnehmen, so daß also speziell $g_0 = 1$ ist. Für $0 < r < n$ gilt $\mathfrak{A} = \mathfrak{P}\mathfrak{B}$ mit primitivem $\mathfrak{P}^{(nr)} = (\mathfrak{p}_1 \ldots \mathfrak{p}_r)$ und ganzem $\mathfrak{B}^{(rn)} = (\mathfrak{b}_1 \ldots \mathfrak{b}_r)'$ vom Range r. Dabei ist $\mathfrak{P}$ nur bis auf einen rechtsseitigen unimodularen Faktor festgelegt, und man kann fordern, daß $\mathfrak{X}[\mathfrak{P}]$ wieder reduziert ist. Dann wird

$$\sigma(\mathfrak{X}[\mathfrak{A}]) = \sigma(\mathfrak{X}[\mathfrak{P}][\mathfrak{B}]) \geqq c_2 \sum_{l=1}^{r} \mathfrak{X}[\mathfrak{p}_l]\, \mathfrak{b}_l' \mathfrak{b}_l \geqq c_2^2 \sum_{l=1}^{r} \mathfrak{X}_0[\mathfrak{p}_l]\, \mathfrak{b}_l' \mathfrak{b}_l .$$

Setzt man noch

$$g_{\mathfrak{P}} = \sum_{\mathfrak{B}} e^{-\pi\sigma(\mathfrak{X}[\mathfrak{P}\mathfrak{B}])},$$

so folgt wegen $\mathfrak{b}_l \neq 0$ $(l = 1, \ldots, r)$ die Abschätzung

$$g_{\mathfrak{P}} < c_9 \prod_{l=1}^{r} \left((\mathfrak{X}_0[\mathfrak{p}_l])^{-\frac{n}{2}} e^{-c_{10}\mathfrak{X}_0[\mathfrak{p}_l]} \right).$$

Es sei q ganz, $1 \leqq q \leqq n$. Es durchlaufe $\mathfrak{p} = (p_1 \ldots p_n)'$ alle ganzen Spalten, deren q-tes Element $p_q \neq 0$ ist, und man definiere dann

$$j_q = \sum_{\mathfrak{p}} (\mathfrak{X}_0[\mathfrak{p}])^{-\frac{n}{2}} e^{-c_{10}\mathfrak{X}_0[\mathfrak{p}]}.$$

Da $\mathfrak{P}$ den Rang r hat, so folgt

$$g_r = \sum_{\mathfrak{P}} g_{\mathfrak{P}} < r!\; c_9 \sum_{1 \leqq q_1 < q_2 < \cdots < q_r \leqq n} j_{q_1} j_{q_2} \ldots j_{q_r}.$$

Für $k = 1, 2, \ldots$ und $0 < x_1 \leqq \cdots \leqq x_n \leqq 1$ ist die Anzahl der ganzzahligen Lösungen $p_1, \ldots, p_n$ der Ungleichung

$$k \leqq x_1 p_1^2 + \cdots + x_n p_n^2 < k + 1$$

kleiner als $c_{11} k^{\frac{n}{2}} (x_1 \ldots x_n)^{-\frac{1}{2}}$. Man zerlege noch j_q in die Teilsummen j_q^* und j_q^{**}, wobei j_q^* genau alle der Bedingung $\mathfrak{X}_0[\mathfrak{p}] \geqq 1$ genügenden $\mathfrak{p}$ enthalten soll. Dann wird

$$j_q^* < c_{11}(x_1 \ldots x_n)^{-\frac{1}{2}} \sum_{k=1}^{\infty} e^{-c_{10}k} = c_{12}(x_1 \ldots x_n)^{-\frac{1}{2}}.$$

Zur Abschätzung der restlichen Summe j_q^{**} setze man

$$k_t = \left[\frac{\log x_t^{-1}}{\log 2}\right] \quad (t = 1, \ldots, n), \quad k_{n+1} = 0,$$

so daß die Beziehungen

$$k_{t+1} \leqq k_t, \quad 2^{-k_t - 1} < x_t \leqq 2^{-k_t}$$

gelten. Bei gegebenem t sei k eine ganze Zahl des Intervalls $k_{t+1} \leqq k < k_t$, und man betrachte die Lösungen der Ungleichung

$$2^{-k-2} \leqq x_1 p_1^2 + \cdots + x_n p_n^2 < 2^{-k-1}$$

in ganzen Zahlen $p_1, \ldots, p_n$. Dann ist

$$p_h^2 < x_h^{-1}\, 2^{-k-1} < 2^{k_h - k} \qquad (h = 1, \ldots, n)\,;$$

also wird die Anzahl jener Lösungen kleiner als $c_{13} \prod\limits_{h=1}^{t} (2^k x_h)^{-\frac{1}{2}}$. In jedem Gliede der Summe g_q ist nun andererseits $p_q \neq 0$, also

$$\mathfrak{X}_0[\mathfrak{p}] \geqq x_q > 2^{-k_q - 1}\,,$$

so daß nur die Lösungen mit $k < k_q$ einen Beitrag liefern können und dann $t + 1 > q$ gilt. Demnach wird

$$\begin{aligned} j_q^{**} &< c_{14} \sum_{t=q}^{n} (x_1 \ldots x_t)^{-\frac{1}{2}} \sum_{k=k_{t+1}}^{k_t - 1} 2^{\frac{k}{2}(n-t)} \\ &< c_{15} \sum_{t=q}^{n-1} (x_1 \ldots x_t)^{-\frac{1}{2}} x_t^{\frac{t-n}{2}} + c_{16} (x_1 \ldots x_n)^{-\frac{1}{2}} \log x_n^{-1} \\ &< c_{17} (x_1 \ldots x_q)^{-\frac{1}{2}} x_q^{\frac{q-n}{2}} \log \frac{2}{x_n} \qquad (q = 1, \ldots, n)\,. \end{aligned}$$

Diese Abschätzung gilt dann bei geeignetem c_{17} auch zugleich für j_q^* und j_q.

Schließlich ist nun

$$\begin{aligned} g_r &< c_{18} \sum_{1 \leqq q_1 < q_2 < \cdots < q_r \leqq n} \prod_{l=1}^{r} \left((x_1 \ldots x_{q_l})^{-\frac{1}{2}} x_{q_l}^{\frac{q_l - n}{2}} \log \frac{2}{x_n} \right) \\ &< c_{19} \log^r \frac{2}{x_n} \prod_{l=1}^{r} x_l^{\,l - \frac{n+r+1}{2}} < c_{20} \log^{n-1} \frac{2}{x_n} \prod_{l=1}^{n-1} x_l^{l-n}\,, \end{aligned}$$

und zwar trivialerweise auch noch für $r = 0$. Damit wird

$$I_3 < c_{21} \int\limits_{0 < x_1 < \cdots < x_n < 1} (x_1 \ldots x_n)^{\frac{s}{2}} \log^{n-1} \frac{2}{x_n} \frac{dx_1}{x_1} \cdots \frac{dx_n}{x_n} \qquad (s > 0)\,.$$

6. Da $R_1 - R_2$ in dem Bereiche

$$-x_k \leqq 2 x_{kl} \leqq x_k \; (1 \leqq k < l \leqq n)\,, \quad x_1 \leqq x_2 \leqq \cdots \leqq x_{n-1}, \quad 1 < x_n, \quad x_1 x_2 \ldots x_n < c_1$$

enthalten ist, so ergibt die Substitution

$$\frac{x_k}{x_{k+1}} = \vartheta_k \quad (k = 1, \ldots, n-2)\,, \qquad x_1 x_2 \ldots x_n = w$$

die Abschätzung

$$\begin{aligned} I_4 &< c_{22} \int\limits_{\substack{0 < x_1 < \cdots < x_{n-1} \\ 1 < x_n,\; x_1 \cdots x_n < c_1}} (x_1 \ldots x_n)^{\frac{s-n}{2}} (x_1^{n-1} x_2^{n-2} \ldots x_{n-1}) \frac{dx_1}{x_1} \cdots \frac{dx_n}{x_n} \\ &= \frac{c_{22}}{n-1} \int_0^{c_1} w^{\frac{s}{2}} \frac{dw}{w} \int_1^{\infty} x_n^{-\frac{n}{2}} \frac{dx_n}{x_n} \prod_{k=1}^{n-2} \int_0^1 \vartheta_k^{\frac{k}{2}(n-k-1)} \frac{d\vartheta_k}{\vartheta_k} \qquad (s > 0)\,. \end{aligned}$$

Hiernach ist in allen vier Fällen die Konvergenz für $s > 0$ evident.

Literatur

[1] SIEGEL, C. L.: The volume of the fundamental domain for some infinite groups. Trans. Amer. math. Soc. **39**, 209—218 (1936). — [2] HEY, K.: Analytische Zahlentheorie in Systemen hyperkomplexer Zahlen. Inaug.-Diss., Hamburg 1929. — [3] SCHILLING, O. F. G.: Einheitentheorie in rationalen hyperkomplexen Systemen. J. reine angew. Math. **175**, 246—251 (1936). — [4] KOECHER, M.: Über Dirichlet-Reihen mit Funktionalgleichung. J. reine angew. Math. **192**, 1—23 (1953). — [5] MINKOWSKI, H.: Diskontinuitätsbereich für arithmetische Äquivalenz. J. reine angew. Math. **129**, 220—274 (1905). — [6] SIEGEL, C. L.: A mean value theorem in geometry of numbers. Ann. of Math. **46**, 340—347 (1945). — [7] HUMBERT, P.: Théorie de la réduction des formes quadratiques définies positives dans un corps algébrique K fini. Comm. Math. Helv. **12**, 263—306 (1940).

(Eingegangen am 9. Februar 1959)

74.

Über das quadratische Reziprozitätsgesetz in algebraischen Zahlkörpern

Nachrichten der Akademie der Wissenschaften in Göttingen.
Mathematisch-physikalische Klasse, 1960, Nr. 1, 1—16

In einer vor vierzig Jahren in diesen Nachrichten erschienenen Untersuchung hat Hecke[1]) jedem algebraischen Zahlkörper K Ausdrücke nach Art der Gaußschen Summen zugeordnet und damit einen neuen und überraschend kurzen Zugang zum Hilbert-Furtwänglerschen quadratischen Reziprozitätsgesetz entdeckt, zunächst nur für total-reelle Körper, und später in seinem bekannten Buche[2]) für beliebige Körper. Sieht man von den beiden Ergänzungssätzen ab, deren vollständige Herleitung auf jeden Fall noch einige Überlegungen aus der Klassenkörpertheorie erfordert, so besteht Heckes Ergebnis in der folgenden Aussage des allgemeinen quadratischen Reziprozitätsgesetzes: Sind α und β zwei teilerfremde ganze Körperzahlen von ungerader Norm und ist mindestens eine der Zahlen quadratischer Rest modulo 4, so gilt

$$\left(\frac{\alpha}{\beta}\right)\left(\frac{\beta}{\alpha}\right) = (-1)^g \tag{1}$$

mit

$$g = \sum_{p=1}^{m} \frac{\operatorname{sgn} \alpha^{(p)} - 1}{2} \, \frac{\operatorname{sgn} \beta^{(p)} - 1}{2},$$

wobei die einzelnen Summenglieder für die reellen konjugierten Körper $K^{(p)} (p = 1, \ldots, m)$ zu bilden sind.

Läßt man die Voraussetzung fallen, daß mindestens eine der Zahlen α und β primär sein soll, so ergibt die Heckesche Methode für den Umkehrfaktor $\left(\frac{\alpha}{\beta}\right)\left(\frac{\beta}{\alpha}\right)$ zwar wieder einen bestimmten Ausdruck als Zahl im Körper der achten Einheitswurzeln; jedoch läßt sich diesem Ausdruck noch nicht einmal ohne weiteres ansehen, daß er einen der Werte $1, -1$ haben muß.

---

[1] Hecke, E.: Reziprozitätsgesetz und Gaußsche Summen in quadratischen Zahlkörpern. Nachr. Kgl. Gesellsch. Wiss. Göttingen, math.-phys. Kl. 1919, 265—278.

[2] Hecke, E.: Vorlesungen über die Theorie der algebraischen Zahlen, Kap. VIII. Leipzig 1923.

Durch Verwendung und Weiterführung einer von Hensel begründeten Methode ist es sodann Hasse[3]) gelungen, in seinen Arbeiten zum expliziten Reziprozitätsgesetz der l-ten Potenzreste eine Formel für den Umkehrfaktor zu gewinnen, welche für $l = 2$ das bemerkenswerte Resultat

$$(2) \qquad \left(\frac{\alpha}{\beta}\right)\left(\frac{\beta}{\alpha}\right) = (-1)^{g + S\left(\frac{\alpha-1}{2}\,\frac{\beta-1}{2}\right)} \qquad (\alpha \equiv \beta \equiv 1 \pmod 2)$$

liefert; darin soll das Zeichen S die Bildung der Spur bedeuten.

Im Folgenden werde ich nun zeigen, daß sich das quadratische Reziprozitätsgesetz in der Form (2) auch durch eine Modifikation des zu (1) führenden Heckeschen Ansatzes recht kurz beweisen läßt, wenn man die ursprünglichen Gauß-Heckeschen Summen so verallgemeinert, wie es durch das Bildungsgesetz der Thetafunktionen mit halbzahliger Charakteristik nahegelegt wird. Dabei habe ich es vorgezogen, die für die Summen bestehende Reziprozitätsformel nicht aus der entsprechenden Beziehung bei den Thetafunktionen abzuleiten, sondern die transzendenten Hilfsmittel diesmal auf ein Minimum zu reduzieren. Es wird nur an einer Stelle der Residuensatz verwendet, und zwar in ähnlicher Weise, wie es bereits Kronecker[4]) zur Bestimmung des Wertes der Gaußschen Summen getan hat. Mittels vollständiger Induktion erhält man dann eine Reziprozitätsformel für mehrfache Gaußsche Summen, die zuerst von Krazer mit ungenügendem Beweis angegeben wurde. Durch Spezialisierung entsteht daraus neben der von Hecke gefundenen Formel mein damit eng verwandtes neues Resultat in Satz 4, welches weiterhin zum Beweise von (2) führen wird.

Zur Abkürzung werde dauernd $e^{\frac{\pi i}{4}} = \varepsilon$ und $e^{\pi i v} = E\{v\}$ bei komplexem v gesetzt, ferner noch $e^{\pi i S(\xi)} = E(\xi)$ für Zahlen ξ aus K. Quadratwurzeln aus positiven Zahlen sind stets positiv zu wählen.

1. *Die Reziprozitätsformel für einfache Summen*

Satz 1: *Es seien a und b natürliche Zahlen, $ab + 2bt$ gerade, $\frac{b}{a} = r$. Dann ist*

$$(3) \qquad \sum_{k=1}^{a} E\{r(k+t)^2\} = \varepsilon r^{-\frac{1}{2}} \sum_{l=1}^{b} E\{-r^{-1}l^2 + 2tl\}.$$

Beweis: Die beiden in (3) vorkommenden Summen seien mit A und B bezeichnet. Nach Voraussetzung hängen ihre Glieder als Funktionen von k und

---

[3] Hasse, H.: Das allgemeine Reziprozitätsgesetz und seine Ergänzungssätze in beliebigen algebraischen Zahlkörpern für gewisse, nicht-primäre Zahlen. J. reine angew. Math. 153, 192—207 (1924).

[4] Kronecker, L.: Summierung der Gaußschen Reihen $\sum_{h=0}^{h=n-1} e^{\frac{2h^2\pi i}{n}}$. J. reine angew. Math. 105, 267—268 (1889).

l nur von den Restklassen nach den Moduln a und b ab. Insbesondere bleibt deshalb B bei Vertauschung von t mit $-t$ ungeändert.

Setzt man

$$f(z) = \frac{E\{r(z+t)^2\}}{E\{2z\}-1},$$

so wird

$$f(z+a)-f(z) = E\{r(z+t)^2\}\frac{E\{ra^2+2ra(z+t)\}-1}{E\{2z\}-1} = E\{r(z+t)^2\}\sum_{l=0}^{b-1} E\{2lz\}$$
$$= \sum_{l=0}^{b-1} E\{-r^{-1}l^2-2tl\}E\{r(z+t+r^{-1}l)^2\}.$$

Bedeutet $T(\xi)$ die gerichtete Gerade in der komplexen z-Ebene, welche die reelle Achse im Punkte ξ unter dem Winkel $\frac{\pi}{4}$ durchsetzt, so folgt aus dem Verhalten von $E\{rz^2\}$ im Unendlichen bei zweimaliger Anwendung des Residuensatzes

$$A = \int_{T(a+\frac{1}{2})} f(z)dz - \int_{T(\frac{1}{2})} f(z)dz = \int_{T(\frac{1}{2})} (f(z+a)-f(z))dz$$
$$= \sum_{l=0}^{b-1} E\{-r^{-1}l^2-2tl\} \int_{T(\frac{1}{2}+t+r^{-1}l)} E\{rz^2\}dz = B\int_{T(0)} E\{rz^2\}dz$$
$$= Br^{-\frac{1}{2}}\int_{T(0)} E\{z^2\}dz.$$

Wählt man in dieser Formel speziell $a = b = 1$ und $t = \frac{1}{2}$, so ergibt sich für das letzte Integral der Wert ε und damit die Behauptung.

Durch Übergang zum konjugiert Komplexen erhält man aus (3) die weitere Formel

$$(4) \qquad \sum_{k=1}^{a} E\{-r(k+t)^2\} = \varepsilon^{-1}r^{-\frac{1}{2}}\sum_{l=1}^{b} E(r^{-1}l^2+2tl\}.$$

2. *Die Reziprozitätsformel für mehrfache Summen*

Es seien $\mathfrak{A}$ und $\mathfrak{B}$ ganze n-reihige Matrizen, $\mathfrak{A}'\mathfrak{B} = \mathfrak{S}$ symmetrisch, $|\mathfrak{S}| \neq 0$. Dann ist auch die rationale Matrix $\mathfrak{B}\mathfrak{A}^{-1} = \mathfrak{S}[\mathfrak{A}^{-1}] = \mathfrak{R}$ symmetrisch. Transformiert man die quadratische Form $\mathfrak{R}[\mathfrak{x}]$ durch eine reelle umkehrbare lineare Substitution der Variabeln in eine Summe von p positiven und q negativen Quadraten, so sei $p-q = w = w(\mathfrak{R})$; diese Zahl heiße weiterhin die Signatur von $\mathfrak{R}[\mathfrak{x}]$. Im Falle $n = 1$ ist also $w(r)$ das Vorzeichen von r. Es bedeute abs $\mathfrak{R}$ den absoluten Betrag von $|\mathfrak{R}|$. Zwei ganze Spalten $\mathfrak{k}_1$, $\mathfrak{k}_2$ sollen modulo $\mathfrak{A}$ kongruent heißen, wenn die Spalte $\mathfrak{A}^{-1}(\mathfrak{k}_1-\mathfrak{k}_2)$ ganz ist. Das Symbol $\mathfrak{k}$ (mod $\mathfrak{A}$) möge angeben, daß $\mathfrak{k}$ ein volles Restsystem modulo $\mathfrak{A}$ durchläuft.

Satz 2: *Es sei* $\mathfrak{S}[\mathfrak{x}] + 2\mathfrak{t}'\mathfrak{B}\mathfrak{x}$ *bei variablem ganzen* $\mathfrak{x}$ *stets gerade. Dann ist*

$$\sum_{\mathfrak{k} (\mathrm{mod}\, \mathfrak{A})} E\{\mathfrak{R}[\mathfrak{k}+\mathfrak{t}]\} = \varepsilon^{w(\mathfrak{R})} (\mathrm{abs}\, \mathfrak{R})^{-\frac{1}{2}} \sum_{\mathfrak{l} (\mathrm{mod}\, \mathfrak{B})} E\{-\mathfrak{R}^{-1}[\mathfrak{l}] + 2\mathfrak{t}'\mathfrak{l}\}. \tag{5}$$

Beweis: Die beiden Summen seien wieder mit A und B bezeichnet. Da für ganze $\mathfrak{x}$ nach Voraussetzung die Kongruenzen

$$\mathfrak{R}[\mathfrak{k} + \mathfrak{A}\mathfrak{x} + \mathfrak{t}] - \mathfrak{R}[\mathfrak{k} + \mathfrak{t}] = \mathfrak{S}[\mathfrak{x}] + 2\mathfrak{t}'\mathfrak{B}\mathfrak{x} + 2\mathfrak{k}'\mathfrak{B}\mathfrak{x} \equiv 0 \pmod 2,$$

$$(2\mathfrak{t}'\mathfrak{l} - \mathfrak{R}^{-1}[\mathfrak{l}]) - (2\mathfrak{t}'(\mathfrak{l} - \mathfrak{B}\mathfrak{x}) - \mathfrak{R}^{-1}[\mathfrak{l} - \mathfrak{B}\mathfrak{x}]) = \mathfrak{S}[\mathfrak{x}] + 2\mathfrak{t}'\mathfrak{B}\mathfrak{x} - 2\mathfrak{l}'\mathfrak{A}\mathfrak{x}$$
$$\equiv 0 \pmod 2$$

erfüllt sind, so hängen die einzelnen Glieder von A und B nur von den Restklassen der $\mathfrak{k}$ und $\mathfrak{l}$ nach den Moduln $\mathfrak{A}$ und $\mathfrak{B}$ ab. Ist $\mathfrak{G}$ eine ganze n-reihige Matrix und $|\mathfrak{G}| \neq 0$, so zerfällt jede Restklasse modulo $\mathfrak{A}$ in genau abs $\mathfrak{G}$ Restklassen modulo $(\mathfrak{A}\mathfrak{G})$. Folglich multipliziert sich A mit dem Faktor abs $\mathfrak{G}$, wenn man bei der Summation $\mathfrak{k}$ ein volles Restsystem modulo $(\mathfrak{A}\mathfrak{G})$ durchlaufen läßt. Nun sei a eine natürliche Zahl derart, daß die Matrizen $a\mathfrak{A}^{-1} = \mathfrak{G}$ und $a\mathfrak{B}^{-1} = \mathfrak{H}$ ganz sind. Wegen

$$(\mathrm{abs}\, \mathfrak{G})\, (\mathrm{abs}\, \mathfrak{H})^{-1} = (\mathrm{abs}\, \mathfrak{B})\, (\mathrm{abs}\, \mathfrak{A})^{-1} = \mathrm{abs}\, \mathfrak{R}$$

ist dann die Behauptung (5) gleichbedeutend mit

$$\sum_{\mathfrak{k} (\mathrm{mod}\, a)} E\{\mathfrak{R}[\mathfrak{k}+\mathfrak{t}]\} = \varepsilon^{w(\mathfrak{R})} (\mathrm{abs}\, \mathfrak{R})^{\frac{1}{2}} \sum_{\mathfrak{l} (\mathrm{mod}\, a)} E\{-\mathfrak{R}^{-1}[\mathfrak{l}] + 2\mathfrak{t}'\mathfrak{l}\}. \tag{6}$$

Im Falle $n = 1$ ist (5) offenbar eine Zusammenfassung von (3) und (4), also dann auch (6) bereits bewiesen. Es sei jetzt $n > 1$ und (6) mit $n - 1$ statt n richtig. Es genügt, die Behauptung (6) für irgendein bestimmtes Vielfaches von a anstelle von a zu beweisen. Da bei unimodularem $\mathfrak{U}$ mit $\mathfrak{k}$ auch $\mathfrak{U}\mathfrak{k}$ ein volles Restsystem modulo a durchläuft und man $\mathfrak{U}$ stets so wählen kann, daß in $\mathfrak{R}[\mathfrak{U}]$ das erste Diagonalelement r von Null verschieden ist, so darf man bei dem Beweis voraussetzen, daß dies bereits für $\mathfrak{R}$ selber gilt. Mittels quadratischer Ergänzung folgt dann

$$\mathfrak{R}[\mathfrak{x}] = r(x + \mathfrak{q}'\mathfrak{x}_1)^2 + \mathfrak{R}_1[\mathfrak{x}_1], \quad \mathfrak{x} = \begin{pmatrix} x \\ \mathfrak{x}_1 \end{pmatrix}, \tag{7}$$

$$\mathfrak{R} = \begin{pmatrix} r & 0 \\ 0 & \mathfrak{R}_1 \end{pmatrix} \begin{bmatrix} 1 & \mathfrak{q}' \\ 0 & \mathfrak{E}_1 \end{bmatrix}, \qquad \mathfrak{R}^{-1} = \begin{pmatrix} r^{-1} & 0 \\ 0 & \mathfrak{R}_1^{-1} \end{pmatrix} \begin{bmatrix} 1 & 0 \\ -\mathfrak{q} & \mathfrak{E}_1 \end{bmatrix}$$

mit der Einheitsmatrix $\mathfrak{E}_1$ aus $n - 1$ Reihen. Man setze noch

$$ar = b, \quad a\mathfrak{R}_1 = \mathfrak{B}_1, \quad a\mathfrak{E}_1 = \mathfrak{A}_1, \quad \mathfrak{t} = \begin{pmatrix} t \\ \mathfrak{t}_1 \end{pmatrix}$$

und kann dann a bereits so gewählt denken, daß die Zahlen

$$ab + 2b(t + \mathfrak{q}'(\mathfrak{k}_1 + \mathfrak{t}_1)), \quad (\mathfrak{A}_1'\mathfrak{B}_1)[\mathfrak{k}_1] + 2(\mathfrak{t}_1 + \mathfrak{R}_1^{-1}\mathfrak{q}l)'\mathfrak{B}_1\mathfrak{k}_1$$

für alle ganzen $\mathfrak{k}_1$, l beide gerade sind.

Nach (6) mit $n = 1$ ist nun

$$\sum_{k \pmod a} E\{r(k + t + \mathfrak{q}'(\mathfrak{k}_1 + \mathfrak{t}_1))^2\} = \varepsilon^{w(r)} (\operatorname{abs} r)^{\frac{1}{2}} \sum_{l \pmod a} E\{-r^{-1} l^2 + 2(t + \mathfrak{q}'(\mathfrak{k}_1 + \mathfrak{t}_1)) l\}$$

bei ganzem $\mathfrak{k}_1$. Man multipliziere diese Formel mit $E\{\mathfrak{R}_1[\mathfrak{k}_1 + \mathfrak{t}_1]\}$ und summiere über $\mathfrak{k}_1 \pmod a$, wodurch wegen (7) der Ausdruck auf der linken Seite von (6) entsteht. Wendet man andererseits (6) mit $n - 1$ statt n an und beachtet die Beziehung

$$\mathfrak{R}_1[\mathfrak{k}_1 + \mathfrak{t}_1] + 2\mathfrak{q}'(\mathfrak{k}_1 + \mathfrak{t}_1) l = \mathfrak{R}_1[\mathfrak{k}_1 + \mathfrak{t}_1 + \mathfrak{R}_1^{-1}\mathfrak{q} l] - \mathfrak{R}_1^{-1}[\mathfrak{q} l],$$

so erhält man

$$\sum_{\mathfrak{k}_1 \pmod a} E\{\mathfrak{R}_1[\mathfrak{k}_1 + \mathfrak{t}_1]\} E\{2\mathfrak{q}'(\mathfrak{k}_1 + \mathfrak{t}_1) l\}$$
$$= E\{-\mathfrak{R}_1^{-1}[\mathfrak{q} l]\} \varepsilon^{w(\mathfrak{R}_1)} (\operatorname{abs} \mathfrak{R}_1)^{\frac{1}{2}} \sum_{\mathfrak{l}_1 \pmod a} E\{-\mathfrak{R}_1^{-1}[\mathfrak{l}_1] + 2(\mathfrak{t}_1 + \mathfrak{R}_1^{-1}\mathfrak{q} l)' \mathfrak{l}_1\}.$$

Mit Rücksicht auf

$$-\mathfrak{R}_1^{-1}[\mathfrak{q} l] - \mathfrak{R}_1^{-1}[\mathfrak{l}_1] + 2(\mathfrak{t}_1 + \mathfrak{R}_1^{-1}\mathfrak{q} l)' \mathfrak{l}_1 = -\mathfrak{R}_1^{-1}[\mathfrak{l}_1 - \mathfrak{q} l] + 2\mathfrak{t}_1' \mathfrak{l}_1,$$

$$r^{-1} l^2 + \mathfrak{R}_1^{-1}[\mathfrak{l}_1 - \mathfrak{q} l] = \mathfrak{R}^{-1}[\mathfrak{l}], \quad \mathfrak{l} = \begin{pmatrix} l \\ \mathfrak{l}_1 \end{pmatrix},$$

$$w(r) + w(\mathfrak{R}_1) = w(\mathfrak{R}), \quad \operatorname{abs} r \operatorname{abs} \mathfrak{R}_1 = \operatorname{abs} \mathfrak{R}$$

folgt dann die Behauptung.

Die mit der Aussage von Satz 2 gleichwertige Formel (6) ist von Krazer[5]) aufgestellt worden. Zum vermeintlichen Beweise verwendet er eine Fouriersche Entwicklung, ohne aber ihre Gültigkeit im vorliegenden Fall zu begründen, und wird dadurch auf das über den ganzen n-dimensionalen Raum zu erstreckende Integral der Funktion $E\{\mathfrak{R}[\mathfrak{x}]\}$ geführt, welches er dann mittels linearer Transformation von $\mathfrak{R}[\mathfrak{x}]$ auf Diagonalform auswertet. Nun hat aber für $n > 1$ jenes uneigentliche n-fache Integral über eine Funktion vom absoluten Betrage 1 überhaupt keinen Sinn, während bekanntlich für $n = 1$ alles in Ordnung ist und bereits durch Dirichlet in seiner Untersuchung über die Gaußschen Summen auf das Sorgfältigste fundiert wurde. Dieselbe unzureichende Schlußweise wie bei Krazer findet sich zur Herleitung eines Spezialfalles von (5) in einer soeben erschienenen Arbeit von van der Blij[6]). Andererseits wurde ein korrekter Beweis von (6) im Falle $\mathfrak{t} = 0$ bereits durch Braun[7]) veröffentlicht; dabei wurde die Reziprozitätsformel der Thetafunktionen benutzt, welche auch allgemein zu (6) führen würde. Der vorstehende Beweis dürfte jedoch wegen seines elementaren Charakters nicht überflüssig sein.

---

[5] Krazer, A.: Zur Theorie der mehrfachen Gaußschen Summen. Festschr. H. Weber, 181—197. Leipzig u. Berlin 1912.

[6] Van der Blij, F.: An invariant of quadratic forms mod 8. Nederl. Akad. Wet., Proc., Ser. A 62, 291—293 (1959).

[7] Braun, H.: Geschlechter quadratischer Formen. J. reine angew. Math. 182, 32—49 (1940).

3. *Invariante Formulierung*

Man kann Satz 2 noch in eine etwas andere Gestalt setzen, indem man Vektoren einführt. Es seien ξ und η beliebige Vektoren des n-dimensionalen Vektorraumes V über dem rationalen Zahlkörper und dafür eine bilineare Form $\xi\eta$ definiert, die in ξ, η symmetrisch ist und stets einen rationalen Zahlwert hat. Ferner möge $\xi\eta$ bei festem η nur dann für alle ξ verschwinden, wenn $\eta = 0$ ist. Nun sei $\mathfrak{m}$ ein Gitter in V und $\mathfrak{m}^*$ die Menge aller η, für welche $\xi\eta$ bei variablem ξ aus $\mathfrak{m}$, kurz $\mathfrak{m}|\xi$, stets ganz ist. Es ist dann $\mathfrak{m}^*$ selber ein Gitter. Ist $\xi_k (k = 1, \ldots, n)$ eine Basis von $\mathfrak{m}$, so bilden die durch die Bedingung $(\xi_k \eta_l) = \mathfrak{E}$ festgelegten Vektoren $\eta_l (l = 1, \ldots, n)$ eine Basis von $\mathfrak{m}^*$, woraus $(\mathfrak{m}^*)^* = \mathfrak{m}$ folgt. Es sei der Durchschnitt $\mathfrak{m} \cap \mathfrak{m}^* = \mathfrak{q}$ und $\mathfrak{c}$ ein in $\mathfrak{q}$ enthaltenes Gitter. Für den Index gilt dann

$$[\mathfrak{m}^*:\mathfrak{m}] = [\mathfrak{q}:\mathfrak{m}] : [\mathfrak{q}:\mathfrak{m}^*] = [\mathfrak{c}:\mathfrak{m}] : [\mathfrak{c}:\mathfrak{m}^*].$$

Es bedeute nun τ einen solchen Vektor, daß $\gamma^2 + 2\tau\gamma$ für alle γ aus $\mathfrak{c}$ eine gerade Zahl ist. Ferner sei w die Signatur der quadratischen Form ξ^2. Wie jetzt zu zeigen ist, läßt sich die Aussage von Satz 2 in die Form

$$(8) \qquad \sum_{\mathfrak{m}/\varkappa \, (\mathrm{mod}\, \mathfrak{c})} E\{(\varkappa + \tau)^2\} = \varepsilon^w [\mathfrak{m}^*:\mathfrak{m}]^{\frac{1}{2}} \sum_{\mathfrak{m}^*/\lambda \, (\mathrm{mod}\, \mathfrak{c})} E\{-\lambda^2 + 2\tau\lambda\}$$

setzen. Drückt man nämlich $\xi = \sum_{k=1}^{n} x_k \xi_k$ durch die gewählte Basis von $\mathfrak{m}$ aus und setzt

$$\xi_k \xi_l = r_{kl}, \quad (k, l = 1, \ldots, n), \quad (r_{kl}) = \mathfrak{R}, \quad (x_1 \ldots x_n)' = \mathfrak{x},$$

so wird $\xi^2 = \mathfrak{R}[\mathfrak{x}]$ mit symmetrischem rationalen $\mathfrak{R}$ und $w = w(\mathfrak{R})$. Für $\eta = \sum_{k=1}^{n} y_k \eta_k = \sum_{k=1}^{n} z_k \xi_k$ wird entsprechend

$$\xi\eta = \mathfrak{x}' \mathfrak{R} \mathfrak{z} = \mathfrak{x}' \mathfrak{y}, \quad \mathfrak{z} = \mathfrak{R}^{-1} \mathfrak{y}, \quad \eta^2 = \mathfrak{R}^{-1}[\mathfrak{y}],$$

und mit einer Basis $\gamma_k (k = 1, \ldots, n)$ von $\mathfrak{c}$ gilt dann

$$\gamma_k = \sum_{l=1}^{n} a_{lk} \xi_l, \quad (\eta_k \gamma_l) = (a_{kl}) = \mathfrak{A}, \quad [\mathfrak{c}:\mathfrak{m}] = \mathrm{abs}\, \mathfrak{A},$$

$$\gamma_k = \sum_{l=1}^{n} b_{lk} \eta_l, \quad (\xi_k \gamma_l) = (b_{kl}) = \mathfrak{B}, \quad [\mathfrak{c}:\mathfrak{m}^*] = \mathrm{abs}\, \mathfrak{B},$$

$$\mathfrak{B} = (\xi_k \gamma_l) = (\sum_{h=1}^{n} r_{kh} a_{hl}) = \mathfrak{R}\mathfrak{A}, \quad \mathfrak{R} = \mathfrak{B}\mathfrak{A}^{-1}.$$

Setzt man noch $\varkappa = \sum_{h=1}^{n} k_h \xi_h$, so ist die Bedingung $\mathfrak{m}|\varkappa \, (\mathrm{mod}\, \mathfrak{c})$ gleichbedeutend mit $\mathfrak{k} \, (\mathrm{mod}\, \mathfrak{A})$ bei ganzem $\mathfrak{k}$. Für $\lambda = \sum_{h=1}^{n} l_h \eta_h$ ist entsprechend $\mathfrak{m}^*|\lambda \, (\mathrm{mod}\, \mathfrak{c})$

durch $\mathfrak{l}$ (mod $\mathfrak{B}$) bei ganzem $\mathfrak{l}$ zu ersetzen, und es wird $\lambda^2 = \mathfrak{R}^{-1}[\mathfrak{l}]$. Ist schließlich $\tau = \sum_{h=1}^{n} t_h \xi_h$, $\gamma = \sum_{h=1}^{n} x_h \gamma_h$, so gilt

$$\tau\lambda = \mathfrak{t}'\mathfrak{l}, \quad (\varkappa + \tau)^2 = \mathfrak{R}[\mathfrak{k} + \mathfrak{t}], \quad \gamma^2 + 2\tau\gamma = (\mathfrak{A}'\mathfrak{B})[\mathfrak{x}] + 2\mathfrak{t}'\mathfrak{B}\mathfrak{x},$$

womit dann (8) in (5) übergeführt ist. Es ist klar, daß man auch umgekehrt vorgehen kann.

4. *Das Verschwinden der Summen*

Es ist nun leicht festzustellen, unter welcher Bedingung für $\mathfrak{t}$ oder τ die Summe

$$A = \sum_{\mathfrak{k} (\operatorname{mod} \mathfrak{A})} E\{\mathfrak{R}[\mathfrak{k} + \mathfrak{t}]\} = \sum_{\mathfrak{m}/\varkappa (\operatorname{mod} \mathfrak{c})} E\{(\varkappa + \tau)^2\}$$

von Null verschieden ist. Für $\mathfrak{m}|\varkappa$, $\mathfrak{q}|\beta$, $\mathfrak{q}|\lambda$ sind $\varkappa\beta$ und $\lambda\beta$ ganz, also

$$(\varkappa + \beta + \tau)^2 - (\varkappa + \tau)^2 = \beta^2 + 2\beta(\varkappa + \tau) \equiv \beta^2 + 2\tau\beta \pmod 2,$$

$$(\beta + \lambda)^2 \equiv \beta^2 + \lambda^2 \pmod 2, \tag{9}$$

$$A = \sum_{\mathfrak{m}/\varkappa (\operatorname{mod} \mathfrak{q})} E\{(\varkappa + \tau)^2\} \sum_{\mathfrak{q}/\beta (\operatorname{mod} \mathfrak{c})} E\{\beta^2 + 2\tau\beta\} = C \sum_{\mathfrak{m}/\varkappa (\operatorname{mod} \mathfrak{q})} E\{(\varkappa + \tau)^2\}$$

mit

$$C = \sum_{\mathfrak{q}/\beta (\operatorname{mod} \mathfrak{c})} E\{\beta^2 + 2\tau\beta\} = \sum_{\mathfrak{q}/\beta (\operatorname{mod} \mathfrak{c})} E\{(\beta + \lambda)^2 + 2\tau(\beta + \lambda)\} = C E\{\lambda^2 + 2\tau\lambda\}.$$

Folglich ist $C = 0 = A$, wenn nicht $\lambda^2 + 2\tau\lambda$ für alle λ aus $\mathfrak{q}$ einen geraden Wert besitzt. Ist dagegen $\lambda^2 + 2\tau\lambda$ gerade für alle λ aus $\mathfrak{q}$, so wird offenbar

$$C = [\mathfrak{c}:\mathfrak{q}], \quad A = [\mathfrak{c}:\mathfrak{q}] \sum_{\mathfrak{m}/\varkappa (\operatorname{mod} \mathfrak{q})} E\{(\varkappa + \tau)^2\},$$

und die entsprechende Reduktion von $\mathfrak{c}$ auf $\mathfrak{q}$ läßt sich dann auch in der Summe auf der rechten Seite von (8) vornehmen.

Im letzteren Falle erhält man weiter, indem man $\varkappa$ durch $\varkappa + \mu$ ersetzt, für den absoluten Betrag von A die Formel

$$[\mathfrak{c}:\mathfrak{q}]^{-2} A\bar{A} = \sum_{\mathfrak{m}/\varkappa, \mu (\operatorname{mod} \mathfrak{q})} E\{(\varkappa + \tau)^2 - (\mu + \tau)^2\}$$
$$= \sum_{\mathfrak{m}/\varkappa (\operatorname{mod} \mathfrak{q})} E\{\varkappa^2 + 2\tau\varkappa\} \sum_{\mathfrak{m}/\mu (\operatorname{mod} \mathfrak{q})} E\{2\varkappa\mu\};$$

darin ist bei festem $\varkappa$ die innere Summe genau dann von 0 verschieden, und zwar gleich $[\mathfrak{q}:\mathfrak{m}]$, wenn $\varkappa\mu$ für alle μ aus $\mathfrak{m}$ ganz ist. Dann liegt aber $\varkappa$ in $\mathfrak{m}^*$, also auch in $\mathfrak{m} \cap \mathfrak{m}^* = \mathfrak{q}$, und dies ist nur für die eine Restklasse $\varkappa \equiv 0$ (mod $\mathfrak{q}$) erfüllt. Somit wird

$$A\bar{A} = [\mathfrak{c}:\mathfrak{q}]^2[\mathfrak{q}:\mathfrak{m}] = [\mathfrak{c}:\mathfrak{m}][\mathfrak{c}:\mathfrak{q}]. \tag{10}$$

Hierdurch ist der folgende Satz bewiesen.

Satz 3: *Die Summe*

$$F(\mathfrak{c}, \tau) = \sum_{\mathfrak{m}/\varkappa \,(\mathrm{mod}\, \mathfrak{c})} E\{(\varkappa + \tau)^2\}$$

ist genau dann von 0 *verschieden, wenn* $\lambda^2 + 2\tau\lambda$ *für alle* λ *aus* $\mathfrak{q}$ *gerade ist, und dann gilt*

$$F(\mathfrak{c}, \tau) = [\mathfrak{c}:\mathfrak{q}]\, F(\mathfrak{q}, \tau).$$

Wegen dieses Resultates kann man sich weiterhin auf den gekürzten Fall $\mathfrak{c} = \mathfrak{q}$ beschränken. Man ersetze noch 2τ durch τ und definiere

$$G(\mathfrak{m}, \tau) = [\mathfrak{q}:\mathfrak{m}]^{-\frac{1}{2}} \sum_{\mathfrak{m}/\varkappa \,(\mathrm{mod}\, \mathfrak{q})} E\{\varkappa^2 + \tau\varkappa\}. \tag{11}$$

Nach (8) gilt dann die Reziprozitätsformel

$$G(\mathfrak{m}, \tau) = \varepsilon^{w - \tau^2}\, G(\mathfrak{m}^*, \tau) \tag{12}$$

unter der Voraussetzung, daß $\lambda^2 + \tau\lambda$ für alle λ aus $\mathfrak{m} \cap \mathfrak{m}^* = \mathfrak{q}$ gerade ist, und zwar hat dabei $G(\mathfrak{m}, \tau)$ zufolge (10) stets den absoluten Wert 1.

Es ist zu bemerken, daß Satz 3 in anderer Formulierung zuerst von Krazer[8]) bewiesen wurde.

5. *Festlegung des Parameters* τ

Es bleibt noch die Bedingung zu diskutieren, daß $\lambda^2 + \tau\lambda$ für alle λ aus $\mathfrak{q}$ gerade sein soll. Für die zahlentheoretischen Anwendungen hat man nämlich festzustellen, daß man diese Bedingung durch einen geeigneten Vektor τ aus $\mathfrak{q}$ selber erfüllen kann.

Ist jetzt $\gamma_1, \ldots, \gamma_n$ eine Basis von $\mathfrak{q}$ und $\tau = \sum_{k=1}^{n} x_k \gamma_k$, so handelt es sich zufolge (9) um den Nachweis, daß das System der n Kongruenzen

$$\gamma_k^2 \equiv \sum_{l=1}^{n} \gamma_k \gamma_l x_l \pmod 2 \qquad (k = 1, \ldots, n) \tag{13}$$

eine Lösung in ganzen Zahlen $x_1, \ldots, x_n$ besitzt. Wenn die Determinante

$$D = |\gamma_k \gamma_l| \tag{14}$$

ungerade ist, so wird das System (13) durch genau eine Restklasse $\mathfrak{x}$ (mod 2) befriedigt; also erhält man in diesem Falle im Gitter $\mathfrak{q}$ genau eine für τ zulässige Restklasse nach dem Modul $2\mathfrak{q}$.

Nun sei D gerade. Dann hat das homogene System

$$0 \equiv \sum_{l=1}^{n} \gamma_k \gamma_l u_l \pmod 2 \qquad (k = 1, \ldots, n)$$

eine Lösung in teilerfremden ganzen Zahlen $u_1, \ldots, u_n$. Da man anstelle von γ_n den Vektor $u_1\gamma_1 + \ldots + u_n\gamma_n$ als neuen Basisvektor von $\mathfrak{q}$ einführen

[8] Krazer, A.: Ueber ein spezielles Problem der Transformation der Thetafunctionen. J. reine angew. Math. 111, 64—86 (1893).

kann, so läßt sich die Basis bereits so gewählt denken, daß die n Zahlen $\gamma_k \gamma_n$ $(k = 1, \ldots, n)$ sämtlich gerade sind. Von den n Bedingungen (13) ist dann die letzte für alle ganzen $\mathfrak{x}$ erfüllt, während in den $n - 1$ anderen jedenfalls der Koeffizient von x_n gerade ist. Daher hat man nur noch das System

$$\gamma_k^2 \equiv \sum_{l=1}^{n-1} \gamma_k \gamma_l x_l \pmod 2 \qquad (k = 1, \ldots, n-1)$$

zu erfüllen, während x_n willkürlich bleibt. Durch vollständige Induktion ergibt sich damit die Lösbarkeit von (13) auch im vorliegenden Falle. Diesmal ist aber die Restklasse von $\mathfrak{x}$ (mod 2) nicht eindeutig bestimmt. Man sieht leicht ein, daß die Anzahl der modulo 2 inkongruenten Lösungen genau 2^{n-h} ist, wenn h den Rang der Matrix $(\gamma_k \gamma_l)$ nach dem Modul 2 bedeutet.

Es ist klar, daß man genau dann $\tau = 0$ wählen kann, wenn λ^2 für alle λ aus $\mathfrak{q}$ gerade ist.

6. *Verkürzter Beweis des quadratischen Reziprozitätsgesetzes für den rationalen Zahlkörper*

Mit $t = 0$ ergibt Satz 1 die Kroneckersche Reziprozitätsformel[9])

$$\sum_{k=1}^{a} E\left\{\frac{b}{a} k^2\right\} = \varepsilon \sqrt{\frac{a}{b}} \sum_{l=1}^{b} E\left\{-\frac{a}{b} l^2\right\} \tag{15}$$

für natürliche Zahlen a und b, deren Produkt gerade ist. Aus dieser Formel hat Kronecker einen schönen kurzen Beweis des quadratischen Reziprozitätsgesetzes abgeleitet. Es verdient hervorgehoben zu werden, daß sich dieser Beweis noch kürzer gestalten läßt, indem man in Satz 1 die Zahl ab ungerade und $t = \frac{a}{2}$ wählt. Für

$$G(a, b) = (\operatorname{abs} a)^{-\frac{1}{2}} \sum_{k \,(\mathrm{mod}\, a)} E\left\{\frac{b}{a} k^2 + bk\right\} = (\operatorname{abs} a)^{-\frac{1}{2}} \sum_{k \,(\mathrm{mod}\, a)} (-1)^k E\left\{\frac{b}{a} k^2\right\}$$

erhält man so die Reziprozitätsformel

$$G(a, b) = \varepsilon^{w(ab) - ab} G(b, -a), \tag{16}$$

die zuerst von Krazer[10]) bemerkt wurde. Die zur Definition von $G(a, b)$ benutzte Summe tritt bereits bei V.-A. Lebesgue[11]) auf, der ihren Zusammenhang mit den Gaußschen Summen und dem Legendreschen Symbol bemerkt, und dann bei Hermite[12]) in der grundlegenden Untersuchung zur Transformationstheorie der elliptischen Thetafunktionen.

---

[9] Kronecker, L.: Über den vierten Gaußschen Beweis des Reciprocitätsgesetzes für die quadratischen Reste. Monatsber. Kgl. Preuß. Akad. Wiss. Berlin 1880, 686—698.

[10] Krazer, A.: Lehrbuch der Thetafunktionen, 188. Leipzig 1903.

[11] Lebesgue, V.-A.: Sur le symbole $\left(\frac{a}{b}\right)$ et quelques-unes de ses applications. J. math. pures appl. 12, 497—517 (1847).

[12] Hermite, Ch.: Sur quelques formules relatives à la transformation des fonctions elliptiques. J. math. pures appl. (2) 3, 26—34 (1858).

Da

$$(\operatorname{abs} a)^{\frac{1}{2}} G(a, b) = \sum_{k \,(\operatorname{mod} a)} E\left\{2 \frac{b}{a} \frac{a+1}{2} k^2\right\}$$

ist, also eine richtige Gaußsche Summe, so hat man in bekannter Weise die Formel

$$G(a, b) = \left(\frac{b}{a}\right) G(a, 1)$$

mit dem Jacobischen Symbol $\left(\frac{b}{a}\right)$ und entsprechend

$$G(b, -a) = \left(\frac{a}{b}\right) G(b, -1).$$

Zufolge (16) wird dann

$$G(a, 1) = \varepsilon^{w(a)-a}, \quad G(b, -1) = \varepsilon^{b-w(b)},$$

$$\left(\frac{b}{a}\right) \varepsilon^{w(a)-a} = \left(\frac{a}{b}\right) \varepsilon^{w(ab)-ab+b-w(b)},$$

$$\left(\frac{b}{a}\right)\left(\frac{a}{b}\right) = (-1)^h, \quad h = \frac{a-1}{2} \frac{b-1}{2} + \frac{w(a)-1}{2} \frac{w(b)-1}{2}. \tag{17}$$

Dabei sind a und b beliebige ungerade teilerfremde Zahlen. Der erste Ergänzungssatz entsteht hieraus als Spezialfall $b = -1$. Für den zweiten Ergänzungssatz muß man aber schließlich doch auf (15) zurückgreifen.

7. *Die Reziprozitätsformel der Summen für Zahlkörper*

Es wird sich weiterhin darum handeln, den oben gegebenen Beweis von (17) so zu verallgemeinern, daß sich dadurch (2) für einen beliebigen algebraischen Zahlkörper K ergibt. Der Grad von K sei n, und es seien $K^{(1)}, \ldots, K^{(m)}$ die reellen Konjugierten. Es sei $\mathfrak{d}$ das Grundideal von K, ferner ω eine von 0 verschiedene Zahl aus K und

$$(\omega)\mathfrak{d} = \frac{\mathfrak{b}}{\mathfrak{a}}, \quad (\mathfrak{a}, \mathfrak{b}) = 1. \tag{18}$$

Die Zahlen aus K bilden einen n-dimensionalen Vektorraum über dem rationalen Zahlkörper. Die früher mit $\xi\eta$ bezeichnete bilineare Form werde für beliebige Körperzahlen ξ und η durch die Spur $S(\xi\omega\eta)$ definiert. Anstelle des früheren Moduls $\mathfrak{m}$ wird speziell das Einheitsideal $\mathfrak{o}$ aus K gewählt. Für den Modul $\mathfrak{m}^*$ erhält man die Menge der Körperzahlen η, für welche $S(\xi\omega\eta)$ bei beliebigen ganzen ξ aus K stets ganz rational ist. Da dann für $\xi\omega$ alle Zahlen des Ideals (ω) genommen werden können, so ist $\mathfrak{m}^*$ nach dem Dedekindschen Satze gerade das zu (ω) komplementäre Ideal $(\omega^{-1})\mathfrak{d}^{-1} = \frac{\mathfrak{a}}{\mathfrak{b}}$. An die Stelle des Durchschnitts $\mathfrak{m} \cap \mathfrak{m}^* = \mathfrak{q}$ tritt jetzt das kleinste gemeinschaftliche Vielfache von $\mathfrak{o}$ und $\frac{\mathfrak{a}}{\mathfrak{b}}$, also das ganze Ideal $\mathfrak{a}$, womit die Indizes $[\mathfrak{q}:\mathfrak{m}]$ und $[\mathfrak{q}:\mathfrak{m}^*]$ die Werte $N(\mathfrak{a})$ und $N(\mathfrak{b})$ bekommen.

Es sei nun eine Zahl τ aus $\mathfrak{a}$ so gewählt, daß der Wert $S(\omega\xi^2) + S(\tau\omega\xi)$ für alle ξ aus $\mathfrak{a}$ stets gerade ist. Die Existenz einer solchen Zahl ist im fünften Abschnitt nachgewiesen worden. Eine Zahl τ_0 aus $\mathfrak{a}$ hat genau dann die gleiche Eigenschaft, wenn die Spur von $\frac{\tau_0 - \tau}{2}\omega\xi$ bei variablem ξ aus $\mathfrak{a}$ immer ganz ist; also gehört $\frac{\tau_0-\tau}{2}$ dem zu $(\omega)\mathfrak{a}$ komplementären Ideal $\mathfrak{b}^{-1}$ an. Daher liegt $\tau_0 - \tau$ in dem kleinsten gemeinschaftlichen Vielfachen von $\mathfrak{a}$ und $2\mathfrak{b}^{-1}$. Dieses ist ein Teiler von $2\mathfrak{a}$ und genau dann $2\mathfrak{a}$ selber, wenn $\mathfrak{a}\mathfrak{b}$ zu 2 teilerfremd ist. Im letzteren Falle ist also die Restklasse von τ modulo $2\mathfrak{a}$ durch ω eindeutig festgelegt. Dieses Resultat läßt sich auch gewinnen, indem man die Determinante D aus (14) für den vorliegenden Fall ausrechnet. Mit einer Basis $\alpha_1, \ldots, \alpha_n$ von $\mathfrak{a}$ erhält man nämlich

$$D = |S(\alpha_k\omega\alpha_l)| = \pm N(\omega)N(\mathfrak{a}^2\mathfrak{d}) = \pm N(\mathfrak{a}\mathfrak{b}),$$

und diese Zahl ist genau dann ungerade, wenn $(\mathfrak{a}\mathfrak{b}, 2) = 1$ ist.

Im Folgenden wird dauernd vorausgesetzt, daß $\mathfrak{a}\mathfrak{b}$ zu 2 teilerfremd ist. Dann ist also bei gegebener Zahl ω die Restklasse von τ nach dem Modul $2\mathfrak{a}$ eindeutig festgelegt. Man setze noch zur Abkürzung $E\{S(\xi)\} = E(\xi)$ für beliebige Zahlen ξ aus K und definiere

$$G(\omega) = (N(\mathfrak{a}))^{-\frac{1}{2}} \sum_{\mathfrak{o}/\varkappa \,(\mathrm{mod}\, \mathfrak{a})} E(\omega\varkappa^2 + \tau\omega\varkappa), \tag{19}$$

$$H(\omega) = (N(\mathfrak{b}))^{-\frac{1}{2}} \sum_{\frac{\mathfrak{a}}{\mathfrak{b}}/\lambda \,(\mathrm{mod}\, \mathfrak{a})} E(-\omega\lambda^2 - \tau\omega\lambda), \tag{20}$$

wobei zu beachten ist, daß in beiden Summen die einzelnen Glieder von der Auswahl von τ in der festen Restklasse modulo $2\mathfrak{a}$ unabhängig sind. Offenbar ist jetzt der in (11) erklärte Ausdruck $G(\mathfrak{m}, \tau)$ für den vorliegenden Fall gleich $G(\omega)$, während $\overline{G(\mathfrak{m}^*, \tau)}$ mit $H(\omega)$ übereinstimmt. Bezeichnet noch $w = w(\omega)$ die Signatur der quadratischen Form $S(\omega\xi^2)$, so wird

$$w(\omega) = \sum_{p=1}^{m} \operatorname{sgn} \omega^{(p)},$$

und die Reziprozitätsformel (12) ergibt

$$G(\omega) = \varepsilon^{w(\omega) - S(\omega\tau^2)} H(\omega). \tag{21}$$

Um noch den Ausdruck $H(\omega)$ umzuformen, wähle man in $\mathfrak{d}^{-1}$ eine Zahl δ, so daß $(\delta)\mathfrak{d} = \mathfrak{g}$ zu $2\mathfrak{b}$ teilerfremd ist. Dann wird $(2\mathfrak{a}, \mathfrak{a}\mathfrak{g}) = \mathfrak{a}$, und man kann also τ in der festgelegten Restklasse modulo $2\mathfrak{a}$ noch so bestimmen, daß sogar $\mathfrak{a}\mathfrak{g}|\tau$ gilt. Es ist ferner

$$(\delta\omega^{-1}) = \frac{\mathfrak{a}}{\mathfrak{b}}\mathfrak{g},$$

und es läßt sich daher in (20) die Substitution $\lambda = \delta\omega^{-1}\mu$ ausführen, wobei μ ein volles Restsystem ganzer Zahlen modulo $\mathfrak{b}$ zu durchlaufen hat. Setzt man noch

$$\omega^* = -\delta^2\omega^{-1}, \quad \tau^* = \delta^{-1}\omega\tau,$$

so wird

$$\text{(22)} \qquad -S(\omega\lambda^2) - S(\tau\omega\lambda) = S(\omega^*\mu^2) + S(\tau^*\omega^*\mu),$$

$$H(\omega) = (N(\mathfrak{b}))^{-\frac{1}{2}} \sum_{\mathfrak{o}/\mu\,(\mathrm{mod}\,\mathfrak{b})} E(\omega^*\mu^2 + \tau^*\omega^*\mu).$$

Nun ist $\mathfrak{b}$ der gekürzte Nenner von

$$(\omega^*)\mathfrak{d} = \frac{\mathfrak{a}\mathfrak{g}^2}{\mathfrak{b}},$$

ferner

$$(\mathfrak{a}\mathfrak{g}^2\mathfrak{b}, 2) = 1, \quad \mathfrak{b} = (\delta^{-1}\omega)\,\mathfrak{a}\mathfrak{g}\,|\,\tau^*$$

und für $\mathfrak{b}\,|\,\mu$ erst recht $\mathfrak{a}\,|\,\delta\omega^{-1}\mu = \lambda$, also die Zahl $S(\omega^*\mu^2) + S(\tau^*\omega^*\mu)$ nach (22) gerade. Daher gilt

$$H(\omega) = G(\omega^*).$$

Aus (21) erhält man damit folgenden Satz.

Satz 4: *Es sei in gekürzter Form*

$$(\omega)\mathfrak{d} = \frac{\mathfrak{b}}{\mathfrak{a}}, \quad (\delta)\mathfrak{d} = \frac{\mathfrak{g}}{\mathfrak{o}}; \quad (\mathfrak{a}\mathfrak{b}, 2) = 1, \quad (\mathfrak{g}, 2\mathfrak{b}) = 1.$$

Dann besteht die Reziprozitätsformel

$$G(\omega) = \varepsilon^{w(\omega) - S(\omega\tau^2)} G(\omega^*), \qquad \omega\omega^* = -\delta^2.$$

8. *Beweis von zwei Hilfssätzen*

Fortan bedeutet $\left(\frac{\mu}{\mathfrak{a}}\right)$ für ganze μ aus K das quadratische Restsymbol.

Hilfssatz 1: *Ist* $\mu \equiv 1 \pmod 2$ *und* $(\mu, \mathfrak{a}) = 1$, *so gilt*

$$\text{(23)} \qquad G(\mu\omega) = \left(\frac{\mu}{\mathfrak{a}}\right) G(\omega).$$

Beweis: Wegen $(\mathfrak{a}, 2) = 1$ kann man in (19) für die Zahlen $\varkappa$ des vollen Restsystems modulo $\mathfrak{a}$ die zusätzliche Forderung $\varkappa \equiv 1 \pmod 2$ stellen, was weiterhin durch den Index 1 am Summenzeichen angedeutet werde. Dann ist $\varkappa^2 \equiv \varkappa \pmod 2$. Setzt man noch $(\tau + 1)\omega = \varrho$ und

$$\text{(24)} \qquad A(\varrho) = \sum_{\varkappa\,(\mathrm{mod}\,\mathfrak{a})}{}_1\, E(\varrho\varkappa^2),$$

so geht (19) über in

$$G(\omega) = (N(\mathfrak{a}))^{-\frac{1}{2}} A(\varrho),$$

und es bleibt anstelle von (23) die analoge Formel

$$\text{(25)} \qquad A(\mu\varrho) = \left(\frac{\mu}{\mathfrak{a}}\right) A(\varrho)$$

mit $\mu \equiv 1 \pmod 2$, $(\mu, \mathfrak{a}) \equiv 1$ nachzuweisen.

Wenn der Zähler von $(\varrho)\mathfrak{d}$ durch 2 teilbar ist, so ist die Zahl $S(\varrho\xi^2)$ für alle Zahlen ξ des Ideals $\mathfrak{a}$ gerade und die Bedingung $\varkappa \equiv 1 \pmod 2$ bei der Summation in (24) überflüssig. Dann ist aber $A(\varrho)$ eine Gauß-Heckesche Summe, für welche (25) bereits durch Hecke bewiesen wurde, nachdem schon Dirichlet den Fall des rationalen Zahlkörpers erledigt hatte.

Es sei jetzt über die Zahl ϱ aus K nur vorausgesetzt, daß $(\varrho)\mathfrak{d}$ den zu 2 teilerfremden Nenner $\mathfrak{a}$ besitzt und $S(\varrho\varkappa^2)$ für $\varkappa \equiv 1 \pmod 2$, $\varkappa \equiv 0 \pmod{\mathfrak{a}}$ stets gerade ist, während die Summe $A(\varrho)$ in (24) ohne Bezugnahme auf τ erklärt sei. Der Beweis in diesem allgemeinen Fall schließt sich zwar eng an den von Hecke und Dirichlet gegebenen an, soll aber der Vollständigkeit wegen doch ausführlich dargestellt werden.

Die Behauptung ist trivial für $\mathfrak{a} = \mathfrak{o}$; es sei also im Folgenden $\mathfrak{a} \neq \mathfrak{o}$. Dann ist $(\varrho)\mathfrak{d}$ nicht ganz, und man kann eine ganze Zahl β so finden, daß auch die Spur von $\varrho\beta$ nicht ganz ist. Folglich wird die Summe

$$Q = \sum_{\nu \pmod{\mathfrak{a}}}{}_1 E(\varrho\nu) = \sum_{\nu \pmod{\mathfrak{a}}}{}_1 E\big(\varrho(\nu + 2\beta)\big) = E(2\varrho\beta)Q = 0.$$

Zunächst sei nun $\mathfrak{a}$ ein Primideal $\mathfrak{p}$. Dann ergibt sich

$$A(\varrho) = \sum_{\nu \pmod{\mathfrak{p}}}{}_1 \left(1 + \left(\frac{\nu}{\mathfrak{p}}\right)\right) E(\varrho\nu) = \sum_{\nu \pmod{\mathfrak{p}}}{}_1 \left(\frac{\nu}{\mathfrak{p}}\right) E(\varrho\nu).$$

Da $\nu \equiv \mu\nu \pmod 2$ ist und mit ν auch $\mu\nu$ ein volles Restsystem modulo $\mathfrak{p}$ durchläuft, so erhält man (25) für $\mathfrak{a} = \mathfrak{p}$, wenn noch die Formel $\left(\frac{\mu\nu}{\mathfrak{p}}\right) = \left(\frac{\mu}{\mathfrak{p}}\right)\left(\frac{\nu}{\mathfrak{p}}\right)$ beachtet wird.

Jetzt sei $\mathfrak{a} = \mathfrak{p}^l$ und $l \geqq 2$. Für das Restsystem $\varkappa \pmod{\mathfrak{a}}$, $\varkappa \equiv 1 \pmod 2$ in (24) hat man die Zerlegung

$$\varkappa = \lambda + 2\mu, \quad \lambda \pmod{\mathfrak{p}^{l-1}}, \quad \lambda \equiv 1 \pmod 2, \quad \mathfrak{p}^{l-1}|\mu \pmod{\mathfrak{p}^l},$$

also

$$S(\varrho\varkappa^2) \equiv S(\varrho\lambda^2) + 4S(\varrho\lambda\mu) \pmod 2.$$

Wählt man dann noch

$$\vartheta \equiv 1 \pmod 2, \quad (\vartheta, \mathfrak{p}^2) = \mathfrak{p},$$

so hat $(\varrho\vartheta^2)\mathfrak{d}$ den Nenner $\mathfrak{p}^{l-2}$, und für $\mathfrak{p}^{l-2}|\nu \equiv 1 \pmod 2$ ist die Zahl $S(\varrho\vartheta^2\nu^2)$ gerade. Somit gilt

$$A(\varrho) = \sum_{\lambda \pmod{\mathfrak{p}^{l-1}}}{}_1 E(\varrho\lambda^2) \sum_{\mathfrak{p}^{l-1}/\mu \pmod{\mathfrak{p}^l}} E(4\varrho\lambda\mu) = N(\mathfrak{p}) \sum_{\mathfrak{p}/\lambda \pmod{\mathfrak{p}^{l-1}}}{}_1 E(\varrho\lambda^2)$$
$$= N(\mathfrak{p}) \sum_{\nu \pmod{\mathfrak{p}^{l-2}}}{}_1 E(\varrho\vartheta^2\nu^2) = N(\mathfrak{p})\, A(\varrho\vartheta^2).$$

Da außerdem $\left(\frac{\mu}{\mathfrak{p}^l}\right) = \left(\frac{\mu}{\mathfrak{p}^{l-2}}\right)$ ist, so folgt mittels Induktion bezüglich l die Richtigkeit von (25) für jede Potenz $\mathfrak{a} = \mathfrak{p}^l$.

Schließlich sei $\mathfrak{a} = \mathfrak{a}_1\mathfrak{a}_2$, $(\mathfrak{a}_1, \mathfrak{a}_2) = 1$. Man wähle $\vartheta_1 \equiv 1 \pmod 2$, $(\vartheta_1, \mathfrak{a}) = \mathfrak{a}_1$, $\vartheta_2 \equiv 0 \pmod 2$, $(\vartheta_2, \mathfrak{a}) = \mathfrak{a}_2$ und verwende die Zerlegung

$$\varkappa = \vartheta_2\lambda_1 + \vartheta_1\lambda_2, \quad \lambda_1 \,(\mathrm{mod}\, \mathfrak{a}_1), \quad \lambda_2 \,(\mathrm{mod}\, \mathfrak{a}_2), \quad \lambda_2 \equiv 1 \pmod 2.$$

Dann wird

$$S(\varrho\varkappa^2) \equiv S(\varrho\vartheta_2^2\lambda_1^2) + S(\varrho\vartheta_1^2\lambda_2^2) \pmod 2,$$
$$S(\varrho\vartheta_2^2\lambda_1^2) \equiv 0 \pmod 2 \qquad (\mathfrak{a}_1|\lambda_1),$$
$$S(\varrho\vartheta_1^2\lambda_2^2) \equiv 0 \pmod 2 \qquad \big(\mathfrak{a}_2|\lambda_2 \equiv 1 \pmod 2\big).$$

Da hierbei $(\varrho\vartheta_2^2)\mathfrak{d}$ und $(\varrho\vartheta_1^2)\mathfrak{d}$ die Nenner $\mathfrak{a}_1$ und $\mathfrak{a}_2$ besitzen, so ergibt sich

$$A(\varrho) = A(\varrho\vartheta_2^2)\,A(\varrho\vartheta_1^2).$$

Mit Rücksicht auf $\left(\frac{\mu}{\mathfrak{a}}\right) = \left(\frac{\mu}{\mathfrak{a}_1}\right)\left(\frac{\mu}{\mathfrak{a}_2}\right)$ folgt jetzt (25) allgemein durch Induktion bezüglich der Anzahl der verschiedenen Primidealteiler von $\mathfrak{a}$.

Hilfssatz 2: *Es ist*

$$\omega\tau^2 \equiv 1 \left(\mathrm{mod}\, \frac{2}{\mathfrak{d}}\right).$$

Beweis: Es sei $\alpha_1, \ldots, \alpha_n$ eine Basis von $\mathfrak{a}$, also $\omega\alpha_k$ $(k = 1, \ldots, n)$ eine Basis von $(\omega)\mathfrak{a}$; ferner sei $\beta_1, \ldots, \beta_n$ die durch die Bedingung

(26) $$\big(S(\alpha_k\omega\beta_l)\big) = \mathfrak{E}$$

festgelegte Basis des zu $(\omega)\mathfrak{a}$ komplementären Ideals $\mathfrak{b}^{-1}$. Drückt man

$$\tau = \sum_{h=1}^{n} c_h\beta_h$$

durch die letztere Basis aus, so sind die Zahlen c_h ganz rational. Aus

$$S(\omega\xi^2) \equiv S(\tau\omega\xi) \pmod 2 \qquad (\mathfrak{a}|\xi)$$

ergeben sich die n Kongruenzen

$$c_h \equiv S(\omega\alpha_h^2) \pmod 2 \qquad (h = 1, \ldots, n)$$

und damit

$$\tau^2 \equiv \sum_{h=1}^{n} c_h\beta_h^2 \equiv \sum_{l=1}^{n} \omega^{(l)} \sum_{h=1}^{n} (\beta_h\alpha_h^{(l)})^2 \quad \left(\mathrm{mod}\, \frac{2}{\mathfrak{b}^2}\right).$$

Nun ist aber

$$\sum_{l=1}^{n} \omega^{(l)} \sum_{h=1}^{n} (\beta_h\alpha_h^{(l)})^2 = \sum_{l=1}^{n} \omega^{(l)} \Big(\sum_{h=1}^{n} \beta_h\alpha_h^{(l)}\Big)^2 - 2 \sum_{1 \leq h < j \leq n} \beta_h\beta_j\, S(\omega\alpha_h\alpha_j),$$

und zufolge (26) gilt auch

$$\Big(\omega^{(l)} \sum_{h=1}^{n} \beta_h^{(k)}\alpha_h^{(l)}\Big) = \mathfrak{E}.$$

Demnach erhält man

$$\tau^2 \equiv \omega^{-1} \quad \left(\bmod \frac{2}{\mathfrak{b}^2}\right),$$

$$\omega\tau^2 \equiv 1 \quad \left(\bmod \frac{2}{\mathfrak{d}\mathfrak{a}\mathfrak{b}}\right),$$

$$2 \mid (\omega\tau^2 - 1)\,\mathfrak{d}\mathfrak{a}\mathfrak{b}.$$

Da nun aber $(\omega\tau^2 - 1)\mathfrak{d}$ ganz und $(\mathfrak{a}\mathfrak{b}, 2) = 1$ ist, so folgt die Behauptung.

9. *Beweis der Hasseschen Formel*

Es seien α und β zwei teilerfremde ganze Zahlen aus K,

$$\alpha \equiv \beta \equiv 1 \pmod 2.$$

Man wähle eine Zahl γ in $\mathfrak{d}^{-1}$ derart, daß $(\gamma)\mathfrak{d} = \mathfrak{c}$ zu 2α teilerfremd wird, und definiere

$$\omega = \omega_1 = \frac{\beta}{\alpha}\gamma, \quad \omega_2 = \frac{1}{\alpha}\gamma, \quad \omega_3 = \gamma, \quad \omega_4 = \beta\gamma.$$

In der früheren Zerlegung $(\omega)\mathfrak{d} = \frac{\mathfrak{b}}{\mathfrak{a}}$ aus (18) wird dann $\mathfrak{a} = (\alpha)$, $\mathfrak{b} = (\beta)\mathfrak{c}$, $(\mathfrak{a}\mathfrak{b}, 2) = 1$, und für $(\delta) = \frac{\mathfrak{g}}{\mathfrak{b}}$, $(\mathfrak{g}, 2\mathfrak{b}) = 1$ gilt also erst recht $(\mathfrak{g}, \mathfrak{c}) = 1$. Setzt man

$$\omega_l^* = -\delta^2 \omega_l^{-1} \qquad (l = 1, \ldots, 4),$$

so erhält man für $(\omega_l)\mathfrak{d}$ und $(\omega_l^*)\mathfrak{d}$ die gekürzten Idealbrüche

$$\frac{\mathfrak{b}}{\mathfrak{a}}, \quad \frac{\mathfrak{c}}{\mathfrak{a}}, \quad \frac{\mathfrak{c}}{\mathfrak{o}}, \quad \frac{\mathfrak{b}}{\mathfrak{o}}; \qquad \frac{\mathfrak{a}\mathfrak{g}^2}{\mathfrak{b}}, \quad \frac{\mathfrak{a}\mathfrak{g}^2}{\mathfrak{c}}, \quad \frac{\mathfrak{g}^2}{\mathfrak{c}}, \quad \frac{\mathfrak{g}^2}{\mathfrak{b}},$$

deren Zähler und Nenner sämtlich zu 2 teilerfremd sind. Mit

$$\xi = \xi_1 = \xi_2 = \alpha\eta, \quad \xi_3 = \xi_4 = \eta$$

und variablem ganzen η ergeben sich für $\omega_l\xi_l$ $(l = 1, \ldots, 4)$ die Zahlen $\beta\gamma\eta$, $\gamma\eta$, $\gamma\eta$, $\beta\gamma\eta$, die miteinander kongruent nach dem Modul $\frac{2}{\mathfrak{b}}$ sind, und das gleiche gilt dann für die vier Zahlen $\omega_l\xi_l^2$, da die ξ_l miteinander kongruent nach dem Modul 2 sind. Hat τ die frühere Bedeutung, so ist τ ganz, sogar durch α teilbar, und $S(\omega\xi^2) + S(\tau\omega\xi)$ gerade. Folglich wird auch $S(\omega_l\xi_l^2) + S(\tau\omega_l\xi_l)$ gerade. Demnach ist dieselbe Zahl τ für alle vier ω_l zulässig.

Führt man die Abkürzung

$$\varepsilon^{w(\omega_l) - S(\omega_l\tau^2)} = \chi_l \qquad (l = 1, \ldots, 4)$$

ein, so liefert Satz 4 die Formel

$$\frac{G(\omega_1)\,G(\omega_3)}{G(\omega_2)\,G(\omega_4)} = \frac{\chi_1\chi_3}{\chi_2\chi_4}\,\frac{G(\omega_1^*)\,G(\omega_3^*)}{G(\omega_2^*)\,G(\omega_4^*)}.$$

Nun ist

$$\omega_1 = \beta\omega_2,\ \ \omega_4 = \beta\omega_3,\ \ (\beta, \mathfrak{a}) = 1;\quad \omega_1^* = \alpha\omega_4^*,\ \ \omega_2^* = \alpha\omega_3^*,\ \ (\alpha, \mathfrak{b}) = 1 = (\alpha, \mathfrak{c}),$$

und Hilfssatz 1 ergibt

$$G(\omega_1) = \left(\frac{\beta}{\mathfrak{a}}\right) G(\omega_2),\quad G(\omega_4) = G(\omega_3),\quad G(\omega_1^*) = \left(\frac{\alpha}{\mathfrak{b}}\right) G(\omega_4^*),\quad G(\omega_2^*) = \left(\frac{\alpha}{\mathfrak{c}}\right) G(\omega_3^*).$$

Wegen $\mathfrak{a} = (\alpha)$ und $\left(\frac{\alpha}{\mathfrak{b}}\right) = \left(\frac{\alpha}{\beta}\right)\left(\frac{\alpha}{\mathfrak{c}}\right)$ folgt also

$$\left(\frac{\beta}{\alpha}\right) = \varepsilon^h \left(\frac{\alpha}{\beta}\right),\quad h = \sum_{l=1}^{4} (-1)^l \left(S(\omega_l \tau^2) - w(\omega_l)\right). \tag{27}$$

Setzt man noch

$$\frac{\tau}{\alpha} = \nu,\quad \gamma\nu^2 = \zeta,$$

so sind ν und $(\zeta)\mathfrak{d}$ ganz, und für $\omega_l \tau^2$ erhält man die vier Zahlen $\alpha\beta\zeta$, $\alpha\zeta$, $\alpha^2\zeta$, $\alpha^2\beta\zeta$. Hilfssatz 2 mit ω_2 anstelle von ω ergibt dann

$$\alpha\zeta \equiv 1 \quad \left(\bmod \frac{2}{\mathfrak{d}}\right),$$

$$\sum_{l=1}^{4} (-1)^l S(\omega_l \tau^2) = S\left((\alpha - 1)(\beta - 1)\alpha\zeta\right) \equiv 4\, S\left(\frac{\alpha - 1}{2}\,\frac{\beta - 1}{2}\right) \pmod{8}.$$

Da andererseits

$$\sum_{l=1}^{4} (-1)^{l-1} w(\omega_l) = \sum_{p=1}^{m} (\operatorname{sgn} \alpha^{(p)} - 1)(\operatorname{sgn} \beta^{(p)} - 1) \operatorname{sgn} \gamma^{(p)}$$

$$\equiv 4 \sum_{p=1}^{m} \frac{\operatorname{sgn} \alpha^{(p)} - 1}{2}\, \frac{\operatorname{sgn} \beta^{(p)} - 1}{2} \pmod{8}$$

ist, so liefert (27) die Formel (2).

75.

Über die algebraische Abhängigkeit von Modulfunktionen n-ten Grades

Nachrichten der Akademie der Wissenschaften in Göttingen.
Mathematisch-physikalische Klasse, 1960, Nr. 12, 257—272

Die von mir[1]) ursprünglich vorgeschlagene Begründung der Theorie der Modulfunktionen n-ten Grades war in einem wesentlichen Punkte unbefriedigend: Es wurde nämlich dort vorausgesetzt, daß jede Modulfunktion Quotient von Modulformen ist. Später bemühte ich[2]) mich, diese Bedingung nach dem Vorbild des klassischen Falles $n = 1$ durch eine lokale zu ersetzen und skizzierte ein Verfahren zur Kompaktifizierung des Fundamentalbereiches $\mathfrak{F}$, welches dann durch Christian[3]) in den Einzelheiten ausgeführt wurde. Unabhängig davon hatte Satake[4]) um die gleiche Zeit eine andere Methode der Kompaktifizierung entwickelt, und diese erwies sich nunmehr als die bessere und sinngemäßere, indem es bald darauf Baily[5]) gelang, unter Benutzung des Ansatzes von Satake den Nachweis zu führen, daß zum Aufbau der Theorie im Falle $n > 1$ überhaupt keine Voraussetzung über das Verhalten der Modulfunktionen im Unendlichen gemacht zu werden braucht. Zu diesem Nachweis wurde eine Reihe von neueren Ergebnissen der allgemeinen Funktionentheorie mehrerer Variabler benötigt, wie sie vor allem durch die tiefgehenden Untersuchungen von Oka und H. Cartan im Laufe der letzten 25 Jahre gewonnen worden waren, außerdem eine bisher noch nicht ausführlich bewiesene Verschärfung des sog. Kontinuitätssatzes von E. E. Levi. Für $n > 2$ fand weiterhin Christian[6]) einen anderen Beweis, worin er die Multiplikatorensysteme für die Gruppe der ganzen Modulsubstitutionen n-ten Grades untersuchte und seine früheren Resultate mit einem wichtigen Satze von Oka kombinierte.

---

[1]) Siegel, C. L.: Einführung in die Theorie der Modulfunktionen n-ten Grades. Math. Ann. 116. 1939, 617—657.

[2]) Siegel, C. L.: Zur Theorie der Modulfunktionen n-ten Grades. Comm. Pure Appl. Math. 8. 1955, 677—681.

[3]) Christian, U.: Zur Theorie der Modulfunktionen n-ten Grades. Math. Ann. 133. 1957, 281—297.

[4]) Satake, J.: On the compactification of the Siegel space. J. Indian Math. Soc. 20. 1956, 259—281.

[5]) Baily, W. L. jr.: Satake's compactification of V_n^*. Amer. J. Math. 80. 1958, 348—364.

[6]) Christian, U.: Über die Multiplikatorensysteme zur Gruppe der ganzen Modulsubstitutionen n-ten Grades. Math. Ann. 138. 1959, 363—397.

Kürzlich hat nun aber Gundlach[7]) in diesen Nachrichten gezeigt, daß das analoge Problem für die Hilbertschen Modulfunktionen in sehr eleganter und direkter Weise gelöst werden kann, ohne jene schwierigen allgemeinen Ergebnisse zu Hilfe zu nehmen. Bei der Hilbertschen Modulgruppe liegt allerdings insofern ein einfacherer Sachverhalt vor, als der Fundamentalbereich stets nur endlich viele uneigentliche Punkte besitzt, während auch bei der Kompaktifizierung nach Satake das unendlich Ferne von $\mathfrak{F}$ für $n > 1$ eine positive Dimensionenzahl hat. Im folgenden werde ich das schöne Resultat von Gundlach auf die Modulfunktionen n-ten Grades übertragen, und zwar ebenfalls unter alleiniger Benutzung von längst bekannten Ideen der klassischen Funktionentheorie im Sinne von Weierstraß. Dazu wird eine Kompaktifizierung von $\mathfrak{F}$ überhaupt nicht mehr gebraucht werden.

Weiterhin ist durchweg $n > 1$ vorausgesetzt, und es bedeuten $c_1, \ldots, c_{11}$ geeignet zu wählende natürliche Zahlen, welche nur von n abhängen.

1. Hilfssätze aus der Reduktionstheorie

Es sei $\mathfrak{P}$ der Raum der positiven symmetrischen Matrizen $Y = (y_{kl})$ mit n Reihen und $\mathfrak{R}$ der Minkowskische Bereich der reduzierten Y. Bekanntlich wird $\mathfrak{R}$ durch die folgenden Bedingungen festgelegt: Für alle Spalten $\mathfrak{g}$ mit ganzzahligen Elementen $g_1, \ldots, g_n$ und teilerfremden $g_k, \ldots, g_n$ gilt

$$(1) \qquad Y[\mathfrak{g}] \geq y_{kk} = y_k > 0 \qquad (k = 1, \ldots, n);$$

außerdem ist

$$(2) \qquad y_{kl} \geq 0 \qquad (l = k + 1 = 2, \ldots, n).$$

In (1) ist speziell die Aussage

$$(3) \qquad 2 \operatorname{abs} y_{kl} \leq y_k \leq y_{k+1} \qquad (1 \leq k < l \leq n)$$

enthalten. Die wichtigste Folgerung aus (1) ist die von Minkowski bewiesene Ungleichung

$$(4) \qquad y_1 \cdots y_n < c_1 |Y|.$$

Aus Y geht durch Streichen der letzten $n - p$ Zeilen und Spalten der p-te Abschnitt Y_p $(p = 1, \ldots, n)$ hervor. Wegen $Y \in \mathfrak{P}$ ist dann

$$(5) \qquad |Y_k| \leq y_k |Y_{k-1}| \qquad (k = 2, \ldots, n).$$

Nach (4) folgt hieraus

$$(6) \qquad |Y_k| \leq y_1 \cdots y_k < c_1 |Y_k| \quad (Y \in \mathfrak{R};\ k = 1, \ldots, n).$$

---

[7]) Gundlach, K.-B.: Quotientenraum und meromorphe Funktionen zur Hilbertschen Modulgruppe. Nachr. Akad. Wiss. Göttingen, math.-phys. Kl. 1960, 77—85.

Weiterhin bedeute

$$\underline{Y} = [y_1, \ldots, y_n]$$

die Diagonalmatrix mit den gleichen Diagonalelementen wie Y.

Hilfssatz 1: *Für reduziertes Y gilt*

(7) $$c_2 Y > \underline{Y} > c_2^{-1} Y, \quad c_2 Y^{-1} > \underline{Y}^{-1} > c_2^{-1} Y^{-1}.$$

Beweis: Man setze

$$V = [y_1^{-\frac{1}{2}}, \ldots, y_n^{-\frac{1}{2}}],$$

also $V^{-2} = \underline{Y}$. Zufolge (3) sind alle Elemente der positiven Matrix $W = Y[V]$ absolut ≤ 1, und nach (4) ist $|W| > c_1^{-1}$. Folglich liegen alle Eigenwerte von W und W^{-1} oberhalb einer positiven Schranke c_2^{-1}. Daher ist

$$c_2 W > E, \quad c_2 W^{-1} > E,$$

also auch

$$c_2 E > W^{-1}, \quad c_2 E > W,$$

woraus sich die Behauptung (7) ergibt.

Hilfssatz 2: *Seien $\tilde{Y}$ und $Y^* = \tilde{Y}[U]$ mit unimodularem U beide reduziert. Dann gilt für die Diagonalelemente*

(8) $$c_2 y_k^* > \tilde{y}_k > c_2^{-1} y_k^* \qquad (k = 1, \ldots, n).$$

Beweis: Es sei $U = (u_{kl})$ und $\mathfrak{u}$ die q-te Spalte von U. Nach Hilfssatz 1 wird

(9) $$c_2 y_q^* = c_2 \tilde{Y}[\mathfrak{u}] > \underline{\tilde{Y}}[\mathfrak{u}] = \sum_{t=1}^{n} \tilde{y}_t u_{tq}^2 \geq \tilde{y}_p u_{pq}^2 \quad (p, q = 1, \ldots, n).$$

Ist k ein fester Index der Reihe 1 bis n, so ist wegen $|U| \neq 0$ mindestens eine der Zahlen u_{pq}^2 ($p = k, \ldots, n$; $q = 1, \ldots, k$) von 0 verschieden, also ≥ 1. Andererseits ist $\tilde{y}_p \geq \tilde{y}_k$, $y_q^* \leq y_k^*$ zufolge (3), und (9) ergibt

$$c_2 y_k^* > \tilde{y}_k \qquad (k = 1, \ldots, n),$$

also die linke Hälfte von (8). Die andere Hälfte folgt durch Vertauschung von $\tilde{Y}$ und Y^*.

Hilfssatz 3: *Unter der Voraussetzung von Hilfssatz 2 sei außerdem*

(10) $$\tilde{y}_{r+1} > c_2^2 \tilde{y}_r$$

für einen Index r der Reihe 1 bis $n - 1$. Dann zerfällt U in der Gestalt

(11) $$U = \begin{pmatrix} * & * \\ 0 & * \end{pmatrix}, \quad 0 = 0^{(n-r, r)}$$

und es ist

(12) $$\tilde{y}_{r+1} = y_{r+1}^*.$$

Beweis: Nach Hilfssatz 2 und (9) ist

$$c_2^2 \tilde{y}_q > \tilde{y}_p u_{pq}^2 \qquad (p, q = 1, \ldots, n);$$

nach (3) und (10) ist andererseits

$$\tilde{y}_r \geq \tilde{y}_q \quad (q = 1, \ldots, r), \qquad \tilde{y}_p \geq \tilde{y}_{r+1} > c_2^2 \tilde{y}_r > 0 \quad (p = r+1, \ldots, n).$$

Es folgt

$$u_{pq} = 0 \quad (p = r+1, \ldots, n;\ q = 1, \ldots, r),$$

also (11). In der $(r+1)$-sten Spalte von U und von U^{-1} sind dann aber die letzten $n - r$ Elemente teilerfremd, und (1) ergibt

$$y_{r+1}^* \geq \tilde{y}_{r+1} \geq y_{r+1}^*,$$

also (12).

Hilfssatz 4: *Sei* $\tilde{Y}$ *reduziert und*

$$\tilde{y}_{r+1} > 9 c_2^2 \tilde{y}_r \tag{13}$$

für einen Index r *der Reihe* 1 *bis* $n - 1$. *Es entstehe* Y *dadurch aus* $\tilde{Y}$, *daß die Elemente* $\tilde{y}_{kl}$ *und* $\tilde{y}_{lk}$ *mit* $k = r$, $l = r+1$ *beide durch* $-\tilde{y}_r$ *ersetzt werden, während alle anderen* $\tilde{y}_{kl}$ *ungeändert bleiben. Dabei bleibt* Y *in* $\mathfrak{P}$, *und es sei* $Y^* = Y[U] \in \mathfrak{R}$ *mit unimodularem* U. *Dann ist*

$$2 c_2 y_k^* > \tilde{y}_k > c_2^{-1} y_k^* \qquad (k = 1, \ldots, n). \tag{14}$$

Ferner gilt die Aussage (11); *dagegen ist* (12) *durch die Ungleichung*

$$\tilde{y}_{r+1} > y_{r+1}^* \tag{15}$$

zu ersetzen.

Beweis: Man setze

$$\tilde{y}_{r,r+1} + \tilde{y}_r = d.$$

Nach (3) ist dann $0 < d \leq \frac{3}{2} \tilde{y}_r$, und mittels der Voraussetzung (13) folgt

$$\tilde{y}_r \tilde{y}_{r+1} > 4 c_2^2 d^2, \qquad \begin{pmatrix} \frac{\tilde{y}_r}{2 c_2} & -d \\ -d & \frac{\tilde{y}_{r+1}}{2 c_2} \end{pmatrix} > 0,$$

$$Y - \tilde{Y} + \frac{1}{2 c_2} \underline{Y} > 0. \tag{16}$$

Da Y und $\tilde{Y}$ insbesondere die gleichen Diagonalelemente haben, so ist $\underline{Y} = \underline{\tilde{Y}}$, und nach Hilfssatz 1 wird dann

$$c_2 \tilde{Y} > \underline{Y},$$

woraus nach (16) die Beziehung

$$2 c_2 Y > \underline{Y}, \tag{17}$$

also auch $Y \in \mathfrak{P}$ folgt. Ebenfalls nach Hilfssatz 1 ist außerdem

(18) $$c_2 Y^* > \underline{Y}^*.$$

Jetzt lassen sich die Schlüsse aus den Beweisen der beiden vorangehenden Hilfssätze sinngemäß übertragen. In Analogie zu (8) gewinnt man aus (17) und (18) die Ungleichungen

$$2c_2 y_k^* > \tilde{y}_k, \quad c_2 \tilde{y}_k > y_k^* \qquad (k = 1, \ldots, n),$$

also (14). Weiter wird

$$2c_2^2 \tilde{y}_q > \tilde{y}_p u_{pq}^2 \qquad (p, q = 1, \ldots, n),$$

woraus dann wegen (13) wieder (11) folgt.

Schließlich sei $\mathfrak{h}$ die Spalte aus den Elementen $h_k = 0$ $(k \neq r, r + 1)$, $h_r = h_{r+1} = 1$ und $U^{-1}\mathfrak{h} = \mathfrak{g}$. Dann ist $\mathfrak{g}$ ganz, und die letzten $n - r$ Elemente von $\mathfrak{g}$ sind wie bei $\mathfrak{h}$ teilerfremd. Nach (1) folgt

$$Y^*[\mathfrak{g}] \geq y_{r+1}^*.$$

Andererseits ist

$$Y^*[\mathfrak{g}] = Y[\mathfrak{h}] = \tilde{y}_r - 2\tilde{y}_r + \tilde{y}_{r+1} = \tilde{y}_{r+1} - \tilde{y}_r < \tilde{y}_{r+1},$$

womit auch (15) bewiesen ist.

Die obere Halbebene n-ten Grades $\mathfrak{H}$ besteht aus allen n-reihigen komplexen symmetrischen Matrizen $Z = X + iY$ mit positivem Imaginärteil Y. Die Diagonalelemente von Z werden abkürzend mit $z_k = x_k + i y_k$ $(k = 1, \ldots, n)$ bezeichnet. Ein Fundamentalbereich $\mathfrak{F}$ für die Gruppe Γ der Modulsubstitutionen n-ten Grades

(19) $$Z_M = (AZ + B)(CZ + D)^{-1}, \quad \begin{pmatrix} A & B \\ C & D \end{pmatrix} = M \in \Gamma$$

wird bekanntlich folgendermaßen festgelegt: Bei allen Modulsubstitutionen ist

(20) $$\operatorname{abs}(CZ + D) \geq 1;$$

es liegt Y in $\mathfrak{R}$, und X ist modulo 1 reduziert, also

(21) $$-\tfrac{1}{2} \leq x_{kl} \leq \tfrac{1}{2} \qquad (k, l = 1, \ldots, n)$$

für alle Elemente x_{kl} von X. Eine Modulsubstitution M heiße von der Ordnung q $(= 0, \ldots, n)$, wenn die Elemente der l-ten Spalte von C sämtlich 0 sind für $l = n, n - 1, \ldots, q + 1$, aber nicht mehr für $l = q$. Die Modulsubstitutionen nullter Ordnung sind diejenigen mit $C = 0$; dann ist weiter $D = U^{-1}$ unimodular, $A = U'$ und $B = SU^{-1}$ mit ganzem symmetrischen S. Man erhält damit gerade die ganzen Modulsubstitutionen

(22) $$Z_G = Z[U] + S, \quad G = \begin{pmatrix} U' & SU^{-1} \\ 0 & U^{-1} \end{pmatrix},$$

welche eine Untergruppe Δ von Γ bilden.

Hilfssatz 5: *Es sei M eine Modulsubstitution von der Ordnung $q \leq r \leq n$, und man zerlege*

$$Z = \begin{pmatrix} Z_1^{(r)} & Z_{12} \\ * & Z_2 \end{pmatrix}. \tag{23}$$

Dann hängt $|CZ + D|$ nicht von Z_{12} und Z_2 ab.

Beweis: Offenbar genügt es, den Fall $q = r$ zu betrachten. Der Rang von C sei g; es ist dann $g \leq q$. Die Behauptung ist ferner trivial für $g = 0$ und für $g = n$; es sei also $0 < g < n$. Man wähle zwei reelle umkehrbare Matrizen $H^{(n)}$ und $K^{(q)}$, so daß

$$HCL' = \begin{pmatrix} C_1^{(g)} & 0 \\ 0 & 0 \end{pmatrix}, \quad L = \begin{pmatrix} K^{-1} & 0 \\ 0 & E^{(n-q)} \end{pmatrix}$$

wird, und setze noch

$$HDL^{-1} = \begin{pmatrix} D_1^{(g)} & * \\ D_2 & D_3 \end{pmatrix}.$$

Dann ist $|C_1| \neq 0$, und aus der Symmetrie von CD' folgt $D_2 = 0$. Bedeutet nun K_1 die aus den ersten g Spalten von K gebildete Matrix, so wird

$$|H(CZ + D)L^{-1}| = |C_1 Z_1[K_1] + D_1| \cdot |D_3|,$$

woraus die Behauptung ersichtlich ist.

Bekanntlich gibt es unter den unendlich vielen Reduktionsbedingungen (1) ein festes System von endlich vielen, welche alle anderen zur Folge haben. Analog kann man die Ungleichungen (20) durch ein festes endliches System ersetzen. Für die spezielle Modulsubstitution

$$A = \begin{pmatrix} 0 & 0 \\ 0 & E^{(n-1)} \end{pmatrix}, \quad B = \begin{pmatrix} -1 & 0 \\ 0 & 0 \end{pmatrix}, \quad C = \begin{pmatrix} 1 & 0 \\ 0 & 0 \end{pmatrix}, \quad D = \begin{pmatrix} 0 & 0 \\ 0 & E^{(n-1)} \end{pmatrix}$$

der Ordnung 1 ergibt (20) die Bedingung abs $z_1 \geq 1$, während nach (21) insbesondere abs $x_1 \leq \frac{1}{2}$ ist. Hieraus folgt

$$y_1^2 \geq \tfrac{3}{4}. \tag{24}$$

Der Fundamentalbereich $\mathfrak{F}$ ist in $\mathfrak{H}$ abgeschlossen. Für einen Randpunkt von $\mathfrak{F}$ ist notwendigerweise mindestens eine der Bedingungen (1), (2), (20) und (21) mit dem Gleichheitszeichen erfüllt. Ein Randpunkt Z habe die Ordnung q, wenn dort eine Gleichung abs $(CZ + D) = 1$ für mindestens eine Modulsubstitution M der Ordnung q gilt, aber für keine höherer Ordnung. Ist G die in (22) erklärte ganze Modulsubstitution und ersetzt man M durch GM, so gehen $CZ + D$ und Z_M in $U^{-1}(CZ + D)$ und $Z_{GM} = Z_M[U] + S$ über, während GM die Ordnung q behält. Folglich kann man noch voraussetzen, daß auch Z_M in $\mathfrak{F}$ liegt.

Hilfssatz 6: *Ein Randpunkt Z von $\mathfrak{F}$ habe die Ordnung $q > 0$. Dann ist*

$$y_q < 2c_2^2.$$

Beweis: Nach (19) ist

$$(\bar{Z}C' + D')Y_M(CZ + D) = Y,$$

also

$$Y_M^{-1} = (CZ + D)Y^{-1}(\bar{Z}C' + D') = Y[C'] + Y^{-1}[XC' + D'] \tag{25}$$

und

$$|Y_M| \operatorname{abs}(CZ + D)^2 = |Y|. \tag{26}$$

Nach Hilfssatz 1 wird

$$c_2 Y > \underline{Y}, \quad c_2 \underline{Y_M^{-1}} > Y_M^{-1}; \tag{27}$$

andererseits sind nach (3) und (24) alle Diagonalelemente von Y_M größer als $\frac{1}{2}$. Setzt man $C = (c_{kl})$, so folgt aus (25) und (27) die Abschätzung

$$\sum_{l=1}^{n} y_l c_{kl}^2 < 2c_2^2 \qquad (k = 1, \ldots, n). \tag{28}$$

Nach Voraussetzung ist nun $c_{kq}^2 \geq 1$ für einen Index k der Reihe 1 bis n. Aus (28) folgt jetzt die Behauptung.

Hilfssatz 7: *Es sei $Y \in \mathfrak{R}$, ferner X modulo 1 reduziert; mit einer festen Zahl r der Reihe 1 bis $n - 1$ sei (20) erfüllt für alle Modulsubstitionen der Ordnungen $q = 1, \ldots, r$. Ist dann*

$$y_{r+1} > 2c_2^2, \tag{29}$$

so liegt Z in $\mathfrak{F}$.

Beweis: Man wähle M, so daß Z_M in $\mathfrak{F}$ liegt. Dann ergibt sich die Ungleichung (28) genau wie beim Beweise von Hilfssatz 6. Wegen (3) und (29) ist dann aber $c_{kl} = 0$ für $k = 1, \ldots, n$ und $l = r + 1, \ldots, n$. Daher hat M die Ordnung $q \leq r$, und nach Voraussetzung gilt also (20). Mit Rücksicht auf (26) ergibt sich nunmehr, daß auch Z in $\mathfrak{F}$ liegt.

2. Hilfssätze über Modulformen

Es sei $\mathfrak{R}_U$ das Bild von $\mathfrak{R}$ bei der unimodularen Substitution $Y_U = Y[U]$. Haben $\mathfrak{R}_U$ und $\mathfrak{R}$ genau für $U = U_1, \ldots, U_m$ eine Wand gemeinsam, so sind $U_1, \ldots, U_m$ Erzeugende der unimodularen Gruppe n-ten Grades. Es sei $\mathfrak{S}$ der Streckenzug, welcher von den m Verbindungsstrecken von E nach den Punkten E_U $(U = U_1', \ldots, U_m')$ gebildet wird. Ferner sei $\mathfrak{C}$ der durch die Ungleichungen (21) definierte Einheitswürfel im Raume der X. Man wähle nun fest ein Teilgebiet $\mathfrak{G}$ von $\mathfrak{H}$, das alle Punkte $Z = X + \frac{i}{2c_2} Y$ mit $X \in \mathfrak{E}$, $Y \in \mathfrak{S}$ enthält; außerdem sollen Y und Y^{-1} auf $\mathfrak{G}$ beschränkt bleiben. Zur Abkürzung werde noch $Y_0 = \frac{1}{2c_2} E$ gesetzt.

Eine Modulfunktion n-ten Grades ist erklärt als eine auf $\mathfrak{H}$ meromorphe Funktion, die bei Γ invariant bleibt. Ist allgemein $\varphi(Z)$ auf $\mathfrak{H}$ meromorph und genügt für alle Modulsubstitutionen M der Funktionalgleichung

$$\varphi(Z_M) = |CZ + D|^g \varphi(Z) \tag{30}$$

mit konstantem ganzzahligen g, so heiße $\varphi(Z)$ eine gebrochene Modulform und g ihr Gewicht. Wenn $\varphi(Z)$ sogar auf $\mathfrak{H}$ überall regulär ist, so heißt $\varphi(Z)$ ganze Modulform oder kurz Modulform.

Hilfssatz 8: *Eine gebrochene Modulform sei in allen Punkten von $\mathfrak{G}$ regulär. Dann ist sie ganz und hat eine in $\mathfrak{H}$ konvergente Fouriersche Entwicklung*

$$\varphi(Z) = \sum_{T \geq 0} a(T) e^{2\pi i \sigma(TZ)} \tag{31}$$

mit nicht-negativen halbganzen symmetrischen T.

Beweis: Für alle ganzen Modulsubstitutionen $Z^* = Z[U] + S$ gilt nach (30) die Funktionalgleichung

$$\varphi(Z^*) = |U|^g \varphi(Z) \tag{32}$$

und speziell $\varphi(Z + S) = \varphi(Z)$ für alle ganzen symmetrischen S. Setzt man

$$e^{2\pi i z_{kl}} = w_{kl} \qquad (1 \leq k \leq l \leq n), \tag{33}$$

so ist nach Voraussetzung $\varphi(Z)$ als Funktion jeder Variablen w_{kl} eindeutig und regulär auf dem Kreise

$$\operatorname{abs} w_{kl} = e^{-b}, \quad b = c_2^{-1}\pi > 0.$$

Also existiert dort eine Laurentsche Entwicklung von $\varphi(Z)$ nach positiven und negativen Potenzen aller Variablen w_{kl}, die sich wegen (33) als Fouriersche Reihe

$$\varphi(Z) = \sum_{T} a(T) e^{2\pi i \sigma(TZ)} \tag{34}$$

mit halbganzen symmetrischen T schreiben läßt. Dies gilt zunächst in einer genügend kleinen komplexen Umgebung des von den Punkten $Z = X + i Y_0$, $X \in \mathfrak{E}$ gebildeten Würfels von n reellen Dimensionen. Läßt man nun Y geradlinig von E nach E_U ($U = U_1', \ldots, U_m'$) laufen, so bleibt wegen der Periodizität und Regularität von $\varphi(Z)$ auf $\mathfrak{G}$ die analytische Entwicklung (34) gültig und läßt sich also nach $Z = X + \frac{i}{2c_2} E_U$ fortsetzen, wobei X beliebig reell sein kann. Für $U = U_1, \ldots, U_m$ und $Z^* = Z[U']$, $Z = X + i Y_0$ wird daher

$$\varphi(Z^*) = \sum_{T} a(T[U^{-1}]) e^{2\pi i \sigma(TZ)}, \tag{35}$$

und diese Reihe ist wegen ihrer absoluten Konvergenz auch gleichmäßig in X konvergent.

Nach (34) ist nun

$$a(T) = \int_{\mathfrak{E}} \varphi(Z) e^{-2\pi i \sigma(TZ)} dv \qquad (Y = Y_0), \tag{36}$$

wo dv das Volumenelement auf $\mathfrak{E}$ bedeutet. Nach (32) und (35) folgt hieraus

$$a(T[U]) = |U|^g a(T), \tag{37}$$

zunächst für die Erzeugenden $U_1, \ldots, U_m$ der unimodularen Gruppe und dann für alle unimodularen U. Bedeutet α das Maximum von $\operatorname{abs} \varphi(X + iY_0)$ auf $\mathfrak{E}$, so liefern (36) und (37) die Abschätzung

$$\operatorname{abs} a(T) \leq \alpha e^{b\sigma(T^*)}, \quad T^* = T[U]. \tag{38}$$

Es sei T nicht ≥ 0. Dann hat die quadratische Form $T[\mathfrak{x}]$ als Funktion der reellen Spalte $\mathfrak{x}$ irgendwo einen negativen Wert; wegen der Stetigkeit von $T[\mathfrak{x}]$ kann dabei $\mathfrak{x}$ rational gewählt werden, und wegen der Homogenität sogar mit teilerfremden ganzen Elementen. Folglich gibt es eine zu T äquivalente Matrix $T_0 = (t_{kl})$ mit $t_{11} < 0$. Übt man dann auf $T_0[\mathfrak{x}]$ die unimodulare Transformation $x_1 \to x_1 + u x_2$, $x_k \to x_k$ $(k = 2, \ldots, n)$ mit ganzem u aus, wobei T_0 in T^* übergehe, so strebt die Spur

$$\sigma(T^*) = \sigma(T_0) + t_{11} u^2 + 2 t_{12} u$$

gegen $-\infty$, wenn u unendlich wird. Aus (38) ergibt sich $a(T) = 0$ und damit die Reihendarstellung (31), die zunächst für $Z = X + iY_0$ gültig und absolut konvergent ist.

Nun sei $Z \in \mathfrak{F}$, also insbesondere $X \in \mathfrak{E}$ und $Y \in \mathfrak{R}$. Nach (24) und Hilfssatz 1 wird

$$Y > c_2^{-1} \underline{Y} > Y_0$$

und somit

$$\sigma(TY) = \sigma(T(Y - Y_0)) + \sigma(TY_0) \geq \sigma(TY_0)$$

für alle $T \geq 0$. Dies zeigt die gleichmäßige Konvergenz der Reihe (31) auf ganz $\mathfrak{F}$. Demnach ist die Funktion $\varphi(Z)$ überall auf $\mathfrak{F}$ regulär und wegen (30) dann auch auf dem gesamten Gebiet $\mathfrak{H}$, so daß sie sich als ganze Modulform erweist. Nach dem Prinzip der analytischen Fortsetzung gilt folglich (31) überall auf $\mathfrak{H}$.

Der vorstehende Hilfssatz ist unter einer etwas stärkeren Voraussetzung von Koecher[8]) bewiesen worden. Es verdient jedoch bemerkt zu werden, daß die wesentliche Idee des Beweises, nämlich die Benutzung von (37) und (38), für einen nahe verwandten Satz bei den Hilbertschen Modulfunktionen

---

[8]) Koecher, M.: Zur Theorie der Modulformen n-ten Grades. I. Math. Z. 59. 1954, 399—416.

zum Körper von $\sqrt{5}$ zuerst in der Frankfurter Dissertation von Götzky[9]) vorgekommen ist, aber nachher offenbar in Vergessenheit geriet.

Weiterhin sei $\nu = \frac{1}{2}n(n+1)$. Bildet man mit geradem $s > n+1$ die Summe

$$\psi_s(Z) = \sum_{C,D}{}' |CZ + D|^{-s}$$

über ein volles System nicht-assoziierter teilerfremder Matrizenpaare C, D, so erhält man für geeignete $\nu + 1$ Werte von s solche Modulformen $\chi_k = \psi_{s_k}$ $(k = 0, \ldots, \nu)$, zwischen denen keine isobare algebraische Gleichung mit konstanten Koeffizienten besteht[10]). Es sei das Produkt $s_0 \cdots s_\nu = c_3$ und g irgendeine durch c_3 teilbare natürliche Zahl. Läßt man dann $m_0, \ldots, m_\nu$ sämtliche Lösungen der Gleichung

$$s_0 m_0 + \cdots + s_\nu m_\nu = g$$

in nicht-negativen ganzen Zahlen durchlaufen, so sind die entsprechenden Potenzprodukte $\chi_0^{m_0} \cdots \chi_\nu^{m_\nu}$ linear unabhängig. Auf diese Weise bekommt man mehr als $c_4^{-1} g^\nu$ linear unabhängige Modulformen vom Gewichte g, die mit $\varphi_1, \ldots, \varphi_p$ bezeichnet seien.

Eine Spitzenform ist eine Modulform $\varphi(Z)$ mit der Eigenschaft, daß $\varphi(Z)$ gegen 0 strebt, wenn Z in $\mathfrak{F}$ eine Folge mit $y_n \to \infty$ durchläuft. Damit ist gleichbedeutend, daß in der Fourierschen Reihe (31) für $|T| = 0$ auch durchweg $a(T) = 0$ ist. Es ist nicht trivial, daß es eine Spitzenform gibt, welche nicht identisch verschwindet.

Hilfssatz 9: *Es gibt beliebig große natürliche Zahlen g, für welche mehr als $c_5^{-1} g^\nu$ linear unabhängige Spitzenformen des Gewichts g vorhanden sind.*

Beweis: Nach einer bekannten[11]) Abschätzung ist die Anzahl linear unabhängiger Modulformen vom Grade $n - 1$ und positivem Gewichte g kleiner als $c_6 g^{\nu - n}$. Macht man bei z_n den Grenzübergang $y_n \to \infty$, während die anderen Variablen z_{kl} fest bleiben, so entsteht aus jeder Modulform φ vom Grade n eine Modulform φ^* vom Grade $n - 1$. Ist nun

$$(39) \qquad c_4^{-1} g^\nu > c_6 g^{\nu - n}, \quad c_3 | g,$$

so besteht eine lineare Gleichung

$$u_1 \varphi_1^* + \cdots + u_p \varphi_p^* = 0,$$

deren Koeffizienten $u_1, \ldots, u_p$ nicht sämtlich 0 sind, und dann wird

$$\varphi = u_1 \varphi_1 + \cdots + u_p \varphi_p$$

eine Spitzenform vom Gewichte g, welche nicht identisch verschwindet.

---

[9]) Vgl. Götzky, F.: Über eine zahlentheoretische Anwendung von Modulfunktionen zweier Veränderlicher. Math. Ann. 100. 1928, 411—437, insbes. S. 423.

[10]) Vgl. S. 645—650 der unter [1]) genannten Arbeit.

[11]) Vgl. etwa S. 150—151 bei Maaß, H.: Über die Darstellung der Modulformen n-ten Grades durch Poincarésche Reihen. Math. Ann. 123. 1951, 125—151.

Die p Produkte $\varphi\varphi_k$ ($k = 1, \ldots, p$) sind nun wieder sämtlich Spitzenformen und außerdem linear unabhängig; ihr gemeinsames Gewicht ist $2g$. Setzt man noch $c_5 = 2^\nu c_4$ und beachtet (39), so folgt die Behauptung.

3. Darstellung von Modulfunktionen als Quotienten von Modulformen

Hauptsatz: *Jede Modulfunktion n-ten Grades ist Quotient zweier Modulformen n-ten Grades.*

Beweis: Sei $f(z)$ die gegebene Modulfunktion und $\Phi(Z)$ eine Modulform. Das Produkt $\Phi f = \Psi(Z)$ ist dann eine gebrochene Modulform. Es wird weiterhin Φ derart konstruiert werden, daß Φ nicht identisch Null ist und Ψ auf dem Gebiete $\mathfrak{G}$ überall regulär wird. Nach Hilfssatz 8 ist dann Ψ in Wahrheit ganz und damit die Aussage des Hauptsatzes bewiesen. Um nun Φ zu konstruieren, muß man die Polstellen und Unbestimmtheitsstellen von f auf $\mathfrak{G}$ näher betrachten und Φ so zu bestimmen suchen, daß diese Singularitäten in dem Produkt Φf herausfallen.

Für positives h sei $\mathfrak{F}_h$ der durch die Bedingung $|Y| \leq h$ vom Fundamentalbereich $\mathfrak{F}$ abgeschnittene kompakte Teil. Da auch $\mathfrak{G}$ in einem kompakten Teil von $\mathfrak{H}$ enthalten ist, so überdecken für $h > c_7$ die Bilder von $\mathfrak{F}_h$ bezüglich Γ bereits das Gebiet $\mathfrak{G}$ vollständig. Die Menge $\mathfrak{N}$ aller singulären Stellen von $f(Z)$ auf $\mathfrak{H}$ ist abgeschlossen und lokal zusammenhängend. Es sei $\mathfrak{K}$ eine zusammenhängende Komponente von $\mathfrak{N}$, ferner $\mathfrak{K}_M$ das Bild von $\mathfrak{K}$ bei der Modulsubstitution M und

$$\mathfrak{L} = \bigcup_{M \in \Gamma} \mathfrak{K}_M, \qquad \mathfrak{L} \cap \mathfrak{F} = \mathfrak{M}, \qquad \mathfrak{L} \cap \mathfrak{F}_h = \mathfrak{M}_h.$$

Der eigentliche Kern des Beweises besteht in dem folgenden Hilfssatz, welcher auch an und für sich ein gewisses Interesse bietet.

Hilfssatz 10: *Es sei $\varphi(Z)$ eine Spitzenform, welche auf $\mathfrak{K}$ eine Nullstelle hat, aber nicht in allen Punkten von $\mathfrak{K}$ verschwindet. Ist dann $h > c_8$, so ist $\mathfrak{M}_h$ nicht leer und das Maximum von* abs φ *auf $\mathfrak{M}$ wird bereits in einem Punkte von $\mathfrak{M}_h$ angenommen.*

Beweis: Jeder Punkt von $\mathfrak{K}$ ist bezüglich Γ einem Punkt von $\mathfrak{M}$ äquivalent. Zufolge (30) ist also $\varphi(Z)$ auf $\mathfrak{M}$ irgendwo von Null verschieden. Andererseits ist $\mathfrak{M}$ abgeschlossen und $\varphi \to 0$ für $y_n \to \infty$, $Z \in \mathfrak{F}$. Demnach erreicht abs $\varphi(Z)$ auf $\mathfrak{M}$ in einem Punkte $Z = \tilde{Z}$ ein absolutes Maximum $\mu > 0$. Ohne Beschränkung der Allgemeinheit kann man noch $\varphi(\tilde{Z}) = \mu = 1$ voraussetzen. Ferner liegt $\tilde{Z}$ auf $\mathfrak{K}_M$ für eine gewisse Modulsubstitution M, und wegen der Invarianz von $\mathfrak{N}$ und $\mathfrak{L}$ bezüglich Γ kann man für den Beweis des Hilfssatzes noch annehmen, daß $\tilde{Z}$ bereits auf $\mathfrak{K}$ selber liegt.

Nach Voraussetzung hat $\varphi(Z)$ auf $\mathfrak{K}$ eine Nullstelle $Z = Z_0$. Man verbinde $\tilde{Z}$ mit Z_0 auf $\mathfrak{K}$ durch eine Kurve $\mathfrak{C}$. Dann gibt es nur endlich viele Modulsubstitutionen, etwa $M = M_k$ $(k = 1, \ldots, t)$, für welche $\mathfrak{C}$ von dem Bildbereich $\mathfrak{F}_M$ getroffen wird. Geht man nun auf $\mathfrak{C}$ von $\tilde{Z}$ nach Z_0, so findet man einen bestimmten Punkt Z^* mit der Eigenschaft, daß $\varphi(Z)$ auf dem Bogen $\mathfrak{C}^*$ von $\tilde{Z}$ bis Z^* konstant gleich 1 bleibt, aber auf dem restlichen Bogen $\mathfrak{C}—\mathfrak{C}^*$ lokal bei Z^* nicht mehr konstant ist; dabei könnte bereits $Z^* = \tilde{Z}$ sein. Betrachtet man irgendeine Umgebung $\mathfrak{U}$ von Z^* auf $\mathfrak{K}$, so folgt nach dem Maximumprinzip für analytische Funktionen, daß abs $\varphi(Z)$ in einem geeigneten Punkte Z dieser Umgebung größer als 1 ist. Es sei $Z \in \mathfrak{F}_{M^*}$. Zufolge (32) und der Extremaleigenschaft von $\tilde{Z}$ ist dann M^* keine ganze Modulsubstitution. Man lasse $\mathfrak{U}$ auf Z^* zusammenschrumpfen und kann dann auch $Z^* \in \mathfrak{F}_M{}^*$ annehmen, so daß also M^* eine der Substitutionen $M_1, \ldots, M_t$ sein muß. Führt man noch das Gebiet

$$\mathfrak{D} = \bigcup_{M \in \Delta} \mathfrak{F}_M$$

ein, welches aus $\mathfrak{F}$ durch alle ganzen Modulsubstitutionen hervorgeht, so liegt der Punkt Z^* nicht im Innern von $\mathfrak{D}$. Da andererseits $\tilde{Z}$ zu $\mathfrak{F}$ gehört, so liegt ein Punkt Z von $\mathfrak{C}^*$ auf dem Rande von $\mathfrak{D}$, wobei auch $Z = \tilde{Z}$ sein könnte. Man kann nun annehmen, daß die beiden Gebiete $\mathfrak{F}_M$ mit $M = M_1$ und $M = M_2$ in Z zusammenstoßen, wobei M_1 zu Δ und M_2 nicht zu Δ gehört. Setzt man schließlich $M_1^{-1} M_2 = M$ und bezeichnet den Punkt $Z_{M_1^{-1}}$ wieder mit $\tilde{Z}$, so ist $\pm\varphi(\tilde{Z}) = \varphi(Z) = 1$ und $\tilde{Z} \in \mathfrak{M} \subset \mathfrak{F}$. Zugleich ist aber auch $\tilde{Z} \in \mathfrak{F}_M$ und M keine ganze Modulsubstitution. Also ist $\tilde{Z}$ ein Randpunkt von $\mathfrak{F}$ mit positiver Ordnung, wie aus (26) folgt.

Weiterhin kann daher angenommen werden, daß $\varphi(\tilde{Z}) = \mu = 1$ und $\tilde{Z}$ ein Randpunkt von $\mathfrak{F}$ mit der Ordnung $q > 0$ ist. Nach Hilfssatz 6 ist dann

$$\tilde{y}_q < 2c_2^2. \tag{40}$$

Man setze

$$c_9 = 9c_1c_2^3.$$

Die Behauptung wird nun mit

$$c_8 = c_9^{3^{n-1}}$$

nachgewiesen werden. Es seien $\tilde{Y}_k$ $(k = 1, \ldots, n)$ die Abschnitte von $\tilde{Y}$. Zufolge (3), (5) und (40) ist die Abschätzung

$$|\tilde{Y}_k| \leq c_9^{3^{k-1}}$$

richtig für $k = q$. Bei festem $\tilde{Z}$ sei $k = r$ der größte Index $\leq n$, für welchen sie gilt. Dann ist also $1 \leq q \leq r$ und

$$|\tilde{Y}_r| \leq c_9^{3^{r-1}}, \tag{41}$$

sowie andererseits

$$(42) \qquad |\tilde{Y}_{r+1}| > c_9^{3^r}$$

im Falle $r < n$. Wenn es auf $\mathfrak{M}$ mehrere Randpunkte von $\mathfrak{F}$ mit irgendeiner positiven Ordnung q und abs $\varphi(\tilde{Z}) = 1$ gibt, so betrachten wir nur solche mit möglichst großem Wert von r. Ist dies $r = n$, so ergibt (41) die Behauptung. Folglich hat man nur die Annahme $r < n$ ad absurdum zu führen. Zu diesem Zwecke sei noch $\tilde{Z}$ so fixiert, daß $\tilde{y}_{r+1}$ möglichst klein ist. Die Existenz dieses Minimums folgt daraus, daß $\varphi(Z)$ Spitzenform ist und die Bedingung abs $\varphi(Z) = 1$ einen kompakten Teil von $\mathfrak{M}$ definiert. Nach (5), (6), (24), (41) und (42) gilt nun

$$(43) \qquad \frac{\tilde{y}_{r+1}}{\tilde{y}_r} > c_1^{-1}|\tilde{Y}_r|^{-2}|\tilde{Y}_{r+1}|\,\tilde{y}_1 \cdots \tilde{y}_{r-1} > c_1^{-1}c_9^{3^r-1}\,2^{1-r} \geq 9\,c_2^3.$$

In der Zerlegung (23) von Z werde der r-te Abschnitt $Z_1 = \tilde{Z}_1^{(r)}$ festgehalten, während Z_{12} und Z_2 so variieren sollen, daß dabei Z auf $\mathfrak{K}$ bleibt. So entsteht der Schnitt von $\mathfrak{K}$ mit $Z_1 = \tilde{Z}_1$. Dieser braucht nicht mehr zusammenhängend zu sein, aber er ist jedenfalls wieder lokal zusammenhängend. Es sei $\mathfrak{B}$ die durch $\tilde{Z}$ gehende zusammenhängende Komponente des Schnittes. Wenn dann $\varphi(Z)$ auf $\mathfrak{B}$ in der Umgebung von $\tilde{Z}$ nicht konstant ist, so läßt sich wieder das Maximumprinzip anwenden, und man findet also auf $\mathfrak{B}$ beliebig dicht bei $\tilde{Z}$ solche Punkte Z, in denen abs $\varphi(Z) > 1$ wird. Man beachte nun, daß die Ordnung des Randpunktes $\tilde{Z}$ den Wert $q \leq r$ hat. Nach Hilfssatz 5 treten bei den im Randpunkte $\tilde{Z}$ erfüllten Gleichungen abs $(CZ + D) = 1$ die Variabeln Z_{12} und Z_2 gar nicht auf, und daher bleiben in einer genügend kleinen Umgebung von $\tilde{Z}$ auf $\mathfrak{B}$ die sämtlichen Bedingungen (20) erfüllt. Nun wähle man noch die unimodulare Matrix U und die ganze symmetrische Matrix S derart, daß $Y[U] \in \mathfrak{R}$ und $X[U] + S \in \mathfrak{E}$. Dann liegt aber der Punkt $Z^* = Z[U] + S$ auf $\mathfrak{M}$, und aus abs $\varphi(Z^*) > 1$ folgt ein Widerspruch. Demnach ist $\varphi(Z)$ auf $\mathfrak{B}$ in der Umgebung von $\tilde{Z}$ konstant gleich 1. Weiterhin spielen diejenigen ganzen Modulsubstitutionen $Z^* = Z[U] + S$ eine Rolle, bei denen U in der Gestalt (11) zerfällt. Sie bilden eine Untergruppe Δ_r von Δ.

In der Umgebung von $\tilde{Z}$ sei die Modulfunktion

$$f(z) = \frac{H(Z)}{G(Z)},$$

wobei G und H lokal teilerfremde Potenzreihen in den Elementen von $Z - \tilde{Z}$ sind. Es wird dann die Menge $\mathfrak{B}$ lokal bei $\tilde{Z}$ durch die analytischen Gleichungen $G(Z) = 0$, $Z_1 = \tilde{Z}_1$ definiert. Jetzt wird das Diagonalelement z_{r+1} von Z auf $\mathfrak{B}$ betrachtet, und es werde zunächst angenommen, es sei in der Nähe von $\tilde{Z}$ nicht konstant gleich $\tilde{z}_{r+1}$. Durch Anwendung des Maximumprinzips auf $e^{i z_{r+1}}$ folgt, daß sich der reelle Wert y_{r+1} durch geeignete Wahl von Z auf $\mathfrak{B}$ beliebig dicht bei $\tilde{Z}$ unter $\tilde{y}_{r+1}$ herunterbringen läßt, wobei aber $\varphi(Z) = 1$ bleibt. Wie im vorigen Absatz schaffe man darauf den Punkt Z durch eine ganze Modulsubstitution $Z^* = Z[U] + S$ nach $\mathfrak{M}$ zurück. Durch den Grenzübergang $Z \to \tilde{Z}$ folgt die Existenz eines genügend dicht bei $\tilde{Z}$ gelegenen Z auf $\mathfrak{B}$ mit $y_{r+1} < \tilde{y}_{r+1}$, so daß auch $\tilde{Y}[U]$ in $\mathfrak{R}$ liegt. Zufolge (43) und Hilfssatz 3 zerfällt dann U in der Gestalt (11). Daher wird

$$Y_r = \tilde{Y}_r, \quad Y = Y^*[U^{-1}], \quad |\tilde{Y}_r| = |Y_r| = |Y_r^*|,$$

und nach (1) ist somit

$$y_{r+1}^* \leq y_{r+1} < \tilde{y}_{r+1}.$$

Wegen

$$(44) \quad CZ^* + D = (C^*Z + D^*)U, \quad C^* = CU', \quad D^* = CSU^{-1} + DU^{-1}$$

ist auch Z^* ein Randpunkt q-ter Ordnung von $\mathfrak{F}$ auf $\mathfrak{M}$ mit $\operatorname{abs} \varphi(Z^*) = 1$, und es bleibt (41) für Z^* statt $\tilde{Z}$ erfüllt, während $\tilde{y}_{r+1}$ durch den kleineren Wert y_{r+1}^* ersetzt wird, gegen die Minimaleigenschaft von $\tilde{y}_{r+1}$. Folglich ist z_{r+1} in der Umgebung von $\tilde{Z}$ auf $\mathfrak{B}$ konstant gleich $\tilde{z}_{r+1}$. Da andererseits $\mathfrak{B}$ durch die Gleichungen $G(Z) = 0$, $Z_1 = \tilde{Z}_1$ in der Nähe von $\tilde{Z}$ definiert wird, so verschwindet $G(Z)$ für $Z_1 = \tilde{Z}_1$ nicht identisch in Z_{12} und Z_2, enthält aber den Faktor $z_{r+1} - \tilde{z}_{r+1}$. Übrigens ist $G(Z)$ für $Z_1 = \tilde{Z}_1$ sogar bis auf einen Einheitsfaktor eine Potenz von $z_{r+1} - \tilde{z}_{r+1}$ allein.

Wegen der Kohärenzbedingung für die Nenner $G(Z)$ von $f(Z)$ an benachbarten Stellen folgt nun, daß die Teilbarkeit von $G(Z)$ durch $z_{r+1} - \tilde{z}_{r+1}$ auf ganz $\mathfrak{B}$ ansteckend wirkt. Dann enthält aber $\mathfrak{B}$ sämtliche Punkte von $\mathfrak{H}$ mit $Z_1 = \tilde{Z}_1$, $z_{r+1} = \tilde{z}_{r+1}$, weil nämlich mit $\tilde{Z}$ und Z auch $(1 - \lambda)\tilde{Z} + \lambda Z$ $(0 \leq \lambda \leq 1)$ ein solcher Punkt ist. In allen jenen Punkten gilt dann also $\varphi(Z) = 1$. Es entstehe nun speziell Z dadurch aus $\tilde{Z}$, daß man die Elemente $\tilde{z}_{kl}$ und $\tilde{z}_{lk}$ für $k = r$, $l = r + 1$ beide durch $-\tilde{z}_r$ ersetzt und alle anderen $z_{kl} = \tilde{z}_{kl}$ ungeändert läßt. Zufolge (43) sind dann für $\tilde{Y}$ und Y die Voraussetzungen von Hilfssatz 4 erfüllt. Es ist daher $Y \in \mathfrak{P}$, so daß Z wirklich in $\mathfrak{H}$ liegt, also auch auf $\mathfrak{B}$. Man wähle wieder U und S wie in den vorhergehenden Absätzen und definiere $Z^* = Z[U] + S$. Nach Hilfssatz 4 ist dies eine Modulsubstitution aus Δ_r, also wird $|Y_r^*| = |Y_r| = |\tilde{Y}_r|$, und nach (15) gilt $y_{r+1}^* < \tilde{y}_{r+1}$, während (14) und (43) die Abschätzung

$$(45) \qquad y_{r+1}^* > \tfrac{1}{2} c_2^{-1} \tilde{y}_{r+1} > \tfrac{9}{2} c_2^2 \tilde{y}_r > 2 c_2^2$$

liefern. Wegen $Z_1 = \tilde{Z}_1$ und (44) bleiben die Ungleichungen (20) für Z^* erfüllt bei allen Modulsubstitutionen der Ordnungen $\leq r$, und da nach (45) auch die Bedingung (29) für Z^* erfüllt ist, so liegt Z^* nach Hilfssatz 7 in $\mathfrak{F}$, also auf $\mathfrak{M}$. Dies ergibt denselben Widerspruch wie im vorigen Absatz. Damit ist der Beweis des Hilfssatzes 10 beendet.

Der Beweis des Hauptsatzes verläuft jetzt analog wie bei Gundlach. Man setze $h = c_7 + c_8$ und verstehe unter $b_1, \ldots, b_4$ natürliche Zahlen, welche bei gegebenen n und $f(Z)$ in geeigneter Weise fest zu wählen sind. Es sei $\mathfrak{N} \cap \mathfrak{F}_h = \mathfrak{N}_h$. An jeder Stelle $Z = Z_0$ von $\mathfrak{H}$ läßt sich nach dem Vorbereitungssatz von Weierstraß voraussetzen, daß

$$G(Z) = w^t + G_1 w^{t-1} + \cdots + G_t \tag{46}$$

ist; dabei bedeuten $G_1, \ldots, G_t$ Potenzreihen in $w_2, \ldots, w_\nu$ ohne konstante Glieder, die für abs $w_k < 3\varrho$ $(k = 2, \ldots, \nu)$ konvergieren, und die Variabeln $w, w_2, \ldots, w_\nu$ entstehen aus den Elementen von $Z - Z_0$ durch eine umkehrbare homogene lineare Substitution, welche wie die nicht-negative ganze Zahl t und die positive Zahl ϱ noch von Z_0 abhängen kann. Wegen der Kompaktheit von $\mathfrak{F}_h$ kann man dann b_1 Punkte $Z = Z_l$ $(l = 1, \ldots, b_1)$ und entsprechende Radien $\varrho = \varrho_l$ so finden, daß durch die Nullstellen w der Polynome in (46) für abs $w_k \leq \varrho_l$ $(k = 2, \ldots, \nu)$ und $l = 1, \ldots, b_1$ alle Punkte von $\mathfrak{N}_h$ geliefert werden. Es sei

$$b_2 = t_1 + \cdots + t_{b_1}$$

die Summe der b_1 zugehörigen Grade t.

Ist $\varphi(Z)$ irgendeine Modulform, so gilt in der Nähe von $Z = Z_0$ eine Entwicklung der Gestalt

$$\varphi(Z) = GQ + P_1 w^{t-1} + \cdots + P_t$$

mit Potenzreihen $P_1, \ldots, P_t$ in $w_2, \ldots, w_\nu$ allein, während Q eine Potenzreihe in allen ν Variabeln $w, w_2, \ldots, w_\nu$ ist. Die Anzahl der Potenzprodukte $w_2^{d_2} \cdots w_\nu^{d_\nu}$ mit $d_2 + \cdots + d_\nu \leq d$ ist

$$\binom{d + \nu - 1}{\nu - 1} < (d + \nu)^{\nu - 1}.$$

Nun wird Hilfssatz 9 herangezogen. Danach kann man eine nicht identisch verschwindende Spitzenform von beliebig großem Gewichte g so konstruieren, daß bei gegebenem natürlichen d für sämtliche Stellen Z_l $(l = 1, \ldots, b_1)$ jene Potenzprodukte in den betreffenden Reihen $P_1, \ldots, P_t$ den Koeffizienten 0 haben. Zu diesem Zwecke genügt es nämlich offenbar, die Zahl

$$g^\nu > b_3 d^{\nu-1} > c_5 b_2 (d + \nu)^{\nu-1} \tag{47}$$

zu machen.

Wenn nun $\varphi(Z)$ auf $\mathfrak{N}_h$ nicht identisch verschwindet, so sei $\mu > 0$ das Maximum von abs φ auf $\mathfrak{N}_h$. Es werde im Punkte Z_0 angenommen, der auf der zusammenhängenden Komponente $\mathfrak{K}$ von $\mathfrak{N}$ liegen möge. Es seien $w = w^*$, $w_k = w_k^*$ $(k = 2, \ldots, \nu)$ die lokalen Koordinaten von Z_0. Man setze speziell $w_k = w_k^* s$ und betrachte die Nullstellen w von $G(Z)$ als Funktionen von s im Kreise abs $s \leq 2$; diese Funktionen sind dann dort beschränkt und bis auf endlich viele algebraische Verzweigungspunkte regulär. Da ferner die Potenzreihen $P_1, \ldots, P_t$ sämtlich den Faktor s^d enthalten, so kann man auf den absoluten Betrag von $s^{-d}\varphi(Z)$ als Funktion von s in jenem Kreise das Maximumprinzip anwenden. Es bedeute μ^* das Maximum von abs φ auf dem Kreise abs $s = 2$, wenn für w die genannten Nullstellen eingetragen werden. Für den Wert bei $s = 1$ ergibt sich so die Abschätzung

$$\mu \leq 2^{-d}\mu^*.$$

Der Wert μ^* werde im Punkte Z erreicht, der auch auf $\mathfrak{K}$ liegt, aber vielleicht nicht mehr in $\mathfrak{F}_h$. Doch liegt er jedenfalls in einem festen Teile von $\mathfrak{H}$, auf welchem Y und Y^{-1} beschränkt bleiben. Jetzt wähle man die Modulsubstitution M, so daß Z_M in $\mathfrak{F}$ liegt, also auch auf $\mathfrak{M}$. Wegen $\mathfrak{M}_h \subset \mathfrak{N}_h$ ergibt Hilfssatz 10 die Abschätzung

$$\text{abs}\,\varphi(Z_M) \leq \mu.$$

Andererseits ist jedoch

$$\text{abs}\,\varphi(Z_M) = \text{abs}\,(CZ + D)^g\,\text{abs}\,\varphi(Z) > c_{10}^{-g}\mu^*.$$

Es folgt

$$\mu < 2^{-d}c_{10}^{g}\mu,$$

also

(48) $$d < c_{11}g.$$

Wählt man nun noch

$$d = c_{11}g, \qquad g > b_3 c_{11}^{\nu-1} = b_4,$$

so ist die Bedingung (47) erfüllt und (48) ergibt einen Widerspruch.

Damit ist gezeigt, daß die gefundene Modulform $\varphi(Z)$ überall auf $\mathfrak{N}_h$ verschwindet. Daher enthält $\varphi(Z)$ an jeder Stelle von $\mathfrak{N}_h$ jeden irreduziblen Faktor von $G(Z)$ mindestens zur ersten Potenz. Die Modulform $\Phi = \varphi^{b_2}$ ist dann aber an jeder Stelle von $\mathfrak{F}_h$ lokal durch den Nenner $G(Z)$ von $f(Z)$ teilbar, und dies überträgt sich zufolge (30) auf das Gebiet $\mathfrak{G}$. Es hat also Φ die gewünschte Eigenschaft, womit der Beweis des Hauptsatzes zu Ende ist.

Aus dem Hauptsatze folgt schließlich in bekannter Weise[12]), daß je $\nu + 1$ Modulfunktionen n-ten Grades algebraisch abhängig sind, und genauer, daß die Modulfunktionen n-ten Grades einen Körper algebraischer Funktionen vom Transzendenzgrade ν bilden.

---

[12]) Vgl. die unter [1]) genannte Arbeit.

76.

Bestimmung der elliptischen Modulfunktion durch eine Transformationsgleichung

Abhandlungen aus dem Mathematischen Seminar der Universität Hamburg 27 (1964), 32—38

1. Bekanntlich war es eine Idee von WEIERSTRASS, das Additionstheorem als Ausgangspunkt für die Untersuchung der elliptischen und der Abelschen Funktionen zu wählen, und in neuerer Zeit hat WEIL bei seiner Begründung einer rein algebraischen Theorie der Abelschen Mannigfaltigkeiten sehr erfolgreich an diesen Gedanken angeknüpft. Im Folgenden soll gezeigt werden, daß auch die elliptische Modulfunktion $j(z)$ durch eine algebraische Funktionalgleichung charakterisiert werden kann, indem man die allgemeine analytische Lösung einer Transformationsgleichung betrachtet.

2. Es sei

$$z \to T(z) = \frac{\alpha z + \beta}{\gamma z + \delta} \tag{1}$$

eine lineare gebrochene Transformation mit der Matrix

$$T = \begin{pmatrix} \alpha & \beta \\ \gamma & \delta \end{pmatrix}.$$

Sind die Koeffizienten $\alpha, \beta, \gamma, \delta$ teilerfremde ganze Zahlen und die Determinante

$$|T| = \alpha\delta - \beta\gamma = n > 1,$$

so ist die elliptische Modulfunktion $v = j(z)$ mit der transformierten Funktion $u = j(T(z))$ durch eine algebraische Gleichung

$$\varphi_n(u, v) = 0$$

verknüpft, die sogenannte Transformationsgleichung, welche ganze rationale Koeffizienten hat und im Körper der komplexen Zahlen irreduzibel ist. Es soll nun untersucht werden, inwieweit die Modulfunktion durch die Funktionalgleichung

$$\varphi_n(f(T(z)), f(z)) = 0 \tag{2}$$

festgelegt wird. Dabei möge $f(z)$ eine Funktion der komplexen Variabeln z bedeuten, die in einer Umgebung eines Fixpunktes ζ der Transformation (1) regulär ist und in ζ denselben Wert annimmt wie $j(z)$. Da das Regularitätsgebiet von $j(z)$ die obere Halbebene ist, so soll also die gegebene Transformation als elliptisch vorausgesetzt werden und ζ den in der oberen Halbebene gelegenen Fixpunkt bedeuten.

Eine triviale Lösung von (2) wird durch die Konstante $f(z) = j(\zeta)$ gegeben, und diese Lösung sei weiterhin ausgeschlossen. Ist $z \to M(z)$ eine beliebige lineare gebrochene Transformation mit den gleichen Fixpunkten ζ und $\bar{\zeta}$ wie die gegebene, so gilt $T(M(z)) = M(T(z))$, und folglich ist die Funktion $f(z) = j(M(z))$ auch eine Lösung der Funktionalgleichung. Es soll nunmehr gezeigt werden, daß dies die allgemeine Lösung mit den geforderten Eigenschaften ist, wenn noch außerdem vorausgesetzt wird, daß die Transformation (1) nicht periodisch und die Zahl n quadratfrei ist.

Setzt man

$$z = L(w) = \frac{\bar{\zeta} w - \zeta}{w - 1}, \qquad L = \begin{pmatrix} \bar{\zeta} & -\zeta \\ 1 & -1 \end{pmatrix}, \qquad L^{-1} T L = R,$$

so ist

$$w = \frac{z - \zeta}{z - \bar{\zeta}}, \qquad R = \begin{pmatrix} \bar{\varrho} & 0 \\ 0 & \varrho \end{pmatrix}$$

und

$$\varrho = \gamma \zeta + \delta\,, \quad \bar{\varrho} = \gamma \bar{\zeta} + \delta$$

sind die Eigenwerte der Matrix T. Durch Einführung der neuen Veränderlichen w geht die Transformation $z \to T(z)$ über in

$$w \to R(w) = \lambda w$$

mit den Fixpunkten 0 und ∞, wobei

$$\lambda = \frac{\bar{\varrho}}{\varrho}$$

wird. Mittels der Abkürzungen

$$j(z) = j(L(w)) = j^*(w)\,, \quad f(z) = f(L(w)) = f^*(w)$$

erhält man aus (2) die einfachere Funktionalgleichung

$$\varphi_n(f^*(\lambda w), f^*(w)) = 0\,. \tag{3}$$

Man hat zu beweisen, daß unter der Nebenbedingung $f^*(0) = j^*(0) = j(\zeta)$ die allgemeinste bei $w = 0$ reguläre und nicht konstante Lösung durch $f^*(w) = j^*(cw)$ mit beliebigem konstanten $c \neq 0$ gegeben wird.

3. Die Modulfunktion $j(z)$ nehme den Wert $j(\zeta)$ von l^{ter} Ordnung an. Dann ist $l = 1$, wenn nicht ζ bezüglich der Modulgruppe einer vierten oder sechsten Einheitswurzel äquivalent ist, und in diesen Fällen ist $l = 2$ oder $l = 3$. In jedem Falle ist $j^*(w)$ eine Potenzreihe in w^l. Durch den Ansatz

$$f^*(w) = j^*(s) \tag{4}$$

wird

$$s^l = g(w) = c_1 w + c_2 w^2 + \cdots \tag{5}$$

als eine in der Umgebung von $w = 0$ konvergente Potenzreihe in w ohne konstantes Glied definiert.

Es handelt sich jetzt darum, auch die Funktion $f^*(\lambda w)$ explizit in Abhängigkeit von s zu bestimmen. Zu diesem Zwecke sind bei variablem x die Nullstellen des Polynoms $\varphi_n(x, j(z))$ zu ermitteln. Zwei zweireihige ganzzahlige Matrizen B_1 und B_2 derselben Determinante n mögen assoziiert heißen, wenn $B_2 B_1^{-1} = U$ ganz ist, also $B_2 = U B_1$ und U die Matrix einer Modulsubstitution. Die Anzahl der Klassen assoziierter Matrizen sei $h = h(n)$, und es seien $T_1, \ldots, T_h$ Repräsentanten der einzelnen Klassen. Die Funktion

$$j_k(z) = j(T_k(z)) \qquad (k = 1, \ldots, h)$$

hängt bei jedem festen z nur von der Klasse von T_k ab. Es gilt dann identisch in x und z die Produktzerlegung

$$\varphi_n(x, j(z)) = \prod_{k=1}^{h} (x - j_k(z)). \tag{6}$$

Hierin ersetze man z durch $L(s)$ und wähle

$$x = f(T(z)) = f^*(\lambda w).$$

Da

$$j(L(s)) = j^*(s) = f^*(w)$$

wird, so muß nach (3) und (6) in der Umgebung von $w = 0$ bei geeignetem m der Reihe 1 bis h die Gleichung

$$f^*(\lambda w) = j_m(L(s))$$

gelten. Mit

$$L^{-1} T_m L = R_m$$

wird

$$j_m(L(s)) = j((T_m L)(s)) = j^*(R_m(s)),$$

also

$$f^*(\lambda w) = j^*(R_m(s)), \tag{7}$$

und für $w = 0$ folgt $s = 0$, $L(s) = \zeta$,

$$j(\zeta) = f^*(0) = j(T_m(\zeta)).$$

Daher ist $T_m(\zeta)$ mit ζ bezüglich der Modulgruppe äquivalent.

Man kann nun ohne Beschränkung der Allgemeinheit annehmen, daß bereits $T_m(\zeta) = \zeta$ ist und folglich die Transformation $z \to T_m(z)$ die gleichen Fixpunkte wie (1) hat. Dann wird aber

$$R_m = \begin{pmatrix} \bar\sigma & 0 \\ 0 & \sigma \end{pmatrix}, \qquad R_m(s) = \mu s, \qquad \mu = \frac{\bar\sigma}{\sigma}.$$

Aus der Beziehung (7) wird jetzt

$$f^*(\lambda w) = j^*(\mu s)$$

und nach (4) und (5) weiter

$$(\mu s)^l = g(\lambda w) = c_1(\lambda w) + c_2(\lambda w)^2 + \cdots,$$

also

$$\mu^l g(w) = g(\lambda w),$$

$$(8) \qquad c_k(\mu^l - \lambda^k) = 0 \qquad (k = 1, 2, \ldots).$$

Da (1) nicht periodisch ist, so ist der Quotient $\lambda = \bar\varrho/\varrho$ keine Einheitswurzel. Zufolge (8) kann dann höchstens ein Koeffizient $c_k \neq 0$ sein. Andererseits ist $f^*(w)$ nicht konstant, also die Funktion

$$(9) \qquad g(w) = c_k w^k$$

nicht identisch 0. Aus $c_k \neq 0$ folgt nun $\lambda^k = \mu^l$,

$$(10) \qquad \left(\frac{\bar\varrho}{\varrho}\right)^k = \left(\frac{\bar\sigma}{\sigma}\right)^l.$$

Zur Diskussion dieser Gleichung beachte man, daß

$$(11) \qquad \varrho\bar\varrho = \sigma\bar\sigma = n$$

ist. Hierbei sind ϱ und σ ganze Zahlen aus dem durch ζ erzeugten imaginären quadratischen Zahlkörper $\mathfrak{R}(\zeta)$. Ferner ist $\lambda = \bar\varrho/\varrho$ keine Einheitswurzel, also auch keine Einheit, und aus $\lambda\bar\lambda = 1$ ergibt sich, daß λ nicht ganz ist. Demnach gibt es in $\mathfrak{R}(\zeta)$ ein Primideal $\mathfrak{p}$, welches in (ϱ) zu höherer Potenz $\mathfrak{p}^t$ aufgeht als in $(\bar\varrho)$. Da aber nach Voraussetzung die Zahl $n = \varrho\bar\varrho$ quadratfrei ist und (n) den Faktor $(\mathfrak{p}\bar{\mathfrak{p}})^t$ enthält, so gilt $t = 1$. Zufolge (10) enthält auch (σ) das Primideal $\mathfrak{p}$ zu höherer Potenz, als es für $(\bar\sigma)$ der Fall ist, und wegen $n = \sigma\bar\sigma$ ist dies wieder genau die erste Potenz. Aus (10), (5) und (9) folgt dann $k = l$ und $s = cw$ mit $c^k = c_k$. Nach (4) wird also

$$f^*(w) = j^*(cw),$$

womit die Behauptung bewiesen ist.

4. Es sei

$$j^*(w) = a + a_1 w^l + a_2 w^{2l} + \cdots$$

die Potenzreihe für $j^*(w)$, also $a = j(\zeta)$, $a_1 \neq 0$ und

$$f^*(w) = j^*(\nu w) = a + a_1 \nu^l w^l + a_2 \nu^{2l} w^{2l} + \cdots.$$

Dann sind die Verhältnisse

$$\frac{a_r \nu^{rl}}{(a_1 \nu^l)^r} = \frac{a_r}{a_1^r} = q_r \qquad (r = 2, 3, \ldots)$$

von ν unabhängig, und man kann die Frage aufwerfen, ob sie sich durch Vergleich der Koeffizienten rekursiv aus der Gleichung (3) bestimmen lassen. Wir wollen dies nur für den einfachsten Fall diskutieren, in dem nämlich $j'(\zeta) \neq 0$ und n eine Primzahl ist. Die erstere Annahme besagt, daß $l = 1$ wird. Außerdem wird auch weiterhin die Transformation (1) als nicht periodisch vorausgesetzt. Aus der Gleichung (11) folgt jetzt, daß (n) im Körper $\Re(\zeta)$ in zwei verschiedene Primideale zerfällt und daß mit einer geeigneten Einheitswurzel ε aus $\Re(\zeta)$ entweder $\sigma = \varepsilon\varrho$ oder $\sigma = \varepsilon\bar{\varrho}$ ist.

Im ersteren Falle wird

$$R_m R^{-1} = \begin{pmatrix} \bar{\varepsilon} & 0 \\ 0 & \varepsilon \end{pmatrix}, \quad T_m T^{-1} = L \begin{pmatrix} \bar{\varepsilon} & 0 \\ 0 & \varepsilon \end{pmatrix} L^{-1} = (\zeta - \bar{\zeta})^{-1} \begin{pmatrix} \varepsilon\zeta - \bar{\varepsilon}\bar{\zeta} & (\bar{\varepsilon} - \varepsilon)\zeta\bar{\zeta} \\ \varepsilon - \bar{\varepsilon} & \bar{\varepsilon}\zeta - \varepsilon\bar{\zeta} \end{pmatrix}.$$

Wegen $\alpha\zeta + \beta = \zeta(\gamma\zeta + \delta)$ ist $\gamma\zeta\bar{\zeta} = -\beta$ ganz, ebenso $\gamma\zeta = \varrho - \delta$, also ist auch die Matrix $(\varrho - \bar{\varrho})\, T_m T^{-1}$ ganz. Ferner ist $(\varrho, \bar{\varrho}) = 1$ und daher

$$(\varrho - \bar{\varrho}, n) = (\varrho - \bar{\varrho}, \varrho\bar{\varrho}) = 1.$$

Da auch $n T^{-1}$ ganz ist, so sind T und T_m assoziiert. Übrigens ergibt sich dann aus $j(T(z)) = j(T_m(z))$, daß

$$j'(\zeta)\, n\varrho^{-2} = j'(\zeta)\, n\sigma^{-2}$$

und folglich

$$\varepsilon = \pm 1, \quad T_m = \pm T$$

gilt.

Im anderen Falle wird

$$R_m R^{-1} = \begin{pmatrix} \frac{\bar{\varepsilon}\varrho}{\bar{\varrho}} & 0 \\ 0 & \frac{\varepsilon\bar{\varrho}}{\varrho} \end{pmatrix};$$

also ist die Spur der Matrix $T_m T^{-1}$ keine ganze Zahl, und T ist daher sicher nicht zu T_m assoziiert. Setzt man noch

$$T_0 = (\alpha + \delta)\, E - T,$$

so wird

$$R + \bar{R} = (\varrho + \bar{\varrho})\, E = (\alpha + \delta)\, E\,, \quad \bar{R} = L^{-1} T_0 L\,, \quad |T_0| = n\,.$$

Hieraus wird ersichtlich, daß die Gleichung $j(\zeta) = j_k(\zeta)$ für genau zwei Indizes k der Reihe 1 bis h erfüllt ist.

Bekanntlich ist das Polynom $\varphi_n(x, y) = \varphi(x, y)$ in x, y symmetrisch. Man entwickle es nach Potenzen von $x - a$ und $y - a$. Für die Koeffizienten gilt dann

$$\varphi(a, a) = 0\,, \quad \varphi_x(a, a) = \varphi_y(a, a) = 0\,, \quad \varphi_{xx}(a, a) = \varphi_{yy}(a, a) \neq 0\,.$$

Setzt man noch zur Abkürzung

$$\varphi_{xx}(a, a) = 2b\,, \; \varphi_{xy}(a, a) = c\,,$$

so wird

$$\varphi(x, y) = b(x - a)^2 + c(x - a)(y - a) + b(y - a)^2 + \cdots,$$

und alle Koeffizienten liegen im Körper $\mathfrak{R}(a)$. Mit

$$x = j^*(\lambda s)\,, \quad y = j^*(s)$$

erhält man

$$\begin{aligned} 0 = b(a_1\lambda s + a_2\lambda^2 s^2 + \cdots)^2 + c(a_1\lambda s + a_2\lambda^2 s^2 + \cdots)(a_1 s + a_2 s^2 + \cdots) \\ + b(a_1 s + a_2 s^2 + \cdots)^2 + \cdots, \end{aligned}$$

also

$$b\lambda^2 + c\lambda + b = 0$$

und

$$q_r(2b\lambda^{r+1} + c(\lambda^r + \lambda) + 2b) = \cdots \qquad (r = 2, 3, \ldots),$$

worin rechts ein Polynom in $q_1, \ldots, q_{r-1}$ mit Koeffizienten aus dem Klassenkörper $\mathfrak{R}(\lambda, a)$ steht. Da

$$\begin{aligned} 2b\lambda^{r+1} + c(\lambda^r + \lambda) + 2b &= b(2\lambda^{r+1} - (\lambda^2 + 1)(\lambda^{r-1} + 1) + 2) \\ &= b(\lambda^{r-1} - 1)(\lambda^2 - 1) \neq 0 \end{aligned}$$

ist, so ergeben sich in der Tat $q_2, q_3, \ldots$ rekursiv eindeutig, und zwar als Zahlen des Klassenkörpers.

5. Es ist $a_r = a_1^r q_r$ $(r = 2, 3, \ldots)$ und a_1 gleich dem Werte der Ableitung von $j(L(w))$ bei $w = 0$, also

$$a_1 = (\zeta - \bar{\zeta})\, j'(\zeta)\,.$$

Bedeuten $g_2 = g_2(z)$, $g_3 = g_3(z)$ die zu den Grundperioden $1, z$ gehörigen Invarianten in der Bezeichnung von Weierstrass, so ist

$$(12) \qquad \pi j'(z) = -9i\frac{g_3}{g_2}\, j(z)\,, \qquad j(z) = \frac{g_2^3}{g_2^3 - 27 g_3^2}\,.$$

Nach einem zuerst vom Verfasser bewiesenen Spezialfall des Schneiderschen Transzendenzsatzes über die Perioden elliptischer Integrale ersieht man aus (12), daß die Zahl $\pi j'(\zeta)$ transzendent ist. Also ist auch das Produkt πa_1 transzendent. Vermutlich ist es schwieriger zu entscheiden, ob $j'(\zeta)$ selber transzendent ist oder nicht. Man beachte dabei, daß $j'(\zeta) \neq 0$ vorausgesetzt worden ist.

In diesem Zusammenhang ist noch bemerkenswert, daß sich die Ableitungen $j^{(r)}(\zeta)$ für $r = 2, 3, \ldots$ als rationale Ausdrücke in $j(\zeta)$ und $j'(\zeta)$ mit Koeffizienten aus $\mathfrak{R}(\zeta)$ ergeben, während sich bei beliebigem z vermöge der Differentialgleichung dritter Ordnung für $j(z)$ nur die Ableitungen dritter und höherer Ordnung als rationale Funktionen von $j(z)$, $j'(z)$, $j''(z)$ mit rationalen Koeffizienten ausdrücken lassen.

Eingegangen am 17. 1. 1963

77.

Moduln Abelscher Funktionen

Nachrichten der Akademie der Wissenschaften in Göttingen.
Mathematisch-physikalische Klasse 1960, Nr. 25, 365—427

„In der Theorie der Thetafunctionen ist es leicht, eine beliebig große Menge von Relationen aufzustellen, aber die Schwierigkeit beginnt da, wo es sich darum handelt, aus diesem Labyrinth von Formeln einen Ausweg zu finden. Die Beschäftigung mit jenen Formelmassen scheint auf die mathematische Phantasie eine verdorrende Wirkung auszuüben.“

Das vorstehende Motto ist der Antrittsrede entnommen, welche Frobenius vor 70 Jahren in der Berliner Akademie der Wissenschaften gehalten hat. In der damaligen Zeit war die von Abel und Jacobi begonnene und insbesondere durch Riemann und Weierstrass geförderte Theorie der mehrfach periodischen Funktionen zu einem vorläufigen Stillstand gekommen. Es schien dann, als ob der 1902 von Poincaré gegebene vollständige Beweis des sog. Thetasatzes den Abschluß der ganzen Entwicklung bildete.

In seinen so erfolgreichen Bemühungen um den Beweis des Analogons der Riemannschen Vermutung bei Körpern algebraischer Funktionen hat nun Weil vor etwa 15 Jahren eine rein algebraische Begründung der Theorie der Abelschen Funktionen gegeben, und zwar für beliebige Charakteristik des Konstantenkörpers. Mit den von ihm ausgebildeten Methoden erhielt er algebraische Formulierungen und Beweise für eine Reihe von wichtigen Sätzen, die man früher im Falle der Charakteristik 0 mit Hilfe der Thetafunktionen gewonnen hatte. Danach könnte es so aussehen, als ob vom Standpunkt des Algebraikers aus die Existenz der Thetafunktionen überhaupt keine Bedeutung mehr hätte. In Wahrheit sind nun aber wohl die Eigenschaften der Thetafunktionen unentbehrlich, wenn man etwa nachweisen will, daß auch im Falle positiver Charakteristik nicht jede Abelsche Mannigfaltigkeit eine Jacobische ist.

Der eigentliche Anlaß für eine Wiederaufnahme der Beschäftigung mit den Thetafunktionen ergab sich dem Verfasser aus dem Wunsche, die von ihm früher veröffentlichten Untersuchungen über Modulfunktionen n-ten Grades zu vervollständigen und auf eine streng konstruktive Grundlage zu stellen. Jene Untersuchungen waren ursprünglich von der analytischen Theorie der quadratischen Formen ausgegangen und standen dadurch bereits in Beziehung zu speziellen Thetareihen; doch traten dann bei der Begründung der Theorie die verallgemeinerten Eisensteinschen Reihen in den Vordergrund. Es wurde insbesondere bewiesen, daß jede Modulfunktion n-ten Grades sich als isobare rationale Funktion dieser Eisensteinschen Reihen ausdrücken läßt, wobei sich aber kein effektives Verfahren zur wirklichen Herstellung einer endlichen Basis ergab.

Außerdem erschien es wünschenswert, den Zusammenhang zwischen den Modulfunktionen n-ten Grades und den Körpern Abelscher Funktionen von n Variabeln eingehender zu untersuchen, als es bisher ausgeführt war, und das soll in der vorliegenden Arbeit geschehen. Bei dieser Fragestellung sei auch auf die von Wirtinger[1] gegebenen Ansätze hingewiesen.

Es bedeute $\mathfrak{P}$ eine komplexe Matrix mit n Zeilen und $2n$ Spalten. Bekanntlich ist $\mathfrak{P}$ genau dann Periodenmatrix einer nicht ausgearteten Abelschen Funktion von n Variabeln, wenn mit einer ganzen alternierenden umkehrbaren Matrix $\mathfrak{L}$ die von Riemann und Weierstrass aufgestellten Bedingungen

$$\mathfrak{P}\mathfrak{L}^{-1}\mathfrak{P}' = 0, \quad i\,\mathfrak{P}\mathfrak{L}^{-1}\bar{\mathfrak{P}}' > 0 \tag{1}$$

erfüllt sind. Zum Nachweise dieses Satzes ist die Einführung der Thetafunktionen unerläßlich. Man hat dabei die Matrizen $\mathfrak{P}$ und $\mathfrak{L}$ zunächst durch lineare Transformation der Variabeln und geeignete Wahl der Basis des Periodengitters in eine Normalform zu bringen. Es ist zu beachten, daß die Hauptmatrix $\mathfrak{L}$ durch $\mathfrak{P}$ nicht eindeutig bestimmt ist, denn man kann insbesondere $\mathfrak{L} = c\,\mathfrak{L}_0$ setzen, wobei die $4n^2$ Elemente von $\mathfrak{L}_0$ teilerfremd sind, und dann für c eine beliebige natürliche Zahl wählen. Durch geeignete Wahl der Basis des Periodengitters stellt man für die Hauptmatrix die Normalform

$$\mathfrak{L} = \begin{pmatrix} 0 & \mathfrak{T} \\ -\mathfrak{T} & 0 \end{pmatrix}, \qquad \mathfrak{T} = [t_1, t_2, \ldots, t_n]$$

her, in welcher $\mathfrak{T}$ eine Diagonalmatrix mit den positiven ganzen Diagonalelementen $t_1, t_2, \ldots, t_n$ ist und $t_1 \mid t_2 \mid \cdots \mid t_n$ gilt. Mittels umkehrbarer linearer Transformation der n Variabeln mit komplexen Koeffizienten bringt man ferner die Periodenmatrix in die Normalform

$$\mathfrak{P} = (\mathfrak{Z}\,\mathfrak{T}),$$

und mit $\mathfrak{Z} = \mathfrak{X} + i\,\mathfrak{Y}$ nehmen dann die Bedingungen (1) die einfache Gestalt

$$\mathfrak{Z}' = \mathfrak{Z}, \quad \mathfrak{Y} > 0$$

an. Es liegt also $\mathfrak{Z}$ in der verallgemeinerten oberen Halbebene H_n.

Die n Variabeln $w_1, \ldots, w_n$ werden zu einer Spalte $\mathfrak{w}$ zusammengefaßt. Identifiziert man die Punkte $\mathfrak{w}$ des n-dimensionalen komplexen Raumes C_n,

---

[1] W. Wirtinger: Über einige Probleme in der Theorie der Abel'schen Functionen. Acta math. 26, 133—156 (1902).

welche durch eine dem Periodengitter angehörige Translation auseinander hervorgehen, so erhält man den Periodentorus W.

Weiterhin sei $\mathfrak{T}$ fest gegeben. Es werde noch

$$|\mathfrak{T}| = t_1, t_2, \ldots, t_n = t, \qquad \mathfrak{T}_1 = \begin{pmatrix} \mathfrak{T} & 0 \\ 0 & \mathfrak{E} \end{pmatrix}, \qquad \mathfrak{J} = \begin{pmatrix} 0 & \mathfrak{E} \\ -\mathfrak{E} & 0 \end{pmatrix}, \qquad \mathfrak{W} = \mathfrak{T}^{-1}\mathfrak{Z}$$

gesetzt. Durch die gestellten Forderungen ist $\mathfrak{Z}$ nur bis auf eine beliebige Modulsubstitution der Stufe $\mathfrak{T}$ bestimmt. Die Modulgruppe der Stufe $\mathfrak{T}$ werde mit $\Gamma(\mathfrak{T})$ bezeichnet und bestehe aus sämtlichen ganzen Matrizen

$$\mathfrak{M} = \begin{pmatrix} \mathfrak{A} & \mathfrak{B} \\ \mathfrak{C} & \mathfrak{D} \end{pmatrix},$$

welche der Bedingung

$$\mathfrak{M}\mathfrak{L}^{-1}\mathfrak{M}' = \mathfrak{L}^{-1}$$

genügen. Offenbar gehört $\mathfrak{J}$ zu $\Gamma(\mathfrak{T})$. Die $\mathfrak{M}$ entsprechende Modulsubstitution der Stufe $\mathfrak{T}$ ist dann erklärt durch

$$\hat{\mathfrak{Z}} = (\mathfrak{T}\mathfrak{A}\mathfrak{T}^{-1}\mathfrak{Z} + \mathfrak{T}\mathfrak{B})(\mathfrak{C}\mathfrak{T}^{-1}\mathfrak{Z} + \mathfrak{D})^{-1} \tag{2}$$

oder, wenn noch

$$\mathfrak{T}^{-1}\hat{\mathfrak{Z}} = \hat{\mathfrak{W}}$$

gesetzt wird, durch

$$\hat{\mathfrak{W}} = (\mathfrak{A}\mathfrak{W} + \mathfrak{B})(\mathfrak{C}\mathfrak{W} + \mathfrak{D})^{-1}.$$

Da

$$\mathfrak{L} = \mathfrak{T}_1\mathfrak{J}\mathfrak{T}_1$$

gilt, so ist die rationale Matrix

$$\begin{pmatrix} \mathfrak{T}\mathfrak{A}\mathfrak{T}^{-1} & \mathfrak{T}\mathfrak{B} \\ \mathfrak{C}\mathfrak{T}^{-1} & \mathfrak{D} \end{pmatrix} = \mathfrak{T}_1\mathfrak{M}\mathfrak{T}_1^{-1}$$

symplektisch, und die Transformation (2) führt also tatsächlich H_n in sich über. Man beachte noch, daß für jedes natürliche c die Gruppen $\Gamma(\mathfrak{T})$ und $\Gamma(c\mathfrak{T})$ übereinstimmen; insbesondere ist $\Gamma(t_1\mathfrak{E})$ mit $\Gamma(\mathfrak{E})$, also mit der Modulgruppe n-ten Grades identisch.

Mit der Abkürzung

$$\varepsilon(x) = e^{\pi i x}$$

bildet man die t Thetafunktionen

$$\vartheta(\mathfrak{l}, \mathfrak{w}) = \sum_{\mathfrak{g}} \varepsilon\big(\mathfrak{Z}[\mathfrak{g} + \mathfrak{T}^{-1}\mathfrak{l}] + 2(\mathfrak{g} + \mathfrak{T}^{-1}\mathfrak{l})'\mathfrak{w}\big); \tag{3}$$

darin wird über alle ganzen Spalten $\mathfrak{g}$ summiert, und für die ganze Spalte $\mathfrak{l}$ werden Repräsentanten eines vollen Restsystems modulo $\mathfrak{T}$ genommen, also etwa

$$\mathfrak{l}' = (l_1\, l_2 \ldots l_n) \quad (l_k = 1, 2, \ldots, t_k;\ k = 1, \ldots, n).$$

Diese Funktionen seien in fester Reihenfolge als Koordinaten eines mit $\mathfrak{w}$ veränderlichen Punktes $\mathfrak{p}$ im projektiven Raum von $t-1$ Dimensionen betrachtet. Bekanntlich wird durch die Zuordnung von $\mathfrak{w}$ zu $\mathfrak{p}$ im Falle $t_1 \geq 3$ der Periodentorus W umkehrbar eindeutig auf eine singularitätenfreie algebraische Mannigfaltigkeit P abgebildet. Weiterhin sind nun die folgenden vier Aufgaben zu behandeln:

1. Es soll P durch eine bestimmte irreduzible algebraische Gleichung festgelegt werden, welche ausnahmslos für alle $\mathfrak{Z}$ aus H_n gilt.

2. Man hat die Verhältnisse der Koeffizienten jener Gleichung als Funktionen von $\mathfrak{Z}$ durch sog. Thetanullwerte auszudrücken und genau zu untersuchen, bei welchen Modulsubstitutionen der Stufe $\mathfrak{T}$ sie invariant bleiben.

3. Aus den gefundenen Koeffizienten sind dann weiter durch Symmetrisierung bezüglich $\Gamma(\mathfrak{T})$ solche in H_n reguläre Funktionen von $\mathfrak{Z}$ zu bilden, welche nirgendwo simultan verschwinden und deren Verhältnisse den Körper aller Modulfunktionen der Stufe $\mathfrak{T}$ erzeugen.

4. Man soll die algebraischen Gleichungen aufstellen, welche zwischen den gefundenen Erzeugenden bestehen, und den Körper der darin auftretenden Koeffizienten ermitteln.

Zur konstruktiven Lösung der vier Aufgaben ist es erforderlich, auf die Transformationstheorie der Thetafunktionen einzugehen. Diese Theorie ist in der Hauptsache bereits 1864 durch Thomae[2] begründet worden; vervollständigt wurde sie durch Weber[3] und insbesondere durch Krazer und Prym[4]. Es dürfte aber ziemlich mühsam sein, aus den in der Literatur vorliegenden Formeln die weiterhin benötigten Eigenschaften der auftretenden Koeffizienten zu entnehmen, und deshalb werden die betreffenden Formeln im Text vollständig bewiesen. In diesem Zusammenhang ergibt sich auch der tiefere Grund für eine Erscheinung, die in speziellen Fällen zuerst von Hurwitz[5] und etwas allgemeiner von Kloosterman[6] bemerkt worden war. Es zeigt sich nämlich, daß die in der Transformationstheorie auftretenden linearen Substitutionen von Thetafunktionen unitär sind, und zwar ent-

---

[2] J. Thomae: Die allgemeine Transformation der Θ-Functionen mit beliebig vielen Variabeln. Inaugural-Dissertation Göttingen: W. Fr. Kaestner 1864, 22 S.; insbes. S. 18.

[3] H. Weber: Ueber die unendlich vielen Formen der ϑ-Function. Journ. r. angew. Math. 74, 57—86 (1872).

[4] A. Krazer und F. Prym: Neue Grundlagen einer Theorie der allgemeinen Thetafunctionen. Leipzig: B. G. Teubner 1892, 133 S.; insbes. S. 118—120.

[5] A. Hurwitz: Über endliche Gruppen linearer Substitutionen, welche in der Theorie der elliptischen Transzendenten auftreten. Mathematische Werke I. Basel: E. Birkhäuser 1932, 189—246; insbes. S. 206—207.

[6] H. D. Kloosterman: The behaviour of general theta functions under the modular group and the characters of binary modular congruence groups. I. Ann. of Math. 47, 317—375 (1946); insbes. S. 348.

nimmt man dies unmittelbar aus der Existenz eines bei Modulsubstitutionen invarianten skalaren Produktes Jacobischer Funktionen.

Die im folgenden eingehend untersuchte Beziehung zwischen der Abelschen Mannigfaltigkeit P und den Modulfunktionen ist im Falle $n = 1$ zuerst von Klein[7] behandelt worden.

§ 1. Bestimmung des Grades von P

In diesem und dem folgenden Paragraphen wird $t_1 \geq 3$ vorausgesetzt. Es seien

$$\vartheta_l = \vartheta_l(\mathfrak{w}) \qquad (l = 1, \ldots, t)$$

die durch (3) erklärten Thetafunktionen in fester Reihenfolge. Bekanntlich hat die aus den t Zeilen

$$\left(\vartheta_l \frac{\partial \vartheta_l}{\partial w_1} \cdots \frac{\partial \vartheta_l}{\partial w_n}\right) \qquad (l = 1, \ldots, t)$$

gebildete Matrix ausnahmslos für alle $\mathfrak{w}$ und $\mathfrak{Z}$ den genauen Rang $n + 1$, und durch die Zuordnung

$$\tau \xi_l = \vartheta_l(\mathfrak{w}) \qquad (l = 1, \ldots, t)$$

mit beliebigem $\tau \neq 0$ wird der Periodentorus W umkehrbar eindeutig auf eine algebraische Mannigfaltigkeit P im projektiven Raum mit den t Koordinaten $\xi_1, \ldots, \xi_t$ abgebildet. Dabei hängt P noch von $\mathfrak{Z}$ ab. Bei jedem festen $\mathfrak{Z}$ ist P erklärt durch die Gesamtheit der homogenen algebraischen Gleichungen mit konstanten komplexen Koeffizienten, welche identisch in $\mathfrak{w}$ zwischen den t Funktionen $\vartheta_l(\mathfrak{w})$ bestehen. Mittels der Eliminationstheorie werden diese Gleichungen folgendermaßen auf eine einzige zurückgeführt.

Man nimmt $n + 2$ Zeilen von je t Unbestimmten $\lambda_{k1}, \ldots, \lambda_{kt}$ ($k = 0, \ldots, n + 1$), die zu einer Matrix λ zusammengefaßt seien, und bildet damit die inearen Formen

$$\sum_{l=1}^{t} \lambda_{kl} \xi_l = \eta_k \qquad (k = 0, \ldots, n + 1).$$

Für $\tau \xi_l = \vartheta_l(\mathfrak{w})$ sei speziell

$$\sum_{l=1}^{t} \lambda_{kl} \vartheta_l(\mathfrak{w}) = j_k(\mathfrak{w}) = j_k.$$

Zu gegebenem natürlichen μ seien die sämtlichen Potenzprodukte des Gesamtgrades μ in $\eta_0, \ldots, \eta_{n+1}$ in fester Reihenfolge mit

$$\varphi_l = \varphi_l(\eta) \qquad (l = 1, \ldots, h)$$

---

[7] F. Klein: Über die elliptischen Normalkurven der n-ten Ordnung. Gesammelte Mathematische Abhandlungen III. Berlin: Jul. Springer 1923, 198—254.

bezeichnet; dabei ist die Anzahl

(4) $$h = \binom{\mu + n + 1}{n + 1}$$

und η die Spalte aus den η_k.

Die Thetafunktionen $\vartheta_l(\mathfrak{w})$ sind Lösungen der Funktionalgleichungen

$$f(\mathfrak{w} + \mathfrak{T}\mathfrak{q}) = f(\mathfrak{w}), \quad f(\mathfrak{w} + \mathfrak{Z}\mathfrak{q}) = \varepsilon(-\mathfrak{Z}[\mathfrak{q}] - 2\mathfrak{q}'\mathfrak{w})\, f(\mathfrak{w})$$

bei beliebigen ganzen Spalten $\mathfrak{q}$. Betrachtet man alle ganzen Funktionen $f(\mathfrak{w})$, welche diese Funktionalgleichungen erfüllen, so bilden sie einen linearen Vektorraum. Aus der Entwicklung in eine Fouriersche Reihe folgt in bekannter Weise, daß die $\vartheta_l(\mathfrak{w})$ eine Basis des Vektorraumes bilden und dieser den Rang t besitzt. Führt man noch die Variable $\mathfrak{w}\mu = \tilde{\mathfrak{w}}$ ein, so genügen die h Funktionen $\varphi_l(j(\mathfrak{w}))$ in Abhängigkeit von $\tilde{\mathfrak{w}}$ den Funktionalgleichungen

(5) $$F(\tilde{\mathfrak{w}} + \mu\mathfrak{T}\mathfrak{q}) = F(\tilde{\mathfrak{w}}), \quad F(\tilde{\mathfrak{w}} + \mu\mathfrak{Z}\mathfrak{q}) = \varepsilon(-\mu\mathfrak{Z}[\mathfrak{q}] - 2\mathfrak{q}'\tilde{\mathfrak{w}})\, F(\tilde{\mathfrak{w}}),$$

denen dann also der Rang

$$|\mu\mathfrak{T}| = \mu^n t$$

entspricht.

Hieraus ergibt sich nun die lineare Abhängigkeit der Funktionen $\varphi_l(j)$ $(l = 1, \ldots, h)$, falls ihre Anzahl

(6) $$h > \mu^n t$$

ist. Unter der Voraussetzung (6) gibt es daher ein Polynom

$$\Phi = \alpha_1\varphi_1 + \cdots + \alpha_h\varphi_h$$

in $\eta_0, \ldots, \eta_{n+1}$, das für $\tau\eta_k = j_k$ $(k = 0, \ldots, n+1)$ identisch in $\mathfrak{w}$ verschwindet, aber nicht identisch in $\eta_0, \ldots, \eta_{n+1}$. Dabei ist $\mathfrak{Z}$ als fest anzusehen. Die Größen

$$\alpha_l = \alpha_l(\lambda) \qquad (l = 1, \ldots, h)$$

lassen sich durch Koeffizientenvergleich als homogene Polynome gleichen Grades in den λ_{pq} mit komplexen Koeffizienten bestimmen, welche nicht sämtlich 0 sind. Wegen (4) geht (6) in die Bedingung

(7) $$\prod_{r=1}^{n+1}\left(1 + \frac{\mu}{r}\right) > \mu^n t$$

über, und da andererseits

$$\prod_{r=1}^{n+1}\left(1 + \frac{\mu}{r}\right) > \frac{\mu^{n+1}}{(n+1)!}$$

ist, so wird (7) insbesondere für die von $\mathfrak{Z}$ unabhängige Zahl

$$\mu = (n+1)!\,t$$

erfüllt.

Man wähle nun für μ den kleinsten Wert m, für welchen ein Polynom

$$\Phi = \Phi(\eta) = \Phi(\lambda, \eta)$$

der obigen Eigenschaft existiert. Dann ist also jedenfalls

$$(8) \qquad 1 \leq m \leq (n+1)!\,t,$$

und offenbar ist dabei $\Phi(\eta)$ bezüglich $\eta_0, \ldots, \eta_{n+1}$ irreduzibel im Körper der rationalen Funktionen der λ_{pq}. Man kann noch voraussetzen, daß die Koeffizienten $\alpha_l(\lambda)$ $(l = 1, \ldots, h)$ als Polynome in den λ_{pq} teilerfremd sind. Dadurch ist $\Phi(\lambda, \eta)$ bis auf einen vorläufig noch willkürlichen komplexen von 0 verschiedenen Zahlfaktor bestimmt, der weiterhin festgehalten sei. Wegen $3 \leq t_1 \leq \cdots \leq t_n$ ist

$$t \geq 3^n \geq n+2;$$

also sind $\eta_0, \ldots, \eta_{n+1}$ bei unbestimmten λ_{pq} linear unabhängig, und folglich gilt

$$(9) \qquad m \geq 2.$$

Das Polynom $\Phi(\lambda, \eta)$ hat eine einfach zu beweisende Kovarianzeigenschaft gegenüber der Gruppe der linearen Substitutionen

$$\zeta_k = \sum_{r=0}^{n+1} \gamma_{kr}\,\eta_r \qquad (k = 0, \ldots, n+1).$$

Setzt man nämlich entsprechend

$$\nu_{kl} = \sum_{r=0}^{n+1} \gamma_{kr}\,\lambda_{rl} \quad (k = 0, \ldots, n+1;\ l = 1, \ldots, t),$$

also

$$\sum_{l=1}^{t} \nu_{kl}\,\xi_l = \zeta_k \qquad (k = 0, \ldots, n+1),$$

so verschwindet auch das Polynom $\Phi(\nu, \zeta)$ für $\tau\xi_l = \vartheta_l(\mathfrak{w})$ $(l = 1, \ldots, t)$ identisch in $\mathfrak{w}$. Daher gilt

$$(10) \qquad \Phi(\nu, \zeta) = \beta\,\Phi(\lambda, \eta)$$

identisch in λ und η, wobei $\beta = \beta(\gamma)$ ein Polynom in den unbestimmten Elementen der Matrix $(\gamma_{kl}) = \gamma$ bedeutet. Es wird nun für zwei aufeinanderfolgende Substitutionen

$$\beta(\gamma_1)\,\beta(\gamma_2) = \beta(\gamma_1\gamma_2)$$

und ferner $\beta = 1$ für die identische Substitution. Daraus ergibt sich β in bekannter Weise als Potenz der Determinante von γ; also

$$(11) \qquad \beta = |\gamma|^s$$

mit positivem ganzzahligen s.

Bei unbestimmten γ_{kl} treten in $\Phi(r, \zeta)$ als Polynom in $\eta_0, \ldots, \eta_{n+1}$ alle Potenzprodukte $\varphi_1, \ldots, \varphi_h$ mit einem von 0 verschiedenen Koeffizienten auf. Aus (10) und (11) ergibt sich daher, daß von den Polynomen $\varkappa_1(\lambda), \ldots, \varkappa_h(\lambda)$ keines identisch 0 ist.

Differenziert man (10) nach γ_{kr} und setzt dann γ_{kl} gleich dem Koeffizienten e_{kl} der identischen Substitution, so folgt

$$(12) \qquad \frac{\partial \Phi(\lambda, \eta)}{\partial \eta_k} \eta_r + \sum_{l=1}^{t} \frac{\partial \Phi(\lambda, \eta)}{\partial \lambda_{kl}} \lambda_{rl} = e_{kr} s \Phi(\lambda, \eta) \qquad (k, r = 0, \ldots, n+1)$$

identisch in λ und η.

Die Resultante von $\Phi(\lambda, \eta)$ und $\frac{\partial \Phi}{\partial \eta_0}$ bezüglich η_0 werde mit Δ bezeichnet. Sie ist ein homogenes Polynom in $\eta_1, \ldots, \eta_{n+1}$ vom Grade $m(m-1)$, dessen Koeffizienten wiederum homogene Polynome in den λ_{pq} sind. Indem man speziell $\gamma_{00} = 1$, $\gamma_{0r} = 0$ $(r = 1, \ldots, n+1)$, $\gamma_{k0} = 0$ $(k = 1, \ldots, n+1)$ wählt und die Determinantenformel für Δ heranzieht, so ergibt sich aus (10) und (11) mit der bereits benutzten Schlußweise, daß in Δ alle Potenzprodukte von $\eta_1, \ldots, \eta_{n+1}$ wirklich auftreten. Insbesondere enthält also Δ ein von $\eta_1, \ldots, \eta_n$ freies Glied $\delta(\lambda) \eta_{n+1}^{m(m-1)}$, wobei $\delta(\lambda)$ ein nicht identisch verschwindendes Polynom in den λ_{pq} ist.

Zur Abkürzung werde

$$\lambda_{0l} = \lambda_l \qquad (l = 1, \ldots, t)$$

gesetzt. Aus der Identität $\Phi(\lambda, \mathfrak{z}) = 0$ in λ und $\mathfrak{w}$ erhält man durch Differentiation nach λ_l die Gleichungen

$$(13) \qquad \frac{\partial \Phi(\lambda, \mathfrak{z})}{\partial \lambda_l} + \vartheta_l(\mathfrak{w}) \left(\frac{\partial \Phi(\lambda, \eta)}{\partial \eta_0} \right)_{\eta = \mathfrak{z}} = 0 \qquad (l = 1, \ldots, t),$$

worin der Koeffizient von $\vartheta_l(\mathfrak{w})$ nicht identisch in λ und $\mathfrak{w}$ verschwindet. Ist nun $\Psi(\xi_1, \ldots, \xi_t)$ ein homogenes Polynom in $\xi_1, \ldots, \xi_t$ mit konstanten komplexen Koeffizienten, welches überall auf P die Nullstelle

$$(14) \qquad \tau \xi_l = \vartheta_l(\mathfrak{w}) \qquad (l = 1, \ldots, t)$$

besitzt, so ist zufolge (13) das Polynom $\Psi\left(\frac{\partial \Phi(\lambda, \eta)}{\partial \lambda_1}, \ldots, \frac{\partial \Phi(\lambda, \eta)}{\partial \lambda_t}\right)$ in λ und η durch $\Phi(\lambda, \eta)$ teilbar.

Hilfssatz 1. *Es seien $\eta_0, \ldots, \eta_{n+1}$ und die λ_{pq} komplexe Werte, für welche*

$$(15) \qquad \Phi(\lambda, \eta) = 0, \qquad \frac{\partial \Phi(\lambda, \eta)}{\partial \eta_0} \neq 0$$

wird. Bestimmt man dann $\xi_1, \ldots, \xi_t$ aus den Gleichungen

$$(16) \qquad \frac{\partial \Phi(\lambda, \eta)}{\partial \lambda_l} + \xi_l \frac{\partial \Phi(\lambda, \eta)}{\partial \eta_0} = 0 \qquad (l = 1, \ldots, t),$$

so ist

(17) $$\sum_{l=1}^{t} \lambda_{rl}\,\xi_l = \eta_r \qquad (r = 0, \ldots, n+1),$$

und (14) *gilt für genau einen Punkt* $\mathfrak{w}$ *auf* W.

Beweis. Man multipliziere (16) mit λ_{rl} und summiere über l von 1 bis t. Beachtet man (15), so folgt (17) aus (12), wenn dort $k = 0$ gewählt wird. Nach (9) und der zweiten Formel in (15) sind $\eta_0, \ldots, \eta_{n+1}$ nicht sämtlich 0, und zufolge (17) gilt das gleiche für $\xi_1, \ldots, \xi_t$. Nach (15) und (16) ist ferner $\Psi(\xi_1, \ldots, \xi_t) = 0$. Also sind $\xi_1, \ldots, \xi_t$ die Koordinaten eines Punktes von P, und (14) wird durch genau einen Punkt $\mathfrak{w}$ auf dem Periodentorus erfüllt.

Bei gegebenen λ_{kl} $(k = 1, \ldots, n; l = 1, \ldots, t)$ sei $\mathfrak{w} = \mathfrak{w}_0$ eine gemeinsame Nullstelle von $j_1, \ldots, j_n$. Sie soll einfach heißen, wenn dort die Funktionaldeterminante von $j_1, \ldots, j_n$ bezüglich der Variabeln $w_1, \ldots, w_n$ von 0 verschieden ist.

Hilfssatz 2. *Es seien die* λ_{kl} $(k = 1, \ldots, n;\ l = 1, \ldots, t)$ *so gewählt, daß* $\delta(\lambda)$ *in den restlichen* λ_{kl} $(k = 0, n+1;\ l = 1, \ldots, t)$ *nicht identisch* 0 *ist. Dann gibt es auf* W *genau* m *gemeinsame Nullstellen von* $j_1, \ldots, j_n$, *und diese sind sämtlich einfach.*

Beweis. Es seien die λ_{kl} $(k = 0, \ldots, n+1;\ l = 1, \ldots, t)$ so gewählt, daß $\delta(\lambda) \neq 0$ ist. Setzt man dann $\eta_1 = 0, \ldots, \eta_n = 0$ und η_{n+1} beliebig $\neq 0$, so ist auch $\Delta \neq 0$, und aus der Gleichung $\Phi(\lambda, \eta) = 0$ für η_0 ergeben sich genau m verschiedene Wurzeln

$$\eta_0 = \eta_{01}, \ldots, \eta_{0m}.$$

In diesen ist die Ableitung

$$\frac{\partial \Phi(\lambda, \eta)}{\partial \eta_0} \neq 0.$$

Nach Hilfssatz 1 erhält man für jede Wahl von η_0 genau einen Punkt $\mathfrak{w}$ auf W, für welchen dann

$$j_k(\mathfrak{w}) = 0 \quad (k = 1, \ldots, n), \quad j_{n+1}(\mathfrak{w}) \neq 0$$

wird, insgesamt also m verschiedene gemeinsame Nullstellen von $j_1, \ldots, j_n$ auf W.

Ist umgekehrt $\mathfrak{w} = \mathfrak{w}_0$ eine gemeinsame Nullstelle von $j_1, \ldots, j_n$ und $\delta(\lambda)$ nicht identisch 0 in den restlichen λ_{kl} $(k = 0, n+1;\ l = 1, \ldots, t)$, so seien diese so gewählt, daß $j_{n+1}(\mathfrak{w}_0) \neq 0$ und $\delta(\lambda) \neq 0$ wird. Setzt man dann

$$\tau \eta_k = j_k(\mathfrak{w}_0) \qquad (k = 1, \ldots, n+1),$$

so erhält man aus

$$\tau \eta_0 = j_0(\mathfrak{w}_0)$$

für η_0 eine der obigen m Wurzeln $\eta_{01}, \ldots, \eta_{0m}$. Daher existieren auf W genau m verschiedene gemeinsame Nullstellen von $j_1, \ldots, j_n$.

Die Funktionalmatrix $\mathfrak{F}_1$ von $\vartheta_l(\mathfrak{w})/j_{n+1}(\mathfrak{w})$ $(l = 1, \ldots, t)$ bezüglich der Variabeln $w_1, \ldots, w_n$ hat im Punkte $\mathfrak{w}_0$ den Rang n. Führt man noch die Zwischenvariabeln

$$q_k = j_k/j_{n+1} \qquad (k = 1, \ldots, n)$$

ein und betrachtet (13), so wird

$$\mathfrak{F}_1 = \mathfrak{F}_2\mathfrak{F}_3,$$

worin $\mathfrak{F}_2$ die Funktionalmatrix von $\vartheta_l(\mathfrak{w})/j_{n+1}(\mathfrak{w})$ $(l = 1, \ldots, t)$ bezüglich $q_1, \ldots, q_n$ und $\mathfrak{F}_3$ die von q_k $(k = 1, \ldots, n)$ bezüglich $w_1, \ldots, w_n$ bedeutet. Bei $\mathfrak{w} = \mathfrak{w}_0$ gilt also

$$|\mathfrak{F}_3| = \left|\frac{\partial q_k}{\partial w_l}\right| \neq 0.$$

Da für die Nullstelle $\mathfrak{w} = \mathfrak{w}_0$ die Gleichungen

$$\frac{\partial q_k}{\partial w_l} = j_{n+1}^{-1} \frac{\partial j_k}{\partial w_l} \qquad (k, l = 1, \ldots, n)$$

bestehen, so folgt auch

$$\left|\frac{\partial j_k}{\partial w_l}\right|_{\mathfrak{w} = \mathfrak{w}_0} \neq 0$$

und damit die Einfachheit der sämtlichen m Nullstellen.

Satz 1. *Der Grad von P hat den von $\mathfrak{Z}$ unabhängigen Wert*

$$m = n!\,t.$$

Beweis. Die t Thetafunktionen $\vartheta_l(\mathfrak{w})$ sind zufolge (3) von $\mathfrak{Z}$ abhängig, so daß man ausführlicher

$$\vartheta_l(\mathfrak{w}) = \vartheta_l(\mathfrak{Z}, \mathfrak{w}) \qquad (l = 1, \ldots, t)$$

setzen kann. Es ist dann $\vartheta_l(\mathfrak{Z}, \mathfrak{w})$ als Funktion von $\mathfrak{Z}$ und $\mathfrak{w}$ in dem Bereiche $H_n \times C_n$ regulär, und das Entsprechende gilt für

$$j_k = j_k(\mathfrak{w}) = j_k(\lambda, \mathfrak{Z}, \mathfrak{w}) \qquad (k = 0, \ldots, n)$$

als lineare Funktionen der $\vartheta_l(\mathfrak{w})$ mit den Koeffizienten λ_{pq}.

Nun sei $\mathfrak{Z}$ variabel in einer Umgebung Z von $\mathfrak{Z} = \mathfrak{Z}_0$ auf H_n und λ variabel in einer Umgebung Λ von $\lambda = \lambda_0$. Zu jedem $\mathfrak{Z}$ gibt es eine von λ unabhängige Anzahl $m = m(\mathfrak{Z})$ und ein Polynom $\delta(\lambda) = \delta(\lambda, \mathfrak{Z})$ in den λ_{pq}. Es sei $\delta(\lambda_0, \mathfrak{Z}_0) \neq 0$ und $\mathfrak{w}_0$ irgend eine gemeinsame Nullstelle der $j_k(\lambda_0, \mathfrak{Z}_0, \mathfrak{w})$ $(k = 1, \ldots, n)$. Nach Hilfssatz 2 und dem Existenzsatz für implizite Funktionen kann man eine genügend kleine Umgebung U von $\mathfrak{w}_0$ und dazu die Umgebungen Z, Λ derart festlegen, daß die Gleichungen

$$j_k(\lambda, \mathfrak{Z}, \mathfrak{w}) = 0 \qquad (k = 1, \ldots, n)$$

bei beliebigen festen $\mathfrak{Z}$, λ aus Z, Λ genau eine gemeinsame Lösung $\mathfrak{w}$ innerhalb von U haben und diese dann stets einfach ist. Zufolge (8) liegt $m(\mathfrak{Z})$ unter einer von $\mathfrak{Z}$ freien Schranke. Es ist zu zeigen, daß $m(\mathfrak{Z})$ lokal konstant ist.

Zu jedem $\mathfrak{Z}$ kann man λ in Λ derart wählen, daß $\delta(\lambda, \mathfrak{Z}) \neq 0$ wird. Nach Hilfssatz 2 und dem oben Bewiesenen folgt

$$m(\mathfrak{Z}) \geq m(\mathfrak{Z}_0).$$

Wäre nun $m(\mathfrak{Z})$ nicht konstant in einer genügend kleinen Umgebung von $\mathfrak{Z} = \mathfrak{Z}_0$, so gäbe es eine Folge $\mathfrak{Z} \to \mathfrak{Z}_0$ mit festem

$$m(\mathfrak{Z}) = m_0 > m(\mathfrak{Z}_0)$$

sowie eine Folge $\lambda \to \lambda_0$ mit $\delta(\lambda, \mathfrak{Z}) \neq 0$. Dazu existieren auf dem von $\mathfrak{Z}$ abhängigen Periodentorus W jedesmal m_0 getrennte gemeinsame Nullstellen $\mathfrak{w}_1, \ldots, \mathfrak{w}_{m_0}$ der n Funktionen $j_k(\lambda, \mathfrak{Z}, \mathfrak{w})$ $(k = 1, \ldots, n)$, welche noch von λ und $\mathfrak{Z}$ abhängen. Aus diesen wähle man eine solche Teilfolge, daß $\mathfrak{w}_1, \ldots, \mathfrak{w}_{m_0}$ sämtlich in C_n konvergieren. Die entstehenden m_0 Grenzpunkte sind dann aber gemeinsame Nullstellen der $j_k(\lambda_0, \mathfrak{Z}_0, \mathfrak{w})$. Da deren gesamte Anzahl $m(\mathfrak{Z}_0)$ ist, so sind mindestens zwei Grenzpunkte einander gleich und etwa in $\mathfrak{w}_0$ gelegen. Das ist aber nicht möglich, da für kein $\mathfrak{Z}$ der betrachteten Folge zwei der m_0 Nullstellen $\mathfrak{w}_1, \ldots, \mathfrak{w}_{m_0}$ zugleich in U liegen. Also ist $m(\mathfrak{Z})$ lokal konstant und folglich überall auf H_n konstant.

Jetzt sei wieder $\mathfrak{Z} = \mathfrak{Z}_0$, $\lambda = \lambda_0$, aber $\delta(\lambda_0, \mathfrak{Z}_0) = 0$. Die Anzahl der einfachen gemeinsamen Nullstellen der $j_k(\lambda_0, \mathfrak{Z}_0, \mathfrak{w})$ $(k = 1, \ldots, n)$ kann dann nicht größer als m sein, da man sonst bei dem Grenzübergang $\lambda \to \lambda_0$ mit $\delta(\lambda) \neq 0$ zu einem Widerspruch gegen das bereits Bewiesene käme. Sind insbesondere alle Nullstellen einfach, so zeigt der gleiche Grenzübergang, daß ihre Anzahl genau m ist. Im Falle von lauter einfachen Nullstellen ist also ihre Anzahl stets m, auch wenn etwa $\delta(\lambda_0) = 0$ wäre.

Es genügt die Bestimmung von m für eine spezielle Matrix $\mathfrak{Z}$. Man wähle dazu $\mathfrak{Z} = i\mathfrak{E}$ und j_k $(k = 1, \ldots, n)$ als Produkt von n elliptischen Thetafunktionen der Ordnungen $t_1, \ldots, t_n$ in den einzelnen unabhängigen Veränderlichen $w_1, \ldots, w_n$. Da alle Ordnungen ≥ 3 sind, so kann man erreichen, daß für je zwei verschiedene Indizes k die Nullstellen der Faktoren derselben Variabeln alle getrennt liegen. Da eine elliptische Thetafunktion der Ordnung p genau p Nullstellen auf dem zugehörigen Periodentorus besitzt, so erhält man insgesamt $n!\, t_1 \ldots t_n$ gemeinsame Nullstellen von $j_1, \ldots, j_n$, die sämtlich einfach sind. Damit ist der Beweis beendet.

Der Satz ist in etwas anderer Form von Poincaré aufgestellt und bewiesen worden, wobei aber noch Ausnahmefälle zugelassen werden. Das Resultat ist geometrisch einleuchtend, da P topologisches Bild von W ist und beide stetig von $\mathfrak{Z}$ abhängen. Ein vollständiger Beweis ist wohl in der Literatur noch nicht ausgeführt worden, und so erschien es zweckmäßig, dies hier zu tun, wenn auch dabei keinerlei wesentliche Schwierigkeiten zu überwinden waren.

Zufolge Satz 1 ist nun auch die Zahl

$$h = \binom{m+n+1}{n+1}$$

von $\mathfrak{Z}$ unabhängig.

Obwohl es weiterhin nicht benötigt wird, seien noch zwei Ungleichungen betrachtet, die mit der Minimaleigenschaft von m zusammenhängen. Da es zwischen den Potenzprodukten $\varphi_1, \ldots, \varphi_h$ von $j_0, \ldots, j_{n+1}$ keine zwei unabhängige homogene lineare Gleichungen geben kann und andererseits für $\mu = m$ die Funktionalgleichungen (5) genau $m^n t$ linear unabhängige Lösungen haben, so muß

$$\binom{m+n+1}{n+1} \leq m^n t + 1 \tag{18}$$

sein. Da außerdem $j_0, \ldots, j_{n+1}$ keiner homogenen algebraischen Gleichung vom Grade $\mu < m$ genügen, so muß ferner

$$\binom{\mu+n+1}{n+1} \leq \mu^n t \qquad (\mu = 1, \ldots, m-1) \tag{19}$$

gelten, wobei $m = n!\, t$ und

$$t = t_1 \ldots t_n \geq t_1^n \geq 3^n \geq n+2$$

ist. Es möge nun auf direktem Wege verifiziert werden, daß (18) und (19) bereits für alle ganzen $t \geq n+2$ erfüllt sind.

Im speziellen Falle $n = 1$ ist

$$m = t \geq 3, \quad 1 \leq \mu \leq t-1$$

und

$$\binom{m+n+1}{n+1} = \binom{m+2}{2} = \frac{m(m+3)}{2} + 1 \leq \frac{m(t+t)}{2} + 1 = m^n t + 1,$$

$$\binom{\mu+n+1}{n+1} = \frac{\mu(\mu+3)}{2} + 1 \begin{cases} \leq \dfrac{\mu(t-1+t)}{2} + 1 = \mu t - \dfrac{\mu}{2} + 1 \leq \mu^n t & (2 \leq \mu \leq t-1), \\ = 3 \leq \mu^n t & (\mu = 1), \end{cases}$$

also sind dann (18) und (19) richtig. Nun sei $n > 1$ und

$$s_r = \binom{r+n+1}{n+1} r^{-n} \qquad (r = 1, 2, \ldots),$$

also

$$\frac{s_r}{s_{r-1}} = \frac{(r+n+1)!\,(r-1)!\,(r-1)^n}{(r+n)!\,r!\,r^n} = \left(1 + \frac{n+1}{r}\right)\left(1 - \frac{1}{r}\right)^n \qquad (r = 2, 3, \ldots).$$

Man verwende die Ungleichungen

$$\frac{d}{dx}\bigl(\log(1+(n+1)x) + n\log(1-x)\bigr) = \frac{1-(n+1)^2 x}{(1+(n+1)x)(1-x)} \begin{cases} > 0 & (0 < x < (n+1)^{-2}) \\ < 0 & ((n+1)^{-2} < x < 1) \end{cases}$$

mit $x = \frac{1}{r}$ und erkennt, daß der Quotient s_r/s_{r-1} als Funktion der wachsenden Zahl $r = 2, 3, \ldots$ zunächst für $r < (n+1)^2$ monoton wächst und dann für $r \geq (n+1)^2$ monoton fällt, während er für $r \to \infty$ den Grenzwert 1 besitzt. Demnach nimmt s_r selber im Intervall $1 \leq r \leq m$ das Maximum bei einem der Endpunkte an. Nun ist $s_1 = n + 2 \leq t$ und

$$s_m = \frac{(m+n+1)\ldots(m+1)}{(n+1)!} m^{-n} = \frac{t}{n+1} \prod_{k=1}^{n+1} \left(1 + \frac{k}{m}\right), \qquad m = n!\,t \geq n(n+2),$$

$$\log \prod_{k=1}^{n+1} \left(1 + \frac{k}{m}\right) < \sum_{k=1}^{n+1} \frac{k}{m} = \frac{(n+1)(n+2)}{2m} \leq \frac{n+1}{2n} < 1, \qquad s_m < \frac{te}{n+1} < t,$$

also

$$\binom{r+n+1}{n+1} = r^n s_r \leq r^n t \qquad (1 \leq r \leq m;\ n > 1),$$

woraus die Behauptung auch für $n > 1$ folgt.

§ 2. Die Gleichung der Abelschen Mannigfaltigkeit in Abhängigkeit von der Periodenmatrix

Es handelt sich jetzt darum, die Verhältnisse der Koeffizienten $\alpha_1, \ldots, \alpha_h$ des Polynoms Φ in Abhängigkeit von $\mathfrak{Z}$ zu untersuchen. Dabei ist es vorläufig zweckmäßig, die im Vorhergehenden gestellte Forderung fallen zu lassen, daß diese Koeffizienten als Polynome in den λ_{pq} teilerfremd sein sollen.

Bei festgehaltenem $\mathfrak{Z}$ und unbestimmtem λ werden in den $n + 2$ Funktionen $j_r(\mathfrak{w})$ $(r = 0, \ldots, n+1)$ für $\mathfrak{w}$ insgesamt h voneinander unabhängig veränderliche Spalten $\mathfrak{w}_k$ $(k = 1, \ldots, h)$ gewählt, von denen $\mathfrak{w}_h = \mathfrak{w}$ sei. Setzt man zur Abkürzung noch

$$\varphi_l(j(\mathfrak{w}_k)) = \varphi_{kl} \qquad (k, l = 1, \ldots, h),$$

so gelten für $\alpha_1, \ldots, \alpha_h$ die h homogenen linearen Gleichungen

$$\sum_{l=1}^{h} \varphi_{kl} \alpha_l = 0 \qquad (k = 1, \ldots, h).$$

Es wird nun gezeigt werden, daß der Rang r der Matrix

$$(\varphi_{kl}) = \mathfrak{F}_0$$

von $\mathfrak{Z}$ unabhängig ist und zwar den Wert $h - 1$ besitzt. Zunächst ist jedenfalls $r \leq h - 1$. Da $\mathfrak{w}_1, \ldots, \mathfrak{w}_h$ unabhängige Veränderliche sind, so hat bereits die aus den ersten r Zeilen von $\mathfrak{F}_0$ gebildete Teilmatrix den Rang r, und es kann außerdem die Numerierung der φ_l so gewählt werden, daß die aus den ersten r Zeilen und Spalten von $\mathfrak{F}_0$ gebildete Determinante $D \neq 0$ ist. Rändert man diese mit den Elementen aus der letzten Zeile und der q-ten Spalte von $\mathfrak{F}_0$, wobei $r < q \leq h$ sei, so erhält man durch Entwicklung der entstehenden

Determinante nach den Elementen der letzten Zeile eine homogene lineare Gleichung zwischen den $r+1$ Funktionen $\varphi_q(j(\mathfrak{w}))$ und $\varphi_1(j(\mathfrak{w})), \ldots, \varphi_r(j(\mathfrak{w}))$, worin $\varphi_q(j(\mathfrak{w}))$ den Koeffizienten D erhält und alle Koeffizienten Polynome in den λ_{kl} sind. Diese Koeffizienten hängen zwar außerdem noch von den willkürlichen Parametern $\mathfrak{w}_1, \ldots, \mathfrak{w}_r$ ab, die man dann beliebig so spezialisieren kann, daß dabei $D \neq 0$ bleibt. Für $q = r+1, \ldots, h$ hat man damit $h-r$ unabhängige homogene lineare Gleichungen zwischen $\varphi_1(j(\mathfrak{w})), \ldots, \varphi_h(j(\mathfrak{w}))$, und es folgt $h - r \leq 1$, also $r = h - 1$.

Für die gesuchten Koeffizienten $\alpha_1, \ldots, \alpha_h$ kann man daher die $(h-1)$-reihigen Unterdeterminanten nehmen, welche aus der Matrix der $\varphi_l(j(\mathfrak{w}_k))$ $(k = 1, \ldots, h-1;\ l = 1, \ldots, h)$ durch Streichen der einzelnen Spalten entstehen. Dann sind $\alpha_1, \ldots, \alpha_h$ allerdings noch von den Parametern $\mathfrak{w}_1, \ldots, \mathfrak{w}_{h-1}$ abhängig, aber ihre Verhältnisse sind von diesen nicht mehr abhängig, da nämlich das Polynom $\Phi(\eta)$ vom Grade m bis auf einen von den Variabeln $\eta_0, \ldots, \eta_{n+1}$ freien Faktor festgelegt ist. Ferner verschwindet kein α_l identisch in λ und $\mathfrak{w}_1, \ldots, \mathfrak{w}_{h-1}$. Damit ist das folgende weiterhin wichtige Ergebnis gewonnen.

Satz 2. *Es seien $\varphi_l = \varphi_l(\eta)$ $(l = 1, \ldots, h)$ die sämtlichen Potenzprodukte m-ten Grades von $\eta_0, \ldots, \eta_{n+1}$, ferner*

$$j_k(\mathfrak{w}) = \sum_{l=1}^{t} \lambda_{kl} \vartheta_l(\mathfrak{w}) \qquad (k = 0, \ldots, n+1)$$

mit unbestimmten λ_{kl}, und $\mathfrak{w}_1, \ldots, \mathfrak{w}_{h-1}$ unabhängig variable Spalten. Versteht man bei beliebigem festen $\mathfrak{Z}$ unter $\alpha_1, \ldots, \alpha_h$ die $(h-1)$-reihigen Unterdeterminanten der Matrix aus den Elementen $\varphi_l(j(\mathfrak{w}_k))$ $(k = 1, \ldots, h-1;\ l = 1, \ldots, h)$, so ist

$$\alpha_1 \varphi_1 + \cdots + \alpha_h \varphi_h = 0$$

die irreduzible Gleichung der Abelschen Mannigfaltigkeit P.

Die Koeffizienten

$$\alpha_l = \alpha_l(\lambda) = \alpha_l(\lambda;\, \mathfrak{Z}, \mathfrak{w}_1, \ldots, \mathfrak{w}_{h-1}) \qquad (l = 1, \ldots, h)$$

des Polynoms $\Phi(\lambda, \eta)$ sind nunmehr eindeutig fixiert; es ist aber nicht bekannt, ob sie bezüglich der Variabeln λ_{pq} teilerfremd sind oder nicht. Die Gleichung $\Phi = 0$ möge die Normalgleichung der Abelschen Mannigfaltigkeit mit der Periodenmatrix $(\mathfrak{Z}\,\mathfrak{T})$ genannt werden.

Aus der Darstellung durch Determinanten ist ersichtlich, daß die Koeffizienten der $\alpha_r(\lambda)$ $(r = 1, \ldots, h)$ in bezug auf die λ_{pq} ganzzahlige Polynome in den $\vartheta_l(\mathfrak{w}_k)$ $(k = 1, \ldots, h-1;\ l = 1, \ldots, t)$ werden, welche für jedes k homogen vom Grade m sind. Für die Entwicklung in Potenzreihen ist es zweckmäßig, an Stelle von $\mathfrak{w}_k$ die Variabeln

$$2\pi i\, \mathfrak{w}_k = \mathfrak{r}_k = (r_{k1} \ldots r_{kn})' \qquad (k = 1, \ldots, h-1)$$

einzuführen. Mit den Thetanullwerten

$$(20)\qquad \begin{aligned}\vartheta^{(k_1\ldots k_n)}(\mathfrak{l}) &= \left(\frac{\partial^{k_1+\cdots+k_n}\vartheta(\mathfrak{l},\mathfrak{w})}{(\partial r_1)^{k_1}\ldots(\partial r_n)^{k_n}}\right)_{\mathfrak{w}=0}\\ &= \sum_{\mathfrak{g}} \varepsilon(\mathfrak{Z}[\mathfrak{g}+\mathfrak{T}^{-1}\mathfrak{l}])\left(g_1+\frac{l_1}{t_1}\right)^{k_1}\cdots\left(g_n+\frac{l_n}{t_n}\right)^{k_n}\end{aligned}$$

wird dann

$$\vartheta(\mathfrak{l},\mathfrak{w}) = \sum_{k_1,\ldots,k_n=0}^{\infty} \vartheta^{(k_1\ldots k_n)}(\mathfrak{l})\frac{r_1^{k_1}}{k_1!}\cdots\frac{r_n^{k_n}}{k_n!}\,.$$

Trägt man dies in die Koeffizienten der Polynome $\alpha_p(\lambda)$ $(p=1,\ldots,h)$ ein, so werden sie Potenzreihen in den $(h-1)n$ unabhängigen Variabeln r_{ql} $(q=1,\ldots,h-1;\ l=1,\ldots,n)$, deren Koeffizienten rationalzahlige Polynome in den Thetanullwerten $\vartheta^{(k_1\ldots k_n)}(\mathfrak{l})$ sind, und zwar werden offenbar bei den Gliedern vom Gesamtgrade g in den r_{ql} die Ordnungen $k_1+\cdots+k_n$ der auftretenden partiellen Ableitungen nicht größer als g.

Die sämtlichen Potenzprodukte der r_{ql} mögen in fester Reihenfolge mit $R=R_1, R_2,\ldots$ bezeichnet werden. Der Koeffizient von R in der für α_p entstandenen Potenzreihe sei $\alpha_{p,R}$, also

$$\alpha_p = \sum_R \alpha_{p,R}\,R\,.$$

Setzt man noch

$$\sum_{p=1}^{h} \alpha_{p,R}\,\varphi_p = \Phi_R\,,$$

so wird

$$\Phi = \sum_R \Phi_R R\,.$$

Hieraus folgt, daß die h Verhältnisse $\alpha_{p,R}/\alpha_p$ $(p=1,\ldots,h)$ für jedes R einen von p unabhängigen Wert haben; insbesondere sind sie also bei festem R und gegebenem $\mathfrak{Z}$ entweder sämtlich 0 oder sämtlich von 0 verschieden, wobei die λ_{kl} als Unbestimmte anzusehen sind.

Es sei R so gewählt, daß $\alpha_{p,R}(\lambda;\mathfrak{Z})$ nicht identisch in λ und $\mathfrak{Z}$ verschwindet. Es ist nun denkbar, daß das Polynom $\alpha_{p,R}(\lambda)$ für ein spezielles $\mathfrak{Z}=\mathfrak{Z}_0$ identisch in λ verschwindet. Dann kann man aber stets ein anderes Potenzprodukt S so bestimmen, daß das Polynom $\alpha_{p,S}(\lambda;\mathfrak{Z}_0)$ nicht identisch 0 ist. Wegen der identisch in λ und $\mathfrak{Z}$ bestehenden Formel

$$\frac{\alpha_{p,R}}{\alpha_{q,R}} = \frac{\alpha_{p,S}}{\alpha_{q,S}} \qquad (p,q=1,\ldots,h)$$

ist dann der links stehende Quotient auch bei $\mathfrak{Z}=\mathfrak{Z}_0$ sinnvoll.

Von den vier in der Einleitung gestellten Aufgaben sind damit die erste und ein Teil der zweiten gelöst. Der andere Teil der zweiten Aufgabe führt auf die

Transformationstheorie der Thetafunktionen, die nun ausführlich darzustellen ist. Dabei soll aufgeklärt werden, weshalb unitäre lineare Substitutionen auftreten, und hierzu ist es vorteilhaft, zunächst das skalare Produkt von Jacobischen Funktionen zu definieren.

§ 3. Skalares Produkt Jacobischer Funktionen

Es seien $\mathfrak{x}$ und $\mathfrak{y}$ reelle Spalten. Eine ganze Funktion $f(\mathfrak{w})$ heiße eine Jacobische Funktion mit der Charakteristik $(\mathfrak{x}\mathfrak{y})$ und der Periodenmatrix $(\mathfrak{Z}\mathfrak{T})$, wenn sie für alle ganzen Spalten $\mathfrak{p}$ und $\mathfrak{q}$ der Gleichung

$$f(\mathfrak{w} + \mathfrak{Z}\mathfrak{p} + \mathfrak{T}\mathfrak{q}) = \varepsilon(-\mathfrak{Z}[\mathfrak{p}] - 2\mathfrak{p}'(\mathfrak{w} + \mathfrak{y}) + 2\mathfrak{q}'\mathfrak{x})f(\mathfrak{w}) \tag{21}$$

genügt. Eine spezielle solche Funktion ist

$$\vartheta(\mathfrak{x}, \mathfrak{y}; \mathfrak{Z}, \mathfrak{w}) = \sum_{\mathfrak{g}} \varepsilon(\mathfrak{Z}[\mathfrak{g} + \mathfrak{T}^{-1}\mathfrak{x}] + 2(\mathfrak{g} + \mathfrak{T}^{-1}\mathfrak{x})'(\mathfrak{w} + \mathfrak{y})). \tag{22}$$

Ersetzt man hierin $\mathfrak{x}$ durch $\mathfrak{x} + \mathfrak{l}$ und wählt für $\mathfrak{l}$ Repräsentanten der t Restklassen modulo $\mathfrak{T}$, so erhält man insgesamt t linear unabhängige Thetafunktionen

$$\vartheta_k = \vartheta(\mathfrak{x} + \mathfrak{l}_k, \mathfrak{y}; \mathfrak{Z}, \mathfrak{w}) \qquad (k = 1, \ldots, t),$$

aus denen die früher eingeführten $\vartheta_k(\mathfrak{w})$ durch die Spezialisierung $\mathfrak{x} = \mathfrak{y} = 0$ hervorgehen. Außerdem wird

$$\vartheta(\mathfrak{x} + \mathfrak{l}, \mathfrak{y}; \mathfrak{Z}, \mathfrak{w}) = \varepsilon(\mathfrak{Z}[\mathfrak{T}^{-1}\mathfrak{x}] + 2\mathfrak{x}'\mathfrak{T}^{-1}(\mathfrak{w} + \mathfrak{y}))\vartheta(\mathfrak{l}, 0; \mathfrak{Z}, \mathfrak{w} + \mathfrak{y} + \mathfrak{Z}\mathfrak{T}^{-1}\mathfrak{x}). \tag{23}$$

Man zeigt wieder in üblicher Weise nach Hermite, daß die ϑ_k eine Basis des linearen Vektorraumes V der Jacobischen Funktionen gleicher Charakteristik und Periodenmatrix ergeben.

In V soll nun ein skalares Produkt erklärt werden. Man setze

$$\mathfrak{w} = \mathfrak{Z}\mathfrak{u} + \mathfrak{T}\mathfrak{v}$$

mit reellen $\mathfrak{u}$ und $\mathfrak{v}$, so daß also $\mathfrak{Y}\mathfrak{u}$ der imaginäre Teil von $\mathfrak{w}$ wird, und definiere die positive Funktion

$$\varphi(\mathfrak{w}) = \varphi(\mathfrak{Z}, \mathfrak{w}) = e^{-2\pi\mathfrak{Y}[\mathfrak{u}]} = e^{\frac{\pi}{2}\mathfrak{Y}^{-1}[\mathfrak{w} - \bar{\mathfrak{w}}]}.$$

Es wird dann

$$\frac{1}{2\pi}(\log\varphi(\mathfrak{Z}, \mathfrak{w}) - \log\varphi(\mathfrak{Z}, \mathfrak{w} + \mathfrak{Z}\mathfrak{p} + \mathfrak{T}\mathfrak{q})) = \mathfrak{Y}[\mathfrak{u} + \mathfrak{p}] - \mathfrak{Y}[\mathfrak{u}] = 2\mathfrak{p}'\mathfrak{Y}\mathfrak{u} + \mathfrak{Y}[\mathfrak{p}];$$

also ist zufolge (21) die Funktion $\varphi(\mathfrak{w})f(\mathfrak{w})\overline{f(\mathfrak{w})}$ auf dem Periodentorus W eindeutig. Auf W führen wir das euklidische Volumenelement $d\omega = \{d\mathfrak{u}\}\{d\mathfrak{v}\}$ ein, wobei die Elemente der Spalten $\mathfrak{u}$ und $\mathfrak{v}$ als rechtwinklige kartesische

Koordinaten gelten. Für zwei Jacobische Funktionen $f(\mathfrak{w})$ und $g(\mathfrak{w})$ aus V werde nun das skalare Produkt durch

$$(f, g) = \int_W \varphi(\mathfrak{w}) f(\mathfrak{w}) \overline{g(\mathfrak{w})}\, d\omega \tag{24}$$

erklärt.

Satz 3. *Die t Thetafunktionen ϑ_k sind paarweise orthogonal, und es gilt*

$$(\vartheta_k, \vartheta_k) = |2\mathfrak{Y}|^{-\frac{1}{2}} \qquad (k = 1, \ldots, t).$$

Beweis. In jeder der beiden Variabeln $\mathfrak{u}, \mathfrak{v}$ erfolge die Integration über den n-dimensionalen Einheitswürfel E_n, und zwar zuerst über $\mathfrak{v}$. Ist nun $\mathfrak{k} \not\equiv \mathfrak{m} \pmod{\mathfrak{T}}$, so sind die Exponenten $2\pi i(\mathfrak{g} + \mathfrak{T}^{-1}(\mathfrak{x} + \mathfrak{l}))'\mathfrak{w}$ der Fourierschen Reihe (22) von $\vartheta(\mathfrak{x} + \mathfrak{l}, \mathfrak{y}; \mathfrak{Z}, \mathfrak{w})$ mit $\mathfrak{l} = \mathfrak{k}$ sämtlich verschieden von denen mit $\mathfrak{l} = \mathfrak{m}$. Für $f = \vartheta_k$ und $g = \vartheta_l$ $(k \neq l)$ ergibt daher die Ausführung des Integrales (24) bereits 0 bei der Integration über $\mathfrak{v}$. Damit ist der erste Teil der Behauptung bewiesen.

Es sei R_n der euklidische Raum von n Dimensionen. Für

$$\vartheta = \vartheta(\mathfrak{x}, \mathfrak{y}; \mathfrak{Z}, \mathfrak{w})$$

folgt weiter

$$\begin{aligned}(\vartheta, \vartheta) &= \sum_{\mathfrak{g}} \int_{E_n} e^{-2\pi(\mathfrak{Y}[\mathfrak{u}] + \mathfrak{Y}[\mathfrak{g} + \mathfrak{T}^{-1}\mathfrak{x}] + 2(\mathfrak{g} + \mathfrak{T}^{-1}\mathfrak{x})'\mathfrak{Y}\mathfrak{u})}\{d\mathfrak{u}\} \\ &= \sum_{\mathfrak{g}} \int_{E_n} e^{-2\pi\mathfrak{Y}[\mathfrak{u} + \mathfrak{g} + \mathfrak{T}^{-1}\mathfrak{x}]}\{d\mathfrak{u}\} = \int_{R_n} e^{-2\pi\mathfrak{Y}[\mathfrak{u}]}\{d\mathfrak{u}\} = |2\mathfrak{Y}|^{-\frac{1}{2}}\end{aligned}$$

und damit der restliche Teil der Behauptung.

Das skalare Produkt hat eine bemerkenswerte Invarianzeigenschaft gegenüber den simultanen Transformationen

$$\hat{\mathfrak{Z}} = (\mathfrak{T}\mathfrak{A}\mathfrak{T}^{-1}\mathfrak{Z} + \mathfrak{T}\mathfrak{B})(\mathfrak{C}\mathfrak{T}^{-1}\mathfrak{Z} + \mathfrak{D})^{-1}, \quad \mathfrak{w} = (\mathfrak{C}\mathfrak{T}^{-1}\mathfrak{Z} + \mathfrak{D})'\hat{\mathfrak{w}}; \tag{25}$$

dabei seien $\mathfrak{A}, \mathfrak{B}, \mathfrak{C}, \mathfrak{D}$ ganz,

$$\begin{pmatrix}\mathfrak{A} & \mathfrak{B}\\ \mathfrak{C} & \mathfrak{D}\end{pmatrix} = \mathfrak{M}, \qquad \mathfrak{L} = \begin{pmatrix}0 & \mathfrak{T}\\ -\mathfrak{T} & 0\end{pmatrix}, \qquad \mathfrak{M}'\mathfrak{L}\mathfrak{M} = s\mathfrak{L} \tag{26}$$

mit einer natürlichen Zahl s. Für $s = 1$ ist insbesondere $\mathfrak{M}$ eine Modulmatrix der Stufe $\mathfrak{T}$. Ist $\mathfrak{R}$ eine symmetrische Matrix, so bedeute weiterhin $\{\mathfrak{R}\}$ die aus den Diagonalelementen von $\mathfrak{R}$ gebildete Spalte. Es werde

$$\hat{\mathfrak{x}} = \mathfrak{A}'\mathfrak{x} + \mathfrak{C}'\mathfrak{y} + \tfrac{1}{2}\{\mathfrak{A}'\mathfrak{T}\mathfrak{C}\}, \quad \hat{\mathfrak{y}} = \mathfrak{B}'\mathfrak{x} + \mathfrak{D}'\mathfrak{y} + \tfrac{1}{2}\{\mathfrak{B}'\mathfrak{T}\mathfrak{D}\} \tag{27}$$

gesetzt, wobei zu beachten ist, daß die Matrizen $\mathfrak{A}'\mathfrak{T}\mathfrak{C}$ und $\mathfrak{B}'\mathfrak{T}\mathfrak{D}$ zufolge (26) wirklich symmetrisch sind. Aus

$$\mathfrak{M}\mathfrak{L}^{-1}\mathfrak{M}' = s\mathfrak{L}^{-1}$$

folgt weiter, daß auch $\mathfrak{A}\mathfrak{T}^{-1}\mathfrak{B}'$ und $\mathfrak{C}\mathfrak{T}^{-1}\mathfrak{D}'$ symmetrisch sind.

Satz 4. *Es sei* $f(\hat{\mathfrak{w}})$ *eine Jacobische Funktion von* $\hat{\mathfrak{w}}$ *mit der Charakteristik* $(\mathfrak{x}\mathfrak{y})$ *und der Periodenmatrix* $(\hat{\mathfrak{Z}}\mathfrak{T})$. *Dann ist*

$$\varepsilon(-s^{-1}\mathfrak{w}'\mathfrak{T}^{-1}\mathfrak{C}'\hat{\mathfrak{w}})f(\hat{\mathfrak{w}}) = \hat{f}(\mathfrak{w}) \tag{28}$$

eine Jacobische Funktion von $\mathfrak{w}$ *mit der Charakteristik* $(\hat{\mathfrak{x}}\hat{\mathfrak{y}})$ *und der Perioden-matrix* $s(\mathfrak{Z}\mathfrak{T})$, *und es gilt*

$$(f, g) = (\hat{f}, \hat{g}). \tag{29}$$

Beweis. Der erste Teil der Behauptung ergibt sich auf dem üblichen Wege in folgender Weise. Setzt man

$$\mathfrak{T}_0 = \begin{pmatrix} \mathfrak{T} & 0 \\ 0 & \mathfrak{T} \end{pmatrix}$$

und

$$\mathfrak{M}\begin{pmatrix} \mathfrak{q} \\ -\mathfrak{p} \end{pmatrix} = \begin{pmatrix} \mathfrak{q}_1 \\ -\mathfrak{p}_1 \end{pmatrix} \tag{30}$$

mit ganzen $\mathfrak{p}$, $\mathfrak{q}$, so ergeben (25) und (26) die Beziehungen

$$\mathfrak{T}_0\mathfrak{M}\mathfrak{T}_0^{-1}\begin{pmatrix} \mathfrak{Z} \\ \mathfrak{T} \end{pmatrix} = \begin{pmatrix} \hat{\mathfrak{Z}} \\ \mathfrak{T} \end{pmatrix}(\mathfrak{C}\mathfrak{T}^{-1}\mathfrak{Z} + \mathfrak{D}), \qquad s(\mathfrak{p}'\mathfrak{q}') = (\mathfrak{p}_1'\mathfrak{q}_1')\mathfrak{T}_0\mathfrak{M}\mathfrak{T}_0^{-1},$$

also

$$s(\mathfrak{p}'\mathfrak{q}')\begin{pmatrix} \mathfrak{Z} \\ \mathfrak{T} \end{pmatrix} = (\mathfrak{p}_1'\mathfrak{q}_1')\begin{pmatrix} \hat{\mathfrak{Z}} \\ \mathfrak{T} \end{pmatrix}(\mathfrak{C}\mathfrak{T}^{-1}\mathfrak{Z} + \mathfrak{D}), \tag{31}$$

$$\begin{aligned} s^{-1}(\mathfrak{p}_1'\mathfrak{q}_1')\begin{pmatrix} \hat{\mathfrak{Z}} \\ \mathfrak{T} \end{pmatrix}\mathfrak{C}\mathfrak{T}^{-1}\mathfrak{w} &= s^{-1}(\mathfrak{p}_1'\mathfrak{q}_1')\begin{pmatrix} \hat{\mathfrak{Z}} \\ \mathfrak{T} \end{pmatrix}\mathfrak{C}\mathfrak{T}^{-1}(\mathfrak{Z}\mathfrak{T}^{-1}\mathfrak{C}' + \mathfrak{D}')\hat{\mathfrak{w}} \\ &= s^{-1}(\mathfrak{p}_1'\mathfrak{q}_1')\begin{pmatrix} \hat{\mathfrak{Z}} \\ \mathfrak{T} \end{pmatrix}(\mathfrak{C}\mathfrak{T}^{-1}\mathfrak{Z} + \mathfrak{D})\mathfrak{T}^{-1}\mathfrak{C}'\hat{\mathfrak{w}} = (\mathfrak{p}'\mathfrak{q}')\begin{pmatrix} \mathfrak{Z} \\ \mathfrak{T} \end{pmatrix}\mathfrak{T}^{-1}\mathfrak{C}'\hat{\mathfrak{w}} \\ &= \mathfrak{p}'\mathfrak{w} + (\mathfrak{C}\mathfrak{q} - \mathfrak{D}\mathfrak{p})'\hat{\mathfrak{w}} = \mathfrak{p}'\mathfrak{w} - \mathfrak{p}_1'\hat{\mathfrak{w}}, \end{aligned}$$

$$\begin{aligned} &(\mathfrak{p}'\mathfrak{Z} + \mathfrak{q}'\mathfrak{T})\mathfrak{T}^{-1}\mathfrak{C}'(\hat{\mathfrak{Z}}\mathfrak{p}_1 + \mathfrak{T}\mathfrak{q}_1) \\ &= \mathfrak{p}'(\mathfrak{Z}\mathfrak{T}^{-1}\mathfrak{A}'\mathfrak{T} + \mathfrak{B}'\mathfrak{T} - \mathfrak{D}'\hat{\mathfrak{Z}})\mathfrak{p}_1 + (\mathfrak{D}\mathfrak{p} - \mathfrak{p}_1)'\hat{\mathfrak{Z}}\mathfrak{p}_1 + \mathfrak{p}'\mathfrak{Z}\mathfrak{T}^{-1}\mathfrak{C}'\mathfrak{T}\mathfrak{q}_1 + \mathfrak{q}'\mathfrak{C}'\mathfrak{T}\mathfrak{q}_1 \\ &= s\mathfrak{Z}[\mathfrak{p}] - \hat{\mathfrak{Z}}[\mathfrak{p}_1] + (\mathfrak{B}'\mathfrak{T}\mathfrak{D})[\mathfrak{p}] + (\mathfrak{A}'\mathfrak{T}\mathfrak{C})[\mathfrak{q}] - 2\mathfrak{p}'\mathfrak{B}'\mathfrak{T}\mathfrak{C}\mathfrak{q} \end{aligned}$$

und daher

$$\begin{aligned} &-s^{-1}(\mathfrak{w} + \mathfrak{Z}\mathfrak{p}s + \mathfrak{T}\mathfrak{q}s)'\mathfrak{T}^{-1}\mathfrak{C}'(\hat{\mathfrak{w}} + \hat{\mathfrak{Z}}\mathfrak{p}_1 + \mathfrak{T}\mathfrak{q}_1) + s^{-1}\mathfrak{w}'\mathfrak{T}^{-1}\mathfrak{C}'\hat{\mathfrak{w}} \\ &\equiv 2\mathfrak{p}_1'\hat{\mathfrak{w}} - 2\mathfrak{p}'\mathfrak{w} - s\mathfrak{Z}[\mathfrak{p}] + \hat{\mathfrak{Z}}[\mathfrak{p}_1] - \mathfrak{p}'\{\mathfrak{B}'\mathfrak{T}\mathfrak{D}\} + \mathfrak{q}'\{\mathfrak{A}'\mathfrak{T}\mathfrak{C}\} \pmod 2. \end{aligned} \tag{32}$$

Nach Voraussetzung ist nun

$$f(\hat{\mathfrak{w}} + \hat{\mathfrak{Z}}\mathfrak{p}_1 + \mathfrak{T}\mathfrak{q}_1) = \varepsilon(-\hat{\mathfrak{Z}}[\mathfrak{p}_1] - 2\mathfrak{p}_1'(\hat{\mathfrak{w}} + \mathfrak{y}) + 2\mathfrak{q}_1'\mathfrak{x})f(\hat{\mathfrak{w}}) \tag{33}$$

bei beliebigen ganzen $\mathfrak{p}_1$ und $\mathfrak{q}_1$, für welche also insbesondere (30) vorausgesetzt werden kann. Für die in (28) erklärte Funktion gilt dann zufolge (25), (27), (31), (32), (33) die Formel

$$\hat{f}(\mathfrak{w} + \mathfrak{Z}\mathfrak{p}s + \mathfrak{T}\mathfrak{q}s) = \varepsilon(-s\mathfrak{Z}[\mathfrak{p}] - 2\mathfrak{p}'(\mathfrak{w} + \mathfrak{h}) + 2\mathfrak{q}'\mathfrak{\hat{g}})\hat{f}(\mathfrak{w}).$$

Also ist tatsächlich $\hat{f}(\mathfrak{w})$ eine Jacobische Funktion von $\mathfrak{w}$ mit der Charakteristik $(\hat{\mathfrak{g}}\,\hat{\mathfrak{h}})$ und der Periodenmatrix $s(\mathfrak{Z}\mathfrak{T})$.

Bei der Berechnung des skalaren Produktes $(\hat{f}, \hat{g})$ ist zu beachten, daß man dabei

$$\mathfrak{w} = s\mathfrak{Z}\mathfrak{u} + s\mathfrak{T}\mathfrak{v}$$

zu setzen hat und entsprechend $s\mathfrak{Y}$ an Stelle von $\mathfrak{Y}$. Mit

$$\hat{\mathfrak{w}} = \hat{\mathfrak{Z}}\hat{\mathfrak{u}} + \mathfrak{T}\hat{\mathfrak{v}}$$

wird dann

$$s\hat{\mathfrak{Y}}^{-1} = (\mathfrak{C}\mathfrak{T}^{-1}\bar{\mathfrak{Z}} + \mathfrak{D})\mathfrak{Y}^{-1}(\mathfrak{C}\mathfrak{T}^{-1}\mathfrak{Z} + \mathfrak{D})', \tag{34}$$

$$\begin{aligned}
&\mathfrak{Y}^{-1}[\mathfrak{w} - \bar{\mathfrak{w}}] - s\hat{\mathfrak{Y}}^{-1}[\hat{\mathfrak{w}} - \bar{\hat{\mathfrak{w}}}] - 2i\mathfrak{w}'\mathfrak{T}^{-1}\mathfrak{C}'\hat{\mathfrak{w}} + 2i\bar{\mathfrak{w}}'\mathfrak{T}^{-1}\mathfrak{C}'\bar{\hat{\mathfrak{w}}}\\
&\quad = \mathfrak{Y}^{-1}[\mathfrak{w}] + \mathfrak{Y}^{-1}[\bar{\mathfrak{w}}] - \mathfrak{w}'\mathfrak{Y}^{-1}(\mathfrak{C}\mathfrak{T}^{-1}\bar{\mathfrak{Z}} + \mathfrak{D})'\hat{\mathfrak{w}} - \bar{\mathfrak{w}}'\mathfrak{Y}^{-1}(\mathfrak{C}\mathfrak{T}^{-1}\mathfrak{Z} + \mathfrak{D})'\bar{\hat{\mathfrak{w}}}\\
&\qquad - 2i\mathfrak{w}'\mathfrak{T}^{-1}\mathfrak{C}'\hat{\mathfrak{w}} + 2i\bar{\mathfrak{w}}'\mathfrak{T}^{-1}\mathfrak{C}'\bar{\hat{\mathfrak{w}}}\\
&\quad = \mathfrak{Y}^{-1}[\mathfrak{w}] + \mathfrak{Y}^{-1}[\bar{\mathfrak{w}}] - \mathfrak{w}'\mathfrak{Y}^{-1}(\mathfrak{C}\mathfrak{T}^{-1}\mathfrak{Z} + \mathfrak{D})'\hat{\mathfrak{w}} - \bar{\mathfrak{w}}'\mathfrak{Y}^{-1}(\mathfrak{C}\mathfrak{T}^{-1}\bar{\mathfrak{Z}} + \mathfrak{D})'\bar{\hat{\mathfrak{w}}} = 0,
\end{aligned}$$

und folglich ist

$$\varphi(\hat{\mathfrak{Z}}, \hat{\mathfrak{w}})\, f(\hat{\mathfrak{w}})\,\overline{g(\hat{\mathfrak{w}})} = \varphi(s\mathfrak{Z}, \mathfrak{w})\,\hat{f}(\mathfrak{w})\,\overline{\hat{g}(\mathfrak{w})}. \tag{35}$$

Ferner sind die Funktionaldeterminanten

$$\frac{d(\hat{\mathfrak{w}}, \bar{\hat{\mathfrak{w}}})}{d(\hat{\mathfrak{u}}, \hat{\mathfrak{v}})} = \begin{vmatrix} \hat{\mathfrak{Z}} & \bar{\hat{\mathfrak{Z}}} \\ \mathfrak{T} & \mathfrak{T} \end{vmatrix} = |\mathfrak{T}|\,|2i\hat{\mathfrak{Y}}|, \qquad \frac{d(\mathfrak{w}, \bar{\mathfrak{w}})}{d(\mathfrak{u}, \mathfrak{v})} = \begin{vmatrix} s\mathfrak{Z} & s\bar{\mathfrak{Z}} \\ s\mathfrak{T} & s\mathfrak{T} \end{vmatrix} = |s\mathfrak{T}|\,|2is\mathfrak{Y}|,$$

$$\frac{d(\mathfrak{w}, \bar{\mathfrak{w}})}{d(\hat{\mathfrak{w}}, \bar{\hat{\mathfrak{w}}})} = \operatorname{abs}(\mathfrak{C}\mathfrak{T}^{-1}\mathfrak{Z} + \mathfrak{D})^2 = |s\mathfrak{Y}|\,|\hat{\mathfrak{Y}}|^{-1},$$

also

$$\frac{d(\mathfrak{u}, \mathfrak{v})}{d(\hat{\mathfrak{u}}, \hat{\mathfrak{v}})} = s^{-n}. \tag{36}$$

Andererseits ist aber die Determinante $|\mathfrak{M}| = s^n$, und infolge (30) entspricht also dem Periodentorus im $\mathfrak{w}$-Raum der s^n-fach überdeckte Periodentorus im $\hat{\mathfrak{w}}$-Raum. Mit Rücksicht auf (35) und (36) erhält man die restliche Behauptung (29).

Es sei

$$t^* = |s\mathfrak{T}| = s^n t.$$

Die t^* linear unabhängigen Thetafunktionen mit der Charakteristik $(\hat{\mathfrak{x}}\,\hat{\mathfrak{y}})$ und der Periodenmatrix $s(\mathfrak{Z}\,\mathfrak{T})$ seien in fester Reihenfolge mit $\Theta_l(\mathfrak{w})$ $(l = 1, \ldots, t^*)$ bezeichnet. Nach der ersten Aussage von Satz 4 gilt dann

$$(37) \qquad \varepsilon(-s^{-1}\mathfrak{w}'\mathfrak{T}^{-1}\mathfrak{C}'\hat{\mathfrak{w}})\,\vartheta_k(\mathfrak{x}, \mathfrak{y}; \hat{\mathfrak{Z}}, \hat{\mathfrak{w}}) = \sum_{l=1}^{t^*} \gamma_{kl}\Theta_l(\mathfrak{w}) \quad (k = 1, \ldots, t),$$

wobei die Koeffizienten γ_{kl} noch von $\mathfrak{x}$, $\mathfrak{y}$, $\mathfrak{Z}$ abhängen. Mit einer festen Bestimmung der Quadratwurzel werde

$$(38) \qquad |\mathfrak{C}\mathfrak{T}^{-1}\mathfrak{Z} + \mathfrak{D}|^{-\frac{1}{2}}\gamma_{kl} = g_{kl} \quad (k = 1, \ldots, t;\, l = 1, \ldots, t^*)$$

und die Matrix

$$(g_{kl}) = \mathfrak{G}$$

gesetzt.

Satz 5. *Die Matrix* $\mathfrak{G}$ *ist von* $\mathfrak{Z}$ *unabhängig, und es gilt*

$$(39) \qquad \bar{\mathfrak{G}}\mathfrak{G}' = \mathfrak{E}.$$

Beweis. Nach Satz 3 und der zweiten Aussage von Satz 4 wird

$$|2\mathfrak{H}|^{-\frac{1}{2}}\mathfrak{E} = |2s\mathfrak{Y}|^{-\frac{1}{2}}\operatorname{abs}(\mathfrak{C}\mathfrak{T}^{-1}\mathfrak{Z} + \mathfrak{D})\bar{\mathfrak{G}}\mathfrak{G}',$$

und (34) ergibt die Behauptung (39). Insbesondere ist dann

$$(40) \qquad \sum_{k=1}^{t}\sum_{l=1}^{t^*}\operatorname{abs} g_{kl}^2 = \sigma(\bar{\mathfrak{G}}\mathfrak{G}') = t$$

konstant. Da aber die g_{kl} zufolge (37) und (38) reguläre Funktionen von $\mathfrak{Z}$ in H_n sind, so ergibt sich leicht aus (40) durch sinngemäße Verallgemeinerung des Maximumprinzips, daß alle g_{kl} bezüglich $\mathfrak{Z}$ konstant sein müssen. Damit ist der Beweis beendet.

Im speziellen Falle $s = 1$ ist $t^* = t$. In den Transformationsformeln

$$(41) \quad |\mathfrak{C}\mathfrak{T}^{-1}\mathfrak{Z} + \mathfrak{D}|^{-\frac{1}{2}}\varepsilon(-\mathfrak{w}'\mathfrak{T}^{-1}\mathfrak{C}'\hat{\mathfrak{w}})\,\vartheta_k(\mathfrak{x}, \mathfrak{y}; \hat{\mathfrak{Z}}, \hat{\mathfrak{w}}) = \sum_{l=1}^{t} g_{kl}\,\vartheta_l(\hat{\mathfrak{x}}, \hat{\mathfrak{y}}; \mathfrak{Z}, \mathfrak{w}) \quad (k = 1, \ldots, t)$$

ist dann $(g_{kl}) = \mathfrak{G}$ eine unitäre Matrix, die nur noch von $\mathfrak{x}$, $\mathfrak{y}$ und $\mathfrak{M}$ abhängt. Weiterhin sollen die Koeffizienten g_{kl} näher bestimmt und insbesondere ihre arithmetischen Eigenschaften für ganze $\mathfrak{x}$, $\mathfrak{y}$ untersucht werden.

§ 4. Die Transformationsformel im Falle $|\mathfrak{C}| \neq 0$

Es sei in diesem Paragraphen

$$\hat{\mathfrak{Z}} = (\mathfrak{T}\mathfrak{A}\mathfrak{T}^{-1}\mathfrak{Z} + \mathfrak{T}\mathfrak{B})(\mathfrak{C}\mathfrak{T}^{-1}\mathfrak{Z} + \mathfrak{D})^{-1}$$

eine Modulsubstitution der Stufe $\mathfrak{T}$, für welche die Determinante $|\mathfrak{C}| \neq 0$ ist. Dann sind die Matrizen

$$\mathfrak{T}\mathfrak{A}\mathfrak{C}^{-1} = \mathfrak{R}, \quad \mathfrak{C}^{-1}\mathfrak{D}\mathfrak{T}^{-1} = \mathfrak{Q}$$

beide symmetrisch. Zur Abkürzung werde noch

$$\{\mathfrak{A}'\mathfrak{T}\mathfrak{C}\} = \mathfrak{a}, \qquad \{\mathfrak{B}'\mathfrak{T}\mathfrak{D}\} = \mathfrak{b},$$
$$\mathfrak{A}'\mathfrak{x} + \mathfrak{C}'\mathfrak{y} = \tilde{\mathfrak{x}}, \quad \mathfrak{B}'\mathfrak{x} + \mathfrak{D}'\mathfrak{y} = \tilde{\mathfrak{y}}$$

gesetzt, so daß zufolge (27) die Beziehungen

$$\hat{\mathfrak{x}} = \tilde{\mathfrak{x}} + \tfrac{1}{2}\mathfrak{a}, \quad \hat{\mathfrak{y}} = \tilde{\mathfrak{y}} + \tfrac{1}{2}\mathfrak{b}$$

bestehen. Ferner sei

$$\varrho_{\mathfrak{p}} = \sum_{\mathfrak{h}\,(\mathrm{mod}\,\mathfrak{C})} \varepsilon(\mathfrak{R}[\mathfrak{h}] + 2(\mathfrak{p} + \tfrac{1}{2}\mathfrak{a})'\mathfrak{C}^{-1}\mathfrak{h} + \mathfrak{Q}[\mathfrak{p} + \tfrac{1}{2}\mathfrak{a}]); \tag{42}$$

hierin ist $\mathfrak{p}$ eine ganze Spalte, und die ganze Spalte $\mathfrak{h}$ durchläuft ein volles Restsystem modulo $\mathfrak{C}$, wobei also $\mathfrak{h}_1 \equiv \mathfrak{h}_2 \pmod{\mathfrak{C}}$ bedeutet, daß $\mathfrak{C}^{-1}(\mathfrak{h}_1 - \mathfrak{h}_2) = \mathfrak{j}$ ganz ist, und die Kongruenz

$$\mathfrak{R}[\mathfrak{h}_1 + \mathfrak{C}\mathfrak{j}] + 2(\mathfrak{p} + \tfrac{1}{2}\mathfrak{a})'\mathfrak{C}^{-1}(\mathfrak{h}_1 + \mathfrak{C}\mathfrak{j}) \equiv \mathfrak{R}[\mathfrak{h}_1] + 2(\mathfrak{p} + \tfrac{1}{2}\mathfrak{a})'\mathfrak{C}^{-1}\mathfrak{h}_1 \pmod{2}$$

zu beachten ist.

Satz 6. *Für* $|\mathfrak{C}| \neq 0$ *ist*

$$\begin{aligned} &|i^{-1}(\mathfrak{T}^{-1}\mathfrak{Z}\mathfrak{T}^{-1} + \mathfrak{Q})|^{-\frac{1}{2}}\,\varepsilon(\tilde{\mathfrak{x}}'\mathfrak{T}^{-1}\tilde{\mathfrak{y}} - \mathfrak{x}'\mathfrak{T}^{-1}\mathfrak{y} - \mathfrak{w}'\mathfrak{T}^{-1}\mathfrak{C}'\hat{\mathfrak{w}})\,\vartheta(\mathfrak{x}, \mathfrak{y}; \hat{\mathfrak{Z}}, \hat{\mathfrak{w}}) \\ &\qquad = \sum_{\mathfrak{p}\,(\mathrm{mod}\,\mathfrak{T})} \varepsilon(-\mathfrak{b}'\mathfrak{T}^{-1}(\hat{\mathfrak{x}} + \mathfrak{p}))\,\varrho_{\mathfrak{p}}\,\vartheta(\hat{\mathfrak{x}} + \mathfrak{p}, \hat{\mathfrak{y}}; \mathfrak{Z}, \mathfrak{w}), \end{aligned} \tag{43}$$

wenn unter der Wurzel derjenige Zweig verstanden wird, der für $\mathfrak{Z} = iy\mathfrak{E}$ *und jedes genügend große positive* y *in der rechten Halbebene liegt.*

Beweis. Setzt man

$$(\hat{\mathfrak{Z}} - \mathfrak{R})[\mathfrak{C}] = \mathfrak{Z}_0,$$

so wird

$$\begin{aligned} \mathfrak{Z}_0(\mathfrak{T}^{-1}\mathfrak{Z}\mathfrak{T}^{-1} + \mathfrak{Q}) &= \mathfrak{C}'\mathfrak{T}((\mathfrak{A}\mathfrak{T}^{-1}\mathfrak{Z} + \mathfrak{B})(\mathfrak{C}\mathfrak{T}^{-1}\mathfrak{Z} + \mathfrak{D})^{-1} - \mathfrak{A}\mathfrak{C}^{-1})(\mathfrak{C}\mathfrak{T}^{-1}\mathfrak{Z} + \mathfrak{D})\mathfrak{T}^{-1} \\ &= \mathfrak{C}'\mathfrak{T}(\mathfrak{A}\mathfrak{T}^{-1}\mathfrak{Z} + \mathfrak{B})\mathfrak{T}^{-1} - \mathfrak{A}'\mathfrak{T}(\mathfrak{C}\mathfrak{T}^{-1}\mathfrak{Z} + \mathfrak{D})\mathfrak{T}^{-1} = -\mathfrak{E}. \end{aligned}$$

In (22) werde $\mathfrak{g}$ durch $\mathfrak{h} + \mathfrak{C}\mathfrak{g}$ ersetzt, wobei $\mathfrak{h}$ ein volles Restsystem modulo $\mathfrak{C}$ durchlaufen möge. Dann wird

$$\vartheta(\mathfrak{x}, \mathfrak{y}; \hat{\mathfrak{Z}}, \hat{\mathfrak{w}}) = \sum_{\mathfrak{h}\,(\mathrm{mod}\,\mathfrak{C})} \sum_{\mathfrak{g}} \varepsilon(\hat{\mathfrak{Z}}[\mathfrak{h} + \mathfrak{C}\mathfrak{g} + \mathfrak{T}^{-1}\mathfrak{x}] + 2(\mathfrak{h} + \mathfrak{C}\mathfrak{g} + \mathfrak{T}^{-1}\mathfrak{x})'(\hat{\mathfrak{w}} + \mathfrak{y})),$$

ferner

$$\begin{aligned} &\hat{\mathfrak{Z}}[\mathfrak{h} + \mathfrak{C}\mathfrak{g} + \mathfrak{T}^{-1}\mathfrak{x}] \\ &\quad = \mathfrak{Z}_0[\mathfrak{g} + \mathfrak{C}^{-1}(\mathfrak{h} + \mathfrak{T}^{-1}\mathfrak{x})] + \mathfrak{R}[\mathfrak{h} + \mathfrak{C}\mathfrak{g}] + 2(\mathfrak{h} + \mathfrak{C}\mathfrak{g})'\mathfrak{R}\mathfrak{T}^{-1}\mathfrak{x} + \mathfrak{R}[\mathfrak{T}^{-1}\mathfrak{x}], \end{aligned}$$

$$\mathfrak{R}[\mathfrak{h} + \mathfrak{C}\mathfrak{g}] \equiv \mathfrak{R}[\mathfrak{h}] + \mathfrak{a}'\mathfrak{g} \pmod{2},$$

$$\begin{aligned} &\hat{\mathfrak{Z}}[\mathfrak{h} + \mathfrak{C}\mathfrak{g} + \mathfrak{T}^{-1}\mathfrak{x}] + 2(\mathfrak{h} + \mathfrak{C}\mathfrak{g} + \mathfrak{T}^{-1}\mathfrak{x})'(\hat{\mathfrak{w}} + \mathfrak{y}) \\ &\equiv \mathfrak{Z}_0[\mathfrak{g}] + 2\mathfrak{g}'(\mathfrak{Z}_0\mathfrak{C}^{-1}(\mathfrak{h} + \mathfrak{T}^{-1}\mathfrak{x}) + \mathfrak{C}'\hat{\mathfrak{w}} + \hat{\mathfrak{x}}) + \mathfrak{Z}_0[\mathfrak{C}^{-1}(\mathfrak{h} + \mathfrak{T}^{-1}\mathfrak{x})] + \mathfrak{R}[\mathfrak{h} + \mathfrak{T}^{-1}\mathfrak{x}] \\ &\qquad + 2(\mathfrak{h} + \mathfrak{T}^{-1}\mathfrak{x})'(\hat{\mathfrak{w}} + \mathfrak{y}) \pmod{2}. \end{aligned}$$

Bekanntlich gilt nun

$$\sum_{\mathfrak{g}} \varepsilon(\mathfrak{Z}_0[\mathfrak{g}] + 2\mathfrak{g}'\mathfrak{v}) = |i\mathfrak{Z}_0^{-1}|^{\frac{1}{2}} \sum_{\mathfrak{g}} \varepsilon(-\mathfrak{Z}_0^{-1}[\mathfrak{g} + \mathfrak{v}])$$

mit der im Wortlaut von Satz 6 formulierten Regel für das Vorzeichen der Quadratwurzel und folglich

$$\begin{aligned}&|i^{-1}(\mathfrak{T}^{-1}\mathfrak{Z}\mathfrak{T}^{-1}+\mathfrak{Q})|^{-\frac{1}{2}}\vartheta(\mathfrak{x},\mathfrak{y};\hat{\mathfrak{Z}},\hat{\mathfrak{w}}) = \sum_{\mathfrak{h}\,(\mathrm{mod}\,\mathfrak{C})} \varepsilon(\mathfrak{Z}_0[\mathfrak{C}^{-1}(\mathfrak{h}+\mathfrak{T}^{-1}\mathfrak{x})]+\mathfrak{R}[\mathfrak{h}+\mathfrak{T}^{-1}\mathfrak{x}]\\ &\quad + 2(\mathfrak{h}+\mathfrak{T}^{-1}\mathfrak{x})'(\hat{\mathfrak{w}}+\mathfrak{y}))\sum_{\mathfrak{g}}\varepsilon(-\mathfrak{Z}_0^{-1}[\mathfrak{g}+\mathfrak{Z}_0\mathfrak{C}^{-1}(\mathfrak{h}+\mathfrak{T}^{-1}\mathfrak{x})+\mathfrak{C}'\hat{\mathfrak{w}}+\hat{\mathfrak{x}}]).\end{aligned} \tag{44}$$

Weiter ergibt sich

$$\begin{aligned}&\mathfrak{Z}_0[\mathfrak{C}^{-1}(\mathfrak{h}+\mathfrak{T}^{-1}\mathfrak{x})] + \mathfrak{R}[\mathfrak{h}+\mathfrak{T}^{-1}\mathfrak{x}] + 2(\mathfrak{h}+\mathfrak{T}^{-1}\mathfrak{x})'(\hat{\mathfrak{w}}+\mathfrak{y})\\ &\qquad - \mathfrak{Z}_0^{-1}[\mathfrak{g}+\mathfrak{Z}_0\mathfrak{C}^{-1}(\mathfrak{h}+\mathfrak{T}^{-1}\mathfrak{x})+\mathfrak{C}'\hat{\mathfrak{w}}+\hat{\mathfrak{x}}]\\ &= \mathfrak{R}[\mathfrak{h}] - 2(\mathfrak{g}+\tfrac{1}{2}\mathfrak{a})'\mathfrak{C}^{-1}\mathfrak{h} - 2(\mathfrak{g}+\hat{\mathfrak{x}})'(\mathfrak{Z}_0^{-1}\mathfrak{C}'\hat{\mathfrak{w}}+\mathfrak{C}^{-1}\mathfrak{T}^{-1}\mathfrak{x})\\ &\qquad - \mathfrak{Z}_0^{-1}[\mathfrak{g}+\hat{\mathfrak{x}}] - \mathfrak{Z}_0^{-1}[\mathfrak{C}'\hat{\mathfrak{w}}] + 2\mathfrak{x}'\mathfrak{T}^{-1}\mathfrak{y} + \mathfrak{R}[\mathfrak{T}^{-1}\mathfrak{x}]\\ &= \mathfrak{R}[\mathfrak{h}] - 2(\mathfrak{g}+\tfrac{1}{2}\mathfrak{a})'\mathfrak{C}^{-1}\mathfrak{h} + \mathfrak{Z}[\mathfrak{T}^{-1}(\mathfrak{g}+\hat{\mathfrak{x}})] + 2(\mathfrak{g}+\hat{\mathfrak{x}})'\mathfrak{T}^{-1}(\mathfrak{w}+\hat{\mathfrak{h}})\\ &\qquad + \mathfrak{Q}[\mathfrak{g}+\tfrac{1}{2}\mathfrak{a}] - \mathfrak{Q}[\hat{\mathfrak{x}}] + \mathfrak{R}[\mathfrak{T}^{-1}\mathfrak{x}] + 2\mathfrak{x}'\mathfrak{T}^{-1}\mathfrak{y} + \mathfrak{w}'\mathfrak{T}^{-1}\mathfrak{C}'\hat{\mathfrak{w}}\end{aligned}$$

und

$$\begin{aligned}&\mathfrak{R}[\mathfrak{T}^{-1}\mathfrak{x}] + \mathfrak{x}'\mathfrak{T}^{-1}\mathfrak{y} - \mathfrak{Q}[\hat{\mathfrak{x}}] + \hat{\mathfrak{x}}'\mathfrak{T}^{-1}\hat{\mathfrak{h}} = (\mathfrak{A}\mathfrak{C}^{-1}\mathfrak{T}^{-1} - \mathfrak{A}\mathfrak{C}^{-1}\mathfrak{D}\mathfrak{T}^{-1}\mathfrak{A}' + \mathfrak{A}\mathfrak{T}^{-1}\mathfrak{B}')[\mathfrak{x}]\\ &+ \mathfrak{x}'(\mathfrak{T}^{-1} - 2\mathfrak{A}\mathfrak{C}^{-1}\mathfrak{D}\mathfrak{T}^{-1}\mathfrak{C}' + \mathfrak{A}\mathfrak{T}^{-1}\mathfrak{D}' + \mathfrak{B}\mathfrak{T}^{-1}\mathfrak{C}')\mathfrak{y} + (\mathfrak{C}\mathfrak{T}^{-1}\mathfrak{D}' - \mathfrak{D}\mathfrak{T}^{-1}\mathfrak{C}')[\mathfrak{y}] = 0.\end{aligned}$$

In (44) ersetze man $\mathfrak{g}$ durch $\mathfrak{p} + \mathfrak{T}\mathfrak{g}$, wobei $\mathfrak{p}$ ein volles Restsystem modulo $\mathfrak{T}$ durchläuft, und dann $\mathfrak{h}$ durch $\mathfrak{D}\mathfrak{g} - \mathfrak{h}$. Wegen

$$\begin{aligned}&\mathfrak{R}[\mathfrak{D}\mathfrak{g}-\mathfrak{h}] - 2(\mathfrak{p}+\mathfrak{T}\mathfrak{g}+\tfrac{1}{2}\mathfrak{a})'\mathfrak{C}^{-1}(\mathfrak{D}\mathfrak{g}-\mathfrak{h}) + \mathfrak{Q}[\mathfrak{p}+\mathfrak{T}\mathfrak{g}+\tfrac{1}{2}\mathfrak{a}]\\ &= \mathfrak{R}[\mathfrak{h}] - 2\mathfrak{g}'(\mathfrak{D}'\mathfrak{T}\mathfrak{A} - \mathfrak{T})\mathfrak{C}^{-1}\mathfrak{h} + 2(\mathfrak{p}+\tfrac{1}{2}\mathfrak{a})'\mathfrak{C}^{-1}\mathfrak{h} + \mathfrak{Q}[\mathfrak{p}+\tfrac{1}{2}\mathfrak{a}]\\ &+ (\mathfrak{D}'\mathfrak{T}\mathfrak{A}\mathfrak{C}^{-1}\mathfrak{D} - \mathfrak{T}\mathfrak{C}^{-1}\mathfrak{D})[\mathfrak{g}] \equiv \mathfrak{R}[\mathfrak{h}] + 2(\mathfrak{p}+\tfrac{1}{2}\mathfrak{a})'\mathfrak{C}^{-1}\mathfrak{h} + \mathfrak{Q}[\mathfrak{p}+\tfrac{1}{2}\mathfrak{a}] + \mathfrak{g}'\mathfrak{b} \pmod{2}\end{aligned}$$

folgt jetzt die Behauptung.

Durch Satz 6 sind die Koeffizienten g_{kl} in (41) unter der Voraussetzung $|\mathfrak{C}| \neq 0$ explizit ermittelt. In ganz entsprechender Weise kann man auch im Falle $s > 1$ vorgehen, doch wird dies weiterhin nicht benötigt. Es handelt sich nun darum, die arithmetische Natur der verallgemeinerten Gaußschen Summen $\varrho_{\mathfrak{p}}$ zu untersuchen und dann die gewonnenen Ergebnisse auf den Fall $|\mathfrak{C}| = 0$ zu übertragen.

§ 5. Die Gaußschen Summen

Es sei $\mathfrak{G}_0$ eine ganze Matrix mit q Zeilen und n Spalten, die den Rang n besitzt. Dann gibt es eine umkehrbare ganze n-reihige Matrix $\mathfrak{V}$ derart, daß $\mathfrak{G}_0\mathfrak{x}$ genau dann ganz ist, wenn $\mathfrak{x} = \mathfrak{V}^{-1}\mathfrak{k}$ mit beliebigem ganzen $\mathfrak{k}$ ist. Die Matrix $\mathfrak{V}$ ist dadurch nur bis auf einen linksseitigen unimodularen Faktor bestimmt, und $\mathfrak{G}_0 \mathfrak{B}^{-1}$ ist primitiv, also eine ganze Matrix mit teilerfremden Unterdeterminanten n-ten Grades. Speziell sei $q = 2n$ und

$$\mathfrak{G}_0 = \begin{pmatrix} \mathfrak{G}_1 \\ \mathfrak{G}_2 \end{pmatrix}$$

mit n-reihigen $\mathfrak{G}_1$ und $\mathfrak{G}_2$. Man setze dann $\mathfrak{B} = (\mathfrak{G}_1, \mathfrak{G}_2)$, also

$$(\mathfrak{G}_1 \mathfrak{B}^{-1}, \mathfrak{G}_2 \mathfrak{B}^{-1}) = \mathfrak{E}.$$

Für $n = 1$ erhält man das Symbol für den größten gemeinsamen Teiler zweier Zahlen.

Hilfssatz 3. *Es seien* $\mathfrak{A}$ *und* $\mathfrak{C}$ *erste und dritte Teilmatrix einer Modulmatrix der Stufe* $\mathfrak{T}$ *und* $(\mathfrak{T}\mathfrak{A}, \mathfrak{C}) = \mathfrak{B}$. *Dann ist auch* $(\mathfrak{T}, \mathfrak{C}) = \mathfrak{B}$.

Beweis. Sei $(\mathfrak{T}, \mathfrak{C}) = \mathfrak{B}_0$. Ist

$$\mathfrak{M} = \begin{pmatrix} \mathfrak{A} & \mathfrak{B} \\ \mathfrak{C} & \mathfrak{D} \end{pmatrix}$$

eine Modulmatrix der Stufe $\mathfrak{T}$, so wird

$$\mathfrak{D}'\mathfrak{T}\mathfrak{A} - \mathfrak{B}'\mathfrak{T}\mathfrak{C} = \mathfrak{T};$$

also sind $\mathfrak{T}\mathfrak{B}^{-1}$ und $\mathfrak{B}_0\mathfrak{B}^{-1}$ ganz. Andererseits ist

$$\mathfrak{M}^{-1} = \mathfrak{L}^{-1}\mathfrak{M}'\mathfrak{L} = \begin{pmatrix} \mathfrak{T}^{-1}\mathfrak{D}'\mathfrak{T} & -\mathfrak{T}^{-1}\mathfrak{B}'\mathfrak{T} \\ -\mathfrak{T}^{-1}\mathfrak{C}'\mathfrak{T} & \mathfrak{T}^{-1}\mathfrak{A}'\mathfrak{T} \end{pmatrix}$$

ganz; also sind insbesondere $\mathfrak{T}\mathfrak{A}\mathfrak{T}^{-1}$ und

$$\mathfrak{T}\mathfrak{A}\mathfrak{T}^{-1}\mathfrak{T}\mathfrak{B}_0^{-1} = \mathfrak{T}\mathfrak{A}\mathfrak{B}_0^{-1}$$

ganz; folglich ist auch $\mathfrak{B}\mathfrak{B}_0^{-1}$ ganz. Daher ist $\mathfrak{B}_0\mathfrak{B}^{-1}$ unimodular und die Behauptung bewiesen.

Weiterhin sei in diesem Paragraphen wieder $|\mathfrak{C}| \neq 0$. Mit der obigen Bedeutung von $\mathfrak{B}$ setze man

$$\mathfrak{T}\mathfrak{A}\mathfrak{B}^{-1} = \mathfrak{F}, \quad \mathfrak{C}\mathfrak{B}^{-1} = \mathfrak{G}$$

und wähle zwei ganze Matrizen $\mathfrak{H}$ und $\mathfrak{K}$, so daß

$$\mathfrak{H}'\mathfrak{F} + \mathfrak{K}'\mathfrak{G} = \mathfrak{E} \tag{45}$$

wird. Ferner sei zur Abkürzung

$$\mathfrak{H}'\mathfrak{T}\mathfrak{A}\mathfrak{T}^{-1}\mathfrak{B}'\mathfrak{T}\mathfrak{H} + \mathfrak{K}'\mathfrak{C}\mathfrak{T}^{-1}\mathfrak{B}'\mathfrak{T}\mathfrak{H} + \mathfrak{H}'\mathfrak{T}\mathfrak{B}\mathfrak{T}^{-1}\mathfrak{C}'\mathfrak{K} + \mathfrak{K}'\mathfrak{D}\mathfrak{T}^{-1}\mathfrak{C}'\mathfrak{K} = \mathfrak{N},$$

$$\{\mathfrak{F}'\mathfrak{G}\} = \mathfrak{n}, \quad \sum_{\mathfrak{h} \,(\mathrm{mod}\, \mathfrak{C})} \varepsilon(\mathfrak{N}[\mathfrak{h} + \tfrac{1}{2}\mathfrak{H}\mathfrak{n}] + (\mathfrak{h} + \tfrac{1}{2}\mathfrak{H}\mathfrak{n})'\mathfrak{K}\mathfrak{n}) = \varrho.$$

Satz 7. *Die Gaußsche Summe*

$$\varrho_{\mathfrak{p}} = \sum_{\mathfrak{h} \,(\mathrm{mod}\, \mathfrak{C})} \varepsilon(\mathfrak{R}[\mathfrak{h}] + 2(\mathfrak{p} + \tfrac{1}{2}\mathfrak{a})'\mathfrak{C}^{-1}\mathfrak{h} + \mathfrak{Q}[\mathfrak{p} + \tfrac{1}{2}\mathfrak{a}])$$

ist genau dann von 0 *verschieden, wenn*

$$\mathfrak{p} + \tfrac{1}{2}\mathfrak{a} = \mathfrak{B}'(\mathfrak{k} + \tfrac{1}{2}\mathfrak{n})$$

mit ganzem $\mathfrak{k}$ *wird, und in diesem Falle ist*

$$\varrho_{\mathfrak{p}} = \varrho\,\varepsilon(\mathfrak{N}[\mathfrak{k} + \tfrac{1}{2}\mathfrak{n}] + \mathfrak{n}'\mathfrak{H}'\mathfrak{K}\mathfrak{k}).$$

Beweis. Mit $\mathfrak{p} + \tfrac{1}{2}\mathfrak{a} = \mathfrak{s}$ wird

$$\begin{aligned}\varrho_{\mathfrak{p}}\bar{\varrho}_{\mathfrak{p}} &= \sum_{\mathfrak{h},\,\mathfrak{g}\,(\mathrm{mod}\,\mathfrak{C})} \varepsilon(\mathfrak{R}[\mathfrak{h}] + 2\mathfrak{g}'\mathfrak{R}\mathfrak{h} + 2\mathfrak{s}'\mathfrak{C}^{-1}\mathfrak{h}) \\ &= \sum_{\mathfrak{h}\,(\mathrm{mod}\,\mathfrak{C})} \varepsilon(\mathfrak{R}[\mathfrak{h}] + 2\mathfrak{s}'\mathfrak{C}^{-1}\mathfrak{h}) \sum_{\mathfrak{g}\,(\mathrm{mod}\,\mathfrak{C})} \varepsilon(2\mathfrak{g}'\mathfrak{R}\mathfrak{h}).\end{aligned}$$

Die innere Summe auf der rechten Seite ist nun abs $\mathfrak{C}$, wenn $\mathfrak{R}\mathfrak{h}$ ganz ist, und sonst 0. Da $\mathfrak{R} = \mathfrak{T}\mathfrak{A}\mathfrak{C}^{-1} = \mathfrak{F}\mathfrak{G}^{-1}$ und $(\mathfrak{F}, \mathfrak{G}) = \mathfrak{C}$ ist, so ist $\mathfrak{R}\mathfrak{h}$ genau dann ganz, wenn $\mathfrak{G}^{-1}\mathfrak{h}$ ganz ist. Ersetzt man in der äußeren Summe $\mathfrak{h}$ durch $-\mathfrak{G}\mathfrak{h}$, so folgt

$$\varrho_{\mathfrak{p}}\bar{\varrho}_{\mathfrak{p}} = \mathrm{abs}\,\mathfrak{C} \sum_{\mathfrak{h}\,(\mathrm{mod}\,\mathfrak{B})} \varepsilon\big((\mathfrak{n}' - 2\mathfrak{s}'\mathfrak{B}^{-1})\mathfrak{h}\big).$$

Die hierin auftretende Summe ist aber genau dann von 0 verschieden, wenn die Zeile

$$\mathfrak{s}'\mathfrak{B}^{-1} - \tfrac{1}{2}\mathfrak{n}' = \mathfrak{k}'$$

ganz ist, und zwar wird in diesem Falle

$$\mathrm{abs}\,\varrho_{\mathfrak{p}}^2 = \mathrm{abs}\,(\mathfrak{C}\mathfrak{B}).$$

Damit ist insbesondere der erste Teil der Behauptung bewiesen.

Setzt man noch

$$\mathfrak{k} + \tfrac{1}{2}\mathfrak{n} = \mathfrak{f}$$

und beachtet (45), so wird

$$\mathfrak{s} = (\mathfrak{A}'\mathfrak{T}\mathfrak{H} + \mathfrak{C}'\mathfrak{K})\mathfrak{f}, \quad \varrho_{\mathfrak{p}} = \sum_{\mathfrak{h}\,(\mathrm{mod}\,\mathfrak{C})} \varepsilon(\mathfrak{R}[\mathfrak{h}] + 2\mathfrak{h}'(\mathfrak{R}\mathfrak{H} + \mathfrak{K})\mathfrak{f} + \mathfrak{Q}[(\mathfrak{A}'\mathfrak{T}\mathfrak{H} + \mathfrak{C}'\mathfrak{K})\mathfrak{f}]).$$

Nun ist

$$\begin{aligned}\mathfrak{Q}[\mathfrak{A}'\mathfrak{T}\mathfrak{H} + \mathfrak{C}'\mathfrak{K}] &= \mathfrak{H}'\mathfrak{T}\mathfrak{A}\mathfrak{Q}\mathfrak{A}'\mathfrak{T}\mathfrak{H} + \mathfrak{K}'\mathfrak{C}\mathfrak{Q}\mathfrak{A}'\mathfrak{T}\mathfrak{H} + \mathfrak{H}'\mathfrak{T}\mathfrak{A}\mathfrak{Q}\mathfrak{C}'\mathfrak{K} + \mathfrak{K}'\mathfrak{C}\mathfrak{Q}\mathfrak{C}'\mathfrak{K} \\ &= \mathfrak{H}'\mathfrak{T}\mathfrak{A}\mathfrak{C}^{-1}(\mathfrak{C}\mathfrak{T}^{-1}\mathfrak{B}' + \mathfrak{T}^{-1})\mathfrak{T}\mathfrak{H} + \mathfrak{K}'(\mathfrak{C}\mathfrak{T}^{-1}\mathfrak{B}' + \mathfrak{T}^{-1})\mathfrak{T}\mathfrak{H} \\ &\quad + \mathfrak{H}'\mathfrak{T}(\mathfrak{B}\mathfrak{T}^{-1}\mathfrak{C}' + \mathfrak{T}^{-1})\mathfrak{K} + \mathfrak{K}'\mathfrak{D}\mathfrak{T}^{-1}\mathfrak{C}'\mathfrak{K} = \mathfrak{N} + \mathfrak{H}'\mathfrak{R}\mathfrak{H} + \mathfrak{K}'\mathfrak{H} + \mathfrak{H}'\mathfrak{K}.\end{aligned}$$

Ersetzt man schließlich $\mathfrak{h}$ durch $\mathfrak{h} - \mathfrak{H}\mathfrak{k}$, so erhält man

$$\varrho_{\mathfrak{p}} = \sum_{\mathfrak{h}\,(\mathrm{mod}\,\mathfrak{C})} \varepsilon(\mathfrak{R}[\mathfrak{h} + \tfrac{1}{2}\mathfrak{H}\mathfrak{n}] + 2(\mathfrak{h} + \tfrac{1}{2}\mathfrak{H}\mathfrak{n})'\mathfrak{K}\mathfrak{f} + \mathfrak{N}[\mathfrak{f}])$$

und damit den restlichen Teil der Behauptung.

Zufolge Satz 6 können die Zahlen $\varrho_{\mathfrak{p}}$ nicht für alle Restklassen $\mathfrak{p}$ (mod $\mathfrak{T}$) den Wert 0 haben. Nach Satz 7 besteht aber im Falle $\varrho_{\mathfrak{p}} \neq 0$ die Gleichung

$$\mathfrak{p} + \tfrac{1}{2}\mathfrak{a} = \mathfrak{B}'(\mathfrak{k} + \tfrac{1}{2}\mathfrak{n}) \tag{46}$$

mit ganzem $\mathfrak{k}$. Also ist die Zeile $\frac{1}{2}(\mathfrak{a} - \mathfrak{B}'\mathfrak{n})$ ganz. Dies erhält man auch leicht auf direktem Wege aus den Formeln

$$\mathfrak{a} = \{\mathfrak{A}'\mathfrak{T}\mathfrak{C}\} = \{\mathfrak{B}'\mathfrak{F}'\mathfrak{G}\mathfrak{B}\}, \quad \mathfrak{n} = \{\mathfrak{F}'\mathfrak{G}\}.$$

Man setze

$$r = \operatorname{abs}(\mathfrak{T}\mathfrak{B}^{-1}).$$

Nach (46) und Hilfssatz 3 erhält man für $\mathfrak{p}$ insgesamt r verschiedene Restklassen modulo $\mathfrak{T}$, so daß die Gaußsche Summe $\varrho_{\mathfrak{p}} \neq 0$ wird. Zufolge Satz 7 sind nun die Verhältnisse dieser $\varrho_{\mathfrak{p}}$ gleich $(2r)$-ten Einheitswurzeln.

Die explizite Bestimmung der Zahl ϱ soll hier nicht weiter durchgeführt werden, da sie für die vorliegenden Zwecke nicht gebraucht wird. Es sei nur bemerkt, daß man die Berechnung nach bekannten Methoden ausführen kann, indem man $\mathfrak{R}$ für jeden Primteiler p von $2|\mathfrak{C}|$ in die von Minkowski angegebene p-adische Normalform transformiert. Man findet so, daß ϱ in jedem Falle gleich dem Produkt aus der positiven Quadratwurzel von $\operatorname{abs}(\mathfrak{C}\mathfrak{B})$ mit einer achten Einheitswurzel ist, deren Wert noch von $\mathfrak{M}$ und $\mathfrak{T}$ abhängt.

Die Anzahl r ist genau dann gleich 1, wenn $\mathfrak{T}\mathfrak{B}^{-1}$ unimodular ist, und dann kann $\mathfrak{B} = \mathfrak{T}$ gesetzt werden. Für diesen Fall wird nun aber

$$\hat{\mathfrak{Z}} = (\mathfrak{T}\mathfrak{A}\mathfrak{T}^{-1}\mathfrak{Z} + \mathfrak{B})(\mathfrak{C}\mathfrak{T}^{-1}\mathfrak{Z} + \mathfrak{D})^{-1}$$

eine Modulsubstitution der Stufe $\mathfrak{E}$, und die Aussage von Satz 6 geht dann in die bereits von H. Weber aufgestellte Formel über.

§ 6. Die allgemeine Transformationsformel

Unter Benutzung von Satz 7 läßt sich die Aussage von Satz 6 umformen und ergibt die Formel

$$(47)\quad |\mathfrak{C}\mathfrak{T}^{-1}\mathfrak{Z} + \mathfrak{D}|^{-\frac{1}{2}} \varepsilon(\tilde{\mathfrak{x}}'\mathfrak{T}^{-1}(\tilde{\mathfrak{h}} + \mathfrak{b}) - \mathfrak{x}'\mathfrak{T}^{-1}\mathfrak{y} - \mathfrak{w}'\mathfrak{T}^{-1}\mathfrak{C}'\hat{\mathfrak{w}})\, \vartheta(\mathfrak{x}, \mathfrak{y}; \hat{\mathfrak{Z}}, \hat{\mathfrak{w}})$$
$$= \varrho^* \sum_{\mathfrak{B}'\mathfrak{k} \,(\mathrm{mod}\, \mathfrak{T})} \varepsilon\big((\mathfrak{K}'\mathfrak{H}\mathfrak{n} - \mathfrak{B}\mathfrak{T}^{-1}\mathfrak{b})'(\mathfrak{k} + \tfrac{1}{2}\mathfrak{n}) + \mathfrak{N}[\mathfrak{k} + \tfrac{1}{2}\mathfrak{n}]\big)\vartheta(\tilde{\mathfrak{x}} + \mathfrak{B}'(\mathfrak{k} + \tfrac{1}{2}\mathfrak{n}), \tilde{\mathfrak{h}} + \tfrac{1}{2}\mathfrak{b}; \mathfrak{Z}, \mathfrak{w}).$$

Dabei ist $|\mathfrak{C}| \neq 0$ und

$$\varrho^* = |i\mathfrak{C}\mathfrak{T}|^{-\frac{1}{2}} \varepsilon(-\tfrac{1}{2}(\mathfrak{H}'\mathfrak{K})[\mathfrak{n}])\, \varrho.$$

Nach einer früheren Bemerkung wird übrigens die Konstante ϱ^* gleich dem Produkt aus der Quadratwurzel von $\operatorname{abs}(\mathfrak{B}\mathfrak{T}^{-1})$ mit einer achten Einheitswurzel.

Es handelt sich nun darum, die gefundene Transformationsformel auf den Fall $|\mathfrak{C}| = 0$ zu übertragen. Zu diesem Zwecke werde in (47) zunächst

$$(\mathfrak{A} - \mathfrak{E})\mathfrak{T}^{-1} \equiv \mathfrak{B}\mathfrak{T}^{-1} \equiv \mathfrak{C}\mathfrak{T}^{-1} \equiv (\mathfrak{D} - \mathfrak{E})\mathfrak{T}^{-1} \equiv 0 \pmod 8$$

gewählt. Dann ist $\mathfrak{B} = \mathfrak{T}$ und

$$\mathfrak{F}'\mathfrak{G} = \mathfrak{T}^{-1}\mathfrak{A}'\mathfrak{T}\mathfrak{C}\mathfrak{T}^{-1} \equiv 0 \pmod 8,$$

also auch

$$\mathfrak{a} \equiv \mathfrak{b} \equiv \mathfrak{n} \equiv 0 \pmod{8}.$$

In (47) kann man daher $\mathfrak{k} = -\frac{1}{2}\mathfrak{n}$ festsetzen und erhält

$$\begin{aligned} &|\mathfrak{C}\mathfrak{T}^{-1}\mathfrak{Z} + \mathfrak{D}|^{-\frac{1}{2}}\varepsilon(\tilde{\mathfrak{x}}'\mathfrak{T}^{-1}\tilde{\mathfrak{y}} - \mathfrak{x}'\mathfrak{T}^{-1}\mathfrak{y} - \mathfrak{w}'\mathfrak{T}^{-1}\mathfrak{C}'\hat{\mathfrak{w}})\vartheta(\mathfrak{x}, \mathfrak{y}; \hat{\mathfrak{Z}}, \hat{\mathfrak{w}}) \\ &\qquad = \varrho^*\vartheta(\tilde{\mathfrak{x}}, \tilde{\mathfrak{y}}; \mathfrak{Z}, \mathfrak{w}). \end{aligned} \tag{48}$$

Jetzt seien die in (47) und (48) auftretenden Modulmatrizen der Stufe $\mathfrak{T}$ mit $\mathfrak{M}_1$ und $\mathfrak{M}_2$ bezeichnet und zu $\mathfrak{M} = \mathfrak{M}_1\mathfrak{M}_2$ zusammengesetzt. Dabei mögen entsprechend in (47) die Symbole $\mathfrak{Z}, \mathfrak{w}, \tilde{\mathfrak{x}}, \tilde{\mathfrak{y}}, \mathfrak{n}, \mathfrak{b}, \varrho^*$ durch $\mathfrak{Z}_1, \mathfrak{w}_1, \mathfrak{x}_1, \mathfrak{y}_1, \mathfrak{n}_1, \mathfrak{b}_1, \varrho_1^*$ und in (48) die Symbole $\hat{\mathfrak{Z}}, \hat{\mathfrak{w}}, \mathfrak{x}, \mathfrak{y}, \varrho^*$ durch $\mathfrak{Z}_1, \mathfrak{w}_1, \mathfrak{x}_1 + \mathfrak{B}'(\mathfrak{k} + \frac{1}{2}\mathfrak{n}_1), \mathfrak{y}_1 + \frac{1}{2}\mathfrak{b}_1, \varrho_2^*$ ersetzt werden. Es wird

$$(\mathfrak{C}_1\mathfrak{T}^{-1}\mathfrak{Z}_1 + \mathfrak{D}_1)(\mathfrak{C}_2\mathfrak{T}^{-1}\mathfrak{Z} + \mathfrak{D}_2) = \mathfrak{C}\mathfrak{T}^{-1}\mathfrak{Z} + \mathfrak{D},$$

$$\mathfrak{w}_1 = (\mathfrak{C}_1\mathfrak{T}^{-1}\mathfrak{Z}_1 + \mathfrak{D}_1)'\hat{\mathfrak{w}}, \quad \mathfrak{w} = (\mathfrak{C}_2\mathfrak{T}^{-1}\mathfrak{Z} + \mathfrak{D}_2)'\mathfrak{w}_1 = (\mathfrak{C}\mathfrak{T}^{-1}\mathfrak{Z} + \mathfrak{D})'\hat{\mathfrak{w}},$$

$$\mathfrak{w}_1'\mathfrak{T}^{-1}\mathfrak{C}_1'\hat{\mathfrak{w}} + \mathfrak{w}'\mathfrak{T}^{-1}\mathfrak{C}_2'\mathfrak{w}_1 = \hat{\mathfrak{w}}'(\mathfrak{C}_1\mathfrak{T}^{-1}\mathfrak{w}_1 + (\mathfrak{C}_1\mathfrak{T}^{-1}\mathfrak{Z}_1 + \mathfrak{D}_1)\mathfrak{C}_2\mathfrak{T}^{-1}\mathfrak{w}),$$

$$\begin{aligned} &\mathfrak{C}_1\mathfrak{T}^{-1}\mathfrak{w}_1 + (\mathfrak{C}_1\mathfrak{T}^{-1}\mathfrak{Z}_1 + \mathfrak{D}_1)\mathfrak{C}_2\mathfrak{T}^{-1}\mathfrak{w} \\ &= (\mathfrak{C}_1\mathfrak{T}^{-1} + (\mathfrak{C}_1\mathfrak{T}^{-1}\mathfrak{Z}_1 + \mathfrak{D}_1)\mathfrak{C}_2\mathfrak{T}^{-1}(\mathfrak{C}_2\mathfrak{T}^{-1}\mathfrak{Z} + \mathfrak{D}_2)')\mathfrak{w}_1 \\ &= (\mathfrak{C}_1\mathfrak{T}^{-1} + (\mathfrak{C}\mathfrak{T}^{-1}\mathfrak{Z} + \mathfrak{D})\mathfrak{T}^{-1}\mathfrak{C}_2')\mathfrak{w}_1 = (\mathfrak{C}\mathfrak{T}^{-1}\mathfrak{Z}\mathfrak{T}^{-1}\mathfrak{C}_2' + \mathfrak{C}\mathfrak{T}^{-1}\mathfrak{D}_2')\mathfrak{w}_1 = \mathfrak{C}\mathfrak{T}^{-1}\mathfrak{w}, \end{aligned}$$

also

$$\mathfrak{w}_1'\mathfrak{T}^{-1}\mathfrak{C}_1'\hat{\mathfrak{w}} + \mathfrak{w}'\mathfrak{T}^{-1}\mathfrak{C}_2'\mathfrak{w}_1 = \mathfrak{w}'\mathfrak{T}^{-1}\mathfrak{C}'\hat{\mathfrak{w}},$$

ferner

$$(\mathfrak{A} - \mathfrak{A}_1)\mathfrak{T}^{-1} \equiv (\mathfrak{B} - \mathfrak{B}_1)\mathfrak{T}^{-1} \equiv (\mathfrak{C} - \mathfrak{C}_1)\mathfrak{T}^{-1} \equiv (\mathfrak{D} - \mathfrak{D}_1)\mathfrak{T}^{-1} \equiv 0 \pmod{8},$$

$$\mathfrak{V} = (\mathfrak{C}, \mathfrak{T}) = (\mathfrak{C}_1, \mathfrak{T}).$$

Setzt man noch

$$\mathfrak{B}'(\mathfrak{k} + \tfrac{1}{2}\mathfrak{n}_1) = \mathfrak{q}, \quad \mathfrak{A}_2'\mathfrak{q} + \tfrac{1}{2}\mathfrak{C}_2'\mathfrak{b}_1 = \mathfrak{x}_0, \quad \mathfrak{B}_2'\mathfrak{q} + \tfrac{1}{2}\mathfrak{D}_2'\mathfrak{b}_1 = \mathfrak{y}_0,$$

so wird

$$\mathfrak{x}_0 \equiv \mathfrak{q} \pmod{4\mathfrak{T}}, \qquad \mathfrak{y}_0 \equiv \tfrac{1}{2}\mathfrak{b}_1 \pmod{4\mathfrak{T}},$$

$$\mathfrak{b} = \{\mathfrak{B}'\mathfrak{T}\mathfrak{D}\} \equiv \mathfrak{b}_1 \pmod{8\mathfrak{T}}, \qquad \mathfrak{n} \equiv \mathfrak{n}_1 \pmod{8},$$

und aus (48) folgt

$$\begin{aligned} &|\mathfrak{C}_2\mathfrak{T}^{-1}\mathfrak{Z} + \mathfrak{D}_2|^{-\frac{1}{2}}\varepsilon((\tilde{\mathfrak{x}} + \mathfrak{x}_0)'\mathfrak{T}^{-1}(\tilde{\mathfrak{y}} + \mathfrak{y}_0) - (\mathfrak{x}_1 + \mathfrak{q})'\mathfrak{T}^{-1}(\mathfrak{y}_1 + \tfrac{1}{2}\mathfrak{b}_1) \\ &\qquad - \mathfrak{w}'\mathfrak{T}^{-1}\mathfrak{C}_2'\mathfrak{w}_1)\vartheta(\mathfrak{x}_1 + \mathfrak{q}, \mathfrak{y}_1 + \tfrac{1}{2}\mathfrak{b}_1; \mathfrak{Z}_1, \mathfrak{w}_1) \\ &= \varrho_2^*\vartheta(\tilde{\mathfrak{x}} + \mathfrak{x}_0, \tilde{\mathfrak{y}} + \mathfrak{y}_0; \mathfrak{Z}, \mathfrak{w}) = \varrho_2^*\varepsilon(2\tilde{\mathfrak{x}}'\mathfrak{T}^{-1}(\mathfrak{y}_0 - \tfrac{1}{2}\mathfrak{b}))\vartheta(\tilde{\mathfrak{x}} + \mathfrak{q}, \tilde{\mathfrak{y}} + \tfrac{1}{2}\mathfrak{b}; \mathfrak{Z}, \mathfrak{w}). \end{aligned}$$

Außerdem ist

$$\begin{aligned} &\tilde{\mathfrak{x}}'\mathfrak{T}^{-1}(\tilde{\mathfrak{y}} + \mathfrak{b}) - \mathfrak{x}'\mathfrak{T}^{-1}\mathfrak{y} - \mathfrak{x}_1'\mathfrak{T}^{-1}(\mathfrak{y}_1 + \mathfrak{b}_1) + \mathfrak{x}'\mathfrak{T}^{-1}\mathfrak{y} - (\tilde{\mathfrak{x}} + \mathfrak{x}_0)'\mathfrak{T}^{-1}(\tilde{\mathfrak{y}} + \mathfrak{y}_0) \\ &+ (\mathfrak{x}_1 + \mathfrak{q})'\mathfrak{T}^{-1}(\mathfrak{y}_1 + \tfrac{1}{2}\mathfrak{b}_1) + 2\tilde{\mathfrak{x}}'\mathfrak{T}^{-1}(\mathfrak{y}_0 - \tfrac{1}{2}\mathfrak{b}) = \tfrac{1}{2}\mathfrak{q}'\mathfrak{T}^{-1}\mathfrak{b}_1 - \mathfrak{x}_0'\mathfrak{T}^{-1}\mathfrak{y}_0 \equiv 0 \pmod{2}. \end{aligned}$$

Hieraus ergibt sich nun, daß die Formel (47) auch im Falle $|\mathfrak{C}| = 0$ gilt, wenn nur $|\mathfrak{C}_1\mathfrak{C}_2| \neq 0$ ist und $\varrho^* = \varrho_1^*\varrho_2^*$ gesetzt wird, während die Matrizen $\mathfrak{H}, \mathfrak{K}, \mathfrak{N}$ für $\mathfrak{M}_1$ zu bilden sind.

Speziell sei

$$\mathfrak{M}_2^{-1} = \begin{pmatrix} a\mathfrak{E} & b\mathfrak{T} \\ c\mathfrak{T}^{-1} & d\mathfrak{E} \end{pmatrix}$$

mit ganzen Zahlen a, b, c, d, die den Bedingungen

$$a \equiv d \equiv 1 \pmod{8t_n}, \quad b \equiv 0 \pmod{8}, \quad c \equiv 0 \pmod{8t_n^2}, \quad c \neq 0, \quad ad - bc = 1$$

genügen, wobei t_n der größte Elementarteiler von $\mathfrak{T}$ ist. Ist dann $\mathfrak{M}$ gegeben und $\mathfrak{C}$ vom Range g, so wird in $\mathfrak{M}_1 = \mathfrak{M}\mathfrak{M}_2^{-1}$ die Matrix

$$\mathfrak{C}_1 = a\mathfrak{C} + c\mathfrak{D}\mathfrak{T}^{-1}.$$

Es ist leicht einzusehen, daß die Determinante von $\mathfrak{C}_1$ als Funktion der beiden Unbestimmten a und c nicht identisch verschwindet. Da nämlich $\mathfrak{C}\mathfrak{T}^{-1}\mathfrak{D}'$ symmetrisch ist, so kann man eine reelle umkehrbare Matrix $\mathfrak{L}_1$ und eine reelle orthogonale Matrix $\mathfrak{L}_2$ derart bestimmen, daß

$$\mathfrak{L}_1\mathfrak{C}\mathfrak{L}_2 = \begin{pmatrix} \mathfrak{E}_g & 0 \\ 0 & 0 \end{pmatrix}, \qquad \mathfrak{L}_1\mathfrak{D}\mathfrak{T}^{-1}\mathfrak{L}_2 = \begin{pmatrix} * & 0 \\ 0 & \mathfrak{E}_{n-g} \end{pmatrix}$$

wird, woraus die Behauptung ersichtlich wird. Wählt man etwa

$$a = 1 + 64t_n^2 x, \quad b = 8x, \quad c = 8t_n^2, \quad d = 1,$$

so ist also $|\mathfrak{C}_1| \neq 0$ für mindestens einen der Werte $x = 0, 1, \ldots, n$.

Man beachte nun noch, daß die in (47) unter dem Summenzeichen auftretenden Koeffizienten $(8r)$-te Einheitswurzeln sind und ihre Verhältnisse $(2r)$-te Einheitswurzeln. Damit ist das folgende Resultat gewonnen.

Satz 8. *Es sei $\mathfrak{C}$ von beliebigem Range und $(\mathfrak{C}, \mathfrak{T}) = \mathfrak{B}$, $\operatorname{abs}\mathfrak{T}\mathfrak{B}^{-1} = r$. Dann ist*

$$\begin{aligned} &|\mathfrak{C}\mathfrak{T}^{-1}\mathfrak{Z} + \mathfrak{D}|^{-\frac{1}{2}}\varepsilon(\tilde{\mathfrak{x}}'\mathfrak{T}^{-1}(\mathfrak{h} + \mathfrak{b}) - \mathfrak{x}'\mathfrak{T}^{-1}\mathfrak{y} - \mathfrak{w}'\mathfrak{T}^{-1}\mathfrak{C}'\hat{\mathfrak{w}})\,\vartheta(\mathfrak{x}, \mathfrak{y}; \hat{\mathfrak{Z}}, \hat{\mathfrak{w}}) \\ &\quad = \varrho_0 \sum_{\mathfrak{B}'\mathfrak{k} \,(\mathrm{mod}\, \mathfrak{T})} \varepsilon_{\mathfrak{k}}\,\vartheta(\tilde{\mathfrak{x}} + \mathfrak{B}'(\mathfrak{k} + \tfrac{1}{2}\mathfrak{n}), \mathfrak{h} + \tfrac{1}{2}\mathfrak{b}; \mathfrak{Z}, \mathfrak{w}). \end{aligned} \tag{49}$$

Die Koeffizienten $\varepsilon_{\mathfrak{k}}$ sind $(2r)$-te Einheitswurzeln, die nur von $\mathfrak{k}$, $\mathfrak{M}$ und $\mathfrak{T}$ abhängen. Die Zahl ϱ_0 hat den absoluten Betrag $r^{-\frac{1}{2}}$ und hängt außer von $\mathfrak{M}$ und $\mathfrak{T}$ noch von der Wahl des Vorzeichens der links auftretenden Wurzel ab.

Die expliziten Werte von ϱ_0 und $\varepsilon_{\mathfrak{k}}$ werden weiterhin nicht benötigt; es ist aus dem Vorhergehenden klar, wie sie sich finden lassen.

§ 7. Die Kongruenzuntergruppe der Stufe $\mathfrak{T}$

In diesem Paragraphen werden diejenigen Modulmatrizen $\mathfrak{M}$ von der Stufe $\mathfrak{T}$ betrachtet, für welche $(\mathfrak{A} - \mathfrak{E})\mathfrak{T}^{-1}$, $\mathfrak{B}\mathfrak{T}^{-1}$, $\mathfrak{C}\mathfrak{T}^{-1}$, $(\mathfrak{D} - \mathfrak{E})\mathfrak{T}^{-1}$ sämtlich ganz sind. Setzt man wieder

$$\begin{pmatrix} \mathfrak{T} & 0 \\ 0 & \mathfrak{T} \end{pmatrix} = \mathfrak{T}_0,$$

so ist also die Matrix $(\mathfrak{M}-\mathfrak{E})\mathfrak{T}_0^{-1}=\mathfrak{G}$ ganz und

$$\mathfrak{M}=\mathfrak{E}+\mathfrak{G}\mathfrak{T}_0.$$

Es gilt nun

$$(\mathfrak{E}+\mathfrak{G}_1\mathfrak{T}_0)(\mathfrak{E}+\mathfrak{G}_2\mathfrak{T}_0)=\mathfrak{E}+(\mathfrak{G}_1+\mathfrak{G}_2+\mathfrak{G}_1\mathfrak{T}_0\mathfrak{G}_2)\mathfrak{T}_0.$$

Ist ferner $\mathfrak{M}_1$ irgendeine Modulmatrix der Stufe $\mathfrak{T}$, so wird wegen

$$\mathfrak{T}_0^{-1}\mathfrak{L}=\mathfrak{L}\mathfrak{T}_0^{-1}=\begin{pmatrix}0&\mathfrak{E}\\-\mathfrak{E}&0\end{pmatrix}=\mathfrak{J},\qquad \mathfrak{M}_1'\mathfrak{L}\mathfrak{M}_1=\mathfrak{L}$$

die Matrix

$$\mathfrak{T}_0\mathfrak{M}_1\mathfrak{T}_0^{-1}=(\mathfrak{J}^{-1}\mathfrak{M}_1'\mathfrak{J})^{-1}=\mathfrak{G}_0$$

ganz. Dann wird

$$\mathfrak{M}_1^{-1}\mathfrak{M}\mathfrak{M}_1=\mathfrak{E}+\mathfrak{M}_1^{-1}\mathfrak{G}\mathfrak{G}_0\mathfrak{T}_0$$

sowie

$$\mathfrak{M}^{-1}=\mathfrak{L}^{-1}\mathfrak{M}'\mathfrak{L}=\mathfrak{E}+\mathfrak{L}^{-1}\mathfrak{T}_0\mathfrak{G}'\mathfrak{L}=\mathfrak{E}+\mathfrak{J}^{-1}\mathfrak{G}'\mathfrak{J}\mathfrak{T}_0.$$

Also bilden die zu betrachtenden Modulmatrizen $\mathfrak{M}$ eine invariante Untergruppe von $\Gamma(\mathfrak{T})$, welche Kongruenzuntergruppe der Stufe $\mathfrak{T}$ genannt werden möge und mit $\Delta(\mathfrak{T})$ bezeichnet sei.

Es seien $\mathfrak{Z}, \mathfrak{x}, \mathfrak{y}$ fest gewählt, und es werde die Funktionalgleichung

$$\vartheta(\mathfrak{x}+\mathfrak{l},\mathfrak{y};\hat{\mathfrak{Z}},\hat{\mathfrak{w}})=\psi(\mathfrak{w})\,\vartheta(\mathfrak{x}+\mathfrak{l},\mathfrak{y};\mathfrak{Z},\mathfrak{w}+\mathfrak{c}) \tag{50}$$

untersucht, die identisch in $\mathfrak{w}$ für alle ganzen $\mathfrak{l}$ bestehen möge. Dabei sei $\mathfrak{c}$ eine von $\mathfrak{l}$ unabhängige konstante Spalte und $\psi(\mathfrak{w})$ eine von $\mathfrak{l}$ unabhängige Funktion von $\mathfrak{w}$, die beide geeignet zu bestimmen sind. Weiterhin wird dauernd $t_1 \geq 3$ vorausgesetzt.

Satz 9. *Die Funktionalgleichung* (50) *ist genau dann lösbar, wenn die Modulmatrix* $\mathfrak{M}$ *in der Kongruenzuntergruppe der Stufe* $\mathfrak{T}$ *liegt, und dabei kann*

$$\psi(\mathfrak{w})=\gamma\,\varepsilon\big(\mathfrak{w}'\mathfrak{T}^{-1}\mathfrak{C}'\hat{\mathfrak{w}}+2(\tilde{\mathfrak{x}}-\mathfrak{x}+\tfrac{1}{2}\mathfrak{q})'\mathfrak{T}^{-1}\mathfrak{w}\big),$$
$$\mathfrak{c}=\tilde{\mathfrak{y}}-\mathfrak{y}+\tfrac{1}{2}\mathfrak{r}+\mathfrak{Z}\mathfrak{T}^{-1}(\tilde{\mathfrak{x}}-\mathfrak{x}+\tfrac{1}{2}\mathfrak{q})$$

mit

$$\mathfrak{q}=\mathfrak{T}\{\mathfrak{T}^{-1}\mathfrak{A}'\mathfrak{T}\mathfrak{C}\mathfrak{T}^{-1}\},\quad \mathfrak{r}=\mathfrak{T}\{\mathfrak{T}^{-1}\mathfrak{B}'\mathfrak{T}\mathfrak{D}\mathfrak{T}^{-1}\}$$

und einer von $\mathfrak{w}$ *unabhängigen Zahl* γ *gewählt werden.*

Beweis. Nach (50) ist $\psi(\mathfrak{w})$ eine meromorphe Funktion von $\mathfrak{w}$. Ihre Polstellen sind gemeinsame Nullstellen der sämtlichen Funktionen $\vartheta(\mathfrak{x}+\mathfrak{l},\mathfrak{y};\mathfrak{Z},\mathfrak{w}+\mathfrak{c})$ bei beliebigem ganzen $\mathfrak{l}$. Da aber die t Funktionen $\vartheta_k(\mathfrak{Z},\mathfrak{w})$ $(k=1,\ldots,t)$ bei beliebigem festen $\mathfrak{Z}$ und variablem $\mathfrak{w}$ überhaupt keine gemeinsamen Nullstellen haben, so ergibt sich zufolge (23), daß $\psi(\mathfrak{w})$ eine ganze Funktion ist. Analog folgt aus (50), daß $\psi(\mathfrak{w})$ auch keine Nullstellen hat. Also ist $\log\psi(\mathfrak{w})$ eine ganze Funktion.

Nach Satz 8 ist

$$(51)\qquad \begin{aligned} &|\mathfrak{C}\mathfrak{T}^{-1}\mathfrak{Z}+\mathfrak{D}|^{-\frac12}\varphi(\mathfrak{x}+\mathfrak{l},\mathfrak{y};\mathfrak{w})\,\vartheta(\mathfrak{x}+\mathfrak{l},\mathfrak{y};\hat{\mathfrak{Z}},\hat{\mathfrak{w}})\\ &\quad=\varrho_0\sum_{\mathfrak{B}'\mathfrak{k}\,(\mathrm{mod}\,\mathfrak{T})}\varepsilon_{\mathfrak{k}}\vartheta(\tilde{\mathfrak{x}}+\mathfrak{A}'\mathfrak{l}+\mathfrak{B}'(\mathfrak{k}+\tfrac12\mathfrak{n}),\tilde{\mathfrak{y}}+\mathfrak{B}'\mathfrak{l}+\tfrac12\mathfrak{b};\mathfrak{Z},\mathfrak{w})\end{aligned}$$

mit

$$\varphi(\mathfrak{x},\mathfrak{y};\mathfrak{w})=\varepsilon\big(\tilde{\mathfrak{x}}'\mathfrak{T}^{-1}(\tilde{\mathfrak{y}}+\mathfrak{b})-\mathfrak{x}'\mathfrak{T}^{-1}\mathfrak{y}-\mathfrak{w}'\mathfrak{T}^{-1}\mathfrak{C}'\hat{\mathfrak{w}}\big).$$

Hierin werde $\mathfrak{w}$ durch $\mathfrak{w}+\mathfrak{T}\mathfrak{p}$ mit ganzem $\mathfrak{p}$ ersetzt. Infolge (21) nimmt dabei die in (51) rechts stehende Summe den Faktor $\varepsilon\big(2\mathfrak{p}'(\tilde{\mathfrak{x}}+\frac12\mathfrak{B}'\mathfrak{n})\big)$ an. Ersetzt man andererseits $\mathfrak{w}$ durch $\mathfrak{w}+\mathfrak{Z}\mathfrak{p}$, so ist der entsprechende Faktor $\varepsilon\big(-\mathfrak{Z}[\mathfrak{p}]-2\mathfrak{p}'(\mathfrak{w}+\tilde{\mathfrak{y}}+\frac12\mathfrak{b})\big)$. Die Funktion $\vartheta(\mathfrak{x}+\mathfrak{l},\mathfrak{y};\mathfrak{Z},\mathfrak{w}+\mathfrak{c})$ nimmt nun aber bei diesen beiden Substitutionen die Faktoren $\varepsilon(2\mathfrak{p}'\mathfrak{x})$ und $\varepsilon\big(-\mathfrak{Z}[\mathfrak{p}]-2\mathfrak{p}'(\mathfrak{w}+\mathfrak{c}+\mathfrak{y})\big)$ an. Folglich bekommt dann nach (50) und (51) die Funktion $\varepsilon(-\mathfrak{w}'\mathfrak{T}^{-1}\mathfrak{C}'\hat{\mathfrak{w}})\,\psi(\mathfrak{w})$ entsprechend die Faktoren $\varepsilon\big(2\mathfrak{p}'(\tilde{\mathfrak{x}}-\mathfrak{x}+\frac12\mathfrak{B}'\mathfrak{n})\big)$ und $\varepsilon\big(2\mathfrak{p}'(\mathfrak{y}-\tilde{\mathfrak{y}}+\mathfrak{c}-\frac12\mathfrak{b})\big)$. Da ihr Logarithmus als ganze Funktion von $\mathfrak{w}$ erkannt war, so sind die partiellen logarithmischen Ableitungen erster Ordnung ganze Abelsche Funktionen und demnach konstant. Es folgt also

$$\varepsilon(-\mathfrak{w}'\mathfrak{T}^{-1}\mathfrak{C}'\hat{\mathfrak{w}})\,\psi(\mathfrak{w})=\varepsilon(2\mathfrak{d}'\mathfrak{w}+c)$$

mit konstanten $\mathfrak{d}$ und c.

Die Exponenten der Fourierschen Reihe von $\varepsilon(2\mathfrak{d}'\mathfrak{w})\,\vartheta(\mathfrak{x}+\mathfrak{l},\mathfrak{y};\mathfrak{Z},\mathfrak{w}+\mathfrak{c})$ sind nach (22) von der Form $2\pi i(\mathfrak{g}+\mathfrak{d}+\mathfrak{T}^{-1}(\mathfrak{x}+\mathfrak{l}))'\mathfrak{w}$ mit ganzen $\mathfrak{g}$, und für die Funktion $\vartheta(\tilde{\mathfrak{x}}+\mathfrak{A}'\mathfrak{l}+\mathfrak{B}'(\mathfrak{k}+\frac12\mathfrak{n}),\tilde{\mathfrak{y}}+\mathfrak{B}'\mathfrak{l}+\frac12\mathfrak{b};\mathfrak{Z},\mathfrak{w})$ sind sie von der Form $2\pi i(\mathfrak{h}+\mathfrak{T}^{-1}(\tilde{\mathfrak{x}}+\mathfrak{A}'\mathfrak{l}+\mathfrak{B}'(\mathfrak{k}+\frac12\mathfrak{n})))'\mathfrak{w}$ mit ganzen $\mathfrak{h}$. Durch Vergleich dieser Exponenten wird dann in (51) bei jedem festen ganzen $\mathfrak{l}$ die Restklasse von $\mathfrak{B}'\mathfrak{k}$ modulo $\mathfrak{T}$ festgelegt. Da aber die Koeffizienten $\varepsilon_{\mathfrak{k}}\neq 0$ sind, so ist folglich $\mathfrak{B}=\mathfrak{T}$, also $\mathfrak{C}\mathfrak{T}^{-1}$ ganz, $\mathfrak{n}=\{\mathfrak{T}^{-1}\mathfrak{A}'\mathfrak{T}\mathfrak{C}\mathfrak{T}^{-1}\}$ und $\mathfrak{k}=0$ wählbar. Ferner gilt dann

$$\mathfrak{d}+\mathfrak{T}^{-1}(\mathfrak{x}+\mathfrak{l})\equiv\mathfrak{T}^{-1}(\tilde{\mathfrak{x}}+\mathfrak{A}'\mathfrak{l}+\tfrac12\mathfrak{T}\mathfrak{n})\quad(\mathrm{mod}\ 1)$$

für alle ganzen $\mathfrak{l}$; also ist auch $(\mathfrak{A}-\mathfrak{E})\mathfrak{T}^{-1}$ ganz und

$$(52)\qquad \mathfrak{d}\equiv\mathfrak{T}^{-1}(\tilde{\mathfrak{x}}-\mathfrak{x})+\tfrac12\mathfrak{n}\quad(\mathrm{mod}\ 1).$$

Ersetzt man $\mathfrak{h}$ durch $\mathfrak{h}+\mathfrak{T}^{-1}(\mathfrak{E}-\mathfrak{A})'\mathfrak{l}$, so folgt weiter durch Vergleich der Fourierschen Koeffizienten die Kongruenz

$$\begin{aligned}&\mathfrak{l}'(\mathfrak{A}\mathfrak{T}^{-1}(\tilde{\mathfrak{y}}+\mathfrak{b})+\mathfrak{B}\mathfrak{T}^{-1}\tilde{\mathfrak{x}}-\mathfrak{T}^{-1}\mathfrak{y}+\mathfrak{A}\mathfrak{T}^{-1}\mathfrak{B}'\mathfrak{l})+\mathfrak{Z}[\mathfrak{g}+\mathfrak{T}^{-1}(\mathfrak{x}+\mathfrak{l})]\\ &\qquad+2(\mathfrak{g}+\mathfrak{T}^{-1}(\mathfrak{x}+\mathfrak{l}))'(\mathfrak{y}+\mathfrak{c})\\ &\equiv\mathfrak{Z}[\mathfrak{h}+\mathfrak{T}^{-1}(\tilde{\mathfrak{x}}+\mathfrak{l})+\tfrac12\mathfrak{n}]+2(\mathfrak{h}+\mathfrak{T}^{-1}(\tilde{\mathfrak{x}}+\mathfrak{l})+\tfrac12\mathfrak{n})'(\tilde{\mathfrak{y}}+\mathfrak{B}'\mathfrak{l}+\tfrac12\mathfrak{b})+a\ (\mathrm{mod}\,2),\end{aligned}$$

wobei a von $\mathfrak{l},\mathfrak{g},\mathfrak{h}$ unabhängig ist und

$$\mathfrak{h}=\mathfrak{g}+\mathfrak{d}+\mathfrak{T}^{-1}(\mathfrak{x}-\tilde{\mathfrak{x}})-\tfrac12\mathfrak{n}$$

zu setzen ist; bei beliebigem ganzen $\mathfrak{g}$. Hieraus ergibt sich zunächst

$$\mathfrak{g}'(\mathfrak{y}+\mathfrak{c}-\tilde{\mathfrak{h}}-\tfrac{1}{2}\mathfrak{b}-\mathfrak{Z}\mathfrak{d})\equiv 0 \pmod{1},$$

also

$$\mathfrak{c}=\tilde{\mathfrak{h}}-\mathfrak{y}+\tfrac{1}{2}\mathfrak{b}+\mathfrak{Z}\mathfrak{d}+\mathfrak{f} \tag{53}$$

mit ganzem $\mathfrak{f}$, und sodann

$$\begin{aligned}&\mathfrak{l}'(\mathfrak{A}\mathfrak{T}^{-1}(\tilde{\mathfrak{h}}+\mathfrak{b})+\mathfrak{B}\mathfrak{T}^{-1}\tilde{\mathfrak{x}}-\mathfrak{T}^{-1}\mathfrak{y}+\mathfrak{A}\mathfrak{T}^{-1}\mathfrak{B}'\mathfrak{l})+2\mathfrak{l}'\mathfrak{T}^{-1}(\mathfrak{y}+\mathfrak{c})\\ &\equiv 2\mathfrak{l}'\mathfrak{T}^{-1}\mathfrak{Z}\mathfrak{d}+2\mathfrak{l}'\mathfrak{T}^{-1}(\tilde{\mathfrak{h}}+\tfrac{1}{2}\mathfrak{b})+2\mathfrak{l}'\mathfrak{B}(\mathfrak{T}^{-1}\mathfrak{x}+\mathfrak{d})+2\mathfrak{l}'\mathfrak{B}\mathfrak{T}^{-1}\mathfrak{l} \pmod{2}.\end{aligned} \tag{54}$$

Da dies für alle ganzen $\mathfrak{l}$ gilt, so ist auch

$$\mathfrak{k}'\mathfrak{A}\mathfrak{T}^{-1}\mathfrak{B}'\mathfrak{l}\equiv\mathfrak{k}'(\mathfrak{B}\mathfrak{T}^{-1}+\mathfrak{T}^{-1}\mathfrak{B}')\mathfrak{l} \pmod{1}$$

für beliebige ganze $\mathfrak{k}$ und $\mathfrak{l}$; demnach ist

$$(\mathfrak{A}-\mathfrak{E})\mathfrak{T}^{-1}\mathfrak{B}'\equiv\mathfrak{B}\mathfrak{T}^{-1} \pmod{1}$$

und folglich auch $\mathfrak{B}\mathfrak{T}^{-1}$ ganz. Wegen

$$(\mathfrak{D}-\mathfrak{E})\mathfrak{T}^{-1}=\mathfrak{D}\mathfrak{T}^{-1}(\mathfrak{E}-\mathfrak{A})'+\mathfrak{C}\mathfrak{T}^{-1}\mathfrak{B}'$$

ergibt sich schließlich, daß $(\mathfrak{D}-\mathfrak{E})\mathfrak{T}^{-1}$ ganz und $\mathfrak{M}$ ein Element der Kongruenzuntergruppe $\Delta(\mathfrak{T})$ ist.

Weiter ist

$$\mathfrak{A}\mathfrak{T}^{-1}\tilde{\mathfrak{h}}-\mathfrak{B}\mathfrak{T}^{-1}\tilde{\mathfrak{x}}=\mathfrak{T}^{-1}\mathfrak{y},$$

und (54) geht vermöge (52) und (53) über in

$$\mathfrak{A}\mathfrak{T}^{-1}\mathfrak{b}+\{\mathfrak{A}\mathfrak{T}^{-1}\mathfrak{B}'\}+2\mathfrak{T}^{-1}\mathfrak{f}\equiv\mathfrak{B}\mathfrak{n} \pmod{2}. \tag{55}$$

Setzt man noch

$$\{\mathfrak{T}^{-1}\mathfrak{B}'\mathfrak{T}\mathfrak{D}\mathfrak{T}^{-1}\}=\mathfrak{m},$$

so sind $\mathfrak{m}$ und $\mathfrak{n}$ ganz, und es gilt

$$\begin{cases}\mathfrak{A}\mathfrak{m}+\mathfrak{B}\mathfrak{n}\equiv\{(\mathfrak{T}^{-1}\mathfrak{B}'\mathfrak{T}\mathfrak{D}\mathfrak{T}^{-1})[\mathfrak{A}']-(\mathfrak{T}^{-1}\mathfrak{A}'\mathfrak{T}\mathfrak{C}\mathfrak{T}^{-1})[\mathfrak{B}']\}=\{\mathfrak{A}\mathfrak{T}^{-1}\mathfrak{B}'\}\\ \qquad\qquad\qquad\qquad\qquad\qquad\qquad\qquad\qquad\qquad\qquad\qquad\qquad\qquad \pmod{2},\\ \mathfrak{C}\mathfrak{m}+\mathfrak{D}\mathfrak{n}\equiv\{\mathfrak{C}\mathfrak{T}^{-1}\mathfrak{D}'\} \pmod{2},\end{cases} \tag{56}$$

$$\mathfrak{r}=\mathfrak{T}\mathfrak{m}\equiv\{\mathfrak{B}'\mathfrak{T}\mathfrak{D}\}=\mathfrak{b} \pmod{2},\quad (\mathfrak{A}-\mathfrak{E})\mathfrak{T}^{-1}(\mathfrak{b}+\mathfrak{T}\mathfrak{m})\equiv 0 \pmod{2},$$

$$\mathfrak{A}\mathfrak{T}^{-1}\mathfrak{b}+\{\mathfrak{A}\mathfrak{T}^{-1}\mathfrak{B}'\}-\mathfrak{B}\mathfrak{n}\equiv\mathfrak{A}(\mathfrak{T}^{-1}\mathfrak{b}+\mathfrak{m})\equiv\mathfrak{T}^{-1}\mathfrak{b}-\mathfrak{m} \pmod{2},$$

wodurch (55) in

$$\mathfrak{f}\equiv\tfrac{1}{2}(\mathfrak{r}-\mathfrak{b}) \pmod{\mathfrak{T}}$$

übergeht.

Hiernach folgt endlich

$$\mathfrak{c}=\tilde{\mathfrak{h}}-\mathfrak{y}+\tfrac{1}{2}\mathfrak{r}+\mathfrak{Z}\mathfrak{T}^{-1}(\tilde{\mathfrak{x}}-\mathfrak{x}+\tfrac{1}{2}\mathfrak{q})+\mathfrak{c}_0, \tag{57}$$

wo $\mathfrak{c}_0$ eine Periode $\mathfrak{T}\mathfrak{p}_0 + \mathfrak{Z}\mathfrak{p}_1$ mit ganzen $\mathfrak{p}_0$ und $\mathfrak{p}_1$ bedeutet. Umgekehrt sind die vorstehenden Bedingungen insbesondere erfüllt, wenn

$$\mathfrak{c}_0 = 0, \quad \mathfrak{d} = \mathfrak{T}^{-1}(\tilde{\mathfrak{x}} - \mathfrak{x}) + \tfrac{1}{2}\mathfrak{n}$$

gewählt werden. Damit ist alles bewiesen.

Durch Satz 9 ist die Bedeutung der Kongruenzuntergruppe der Stufe $\mathfrak{T}$ für die Transformationstheorie der Jacobischen Funktionen mit der Charakteristik $(\mathfrak{x}\,\mathfrak{y})$ und der Periodenmatrix $(\mathfrak{Z}\,\mathfrak{T})$ klargelegt. Bei ganzen $\mathfrak{x}$ und $\mathfrak{y}$ ist noch eine andere Untergruppe von $\Gamma(\mathfrak{T})$ von Bedeutung, welche jetzt betrachtet werden soll. Sie besteht aus denjenigen Elementen $\mathfrak{M}$ von $\Delta(\mathfrak{T})$, für welche die Spalten $\frac{1}{2}\{\mathfrak{A}\mathfrak{T}^{-1}\mathfrak{B}'\}$ und $\frac{1}{2}\{\mathfrak{C}\mathfrak{T}^{-1}\mathfrak{D}'\}$ ganz sind, und sie möge die Thetagruppe der Stufe $\mathfrak{T}$ genannt werden. Zunächst ist noch nachzuweisen, daß jene Elemente wirklich eine Gruppe bilden.

Es ist

$$\mathfrak{M}^{-1} = \begin{pmatrix} \mathfrak{T}^{-1}\mathfrak{D}'\mathfrak{T} & -\mathfrak{T}^{-1}\mathfrak{B}'\mathfrak{T} \\ -\mathfrak{T}^{-1}\mathfrak{C}'\mathfrak{T} & \mathfrak{T}^{-1}\mathfrak{A}'\mathfrak{T} \end{pmatrix}$$

und

$$(\mathfrak{T}^{-1}\mathfrak{D}'\mathfrak{T})\mathfrak{T}^{-1}(-\mathfrak{T}^{-1}\mathfrak{B}'\mathfrak{T})' = -\mathfrak{T}^{-1}\mathfrak{D}'\mathfrak{T}\mathfrak{B}\mathfrak{T}^{-1},$$

$$(-\mathfrak{T}^{-1}\mathfrak{C}'\mathfrak{T})\mathfrak{T}^{-1}(\mathfrak{T}^{-1}\mathfrak{A}'\mathfrak{T})' = -\mathfrak{T}^{-1}\mathfrak{C}'\mathfrak{T}\mathfrak{A}\mathfrak{T}^{-1}.$$

Nach (56) hat dann auch $\mathfrak{M}^{-1}$ die verlangte Eigenschaft. Ferner ist

$$\begin{pmatrix} \mathfrak{A}_1 & \mathfrak{B}_1 \\ \mathfrak{C}_1 & \mathfrak{D}_1 \end{pmatrix}\begin{pmatrix} \mathfrak{A}_2 & \mathfrak{B}_2 \\ \mathfrak{C}_2 & \mathfrak{D}_2 \end{pmatrix} = \begin{pmatrix} \mathfrak{A}_1\mathfrak{A}_2 + \mathfrak{B}_1\mathfrak{C}_2 & \mathfrak{A}_1\mathfrak{B}_2 + \mathfrak{B}_1\mathfrak{D}_2 \\ \mathfrak{C}_1\mathfrak{A}_2 + \mathfrak{D}_1\mathfrak{C}_2 & \mathfrak{C}_1\mathfrak{B}_2 + \mathfrak{D}_1\mathfrak{D}_2 \end{pmatrix},$$

$$\begin{aligned}(\mathfrak{P}\mathfrak{A}_2 + \mathfrak{Q}\mathfrak{C}_2)\mathfrak{T}^{-1}(\mathfrak{P}\mathfrak{B}_2 + \mathfrak{Q}\mathfrak{D}_2)' \\ = (\mathfrak{A}_2\mathfrak{T}^{-1}\mathfrak{B}_2')[\mathfrak{P}'] + (\mathfrak{C}_2\mathfrak{T}^{-1}\mathfrak{D}_2')[\mathfrak{Q}'] + \mathfrak{P}\mathfrak{A}_2\mathfrak{T}^{-1}\mathfrak{D}_2'\mathfrak{Q}' + \mathfrak{Q}\mathfrak{C}_2\mathfrak{T}^{-1}\mathfrak{B}_2'\mathfrak{P}',\end{aligned}$$

$$\mathfrak{P}\mathfrak{A}_2\mathfrak{T}^{-1}\mathfrak{D}_2'\mathfrak{Q}' = \mathfrak{P}\mathfrak{B}_2\mathfrak{T}^{-1}\mathfrak{C}_2'\mathfrak{Q}' + \mathfrak{P}\mathfrak{T}^{-1}\mathfrak{Q}'.$$

Wählt man hierin $\mathfrak{P} = \mathfrak{A}_1, \mathfrak{Q} = \mathfrak{B}_1$ und $\mathfrak{P} = \mathfrak{C}_1, \mathfrak{Q} = \mathfrak{D}_1$, so ergibt sich, daß mit $\mathfrak{M}_1$ und $\mathfrak{M}_2$ auch $\mathfrak{M}_1\mathfrak{M}_2$ die verlangte Eigenschaft besitzt. Also liegt tatsächlich eine Gruppe vor.

Satz 10. *Die Gleichung*

(58) $$|\mathfrak{C}\mathfrak{T}^{-1}\mathfrak{Z} + \mathfrak{D}|^{-\frac{1}{2}}\varepsilon(-\mathfrak{w}'\mathfrak{T}^{-1}\mathfrak{C}'\hat{\mathfrak{w}})\,\vartheta(\mathfrak{x}, \mathfrak{y}; \hat{\mathfrak{Z}}, \hat{\mathfrak{w}}) = \mu\vartheta(\mathfrak{x}, \mathfrak{y}; \mathfrak{Z}, \mathfrak{w})$$

besteht für irgendein festes $\mathfrak{Z}$ genau dann identisch in $\mathfrak{w}$ für alle ganzen $\mathfrak{x}$ und $\mathfrak{y}$ mit einer nur von $\mathfrak{M}$ abhängigen Zahl μ, wenn $\mathfrak{M}$ der Thetagruppe der Stufe $\mathfrak{T}$ angehört, und in diesem Falle hat μ den absoluten Betrag 1.

Beweis. Nach Satz 9 gehört $\mathfrak{M}$ der Kongruenzuntergruppe der Stufe $\mathfrak{T}$ an, falls (58) erfüllt ist. Also ist dann

(59) $$\tilde{\mathfrak{x}} \equiv \mathfrak{x} \pmod{\mathfrak{T}}, \quad \tilde{\mathfrak{y}} \equiv \mathfrak{y} \pmod{\mathfrak{T}}$$

bei beliebigen ganzen $\mathfrak{x}, \mathfrak{y}$, und die Spalte $\tilde{\mathfrak{y}} - \mathfrak{y} + \mathfrak{Z}\mathfrak{T}^{-1}(\tilde{\mathfrak{x}} - \mathfrak{x})$ wird eine Periode. Gilt nun (50) mit $\mathfrak{c} = 0$, so ist nach (57) auch die Spalte

$$\tfrac{1}{2}(\mathfrak{r} + \mathfrak{Z}\mathfrak{T}^{-1}\mathfrak{q}) = \tfrac{1}{2}(\mathfrak{T}\mathfrak{m} + \mathfrak{Z}\mathfrak{n})$$

eine Periode. Daher sind $\frac{1}{2}\mathfrak{m}$ und $\frac{1}{2}\mathfrak{n}$ ganz, und zufolge (56) liegt dann $\mathfrak{M}$ in der Thetagruppe der Stufe $\mathfrak{T}$.

Ist umgekehrt jene Bedingung für $\mathfrak{M}$ erfüllt, so sind nach (56) die Spalten $\frac{1}{2}\mathfrak{m}$ und $\frac{1}{2}\mathfrak{n}$ ganz; also ist dann auch $\frac{1}{2}\mathfrak{b}$ ganz. Man kann Satz 8 mit $\mathfrak{V} = \mathfrak{T}$ und $\mathfrak{k} = -\frac{1}{2}\mathfrak{n}$ anwenden. Dies liefert (58), wenn dort

$$\mu = \varepsilon\big(\mathfrak{x}'\mathfrak{T}^{-1}\mathfrak{y} - \tilde{\mathfrak{x}}'\mathfrak{T}^{-1}(\tilde{\mathfrak{y}} + \mathfrak{b}) + 2\mathfrak{x}'\mathfrak{T}^{-1}(\tilde{\mathfrak{y}} - \mathfrak{y} + \tfrac{1}{2}\mathfrak{b})\big)\,\varrho_0\varepsilon_{\mathfrak{k}}$$

gesetzt wird. Nach (59) ist dabei

$$\begin{aligned}
&\mathfrak{x}'\mathfrak{T}^{-1}\mathfrak{y} - \tilde{\mathfrak{x}}'\mathfrak{T}^{-1}(\tilde{\mathfrak{y}} + \mathfrak{b}) + 2\mathfrak{x}'\mathfrak{T}^{-1}(\tilde{\mathfrak{y}} - \mathfrak{y} + \tfrac{1}{2}\mathfrak{b})\\
&\quad\equiv \mathfrak{x}'\mathfrak{T}^{-1}\mathfrak{y} - (\mathfrak{A}'\mathfrak{x} + \mathfrak{C}'\mathfrak{y})'\mathfrak{T}^{-1}(\mathfrak{B}'\mathfrak{x} + \mathfrak{D}'\mathfrak{y})\\
&\quad= -(\mathfrak{A}\mathfrak{T}^{-1}\mathfrak{B}')[\mathfrak{x}] - 2\mathfrak{x}'\mathfrak{B}\mathfrak{T}^{-1}\mathfrak{C}'\mathfrak{y} - (\mathfrak{C}\mathfrak{T}^{-1}\mathfrak{D}')[\mathfrak{y}] \equiv 0 \pmod 2,
\end{aligned}$$

also

$$\mu = \varrho_0\varepsilon_{\mathfrak{k}}$$

von $\mathfrak{w}$, $\mathfrak{x}$ und $\mathfrak{y}$ unabhängig. Die Zahl μ ist vom absoluten Betrage 1 und zwar nach einer früheren Bemerkung eine achte Einheitswurzel.

§ 8. Bestimmung der Periodenmatrix durch die Koeffizienten der Normalgleichung

Es wird jetzt an den zweiten Paragraphen angeknüpft. Die Koeffizienten $\alpha_1, \ldots, \alpha_h$ der Normalgleichung $\Phi = 0$ sind die $(h-1)$-reihigen Unterdeterminanten der Matrix aus den Elementen $\varphi_l(j(\mathfrak{w}_k))$ $(k = 1, \ldots, h-1;$ $l = 1, \ldots, h)$. Dabei sind unter den $\varphi_l(\eta)$ die sämtlichen Potenzprodukte vom Gesamtgrade m in den $n+2$ Unbestimmten $\eta_0, \ldots, \eta_{n+1}$ zu verstehen, und es ist

$$j_p(\mathfrak{w}) = \sum_{q=1}^{t} \lambda_{pq}\vartheta_q(\mathfrak{w}) \qquad (p = 0, \ldots, n+1)$$

mit unbestimmten Koeffizienten λ_{pq} und den in fester Reihenfolge geordneten Thetafunktionen

$$\vartheta_q(\mathfrak{w}) = \vartheta(\mathfrak{l}_q, \mathfrak{w}) = \vartheta(\mathfrak{l}_q, 0; \mathfrak{Z}, \mathfrak{w}) \quad (\mathfrak{l}_q \text{ modulo } \mathfrak{T};\ q = 1, \ldots, t),$$

während die $\mathfrak{w}_k$ $(k = 1, \ldots, h-1)$ unabhängig veränderliche Spalten bedeuten. Es werde wieder ausführlicher

$$\vartheta_q(\mathfrak{w}) = \vartheta_q(\mathfrak{Z}, \mathfrak{w})$$

geschrieben.

Die Verhältnisse der α_l sind zufolge Satz 2 von den Parametern $\mathfrak{w}_k$ unabhängig. Man setze

$$\alpha_l = \alpha_l(\mathfrak{Z}) = \alpha_l(\mathfrak{Z}, \mathfrak{w}_1, \ldots, \mathfrak{w}_{h-1}) \qquad (l = 1, \ldots, h),$$

wobei also die Abhängigkeit von den λ_{pq} nicht besonders bezeichnet wird. Das wichtigste Ergebnis der vorliegenden Untersuchung ist in dem folgenden Satz enthalten.

Satz 11. *Zwei Punkte $\mathfrak{Z}_0$ und $\mathfrak{Z}$ von H_n sind genau dann bezüglich der Kongruenzuntergruppe der Stufe $\mathfrak{T}$ äquivalent, wenn die h Verhältnisse $\alpha_l(\mathfrak{Z}_0)/\alpha_l(\mathfrak{Z})$ $(l = 1, \ldots, h)$ einander gleich sind.*

Beweis. Es sei

$$\mathfrak{Z}_0 = \hat{\mathfrak{Z}} = (\mathfrak{T}\mathfrak{A}\mathfrak{T}^{-1}\mathfrak{Z} + \mathfrak{T}\mathfrak{B})(\mathfrak{C}\mathfrak{T}^{-1}\mathfrak{Z} + \mathfrak{D})^{-1}$$

und

$$\mathfrak{M} = \begin{pmatrix} \mathfrak{A} & \mathfrak{B} \\ \mathfrak{C} & \mathfrak{D} \end{pmatrix}$$

ein Element von $\Delta(\mathfrak{T})$. Nach Satz 9 wird

$$\vartheta(\mathfrak{l}, 0; \hat{\mathfrak{Z}}, \hat{\mathfrak{w}}_k) = \psi(\mathfrak{w}_k)\, \vartheta(\mathfrak{l}, 0; \mathfrak{Z}, \mathfrak{w}_k + \mathfrak{c}) \quad (k = 1, \ldots, h-1),$$

wobei $\mathfrak{c}$ von $\mathfrak{l}$ und $\mathfrak{w}_k$ unabhängig ist. Hieraus folgt

$$\alpha_l(\hat{\mathfrak{Z}}, \hat{\mathfrak{w}}_1, \ldots, \hat{\mathfrak{w}}_{h-1}) = \Big(\prod_{k=1}^{h-1} \psi(\mathfrak{w}_k)\Big)^m \alpha_l(\mathfrak{Z}, \mathfrak{w}_1 + \mathfrak{c}, \ldots, \mathfrak{w}_{h-1} + \mathfrak{c}) \quad (l = 1, \ldots, h).$$

Also sind die h Verhältnisse $\alpha_l(\hat{\mathfrak{Z}}, \hat{\mathfrak{w}}_1, \ldots, \hat{\mathfrak{w}}_{h-1})/\alpha_l(\mathfrak{Z}, \mathfrak{w}_1 + \mathfrak{c}, \ldots, \mathfrak{w}_{h-1} + \mathfrak{c})$ einander gleich. Andererseits sind aber die sämtlichen Quotienten

$$\alpha_k(\hat{\mathfrak{Z}}, \hat{\mathfrak{w}}_1, \ldots, \hat{\mathfrak{w}}_{h-1})/\alpha_l(\hat{\mathfrak{Z}}, \hat{\mathfrak{w}}_1, \ldots, \hat{\mathfrak{w}}_{h-1}) \quad (k, l = 1, \ldots, h)$$

von $\hat{\mathfrak{w}}_1, \ldots, \hat{\mathfrak{w}}_{h-1}$ unabhängig. Daraus ergibt sich die Übereinstimmung der h Verhältnisse

$$\alpha_l(\hat{\mathfrak{Z}}, \mathfrak{w}_1, \ldots, \mathfrak{w}_{h-1})/\alpha_l(\mathfrak{Z}, \mathfrak{w}_1, \ldots, \mathfrak{w}_{h-1}) \quad (l = 1, \ldots, h).$$

Umgekehrt werde nun von der Annahme ausgegangen, daß die h Verhältnisse $\alpha_l(\mathfrak{Z}_0)/\alpha_l(\mathfrak{Z})$ einander gleich sind. Dann wird für $\mathfrak{Z}_0$ und für $\mathfrak{Z}$ durch die Gleichung $\Phi(\eta) = 0$ dieselbe algebraische Mannigfaltigkeit P im Raume mit den projektiven Koordinaten $\xi_1, \ldots, \xi_t$ und

$$\eta_p = \sum_{q=1}^{t} \lambda_{pq} \xi_q \qquad (p = 0, \ldots, n+1)$$

erklärt. Es sei W_0 der $\mathfrak{Z}_0$ entsprechende Periodentorus und $\mathfrak{w}_0$ die zugehörige Variable. Da die aus den t Zeilen $\left(\vartheta_k \frac{\partial \vartheta_k}{\partial w_1} \cdots \frac{\partial \vartheta_k}{\partial w_n}\right)$ $(k = 1, \ldots, t)$ gebildete Matrix $\mathfrak{F}_4$ für alle $\mathfrak{w}$ und $\mathfrak{Z}$ ausnahmslos den Rang $n+1$ hat, so läßt sich auf W_0 ein Punkt $\mathfrak{w}_0 = \mathfrak{d}_0$ derart finden, daß bei geeigneter Numerierung $\vartheta_t(\mathfrak{Z}_0, \mathfrak{d}_0) \neq 0$ ist und auch die Funktionaldeterminante der n Quotienten

$$\chi_k(\mathfrak{Z}, \mathfrak{w}) = \frac{\vartheta_k(\mathfrak{Z}, \mathfrak{w})}{\vartheta_t(\mathfrak{Z}, \mathfrak{w})} \qquad (k = 1, \ldots, n)$$

bezüglich der Variabeln $w_1, \ldots, w_n$ für $\mathfrak{Z} = \mathfrak{Z}_0$ und $\mathfrak{w} = \mathfrak{d}_0$ nicht verschwindet. Durch die projektiven Koordinaten

$$\tau \xi_q = \vartheta_q(\mathfrak{Z}_0, \mathfrak{d}_0) \qquad (q = 1, \ldots, t)$$

wird dann ein bestimmter Punkt auf P festgelegt, dem wiederum genau ein Punkt $\mathfrak{w} = \mathfrak{d}$ auf dem Periodentorus W entspricht. Es wird also

$$\vartheta_t(\mathfrak{Z}, \mathfrak{d})\, \vartheta_k(\mathfrak{Z}_0, \mathfrak{d}_0) = \vartheta_k(\mathfrak{Z}, \mathfrak{d})\, \vartheta_t(\mathfrak{Z}_0, \mathfrak{d}_0) \quad (k = 1, \ldots, t-1)$$

und insbesondere $\vartheta_t(\mathfrak{Z}, \mathfrak{d}) \neq 0$.

Durch Umkehrung des Systems der n Funktionen $\chi_k(\mathfrak{Z}_0, \mathfrak{w}_0)$ $(k = 1, \ldots, n)$ in der Umgebung von $\mathfrak{w}_0 = \mathfrak{d}_0$ ergibt sich $\mathfrak{w}_0$ lokal als reguläre Funktion der Variabeln χ_k, die für $\chi_k = \chi_k(\mathfrak{Z}_0, \mathfrak{d}_0)$ den Wert $\mathfrak{d}_0$ annimmt. Setzt man nun

$$(60) \qquad \chi_k(\mathfrak{Z}_0, \mathfrak{w}_0) = \chi_k(\mathfrak{Z}, \mathfrak{w}) \qquad (k = 1, \ldots, n),$$

so wird dadurch

$$\mathfrak{w}_0 = \mathfrak{f}(\mathfrak{w})$$

eine Funktion von $\mathfrak{w}$, die in der Nähe von $\mathfrak{w} = \mathfrak{d}$ regulär ist und in diesem Punkte den Wert $\mathfrak{d}_0$ besitzt. Da durch die n lokalen Koordinaten $\chi_1, \ldots, \chi_n$ die Punkte einer genügend kleinen Umgebung des gewählten Punktes auf P eindeutig festgelegt werden, so gilt (60) auch für $k = n + 1, \ldots, t$, also allgemeiner

$$(61) \qquad \vartheta_l(\mathfrak{Z}, \mathfrak{w})\, \vartheta_k(\mathfrak{Z}_0, \mathfrak{w}_0) = \vartheta_k(\mathfrak{Z}, \mathfrak{w})\, \vartheta_l(\mathfrak{Z}_0, \mathfrak{w}_0) \quad (k, l = 1, \ldots, t)$$

mit $\mathfrak{w}_0 = \mathfrak{f}(\mathfrak{w})$ in einer gewissen Umgebung von $\mathfrak{w} = \mathfrak{d}$. Hieraus folgt aber mittels analytischer Fortsetzung, wenn man die Kompaktheit von W_0 und die bereits oben benutzte Eigenschaft des Ranges der Matrix $\mathfrak{F}_4$ heranzieht, daß $\mathfrak{w}_0$ eine ganze Funktion von $\mathfrak{w}$ ist. Läßt man $\mathfrak{w}$ einen auf W geschlossenen Weg beschreiben, so muß auch der entsprechende Weg von $\mathfrak{w}_0$ auf W_0 geschlossen sein. Folglich sind die partiellen Ableitungen erster Ordnung von $\mathfrak{w}_0$ nach $w_1, \ldots, w_n$ Abelsche Funktionen von $\mathfrak{w}$, also sämtlich konstant. Daher wird

$$\mathfrak{w}_0 = \mathfrak{Q}_0 \mathfrak{w} + \mathfrak{r}_0$$

mit konstanten $\mathfrak{Q}_0, \mathfrak{r}_0$, und insbesondere ergibt sich für die beiden Periodenmatrizen

$$\mathfrak{P} = (\mathfrak{Z} \;\; \mathfrak{T}), \quad \mathfrak{P}_0 = (\mathfrak{Z}_0 \;\; \mathfrak{T})$$

die Beziehung

$$\mathfrak{Q}_0 \mathfrak{P} = \mathfrak{P}_0 \mathfrak{G}_0$$

mit ganzem $\mathfrak{G}_0$. In dieser Schlußweise kann man offenbar die Bedeutungen von $\mathfrak{w}$ und $\mathfrak{w}_0$ miteinander vertauschen. Demnach ergibt sich, daß $|\mathfrak{Q}_0| \neq 0$ und $\mathfrak{G}_0 = \mathfrak{U}'$ unimodular ist.

Zufolge (61) ist der Quotient

$$\frac{\vartheta_k(\mathfrak{Z}_0, \mathfrak{w}_0)}{\vartheta_k(\mathfrak{Z}, \mathfrak{w})} = \omega(\mathfrak{w}) \qquad (k = 1, \ldots, t) \tag{62}$$

von k unabhängig, also eine ganze Funktion von $\mathfrak{w}$, die keine Nullstellen hat. Addiert man zu $\mathfrak{w}$ eine Periode $\mathfrak{Z}\mathfrak{p}_0 + \mathfrak{T}\mathfrak{q}_0$ mit ganzen $\mathfrak{p}_0$ und $\mathfrak{q}_0$, so vermehrt sich $\log\omega(\mathfrak{w})$ um eine lineare Funktion von $w_1, \ldots, w_n$. Daher ist $d^2 \log\omega(\mathfrak{w}) = 0$ und $\log\omega(\mathfrak{w})$ selber ein Polynom zweiten Grades in $w_1, \ldots, w_n$; also

$$\log\omega(\mathfrak{w}) = \pi i\, \mathfrak{S}[\mathfrak{w}] + \cdots, \tag{63}$$

wobei $\mathfrak{S}$ symmetrisch und der Rest linear ist.

Setzt man noch

$$-2(\mathfrak{E}\ \ 0) = \mathfrak{H}_0$$

und benutzt (21), so erhält man für beliebiges ganzes $\mathfrak{g}$ die Formel

$$\vartheta_k(\mathfrak{Z}, \mathfrak{w} + \mathfrak{P}\mathfrak{g}) = \varepsilon(\mathfrak{w}'\mathfrak{H}_0\mathfrak{g} + c_{\mathfrak{g}})\,\vartheta_k(\mathfrak{Z}, \mathfrak{w}) \qquad (k = 1, \ldots, t)$$

mit einer Größe $c_{\mathfrak{g}}$, die von $\mathfrak{w}$ und k unabhängig ist, und weiter

$$\vartheta_k(\mathfrak{Z}_0, \mathfrak{w}_0 + \mathfrak{Q}_0\mathfrak{P}\mathfrak{g}) = \vartheta_k(\mathfrak{Z}_0, \mathfrak{Q}_0\mathfrak{w} + \mathfrak{r}_0 + \mathfrak{P}_0\mathfrak{U}'\mathfrak{g}) = \varepsilon(\mathfrak{w}'\mathfrak{Q}_0'\mathfrak{H}_0\mathfrak{U}'\mathfrak{g} + d_{\mathfrak{g}})\,\vartheta_k(\mathfrak{Z}_0, \mathfrak{w}_0)$$

mit entsprechender Bedeutung von $d_{\mathfrak{g}}$. Mit Hilfe von (62) und (63) ergibt sich jetzt

$$\mathfrak{Q}_0'\mathfrak{H}_0\mathfrak{U}' - \mathfrak{H}_0 = 2\mathfrak{S}\mathfrak{P},$$

also

$$\mathfrak{H}_0'\mathfrak{P} = \mathfrak{U}\mathfrak{H}_0'\mathfrak{Q}_0\mathfrak{P} - 2\mathfrak{S}[\mathfrak{P}] = \mathfrak{U}\mathfrak{H}_0'\mathfrak{P}_0\mathfrak{U}' - 2\mathfrak{S}[\mathfrak{P}].$$

Ferner gilt aber

$$\tfrac{1}{2}(\mathfrak{P}'\mathfrak{H}_0 - \mathfrak{H}_0'\mathfrak{P}) = \begin{pmatrix}\mathfrak{E}\\ 0\end{pmatrix}(\mathfrak{Z}\ \ \mathfrak{T}) - \begin{pmatrix}\mathfrak{Z}\\ \mathfrak{T}\end{pmatrix}(\mathfrak{E}\ \ 0) = \begin{pmatrix}0 & \mathfrak{T}\\ -\mathfrak{T} & 0\end{pmatrix} = \mathfrak{L} = \tfrac{1}{2}(\mathfrak{P}_0'\mathfrak{H}_0 - \mathfrak{H}_0'\mathfrak{P}_0),$$

und demnach wird

$$\mathfrak{U}\mathfrak{L}\mathfrak{U}' = \mathfrak{L},$$

so daß $\mathfrak{U}'$ eine Modulmatrix der Stufe $\mathfrak{T}$ ist.

Mit der ganzen Matrix

$$\mathfrak{M} = \mathfrak{J}\mathfrak{U}'\mathfrak{J}^{-1} = \mathfrak{T}_0^{-1}\mathfrak{U}^{-1}\mathfrak{T}_0$$

ist dann

$$\mathfrak{M}'\mathfrak{L}\mathfrak{M} = \mathfrak{J}\mathfrak{U}\mathfrak{J}^{-1}\mathfrak{L}\mathfrak{J}\mathfrak{U}'\mathfrak{J}^{-1} = \mathfrak{J}\mathfrak{U}\mathfrak{L}\mathfrak{U}'\mathfrak{J}^{-1} = \mathfrak{J}\mathfrak{L}\mathfrak{J}^{-1} = \mathfrak{L};$$

also ist auch

$$\mathfrak{M} = \begin{pmatrix}\mathfrak{A} & \mathfrak{B}\\ \mathfrak{C} & \mathfrak{D}\end{pmatrix}$$

eine Modulmatrix der Stufe $\mathfrak{T}$. Es gilt dafür

$$\mathfrak{T}_0^{-1}\mathfrak{P}_0' = \mathfrak{T}_0^{-1}\mathfrak{U}^{-1}\mathfrak{P}'\mathfrak{Q}_0' = \mathfrak{M}\mathfrak{T}_0^{-1}\mathfrak{P}'\mathfrak{Q}_0',$$

$$\mathfrak{E} = (\mathfrak{C}\mathfrak{T}^{-1}\mathfrak{Z} + \mathfrak{D})\mathfrak{Q}_0', \quad \mathfrak{Z}_0 = (\mathfrak{T}\mathfrak{A}\mathfrak{T}^{-1}\mathfrak{Z} + \mathfrak{T}\mathfrak{B})(\mathfrak{C}\mathfrak{T}^{-1}\mathfrak{Z} + \mathfrak{D})^{-1} = \hat{\mathfrak{Z}},$$

$$(\mathfrak{C}\mathfrak{T}^{-1}\mathfrak{Z} + \mathfrak{D})'\mathfrak{w}_0 = \mathfrak{w} + (\mathfrak{C}\mathfrak{T}^{-1}\mathfrak{Z} + \mathfrak{D})'\mathfrak{r}_0.$$

Ersetzt man schließlich $\mathfrak{w}$ durch $\mathfrak{w} + \mathfrak{c}$ mit

$$\mathfrak{c} = -(\mathfrak{C}\mathfrak{T}^{-1}\mathfrak{Z} + \mathfrak{D})'\mathfrak{r}_0,$$

so wird $\mathfrak{w}_0 = \hat{\mathfrak{w}}$. Zufolge Satz 9 ergibt sich nun aus (62), daß $\mathfrak{M}$ zur Kongruenzuntergruppe der Stufe $\mathfrak{T}$ gehört. Damit ist der Beweis von Satz 11 beendet.

Man beachte, daß durch Satz 11 der restliche Teil von der zweiten Aufgabe aus der Einleitung beantwortet wird.

§ 9. Transformation der Koeffizienten der Normalgleichung

Es sei $\mathfrak{M}$ wieder eine beliebige Modulmatrix der Stufe $\mathfrak{T}$. Man übe auf die $h-1$ unabhängigen Variabeln $\mathfrak{w}_1, \ldots, \mathfrak{w}_{h-1}$ simultan die entsprechende homogene lineare Substitution

$$\mathfrak{w} = (\mathfrak{C}\mathfrak{T}^{-1}\mathfrak{Z} + \mathfrak{D})'\hat{\mathfrak{w}}$$

aus, wodurch sie in $\hat{\mathfrak{w}}_1, \ldots, \hat{\mathfrak{w}}_{h-1}$ übergehen mögen, und definiere

$$\text{(64)} \quad \hat{\alpha}_l = \hat{\alpha}_l(\mathfrak{Z}) = \hat{\alpha}_l(\mathfrak{Z}, \mathfrak{w}_1, \ldots, \mathfrak{w}_{h-1})$$
$$= |\mathfrak{C}\mathfrak{T}^{-1}\mathfrak{Z} + \mathfrak{D}|^{-m\frac{h-1}{2}}\,\varepsilon\Big(-m\sum_{k=1}^{h-1}\mathfrak{w}_k'\mathfrak{T}^{-1}\mathfrak{C}'\hat{\mathfrak{w}}_k\Big)\alpha_l(\hat{\mathfrak{Z}}, \hat{\mathfrak{w}}_1, \ldots, \hat{\mathfrak{w}}_{h-1}) \quad (l = 1, \ldots, h).$$

Die Verhältnisse von $\hat{\alpha}_1, \ldots, \hat{\alpha}_h$ sind dann ebenfalls von den Parametern $\mathfrak{w}_1, \ldots, \mathfrak{w}_{h-1}$ unabhängig. Vermöge der expliziten Darstellung von $\alpha_l(\mathfrak{Z}, \mathfrak{w}_1, \ldots, \mathfrak{w}_{h-1})$ durch Determinanten erweisen sich die Funktionen $\hat{\alpha}_l$ als homogene Polynome in den λ_{pq}, deren Koeffizienten in Abhängigkeit von den Variabeln $\mathfrak{Z}, \mathfrak{w}_1, \ldots, \mathfrak{w}_{h-1}$ regulär im Gebiete $H_n \times C_{(h-1)n}$ sind. Zur näheren Untersuchung der Entwicklung in Potenzreihen bezüglich $\mathfrak{w}_1, \ldots, \mathfrak{w}_{h-1}$ hat man Satz 8 heranzuziehen, wodurch die Nullwerte der $4^n t$ Thetafunktionen

$$\vartheta(\mathfrak{l} + \tfrac{1}{2}\mathfrak{p}, \tfrac{1}{2}\mathfrak{q}; \mathfrak{Z}, \mathfrak{w}) = \varepsilon\big((\mathfrak{l} + \tfrac{1}{2}\mathfrak{p})'\mathfrak{T}^{-1}\mathfrak{q}\big)\,\vartheta_{\mathfrak{p}\mathfrak{q}}(\mathfrak{l}, \mathfrak{w})$$

auftreten; dabei ist für $\mathfrak{l}$ ein volles Restsystem modulo $\mathfrak{T}$ zu nehmen, während die Elemente der Spalten $\mathfrak{p}$ und $\mathfrak{q}$ nur die Zahlen 0 und 1 sind. Analog zu den Definitionen in § 2 wird

$$2\pi i\,\mathfrak{w} = \mathfrak{r} = (r_1 \ldots r_n)'$$

und

$$(65)\quad \begin{aligned} \vartheta_{\mathfrak{pq}}^{(k_1\ldots k_n)}(\mathfrak{l}) &= \left(\frac{\partial^{k_1+\cdots+k_n}\vartheta_{\mathfrak{pq}}(\mathfrak{l},\mathfrak{w})}{(\partial r_1)^{k_1}\ldots(\partial r_n)^{k_n}}\right)_{\mathfrak{w}=0} \\ &= \sum_{\mathfrak{g}} \varepsilon\left(\mathfrak{Z}\left[\mathfrak{g}+\mathfrak{T}^{-1}\left(\mathfrak{l}+\frac{1}{2}\mathfrak{p}\right)\right]+\mathfrak{g}'\mathfrak{q}\right)\left(g_1+\frac{l_1+\frac{1}{2}p_1}{t_1}\right)^{k_1}\cdots\left(g_n+\frac{l_n+\frac{1}{2}p_n}{t_n}\right)^{k_n} \end{aligned}$$

gesetzt.

Satz 12. *In der Potenzreihenentwicklung*

$$\hat{\alpha}_l = \sum_R \hat{\alpha}_{l,R} R$$

bezüglich $\mathfrak{r}_1,\ldots,\mathfrak{r}_{h-1}$ *sind die* $\hat{\alpha}_{l,R}$ *homogene Polynome des Grades* $(h-1)m$ *in den Parametern* λ_{pq} *und ihre Koeffizienten wiederum Polynome in den Thetanullwerten* $\vartheta_{\mathfrak{pq}}^{(k_1\ldots k_n)}(\mathfrak{l})$; *die darin auftretenden Zahlenkoeffizienten gehören bis auf einen nur von* $\mathfrak{M}$ *abhängigen gemeinsamen Faktor dem Körper der* $(2t_n)$*-ten Einheitswurzeln an, und für* $\mathfrak{M}=\mathfrak{E}$ *sind sie rational. Bei den Gliedern vom Gesamtgrade* g *in den* $\mathfrak{r}$ *sind die Ordnungen* $k_1+\cdots+k_n$ *der auftretenden partiellen Ableitungen nicht größer als* g.

Beweis. Der Fall $\mathfrak{M}=\mathfrak{E}$ ist bereits in § 2 erledigt worden. Für beliebiges $\mathfrak{M}$ ergibt Satz 8 die Formel

$$\begin{aligned} &|\mathfrak{C}\mathfrak{T}^{-1}\mathfrak{Z}+\mathfrak{D}|^{-\frac{1}{2}}\,\varepsilon(-\mathfrak{w}'\mathfrak{T}^{-1}\mathfrak{C}'\hat{\mathfrak{w}})\,\vartheta(\mathfrak{l},0;\hat{\mathfrak{Z}},\hat{\mathfrak{w}}) \\ &\quad = \varepsilon(-\mathfrak{l}'\mathfrak{A}\mathfrak{T}^{-1}(\mathfrak{B}'\mathfrak{l}+\mathfrak{b}))\,\varrho_0 \sum_{\mathfrak{B}'\mathfrak{k}\,(\mathrm{mod}\,\mathfrak{T})} \varepsilon_{\mathfrak{k}}\vartheta(\mathfrak{A}'\mathfrak{l}+\mathfrak{B}'(\mathfrak{k}+\tfrac{1}{2}\mathfrak{n}),\ \mathfrak{B}'\mathfrak{l}+\tfrac{1}{2}\mathfrak{b};\ \mathfrak{Z},\mathfrak{w}). \end{aligned}$$

Nun sei

$$\mathfrak{B}'\mathfrak{n}\equiv\mathfrak{p}\,(\mathrm{mod}\,2),\quad \mathfrak{b}\equiv\mathfrak{q}\,(\mathrm{mod}\,2),\quad \mathfrak{A}'\mathfrak{l}+\mathfrak{B}'\mathfrak{k}+\tfrac{1}{2}(\mathfrak{B}'\mathfrak{n}-\mathfrak{p})\equiv\mathfrak{l}_1\,(\mathrm{mod}\,\mathfrak{T}),$$

wobei $\mathfrak{p}$ und $\mathfrak{q}$ nur von $\mathfrak{M}$ abhängen. Dann wird

$$\vartheta(\mathfrak{A}'\mathfrak{l}+\mathfrak{B}'(\mathfrak{k}+\tfrac{1}{2}\mathfrak{n}),\ \mathfrak{B}'\mathfrak{l}+\tfrac{1}{2}\mathfrak{b};\ \mathfrak{Z},\mathfrak{w}) = \varepsilon((\mathfrak{l}_1+\tfrac{1}{2}\mathfrak{p})'\mathfrak{T}^{-1}(2\mathfrak{B}'\mathfrak{l}+\mathfrak{b}))\,\vartheta_{\mathfrak{pq}}(\mathfrak{l}_1,\mathfrak{w}),$$

$$\vartheta_{\mathfrak{pq}}(\mathfrak{l}_1,\mathfrak{w}) = \sum_{k_1,\ldots,k_n=0}^{\infty} \vartheta_{\mathfrak{pq}}^{(k_1\ldots k_n)}(\mathfrak{l}_1)\frac{r_1^{k_1}}{k_1!}\cdots\frac{r_n^{k_n}}{k_n!},$$

und damit sind die Potenzreihen der Funktionen $\varepsilon(-\mathfrak{w}'\mathfrak{T}^{-1}\mathfrak{C}'\hat{\mathfrak{w}})\,\vartheta(\mathfrak{l},0;\hat{\mathfrak{Z}},\hat{\mathfrak{w}})$ bekannt. Trägt man diese in die Ausdrücke $\varphi_l(j(\hat{\mathfrak{Z}},\hat{\mathfrak{w}}_k))$ ein und entwickelt die hiermit gebildeten Determinanten für die $\alpha_p(\hat{\mathfrak{Z}},\hat{\mathfrak{w}}_1,\ldots,\hat{\mathfrak{w}}_{h-1})$ $(p=1,\ldots,h)$, so folgt nach (64) die Behauptung des Satzes.

Es werde nun angenommen, daß die h Verhältnisse $\hat{\alpha}_l/\alpha_l$ $(l=1,\ldots,h)$ für irgend ein festes $\mathfrak{Z}$ und gegebenes $\mathfrak{M}$ identisch in λ und $\mathfrak{w}_1,\ldots,\mathfrak{w}_{h-1}$ einander gleich sind. Da der Quotient α_k/α_l $(k,l=1,\ldots,h)$ von $\mathfrak{w}_1,\ldots,\mathfrak{w}_{h-1}$ unabhängig ist, so ergibt (64), daß auch die h Verhältnisse

$$\alpha_l(\hat{\mathfrak{Z}},\hat{\mathfrak{w}}_1,\ldots,\hat{\mathfrak{w}}_{h-1})/\alpha_l(\mathfrak{Z},\mathfrak{w}_1,\ldots,\mathfrak{w}_{h-1})$$

übereinstimmen. Nach Satz 11 ist dies aber genau dann der Fall, wenn $\mathfrak{M}$ zu $\Delta(\mathfrak{T})$ gehört.

Jetzt zerlege man die Modulgruppe der Stufe $\mathfrak{T}$ in Klassen bezüglich der invarianten Untergruppe $\Delta(\mathfrak{T})$, deren Index j sei. Es seien $\mathfrak{M}_1 = \mathfrak{E}, \ldots, \mathfrak{M}_j$ fest gewählte Repräsentanten der verschiedenen Klassen. Die zu $\mathfrak{M}_k$ gehörige Funktion $\hat{\alpha}_l$ möge mit

$$\alpha_{kl} = \alpha_{kl}(\mathfrak{Z}) = \alpha_{kl}(\mathfrak{Z}, \mathfrak{w}_1, \ldots, \mathfrak{w}_{h-1}) \quad (k = 1, \ldots, j; l = 1, \ldots, h)$$

bezeichnet werden. Ersetzt man $\mathfrak{M}_k$ durch einen anderen Repräsentanten der gleichen Klasse, so ändern sich die h zugehörigen Funktionen α_{kl} $(l = 1, \ldots, h)$ nach dem oben Bewiesenen nur um einen gemeinsamen Faktor. Andererseits sind aber aus demselben Grunde für verschiedene $\mathfrak{M}_g$ und $\mathfrak{M}_k$ $(g, k = 1, \ldots, j;$ $g \neq k)$ die h Verhältnisse α_{gl}/α_{kl} $(l = 1, \ldots, h)$ nicht sämtlich einander gleich, und zwar bereits bei konstant gehaltenem $\mathfrak{Z}$.

Analog zu

$$\Phi = \alpha_1 \varphi_1 + \cdots + \alpha_h \varphi_h$$

werde

$$\Phi_k = \alpha_{k1} \varphi_1 + \cdots + \alpha_{kh} \varphi_h \quad (k = 1, \ldots, j)$$

gesetzt, wobei also $\varphi_1, \ldots, \varphi_h$ die Potenzprodukte m-ten Grades von $\eta_0, \ldots, \eta_{n+1}$ bedeuten. Das Produkt

$$F = \prod_{k=1}^{j} \Phi_k$$

ist dann ein homogenes Polynom des Grades jm in $\eta_0, \ldots, \eta_{n+1}$, dessen Koeffizienten in fester Reihenfolge mit $\gamma_1, \ldots, \gamma_u$ bezeichnet seien. Es wird

$$u = \binom{jm + n + 1}{n + 1}.$$

Wie in § 1 erkennt man, daß auch bei konstantem $\mathfrak{Z}$ in dem Polynom F alle u Potenzprodukte der η_l vom Grade jm wirklich auftreten. Die Koeffizienten γ_k $(k = 1, \ldots, u)$ hängen zwar noch von der Auswahl der Klassenrepräsentanten $\mathfrak{M}_1, \ldots, \mathfrak{M}_j$ ab; jedoch sind ihre Verhältnisse davon frei. Es werde genauer

$$\gamma_k = \gamma_k(\mathfrak{Z}) = \gamma_k(\mathfrak{Z}, \mathfrak{w}_1, \ldots, \mathfrak{w}_{h-1}) \quad (k = 1, \ldots, u)$$

geschrieben; dabei ist zu beachten, daß die γ_k außerdem noch homogene Polynome in den λ_{pq} vom Grade $j(h-1)m$ sind. Die Verhältnisse der γ_k sind von den Variabeln $\mathfrak{w}_1, \ldots, \mathfrak{w}_{h-1}$ unabhängig.

Satz 13. *Zwei Punkte $\mathfrak{Z}_0$ und $\mathfrak{Z}$ von H_n sind genau dann bezüglich der Modulgruppe der Stufe $\mathfrak{T}$ äquivalent, wenn die u Verhältnisse $\gamma_k(\mathfrak{Z}_0)/\gamma_k(\mathfrak{Z})$ $(k = 1, \ldots, u)$ einander gleich sind.*

Beweis. Bei beliebiger fester Modulmatrix $\mathfrak{M}$ von der Stufe $\mathfrak{T}$ sind $\mathfrak{M}_1 \mathfrak{M}, \ldots, \mathfrak{M}_j \mathfrak{M}$ wieder Klassenrepräsentanten, wobei die zugehörigen Klassen eine Permutation erfahren. Hieraus folgt nun, daß die u Verhältnisse

$\gamma_k(\hat{\mathfrak{Z}}, \hat{\mathfrak{w}}_1, \ldots, \hat{\mathfrak{w}}_{h-1})/\gamma_k(\mathfrak{Z}, \mathfrak{w}_1, \ldots, \mathfrak{w}_{h-1})$ $(k = 1, \ldots, u)$ einander gleich sind, also auch die $\gamma_k(\hat{\mathfrak{Z}})/\gamma_k(\mathfrak{Z})$. Damit ist die Behauptung für den Fall $\mathfrak{Z}_0 = \hat{\mathfrak{Z}}$ gezeigt.

Sind andererseits die u Verhältnisse $\gamma_k(\mathfrak{Z}_0)/\gamma_k(\mathfrak{Z})$ einander gleich, so unterscheiden sich die Polynome $F = F(\mathfrak{Z})$ und $F(\mathfrak{Z}_0)$ nur um einen von η unabhängigen Faktor. Ferner ist das Polynom Φ bezüglich η sogar bei jedem festen $\mathfrak{Z}$ irreduzibel; also sind dies auch $\Phi_1, \ldots, \Phi_j$. Hieraus folgt nun, daß für einen geeigneten Index k das Polynom $\Phi_k = \Phi_k(\mathfrak{Z})$ sich von $\Phi = \Phi(\mathfrak{Z}_0)$ nur um einen von η freien Faktor unterscheidet. Also sind die h Verhältnisse $\alpha_{kl}(\mathfrak{Z})/\alpha_l(\mathfrak{Z}_0)$ $(l = 1, \ldots, h)$ einander gleich. Geht $\mathfrak{Z}$ durch die $\mathfrak{M}_k$ entsprechende Modulsubstitution in $\mathfrak{Z}_k$ über, so sind nach (64) auch die h Verhältnisse $\alpha_l(\mathfrak{Z}_k)/\alpha_l(\mathfrak{Z}_0)$ einander gleich, und nach Satz 11 ist dann aber $\mathfrak{Z}_0$ mit $\mathfrak{Z}_k$ bezüglich $\Delta(\mathfrak{T})$ äquivalent, also auch $\mathfrak{Z}_0$ mit $\mathfrak{Z}$ bezüglich der vollen Gruppe $\Gamma(\mathfrak{T})$. Hiermit ist der Beweis beendet.

Die u Funktionen $\gamma_k(\mathfrak{Z}, \mathfrak{w}_1, \ldots, \mathfrak{w}_{h-1})$ sind Polynome in den λ_{pq}, deren Koeffizienten in Abhängigkeit von den Variabeln $\mathfrak{Z}, \mathfrak{w}_1, \ldots, \mathfrak{w}_{h-1}$ im Gebiete $H_n \times C_{(h-1)n}$ regulär sind. Die Verhältnisse der γ_k sind von $\mathfrak{w}_1, \ldots, \mathfrak{w}_{h-1}$ frei; in Abhängigkeit von $\mathfrak{Z}$ sind es meromorphe Funktionen, die aber außerdem noch rational von den Parametern λ_{pq} abhängen, und zwar homogen von 0-tem Grade. Wählt man für die λ_{pq} solche festen komplexen Zahlwerte, daß keines jener Verhältnisse identisch in $\mathfrak{Z}$ die Form 0/0 bekommt, so werden die Verhältnisse zufolge Satz 13 zu Modulfunktionen der Stufe $\mathfrak{T}$. Es ist aber zweckmäßig, nicht die λ_{pq} zu spezialisieren, sondern auf eine andere Art zu eliminieren, wie es im nächsten Paragraphen geschehen soll.

§ 10. Moduln

Die h Funktionen $\alpha_1, \ldots, \alpha_h$ sind homogene Polynome vom Grade $(h-1)m$ in den Parametern λ_{pq} $(p = 0, \ldots, n+1;\ q = 1, \ldots, t)$. Ihre Koeffizienten sind wiederum Polynome in den $(h-1)t$ Funktionen $\vartheta_l(\mathfrak{Z}, \mathfrak{w}_k)$ $(k = 1, \ldots, h-1;$ $l = 1, \ldots, t)$, und zwar homogen vom Grade m in denen von gleichem k, mit ganzen rationalen Zahlenkoeffizienten. Es ist nicht bekannt, ob die α_l $(l = 1, \ldots, h)$ bei variabeln $\mathfrak{Z}, \mathfrak{w}_1, \ldots, \mathfrak{w}_{h-1}$ bezüglich der λ_{pq} teilerfremd sind oder nicht. Es sei

$$\alpha_0 = (\alpha_1, \ldots, \alpha_h)$$

der größte gemeinsame Teiler bezüglich λ, der zunächst nur bis auf einen von λ freien Faktor festgelegt ist, und

$$\beta_l = \frac{\alpha_l}{\alpha_0} \qquad (l = 1, \ldots, h).$$

Man kann α_0 aus $\alpha_1, \ldots, \alpha_h$ durch wiederholte Anwendung des euklidischen Algorithmus gewinnen und danach die teilerfremden Polynome $\beta_1, \ldots, \beta_h$ durch Division. Da weiterhin nur die β_l gebraucht werden, so empfiehlt es sich, sie folgendermaßen zu bestimmen, wodurch dann zugleich der noch willkürliche Faktor in α_0 fixiert wird.

Man betrachte die $h-1$ Gleichungen

$$\alpha_1 \beta_l - \alpha_l \beta_1 = 0 \qquad (l = 2, \ldots, h) \tag{66}$$

und setze darin $\beta_1, \ldots, \beta_h$ als homogene Polynome in den λ_{pq} von gleichem Grade m_0 mit lauter unbestimmten Koeffizienten an, wobei zunächst m_0 beliebig gleich $0, 1, 2, \ldots$ gegeben sei. Es sei $a+1$ die Gesamtzahl der auftretenden unbestimmten Koeffizienten, b die Anzahl aller Potenzprodukte der λ_{pq} vom Grade $(h-1)m + m_0$; dann wird

$$a+1 = h\binom{m_0 + (n+2)t - 1}{(n+2)t-1}, \qquad b = \binom{(h-1)m + m_0 + (n+2)t - 1}{(n+2)t-1}.$$

Durch Nullsetzen der Koeffizienten auf der linken Seite von (66) erhält man mit $l = 2, \ldots, h$ insgesamt $(h-1)b$ homogene lineare Gleichungen für $a+1$ Unbekannte. Die darin auftretenden bekannten Koeffizienten sind bis auf das Vorzeichen die von $\alpha_1, \ldots, \alpha_h$. Man wähle nun m_0 als die kleinste Zahl, für welche das System jener linearen Gleichungen eine nicht-triviale Lösung hat. Da die teilerfremden β_l $(l = 1, \ldots, h)$ bis auf einen gemeinsamen von λ freien Faktor bestimmt sind, so müssen dann unter den Gleichungen a linear unabhängige auftreten und nicht mehr. Man bekommt eine Lösung in Gestalt von a-reihigen Determinanten, deren Elemente die Koeffizienten der $\pm\alpha_l$ $(l = 1, \ldots, h)$ sind. Es ist klar, daß $m_0 \leq (h-1)m$ wird, worin das Gleichheitszeichen nur im Falle der Teilerfremdheit von $\alpha_1, \ldots, \alpha_h$ selber auftritt. Das wesentliche ist, daß bei jenem Verfahren die Koeffizienten der teilerfremden Polynome $\beta_1, \ldots, \beta_h$ wiederum in den t Funktionen $\vartheta_l(\mathfrak{Z}, \mathfrak{w}_k)$ $(l = 1, \ldots, t)$ für jedes $k = 1, \ldots, h-1$ homogene Polynome des Grades am werden, wobei die auftretenden numerischen Koeffizienten ganz rational sind.

Um die im vorigen Paragraphen gegebene Definition der $\hat{\alpha}_l$ $(l = 1, \ldots, h)$ sinngemäß auf die teilerfremden Polynome β_l zu übertragen, hat man in (64) die Zahl m durch am zu ersetzen, also

$$\hat{\beta}_l = |\mathfrak{C}\mathfrak{T}^{-1}\mathfrak{Z} + \mathfrak{D}|^{-am\frac{h-1}{2}} \varepsilon\Big(-am \sum_{k=1}^{h-1} \mathfrak{w}_k' \mathfrak{T}^{-1}\mathfrak{C}' \hat{\mathfrak{w}}_k\Big) \beta_l(\mathfrak{Z}, \hat{\mathfrak{w}}_1, \ldots, \hat{\mathfrak{w}}_{h-1}) \quad (l = 1, \ldots, h)$$

zu erklären. Dann gilt bei entsprechender Abänderung die Aussage von Satz 12 auch für $\hat{\beta}_l$ an Stelle von $\hat{\alpha}_l$. Weiter definiere man analog die β_{kl} $(k = 1, \ldots, j;$ $l = 1, \ldots, h)$ sowie

$$\Psi_k = \beta_{k1}\varphi_1 + \cdots + \beta_{kh}\varphi_h \qquad (k = 1, \ldots, j), \tag{67}$$

$$G = \prod_{k=1}^{j} \Psi_k$$

und bezeichne die Koeffizienten von G bezüglich η mit $\delta_1, \ldots, \delta_u$. Nach dem Satze von Gauß ist dann bezüglich λ bei variabeln $\mathfrak{Z}, \mathfrak{w}_1, \ldots, \mathfrak{w}_{h-1}$ auch

$$(68) \qquad (\delta_1, \ldots, \delta_u) = 1,$$

und ferner gilt

$$(69) \qquad \gamma_1 \delta_l = \gamma_l \delta_1 \qquad (l = 2, \ldots, u).$$

Die Funktionen $\delta_1, \ldots, \delta_u$ sind bezüglich λ homogene Polynome des gleichen Grades $j m_0$. Ihre Koeffizienten seien in fester Reihenfolge mit $q_0, q_1, \ldots, q_v$ bezeichnet. Sie hängen von den Variabeln $\mathfrak{Z}, \mathfrak{w}_1, \ldots, \mathfrak{w}_{h-1}$ ab, und es seien nur diejenigen aufgeschrieben, welche nicht identisch verschwinden. Es wird dann

$$v + 1 \leq u \binom{j m_0 + (n+2)t - 1}{(n+2)t - 1}.$$

Nach (68) und (69) sind nun die Verhältnisse der q_l $(l = 0, \ldots, v)$ von den Variabeln $\mathfrak{w}_1, \ldots, \mathfrak{w}_{h-1}$ unabhängig und daher Funktionen von $\mathfrak{Z}$ allein.

Satz 14. *Die Verhältnisse der $v + 1$ Funktionen $q_0, \ldots, q_v$ sind Modulfunktionen der Stufe $\mathfrak{T}$ in der Variabeln $\mathfrak{Z}$. Zu jedem Punkte $\mathfrak{Z}_0$ von H_n kann man einen Index l so finden, daß die v Quotienten q_k/q_l $(k = 0, \ldots, v;\ k \neq l)$ in diesem Punkte regulär sind. Stimmen die Werte entsprechender Quotienten bei $\mathfrak{Z}_0$ und $\mathfrak{Z}$ sämtlich überein, so sind $\mathfrak{Z}_0$ und $\mathfrak{Z}$ bezüglich $\Gamma(\mathfrak{T})$ äquivalent.*

Beweis. Nach (69) und Satz 13 sind für unbestimmte λ_{pq} und variable $\mathfrak{Z}, \mathfrak{w}_1, \ldots, \mathfrak{w}_{h-1}$ die Verhältnisse der δ_l $(l = 1, \ldots, u)$ bei allen Modulsubstitutionen der Stufe $\mathfrak{T}$ invariant. Mit Rücksicht auf (68) ergibt sich der erste Teil der Behauptung.

Sei jetzt $\mathfrak{Z}_0$ fest gewählt. Dann ist bei variablen $\lambda, \mathfrak{w}_1, \ldots, \mathfrak{w}_{h-1}$ keine der Funktionen $\gamma_l(\lambda; \mathfrak{Z}_0, \mathfrak{w}_1, \ldots, \mathfrak{w}_{h-1})$ $(l = 1, \ldots, u)$ identisch 0. Man denke sich für die Parameter $\mathfrak{w}_1, \ldots, \mathfrak{w}_{h-1}$ solche Werte $\mathfrak{a}_1, \ldots, \mathfrak{a}_{h-1}$ festgelegt, daß $\gamma_1(\lambda; \mathfrak{Z}_0, \mathfrak{a}_1, \ldots, \mathfrak{a}_{h-1})$ nicht identisch 0 wird, und entwickele bei variabeln $\mathfrak{Z}, \mathfrak{w}_1, \ldots, \mathfrak{w}_{h-1}$ die Funktionen $q_0, \ldots, q_v$ in der Umgebung der gewählten Stelle $\mathfrak{Z}_0, \mathfrak{a}_1, \ldots, \mathfrak{a}_{h-1}$ in Potenzreihen nach den Elementen von $\mathfrak{Z} - \mathfrak{Z}_0$, $\mathfrak{w}_1 - \mathfrak{a}_1, \ldots, \mathfrak{w}_{h-1} - \mathfrak{a}_{h-1}$. Man verstehe unter q den lokalen größten gemeinsamen Teiler dieser $v + 1$ Potenzreihen und setze

$$\frac{q_l}{q} = p_l \qquad (l = 0, \ldots, v),$$

wobei dann p_l die Variabeln $\mathfrak{w}_1, \ldots, \mathfrak{w}_{h-1}$ nicht mehr enthält. Aus (68) und (69) ersieht man nun, daß $\delta_1 q^{-1}$ lokal in γ_1 aufgeht, und demnach gibt es in dem Polynom δ_1 mindestens einen Koeffizienten q_l mit $p_l(\mathfrak{Z}_0) \neq 0$. Damit ist der zweite Teil der Behauptung bewiesen, während der letzte Teil unmittelbar aus Satz 13 folgt.

Die Verhältnisse der q_l $(l = 0, \ldots, v)$ sollen als Moduln der Abelschen Mannigfaltigkeit P bezeichnet werden. Die q_l selber können als projektive

Koordinaten im Raum von v Dimensionen angesehen werden. Es ist hierbei wesentlich, daß zufolge Satz 14 für jeden Punkt $\mathfrak{Z}_0$ von H_n der Nenner q_l so ausgewählt werden kann, daß die damit gebildeten inhomogenen Koordinaten in der Umgebung von $\mathfrak{Z} = \mathfrak{Z}_0$ regulär sind. Es entsteht also eine reguläre und umkehrbar eindeutige Abbildung von $H_n/\Gamma(\mathfrak{T})$ auf die Modulmannigfaltigkeit im projektiven Raum. Diese Mannigfaltigkeit werde mit M bezeichnet.

Weiterhin seien speziell die Quotienten

$$\frac{q_1}{q_0} = f_1, \ldots, \frac{q_v}{q_0} = f_v$$

eingeführt.

Satz 15. *Jede Modulfunktion der Stufe $\mathfrak{T}$ ist eine rationale Funktion von $f_1, \ldots, f_v$.*

Beweis. Bekanntlich bilden die Modulfunktionen der Stufe $\mathfrak{T}$ einen algebraischen Funktionenkörper K vom Transzendenzgrade $p = \frac{1}{2}n(n+1)$. Zunächst werde gezeigt, daß es unter den Moduln $f_1, \ldots, f_v$ sicher p analytisch unabhängige gibt. Anderenfalls würde die Funktionalmatrix von $f_1, \ldots, f_v$ bezüglich der Elemente $z_{kl}(1 \leq k \leq l \leq n)$ von $\mathfrak{Z} = (z_{kl})$ überall in H_n kleineren Rang als p besitzen. Nach den Existenzsätzen für implizite Funktionen könnte man dann insbesondere eine Folge von lauter verschiedenen Matrizen $\mathfrak{Z}$ finden, die gegen einen Punkt $\mathfrak{Z}_0$ von H_n konvergiert, während die v Funktionswerte $f_k(\mathfrak{Z})$ $(k = 1, \ldots, v)$ auf der Folge bestimmte endliche Konstanten sind. Da $\Gamma(\mathfrak{T})$ in H_n diskontinuierlich ist, so ergäbe sich ein Widerspruch zu Satz 14. Der durch $f_1, \ldots, f_v$ erzeugte Körper ist also ein Unterkörper K_0 von K mit gleichem Transzendenzgrade, so daß K eine algebraische Erweiterung von K_0 wird.

Man kann annehmen, daß $f_1, \ldots, f_p$ analytisch unabhängig sind und dann in K_0 eine Funktion f_0 so wählen, daß K_0 bereits durch $f_0, f_1, \ldots, f_p$ erzeugt wird. Wenn K_0 nicht mit K zusammenfällt, so sei die Funktion f in K und nicht in K_0 gelegen. Es wird sich dann auf die folgende Weise ein Widerspruch ergeben. Es werden f und f_0 als Funktionen der unabhängigen Variabeln $f_1, \ldots, f_p$ betrachtet, welche im p-dimensionalen komplexen Raum geeignete geschlossene Wege beschreiben, so daß dabei f_0 und nicht aber f in sich zurückkehrt, und dieses wird gegen Satz 14 verstoßen. Die Durchführung dieser Beweisidee erfordert einige Vorbereitungen, da $H_n/\Gamma(\mathfrak{T})$ nicht kompakt ist; insbesondere hat man die Eisensteinschen Reihen heranzuziehen, welche der Modulgruppe $\Gamma(\mathfrak{E})$ zugeordnet sind, und ihr bekanntes Verhalten im Fundamentalbereiche B von $\Gamma(\mathfrak{E})$.

Für jedes gerade $k > n + 1$ sei $s_k = s_k(\mathfrak{Z})$ die Eisensteinsche Reihe des Gewichtes k. Man kann endlich viele Indizes $k = k_1, \ldots, k_w$ so ausgewählt denken, daß jede Modulfunktion der Stufe $\mathfrak{E}$ Quotient isobarer Polynome in den entsprechenden w festen s_k ist und außerdem überall in B das Maximum der absoluten Beträge dieser $s_k(\mathfrak{Z})$ größer als $\frac{1}{2}$ ist. Es sei ferner $\psi = \psi(\mathfrak{Z})$

die Funktionaldeterminante von $f_1, \ldots, f_p$ bezüglich der p Variabeln z_{kl} $(1 \leq k \leq l \leq n)$ und

$$\psi_k(\mathfrak{Z}) = \psi^{k} s_k^{-n-1} \qquad (k > n+1). \tag{70}$$

Da eine Modulsubstitution

$$\hat{\mathfrak{Z}} = (\mathfrak{A}_1 \mathfrak{Z} + \mathfrak{B}_1)(\mathfrak{C}_1 \mathfrak{Z} + \mathfrak{D}_1)^{-1}$$

der Stufe $\mathfrak{E}$ genau dann zugleich eine Modulsubstitution der Stufe $\mathfrak{T}$ ist, wenn die Matrizen

$$\mathfrak{T}^{-1}\mathfrak{A}_1\mathfrak{T} = \mathfrak{A}, \quad \mathfrak{T}^{-1}\mathfrak{B}_1 = \mathfrak{B}, \quad \mathfrak{C}_1\mathfrak{T} = \mathfrak{C}, \quad \mathfrak{D}_1 = \mathfrak{D}$$

ganz sind, so ist der Durchschnitt von $\mathfrak{T}_1^{-1}\Gamma(\mathfrak{E})\mathfrak{T}_1$ und $\Gamma(\mathfrak{T})$ eine Gruppe $\Lambda(\mathfrak{T})$, welche in $\mathfrak{T}_1^{-1}\Gamma(\mathfrak{E})\mathfrak{T}_1$ und auch in $\Gamma(\mathfrak{T})$ von endlichem Index ist. Nun ist die Funktion $\psi(\mathfrak{Z})$ eine gebrochene Modulform der Stufe $\mathfrak{T}$ vom Gewichte $n+1$; also bleibt die Funktion $\psi_k(\mathfrak{Z})$ invariant bezüglich der Untergruppe $\Lambda(\mathfrak{T})$ von $\Gamma(\mathfrak{T})$, und folglich genügt $\psi_k(\mathfrak{Z})$ einer irreduziblen algebraischen Gleichung, deren Koeffizienten Polynome in $f_1, \ldots, f_p$ sind. Es seien für $k = k_1, \ldots, k_w$ jeweils der erste und der letzte Koeffizient dieser Gleichung gebildet und das Produkt der $2w$ Größen mit $\tau = \tau(f_1, \ldots, f_p)$ bezeichnet.

Es bedeute $\mathfrak{Z}^{(1)}$ die aus den ersten $n-1$ Zeilen und Spalten von $\mathfrak{Z}$ gebildete Teilmatrix und $s_k(\mathfrak{Z}^{(1)})$ die entsprechende Eisensteinsche Reihe des Gewichtes k und des Grades $n-1$. Durchläuft dann $\mathfrak{Z}$ im Fundamentalbereiche B irgendeine Punktfolge, auf welcher das n-te Diagonalelement z_{nn} gegen ∞ geht, so strebt dabei bekanntlich die Differenz $s_k(\mathfrak{Z}) - s_k(\mathfrak{Z}^{(1)})$ gleichmäßig gegen 0. Da $\frac{1}{2}(n-1)n < p$ ist, so besteht zwischen den Funktionen $s_k(\mathfrak{Z}^{(1)})$ $(k = k_1, \ldots, k_w)$ eine isobare algebraische Gleichung

$$\chi(s(\mathfrak{Z}^{(1)})) = 0,$$

die nicht zugleich identisch für die entsprechenden $s_k(\mathfrak{Z})$ erfüllt ist. Ist l ihr Gewicht, so bilde man die Funktionen

$$\chi_k(\mathfrak{Z}) = \chi^k(s(\mathfrak{Z}))\, s_k^{-l}(\mathfrak{Z}) \qquad (k > n+1). \tag{71}$$

Sie sind Modulfunktionen der Stufe $\mathfrak{E}$, also insbesondere auch invariant bezüglich der Untergruppe $\Lambda(\mathfrak{T})$ von $\Gamma(\mathfrak{T})$, und folglich genügt auch $\chi_k(\mathfrak{Z})$ einer irreduziblen algebraischen Gleichung, deren Koeffizienten Polynome in $f_1, \ldots, f_p$ sind. Man nehme insbesondere $k = k_1, \ldots, k_w$ und verstehe unter $\delta = \delta(f_1, \ldots, f_p)$ das Produkt der letzten Koeffizienten jener w Gleichungen.

Schließlich werden $f_{p+1}, \ldots, f_v$ als rationale Funktionen von $f_0, f_1, \ldots, f_p$ ausgedrückt, deren Nenner von f_0 frei sind, und außerdem die beiden irreduziblen algebraischen Gleichungen aufgeschrieben, welche f_0 und f mit $f_1, \ldots, f_p$ verknüpfen. Man bezeichne dann mit $\gamma = \gamma(f_1, \ldots, f_p)$ das Produkt aus jenen $v-p$ Nennern mit τ, δ und den Diskriminanten sowie den Anfangskoeffizienten dieser beiden Gleichungen.

Es sei $\mathfrak{Z}_0$ ein Punkt von H_n, in welchem die Funktionen $f_1, \ldots, f_p$ sämtlich regulär sind und ferner $\gamma \neq 0$ ist. Zufolge der Voraussetzung über f kann man im p-dimensionalen Raum mit den Koordinaten $f_1, \ldots, f_p$ einen vom Punkte $\mathfrak{p}(\mathfrak{Z}_0)$ mit den Koordinaten $f_1(\mathfrak{Z}_0), \ldots, f_p(\mathfrak{Z}_0)$ ausgehenden orientierten geschlossenen Weg C so wählen, daß auf ihm überall $\gamma \neq 0$ bleibt und beim Durchlaufen zwar die Funktion f_0 wieder zu ihrem Ausgangswert zurückkehrt, aber nicht die Funktion f. Dies ist nun ad absurdum zu führen.

Man durchlaufe C in der gegebenen Richtung und verpflanze dabei den Weg nach H_n durch Umkehrung des Systems der p Funktionen $f_1, \ldots, f_p$ bezüglich der z_{kl}. Das geht jedenfalls zunächst für eine gewisse Umgebung von $\mathfrak{p}(\mathfrak{Z}_0)$. Es sei C^* ein bei $\mathfrak{p}(\mathfrak{Z}_0)$ beginnender Teilbogen gleicher Richtung mit dem Endpunkte $\mathfrak{p}^*$. Man nehme an, daß jeder bei $\mathfrak{p}(\mathfrak{Z}_0)$ beginnende echte Teilbogen von C^* sich durch jene Umkehrung nach H_n eindeutig verpflanzen läßt, und zeigt jetzt, daß dies auch für C^* selber gilt. Sei $\mathfrak{p}_1, \mathfrak{p}_2, \ldots$ eine gegen $\mathfrak{p}^*$ konvergierende Punktfolge auf C^*, der in H_n die Bildfolge $\mathfrak{Z}_1, \mathfrak{Z}_2, \ldots$ entspreche. Zu jedem Punkte $\mathfrak{Z}_l$ $(l = 1, 2, \ldots)$ gibt es eine Modulmatrix $\mathfrak{M}_l$ der Stufe $\mathfrak{C}$, so daß die entsprechende Substitution ihn in einen Punkt $\tilde{\mathfrak{Z}}_l$ von B überführt.

Auf C ist nun δ^{-1} beschränkt; also liegen die Werte

$$\chi_k(\mathfrak{Z}_l) = \chi_k(\tilde{\mathfrak{Z}}_l) \qquad (k = k_1, \ldots, k_w;\, l = 1, 2, \ldots)$$

absolut genommen oberhalb einer von l und $\mathfrak{p}^*$ unabhängigen positiven Schranke. Da ferner für jedes l mindestens ein Wert $s_k(\tilde{\mathfrak{Z}}_l)$ $(k = k_1, \ldots, k_w)$ absolut $> \frac{1}{2}$ ist, so folgt aus (71) und der Bedeutung des Polynoms χ, daß alle Punkte $\tilde{\mathfrak{Z}}_l$ $(l = 1, 2, \ldots)$ in einem kompakten Teil von B gelegen sind und demnach einen Häufungspunkt haben. Man zerlege nun $\Gamma(\mathfrak{C})$ in Linksklassen bezüglich der Untergruppe $\mathfrak{T}_1 \Lambda(\mathfrak{T}) \mathfrak{T}_1^{-1}$, deren Repräsentanten $\mathfrak{N}_1, \mathfrak{N}_2, \ldots$ seien. Bedeutet B_k den Bereich, der durch die Modulsubstitution mit der Matrix $\mathfrak{N}_k$ in B übergeführt wird, so geht der Punkt $\mathfrak{Z}_l$ durch die einer geeigneten Matrix $\hat{\mathfrak{M}}_l$ aus $\Lambda(\mathfrak{T})$ zugeordnete Substitution in einen Punkt $\hat{\mathfrak{Z}}_l$ eines Bereiches B_k über, wobei dann

$$\mathfrak{M}_l = \mathfrak{N}_k \mathfrak{T}_1 \hat{\mathfrak{M}}_l \mathfrak{T}_1^{-1}$$

wird. Daher haben auch die $\hat{\mathfrak{Z}}_l$ $(l = 1, 2, \ldots)$ einen Häufungspunkt $\mathfrak{Z}$ in H_n.

Weil ebenfalls τ^{-1} auf C beschränkt ist, so liegt der absolute Betrag von

$$\psi_k(\mathfrak{Z}_l) = \psi_k(\tilde{\mathfrak{Z}}_l) \qquad (k = k_1, \ldots, k_w;\, l = 1, 2, \ldots)$$

zwischen festen positiven Schranken. Zufolge (70) ergibt sich das gleiche für die Werte $\psi(\hat{\mathfrak{Z}}_l)$ $(l = 1, 2, \ldots)$, und wegen der Bedeutung der Funktion ψ existiert dann die Umkehrung von $f_1, \ldots, f_p$ auch im Häufungspunkte $\mathfrak{Z}$. Da die Gruppe $\Gamma(\mathfrak{T})$ in H_n diskontinuierlich ist, so folgt weiter, daß von den $\hat{\mathfrak{M}}_l$ nur endlich viele verschieden sind und daß der ganze Bogen C^* nach H_n zu verpflanzen ist. Also läßt sich auch der volle Weg C nach H_n verpflanzen. Ist $\hat{\mathfrak{Z}}_0$ der Endpunkt des verpflanzten Weges, so muß nach Satz 14 die

Matrix $\mathfrak{Z}_0$ mit $\mathfrak{Z}_0$ bezüglich der Modulgruppe $\Gamma(\mathfrak{T})$ äquivalent sein, da C geschlossen ist und die Werte der f_k $(k = 1, \ldots, v)$ an beiden Enden übereinstimmen. Dann wird aber auch $f(\mathfrak{Z}_0) = f(\mathfrak{Z}_0)$, gegen die Annahme.

Daher stimmen die Körper K_0 und K überein, und der Beweis ist beendet.

Die Eisensteinschen Reihen $s_k(\mathfrak{Z})$ haben bekanntlich eine Fouriersche Entwicklung

$$s_k(\mathfrak{Z}) = \sum_{\mathfrak{G} \geq 0} c_{k,\mathfrak{G}}\, \varepsilon(\sigma(\mathfrak{G}\mathfrak{Z})) \qquad (k > n + 1) \tag{72}$$

mit rationalen Koeffizienten $c_{k,\mathfrak{G}}$, wobei über alle geraden nicht-negativen symmetrischen Matrizen $\mathfrak{G}$ zu summieren ist. Andererseits lassen sich aus den $s_k(\mathfrak{Z})$ mit $k = k_1, \ldots, k_w$ insgesamt $p + 2$ isobare Polynome $S_0, S_1, \ldots, S_{p+1}$ gleichen Gewichtes mit rationalen Koeffizienten bilden, so daß die $p + 1$ Quotienten

$$Q_l(\mathfrak{Z}) = \frac{S_l}{S_{p+1}} \qquad (l = 0, \ldots, p)$$

den vollen Körper der Modulfunktionen der Stufe $\mathfrak{E}$ erzeugen, und zwar sind dies zufolge (72) Quotienten Fourierscher Reihen bezüglich $\mathfrak{Z}$ mit rationalen Koeffizienten. Diese Aussage läßt sich sinngemäß auch auf Modulfunktionen beliebiger Stufe übertragen, und es ist zu erwarten, daß eine noch in Arbeit befindliche Göttinger Dissertation darüber bald berichten wird. Da diese noch unvollendete Verallgemeinerung hier nicht zu benutzen ist, so soll der folgende Satz nur für den Fall $\mathfrak{T} = t_1\mathfrak{E}$ ausgesprochen werden. Es werden dann die Modulfunktionen der Stufe $\mathfrak{T}$ in Abhängigkeit von $\mathfrak{W} = t_1^{-1}\mathfrak{Z}$ genau die üblichen Modulfunktionen n-ten Grades.

Satz 16. *Es sei $\mathfrak{T} = t_1\mathfrak{E}$. Dann lassen sich die Modulfunktionen $f_1, \ldots, f_v$ als Quotienten Fourierscher Reihen der Form*

$$S = \sum_{\mathfrak{G} \geq 0} c_{\mathfrak{G}}\, \varepsilon(\sigma(\mathfrak{G}\mathfrak{W})) \tag{73}$$

mit ganzen rationalen Koeffizienten $c_{\mathfrak{G}}$ darstellen.

Beweis. Mit der in (67) erklärten Bezeichnung werde

$$\frac{\beta_{k1}\varphi_1 + \cdots + \beta_{kh}\varphi_h}{\beta_{k1}} = \frac{\Psi_k}{\beta_{k1}} = \mathsf{P}_k \qquad (k = 1, \ldots, j)$$

gesetzt. Diese Funktionen sind von $\mathfrak{w}_1, \ldots, \mathfrak{w}_{h-1}$ unabhängig, und in Abhängigkeit von $\mathfrak{Z}$ sind sie nach Satz 11 bei der Kongruenzuntergruppe der Stufe $\mathfrak{T}$ invariant. Da $\mathfrak{T} = t_1\mathfrak{E}$ angenommen wird, so ist $\Gamma(\mathfrak{T}) = \Gamma(\mathfrak{E})$, und die elementaren symmetrischen Polynome $\mathsf{E}_1, \ldots, \mathsf{E}_j$ von $\mathsf{P}_1, \ldots, \mathsf{P}_j$ sind dann als Funktionen von $\mathfrak{W} = t_1^{-1}\mathfrak{Z}$ bei der vollen Modulgruppe n-ten Grades invariant. Ist Q_0 bezüglich des Körpers der rationalen Funktionen von $Q_1, \ldots, Q_p$ vom Grade g, so wird also

$$\mathsf{E}_k = (-1)^k \frac{A_k}{A_0}, \quad A_k = A_{k1}Q_0^{g-1} + A_{k2}Q_0^{g-2} + \cdots + A_{kg} \qquad (k = 1, \ldots, j),$$

wobei A_0 und die A_{kl} $(k = 1, \ldots, j; l = 1, \ldots, g)$ teilerfremde Polynome in $Q_1(\mathfrak{W}), \ldots, Q_p(\mathfrak{W})$ bedeuten, deren Koeffizienten noch die Parameter λ und η enthalten. Diese Koeffizienten mögen in fester Reihenfolge mit $\omega_1, \ldots, \omega_r$ bezeichnet werden; ihre Verhältnisse sind eindeutig bestimmt.

Die P_k sind die j Wurzeln der algebraischen Gleichung

$$A_0 \mathsf{P}^j + A_1 \mathsf{P}^{j-1} + \cdots + A_j = 0, \tag{74}$$

deren linke Seite mit A bezeichnet werde. Zur Bestimmung der Koeffizienten $\omega_1, \ldots, \omega_r$ verwendet man für die in $\mathsf{P} = \mathsf{P}_1$ auftretenden $\beta_{1l} = \beta_l$ $(l = 1, \ldots, h)$ die Aussage von Satz 12 für $\mathfrak{M} = \mathfrak{E}$ mit β_l an Stelle von α_l, multipliziert A mit β_1^j und einer genügend hohen Potenz von S_{p+1}, so daß die Nenner sämtlich fortfallen, und nimmt in der Potenzreihenentwicklung bezüglich $\mathfrak{r}_1, \ldots, \mathfrak{r}_{h-1}$ den Koeffizientenvergleich vor. Man enthält dadurch ein unendliches System homogener linearer Gleichungen

$$\mu_{k1}\omega_1 + \cdots + \mu_{kr}\omega_r = 0 \qquad (k = 1, 2, \ldots),$$

deren Koeffizienten μ_{kl} $(k = 1, 2, \ldots; l = 1, \ldots, r)$ Polynome in den λ_{pq}, den η_p, den Modulformen $S_0(\mathfrak{W}), \ldots, S_{p+1}(\mathfrak{W})$ und den Thetanullwerten $\vartheta^{(k_1 \cdots k_n)}(\mathfrak{l})$ sind, wobei die auftretenden Zahlenkoeffizienten rationale Werte besitzen. Mit Rücksicht auf (20) und (72) gilt dann eine Fouriersche Entwicklung

$$\mu_{kl} = \sum_{\mathfrak{G} \geq 0} c_{kl,\mathfrak{G}}\, \varepsilon\left(t_1^{-2}\, \sigma(\mathfrak{G}\mathfrak{Z})\right)$$

mit Summation über alle ganzen nicht-negativen symmetrischen $\mathfrak{G}$, worin die $c_{kl,\mathfrak{G}}$ homogene Polynome bezüglich λ und η von gleichem Grade sind und rationale Koeffizienten haben. Durch nochmaligen Koeffizientenvergleich folgen die linearen Gleichungen

$$\sum_{l=1}^{r} c_{kl,\mathfrak{G}}\,\omega_l = 0 \qquad (k = 1, 2, \ldots; \mathfrak{G} \geq 0). \tag{75}$$

Jede nicht-triviale Lösung $\omega_1^*, \ldots, \omega_r^*$ von (75) ergibt eine Gleichung $A^* = 0$ von der Form (74), welche jedenfalls die Wurzel $\mathsf{P} = \mathsf{P}_1$ besitzt. Da wegen der Invarianzeigenschaften von $Q_0, \ldots, Q_p$ mit P_1 auch die sämtlichen P_k $(k = 1, \ldots, j)$ derselben Gleichung $A^* = 0$ genügen müssen, so folgt aus der Teilerfremdheitsbedingung für die ursprünglichen A_0 und A_{kl}, daß das Polynom A^* sich von A nur durch einen von $\mathsf{P}, Q_0, \ldots, Q_p$ unabhängigen Faktor unterscheidet. Demnach sind die Verhältnisse der ω_l durch (75) eindeutig bestimmt, so daß dieses unendliche System homogener linearer Gleichungen den Rang $r - 1$ besitzt. Es lassen sich also insbesondere die ω_l $(l = 1, \ldots, r)$ als Polynome bezüglich λ, η mit ganzen rationalen Koeffizienten wählen.

Nachdem jetzt die ω_l festgelegt sind, setze man P_k für P in (74) und mache denselben Koeffizientenvergleich wie oben. Es ist dabei zu beachten, daß dann nach Satz 12 die Thetanullwerte $\vartheta^{(k_1 \cdots k_n)}(\mathfrak{l})$ allgemeiner durch

$\vartheta_{\mathfrak{p}\mathfrak{q}}^{(k_1\ldots k_n)}(\mathfrak{l})$ zu ersetzen sind und die auftretenden Zahlenkoeffizienten im Körper der $(2t_1)$-ten Einheitswurzeln liegen, während zufolge (65) die Fouriersche Reihe für $\vartheta_{\mathfrak{p}\mathfrak{q}}^{(k_1\ldots k_n)}(\mathfrak{l})$ lauter rationale Koeffizienten hat. Da in den ω_l auch nur rationale Koeffizienten auftreten, so bleiben die mit P_k statt P_1 gebildeten Gleichungen (75) richtig, wenn die in den neuen $c_{kl,\mathfrak{G}}$ nun vorkommenden Einheitswurzeln simultan durch ihre Konjugierten ersetzt werden. Hieraus folgt aber weiter, daß P_k wieder in eine Wurzel der Gleichung (74) übergehen muß, wenn die in den Reihenentwicklungen von $\beta_{k1}, \ldots, \beta_{kh}$ auftretenden $(2t_1)$-ten Einheitswurzeln durch konjugierte ersetzt werden. Also erfahren die P_k $(k = 1, \ldots, j)$ bei den Automorphismen des Koeffizientenkörpers eine Permutation. Es wäre wünschenswert, dieses Ergebnis auch auf direktem Wege unter Benutzung von (47) zu beweisen; doch scheint dies auf gewisse Schwierigkeiten zu stoßen.

Das Produkt

$$\mathsf{P}_1 \ldots \mathsf{P}_j = G(\beta_{11} \ldots \beta_{j1})^{-1}$$

ist bei den Automorphismen des Koeffizientenkörpers invariant. Hieraus folgt nun, daß die Verhältnisse q_k/q_l und insbesondere

$$\frac{q_1}{q_0} = f_1, \ldots, \frac{q_v}{q_0} = f_v$$

dieselbe Invarianz aufweisen. Drückt man $q_0, q_1, \ldots, q_v$ als Potenzreihen bezüglich $\mathfrak{r}_1, \ldots, \mathfrak{r}_{h-1}$ aus und beachtet, daß die Quotienten nur noch von $\mathfrak{Z}$ allein abhängen, so ergeben sich $f_1, \ldots, f_v$ als Quotienten von Polynomen in den Thetanullwerten $\vartheta_{\mathfrak{p}\mathfrak{q}}^{(k_1\ldots k_n)}(\mathfrak{l})$ mit Koeffizienten, die dem Körper der $(2t_1)$-ten Einheitswurzeln angehören, aber zunächst nicht notwendigerweise rational zu sein brauchen. Man gewinnt jedoch auf jeden Fall rationale Koeffizienten, indem man das arithmetische Mittel der sämtlichen Konjugierten bildet und die bewiesene Invarianz verwendet. Nach (65) sind die Fourierschen Koeffizienten der Funktionen $\vartheta_{\mathfrak{p}\mathfrak{q}}^{(k_1\ldots k_n)}(\mathfrak{l})$ rationale Zahlen vom gemeinsamen Nenner $(2t_1)^{k_1+\cdots+k_n}$. Folglich erhält man Fouriersche Entwicklungen der Gestalt

$$f_k = \frac{d_k}{d_0} \quad (k = 1, \ldots, v), \qquad d_k = \sum_{\mathfrak{G} \geq 0} b_{k,\mathfrak{G}}\, \varepsilon\left(\tfrac{1}{8} t_1^{-2} \sigma(\mathfrak{G}\mathfrak{Z})\right) \quad (k = 0, \ldots, v)$$

mit ganzen rationalen Koeffizienten $b_{k,\mathfrak{G}}$, wobei über alle geraden nichtnegativen symmetrischen $\mathfrak{G}$ summiert wird.

Um schließlich noch den Faktor $\frac{1}{8} t_1^{-2}$ im Exponenten durch t_1^{-1} zu ersetzen, benutze man die Invarianz von f_k als Funktion von $\mathfrak{W} = t_1^{-1}\mathfrak{Z}$ bei der Modulgruppe n-ten Grades und insbesondere bei allen Translationen $\hat{\mathfrak{W}} = \mathfrak{W} + \mathfrak{S}$ mit beliebigem ganzen symmetrischen $\mathfrak{S}$. Dabei ist dann auch das Produkt

$$d = \prod_{\mathfrak{S}\,(\mathrm{mod}\,8t_1)} d_0(\mathfrak{W} + \mathfrak{S}) \tag{76}$$

invariant, und es wird

$$d_0(\mathfrak{W} + \mathfrak{S}) = \sum_{\mathfrak{G} \geq 0} b_{0,\mathfrak{G}}\, \varepsilon\left(\tfrac{1}{8} t_1^{-1} \sigma(\mathfrak{G}\mathfrak{S})\right) \varepsilon\left(\tfrac{1}{8} t_1^{-1} \sigma(\mathfrak{G}\mathfrak{W})\right).$$

Ersetzt man $\mathfrak{S}$ durch $c\mathfrak{S}$ mit skalarem ganzen rationalen c, das zu $2t_1$ teilerfremd ist, so werden dadurch die Koeffizienten der einzelnen Faktoren $d_0(\mathfrak{W} + \mathfrak{S})$ in (76) simultan durch konjugierte algebraische Zahlen ersetzt, und die Faktoren erfahren zugleich eine Permutation. Also hat d eine Fouriersche Reihe der gewünschten Form (73) mit ganzen rationalen Koeffizienten. Ist s die Anzahl der Restklassen der $\mathfrak{S}$ modulo $8t_1$, so wird

$$s f_k = \sum_{\mathfrak{S} \pmod{8t_1}} \frac{d_k(\mathfrak{W} + \mathfrak{S})}{d_0(\mathfrak{W} + \mathfrak{S})} \qquad (k = 1, \ldots, v),$$

und es folgt hieraus, daß auch $s f_k d$ eine Fouriersche Reihe der gewünschten Gestalt besitzt. Daraus erhält man die Behauptung des Satzes.

In der früheren Bezeichnung war f_0 eine Funktion des durch $f_1, \ldots, f_v$ erzeugten Körpers, welche diesen bereits zusammen mit den analytisch unabhängigen $f_1, \ldots, f_p$ erzeugt. Man kann speziell

$$f_0 = a_1 f_1 + \cdots + a_v f_v$$

mit geeigneten ganzen rationalen $a_1, \ldots, a_v$ wählen. Aus Satz 16 folgt durch Koeffizientenvergleich, daß die zwischen $f_0, f_1, \ldots, f_p$ bestehende algebraische Gleichung mit ganzen rationalen Koeffizienten geschrieben werden kann, und entsprechend drücken sich $f_{p+1}, \ldots, f_v$ als rationale Funktionen von $f_0, f_1, \ldots, f_p$ mit ganzen rationalen Koeffizienten aus. Hierbei ist allerdings zu beachten, daß Satz 16 nur unter der im Wortlaut genannten Annahme $\mathfrak{T} = t_1\mathfrak{E}$ bewiesen worden ist.

Die vorstehenden Ergebnisse enthalten die Lösung der dritten Aufgabe aus der Einleitung und einen Beitrag zur Lösung der restlichen vierten Aufgabe, welche die Untersuchung der algebraischen Gleichungen zwischen den Modulfunktionen $f_1, \ldots, f_v$ verlangt. Es bleibt vor allem noch eine Methode anzugeben, wodurch auf konstruktivem Wege die zwischen $f_0, f_1, \ldots, f_p$ bestehende irreduzible algebraische Gleichung gewonnen werden kann. Dies wird im nächsten Paragraphen ausgeführt werden, und zwar für beliebige Stufe $\mathfrak{T}$. Die eigentliche Schwierigkeit besteht darin, daß in den Quotienten

$$f_k = \frac{q_k}{q_0} \qquad (k = 1, \ldots, v)$$

Zähler und Nenner keine Modulformen von $\mathfrak{Z}$ im üblichen Sinne sind, sondern noch die Parameter $\mathfrak{w}_1, \ldots, \mathfrak{w}_{h-1}$ enthalten.

§ 11. Berechenbarkeit

Zunächst ist zu erörtern, wie sich aus den Polynomen $\alpha_1, \ldots, \alpha_h$ die bezüglich der λ_{pq} teilerfremden Polynome $\beta_1, \ldots, \beta_h$ effektiv bestimmen lassen. Nach dem zu Anfang des vorigen Paragraphen dargelegten Verfahren setzt man $\beta_1, \ldots, \beta_h$ als homogene Polynome in den λ_{pq} vom Grade $m_0 \leq (h-1)m$

mit unbestimmten Koeffizienten an, deren Anzahl $a+1$ ist. Man hat sodann mit der Koeffizientenmatrix der aus (66) folgenden $(h-1)b$ homogenen linearen Gleichungen die $(a+1)$-reihigen Unterdeterminanten zu bilden und den kleinsten Wert m_0 zu bestimmen, für welchen diese sämtlich 0 sind. Danach ergeben sich die gesuchten Werte der unbekannten Koeffizienten in Gestalt von a-reihigen Determinanten. Die Elemente dieser Determinanten sind für jedes $k=1,\ldots,h-1$ homogene Polynome m-ten Grades in den t Funktionen $\vartheta(\mathfrak{l}, 0; \mathfrak{Z}, \mathfrak{w}_k)$, und die dabei auftretenden numerischen Koeffizienten sind wohlbestimmte ganze rationale Zahlen.

Es sei nun allgemeiner m_1 eine natürliche Zahl und

$$Q = Q(\mathfrak{Z}, \mathfrak{w}_1, \ldots, \mathfrak{w}_{h-1})$$

ein Polynom in den $(h-1)t$ Funktionen $\vartheta(\mathfrak{l}, 0; \mathfrak{Z}, \mathfrak{w}_k)$, das für jedes $k=1,\ldots,h-1$ homogen vom Grade m_1 ist und konstante Koeffizienten besitzt. Man entwickle Q in eine Potenzreihe bezüglich der $\mathfrak{r}_k = 2\pi i \mathfrak{w}_k$ $(k=1,\ldots,h-1)$ und fasse darin die Glieder zusammen, welche bezüglich $\mathfrak{r}_k$ homogen vom Grade g_k sind. Auf diese Weise entstehe die Polynomreihe

$$Q = \sum_{g_1,\ldots,g_{h-1}=0}^{\infty} Q_{g_1\ldots g_{h-1}}. \tag{77}$$

Satz 17. *Es sei g ganz rational und*

$$g > \pi e(h-1) m_1 \sigma(\mathfrak{T}). \tag{78}$$

Wenn dann identisch in $\mathfrak{Z}$ die Funktionen

$$Q_{g_1\ldots g_{h-1}} = 0$$

sind für sämtliche Indizes $g_1,\ldots,g_{h-1}$ mit

$$g_1 + \cdots + g_{h-1} < g,$$

so ist auch

$$Q = 0.$$

Beweis. Man setze $\mathfrak{Z} = i\mathfrak{T} + \varepsilon\mathfrak{Z}_1$ mit festem $\mathfrak{Z}_1$, wobei der skalare Faktor ε nachher gegen 0 streben soll. Ferner sei

$$\mathfrak{w}_k = \mathfrak{Z}\mathfrak{u}_k + \mathfrak{T}\mathfrak{v}_k \qquad (k=1,\ldots,h-1)$$

mit reellen $\mathfrak{u}_k, \mathfrak{v}_k$ und

$$e^{-\pi m_1 \sum_{k=1}^{h-1} \mathfrak{Y}[\mathfrak{u}_k]} \operatorname{abs} Q = \alpha(\mathfrak{w}_1, \ldots, \mathfrak{w}_{h-1}) = \alpha.$$

Die nicht-negative reelle Funktion α hat in den Elementen u_{kl}, v_{kl} $(l=1,\ldots,n)$ von $\mathfrak{u}_k, \mathfrak{v}_k$ $(k=1,\ldots,h-1)$ je die Periode 1. Im Periodenwürfel

$$-\tfrac12 \le u_{kl} \le \tfrac12, \quad -\tfrac12 \le v_{kl} \le \tfrac12 \quad (k=1,\ldots,h-1;\ l=1,\ldots,n)$$

möge sie für $\mathfrak{w}_k = \mathfrak{b}_k$ ($k = 1, \ldots, h-1$) das absolute Maximum $\alpha_0 = \alpha_0(\mathfrak{Z})$ annehmen.

Mit einer skalaren komplexen Variabeln w werde

$$\mathfrak{w}_k = \mathfrak{b}_k w \qquad (k = 1, \ldots, h-1)$$

gesetzt. Dann ist $Q = Q(w)$ bei festem $\mathfrak{Z}$ eine ganze Funktion von w, die nach Voraussetzung bei $w = 0$ mindestens von der Ordnung g verschwindet. Also ist auch die Funktion

$$w^{-g} Q(w) = q(w)$$

ganz. Nach dem Maximumprinzip gibt es dann für jedes reelle $r > 1$ auf dem Kreise $\operatorname{abs} w = r$ einen Punkt w, in welchem

$$\operatorname{abs} q(w) \geq \operatorname{abs} q(1) = \operatorname{abs} Q(1) \geq \alpha_0$$

wird. Andererseits gilt wegen der Periodizität von α die Abschätzung

$$\operatorname{abs} q(w) = r^{-g} \operatorname{abs} Q(w) \leq r^{-g} \alpha_0 e^{\pi m_1 \sum_{k=1}^{h-1} \mathfrak{Y}[\mathfrak{u}_k]},$$

worin für $\mathfrak{u}_k$ der imaginäre Teil von $\mathfrak{Y}^{-1}\mathfrak{b}_k w$ zu setzen ist. Für $\varepsilon \to 0$ folgt

$$\operatorname{abs} u_{kl} \leq \frac{r}{\sqrt{2}} + O(\varepsilon),$$

$$\sum_{k=1}^{h-1} \mathfrak{Y}[\mathfrak{u}_k] \leq \frac{h-1}{2} r^2 \sigma(\mathfrak{T}) + O(\varepsilon)$$

und damit

(79) $$\alpha_0 \leq r^{-g} \alpha_0 e^{\pi \frac{h-1}{2} m_1 r^2 \sigma(\mathfrak{T}) + O(\varepsilon)}.$$

Wählt man insbesondere $r^2 = e$, so folgt aus (78) und (79) das identische Verschwinden von $\alpha_0(\mathfrak{Z})$ in einer vollen Umgebung von $\mathfrak{Z} = i\mathfrak{T}$ und damit die Behauptung.

Vermöge Satz 17 ist der Nachweis des identischen Verschwindens von Q als Funktion von $\mathfrak{Z}$ und $\mathfrak{w}_1, \ldots, \mathfrak{w}_{h-1}$ darauf zurückgeführt, das Entsprechende für die endlich vielen nur von $\mathfrak{Z}$ abhängigen Funktionen $Q_{g_1 \ldots g_{h-1}}$ mit

$$g_1 + \cdots + g_{h-1} \leq \pi e (h-1) m_1 \sigma(\mathfrak{T})$$

zu leisten, welche bestimmte Polynome in Thetanullwerten mit konstanten Koeffizienten sind. Hierzu muß nun die Transformationstheorie der Thetafunktionen nochmals herangezogen werden.

Es sei

$$\mathfrak{M} = \begin{pmatrix} \mathfrak{A} & \mathfrak{B} \\ \mathfrak{C} & \mathfrak{D} \end{pmatrix}$$

eine Modulmatrix der Stufe $\mathfrak{T}$ und gemäß der früheren Definition

$$\mathfrak{T}_1 = \begin{pmatrix} \mathfrak{T} & 0 \\ 0 & \mathfrak{E} \end{pmatrix}.$$

Dann ist

$$\mathfrak{T}_1 \mathfrak{M} \mathfrak{T}_1^{-1} = \begin{pmatrix} \mathfrak{T}\mathfrak{A}\mathfrak{T}^{-1} & \mathfrak{T}\mathfrak{B} \\ \mathfrak{C}\mathfrak{T}^{-1} & \mathfrak{D} \end{pmatrix}$$

genau dann eine Modulmatrix der Stufe $\mathfrak{E}$, wenn $\mathfrak{C}\mathfrak{T}^{-1}$ ganz ist. Insbesondere ist dies der Fall, wenn $\mathfrak{M}$ der Kongruenzuntergruppe $\Delta(2\mathfrak{T})$ der Stufe $2\mathfrak{T}$ angehört. Setzt man

$$\mathfrak{T}_1 \Delta(2\mathfrak{T}) \mathfrak{T}_1^{-1} = \Omega(\mathfrak{T}),$$

so ist also $\Omega(\mathfrak{T})$ eine Untergruppe von $\Gamma(\mathfrak{E})$, und zwar gehört ein Element

$$\mathfrak{M}_0 = \begin{pmatrix} \mathfrak{A}_0 & \mathfrak{B}_0 \\ \mathfrak{C}_0 & \mathfrak{D}_0 \end{pmatrix} \tag{80}$$

von $\Gamma(\mathfrak{E})$ genau dann zu $\Omega(\mathfrak{T})$, wenn die vier Matrizen $\frac{1}{2}\mathfrak{T}^{-1}(\mathfrak{A}_0 - \mathfrak{E})$, $\frac{1}{2}\mathfrak{T}^{-1}\mathfrak{B}_0\mathfrak{T}^{-1}$, $\frac{1}{2}\mathfrak{C}_0$, $\frac{1}{2}(\mathfrak{D}_0 - \mathfrak{E})\mathfrak{T}^{-1}$ sämtlich ganz sind. Daher ist $\Omega(\mathfrak{T})$ von endlichem Index j_1 in $\Gamma(\mathfrak{E})$.

Es seien nun die Matrizen

$$\mathfrak{N}_l = \begin{pmatrix} \mathfrak{A}_l & \mathfrak{B}_l \\ \mathfrak{C}_l & \mathfrak{D}_l \end{pmatrix} \qquad (l = 1, \ldots, j_1)$$

feste Repräsentanten der verschiedenen Rechtsklassen bezüglich $\Omega(\mathfrak{T})$ in $\Gamma(\mathfrak{E})$, wobei $\mathfrak{N}_1 = \mathfrak{E}$ gewählt werde. Man führe die simultanen Transformationen

$$\mathfrak{Z}_l = (\mathfrak{A}_l\mathfrak{Z} + \mathfrak{B}_l)(\mathfrak{C}_l\mathfrak{Z} + \mathfrak{D}_l)^{-1}, \quad \mathfrak{w}_k = (\mathfrak{C}_l\mathfrak{Z} + \mathfrak{D}_l)'\mathfrak{w}_{kl} \quad (k = 1, \ldots, h-1) \tag{81}$$

aus und definiere

$$\begin{aligned} &Q_l(\mathfrak{Z}, \mathfrak{w}_1, \ldots, \mathfrak{w}_{h-1}) \\ &= |\mathfrak{C}_l\mathfrak{Z} + \mathfrak{D}_l|^{-\frac{h-1}{2}m_1} \varepsilon\Big(-m_1 \sum_{k=1}^{h-1} \mathfrak{w}_k'\mathfrak{C}_l'\mathfrak{w}_{kl}\Big) Q(\mathfrak{Z}_l, \mathfrak{w}_{1l}, \ldots, \mathfrak{w}_{h-1\,l}) \quad (l = 1, \ldots, j_1). \end{aligned} \tag{82}$$

Die in (22) erklärte Thetafunktion mit der Charakteristik $(\mathfrak{x}\,\mathfrak{y})$ und der Periodenmatrix $(\mathfrak{Z}\,\mathfrak{T})$ ist zugleich eine Thetafunktion mit der Charakteristik $(\mathfrak{T}^{-1}\mathfrak{x}\,\mathfrak{y})$ und der Periodenmatrix $(\mathfrak{Z}\,\mathfrak{E})$. Die in den Paragraphen 4 und 6 entwickelte Transformationstheorie gilt speziell für den Fall $\mathfrak{T} = \mathfrak{E}$, wobei sich übrigens die Aussagen der Sätze 6 und 8 vereinfachen, da dann in (43) und (49) die Summe jeweils nur ein Glied enthält. Als Ergebnis der Transformation (81) auf der rechten Seite von (82) erhält man die Entwicklung in eine Potenzreihe

$$Q_l(\mathfrak{Z}, \mathfrak{w}_1, \ldots, \mathfrak{w}_{h-1}) = \sum_R Q_{l,R}\, R, \tag{83}$$

deren Koeffizienten Fouriersche Reihen der Form

$$(84) \qquad Q_{l,R} = \sum_{\mathfrak{G} \geq 0} c_{l,R,\mathfrak{G}}\, \varepsilon\left(\tfrac{1}{8} t_n^{-2} \sigma(\mathfrak{G} \mathfrak{Z})\right)$$

sind; hierbei wird über die geraden symmetrischen $\mathfrak{G} \geq 0$ summiert. Die Fourierschen Koeffizienten $c_{l,R,\mathfrak{G}}$ lassen sich explizit bestimmen und arithmetisch näher untersuchen; doch kommt es weiterhin nicht auf diese Werte an.

Es sei g irgend eine nicht-negative ganze rationale Zahl, für die also (78) nicht gefordert wird, und es sei wieder

$$Q_{g_1 \ldots g_{h-1}} = 0$$

identisch in $\mathfrak{Z}$ für alle Indizes $g_1, \ldots, g_{h-1}$ mit

$$g_1 + \cdots + g_{h-1} < g;$$

dagegen gebe es ein fest gewähltes System $g_1, \ldots, g_{h-1}$ mit

$$g_1 + \cdots + g_{h-1} = g, \quad Q_{g_1 \ldots g_{h-1}} \neq 0.$$

Nach (77), (81), (82) beginnt die Potenzreihe in (83) ebenfalls mit Gliedern des Gesamtgrades g, und zwar hat das Polynom der bezüglich $\mathfrak{r}_k$ homogenen Glieder vom Grade g_k ($k = 1, \ldots, h-1$) den Wert

$$Q_{l, g_1 \ldots g_{h-1}} = |\mathfrak{C}_l \mathfrak{Z} + \mathfrak{D}_l|^{-\frac{h-1}{2} m_1} Q_{g_1 \ldots g_{h-1}}(\mathfrak{Z}_l, \mathfrak{w}_{1l}, \ldots, \mathfrak{w}_{h-1\,l}) \quad (l = 1, \ldots, j_1);$$

dabei wurde wesentlich benutzt, daß der Übergang von $\mathfrak{w}_k$ zu $\mathfrak{w}_{kl}$ homogen linear ist. Schließlich werde das Produkt

$$(85) \qquad \prod_{l=1}^{j_1} Q_{l, g_1 \ldots g_{h-1}} = Q_0 = Q_0(\mathfrak{Z}, \mathfrak{w}_1, \ldots, \mathfrak{w}_{h-1})$$

gebildet.

In (80) sei $\mathfrak{M}_0$ ein beliebiges Element der Modulgruppe $\Gamma(\mathfrak{C})$. Dann sind die Matrizen $\mathfrak{N}_l \mathfrak{M}_0$ ($l = 1, \ldots, j_1$) wieder Repräsentanten der verschiedenen Rechtsklassen bezüglich $\Omega(\mathfrak{T})$, die dabei eine Permutation erfahren. Man verwende nun Satz 10 und beachte, daß $\Delta(2\mathfrak{T})$ Untergruppe der Thetagruppe der Stufe $\mathfrak{T}$ ist. Mit

$$(86) \quad \mathfrak{Z}_0 = (\mathfrak{A}_0 \mathfrak{Z} + \mathfrak{B}_0)(\mathfrak{C}_0 \mathfrak{Z} + \mathfrak{D}_0)^{-1}, \ \mathfrak{w}_k = (\mathfrak{C}_0 \mathfrak{Z} + \mathfrak{D}_0)' \mathfrak{w}_{k0} \quad (k = 1, \ldots, h-1)$$

ergibt sich die Transformationsformel

$$(87) \quad |\mathfrak{C}_0 \mathfrak{Z} + \mathfrak{D}_0|^{-\frac{h-1}{2} j_1 m_1} Q_0(\mathfrak{Z}_0, \mathfrak{w}_{10}, \ldots, \mathfrak{w}_{h-1\,0}) = \mu_0 Q_0(\mathfrak{Z}, \mathfrak{w}_1, \ldots, \mathfrak{w}_{h-1}),$$

worin μ_0 eine noch von $\mathfrak{M}_0$ abhängige Konstante des absoluten Betrages 1 bedeutet.

Die einzelnen Faktoren $Q_{l, g_1 \ldots g_{h-1}}$ in (85) und das Produkt Q_0 selber sind homogene Polynome in den $(h-1)n$ Elementen von $\mathfrak{w}_1, \ldots, \mathfrak{w}_{h-1}$, deren

Koeffizienten Fouriersche Reihen von der durch (84) gegebenen Gestalt werden und infolge der oben gemachten Voraussetzung nicht sämtlich identisch in $\mathfrak{Z}$ verschwinden. In Abhängigkeit von $\mathfrak{w}_k$ ist Q_0 homogen vom Grade $g_k j_1$. Es werde noch

$$g j_1 = j_2, \qquad \frac{h-1}{2} j_1 m_1 = m_2$$

gesetzt. Durch Polarisation bezüglich aller $\mathfrak{w}_k$ $(k = 1, \ldots, h-1)$ bilde man aus Q_0 eine Multilinearform, deren n^{j_2} Koeffizienten in H_n reguläre Funktionen von $\mathfrak{Z}$ sind und zu einer Spalte $\mathfrak{z}$ zusammengefaßt seien. Nach (86) gilt nun

(88) $$\mathfrak{Y}_0^{-1} = (\mathfrak{C}_0 \bar{\mathfrak{Z}} + \mathfrak{D}_0)\, \mathfrak{Y}^{-1} (\mathfrak{C}_0 \mathfrak{Z} + \mathfrak{D}_0)'.$$

Bedeutet dann $\mathfrak{\tilde{Y}}$ die j_2-te Kroneckersche Potenz der Matrix $\mathfrak{Y}$, worunter im Falle $j_2 = 0$ die Zahl 1 zu verstehen sei, so folgt aus (86), (87), (88), daß bei geeigneter Anordnung in der Spalte $\mathfrak{z}$ der Ausdruck

$$\beta(\mathfrak{Z}) = |\mathfrak{Y}|^{m_2} \mathfrak{z}' \tilde{\mathfrak{Y}} \bar{\mathfrak{z}}$$

bei der vollen Modulgruppe $\Gamma(\mathfrak{E})$ invariant ist.

Satz 18. *In der Polynomentwicklung von Q sei $Q_{g_1 \ldots g_{h-1}}$ ein nicht identisch in $\mathfrak{Z}$ verschwindendes Glied niedrigsten Gesamtgrades*

$$g_1 + \cdots + g_{h-1} = g.$$

Dann ist von den in $Q_{g_1 \ldots g_{h-1}}$ auftretenden Fourierschen Koeffizienten $c_{1,R,\mathfrak{G}}$ mit

(89) $$\sigma(\mathfrak{G}) \leq \frac{4}{\pi}\left(g + \frac{h-1}{2} m_1\right) j_1 \sigma_n t_n^2$$

mindestens einer von 0 verschieden, wobei σ_n das Maximum von $\sigma(\mathfrak{Y}^{-1})$ im Fundamentalbereiche der Modulgruppe n-ten Grades bedeutet.

Beweis. Es seien in Q_0 die Fourierschen Koeffizienten $c_{R,\mathfrak{G}}$ sämtlich 0 für

(90) $$\sigma(\mathfrak{G}) < 2d,$$

worin d eine gegebene natürliche Zahl ist. Im Falle $n = 1$ treten dann trivialerweise nur noch Fouriersche Koeffizienten mit $\mathfrak{G} > 0$ auf. Im Falle $n > 1$ werde vorläufig angenommen, daß in Q_0 die Fourierschen Koeffizienten mit $|\mathfrak{G}| = 0$ sämtlich 0 sind, also auch nur Fouriersche Koeffizienten mit $\mathfrak{G} > 0$ in Q_0 wirklich vorkommen. Daraus geht hervor, daß die nicht-negative reelle Funktion $\beta(\mathfrak{Z})$ in einem endlichen Punkte $\mathfrak{Z}_* = \mathfrak{X}_* + i\mathfrak{Y}_*$ des Fundamentalbereiches B ein absolutes Maximum β_* annimmt, und zwar ist $\beta_* > 0$. Man setze nun

$$\mathfrak{Z} = \mathfrak{Z}_* + 8 t_n^2 z \mathfrak{E}, \quad \varepsilon(2z) = w$$

mit skalarem $z = x + iy$. Dann ist

$$\tfrac{1}{8} t_n^{-2} \sigma(\mathfrak{G}\mathfrak{Z}) = \tfrac{1}{8} t_n^{-2} \sigma(\mathfrak{G}\mathfrak{Z}_*) + z\sigma(\mathfrak{G}),$$

und zufolge der Voraussetzung bei (90) wird $\mathfrak{z} = \mathfrak{z}(w)$ eine Potenzreihe in der Variabeln w, die bei $w = 0$ mindestens von der Ordnung d verschwindet. Da $\mathfrak{Y}_* > 0$ ist, so hat diese Potenzreihe einen Konvergenzradius $r_* > 1$.

Es seien $\mathfrak{Y}_*$ und $\mathfrak{z}_*$ die Werte von $\mathfrak{Y}$ und $\mathfrak{z}$ für $\mathfrak{Z} = \mathfrak{Z}_*$; ferner sei $1 < r < r_*$ sowie $\mathfrak{q} = \mathfrak{z} w^{-d}$. Das Maximumprinzip für analytische Funktionen gilt sinngemäß auch für die positive hermitische Form $\mathfrak{q}' \mathfrak{Y}_* \bar{\mathfrak{q}}$. Danach gibt es auf dem Kreise abs $w = r$ einen Punkt w, in welchem die Ungleichung

$$\mathfrak{z}' \mathfrak{Y}_* \bar{\mathfrak{z}} r^{-2d} \geq \mathfrak{z}_*' \mathfrak{Y}_* \bar{\mathfrak{z}}_* = \beta_* |\mathfrak{Y}_*|^{-m_2} \tag{91}$$

erfüllt ist. Andererseits ist

$$|\mathfrak{Y}|^{m_2} \mathfrak{z}' \mathfrak{Y} \bar{\mathfrak{z}} = \beta(\mathfrak{Z}) \leq \beta(\mathfrak{Z}_*) = \beta_* . \tag{92}$$

Setzt man

$$\varepsilon = \frac{4}{\pi} t_n^2 \log r = -8 t_n^2 y , \tag{93}$$

so wird

$$\mathfrak{Y} = \mathfrak{Y}_* + 8 t_n^2 y \mathfrak{E} = \mathfrak{Y}_* - \varepsilon \mathfrak{E} , \tag{94}$$

und durch Entwicklung nach Potenzen der positiven Größe ε folgt

$$|\mathfrak{Y}| = |\mathfrak{Y}_*| \left(1 - \varepsilon \sigma(\mathfrak{Y}_*^{-1}) + \cdots\right), \quad \mathfrak{Y} = \mathfrak{Y}_* - \varepsilon \mathfrak{Y}_1 + \cdots , \tag{95}$$

wobei $\mathfrak{Y}_1$ eine gewisse symmetrische Matrix bedeutet. Zur Abschätzung dieser Matrix $\mathfrak{Y}_1$ betrachte man zunächst den speziellen Fall, daß $\mathfrak{Y}_*$ eine Diagonalmatrix mit den Diagonalelementen $y_1, \ldots, y_n$ ist. Dann ist auch $\mathfrak{Y}$ nach (94) eine Diagonalmatrix, deren Diagonalelemente die Form $(y_1 - \varepsilon)^{k_1} \ldots (y_n - \varepsilon)^{k_n}$ mit $k_1 + \cdots + k_n = j_2$ haben, und daher wird in diesem Falle

$$0 \leq \mathfrak{Y}_1 \leq j_2 \sigma(\mathfrak{Y}_*^{-1}) \mathfrak{Y}_* . \tag{96}$$

Da diese Ungleichung bei orthogonaler Transformation von $\mathfrak{Y}_*$ invariant bleibt, so ist sie auch allgemein richtig.

Aus (91), (92), (93), (95), (96) folgt

$$\begin{aligned} \beta_* &\geq |\mathfrak{Y} \mathfrak{Y}_*^{-1}|^{m_2} \left(1 - j_2 \sigma(\mathfrak{Y}_*^{-1}) \varepsilon + \cdots\right) r^{2d} \beta_* \\ &= \left(1 - (j_2 + m_2) \sigma(\mathfrak{Y}_*^{-1}) \varepsilon + \cdots\right) \left(1 + \frac{\pi}{2} t_n^{-2} d \varepsilon + \cdots\right) \beta_* , \end{aligned}$$

also für $\varepsilon \to 0$, da $\mathfrak{Z}_*$ im Fundamentalbereiche liegt,

$$\frac{\pi}{2} t_n^{-2} d \leq (j_2 + m_2) \sigma(\mathfrak{Y}_*^{-1}) \leq \left(g + \frac{h-1}{2} m_1\right) j_1 \sigma_n . \tag{97}$$

Aus der Bedeutung von d in (90) folgt jetzt die Behauptung mit (89) zunächst für Q_0 und daraus entsprechend für $Q_{\sigma_1 \ldots \sigma_{h-1}}$ selber.

Es bleibt nun noch der Fall zu erledigen, daß in Q_0 ein Fourierscher Koeffizient $c_{R,\mathfrak{G}} \neq 0$ ist, wobei $|\mathfrak{G}| = 0$, $\mathfrak{G} \neq 0$ gilt. Mit unimodularem $\mathfrak{U}$ sei speziell

$$\mathfrak{M}_0 = \begin{pmatrix} \mathfrak{U}^{-1} & 0 \\ 0 & \mathfrak{U}' \end{pmatrix}, \qquad \mathfrak{Z} = \mathfrak{Z}_0[\mathfrak{U}'].$$

Aus (86) und (87) ergibt sich dann, daß auch der Matrix $\mathfrak{G}[\mathfrak{U}]$ ein von 0 verschiedener Fourierscher Koeffizient von Q_0 entspricht. Man kann $\mathfrak{U}$ insbesondere derart bestimmen, daß

$$\mathfrak{G}[\mathfrak{U}] = \begin{pmatrix} \mathfrak{G}_1 & 0 \\ 0 & 0 \end{pmatrix}$$

mit $(n-1)$-reihigen $\mathfrak{G}_1$ wird. Folglich gibt es auch bereits in $Q_{g_1 \ldots g_{h-1}}$ einen Fourierschen Koeffizienten $c_{1,R,\mathfrak{F}} \neq 0$ mit

$$\mathfrak{F} = \begin{pmatrix} \mathfrak{F}_1 & 0 \\ 0 & 0 \end{pmatrix}. \tag{98}$$

Man lasse in $\mathfrak{Z}$ das letzte Diagonalelement gegen $i\infty$ gehen, während alle anderen Elemente ungeändert bleiben. Wie aus der Definition der Thetareihe $\vartheta(\mathfrak{l}, \mathfrak{w})$ in (3) ersichtlich wird, geht sie bei diesem Grenzübergang in 0 über, wenn das n-te Element der Spalte $\mathfrak{l}$ nicht durch t_n teilbar ist, und sonst in die entsprechende Thetareihe von den $n-1$ Variabeln $w_1, \ldots, w_{n-1}$, wobei in $\mathfrak{Z}$ und $\mathfrak{T}$ die letzte Zeile und Spalte zu streichen ist. Der Grenzübergang bleibt auch für die Reihenentwicklung (77) sinnvoll. Man kann jetzt vollständige Induktion anwenden, da Satz 18 für den Fall $n = 1$ oben vollständig bewiesen wurde, und die Aussage des Satzes mit $n-1$ statt n benutzen. Dabei ist zu beachten, daß bei dem Übergang von n zu $n-1$ der Index j_1 und die Anzahl h sich jedenfalls nicht vergrößern, wie sofort aus ihren Definitionen einleuchtet; außerdem ist $\sigma_{n-1} < \sigma_n$ und $t_{n-1} \leq t_n$, so daß sich die rechte Seite von (89) noch verkleinert. Zufolge (98) verschwindet die Funktion $Q_{g_1 \ldots g_{h-1}}$ auch nach dem Grenzübergang nicht identisch und enthält dann also einen die Bedingung (89) erfüllenden Fourierschen Koeffizienten $\neq 0$, wobei übrigens $\mathfrak{G}$ ebenfalls von der Form (98) ist. Damit ist der Beweis beendet.

Es kann wünschenswert erscheinen, die Zahl σ_n als Funktion von n in einfacher Weise nach oben abzuschätzen. Bedeuten $y_1, \ldots, y_n$ die Diagonalelemente der Matrix $\mathfrak{Y}$, so erhält man aus $\mathfrak{Y} > 0$ die Ungleichung

$$\sigma(\mathfrak{Y}^{-1}) \leq |\mathfrak{Y}|^{-1}(y_1 \cdots y_n)(y_1^{-1} + \cdots + y_n^{-1}).$$

Liegt außerdem $\mathfrak{Z}$ im Fundamentalbereich der Modulgruppe n-ten Grades, so ist $\mathfrak{Y}$ im Minkowskischen Sinne reduziert und jedes Diagonalelement

$y_k \geq \frac{1}{2}\sqrt{3}$. Unter Benutzung der von Remak[8] gefundenen Abschätzungen folgt dann leicht

$$\sigma_n \leq \frac{2n}{\sqrt{3}}\left(\frac{5}{3}\right)^{n\frac{n-1}{2}} < 2^{n^2} \qquad (n = 1, 2, \ldots).$$

Es ist klar, daß durch die Sätze 17 und 18 die konstruktive Bestimmung der Zahl a und der bezüglich λ teilerfremden Polynome $\beta_1, \ldots, \beta_h$ ermöglicht wird, da man nur von einer beschränkten Anzahl von wohldefinierten rationalen Zahlen mit beschränkten Nennern nachzuprüfen hat, ob sie 0 sind oder nicht. Dabei sind die Konstanten

$$m_1 = (a+1)m, \quad m = n!\,t, \quad a + 1 = h\binom{m_0 + (n+2)t - 1}{(n+2)t - 1},$$

$$m_0 = 0, 1, \ldots, (h-1)m; \quad h = \binom{m+n+1}{n+1}, \quad t = |\mathfrak{T}| = t_1 \ldots t_n,$$

während sich für j_1 die triviale Abschätzung

$$j_1 \leq 2^{4n^2} t^{4n}$$

ergibt.

Das beim Beweise von Satz 18 benutzte Verfahren läßt sich nun weiter sinngemäß übertragen, um auf konstruktivem Wege die zwischen den Moduln bestehenden algebraischen Gleichungen zu ermitteln. Es seien $q_0, \ldots, q_v$ die Koeffizienten des Polynoms G bezüglich λ und η, wobei zunächst gegenüber der Erklärung in § 10 der Unterschied gemacht werde, daß wirklich die Koeffizienten sämtlicher möglichen Potenzprodukte aufgeschrieben werden, also auch diejenigen, welche vielleicht identisch in den Variabeln $\mathfrak{Z}, \mathfrak{w}_1, \ldots, \mathfrak{w}_{h-1}$ verschwinden. Zufolge Satz 17 beginnen die nicht identisch verschwindenden unter den Reihenentwicklungen

$$q_k = \sum_{g_1, \ldots, g_{h-1} = 0}^{\infty} q_{k, g_1 \ldots g_{h-1}} \qquad (k = 0, \ldots, v)$$

nach homogenen Polynomen des Grades g_l bezüglich $\mathfrak{r}_l$ $(l = 1, \ldots, h-1)$ mit Gliedern eines Gesamtgrades

$$g_1 + \cdots + g_{h-1} = g,$$

wobei

$$g \leq \pi e (h-1) j m_1 \sigma(\mathfrak{T})$$

und der Index

$$j \leq t^{4n}$$

ist. Man schreibe zur Abkürzung

$$q_{k, g_1 \ldots g_{h-1}} = q_{kg} \qquad (k = 0, \ldots, v)$$

[8] R. Remak: Über die Minkowskische Reduktion der definiten quadratischen Formen. Comp. Math. 5, 368—391 (1938).

und denke sich $g_1, \ldots, g_{h-1}$ so gewählt, daß die $v + 1$ Funktionen q_{kg} nicht sämtlich identisch in den Variabeln $\mathfrak{Z}, \mathfrak{w}_1, \ldots, \mathfrak{w}_{h-1}$ verschwinden. Die Verhältnisse der q_k sind dann gleich den entsprechenden der q_{kg} $(k = 0, \ldots, v)$, und das identische Verschwinden einer Funktion q_{kg} hat das von q_k zur Folge. Aus Satz 12 ersieht man, daß die Koeffizienten der Polynome q_{kg} bezüglich $\mathfrak{x}_1, \ldots, \mathfrak{x}_{h-1}$ eine Fouriersche Entwicklung der Form (84) besitzen.

Es handelt sich darum, die homogenen algebraischen Gleichungen mit konstanten Koeffizienten aufzustellen, die zwischen $q_0, \ldots, q_v$ bestehen. Es genügt, die gleiche Aufgabe für die q_{kg} $(k = 0, \ldots, v)$ zu behandeln.

Satz 19. *Es sei*

$$D = D(\mathfrak{Z}, \mathfrak{w}_1, \ldots, \mathfrak{w}_{h-1})$$

ein homogenes Polynom vom Grade r in den $v + 1$ Variabeln q_{kg} $(k = 0, \ldots, v)$ mit konstanten Koeffizienten. Sind dann in der Fourierschen Reihe

$$D = \sum_{\mathfrak{G} \geq 0} a_{\mathfrak{G}}\, \varepsilon\left(\tfrac{1}{8}\, t_n^{-2}\, \sigma(\mathfrak{G}\mathfrak{Z})\right) \tag{99}$$

die Koeffizienten $a_{\mathfrak{G}}(\mathfrak{w}_1, \ldots, \mathfrak{w}_{h-1})$ mit

$$\sigma(\mathfrak{G}) \leq \frac{4}{\pi}\left(g + \frac{h-1}{2}\, a m\right) j\, j_1\, r\, \sigma_n\, t_n^2 \tag{100}$$

sämtlich 0, *so verschwindet D identisch in $\mathfrak{Z}, \mathfrak{w}_1, \ldots, \mathfrak{w}_{h-1}$.*

Beweis. Für $r = 0$ ist die Behauptung trivialerweise richtig; es sei also weiterhin r positiv. Unter Benutzung der Substitutionen (81) definiere man

$$D_l = |\mathfrak{C}_l \mathfrak{Z} + \mathfrak{D}_l|^{-\frac{h-1}{2} a m j r}\, D(\mathfrak{Z}_l, \mathfrak{w}_{1l}, \ldots, \mathfrak{w}_{h-1\, l}) \quad (l = 1, \ldots, j_1)$$

und setze

$$\prod_{l=1}^{j_1} D_l = D_0 = D_0(\mathfrak{Z}, \mathfrak{w}_1, \ldots, \mathfrak{w}_{h-1}).$$

Man beachte nun, daß $\Delta(2\mathfrak{T})$ eine invariante Untergruppe von $\Gamma(\mathfrak{T})$ ist, und gewinnt entsprechend zu (87) für D_0 die Transformationsformel

$$|\mathfrak{C}_0 \mathfrak{Z} + \mathfrak{D}_0|^{-r_0}\, D_0(\mathfrak{Z}_0, \mathfrak{w}_{10}, \ldots, \mathfrak{w}_{h-1\,0}) = \gamma_0\, D_0(\mathfrak{Z}, \mathfrak{w}_1, \ldots, \mathfrak{w}_{h-1})$$

bei einer beliebigen Modulsubstitution n-ten Grades; dabei ist

$$r_0 = \frac{h-1}{2}\, a\, m\, j\, j_1\, r$$

und γ_0 eine noch von der Substitutionsmatrix abhängige Konstante des absoluten Betrages 1.

Man kann jetzt den Beweis von Satz 18 ohne wesentliche Änderungen auf den vorliegenden Fall übertragen. Es soll aber nun zuerst gezeigt werden, daß die Fourierschen Koeffizienten $a_{\mathfrak{G}}$ mit $|\mathfrak{G}| = 0$ in der Entwicklung (99) sämtlich verschwinden. Wegen der Invarianzeigenschaft von D_0 genügt dieser

Nachweis für die speziellen $\mathfrak{G}$ von der Gestalt (98), wobei man sich außerdem auf den Faktor $D = D_1$ von D_0 beschränken und $n > 1$ voraussetzen kann. Läßt man wieder in $\mathfrak{Z}$ das letzte Diagonalelement gegen $i\,\infty$ gehen, so gehen dabei die Thetareihen $\vartheta(\mathfrak{l}, \mathfrak{w})$ entweder in 0 oder solche mit den $n-1$ Variabeln $w_1, \ldots, w_{n-1}$ über. In den Darstellungen der Funktionen $\alpha_1, \ldots, \alpha_h$ durch $(h-1)$-reihige Determinanten erhält man durch jenen Grenzübergang für die Elemente jeder Spalte die gleichen homogenen Polynome m-ten Grades in t/t_n Thetareihen, die jeweils von den $n-1$ Variabeln $w_{k1}, \ldots, w_{kn-1}$ $(k = 1, \ldots, h-1)$ abhängen. Die Anzahl der linear unabhängigen Spalten wird daher $\leq m^{n-1}t/t_n$, und zufolge Satz 1 gilt andererseits

$$h = \binom{m+n+1}{n+1} > \frac{m^{n+1}}{(n+1)!} \geq m^{n-1}\frac{t^2}{n+1} \geq m^{n-1}\frac{3}{2}\,t > m^{n-1}\frac{t}{t_n} + 1 .$$

Also verschwinden alle jene Determinanten. Da ferner die Koeffizienten von $\beta_1, \ldots, \beta_h$ bezüglich λ Polynome in denen von $\alpha_1, \ldots, \alpha_h$ sind, so ergibt sich das identische Verschwinden von $q_0, \ldots, q_v$ und damit von $D(\mathfrak{Z}, \mathfrak{w}_1, \ldots, \mathfrak{w}_{h-1})$ selber, wenn der obige Grenzübergang ausgeführt ist. Dies beweist die Behauptung über die $a_{\mathfrak{G}}$ mit $|\mathfrak{G}| = 0$.

Es können demnach in der Reihe (99) nur Fouriersche Koeffizienten mit $\mathfrak{G} > 0$ von 0 verschieden sein. Man kann jetzt den beim Beweise von Satz 18 verwendeten Schluß wörtlich übertragen, wenn nur die dort mit d, j_2, m_2 bezeichneten Größen durch

$$(101)\quad d_1 = \left[\frac{2}{\pi}\left(g + \frac{h-1}{2}\,a m\right) j j_1 r \sigma_n t_n^2\right] + 1\,,\quad j_3 = g j j_1 r\,,\quad m_3 = \frac{h-1}{2}\,a m j j_1 r$$

ersetzt werden. An Stelle von (97) folgte dann

$$\frac{\pi}{2}\,t_n^{-2}\,d_1 \leq (j_3 + m_3)\,\sigma_n\,,$$

falls D nicht identisch 0 wäre, und damit ein Widerspruch zu (101). Hierdurch ist der Beweis beendet.

Indem man Satz 19 mit $r = 1$ benutzt, erhält man zunächst ein effektives Verfahren, um unter den Funktionen q_{kg} $(k = 0, \ldots, v)$ und damit unter den q_k selber die identisch verschwindenden auszuscheiden. Für die dann übrig bleibenden möge weiterhin die gleiche Bezeichnung beibehalten werden. Zur Aufstellung der algebraischen Gleichungen zwischen den q_k verfährt man nun in üblicher Weise folgendermaßen.

Mit unbestimmten Koeffizienten δ_{kl} $(k = 0, \ldots, p+1;\ l = 0, \ldots, v)$ werden $p+2$ homogene lineare Formen $\psi_0, \ldots, \psi_{p+1}$ in den q_{lg} gebildet und daraus mit weiteren unbestimmten Koeffizienten $\mu_1, \ldots, \mu_s$ das allgemeine homogene Polynom D vom Grade r in $\psi_0, \ldots, \psi_{p+1}$. Es ist dabei

$$p = \frac{n+1}{2}\,n\,,\qquad s = \binom{r+p+1}{p+1}.$$

Die Verhältnisse der q_{lg} $(l = 0, \ldots, v)$ sind nun von den Variabeln $\mathfrak{w}_1, \ldots, \mathfrak{w}_{h-1}$ unabhängig. Man betrachte in dem homogenen Polynom g-ten Grades $q_{0g}(\mathfrak{w}_1, \ldots, \mathfrak{w}_{h-1})$ ein Glied, dessen Koeffizient nicht identisch in $\mathfrak{Z}$ verschwindet und mit $\underline{q}_0$ bezeichnet sei. Ist $\underline{q}_l$ der entsprechende Koeffizient in q_{lg} $(l = 1, \ldots, v)$, so wird

$$\frac{q_{kg}}{q_{lg}} = \frac{\underline{q}_k}{\underline{q}_l} \qquad (k, l = 0, \ldots, v)$$

und folglich in leicht verständlicher Bezeichnung

$$(102) \qquad q_{0g}^{r} D(\underline{q}_0, \ldots, \underline{q}_v) = \underline{q}_0^{r} D(q_{0g}, \ldots, q_{vg}).$$

Man denke sich insbesondere $\underline{q}_0$ aus q_{0g} so gewählt, daß bei den von 0 verschiedenen Koeffizienten der Fourierschen Reihe von $\underline{q}_0$ die Spur von $\mathfrak{G}$ einen möglichst kleinen Wert annimmt. Nach (102) beginnen dann die Fourierschen Reihen für $D(\underline{q}_0, \ldots, \underline{q}_v)$ und $D(q_{0g}, \ldots, q_{vg})$ mit Gliedern gleichen Minimalwertes von $\sigma(\mathfrak{G})$.

Bedeutet c die Anzahl der geraden nicht-negativen symmetrischen Matrizen $\mathfrak{G}$, welche die Ungleichung (100) erfüllen, so gilt

$$c < (2\, d_1)^p$$

mit dem in (101) gegebenen Werte von d_1. Es mögen nun die s Koeffizienten $\mu_1, \ldots, \mu_s$ von D so bestimmt werden, daß in der Fourierschen Reihe

$$D(\underline{q}_0, \ldots, \underline{q}_v) = \sum_{\mathfrak{G} \geq 0} c_{\mathfrak{G}}\, \varepsilon\left(\tfrac{1}{8} t_n^{-2}\, \sigma(\mathfrak{G}\,\mathfrak{Z})\right)$$

alle $c_{\mathfrak{G}}$ mit $\sigma(\mathfrak{G}) < 2 d_1$ gleich 0 sind. Die s Unbekannten $\mu_1, \ldots, \mu_s$ ergeben sich dann durch Auflösung von c homogenen linearen Gleichungen als Polynome in den δ_{kl} mit Koeffizienten aus dem Körper der $(2 t_n)$-ten Einheitswurzeln, die sich bei gegebenem r explizit berechnen lassen. Man erhält sicher eine nicht-triviale solche Lösung, wenn

$$(103) \qquad s > c$$

ist. Wegen der zu (102) gemachten Bemerkung folgt nun aus Satz 19, daß

$$D(q_0, \ldots, q_v) = 0$$

wird.

Um (103) zu erfüllen, genügt die Annahme

$$(p + 1)!\, (2 d_1)^p < r^{p+1},$$

die mit der Bestimmung

$$r = (p + 1)! \left[4 \left(g + \frac{h-1}{2} a m\right) j j_1 \sigma_n t_n^2\right]^p$$

sicher erfüllt ist. Die so gefundene Gleichung zwischen $\psi_0, \ldots, \psi_{p+1}$ braucht nicht irreduzibel zu sein. Indem man aber dann das Verfahren für $r - 1$,

$r-2, \ldots$ an Stelle von r solange wiederholt, als die obigen c linearen Gleichungen noch nicht-trivial lösbar sind, erhält man beim letzten Schritt die gewünschte absolut irreduzible Gleichung.

Es mögen alle homogenen Polynome von $v+1$ Variabeln $x_0, \ldots, x_v$ mit konstanten komplexen Koeffizienten betrachtet werden, welche identisch in $\mathfrak{Z}, \mathfrak{w}_1, \ldots, \mathfrak{w}_{h-1}$ die Nullstelle $x_k = q_k(\mathfrak{Z}, \mathfrak{w}_1, \ldots, \mathfrak{w}_{h-1})$ $(k = 0, \ldots, v)$ besitzen. Sie bilden ein Ideal im Ringe der homogenen Polynome. Aus der gefundenen Gleichung $D = 0$ läßt sich dann weiter auf konstruktivem Wege eine endliche Basis $b_1, b_2, \ldots$ dieses Ideals gewinnen. Durch die Gleichungen $b_1 = 0$, $b_2 = 0, \ldots$ wird im projektiven Raum von v Dimensionen eine p-dimensionale irreduzible algebraische Mannigfaltigkeit M^* definiert. Die Modulmannigfaltigkeit M ist nun jedenfalls in M^* enthalten. Durch sinngemäße Übertragung der beim Beweise von Satz 15 benutzten Schlüsse zeigt man ohne neue Schwierigkeit, daß M^* die abgeschlossene Hülle von M ist, und genauer, daß $M^* - M$ in einer algebraischen Mannigfaltigkeit von nur $p-n$ Dimensionen enthalten ist. Es wäre offenbar wünschenswert, diese Aussage über $M^* - M$ zu verfeinern. Dabei treten aber bisher ungelöste Schwierigkeiten auf, welche davon herrühren, daß zwischen den Funktionen q_k für n und denen für $n-1$ kein einfacher Zusammenhang zu bestehen scheint.

§ 12. Algebraische Abhängigkeit von Modulformen

Beim Beweise von Satz 18 wurde eine Methode entwickelt, welche in spezieller Gestalt zuerst zum Nachweis der isobaren algebraischen Abhängigkeit von $p+2$ Modulformen n-ten Grades verwendet worden ist. Es soll jetzt noch anhangsweise gezeigt werden, wie man auf entsprechendem Wege über die isobare algebraische Abhängigkeit von $q+1$ Modulformen entscheiden kann, wobei $0 \leq q \leq p = \frac{n(n+1)}{2}$ ist. Das Verfahren läßt sich für eine beliebige Stufe $\mathfrak{T}$ durchführen; doch genügt der weiterhin behandelte Fall $\mathfrak{T} = \mathfrak{E}$ zur Darstellung der Idee.

Die $q+1$ vorgelegten Modulformen n-ten Grades seien mit $\varphi_0, \ldots, \varphi_q$ bezeichnet. Ohne Beschränkung der Allgemeinheit kann man für den vorliegenden Zweck annehmen, daß sie sämtlich von gleichem Gewichte $g > 0$ sind. Zunächst werde angenommen, daß $q > 0$ ist und nicht alle φ_k $(k = 0, \ldots, q)$ identisch verschwinden, also etwa $\varphi_0 \neq 0$ gilt. Man setze dann

$$\frac{\varphi_k}{\varphi_0} = \psi_k \qquad (k = 1, \ldots, q).$$

Für eine beliebige differentiierbare Funktion f von $\mathfrak{Z} = (z_{kl})$ sei

$$f_{kk} = \frac{\partial f}{\partial z_{kk}} \quad (k = 1, \ldots, n), \qquad f_{kl} = \frac{1}{2} \frac{\partial f}{\partial z_{kl}} \quad (k, l = 1, \ldots, n;\ k \neq l)$$

und die n-reihige Matrix

$$(f_{kl}) = \mathfrak{F}\,.$$

Dann gilt

$$df = \sigma(\mathfrak{F}\, d\mathfrak{Z})\,.$$

Ist ferner

$$(\hat{z}_{kl}) = \hat{\mathfrak{Z}} = (\mathfrak{A}\mathfrak{Z} + \mathfrak{B})(\mathfrak{C}\mathfrak{Z} + \mathfrak{D})^{-1}$$

eine Modulsubstitution und f dabei invariant, so wird

$$d\hat{\mathfrak{Z}} = (d\mathfrak{Z})[(\mathfrak{C}\mathfrak{Z} + \mathfrak{D})^{-1}], \qquad \hat{\mathfrak{Y}} = (\bar{\mathfrak{Z}}\mathfrak{C}' + \mathfrak{D}')^{-1}\mathfrak{Y}(\mathfrak{C}\mathfrak{Z} + \mathfrak{D})^{-1} = \hat{\mathfrak{Y}},$$
$$\hat{\mathfrak{F}} = \mathfrak{F}[\mathfrak{Z}\mathfrak{C}' + \mathfrak{D}'], \quad \hat{\mathfrak{Y}}\hat{\mathfrak{F}}\hat{\mathfrak{Y}}\bar{\hat{\mathfrak{F}}} = (\bar{\mathfrak{Z}}\mathfrak{C}' + \mathfrak{D}')^{-1}\mathfrak{Y}\mathfrak{F}\mathfrak{Y}\bar{\mathfrak{F}}(\bar{\mathfrak{Z}}\mathfrak{C}' + \mathfrak{D}'),$$
$$\sigma(\hat{\mathfrak{Y}}\hat{\mathfrak{F}}\hat{\mathfrak{Y}}\bar{\hat{\mathfrak{F}}}) = \sigma(\mathfrak{Y}\mathfrak{F}\mathfrak{Y}\bar{\mathfrak{F}}) = \sum_{k,l,h,j=1}^{n} y_{kl} f_{lh} y_{hj} \bar{f}_{jk}\,,$$

wobei $\hat{\mathfrak{F}}$ die mit den Ableitungen nach $\hat{z}_{kl}$ gebildete Matrix bedeutet. Es sei f die Spalte aus den p Elementen f_{kl} $(1 \le k \le l \le n)$ in fester Reihenfolge und

$$\sigma(\mathfrak{Y}\mathfrak{F}\mathfrak{Y}\bar{\mathfrak{F}}) = f'\hat{\mathfrak{Y}}\bar{f},$$

wenn $\hat{\mathfrak{Y}}$ die Matrix der links stehenden hermitischen Form der p Variabeln f_{kl} bezeichnet. Man setze noch

$$|\mathfrak{Y}|^{-2}\hat{\mathfrak{Y}} = \mathfrak{Y}^*.$$

Ist dann $\mathfrak{Y}_0 > \mathfrak{Y} > 0$, so folgt leicht durch simultane Transformation auf Hauptachsen, daß die Ungleichungen

$$|\mathfrak{Y}_0|^{-1}\mathfrak{Y}_0 < |\mathfrak{Y}^{-1}|\,\mathfrak{Y}, \quad \mathfrak{Y}_0^* < \mathfrak{Y}^*,$$
$$\hat{\mathfrak{Y}}_0 < |\mathfrak{Y}_0\mathfrak{Y}^{-1}|^2\,\hat{\mathfrak{Y}} \tag{104}$$

bestehen.

Es sei nun $\mathfrak{P}$ die mit den q Spalten $\dot{\psi}_k$ $(k = 1, \ldots, q)$ gebildete Matrix und

$$\Delta(\mathfrak{Z}) = \Delta = |\mathfrak{P}'\hat{\mathfrak{Y}}\mathfrak{P}|, \quad \chi(\mathfrak{Z}) = \Delta\,|\mathfrak{Y}|^{(q+1)\sigma} \operatorname{abs} \varphi_0^{2q+2}.$$

Dann sind $\Delta(\mathfrak{Z})$ und $\chi(\mathfrak{Z})$ nicht-negative reelle Funktionen der Variabeln $\mathfrak{Z}$, die bei der Modulgruppe invariant bleiben. Nach dem Laplaceschen Entwicklungssatz ist Δ eine hermitische Form in den q-reihigen Unterdeterminanten von $\mathfrak{P}$, deren Koeffizienten die q-reihigen Unterdeterminanten von $\hat{\mathfrak{Y}}$ sind. Andererseits bilde man die Matrix mit den $q + 1$ Spalten $\dot{\varphi}_0, \ldots, \dot{\varphi}_q$, zu denen als erste Zeile noch $(\varphi_0\ \varphi_1 \ldots \varphi_q)$ hinzugefügt werde; diese Matrix sei mit $\mathfrak{P}_0$ bezeichnet. Die mit dem Faktor φ_0^{q+1} multiplizierten q-reihigen Unterdeterminanten von $\mathfrak{P}$ sind dann gleich den entsprechenden $(q + 1)$-reihigen Unterdeterminanten δ von $\mathfrak{P}_0$, als deren erste Zeile jedesmal die von $\mathfrak{P}_0$ genommen wird. Es geht also der Ausdruck $\Delta \operatorname{abs} \varphi_0^{2q+2}$ aus Δ dadurch hervor, daß man darin statt der q-reihigen Unterdeterminanten von $\mathfrak{P}$ die entsprechenden δ einführt. Da nun diese δ in H_n reguläre Funktionen von $\mathfrak{Z}$

sind, so bleibt die Funktion $\chi(\mathfrak{Z})$ auch noch sinnvoll in dem bisher ausgeschlossenen trivialen Falle, daß $\varphi_0, \ldots, \varphi_q$ sämtlich identisch 0 sind; sie ist dann selber auch identisch 0.

Jede Unterdeterminante δ hat eine Fouriersche Entwicklung

$$\delta = \sum_{\mathfrak{G} \geq 0} c_{\mathfrak{G}}\, \varepsilon(\sigma(\mathfrak{G}\mathfrak{Z})), \tag{105}$$

wobei über alle geraden nicht-negativen symmetrischen $\mathfrak{G}$ summiert wird.

Satz 20. *In den Fourierschen Reihen der mit der ersten Zeile gebildeten* $(q+1)$*-reihigen Unterdeterminanten von* $\mathfrak{P}_0$ *mögen alle Koeffizienten* $c_{\mathfrak{G}}$ *verschwinden, für welche*

$$\sigma(\mathfrak{G}) \leq \frac{1}{2\pi}(qg + g + 2)\,\sigma_n \tag{106}$$

ist, wobei σ_n *das Maximum von* $\sigma(\mathfrak{Y}^{-1})$ *im Fundamentalbereiche der Modulgruppe n-ten Grades bedeutet. Dann besteht zwischen* $\varphi_0, \ldots, \varphi_q$ *eine homogene algebraische Gleichung mit konstanten Koeffizienten.*

Beweis. Es genügt zu zeigen, daß unter der Voraussetzung (106) die Funktion $\chi(\mathfrak{Z})$ identisch 0 ist. Sind dann nämlich $\varphi_0, \ldots, \varphi_q$ nicht alle identisch 0 und etwa $\varphi_0 \neq 0$, so folgt wegen $\mathfrak{Y} > 0$, daß der Rang von $\mathfrak{P}$ überall in H_n kleiner als q ist, und damit die analytische Abhängigkeit von $\psi_1, \ldots, \psi_q$. Diese bedingt aber wiederum die algebraische Abhängigkeit. Sind jedoch $\varphi_0, \ldots, \varphi_q$ sämtlich identisch 0, so ist die Aussage des Satzes trivial.

Es werde vollständige Induktion bezüglich n angewendet. Man lasse in $\mathfrak{Z}$ das letzte Diagonalelement gegen $i\infty$ gehen. Aus der Fourierschen Reihe einer Modulform φ geht hervor, daß die n partiellen Ableitungen $\frac{\partial \varphi}{\partial z_{kn}}$ $(k = 1, \ldots, n)$ bei dem Grenzübergang gegen 0 streben, während dabei φ und die anderen Ableitungen $\frac{\partial \varphi}{\partial z_{kl}}$ $(1 \leq k \leq l \leq n-1)$ in eine Modulform des Grades $n-1$ von gleichem Gewichte und ihre entsprechenden Ableitungen übergehen. Daher gehen dabei auch die oben eingeführten Unterdeterminanten δ über in die entsprechend gebildeten Unterdeterminanten $\underline{\delta}$, die den aus $\varphi_0, \ldots, \varphi_q$ entstehenden Modulformen $\underline{\varphi}_0, \ldots, \underline{\varphi}_q$ vom Grade $n-1$ zugeordnet sind. Ist $q > \frac{(n-1)n}{2}$, so sind trivialerweise alle $\underline{\delta} = 0$. Ist dagegen $q \leq \frac{(n-1)n}{2}$ und $n > 1$, so wird Satz 20 mit $n-1$ an Stelle von n auf die Modulformen $\underline{\varphi}_0, \ldots, \underline{\varphi}_q$ angewendet, wobei zu beachten ist, daß die rechte Seite von (106) monoton mit n wächst. Es folgt das identische Verschwinden der Unterdeterminanten $\underline{\delta}$, und daher ist in der entsprechenden Unterdeterminante δ zunächst jedesmal der Fouriersche Koeffizient $c_{\mathfrak{G}} = 0$, wenn in $\mathfrak{G}$ alle Elemente der letzten Zeile und Spalte 0 sind. Ersetzt man dann $\mathfrak{Z}$ durch $\mathfrak{Z}[\mathfrak{U}]$ mit unimodularem $\mathfrak{U}$, so erfahren die δ selber eine unimodulare Transformation, und hieraus ergibt sich insbesondere, daß für $|\mathfrak{G}| = 0$ auch stets $c_{\mathfrak{G}} = 0$ wird. Dies ist wegen (106) auch noch mit $n = 1$ richtig.

Da man nunmehr in (105) die Summation auf $\mathfrak{G} > 0$ beschränken kann, so ergibt sich, daß bei obigem Grenzübergang auch $\chi(\mathfrak{Z})$ gegen 0 geht und daß daher diese Funktion auf dem Fundamentalbereiche der Modulgruppe n-ten Grades in einem endlichen Punkte $\mathfrak{Z}_0$ ein absolutes Maximum χ_0 besitzt.

Man setze jetzt $\mathfrak{Z} = \mathfrak{Z}_0 + z\mathfrak{E}$, $\mathfrak{Y} = \mathfrak{Y}_0 + y\mathfrak{E}$ mit skalarem $z = x + iy$ und $\varepsilon(2z) = w$. Die Unterdeterminanten δ von $\mathfrak{P}_0$ sind dann als Funktionen von w regulär in einem Kreise abs $w \leq r$ mit $r > 1$, und sie verschwinden zufolge (106) bei $w = 0$ sämtlich mindestens von der Ordnung

$$d = \left[\frac{1}{4\pi}(qg + g + 2)\sigma_n\right] + 1 > \frac{1}{4\pi}(qg + g + 2)\sigma(\mathfrak{Y}_0^{-1}). \tag{107}$$

Wendet man auf die Funktion $|\mathfrak{P}'\mathfrak{Y}_0\bar{\mathfrak{P}}|$ abs $(w^{-2d}\varphi_0^{2q+2})$ das Maximumprinzip sinngemäß an, so folgt für einen gewissen Punkt w der Kreislinie abs $w = r$ die Ungleichung

$$r^{-2d}|\mathfrak{P}'\mathfrak{Y}_0\bar{\mathfrak{P}}| \operatorname{abs}\varphi_0^{2q+2} \geq |\mathfrak{Y}_0|^{-(q+1)g}\chi_0.$$

Nach (104) ist andererseits

$$|\mathfrak{P}'\mathfrak{Y}_0\bar{\mathfrak{P}}| \leq |\mathfrak{Y}_0\mathfrak{Y}^{-1}|^2\,|\mathfrak{P}'\mathfrak{Y}\bar{\mathfrak{P}}|,$$

und da wegen der Invarianz von $\chi(\mathfrak{Z})$ auch $\chi(\mathfrak{Z}) \leq \chi_0$ gilt, so folgt weiter

$$|\mathfrak{P}'\mathfrak{Y}_0\bar{\mathfrak{P}}| \operatorname{abs}\varphi_0^{2q+2} \leq |\mathfrak{Y}_0\mathfrak{Y}^{-1}|^2\,|\mathfrak{Y}|^{-(q+1)g}\chi_0,$$

also

$$\chi_0 \leq r^{-2d}|\mathfrak{Y}_0\mathfrak{Y}^{-1}|^{(q+1)g+2}\chi_0. \tag{108}$$

Mit

$$y = -\varepsilon = -\frac{1}{2\pi}\log r$$

und $\varepsilon \to 0$ wird

$$r^{-2d}|\mathfrak{Y}_0\mathfrak{Y}^{-1}|^{(q+1)g+2} = (1 - 4\pi d\varepsilon + \cdots)\big(1 + (qg + g + 2)\varepsilon\sigma(\mathfrak{Y}_0^{-1}) + \cdots\big),$$

so daß aus (107) und (108) die Gleichung $\chi_0 = 0$ und damit die Behauptung des Satzes folgt. Man sieht nachträglich leicht ein, daß der Beweis mutatis mutandis auch noch für $q = 0$ gilt und in den bereits bekannten übergeht, wobei dann (106) sogar durch die schwächere Bedingung $\sigma(\mathfrak{G}) \leq \frac{1}{2\pi} g\sigma_n$ ersetzt werden kann.

Es sei noch bemerkt, daß sich aus Satz 20 allein keine Methode ergibt, um die zwischen $\varphi_0, \ldots, \varphi_q$ bestehende algebraische Gleichung zu konstruieren. Man kann auf diese Weise nur eine lokal gültige analytische Abhängigkeit effektiv aufstellen. Mit dieser einschränkenden Bemerkung seien die vorliegenden Untersuchungen nunmehr abgeschlossen.

Als passendes Gegenstück zu dem einleitenden Motto wird ein Ausspruch wiedergegeben, mit dem einst E. B. Hagen das 1918 erschienene Buch eines angesehenen Mathematikers kennzeichnete:

„*Lang und breit, aber weder hoch noch tief!*"

78.

Zu zwei Bemerkungen Kummers

Nachrichten der Akademie der Wissenschaften in Göttingen.
Mathematisch-physikalische Klasse, 1964, Nr. 6, 51—57

In Kummers scharfsinnigen und heute fast vergessenen Abhandlungen finden sich zwei Bemerkungen, die einer näheren Erläuterung bedürftig sind. Sie beziehen sich auf die Dichtigkeit der irregulären Primzahlen und das Anwachsen des ersten Klassenzahlfaktors.

§ 1. Über die Dichtigkeit der irregulären Primzahlen

Eine ungerade Primzahl p heiße irregulär, wenn sie im Zähler einer der Bernoullischen Zahlen

$$B_2 = \frac{1}{6}, \; B_4 = -\frac{1}{30}, \ldots, B_{2q-2}, \; B_{2q} \qquad \left(q = \frac{p-3}{2}\right)$$

aufgeht, und sonst regulär. Das Interesse an den regulären Primzahlen p erklärt sich u. a. daraus, daß Kummer für solche Exponenten die Richtigkeit der Fermatschen Behauptung über die Gleichung $x^p + y^p = z^p$ gezeigt hat. Für $x \geq 3$ seien $\alpha(x)$ und $\beta(x)$ die Anzahlen der irregulären und regulären $p \leq x$. Kummer[1] hat die Vermutung geäußert, für $x \to \infty$ strebe das Verhältnis von $\alpha(x)$ zu $\beta(x)$ gegen $\frac{1}{2}$. Nach seinen Worten besaß er keinen Beweis dafür; er gab nur an, ohne es noch zu erläutern, daß einfache Prinzipien der Wahrscheinlichkeitsrechnung ihn zu seiner Vermutung geführt haben.

Wie es scheint, hat diese Vermutung Kummers keine weitere Beachtung gefunden. Hensel[2] gibt die Vermutung sogar in unrichtiger Form wieder, da er sie in der Weise ausspricht, daß asymptotisch gleich viele reguläre wie irreguläre Primzahlen vorhanden seien; danach wäre der fragliche Grenzwert aber 1.

---

[1] Ed. Kummer: Über diejenigen Primzahlen λ, für welche die Klassenzahl der aus λten Einheitswurzeln gebildeten complexen Zahlen durch λ theilbar ist. Berl. Monatsber. 1874, 239—248; insbes. S. 248.

[2] K. Hensel: Gedächtnisrede auf Ernst Eduard Kummer. Festschrift zur Feier des 100. Geburtstages Eduard Kummers. Leipzig und Berlin: B. G. Teubner 1910; insbes. S. 32.

Seit neun Jahren besitzt man die Werte der irregulären $p \leq 4001$. Nach den veröffentlichten Tabellen[3] hat jedoch das Verhältnis

$$v(x) = \frac{\alpha(x)}{\beta(x)}$$

einen Verlauf, welcher mit Kummers Vermutung $v(x) \to \frac{1}{2}$ nicht recht zusammenpaßt; es werden nämlich z.B. für

$$x = 2000, 2250, 2500, 2750, 3000, 3250, 3500, 3750, 4000, 4001$$

die Werte $v(x)$ auf drei Dezimalstellen gleich

$$0.641, 0.640, 0.641, 0.633, 0.644, 0.646, 0.627, 0.649, 0.644, 0.647.$$

Diese Zahlen sind offenbar in besserer Übereinstimmung mit der abgeänderten Vermutung

$$v(x) \to e^{\frac{1}{2}} - 1 = 0.6487\ldots, \tag{1}$$

welche im Folgenden plausibel gemacht werden soll. Hierzu werden drei Betrachtungen angestellt.

1. Zunächst seien eine Primzahl p und eine natürliche Zahl N gegeben, wobei $p > 3$ und $p \mid N$ angenommen wird. Man setze wieder $q = \frac{p-3}{2}$ und wähle auf beliebige Art q ganze Zahlen $x_1, x_2, \ldots, x_q$ des Intervalls $0 < x \leq N$. Hierfür gibt es

$$M = N^q \tag{2}$$

verschiedene Möglichkeiten. Da in jenem Intervall genau $\frac{N}{p}$ Vielfache von p liegen, so gibt es insgesamt

$$B = \left(N - \frac{N}{p}\right)^q = (1 - p^{-1})^q N^q$$

mögliche „reguläre" Fälle, für welche p in keiner der q Zahlen $x_1, \ldots, x_q$ aufgeht. In den übrigen A „irregulären" Fällen ist dann also p ein Faktor mindestens einer der Zahlen $x_1, \ldots, x_q$, und es wird

$$A = M - B = \left(1 - (1 - p^{-1})^q\right) N^q,$$

$$\frac{A}{B} = (1 - p^{-1})^{-q} - 1 \to e^{\frac{1}{2}} - 1$$

für $p \to \infty$.

2. Nun seien $p_1, p_2, \ldots, p_n$ verschiedene ungerade Primzahlen, $q_k = \frac{p_k - 3}{2}$ $(k = 1, \ldots, n)$, $q_n = q$, $p_1 p_2 \ldots p_n = P \mid N$, $n > 1$. Es seien wieder $x_1, \ldots, x_q$ beliebige ganze Zahlen des Intervalls $0 < x \leq N$. Man wähle r ganze Zahlen

[3] J. L. Selfridge, C. A. Nicol, and H. S. Vandiver: Proof of Fermat's last theorem for all prime exponents less than 4002. Proc. Nat. Acad. Sci. U.S.A. 41, 970—973 (1955).

$k_1, \ldots, k_r$, wobei $1 \leq k_1 < k_2 < \cdots < k_r \leq n$ sei, also insbesondere $0 \leq r \leq n$. Zu jedem Modul $p = p_k (k = 1, \ldots, n)$ gibt es genau

(3) $$b_k = (p_k - 1)^{q_k} p_k^{q - q_k} = (1 - p_k^{-1})^{q_k} p_k^q$$

Möglichkeiten für die Restklassen von $x_1, \ldots, x_q$, bei denen keine der q_k Zahlen $x_1, x_2, \ldots, x_{q_k}$ durch p_k teilbar ist, und die Anzahl der übrigbleibenden Möglichkeiten für die Restklassen ist

(4) $$a_k = p_k^q - b_k = \left(1 - (1 - p_k^{-1})^{q_k}\right) p_k^q.$$

Da $p_1, \ldots, p_n$ paarweise teilerfremd sind, so gibt es zu dem zusammengesetzten Modul P insgesamt

(5) $$m(k_1, \ldots, k_r) = \prod_{k = k_1, \ldots, k_r} a_k \prod_{k \neq k_1, \ldots, k_r} b_k$$

Restklassen von $x_1, \ldots, x_q$, für welche die Bedingung $p_k | (x_1 x_2 \ldots x_{q_k})$ genau bei den Indizes $k = k_1, \ldots, k_r$ erfüllt ist. Die Gesamtzahl der zugehörigen $x_1, \ldots, x_q$ des Intervalls $0 < x \leq N$ ist dann

(6) $$M(k_1, \ldots, k_r) = m(k_1, \ldots, k_r) \left(\frac{N}{P}\right)^q.$$

Summiert man noch bei festem r über alle zulässigen $k_1, \ldots, k_r$, so wird

(7) $$M_r = \sum_{k_1, \ldots, k_r} M(k_1, \ldots, k_r)$$

die Anzahl der Möglichkeiten für $x_1, \ldots, x_q$, bei denen die n Produkte $x_1 x_2 \ldots x_{q_k}$ $(k = 1, \ldots, n)$ genau für r verschiedene Indizes k durch p_k teilbar sind.

Mit

$$\varrho = e^{\frac{1}{2}} - 1$$

und beliebigem positiven ε ergibt also schließlich der Ausdruck

(8) $$\underline{M} = \underline{M}(\varepsilon, n, N) = \sum_{\varrho - \varepsilon < \frac{r}{n-r} < \varrho + \varepsilon} M_r$$

die Anzahl der Möglichkeiten für $x_1, \ldots, x_q$, bei denen das Verhältnis der Zahl r aller durch p_k teilbaren Produkte $x_1 x_2 \ldots x_{q_k}$ $(k = 1, \ldots, n)$ zu der Zahl $n - r$ von nicht teilbaren zwischen den Schranken $\varrho - \varepsilon$ und $\varrho + \varepsilon$ liegt. Verwendet man nun die Schlußweise, welche bei der Herleitung des sogenannten Gesetzes der großen Zahlen üblich ist, so ergibt sich aus den Formeln (2) bis (8) die asymptotische Beziehung

(9) $$\underline{M} \sim M \qquad (n \to \infty)$$

für jeden festen Wert von ε.

3. Es soll noch die Voraussetzung $P\,|\,N$ eliminiert werden. Es sei jetzt $N = N_0 + R$, $P\,|\,N_0$, $0 \leq R < P$. Die im vorigen Abschnitt angegebene Überlegung läßt sich für N_0 und $N_0 + P$ an Stelle von N durchführen, und das frühere Resultat bleibt dann auch mit der neuen Bedeutung von N richtig, wenn nur die Restabschätzung

$$(N_0 + P)^q - N_0^q = o(N^q) \qquad (n \to \infty)$$

gilt. Diese ist gleichbedeutend mit der Annahme

$$p_n P = o(N).$$

Sind nun insbesondere $p_1 = 3$, $p_2 = 5, \ldots$ die aufeinander folgenden ungeraden Primzahlen, so ist nach dem Primzahlsatz

$$\log P = \sum_{k=1}^{n} \log p_k \sim p_n \sim n \log n\,,$$

also die Voraussetzung

$$\text{(10)} \qquad \varliminf \frac{\log N}{p_n} > 1$$

für die Gültigkeit von (9) hinreichend.

Nach Euler und Stirling gilt für die Bernoullischen Zahlen

$$(-1)^{k-1} B_{2k} = 2(2k)!\,(2\pi)^{-2k}\,\zeta(2k) \sim 4\sqrt{\pi k}\left(\frac{k}{\pi e}\right)^{2k} \qquad (k \to \infty)\,.$$

Ist d_k der Nenner von $(-1)^{k-1} B_{2k} = c_k/d_k$, so ergibt der Staudtsche Satz die Abschätzung

$$0 < \log d_k = \sum_{(p-1)\,|\,2k} \log p < \tau(2k) \log(2k+1) < c(\delta)\, k^{\delta}$$

für jedes feste positive δ, wobei $c(\delta)$ nur von δ abhängt. Für den Zähler c_k folgt daher

$$\log c_k = 2k \log k + O(k)\,.$$

Wählt man dann $N = \operatorname{Max}(c_1, \ldots, c_q)$, so ist die Voraussetzung (10) sicher erfüllt und die Aussage (9) richtig.

Es sei noch ausdrücklich hervorgehoben, daß das Ergebnis (9) statistischer Natur ist und die zur Herleitung verwendete Schlußweise sich keineswegs dazu eignet, um über die Richtigkeit der in (1) aufgestellten Vermutung wirklich zu entscheiden. Außerdem ist in Erwägung zu ziehen, daß die oben angegebenen numerischen Werte von $v(x)$ mit Hilfe von Rechenmaschinen bestimmt wurden und daher ebenfalls im strengen Sinne unbewiesen sind.

§ 2. Das asymptotische Verhalten des ersten Klassenzahlfaktors

Es seien p eine ungerade Primzahl, h_p die Klassenzahl des Körpers K_p der p-ten Einheitswurzeln und g_p der erste Faktor der Klassenzahl in Kummerscher Bezeichnung. Kummer[4] hat behauptet, daß g_p für $p \to \infty$ asymptotisch gleich $2^{\frac{3-p}{2}} \pi^{\frac{1-p}{2}} p^{\frac{p+3}{4}}$ sei. Er hat dabei einen Beweis zwar versprochen, aber offenbar niemals ausgeführt.

Bekanntlich ist

$$(11) \qquad 2^{\frac{p-3}{2}} \pi^{\frac{p-1}{2}} p^{-\frac{p+3}{4}} g_p = \prod_{\chi(-1)=-1} L(1, \chi),$$

wenn über alle Charaktere der Gruppe der teilerfremden Restklassen modulo p mit $\chi(-1) = -1$ multipliziert und

$$L(1, \chi) = \sum_{n=1}^{\infty} \chi(n)\, n^{-1}$$

gesetzt wird. Die Behauptung Kummers würde also bedeuten, daß die rechte Seite von (11) für $p \to \infty$ den Grenzwert 1 besitzt. Ob dies zutrifft, ist sehr zweifelhaft und läßt sich jedenfalls auch beim gegenwärtigen Stande der Wissenschaft nicht entscheiden. Es ist daher nicht wahrscheinlich, daß Kummer einen Beweis besessen hat. Faßt man Kummers Aussage in einem abgeschwächten Sinne auf, indem man sie nämlich dahin interpretiert, daß die rechte Seite von (11) zwischen positiven Schranken gelegen sei, welche von p unabhängig sind, so ist auch hierfür kein brauchbarer Beweisansatz bekannt. Dagegen läßt sich die schwächere asymptotische Beziehung beweisen, die durch Logarithmieren aus der Kummerschen Behauptung entsteht, nämlich

$$(12) \qquad \log g_p \sim \frac{p}{4} \log p .$$

Zufolge (11) ist diese in der schärferen Formel

$$(13) \qquad \log\Bigl(\prod_{\chi(-1)=-1} L(1, \chi)\Bigr) = o(p \log\log p)$$

enthalten, welche nun aus bekannten Abschätzungen hergeleitet werden soll.

Zum Nachweis von (13) beachte man zunächst, daß für jeden vom Hauptcharakter verschiedenen Restklassencharakter modulo p stets

$$(14) \qquad \operatorname{abs} L(1, \chi) < 2 \log p \qquad (\chi \neq 1)$$

---

[4] E.-E. Kummer: Mémoire sur la théorie des nombres complexes composés de racines de l'unité et de nombres entiers. J. math. pures appl. 16, 377—498 (1851); insbes. S. 473.

ist. Wenn der Charakter nicht reell ist, so ist andererseits nach Landau

(15) $$\operatorname{abs} L(1, \chi) > c\,(\log p)^{-5} \qquad (\chi^2 \neq 1)$$

mit einer von p unabhängigen positiven Größe c, die sich übrigens explizit angeben läßt. Im Falle $p \equiv 1 \pmod 4$ gibt es keinen reellen Charakter mit $\chi(-1) = -1$. Im Falle $p \equiv 3 \pmod 4$ gibt es genau einen solchen, nämlich das quadratische Restsymbol

$$\chi(k) = \left(\frac{-p}{k}\right) \qquad (k = 1, 2, \ldots),$$

und für dieses gilt nach der Dirichletschen Klassenzahlformel

$$L(1, \chi) = \frac{2\pi h}{w\sqrt{p}},$$

wenn h die Klassenzahl und w die Anzahl der Einheitswurzeln des durch $\sqrt{-p}$ erzeugten imaginären quadratischen Zahlkörpers bedeuten; also ist dann jedenfalls

(16) $$L(1, \chi) > p^{-\frac{1}{2}} \qquad (\chi^2 = 1,\ \chi \neq 1).$$

Aus (14), (15), (16) folgt

$$p^{-\frac{1}{2}}\left(c\,(\log p)^{-5}\right)^{2\left[\frac{p-1}{4}\right]} < \prod_{\chi(-1)=-1} L(1, \chi) < (2 \log p)^{\frac{p-1}{2}}$$

und damit die Behauptung (13).

Offenbar läßt sich die schwächere Aussage (12) auf die gleiche Art auch noch beweisen, wenn an Stelle von (15) nur die Abschätzung

(17) $$\operatorname{abs} L(1, \chi) > a(\varepsilon)\, p^{-\varepsilon}$$

für jedes positive ε und alle komplexen Charaktere verwendet wird; dabei bedeutet $a(\varepsilon)$ eine nur von ε abhängige positive Größe. Daß diese Ungleichung auch noch in Verschärfung von (16) für den reellen Charakter gilt, ist im vorliegenden Zusammenhang unerheblich. Es ist aber kein Anzeichen dafür vorhanden, daß Kummer etwa (17) bewiesen hat, und da er gleich seinem Vorbild Dirichlet keine schriftlichen Aufzeichnungen wissenschaftlicher Natur hinterlassen hat, so wird es sich auch nicht feststellen lassen, wie er sich den Beweis seiner Behauptung oder etwa der schwächeren asymptotischen Beziehung (12) vorgestellt hat.

Es sei zum Schluß noch bemerkt, daß sich aus (12) eine Aussage über das Anwachsen der Klassenzahl h_p als Funktion von p ergibt. Weil nämlich g_p nach Kummer ein Faktor von h_p ist, so hat man die untere Abschätzung

(18) $$g_p \leq h_p.$$

Eine obere Abschätzung von h_p entnimmt man aus der Formel

$$2^{\frac{p-3}{2}} \pi^{\frac{p-1}{2}} p^{-\frac{p}{2}} R h_p = \prod_{\chi \neq 1} L(1, \chi),$$

da nach Remak der Regulator $R > 10^{-3}$ ist. Mit Hilfe von (14) folgt

$$h_p < 2000 (2\pi)^{-\frac{p-1}{2}} (2 \log p)^{p-2} p^{\frac{p}{2}},$$

also in Verbindung mit (12) und (18) das Resultat

$$\underline{\lim} \frac{\log h_p}{p \log p} \geq \frac{1}{4}, \qquad \overline{\lim} \frac{\log h_p}{p \log p} \leq \frac{1}{2}.$$

Hieraus ersieht man, daß es für die Primzahlen p nur endlich viele Kreisteilungskörper K_p mit der Klassenzahl 1 gibt, und zwar ließe sich bei diesen eine obere Schranke für p explizit bestimmen. Daher wäre es auch möglich, alle diese Körper effektiv anzugeben. Für alle $p < 23$ ist $h_p = 1$, und nach den Kummerschen Rechnungen ist andererseits $g_p > 1$ für $23 \leq p < 163$, also dann erst recht $h_p > 1$. Es ist zu vermuten, daß für $p > 19$ stets $h_p > 1$ wird, so daß also genau für $p = 3, 5, 7, 11, 13, 17, 19$ die Klassenzahl 1 wäre. Der Nachweis würde jedoch umfangreiche Rechnungen erfordern, auch wenn man die von Gronwall gefundene Verbesserung der Abschätzung (15) heranzieht.

79.

Über die Fourierschen Koeffizienten der Eisensteinschen Reihen

Danske Videnskabernes Selskab. Matematisk-fysiske Meddelelser 34 (1964), Nr. 6

Im Folgenden wird die Kenntnis meiner Veröffentlichungen [1] bis [7] vorausgesetzt.

Es sei $\mathfrak{Z}$ ein Punkt der verallgemeinerten oberen Halbebene n-ten Grades, g eine gerade Zahl und

$$s_g(\mathfrak{Z}) = \sum_{\mathfrak{C},\mathfrak{D}}' |\mathfrak{C}\mathfrak{Z} + \mathfrak{D}|^{-g} \qquad (g > n+1) \tag{1}$$

die Eisensteinsche Reihe des Gewichtes g. Sie hat eine absolut konvergente Fouriersche Entwicklung

$$s_g(\mathfrak{Z}) = \sum_{\mathfrak{T} \geq 0} a_g(\mathfrak{T})\, e^{\pi i \sigma(\mathfrak{T}\mathfrak{Z})}, \tag{2}$$

worin $\mathfrak{T}$ alle nicht-negativen geraden symmetrischen Matrizen von n Reihen durchläuft. Ich habe bewiesen, dass alle Koeffizienten $a_g(\mathfrak{T})$ rationale Zahlen sind. In einer sehr bemerkenswerten Untersuchung hat dann Witt [8] sogar die Beschränktheit der Nenner dieser Koeffizienten gezeigt, falls die feste Zahl g durch 4 teilbar ist. Witt weist nämlich dort nach, dass in jenem Falle die Funktion $s_g(\mathfrak{Z})$ gleich der analytischen Invariante des Geschlechtes der positiven geraden quadratischen Formen von $2g$ Variabeln und der Determinante 1 ist. Aus diesen Zusammenhang ergibt sich nun, wie in den beiden ersten Paragraphen ausgeführt wird, als gemeinsamer Nenner der $a_g(\mathfrak{T})$ im Falle $4 \mid g$ ein einfacher Wert, in welchem nur die Bernoullischen Zahlen $B_2 = \frac{1}{6}$, $B_4 = -\frac{1}{30}, \ldots$ noch auftreten.

Im weiteren Verlauf der Arbeit wird auf mühsamere Weise der restliche Fall behandelt, wobei also g nicht durch 4 teilbar ist. Hierfür ist die analytische Theorie der indefiniten quadratischen Formen heranzuziehen, und die arithmetische Untersuchung der auftretenden Masszahlen erfolgt mittels der verallgemeinerten Gauss-Bonnetschen Formel. Man erhält das folgende Ergebnis.

Satz: *Es sei d_g das Produkt der Zähler der g Zahlen B_{2k}/k ($k = 1,2,\ldots,g-1$ und $g/2$) und $2z_g$ die höchste Potenz von 2 unterhalb g. Im Falle $4 \mid g$ ist dann d_g gemeinsamer Nenner aller Fourierschen Koeffizienten $a_g(\mathfrak{T})$, und im Falle $4 \nmid g$ ist $z_g d_g$ gemeinsamer Nenner.*

Es bleibt unentschieden, ob der Faktor z_g wirklich in der Aussage des Satzes nötig ist, und es wird auch nicht behauptet, dass d_g im ersten Falle der genaue Hauptnenner ist. Bekanntlich [9] gehen in d_g nur irreguläre Primzahlen p auf, für welche also nach KUMMER die Klassenzahl des Körpers der p-ten Einheitswurzeln durch p teilbar ist.

§ 1. Fouriersche Entwicklung

Für $\mathfrak{T} = 0$ ist trivialerweise $a_g(\mathfrak{T}) = 1$. Es sei $\mathfrak{T} \neq 0$, also vom Range r mit $0 < r \leq n$, und es werde $m - r = f$, $m = 2g$ gesetzt. Es gibt dann eine primitive Matrix $\mathfrak{Q}^{(r,n)}$ und eine positive gerade symmetrische Matrix $\mathfrak{T}_1^{(r)}$, so dass $\mathfrak{T} = \mathfrak{T}_1[\mathfrak{Q}]$ wird. Durchläuft $\mathfrak{R}^{(r)}$ ein volles System rationaler symmetrischer Matrizen modulo 1, so gilt nach § 7 von [3] die Formel

$$a_g(\mathfrak{T}) = (-1)^{\frac{gr}{2}} \frac{\varrho_m}{\varrho_f} 2^r |\mathfrak{T}_1|^{\frac{f-1}{2}} \sum_{\mathfrak{R}} e^{\pi i \sigma(\mathfrak{T}_1 \mathfrak{R})} (\nu(\mathfrak{R}))^{-g}; \tag{3}$$

dabei ist zur Abkürzung

$$\varrho_k = \prod_{l=1}^{k} \frac{\pi^{\frac{l}{2}}}{\Gamma\left(\frac{l}{2}\right)} \qquad (k = 1, 2, \ldots) \tag{4}$$

gesetzt, und $\nu(\mathfrak{R})$ bedeutet das Produkt der Nenner der Elementarteiler von $\mathfrak{R}$. Wegen der absoluten Konvergenz der Eisensteinschen Reihe in (1) ist auch die rechte Seite von (3) absolut konvergent. Für die weitere Umformung kommt es darauf an, die Zahl $(\nu(\mathfrak{R}))^{-g}$ durch einen rechnerisch brauchbaren Ausdruck mit Hilfe verallgemeinerter Gaussischer Summen darzustellen.

Es seien r rationale Zahlen

$$c_k = \frac{u_k}{t_k} \qquad (k = 1, \ldots, r)$$

mit den gekürzten positiven Nennern t_k gegeben, und es sei q irgend ein positiver gemeinschaftlicher Nenner. Durchlaufen die beiden ganzzahligen Variabeln x_k, y_k je ein volles Restsystem modulo q, so wird

$$\sum_{x_k, y_k} e^{2\pi i c_k x_k y_k} = q^2 t_k^{-1} \qquad (k = 1, \ldots, r).$$

Es seien $\mathfrak{x}$ und $\mathfrak{y}$ die aus den Elementen x_k und y_k $(k = 1, \ldots, r)$ gebildeten Spalten. Da für jede unimodulare Matrix $\mathfrak{U}^{(r)}$ mit $\mathfrak{x}$ auch $\mathfrak{U}\mathfrak{x}$ ein volles Restsystem modulo q durchläuft, so folgt

$$\sum_{\mathfrak{x}, \mathfrak{y} \,(\mathrm{mod}\, q)} e^{2\pi i \mathfrak{x}' \mathfrak{R} \mathfrak{y}} = q^{2r} (\nu(\mathfrak{R}))^{-1},$$

falls $q\mathfrak{R}$ ganz ist. Setzt man noch

$$\mathfrak{S}^{(m)} = \begin{pmatrix} 0 & \mathfrak{E}^{(g)} \\ \mathfrak{E}^{(g)} & 0 \end{pmatrix}$$

und versteht unter $\mathfrak{K}$ eine variable ganze Matrix mit m Zeilen und r Spalten, so wird also

$$\sum_{\mathfrak{K}\,(\mathrm{mod}\,q)} e^{\pi i \sigma(\mathfrak{S}[\mathfrak{K}]\mathfrak{R})} = q^{mr}(\nu(\mathfrak{R}))^{-g} \qquad (q\mathfrak{R} \text{ ganz}). \tag{5}$$

Diese Vereinfachung einer von mir benutzten Formel wurde von WITT a. a. O. gegeben.

Bei geradem q setze man $\mathfrak{R} = q^{-1}\mathfrak{P}$ und lasse die r Diagonalelemente von $\mathfrak{P}$ unabhängig voneinander die $\frac{1}{2}q$ Restklassen gerader Zahlen modulo q durchlaufen, die übrigen Elemente von $\mathfrak{P}$ jedoch volle Restsysteme modulo q. Dann wird

$$\sum_{\mathfrak{P}} \sum_{\mathfrak{K}\,(\mathrm{mod}\,q)} e^{\pi i \sigma(\mathfrak{R}(\mathfrak{S}[\mathfrak{K}] - \mathfrak{T}_1))} = 2^{-r} q^{\frac{r(r+1)}{2}} A_q(\mathfrak{S}, \mathfrak{T}_1), \tag{6}$$

wenn $A_q(\mathfrak{S}, \mathfrak{T}_1)$ die Lösungsanzahl von

$$\mathfrak{S}[\mathfrak{K}] \equiv \mathfrak{T}_1 \ (\mathrm{mod}\, q)$$

in modulo q inkongruenten $\mathfrak{K}$ bezeichnet. Schliesslich möge q eine Folge $q_1, q_2, \ldots$ durchlaufen, in welcher fast alle Elemente durch jede vorgegebene natürliche Zahl teilbar sind. Ersetzt man in (3) die Matrix $\mathfrak{R}$ durch $-\mathfrak{R}$, so ergibt sich nach (5) und (6) die Beziehung

$$a_g(\mathfrak{T}) = (-1)^{\frac{gr}{2}} \frac{\varrho_m}{\varrho_f} |\mathfrak{T}_1|^{\frac{f-1}{2}} \lim_{q \to \infty} \left(q^{\frac{r(r+1)}{2} - mr} A_q(\mathfrak{S}, \mathfrak{T}_1)\right). \tag{7}$$

Nun sei g ein Vielfaches von 4, also m durch 8 teilbar. Dann existiert ein Geschlecht positiver gerader quadratischer Formen von m Variabeln mit der Determinante 1, und zwar genau ein solches. Ist $\mathfrak{S}_0^{(m)}$ die Matrix einer Form dieses Geschlechtes, so sind $\mathfrak{S}_0$ und $\mathfrak{S}$ nach jedem Modul q äquivalent, und daher gilt auch

$$A_q(\mathfrak{S}_0, \mathfrak{T}_1) = A_q(\mathfrak{S}, \mathfrak{T}_1). \tag{8}$$

Nach der Massformel [1] ist andererseits

$$\frac{\displaystyle\sum_{k=1}^{h} \frac{A(\mathfrak{S}_k, \mathfrak{T}_1)}{E(\mathfrak{S}_k)}}{\displaystyle\sum_{k=1}^{h} \frac{1}{E(\mathfrak{S}_k)}} = \frac{\varrho_m}{\varrho_f} |\mathfrak{T}_1|^{\frac{f-1}{2}} \lim_{q \to \infty} \left(q^{\frac{r(r+1)}{2} - mr} A_q(\mathfrak{S}_0, \mathfrak{T}_1)\right); \tag{9}$$

dabei bedeuten $\mathfrak{S}_1, \ldots, \mathfrak{S}_h$ Repräsentanten der sämtlichen verschiedenen Klassen des Geschlechtes von $\mathfrak{S}_0$, ferner ist $A(\mathfrak{S}_k, \mathfrak{T}_1)$ die Anzahl der Darstellungen von $\mathfrak{T}_1$ durch $\mathfrak{S}_k$ und $E(\mathfrak{S}_k)$ die Anzahl der Einheiten von $\mathfrak{S}_k$. Aus (2), (7), (8), (9) folgt das von WITT gefundene Resultat

$$s_g(\mathfrak{Z}) = F(\mathfrak{S}_0, \mathfrak{Z}) \quad (4|g) \tag{10}$$

mit

$$F(\mathfrak{S}_0, \mathfrak{Z}) = \frac{\sum_{k=1}^{h} \frac{f(\mathfrak{S}_k, \mathfrak{Z})}{E(\mathfrak{S}_k)}}{\sum_{k=1}^{h} \frac{1}{E(\mathfrak{S}_k)}}, \tag{11}$$

$$f(\mathfrak{S}_k, \mathfrak{Z}) = \sum_{\mathfrak{G}} e^{\pi i \sigma(\mathfrak{S}_k[\mathfrak{G}]\mathfrak{Z})} \tag{12}$$

bei Summation über alle ganzen $\mathfrak{G}^{(m,n)}$.

§ 2. Beweis des ersten Teiles des Satzes

Es laufe $\mathfrak{B}^{(r)}$ über ein volles System linksseitig nicht-assoziierter ganzer Matrizen mit positiven Determinanten, für welche $\mathfrak{T}_1[\mathfrak{B}^{-1}]$ ganz ist, und es bedeute $B(\mathfrak{S}_k, \mathfrak{T}_1[\mathfrak{B}^{-1}])$ die Anzahl der primitiven Darstellungen von $\mathfrak{T}_1[\mathfrak{B}^{-1}]$ durch $\mathfrak{S}_k$. Dann ist

$$A(\mathfrak{S}_k, \mathfrak{T}_1) = \sum_{\mathfrak{B}} B(\mathfrak{S}_k, \mathfrak{T}_1[\mathfrak{B}^{-1}]). \tag{13}$$

Durchläuft nun $\mathfrak{U}$ alle Einheiten von $\mathfrak{S}_k$, so erhält man aus irgend einer primitiven Lösung $\mathfrak{C}^{(m,r)}$ von $\mathfrak{S}_k[\mathfrak{C}] = \mathfrak{T}_1[\mathfrak{B}^{-1}]$ durch die Matrizen $\mathfrak{U}\mathfrak{C}$ insgesamt j verschiedene Darstellungen, wenn j den Index der durch die Bedingung $\mathfrak{U}\mathfrak{C} = \mathfrak{C}$ erklärten Untergruppe in der vollen Einheitengruppe bedeutet. Man verwende jetzt den Satz von der quadratischen Ergänzung, wie er in Hilfssatz 11 von [1] ausgesprochen ist, wobei dort $\mathfrak{S}$ und $\mathfrak{T}$ durch $\mathfrak{S}_k$ und $\mathfrak{T}_1[\mathfrak{B}^{-1}]$ ersetzt werden. Dann wird jene Untergruppe isomorph einer gewissen Untergruppe der Einheitengruppe von $\mathfrak{H}^{(f)}$ und folglich j ein Vielfaches der Zahl $E(\mathfrak{S}_k)/E(\mathfrak{H})$.

Es sei b_k der Nenner der rationalen Zahl B_{2k}/k $(k = 1,2,\ldots)$ und

$$\overline{l|} = 2^l b_1 b_2 \ldots b_{\left[\frac{l}{2}\right]} \qquad (l = 1,2,\ldots). \tag{14}$$

Nach einem Minkowskischen Satze [10] ist dann die Gruppenordnung $E(\mathfrak{H})$ ein Teiler der Zahl $\overline{f|}$. Mit Rücksicht auf (13) erweist sich also $\overline{f|}$ als gemeinschaftlicher Nenner der h Brüche $A(\mathfrak{S}_k, \mathfrak{T}_1)/E(\mathfrak{S}_k)$. Bezeichnet

$$M(\mathfrak{S}_0) = \sum_{k=1}^{h} \frac{1}{E(\mathfrak{S}_k)}$$

das Mass des Geschlechtes von $\mathfrak{S}_0$, so ist daher zufolge (2), (10), (11), (12) die Zahl $\overline{f|}\,M(\mathfrak{S}_0)a_g(\mathfrak{T})$ ganz.

Zur Berechnung von $M(\mathfrak{S}_0)$ benutzen wir die Minkowskische Massformel

$$\frac{1}{M(\mathfrak{S}_0)} = \frac{\varrho_m}{2} \lim_{q \to \infty} \left(2^{-\omega(q)} q^{-\frac{m(m-1)}{2}} E_q(\mathfrak{S})\right),$$

wobei $\omega(q)$ die Anzahl der verschiedenen Primteiler von q bedeutet. Ist q Potenz einer Primzahl p und $a_p = 2^m$ für $p = 2$, $a_p = 1$ für $p \neq 2$, so gilt

$$\tfrac{1}{2} q^{-\frac{m(m-1)}{2}} E_q(\mathfrak{S}) = a_p(1 - p^{-g}) \prod_{l=1}^{g-1} (1 - p^{-2l}) \qquad (m = 2g),$$

also

$$M(\mathfrak{S}_0) = 2^{1-m} \varrho_m^{-1} \zeta(g) \prod_{l=1}^{g-1} \zeta(2l).$$

Nun ist

$$\zeta(2l) = (-1)^{l-1} \frac{(2\pi)^{2l}}{2(2l)!} B_{2l} \qquad (l = 1,2,\ldots)$$

und nach (4) die Zahl

$$\varrho_m = \frac{\pi^g}{\Gamma(g)} \prod_{l=1}^{g-1} \frac{(2\pi)^{2l}}{2\Gamma(2l)},$$

so dass sich die Formel

$$M(\mathfrak{S}_0) = \frac{B_g}{2g} \prod_{l=1}^{g-1} \frac{B_{2l}}{4l} \tag{15}$$

ergibt.

Es werde

$$\left[\frac{f}{2}\right] = c$$

gesetzt. Da dann $c \leq g - 1$ ist, so ist zufolge (14) und (15) die Zahl

$$\overline{f|}\,M(\mathfrak{S}_0) = 2^{-r} \frac{2B_g}{g} \prod_{l=1}^{c} \frac{b_l B_{2l}}{l} \prod_{l=c+1}^{g-1} \frac{B_{2l}}{l} = d_{g,r} \tag{16}$$

ein Teiler der im Wortlaut des Satzes erklärten natürlichen Zahl d_g. Damit ist die erste Aussage des Satzes bewiesen.

§ 3. Anwendung der Massformel für indefinite Formen

Wenn m nicht durch 8 teilbar ist, so existiert nach einem Satze von Witt [8] keine definite gerade quadratische Form mit m Variabeln und der

Determinante 1. Aus diesem Grunde werden nun indefinite Formen herangezogen.

Wir betrachten eine Zerlegung $g = 4w + 2t$ mit ganzen nicht-negativen w und t. Im Falle $g \equiv 2 \pmod 4$, der uns weiterhin vorwiegend interessiert, sind dann die Werte $t = 1,3,\ldots,\frac{1}{2}g$ zulässig, und im Falle $g \equiv 0 \pmod 4$ die Werte $t = 0,2,\ldots,\frac{1}{2}g$. Mit der früheren Bedeutung von $\mathfrak{S}_0^{(8w)}$ und $\mathfrak{S}^{(4t)}$ wird anstelle von $\mathfrak{S}_0^{(m)}$ allgemeiner die m-reihige Matrix

$$\mathfrak{S}^* = \begin{pmatrix} \varepsilon\mathfrak{S}_0^{(8w)} & 0 \\ 0 & \mathfrak{S}^{(4t)} \end{pmatrix} \qquad (\varepsilon = \pm 1)$$

gebildet. Sie ist ebenfalls symmetrisch, gerade und von der Determinante 1; ihre Signatur ist $8w + 2t, 2t$ für $\varepsilon = 1$ und $2t, 8w + 2t$ für $\varepsilon = -1$. Die Formel (8) gilt dann auch für $\mathfrak{S}^*$ anstelle von $\mathfrak{S}_0$.

Nach dem Ergebnis meiner Arbeit [2] ist

$$\frac{\mu(\mathfrak{S}^*, \mathfrak{T}_1)}{\mu(\mathfrak{S}^*)} = \lim_{q \to \infty} \left(q^{\frac{r(r+1)}{2} - mr} A_q(\mathfrak{S}, \mathfrak{T}_1)\right) \tag{17}$$

sowie

$$\mu(\mathfrak{S}^*) = \varrho_m M(\mathfrak{S}_0), \tag{18}$$

wenn die Masse $\mu(\mathfrak{S}^*, \mathfrak{T}_1)$ und $\mu(\mathfrak{S}^*)$ in den dort auf S. 231 und S. 232 erklärten Bedeutungen verstanden werden. Da $\mathfrak{T}_1$ die Signatur $r,0$ hat, so muss im Falle $\varepsilon = -1$ noch $2t \geq r$ vorausgesetzt werden. Dagegen ist im Falle $\varepsilon = 1$ die entsprechende Voraussetzung $8w + 2t \geq r$ wegen

$$r \leq n < g - 1 = m - g - 1 < m - 2t = 8w + 2t$$

von selbst erfüllt. Sind jetzt $\mathfrak{S}_1,\ldots,\mathfrak{S}_h$ Repräsentanten der sämtlichen verschiedenen Klassen des Geschlechtes von $\mathfrak{S}^*$, so ist

$$\mu(\mathfrak{S}^*, \mathfrak{T}_1) = \sum_{k=1}^{h} \sum_{\mathfrak{C}_k} \varrho(\mathfrak{S}_k, \mathfrak{C}_k) \tag{19}$$

definiert, wobei $\varrho(\mathfrak{S}_k, \mathfrak{C}_k)$ das Mass einer Darstellung $\mathfrak{S}_k[\mathfrak{C}_k] = \mathfrak{T}_1$ bedeutet und über ein volles System solcher $\mathfrak{C}_k$ summiert wird, die bezüglich der Einheitengruppe von $\mathfrak{S}_k$ nicht-assoziiert sind.

Es sei $\mathfrak{C}_k$ fest gewählt und $\mathfrak{C}_k\mathfrak{B}^{-1} = \mathfrak{C}$ primitiv. Mit analoger Bedeutung von $\mathfrak{H}^{(f)}$ wie in § 2 erhalten wir dann nach den Hilfssätzen 18, 17 von [2] und der Formel (110) von [5] die Beziehungen

$$\varrho(\mathfrak{S}_k, \mathfrak{C}_k) = (\operatorname{abs}\mathfrak{B})^{1-f} \varrho(\mathfrak{S}_k, \mathfrak{C}), \tag{20}$$

$$\varrho(\mathfrak{S}_k, \mathfrak{C}) = j|\mathfrak{T}_1[\mathfrak{B}^{-1}]|^{-f} \varrho(\mathfrak{H}), \tag{21}$$

$$\varrho(\mathfrak{H}) = \tfrac{1}{2}\varrho_a\varrho_b|\mathfrak{T}_1[\mathfrak{B}^{-1}]|^{\frac{f+1}{2}} v(\mathfrak{H}); \tag{22}$$

darin ist $j = j(\mathfrak{S}_k, \mathfrak{C})$ ein gewisser endlicher Gruppenindex, also eine natürliche Zahl, und $v(\mathfrak{H})$ das Volumen eines Fundamentalbereiches F der Einheitengruppe Γ von $\mathfrak{H}$, ferner $a = m - 2t - r$, $b = 2t$ für $\varepsilon = 1$ und $a = 2t - r$, $b = m - 2t$ für $\varepsilon = -1$ die Signatur von $\mathfrak{H}$. Im Falle $ab = 0$ ist $\varrho_0 = 1$ und $v(\mathfrak{H}) = 2/E(\mathfrak{H})$ zu setzen. Weiterhin sei $ab > 0$ bis zum Ende des fünften Paragraphen.

Das Volumen von F ist gemäss den Formeln (103), (104) von [5] und (1), (2), (5) von [6] auf folgende Weise zu berechnen. Wir betrachten den Raum Q aller positiven reellen symmetrischen $\mathfrak{Q}^{(f)}$ mit $\mathfrak{H}^{-1}[\mathfrak{Q}] = \mathfrak{H}^{-1}$, der ab Dimensionen besitzt, wählen darauf einen Fundamentalbereich F bezüglich Γ und führen durch die Gleichung

$$\dot{s}^2 = \tfrac{1}{8}\sigma(\dot{\mathfrak{Q}}\mathfrak{Q}^{-1}\dot{\mathfrak{Q}}\mathfrak{Q}^{-1}) \tag{23}$$

eine Riemannsche Metrik ein. Eine Parameterdarstellung von Q erhält man nach Formel (34) von [4] in der Gestalt

$$\mathfrak{Q} = 2\mathfrak{W}^{-1}[\mathfrak{Y}'\mathfrak{H}] + \mathfrak{H}, \qquad -\mathfrak{H}[\mathfrak{Y}] = \mathfrak{W} > 0 \tag{24}$$

mit variablem reellen $\mathfrak{Y}^{(f,b)}$. Dabei ist zu beachten, dass für beliebiges umkehrbares reelles $\mathfrak{R}^{(b)}$ die Matrizen $\mathfrak{Y}$ und $\mathfrak{Y}\mathfrak{R}$ denselben Punkt $\mathfrak{Q}$ von Q liefern. Indem man noch $\mathfrak{H}$ durch eine reelle Transformation in

$$\mathfrak{H}[\mathfrak{L}] = \begin{pmatrix} \mathfrak{E}^{(a)} & 0 \\ 0 & -\mathfrak{E}^{(b)} \end{pmatrix}$$

überführt und für $\mathfrak{L}^{-1}\mathfrak{Y}$ wieder $\mathfrak{Y}$ schreibt, kann man die Normierung

$$\mathfrak{Y} = \begin{pmatrix} \mathfrak{X}^{(a,b)} \\ \mathfrak{E}^{(b)} \end{pmatrix}, \qquad \mathfrak{E}^{(b)} - \mathfrak{X}'\mathfrak{X} > 0$$

treffen, wobei jetzt die Elemente von $\mathfrak{X}$ unabhängige reelle Variable werden. Damit erhalten wir

$$\dot{s}^2 = \sigma(\dot{\mathfrak{X}}(\mathfrak{E}^{(b)} - \mathfrak{X}'\mathfrak{X})^{-1}\dot{\mathfrak{X}}'(\mathfrak{E}^{(a)} - \mathfrak{X}\mathfrak{X}')^{-1}) \tag{25}$$

und das entsprechende Volumenelement

$$dv = |\mathfrak{E} - \mathfrak{X}'\mathfrak{X}|^{-\frac{f}{2}}\{d\mathfrak{X}\}.$$

Der Inhalt $v(\mathfrak{H})$ ändert sich seiner Definition nach nicht, wenn die Matrix $\mathfrak{H}$ mit einem von 0 verschiedenen skalaren Faktor multipliziert wird. In der bisherigen Bedeutung waren die Elemente von $\mathfrak{H}$ rationale Zahlen. Zur Untersuchung von $v(\mathfrak{H})$ kann also weiterhin $\mathfrak{H}$ als ganz vorausgesetzt werden.

Es sei Γ_0 die orthogonale Gruppe bezüglich $\mathfrak{H}$, die durch die reellen Lösungen $\mathfrak{F}$ von $\mathfrak{H}[\mathfrak{F}] = \mathfrak{H}$ erklärt ist. Vermöge (23) und (24) sind die Abbildungen $\mathfrak{Y} \to \mathfrak{F}\mathfrak{Y}$ mit $\mathfrak{Q} \to \mathfrak{Q}[\mathfrak{F}^{-1}]$ gleichbedeutend und auf Q isometrisch. Da sie ausserdem auf Q transitiv wirken, so ist die zur Metrik (23) gehörige Killing-Lipschitzsche skalare Krümmung $\varkappa$ auf Q konstant.

Ist G eine geschlossene Mannigfaltigkeit mit der durch (23) gegebenen Riemannschen Metrik, so sind bekanntlich [11] [12] [13] ihr Volumen $v(G)$ und ihre Eulersche Charakteristik $\chi(G)$ durch die verallgemeinerte Gauss-Bonnetsche Formel

$$\chi(G) = \pi^{-\frac{ab+1}{2}} \Gamma\left(\frac{ab+1}{2}\right) \varkappa v(G) \tag{26}$$

miteinander verknüpft. Man beachte dabei, dass die Dimensionenzahl ab gerade ist, weil nämlich b es ist. Der Anwendung von (26) auf den Fundamentalbereich F der Einheitengruppe Γ stellen sich nun aber drei Schwierigkeiten entgegen: 1) Es können Fixpunkte für gewisse von $\pm \mathfrak{E}$ verschiedene Elemente von Γ auftreten. 2) Der Bereich F ist in Q nicht kompakt. 3) Die Krümmung $\varkappa$ ist bisher nicht für den vorliegenden Fall bestimmt worden. Wir wollen nun zunächst die dritte Schwierigkeit behandeln.

§ 4. Berechnung der Krümmung

Die direkte Berechnung von $\varkappa$ mittels Verjüngung des Riemannschen Krümmungstensors führt auf kombinatorische Schwierigkeiten. Deswegen wird folgender Kunstgriff verwendet. Es wird die durch (25) gegebene Riemannsche Metrik dadurch abgeändert, dass dort auf der rechten Seite das negative Vorzeichen an beiden Stellen durch das positive ersetzt wird, also nunmehr

$$s^2 = \sigma\left(\dot{\mathfrak{X}}(\mathfrak{E}^{(b)} + \mathfrak{X}'\mathfrak{X})^{-1}\dot{\mathfrak{X}}'(\mathfrak{E}^{(a)} + \mathfrak{X}\mathfrak{X}')^{-1}\right) \tag{27}$$

erklärt. Entsprechend wird dann $\mathfrak{H}$ durch $-\mathfrak{E}^{(f)}$ ersetzt und Γ_0 durch die gewöhnliche reelle orthogonale Gruppe. Sie wirkt transitiv auf die Grassmannsche Mannigfaltigkeit Q^*, welche von den reellen Matrizen $\mathfrak{Y}^{(f,b)}$ des Ranges b gebildet wird, und diese ist nun aber kompakt. Es ist durch die Untersuchungen von E. Cartan bekannt und auch nach (25) und (27) durch Angabe des Riemannschen Tensors leicht zu verifizieren, dass die skalare Krümmung bezüglich (27) gleich dem absoluten Betrage von $\varkappa$ ist, wobei sich als Vorzeichen von $\varkappa$ der Wert $(-1)^{\frac{ab}{2}}$ ergibt. Bedeutet dann $\chi(Q^*)$ die Eulersche Charakteristik von Q^* und $v(Q^*)$ den mit dem Volumenelement

$$dv = |\mathfrak{E} + \mathfrak{X}'\mathfrak{X}|^{-\frac{f}{2}}\{d\mathfrak{X}\}$$

berechneten Inhalt von Q^*, so gilt analog zu (26) die Formel

$$\chi(Q^*) = (-1)^{\frac{ab}{2}} \pi^{-\frac{ab+1}{2}} \Gamma\left(\frac{ab+1}{2}\right) \varkappa v(Q^*). \tag{28}$$

Die Bestimmung von $\varkappa$ ist damit auf die von $v(Q^*)$ und $\chi(Q^*)$ zurückgeführt.

Bedeutet P den Raum aller positiven reellen symmetrischen $\mathfrak{P}^{(h)}$, so wird

$$\int_P |\mathfrak{P}|^{\varrho - \frac{h+1}{2}} e^{-\sigma(\mathfrak{P}\mathfrak{R})}\{d\mathfrak{P}\} = \pi^{\frac{h(h-1)}{4}} |\mathfrak{R}|^{-\varrho} \prod_{l=0}^{h-1} \Gamma\left(\varrho - \frac{l}{2}\right). \quad \left(\varrho > \frac{h-1}{2};\ \mathfrak{R}^{(h)} > 0\right).$$

Wählt man hierin speziell

$$h = b, \quad \varrho = \frac{f}{2}, \quad \mathfrak{R} = \mathfrak{E}^{(b)} + \mathfrak{X}'\mathfrak{X},$$

so folgt

$$\pi^{\frac{b(b-1)}{4}} v(Q^*) \prod_{l=0}^{b-1} \Gamma\left(\frac{f-l}{2}\right) = \int_{Q^*}\left(\int_P |\mathfrak{P}|^{\frac{a-1}{2}} e^{-\sigma(\mathfrak{P}(\mathfrak{E}+\mathfrak{X}'\mathfrak{X}))}\{d\mathfrak{P}\}\right)\{d\mathfrak{X}\}$$

$$= \pi^{\frac{ab}{2}} \int_P |\mathfrak{P}|^{-\frac{1}{2}} e^{-\sigma(\mathfrak{P})}\{d\mathfrak{P}\} = \pi^{\frac{ab}{2} + \frac{b(b-1)}{4}} \prod_{l=0}^{b-1} \Gamma\left(\frac{b-l}{2}\right),$$

also

$$v(Q^*) = \frac{\varrho_f}{\varrho_a \varrho_b}, \tag{29}$$

womit das Volumen von Q^* bekannt ist.

Die Charakteristik $\chi(Q^*)$ bestimmt sich nach dem von Hopf und Samelson [14] bewiesenen Satz durch die Anzahl der Fixpunkte, welche eine eigentlich orthogonale Abbildung $\mathfrak{Y} \to \mathfrak{F}\mathfrak{Y}$ auf Q^* besitzt; dabei ist vorauszusetzen, dass diese Anzahl endlich ist. Wir setzen weiterhin

$$\left[\frac{f}{2}\right] = \left[\frac{a+b}{2}\right] = c, \quad \frac{b}{2} = d$$

und wählen $\mathfrak{F}$ speziell auf die folgende Art. Wenn r gerade ist, also $c = \frac{f}{2}$, so sei $\mathfrak{F}$ aus c zweireihigen eigentlich orthogonalen Kästchen $\mathfrak{F}_1, \ldots, \mathfrak{F}_c$ aufgebaut; wenn r ungerade ist, also $c = \frac{f-1}{2}$, so nehme man zu diesen c Kästchen noch das weitere Diagonalelement 1. Zur Bestimmung der Fixpunkte hat man

$$\mathfrak{F}\mathfrak{Y} = \mathfrak{Y}\mathfrak{K}$$

zu setzen, wobei $\mathfrak{Y}$ reell und vom Range b sein soll. Sind die Eigenwerte von $\mathfrak{F}$ alle voneinander verschieden, so muss $\mathfrak{K}$ reell äquivalent einer Matrix sein, die aus d von jenen Kästchen $\mathfrak{F}_1, \ldots, \mathfrak{F}_c$ zusammengesetzt ist, und $\mathfrak{Y}$ ergibt sich dann eindeutig aus $\mathfrak{K}$. Für die Wahl von d Kästchen hat man nun insgesamt $\binom{c}{d}$ Möglichkeiten, und es folgt also

$$\chi(Q^*) = \binom{c}{d}.$$

Aus (28) und (29) ergibt sich damit die gewünschte Beziehung

$$\pi^{-\frac{ab+1}{2}} \Gamma\left(\frac{ab+1}{2}\right) \varkappa = (-1)^{\frac{ab}{2}} \binom{c}{d} \frac{\varrho_a \varrho_b}{\varrho_f}. \tag{30}$$

Bei dieser Gelegenheit sei darauf hingewiesen, dass die zur Bestimmung von $\varkappa$ benutzte Methode auch bei den Wirkungsräumen anderer Lieschen Gruppen verwendet werden kann. Von Interesse ist dabei der Fall der verallgemeinerten oberen Halbebene mit der symplektischen Metrik, die durch

$$\dot{s}^2 = \sigma(\mathfrak{Y}^{-1}\dot{\mathfrak{Z}}\mathfrak{Y}^{-1}\dot{\bar{\mathfrak{Z}}}) \qquad (\mathfrak{Z}^{(n)} = \mathfrak{X} + i\mathfrak{Y};\ \mathfrak{Y} > 0)$$

definiert wird. Legt man vermöge der Abbildung

$$\mathfrak{Z} = i(\mathfrak{E} + \mathfrak{W})(\mathfrak{E} - \mathfrak{W})^{-1}$$

den verallgemeinerten Einheitskreis

$$\mathfrak{E} - \mathfrak{W}\overline{\mathfrak{W}} > 0 \qquad (\mathfrak{W} = \mathfrak{W}')$$

zugrunde, so wird

$$\dot{s}^2 = 4\sigma\left(\dot{\overline{\mathfrak{W}}}(\mathfrak{E} - \mathfrak{W}\overline{\mathfrak{W}})^{-1}\dot{\mathfrak{W}}(\mathfrak{E} - \overline{\mathfrak{W}}\mathfrak{W})^{-1}\right). \tag{31}$$

Erklärt man statt dessen die Metrik durch

$$\dot{s}^2 = 4\sigma\left(\dot{\overline{\mathfrak{W}}}(\mathfrak{E} + \mathfrak{W}\overline{\mathfrak{W}})^{-1}\dot{\mathfrak{W}}(\mathfrak{E} + \overline{\mathfrak{W}}\mathfrak{W})^{-1}\right) \tag{32}$$

mit beliebigem komplexen symmetrischen $\mathfrak{W}^{(n)}$, so stehen die zu (31) und (32) gehörigen skalaren Krümmungen K und K^* in der Beziehung

$$(-1)^{\nu} K = K^* > 0, \tag{33}$$

wobei $\nu = \frac{1}{2}n(n+1)$ gesetzt ist. Mit

$$\mathfrak{W} = \mathfrak{B}\mathfrak{N}^{-1}, \qquad \begin{pmatrix}\mathfrak{N}\\ \mathfrak{B}\end{pmatrix} = \mathfrak{Q}, \qquad \begin{pmatrix} 0 & \mathfrak{E}^{(n)} \\ -\mathfrak{E}^{(n)} & 0 \end{pmatrix} = \mathfrak{J}$$

wird $\mathfrak{Q}'\mathfrak{J}\mathfrak{Q} = 0$, und die komplexe Matrix $\mathfrak{Q}^{(2n,\,n)}$ besitzt den Rang n. Durch diese homogene Schreibweise wird der Raum W der $\mathfrak{W}$ kompakt und vermöge der Abbildungen $\mathfrak{Q} \to \mathfrak{U}\mathfrak{Q}$ ein Wirkungsraum der Gruppe aller symplektischen unitären $\mathfrak{U}^{(2n)}$. Das gemäss (32) bestimmte Volumenelement ist dann

$$d\omega = 2^{3\nu - n}|\mathfrak{E} + \mathfrak{W}\overline{\mathfrak{W}}|^{-n-1}\{d\mathfrak{W}\},$$

und die Berechnung des Inhaltes von W liefert ein hübsches Beispiel zur Integralrechnung, mit dem Resultat

$$v(W) = \int_W d\omega = 2^{3\nu}\pi^{\nu} \prod_{l=1}^{n} \frac{l!}{(2l)!}.$$

Der Satz von HOPF und SAMELSON ergibt andererseits leicht die Eulersche Charakteristik

$$\chi(W) = 2^n,$$

sodass nach der verallgemeinerten Gauss-Bonnetschen Formel

$$\pi^{-\nu-\frac{1}{2}}\Gamma(\nu+\tfrac{1}{2})K^* = 2^{n-3\nu}\pi^{-\nu} \prod_{l=1}^{n} \frac{(2l)!}{l!} \tag{34}$$

wird. Dadurch lässt sich auch der Wert

$$a_n = (-1)^{\nu} 2^{\nu-2n}(2\nu)!K$$

ermitteln, dessen allgemeine Bestimmung als expliziter Funktion von n mir bei einer früheren Untersuchung [15] nicht gelungen war. Vermöge (33) und (34) erhalten wir

$$\frac{a_n}{\nu!} = \prod_{k=1}^{n} \frac{(2k-1)!}{(k-1)!}$$

in Übereinstimmung mit einer Formel, die F. HIRZEBRUCH vor einigen Jahren bei einer mathematischen Konferenz in Princeton, N. J. angegeben und auf komplizierterem Wege bewiesen hat.

§ 5. Anwendung der Gauss-Bonnetschen Formel auf den Fundamentalbereich der Einheitengruppe

Nachdem die Krümmung $\varkappa$ bestimmt ist, müssen noch die beiden anderen früher erwähnten Schwierigkeiten eliminiert werden.

Es sei q eine natürliche Zahl > 2 und Γ_q die Gruppe aller Elemente $\mathfrak{M}$ von Γ mit $\mathfrak{M} \equiv \mathfrak{E} \pmod{q}$. Da $\mathfrak{M}$ ganz ist, so ist dann nach einem Minkowskischen Satze [10] keine Potenz $\mathfrak{M}^k$ $(k = 1,2,\ldots)$ gleich $\mathfrak{E}$, ausser wenn bereits $\mathfrak{M} = \mathfrak{E}$ ist. Nun ist Γ diskontinuierlich auf Q, und folglich ist Γ_q fixpunktfrei. Bedeutet j_q den Index von Γ_q bezüglich Γ, so zerfallen die Elemente von Γ in genau j_q verschiedene Restklassen modulo q.

Es sei insbesondere q teilerfremd zu $|\mathfrak{H}|$. Wir betrachten die Gruppe der Einheiten modulo q, die von den inkongruenten ganzen Lösungen $\mathfrak{X}$ der Kongruenz $\mathfrak{H}[\mathfrak{X}] \equiv \mathfrak{H} \pmod{q}$ gebildet wird und die Ordnung $E_q(\mathfrak{H})$ habe. Es ist klar, dass die obigen j_q Restklassen eine Untergruppe der Einheitengruppe modulo q ergeben, und folglich ist $E_q(\mathfrak{H})$ durch j_q teilbar. Wenn wir für q alle zu $|\mathfrak{H}|$ teilerfremden Zahlen > 2 zulassen, so ergibt ein weiterer Satz von MINKOWSKI [10], dass der grösste gemeinsame Teiler der entsprechenden Ordnungen $E_q(\mathfrak{H})$ ein Faktor der Zahl $\overline{f|}$ ist. Also gilt dies auch für den grössten gemeinsamen Teiler der j_q.

Wir müssen nun auf die Konstruktion des Fundamentalbereiches F näher eingehen, wie sie zuerst in [4] ausgeführt wurde. Es sei R der Bereich aller im Minkowskischen Sinne reduzierten reellen positiven $\mathfrak{P}^{(f)}$ mit der festen Determinante $|\mathfrak{P}| = |\mathfrak{H}|$. Bei unimodularem $\mathfrak{U}^{(f)}$ bedeute $R(\mathfrak{U})$ das durch die Zuordnung $\mathfrak{P} \to \mathfrak{P}[\mathfrak{U}]$ entstehende Bild von R. Wenn der Durchschnitt von $R(\mathfrak{U})$ und Q nicht leer ist, so heisst $\mathfrak{H}[\mathfrak{U}^{-1}]$ reduziert. Es gibt dann nur endlich viele verschiedene zu $\mathfrak{H}$ äquivalente reduzierte Matrizen, die mit $\mathfrak{H}_1,\ldots,\mathfrak{H}_v$ bezeichnet seien. Zu $\mathfrak{H}_k$ $(k = 1,\ldots,v)$ wähle man eine feste unimodulare Matrix $\mathfrak{U}_k$ mit $\mathfrak{H}_k[\mathfrak{U}_k] = \mathfrak{H}$ und setze

$$R_k = R(\mathfrak{U}_k) \qquad (k = 1,\ldots,n), \qquad F = \bigcup_k (Q \cap R_k),$$

wodurch F ein Fundamentalbereich auf Q bezüglich der Gruppe Γ wird.

Da $f = m - r \geq g + g - n \geq g + 2 \geq 6$ und $ab \neq 0$ ist, so ist $\mathfrak{H}[\mathfrak{x}]$ eine Nullform und folglich F nicht kompakt. Es sei δ eine positive Zahl, die nachher gegen 0 streben soll, und p das erste Diagonalelement von $\mathfrak{P}$. Auf R werde der durch die Ungleichung $p \geq \delta$ erklärte Teilbereich $R(\delta)$ betrachtet, der kompakt ist. Geht dann $R(\delta)$ durch die Abbildung $\mathfrak{P} \to \mathfrak{P}[\mathfrak{U}_k]$ in $R_k(\delta)$ über, so ist auch der Bereich

$$F(\delta) = \bigcup_k \bigl(Q \cap R_k(\delta)\bigr)$$

kompakt und

$$\lim_{\delta \to 0} F(\delta) = F.$$

Nun seien $\mathfrak{Q}$ und $\mathfrak{Q}^*$ zwei Punkte von Q, die bezüglich Γ äquivalent sind, und $\mathfrak{Q}[\mathfrak{U}] = \mathfrak{P}$, $\mathfrak{Q}^*[\mathfrak{U}^*] = \mathfrak{P}^*$ mit unimodularen $\mathfrak{U},\mathfrak{U}^*$ in R gelegen. Aus der Minkowskischen Definition des Bereiches R folgt dann, dass $\mathfrak{P}$ und $\mathfrak{P}^*$ das gleiche erste Diagonalelement $p = p^*$ haben. Es liegt also $\mathfrak{P}$ genau dann auf dem Randteil $p = \delta$ von $R(\delta)$, wenn $\mathfrak{P}^*$ dies tut, und beide liegen zugleich innerhalb oder ausserhalb von $R(\delta)$. Bedeutet nun $Q(\delta)$ denjenigen Teil von Q, zu dessen Punkten $\mathfrak{Q}$ es äquivalente Punkte $\mathfrak{Q}[\mathfrak{U}] = \mathfrak{P}$ in $R(\delta)$ gibt, so ist wegen der Endlichkeit von j_q und v der Raum

$$Q_q(\delta)/\Gamma_q = G_q(\delta)$$

kompakt, und seine Randpunkte bestehen genau aus den $\mathfrak{Q}$ mit $p = \delta$. Dieser Raum entsteht aus $\frac{1}{2}j_q$ Bildern von $F(\delta)$, wenn sie an gewissen Rändern geeignet verheftet werden.

Da Γ_q fixpunktfrei ist, so lässt sich auf die berandete Mannigfaltigkeit $G_q(\delta)$ die verallgemeinerte Gauss-Bonnetsche Formel [16] [17] anwenden. So erhalten wir anstelle von (26) die Beziehung

$$\chi(G_q(\delta)) = \pi^{-\frac{ab+1}{2}}\,\Gamma\left(\frac{ab+1}{2}\right)\varkappa v(G_q(\delta)) + \eta(\delta);$$

dabei ist $\eta(\delta)$ ein Randintegral, dessen Integrand bei isometrischen Abbildungen von Q auf sich invariant bleibt, und $\chi(G_q(\delta))$ bedeutet die innere Eulersche Charakteristik von $G_q(\delta)$, also eine ganze Zahl. Nun ist

$$\lim_{\delta\to 0} v(G_q(\delta)) = \tfrac{1}{2}j_q \lim_{\delta\to 0} v(F(\delta)) = \tfrac{1}{2}j_q v(\mathfrak{H}).$$

Wenn wir noch die Aussage

$$\lim_{\delta\to 0} \eta(\delta) = 0 \tag{35}$$

beweisen können, so folgt, dass die Zahl

$$\tfrac{1}{2}\pi^{-\frac{ab+1}{2}}\,\Gamma\left(\frac{ab+1}{2}\right)\varkappa j_q v(\mathfrak{H}) = v_q \tag{36}$$

ganz ist. Zum Nachweise von (32) genügt es aber, ein analoges Randintegral zu betrachten, das bei festem unimodularen $\mathfrak{U}$ über alle reduzierten $\mathfrak{Q}[\mathfrak{U}] = \mathfrak{P}$ mit $p = \delta$ zu erstrecken ist.

Weiterhin sei $\delta < 1$. Zufolge [4] S. 234–235 und [7] § 13 kann man bei der Integration als Variable die Elemente der dort auf S. 51–53 mit $\mathfrak{H}_1, \mathfrak{H}_2, \mathfrak{F}, \mathfrak{G}$ bezeichneten Matrizen einführen. Dabei ist

$$\mathfrak{H}_1 = \mathfrak{H}_1^{(s)} > 0, \qquad \mathfrak{H}_2 = \mathfrak{H}_2^{(f-2s)} > 0, \qquad \mathfrak{F} = \mathfrak{F}^{(f-2s,s)}, \qquad \mathfrak{G} = -\mathfrak{G}' = \mathfrak{G}^{(s)},$$

ferner $0 < s \leq \frac{f}{2}$ und p das erste Diagonalelement von $\mathfrak{H}_1$. Wie aus [7] § 13 ersichtlich wird, lassen sich zwei Punkte von Q stets durch ein derartiges Element von Γ_0 ineinander transformieren, dass dabei die Koordinate p nur mit einem von den sämtlichen anderen Koordinaten unabhängigen Faktor multipliziert wird, es erfährt nämlich insbesondere $\mathfrak{H}_1$ eine Jacobische Transformation. Wegen dieser besonderen Art der Transitivität ergibt sich nun aber, dass der dabei invariante Integrand des noch abzuschätzenden Randintegrales folgendermassen gebildet werden kann. Man nehme das durch [7] (79) erklärte Volumenelement, ersetze darin dp durch p und multipliziere noch mit einem gewissen nur von a, b und s abhängigen positiven Faktor, auf den es jedoch für den Zweck der Restabschätzung (35) nicht ankommt.

Bei der Integration sind $\mathfrak{H}_2, \mathfrak{F}, \mathfrak{G}$ gleichmässig in δ beschränkt. Nach der in [7] § 18 verwendeten Überlegung haben wir schliesslich das Integral I von

$$(h_1 \ldots h_s)^{\frac{f}{2}-s-1}(h_1^{s-1}h_2^{s-2}\ldots h_{s-1})h_1 dh_2 \ldots dh_s$$

mit $h_1 = p = \delta$ abzuschätzen, wobei über das Gebiet $\delta < h_2 < h_3 < \ldots < h_s < 1$ integriert wird. Nun ist $f \geq 6$, also

$$h_1^{\frac{f}{2}-1} \leq \delta^2.$$

Substituiert man

$$\frac{h_k}{h_{k+1}} = y_{k-1} \quad (k = 2,\ldots,s-1), \qquad h_s = y_{s-1},$$

so folgt

$$I \leq \delta^2 \prod_{l=1}^{s-1} \left(\int_0^1 y_l^{\frac{l}{2}(f-l-3)-1} \, dy_l \right).$$

Wegen

$$f - l - 3 \geq f - s - 2 \geq \begin{cases} s - 2 > 0 & (s > 2) \\ 2 & (s = 2) \end{cases}$$

konvergieren die einzelnen einfachen Integrale. Also erhalten wir die Restabschätzungen

$$I = O(\delta^2), \qquad \eta(\delta) = O(\delta^2)$$

und damit das Gewünschte.

Eine ähnliche Abschätzung findet sich für den Fall der Modulgruppe n-ten Grades bei SATAKE [18], wo aber die Überlegungen nicht einwandfrei durchgeführt worden sind.

§ 6. Schluss des Beweises

Zu Beginn des vorigen Paragraphen wurde gezeigt, dass der grösste gemeinsame Teiler aller Zahlen j_q mit $q > 2$ und $(q, |\mathfrak{H}|) = 1$ in $\overline{f}|$ aufgeht. Ferner ist die in (36) erklärte Zahl v_q ganz. Zufolge (19), (20), (21), (22), (30) ist dann

$$\left(\frac{c}{d}\right) \overline{f|} \varrho_f^{-1} |\mathfrak{T}_1|^{\frac{f-1}{2}} \mu(\mathfrak{S}^*, \mathfrak{T}_1)$$

ganz, also schliesslich nach (7), (14), (15), (16), (17), (18) auch

$$a_g(\mathfrak{T}) \left(\frac{c}{d}\right) 2^{-r} \frac{2B_g}{g} \prod_{k=1}^{c} \frac{b_k B_{2k}}{k} \prod_{l=c+1}^{g-1} \frac{B_{2l}}{l} = a_g(\mathfrak{T}) \left(\frac{c}{d}\right) d_{g,r} \tag{37}$$

eine ganze Zahl. Dabei wurde $ab > 0$ vorausgesetzt. Im Falle $ab = 0$ ist in (22) für $v(\mathfrak{H})$ der Wert $2/E(\mathfrak{H})$ zu setzen, und dann kann man mit der in § 2 benutzten direkten Schlussweise feststellen, dass $a_g(\mathfrak{T}) d_{g,r}$ ganz ist; ferner ist dafür $\left(\frac{c}{d}\right) = 1$.

Zum Beweise des Satzes kann weiterhin $g \equiv 2 \pmod 4$ angenommen werden. Es ist $c = \left[\frac{f}{2}\right]$ und $d = \frac{b}{2}$; dabei sind für $\varepsilon = 1$ die Werte $d = t = 1, 3, \ldots, \frac{g}{2}$ zulässig und für $\varepsilon = -1$ die Werte $d = g - t \leq g - \frac{r}{2}$. Ist nun $r \equiv 2 \pmod 4$, so kann man speziell $\varepsilon = -1$, $t = \frac{r}{2}$, $a = ab = 0$ wählen. Ist $r \equiv 1 \pmod 4$, so nehme man entsprechend $\varepsilon = -1$, $t = \frac{r+1}{2}$, $d = g - \frac{r+1}{2} = c$, also $\binom{c}{d} = 1$. Ist $r \equiv 0$ oder $3 \pmod 4$, so ist c gerade, und dann nehme man für d sämtliche mit $\varepsilon = 1$ oder $\varepsilon = -1$ zulässigen Werte, also $d = 1, 3, \ldots, c-3, c-1$. Enthält nun die gerade Zahl c eine ungerade Primzahl p zur genauen Potenz p^k $(k > 0)$, so ist der binomische Koeffizient $\binom{c}{d}$ für $d = p^k$ zu p teilerfremd. Bei $p = 2$ folgt leicht, dass die Zahlen $\binom{c}{1}, \binom{c}{3}, \ldots, \binom{c}{c-1}$ alle durch 2^k teilbar sind, während aber c nicht durch 2^{k+1} teilbar ist. Also ist dann 2^k der grösste gemeinsame Teiler jener binomischen Koeffizienten, und in der Aussage bei (37) kann daher $\binom{c}{d}$ durch 2^k ersetzt werden. Da $r \geq 1$ ist, so folgt jetzt die restliche Behauptung des Satzes.

Es wäre wünschenswert, für den Satz auch im Falle $g \equiv 2 \pmod 4$ einen einfacheren Beweis zu geben, doch ist mir dies nicht gelungen. Von gewissem Interesse dürfte noch folgende Bemerkung sein. Indem man die algebraischen Beziehungen zwischen den Modulformen $s_g(\mathfrak{Z})$ benutzt, kann man den Eisensteinschen Satz über die Potenzreihen algebraischer Funktionen sinngemäss übertragen und insbesondere zeigen, dass auf grund des ersten Teiles unseres Satzes auch im Falle $g \equiv 2 \pmod 4$ nur endlich viele verschiedene Primzahlen in den Nennern aller $a_g(\mathfrak{T})$ bei festem g auftreten können. Die Beschränktheit der Nenner ergibt sich aber auf diesem Wege nicht.

Literatur

[1] Siegel, C. L.: Über die analytische Theorie der quadratischen Formen. Ann. of Math. 36, 527–606 (1935).

[2] Siegel, C. L.: Über die analytische Theorie der quadratischen Formen II. Ann. of Math. 37, 230–263 (1936).

[3] Siegel, C. L.: Einführung in die Theorie der Modulfunktionen n-ten Grades. Math. Ann. 116, 617–657 (1939).

[4] Siegel, C. L.: Einheiten quadratischer Formen. Abh. Math. Sem. Hansischen Univ. 13, 209–239 (1940).

[5] Siegel, C. L.: On the theory of indefinite quadratic forms. Ann. of Math. 45, 577–622 (1944).

[6] Siegel, C. L.: Some remarks on discontinuous groups. Ann. of Math. 46, 708–718 (1945).

[7] Siegel, C. L.: Zur Reduktionstheorie quadratischer Formen. Publ. Math. Soc. Japan 5, VII+69 S. (1959).

[8] WITT, E.: Eine Identität zwischen Modulformen zweiten Grades. Abh. Math. Sem. Hansischen Univ. 14, 323–337 (1941).

[9] JENSEN, K. L.: Om talteoretiske Egenskaber ved de Bernoulliske Tal. Nyt Tidskr. for Mat. B 26, 73–83 (1915).

[10] MINKOWSKI, H.: Zur Theorie der positiven quadratischen Formen. Journ. reine angew. Math. 101, 196–202 (1887).

[11] ALLENDOERFER, C. B.: The Euler number of a Riemannian manifold. Amer. J. Math. 62, 243–248 (1940).

[12] FENCHEL, W.: On total curvatures of Riemannian manifolds I. Journ. London Math. Soc. 15, 15–22 (1940).

[13] CHERN, S.-S.: A simple intrinsic proof of the Gauss-Bonnet formula for closed Riemannian manifolds. Ann. of Math. 45, 747–752 (1944).

[14] HOPF, H. und SAMELSON, H.: Ein Satz über die Wirkungsräume geschlossener Liescher Gruppen. Comm. Math. Helv. 13, 240–251 (1941).

[15] SIEGEL, C. L.: Symplectic geometry. Amer. J. Math. 65, 1–86 (1943).

[16] ALLENDOERFER, C. B. and WEIL, A.: The Gauss-Bonnet theorem for Riemannian polyhedra. Trans. Amer. Math. Soc. 53, 101–129 (1943).

[17] CHERN, S.-S.: On the curvatura integra in a Riemannian manifold. Ann. of Math. 46, 674–684 (1945).

[18] SATAKE, J.: The Gauss-Bonnet theorem for *V*-manifolds. J. Math. Soc. Japan 9, 464–492 (1957).

80.

Beweis einer Formel für die Riemannsche Zetafunktion

Mathematica Scandinavica 14 (1964), 193—196

In einer brieflichen Mitteilung an Viggo Brun habe ich vor Jahren einen Beweis gegeben für eine Formel, die er mir vorgelegt hatte. Dies ist in der Abhandlung: »La somme des facteurs de Möbius« par Viggo Brun [1] erwähnt. Da dieser Beweis nie gedruckt worden ist, hat mir Brun vorgeschlagen, denselben zu veröffentlichen. In der erwähnten Abhandlung heisst es:

»Pour éclaircir les relations entre la fonction zéta et les nombres de Bernoulli on peut étudier l'équivalence connue suivante qui est une conséquence de la formule d'Euler–Maclaurin

$$(s-1)\zeta(s) \sim 1+\tfrac{1}{2}(s-1)+\frac{B_2}{2!}(s-1)s+\frac{B_4}{4!}(s-1)s(s+1)(s+2)+\ldots$$

où la série à droite est divergente (ou finie).

Étudions les sommes successives

$$Q_1(s) = 1+\tfrac{1}{2}(s-1) = \tfrac{1}{2}(s+1)$$

$$Q_2(s) = 1+\tfrac{1}{2}(s-1)+\frac{B_2}{2!}(s-1)s = \tfrac{1}{12}(s+2)(s+3)$$

$$Q_4(s) = \ldots = -\tfrac{1}{720}(s+2)(s+4)(s+5)(s-9)$$

$$Q_6(s) = \ldots = \tfrac{1}{30240}(s+2)(s+4)(s+6)(s+7)[s^2-10s+45]\,.$$

Dans une correspondance entre M.M. A. Selberg, E. Jacobsthal, C. Siegel [2] et moi j'ai fait la supposition que

$$Q_{2r}(s) = \frac{B_{2r}}{(2r)!}(s+2)(s+4)\ldots(s+2r)(s+2r+1)[s^{r-1}+(r^2-6r-1)s^{r-3}+\ldots]\,.$$

M. Siegel en a donné une démonstration. Comme on voit les zéros « trivielles » $(-2, -4, -6, \ldots)$ de la fonction zéta figurent ici. On peut se poser la question: Les racines complexes de $Q_r(s)$ s'approchent elles vers les zéros de la fonction zéta quand r augmente?

M. Siegel en a donné une réponse negative. Cela se peut naturellement expliquer par la divergence de la série.

J'ai essayé — en donnant à la formule d'Euler–Maclaurin une autre forme — d'obtenir une somme convergente pour $(s-1)\zeta(s)$:

$$(s-1)\zeta(s) = Q_{2r-2}(s)+\frac{B_{2r}}{(2r)!}(s-1)s(s+1)\ldots(s+2r-1)[\zeta(s+2r)-1] +$$

Eingegangen am 11. November 1963.

$$+\frac{1}{2!}\frac{B_{2r}}{(2r)!}(s-1)s(s+1)\dots(s+2r)[\zeta(s+2r+1)-1]+$$

$$+\left\{\frac{1}{3!}\frac{B_{2r}}{(2r)!}+\frac{1}{1!}\frac{B_{2r+2}}{(2r+2)!}\right\}(s-1)s\dots(s+2r+1)[\zeta(s+2r+2)-1]+$$

$$+\left\{\frac{1}{4!}\frac{B_{2r}}{(2r)!}+\frac{1}{2!}\frac{B_{2r+2}}{(2r+2)!}\right\}(s-1)s\dots(s+2r+2)[\zeta(s+2r+3)-1]+$$

$$+\left\{\frac{1}{5!}\frac{B_{2r}}{(2r)!}+\frac{1}{3!}\frac{B_{2r+2}}{(2r+2)!}+\frac{1}{1!}\frac{B_{2r+4}}{(2r+4)!}\right\}(s-1)s\dots(s+2r+3)[\zeta(s+2r+4)-1]+$$

$$+\left\{\frac{1}{6!}\frac{B_{2r}}{(2r)!}+\frac{1}{4!}\frac{B_{2r+2}}{(2r+2)!}+\frac{1}{2!}\frac{B_{2r+4}}{(2r+4)!}\right\}(s-1)s\dots(s+2r+4)[\zeta(s+2r+5)-1]+$$

$$+\dots\dots\dots\dots\dots\dots\dots\dots\dots\dots\dots\dots\dots$$

J'ai mentionné cette formule dans une lettre à M. Siegel en disant que je croyais que la série soit convergente, au moins pour s réel et >1. Dans une lettre de 15 juin 1946 M. Siegel a démontré la convergence de cette série pour toutes valeurs de s, réelles et complexes. Il a également démontré la justesse de cette formule. En réiterant la formule on peut obtenir des polynômes qui probablement sont plus analogues à la fonction zéta que les polynômes mentionnés plus haut.«

Mein Beweis war:

Ist ϱ beliebig und $|y|<1$, so gilt die binomische Reihenentwicklung

$$(1-y)^{\varrho}=\sum_{n=0}^{\infty}\binom{n-\varrho-1}{n}y^n.$$

Man substituiere

$$\varrho=1-s, \qquad y=x^{-1}$$

und multipliziere mit x^{1-s}; dies liefert

$$(x-1)^{1-s}-x^{1-s}=\sum_{n=0}^{\infty}\binom{n+s-1}{n+1}x^{-n-s}$$

für $x>1$. Ist auch $s>1$, so sind rechts alle Glieder positiv. Summiert man über $x=2,3,4,\dots$, so erhält man links eine konvergente Reihe mit der Summe 1, und rechts ist die Vertauschung der Summationsfolge erlaubt.

Setzt man noch zur Abkürzung

$$\zeta(s)-1=\sum_{n=2}^{\infty}n^{-s}=\eta(s)\,, \tag{1}$$

so wird

$$1 = \sum_{n=0}^{\infty} \binom{n+s-1}{n+1} \eta(n+s), \tag{2}$$

zunächst für $s > 1$. Weiterhin sei $s = \sigma + it$ beliebig. Ist dann $n > 1 - \sigma$, so ist $\eta(n+s)$ durch die Reihe in (1) erklärt und es gilt

$$\lim_{n\to\infty} \{2^{n+s}\eta(n+s)\} = 1 .$$

Definiert man

$$\binom{n+s-1}{n+1} \eta(n+s) = a_n(s) = a_n ,$$

so ist also

$$\lim_{n\to\infty} a_n/a_{n+1} = 2 .$$

Man zeigt leicht, dass dies sogar gleichmässig bezüglich s in jedem beschränkten Gebiet der s-Ebene gilt. Hieraus ersieht man die absolute und gleichmässige Konvergenz der Reihe in (2), für jedes solche Gebiet. Die Funktionalgleichung (2) liefert jetzt die analytische Fortsetzung von $(s-1)\zeta(s)$ in die ganze s-Ebene, und (2) gilt überall.

Man ersetze s in (2) durch $k+s$ für $k = 0, 1, 2, \ldots, h$, multipliziere mit

$$\binom{k+s-2}{k} B_k$$

und summiere über k. Dies ergibt

$$\begin{aligned}
\sum_{k=0}^{h} \binom{k+s-2}{k} B_k &= \sum_{k=0}^{h} \sum_{n=0}^{\infty} \binom{n+k+s-1}{n+k+1} \binom{n+k+1}{k} B_k \eta(n+k+s) \\
&= \sum_{n=0}^{\infty} \binom{n+s-1}{n+1} \eta(n+s) \sum_{k=0}^{\operatorname{Min}(n,h)} \binom{n+1}{k} B_k \\
&= (s-1)\eta(s) - \sum_{n=h+1}^{\infty} \binom{n+s-1}{n+1} \eta(n+s) \sum_{k=h+1}^{n} \binom{n+1}{k} B_k
\end{aligned}$$

für jedes $h = 0, 1, 2, \ldots$. Dies ist Ihre Formel.

Die unendliche Reihe konvergiert, weil man endlich viele absolut konvergente Reihen addiert und umgeordnet hat.

Ich glaube, dass (2) schon irgendwo in der Literatur steht, aber ich weiss nicht wo.

LITERATUR

1. Viggo Brun, *La somme des facteurs de Möbius*, Dixième congrès des mathématiciens scandinaves, Copenhague, 1946, 40–53.
2. V. Brun, E. Jacobsthal, A. Selberg, C. Siegel, *En brevveksling om et polynom som er i slekt med Riemanns zetafunktion*, Norsk matematisk tidsskrift 28 (1946), 65–71.

81.

Zur Geschichte des Frankfurter Mathematischen Seminars

Vortrag am 13. Juni 1964 im Mathematischen Seminar der Universität Frankfurt anläßlich der 50-Jahr-Feier der Johann-Wolfgang-Goethe-Universität Frankfurt

Frankfurter Universitätsreden 1964, Heft 36

Verehrte Anwesende!

Von den vergangenen fünfzig Jahren habe ich ungefähr ein Drittel als Professor der Mathematik an der Universität Frankfurt verbracht, nämlich von 1922 bis Anfang 1938, und ich möchte nun einiges über die damalige Tätigkeit am hiesigen Mathematischen Seminar berichten. Dabei wird insbesondere der Frankfurter Fachkollegen zu gedenken sein, welche in jenen Jahren gemeinsam mit mir gewirkt haben und nun nach wechselvollen Schicksalen bereits sämtlich verstorben sind.

Zuerst sage ich ein paar Worte über meinen Amtsvorgänger ARTHUR SCHOENFLIES. Er war nach längerer Tätigkeit an den Universitäten Göttingen und Königsberg im Jahre 1914 nach Frankfurt gekommen und wurde hier bei Erreichung der Altersgrenze im Jahre 1922 emeritiert. Wie sein Freund FELIX KLEIN war er in erster Linie Geometer und hat wichtige Untersuchungen zur Struktur der Kristalle durchgeführt; außerdem hat er die erste zusammenfassende Darstellung der Mengenlehre veröffentlicht. Da aber seine aktive Zeit vor meiner damaligen Ankunft in Frankfurt gelegen hat, so gehe ich nicht im einzelnen auf seine Leistungen ein, sondern will nur noch eines erwähnen. Wie die anderen Mathematiker, über die ich weiterhin ausführlicher sprechen werde, war auch SCHOENFLIES Jude. Ihm blieb jedoch das harte Schicksal erspart, das dann nach 1933 über die anderen hereinbrechen sollte, denn er starb 1928, geachtet und geehrt in Frankfurt am Main.

Jetzt komme ich zu meinem eigentlichen Bericht und nenne dazu die Namen:

DEHN, EPSTEIN, HELLINGER, SZÁSZ.

MAX DEHN war 1878 in Hamburg geboren und promovierte im Alter von knapp 21 Jahren bei HILBERT in Göttingen mit einer Arbeit über die Grundlagen der Geometrie. Nach akademischer Tätigkeit in Münster, Kiel und Breslau wurde er 1921 nach Frankfurt berufen und hat hier bis zum Frühjahr 1935 gelesen. Es sei an dieser Stelle beiläufig erwähnt, daß DEHNs Vorgänger der bekannte Mathematiker LUDWIG BIEBERBACH gewesen ist, der von 1914 bis 1920 in Frankfurt tätig war, aber dann später seine eigentliche Wirksamkeit in Berlin entfaltete.

DEHNs wissenschaftliche Leistungen gehören meines Erachtens zu dem Bedeutendsten, was seit dem Ende des vorigen Jahrhunderts in der Mathematik geschaffen worden ist. Durch seine tiefen und originellen Ideen hat er auf drei verschiedene Gebiete befruchtend gewirkt, nämlich die Grundlagen der Geometrie, die Topologie und die Gruppentheorie. Es ist aus Mangel an Zeit nicht möglich, einen Überblick über sein gesamtes Werk auch nur in den Hauptpunkten zu geben, und ich möchte daher nur aus den drei genannten Gebieten je eine einzige prägnante Dehnsche Entdeckung herausgreifen.

Zunächst nenne ich seine Untersuchung über den Rauminhalt, mit der er sich 1901 habilitierte, und schicke zum Verständnis des darin gelösten Problems folgendes voraus. Bekanntlich läßt sich die Gleichheit des Inhaltes von zwei gegebenen Dreiecken elementargeometrisch entscheiden, also ohne Verwendung der Integralrechnung oder anderer Grenzprozesse. Es war nun die Frage, ob das Entsprechende auch für räumliche Figuren gilt, ob sich also insbesondere auch der Inhalt eines beliebigen Tetraeders einwandfrei ohne Benutzung eines Grenzübergangs definieren läßt. Dies war eines der berühmten ungelösten Probleme der Mathematik, welche HILBERT im Jahre 1900 auf dem Pariser internationalen Mathematiker-Kongreß gestellt hatte, und DEHN war der erste, der eines dieser Hilbertschen Probleme lösen konnte, nämlich das soeben Genannte. Die Antwort auf die gestellte Frage war negativ, weil DEHN zeigte, daß die räumliche Inhaltslehre nicht elementargeometrisch begründet werden kann.

Als zweites Arbeitsgebiet DEHNs hatte ich die Topologie erwähnt. Hier hat sich DEHN zunächst durch die systematische Grundlegung und begriffliche Klärung dieser damals noch ganz jungen mathematischen Disziplin ein großes Verdienst erworben und sodann vor allem einige schwierige dreidimensionale Probleme gelöst. Von seinen topologischen Resultaten nenne ich nur den sehr bekannt gewordenen Satz, daß eine sogenannte Kleeblattschlinge sich nicht stetig ohne Zerreißung in ihr Spiegelbild überführen läßt. Hieraus hat sich die Knotentheorie entwickelt, die auch heutzutage in der Topologie von besonderer Bedeutung ist.

Auf das dritte Arbeitsgebiet, nämlich die Gruppentheorie, war DEHN durch gewisse topologische Probleme gestoßen, welche er bereits durch Einführung des später mit seinem Namen bezeichneten Gruppenbildes gelöst hatte. So kam er hieran anschließend zur Untersuchung des Wortproblems bei Gruppen, die durch Angabe von Erzeugenden und definierenden Relationen erklärt werden. Das Problem besteht darin, zu entscheiden, ob zwei aus den Erzeugenden gebildete Worte auf Grund der Relationen gleich oder verschieden sind. DEHN hat dieses Problem unter anderem für den einfachsten und doch schon schwierigen Fall behandelt, daß die Anzahl der Erzeugenden endlich ist und nur eine definierende Relation besteht. Ein wesentliches Hilfsmittel zur Lösung wird durch den sogenannten Freiheitssatz gegeben, der aber von DEHN selber nicht im Druck veröffentlicht worden ist, obwohl er einen Beweis gefunden und gelegentlich seinen Freunden vorgetragen hatte.

DEHNs Vorlesungen waren durch ihren Reichtum an eigenen Ideen höchst anregend, und es sind unter seiner Leitung eine ganze Reihe von wertvollen Dissertationen entstanden. Bemerkenswert war an DEHN insbesondere auch das Interesse, welches er außerhalb seines eigentlichen Fachgebietes allen Dingen des geistigen Lebens entgegenbrachte. Er war ein philosophischer Kopf im Sinne Schillers, und da er gern widersprach, so kam es meist in der Unterhaltung mit ihm zu einer ergiebigen Diskussion. DEHN hatte gründliche Kenntnisse der Geschichte in neuerer und älterer Zeit, und vor allem beschäftigte ihn die Entstehung und Entwicklung der grundlegenden Erkenntnisse in der Antike. Über die Beziehungen zwischen griechischer Philosophie und Mathematik hat er mehrere sehr beachtenswerte Aufsätze publiziert.

Durch DEHNs Initiative fand von 1922 an dreizehn Jahre lang das historisch-mathematische Seminar statt, und zwar war er die eigentliche Seele dieser Einrichtung, über die ich nachher mehr zu sagen haben werde. Zunächst will ich aber noch die drei anderen Kollegen aus unserem damaligen Freundeskreise einzeln einführen.

PAUL EPSTEIN war 1871 geboren und ist hier in Frankfurt aufgewachsen, wo sein Vater als Professor am Philanthropin viele Jahre tätig gewesen ist. EPSTEIN promovierte 1895 in Straßburg im Elsaß mit einer Arbeit über Abelsche Funktionen und wirkte dann dort bis 1918 als Oberlehrer an der Technischen Schule und als Privatdozent an der Universität. Nachdem das Elsaß wieder französisch geworden war, mußte EPSTEIN Straßburg verlassen und ging 1919 als nichtbeamteter außerordentlicher Professor mit einem Lehrauftrag an die Universität seiner Heimatstadt, um hier bis zum Ende des Sommersemesters 1935 Vorlesungen zu halten. Seine mathematischen Leistungen liegen vor allem auf dem Gebiete der Zahlentheorie, und sein Name wird auch noch den späteren Generationen durch die nach ihm benannten Zetafunktionen geläufig sein. Außerdem hatte er Interesse für pädagogische Fragen und für die Geschichte der Mathematik, so daß seine Mitwirkung beim historisch-mathematischen Seminar von Nutzen wurde. Eine weit verbreitete Vorstellung bringt die Begabungen für Mathematik und für Musik in enge Beziehung. Ich kann aber bezeugen, daß es durchaus unmusikalische Mathematiker gibt, denn ich selbst bin zum Beispiel ein solcher. Dagegen war EPSTEIN auch auf diesem Gebiete hervorragend begabt und nahm regen Anteil am Frankfurter künstlerischen Leben.

ERNST HELLINGER stammte aus Schlesien, wo er 1883 in Striegau geboren war, und promovierte 1907 bei HILBERT in Göttingen mit einer sehr bedeutenden Arbeit über Integralgleichungen. Nachdem er einige Jahre lang Privatdozent in Marburg gewesen war, kam er 1914 bei der Gründung der Universität nach Frankfurt, zunächst auf ein Extraordinariat, das dann 1920 in eine ordentliche Professur umgewandelt wurde. Wie DEHN und EPSTEIN hat er hier bis 1935 Kolleg gehalten. HELLINGERS eigentliches Arbeitsgebiet war die Funktionentheorie, wobei ich besonders seine wichtigen Untersuchungen über das Stieltjessche Momentenproblem nennen möchte. Gemeinsam mit seinem Freunde OTTO TOEPLITZ verfaßte er sodann in jahrelanger mühevoller Arbeit den großen Enzyklopädiebericht über die Theorie der Integralgleichungen, welcher auch heute noch trotz der durch JOHANN VON NEUMANN eingeleiteten späteren Entwicklung von größtem Wert ist.

Während DEHNs Vorlesungen für mittelmäßig begabte Hörer mitunter etwas schwierig wurden, wenn sein Temperament mit ihm durchging, so verstand HELLINGER durch sorgfältige Vorbereitung und ausführliche klare Darstellung sogar bei denen Interesse zu wecken, für die zunächst die Mathematik nicht viel bedeutete. Er nahm sich auch außerhalb seiner Vorlesungen und Übungen der Studenten an und hat viele Jahre lang ehrenamtlich in der damaligen Studentenhilfe mitgewirkt, so daß er also nicht allein vom wissenschaftlichen Gesichtspunkte aus zum Gedeihen der Universität ganz wesentlich beigetragen hat. Ich möchte gerne sagen, daß HELLINGER ein preußischer Beamter von altem Schrot und Korn war, doch ich fürchte, man wird diesen Ausdruck heute nicht mehr so gut verstehen wie vor vier Jahrzehnten. In diesem Zusammenhang ist hervorzuheben, daß HELLINGER wegen seiner selbstlosen Pflichterfüllung in studentischen

Kreisen allgemein beliebt war, und zwar sogar noch in den zwei letzten Jahren vor der erzwungenen Beendigung seiner Amtstätigkeit, als bereits hohe und höchste Regierungsstellen auch im akademischen Leben ihren verhetzenden Einfluß mehr und mehr geltend machten. Die hiesigen Studenten haben sich gegen Dehn, Epstein und Hellinger bis zu ihrer letzten Kollegstunde so benommen, wie man es von gesitteten Menschen erwartet. Hiermit verkünde ich keine Trivialität, denn an manchen anderen Universitäten hat es 1933 in dieser Hinsicht beschämende Auftritte gegeben.

Ehe ich nun weiteres über die gemeinsame Arbeit in unserem damaligen Kreise und auch über die späteren Lebensumstände der einzelnen berichte, ist noch Otto Szász zu nennen. Er war 1884 in Ungarn geboren, hatte unter anderem eine Zeitlang in Göttingen studiert und dann 1911 in Budapest promoviert. Bei der Gründung der Frankfurter Universität habilitierte er sich hier und wurde 1921 nichtbeamteter außerordentlicher Professor. Nachdem er fast 20 Jahre hindurch in gleichem Umfange wie die bereits Genannten seine Vorlesungen mit gutem Erfolg gehalten hatte, wurde ihm 1933 die venia legendi entzogen. Sein mathematisches Interesse war in erster Linie der reellen Analysis zugewandt und zwar besonders der Theorie der Fourierschen Reihen, in der er eine Reihe von schwierigen Problemen gelöst hat. Diese wissenschaftlichen Leistungen fanden internationale Anerkennung, und er galt als einer der ersten Fachleute in seinem Forschungsgebiet. Ich war mit ihm gut bekannt und entsinne mich genau an seine scherzhafte Art, durch die er zu verstecken suchte, daß er im Gespräch manchmal eine etwas lange Leitung hatte. Als ihm hier der Stuhl vor die Tür gesetzt worden war, ging er nach den Vereinigten Staaten, wo er dann von 1936 bis 1952 an der Universität Cincinnati in Ohio lehrte. Er starb 1952 bei einem Erholungsaufenthalt am Genfer See im Alter von 67 Jahren. Nach seinem Tode wurden in Amerika seine mathematischen Werke gesammelt herausgegeben.

Ich habe schon erwähnt, daß auf Dehns Anregung von 1922 bis 1935 in jedem Semester ein Seminar über Geschichte der Mathematik abgehalten wurde. Daran haben außer Dehn und Epstein auch Hellinger und ich selber leitend teilgenommen, aber Dehn war durch seine überragende und universelle Bildung gewissermaßen unser geistiges Oberhaupt, so daß wir bei der Auswahl des Themas in den einzelnen Semestern seinen Ratschlägen folgten. Im Rückblick gehören jetzt diese gemeinsamen Seminarstunden im Freundeskreise zu den schönsten Erinnerungen meines Lebens. Auch damals freute mich diese Tätigkeit, zu der wir uns jeden Donnerstag nachmittags von vier bis sechs Uhr zusammenfanden; aber erst später, nachdem wir in alle Welt zerstreut waren, wurde mir durch Enttäuschungen an anderen Orten klar, welch ein seltenes Glück es ist, wenn die Fachkollegen sich uneigennützig und ohne persönlichen Ehrgeiz zu einer Gemeinschaft vereinigen, anstatt nur von ihrem Lehrstuhl aus zu dirigieren. Bei diesen Seminarsitzungen war der Grundsatz, die wichtigsten mathematischen Entdeckungen aller Zeiten an den Quellen im Original zu studieren, wozu jeweils ein Teilnehmer sich schon vorher über den betreffenden Text genau informiert hatte und dann nach der gemeinsamen Lektüre die Diskussion leiten konnte. So haben wir von den antiken Verfassern vor allem in mehreren Semestern eingehend Euklid und Archimedes gelesen, und ein anderes Mal beschäftigte uns ebenfalls mehrere Semester lang die Entwicklung von Algebra und Geometrie seit dem Mittelalter bis zur Mitte des siebzehnten Jahrhunderts, wodurch wir insbesondere die Werke von LEONARDO PISANO, VIETA, CARDANO, DESCARTES und DESARGUES gründlich kennen lernten. Ergiebig war dann auch die gemeinschaftliche Untersuchung der Ideen, aus denen im 17. Jahrhundert die Infinitesimalrechnung entstanden ist. Hierfür waren dann also unter anderem die Entdeckungen von KEPLER, HUYGHENS, STEVIN, FERMAT, GREGORY und BARROW zu behandeln.

Aus der Tätigkeit im Frankfurter historisch-mathematischen Seminar sind einige Publikationen in Fachzeitschriften hervorgegangen, aber im großen Ganzen war unser Bestreben nicht auf Veröffentlichungen gerichtet. Der eigentliche Sinn des Seminars schien uns in anderer Richtung zu liegen, nämlich einmal in der befruchtenden Wirkung auf die beteiligten Studenten, welche hier die aus den Vorlesungen bereits bekannten Ergebnisse viel besser verstehen lernten, und sodann für uns Dozenten in dem ästhetischen Vergnügen bei der Betrachtung hervorragender Leistungen aus längst vergangenen Zeiten. Die Gesamtzahl der Teilnehmer hielt sich immer in vernünftigen Grenzen, da besonders beim Lesen der alten griechischen Mathematiker die sprachlichen Schwierigkeiten eine natürliche Auslese unter den Mitarbeitern schafften und auch italienische oder holländische Texte gelegentlich abschreckend wirkten. Soweit ich mich noch entsinnen kann, war die Teilnehmerzahl mit Einschluß der vier Professoren stets zweistellig.

Es ist nun die Frage naheliegend, welches damals überhaupt die Frequenz der Hörer in den einzelnen Vorlesungen gewesen ist. Im Jahre 1928 war die Anzahl ein Maximum mit 143 Teilnehmern in der Differential- und Integral-Rechnung, wodurch ich in diesem Kolleg zu Anfang ziemliche Mühe bei der Korrektur der Übungsaufgaben hatte. Dabei war mir zwar ein Assistent behilflich, aber es gab zu jener Zeit für das ganze Mathematische Seminar überhaupt nur einen einzigen Assistenten, der außerdem für die Geschäftsführung das zu erledigen hatte, was heutzutage mehrere Sekretärinnen tun. Einige Jahre früher, es war wohl etwa 1924, gab es dagegen nur recht wenige Studenten, und ich erinnere mich, daß ich in einer höheren Vorlesung insgesamt nur 2 Hörer hatte. Diese kamen dann einmal beide zu spät ins Kolleg, da sie sich beim Belegen auf der Quästur zu lange aufgehalten hatten, und waren etwas erstaunt darüber, daß ich schon ohne sie begonnen hatte und an der Tafel ein ganzes Stück vorangekommen war. Nach dem Maximum im Jahre 1928 ging die Frequenz in den folgenden Jahren wieder ziemlich stark zurück.

In jedem Semester gab es ein Proseminar und ein Seminar, außer dem bereits besprochenen über Geschichte der Mathematik. In dem eigentlichen Seminar waren wohl im allgemeinen nicht mehr als 15 Teilnehmer, denn wir pflegten die Aufnahme sowohl beim Seminar wie beim Proseminar von dem Ergebnis einer kleinen Prüfung abhängig zu machen, bei der sämtliche mathematische Dozenten zugegen waren. Dies hatte die Wirkung, daß nur einigermaßen tüchtige Leute ihr mathematisches Studium in Frankfurt beenden konnten, und die von uns Abgewiesenen pflegten dann ihr Examen an gewissen benachbarten Universitäten zu machen oder sogar dort durchzufallen. Hier in Frankfurt kam es infolge der getroffenen Auswahl nur selten vor, daß ein Kandidat versagte, wenn er Mathematik im Hauptfach hatte; andererseits entsinne ich mich an verschiedene Fälle, bei denen ein tüchtiger Mathematiker in der physikalischen Prüfung ziemlich schlecht abschnitt.

Nach dem Gesagten ist verständlich, daß trotz oder wegen der verhältnismäßig geringen Hörerzahl das allgemeine Niveau recht gut war, wovon denn auch die verschiedenen ausgezeichneten Dissertationen aus jenen Jahren Zeugnis ablegen. So haben zum Beispiel in den 5 Jahren von 1926 bis 1930 hier 5 Mathematiker promoviert, die es dann weiterhin in der akademischen Laufbahn zu Amt und Würden gebracht haben. Einer davon, WILHELM MAGNUS, ist jetzt in Amerika und ein anderer, KURT MAHLER, in Australien, und auf diese Weise hat also das hiesige Mathematische Seminar sogar bis zu den Antipoden gewirkt. Die drei weiteren sind OTT-HEINRICH KELLER in Halle an der Saale, WILHELM MAIER in Jena und RUTH MOUFANG in Frankfurt am Main. Einige Jahre später hatten wir noch die Freude, daß einer unserer Studenten in seiner durchaus originellen Dissertation ein weiteres der von HILBERT 1900 verkündeten Probleme löste. Dies war THEODOR SCHNEIDER, jetzt Professor in Freiburg im Breisgau, und das betreffende Problem hatte HILBERT selber als äußerst schwierig und unzugänglich bezeichnet. HILBERT hatte sogar gemeint, dieses Problem sei noch schwieriger als das Fermatsche Problem oder der Beweis der Riemannschen Vermutung.

Wie ich schon hervorgehoben habe, war HELLINGER ganz besonders um das Wohlergehen der Studenten bemüht. Aber auch wir anderen Dozenten standen mit unseren Zuhörern in bestem Einvernehmen, und DEHN sorgte dafür, daß durch gemeinsame Seminarspaziergänge und andere gesellige Veranstaltungen eine direkte persönliche Beziehung zwischen Lehrer und Schüler zustande kam. Unsere Studenten merkten dann natürlich bald, daß die Dozenten selber miteinander durch Freundschaft verbunden waren, und so entstand in der Frankfurter mathematischen Abteilung eine Atmosphäre gegenseitigen Vertrauens und Wohlwollens, wie ich sie später an anderen Universitäten leider nicht mehr gefunden habe, sondern eher das Gegenteil. In unserer schlichten kameradschaftlichen Art unterschieden wir uns merklich von dem steifen Auftreten mancher auf ihre Verdienste stolzen Professoren. Einer von diesen, der in Bonn tätig war, sagte über uns: „Diese Herren haben doch gar keine Würde!“

Obwohl dies nun alles jahrzehntelang zurückliegt, so höre ich auch jetzt noch immer wieder von früheren Studenten aus damaliger Zeit, daß sie sich gern an die Semester erinnern, die sie hier verbracht haben. Wenn solche Eindrücke über 30 und 40 Jahre hinaus lebendig geblieben sind, so liegt es wohl in erster Linie daran, daß die Persönlichkeiten der einzelnen Dozenten auf die Teilnehmer an Vorlesungen und Seminaren nachhaltig gewirkt haben, während der eigentliche Lehrstoff vielleicht inzwischen ganz vergessen worden ist. Hier wird nun die große Gefahr deutlich, die heutzutage durch die Überfüllung der Universitäten besteht. Damals war es ganz selbstverständlich, daß sich der Professor besonders um die Abhaltung der Anfängerübungen kümmerte, für die er ja schließlich auch bezahlt wurde. Durch diese persönliche Leitung merkte er dann bald nach ein paar Übungsstunden bei der Korrektur der abgegebenen Arbeiten, welches die Begabteren unter seinen Hörern waren, und konnte sich daran orientieren. Vor 50 Jahren habe ich selber am Anfang meiner eigenen Studienzeit auf diese Weise den ersten Kontakt mit meinen Lehrern FROBENIUS und PLANCK bekommen. Es dient sicherlich nicht dem Interesse der Studenten, wenn man infolge der Überfüllung unerfahrenen Hilfskräften sowohl die Leitung der Übungen als auch die gesamte Korrektur der Übungsaufgaben überläßt, und es erschiene mir im Vergleich harmloser, die Vorlesung selber durch eine Sprechmaschine abhalten zu lassen.

Nachdem ich hiermit allerlei Gutes und Erfreuliches über das Gedeihen des Frankfurter Mathematischen Seminars in den zwanziger Jahren und dem Beginn der dreißiger Jahre erzählt habe, will ich nun auch wahrheitsgetreu berichten, wie es dann den einzelnen Dozenten nach 1933 ergangen ist. Ich erwähnte bereits, daß SZÁSZ trotz seiner tüchtigen Leistungen in Lehre und Forschung sofort von der nationalsozialistischen Regierung die venia legendi entzogen wurde. Obwohl nun DEHN, EPSTEIN und HELLINGER ebenfalls Juden waren, so konnten sie zunächst doch noch vorläufig ihre Vorlesungen weiter führen, da sie alle drei während des ersten Weltkrieges mehrere Jahre lang Heeresdienst geleistet hatten und bereits vor 1918 in staatlicher Beamtenstellung waren. Das galt nämlich in den ersten Jahren der Hitlerschen Herrschaft noch als ein mildernder Umstand. Im Herbst 1935 proklamierte dann der Führer und Reichskanzler auf dem Parteitage zu Nürnberg neue Gesetze, nach denen auch diese bisher geschonten Juden sämtlich aus ihrem Amte ausscheiden mußten.

So wurde HELLINGER abgesetzt. Schon einige Monate vorher, also im Sommer 1935, hatte DEHN seine Lehrtätigkeit aufgeben müssen, und zwar vermutlich infolge eines Racheaktes eines damals sehr einflußreichen Berliner Ministerialbeamten. Der Betreffende hatte etwa 30 Jahre vorher ein ziemlich minderwertiges mathematisches Buch veröffentlicht, das nach seinem Erscheinen von DEHN ungünstig besprochen worden war. EPSTEIN verzichtete selber auf seinen Lehrauftrag, ehe noch die Nürnberger Gesetze in Kraft traten. Wie er mir erklärte, wollte er es den deutschen Behörden ersparen, ihm das gleiche anzutun, was die französischen mit ihm schon 1918 gemacht hatten.

DEHN, EPSTEIN und HELLINGER sind bis zum Jahre 1939 in Frankfurt geblieben. Trotz der immer stärker werdenden Bedrückung der Juden in Deutschland konnten sich die älteren unter ihnen vielfach nicht zur Auswanderung entschließen, da sie nach den rigorosen offiziellen Bestimmungen ihre Ersparnisse hätten zurücklassen müssen, um dann die Emigration mit 10 Mark in der Tasche zu beginnen. Es waren auch schon in den ersten Jahren nach 1933 so viele akademisch gebildete Emigranten nach Amerika gegangen, daß dort für einen älteren Professor die Gründung einer neuen Existenz bald ziemlich schwierig wurde, und andererseits in Europa gestatteten die einzelnen Staaten überhaupt nur höchstens dann einem Ausländer den dauernden Aufenthalt, wenn er genügend kapitalkräftig war und sein Vermögen mitbrachte.

Der eigentliche Terror in großem Maßstabe begann in Deutschland am 10. November 1938 mit der durch höchste Regierungsstellen veranlaßten Judenverfolgung, wobei bekanntlich die Synagogen verbrannt und viele jüdische Geschäfte demoliert und sämtliche bereits vorhandenen Konzentrationslager mit verschleppten Juden überfüllt wurden. Damals sind die Schergen Hitlers auch zu DEHN, EPSTEIN und HELLINGER gekommen, um sie wegzuschleppen. Nach anfänglicher Verhaftung wurde aber DEHN von der Polizei noch einmal in seine Wohnung zurückgeschickt, weil nirgendwo in Frankfurt noch Platz für die

Verwahrung weiterer Gefangener vorhanden war. Um nicht am nächsten Tage erneut eingefangen zu werden, begab sich DEHN mit seiner Frau nach Bad Homburg, wo sie beide bei unserem Freunde und Kollegen WILLY HARTNER ein Asyl fanden. Man könnte jetzt wieder sagen, Herr Professor HARTNER hätte mit der Aufnahme der Geflüchteten nur das für einen anständigen Menschen Selbstverständliche getan, aber damals waren die in diesem Sinne Anständigen in der Minorität, und so gehörte Mut dazu, sich eines von den nationalsozialistischen Machthabern Verfolgten anzunehmen.

Ich war bereits Anfang 1938 an die Universität Göttingen versetzt worden und hatte bei meiner zurückgezogenen Lebensweise in Göttingen selbst von den Ereignissen des 10. November nichts bemerkt, da es dort nur noch ganz wenige Juden gab. Zwei Tage später fuhr ich nach Frankfurt, um DEHN zu seinem sechzigsten Geburtstage am 13. November 1938 meine Glückwünsche auszusprechen. Bei meiner Ankunft sah ich dann hier sofort auf dem Wege zu DEHNs Wohnung, was der organisierte Pöbel angerichtet hatte. Nach vergeblichem Klingeln vor DEHNs Wohnung ging ich zu HELLINGER und erfuhr von ihm das Geschehene. HELLINGER selber war damals noch nicht verhaftet worden, weil offenbar alles mit Gefangenen weiterhin überfüllt war, und er erklärte mir, er würde nicht fliehen, sondern möchte feststellen, wieweit die staatlichen Stellen auch in seinem Falle gegen die überkommenen Begriffe von Recht und Sitte verstoßen würden. Er hat dies dann am nächsten Tage erfahren, während ich zusammen mit DEHN in HARTNERs Wohnung war und mit ihnen anläßlich des Geburtstages über die vergangenen sechs Jahrzehnte sprach. Als ich wieder von Homburg nach Frankfurt zurückkam, war HELLINGER schon abtransportiert, zuerst mit vielen anderen Unschuldigen in die Festhalle und danach in das Konzentrationslager Dachau. Dort blieb er ungefähr sechs Wochen eingesperrt, und es ergab sich dann in der Zwischenzeit durch Vermittlung seiner bereits in Amerika befindlichen Schwester für ihn die Möglichkeit der Auswanderung. Ich habe HELLINGER ein paar Tage nach seiner Entlassung aus dem Konzentrationslager in Frankfurt wiedergesehen. Er machte infolge der völlig unzureichenden Ernährung einen sehr abgezehrten Eindruck, hatte aber wegen der bevorstehenden Auswanderung noch Lebensmut behalten. Über seine scheußlichen Erlebnisse mochte er nicht sprechen, und er hat die ihm zugefügte Kränkung niemals vergessen können.

HELLINGER hat Deutschland Ende Februar 1939 verlassen. Nach seiner Ankunft in den Vereinigten Staaten bekam er in Evanston, Illinois, an der Northwestern University eine Stelle, die nach jährlicher Verlängerung bis 1946 schließlich eine volle Professur wurde. Nach einigen weiteren Jahren war aber für ihn dort die Altersgrenze erreicht und seine Tätigkeit wieder zu Ende. Die ihm dann zugesprochene Pension hätte infolge der kurzen Zeit seiner Anstellung in Amerika keineswegs auch nur zu ganz bescheidener Lebensführung ausgereicht. Glücklicherweise erhielt nun HELLINGER noch zweimal für ein Jahr eine Einladung als Gastprofessor an eine Technische Hochschule in Chicago. Ehe diese Zeit abgelaufen war, erkrankte er an Krebs und starb nach einer erfolglosen Operation im Frühjahr 1950. Ich besuchte ihn in Chicago acht Tage vor seinem Tode, und bei unserem letzten Gespräch sagte er mir, er möchte nicht wieder nach Frankfurt zurückkehren, obwohl man ihn darum gebeten hatte. Es ist noch zu erwähnen, daß HELLINGER auch in seiner amerikanischen Lehrtätigkeit bei Studenten und Kollegen recht beliebt war, aber an und für sich war das Leben dort nicht leicht für ihn, da er nicht richtig die ihm vorher ganz unbekannte Sprache erlernte und sich auch dauernd Sorge wegen seiner unsicheren Existenz machte.

Um über EPSTEINs Lebensende zu berichten, muß ich auf die bereits erwähnten betrübenden Ereignisse vom November 1938 zurückgreifen. Die SA-Leute drangen auch in seine Wohnung, um ihn abzuführen, ließen aber dort schließlich von ihm ab, weil er infolge einer durch die Aufregung hervorgerufenen Verschlimmerung einer chronischen Erkrankung darniederlag und nicht transportfähig war. So entging EPSTEIN der Verschleppung nach dem Konzentrationslager, aber es wurde ihm klar, daß dies nur eine Galgenfrist bedeutete. Da er bereits im 68. Lebensjahr stand, so konnte er nicht mehr darauf rechnen, sich im Auslande noch einmal eine selbständige Existenz aufzubauen. Doch war dies auch nicht unbedingt nötig, weil nämlich eine seiner Schwestern schon früher ausgewandert war und ihn hätte unterstützen können. Trotz dieser Möglichkeit der Rettung zauderte er aber, seine Heimatstadt und seine Bücher zu verlassen.

Ich besuchte EPSTEIN im August 1939, und wir saßen bei schönem Wetter im Garten des Hauses am Dornbusch, das er damals bewohnte. Er erzählte mir, er habe seinen ihm lieb gewordenen Kater töten lassen, weil das Tier gelegentlich Vögel jagte und dadurch vielleicht die Nachbarn verärgern könnte, aber sonst schien er nicht besonders bedrückt zu sein. Ich entsinne mich noch, daß er auf die Blumen und Bäume im Garten zeigte und mich fragte:„Ist es nicht schön hier?“ Acht Tage später vergiftete er sich mit einer tödlichen Dosis Veronal, nachdem er eine Vorladung zur Geheimen Staatspolizei erhalten hatte. Es war bekannt, daß ein bei der Gestapo Vorgeladener unter Umständen mit Gewalttat und Tod rechnen konnte, und EPSTEIN zog demgegenüber vor, mit eigener Hand den irreversiblen Prozeß in die Wege zu leiten. Nach seinem Tode wurde behauptet, daß die Gestapo von ihm nur eine bindende Erklärung über den definitiven Termin seiner bevorstehenden Auswanderung verlangen wollte. Ich weiß nicht, ob ihm damals momentan nichts Schlimmeres drohte als dieses Verhör, aber er hatte eben das Gefühl, daß nun das Maß voll war, und zog daraus die Konsequenz. Da einige Wochen später der Krieg angefangen wurde, so wäre die Auswanderung wahrscheinlich nicht mehr möglich gewesen, und nachher begann dann Hitler mit der sogenannten Endlösung der Judenfrage. So glaube ich, daß EPSTEIN auf jeden Fall vernünftig gehandelt hat.

In meinem Bericht über DEHNs Schicksal war ich bis zu seiner Flucht nach Bad Homburg und die Aufnahme im Hartnerschen Hause gekommen. Während in Frankfurt die Verhaftungen und Verschleppungen sich über viele Tage hinzogen, so war an anderen Orten die Judenverfolgung schneller zum vorläufigen Abschluß gekommen und auch nicht überall mit der gleichen Brutalität durchgeführt worden. Aus diesem Grunde beschloß DEHN, zunächst in Hamburg unterzutauchen. Mit Hilfe der Frau und des Sohnes von Professor ALFRED MAGNUS gelang es ihm, nach dem Frankfurter Hauptbahnhof und weiter unbelästigt in den Hamburger Zug zu gelangen, obwohl dort alles scharf von Hitlers Kreaturen bewacht war. In Hamburg hielt er sich dann vorläufig versteckt in der Wohnung seiner Schwester und seines Schwagers, die damals wegen ihres hohen Alters noch in Freiheit geblieben waren, aber später im Konzentrationslager endeten. Es wurde vermittelt, daß ein dänischer Kollege und ehemaliger Schüler von Dehn nach Hamburg reiste, um mit ihm die Möglichkeit einer Auswanderung nach Skandinavien zu besprechen. Ich kam selber zu dieser Besprechung nach Hamburg und entsinne mich noch, daß ich wie jeder andere Reisende bei der Anmeldung in einem altangesehenen Hamburger Hotel eine Erklärung abzugeben hatte, nach der ich in der damals üblichen Ausdrucksweise arischer Abstammung war.

Dehn ist dann mit seiner Frau im Januar 1939 nach Kopenhagen und später nach Trondheim in Norwegen gegangen, wo ihm an der Technischen Hochschule die Vertretung eines beurlaubten befreundeten Kollegen übertragen wurde. Vor der Abreise wurde vieles von dem wertvollen Mobiliar der Dehnschen Wohnung und seiner kostbaren Bibliothek zu Spottpreisen von schlauen arischen Händlern aufgekauft, denn natürlich machten sich viele deutsche Volksgenossen die akute Notlage der Juden zu Nutze. Für deren Bücher wurden damals von Antiquaren durchschnittlich 10 Pfennige bezahlt, und mir wurde erzählt, daß dann Studenten der Mathematik manche Bücher aus dem ehemaligen Besitze von Hellinger und Dehn beim Althändler für den 50- oder 100-fachen Betrag gekauft haben. Einige seiner Möbelstücke konnte Dehn durch einen Spediteur nach London schicken. Er hatte gehofft, diese wenigen aus Deutschland geretteten Sachen später einmal bei der Gründung einer neuen Wohnung verwenden zu können. Doch wurde dieser letzte Besitz ihm schließlich von englischer Seite weggenommen und versteigert, da er nicht die Lagerkosten bezahlen konnte.

Nach seiner Ankunft in Trondheim hatte Dehn mit Vorlesungen an der Technischen Hochschule begonnen, die er bis zum Frühjahr 1940 fortsetzen konnte. Dehn war schon wiederholt auf längere Zeit in Norwegen gewesen, war Mitglied der dortigen Akademie der Wissenschaften und hatte viele norwegische Freunde. Da er die Landessprache fließend beherrschte, so machte ihm auch das Kolleg keine besondere Schwierigkeit. Als ich ihn Ende März 1940 in Trondheim besuchte, hatte er nach den traurigen Erfahrungen der vorhergehenden Jahre wieder Hoffnung gefaßt, und es freute ihn, daß er Vorlesungen halten konnte. Bei einem gemeinsamen Spaziergang bemerkten wir im Hafen mehrere große Handelsschiffe unter deutscher Flagge, auf denen aber kein Mensch zu sehen war. Dehn erzählte mir, diese Schiffe lägen dort schon seit längerer Zeit, angeblich mit beschädigten Maschinen, und würden von der Bevölkerung als Piratenschiffe bezeichnet, weil sie einen etwas unheimlichen Eindruck machten. Da ich einige Tage danach in das freiwillig gewählte amerikanische Exil abreiste, so erfuhr ich erst viel später, was es mit diesen geheimnisvollen Schiffen auf sich hatte. Sie waren nämlich gefüllt mit Kriegsmaterial für die deutschen Soldaten, die dann plötzlich am Tage der Invasion Norwegens auch in Trondheim auftauchten und die Stadt besetzten. Nach ihnen kamen aber Gestapo und nationalsozialistische Parteiorganisationen.

So war nun Dehn wieder in Gefahr wie vor seinem Fortgang aus Frankfurt, ja noch in viel größerer Gefahr, denn es war Kriegszustand in Norwegen, und inzwischen war auch Hitlers Endlösung der Judenfrage näher gerückt. Dehn hielt sich in der ersten Zeit der deutschen Besetzung bei einem norwegischen Bauern versteckt auf, doch kehrte er bald wieder nach Trondheim zurück, da dort zunächst keine weiteren Gewalttaten und Verhaftungen stattgefunden hatten. In den nächsten Monaten wurde in Amerika durch Hellinger und andere

Freunde DEHNs seine zweite Emigration vorbereitet, und so konnte schließlich DEHN mit seiner Frau Anfang 1941 nach höchst unangenehmer Ausreise über die von deutscher Seite streng bewachte norwegisch-schwedische Grenze durch Finnland, Rußland, Sibirien, Japan und den Stillen Ozean nach San Franzisko gelangen. Auf der langen Bahnfahrt durch Sibirien war DEHN lebensgefährlich an Lungenentzündung erkrankt, die er aber dank seiner eisernen Natur überstehen konnte, und zwar vermutlich deswegen, weil er seiner Gewohnheit entsprechend keinen Arzt zu Hilfe nahm.

In den Vereinigten Staaten hat dann DEHN noch ein ziemlich bewegtes Leben geführt, bis er nach mannigfachen Enttäuschungen einen Platz gefunden hatte, in dem er sich einigermaßen wohl fühlen konnte. Bei seiner Ankunft war er noch zwei Jahre von der üblichen Altersgrenze an den amerikanischen Universitäten entfernt, und obwohl auch dort die Fachleute sich über seine wissenschaftliche Bedeutung im Klaren waren, so war es bei dem damaligen Mangel an Mitteln für Forschungszwecke leider nicht möglich, ihm eine seinen überragenden Fähigkeiten angemessene Stellung zu verschaffen. Die angesehenen Universitäten hätten es keinesfalls für korrekt gehalten, DEHN etwa eine gering bezahlte Tätigkeit anzubieten, und so zogen sie es vor, seine Anwesenheit überhaupt zu ignorieren. DEHN war zunächst $1^1/_2$ Jahre lang als Professor für Mathematik und Philosophie an der staatlichen Universität von Idaho in Pocatello mit einem jährlichen Einkommen von 1200 Dollar. Von allen amerikanischen Staaten produziert Idaho die größten Kartoffeln, und das geistige Leben ist dort nicht entsprechend weit entwickelt, aber dafür findet man abseits von den menschlichen Ansiedlungen eine großzügige und noch unverdorbene Natur. DEHN war sein ganzes Leben hindurch ein begeisterter Fußwanderer und Bergsteiger gewesen, der in den Alpen und in Norwegen auch sehr schwierige Klettereien durchgeführt hatte, und in dieser Hinsicht war der Aufenthalt im Staate Idaho für ihn keine Enttäuschung. Im Sommer 1941 trafen wir uns dort zu viert, nämlich DEHN, Frau DEHN, HELLINGER und ich, und machten in der schönen Natur gemeinsame Wanderungen, wobei wir uns aber doch wehmütig der früheren Spaziergänge im Taunus erinnerten.

DEHN war dann für das nächste Jahr am Illinois Institute of Technology in Chicago tätig, wo er zwar besser bezahlt war, aber auch eine viel anstrengendere Tätigkeit hatte und sich vor allem nicht mit dem unruhigen Leben in der riesigen Stadt abfinden konnte. Ein Semester lang mußte er dort dieselbe Vorlesung über Differential- und Integral-Rechnung zweimal halten, nämlich sowohl vor den Anfängern als ein zweites Mal vor denen, die schon im vorhergehenden Semester nichts davon verstanden hatten. Er erzählte mir, diese Gruppe hätte ihn beim Anfang der ersten Vorlesung mit den Worten begrüßt: „Hallo, Professor, we are the dumb ones!" Nun, das spricht zwar für die Selbsterkenntnis der Hörer, ist aber wohl trotzdem ziemlich entmutigend.

Im folgenden Jahre wirkte DEHN in Annapolis, Maryland, am St. John's College und fühlte sich dort aus folgendem Grunde besonders unglücklich. Diese Hochschule war damals in der Kriegszeit nur von ganz jungen Menschen im Alter von 15 bis 18 Jahren besucht; dagegen hätte aber der gesamte Studienplan nur von sehr begabten Studenten höherer Semesterzahl mit einigem Erfolg durchgeführt werden können. Der Studienplan war nämlich von einem in Chicago ansässigen pädagogisch interessierten Philosophen entworfen worden und verlangte vor allem, daß die sogenannten hundert besten Bücher der gesamten Weltliteratur in der jeweiligen Originalsprache gelesen und studiert werden sollten. Man muß sich dabei klar machen, daß die amerikanischen Schulen an Lehrstoff im allgemeinen noch weniger bieten als heutzutage die deutschen, und daß vielfach ein Fünfzehnjähriger dort noch nicht einmal die eigene Sprache gründlich beherrscht. Nach dem großspurigen Lehrplan von St. John's College sollten nun diese unreifen Jungen zum Beispiel Homer, Dante, Descartes und Goethe im Urtext kennen lernen. Das Ganze wirkte wie eine böswillige Parodie auf die Bestrebungen des früheren historisch-mathematischen Seminars in Frankfurt. Dehn merkte natürlich sofort den Wahnsinn jenes Unternehmens und äußerte seine Kritik auch zu den dort maßgebenden Persönlichkeiten, so daß er ziemlich bald mit diesen Leuten völlig verkracht war und dann in der allgemeinen Mißstimmung eine trübe Zeit auszuhalten hatte. Er war damals in einem ganz verzweifelten Zustand, weil er jeden Tag etwas auszuführen hatte, was gegen die obersten Grundsätze von Lehre und Forschung verstieß, nämlich bloßer Schwindel und Hochstapelei war.

Aber auch diese Zeit ging vorüber, und Dehn gelangte schließlich im Jahre 1945 an die letzte Station seines Lebensweges. Dies war Black Mountain College im Staate North Carolina. Auch diese Hochschule hatte eigenartige pädagogische Prinzipien, an denen aber zum Unterschied von den soeben besprochenen das meiste vernünftig war. Besonders wurde die Kunst gepflegt, und es haben sehr angesehene Maler und Komponisten dort gewirkt. Etwa die Hälfte des Lehrkörpers bestand aus deutschen Emigranten, die durch Hitler vertrieben waren. Der ganze Kreis mit Einschluß der Studenten stand Dehn mit großer Achtung gegenüber, und er konnte nach den vorhergehenden bedrückenden Erfahrungen noch einmal aufleben. Hierfür war es von großer Bedeutung, daß Black Mountain landschaftlich wunderbar gelegen war, umgeben von dicht bewaldeten Bergen, in denen man die seltensten Blumen finden konnte. Dehn hatte außerdem nochmals die Freude, einige tüchtige und interessierte Schüler zu bekommen, die seine Ideen weiter verfolgten und veröffentlichten. Leider war die finanzielle Grundlage der ganz auf sich allein gestellten kleinen Hochschule nicht stabil, so daß zum Beispiel eine Zeitlang jeder Professor außer freier Wohnung und Verpflegung monatlich nur 5 Dollar als Taschengeld erhielt, bis sich die Situation wieder besserte.

Dehn blieb hier die letzten sieben Jahre seines Lebens, mit Unterbrechung durch mehrfache Beurlaubungen zu Gastvorlesungen in Madison, Wisconsin. In Black Mountain College wurde er im Sommer 1952 emeritiert und beabsichtigte danach, weiterhin dort wohnen zu bleiben und beratend mitzuwirken. Wegen der erwähnten finanziellen Schwierigkeiten der Hochschule mußte gerade damals ein großes Stück Wald verkauft werden, und Dehn machte es sich zur Aufgabe, die richtige Absteckung der Grenzen zu überwachen. An einem glühend heißen Mittage bemerkte er, daß Holzfäller im Auftrage der Käufer des Grundstücks dabei waren, unberechtigterweise einige der Hochschule gehörende prachtvolle Bäume abzuschlagen. Der dreiundsiebzigjährige Dehn lief auf dem nächsten Pfad einen steilen Berg herauf, um diesen Frevel an seinen geliebten Bäumen zu verhindern. Durch diese Anstrengung muß sich ein Blutgerinnsel gelöst haben, das dann am nächsten Tage zu einer tödlichen Embolie führte. Er hatte noch geplant, mit seiner Frau im nächsten Jahre zu einem Besuch seiner Freunde nach Frankfurt zu fahren und hier eine Vorlesung abzuhalten, zu welcher Herr Professor FRANZ ihn eingeladen hatte.

Dies ist es, was ich berichten wollte. Zusammenfassend läßt sich sagen, daß die Zerstörung des Frankfurter Mathematischen Seminars durch die Herrschaft Hitlers für alle davon betroffenen Dozenten die Beendigung der besten und fruchtbarsten Zeit ihres Lebens bedeutet hat. Inzwischen sind drei Jahrzehnte vergangen; die Schäden sind zum Teil repariert, soweit sie eben repariert werden konnten, und insbesondere ist die Mathematik in Frankfurt wieder in guten Händen. Wollen wir alle hoffen, daß sich niemals wiederholen möge, was einst irregeleitete Fanatiker hier rechtlich denkenden Menschen angetan haben!

82.

Faksimile eines Briefes an W. Gröbner

Göttingen, den 13. Oktober 1953

Sehr geehrter Herr Kollege!

Durch die Herausgabe von Confortos Buch über Abelsche Funktionen in deutscher Übertragung erwerben Sie sich ein grosses Verdienst um ein schönes mathematisches Gebiet, dem Weierstrass zeitlebens sein Interesse zugewandt hatte, während es leider jetzt nur noch wenigen bekannt sein dürfte.

Natürlich stelle ich Ihnen gern meine Bemerkung über das singularitätenfreie Modell der Picardschen Mannigfaltigkeit zur Verfügung, die ich vor fünf Jahren Conforto mitteilte. Soweit ich mich entsinnen kann, war der Gedankengang der Folgende:

Wie in meinen Princetoner Vorlesungen nehme man die Periodenmatrix in der Normalform $M = (E\,T)$ an, wo $E = (e_1, \dots e_p)$ die p-reihige Einheitsmatrix ist und $T = (t_1 \dots t_p)$ eine komplexe Matrix, die für eine geeignete Diagonalmatrix D mit positiven ganzen Diagonalelementen $d_1, \dots, d_p$ den Periodenrelationen $DT = T'D$, $\mathfrak{F}(DT) > 0$ genügt. Man setze $e^{2\pi i x} = e(x)$. Die Funktionalgleichungen

(1) $\Theta(z+e_k) = \Theta(z)$, $\Theta(z+t_k) = e(-d_k z_k)\Theta(z)$ $(k=1,\dots,p)$

der Jacobischen Funktionen vom „Typus" $d_1, \dots, d_p$ haben $d_1 \cdots d_p$ linear unabhängige Lösungen durch Thetareihen, und man bilde hieraus eine Lösung

(2) $$\Theta(z) = \sum_{g_1,\dots,g_p=-\infty}^{\infty} a_{g_1\cdots g_p} e(g_1 z_1 + \dots + g_p z_p),$$

in welcher alle Fourierschen Koeffizienten $a_{g_1 \cdots g_p} \neq 0$ sind. Mit unbestimmten Vektoren u, v sei ferner

(3) $$f(z, u, v) = \Theta(z+u)\,\Theta(z+v)\,\Theta(z-u-v).$$

Dies ist eine Jacobische Funktion vom Typus $3d_1, \dots, 3d_p$, also eine lineare Kombination von $3^p d_1 \cdots d_p = m$ Thetareihen $\vartheta_1(z), \dots, \vartheta_m(z)$, die von u, v unabhängig sind. Wir zeigen nun zweierlei:

1) Die Matrix aus den m Zeilen $\vartheta_k, \frac{\partial \vartheta_k}{\partial z_1}, \dots, \frac{\partial \vartheta_k}{\partial z_p}$ $(k=1,\dots,m)$ hat in jedem Punkte z den Rang $p+1$; also haben insbesondere die ϑ_k keine gemeinsame Nullstelle.

2) Verschiedene Punkte des Periodenparallelotops $\mathfrak{P}$ liefern verschiedene Punkte des $(m-1)$-dimensionalen projektiven Raumes mit den Koordinaten $w_1 = \vartheta_1, \dots, w_m = \vartheta_m$.

Wir nehmen an, 1) sei falsch im Punkte $z = z^*$. Dann würde auch für $p+1$ unabhängig variable Paare u_k, v_k $(k = 0, \dots, p)$ die mit den $p+1$ Zeilen $f, f_{z_1}, \dots, f_{z_p}$ $(f = f(z, u_k, v_k)\,;\ k = 0, \dots, p)$ gebildete Determinante bei $z = z^*$ verschwinden, also identisch in den u_k, v_k. Hieraus folgt nun eine lineare Gleichung

$$(4)\qquad \beta_1 f_{z_1} + \dots + \beta_p f_{z_p} = \beta_0 f \qquad (z = z^*\,;\ f = f(z, u, v))$$

identisch in u, v mit Konstanten $\beta_0, \beta_1, \dots, \beta_p$, die nicht sämtlich 0 sind. Also sind auch $\beta_1, \dots, \beta_p$ nicht alle 0. Setzt man noch

$$(5)\qquad \beta_1 (\log \Theta)_{z_1} + \dots + \beta_p (\log \Theta)_{z_p} = h(z),$$

so ergeben (3) und (4) die Beziehung

$$(6)\qquad h(z^* + u) + h(z^* + v) + h(z^* - u - v) = \beta_0.$$

Die ganzen Funktionen $\Theta(z^* + u), \Theta(z^* + v), \Theta(z^* - u - v)$ der beiden komplexen Variabeln u, v sind paarweise teilerfremd, und $\Theta(z)\, h(z)$ ist zufolge (5) eine ganze Funktion von z. Daher muss jedes einzelne Glied in (6) eine ganze Funktion sein, also auch $h(z)$ selber. Wegen (1) ergibt nun der Liouvillesche Satz, indem man noch $h_{z_1}, \dots, h_{z_p}$ betrachtet, dass $h(z)$ eine Konstante β ist und $\beta_1 \Theta_{z_1} + \dots + \beta_p \Theta_{z_p} = \beta \Theta$, also nach (2)

$$2\pi i (\beta_1 g_1 + \dots + \beta_p g_p) = \beta$$

für alle Systeme ganzer Zahlen $g_1, \dots, g_p$. Dies ergibt den Widerspruch $\beta_1 = 0, \dots, \beta_p = 0$.

Um auch 2) zu beweisen, nehmen wir an, es sei der Quotient $f(z^{(1)}, u, v) : f(z^{(2)}, u, v)$ für zwei feste $z^{(1)}$, $z^{(2)}$ identisch in u, v konstant. Es sind aber die beiden ganzen Funktionen $\theta(z^{(1)}+u)$ und $\theta(z^{(2)}+v)\,\theta(z^{(2)}-u-v)$ von u, v teilerfremd, ebenso $\theta(z^{(2)}+u)$ und $\theta(z^{(1)}+v) \cdot \theta(z^{(1)}-u-v)$. Setzt man noch $z^{(2)}-z^{(1)}=z^{(0)}$, $z^{(1)}+u=z$, so wären die beiden Quotienten $\theta(z)/\theta(z+z^{(0)})$ und $\theta(z+z^{(0)})/\theta(z)$ ganz, also auch $\log \frac{\theta(z+z^{(0)})}{\theta(z)}$, und diese Funktion wäre dann nach (1) und dem Liouvilleschen Satz wieder eine Konstante, etwa $\log \gamma$. Zufolge (2) folgt jetzt $e(g_1 z_1^{(0)} + \dots + g_p z_p^{(0)}) = \gamma$ für alle Systeme ganzer Zahlen $g_1, \dots, g_p$. Daher sind $z_1^{(0)}, \dots, z_p^{(0)}$ ganze Zahlen und $z^{(0)} = z^{(2)} - z^{(1)}$ erweist sich also als eine Periode.

Nach dem „Thetasatz" lassen sich alle Abelschen Funktionen mit der Periodenmatrix M rational durch die Quotienten der $\vartheta_1, \dots, \vartheta_m$ (bei geeignetem D) ausdrücken. Man schreibe nun sämtliche algebraischen Gleichungen mit konstanten Koeffizienten auf, der $w_1 = \vartheta_1(z), \dots, w_m = \vartheta_m(z)$ als Funktionen von zu genügen. Da $\mathfrak{F}$ zusammenhängend ist, so liefert dies eine irreduzible algebraische Mannigfaltigkeit im projektiven Raum mit den gewünschten Eigenschaften.

Übrigens machte mich A. Weil kürzlich darauf aufmerksam, dass er 1928 in seiner Thèse für die Jacobische Mannigfaltigkeit bereits ein singularitätenfreies Modell angegeben hat. Der Ansatz ist sogar der gleiche, nur die Durchführung ist dort einfacher, da Eigenschaften der Abelschen Integrale herangezogen werden. Als ich 1949 an Conforto schrieb, war mir die betreffende Stelle bei Weil nicht mehr gegenwärtig, obwohl ich 22 Jahre vorher seine Arbeit genau studiert hatte.

Wenn Sie den Beweis in irgend einer Form in Ihr Buch aufnehmen, so sollte wohl auf Weils Priorität hingewiesen werden.

Mit freundlichen Grüssen verbleibe ich

Ihr ergebener

C. L. Siegel

Vollständige Liste aller Titel

Band I

Band II

Band III

Band IV

Titel aller Bücher und Vorlesungsausarbeitungen

In der folgenden Liste werden alle von SIEGEL publizierten Bücher, Monographien und vervielfältigten Ausarbeitungen SIEGELscher Vorlesungen erfaßt. Die Namen der Bearbeiter erscheinen in Klammern hinter dem Titel.

Bücher und Monographien

Transcendental Numbers, *Ann. of Math. Studies 16, Princeton 1949*

Transzendente Zahlen, *Bibliographisches Institut, Mannheim 1967 (aus dem Englischen übersetzt von B. FUCHSSTEINER und D. LAUGWITZ)*

Symplectic Geometry, *Academic Press Inc. 1964 (auch SIEGEL, Ges. Abh. Bd. II, S. 274–359)*

Vorlesungen über Himmelsmechanik, *Grundl. d. math. Wiss. Bd. 85, Springer-Verlag 1956*

Lectures on Celestial Mechanics, gemeinsam mit J. MOSER, *Grundl. d. math. Wiss. Bd. 187, Springer-Verlag 1971 (der Übersetzung, ausgeführt von C. J. KALME, lag eine erweiterte deutsche Fassung der Grundl. d. math. Wiss. Bd. 85 zugrunde)*

Zur Reduktionstheorie quadratischer Formen, *Publ. of the Math. Soc. of Japan, Nr. 5, 1959 (auch SIEGEL, Ges. Abh. Bd. III, S. 275–327)*

Topics in Complex Function Theory, *Intersc. Tracts in Pure and Appl. Math. Nr. 25, Wiley-Interscience*
Vol. I: Elliptic Functions and Uniformization Theory *1969 (aus dem Deutschen übersetzt von A. SHENITZER und D. SOLITAR)*
Vol. II: Automorphic Functions and Abelian Integrals *1971 (aus dem Deutschen übersetzt von A. SHENITZER und M. TRETKOFF)*
Vol. III: Abelian Functions and Modular Functions of Several Variables *1973 (aus dem Deutschen übersetzt von E. GOTTSCHLING und M. TRETKOFF)*

Vorlesungsausarbeitungen

1. Baltimore, Johns Hopkins University
Topics in Celestial Mechanics *1953, herausgegeben von E. K. HAVILAND und D. C. LEWIS, Jr.*

2. Bombay, Tata Institute of Fundamental Research
Lecture Notes in Mathematics
Nr. 7 On Quadratic Forms *1957 (K. G. RAMANATHAN)*
Nr. 23 On Advanced Analytic Number Theory *1. Ausgabe 1961, 2. Ausgabe 1965 (S. RAGHAVAN)*
Nr. 28 On Riemann Matrices 1963 (S. RAGHAVAN, S. S. RANGACHARI)
Nr. 42 On the Singularities of the Three-Body Problem *1967 (K. BALAGANGADHARAN, M. K. VENKATESHA MURTHY)*

3. Göttingen, Mathematisches Institut

Analytische Zahlentheorie 1951

Himmelsmechanik *1951/52 (W. Fischer, J. Moser, A. Stöhr)*

Ausgewählte Fragen der Funktionentheorie, *Teil I 1953/54, Teil II 1954 (E. Gottschling für beide Teile)*

Automorphe Funktionen in mehreren Variablen *1954/55 (E. Gottschling, H. Klingen)*

Quadratische Formen *1955 (H. Klingen)*

Analytische Zahlentheorie, *Teil I 1963 (K. F. Kürten), Teil II 1963/64 (K. F. Kürten, G. Köhler)*

Vorlesungen über ausgewählte Kapitel der Funktionentheorie, *Teil I 1964/65, Teil II 1965, Teil III 1965/66, alle Teile von Siegel selbst verfaßt*

4. New York University

Lectures on Analytic Number Theory *1945 (B. Friedman)*

Lectures on Geometry of Numbers *1945/46 (B. Friedman)*

5. Princeton, The Institute for Advanced Study

Analytic Functions of Several Complex Variables *1948/49 (P. T. Bateman)*

Lectures on the Analytic Theory of Quadratic Forms, *auch Princeton University, 1. Ausgabe 1935 (M. Ward), 2. verbesserte Ausgabe 1949, 3. verbesserte Ausgabe 1963 (U. Christian)*

Berichtigungen und Bemerkungen

(Die Ziffern am Zeilenanfang verweisen auf die Seiten)

Band I

1, Z. 2 v. u.: „Mathé-“ statt „Mathe-“

167, In Fußnote [4]) ist der zweite Satz zu streichen. Hierzu bemerkt der Autor: „Dieser Satz enthält nämlich erstens eine Hochstapelei, indem ich dann, weder ohne Mühe noch mit Mühe, aus (5) nicht die tieferliegende Behauptung ableiten konnte, und zweitens ist der von B. LEVI 1911 gegebene Beweis auch nicht in Ordnung. Die Behauptung wurde 1942 höchst geistvoll durch HAJÓS bewiesen.“

262, § 7, Absatz 2: Eine historische Korrektur gibt die Fußnote in Bd. IV, S. 144.

264, (146): „$|z'|^{1/3}$“ statt „$|z|^{1/3}$“

265, Z. 19 v. o.: Hinsichtlich einer korrekten Wahl von n vgl. die Fußnote in Bd. IV, S. 150.

326, Nr. 20: „Gewidmet ERNST HELLINGER zum 50. Geburtstage“

367, Z. 5 v. o.: „das“ statt „des“
Z. 3 v. u.: „4“ statt „8“

453, Nr. 24: „PAUL EPSTEIN gewidmet“

Band II

8, Nr. 28: „Geschrieben in Dankbarkeit und Verehrung für EDMUND LANDAU zu seinem 60. Geburtstag am 14. Februar 1937“

127, Z. 13–14 und 28 v. o. und S. 129, Z. 5 v. o.: „kompakten“ statt „abgeschlossenen“

128, Z. 4 v. u. bis S. 129, Z. 9 v. o.: Die hier angegebenen Überlegungen sind in Anlehnung an C. L. SIEGEL, Topics in Complex Function Theory III, p. 179–180 (Wiley-Interscience 1973) in folgender Weise zu verbessern und zu ergänzen:
„Es kann von vornherein angenommen werden, daß $a_{kl,\varkappa\lambda}$ in $\varkappa, \lambda$ symmetrisch ist. Die mit den quadratischen Formen

$$Q_{\varkappa\lambda} = \sum_{k,l} a_{kl,\varkappa\lambda}\, q_k q_l$$

gebildete Matrix hat zufolge

$$(\alpha) \qquad Q_{\varkappa\lambda} = c\, p_\varkappa p_\lambda$$

den Rang 1. Wir können voraussetzen, daß diese Rangaussage für alle 5^n durch $q_k = 0, \pm 1, \pm 2$ ($k = 1, 2, \ldots, n$) bestimmte Spalten $\mathfrak{q} = (q_k)$ gilt. Dann ist

$$(\beta) \qquad \operatorname{Rang}(Q_{\varkappa\lambda}) = 1$$

identisch in $\mathfrak{q}$ richtig, da die zweireihigen Unterdeterminanten der Matrix in jeder Variablen q_k Polynome vom Grad höchstens 4 sind.
Ist keine der Formen $Q_{\varkappa\varkappa}$ das Quadrat einer Linearform, so stimmen alle $Q_{\varkappa\lambda}$ zufolge

$$Q_{\varkappa\varkappa} Q_{\lambda\lambda} = Q_{\varkappa\lambda}^2$$

bis auf einen konstanten Faktor mit einer Form

$$Q = \sum_{k,l} a^*_{kl}\, q_k q_l$$

überein, so daß

$$a_{kl,\varkappa\lambda} = r_\varkappa r_\lambda\, a^*_{kl}$$

und nach Bd. II, S. 128 (82)

$$z_{kl} = a_{kl} + a^*_{kl}\, t \quad \text{mit} \quad t = \mathfrak{Z}_1[\mathfrak{r}]$$

wird. Dabei ist $\mathfrak{r}$ die von den Zahlen $r_1, r_2, \ldots, r_n$ gebildete Spalte. Wegen $n > 1$ liegt $\mathfrak{Z}$ also auf endlich vielen algebraischen Flächen, was wir ausschließen dürfen.
Es bleibt der Fall $Q_{\varkappa\varkappa} = L_\varkappa^2$ mit

$$L_\varkappa = \sum_k b_{\varkappa k}\, q_k \quad (\varkappa = 1, 2, \ldots, n)$$

zu untersuchen. Die Rangaussage (β) gestattet sofort

$$Q_{\varkappa\lambda} = L_\varkappa L_\lambda$$

zu schließen, indem eventuell auftretende Faktoren ± 1 in die Linearformen aufgenommen werden. Es ergibt sich

$$2\, a_{kl,\varkappa\lambda} = b_{\varkappa k} b_{\lambda l} + b_{\varkappa l} b_{\lambda k}$$

oder auch

$$(\gamma) \qquad \mathfrak{Z} = \mathfrak{Z}_1[\mathfrak{B}] + \mathfrak{A}$$

mit gewissen Matrizen $\mathfrak{A} = (a_{kl})$ und $\mathfrak{B} = (b_{kl})$ aus einem endlichen Vorrat. Aus (α) folgt $L_\varkappa = \sqrt{c}\, p_k$ oder

$$\mathfrak{B}\mathfrak{q} = \mathfrak{p}\sqrt{c}$$

mit der ganzen Spalte $\mathfrak{p} = (p_\varkappa)$ und ganz rationalem c. Wählt man für $\mathfrak{q}$ der Reihe nach die Einheitsvektoren $\mathfrak{e}_1, \mathfrak{e}_2, \ldots, \mathfrak{e}_n$, so durchlaufe $\mathfrak{p}$ entsprechend das System der ganzen Spalten $\mathfrak{p}_1, \mathfrak{p}_2, \ldots, \mathfrak{p}_n$ und c das Zahlensystem $c_1, c_2, \ldots, c_n$. Wir fassen die sich ergebenden Relationen zusammen in

$$\mathfrak{B} = \mathfrak{G} \begin{pmatrix} \sqrt{c_1} & & 0 \\ & \sqrt{c_2} \ddots & \\ 0 & & \sqrt{c_n} \end{pmatrix} \quad \text{mit} \quad \mathfrak{G} = (\mathfrak{p}_1, \mathfrak{p}_2, \ldots, \mathfrak{p}_n)\,.$$

Da nach (γ) auch $\mathfrak{Z}_1$ in einem kompakten Teilbereich von F liegt, so gilt das für $\mathfrak{Z}$ Bewiesene analog für $\mathfrak{Z}_1$. Folglich ist

$$\mathfrak{B}^{-1} = \mathfrak{G}_1 \begin{pmatrix} \sqrt{c_1'} & & 0 \\ & \sqrt{c_2'} \ddots & \\ 0 & & \sqrt{c_n'} \end{pmatrix}$$

mit ganzen $\mathfrak{G}_1, c_1', c_2', \ldots, c_n'$. Also ist $\mathfrak{G} = \mathfrak{U}$ unimodular und $c_\varkappa = \pm 1$ ($\varkappa = 1, 2, \ldots, n$). Mit $\mathfrak{Z}^* = \mathfrak{Z}_1[\mathfrak{U}]$ ergibt sich

$$\mathfrak{Z} = \mathfrak{Z}^*[(e_{kl}\sqrt{c_k})] + \mathfrak{A} \quad (e_{kl} = \text{Kroneckersymbol})\,,$$

und diese Matrix hat nur dann einen positiven Imaginärteil, wenn durchweg $c_k = 1$ ist, woraus

$$\mathfrak{Z} = \mathfrak{Z}_1[\mathfrak{U}] + \mathfrak{A}$$

erhellt.“

169, Z. 5 v.u. und Z. 2 v.u.: „Civita“ statt „Cività“

173, Z. 16 v.o.: „$\ddot{F}$“ statt des zweiten „F“

183, Z. 2 v.o.: „$\frac{1}{r_1^{*3}}$“ statt „$\frac{1}{r_2^{*3}}$“
Z. 12 v.o.: „$\hat{r}_1^{-3}$“ statt „$\hat{r}_2^{-3}$“
Z. 13 v.o.: „$\hat{r}_1$“ statt „$\hat{r}_2$“
Z. 15 v.o.: „$\hat{r}_1 = \hat{r}_3$“ und „$\hat{r}_2 = \hat{r}_1$“ statt „$\hat{r}_2 = \hat{r}_3$“ und „$\hat{r}_3 = \hat{r}_1$“

195, Z. 7 v.u. und Z. 6 v.u.: „R_1“ *und* „R_2“ vertauschen

196, Z. 7 v.o. bis Z. 10 v.o.: „ω“ und „$1-\omega$“ vertauschen

220, Z. 7 v.u.: „éd.“ statt „ed.“

235, Z. 5 v.u. „$\mathfrak{c}\mathfrak{c}'$“ statt „$\mathfrak{c}$“

239, Z. 12 v.o.: „$\mathfrak{B}_0$“ statt „$\mathfrak{B}_0^*$“
Z. 5 v.u.: „$\mathfrak{B}^*$“ statt „$\mathfrak{C}^*$“

347, Z. 7 v.o.: „$-w_4 w_5$“ statt „$+w_4 w_5$“, dann Übereinstimmung mit den folgenden Formeln

378, Z. 9 v.u.: „12, 13“ statt „(12), (13)“

383, (61): „$(k > 4)$“ statt „$(k < 4)$“

386, Z. 5 v.u.: „(mod 16)“ statt „(mod 4)“

Band III

15, Z. 2 v.o.: „$\lambda \succ 1$“ statt „$[\lambda \succ 1]$“

48, Z. 1 v.o.: Hinter „$4\,m_3^{-1}$” einschalten „, χ a proper character“

58, Z. 5 v.u.: „We have“ statt „It suffices“

59, Z. 8 v.o.: „$\mathfrak{a}$“ statt „1“

82, Z. 12 v.u.: „$1 - s$“ statt „1^{-s}“

83, Z. 8 v.o.: „B_k“ statt „Bk“

97, Nr. 57: „Erhard Schmidt zum 75. Geburtstag gewidmet“

228, Nr. 66: „Issai Schur zum Gedächtnis“

237, (36): „$(\varphi_1(i\eta, z) - \eta^{\frac{1}{2}z} - \frac{\omega(1-z)}{\omega(z)}\,\eta^{\frac{1}{2}(1-z)})$“ statt „$\varphi_1(i\eta, z)$“

238, Z. 5 v.o.: „$(\vartheta_1(i\eta) - 1)$“ statt „$\vartheta_1(i\eta)$“

306, Z. 1 v.u.: „ϱ“ statt „$\dot{\varrho}$“

331, Z. 6 v.u.: „$n + 1)$ mit $x_{n+1} = 1$ und $k_{n+2} = -1$.“ statt „$n)$, $k_{n+1} = 0$.“

332, Z. 4 v.o.: „j_q“ statt „g_q“
Z. 8 v.o.: „$\sum_{t=q}^{n+1}$“ statt „$\sum_{t=q}^{n}$“ und „k_{t+1}“ statt „k_{+1}“
Z. 9 v.o.: „$\log \frac{2}{x_n}$“ statt „$\log x_n^{-1}$”

341, (12): „$\overline{G(\mathfrak{m}^*, \tau)}$" statt „$G(\mathfrak{m}^*, \tau)$"

357, Z. 14 v.u.: „dem durch $Y = Y_0$ bestimmten" statt „dem"

Z. 13 v.u. ist durch „ $\operatorname{abs} w_{kl} = \begin{cases} e^{-b} \, (k = l, \, b = c_2^{-1} \pi), \\ 1 \quad (k < l). \end{cases}$" zu ersetzen.

Z. 6 v.u.: „$\frac{1}{2} n (n + 1)$" statt „n"

358, Z. 14 v.u. bis 11 v.u. ersetze man durch „Nun sei $Y \geqq Y_0$ und X beliebig, also"
Z. 8 v.u.: „dem gegebenen Bereich, der den Fundamentalbereich $\mathfrak{F}$ zufolge Hilfssatz 1 und (24) im Innern enthält." statt „ganz $\mathfrak{F}$."

360, Z. 7 v.o. und S. 362, Z. 9 v.u.: „$f(Z)$" statt „$f(z)$"

366, Nr. 76: „Kurt Reidemeister zum 70. Geburtstag gewidmet"

373, Z. 3 v.o. und S. 484, Nr. 77: „1963" statt „1960"

375, Z. 4 v.o.: „$t_1 t_2 \ldots t_n$" statt „$t_1, t_2, \ldots, t_n$"

377, Z. 7 v.u.: „linearen" statt „inearen"

407, Z. 8 v.o.: „d^3" statt „d^2"

448, Z. 16 v.o.: Hinweis auf Bd. I, S. 411 und 412

455, Z. 10 v.o.: „(35)" statt „(32)"
Z. 13 v.o.: Mit [4] wird auf Bd. II, S. 163–164 hingewiesen.
Z. 14 v.o.: Hinweis auf Bd. III, S. 314–316

462, Z. 4 v.o. und S. 484, Nr. 81: „1965, Heft 36" statt „1964, Heft 36"

481, Nr. 15: „k" statt „K"

Printed in the United States
By Bookmasters